随书配送1张高品质高清晰DVD光盘

光盘中收录了本教程1300多个贴图、场景和效果文件，其中包含440多个贴图文件、近600个场景文件和300多个效果文件，以及515段17小时（共计1200多分钟）的同步语音教学视频

中文版 3ds Max 2014 完全自学教程

段 晖 张建勇 李少勇 编著

完全视频 + 完全操作 + 完全手册 = 完全自学

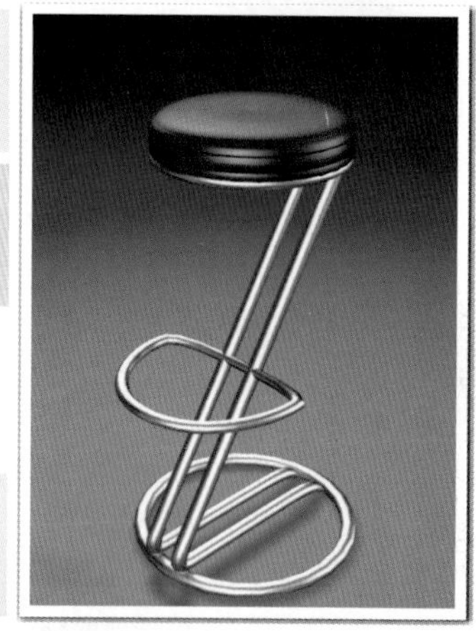

完全视频 本教程445个知识点和70个常用功能的实例制作均录制了同步语音视频，时间长度达17小时，可谓目前同类教程中最多最全面的视频教学体系

完全操作 完全抛弃软件生硬难懂的理论学习，将其划分为515个操作技能点，化繁为简，功能细分，注重实战，使学习变得异常轻松简单

完全手册 本教程内容划分为入门、进阶、提高、案例4大部分，体系完整，内容全面、翔实，完全可以作为三维动画领域参考的学习手册

完全自学 “完全视频+完全操作+完全手册”三位一体的学习体系，为您打造无障碍完全自学的完美体验，真正做到一册在手，别无他求

AUTODESK 3DS MAX 2014

北京希望电子出版社
Beijing Hope Electronic Press
www.bhp.com.cn

内 容 简 介

本教程全面、详细地讲解 3ds Max 的各项核心技术与精髓内容，并通过 515 个技能大演练及 515 段视频大观摩，帮助读者在最短的时间内从入门到精通软件，从新手成为高手。

本书内容涵盖了初识 3ds Max 2014、对象的基本操作、基础建模、二维图形的创建与编辑、创建植物和建筑对象、模型的编辑与修改、复合建模、高级建模、材质与贴图、灯光与摄影机、环境与效果、基本动画、粒子系统与空间扭曲、渲染输出等内容。本书后五章根据当前实际应用设置了"常用三维文字的制作"、"常用材质的设置与表现"、"动画制作入门练习"、"三维造型制作入门与练习"、"广告片头的制作"及"室内效果图设计"六个领域精选实例，详细介绍制作步骤，让读者融会贯通、举一反三，逐步精通，成为实战高手。

本书适合 3ds Max 的初、中级读者，如家装设计人员、工程装修设计人员、效果图制作人员、效果图渲染人员、动画制作人员等。同时，本书也可供大专院校及各类培训班作为教材使用。

随书配套光盘的内容为实例的素材、源文件及 515 段语音教学视频。

图书在版编目（CIP）数据

中文版 3ds Max 2014 完全自学教程/段晖，张建勇，李少勇编著.
—北京：北京希望电子出版社，2014.3

ISBN 978-7-83002-142-9

Ⅰ.①中… Ⅱ.①段… ②张… ③李… Ⅲ.①三维动画软件－教材
Ⅳ. ①TP391.41

中国版本图书馆 CIP 数据核字（2013）第 320061 号

出版：北京希望电子出版社
地址：北京市海淀区上地 3 街 9 号
金隅嘉华大厦 C 座 610
邮编：100085
网址：www.bhp.com.cn
电话：010-62978181（总机）转发行部
010-82702675（邮购）
传真：010-82702698
经销：各地新华书店

封面：付 巍
编辑：周凤明
校对：黄如川
开本：889mm×1194mm 1/16
印张：27.25（彩插 6 面）
印数：1-3000
字数：619 千字
印刷：北京瑞富峪印务有限公司
版次：2014 年 3 月 1 版 1 次印刷

定价：59.00 元（配 1 张 DVD 光盘）

实战操作007 合并场景

实战操作041 缩放视图

实战操作048 更改视口背景

实战操作050 显示安全框

实战操作082 精确对齐

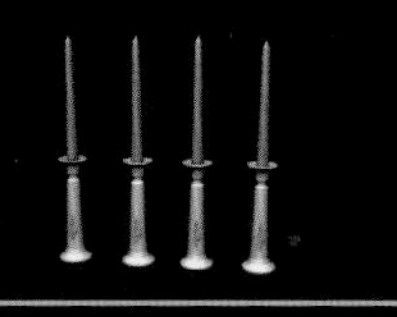
实战操作083 快速对齐

实战操作084 法线对齐

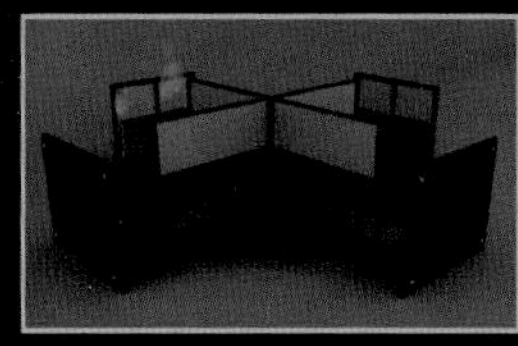
实战操作085 设置对象捕捉

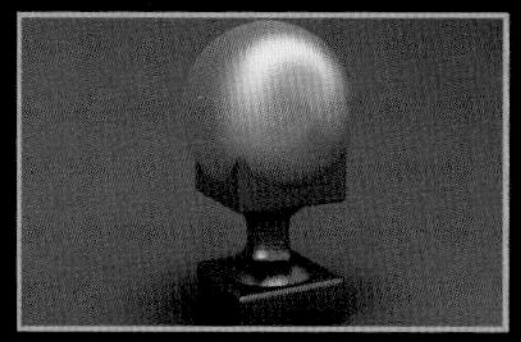
实战操作087 捕捉演习

实战操作088 隐藏选定对象

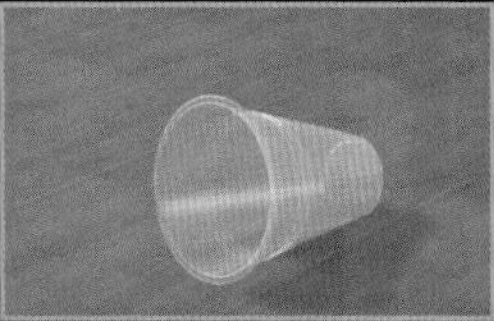
实战操作090 按点击隐藏

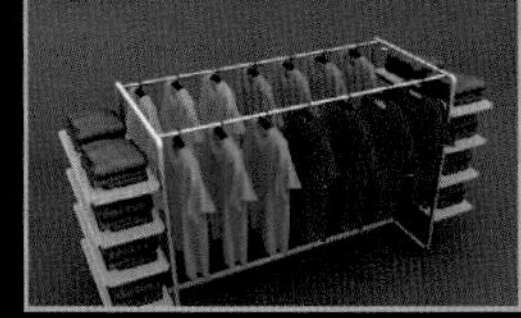
实战操作091 全部取消隐藏

实战操作092 按名称隐

实战操作099 链接对象

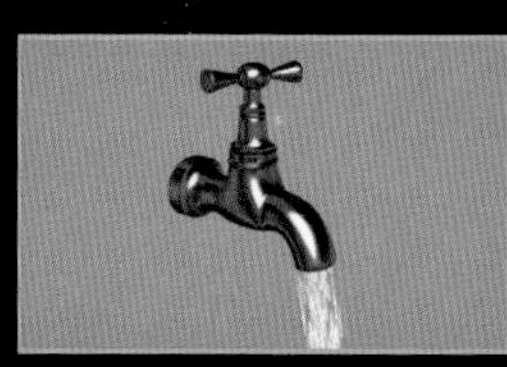
实战操作101 绑定到空间扭曲

实战操作102 克隆对象

实战操作105 运用Shift键复制

实战操作106 水平镜像

实战操作107 垂直镜像

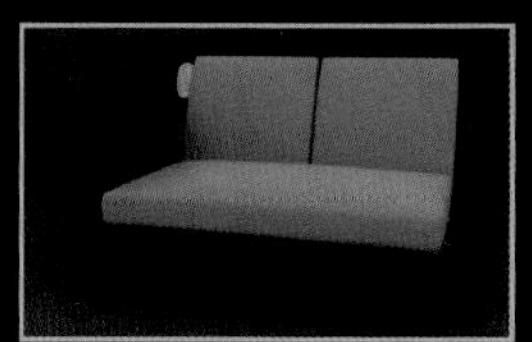
实战操作108 XY轴镜像

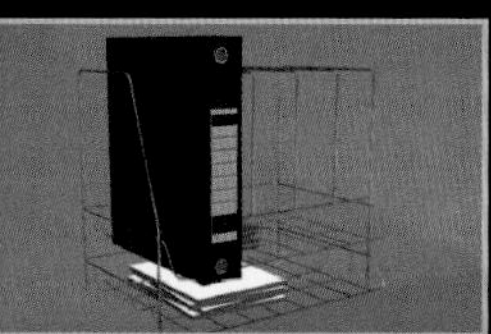
实战操作109 YZ轴镜像

实战操作110 ZX轴镜像

实战操作111 移动阵列

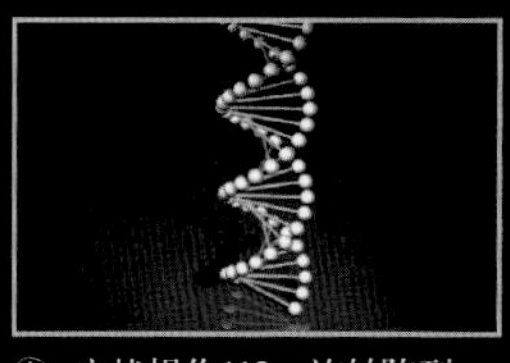
实战操作112 旋转阵列

实战操作113 缩放阵列

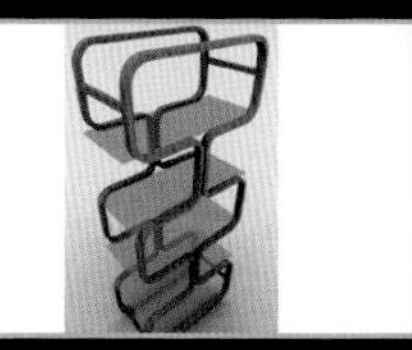
实战操作114 按计数间隔复制

实战操作115 按间距间隔复制

实战操作119 创建长方体

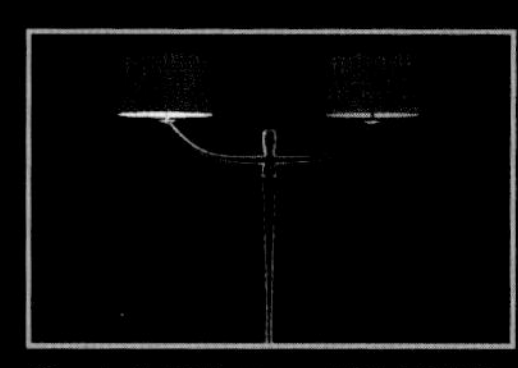
实战操作120 创建圆锥体

实战操作121 创建球体

实战操作122 创建几何球体

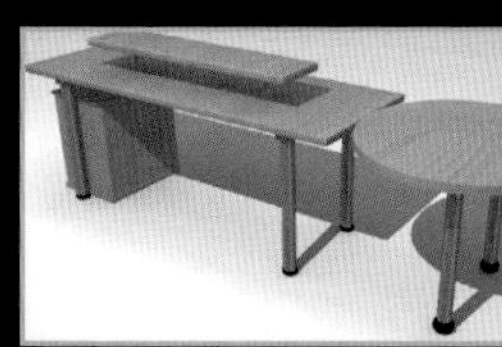
实战操作125 创建圆环

实战操作126 创建四棱锥

实战操作128 创建平面

实战操作130 创建环形结

实战操作131 创建切角长方体

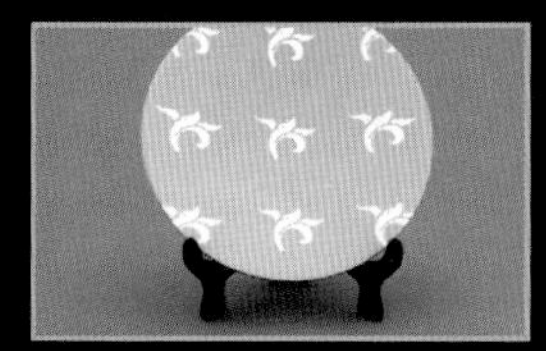
实战操作132 创建切角圆柱体

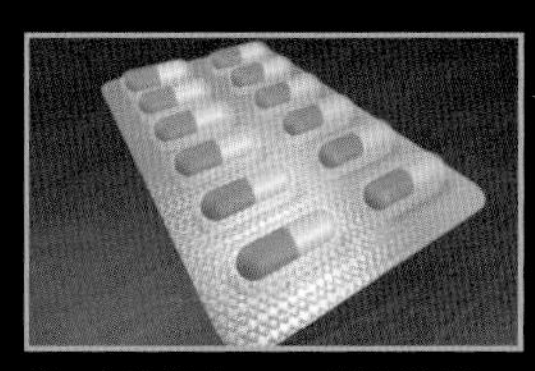
实战操作134 创建胶囊

实战操作137 创建球棱柱

实战操作138 创建C-Ext

实战操作142 创建线

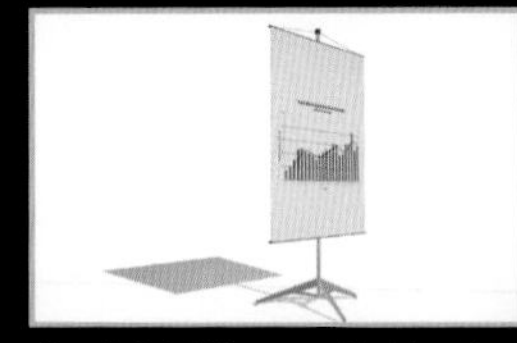
实战操作143 创建矩形

实战操作144 创建圆

实战操作146 创建弧

实战操作147 创建圆环

实战操作148 创建多边形

实战操作149 创建星形

实战操作154 创建墙矩形

实战操作155 创建通道

实战操作156 创建角度

实战操作157 创建T形

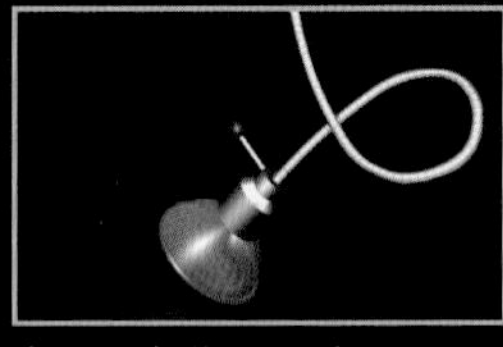
实战操作158 编辑Bezier角点

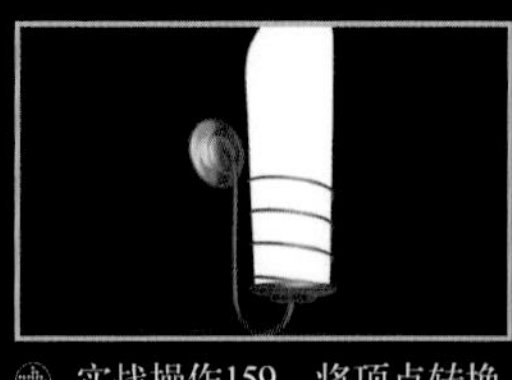
实战操作159 将顶点转换为平滑

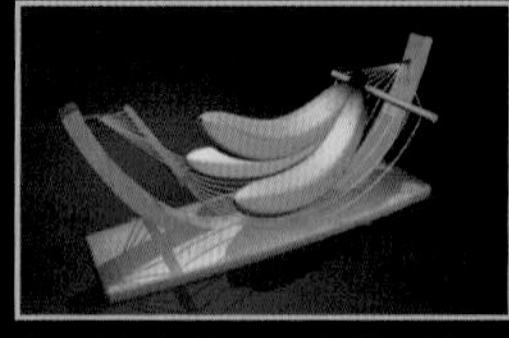
实战操作162 焊接顶点

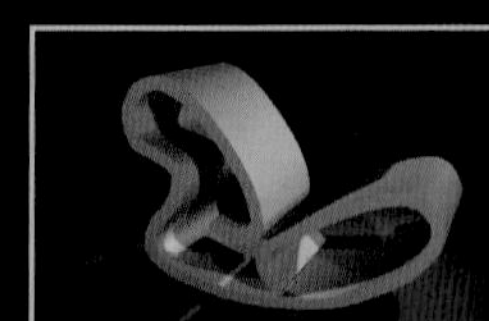
实战操作164 切角顶点

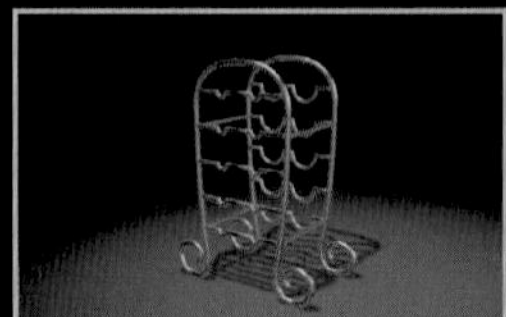
实战操作165 插入线段

实战操作166 拆分线段

实战操作168 附加单个样条线

实战操作170 设置样条线轮廓

实战操作171 修剪样条线

实战操作172 并集二维样条线

实战操作174 交集二维样条线

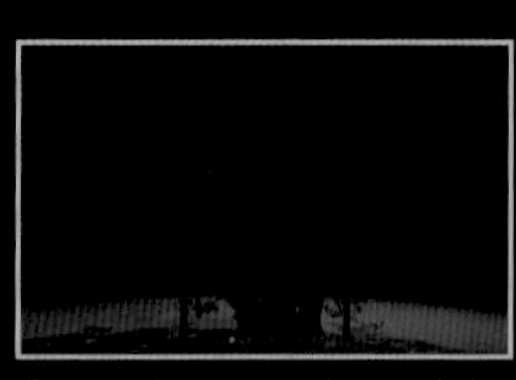
实战操作175 创建孟加拉菩提树

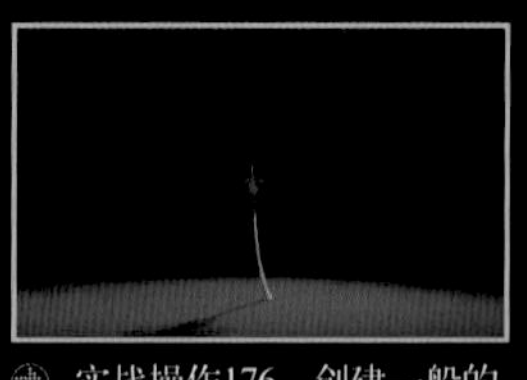
实战操作176 创建一般的棕榈

实战操作177 创建苏格兰松树

实战操作178 创建丝兰

实战操作179 创建蓝色的针松

实战操作180 创建美洲榆

实战操作181 创建垂柳

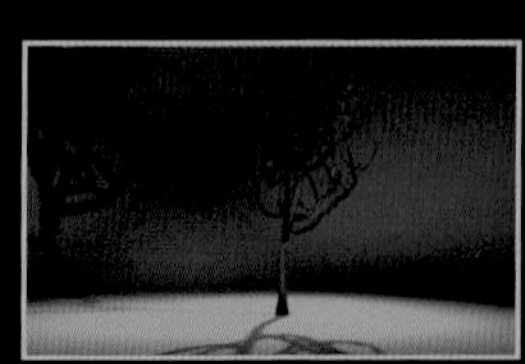
实战操作182 创建大戟属植物

实战操作183 创建芳香蒜

实战操作184 创建大丝兰

实战操作185 春天的日本樱花

实战操作186 创建一般的橡树

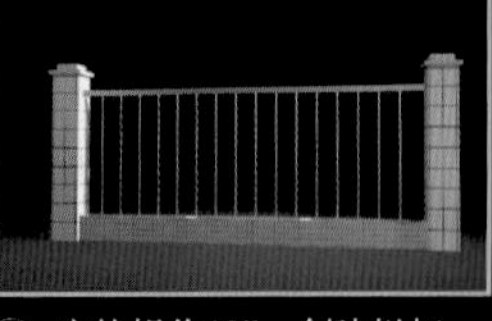
实战操作187 创建栏杆

实战操作188 创建墙

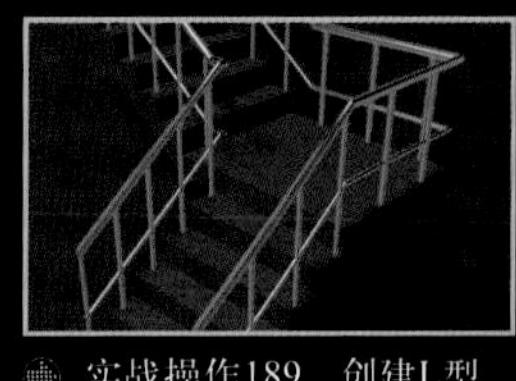
实战操作189 创建L型楼梯

实战操作190 创建直线型楼梯

实战操作191 创建U型楼梯

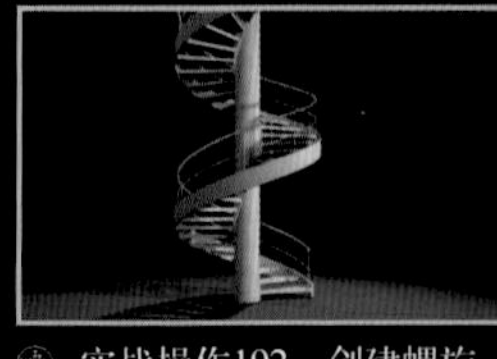
实战操作192 创建螺旋楼梯

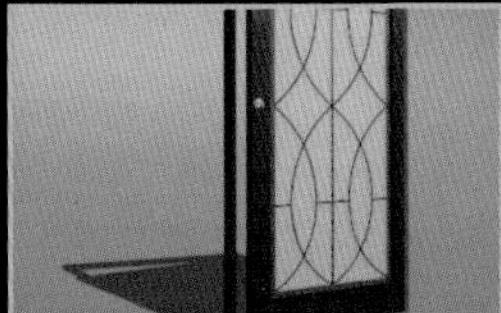
实战操作193　创建枢轴门

实战操作194　创建推拉门

实战操作195　创建折叠门

实战操作196　创建遮篷式窗

实战操作197　创建平开窗

实战操作198　创建固定窗

实战操作199　创建旋开窗

实战操作200　创建伸出式窗

实战操作201　创建推拉窗

实战操作202　“挤出”修改器

实战操作203　“倒角”修改器

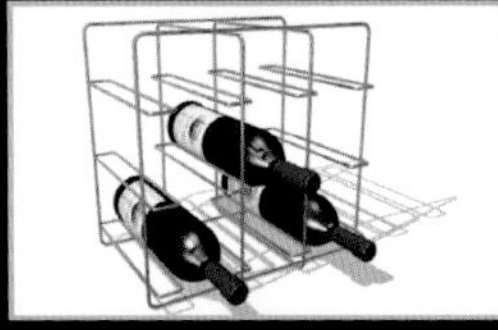
实战操作204　“车削”修改器

实战操作205　“贴图缩放器”修改器

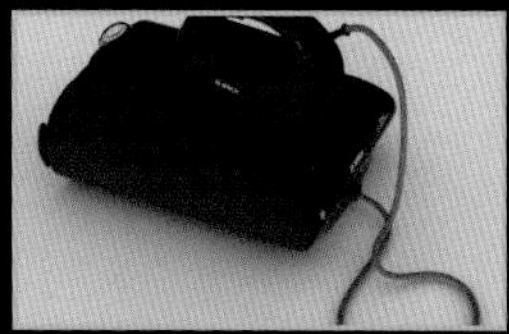
实战操作206　“路径变形”修改器

实战操作207　“倒角剖面”修改器

实战操作209　“删除网格”修改器

实战操作210　“替换”修改器

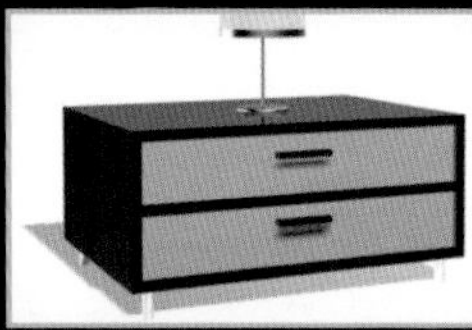
实战操作211　“圆角/切角”修改器

实战操作212　“融化”修改器

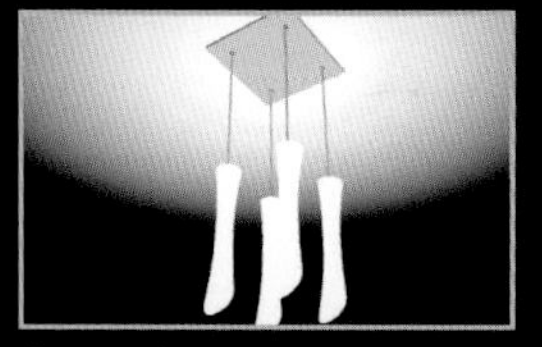
实战操作213　“扭曲”修改器

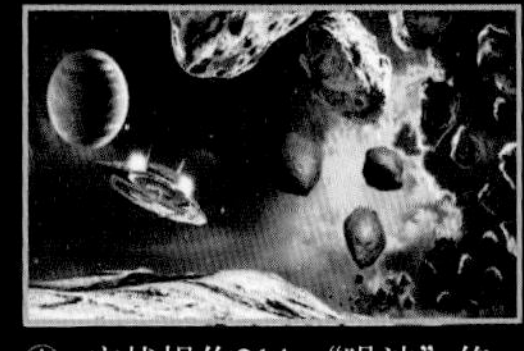
实战操作214　“噪波”修改器

实战操作216　“弯曲”修改器

实战操作217　“拉伸”修改器

实战操作218　“挤压”修改器

实战操作219　“晶格”修改器

实战操作220　“松弛”修改器

实战操作222　“材质”修改器

实战操作223　“壳”修改器

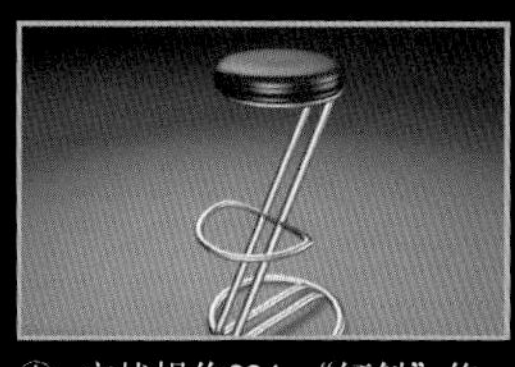
实战操作224　“倾斜”修改器

实战操作225　“优化”修改器

实战操作226　“切片”修改器

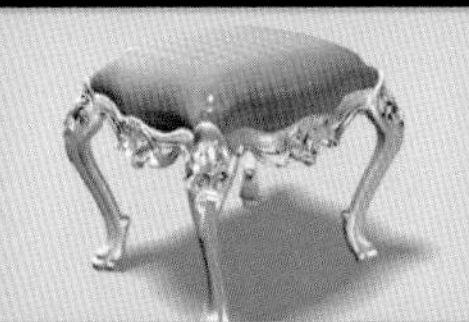
实战操作227　“平滑”修改器

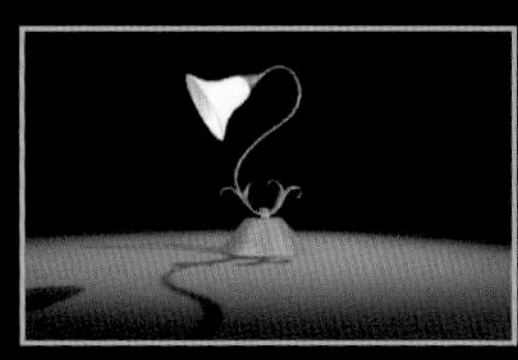
实战操作228　“锥化”修改器

实战操作229　“球形化”修改器

实战操作230　创建变形

实战操作233　设置重复数与分布方式

实战操作236　设置显示

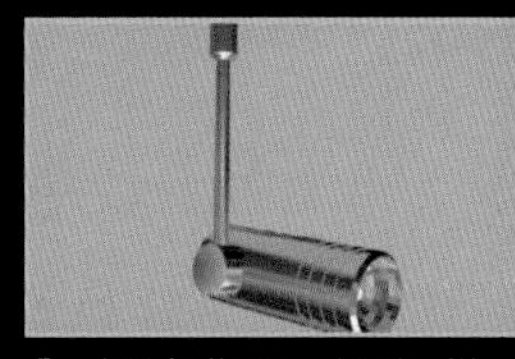
实战操作240　设置平滑

实战操作242　拾取水滴对象

实战操作243　ProCutter工具

实战操作244 "图形合并"工具

实战操作245 差集运算

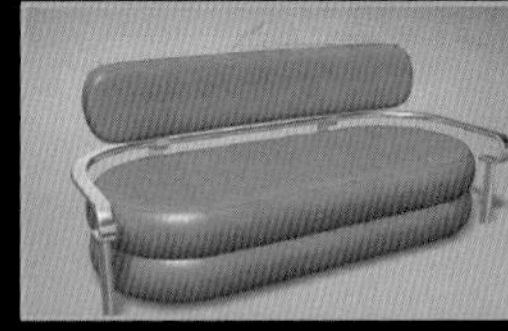
实战操作246 并集运算

实战操作249 缩放变形

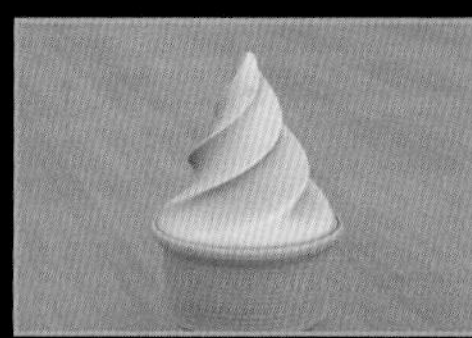
实战操作250 扭曲变形

实战操作251 拟合变形

实战操作253 创建地形复合对象

实战操作256 倒角多边形

实战操作259 创建四边形面片

实战操作264 倒角面片

实战操作266 创建切角

战操作285 创建点曲面

实战操作286 创建CV曲面

实战操作290 创建车削曲面

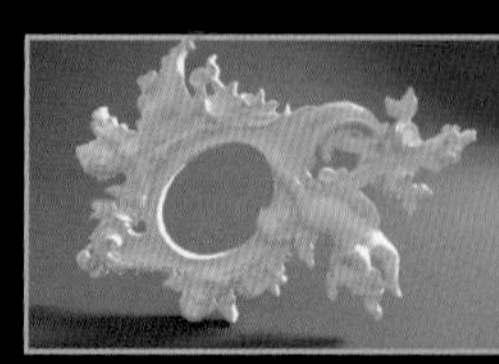
实战操作312 设置环境光

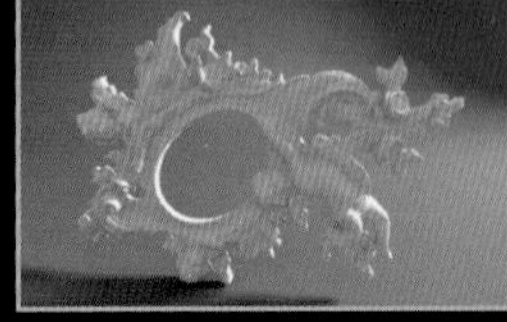
实战操作314 设置高光反射

实战操作315 设置材质的不透明度

实战操作316 设置材质的自发光

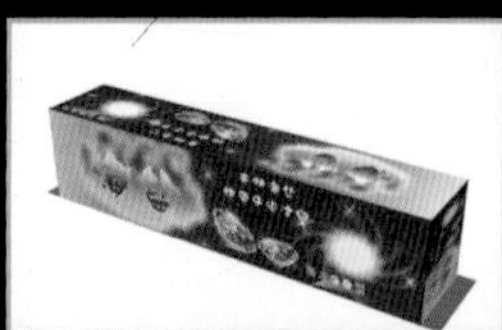
实战操作317 创建多维/子材质

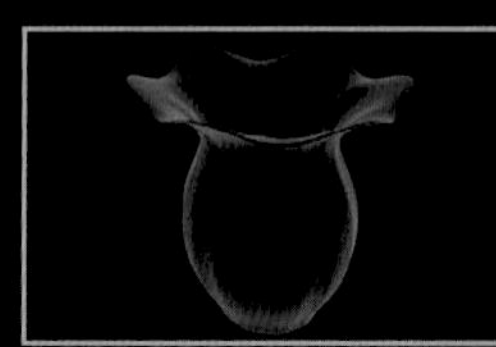
实战操作318 创建光线跟踪材质

实战操作319 创建双面材质

实战操作320 创建壳材质

实战操作321 创建混合材质

实战操作322 创建虫漆材质

实战操作323 创建顶/底材质

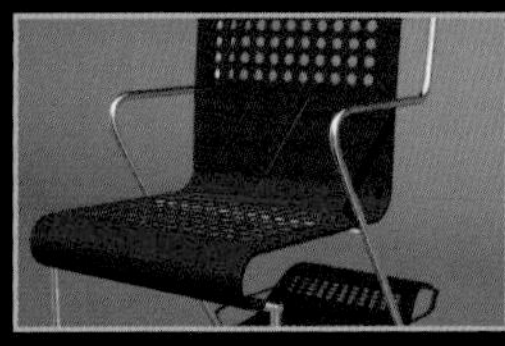
实战操作324 创建外部参照材质

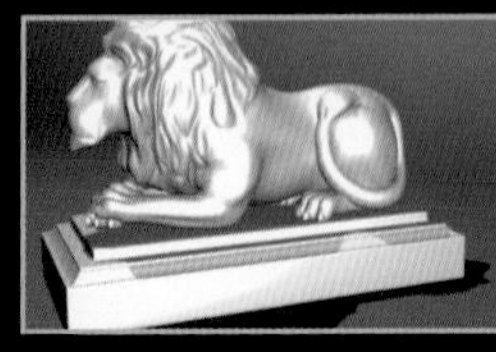
实战操作325 创建高级照明材质

实战操作326 创建合成材质

实战操作327 编辑金属材质

实战操作328 显示线框材质

实战操作329 显示双面材质

实战操作330 使用渐变贴图

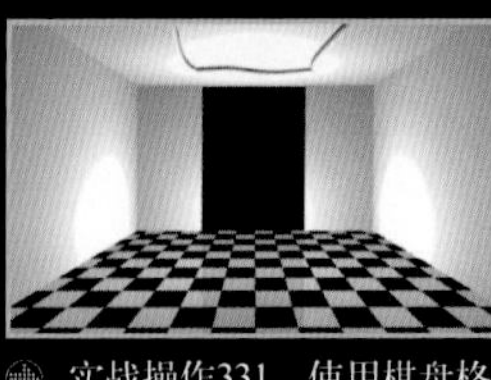
实战操作331 使用棋盘格贴图

实战操作332 使用位图贴图

实战操作334 使用漫反射颜色贴图通道

实战操作335 使用凹凸贴图通道

实战操作336 使用反射贴图通道

实战操作340 对齐贴图坐标

实战操作342 裁剪位图

实战操作343 创建目标聚光灯

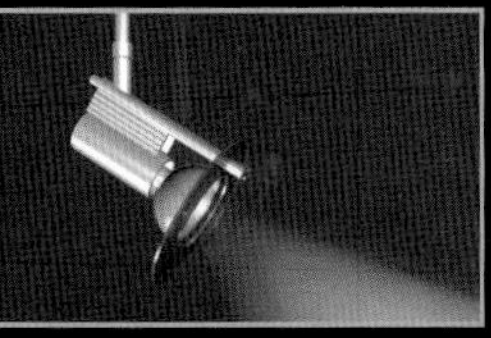
实战操作344　创建自由聚光灯

实战操作345　创建目标平行光

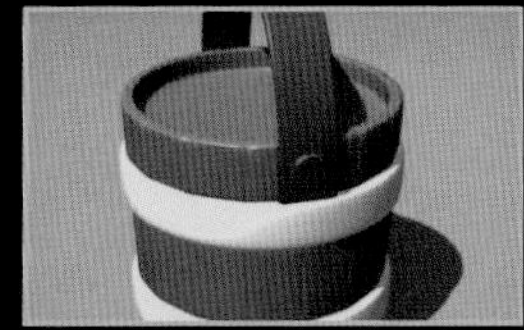
实战操作346　创建自由平行光

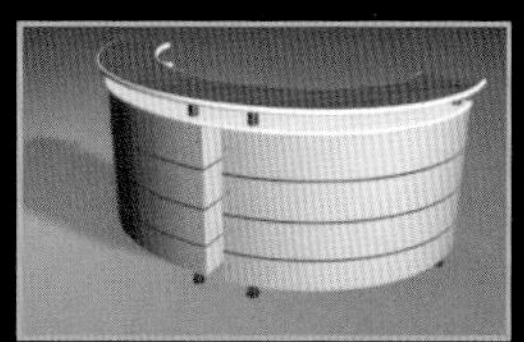
实战操作347　创建泛光灯

实战操作348　创建天光

实战操作349　创建mr Area Omni

实战操作350　创建mr Area Spot

实战操作351　创建目标灯光

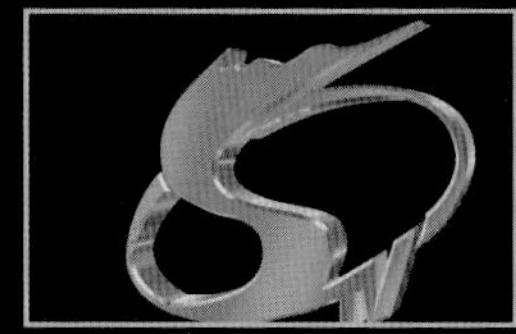
实战操作352　创建白炽灯

实战操作353　创建自由灯光

实战操作355　设置灯光强度

实战操作356　设置灯光颜色

实战操作357　使用近距衰减

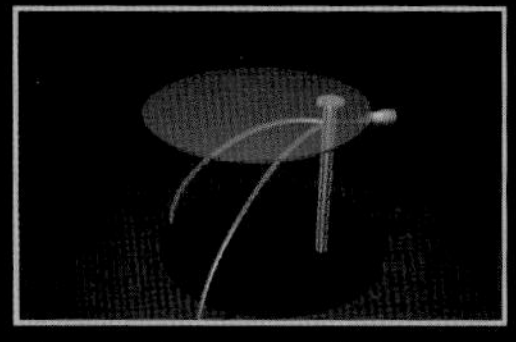
实战操作358　使用远距衰减

实战操作360　调整衰减区/区域

实战操作361　使用投影贴图

实战操作362　设置阴影颜色

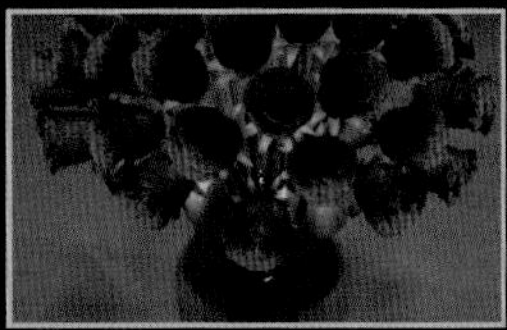
实战操作363　设置阴影贴图

实战操作364　创建目标摄影机

实战操作365　创建自由摄影机

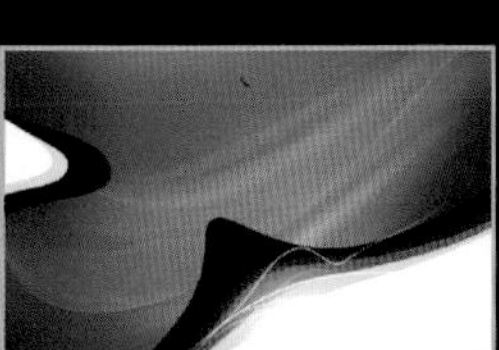
实战操作366　设置渲染背景贴图

实战操作367　设置渲染背景颜色

实战操作368　设置染色

实战操作371　使用雾效果

实战操作372　使用火焰效果

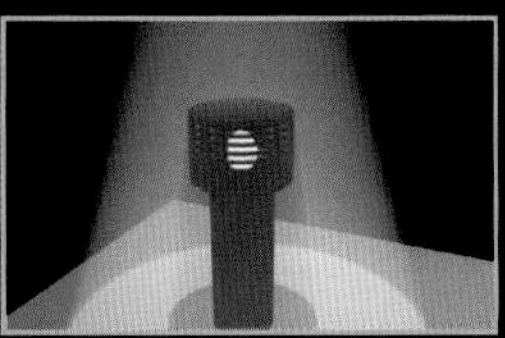
实战操作373　使用体积光效果

实战操作374　使用镜头效果

实战操作375　使用亮度和对比度效果

实战操作376　使用色彩平衡效果

实战操作377　使用胶片颗粒效果

实战操作383　为对象添加镜头效果光晕

实战操作384　执行镜头效果光晕特效

实战操作385　使用星空渲染场景

实战操作386　设置交叉衰减

实战操作397　添加循环效果

实战操作403　添加波形控制器

实战操作404　添加噪波控制器

实战操作405　使用链接约束

实战操作407　创建喷射

实战操作408　创建雪粒子

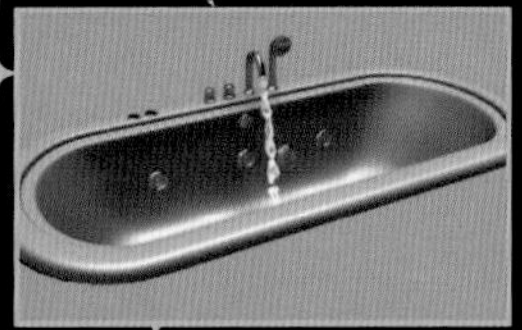
实战操作409　创建超级喷射

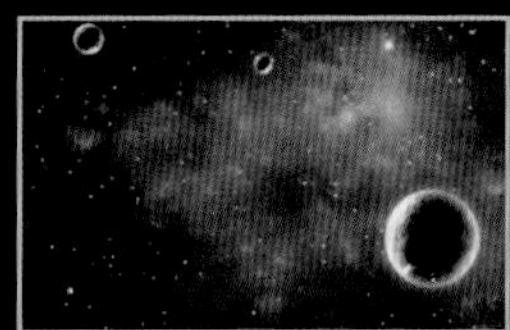
实战操作410　创建粒子云

实战操作412　调整漩涡

实战操作413　创建风

实战操作414　调整风

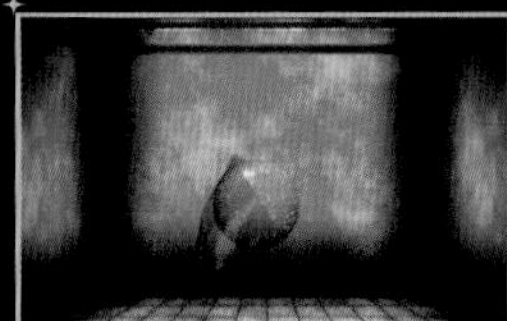
实战操作416　调整重力

实战操作419　使用导向板

实战操作420　使用波浪

实战操作421　使用涟漪

实战操作422　使用爆炸

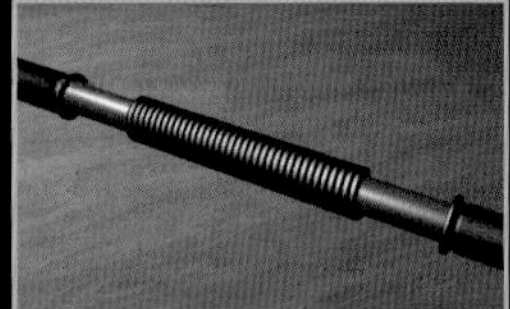
实战操作428　修改形状显示

实战操作429　创建弹簧动画

实战操作430　设置单帧渲染

实战操作438　设置最终焦距

实战操作439　调整采样精度

实战操作442　渲染背景元素

实战操作449　创建灯光

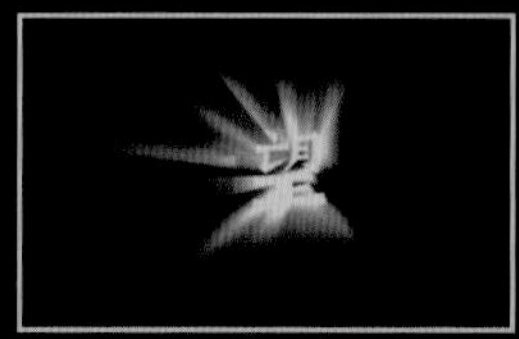
实战操作459　设置动画与渲染输出

实战操作460　瓷器质感的表现

实战操作461　玻璃质感的表现

实战操作464　木纹质感的表现

实战操作465　不锈钢质感的表现

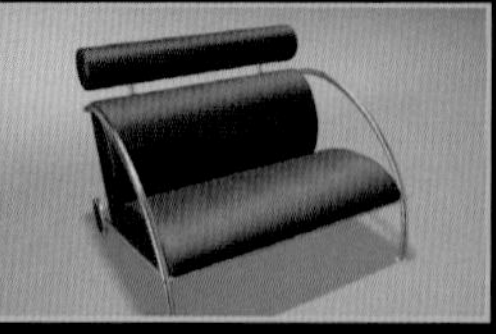
实战操作466　皮革的表现

实战操作467　大理石质感的表现

实战操作468　镜面反射材质

实战操作469　砖墙质感的表现

实战操作470　塑料质感的表现

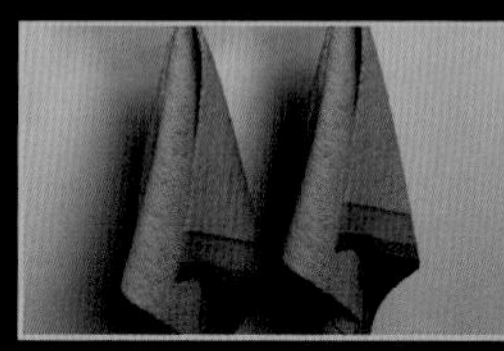
实战操作471　毛巾质感的表现

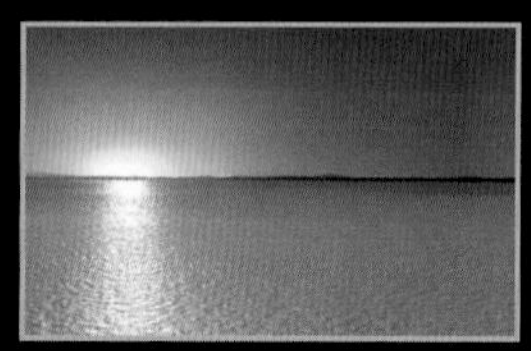
实战操作472　水质感的表现

实战操作473　梨质感的表现

实战操作476　创建灯光和摄影机

实战操作480　创建摄影机和灯光

实战操作484　创建摄影机和灯光

实战操作485　粒子系统——飘雪

实战操作487　镜头光斑——太阳耀斑

实战操作489　亮星特技——星光闪烁

实战操作494　光影动画

实战操作496　创建文字并进行编辑

实战操作507　设置特效

实战操作515　渲染输出

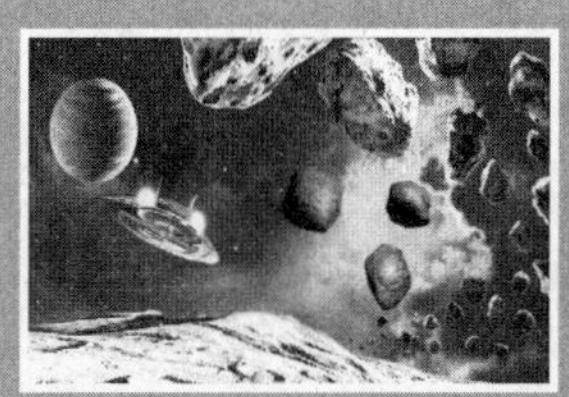

前言 Preface

随着计算机技术的飞速发展，计算机技术的应用领域也越来越广，三维动画技术以及三维动画、三维建筑效果图、三维室内装饰装修效果图随着科技的飞速发展已经应用于众多的行业中，并在我们的生活中随处可见，当我们打开电视，各种产品的广告标版、栏目片头会映入我们的眼帘。当我们走在路上，各种楼盘的宣传销售以及楼盘广告也处处可见，所有的这些立体元素都是通过三维软件制作的。而3ds Max则是一款大众化的专业三维软件，许多的三维爱好者都在学习和使用该软件，很多专业院校也针对该软件开设了3ds Max课程。

新版的3ds Max 2014在建模技术、材质编辑、环境控制、动画设计、渲染输出和后期制作等方面日趋完善；内部算法有很大的改进，提高了制作和渲染输出的速度，渲染效果达到工作站级的水准；功能和界面划分更合理，更人性化，各功能组有序地组合大大提高了三维动画制作的工作效率，以全新的风貌展现给爱好三维动画制作的人士。

本书是"完全自学教程"系列丛书中的一本，以通俗简懂的语言、循序渐进的结构，深入浅出的地讲述了3ds Max这一功能强大、应用广泛的软件，本书后面的几章内容以案例的形式列举了日常工作中常见的案例来对读者进行制作及思路的拓展。

本书内容涵盖了初识3ds Max 2014、对象的基本操作、基础建模、二维图形的创建与编辑、创建植物和建筑对象、模型的编辑与修改、复合建模、高级建模、材质与贴图、灯光与摄影机、环境与效果、基本动画、粒子与空间扭曲、渲染输出等内容。

在本书的后六章，根据当前实际应用为读者设置了"常用三维文字的制作"、"常用材质纹理的设置"、"动画制作入门与练习"、"三维造型制作入门练习"、"广告片头的制作"、"室内效果图的制作"六个领域精选实例，详细介绍了制作步骤，让读者融会贯通、举一反三，逐步精通，成为实战高手。

本书适合3ds Max的初、中级读者，如家装设计人员、公装设计人员、效果图制作人员、效果图渲染人员和动画制作人员等。

同时，本书也可供大专院校及各类培训班作为教材使用。随书配套光盘的内容为书中部分实例素材及课件。

本教程全面、详细地讲解了3ds Max的各项核心技术与精髓内容，并通过500个技能大演练，及500段视频大观摩，帮助读者在最短的时间内从入门到精通，从新手成为高手。

本书主要有以下几大优点：

- 内容全面。几乎覆盖了3ds Max 2014中文版所有选项和命令。
- 语言通俗易懂，讲解清晰，前后呼应。以最小的篇幅、最易读懂的语言来讲述每一项功能和每一个实例。
- 实例丰富，技术含量高，与实践紧密结合。每一个实例都倾注了作者多年的实践经验，每一个功能都经过技术认证。
- 版面美观，图例清晰，并具有针对性。每一个图例都经过作者精心策划和编辑。只要仔细阅读本书，就会发现从中能够学到很多知识和技巧。

本书主要由段晖、张建勇、李少勇编写，参与编写的还有刘蒙蒙、徐文秀、任大为、葛伦、高甲斌、刘鹏磊、于海宝、孟智青、张林、王雄健、吕晓梦、宫如峰、刘志富、李向瑞、荣立峰、李娜、王玉、刘峥、张云、贾玉印、刘杰、罗冰、任龙飞、张花、陈月娟、陈月霞、刘希林、黄健、黄永生、田冰、徐昊，北方电脑学校的刘德生、宋明、刘景君老师，德州职业技术学院计算机系的张锋、相世强、徐伟伟、王海峰等几位老师，在此一并表示感谢。

由于水平所限，书中如有不妥之处，恳请广大读者批评指正。

编著者

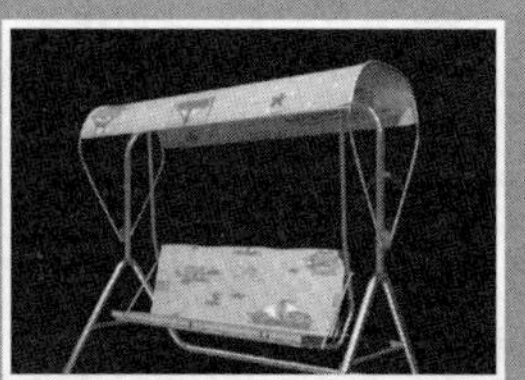

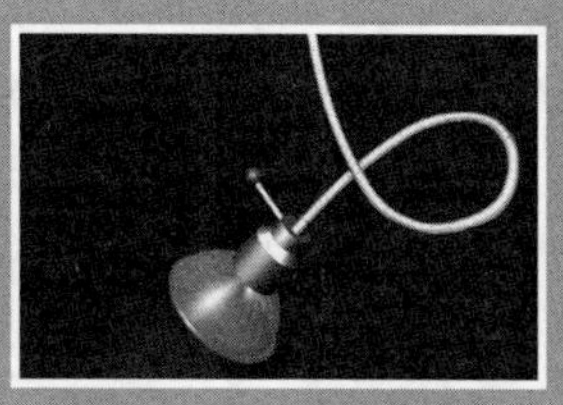

目录 Contents

第1章　熟悉3ds Max 2014

第2章　对象的基本操作

第3章　基础建模

第4章 二维图形的创建和编辑

第5章 创建植物和建筑对象

第6章 模型的编辑与修改

第7章 复合建模

第8章 高级建模

第9章 材质与贴图

第10章 灯光与摄影机

第11章　环境与效果

第12章　基本动画

第13章　粒子系统与空间扭曲

第14章 渲染输出

第15章 常用三维文字的制作

第16章 常用材质的设置与表现

第17章 三维造型制作入门与练习

第18章 动画制作入门与练习

第19章 广告片头的制作

第20章 室内效果图设计

第1章 Chapter 01

熟悉3ds Max 2014

本章主要介绍3ds Max 2014中文版的基础知识，包括安装、启动、退出3ds Max 2014系统。3ds Max属于单屏幕操作软件，它所有的命令和操作都在一个屏幕上完成，不用进行切换，这样可以节省大量的工作时间，同时创作也更加直观明了。作为一个3ds Max的初级用户，在没有正式使用和掌握这个软件之前，首先学习和适应软件的工作环境及基本的文件操作是非常重要的。

1.1 3ds Max 2014的安装、启动与退出

在学习3ds Max 2014之前，首先要了解软件的安装、启动与退出，这样才能更好地学习3ds Max 2014，本节将介绍3ds Max 2014的安装、启动与退出。

实战操作001 安装3ds Max 2014

素材：无	难度：★★★★★
场景：无	视频：视频\Cha01\实战操作001.avi

3ds Max 2014的安装方法非常简单，具体操作步骤如下。

01 将安装光盘插入到光驱中，打开“我的电脑”，找到3ds Max 2014的安装系统，双击“Setup.exe”，弹出“安装初始化”对话框，然后在弹出的对话框中单击“安装”按钮，如下图所示。

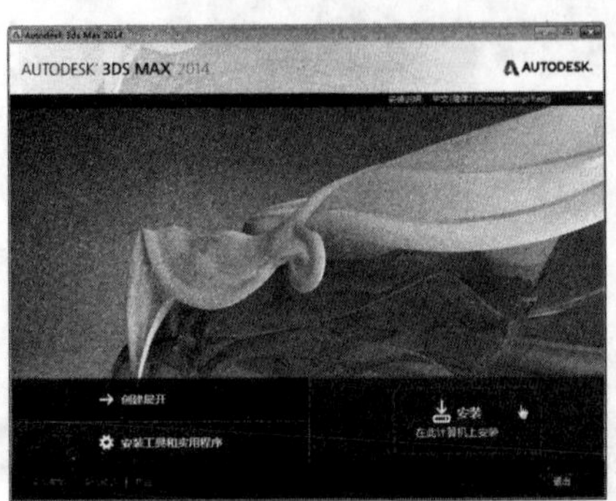

02 在弹出的对话框中单击右下角的“我接受”单选按钮，如下图所示，然后单击“下一步”按钮。

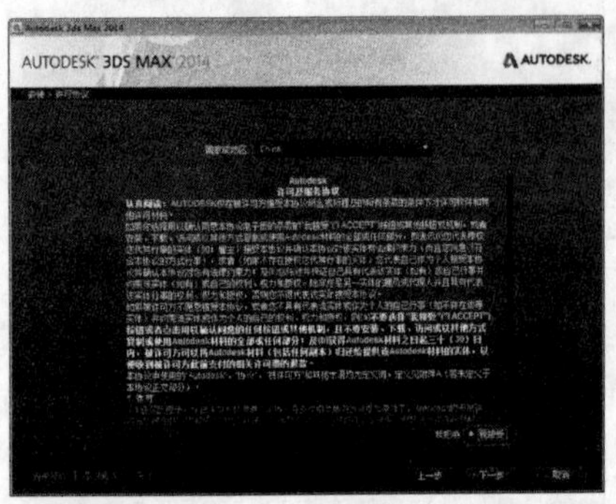

03 在弹出的对话框中，单击“我有我的产品信息”单选按钮，然后输入“序列号”和“产品密钥”，如下图所示，输入完成后单击“下一步”按钮。

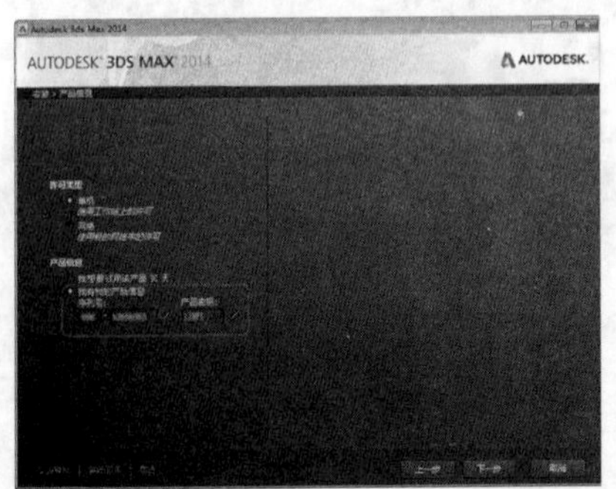

04 在弹出的对话框中指定安装的路径，如下图所示。

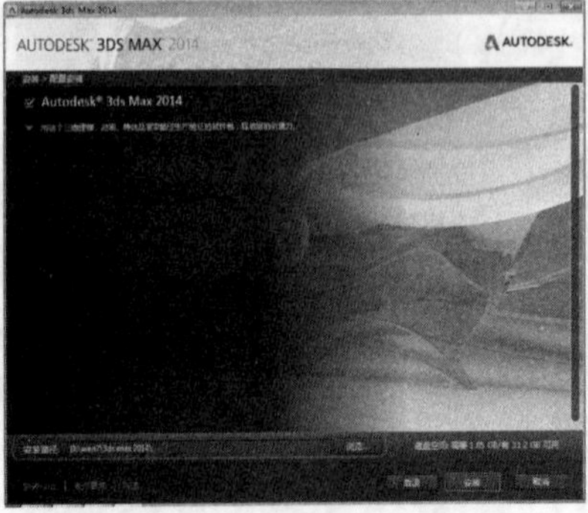

05 单击“安装”按钮，弹出如下图所示的安装进度对话框。

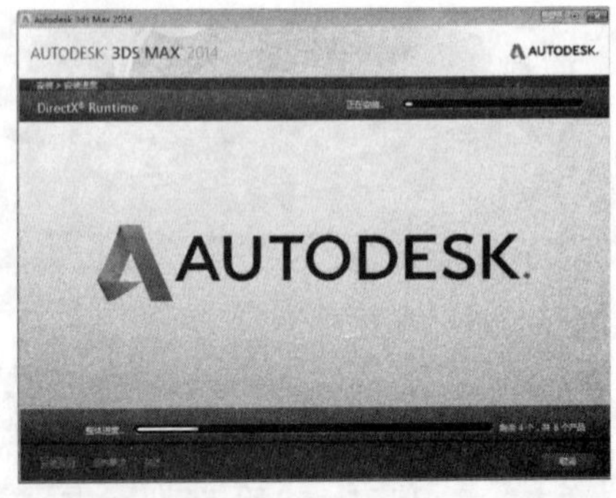

06 安装完成之后，弹出如下图所示的对话框，单击“完成”按钮即可。

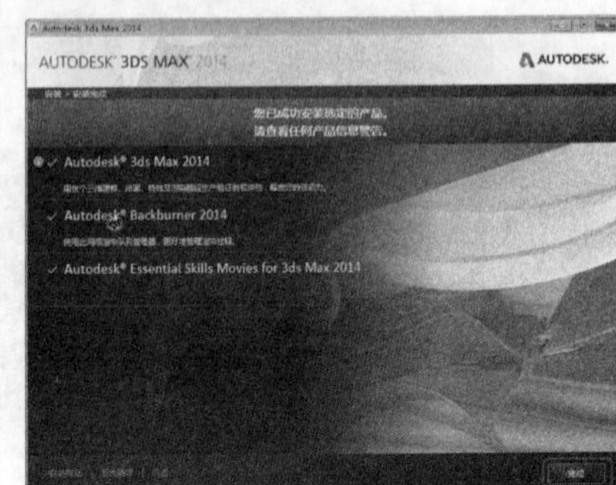

专家提醒

上面介绍的3ds Max 2014是在Windows 7系统上安装的，如果在Windows XP系统上安装，将不支持中文。

实战操作002 启动与退出3ds Max 2014

素材：无	难度：★★★★★
场景：无	视频：视频\Cha01\实战操作002.avi

安装完软件后，首先要学习如何启动和退出该软件，具体操作步骤如下。

01 单击“开始”按钮，在弹出的菜单中选择“所有程序”|“Autodesk”|“Autodesk 3ds Max 2014”|“Autodesk 3ds Max 2014-Simplified Chinese”选项，如下图所示。

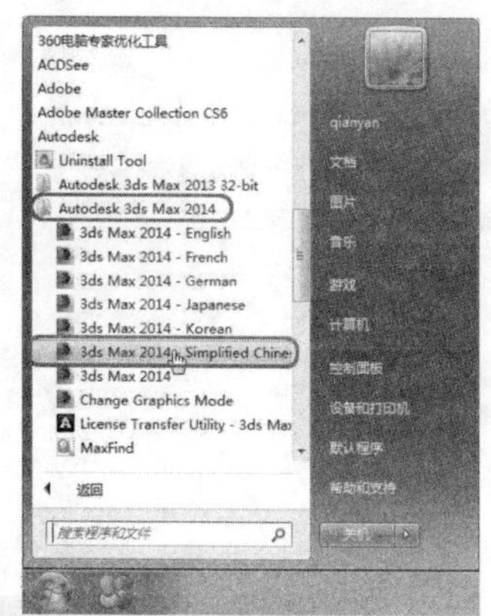

02 执行该命令后，即可弹出启动3ds Max 2014，如下图所示。

03 同样，退出3ds Max 2014的方法也非常简单，在3ds Max 2014中单击该窗口右上角的“关闭”按钮，或者在标题栏上右击鼠标，在弹出的快捷菜单中选择“关闭”命令，如下图所示。

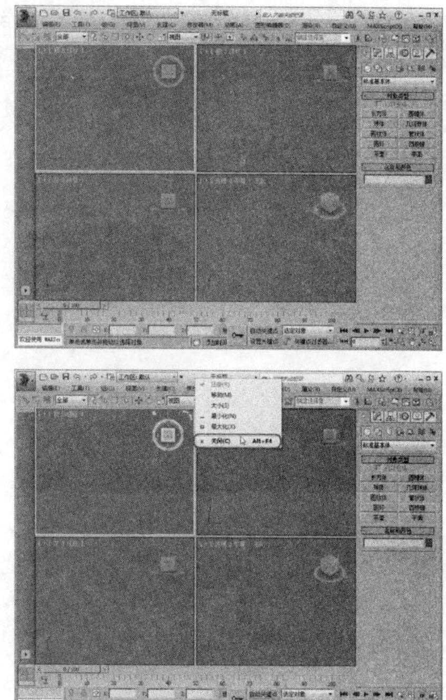

04 还可以单击“应用程序”按钮，在弹出的下拉列表中选择“退出3ds Max”命令，如下图所示。

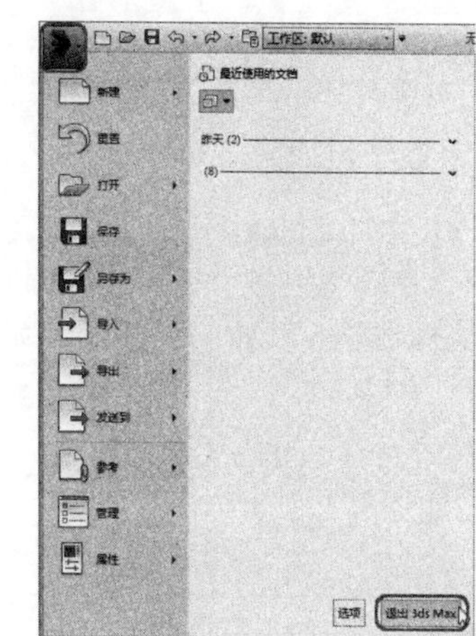

专家提醒

除了上述方法外，用户还可以双击桌面上的快捷方式图标，或选择该图标，然后右击鼠标，在弹出的快捷菜单中选择“打开”命令。

1.2 文件操作

在3ds Max 2014中，首先必须掌握的是文件的基本操作，只有了解文件的基础操作，才可以更好地学习3ds Max 2014。

实战操作003 新建文件

素材：无	难度：★★★★★
场景：无	视频：视频\Cha01\实战操作003.avi

在启动3ds Max 2014应用程序时，都会新建一个Max文件。在制作Max场景时，总会需要创建一个新的Max文件，下面介绍怎样在3ds Max 2014中通过命令来新建文件。

01 在3ds Max中单击“应用程序”按钮，在弹出的下拉菜单中选择“新建”|“新建全部”选项，如下图所示。

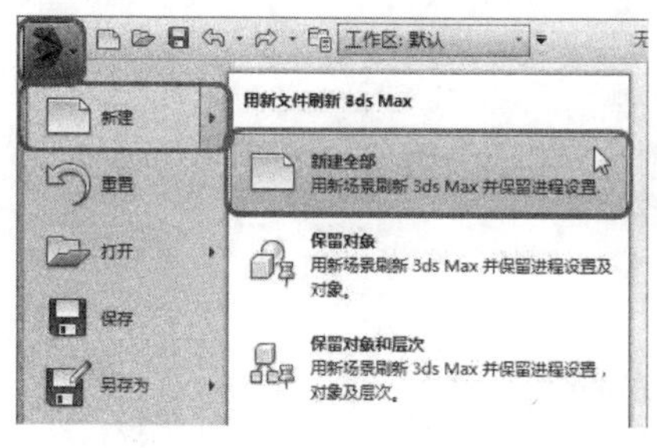

02 执行该操作后，即可新建一个空白文件，如果需要新建的文件修改后未保存，新建时，系统会弹出如右图所示的提示对话框。

专家提醒

除了可以通过上述方法新建文件外，还可以按Ctrl+N组合键创建新文档，或单击快速访问工具栏上的“新建场景”按钮来新建文档。

实战操作004 打开文件

素材：Scenes\Cha01\1-1.max	难度：★★★★★
场景：无	视频：视频\ Cha01 \实战操作004.avi

下面学习如何在3ds Max中打开文件，具体操作步骤如下。

01 在3ds Max中，单击“应用程序”按钮，在弹出的下拉菜单中选择“打开”|“打开”选项，如下图所示。

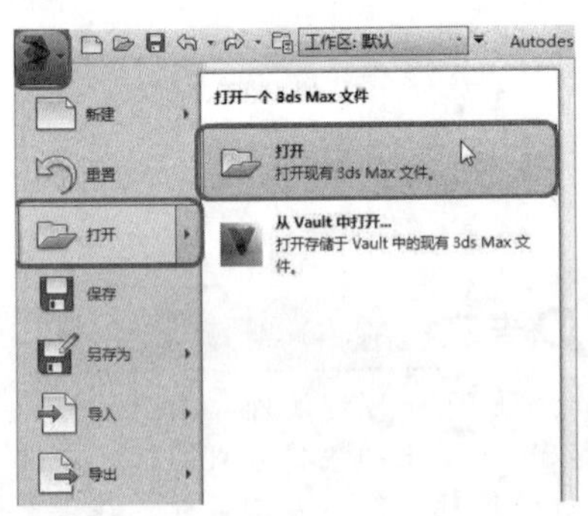

02 执行该操作后，即可打开“打开文件”对话框，在该对话框中选择“1-1.max”素材文件，如下图所示。单击“打开”按钮后，即可打开选中的素材文件。

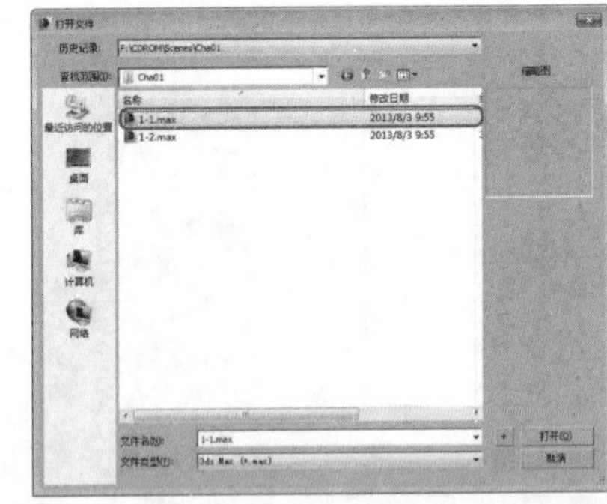

专家提醒

在3ds Max中，还有另外两种方法可以打开max文件，一种是按Ctrl+O组合键，另外一种是单击快速访问工具栏中的“打开文件”按钮。

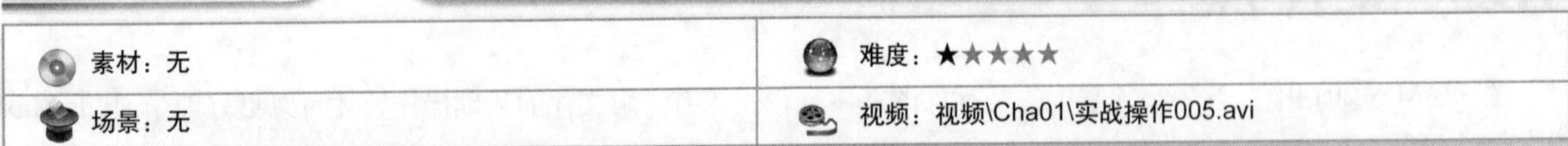

实战操作005 将文件另存为

素材：无	难度：★★★★★
场景：无	视频：视频\Cha01\实战操作005.avi

在3ds Max中，如果不想破坏当前场景，可以将该场景进行另存，具体操作步骤如下。

01 继续上面的操作，单击“应用程序”按钮，在弹出的下拉菜单中选择“另存为”|“另存为”选项，如右图所示。

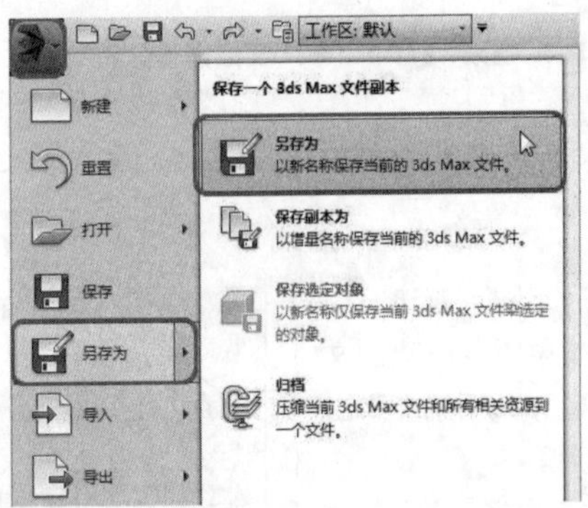

02 执行该操作后，弹出“文件另存为”对话框，如下图所示，在该对话框中设置文件的保存路径、文件名和保存类型，设置完成后单击“保存”按钮即可。

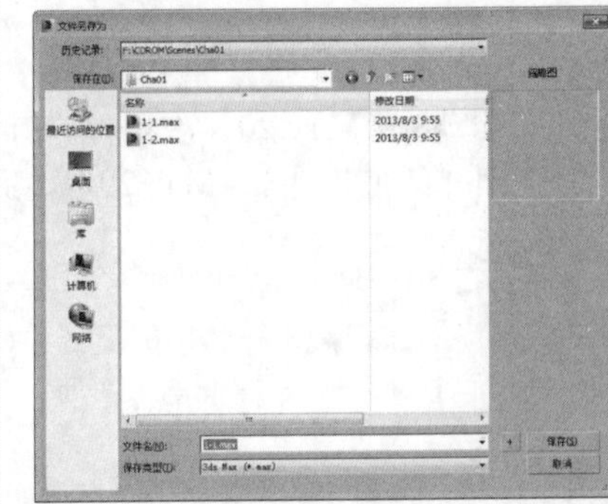

实战操作006 将文件保存为副本

素材：无	难度：★★★★★
场景：无	视频：视频\Cha01\实战操作006.avi

下面介绍如何将文件保存为副本，具体操作步骤如下。

01 继续上一实例的操作，单击“应用程序”按钮，在弹出的下拉菜单中选择“另存为”|“保存副本为”选项，如右图所示。

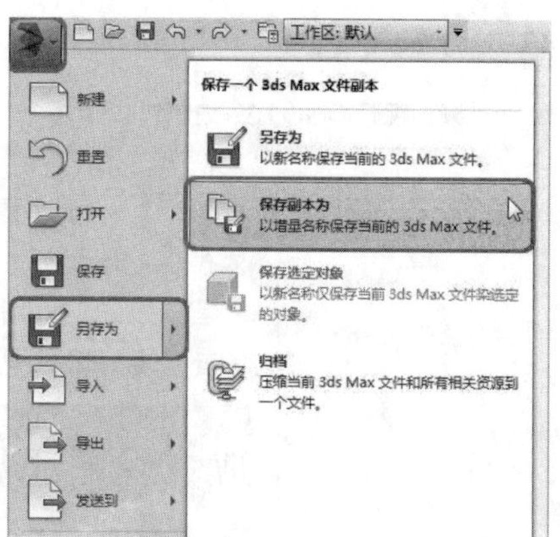

02 执行该操作后，即可打开“将文件另存为副本”对话框，如下图所示，在该对话框中设置文件的保存路径和保存类型，设置完成后单击“保存”按钮即可。

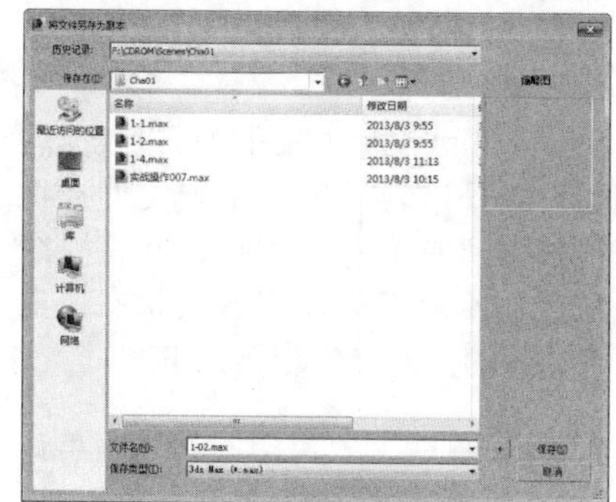

实战操作007 合并场景

 素材：Scenes\Cha01\1-1.max、1-2.max	难度：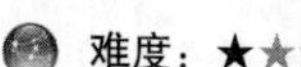
 场景：Scenes\Cha01\实战操作007.max	视频：视频\Cha01\实战操作007.avi

在3ds Max中，用户可以根据需要将两个不同的场景合并为一个，具体操作步骤如下。

01 单击“应用程序”按钮，在弹出的下拉菜单中选择“打开”|“打开”选项，打开1-1.max素材文件，如下图所示。

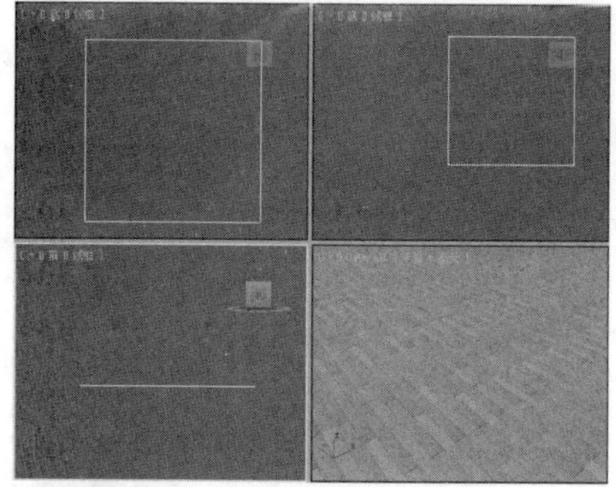

02 单击“应用程序”按钮，在弹出的下拉菜单中选择“导入”|“合并”命令，如下图所示。

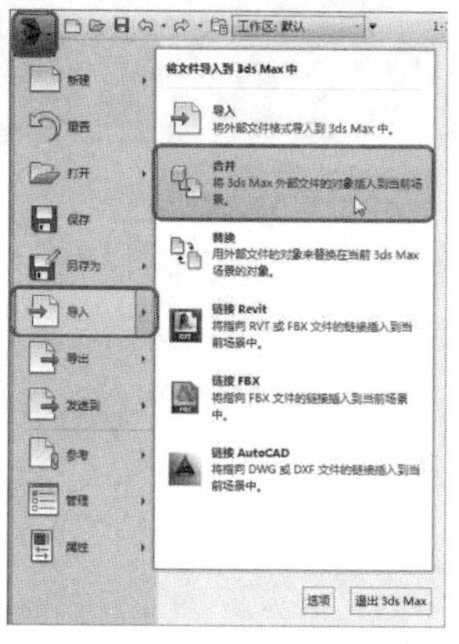

03 执行该命令后，即可打开“合并文件”对话框，在其中选择素材文件1-2.max，如下图所示，单击“打开”按钮。

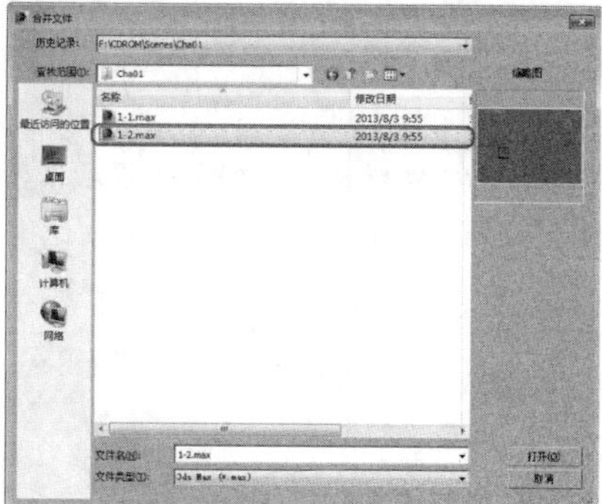

04 执行该操作后，即可打开“合并”对话框，在其中选择要合并的对象，如下图所示，单击“确定”按钮。

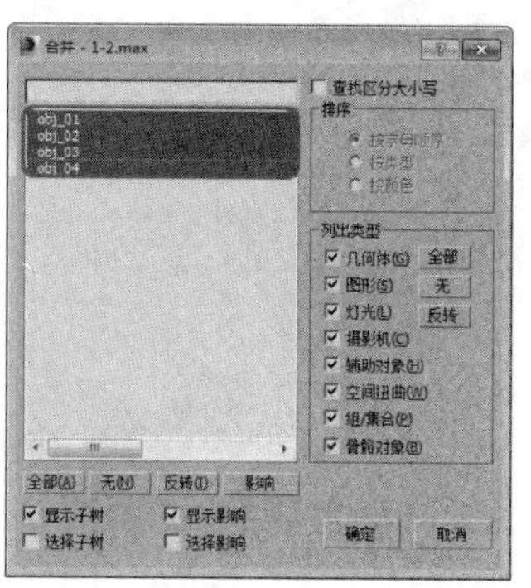

05 即可将选中的对象合并到1-1.max场景文件中，使用“选择并移动”工具调整对象的位置，调整后的效果如下图所示。

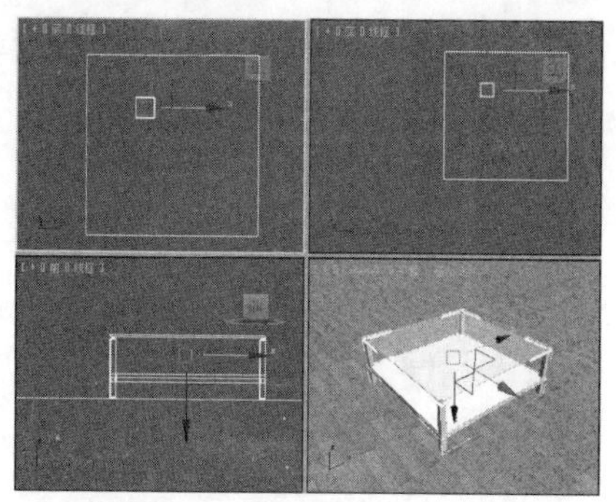

06 激活摄影机视图，按F9键进行渲染，渲染后的效果如下图所示。

实战操作008 重置文件

素材：无	难度：★★★★★
场景：无	视频：视频\Cha01\实战操作008.avi

在3ds Max中，用户可以根据需要对场景进行重置，重置文件是将场景中所有的对象删除，并将视图和各项参数都恢复到默认状态，重置文件的具体操作步骤如下。

01 继续上一实例的操作，单击“应用程序”按钮，在弹出的下拉菜单中选择“重置”选项，如下图所示。

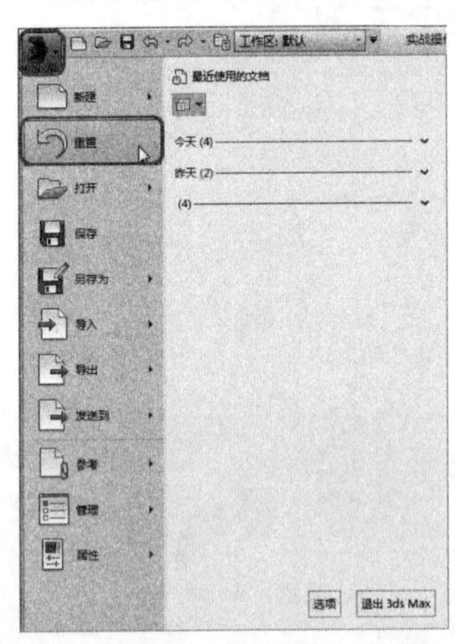

02 执行该操作后，将弹出一个提示框，如下图所示，单击“是”按钮，即可重置一个新的场景，单击“否”按钮将取消重置。

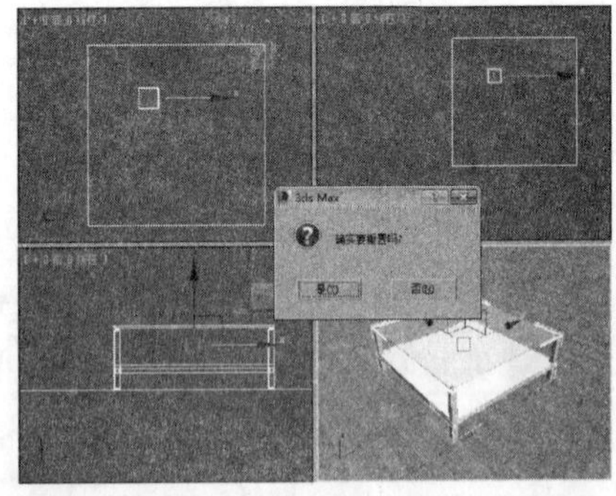

实战操作009 链接AutoCAD文件

素材：Scenes\Cha01\1-3.dwg	难度：★★★★★
场景：无	视频：视频\Cha01\实战操作009.avi

在3ds Max中，用户可以根据需要将一些非max类型的文件链接到场景中，下面介绍如何将AutoCAD文件链接到场景中，具体操作步骤如下。

01 单击“应用程序”按钮，在弹出的下拉菜单中选择“导入”|“链接AutoCAD”选项，如下图所示。

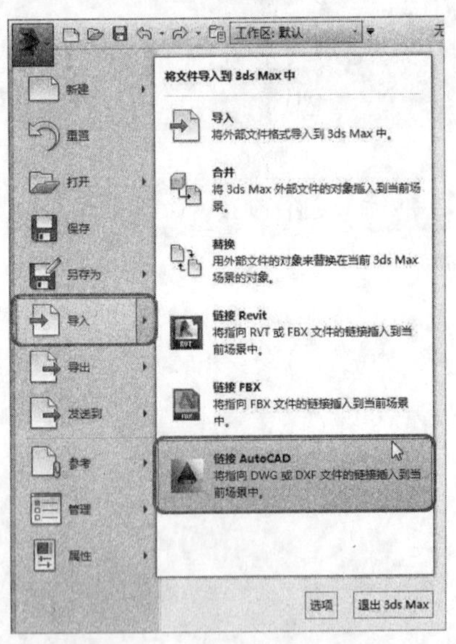

02 执行该命令后，即可弹出“打开”对话框，在该对话框中选择1-3.dwg素材文件，如下图所示，单击“打开”按钮。

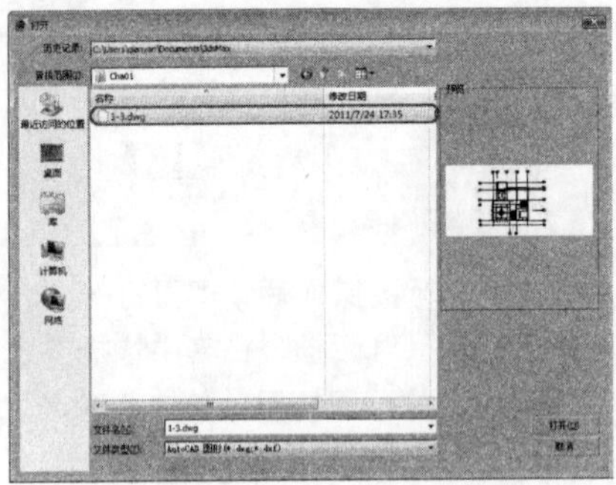

03 在弹出的“管理链接”对话框中，单击“附加该文件”按钮，如下图所示。

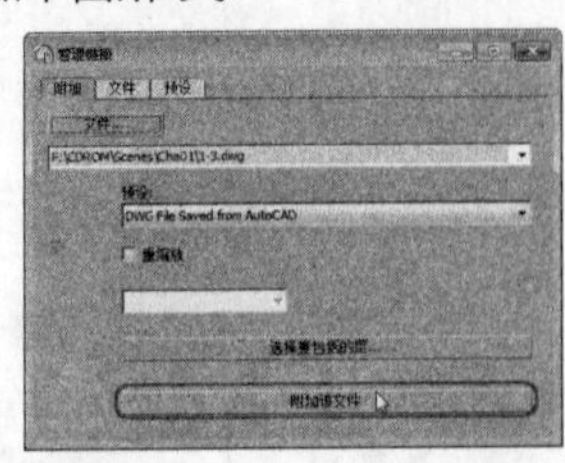

04 单击该按钮后，将该对话框关闭，即可将文件链接到场景中，如下图所示。

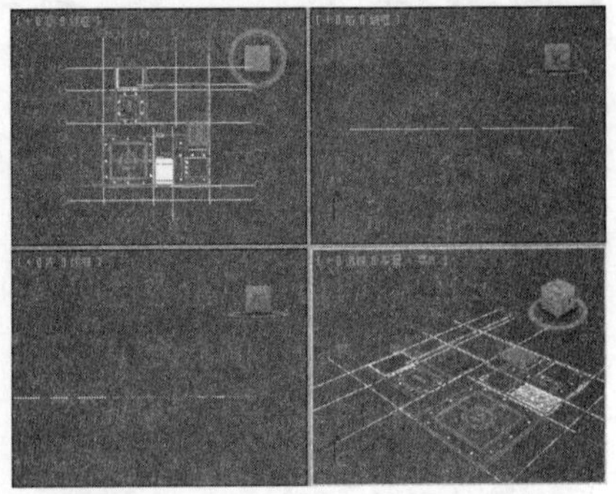

实战操作010 导出文件

素材：Scenes\Cha01\1-4.max	难度：★★★★★
场景：无	视频：视频\Cha01\实战操作010.avi

在3ds Max中，不仅可以将其他格式的文件导入到场景中，还可以将当前场景中的文件导出为其他文件格式，具体操作步骤如下。

01 按Ctrl+O组合键，打开1-4.max素材文件,如下图所示。

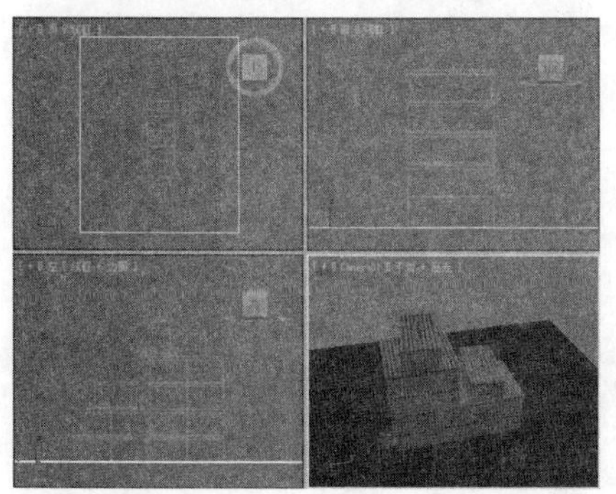

02 单击“应用程序”按钮，在弹出的下拉菜单中选择“导出”|“导出”选项，如下图所示。

03 执行该操作后，即可打开“选择要导出的文件”对话框，如下图所示，在该对话框中设置文件的导出路径、文件名和保存类型，在此将保存类型设置为“AutoCAD（*.DWG）”格式。

04 设置完成后，单击“保存”按钮，弹出“导出到AutoCAD文件”对话框，如下图所示，单击“确定”按钮，即可将文件导出成DWG格式的。

实战操作011 查看文件属性

素材：无	难度：★★★★★
场景：无	视频：视频\Cha01\实战操作011.avi

在3ds Max中进行操作时，可以根据需要查看文件的属性，以便更好地在场景文件中进行操作，查看文件属性的具体操作步骤如下。

01 继续上一实例的操作，单击“应用程序”按钮，在弹出的下拉菜单中选择“属性”|“文件属性”选项，如右图所示。

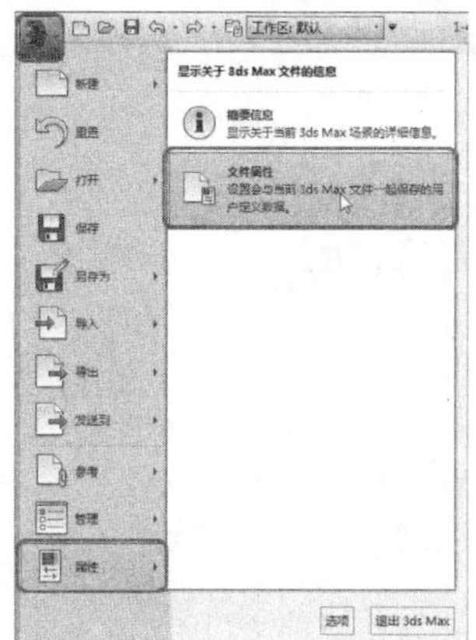

02 执行该操作后，即可弹出“文件属性”对话框，选择“内容”选项卡，可以查看文件的一些属性，如下图所示。

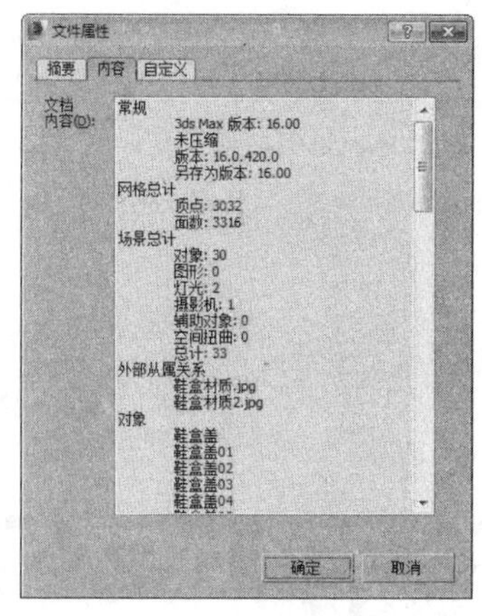

1.3 自定义工作界面

在3ds Max中，用户可以根据需要自定义 3ds Max的用户界面，其中包括菜单栏、工具栏、快捷键和四元菜单。本节将对其进行简单介绍。

实战操作012 自定义快捷键

素材：无	难度：★★★★★
场景：无	视频：视频\Cha01\实战操作012.avi

在3ds Max中，对于一些没有快捷键的选项，用户可以根据需要为其设置快捷键，具体操作步骤如下。

01 启动3ds Max 2014，在菜单栏中选择“自定义”|“自定义用户界面”命令，如下图所示。

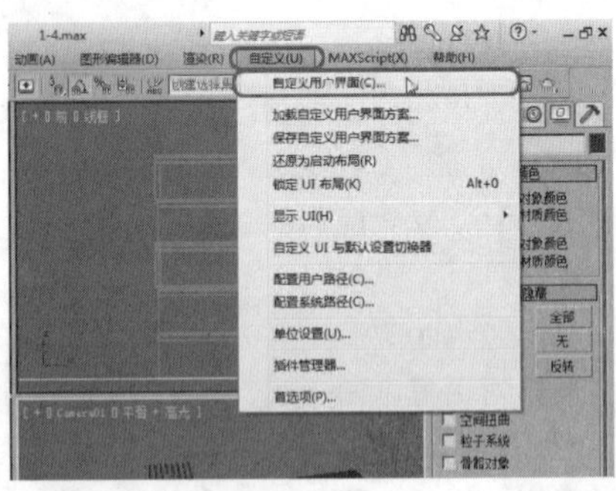

02 在弹出的对话框中选择“键盘”选项卡，在左侧列表框中选择“CV曲线”选项，在“热键”文本框中输入要设置的快捷键，例如输入Alt+Ctrl+D，如右图所示，再单击“指定”按钮，指定完成后，单击“保存”按钮即可。

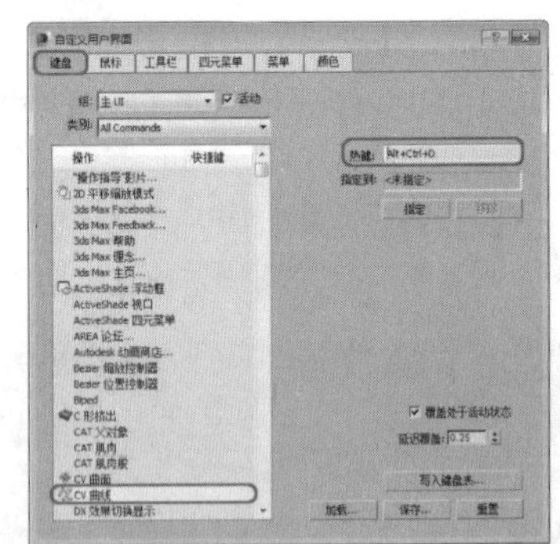

专家提醒

在3ds Max中，除了可以为选项设置快捷键外，还可以将设置的快捷键进行删除，在“键盘”选项卡中左侧的列表框中选择要删除快捷键的选项，然后单击“移除”按钮即可。

实战操作013 自定义快速访问工具栏

素材：无	难度：★★★★★
场景：无	视频：视频\Cha01\实战操作013.avi

在3ds Max中，用户可以根据需要将不同的工具添加到快速访问工具栏中，具体操作步骤如下。

01 在菜单栏中选择“自定义”|“自定义用户界面”命令，在弹出的对话框中选择“工具栏”选项卡，在左侧列表框中选择“3ds Max帮助”，按住鼠标将其拖拽到“快速访问工具栏”列表框中，如下图所示。

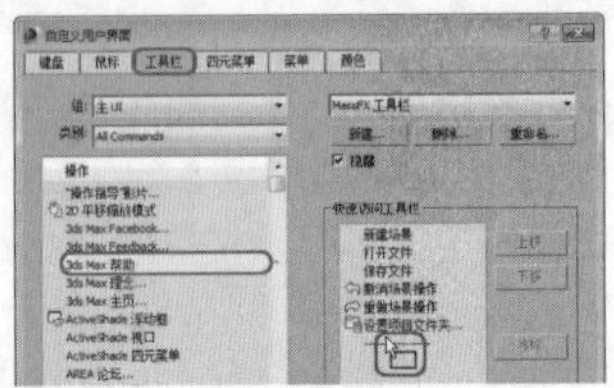

02 添加完成后，将该对话框关闭，即可在快速访问工具栏中找到添加的按钮，如右图所示。

专家提醒

同样，用户也可以将快速访问工具栏中的按钮删除，在要删除的按钮上右击鼠标，在弹出的快捷菜单中选择“从快速访问工具栏移除”命令，即可将该按钮删除。

实战操作014 自定义菜单

素材：无	难度：★★★★★
场景：无	视频：视频\Cha01\实战操作014.avi

下面介绍如何自定义菜单，具体操作步骤如下。

01 在菜单栏中选择“自定义”|“自定义用户界面”命令，如下图所示。

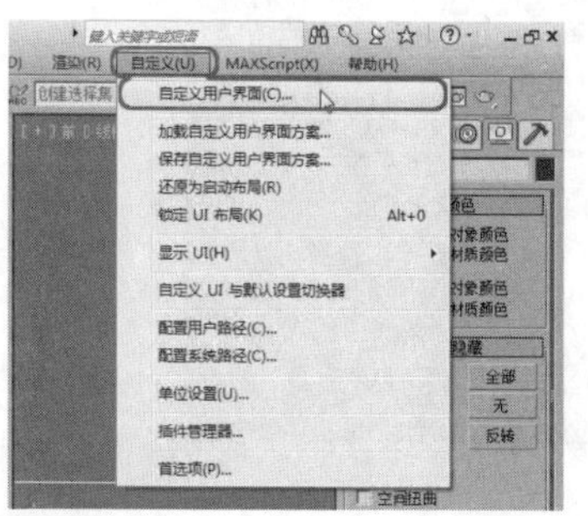

02 执行该操作后，即可打开“自定义用户界面”对话框，在该对话框中选择“菜单”选项卡，如下图所示。

03 单击“新建”按钮，在弹出的对话框中，将“名称”设置为“几何体”，如下图所示。

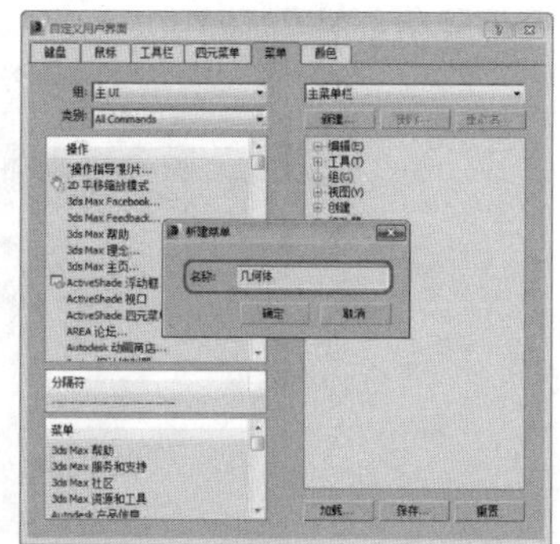

04 输入完成后，单击“确定”按钮，在左侧的“菜单”列表框中选择新添加的菜单，按住鼠标将其拖拽到右侧的列表框中，如下图所示。

05 在右侧列表框中，单击“几何体”菜单左侧的加号，选择其下方的“菜单尾”，在左侧的“操作”列表框中选择“茶壶”，将其添加到“几何体”菜单中，如下图所示。

06 使用同样的方法添加其他菜单命令，添加完成后，将该对话框关闭，即可在菜单栏中查看添加的命令，如下图所示。

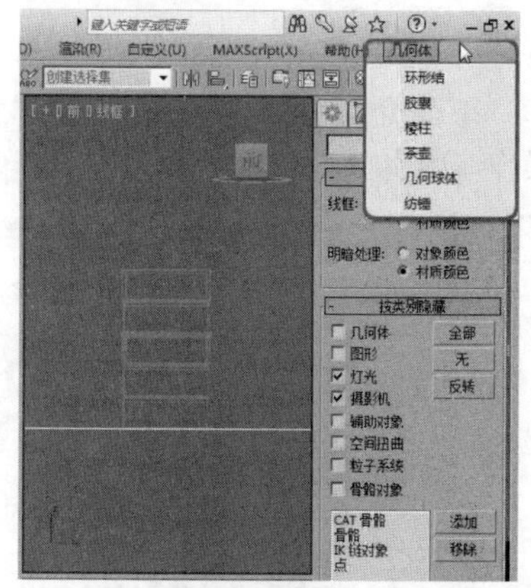

实战操作015 自定义四元菜单

 素材：无	难度：★★★★★
 场景：无	视频：视频\Cha01\实战操作015.avi

下面介绍如何自定义四元菜单，具体操作步骤如下。

01 启动3ds Max 2014，在工具栏中的空白处右击鼠标，在弹出的快捷菜单中选择“自定义”选项，如下图所示。

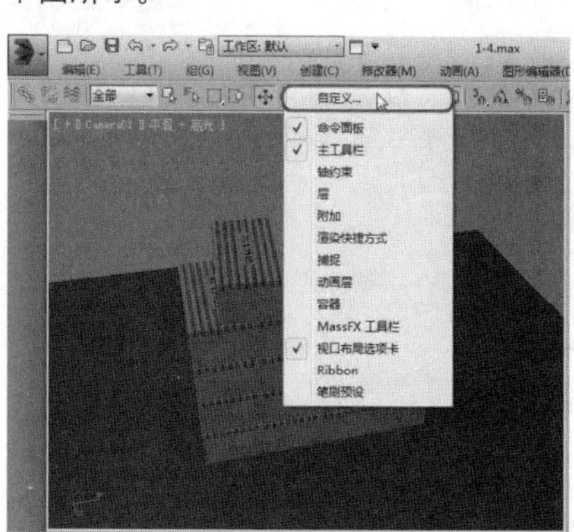

02 执行该操作后，即可打开“自定义用户界面”对话框，选择“四元菜单”选项卡，如下图所示。

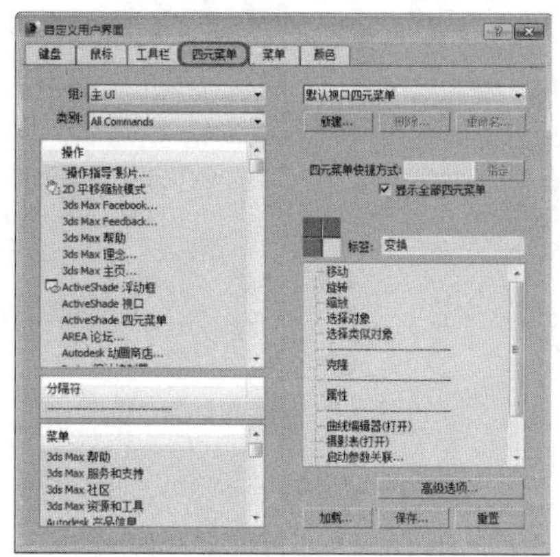

03 在左侧的“操作”列表框中选择“U型楼梯”，按住鼠标将其拖至右侧的列表框中，如下图所示。

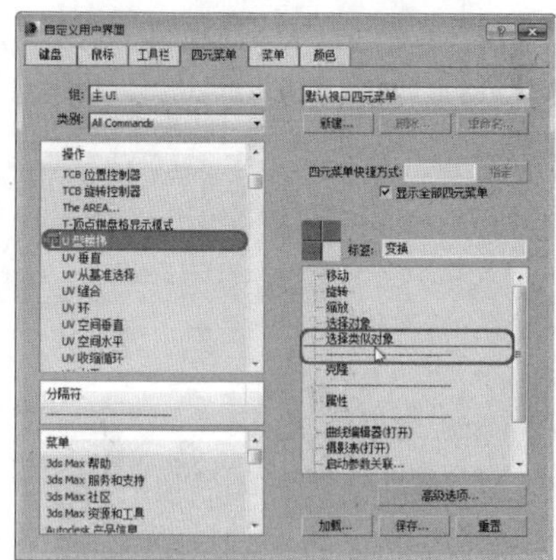

04 添加完成后，将该对话框关闭，在视图中右击鼠标，即可在弹出的快捷菜单中查看添加的命令，如右图所示。

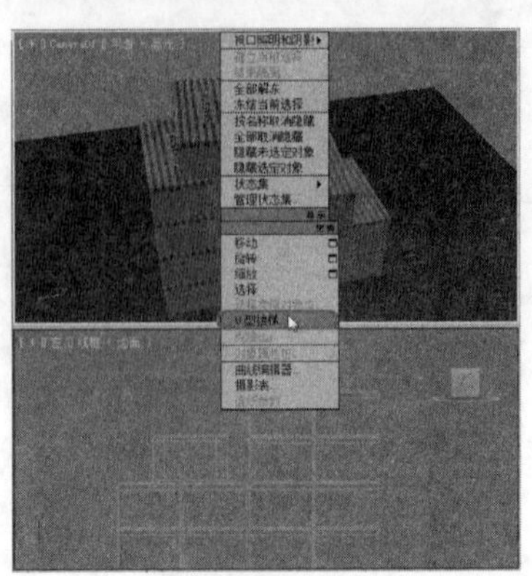

实战操作016 加载UI用户界面

素材：无	难度：★★★★★
场景：无	视频：视频\Cha01\实战操作016.avi

下面介绍如何在3ds Max中加载UI用户界面，具体操作步骤如下。

01 启动3ds Max 2014，在菜单栏中选择“自定义”|“加载自定义用户界面方案”命令，如下图所示。

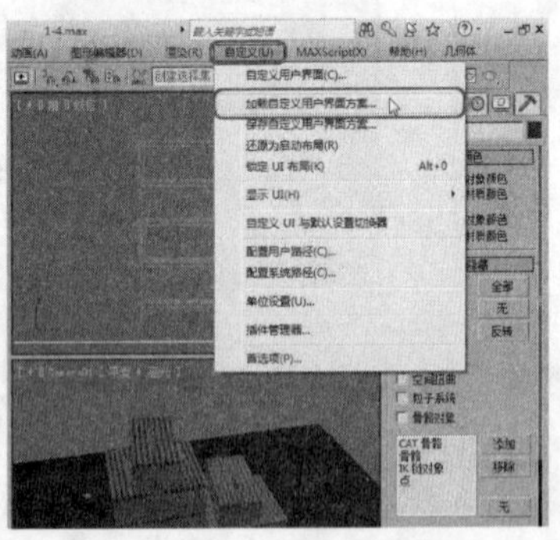

02 打开“加载自定义用户界面方案”对话框，找到所需的安装路径，在该对话框中选择所需的用户界面方案即可，如下图所示。

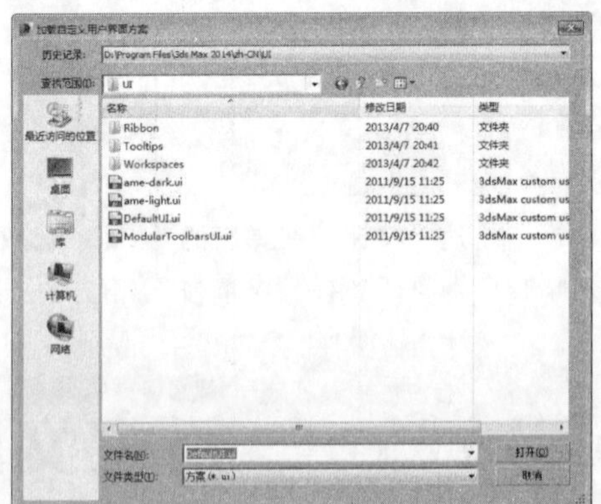

实战操作017 自定义UI方案

素材：无	难度：★★★★★
场景：无	视频：视频\Cha01\实战操作017.avi

下面介绍如何自定义UI方案，具体操作步骤如下。

01 启动3ds Max 2014，在菜单栏中选择“自定义”|“自定义UI与默认设置切换器”命令，如下图所示。

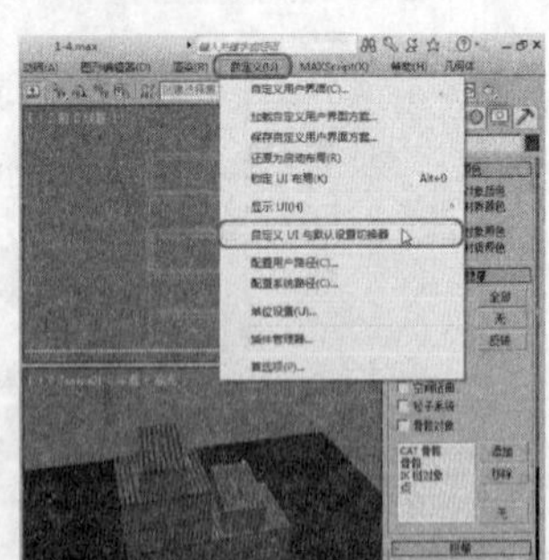

02 执行该操作后，弹出“为工具选项和用户界面布局选择初始设置”对话框，如下图所示。选择需要的UI方案，单击“设置”按钮即可。

实战操作018 保存用户界面

素材：无	难度：★★★★★
场景：无	视频：视频\Cha01\实战操作018.avi

在3ds Max中，用户可以将自己设置的界面进行保存，保存用户界面的操作步骤如下。

01 在菜单栏中选择“自定义”|“保存自定义用户界面方案”命令，打开“保存自定义用户界面方案”对话框，如右图所示。

02 在该对话框中指定保存路径，并设置“文件名”及“保存类型”，设置完成后，单击“保存”按钮，弹出如右图所示的对话框，在该对话框中使用其默认设置，单击“确定”按钮，即可保存用户界面方案。

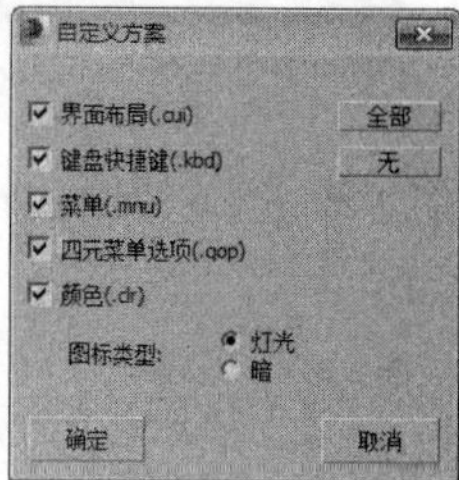

实战操作019 自定义菜单图标

素材：Scenes\Cha01\1-5.png	难度：★★★★★
场景：无	视频：视频\Cha01\实战操作019.avi

在3ds Max 2014中，用户可以根据需要自定义菜单的图标，具体操作步骤如下。

01 启动3ds Max 2014，在菜单栏中选择“自定义”|“自定义用户界面”命令，如下图所示。

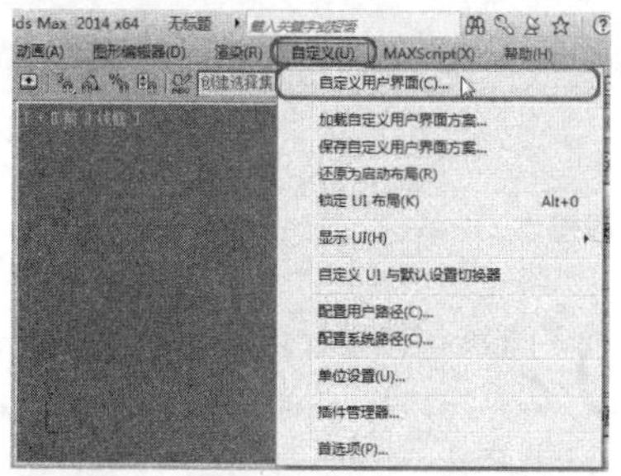

02 在弹出的对话框中选择“菜单”选项卡，然后选择“创建”|“创建-图形”|“星形图形”选项，如下图所示。

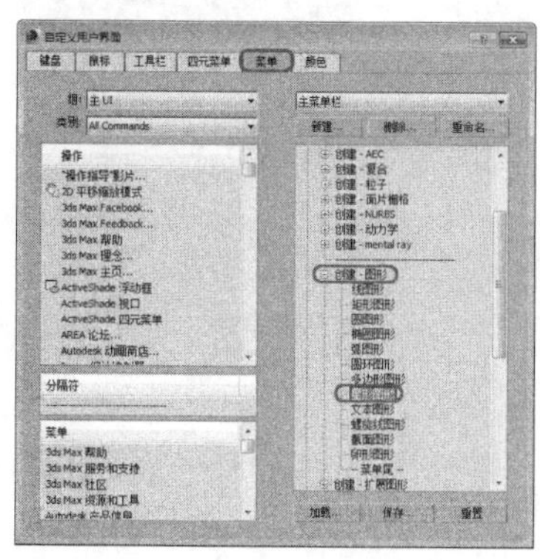

03 右击鼠标，在弹出的快捷菜单中选择“编辑菜单项图标”命令，如下图所示。

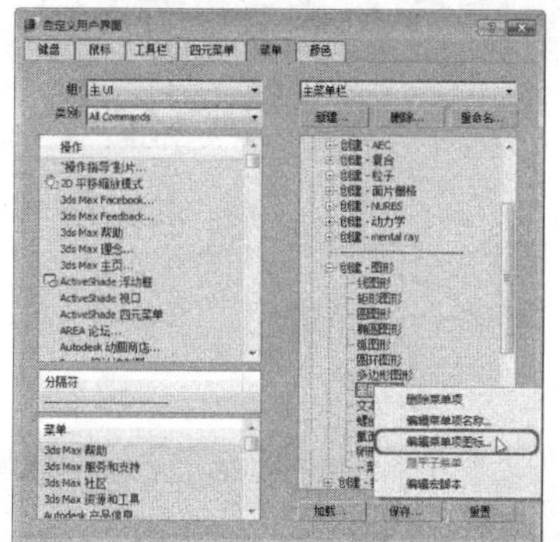

04 在弹出的对话框中，选择随书附带光盘中的Scenes\Cha01\1-5.png文件，如下图所示。

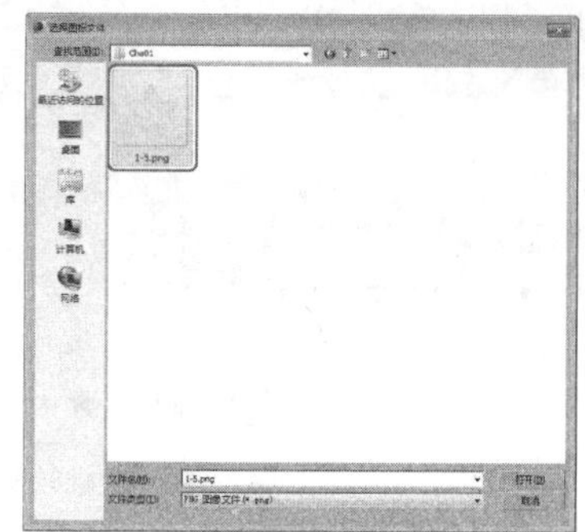

05 选择完成后，单击“打开”按钮，打开完成后，将“自定义用户界面”对话框关闭，将工作区设置为“默认使用增强型菜单”命令。

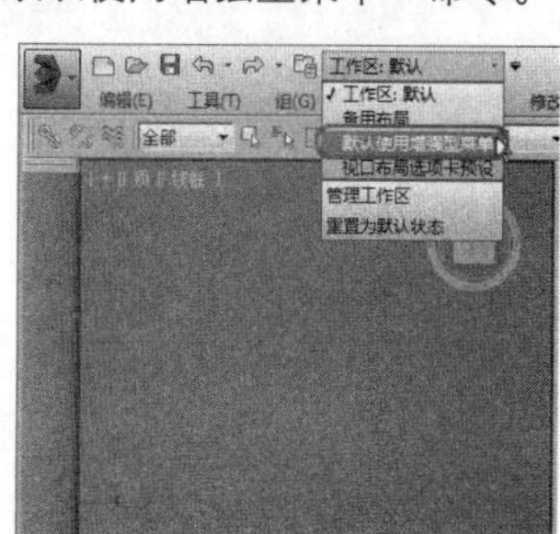

06 在菜单栏中选择“对象”|“图形”|“星形”选项，即可发现该选项的图标发生了变化，效果如下图所示。

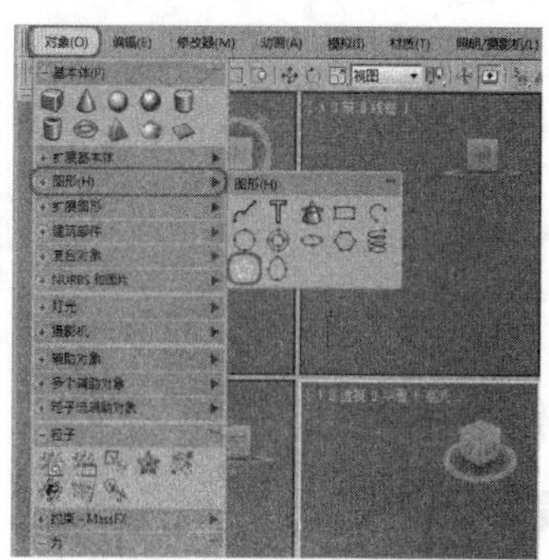

1.4 工具栏

Max中的工具栏包括主工具栏和浮动工具栏两部分，用户可以根据需要单击工具栏中不同的按钮，从而执行不同的操作，本节将对工具栏进行简单介绍。

实战操作020 拖拽工具栏

素材：无	难度：★★★★★
场景：无	视频：视频\Cha01\实战操作020.avi

在3ds Max中用户可以根据需要随意调整工具栏的位置，具体操作步骤如下。

01 启动3ds Max 2014，将鼠标放置在工具栏的最左侧，如下图所示。

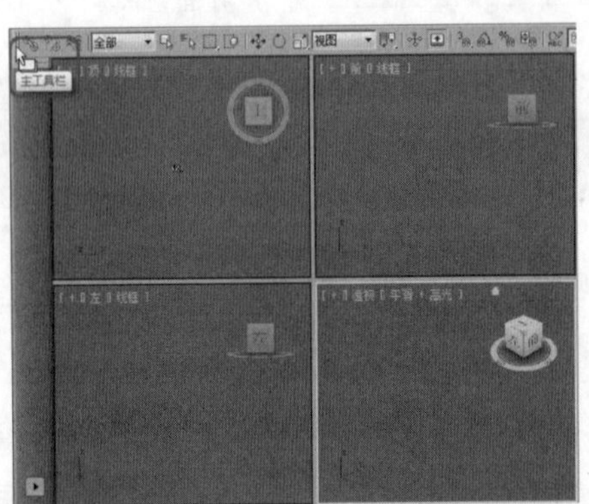

02 当鼠标下方出现白色方框时，按住鼠标向下拖动，在合适的位置上释放鼠标，即可调整主工具栏的位置，如下图所示。

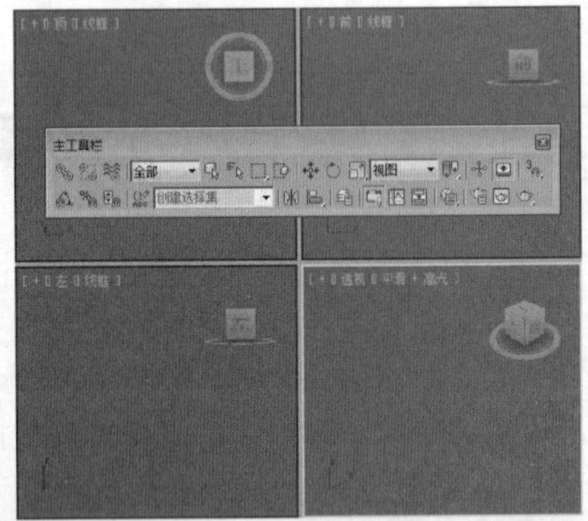

实战操作021 显示浮动工具栏

素材：无	难度：★★★★★
场景：无	视频：视频\Cha01\实战操作021.avi

在3ds Max中，还有一些工具栏是以浮动的形式显示的，下面介绍如何显示浮动工具栏，具体操作步骤如下。

01 启动3ds Max 2014，在菜单栏中选择“自定义”|“显示UI”|“显示浮动工具栏”命令，如下图所示。

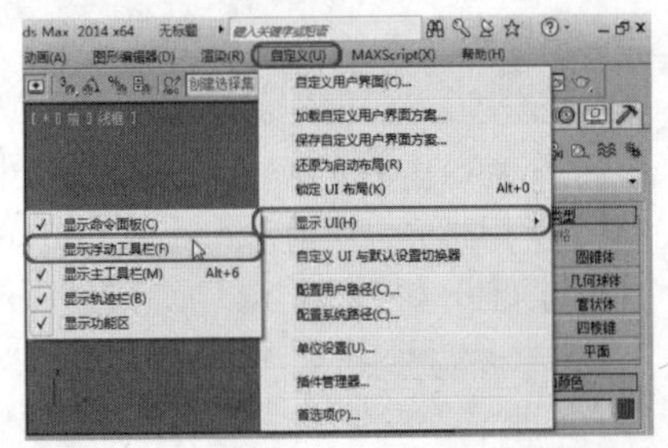

02 执行该操作后，即可弹出浮动工具栏，效果如下图所示。

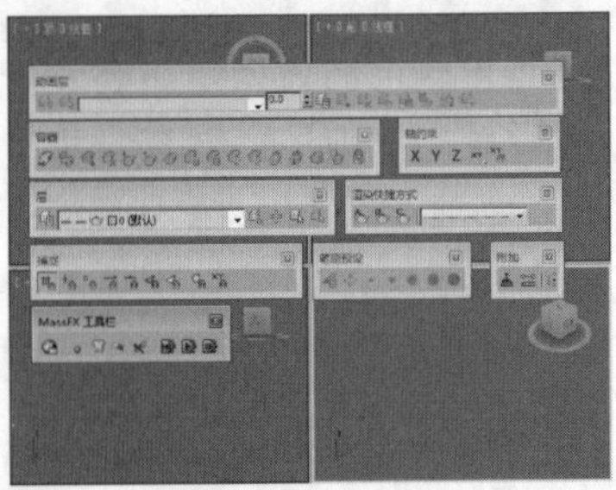

实战操作022 固定浮动工具栏

素材：无	难度：★★★★★
场景：无	视频：视频\Cha01\实战操作022.avi

显示浮动工具栏后，用户可以根据自己的需要将浮动工具栏进行固定，具体操作步骤如下。

01 继续上一实例的操作，选择要固定的浮动工具栏，例如选择“MassFX工具栏”浮动工具栏，如下图所示。

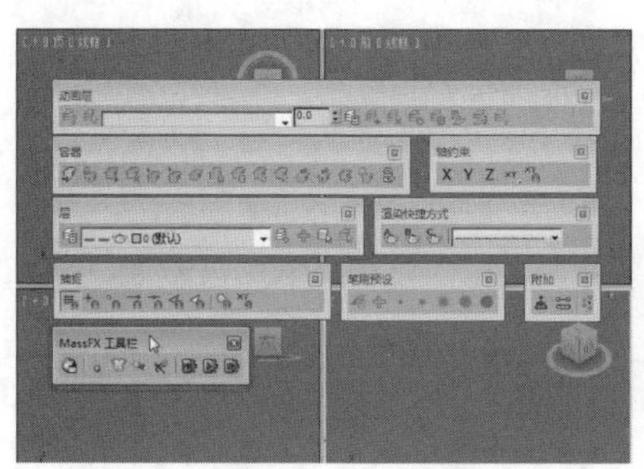

02 按住鼠标将其拖拽至“视口布局选项卡”的右侧，即可将该浮动工具栏固定到“视口布局选项卡”的右侧，如右图所示。

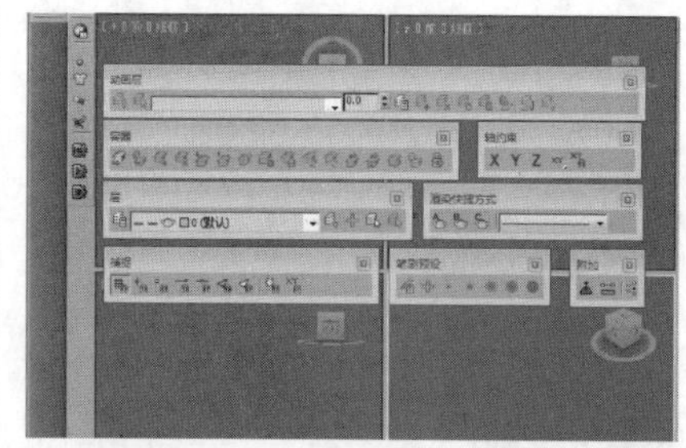

专家提醒

当将浮动工具栏隐藏后，被固定的浮动工具栏将不会隐藏，如果要关闭固定的浮动工具栏，将其脱离固定位置，然后单击“关闭”按钮即可。

1.5 设置首选项

在3ds Max中，用户可以根据需要设置不同的选项，其中包括常规、视口、文件等，本节将对其进行简单介绍。

实战操作023 单位设置

素材：无	难度：★★★★★
场景：无	视频：视频\Cha01\实战操作023.avi

在3ds Max中创建对象时，为了达到一定的精确程度，首先要设置单位，具体操作步骤如下。

01 启动3ds Max 2014，在菜单栏中选择“自定义”|“单位设置”命令，如下图所示。

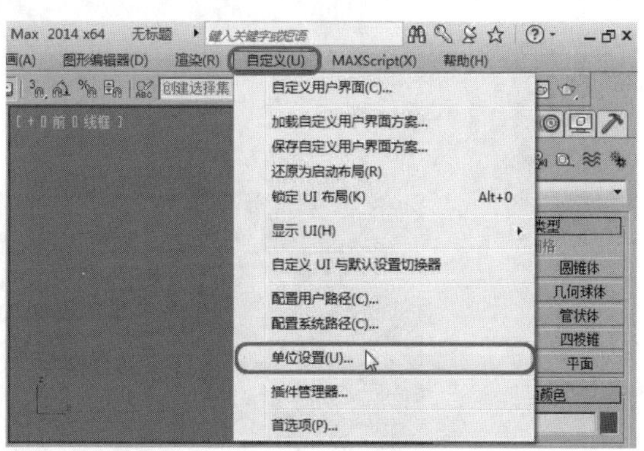

02 执行该操作后，打开“单位设置”对话框，如下图所示，用户可以根据需要在该对话框中进行相应的设置，设置完成后，单击“确定”按钮即可。

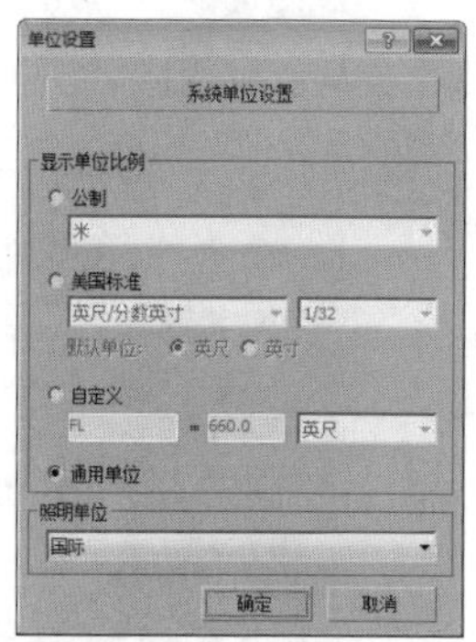

实战操作024 设置最近打开的文件数量

素材：无	难度：★★★★★
场景：无	视频：视频\Cha01\实战操作024.avi

在3ds Max中，用户可以根据需要设置最近打开的文件数量，具体操作步骤如下。

01 在菜单栏中选择“自定义”|“首选项”命令，如下图所示。

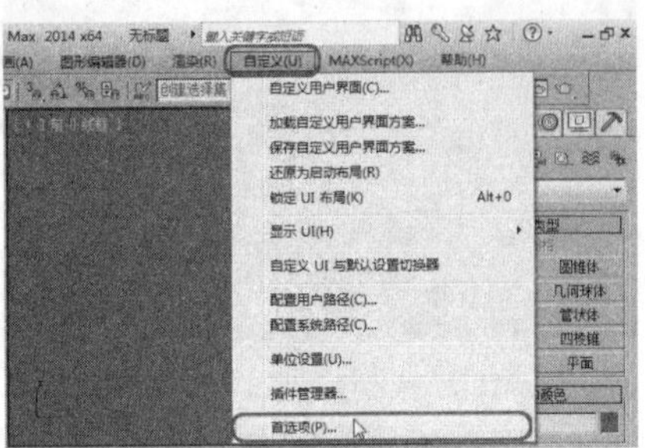

02 在弹出的对话框中选择“文件”选项卡，在“文件菜单中最近打开的文件”文本框中输入要设置的参数，如下图所示，单击“确定”按钮，即可完成设置。

专家提醒

在“首选项设置”对话框中，“文件菜单中最近打开的文件”参数最高可设置为50。

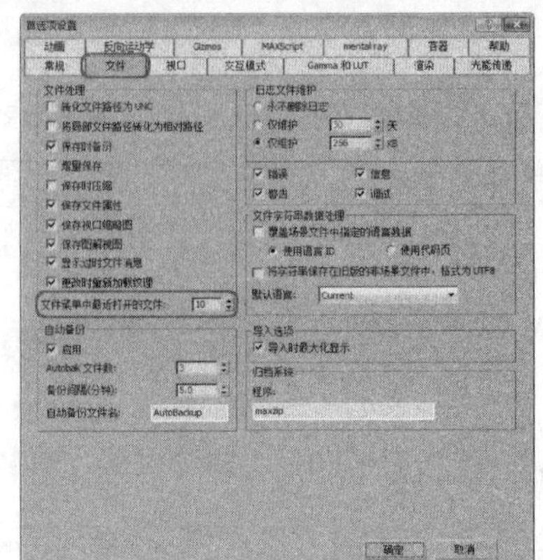

实战操作025 设置Gizmo大小

素材：Scenes\Cha01\1-6.max	难度：★★★★★
场景：无	视频：视频\Cha01\实战操作025.avi

在3ds Max中，用户可以根据需要设置Gizmo的大小，具体操作步骤如下。

01 按Ctrl+O键，打开素材文件1-6.max，使用“选择并移动”工具在视图中任意选择一个对象，选择完成后，即可显示一个Gizmo，如下图所示。

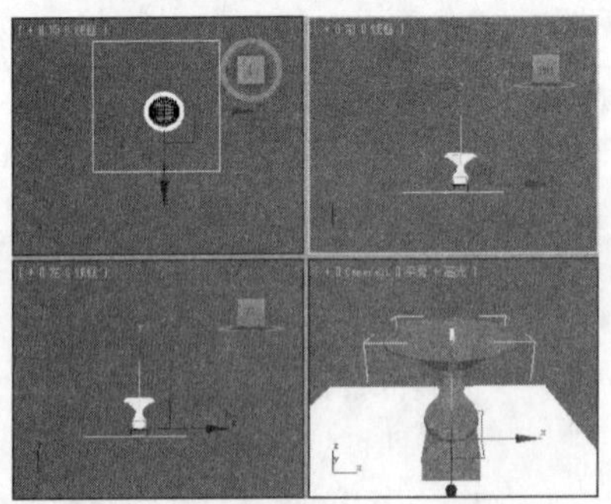

02 在菜单栏中选择“自定义”|“首选项”命令，如下图所示。

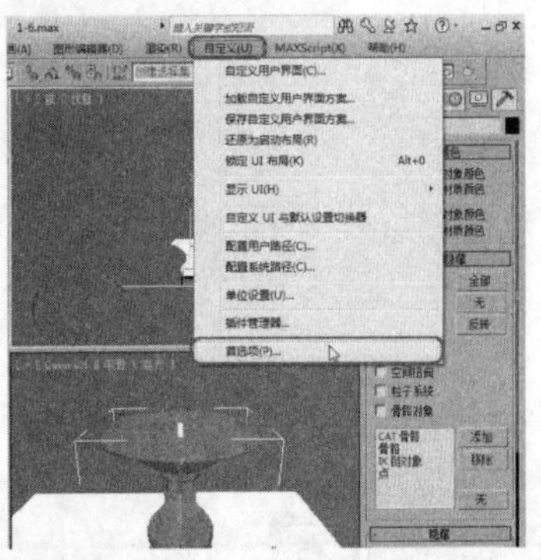

03 在弹出的对话框中选择“Gizmos”选项卡，将“大小”设置为100，如下图所示。

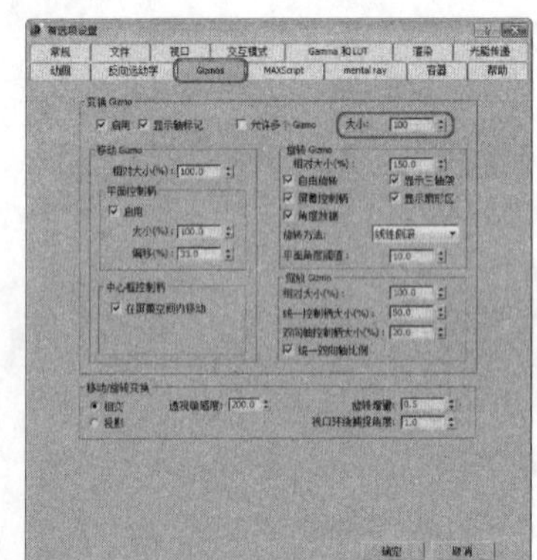

04 设置完成后，单击“确定”按钮，即可改变Gizmo的大小，如下图所示。

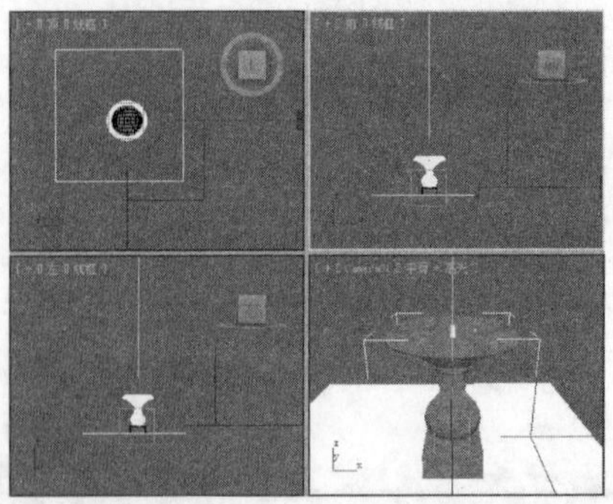

实战操作026 设置默认环境灯光颜色

素材：无	难度：★★★★★
场景：无	视频：视频\Cha01\实战操作026.avi

下面介绍如何设置默认环境光的颜色，具体操作步骤如下。

01 继续上面的操作，在菜单栏中选择“自定义”|“首选项”命令，在弹出对话框中选择“渲染”选项卡，如下图所示。

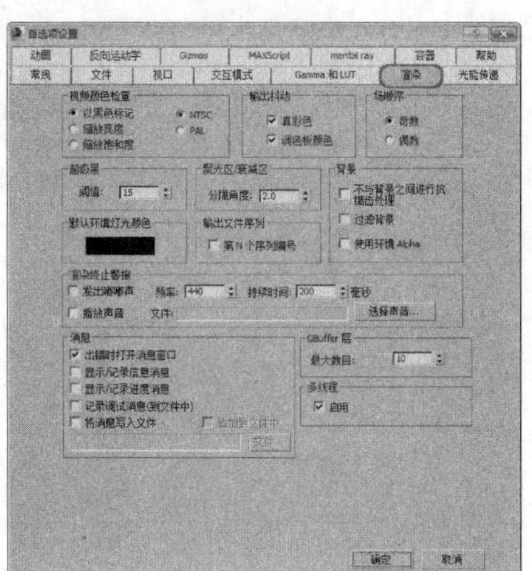

02 单击“默认环境灯光颜色”选项组中的色块，在弹出的对话框中将RGB值设置为（0,106,12），如下图所示。设置完成后，单击“确定”按钮即可。

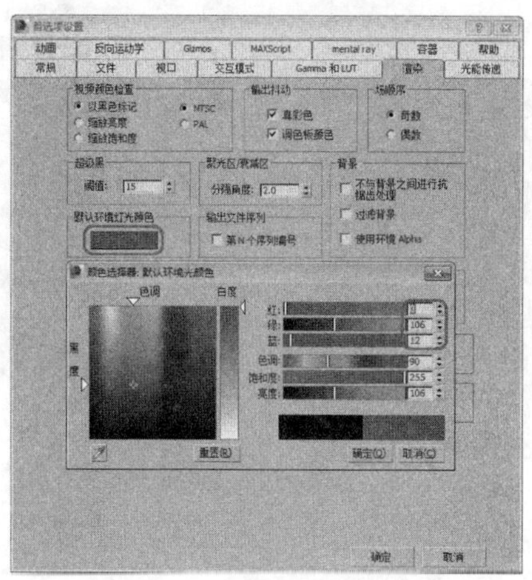

实战操作027 设置消息

素材：无	难度：★★★★★
场景：无	视频：视频\Cha01\实战操作027.avi

在渲染时，用户可以根据需要设置出错时是否打开消息窗口，具体操作步骤如下。

01 在菜单栏中选择“自定义”|“首选项”命令，如下图所示。

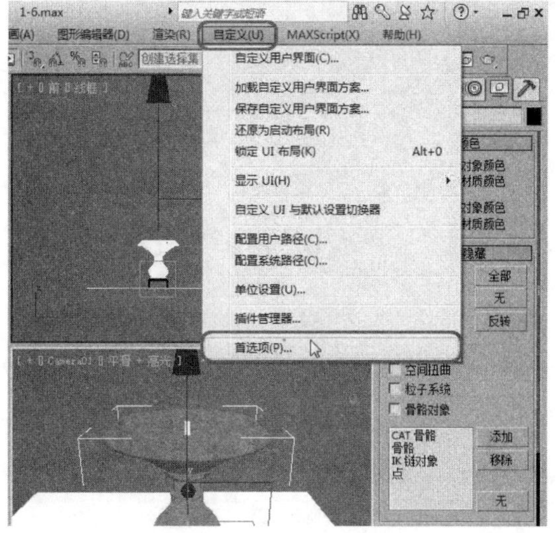

02 在弹出的对话框中选择“渲染”选项卡，取消勾选“消息”选项组中的“出错时打开消息窗口”复选框，如下图所示，单击“确定”按钮，即可完成设置，取消该复选框的勾选后，在渲染出错时，系统将不会弹出消息窗口。

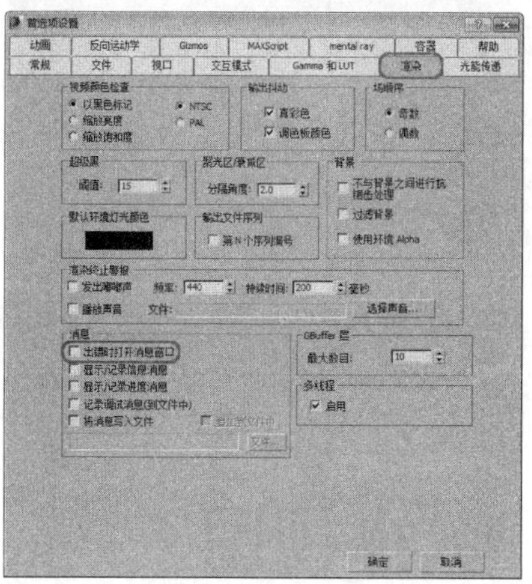

实战操作028 禁用小盒控件

素材：无	难度：★★★★★
场景：无	视频：视频\Cha01\实战操作028.avi

下面介绍如何禁用小盒控件，具体操作步骤如下。

01 继续上面的操作，在视图中选择“大理石02”，将当前选择集定义为“多边形”，在“编辑多边形”卷展栏中，单击“倒角”右侧的“设置”按钮，即可弹出一个小盒控件，如下图所示。

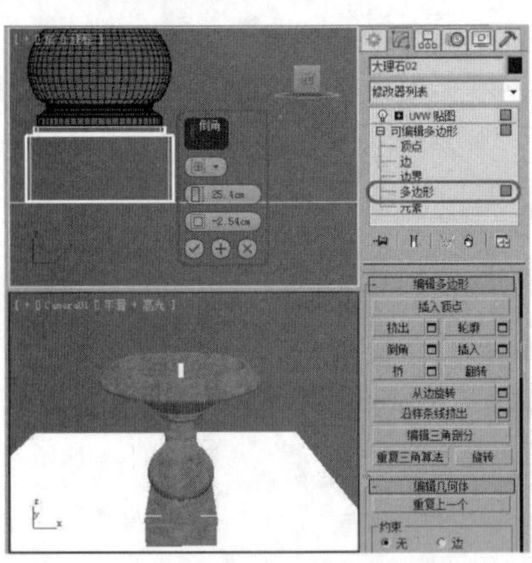

02 关闭当前选择集，在菜单栏中选择“自定义”|“首选项”命令，如下图所示。

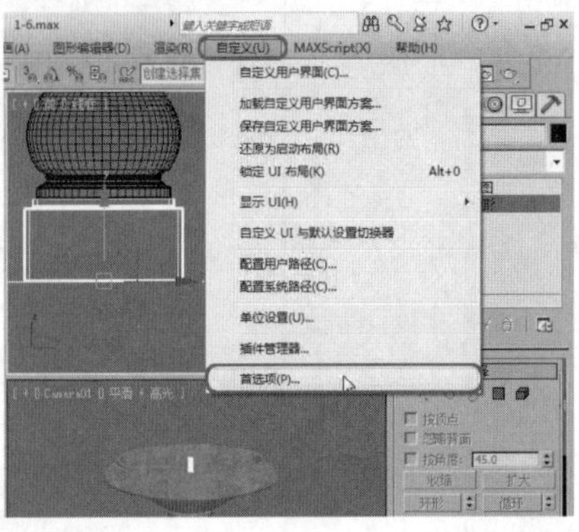

03 在弹出的对话框中选择“常规”选项卡，在“用户界面显示”选项组中取消勾选“启用小盒控件”复选框，如下图所示。

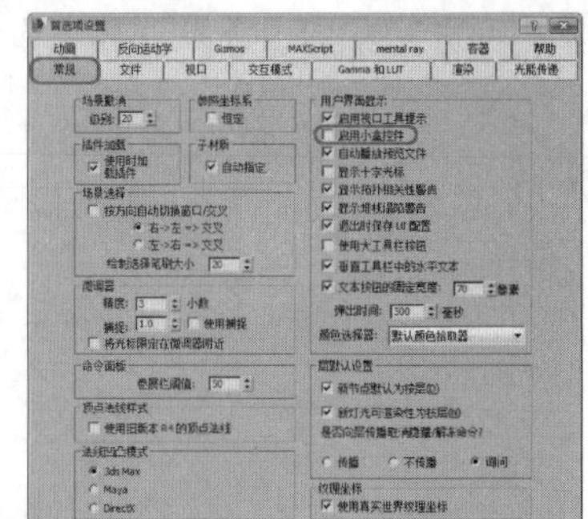

04 设置完成后，单击“确定”按钮，继续将当前选择集定义为“多边形”，在“编辑多边形”卷展栏中，单击“倒角”右侧的“设置”按钮，即可弹出“倒角多边形”对话框，如下图所示。

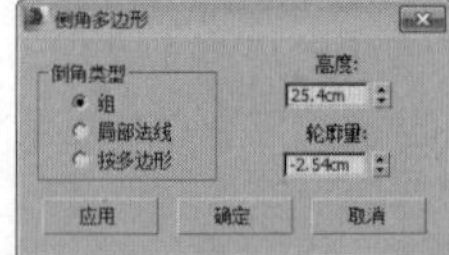

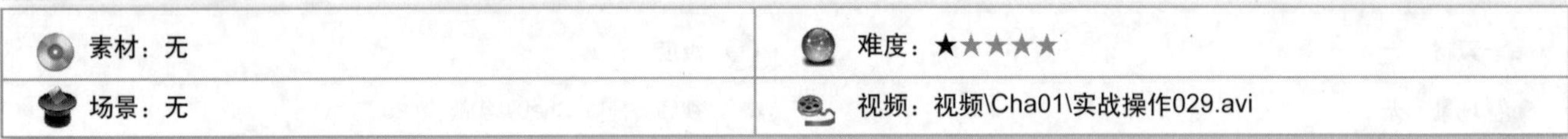

实战操作029 启用Gamma/LUT校正

素材：无	难度：★★★★★
场景：无	视频：视频\Cha01\实战操作029.avi

下面介绍如何启用Gamma/LUT校正，具体操作步骤如下。

01 在菜单栏中选择“自定义”|“首选项”命令，如下图所示。

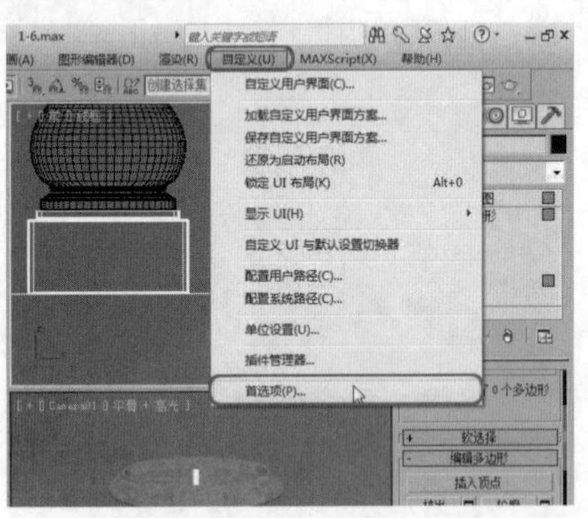

02 在弹出的对话框中选择“Gamma和LUT”选项卡，勾选“启用Gamma/LUT校正”复选框，如下图所示，单击“确定”按钮后，即可启用“Gamma/LUT”。

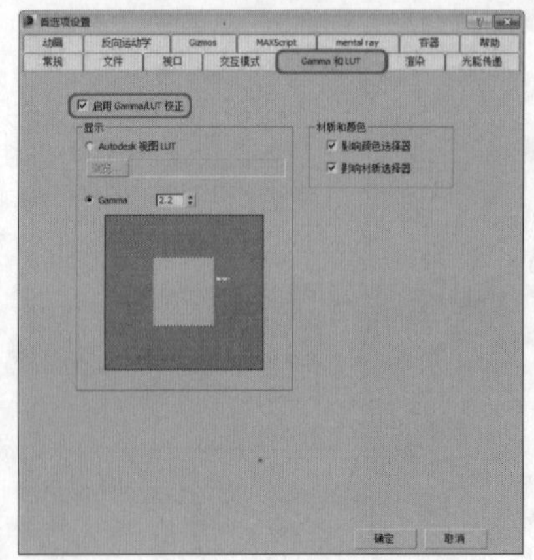

1.6 选择视图

在3ds Max中，默认有4个视图，包括透视视图、前视图、顶视图和左视图，下面将对其进行简单介绍。

实战操作030 激活视图

素材：Scenes\Cha01\1-7.max	难度：★★★★★
场景：无	视频：视频\Cha01\实战操作030.avi

在创建过程中，我们可以根据需要在不同的视图中进行操作，但是在进行操作前，首先要激活该视图，具体操作步骤如下。

01 按Ctrl+O组合键，打开1-7.max素材文件，如下图所示。

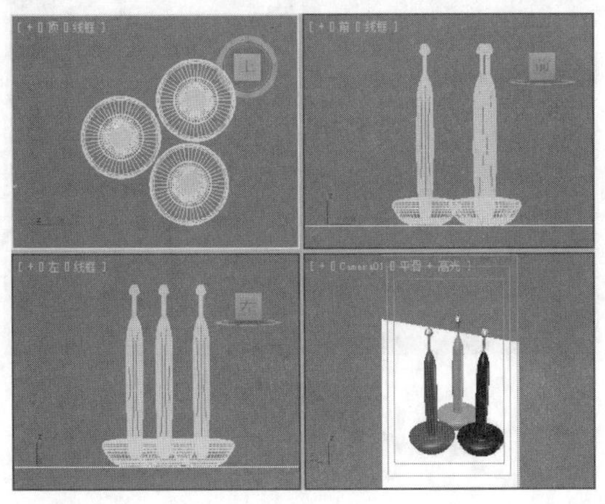

02 激活左视图，同时左视图会出现一个黄色边框，此时的左视图处于被激活状态，如下图所示。

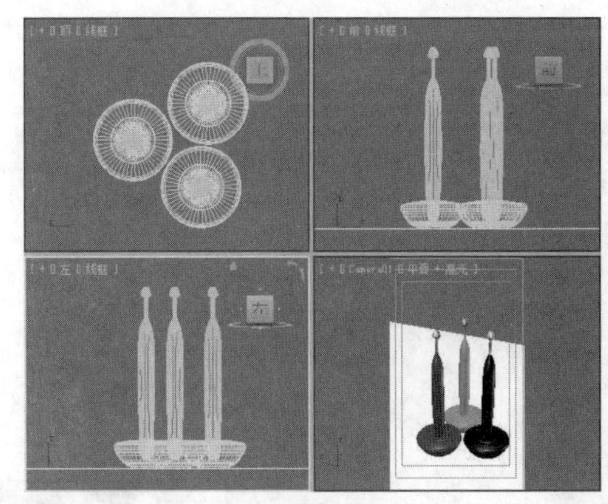

专家提醒

按键盘上的P、U、T、B、F和L键分别可以切换至透视视图、正交视图、顶视图、底视图、前视图和左视图。

实战操作031 利用快捷键激活视图

素材：无	难度：★★★★★
场景：无	视频：视频\Cha01\实战操作031.avi

除了可以通过单击鼠标切换视图之外，用户还可以利用快捷键切换视图，具体操作步骤如下。

01 继续上面的操作，按键盘上的Windows微标键+Shift组合键，即可从左视图中切换至摄影机视图，如下图所示。

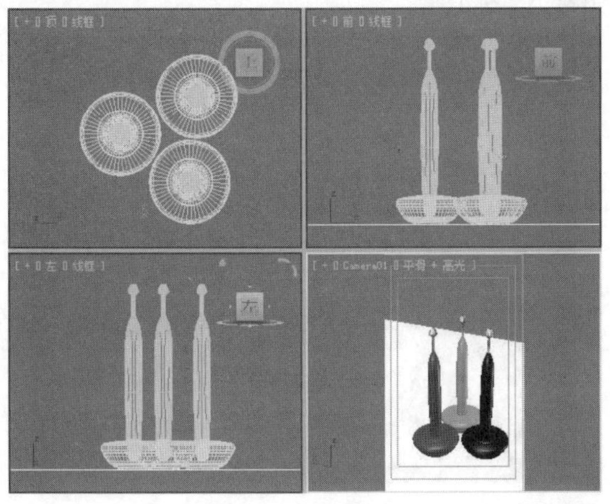

02 按F9键对摄影机视图进行渲染，渲染后的效果如下图所示。

实战操作032 变换视图

素材：无	难度：★★★★★
场景：无	视频：视频\Cha01\实战操作032.avi

下面介绍如何变换视图，具体操作步骤如下。

01 继续上面的操作，在前视图中右击视图名称，在弹出的快捷菜单中选择“顶”选项，如下图所示。

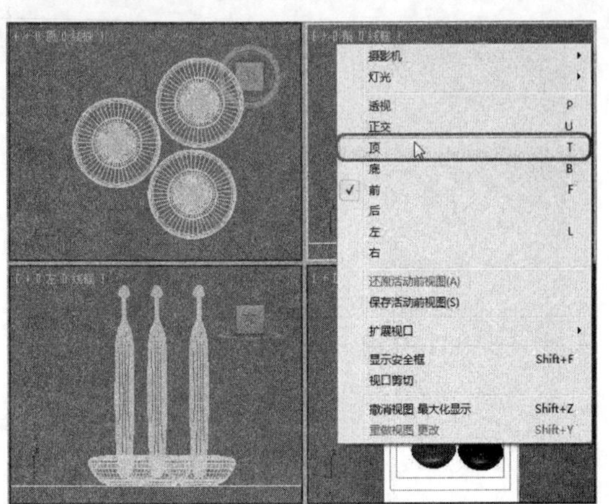

02 执行该操作后，即可将前视图切换为顶视图，效果如下图所示。

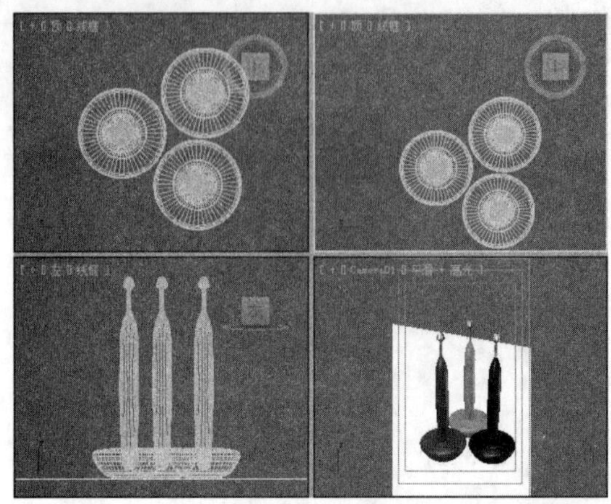

1.7 更改视图显示方式

在3ds Max中，用户可以根据需要更改视图的显示方式，本节将对其进行简单介绍。

实战操作033 以隐藏线方式显示视图

素材：无	难度：★★★★★
场景：无	视频：视频\Cha01\实战操作033.avi

下面介绍如何以线框方式显示视图，具体操作步骤如下。

01 继续上一实例的操作，单击“Camera01”右侧的选项，在弹出的快捷菜单中选择“隐藏线”命令，如下图所示。

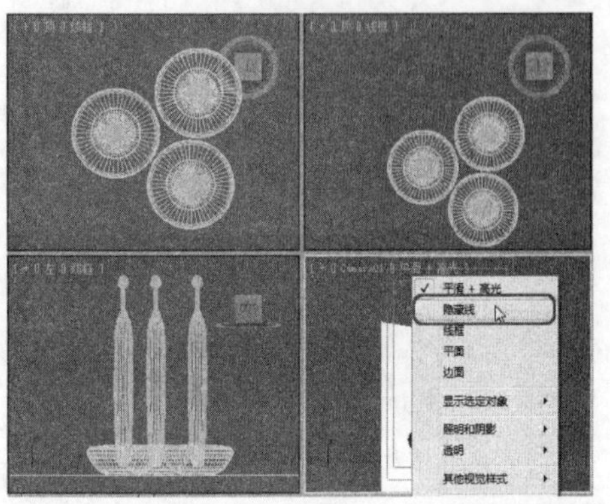

02 执行该操作后，即可将该视图以隐藏线方式显示，如下图所示。

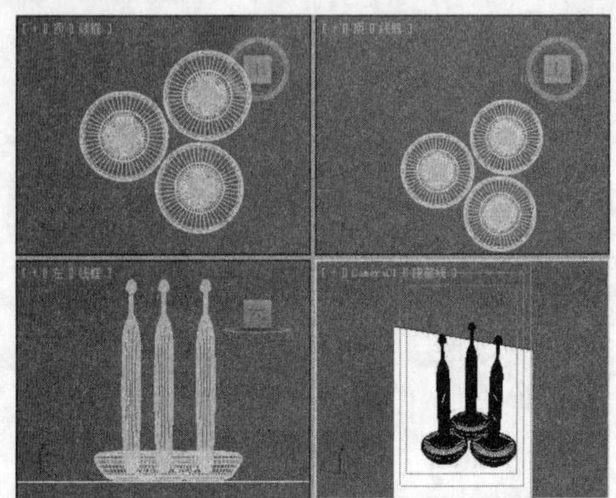

实战操作034 以线框方式显示视图

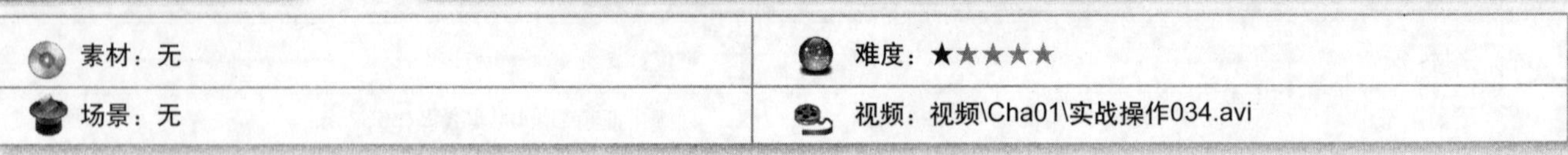

素材：无	难度：★★★★★
场景：无	视频：视频\Cha01\实战操作034.avi

下面介绍如何以线框方式显示视图，具体操作步骤如下。

01 继续上一实例的操作，单击“Camera01”视图右侧的选项，在弹出的快捷菜单中选择“线框”命令，如下图所示。

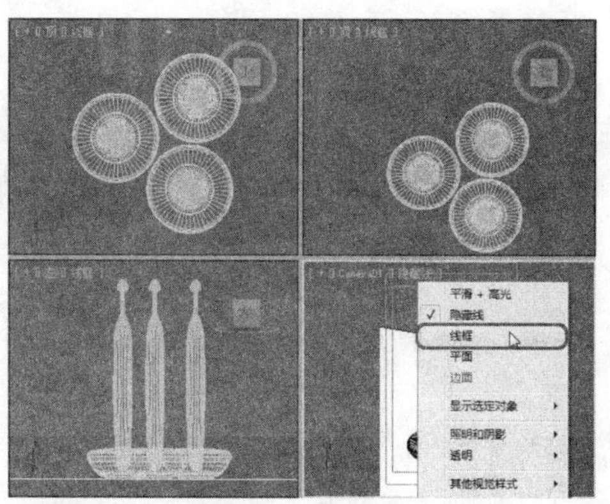

02 执行该操作后，即可将该视图以线框方式显示，如下图所示。

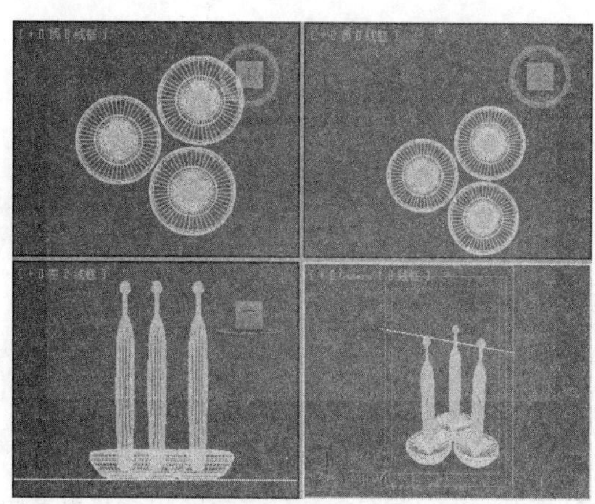

实战操作035 以平面+边面方式显示视图

素材：无	难度：★★★★★
场景：无	视频：视频\Cha01\实战操作035.avi

下面介绍以平面+边面的方式显示视图，其具体操作步骤如下。

01 继续上面的操作，单击“Camera01”视图右侧的选项，在弹出的快捷菜单中选择“平面”命令，如下图所示。

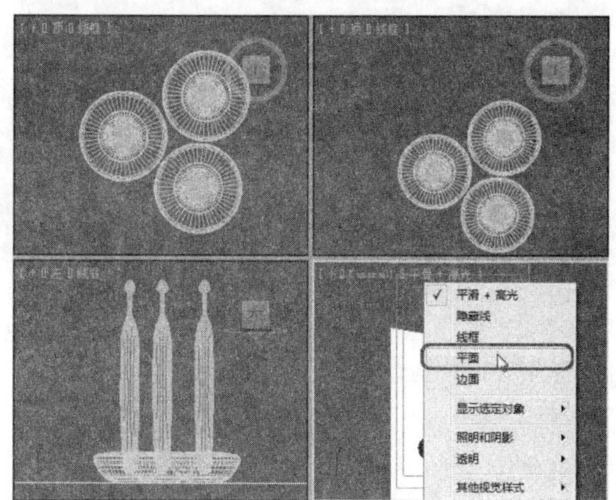

02 执行该操作后，即可以“平面”显示该视图，如下图所示。

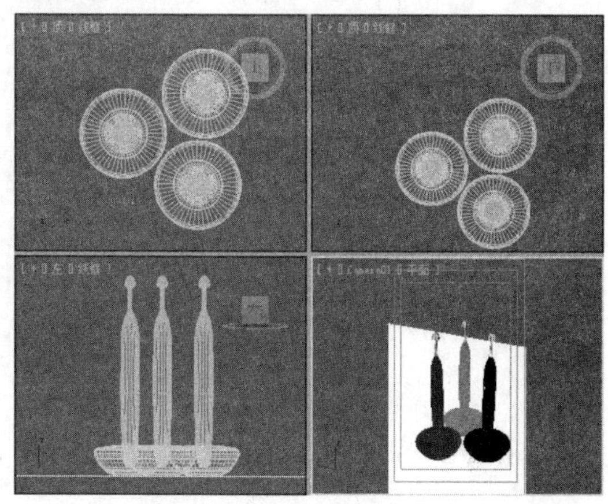

专家提醒

只有将视图以“平滑+高光”或“平面”形式显示时，“边面”命令才可用。

03 再次单击“Camera01”视图右侧的选项，在弹出的快捷菜单中选择“边面”命令，如下图所示。

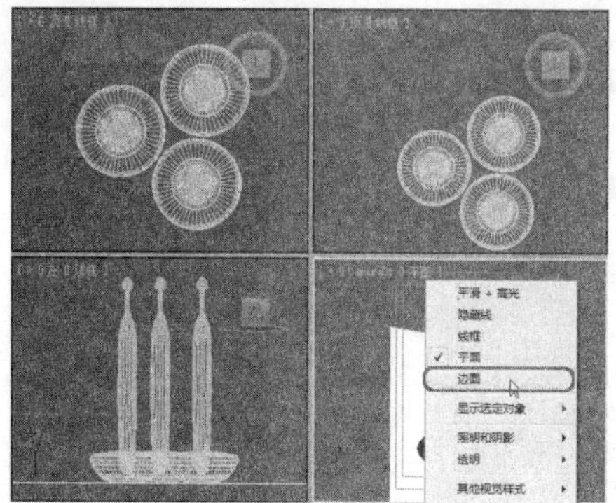

04 设置完成后，即可将视图以平面+边面的方式显示，效果如下图所示。

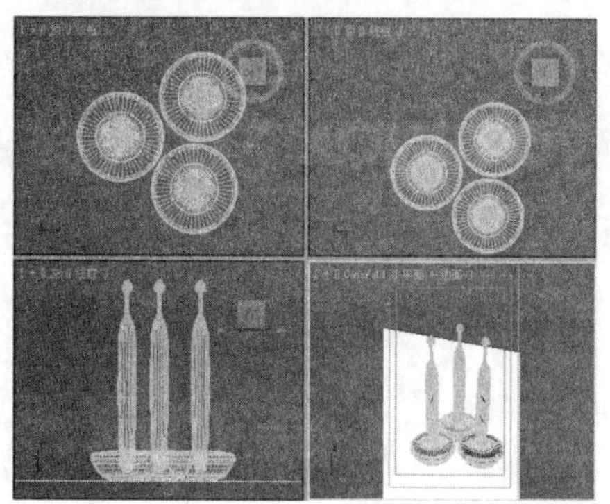

1.8 更改视口布局

在3ds Max中，可以根据需要调整视口的大小，以及更改视口的布局等，本节介绍如何更改视口布局。

实战操作036 手动更改视口大小

素材：Scenes\Cha01\1-8.max	难度：★★★★★
场景：无	视频：视频\Cha01\实战操作036.avi

在3ds Max中，用户可以根据需要手动更改视口的大小，具体操作步骤如下。

01 单击“应用程序”按钮，在弹出的下拉菜单中选择“打开”选项，打开素材文件1-8.max，如下图所示。

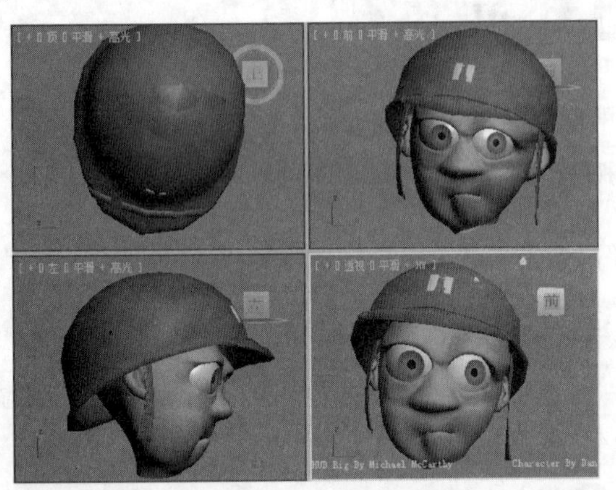

02 将鼠标放置在要更改大小的视口边缘，当鼠标变为双向控制柄时，按住鼠标并拖动，在合适的位置上释放鼠标，即可更改视口的大小，调整后的效果如下图所示。

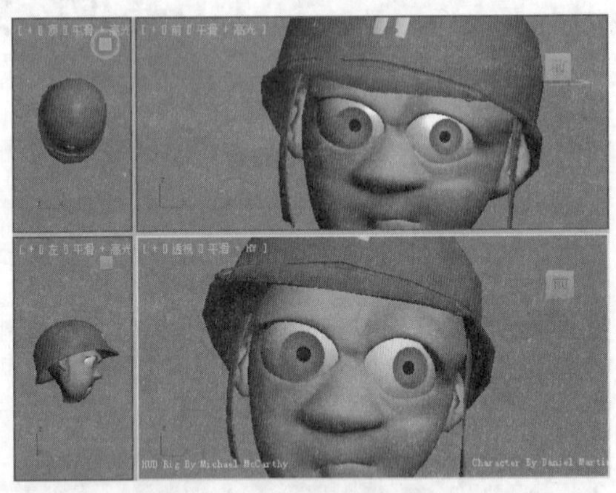

实战操作037 使用“视口配置”对话框更改视口布局

素材：Scenes\Cha01\1-8.max	难度：★★★★★
场景：无	视频：视频\Cha01\实战操作037.avi

下面介绍如何使用视口配置对话框更改视口布局，具体操作步骤如下。

01 单击“应用程序”按钮，在弹出的下拉菜单中选择“打开”选项，打开素材文件1-8.max，如下图所示。

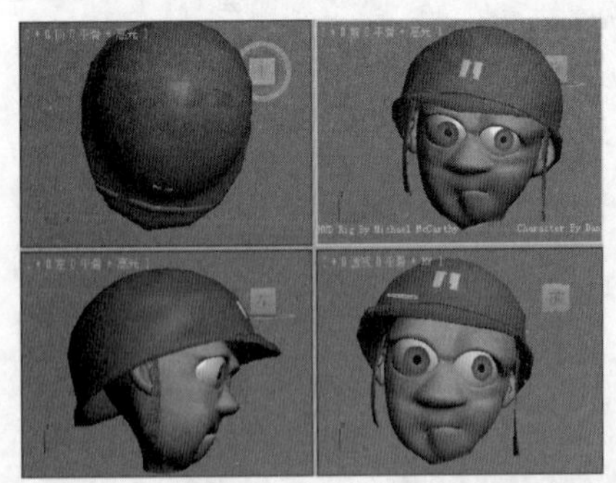

02 在菜单栏中选择“视图”|“视口配置”命令，如下图所示。

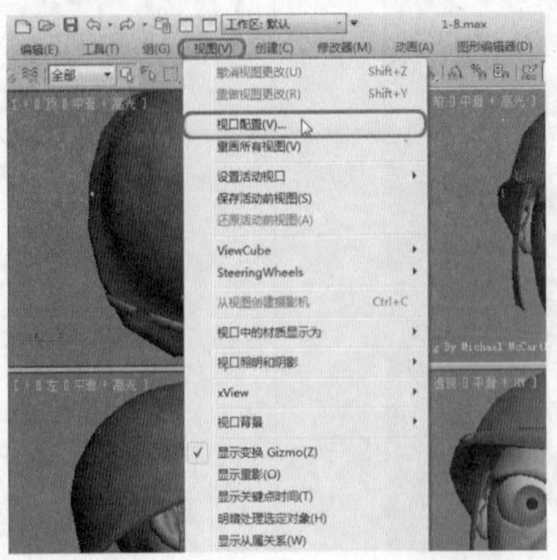

03 执行该操作后，即可打开“视口配置”对话框，在该对话框中选择“布局”选项卡，在该对话框中选择如下图所示的视口布局。

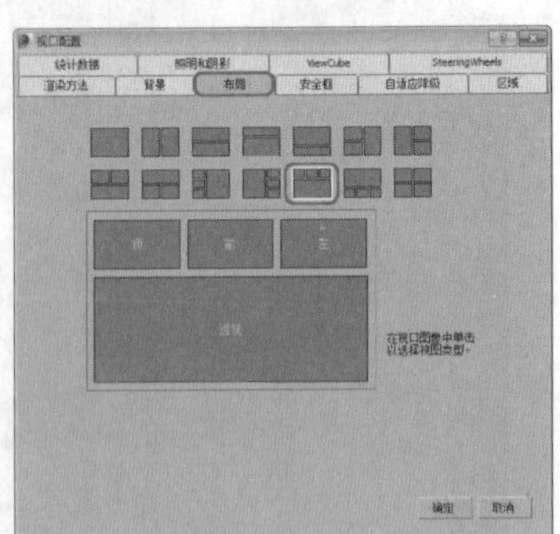

04 选择完成后，单击“确定”按钮，即可更改视口布局，如右图所示。

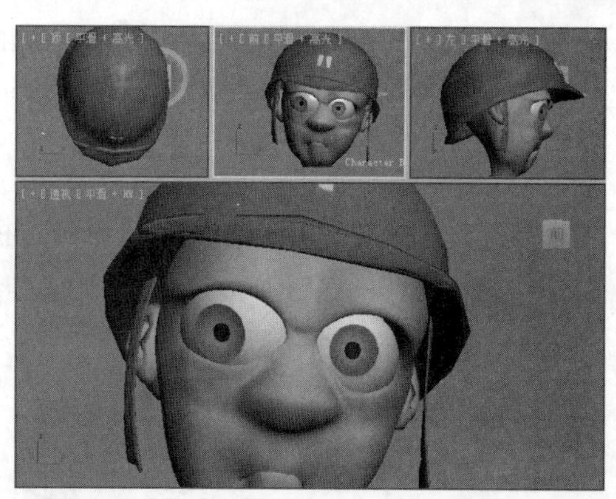

实战操作038 创建新的视口布局

素材：无	难度：★★★★★
场景：无	视频：视频\Cha01\实战操作038.avi

下面介绍通过“创建新的视口布局选项卡”按钮更改视口布局，具体操作步骤如下。

01 继续上面的操作，在界面左侧单击“创建新的视口布局选项卡”按钮，在弹出的列表中选择如下图所示的视口布局。

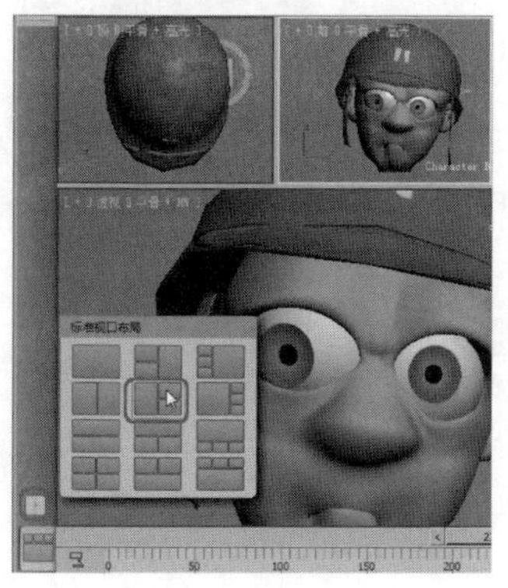

02 选择完成后，即可更改视口布局，更改后的效果如下图所示。

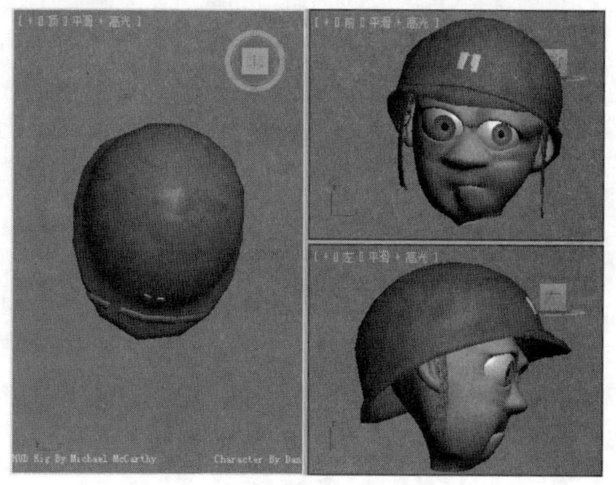

1.9 视图栅格

栅格主要用于控制住栅格和辅助栅格物体，栅格是基于世界坐标系的栅格物体，由程序自动产生。本节将介绍如何显示主栅格并设置栅格间距。

实战操作039 显示主栅格

素材：Scenes\Cha01\1-8.max	难度：★★★★★
场景：无	视频：视频\Cha01\实战操作039.avi

下面介绍如何显示主栅格，具体操作步骤如下。

01 按Ctrl+O组合键，打开1-8.max素材文件，激活左视图，在菜单栏中选择“工具”|“栅格和捕捉”|“显示主栅格”命令，如下图所示。

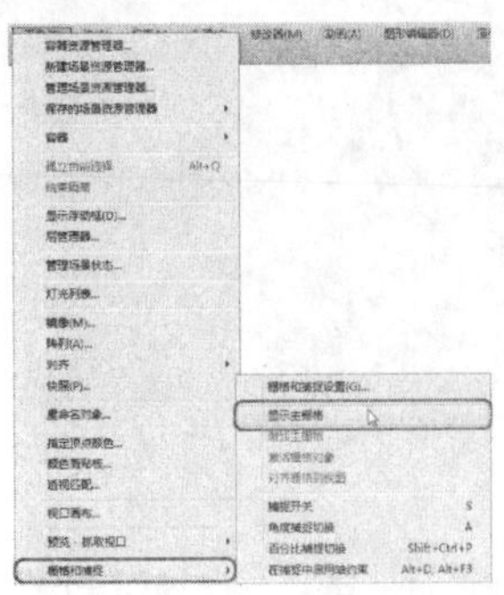

02 选择完成后，即可显示主栅格，显示后的效果如右图所示。

专家提醒

显示主栅格后，再次执行该命令，即可隐藏主栅格，或按键盘上的G键也可以显示或隐藏主栅格。

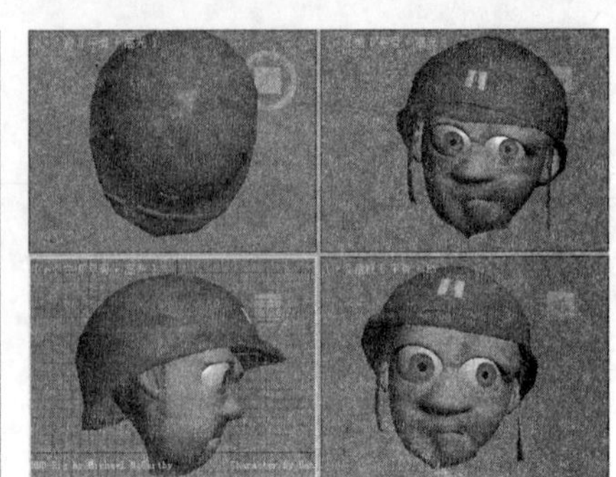

实战操作040 设置栅格间距

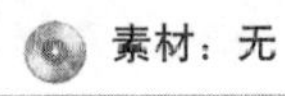 素材：无	难度：★★★★★
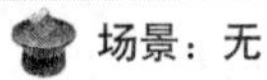 场景：无	视频：视频\Cha01\实战操作040.avi

在3ds Max中，用户可以在“栅格和捕捉设置”对话框中设置栅格的间距，具体操作步骤如下。

01 继续上一实例的操作，在菜单栏中选择“工具”|“栅格和捕捉”|“栅格和捕捉设置”命令，如下图所示。

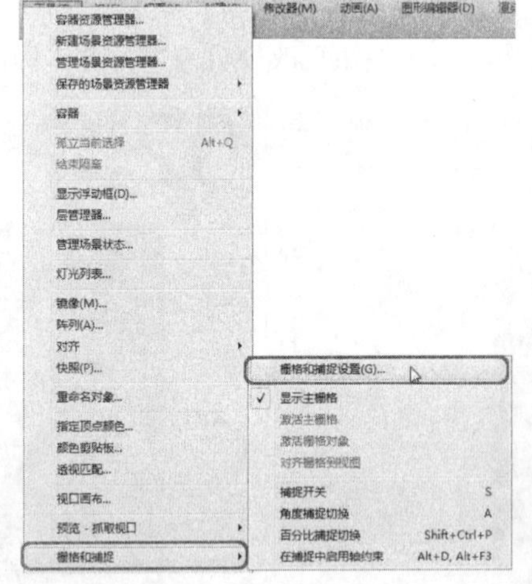

02 在弹出的对话框中选择“主栅格”选项卡，将“栅格间距”设置为25，按Enter键确认，如下图所示，设置完成后，将该对话框关闭，即可更改栅格间距。

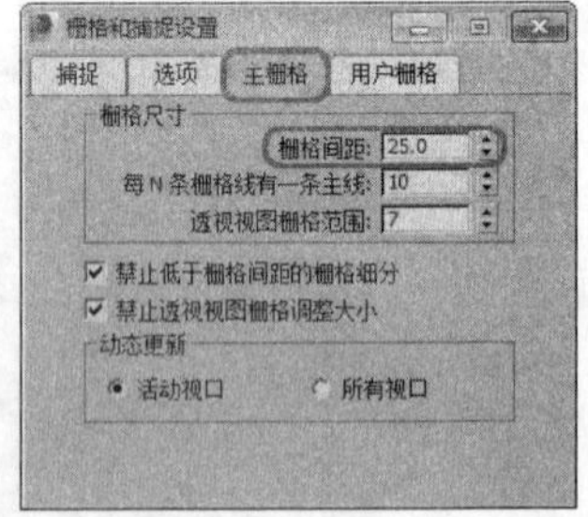

1.10 视图控制

在Max中，用户可以根据不同的需求，对视图进行缩放、旋转平移等操作，本节将介绍视图的控制。

实战操作041 缩放视图

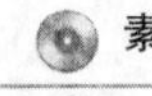 素材：Scenes\Cha01\1-9.max	难度：★★★★★
 场景：Scenes\Cha01\实战操作041.max	视频：视频\Cha01\实战操作041.avi

下面介绍如何缩放视图，具体操作步骤如下。

01 单击“应用程序”按钮，在弹出的下拉菜单中选择“打开”|“打开”选项，如下图所示。

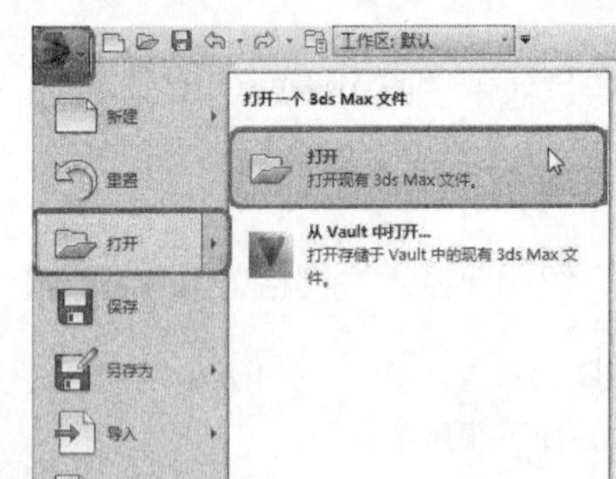

02 在弹出的对话框中选择1-9.max素材文件，单击“打开”按钮，打开该素材文件，如下图所示。

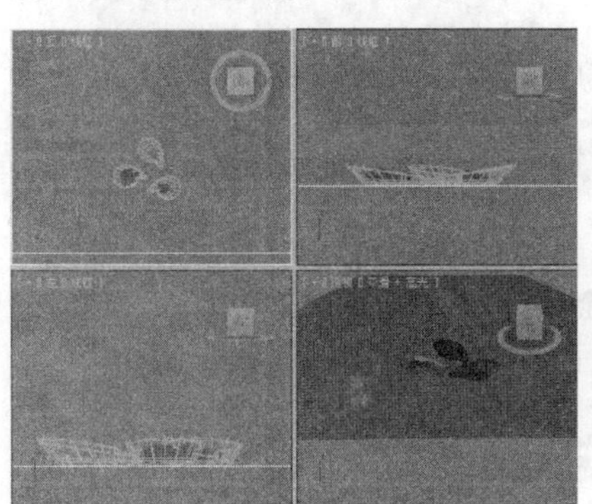

03 单击max界面右下角的“缩放”按钮，按住鼠标在透视图中进行缩放，效果如下图所示。

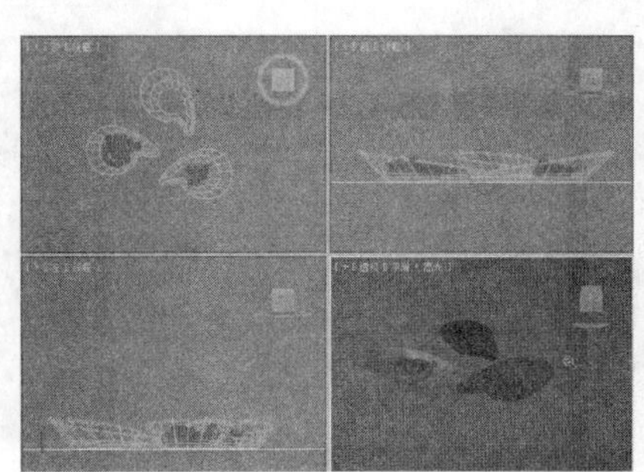

04 调整完成后，按F9键对透视视图进行渲染，渲染后的效果如下图所示。

实战操作042 缩放所有视图

素材：无	难度：★★★★★
场景：无	视频：视频\Cha01\实战操作042.avi

在3ds Max中，除了可以对单个视图进行缩放外，还可以根据需要对所有的视图进行缩放，具体操作步骤如下。

01 继续上一实例的操作，单击界面右下角的“缩放所有视图”按钮，如下图所示。

02 单击该按钮后，对任意一个视图进行拖动，即可对所有视图进行缩放，效果如下图所示。

专家提醒

“缩放所有视图”按钮对摄影机视图不起任何作用，只有在除摄影机视图以外的其他视图中才会对视图进行缩放。

实战操作043 最大化显示选定对象

素材：无	难度：★★★★★
场景：无	视频：视频\Cha01\实战操作043.avi

下面介绍如何最大化显示选定对象，具体操作步骤如下。

01 继续上一实例的操作，在透视视图中选择要最大化显示的对象，如下图所示。

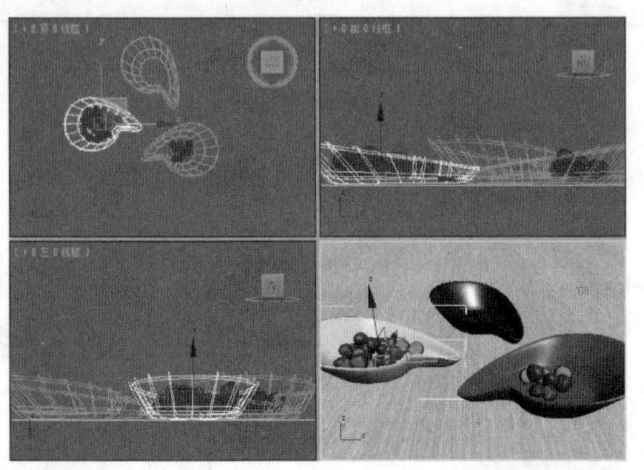

02 单击界面右下角的“最大化显示选定对象”按钮，执行该操作后，即可最大化显示选定对象，如下图所示。

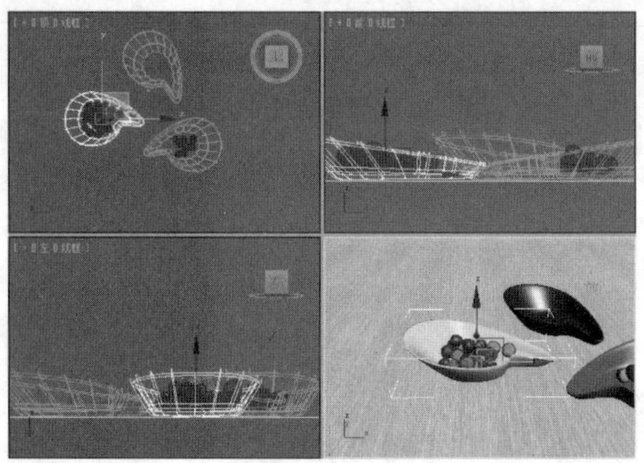

实战操作044 缩放区域

素材：无	难度：★★★★★
场景：无	视频：视频\Cha01\实战操作044.avi

在3ds Max中，如果用户需要将某个特定的区域进行缩放，可以使用“缩放区域”工具进行操作，下面介绍如何使用“缩放区域”工具对区域进行缩放，具体操作步骤如下。

01 继续上一实例的操作，单击界面右下角的“缩放区域”按钮，如右图所示。

02 按住鼠标在透视视图中要缩放的区域进行框选。释放鼠标后，即可对选中的区域进行放大或缩小，效果如下图所示。

实战操作045 旋转区域

素材：无	难度：★★★★★
场景：无	视频：视频\Cha01\实战操作045.avi

在3ds Max中，为了使用户更好地进行操作，可以对视图进行旋转。旋转视图的具体操作步骤如下。

01 继续上面的操作，单击界面右下角的“环绕子对象”按钮，如右图所示。

02 单击该按钮后，在透视视图中按住鼠标进行旋转，旋转后的效果如下图所示。

实战操作046 最大化视图

素材：无	难度：★★★★★
场景：无	视频：视频\Cha01\实战操作046.avi

在3ds Max中制作场景时，视图中的对象难免会有显示不全的情况，用户可以将该视图切换至最大，切换最大化视图的具体操作步骤如下。

01 继续上一实例的操作，单击界面右下角的“最大化视图切换”按钮，如右图所示。

专家提醒

除了上述方法之外，用户还可以按Alt+W组合键将当前视图切换至最大化视图。

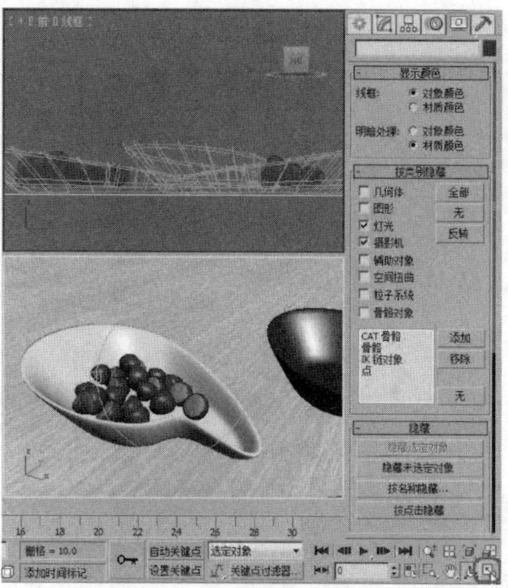

02 执行该操作后，即可将视图最大化显示，如下图所示。

实战操作047 平移视图

素材：无	难度：★★★★★
场景：无	视频：视频\Cha01\实战操作047.avi

下面介绍如何在3ds Max中平移视图，具体操作步骤如下。

01 继续上一实例的操作，单击界面右下角的“平移视图”按钮，如下图所示。

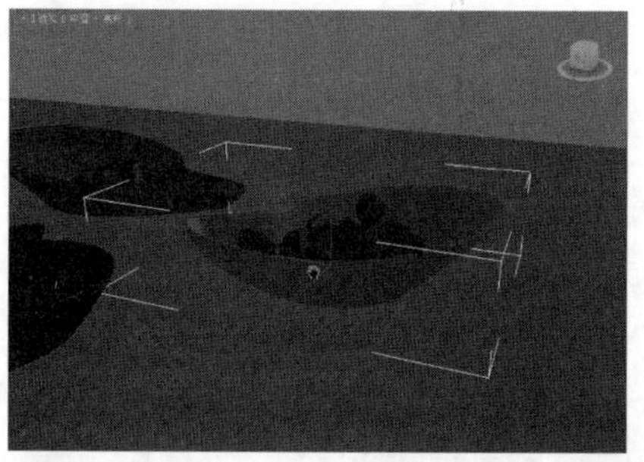

02 单击该按钮后，按住鼠标对要平移的视图进行拖动，即可平移该视图，如下图所示。

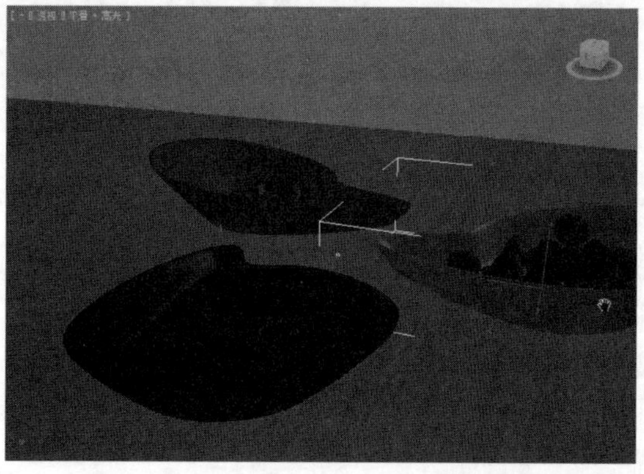

专家提醒

除了上述方法可以平移视图外，还可以按住鼠标中键对视图进行移动。

1.11 视图的高级控制

在3ds Max中，用户可以根据需要对视图进行控制，例如更改视口背景、添加安全框等，本节将对其进行简单介绍。

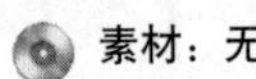

实战操作048 更改视口背景

素材：无	难度：★★★★★
场景：无	视频：视频\Cha01\实战操作048.avi

选择要在活动视口中显示的图像或动画，这些更改不影响渲染场景。

01 激活透视视图，在菜单栏中选择"视图"|"视口背景"命令，或按Alt+B组合键，如下图所示。

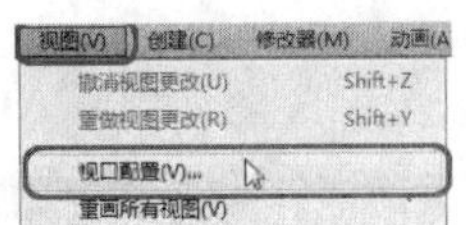

02 在弹出的对话框中切换至"背景"选项卡，单击"使用文件"单选按钮，再单击"文件"按钮，如下图所示。

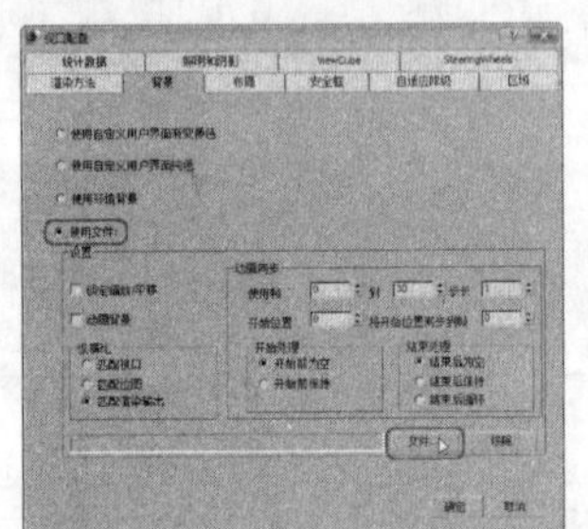

专家提醒

如果"环境和效果"对话框中的环境贴图指定了位图图像，用户可以在菜单栏中选中"视图"|"环境背景"命令，通过该命令，也可以在视图中显示背景图像。

03 在弹出的对话框中选择随书附带光盘中的Map\209.jpg素材图片，如下图所示。

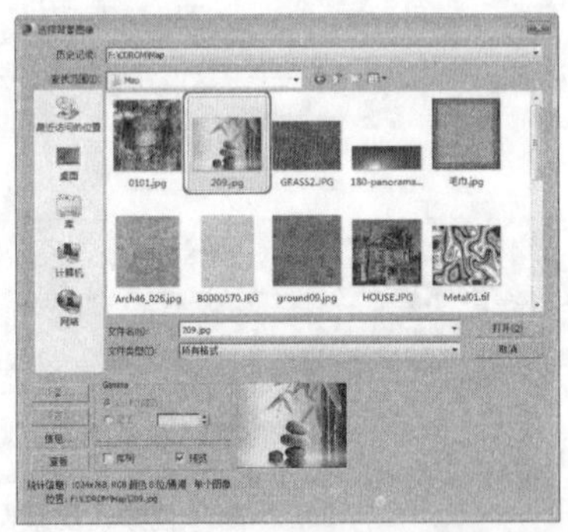

04 单击"打开"按钮，在"视口配置"对话框中单击"确定"按钮，即可更改所激活视图的背景，效果如下图所示。

实战操作049 将视图切换成专家模式

素材：无	难度：★★★★★
场景：无	视频：视频\Cha01\实战操作049.avi

下面介绍如何将视图切换成专家模式，具体操作步骤如下。

01 继续上一实例的操作，在菜单栏中选择"视图"|"专家模式"命令，如下图所示。

02 执行该操作后，即可切换至专家模式，效果如下图所示。

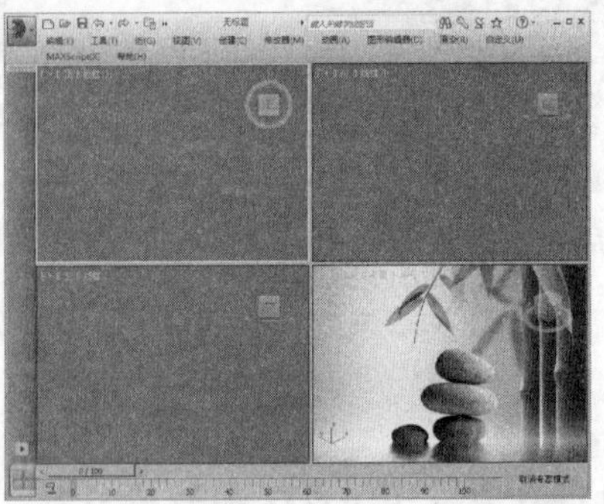

专家提醒

除了上述方法可以启用"专家模式"外，用户还可以按Ctrl+X组合键启用专家模式，当启用该模式后，可以再次按Ctrl+X组合键退出专家模式。

实战操作050 显示安全框

素材：Scenes\Cha01\1-10.max	难度：★★★★★
场景：Scenes\Cha01\实战操作050.max	视频：视频\Cha01\实战操作050.avi

显示安全框可以将图像限定在安全框的“活动”区域中，这样在渲染过程中可以确保渲染输出的尺寸匹配背景图像的尺寸，避免扭曲，显示安全框的具体操作步骤如下。

01 按Ctrl+O键，打开素材文件1-10.max，如下图所示。

02 激活“Camera001”视图，在菜单栏中选择“视图”|“视口配置”命令，如下图所示。

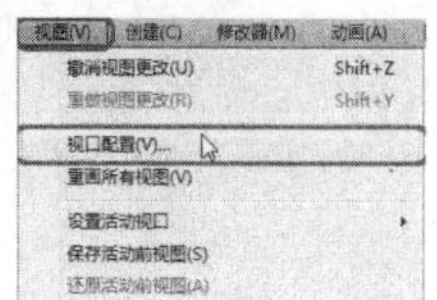

专家提醒

除了上述方法可以显示安全框外，用户还可以按Shift+F组合键显示安全框。

03 在弹出的对话框中选择“安全框”选项卡，勾选“应用”选项组中的“在活动视图中显示安全框”复选框，如下图所示。

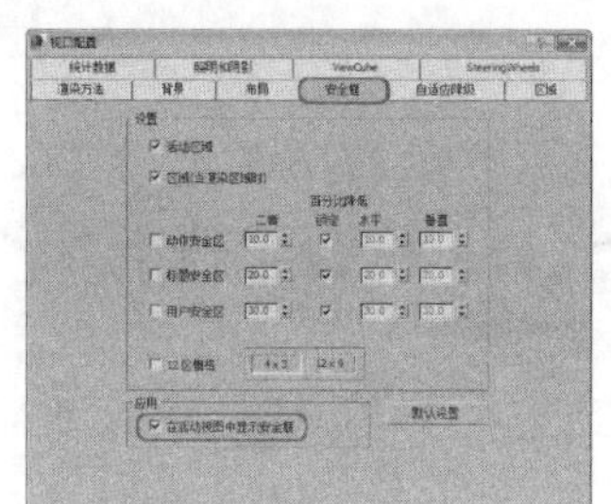

04 设置完成后，单击“确定”按钮，即可显示安全框，如下图所示。

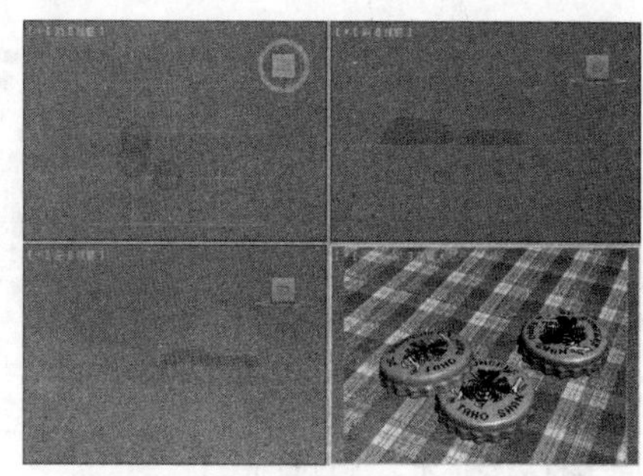

实战操作051 抓取视口

素材：无	难度：★★★★★
场景：无	视频：视频\Cha01\实战操作051.avi

下面介绍如何抓取视口，具体操作步骤如下。

01 继续上一实例的操作，在菜单栏中选择“工具”|“预览-抓取视口”|“捕获静止图像”命令，如下图所示。

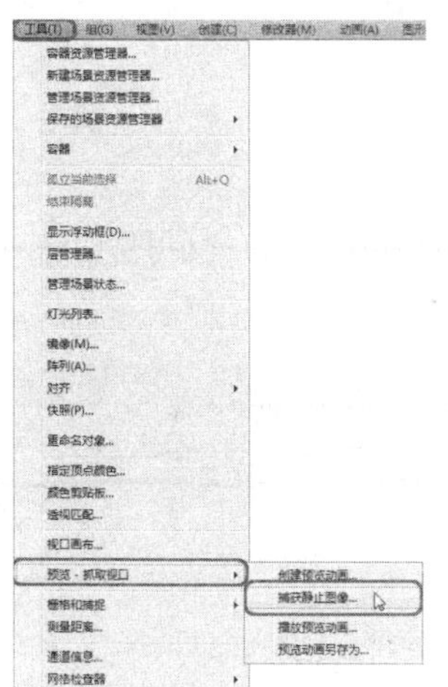

02 在弹出的对话框中输入标签名，输入完成后，单击“抓取”按钮，即可对视口进行抓取，效果如下图所示。

实战操作052 测量距离

素材：无	难度：★★★★★
场景：无	视频：视频\Cha01\实战操作052.avi

下面介绍“测量距离”工具的使用方法，具体操作步骤如下。

01 继续上一实例的操作，在菜单栏中执行“工具”|“测量距离”命令，如右图所示。

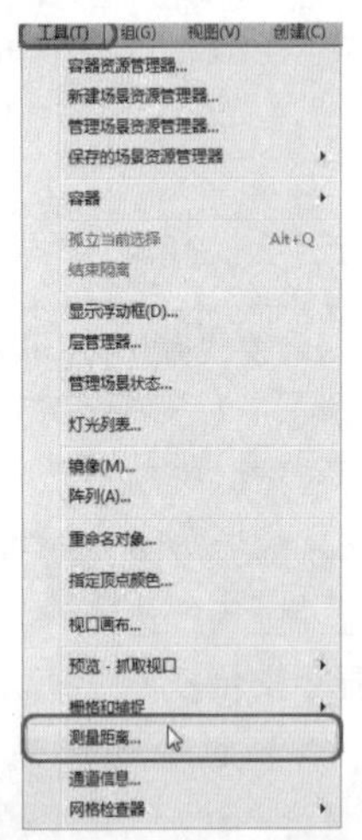

02 在要测量距离的对象上确定测量的起点和终点，执行该操作后，屏幕的左下角将会出现测量后的尺寸，如下图所示。

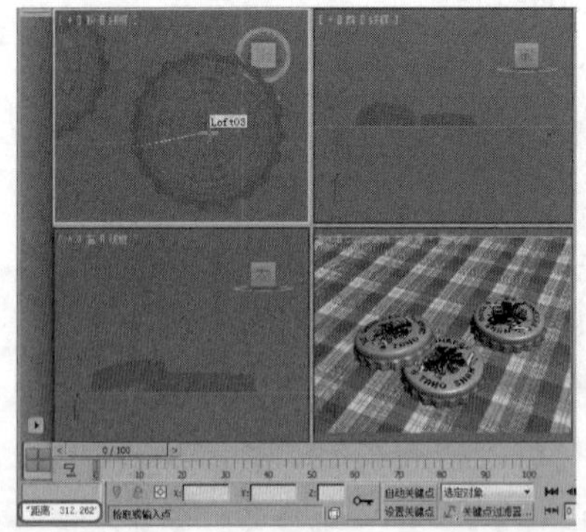

实战操作053 搜索3ds max命令

素材：无	难度：★★★★★
场景：无	视频：视频\Cha01\实战操作053.avi

在3ds Max 2014中，用户可以根据需要搜索3ds Max中的各项命令，具体操作步骤如下。

01 继续上一实例的操作，在菜单栏中选中“帮助”|“Search 3ds Max Commands”命令，如下图所示。

02 在弹出的文本框中输入要搜索的命令，将会弹出相应的命令，如下图所示。

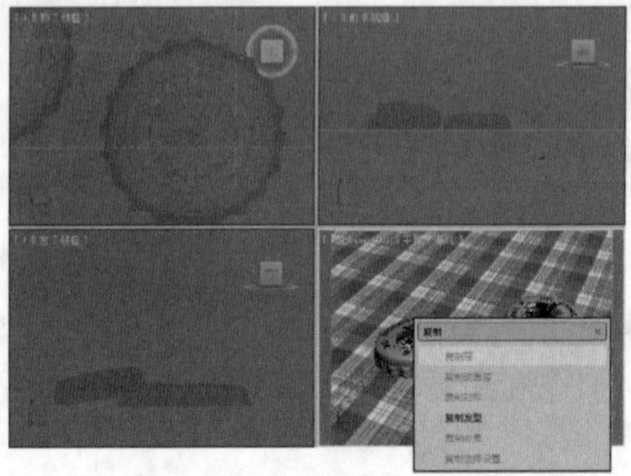

1.12 使用层管理器

用户可以通过“层管理器”对话框创建和删除层。还可以查看和编辑场景中所有层的设置，本节将对其进行简单介绍。

实战操作054 创建新层

素材：Scenes\Cha01\1-10.max	难度：★★★★★
场景：无	视频：视频\Cha01\实战操作054.avi

下面介绍如何通过“层管理器”对话框创建新的层，具体操作步骤如下。

01 按Ctrl+O键，打开素材文件1-10.max，如下图所示。

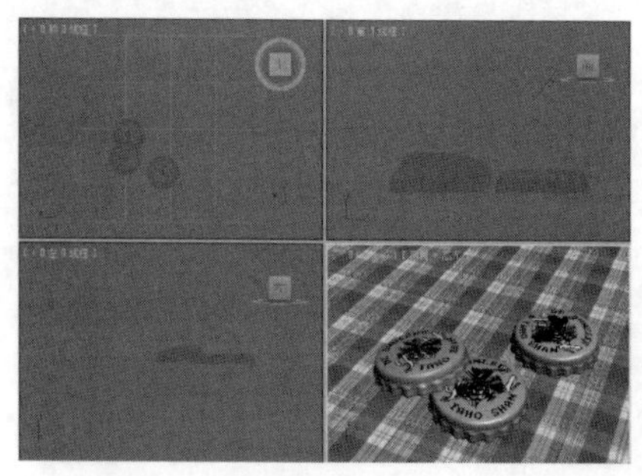

02 在菜单栏中选择“工具”|“层管理器”命令，如下图所示。

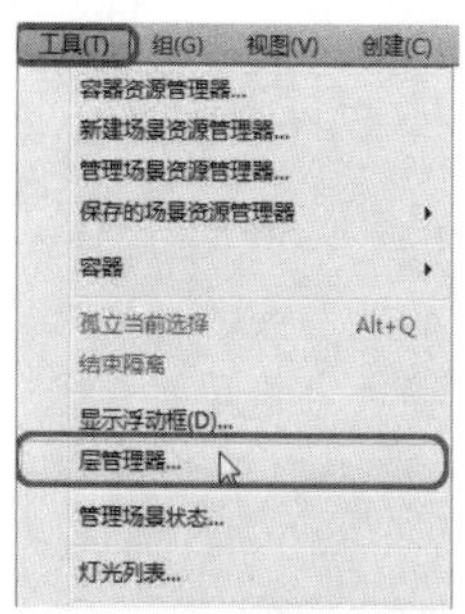

03 执行该操作后，即可打开“层：0（默认）”对话框，在该对话框中单击“创建新层”按钮，如下图所示。

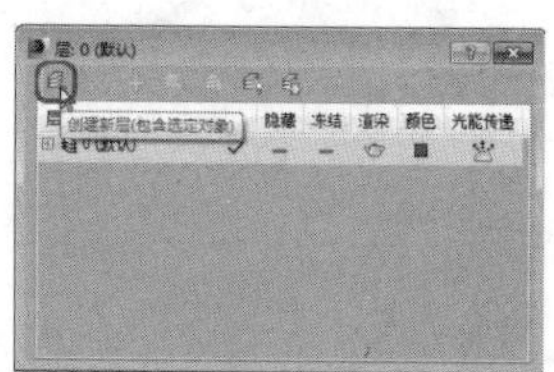

04 执行该操作后，即可创建一个新的层，如下图所示。

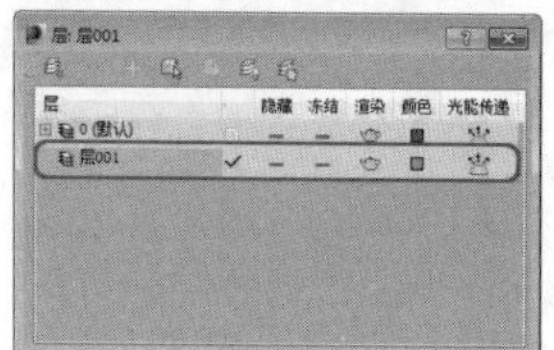

实战操作055 隐藏对象

素材：Scenes\Cha01\1-10.max	难度：★★★★★
场景：Scenes\Cha01\实战操作055.max	视频：视频\Cha01\实战操作055.avi

在3ds Max中，用户可以根据需要将不同的对象隐藏起来，下面介绍如何隐藏对象，具体操作步骤如下。

01 继续上一实例的操作，在“层：层001”对话框中单击“0（默认）”中的“Loft03”右侧的隐藏按钮，如下图所示。

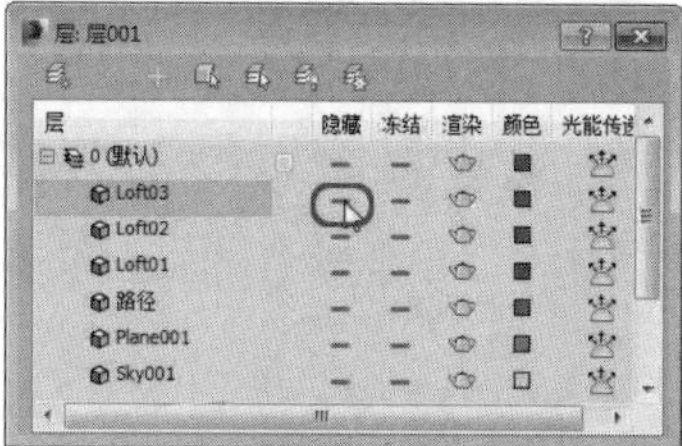

02 执行操作后，即可隐藏所选层的所有对象，按F9键对“Camera001”视图进行渲染，渲染后的效果如下图所示。

实战操作056 查看对象属性

素材：无	难度：★★★★★
场景：无	视频：视频\Cha01\实战操作056.avi

下面介绍如何查看对象属性，具体操作步骤如下。

01 继续上一实例的操作，在“层：层001”对话框中选择“Loft02”，并右击鼠标，在弹出的快捷菜单中选择“对象属性”命令，如下图所示。

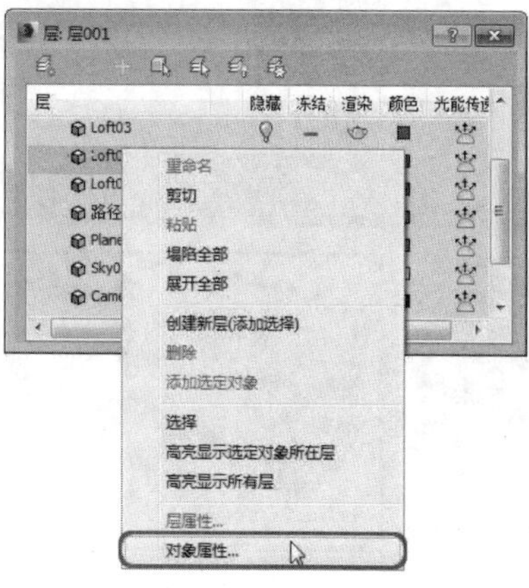

02 执行操作后，即可在弹出的对话框中查看对象属性，如下图所示。

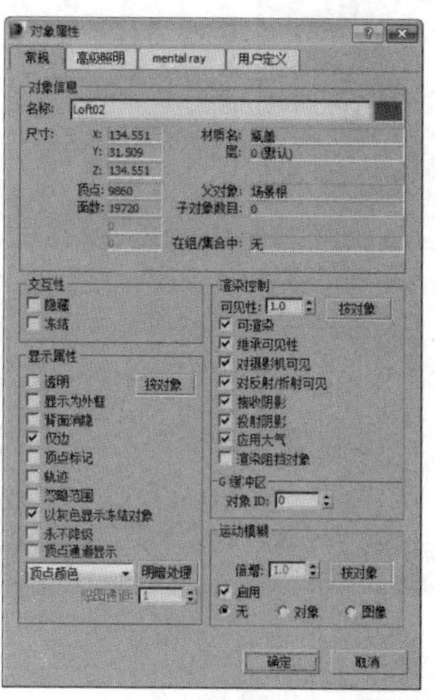

3ds Max 2014

Chapter 02

第2章 对象的基本操作

作为一个3ds Max初学者，为了能够很快地对这个软件运用自如，进行更方便、快捷、准确的操作，我们应该先熟悉软件的操作界面。本章主要介绍有关3ds Max 2013工作环境中各个区域以及部分常用工具的使用方法，其中包括物体的选择，组的使用，动作的位移、对齐，对象的捕捉等内容。

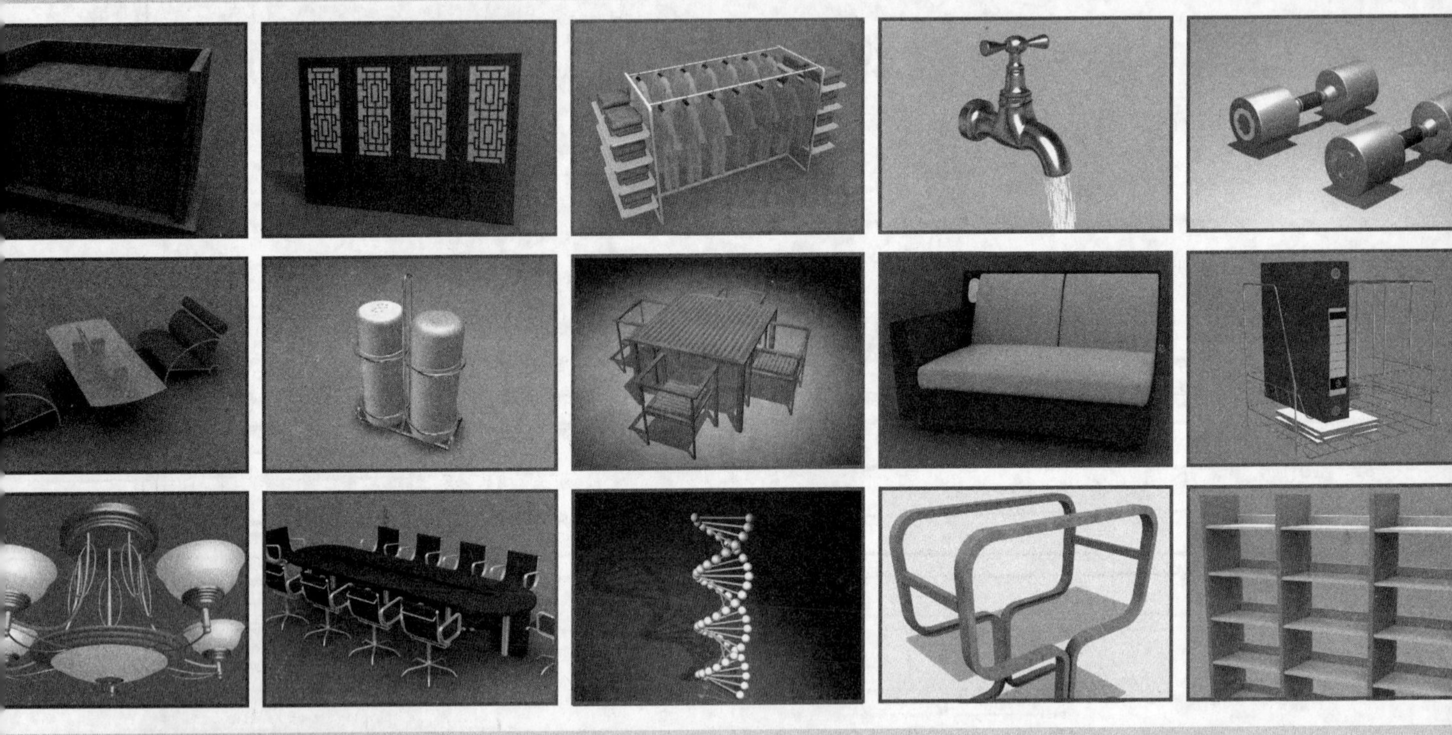

2.1 选择对象

在3ds Max中，在对对象执行某个操作或者执行场景中的对象之前，首先需要将其选中，因此，选择对象操作是建模和设置动画过程的基础。

实战操作057 使用矩形选框工具选择

素材：Scenes\Cha02\2-1.max	难度：★★★★★
场景：无	视频：视频\ Cha02\实战操作057.avi

选择对象的方法有许多种，“矩形选择区域”就是其中一个，使用“矩形选择区域”的具体操作步骤如下。

01 单击按钮，在弹出的下拉列表中选择“打开”选项，在打开的对话框中打开素材文件2-1.max，在工具栏中选择 “矩形选择区域”按钮，移动鼠标至顶视图中，按住鼠标并拖拽，此时会出现一个虚线框，如下图所示。

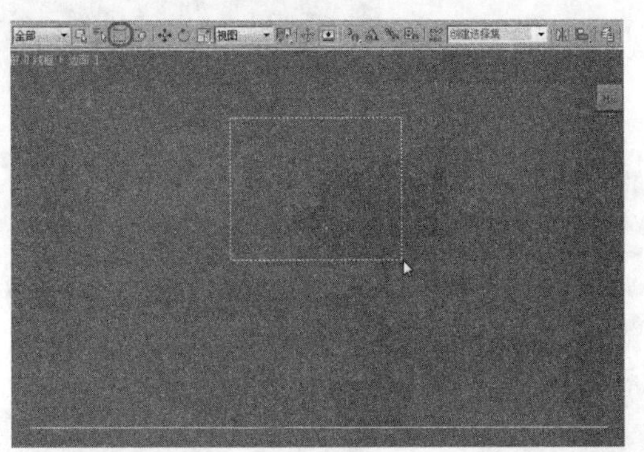

02 拖拽至合适的位置后释放鼠标，所框选的对象即可处于被选中的状态，如下图所示。

实战操作058 使用圆形选框工具选择

素材：Scenes\Cha02\2-1.max	难度：★★★★★
场景：无	视频：视频\ Cha02\实战操作058.avi

“圆形选择区域”也是属于选择对象的工具之一，具体操作步骤如下。

01 单击按钮，在弹出的下拉列表中选择“打开”选项，在打开的对话框中打开素材文件2-1.max，如下图所示。

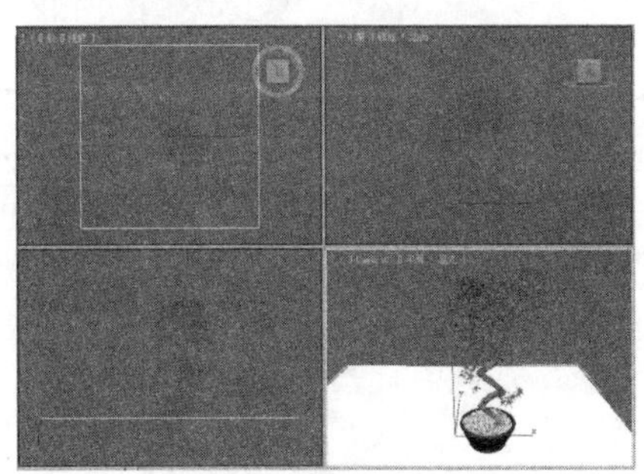

02 在工具栏中单击“圆形选择区域”按钮并向下拖拽，在下拉列表中选择“圆形选择区域”按钮，如下图所示。

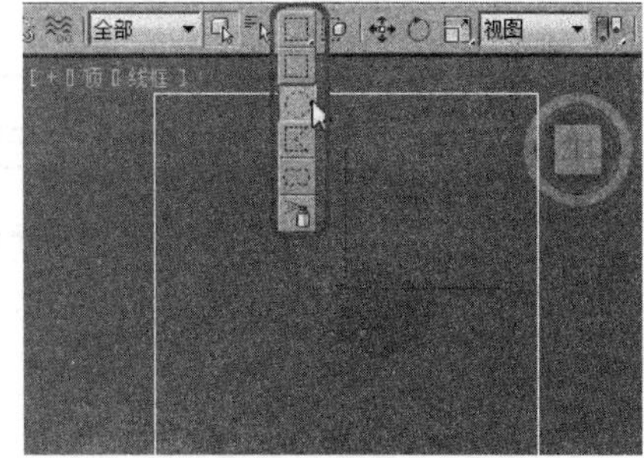

03 将鼠标移动至前视图，按住鼠标左键并拖拽，此时会出现一个圆形的虚线框，如下图所示。

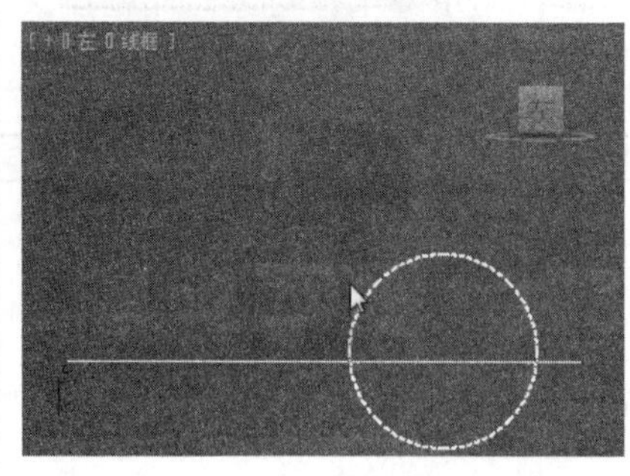

04 释放鼠标后，被选取的对象四周便会出现白色线框，如右图所示。

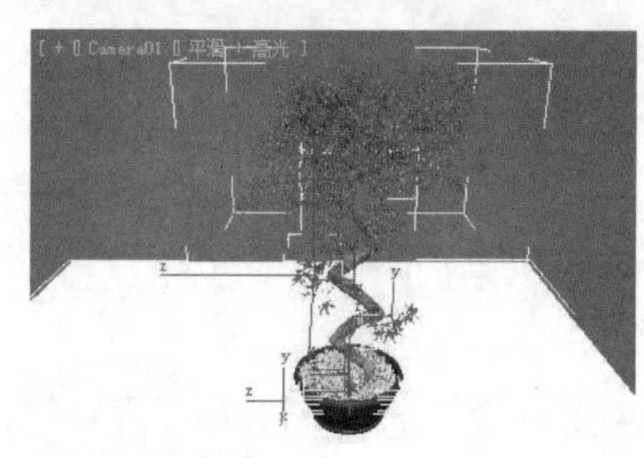

实战操作059 使用绘制选择区域工具选择

素材：Scenes\Cha02\2-2.max	难度：★★★★★
场景：无	视频：视频\ Cha02\实战操作059.avi

“绘制选择区域”工具以圆环的形式选择对象的。使用“绘制选择区域”工具选择对象时，可以一次选择多个操作对象，使用“绘制选择区域”工具的具体操作步骤如下。

01 单击按钮，在弹出的下拉列表中选择“打开”选项，在打开的对话框中打开素材文件2-2.max，如下图所示。

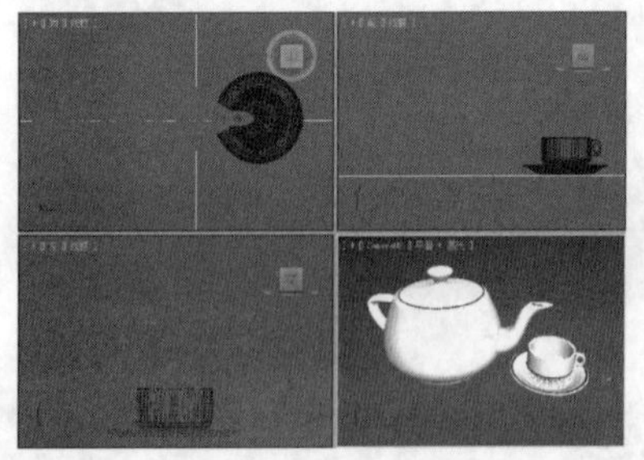

02 在菜单栏中选择“绘制选择区域”按钮并向下拖拽，在下拉列表中选择“绘制选择区域”按钮，如下图所示。

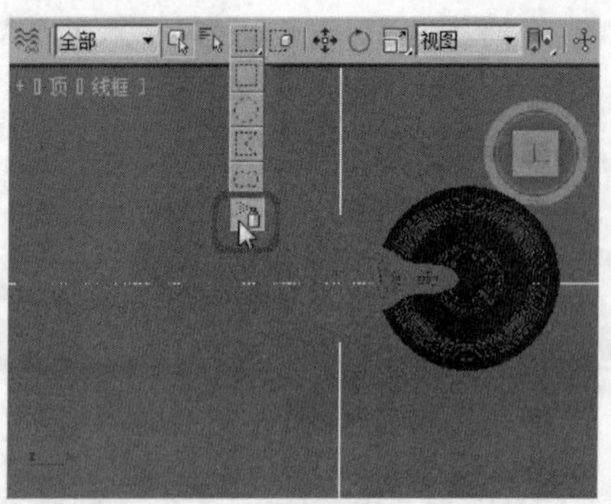

03 将鼠标移动至前视图，按住鼠标左键在空白处单击并拖拽，此时鼠标周围会出现，按住鼠标左键选中要选择的对象，如下图所示。

04 释放鼠标后，被选取的对象将被选中，如下图所示。

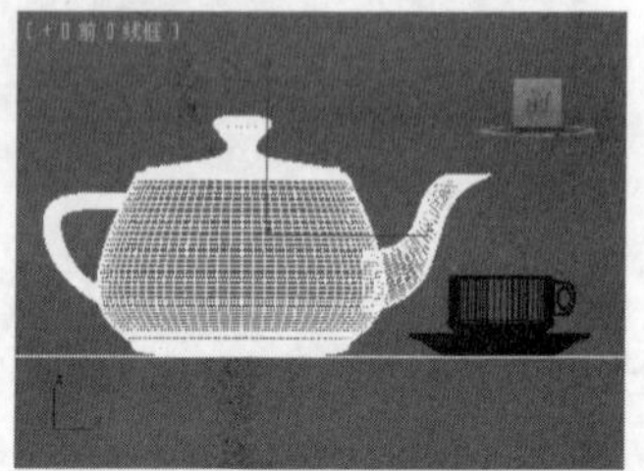

实战操作060 按名称选择

素材：Scenes\Cha02\2-2.max	难度：★★★★★
场景：无	视频：视频\ Cha02\实战操作060.avi

“按名选择对象”命令可以很好地帮助用户选择对象，即精确又快捷，具体操作步骤如下。

01 单击按钮，在弹出的下拉列表中选择“打开”选项，在打开的对话框中打开素材文件2-2.max。在工具栏中单击 “按名称选择”按钮，弹出“从场景中选择”对话框，如右图所示。

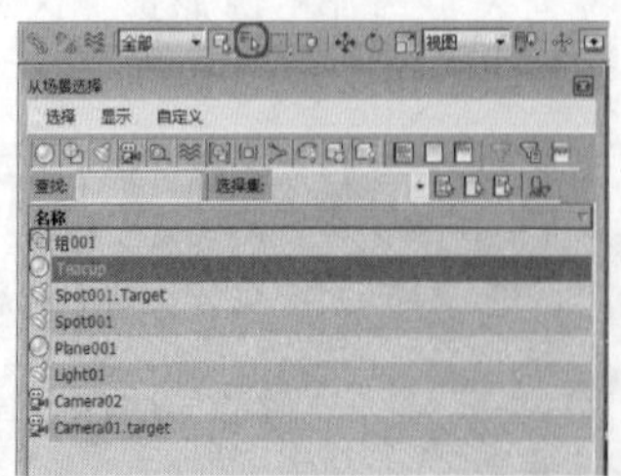

02 按住Ctrl键的同时在“从场景中选择”对话框中单击需要选择的操作对象，单击“确定”按钮即可一次选取多个对象，如下图所示。

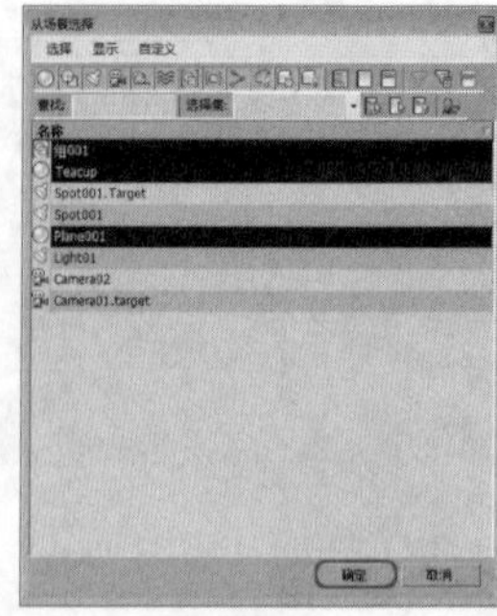

实战操作061 全选对象

素材：Scenes\Cha02\2-2.max	难度：★★★★★
场景：无	视频：视频\ Cha02\实战操作061.avi

在“从场景中选择”对话框中选择“全部选择”命令即可将场景中的对象全部选中，具体操作步骤如下。

01 单击按钮，在弹出的下拉列表中选择“打开”选项，在打开的对话框中打开素材文件2-2.max。在场景中先选中一个对象，然后在工具栏中单击“按名称选择”按钮，即可弹出“从场景中选择”对话框，在弹出的“从场景中选择”对话框中单击“选择”按钮，在弹出的快捷菜单中选择“全部选择”命令，如下图所示。

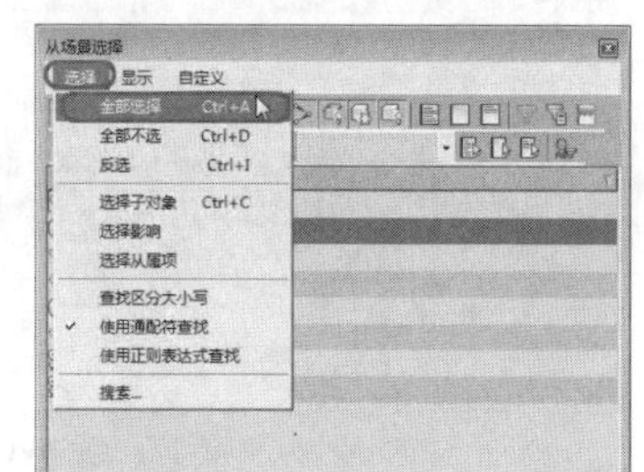

02 视图中所有对象的名称即可被全部选中，被选中的部分以灰色状态显示，单击“确定”按钮，即可在透视图中看到被选取的对象四周出现白色线框，如下图所示。

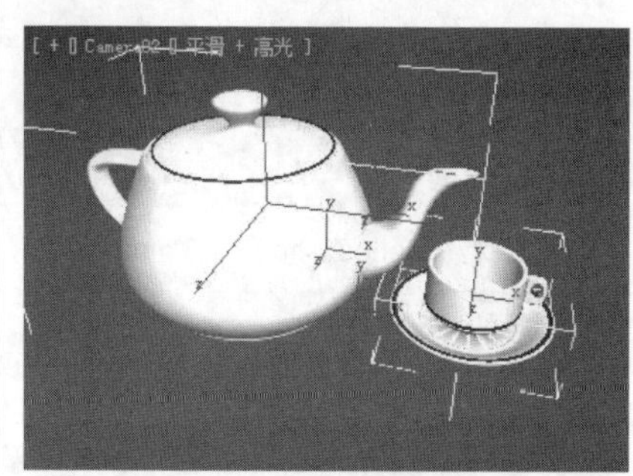

实战操作062 反选对象

素材：Scenes\Cha02\2-3.max	难度：★★★★★
场景：无	视频：视频\ Cha02\实战操作062.avi

“反选”命令是将没有被选中的对象进行选择，使用“反选”命令选择对象的具体操作步骤如下。

01 单击按钮，在弹出的下拉列表中选择“打开”选项，在打开的对话框中打开素材文件2-3.max，如下图所示。

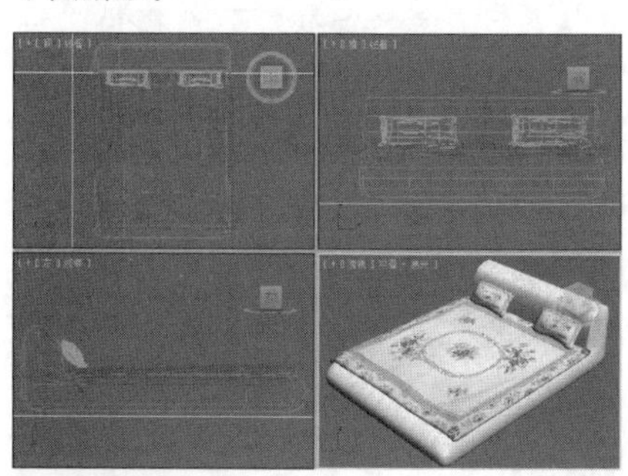

02 在工具栏中单击 “按名称选择”按钮，弹出“从场景中选择”对话框，按住Ctrl键的同时单击需要排除的对象名称，如下图所示。

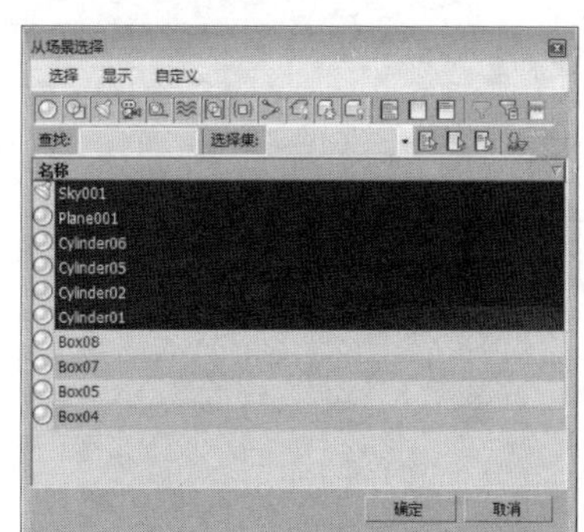

03 单击“选择”按钮，在弹出的快捷菜单中选择“反选”命令，即可将未被排除的对象的名称选中，其选中的部分以蓝色显示，如下图所示。

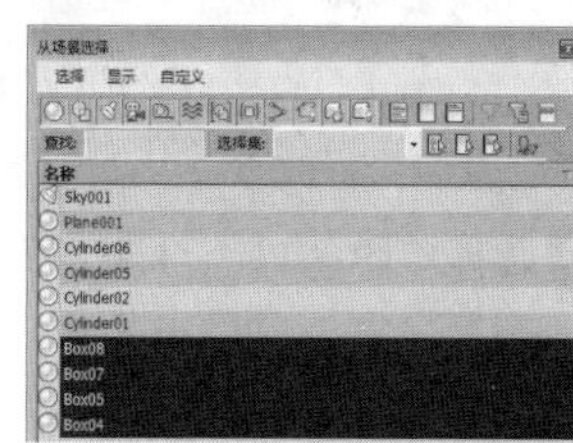

04 单击“确定”按钮，反选后的对象四周将会出现白色线框，如下图所示。

实战操作063 按颜色选择对象

素材：Scenes\Cha02\2-3.max	难度：★★★★★
场景：无	视频：视频\ Cha02\实战操作063.avi

在场景中选择操作对象时，除了按名称选择，还可以使用颜色来选择对象，使用颜色选择对象的具体操作步骤如下。

01 单击按钮，在弹出的下拉列表中选择“打开”选项，在打开的对话框中打开素材文件2-3.max，在菜单栏中选择“编辑”|“选择方式”|“颜色”命令，当鼠标指针处于形状时单击要选择的对象，如右图所示。

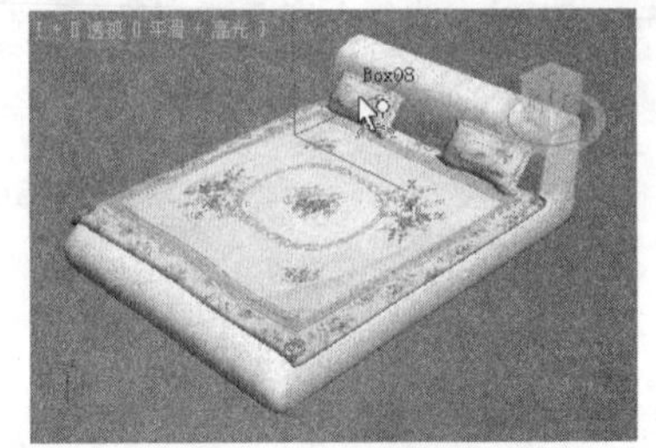

02 释放鼠标，相同颜色的对象将会被选中，被选中的对象四周会显示白色线框，如下图所示。

实战操作064 运用命名选择集选择

素材：Scenes\Cha02\2-3.max	难度：★★★★★
场景：无	视频：视频\ Cha02\实战操作064.avi

使用“命名选择集”选择场景中对象的具体操作步骤如下。

01 单击按钮，在弹出的下拉列表中选择“打开”选项，在打开的对话框中打开素材文件2-3.max，在工具栏中单击“编辑命名选择集”按钮，打开“命名选择集”窗口，如下图所示。

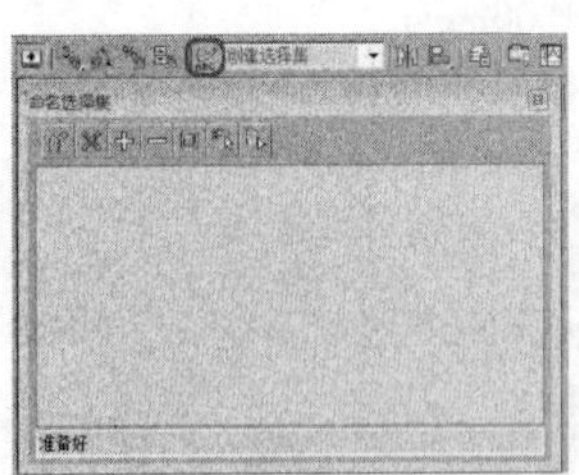

02 选择“Box04”对象，在“命名选择集”窗口中单击“创建新集”按钮，创建新集后将其重命名为“床”，如下图所示。

03 选择“Box05”对象，在“命名选择集”窗口中单击“创建新集”按钮，创建新集后将其重命名为“床垫”，如下图所示。

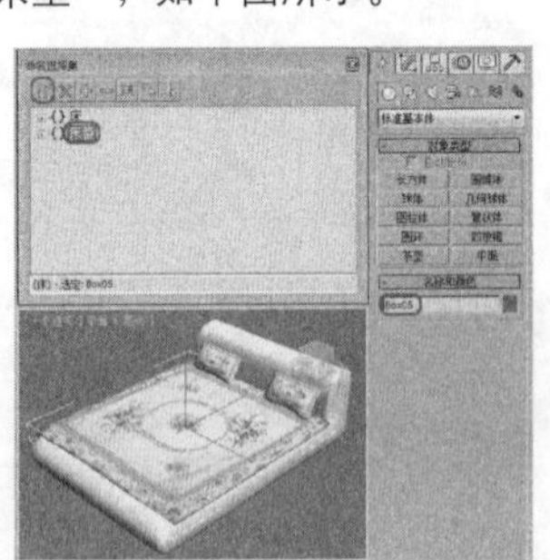

04 选择“Box07”和“Box08”两个对象，在“命名选择集”窗口中单击“创建新集”按钮，创建新集后将其重命名为“枕头”，如下图所示。

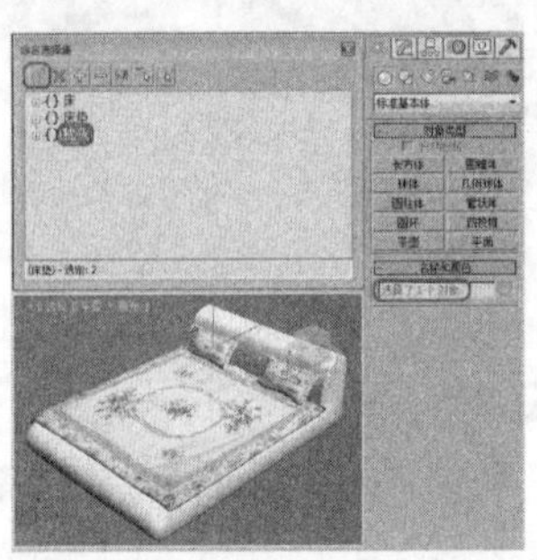

05 关闭“命名选择集”窗口，在工具栏中单击“命名选择集”按钮，在弹出的列表中选择“床垫”，如下图所示。

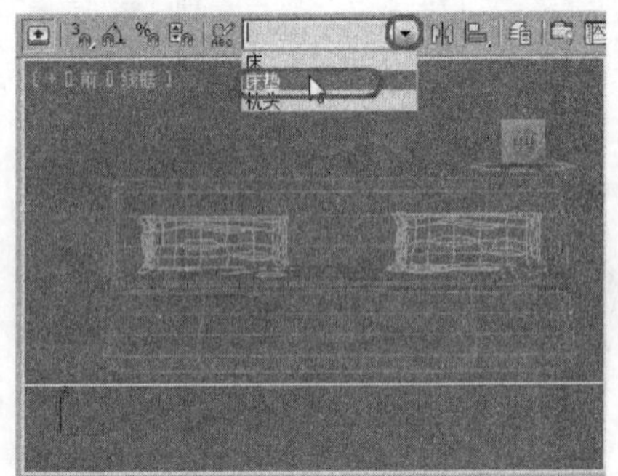

06 “命名选择集”选择为床垫后，被选中的对象四周会显示白色线框，如下图所示。

实战操作065 按材质选择

素材：Scenes\Cha02\2-4VRay.max	难度：★★★★★
场景：无	视频：视频\ Cha02\实战操作065.avi

在Max中，用户还可以选择在“材质编辑器”获取材质来选择操作对象，按材质选择操作对象的具体操作步骤如下。

01 单击按钮，在弹出的下拉列表中选择“打开”选项，在打开的对话框中打开素材文件2-4Vray.max，如下图所示。

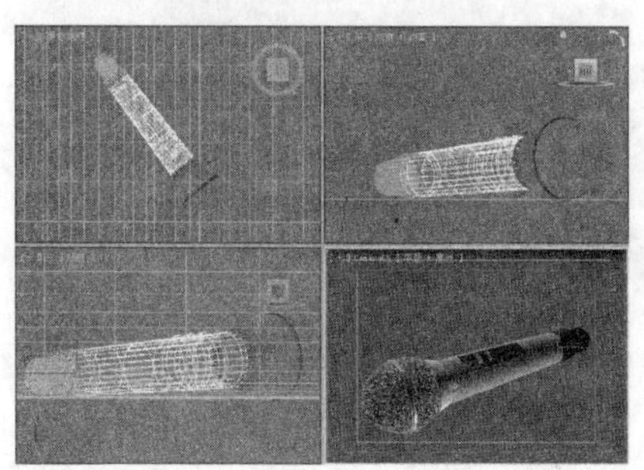

02 按M键打开“材质编辑器”对话框，在弹出“材质编辑器”对话框中单击一个材质球，然后单击右侧的“按材质选择”按钮，如下图所示。

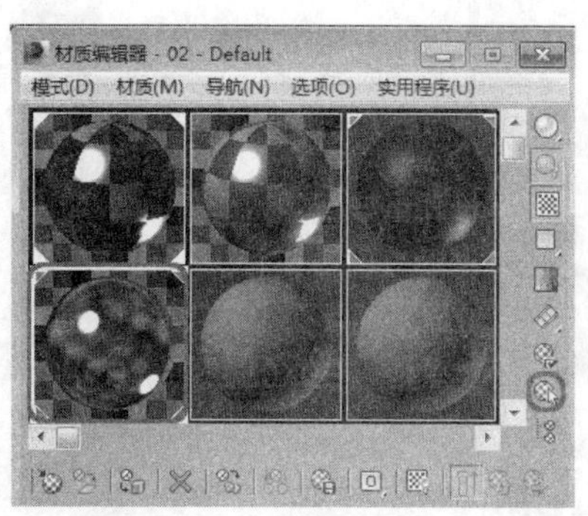

03 弹出“选择对象”对话框，被选中的相同材质的对象的名称呈现为灰色，单击“选择”按钮 选择 ，即可选择相同材质的对象，如下图所示。

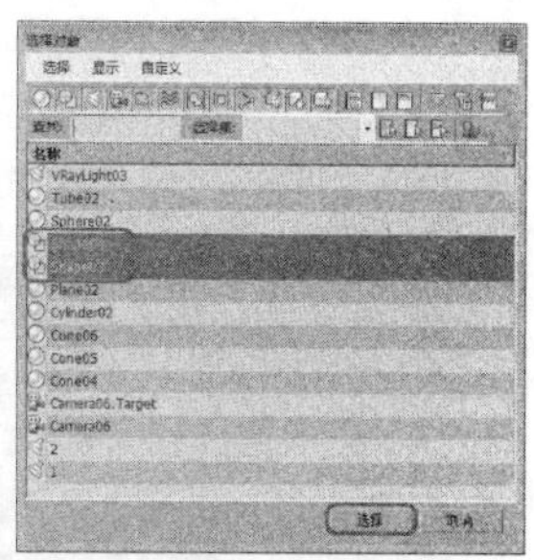

04 切换至透视图中，可以看到被选取的对象四周出现白色线框，如下图所示。

实战操作066 运用过滤器选择对象

素材：Scenes\Cha02\2-4Vray.max	难度：★★★★★
场景：无	视频：视频\ Cha02\实战操作066.avi

在场景中选择“选择过滤器”按钮下的命令，可准确地选择场景中的某个对象，具体操作步骤如下。

01 单击按钮，在弹出的下拉列表中选择“打开”选项，在打开的对话框中打开素材文件2-4Vray.max，在工具栏中单击“选择过滤器”按钮 全部 ，在下拉列表中选择“G-几何体”命令，如右图所示。

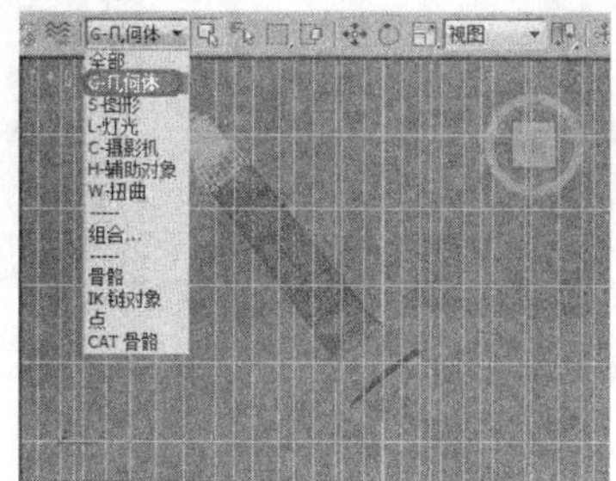

02 将鼠标移动至Camera视图中，框选所有的操作对象，即可选择灯光对象，如下图所示。

2.2 移动对象

选择对象并进行移动操作，在移动选择的对象时可以沿坐标进行移动，也可以启用“移动变换输入”对话框进行更为准确的移动。

实战操作067 手动移动

素材：Scenes\Cha02\2-5.max	难度：★★★★★
场景：无	视频：视频\ Cha02\实战操作067.avi

如果需要在场景中移动某个操作对象，可以直接手动移动此对象，手动移动对象的具体操作步骤如下。

01 单击按钮，在弹出的下拉列表中选择“打开”选项，在打开的对话框中打开素材文件2-5.max，如下图所示。

02 在工具栏中单击“选择并移动”工具，在前视图中单击需要移动的对象，按住鼠标左键移动即可沿Y轴或者X轴移动对象，如下图所示。

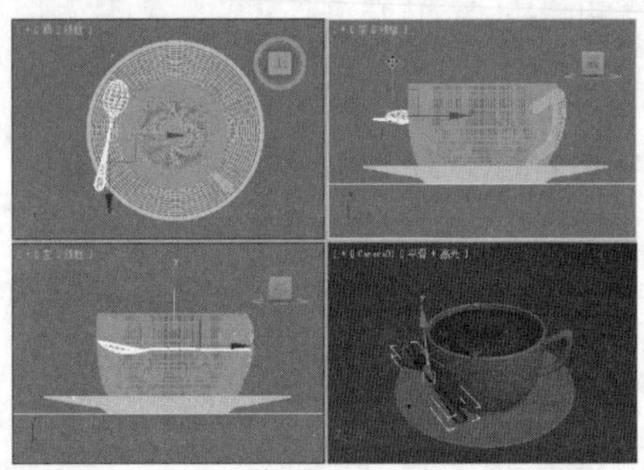

实战操作068 精确移动

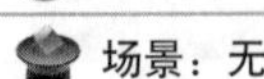

素材：Scenes\Cha02\2-5.max	难度：★★★★★
场景：无	视频：视频Cha02\实战操作068.avi

手动移动工具可使用在一些不用精确计算移动距离的模型中，但有时需要将对象进行精确的位置移动，精确移动的具体操作步骤如下。

01 单击按钮，在弹出的下拉列表中选择“打开”选项，在打开的对话框中打开素材文件2-5.max，在视图中选择需要移动的对象，选择工具栏中的“选择并移动”按钮并单击鼠标右键，弹出“移动变换输入”对话框，如下图所示。

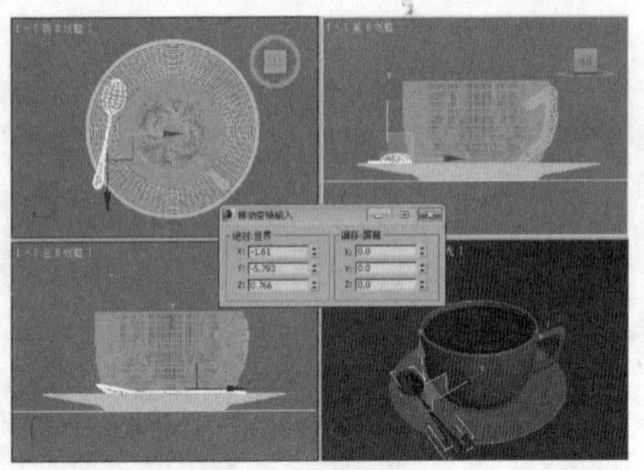

02 分别在“绝对：世界”选项组下的X、Y、Z文本框中输入需要移动的数值，即可在视图中精确移动对象，如下图所示。

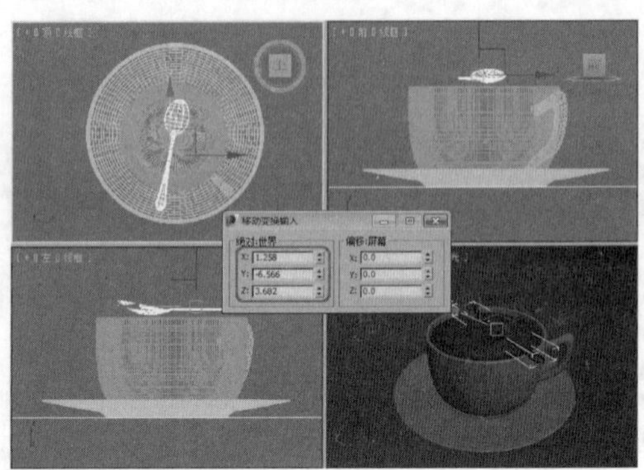

2.3 旋转和缩放对象

在场景中，有些物体需要进行旋转和缩放来调整其角度和大小，旋转时可根据选定的坐标轴定向来进行。选择并缩放对象的操作包括“选择并均匀缩放”、“选择并非均匀缩放”与“选择并挤压”三种方法，使用不同的方法会出现不同的效果。

实战操作069 手动旋转

素材：Scenes\Cha02\2-6.max	难度：★★★★★
场景：无	视频：视频\ Cha02\实战操作069.avi

旋转场景中的对象时，先在场景中选择需要旋转的对象，单击工具栏中的“选择并旋转”按钮，然后进行手动旋转。具体操作步骤如下。

01 单击按钮，在弹出的下拉列表中选择“打开”选项，在打开的对话框中打开素材文件2-6.max，如下图所示。

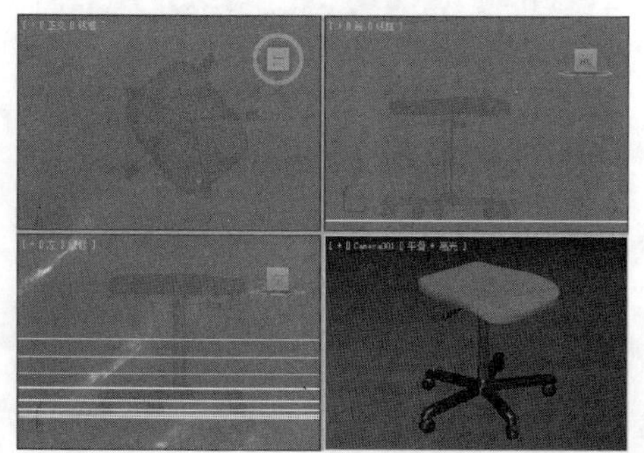

02 在前视图中单击需要旋转的对象，在工具栏中单击“选择并旋转”按钮，当鼠标处于状态时，按住鼠标左键沿X方向轴移动即可旋转对象，如下图所示。

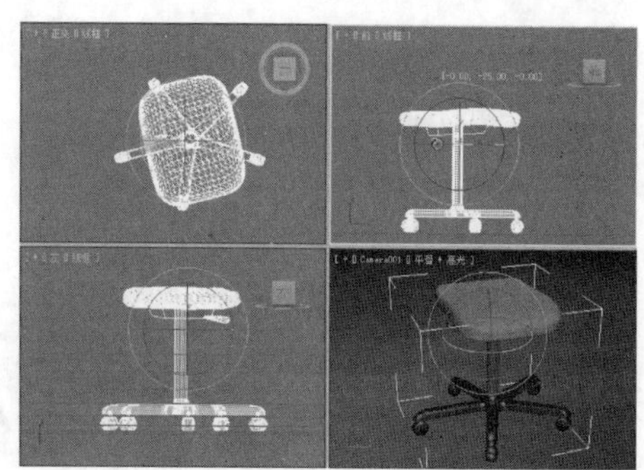

实战操作070 精确旋转

素材：Scenes\Cha02\2-6.max	难度：★★★★★
场景：无	视频：视频\ Cha02\实战操作070.avi

在旋转对象时，可在工具栏中将“旋转变化输入”对话框调出，在对话框中设置旋转的度数，使对象更为准确地进行旋转，具体操作步骤如下。

01 单击按钮，在弹出的下拉列表中选择“打开”选项，在打开的对话框中打开素材文件2-6.max，在顶视图中选择需要旋转的对象，选择工具栏中的“选择并旋转”按钮并单击鼠标右键，弹出“旋转变换输入”对话框，如下图所示。

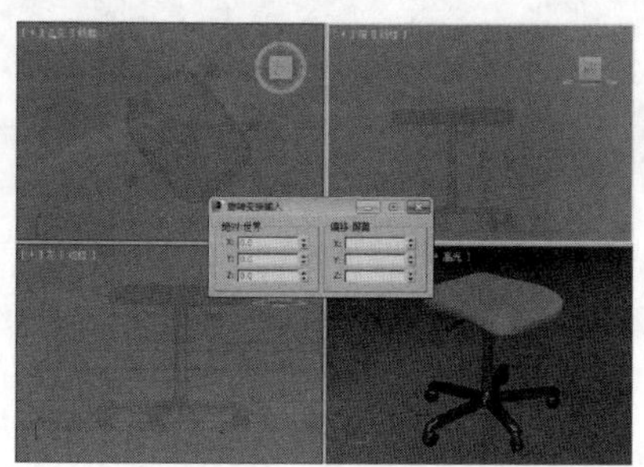

02 在“绝对：世界”选项组下的X、Y、Z文本框中输入需要旋转的数值，即可精确旋转对象，如下图所示。

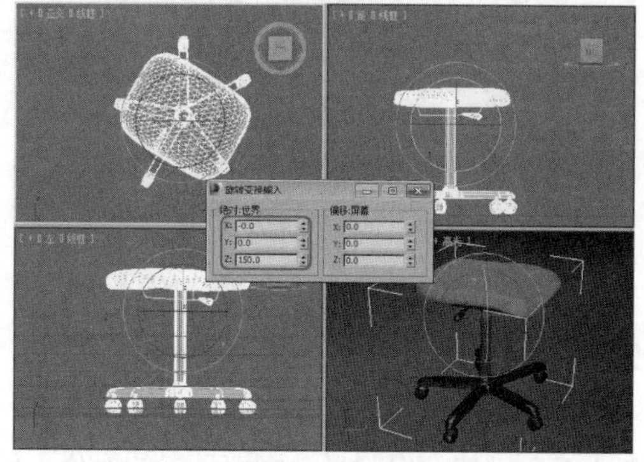

实战操作071 手动缩放

素材：Scenes\Cha02\2-7 VRay.max	难度：★★★★★
场景：无	视频：视频\ Cha02\实战操作071.avi

在3ds Max场景中，可在工具栏中选择“选择并均匀缩放”或其他缩放工具对对象进行缩放，使用“选择并均匀缩放”工具的具体操作步骤如下。

01 单击按钮，在弹出的下拉列表中选择“打开”选项，在打开的对话框中打开素材文件2-7 VRay.max，如右图所示。

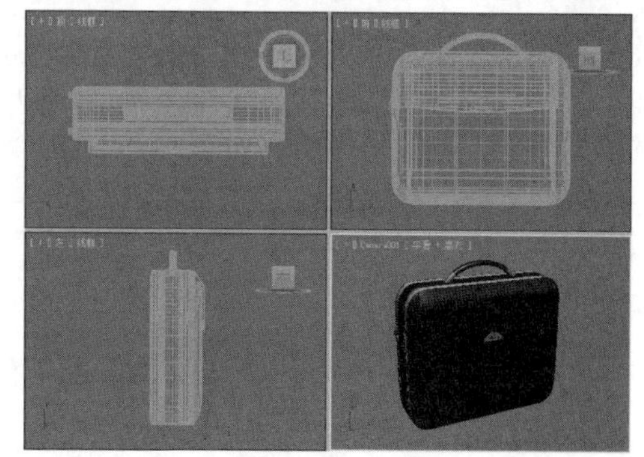

02 在Camera视图中，框选需要缩放的对象，选择工具栏中的“选择并均匀缩放”按钮，当鼠标处于状态时，按住鼠标左键移动即可缩放对象，如右图所示。

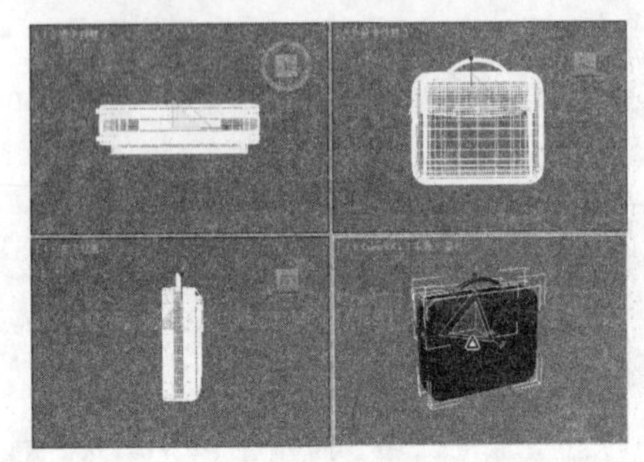

实战操作072 精确缩放

素材：Scenes\Cha02\2-7 VRay.max	难度：★★★★★
场景：无	视频：视频\ Cha02\实战操作072.avi

通过在“缩放变换输入”对话框中输入变化值来缩放对象，可以更为准确地缩放对象，具体操作步骤如下。

01 单击按钮，在弹出的下拉列表中选择“打开”选项，在打开的对话框中打开素材文件2-7 VRay.max，在顶视图中选择需要缩放的对象，选择工具栏中的“选择并均匀缩放”按钮并单击鼠标右键，弹出“缩放变换输入”对话框，如下图所示。

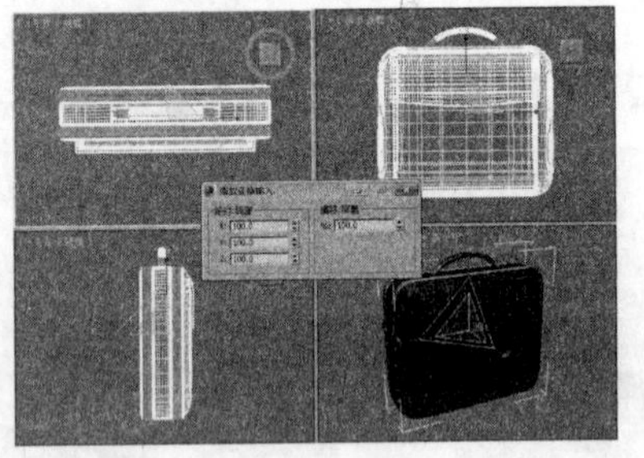

02 在“绝对：局部”选项组下的X、Y、Z文本框中输入需要缩放的数值，按Enter键即可精确缩放，如下图所示。

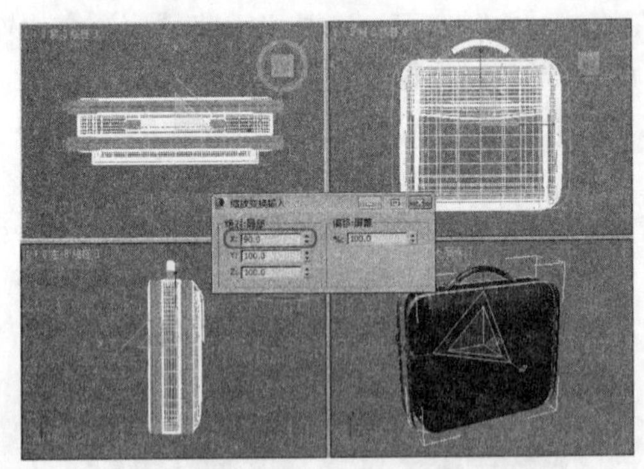

2.4 孤立对象

孤立对象功能可以只显示需要显示的对象，暂时隐藏其他对象，这样便于操作当前对象而不影响其他对象。

实战操作073 孤立当前选择对象

素材：Scenes\Cha02\2-8.max	难度：★★★★★
场景：无	视频：视频\ Cha02\实战操作073.avi

将工作区切换为“默认使用增强型菜单”，执行“场景”|“隔离”|“孤立当前选择”命令，即可孤立当前选择的对象，具体操作步骤如下。

01 单击按钮，在弹出的下拉列表中选择“打开”选项，在打开的对话框中打开素材文件2-8.max，如右图所示。

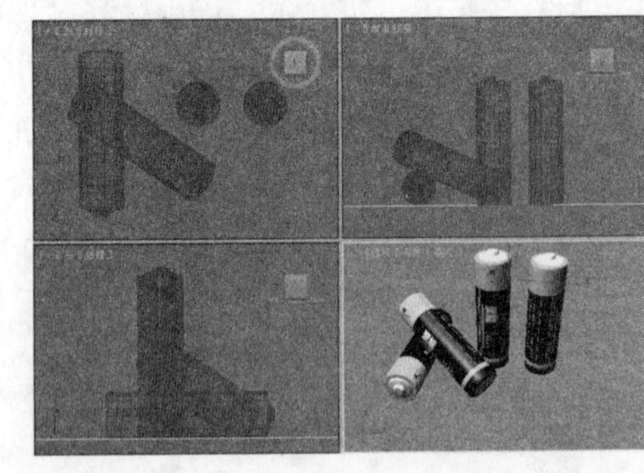

02 在标题栏中单击“工作区”按钮 工作区: 默认 ，在弹出的下拉列表中选择“默认使用增强型菜单”，如下图所示。

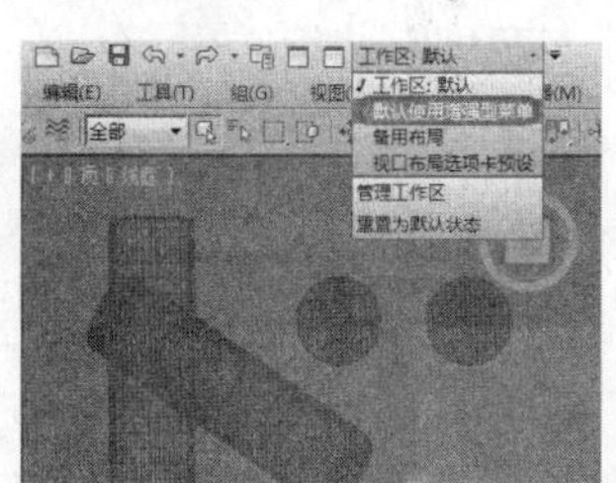

03 在前视图中选择要孤立显示的对象，如下图所示。

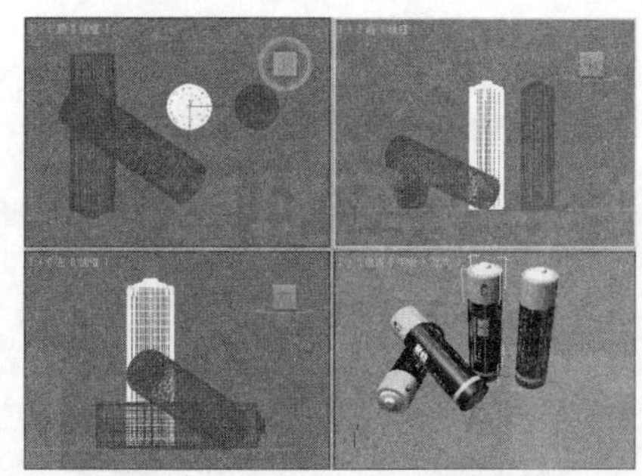

04 执行“场景”|“隔离”|“孤立当前选择”命令，即可孤立当前选择的对象，如下图所示。

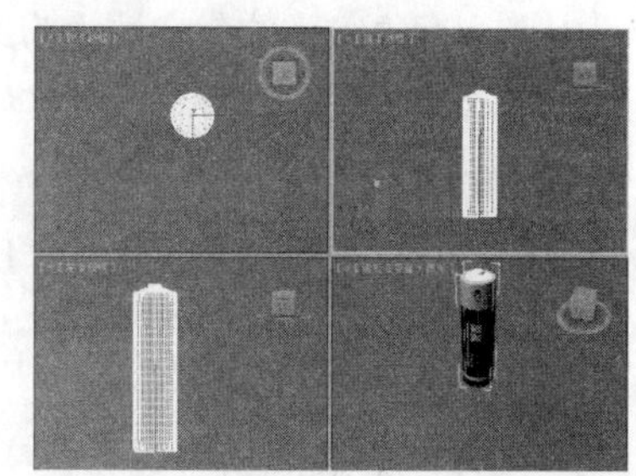

实战操作074 孤立未选定对象

素材：Scenes\Cha02\2-8.max	难度：★★★★★
场景：无	视频：视频\ Cha02\实战操作074.avi

在“默认使用增强型菜单”工作区中，可以将未选定的对象孤立显示，具体操作步骤如下。

01 单击按钮，在弹出的下拉列表中选择“打开”选项，在打开的对话框中打开素材文件2-8.max，在前视图中选择不需要孤立显示的对象，如下图所示。

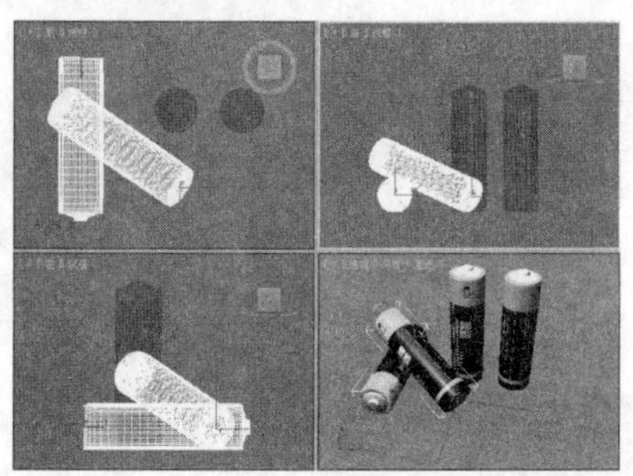

02 执行“场景”|“隔离”|“孤立未选择对象”命令，即可孤立未选定对象，如下图所示。

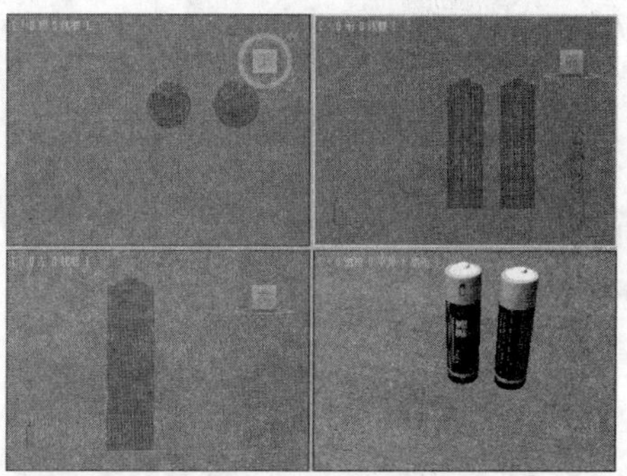

实战操作075 孤立时最大化显示对象

素材：Scenes\Cha02\2-8.max	难度：★★★★★
场景：无	视频：视频\ Cha02\实战操作075.avi

孤立对象时可以将其在视图中最大化显示，方便操作对象，具体操作步骤如下。

01 单击按钮，在弹出的下拉列表中选择“打开”选项，在打开的对话框中打开素材文件2-8.max，在前视图中选择需要孤立显示的对象，如下图所示。

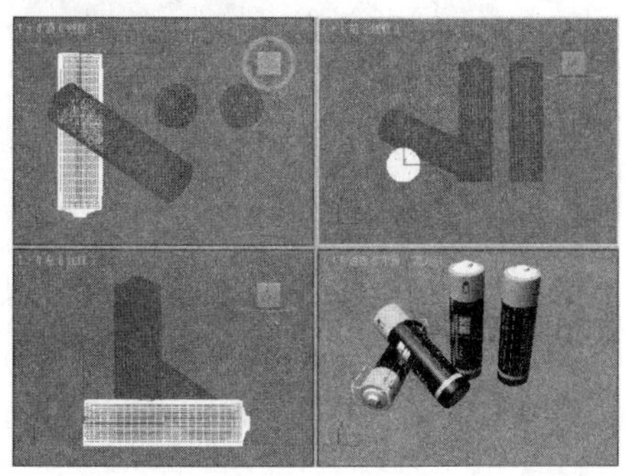

02 执行“场景”|“隔离”|“隔离时最大化显示”命令和“场景”|“隔离”|“孤立当前选择”命令，即可在前视图中最大化显示孤立对象，如下图所示。

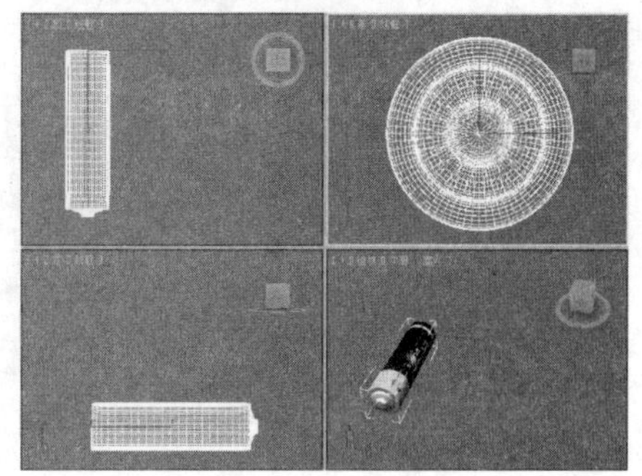

2.5 组合对象

由多个对象组成的集合被称为组。组的形成不会影响组中的对象，如果对已经成组的组进行变换，组成组的所有对象将会随之变换。所有的对象成组以后，如果想要选择组，单击组中的任意一个对象即可将组选中。

实战操作076 组合对象

素材：Scenes\Cha02\2-9.max	难度：★★★★★
场景：无	视频：视频\ Cha02\实战操作076.avi

在场景中选择需要成组的对象，在菜单栏中选择“组”|“成组”命令，即可将选中的对象成组，成组的具体操作步骤如下。

01 单击按钮，在弹出的下拉列表中选择“打开”选项，在打开的对话框中打开素材文件2-9.max，如下图所示。

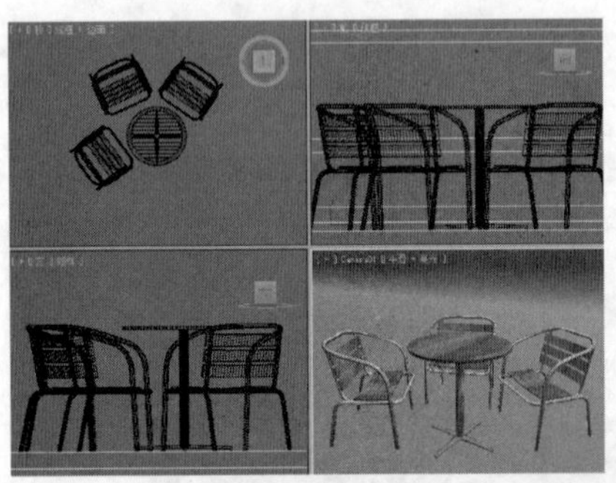

02 在视图中将需要成组的对象选中，在菜单栏中选择“组”|“组”命令，如下图所示。

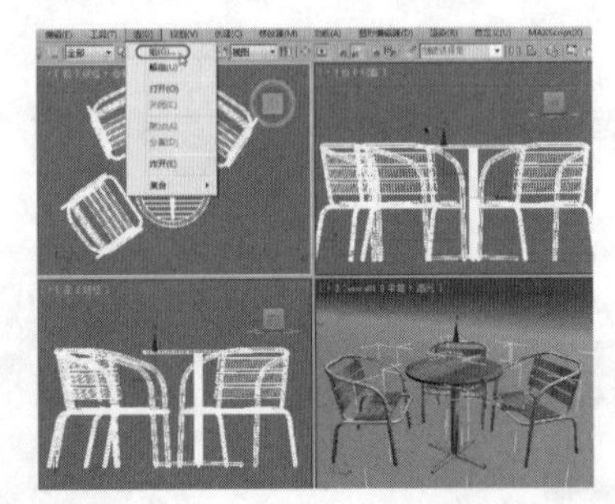

03 弹出“组”对话框，在“组名”右侧的文本框中输入组的名称，如“家具”，如下图所示。

04 单击“确定”按钮，即可将选中的对象成组，如下图所示。

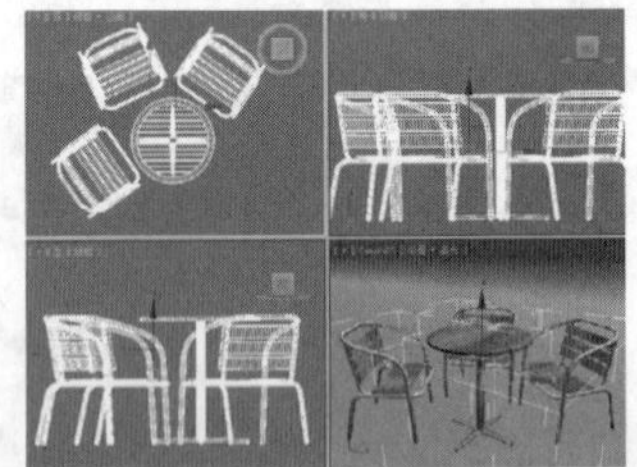

实战操作077 解除对象

素材：无	难度：★★★★★
场景：无	视频：视频\ Cha02\实战操作077.avi

要将当前选定的对象打散，可使用“解组”命令来打散对象，此命令必须在对象成组的情况下使用，具体操作步骤如下。

01 继续上一实例的操作，此时视图中的对象处于成组的状态下，如下图所示。

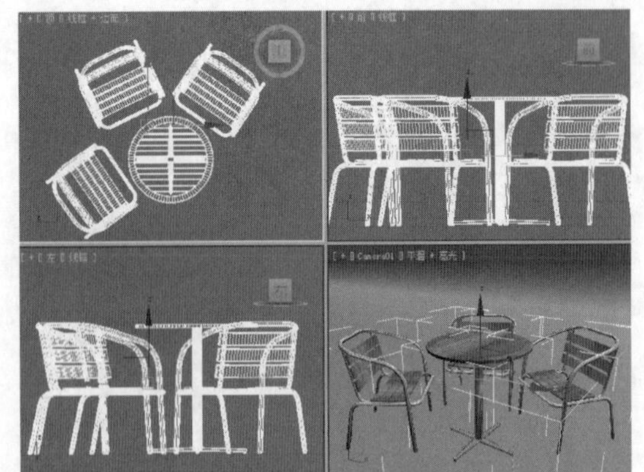

02 在视图中选择需要解组的对象，在菜单栏中选择“组”|“解组”命令，被选择的对象即可被打散，如下图所示。

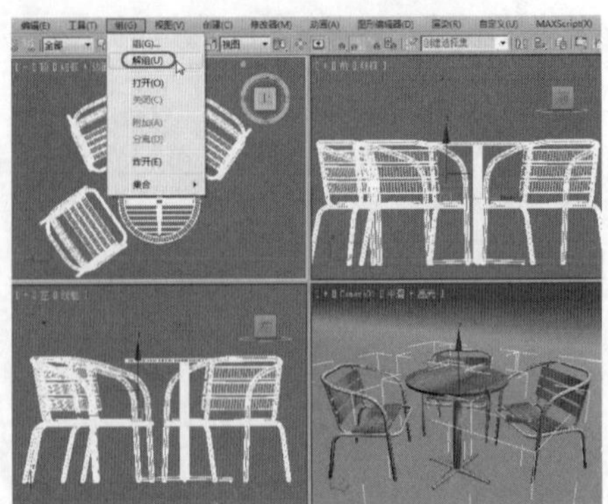

实战操作078 打开组

素材：无	难度：★★★★★
场景：无	视频：视频\ Cha02\实战操作078.avi

为了单独对一个对象进行编辑操作，可将其在组中独立出来。打开组的具体操作步骤如下。

01 继续上一实例的操作，在视图中选择一个对象，在菜单栏中选择“组”|“打开”命令，如下图所示。

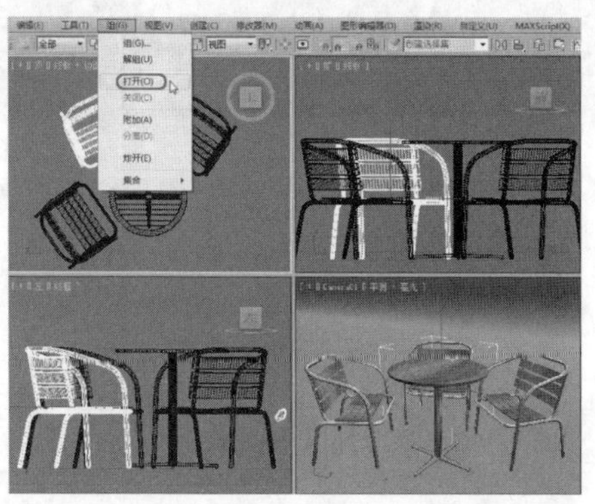

02 执行“打开”命令后，即可将组打开，切换至Camera视图中，即可看到白色框转换为粉红色框，如下图所示。

实战操作079 关闭组

素材：无	难度：★★★★★
场景：无	视频：视频\ Cha02\实战操作079.avi

将暂时打开的组关闭，具体操作步骤如下。

01 单击按钮，在弹出的下拉列表中选择“打开”选项，在打开的对话框中打开素材文件2-9.max，如下图所示。

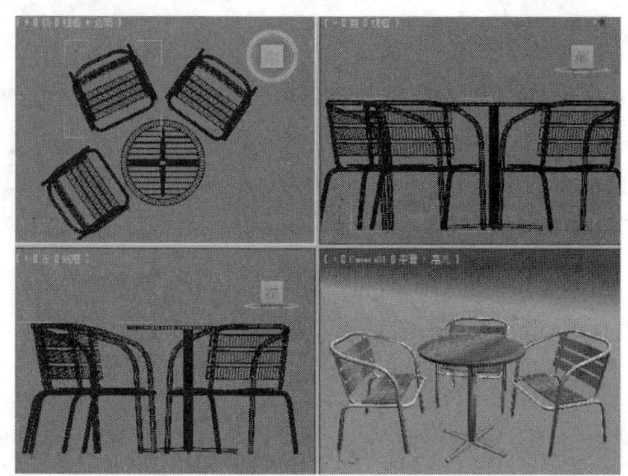

02 确定组处于打开的状态下，在视图中单击粉红色线框，在菜单栏中选择“组”|“关闭”命令，即可将组关闭，如下图所示。

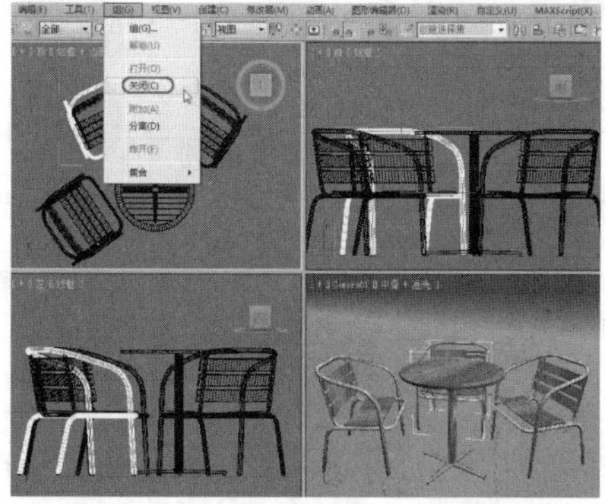

实战操作080 增加组对象

素材：Scenes\Cha02\2-10.max	难度：★★★★★
场景：无	视频：视频\ Cha02\实战操作080.avi

增加组对象就是在一个被选中的对象上，将另一个对象附加到其中的操作，具体操作步骤如下。

01 单击按钮，在弹出的下拉列表中选择“打开”选项，在打开的对话框中打开素材文件2-10.max，在左视图中选择需要附加的对象，在菜单栏中选择“组”|“附加”命令，如下图所示。

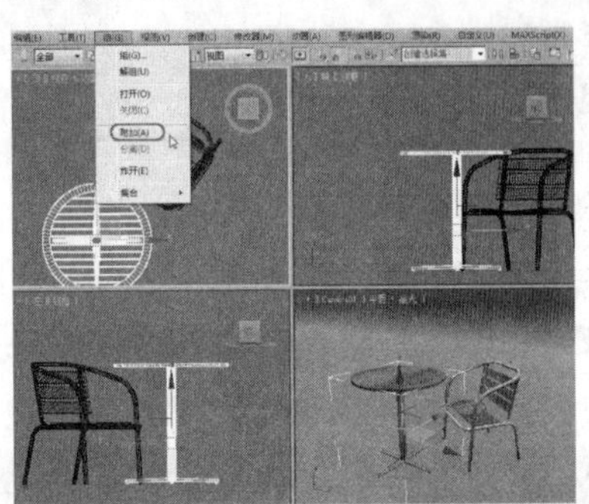

02 将鼠标移至被附加的对象上面，并单击鼠标左键进行附加对象，附加完成后，可沿方向轴进行检查，如下图所示。

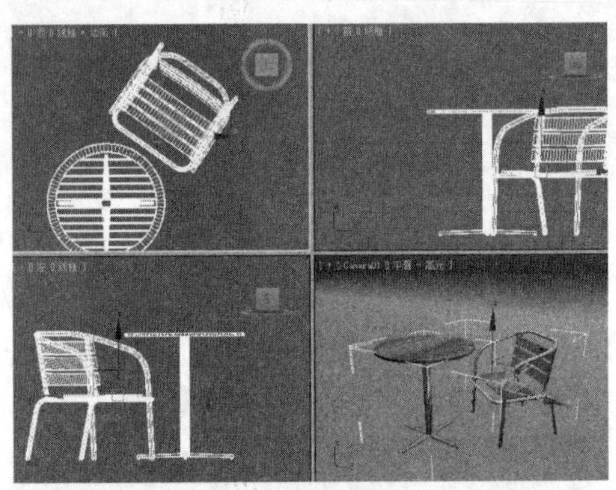

实战操作081 分离组对象

素材：无	难度：★★★★★
场景：无	视频：视频\ Cha02\实战操作081.avi

分离组对象就是在已经打开的组中将某个对象分离出去，具体操作步骤如下。

01 继续上一实例的操作，在前视图中将所有的对象选中，并在菜单栏中选择“组”|“打开”命令，如下图所示。

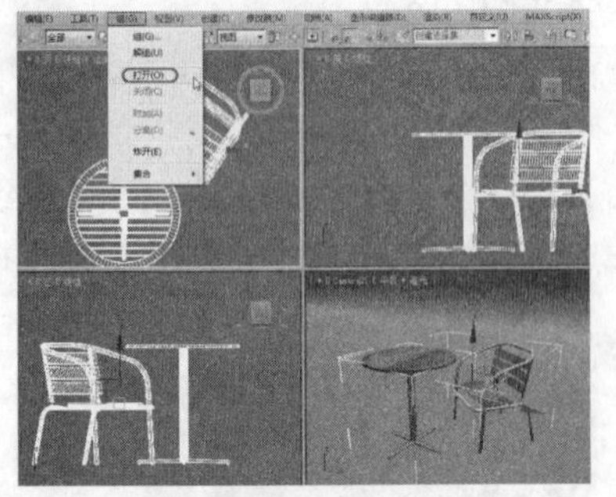

02 当场景中的对象周围出现粉红色边框时，在前视图中选择要分离的对象，在菜单栏中选择“组”|“分离”命令，如下图所示。

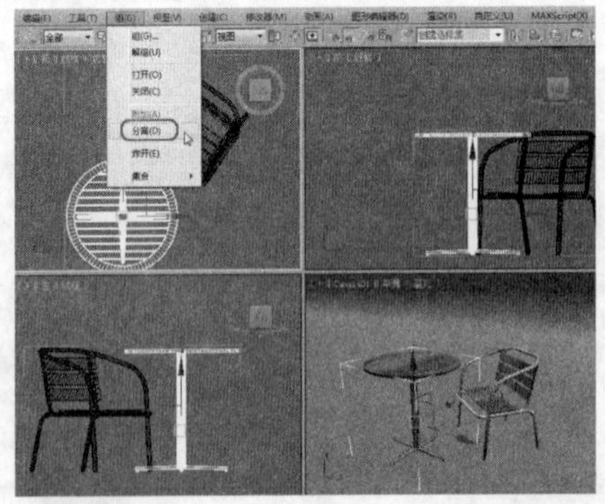

03 在前视图中单击粉红色边框。当边框处于白色状态时，在菜单栏中选择“组”|“关闭”命令，如下图所示。

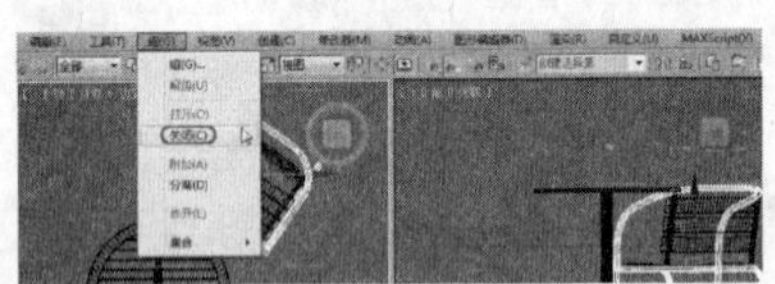

04 执行“关闭”命令后，即可将对象分离，在工具栏中选择“选择并移动”工具，在前视图中选择分离后的对象并对其进行移动，如下图所示。

2.6 对齐对象

将选择的对象与目标对齐，其中包括位置的对齐和方向的对齐，根据各自的轴心点三角轴完成。常用于排列对齐大量的对象，或将对象置于复杂的表面。

实战操作082 精确对齐

素材：Scenes\Cha02\2-11.max	难度：★★★★★
场景：Scenes\Cha02\实战操作082.max	视频：视频\ Cha02\实战操作082.avi

“精确对齐“命令是将选中的对象对齐到另一个对象上，具体操作步骤如下。

01 单击按钮，在弹出的下拉列表中选择“打开”选项，在打开的对话框中打开素材文件2-11.max，如下图所示。

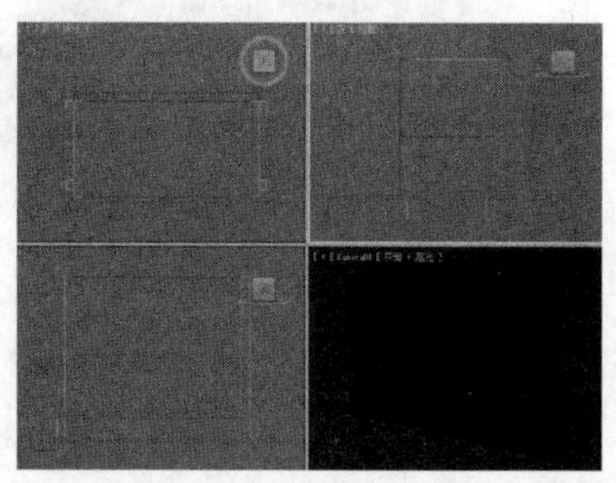

02 在工具栏中选择“按名称选择”按钮，在弹出的“从场景中选择”对话框中选择“柜顶”名称，如下图所示。

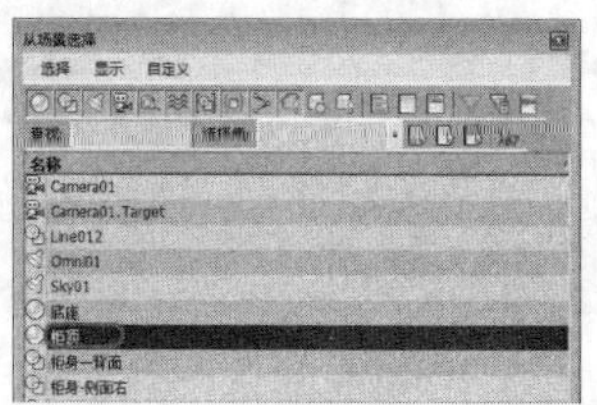

03 单击“确定”按钮即可在场景中选中对象，如下图所示。

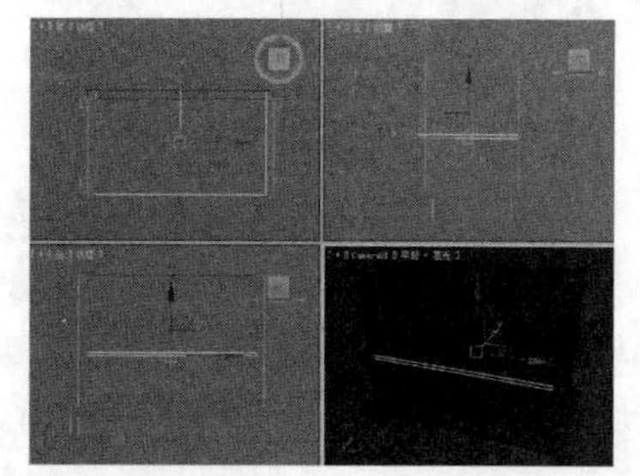

04 当对象处于选中状态时，在工具栏中单击“对齐”按钮，当鼠标处于状态时，在前视图中单击“门01”对象，如下图所示。

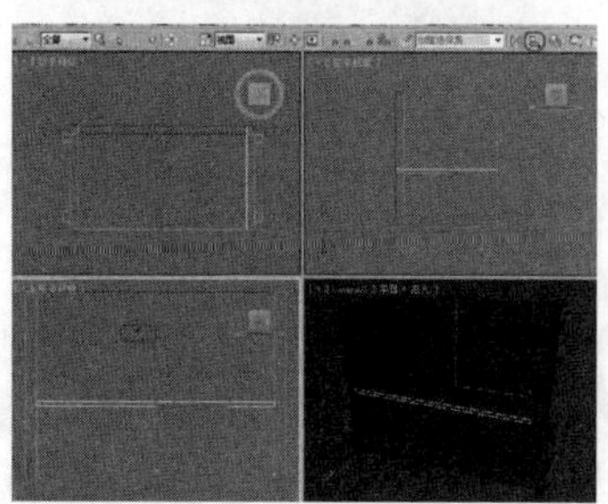

05 执行以上操作后，会弹出一个“对齐当前选择门01”对话框，取消勾选“X位置”、“Z位置”，分别在“当前对象”选项卡和“目标对象”选项卡中点选“轴点”、“最大”单选钮，如右图所示。

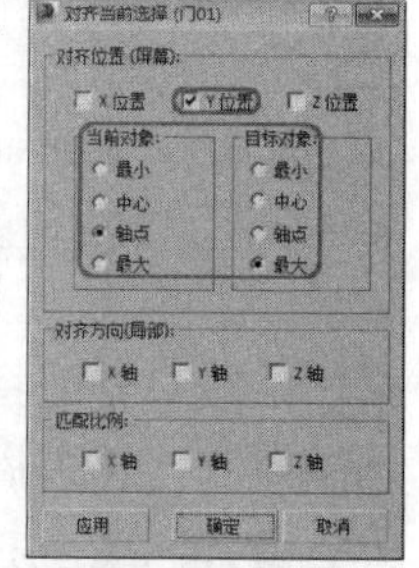

06 单击“确定”按钮即可将选中的对象进行对齐，渲染效果如下图所示。

实战操作083 快速对齐

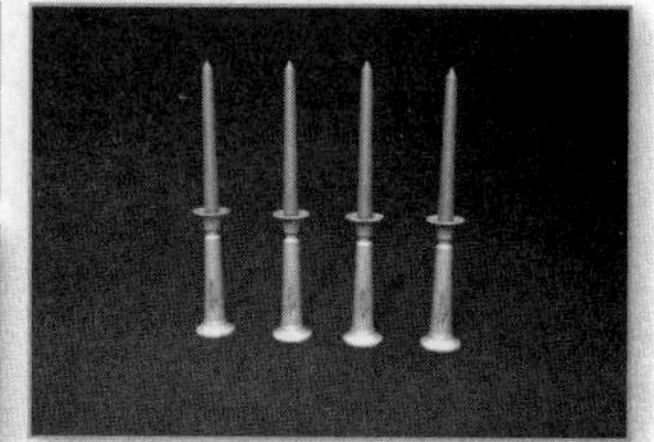

素材：Scenes\Cha02\2-12.max	难度：★★★★★
场景：Scenes\Cha02\实战操作083.max	视频：视频\ Cha02\实战操作083.avi

“快速对齐”命令与“精确对齐”命令相似，即手动将需要对齐的对象与对齐目标快速对齐。具体操作步骤如下。

01 单击按钮，在弹出的下拉列表中选择“打开”选项，在打开的对话框中打开素材文件2-12.max，在工具栏中单击“按名称选择”按钮，如下图所示。

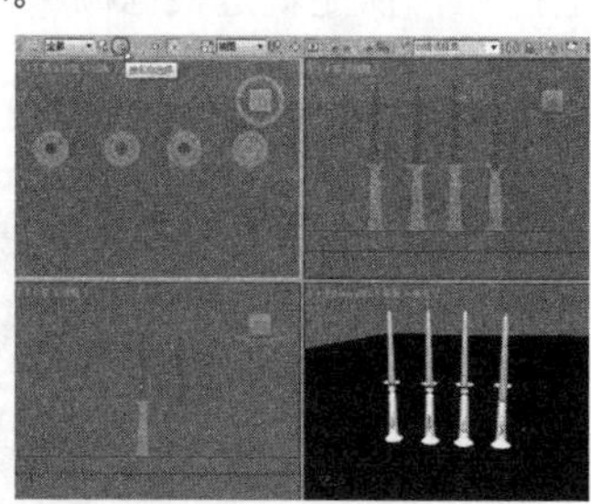

02 在弹出的“从场景中选择”对话框中单击“蜡烛04”，如下图所示。

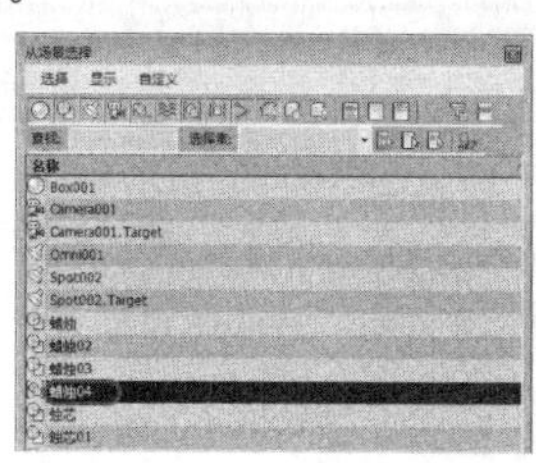

03 单击“确定”按钮，被选中的对象即可在场景中显示出来，如下图所示。

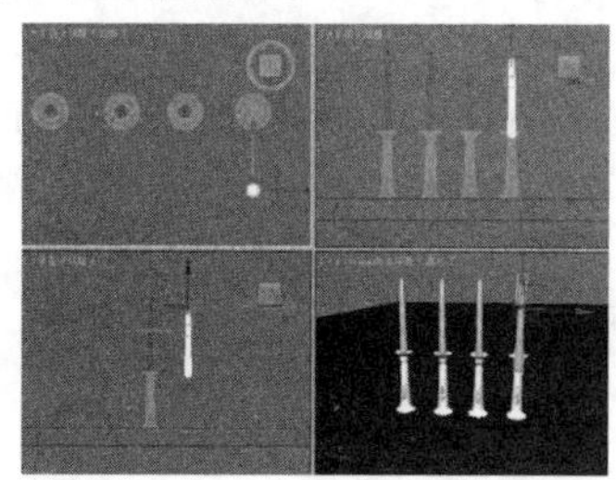

04 确定对象处于被选中的状态下，在工具栏中单击“对齐”按钮并向下拖拽，在下拉列表中选择“快速对齐”按钮，如下图所示。

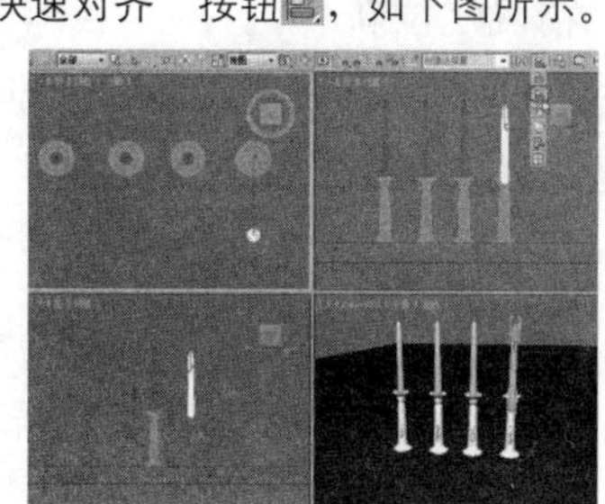

05 将鼠标移至左视图中，当鼠标处于状态时，单击视图中的“烛坐04”对象，如下图所示。

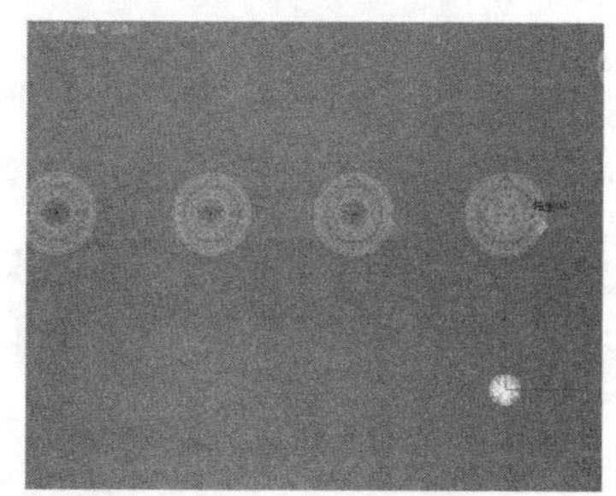

06 快速对齐后的效果如下图所示。

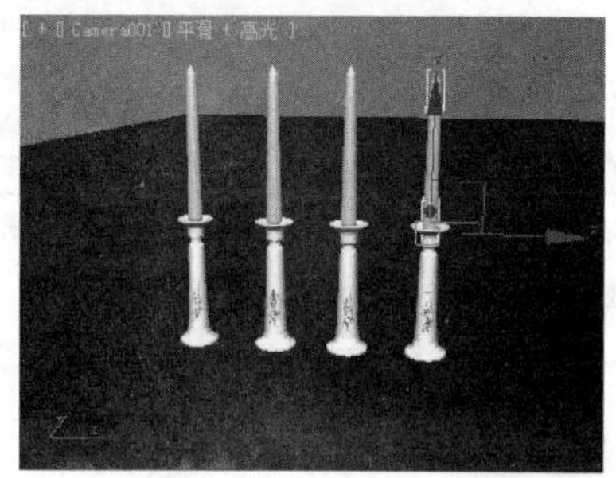

实战操作084 法线对齐

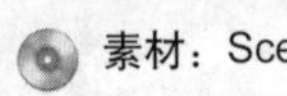 素材：Scenes\Cha02\2-13.max	难度：★★★★★
场景：Scenes\Cha02\实战操作084.max	视频：视频\ Cha02\实战操作084.avi

法线对齐是将两个对象的法线对齐，从而使物体发生变化，对于次物体或放样物体，也可以为其指定的面进行法线对齐，在次物体处于激活的状态下，只有选择的次物体可以法线对齐。具体的操作步骤如下。

01 单击按钮，在弹出的下拉列表中选择“打开”选项，在打开的对话框中打开素材文件2-13.max，如下图所示。

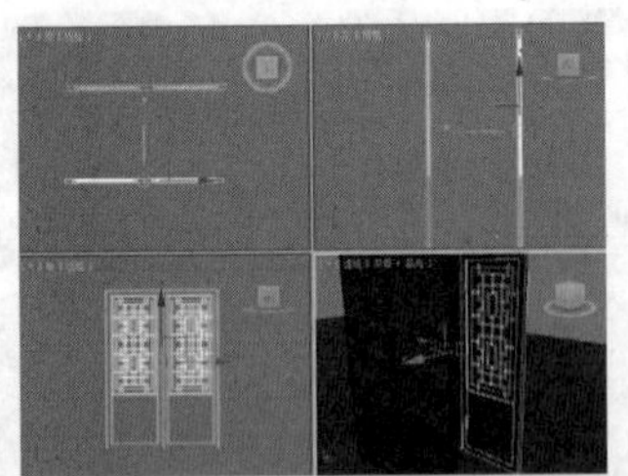

02 在视图中选择“门002”对象，在工具栏中单击“对齐”按钮并向下拖拽，在下拉列表中选择“法线对齐”按钮，如右图所示。

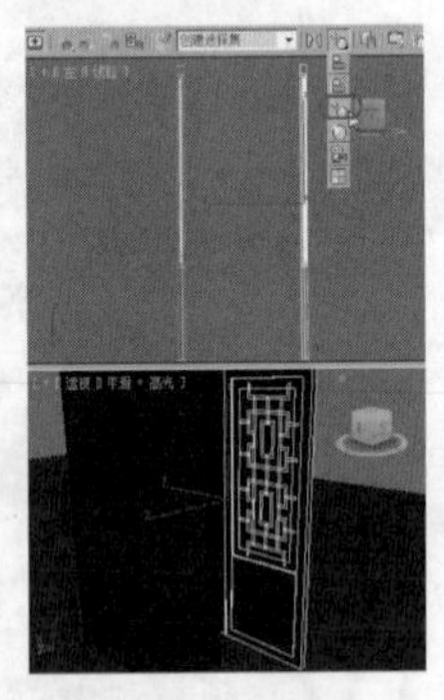

03 当鼠标处于状态时，在透视图中单击选择的对象并向下拖拽，直到在对象的下方出现蓝色法线，如下图所示。

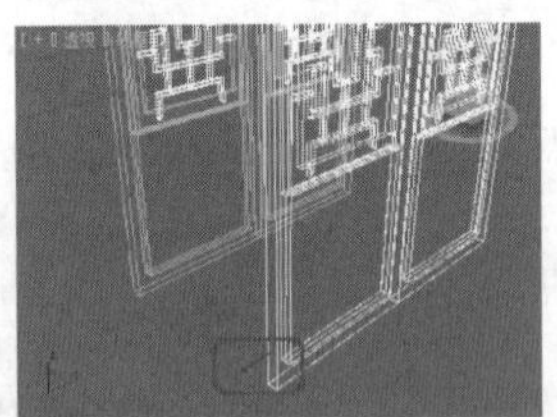

04 再次单击”门”目标并拖拽鼠标，直到目标对象下方出现绿色法线，释放鼠标，弹出“法线对齐”对话框，可根据需求在对话框中设置数值，如下图所示。

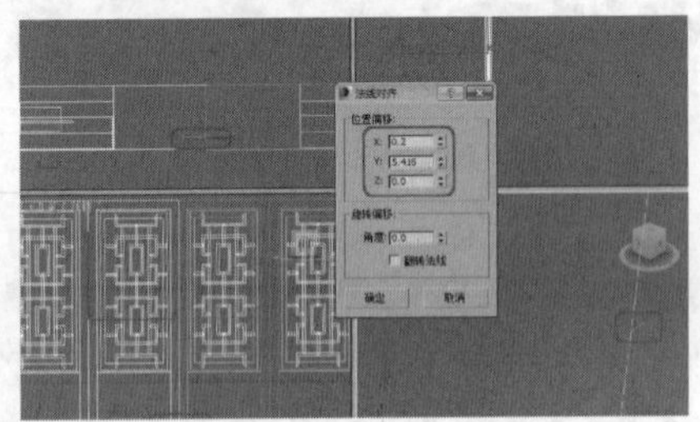

05 单击“确定”按钮，所选对象将按法线对齐目标对象，如下图所示。

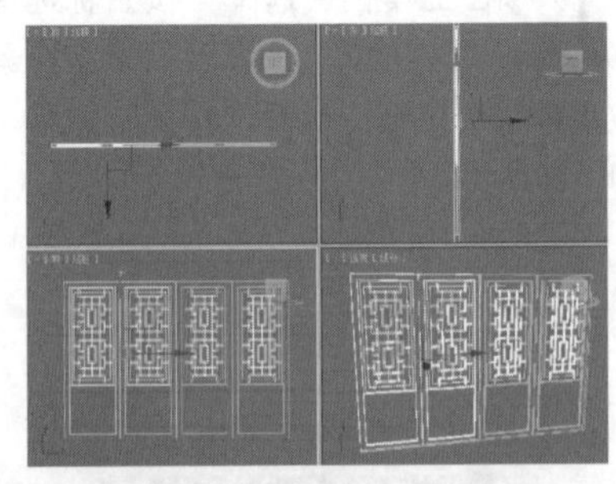

06 按F9键将场景进行渲染，渲染效果如下图所示。

2.7 捕捉对象

3ds Max提供了更加精确地创建和放置对象的工具——捕捉工具。那么什么是捕捉呢？捕捉就是根据栅格和物体的特点放置光标的一种工具，使用捕捉可以精确地将光标放置到所需的地方。下面介绍3ds Max的捕捉工具。

实战操作085 设置对象捕捉

素材：Scenes\Cha02\2-14.max	难度：★★★★★
场景：Scenes\Cha02\实战操作085.max	视频：视频\ Cha02\实战操作085.avi

捕捉通常用于设置对场景中点的捕捉，精确定位新创建的对象。具体操作步骤如下。

01 单击按钮，在弹出的下拉列表中选择“打开”选项，在打开的对话框中打开素材文件2-14.max，如右图所示。

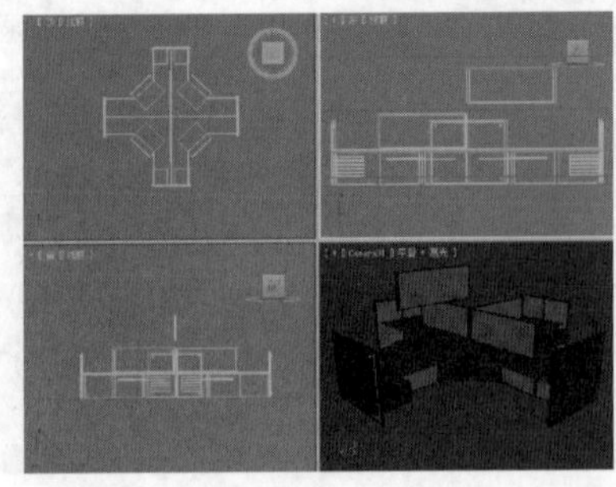

02 在工具栏中选择“捕捉开关”按钮并单击鼠标右键，弹出“栅格和捕捉设置”对话框，单击“清除全部”按钮，然后勾选“顶点”复选框，如下图所示。

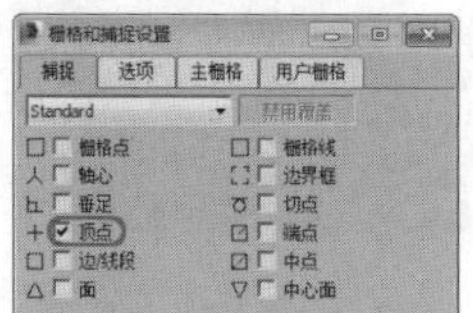

03 设置完成后将“栅格和捕捉设置”对话框关闭，用移动工具在前视图中将组002捕捉到相应的位置，如右图所示。

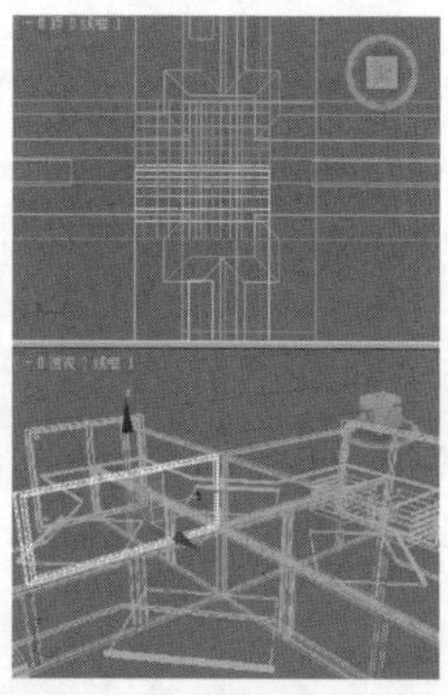

04 执行以上操作后，完成捕捉后的对象，按F9键进行渲染，效果如下图所示。

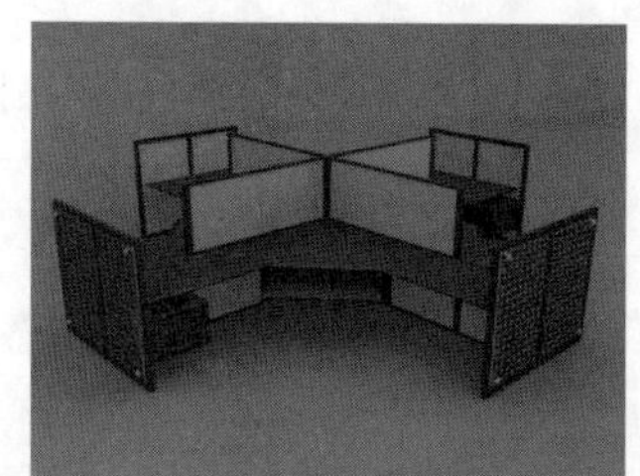

实战操作086 设置捕捉精度

素材：Scenes\Cha02\2-14.max	难度：★★★★★
场景：无	视频：视频\ Cha02\实战操作086.avi

用于设置捕捉标记的大小、颜色及捕捉强度和捕捉范围。对于角度和百分比捕捉还可以设置角度值和百分比值。具体的操作步骤如下。

01 单击按钮，在弹出的下拉列表中选择“打开”选项，在打开的对话框中打开素材文件2-14.max，在工具栏中选择“微调器捕捉切换”按钮并单击鼠标右键，如下图所示。

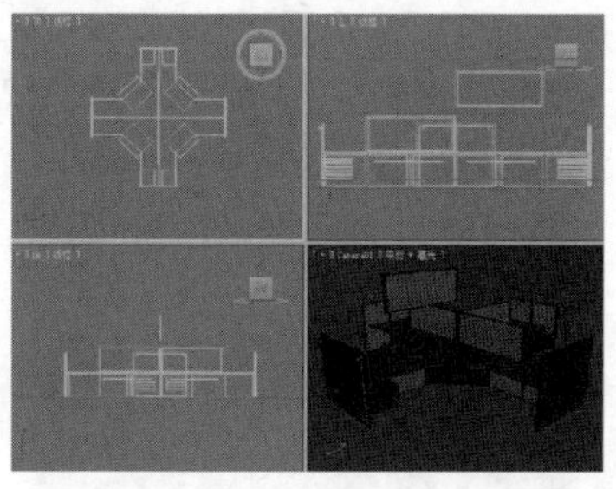

02 在弹出的“首选项设置”对话框中设置“微调器”选项中“精度”的数值，单击“确定”按钮，即可完成对捕捉精度的设置，如右图所示。

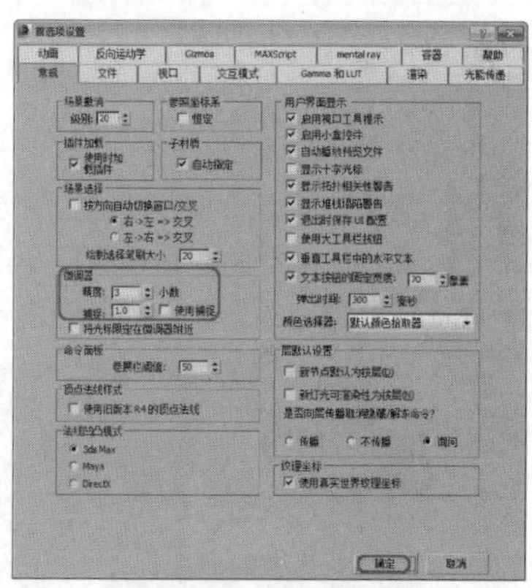

实战操作087 捕捉演习

素材：Scenes\Cha02\2-15VRay.max	难度：★★★★★
场景：Scenes\Cha02\实战操作087.max	视频：视频\ Cha02\实战操作087.avi

下面以一个例子来讲解捕捉的使用,具体的操作步骤如下。

01 单击按钮，在弹出的下拉列表中选择“打开”选项，在打开的对话框中打开素材文件2-15 VRay.max，如下图所示。

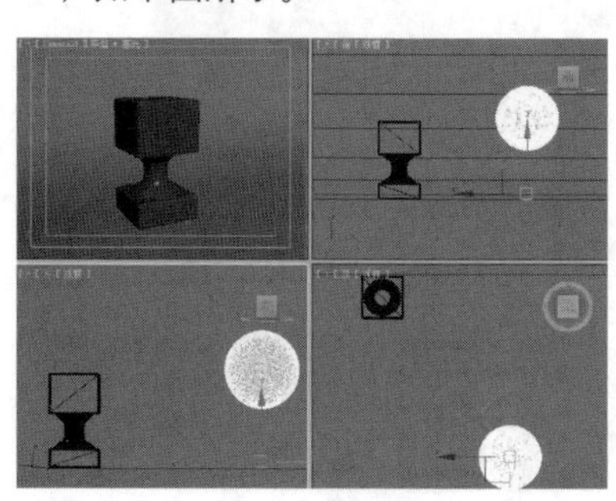

02 在工具栏中单击“捕捉开关”按钮并向下拖拽，选择“2.5维捕捉”选项，然后在捕捉按钮旁单击鼠标右键，在弹出的“栅格和捕捉设置”对话框中勾选“轴心”复选框,取消其他项的勾选，如右图所示，设置完成后将其关闭即可。

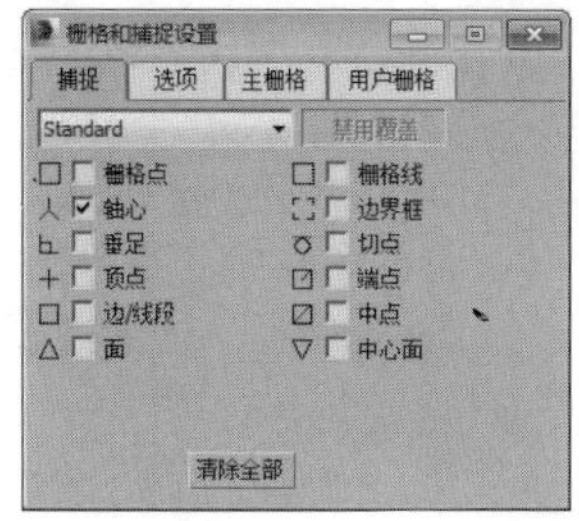

03 在工具栏中单击“选择并移动”按钮，移动鼠标指针至前视图中，选择对象并捕捉其顶点位置，将其拖拽至“底部”对象上，如下图所示。

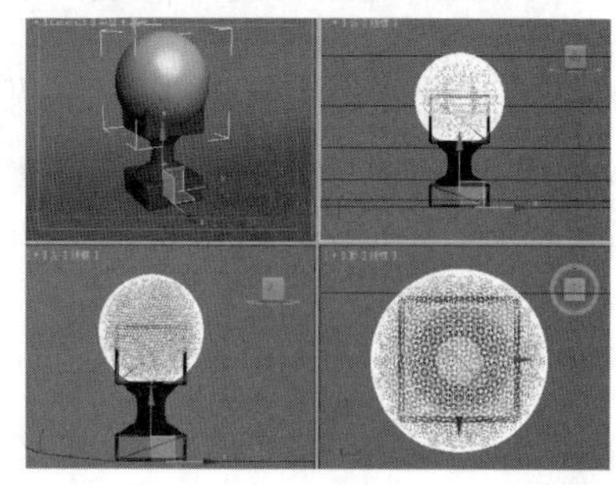

04 激活透视视图，按F9键进行渲染，渲染完成后的效果如右图所示。

2.8 隐藏对象

将选择的对象在场景中隐藏起来，这些对象依然存在，只是在视图中无法看到，渲染时也不会显示，主要用于加快显示速度，防止当前不需要的对象阻碍视线。

实战操作088 隐藏选定对象

素材：Scenes\Cha02\2-16.max	难度：★★★★★
场景：Scenes\Cha02\实战操作088.max	视频：视频\ Cha02\实战操作088.avi

在视图中可以将选定的对象进行隐藏，具体操作步骤如下。

01 单击按钮，在弹出的下拉列表中选择“打开”选项，在打开的对话框中打开素材文件2-16.max，并在场景中选择要隐藏的对象，如下图所示。

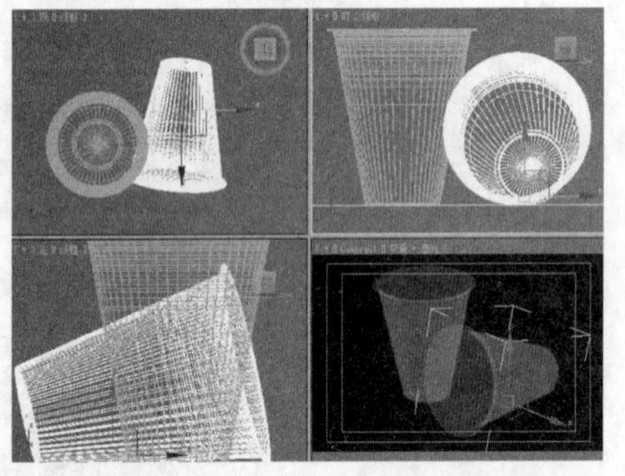

02 在视图中选择“命令面板”|“显示”选项，在“隐藏”卷展栏下单击“隐藏选定对象”按钮，释放鼠标后，选定对象即被隐藏，如下图所示。

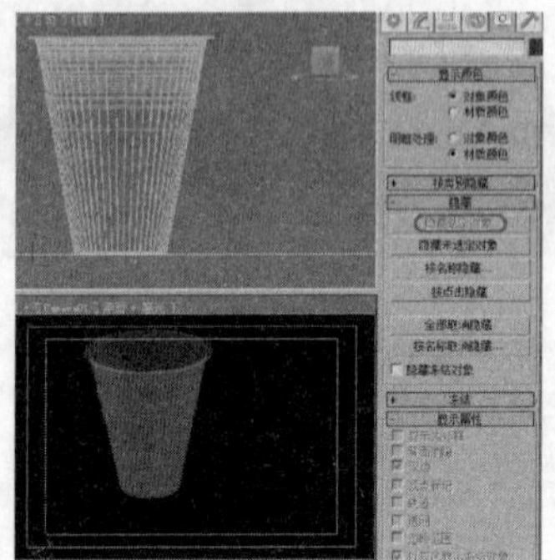

实战操作089 隐藏未选定对象

 素材：Scenes\Cha02\2-16.max	难度：★★★★★
 场景：Scenes\Cha02\实战操作089.max	视频：视频\ Cha02\实战操作089.avi

在视图中还可以将未选定的对象进行隐藏。具体操作步骤如下。

01 单击按钮，在弹出的下拉列表中选择“打开”选项，在打开的对话框中打开素材文件2-16.max,并在视图中选择“一次性水杯02”对象，如右图所示。

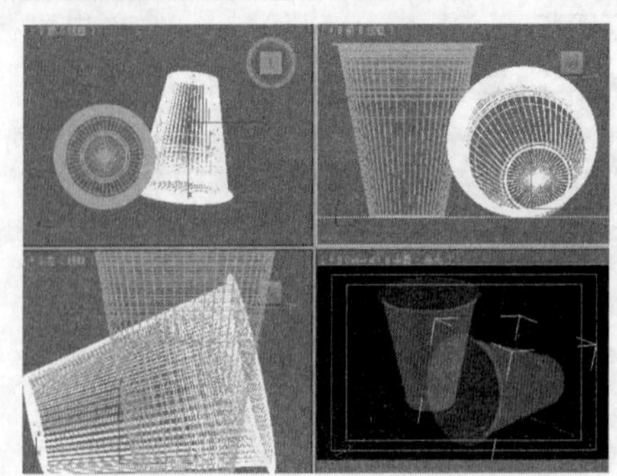

02 在工具栏中单击“按名称选择”按钮，在弹出的“从场景中选择”对话框中选择“选择”|“反选”命令，如下图所示。

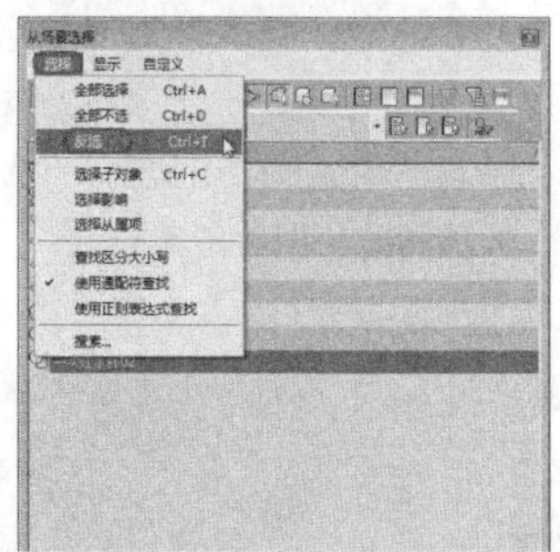

03 执行“反选”命令后，单击“确定”按钮，即可在场景中选择不需要隐藏的对象，如下图所示。

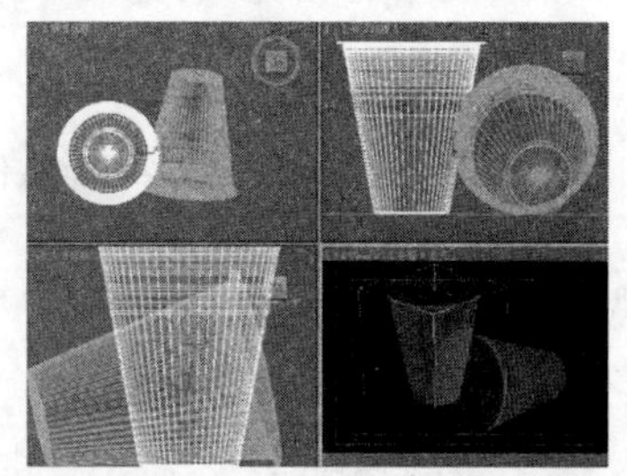

04 当场景中不需要隐藏的对象处于被选中状态时，切换至“显示”面板，在“隐藏”卷展栏下单击“隐藏未选定对象”按钮，释放鼠标后，未选定对象被隐藏，如下图所示。

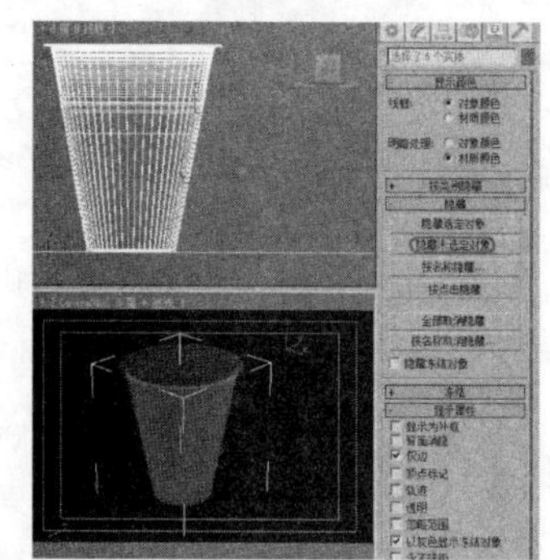

实战操作090 按点击隐藏

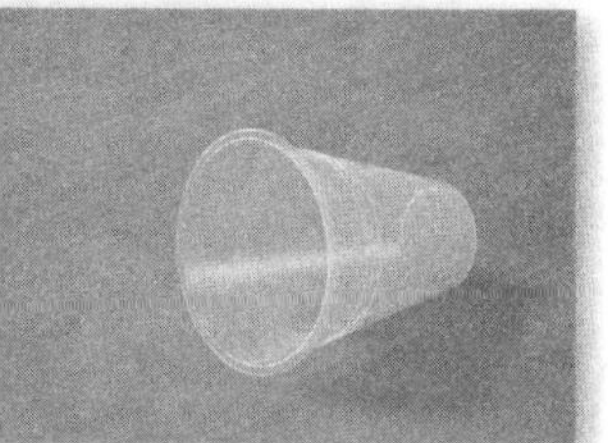

素材：Scenes\Cha02\2-16.max	难度：★★★★★
场景：Scenes\Cha02\实战操作090.max	视频：视频\ Cha02\实战操作090.avi

将选中的对象进行隐藏，可单击“隐藏”卷展栏中的“按点击隐藏”按钮来隐藏对象。一次命令可单击隐藏多个对象。具体操作步骤如下。

01 单击按钮，在弹出的下拉列表中选择“打开”选项，在打开的对话框中打开素材文件2-16.max，如下图所示。

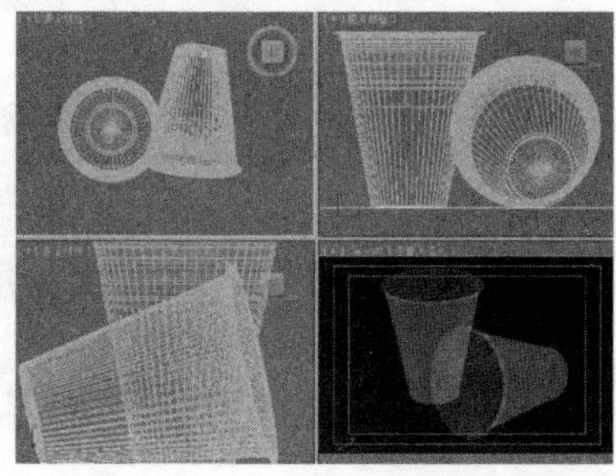

02 切换至“显示”面板，首先单击“隐藏”卷展栏下的“按点击隐藏”按钮，移动鼠标至视图中，再单击需要隐藏的对象，如右图所示。

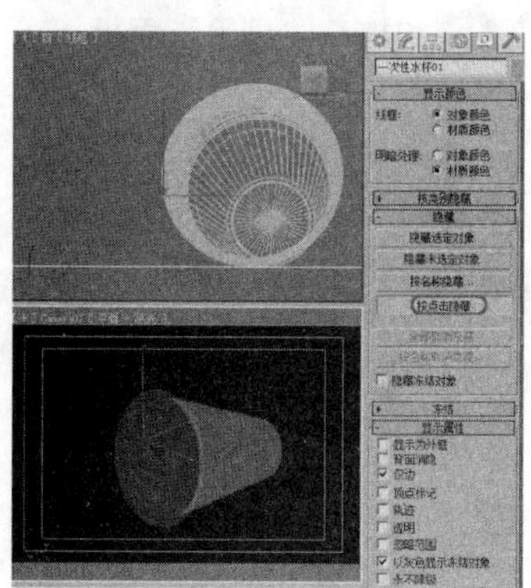

实战操作091 全部取消隐藏

 素材：Scenes\Cha02\2-17.max	难度：★★★★★
场景：Scenes\Cha02\实战操作091.max	视频：视频\ Cha02 \实战操作091.avi

如果需要将当前视图中隐藏的对象全部取消隐藏。单击“全部取消隐藏”按钮即可，具体操作步骤如下。

01 单击按钮，在弹出的下拉列表中选择“打开”选项，在打开的对话框中打开素材文件2-17.max，如下图所示。

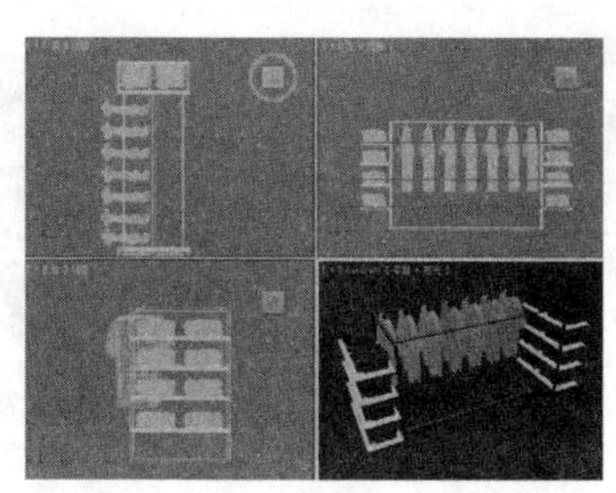

02 切换至“显示”面板，在“隐藏”卷展栏下单击“全部取消隐藏”按钮，即可将视图中隐藏的对象全部取消隐藏，如右图所示。

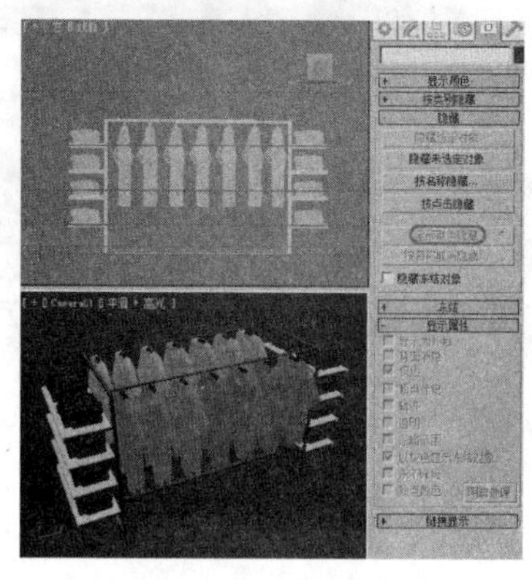

实战操作092 按名称隐藏

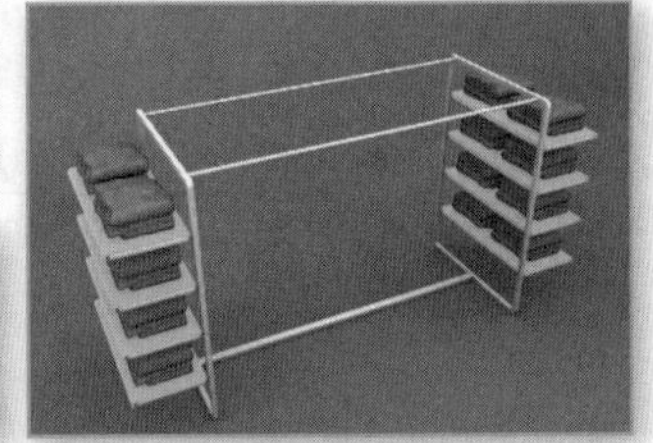

素材：无	难度：★★★★★
场景：Scenes\Cha02\实战操作092.max	视频：视频\ Cha02\实战操作092.avi

要在场景中隐藏对象，还可以在“隐藏对象”对话框中选择对象，“隐藏对象”对话框与“按名称选择”对话框类似，具体操作步骤如下。

01 继续上一实例的操作，在隐藏之前，我们先观察一下效果，如下图所示。

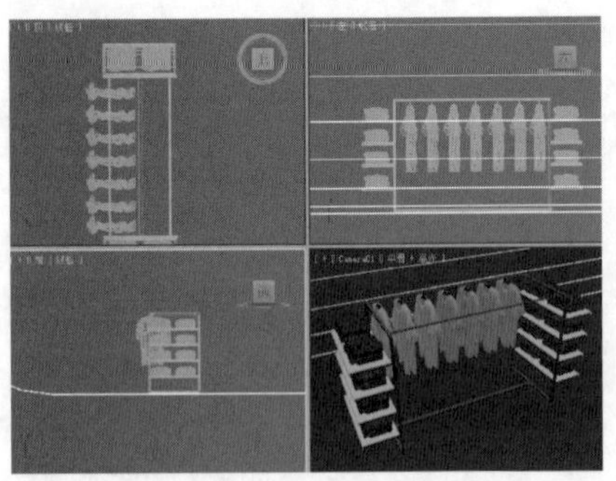

02 切换至“显示”面板，在“隐藏”卷展栏下单击“按名称隐藏”按钮，如下图所示。

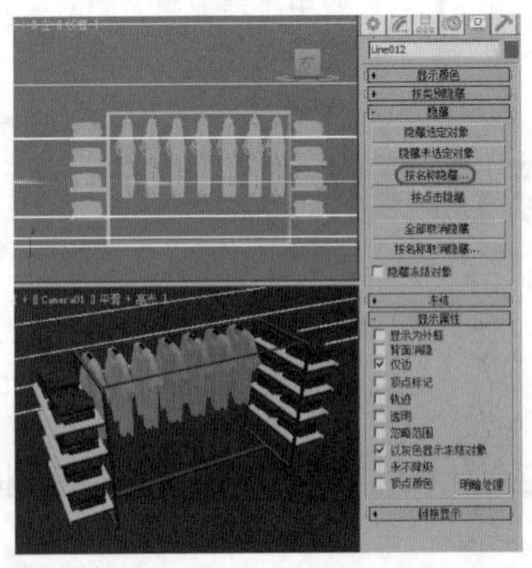

03 在弹出的“隐藏对象”对话框中选择需要隐藏的对象名称，如右图所示。

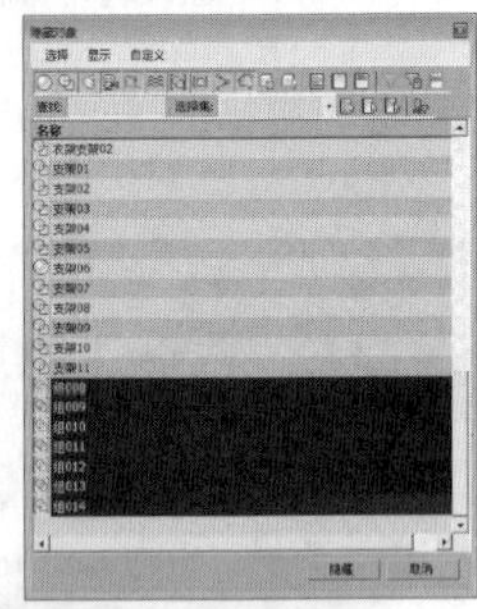

04 单击“隐藏”按钮，被选择的对象即可在场景中被隐藏，如下图所示。

实战操作093 按名称取消隐藏

素材：无	难度：★★★★★
场景：Scenes\Cha02\实战操作093.max	视频：视频\ Cha02\实战操作093.avi

“取消隐藏对象”对话框列表中显示当前视图中隐藏的对象名称，单击需要取消隐藏的对象名称，即可将场景中的对象取消隐藏，具体操作步骤如下。

01 单击按钮，在弹出的下拉列表中选择“打开”选项，在打开的对话框中打开素材文件2-18.max，如下图所示。

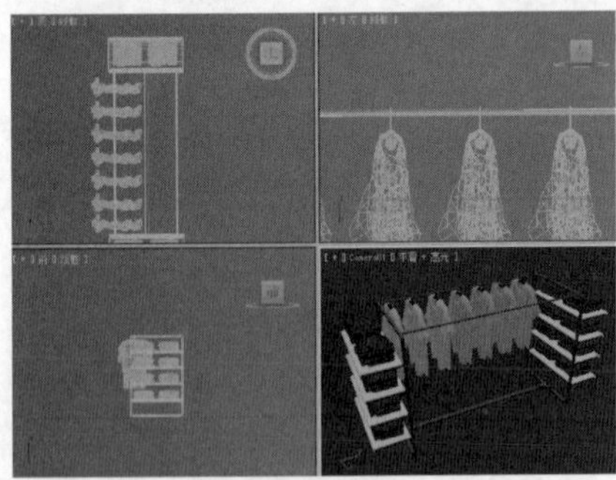

02 切换至“显示”面板，在“显示”卷展栏下单击“按名称取消隐藏”按钮，如下图所示。

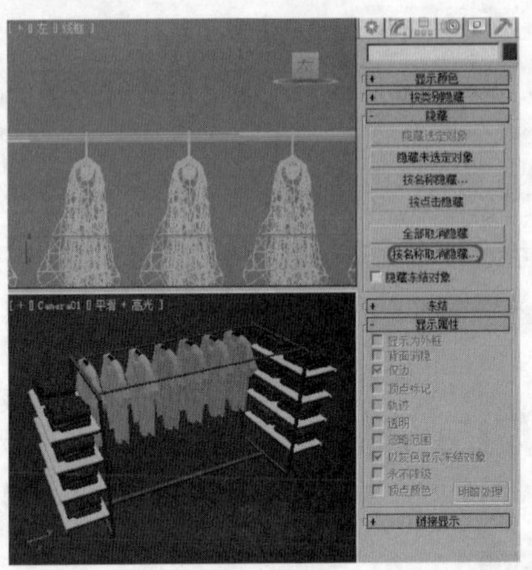

03 在弹出的“取消隐藏对象”对话框中选择取消对象的名称，如下图所示。

04 单击“取消隐藏”按钮，即可将选择的隐藏对象取消隐藏，如下图所示。

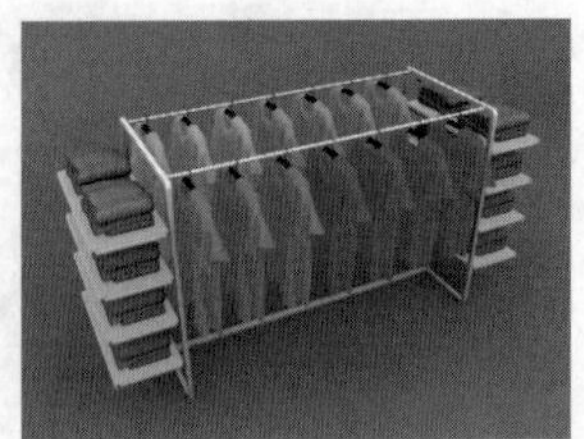

2.9 冻结对象

冻结对象就是将暂时不需要的对象孤立，任何操作都不会对其起到作用，冻结后的对象将以灰色方式显示，即防止它们阻碍操作，也避免对它们产生误操作。摄像机、灯光等冻结后，不会影响其照明和摄影功能。

实战操作094 冻结选定对象

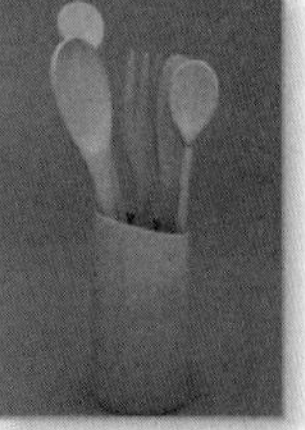

 素材：Scenes\Cha02\2-18.max	难度：★★★★★
 场景：Scenes\Cha02\实战操作094.max	视频：视频\ Cha02\实战操作094.avi

冻结选定对象就是将当前视图中选择的对象进行孤立。具体的操作步骤如下。

01 单击按钮，在弹出的下拉列表中选择“打开”选项，在打开的对话框中打开素材文件2-18.max，如右图所示。

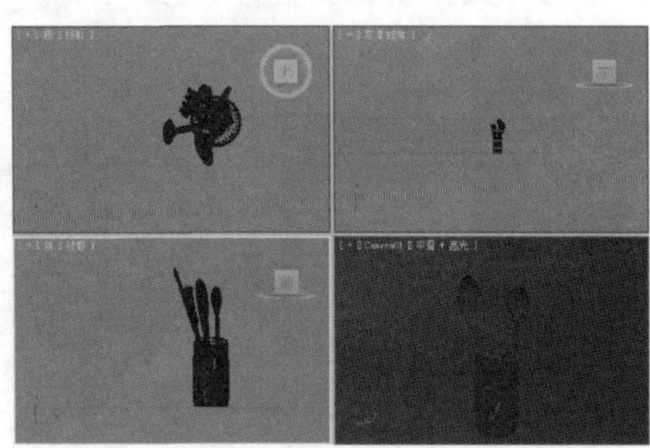

02 在视图中选择“竹筒”，切换至“显示”面板，在“冻结”卷展栏下单击“冻结选定对象”按钮，释放鼠标后，选定的对象会呈灰色显示，表示选择的对象已经被冻结，如下图所示。

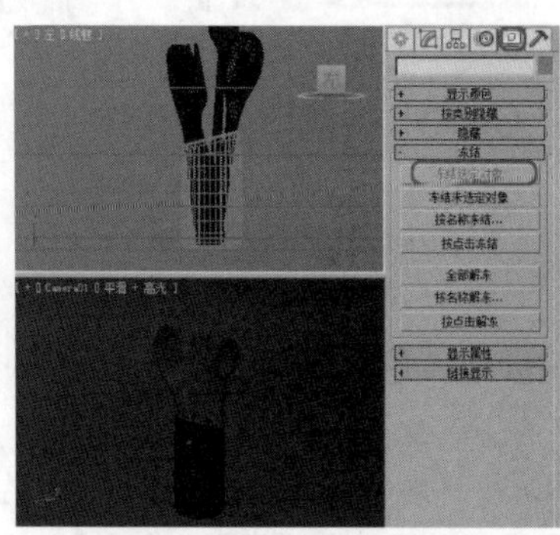

实战操作095 冻结未选定对象

素材：Scenes\Cha02\2-18.max	难度：★★★★★
场景：无	视频：视频\ Cha02\实战操作095.avi

冻结未选定对象就是将场景中未选定的对象进行冻结，具体操作步骤如下。

01 单击按钮，在弹出的下拉列表中选择“打开”选项，在打开的对话框中打开素材文件2-18.max，如下图所示。

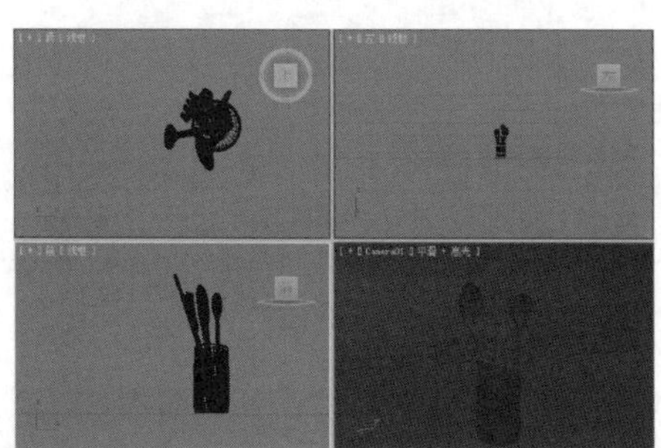

02 在视图中选择“竹筒”，切换至“显示”面板，在“冻结”卷展栏下单击“冻结未选定对象”按钮，释放鼠标后，选定的对象会呈灰色显示，表示选择的对象已经被冻结，如右图所示。

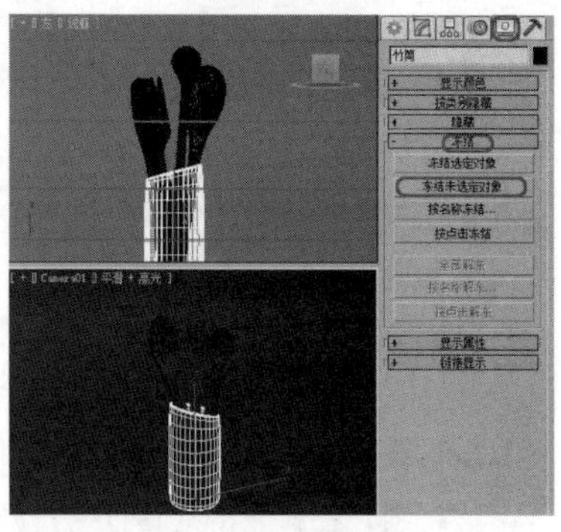

实战操作096 全部解冻

 素材：Scenes\Cha02\2-19.max	 难度：★★★★★
 场景：无	视频：视频\ Cha02\实战操作096.avi

全部解冻就是将视图中冻结的对象进行解冻，具体操作步骤如下。

01 单击按钮，在弹出的下拉列表中选择“打开”选项，在打开的对话框中打开素材文件2-19.max，如下图所示。

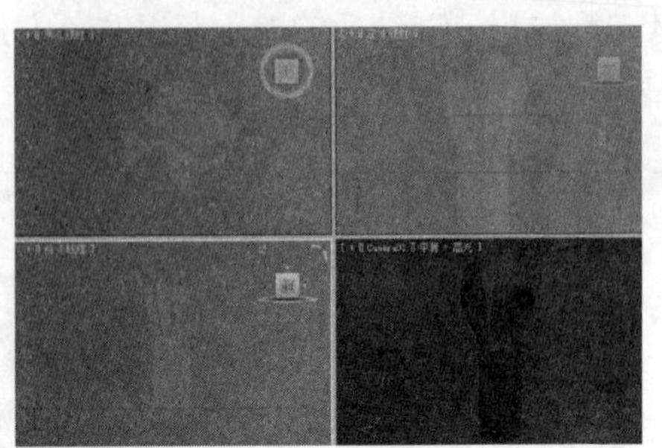

02 切换至“显示”面板，在“冻结”卷展栏下单击“全部解冻”按钮，释放鼠标后，场景中冻结的对象将会被解冻，如下图所示。

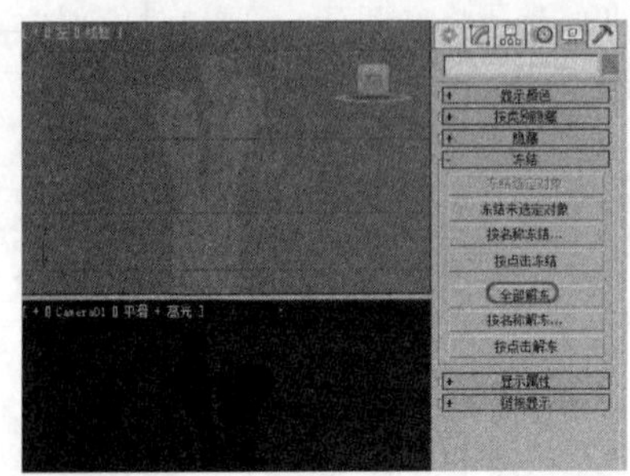

实战操作097 按名称冻结

素材：Scenes\Cha02\2-20.max	难度：★★★★★
场景：无	视频：视频\ Cha02\实战操作097.avi

在“冻结对象”对话框中选择需要进行冻结的对象，“冻结对象”对话框与“按名称选择”对话框类似，具体操作步骤如下。

01 单击按钮，在弹出的下拉列表中选择“打开”选项，在打开的对话框中打开素材文件2-20.max，如下图所示。

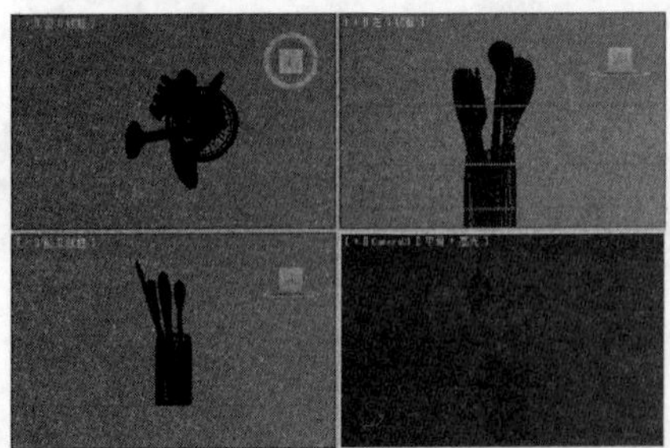

02 切换至“显示”面板，在“冻结”卷展栏下单击“按名称冻结”按钮，如下图所示。

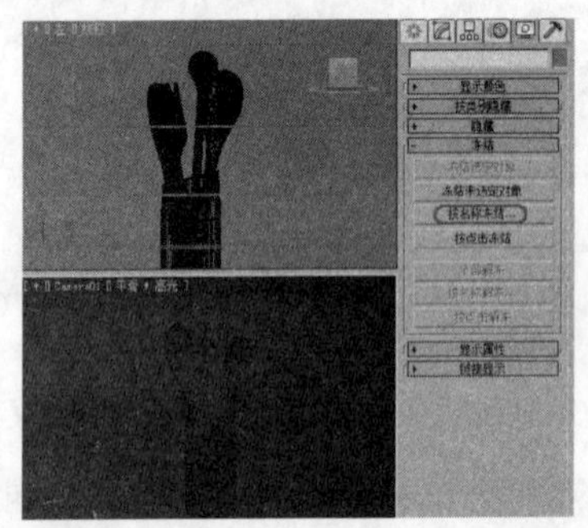

03 在弹出的“冻结对象”对话框中选择“对象1”，如右图所示。

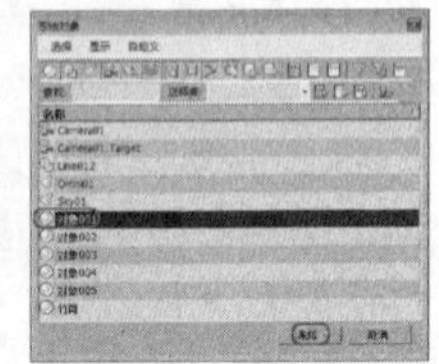

04 单击“冻结”按钮可将选择的对象冻结，冻结的对象将以灰色显示，如下图所示。

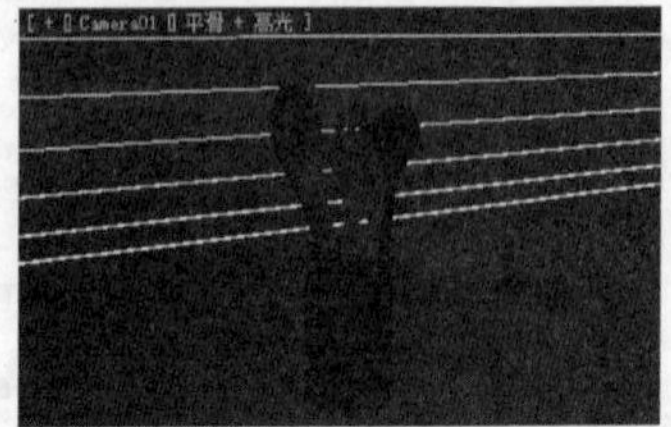

实战操作098 按点击冻结

素材：Scenes\Cha02\2-20.max	难度：★★★★★
场景：无	视频：视频\ Cha02\实战操作098.avi

单击“按点击冻结”按钮，即可在场景中通过单击对象来冻结对象，具体操作步骤如下。

01 单击按钮，在弹出的下拉列表中选择“打开”选项，在打开的对话框中打开素材文件2-20.max，如下图所示。

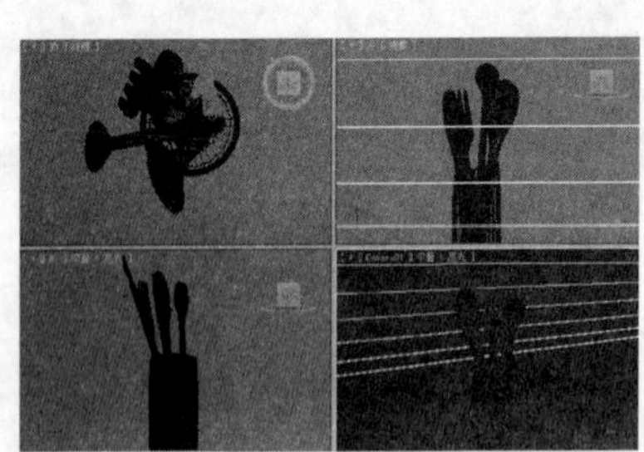

02 切换至“显示”面板，在“冻结”卷展栏中单击“按点击冻结”按钮，然后在场景中单击需要冻结的对象即可，如右图所示。

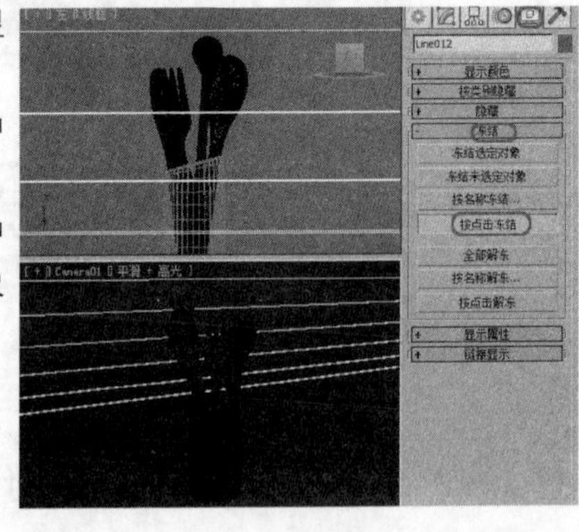

2.10 链接对象

链接对象的主要用于控制有关层次链接方面的显示。

实战操作099 链接对象

素材：Scenes\Cha02\2-21.max	难度：★★★★★
场景：Scenes\Cha02\实战操作099.max	视频：视频\ Cha02\实战操作099.avi

将两个物体按父子关系链接起来，定义层级关系，以便进行链接操作。具体的操作步骤如下。

01 单击按钮，在弹出的下拉列表中选择“打开”选项，在打开的对话框中打开素材文件2-21.max，如下图所示。

02 在工具栏中单击“选择并链接”按钮，如右图所示。

03 单击一个对象（子对象）并拖拽鼠标至另一个对象上（父对象），如下图所示。

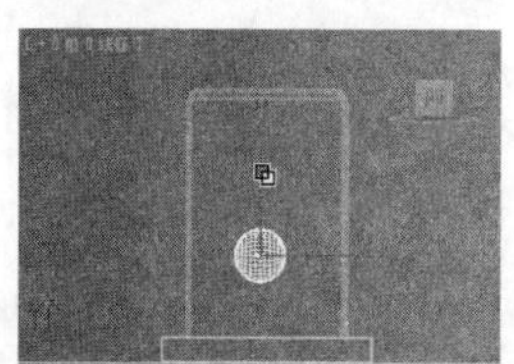

04 单击目标对象并释放鼠标，即可建立两个对象之间的链接，使用“选择并旋转”工具旋转父对象时，子对象也会随之旋转，如下图所示。

实战操作100 断开链接

素材：无	难度：★★★★★
场景：无	视频：视频\ Cha02\实战操作100.avi

断开链接就是取消两物体之间的层级关系,使子物体恢复独立状态，不再受父层级对象的约束。具体操作步骤如下。

01 本例继续上一实例的操作，在场景中选择连接的对象，如下图所示。

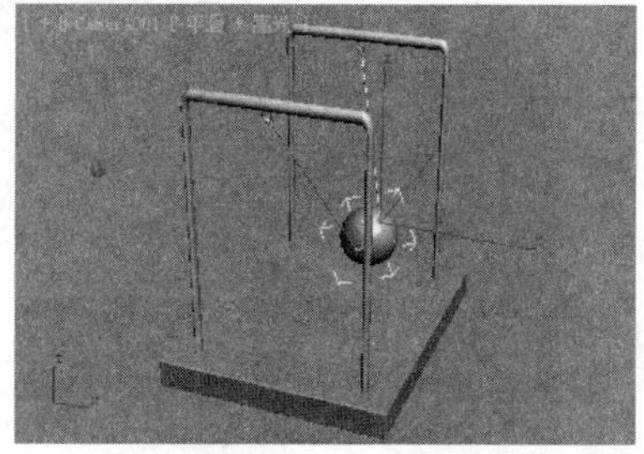

02 在场景中选择要断开的对象（子对象），在工具栏中单击“断开当前选择链接”按钮，即可断开对象之间的链接，如下图所示。

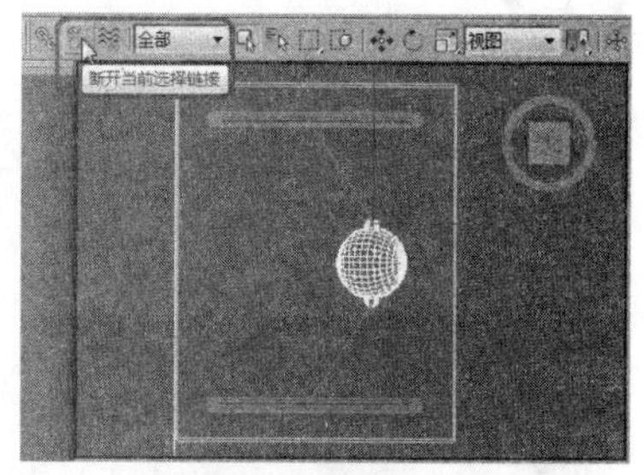

实战操作101 绑定到空间扭曲

素材：Scenes\Cha02\2-22.max	难度：★★★★★
场景：Scenes\Cha02\实战操作101.max	视频：视频\ Cha02\实战操作101.avi

将选择的物体绑定到空间扭曲物体上，使它受到空间扭曲物体的影响，空间扭曲物体是一类特殊的物体，它们本身不能被渲染，起到的作用是限制或加工绑定的物体，起着不可估量的作用。

01 单击按钮，在弹出的下拉列表中选择“打开”选项，在打开的对话框中打开素材文件2-22.max，并在工具栏中单击“绑定到空间扭曲”按钮，在顶视图中单击一个对象并拖拽到另一个对象上，如右图所示。

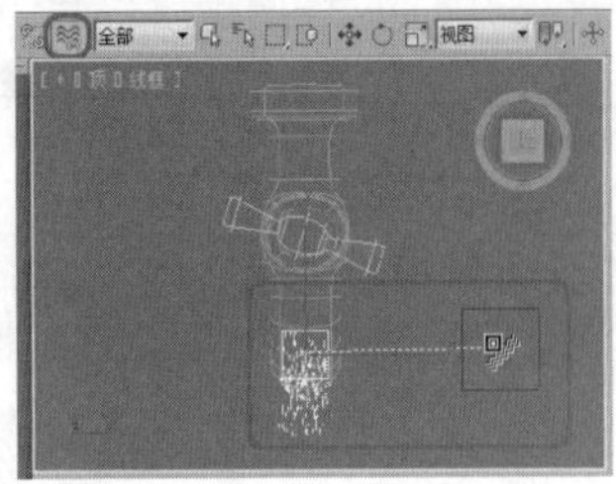

02 释放鼠标即可对对象进行绑定空间扭曲，如右图所示。

2.11 克隆建模

对当前选择的对象进行原地复制，所复制的对象将会与原物体重合，其复制的对象所占的空间位置与原物体相同，可根据场景的需求再通过变换位置对齐移动位置。

实战操作102 克隆对象

素材：Scenes\Cha02\2-23.max	难度：★★★★★
场景：Scenes\Cha02\实战操作102.max	视频：视频\ Cha02\实战操作102.avi

将当前选择的物体进行原地复制，复制的对象与原对象相同，即为克隆对象。具体的操作步骤如下。

01 单击按钮，在弹出的下拉列表中选择“打开”选项，在打开的对话框中打开素材文件2-24.max，如下图所示。

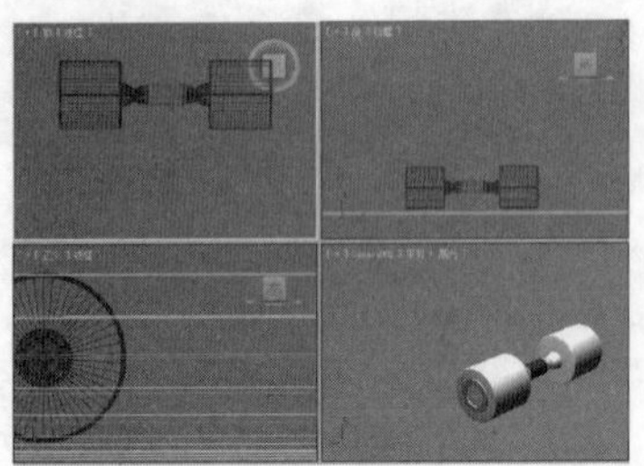

02 在视图中选择需要克隆的源对象，在菜单栏中选择“编辑”|“克隆”命令，如下图所示。

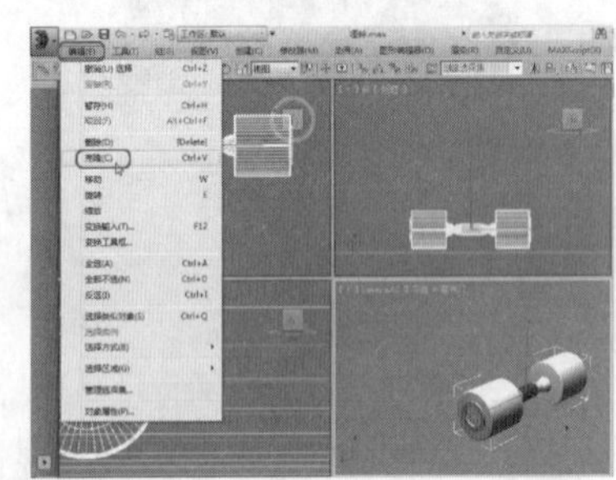

03 弹出“克隆选项”对话框，在“对象”组中勾选“复制”单选按钮，在“控制器”组中勾选“复制”单选按钮，然后单击“确定”按钮，如右图所示。即可在场景中克隆出沙发对象。

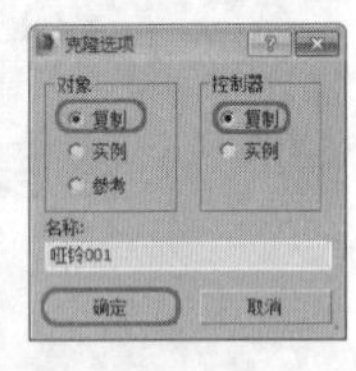

04 使用“选择并移动”工具和“选择并旋转”工具在视图中调整克隆对象的位置和角度，最终效果如下图所示。

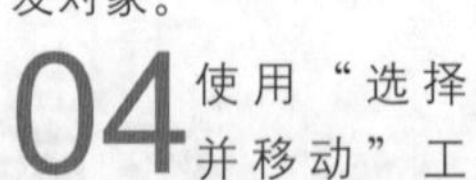

实战操作103 实例克隆

素材：Scenes\Cha02\2-23.max	难度：★★★★★
场景：无	视频：视频\ Cha02\实战操作103.avi

“实例克隆”是克隆的一种，克隆包括实例克隆、参考克隆和复制克隆，下面以实例克隆的应用为例进行介绍。具体操作步骤如下。

01 单击按钮，在弹出的下拉列表中选择“打开”选项，在打开的对话框中打开素材文件2-23.max，如右图所示。

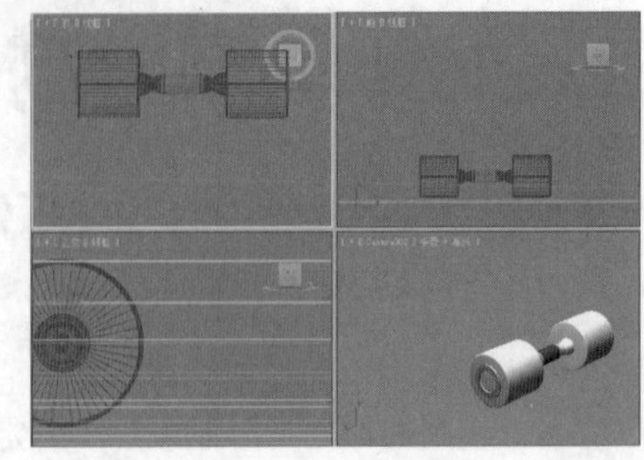

02 在场景中选择需要克隆的对象，在菜单栏中选择“编辑”|“克隆”命令，如下图所示。

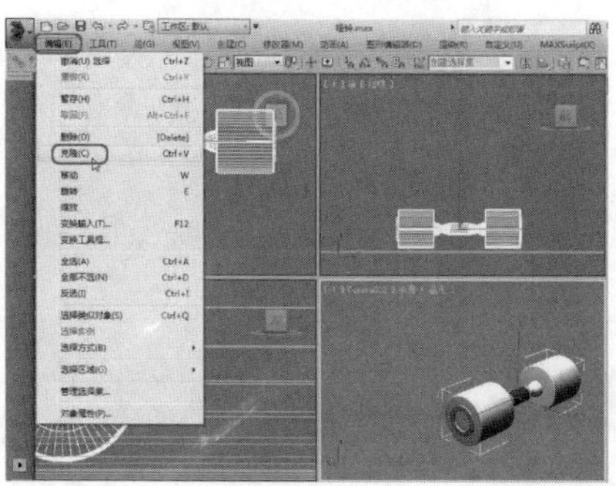

03 弹出“克隆选项”对话框，在“对象”选项组中勾选“实例”单选钮，在“控制器”选项组中勾选“复制”单选钮，如下图所示。

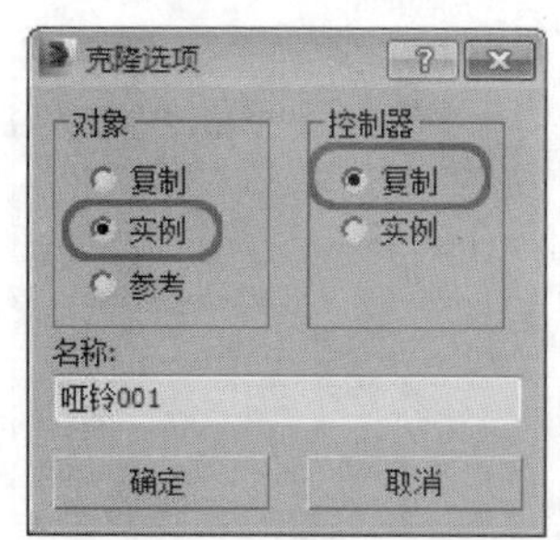

04 单击“确定”按钮，在场景中克隆对象，在视图中调整克隆对象的位置和角度即可，如下图所示。

实战操作104 参考克隆

素材：Scenes\Cha02\2-23.max	难度：★★★★★
场景：无	视频：视频\ Cha02\实战操作104.avi

使用“参数克隆”的具体操作步骤如下。

01 单击按钮，在弹出的下拉列表中选择“打开”选项，在打开的对话框中打开素材文件2-23.max，如下图所示。

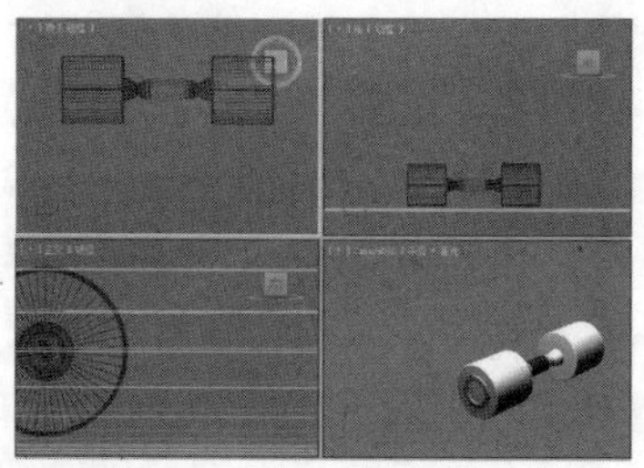

02 在场景中选择需要克隆的对象，在菜单栏中选择“编辑”|“克隆”命令，如下图所示。

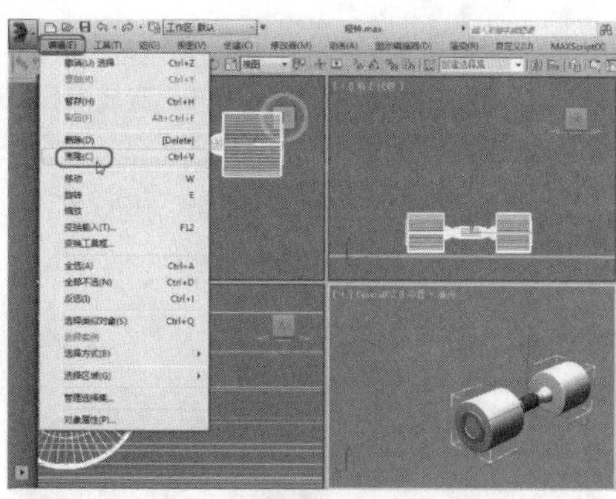

03 弹出“克隆选项”对话框，在“对象”选项组中勾选“参考”单选钮，在“控制器”选项组中勾选“复制”单选钮，如右图所示。

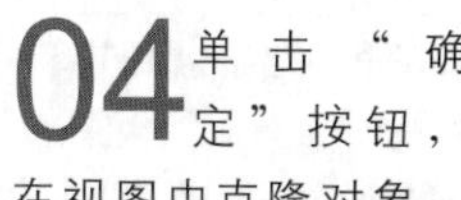

04 单击“确定”按钮，在视图中克隆对象，在视图中调整克隆对象的位置、角度和大小即可，如下图所示。

实战操作105 运用Shift键复制

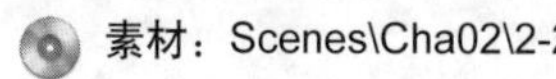

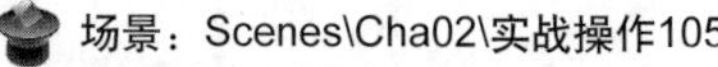

素材：Scenes\Cha02\2-24.max	难度：★★★★★
场景：Scenes\Cha02\实战操作105.max	视频：视频\ Cha02\实战操作105.avi

Shift键通常与基本变换命令组合使用，包括移动、旋转、缩放，可以在变换物体的同时进行克隆，产生被变换的克隆物体，具体的操作步骤如下。

01 单击按钮，在弹出的下拉列表中选择“打开”选项，在打开的对话框中打开素材文件2-25.max，如右图所示。

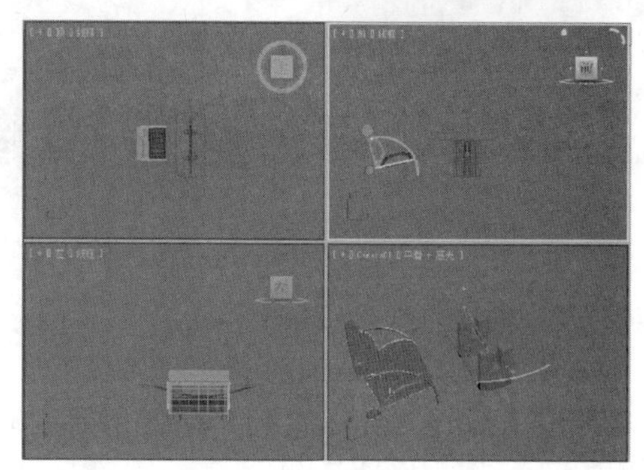

02 在视图中选择需要复制的对象，在工具栏中选择“选择并移动”工具，当鼠标处于⊕状态时，按住Shift并沿x轴向右拖拽，如下图所示。

03 移动至合适位置后释放鼠标，即可弹出“克隆选项”对话框，在“对象”选项组中勾选“复制”单选钮，如下图所示。

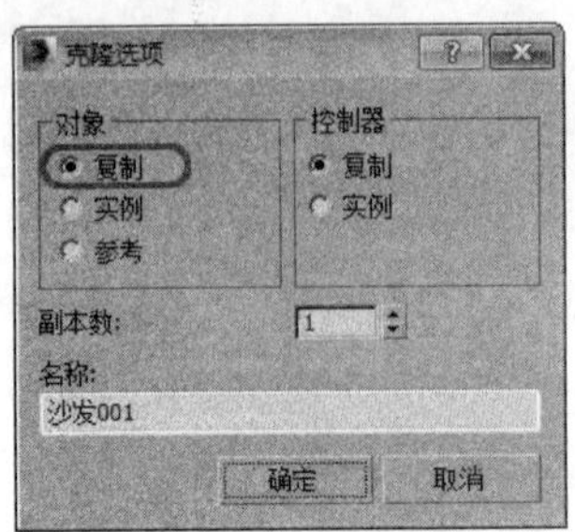

04 单击“确定”按钮，即可在视图中复制对象，并对其进行调整，渲染效果如下图所示。

2.12 镜像建模

镜像建模可产生一个或多个物体的镜像。镜像物体可以选择不同的克隆方式，同时可以沿着指定的坐标轴进行偏移。使用镜像复制可方便地制作出物体的反射效果，镜像工具可以镜像阵列，添加动画。

实战操作106 水平镜像

素材：Scenes\Cha02\2-25.max	难度：★★★★★
场景：Scenes\Cha02实战操作106.max	视频：视频\ Cha02\实战操作106.avi

镜像物体一般通过选择不同的镜像方式来进行镜像，以水平方式进行镜像即为水平镜像。具体操作步骤如下。

01 单击按钮，在弹出的下拉列表中选择“打开”选项，在打开的对话框中打开素材文件2-26.max，如下图所示。

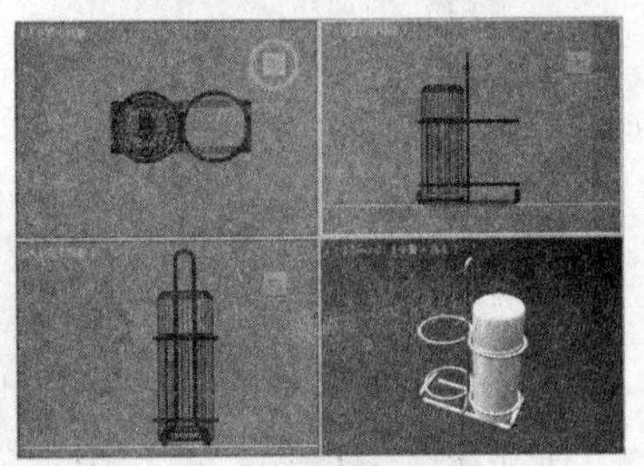

02 在场景中选择需要镜像的对象，在工具栏中选择“镜像”按钮，如下图所示。

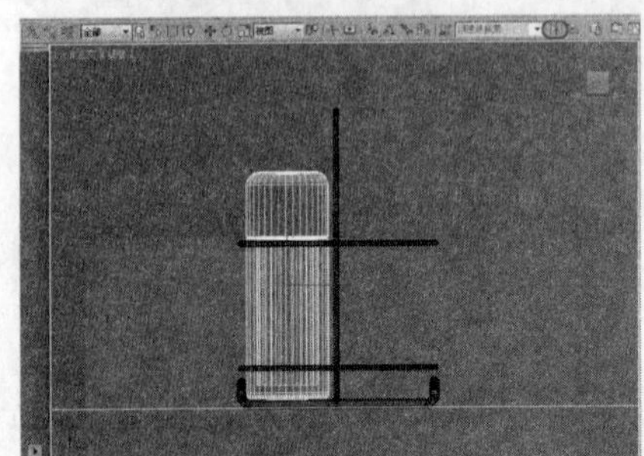

03 弹出“镜像：屏幕 坐标”对话框，在“镜像轴”选项组中勾选x单选钮，将“偏移”值设置为2.78，在“克隆当前选择”选项组中勾选“复制”单选钮，单击“确定”按钮，如右图所示。

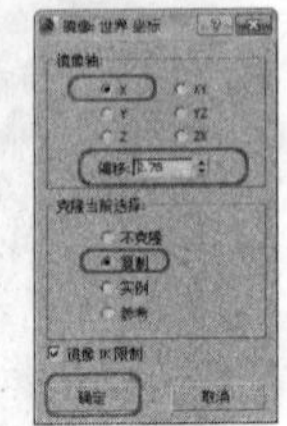

04 激活摄影机视图进行渲染，效果如下图所示。

实战操作107 垂直镜像

 素材：Scenes\Cha02\2-26.max	 难度：★★★★★
 场景：Scenes\Cha02实战操作107.max	视频：视频\ Cha02\实战操作107.avi

将物体以垂直方向进行镜像即为垂直镜像。具体操作步骤如下。

01 单击按钮，在弹出的下拉列表中选择“打开”选项，在打开的对话框中打开素材文件2-27.max，如下图所示。

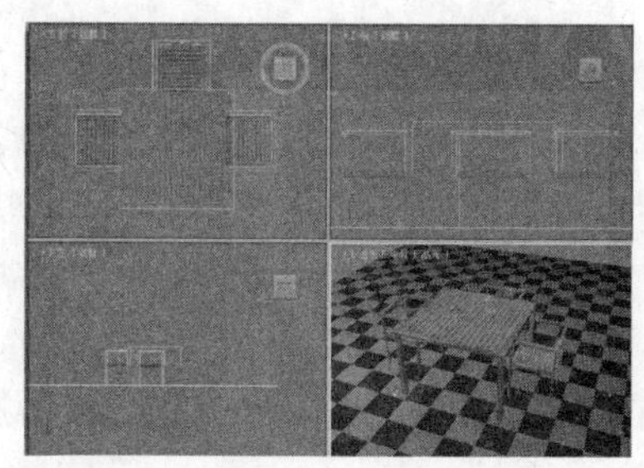

02 在顶视图中选择“椅子”对象，在工具栏中选择“镜像”按钮，如下图所示。

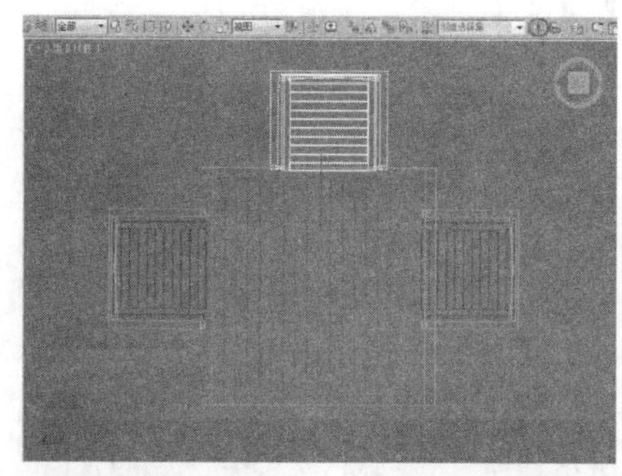

03 弹出“镜像：屏幕 坐标”对话框，在“镜像轴”选项组中勾选y单选钮，将“偏移”值设置为-94，在“克隆当前选择”选项组中勾选“复制”单选钮，单击“确定”按钮，如右图所示。

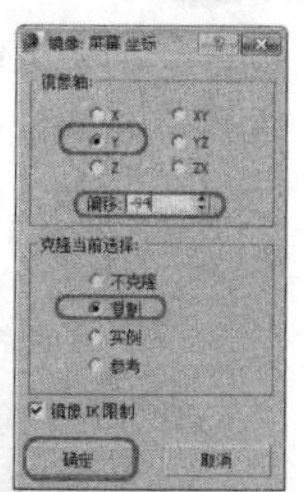

04 激活透视视图，进行渲染，效果如下图所示。

实战操作108 XY轴镜像

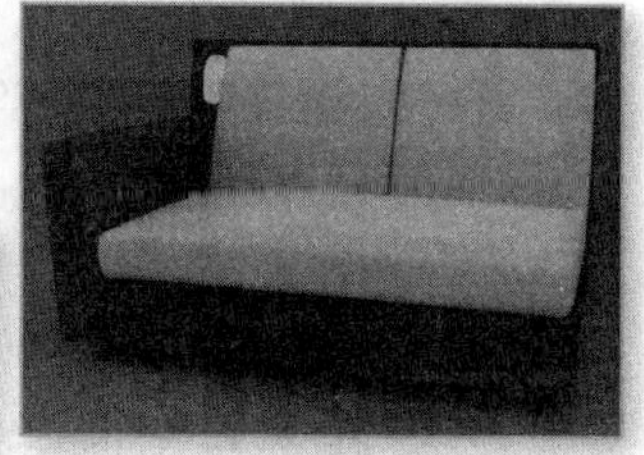

素材：Scenes\Cha02\2-27 VRay.max	难度：★★★★★
场景：Scenes\Cha02\实战操作108.max	视频：视频\ Cha02\实战操作108.avi

对象沿XY轴镜像为“XY轴镜像”。具体操作步骤如下。

01 单击按钮，在弹出的下拉列表中选择“打开”选项，在打开的对话框中打开素材文件2-27 VRay.max，如下图所示。

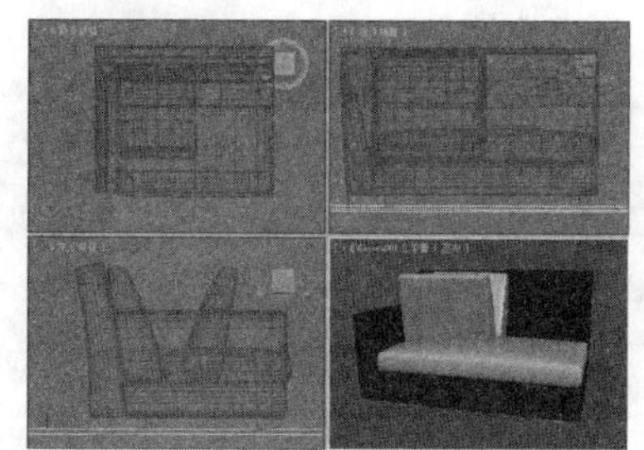

02 在摄影机视图中，选择需要镜像的对象，在工具栏中选择“镜像”按钮，如下图所示。

03 弹出“镜像 世界 坐标”对话框，在“镜像轴”选项组中勾选“XY”单选钮，将“偏移”设置为60，在“克隆当前选择”选项组中勾选“不克隆”单选钮，单击“确定”按钮，如下图所示，即可在场景中XY镜像对象。

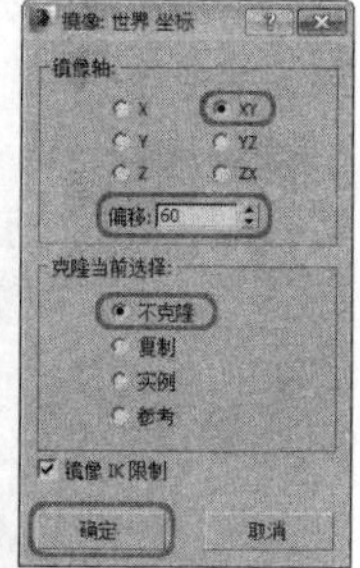

04 激活摄影机视图，按F9键进行快速渲染，渲染完成后的效果如下图所示。

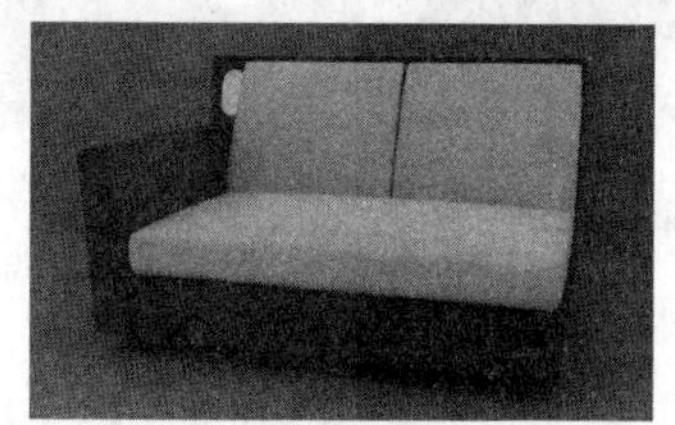

实战操作109 YZ轴镜像

素材：Scenes\Cha02\2-28.max	难度：★★★★★
场景：Scenes\Cha02\实战操作109.max	视频：视频\ Cha02\实战操作109.avi

将对象沿YZ轴镜像称为“YZ轴镜像”。具体操作步骤如下。

01 单击按钮，在弹出的下拉列表中选择“打开”选项，在打开的对话框中打开素材文件2-29.max，如右图所示。

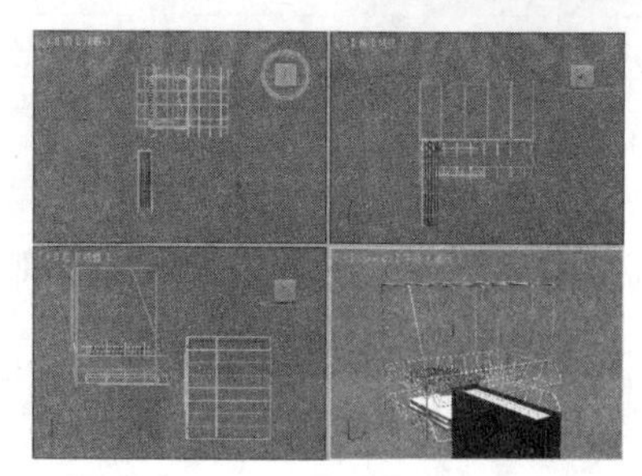

02 在摄影机视图中，选择需要YZ镜像的对象，在工具栏中单击“镜像”按钮，如下图所示。

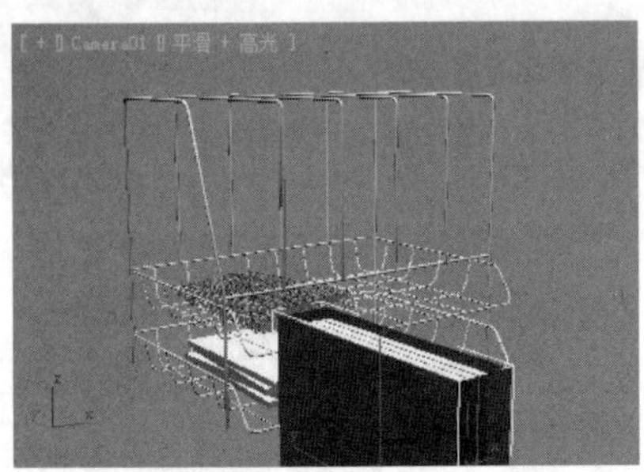

03 弹出“镜像 世界 坐标”对话框，在“镜像轴”选项组中勾选“YZ”单选钮，将“偏移”设置为10，在“克隆当前选择”选项组中勾选“不克隆”单选钮，单击“确定”按钮，如下图所示，即可在场景中YZ镜像对象。

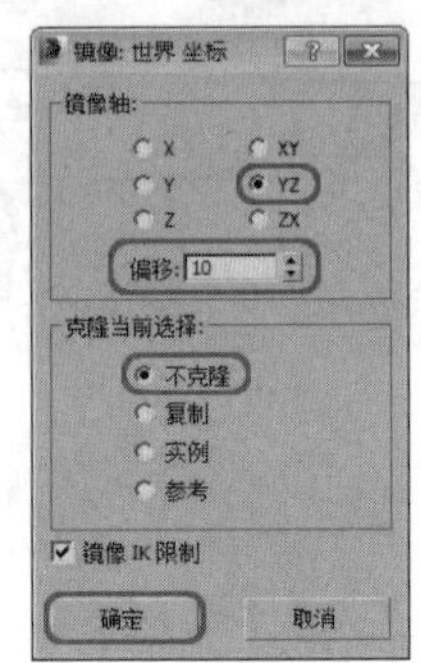

04 激活摄影机视图，按F9键进行快速渲染，渲染完成后的效果如下图所示。

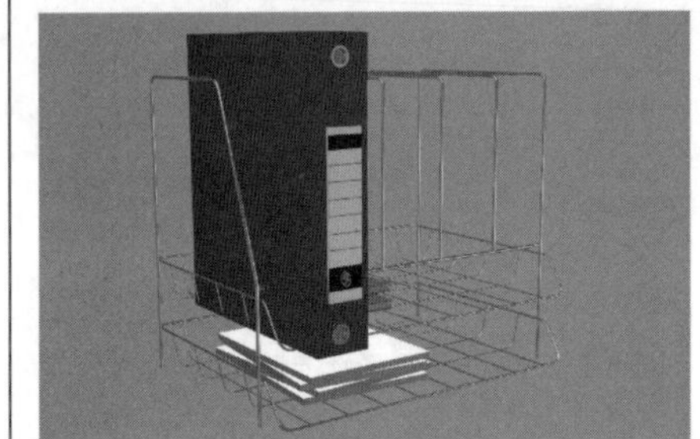

实战操作110 ZX轴镜像

素材：Scenes\Cha02\2-29.max	难度：★★★★★
场景：Scenes\Cha02\实战操作110.max	视频：视频\ Cha02\实战操作110.avi

将对象沿着ZX轴镜像为“ZX轴镜像”。具体操作步骤如下。

01 单击按钮，在弹出的下拉列表中选择“打开”选项，在打开的对话框中打开素材文件2-29.max，如下图所示。

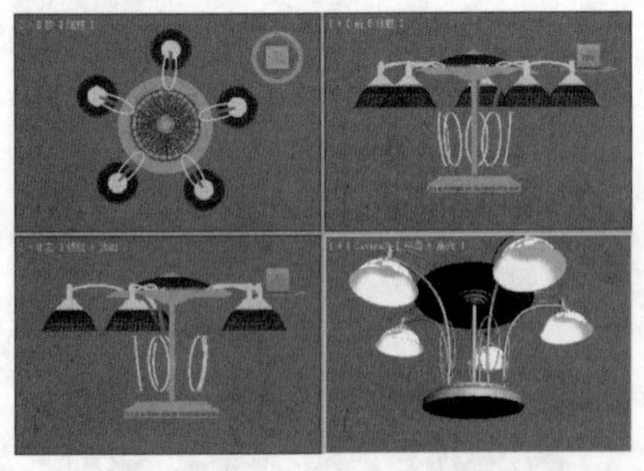

02 在摄影机视图中，选择需要ZX镜像的对象，在工具栏中单击“镜像”按钮，如下图所示。

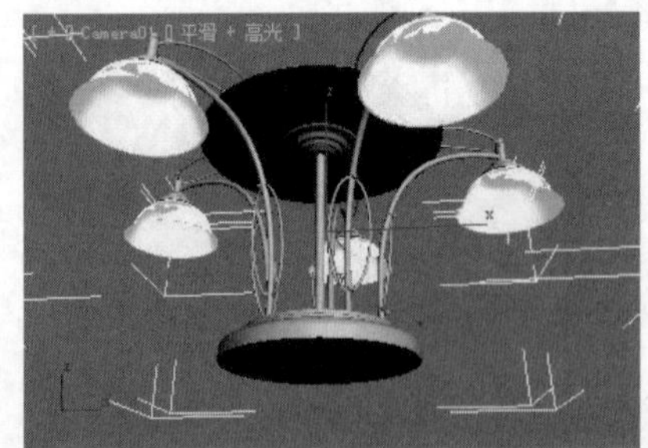

03 弹出“镜像 世界 坐标”对话框，在“镜像轴”选项组中勾选“ZX”单选钮，在“克隆当前选择”选项组中勾选“不克隆”单选钮，单击“确定”按钮，如下图所示，即可在场景中ZX镜像对象。

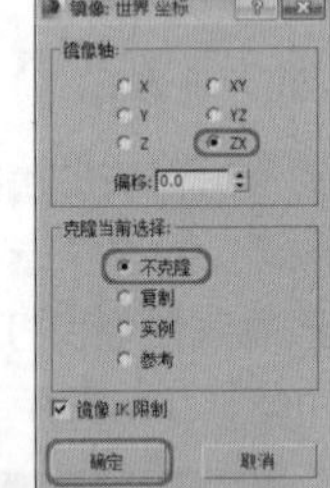

04 激活摄影机视图，按F9键进行快速渲染，渲染完成后的效果如右图所示。

2.13 阵列建模

创建当前选择物体的阵列，它可以控制产生一维、二维、三维的阵列复制，常用于大量有序的复制物体。

实战操作111 移动阵列

素材：Scenes\Cha02\2-30.max	难度：★★★★★
场景：Scenes\Cha02\实战操作111.max	视频：视频\ Cha02\实战操作111.avi

在阵列中分别设置三个轴向的偏移量，即可进行移动阵列。具体的操作步骤如下。

01 单击按钮，在弹出的下拉列表中选择“打开”选项，在打开的对话框中打开2-30.max素材文件，如下图所示。

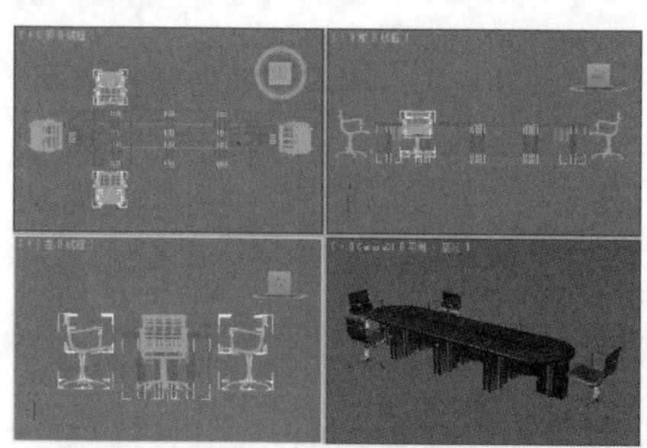

02 在顶视图中，选择需要移动阵列的对象，在菜单栏中选择“工具”|“阵列”命令，如右图所示。

03 弹出“阵列”对话框，在“阵列变换：世界坐标（使用轴点中心）”选项组中激活“移动”坐标文本框，将“总计”下的X轴设置为750度，在“阵列维度”选项组中，设置1D的数量为4，单击“确定”按钮，如下图所示，即可在场景中阵列对象。

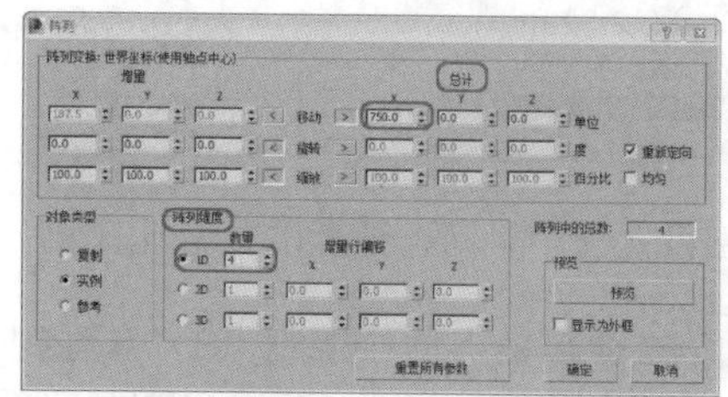

04 激活摄影机视图，按F9键进行快速渲染，渲染完成后的效果如下图所示。

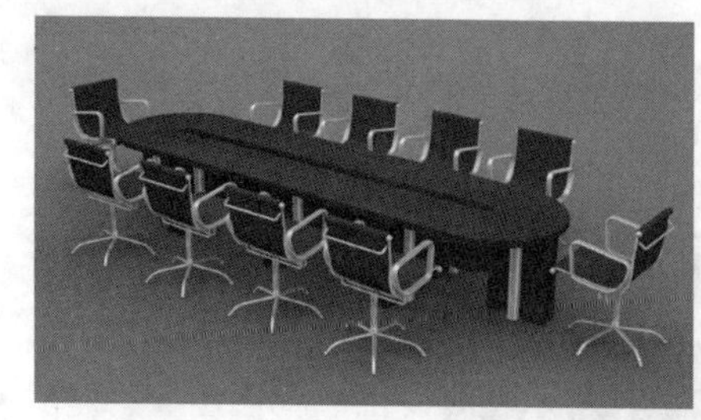

实战操作112 旋转阵列

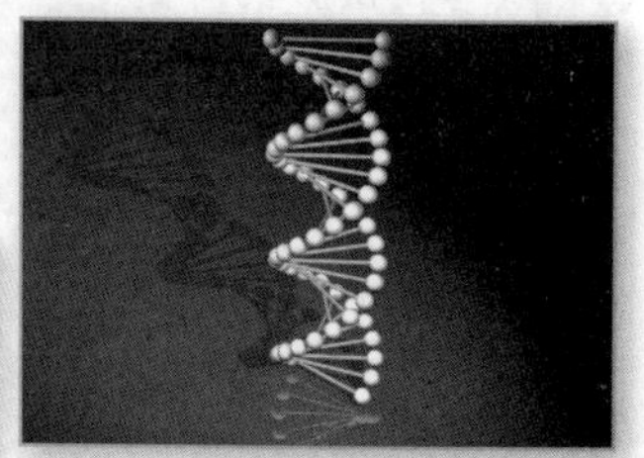

素材：Scenes\Cha02\2-31.max	难度：★★★★★
场景：Scenes\Cha02实战操作112.max	视频：视频\ Cha02\实战操作112.avi

01 单击按钮，在弹出的下拉列表中选择“打开”选项，在打开的对话框中打开素材文件，如下图所示。

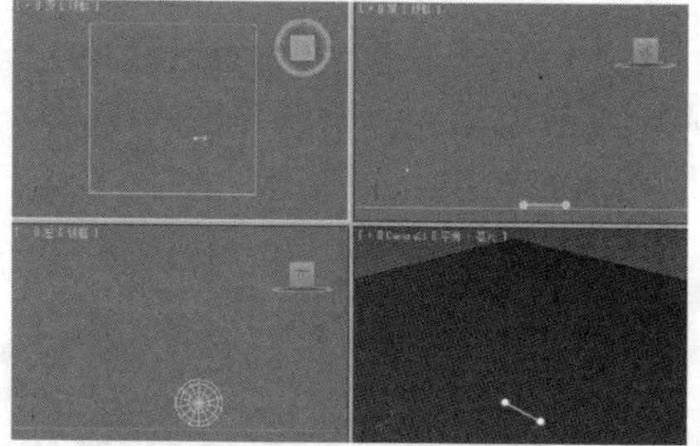

02 在前视图中，单击需要旋转阵列的对象，在菜单栏中选择“工具”|“阵列”命令，如右图所示。

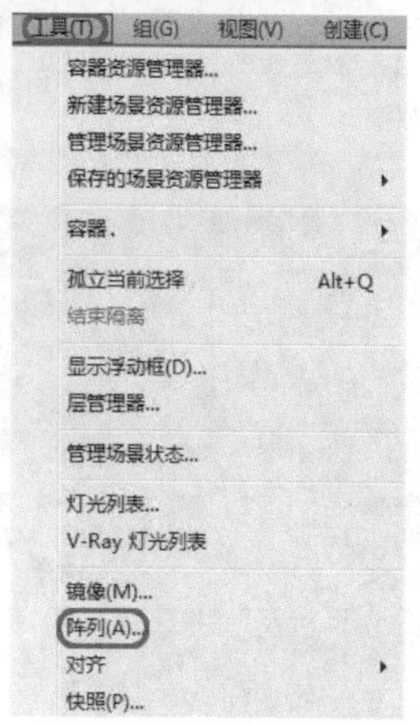

03 弹出“阵列”对话框，在“阵列变换：屏幕坐标（使用轴点中心）”选项组中激活“旋转”坐标文本框，在“增量”区域中将Z轴设置为20度，激活“移动”坐标文本框，在“增量”区域中将Z轴设置为60，在“阵列维度”选项组中设置1D的数量为30，单击“确定”按钮，如下图所示，即可在场景中阵列对象。

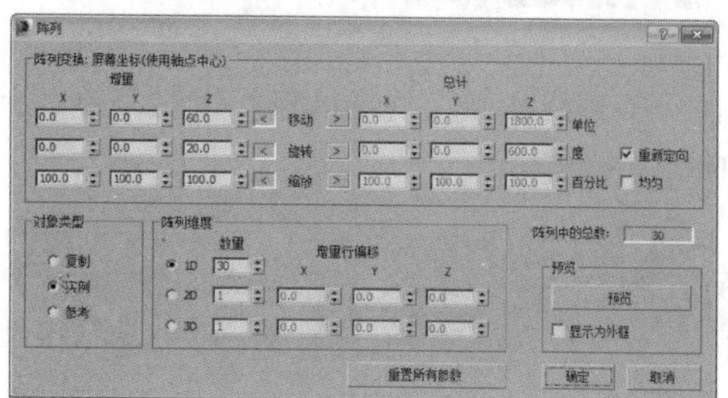

04 激活透视视图，按F9键进行快速渲染，渲染完成后的效果如下图所示。

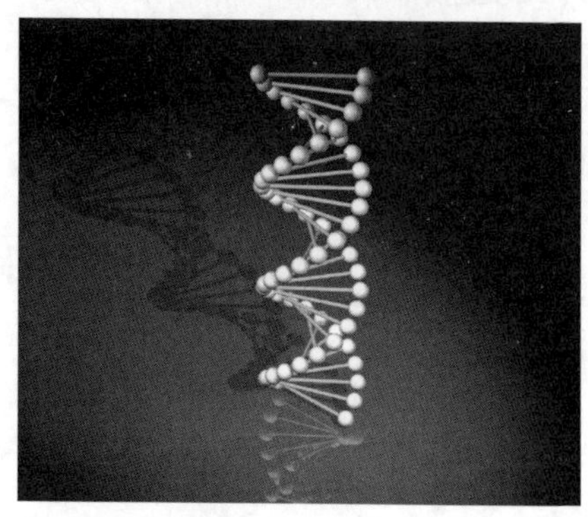

实战操作113 缩放阵列

素材：Scenes\Cha02\2-32.max	难度：★★★★★
场景：Scenes\Cha02\实战操作113.max	视频：视频\ Cha02\实战操作113.avi

在阵列中，分别设置三个轴向上缩放的百分比比例，即可进行缩放阵列。具体的操作步骤如下。

01 单击 按钮，在弹出的下拉列表中选择“打开”选项，在打开的对话框中打开素材文件，如下图所示。

02 在摄影机视图中，单击需要缩放阵列的对象，在菜单栏中选择“工具”|“阵列”命令，如右图所示。

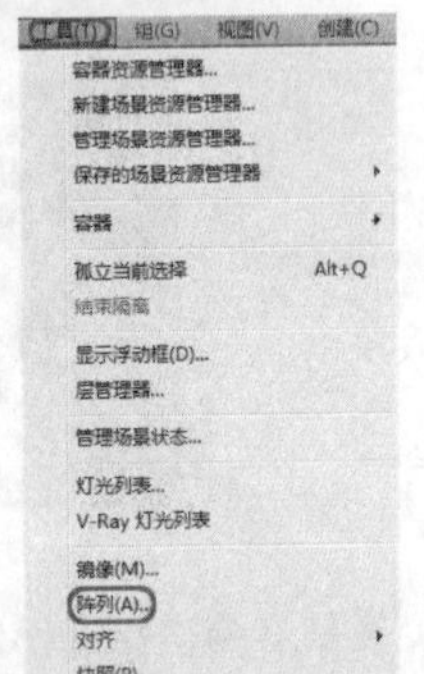

03 弹出“阵列”对话框，在“阵列变换：屏幕坐标（使用轴点中心）”选项组中激活“移动”坐标文本框，在“增量”选项组中设置Y值为240，在“缩放”文本框中设置总计X的值为40，将1D数量设置为3，单击“确定”按钮，如下图所示。即可在场景中缩放阵列。

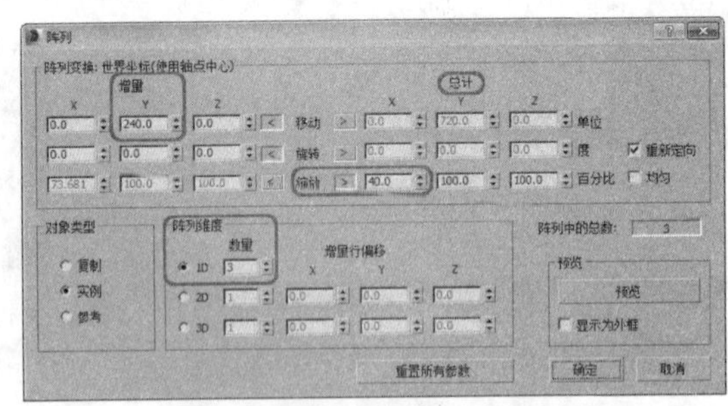

04 激活Camera视图，按F9键进行快速渲染，渲染完成后的效果如下图所示。

2.14 间隔建模

间隔建模可在一条直线路径上将物体进行批量复制，并整齐均匀地排列在路径上，还可以设置物体的间距方式和轴心点是否与曲线切线对齐。

实战操作114 按计数间隔复制

素材：Scenes\Cha02\2-33.max	难度：★★★★★
场景：Scenes\Cha02\实战操作114.max	视频：视频\ Cha02\实战操作114.avi

在间隔建模中，有两种方式，计数间隔复制是其中之一，通过计数间隔复制来进行建模。具体的操作步骤如下。

01 单击 按钮，在弹出的下拉列表中选择“打开”选项，在打开的对话框中打开素材文件，如右图所示。

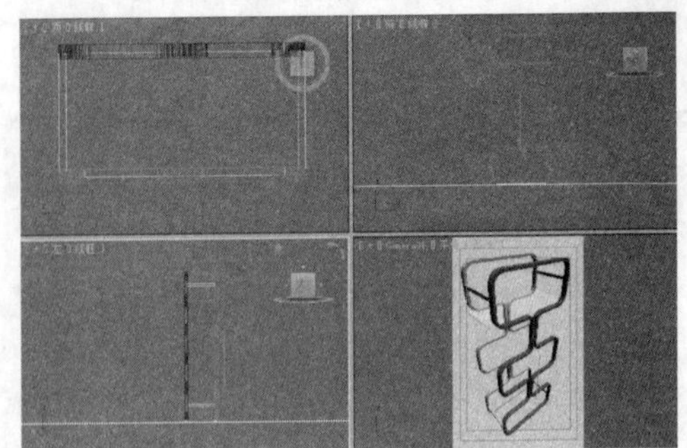

02 在视图中选择“玻璃01”对象，在菜单栏中选择“工具”|“对齐”|“间隔工具”命令，如下图所示。

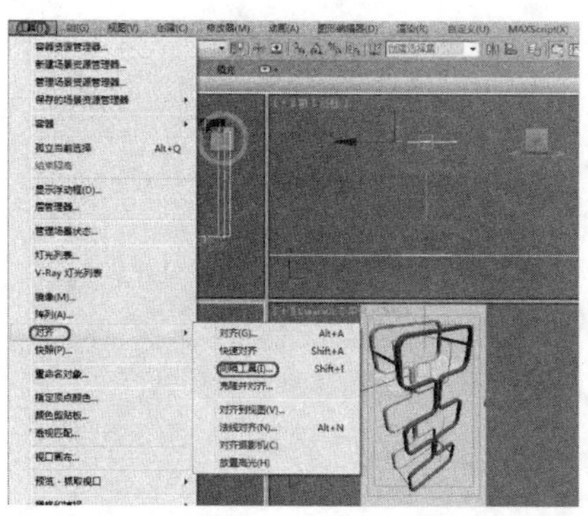

03 在弹出的“间隔工具”对话框中，单击“拾取路径”按钮，在前视图中拾取“路径”路径，并在“参数”选项组中将“计数”设置为3，单击“应用”按钮，如右图所示。即可在场景中为对象设置间隔。

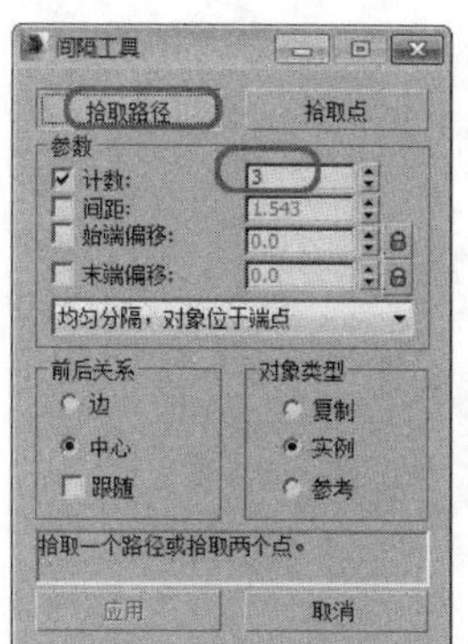

04 单击“关闭”按钮，激活透视视图，按F9键进行快速渲染，渲染完成后的效果如下图所示。

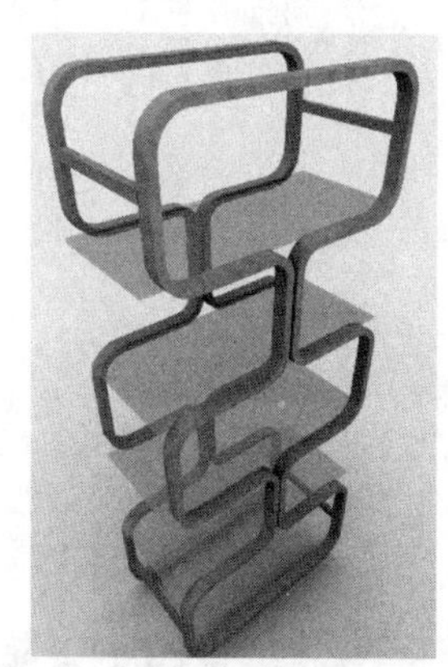

实战操作115 按间距间隔复制

素材：Scenes\Cha02\2-34.max	难度：★★★★★
场景：Scenes\Cha02\实战操作115.max	视频：视频\ Cha02\实战操作115.avi

通过间距间隔复制的方式进行建模，可以设定间隔值来进行间距间隔复制。具体操作步骤如下。

01 单击按钮，在弹出的下拉列表中选择“打开”选项，在打开的对话框中打开素材文件,如下图所示。

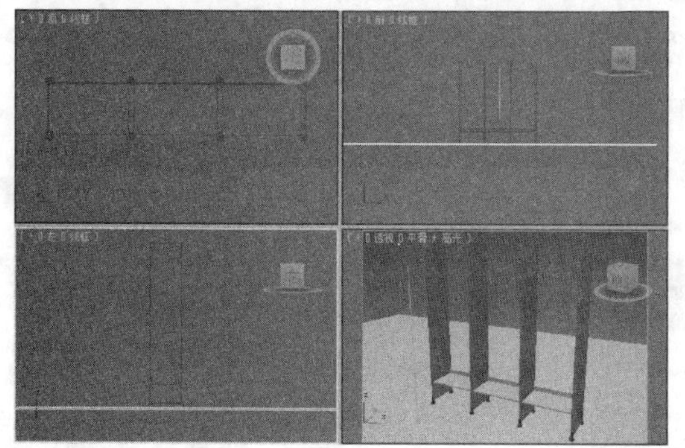

02 在顶视图中单击“下层板”对象，在菜单栏中选择“工具”|“对齐”|“间隔工具”命令，如下图所示。

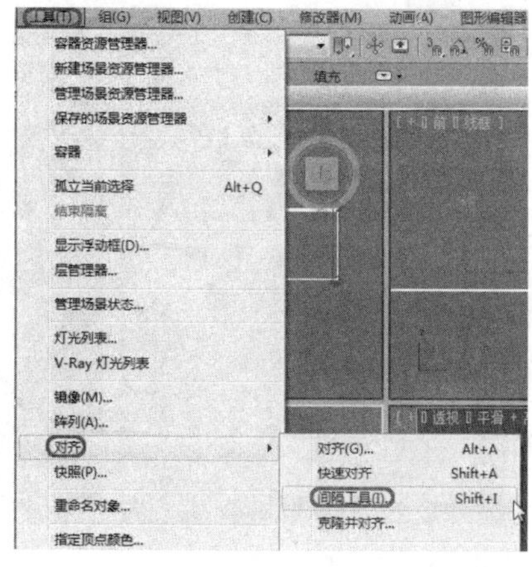

03 在弹出的“间隔工具”对话框中单击“拾取路径”按钮，在前视图中拾取“Line001”路径，并在“参数”卷展览中将“间距”设置为18.952mm，单击“应用”按钮，如下图所示，即可间隔复制截面。

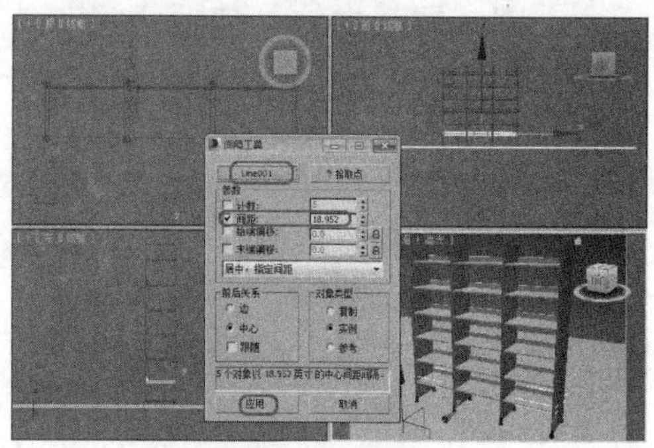

04 单击“关闭”按钮，激活透视视图，按F9键进行快速渲染，渲染完成后的效果如下图所示。

3ds Max 2014

Chapter 03

第3章 基础建模

在三维动画的制作中，三维建模是最重要的一部分，在三维动画领域中，要求制作者能够利用手中的工具创建出适合的高品质三维模型。3ds Max提供了两种基础的三维建模方式，分别为“标准基本体”和“切角长方体”，其中，“标准基本体”包括长方体、球体和圆环等对象，“扩展基本体”包括切角长方体、油罐和软管等。本章将介绍如何在3ds Max 2014中用“几何体”和“图形”面板中的工具进行基础建模。

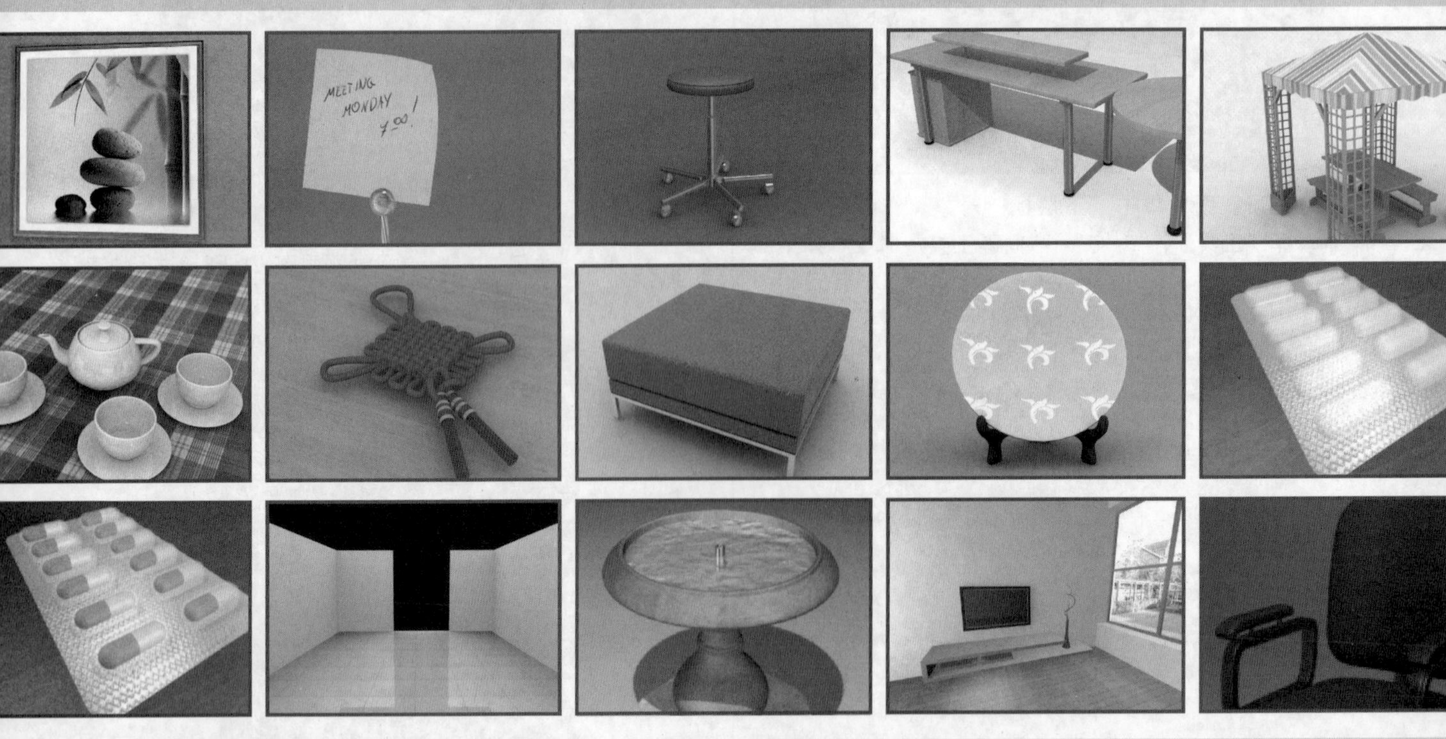

3.1 三维基础建模的基本操作

本节介绍一些三维基础建模的基本操作，包括为模型重命名、更改对象颜色和使用键盘输入创建模型的操作。

实战操作116 为模型重命名

素材：Scenes\Cha03\3-1.max	难度：★★★★★
场景：无	视频：视频\Cha03\实战操作116.avi

通过为模型重命名，可以方便地在比较大的场景中查找模型。为模型重命名的具体操作步骤如下。

01 按Ctrl+O组合键，在弹出的对话框中打开3-1素材文件，如下图所示。

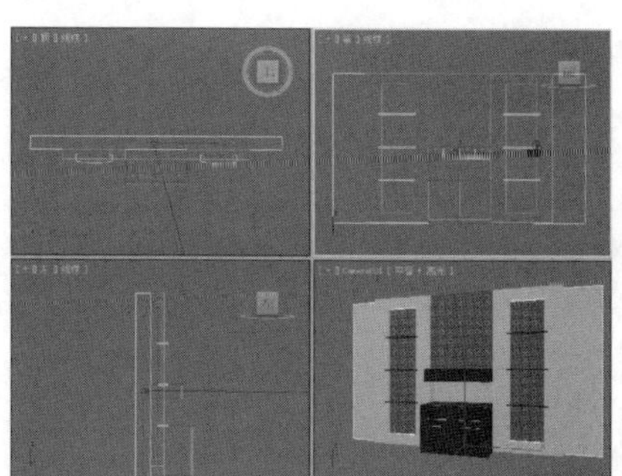

02 在视图中单击选择需要重命名的模型，如下图所示。

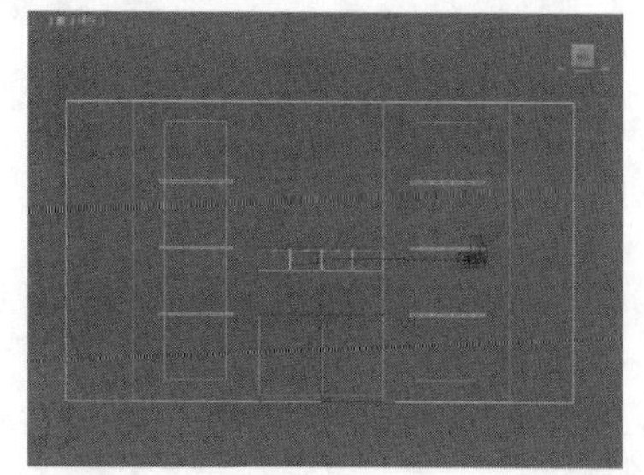

03 切换至“修改”命令面板，在“名称和颜色”文本框中显示选择对象的原名称，拖动鼠标选择模型的名称，如右图所示。

04 然后输入新的名称，按Enter键确认，即可为选择的模型重命名，如右图所示。

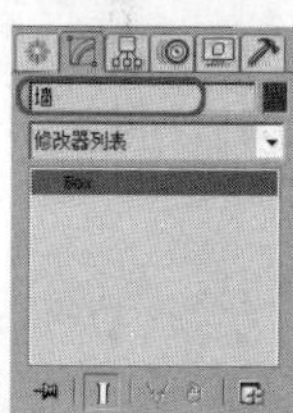

实战操作117 更改对象颜色

素材：Scenes\Cha03\3-2.max	难度：★★★★★
场景：无	视频：视频\Cha03\实战操作117.avi

通过更改选定对象的颜色，可以方便地观察和更改编辑对象。更改对象颜色的具体操作步骤如下。

01 按Ctrl+O组合键，在弹出的对话框中打开3-2素材文件，如下图所示。

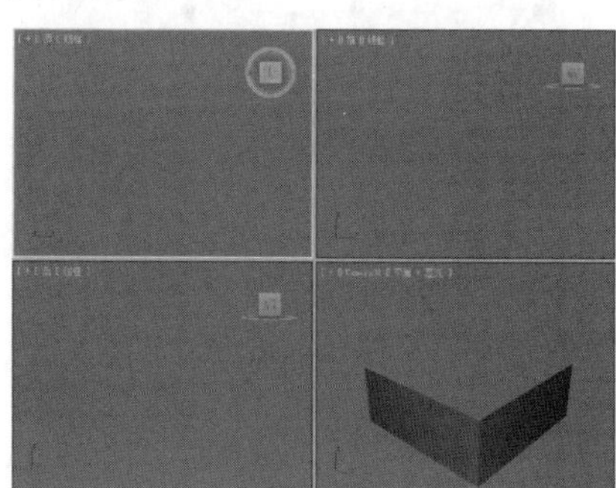

02 在摄影机视图中选择需要更改的对象，单击“名称和颜色”卷展栏右侧的色块，如下图所示。

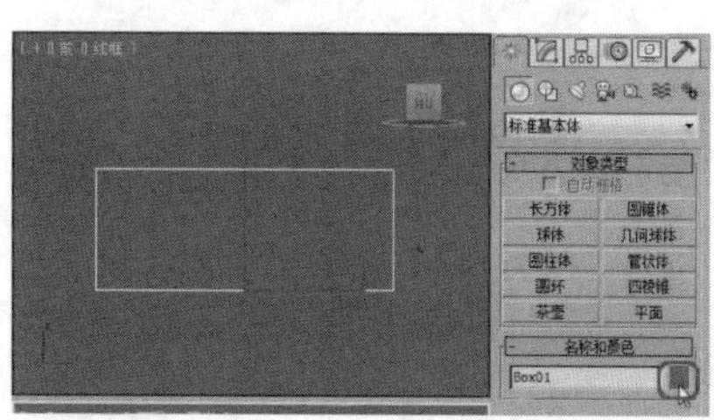

03 打开“对象颜色”对话框，在该对话框中选择任意一种颜色，如右图所示。

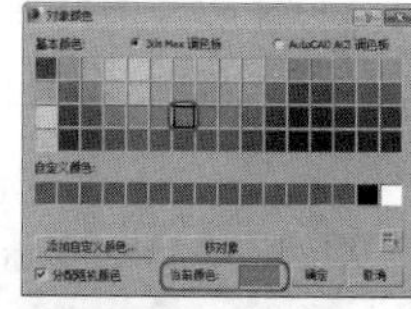

04 单击“确定”按钮，即可为选择的对象更改颜色，效果如下图所示。

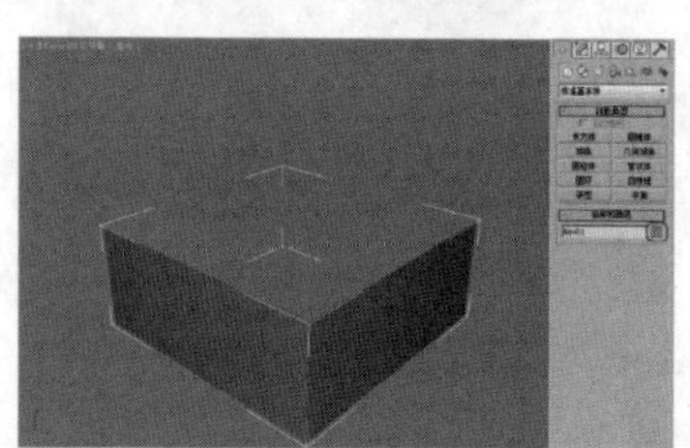

实战操作118 使用键盘输入

素材：无	难度：★★★★★
场景：无	视频：视频\Cha03\实战操作118.avi

键盘输入可创建多数几何基本体。并可同时定义对象的初始大小和三维位置。下面以创建茶壶为例介绍键盘输入的使用方法，具体操作步骤如下。

01 重置一个新的场景，激活顶视图，选择“创建” | “几何体” | “标准基本体” | “茶壶”工具，打开“键盘输入”卷展栏，将“半径”设置为50，如下图所示。

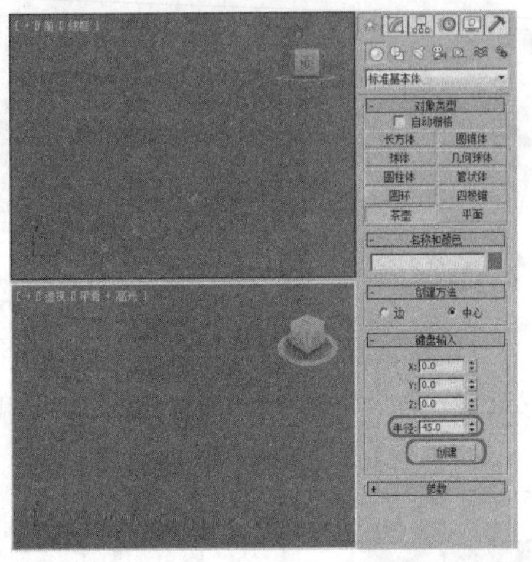

02 单击“创建”按钮，即可在视图中创建茶壶模型，效果如下图所示。

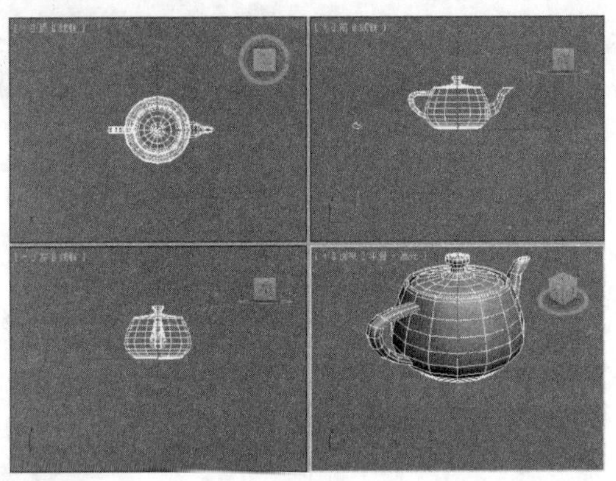

3.2 创建标准基本体

标准基本体类似于现实世界中的皮球、管道或长方体等对象。本节介绍标准基本体的创建以及参数设置。

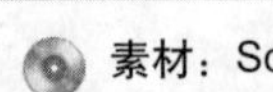 实战操作119 创建长方体

素材：Scenes\Cha03\3-3.max	难度：★★★★★
场景：Scenes\Cha03\实战操作119.max	视频：视频\Cha03\实战操作119.avi

使用“长方体”工具可以创建立方体和长方体对象，通过设置长度、宽度、高度参数可以控制对象的形状，如果只设置其中两个参数，则可以产生矩形平面。创建长方体的具体操作步骤如下。

01 按Ctrl+O组合键，在弹出的对话框中打开3-3素材文件，如下图所示。

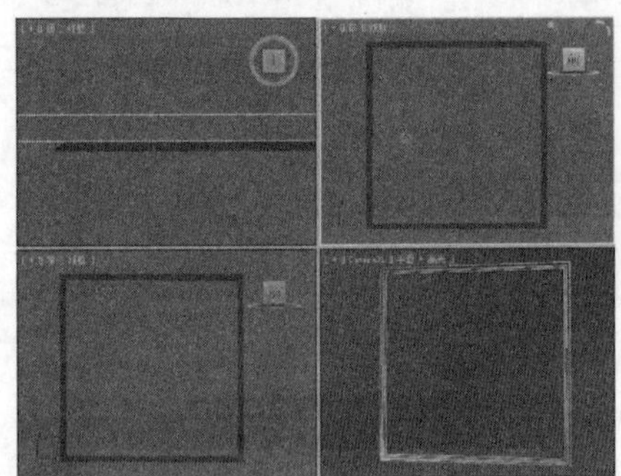

02 激活前视图，选择“创建” | “几何体” | “标准基本体” | “长方体”工具，在前视图中按住鼠标左键并拖动鼠标，拉出矩形底面，释放鼠标，并向上移动鼠标，确定长方体的高度，单击鼠标完成长方体的创建，如下图所示。

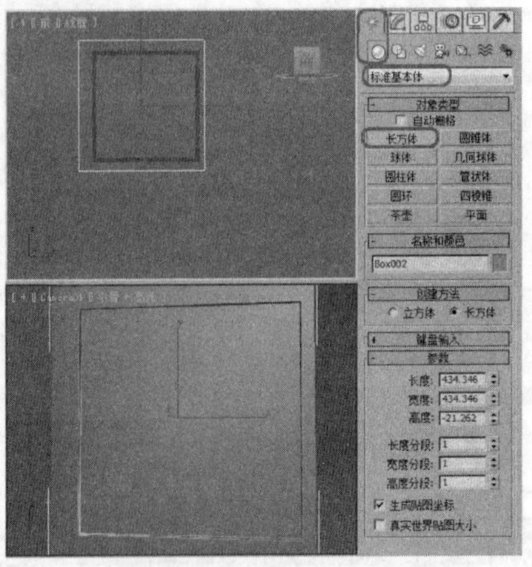

03 切换到“修改”命令面板，在“参数”卷展栏中，将“长度”和“宽度”分别设置为345.1，344.1，将“高度”设置为1，并在视图中调整长方体的位置，如下图所示。

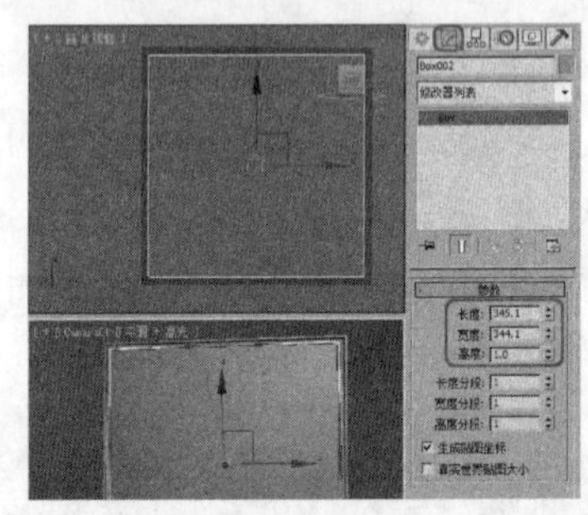

04 按M键打开“材质编辑器”对话框，在其中选择“装饰画”材质，并单击“将材质指定给选定对象”按钮，将材质指定给新创建的长方体，单击“在视口中显示标准贴图”按钮，如下图所示。

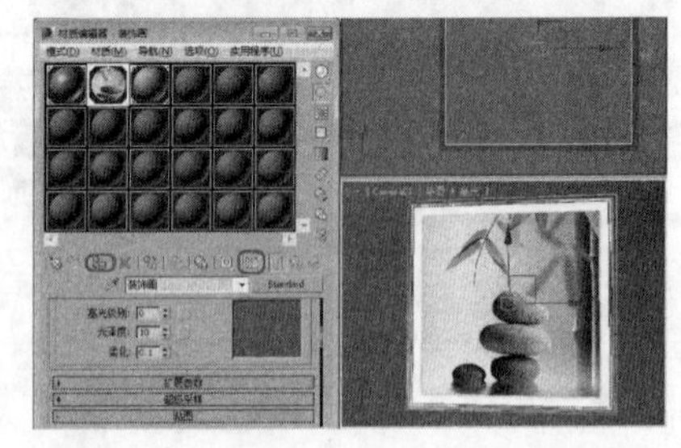

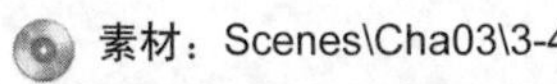

实战操作120 创建圆锥体

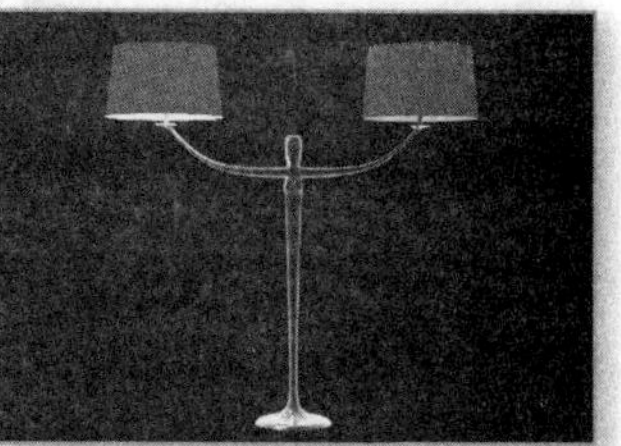

素材：Scenes\Cha03\3-4.max	难度：★★★★★
场景：Scenes\Cha03\实战操作120.max	视频：视频\Cha03\实战操作120.avi

使用“圆锥体”工具可以创建直立或倒立的圆锥体。创建圆锥体的具体操作步骤如下。

01 单击按钮，在弹出的下拉列表中选择“打开”选项，在打开的对话框中打开素材文件3-4.max，如下图所示。

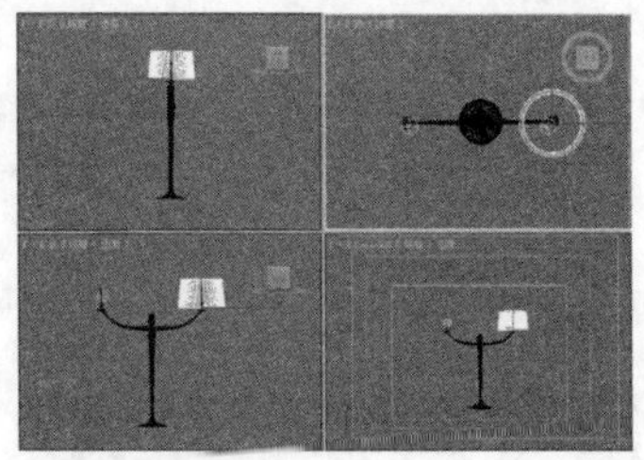

02 选择“创建”|“几何体”|“标准基本体”|“圆锥体”工具，在顶视图中单击鼠标左键并拖动，创建圆锥体的一级半径,如下图所示。

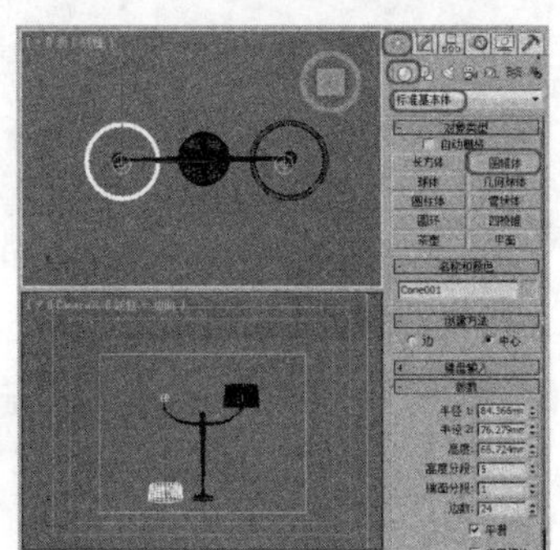

03 释放鼠标左键，并向上移动鼠标，创建圆锥体的高度，如下图所示。

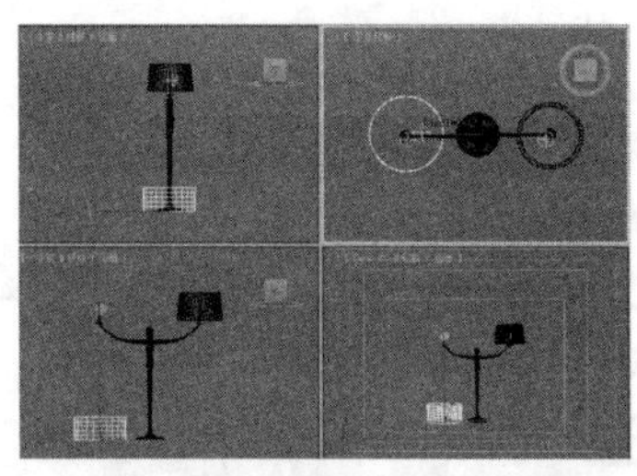

04 单击鼠标左键，然后向下移动鼠标，创建圆锥体的二级半径，再次单击鼠标左键，完成圆锥体的创建，如下图所示。

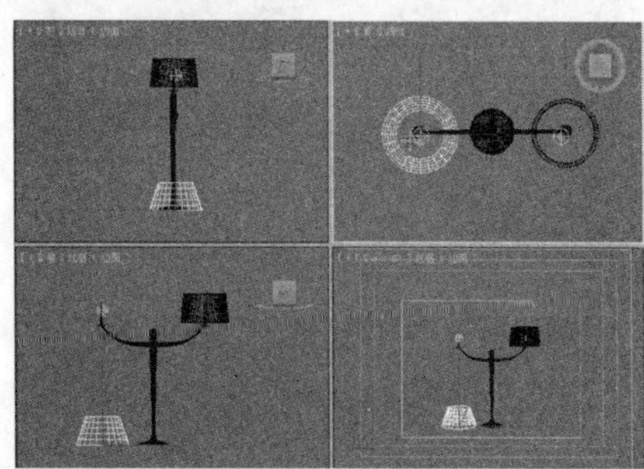

05 创建完成后，切换到修改命令面板，在“参数”卷展栏中，将“半径1”设置为87，将“半径2”设置为76、将“高度”设置为100，并在视图中调整圆锥体的位置，如下图所示。

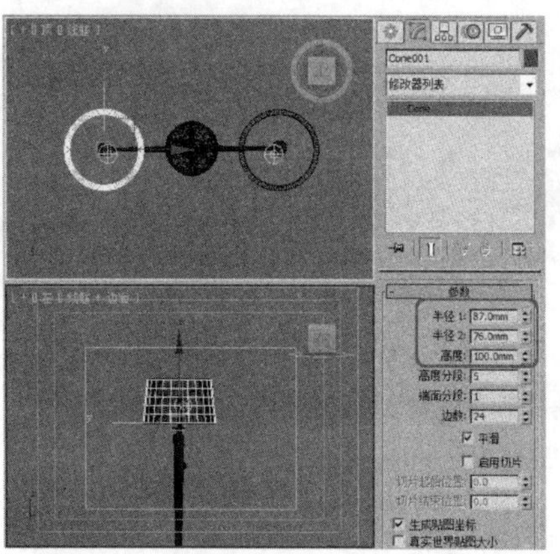

06 按M键打开“材质编辑器”对话框，在其中选择“木头”材质，并单击“将材质指定给选定对象”按钮，将材质指定给新创建的圆锥体，如下图所示。

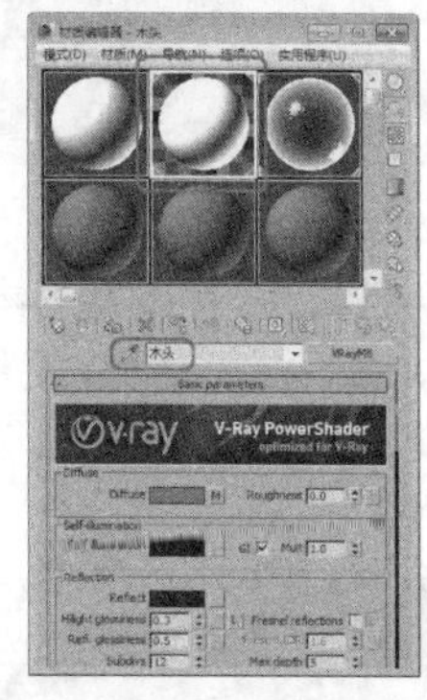

07 选择创建的“Cone001”，右键单击鼠标，在弹出的快捷菜单中选择“转换为”|“转换为可编辑多边形”命令，切换到“修改”面板，将选择集定义为“多边形”，选择如图所示的边并将其删除。

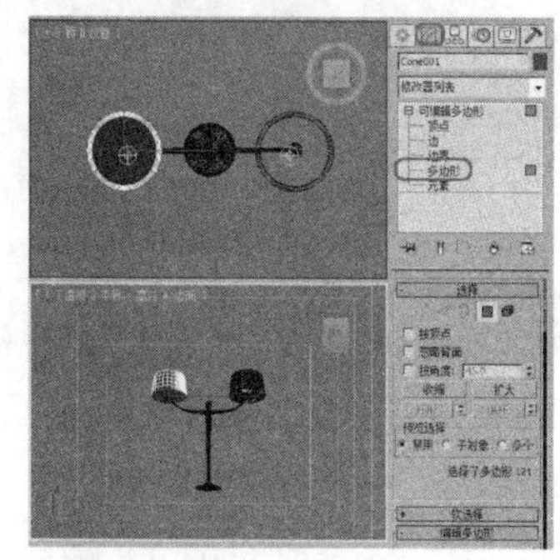

08 切换到摄影机视图中进行渲染，效果如下图所示。

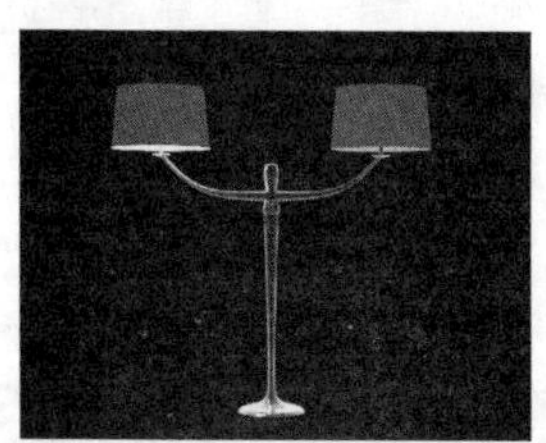

实战操作121 创建球体

素材：Scenes\Cha03\3-5.max	难度：★★★★★
场景：Scenes\Cha03\实战操作121.max	视频：视频\Cha03\实战操作121.avi

使用“球体”工具可以创建完整的球体、半球体或球体的其他部分。创建球体的具体操作步骤如下。

01 单击按钮，在弹出的下拉列表中选择“打开”选项，在打开的对话框中打开素材文件3-5.max，如下图所示。

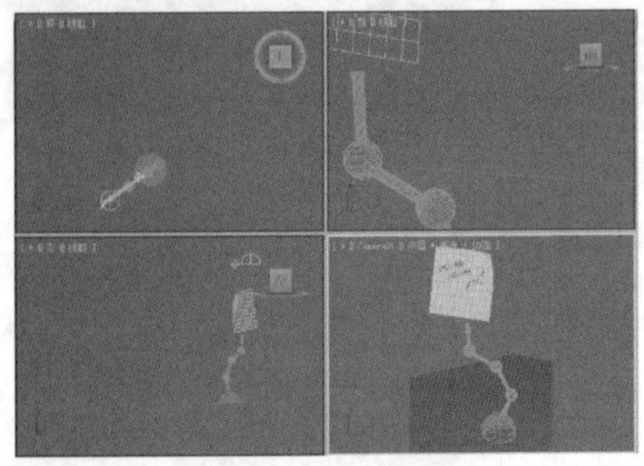

02 选择“创建”|“几何体”|“标准基本体”|“球体”工具，在顶视图中单击鼠标左键并拖动，创建球体，释放鼠标，完成球体的创建，如下图所示。

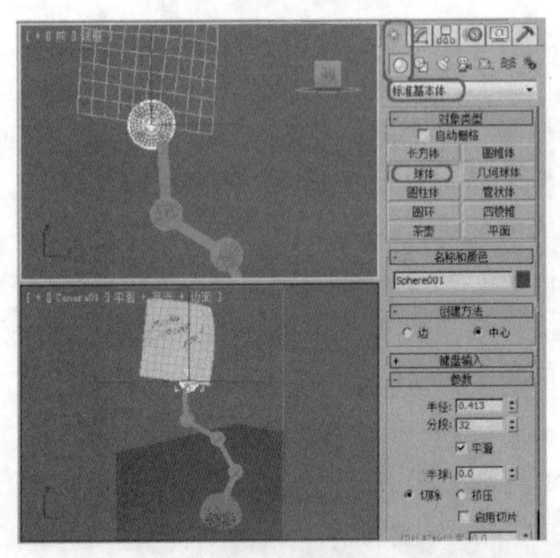

03 切换到修改命令面板，在“参数”卷展栏中，将“半径”参数设为0.3，并在视图中调整球体的位置，如下图所示。

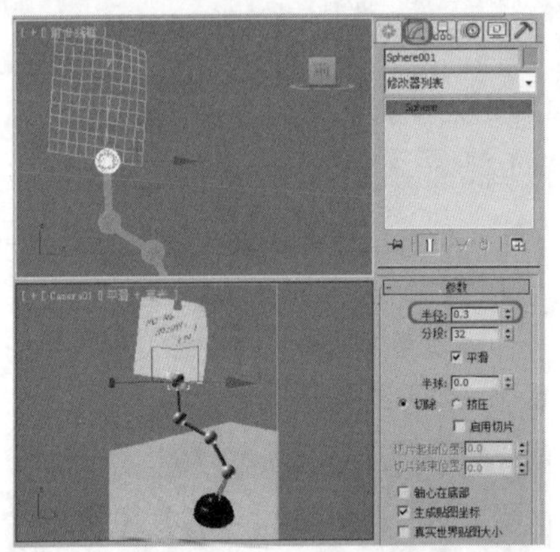

04 按M键打开“材质编辑器”对话框，在其中选择“不锈钢”材质，并单击“将材质指定给选定对象”按钮，将材质指定给新创建的球体，如右图所示。

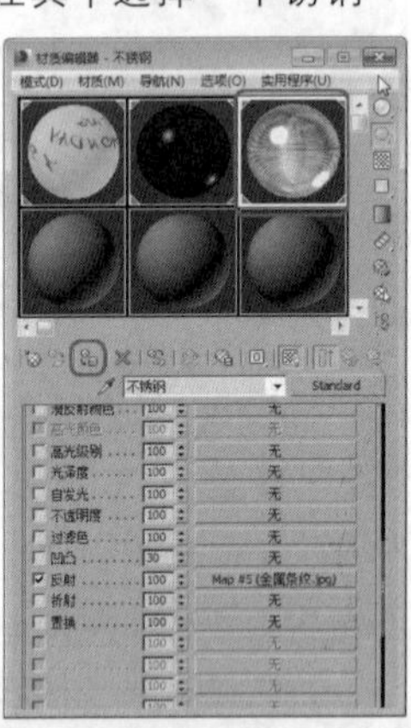

05 激活摄影机视图，如下图所示。

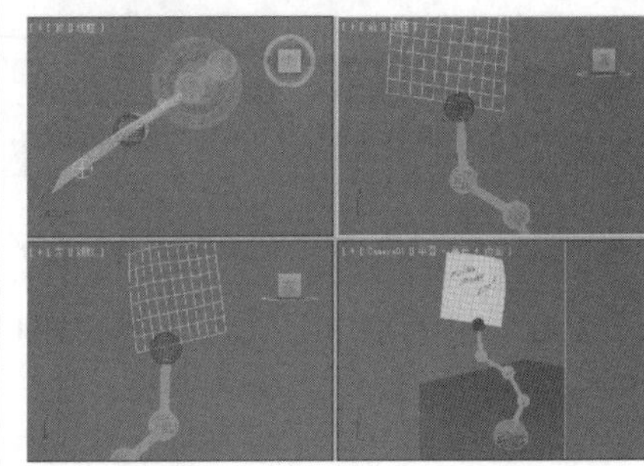

06 按F9键进行渲染，渲染完成后的效果如下图所示。

实战操作122 创建几何球体

 素材：Scenes\Cha03\3-6.max	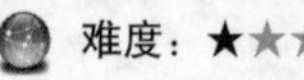 难度：★★★★★
 场景：Scenes\Cha03\实战操作122.max	视频：视频\Cha03\实战操作122.avi

使用“几何球体”工具可以创建以三角面拼成的球体或半球体。创建几何球体的具体操作步骤如下。

01 单击按钮，在弹出的下拉列表中选择“打开”选项，在打开的对话框中打开素材文件3-6.max，如下图所示。

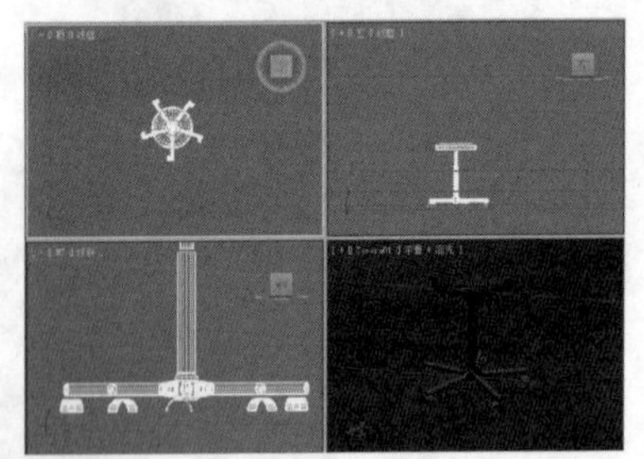

02 选择“创建”|“几何体”|“标准基本体”|“几何球体”工具，在左视图中单击鼠标左键并拖动，创建几何球体，释放鼠标，完成几何球体的创建，如下图所示。

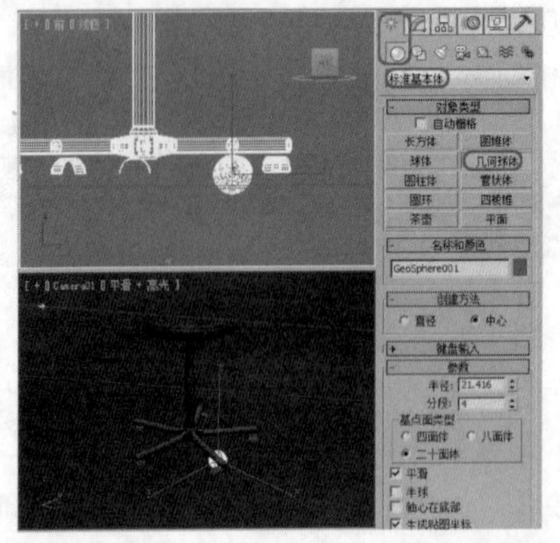

03 切换到修改命令面板，在“参数”卷展栏中，将“半径”参数设为18，并在视图中调整几何球体的位置，如下图所示。

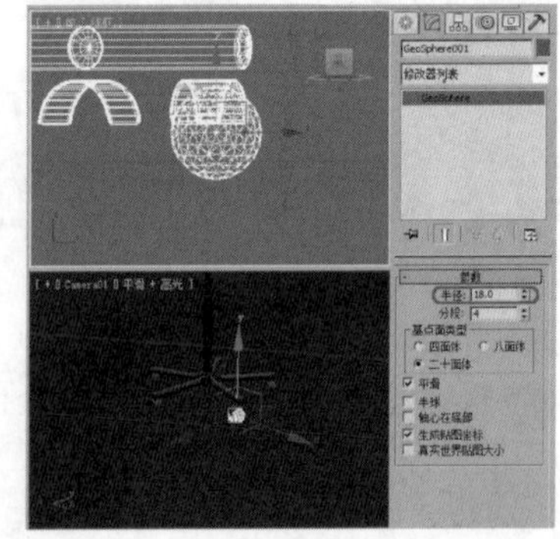

04 按M键打开“材质编辑器”对话框，在其中选择“金属”材质，并单击“将材质指定给选定对象”按钮，将材质指定给新创建的几何球体，如右图所示。

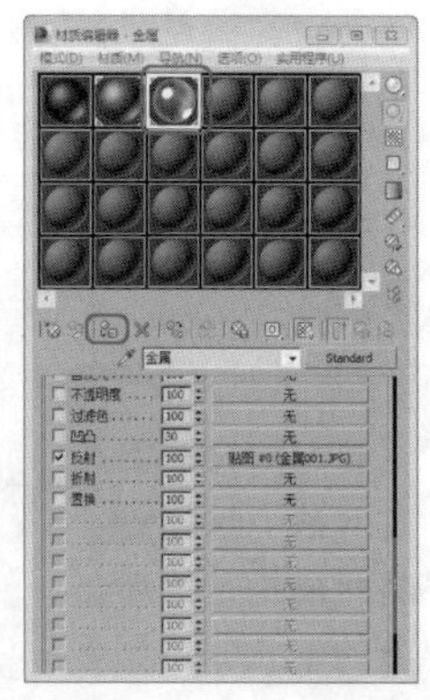

05 复制多个创建的几何球体，并调整几何球体的位置，效果如下图所示。

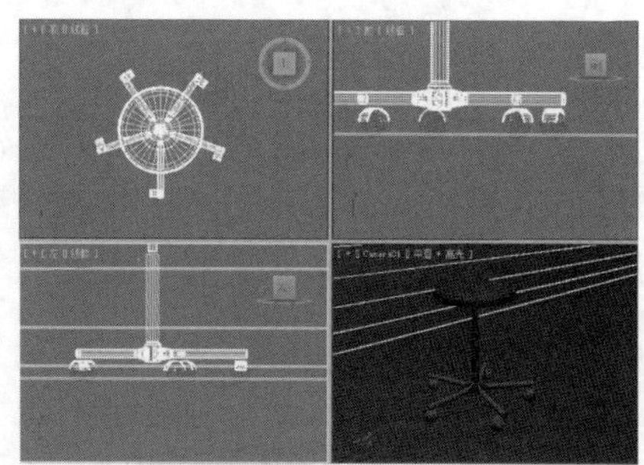

06 激活摄影机视图，按F9键进行渲染，渲染完成后的效果如下图所示。

实战操作123 创建圆柱体

素材：Scenes\Cha03\3-7.max	难度：★★★★★
场景：无	视频：视频\Cha03\实战操作123.avi

使用“圆柱体”工具可以创建圆柱体，还可以围绕其主轴进行“切片”。创建圆柱体的具体操作步骤如下。

01 单击按钮，在弹出的下拉列表中选择“打开”选项，在打开的对话框中打开素材文件3-7.max，如下图所示。

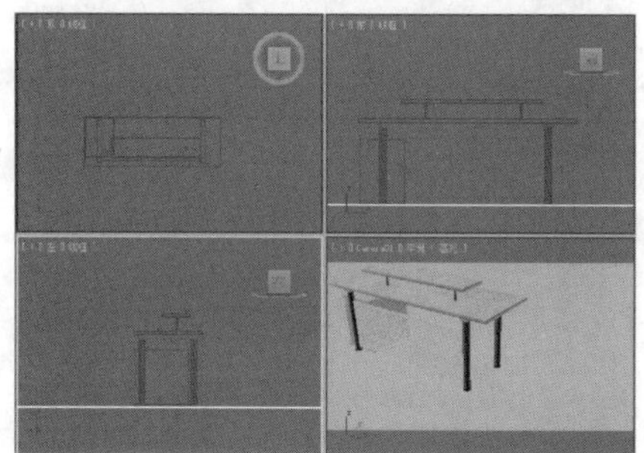

02 选择“创建” | “几何体” | “标准基本体” | “圆柱体”工具，在顶视图中按住鼠标左键并拖动鼠标，拉出底面圆形，释放鼠标，并向上移动鼠标，确定圆柱体的高度，单击鼠标完成圆柱体的创建，如下图所示。

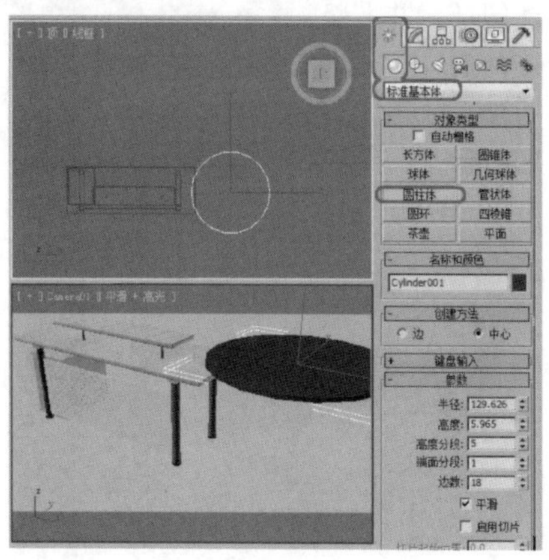

03 切换到修改命令面板，在“参数”卷展栏中，将“半径”设置为100，将“高度”设置为8，将“高度分段”设置为5，将“端面分段”设置为1，将“边数”设置为70，并在视图中调整圆柱体的位置，如下图所示。

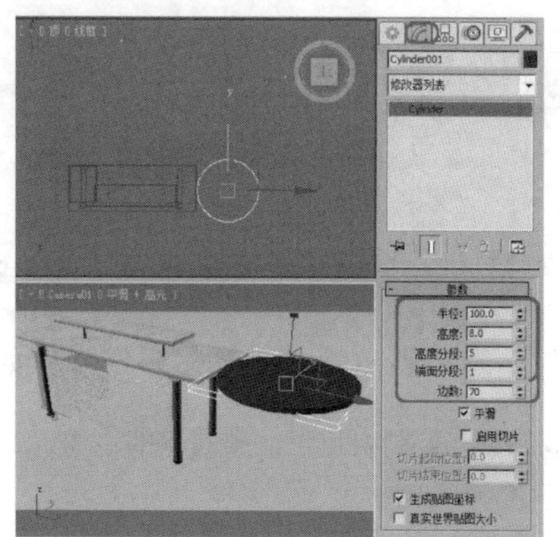

04 切换到“修改”命令面板，添加一个“UVW贴图”修改器，在“参数”卷展栏中取消“真实世界贴图大小”复选框的勾选，选中“柱形”单选按钮，在对齐选项中选择“Z”单选按钮，然后单击“适配”按钮。

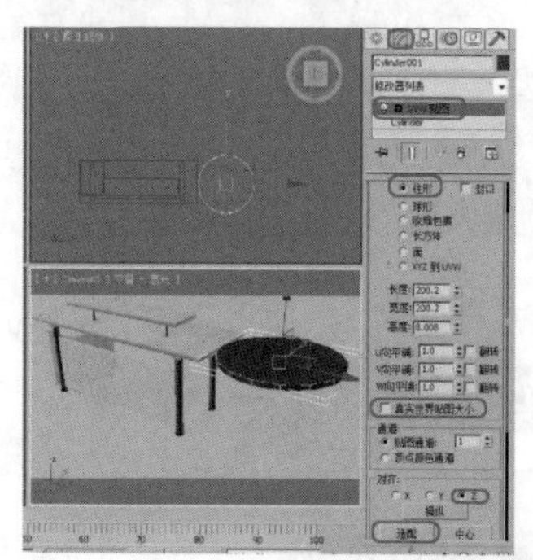

05 按M键打开“材质编辑器”对话框，在其中选择“木”材质，并单击“将材质指定给选定对象”按钮，将材质指定给新创建的圆柱体，如下图所示。

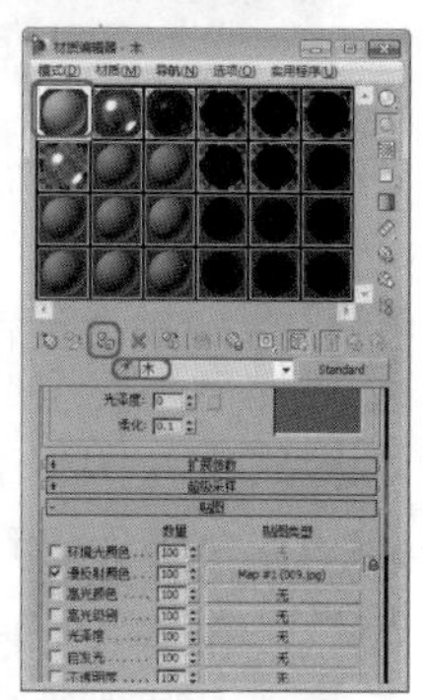

06 激活摄影机视图，进行渲染，效果如下图所示。

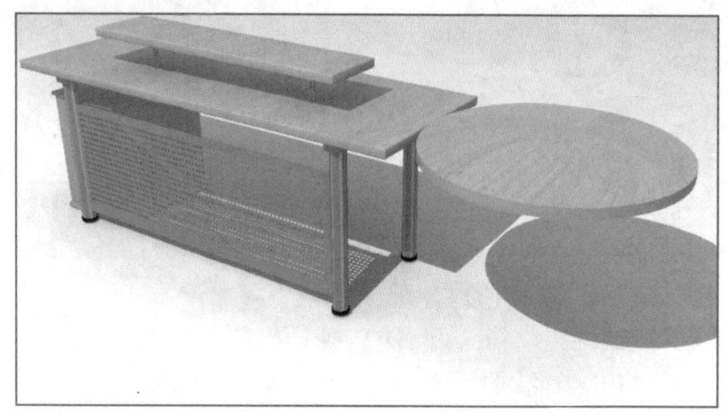

实战操作124 创建管状体

素材：无	难度：★★★★★
场景：无	视频：视频\Cha03\实战操作124.avi

使用“管状体”工具可以创建圆形和棱柱管道。管状体类似于中空的圆柱体。创建管状体的具体操作步骤如下。

01 继续上一实例的操作，选择“创建” | “几何体” | “标准基本体” | “管状体”工具，在顶视图中创建管状体，如下图所示。

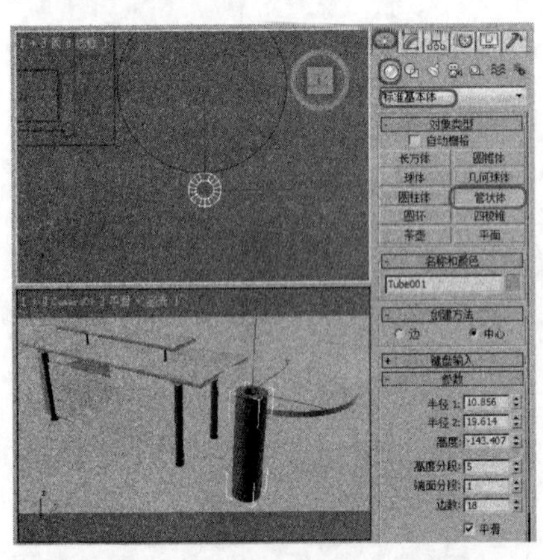

02 切换到“修改”命令面板，在“参数”卷展栏中，将“半径1”设为1，将“半径2”设为7，将高度设为“高度”设为140，并调整位置，如下图所示。

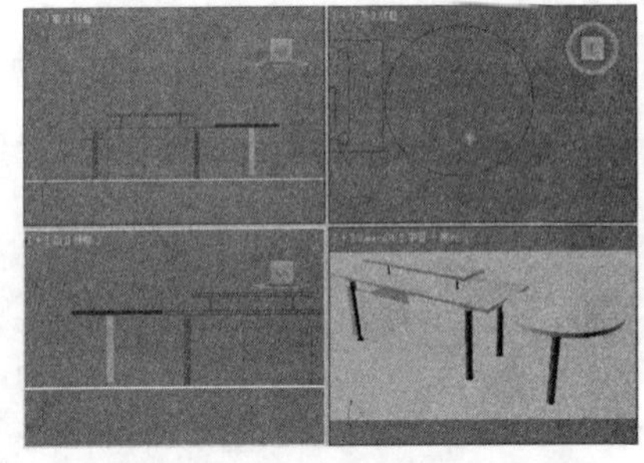

03 按M键打开“材质编辑器”，选择“金属0”材质，单击“将材质指定给选定对象”按钮，将材质指定给新创建的管状体，如右图所示。

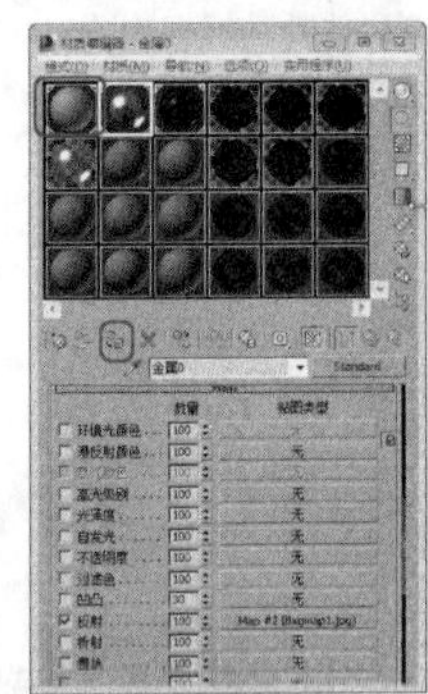

04 复制出另一个管状体并调整位置，如下图所示。

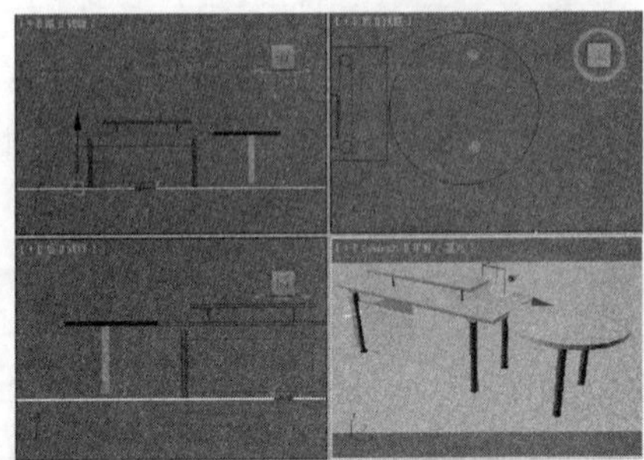

实战操作125 创建圆环

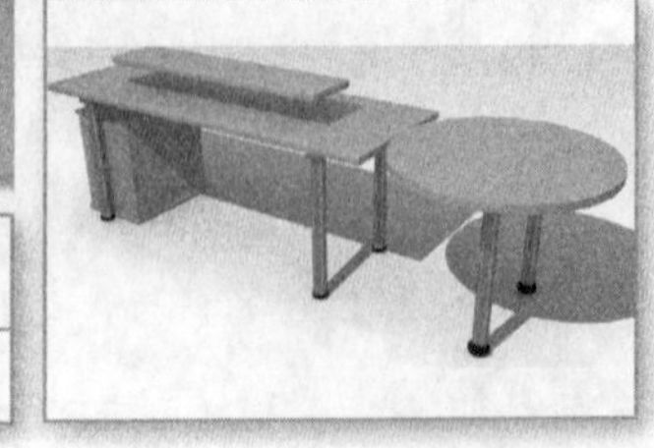

素材：无	难度：★★★★★
场景：Scenes\Cha03\实战操作125.max	视频：视频\Cha03\实战操作125.avi

使用“圆环”工具可以创建立体的圆环圈。创建圆环的具体操作步骤如下。

01 继续上一节的操作，选择“创建” | “几何体” | “标准基本体” | “圆环”工具，在顶视图中创建圆环，如下图所示。

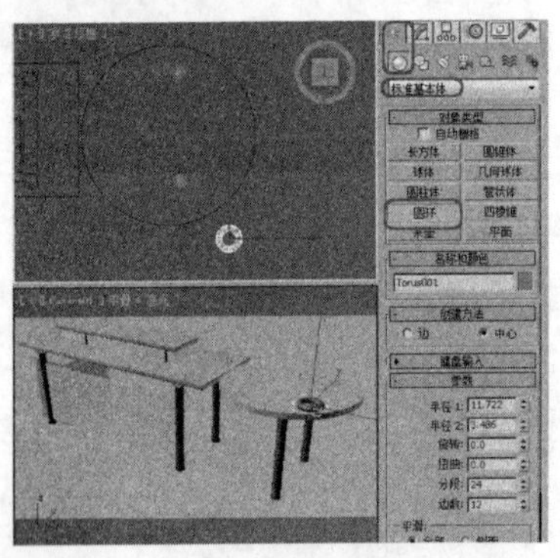

02 切换到“修改”命令面板，在“参数”卷展栏中，将“半径1”设置为4.03，将“半径2”设置为5.772，并在视图中调整圆环的位置，如下图所示。

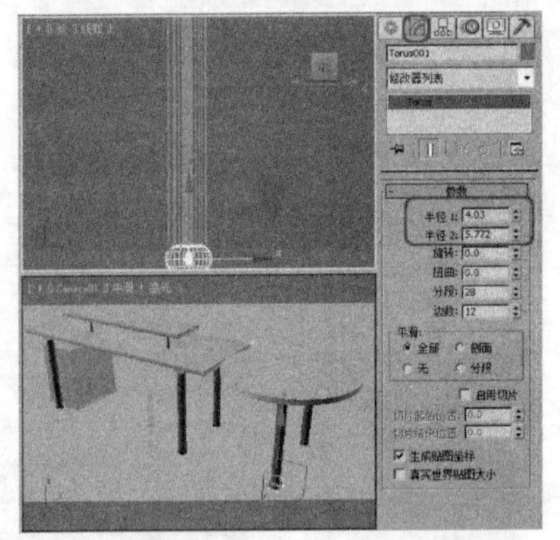

03 按M键打开“材质编辑器”对话框，在其中选择“黑色塑料”材质，并单击“将材质指定给选定对象”按钮，将材质指定给新创建的圆环，如右图所示。

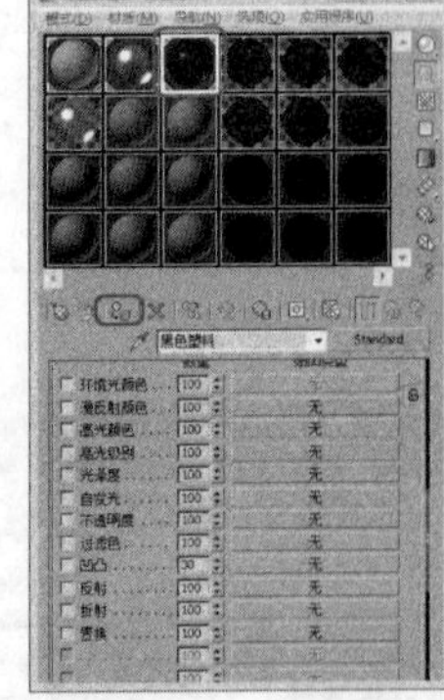

04 复制一个创建的圆环，并调整圆环的位置，进行渲染效果如下图所示。

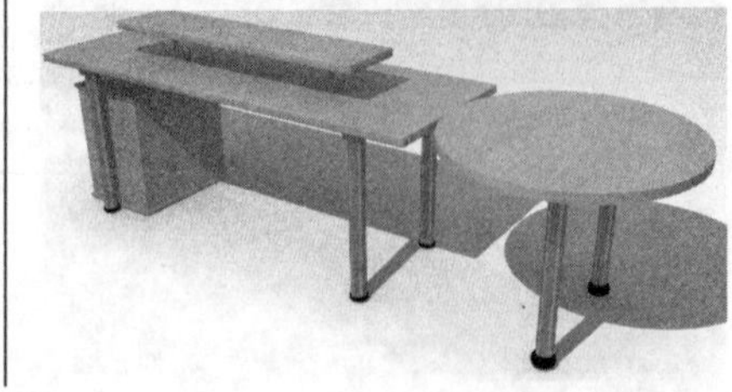

实战操作126 创建四棱锥

素材：Scenes\Cha03\3-8.max	难度：★★★★★
场景：Scenes\Cha03\实战操作126.max	视频：视频\Cha03\实战操作126.avi

使用“四棱锥”工具可以创建拥有方形或矩形底部和三角形侧面的四棱锥基本体。创建四棱锥的具体操作步骤如下。

01 单击按钮，在弹出的下拉列表中选择“打开”选项，在打开的对话框中打开素材文件3-8.max，如下图所示。

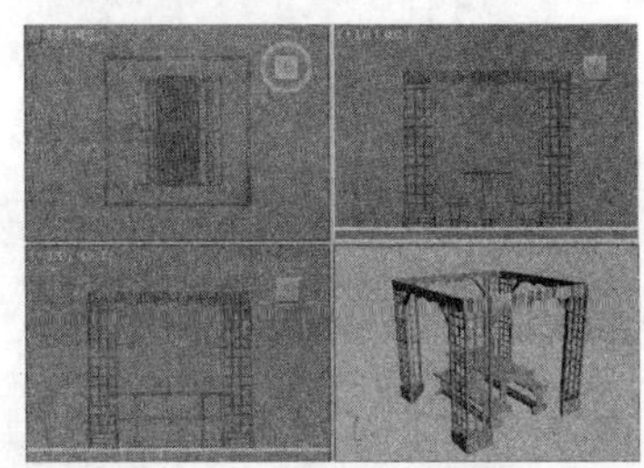

02 选择“创建”｜“几何体”｜“标准基本体”｜“四棱锥”工具，在顶视图中按住鼠标左键并拖动，创建出四棱锥的底部，如下图所示。

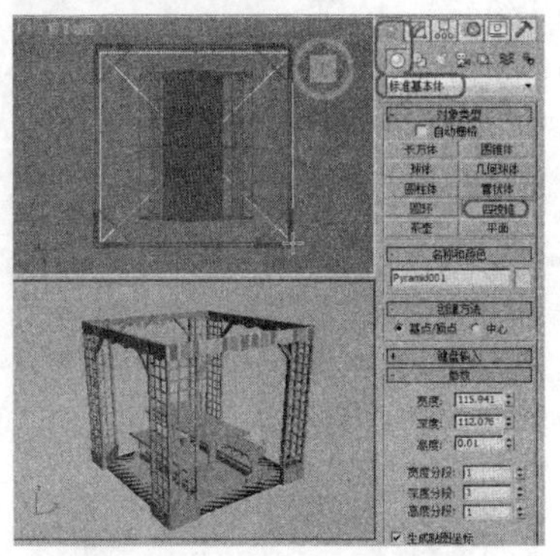

03 释放并向上移动鼠标，确定四棱锥的高度，单击鼠标左键，完成四棱锥的创建，如下图所示。

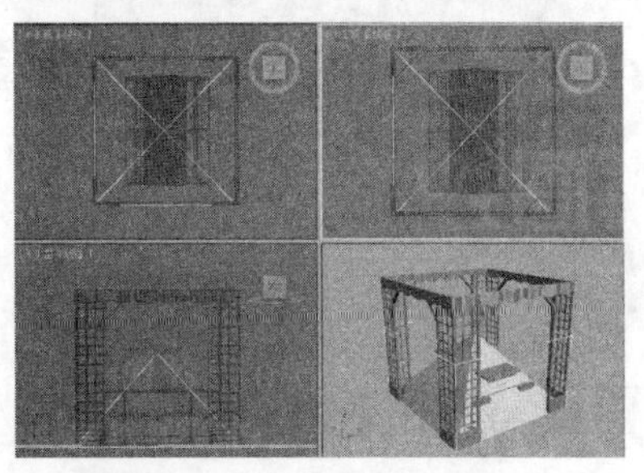

04 切换到“修改”命令面板，在“参数”卷展栏中，将“宽度”设置为119，将“深度”设置为116，将“高度”设置为29，并在视图中调整四棱锥的位置，如下图所示。

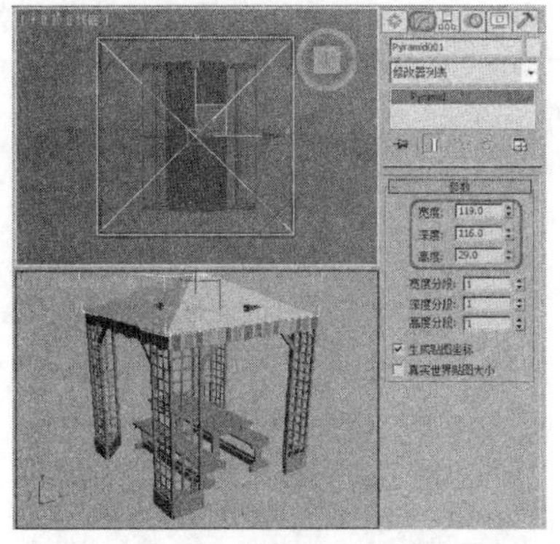

05 按M键打开“材质编辑器”对话框，在其中选择“02 - Default”材质，并单击“将材质指定给选定对象”按钮，将材质指定给新创建的四棱锥，如下图所示。

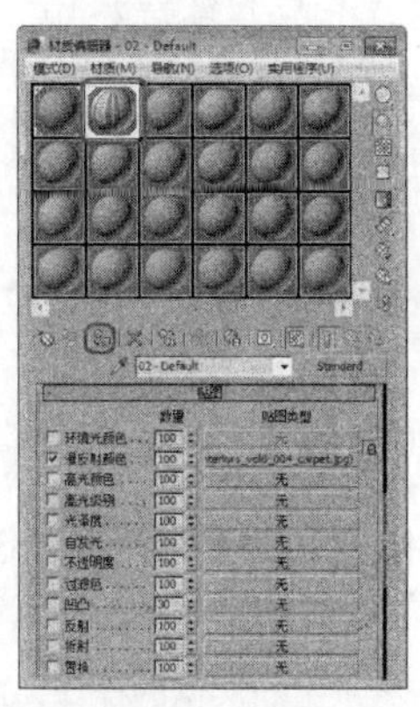

06 激活摄影机视图，按F9键进行渲染，渲染完成后的效果如下图所示。

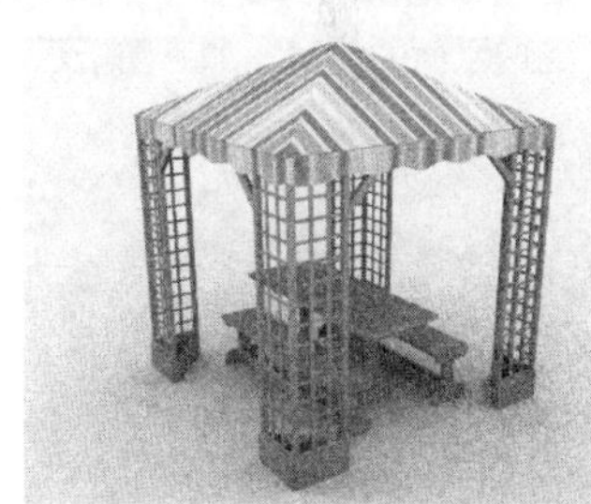

实战操作127 创建茶壶

素材：Scenes\Cha03\3-9..max	难度：★★★★★
场景：无	视频：视频\Cha03\实战操作127.avi

使用“茶壶”工具不仅可以创建整个茶壶，还可以创建茶壶的一部分，创建茶壶的具体操作步骤如下。

01 单击按钮，在弹出的下拉列表中选择“打开”选项，在打开的对话框中打开素材文件3-9.max，如右图所示。

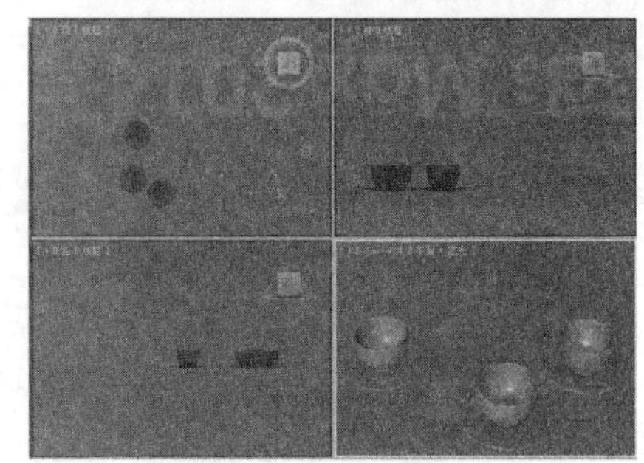

02 选择“创建”■|“几何体”■|“标准基本体”|“茶壶”工具，在顶视图中单击鼠标左键并拖动，创建茶壶，释放鼠标，完成茶壶的创建，如下图所示。

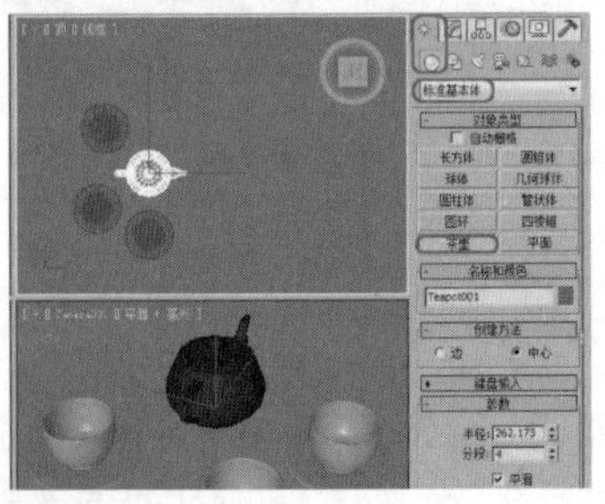

03 切换到“修改”命令面板，在“参数”卷展栏中，将“半径”设置为260，将“分段”设置为40，在工具栏中单击“选择并旋转”工具■，在顶视图中沿Z轴旋转茶壶，并使用“选择并移动”工具■在视图中调整茶壶的位置，效果如下图所示。

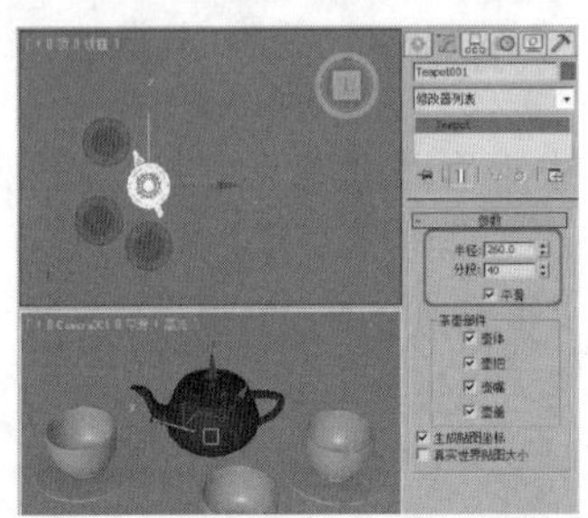

04 按M键打开“材质编辑器”对话框，在其中选择“白色瓷器”材质，并单击“将材质指定给选定对象”按钮■，将材质指定给新创建的茶壶，如下图所示。

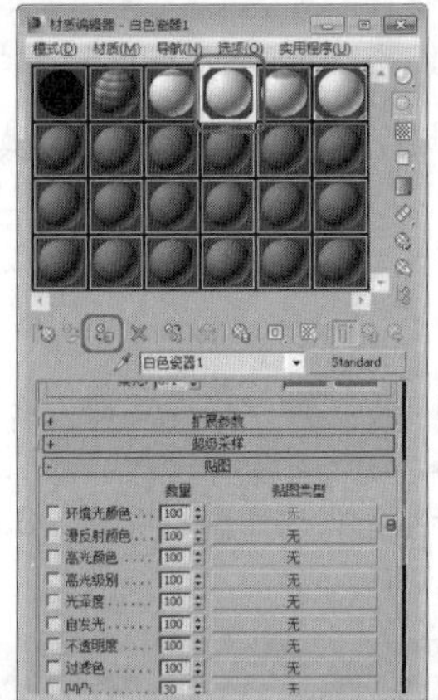

实战操作128 创建平面

素材：无	难度：★★★★★
场景：Scenes\Cha03\实战操作128.max	视频：视频\Cha03\实战操作128.avi

使用“平面”工具可以创建平面，平面对象是特殊类型的平面多边形网格，可在渲染时无限放大。创建平面的具体操作步骤如下。

01 继续上一实例的操作，选择“创建”■|“几何体”■|“标准基本体”|“平面”工具，在顶视图中单击鼠标左键并拖动，创建一个平面，释放鼠标，完成平面的创建，如下图所示。

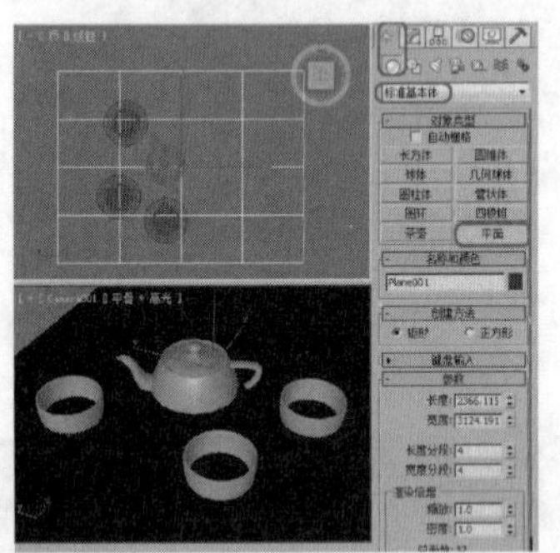

02 切换到“修改”命令面板，在“参数”卷展栏中，将“长度”设置为4000，将“宽度”设置为4000，并在视图中调整平面的位置，如下图所示。

03 按M键打开“材质编辑器”对话框，在其中选择“02 - Default”材质，并单击“将材质指定给选定对象”按钮■，将材质指定给新创建的平面，如下图所示。

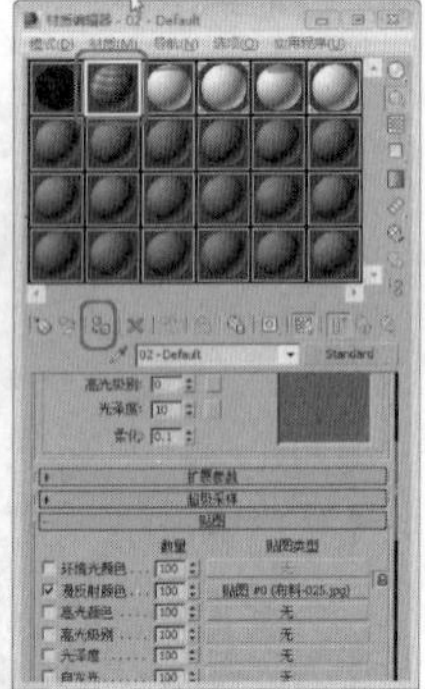

04 激活摄影机视图，按F9键进行渲染，渲染完成后的效果如下图所示。

3.3 创建扩展基本体

扩展基本体是3ds Max复杂基本体的集合。本节将介绍扩展基本体的创建及参数设置。

实战操作129 创建异面体

素材：无	难度：★★★★★
场景：无	视频：视频\Cha03\实战操作129.avi

01 选择“创建”|“几何体”|“扩展基本体”|“异面体”工具，在顶视图中按住鼠标左键并拖动，创建异面体，释放鼠标，完成异面体的创建，如下图所示。

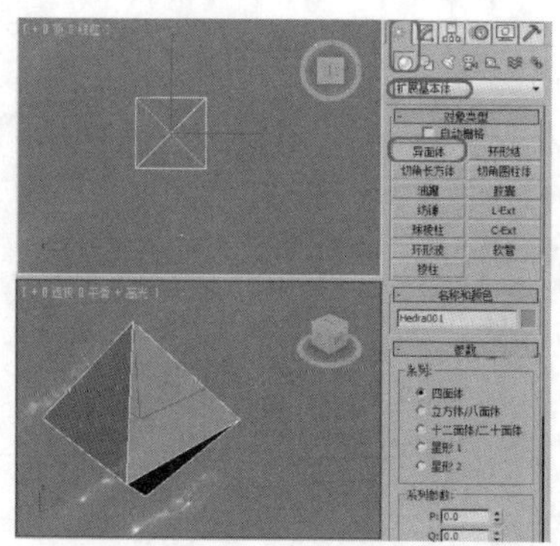

02 切换到“修改”命令面板，在“参数”卷展栏中勾选“星形1”单选按钮，效果如下图所示。

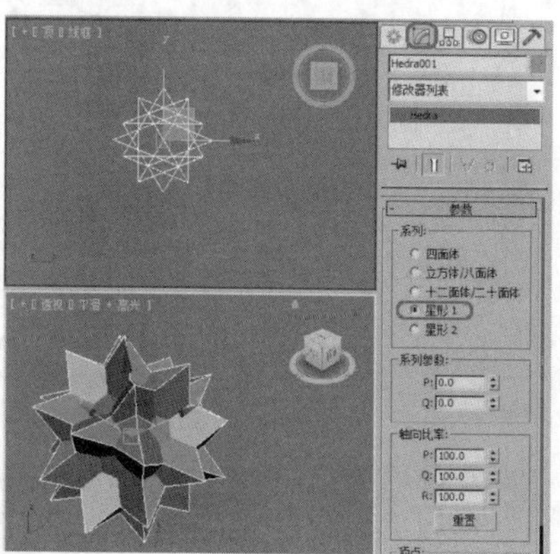

实战操作130 创建环形结

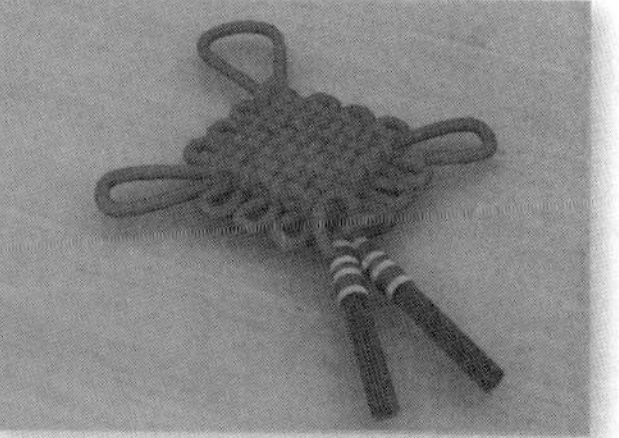

素材：Scenes\Cha03\3-10.max	难度：★★★★★
场景：Scenes\Cha03\实战操作130.max	视频：视频\Cha03\实战操作130.avi

使用“环形结”工具可以通过在正常平面中围绕 3D 曲线绘制 2D 曲线来创建复杂或带结的环形。创建环形结的具体操作步骤如下。

01 单击按钮，在弹出的下拉列表中选择“打开”选项，在打开的对话框中打开素材文件3-10.max，如下图所示。

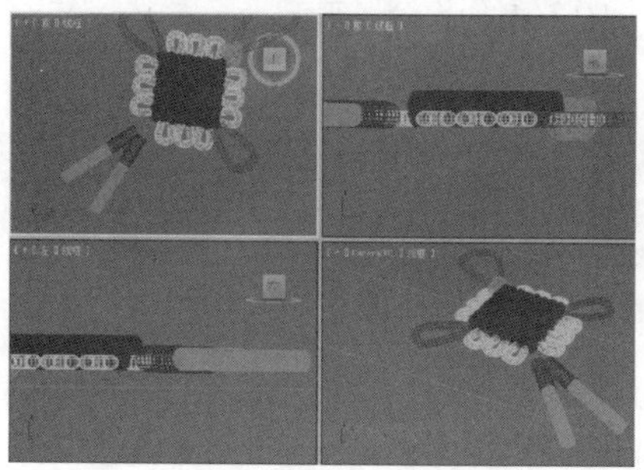

02 选择“创建”|“几何体”|“扩展基本体”|“环形结”工具，在顶视图中按住鼠标左键并拖动，定义环形结的大小，如下图所示。

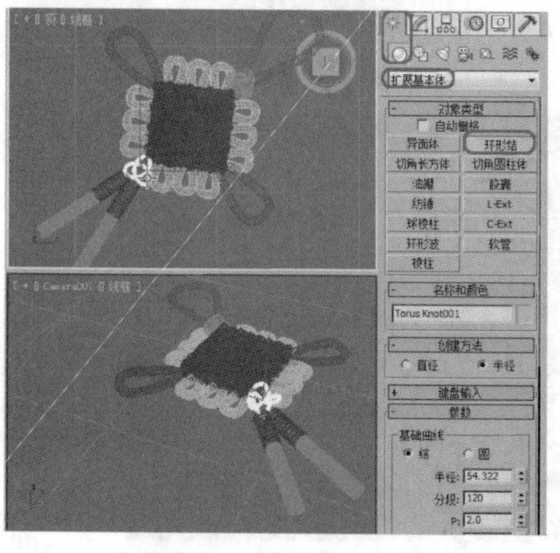

03 释放并移动鼠标，定义环形结的半径，然后单击鼠标左键，完成环形结的创建，如下图所示。

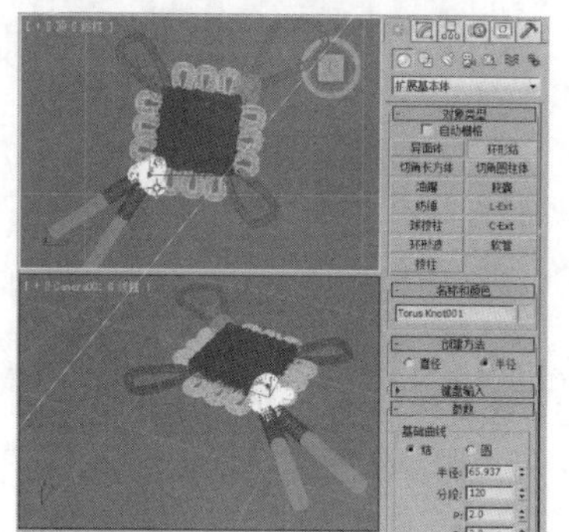

04 切换到“修改”命令面板，在“参数”卷展栏中，将“基础曲线”区域中的“半径”设置为70，将“横截面”区域中的“半径”设置为23，其他参数使用默认设置，并在视图中调整环形结的位置，如下图所示。

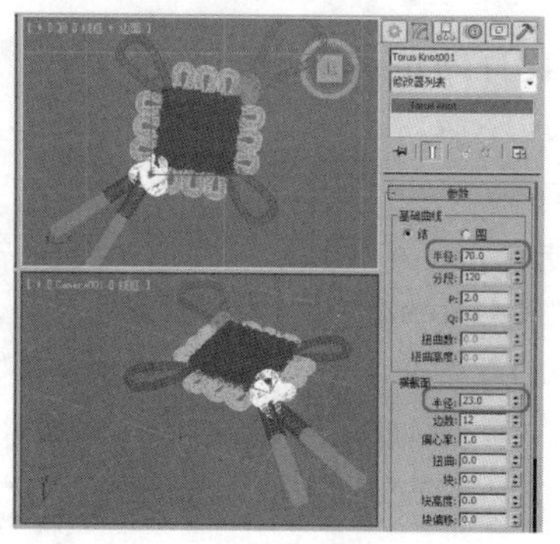

05 按M键打开“材质编辑器”对话框，在其中选择“中国结主体”材质，并单击“将材质指定给选定对象”按钮，将材质指定给新创建的环形结，如下图所示。

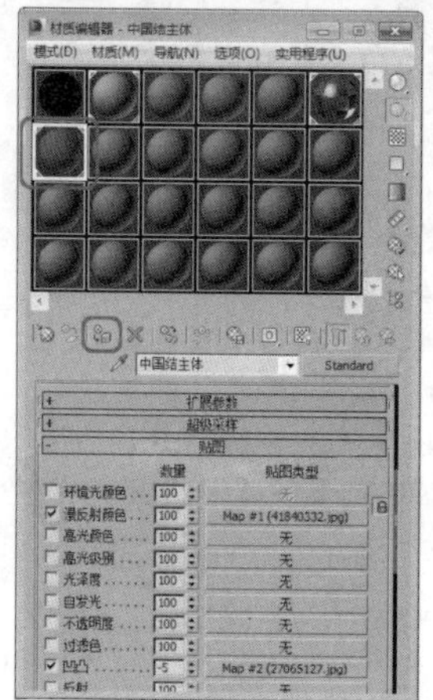

06 激活摄影机视图，进行渲染效果如下图所示。

实战操作131 创建切角长方体

素材：Scenes\Cha03\3-11V-Ray.max	难度：★★★★★
场景：Scenes\Cha03\实战操作131.max	视频：视频\Cha03\实战操作131.avi

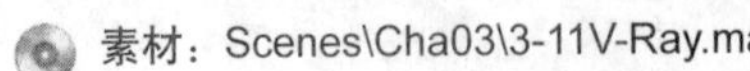

使用“切角长方体”工具可以创建具有倒角或圆形边的长方体。创建切角长方体的具体操作步骤如下。

01 单击按钮，在弹出的下拉列表中选择“打开”选项，在打开的对话框中打开素材文件3-11V-Ray.max，如下图所示。

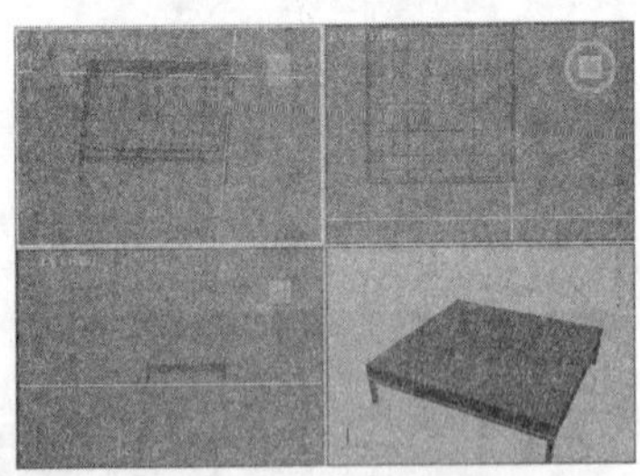

02 选择“创建”|“几何体”|“扩展基本体”|“切角长方体”工具，在顶视图中单击鼠标左键并拖动，定义切角长方体的长度和宽度，如下图所示。

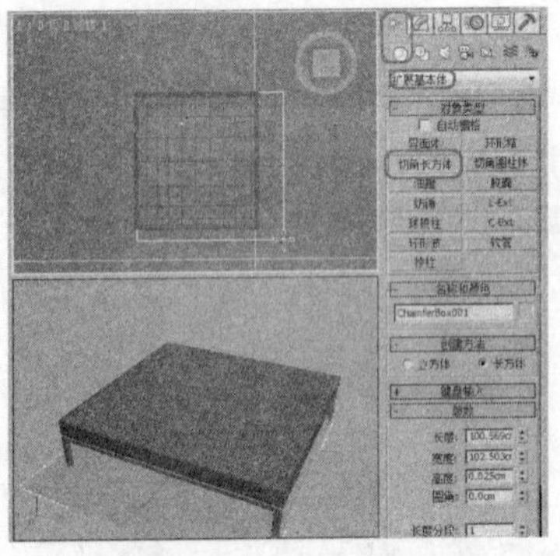

03 释放并移动鼠标，定义切角长方体的高度，如下图所示。

04 单击鼠标左键，然后对角移动鼠标，定义切角长方体的圆角，再次单击鼠标左键，完成切角长方体的创建，如下图所示。

05 切换到“修改”命令面板，在“参数”卷展栏中，将“长度”设置为93.6，将“宽度”设置为91.1，将“高度”设置为20，将“圆角”设置为2，将“长度分段”、“宽度分段”、“高度分段”和“圆角分段”都设置为30，并在视图中调整切角长方体的位置，如下图所示。

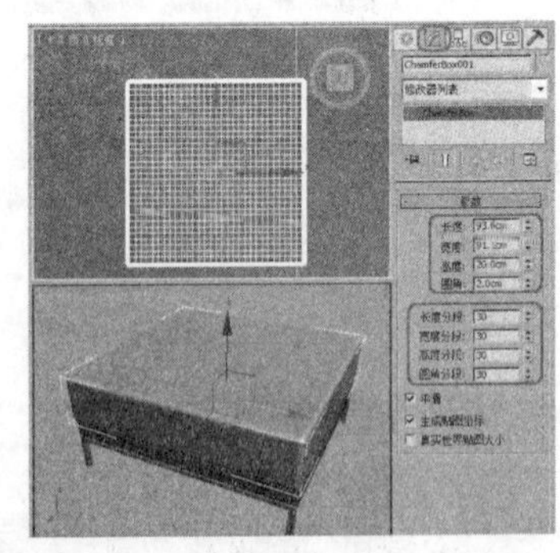

06 按M键打开“材质编辑器”对话框，在其中选择“material A”材质，并单击“将材质指定给选定对象”按钮，将材质指定给新创建的切角长方体，激活摄影机视图，进行渲染，效果如下图所示。

实战操作132 创建切角圆柱体

素材：Scenes\Cha03\3-12.max	难度：★★★★★
场景：Scenes\Cha03\实战操作132.max	视频：视频\Cha03\实战操作132.avi

使用“切角圆柱体”工具可以创建具有倒角或圆形封口边的圆柱体。创建切角圆柱体的具体操作步骤如下。

01 单击按钮，在弹出的下拉列表中选择“打开”选项，在打开的对话框中打开素材文件3-12.max，如右图所示。

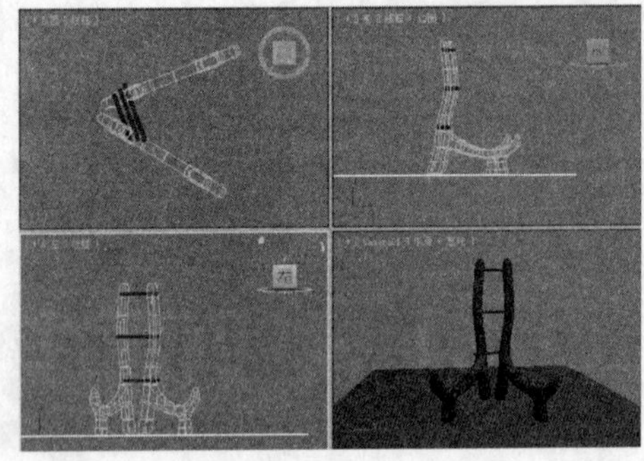

02 选择“创建” | “几何体” | “扩展基本体” | “切角圆柱体”工具，在左视图中创建切角圆柱体，如下图所示。

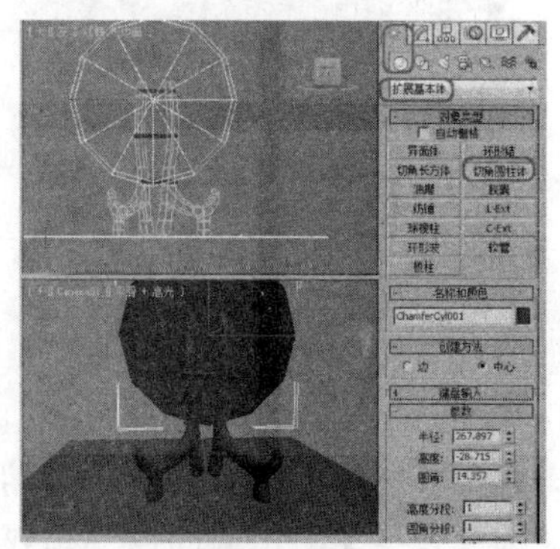

03 切换到“修改”命令面板，在“参数”卷展栏中，设置“半径”为260，“高度”为12，“圆角”为4，“圆角分段”为3，“边数”为40，“端面分段”为20，并调整位置，如下图所示。

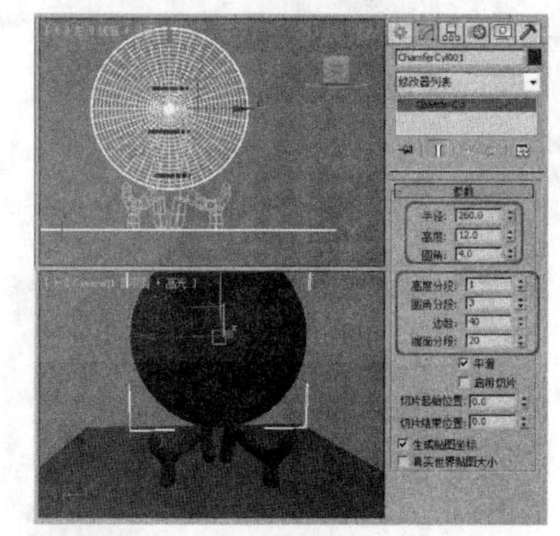

04 选择切角圆柱体，右键单击鼠标，在弹出的快捷菜单中选择“转换为”|“转换为可编辑多边形”，如下图所示。

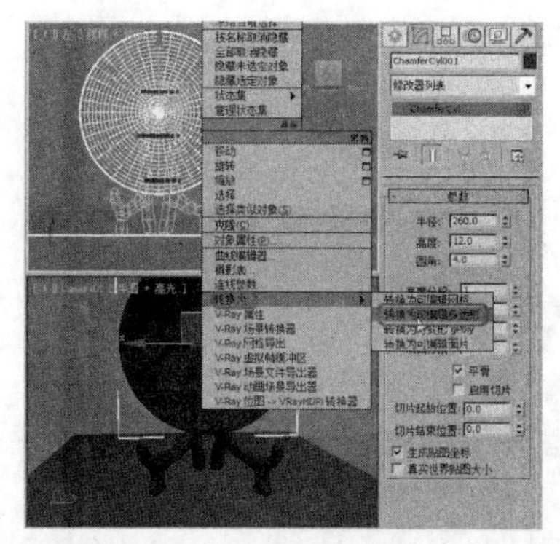

05 切换到“修改”命令面板，将当前选择集定义为“顶点”，在“软选择”卷展栏中，勾选“使用软选择”复选框，设置“衰减”为500，在左视图中选择中间顶点，并在前视图中调整模型，如下图所示。

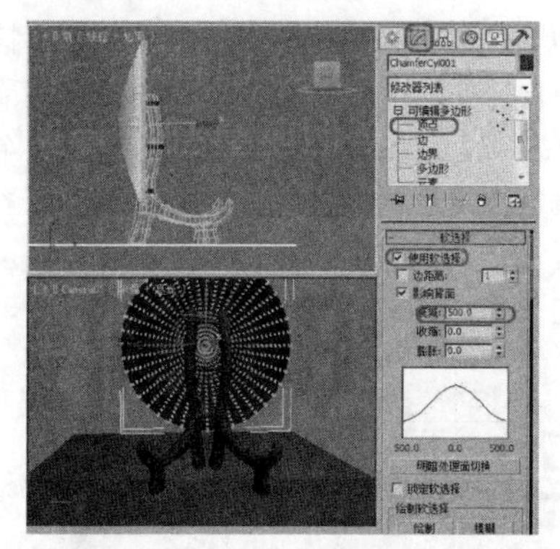

06 调整完效果后，取消勾选当前选择集定义的“顶点”，然后取消勾选“使用软选择”复选框，在场景中使用“选择并移动”和“选择并旋转工具”进行调整，如下图所示。

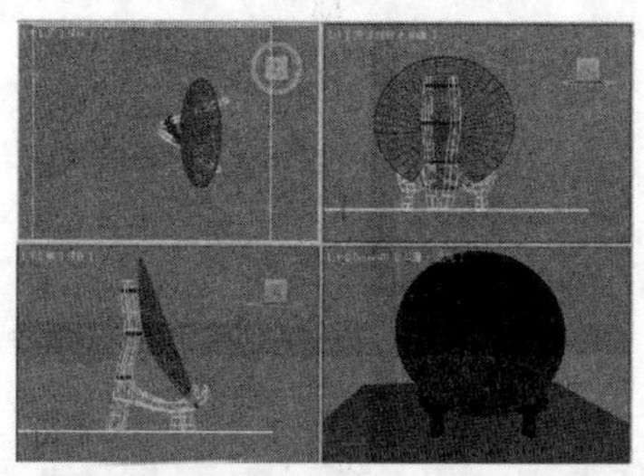

07 按M键打开“材质编辑器”对话框，在其中选择“装饰盘”材质，并单击“将材质指定给选定对象”按钮，将材质指定给新创建的切角圆柱体，如下图所示。

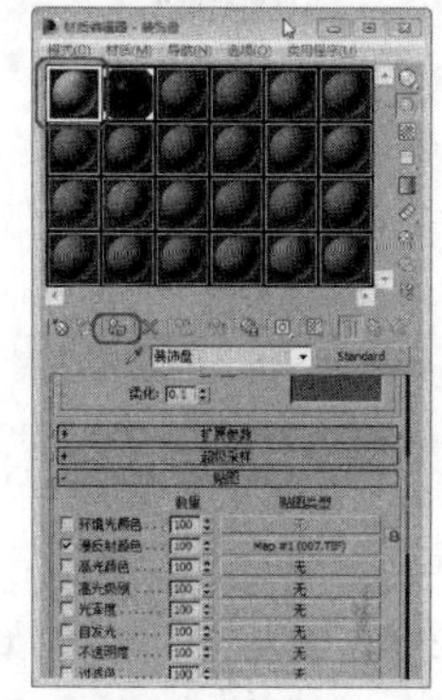

08 激活摄影机视图，进行渲染，效果如下图所示。

实战操作133 创建油罐

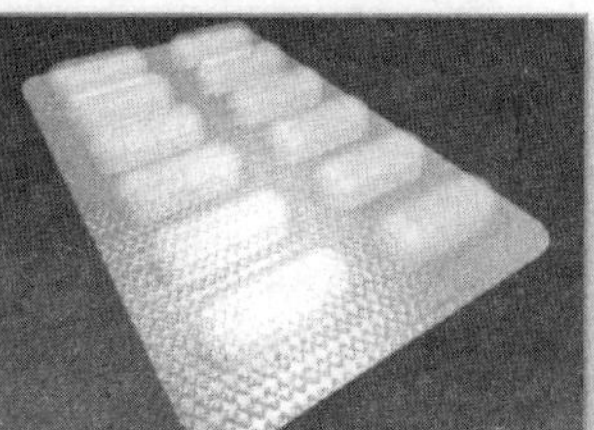

 素材：Scenes\Cha03\3-13.max	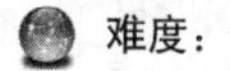 难度：★★★★★
 场景：Scenes\Cha03\实战操作133.max	视频：视频\Cha03\实战操作133.avi

使用“油罐”工具可以创建带有凸面封口的圆柱体。创建油罐的具体操作步骤如下。

01 单击按钮，在弹出的下拉列表中选择“打开”选项，在打开的对话框中打开素材文件3-13.max，如下图所示。

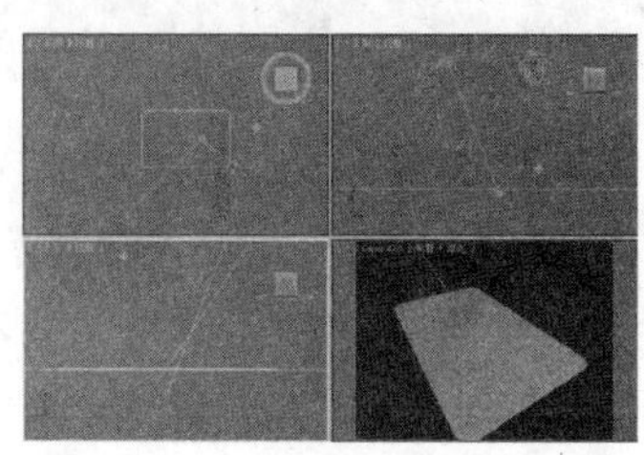

02 选择“创建” | “几何体” | “扩展基本体” | “油罐”工具，在前视图中单击鼠标左键并拖动，将其命名为“胶囊塑料外皮001”，在参数卷展栏中，将半径设置为14.47，将“高度”设置为77，将“封口高度”设置为14，将“边数”设置为22，将“高度分段”设置为2，并勾选“启用切片”复选框，将“切片起始位置”设置为180，并调整油罐的位置，如下图所示。

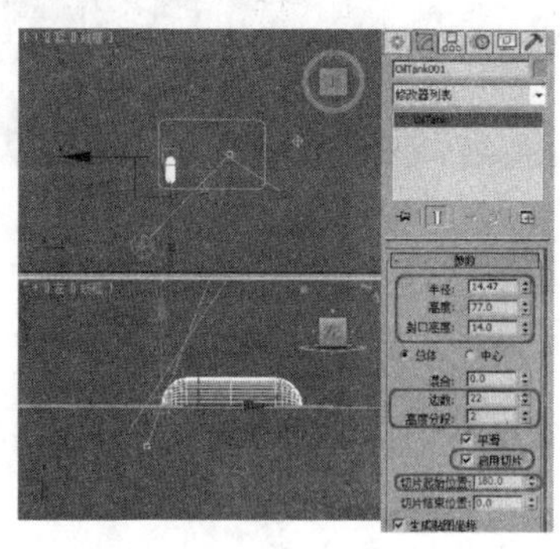

03 切换至“修改”命令面板，在“修改器列表”中选择“编辑网格”修改器，将当前选择集定义为“顶点”，在前视图中选择半圆形油罐的底端顶点，并使用“选择并移动”工具沿Y轴方向向下调整至“胶囊底板”对象的表面，如下图所示。

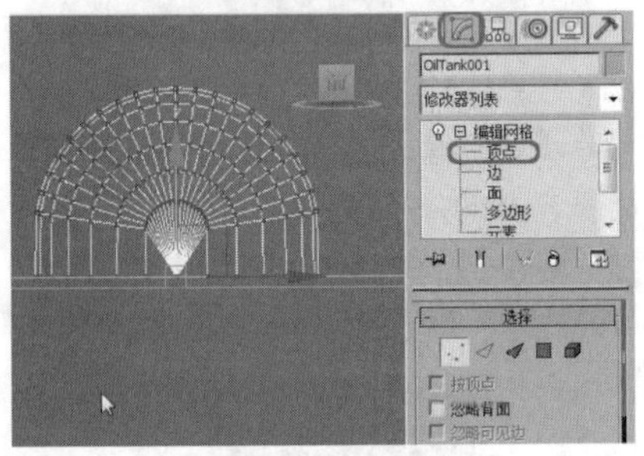

04 关闭当前选择集，按M键打开“材质编辑器”对话框，选择一个空白的材质球，将其命名为“胶囊塑料外皮”，在“明暗器参数”卷展栏中将明暗器类型设置为“Phong”，在“Phong基本参数”卷展栏中将“环境光”和“漫反射”的RGB值设置为（255、255、255），将“自发光”区域下的“颜色”设置为25，将“不透明度”设置为80，将“高光级别”和“光泽度”分别设置为44、19，在“扩展参数”卷展栏中将“高级透明”区域中的“衰减”设置为“内”，将“数量”设置为30，将“类型”设置为“过滤”，并将过滤色块的RGB设置为（255、255、255），如下图所示。

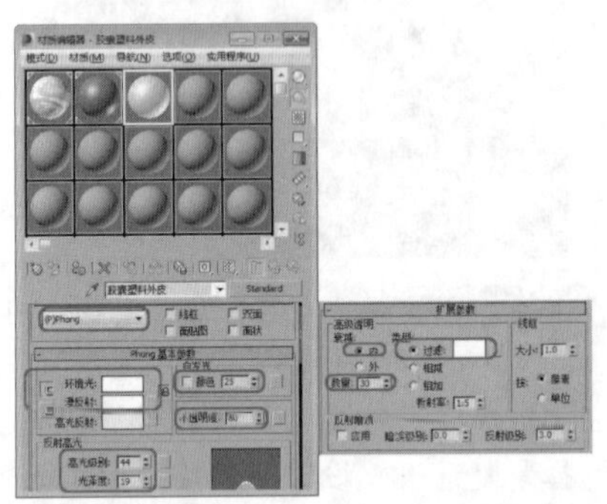

05 单击“将材质指定格选定对象”按钮。使用“选择并移动”工具，在顶视图中选择“胶囊塑料外皮001”对象，按下Shift键并按住鼠标左键，将其沿X轴向左移动，移动至适当位置后释放鼠标，在打开的“克隆选项”对话框中选中“复制”单选按钮，将“副本数”设置为5，单击“确定”按钮，如下图所示。

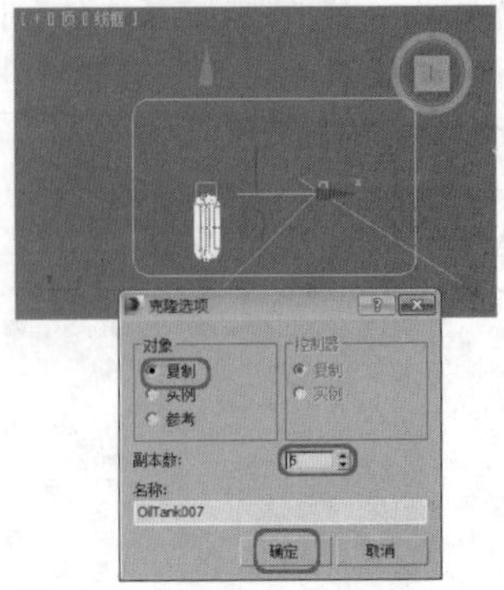

06 在顶视图中选择所有“胶囊塑料外皮”对象，使用“选择并移动”工具，使用同样的方法沿Y轴移动对象，在弹出的“克隆选项”对话框中选中“复制”单选按钮，将“副本数”设置为1，如下图所示。设置完成后对摄影机视图进行渲染。

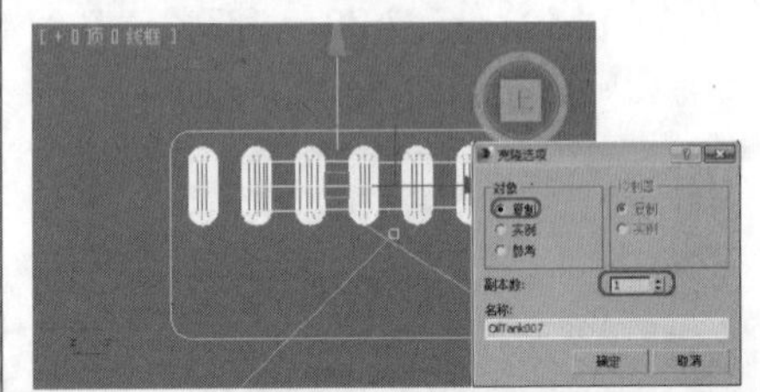

实战操作134 创建胶囊

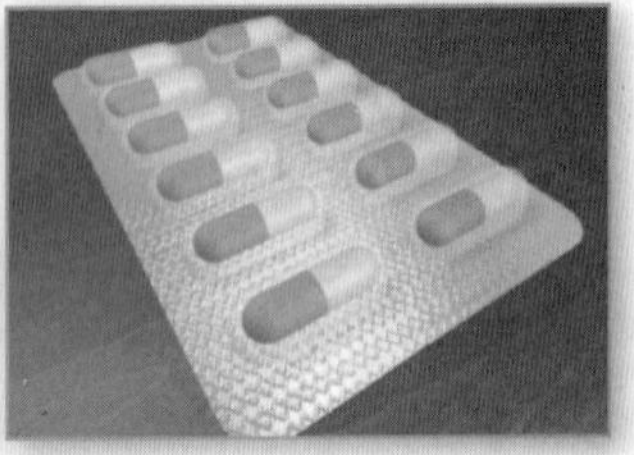

 素材：Scenes\Cha03\3-14.max	 难度：★★★★★
场景：Scenes\Cha03\实战操作134.max	视频：视频\Cha03\实战操作134.avi

使用“胶囊”工具可以创建带有半球状封口的圆柱体。创建胶囊的具体操作步骤如下。

01 单击按钮，在弹出的下拉列表中选择“打开”选项，在打开的对话框中打开素材文件3-14.max，如下图所示。

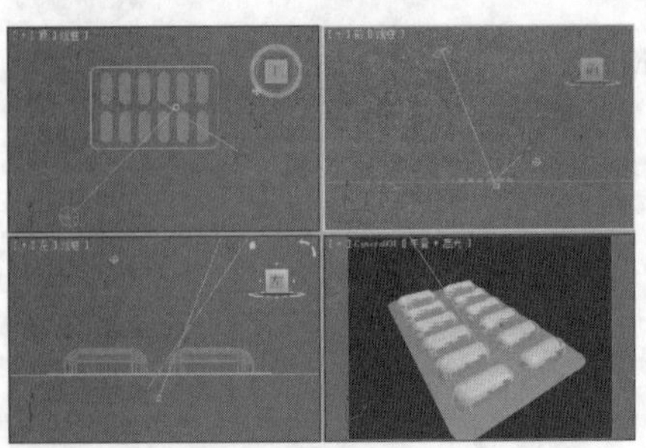

02 选择“创建”|“几何体”|“扩展基本体”|“胶囊”工具，在前视图中单击鼠标左键并拖动，将其命名为“胶囊001”，在“参数”卷展栏中，将“半径”设置为10，将“高度”设置为66.5，将“边数”设置为22，将“高度分段”设置为2，如下图所示。

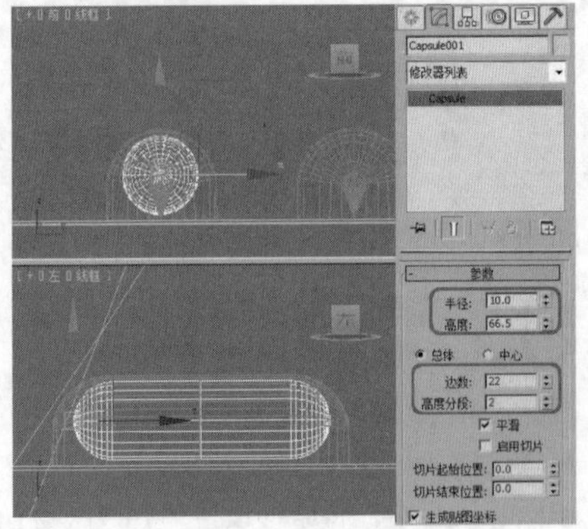

03 切换至“修改”命令面板，在“修改器列表”中选择“编辑网格”修改器，将当前选择集定义为“多边形”，在顶视图中框选模型的上半部分，在“曲面属性”卷展栏中将“材质”区域下的“设置ID”设置为1，如下图所示。

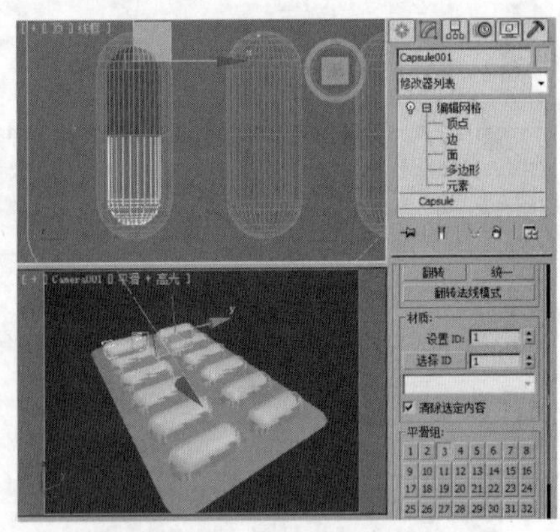

04 在菜单栏中选择“编辑”|“反选”命令，然后在“曲面属性”卷展栏中将“设置ID”设置为2，如右图所示。

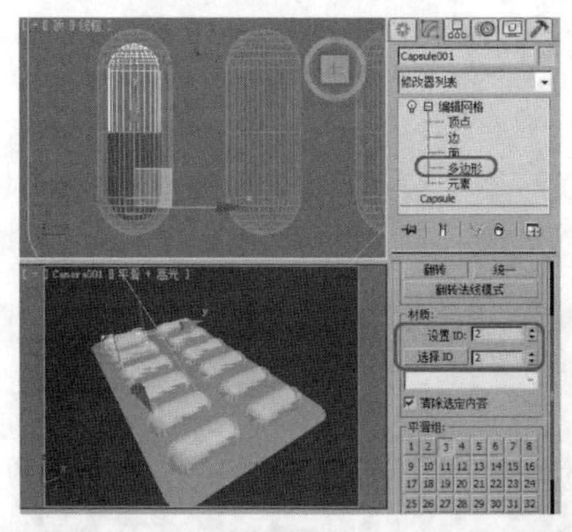

05 关闭当前选择集，按M键打开“材质编辑器”对话框，选择空白材质球，单击Standa按钮，在打开的对话框中选择“多维/子对象”材质，单击“确定”按钮，在弹出的对话框中使用默认设置，单击“确定”按钮，如下图所示。

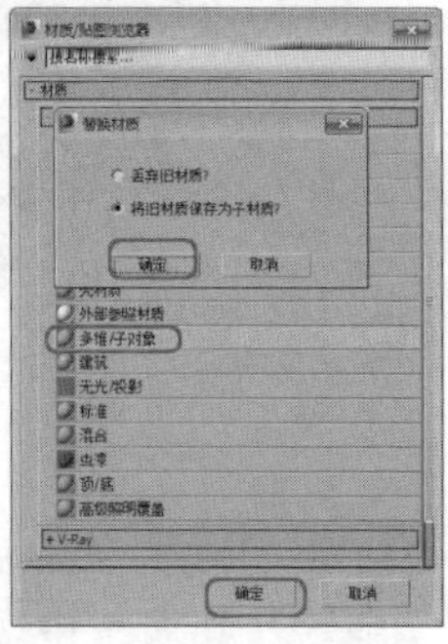

06 在“多维/子对象基本参数”卷展栏中单击“设置数量”按钮，在打开的对话框中将“材质数量”设置为2，如下图所示。

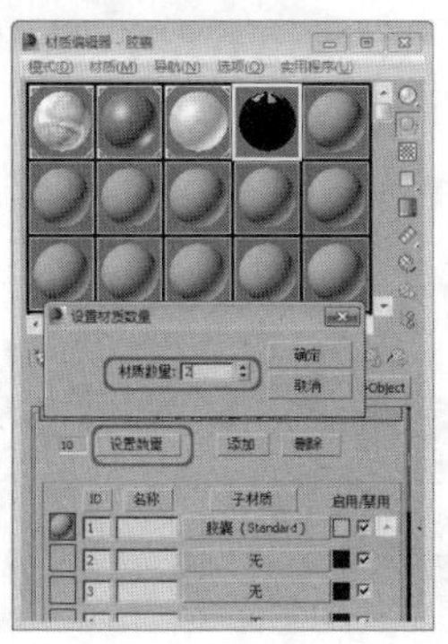

07 单击ID1右侧的子材质按钮，进入该子级材质面板中，在“Blinn基本参数”卷展栏中，将“环境光”和“漫反射”的RGB值设置为(255、255、0)，将“自发光”下的“颜色”设置为30，将“高光级别”和“光泽度”分别设置为47、28，如下图所示。

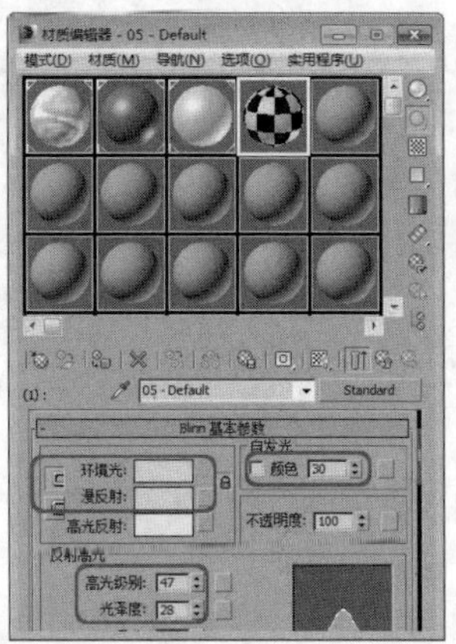

08 单击“转到父对象”按钮，单击ID2右侧的子材质按钮，在弹出的对话框中双击“标准”材质，进入子层级面板，将“环境光”和“漫反射”的RGB值设置为(255、0、0)，如下图所示。

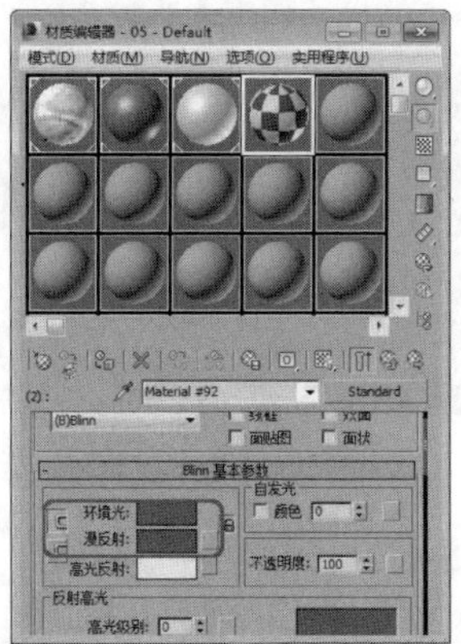

09 单击“转到父对象”按钮，单击“将材质指定给选定对象”按钮，使用“选择并移动”工具，在顶视图中选择“胶囊001”对象，按住鼠标左键并按住Shift键将其沿X轴向左移动，移动至适当的位置释放鼠标，在打开的“克隆选项”对话框中选中“复制”单选按钮，将“副本数”设置为5，单击“确定”按钮，如下图所示。

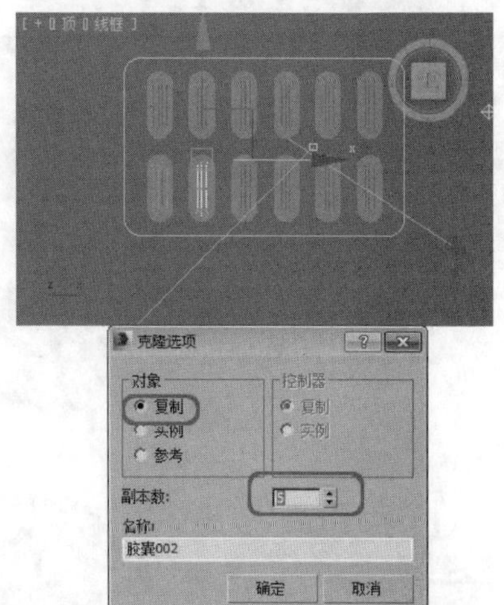

10 在顶视图中，选择所有“胶囊”对象，使用“选择并移动”工具，使用同样的方法沿Y轴移动对象，在弹出的“克隆选项”对话框中，选中“复制”单选按钮，将“副本数”设置为1，如下图所示。设置完成后对摄影机视图进行渲染。

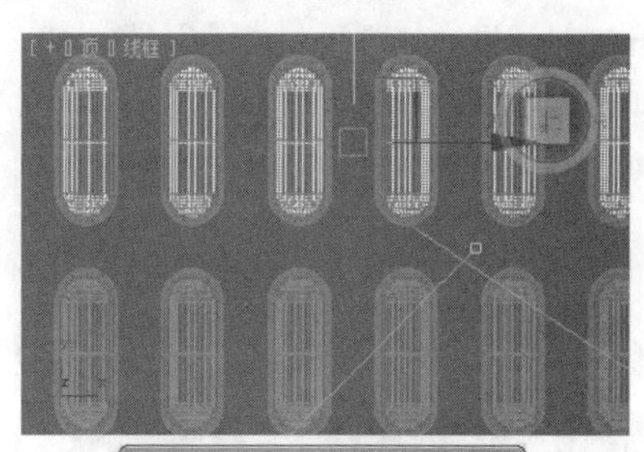

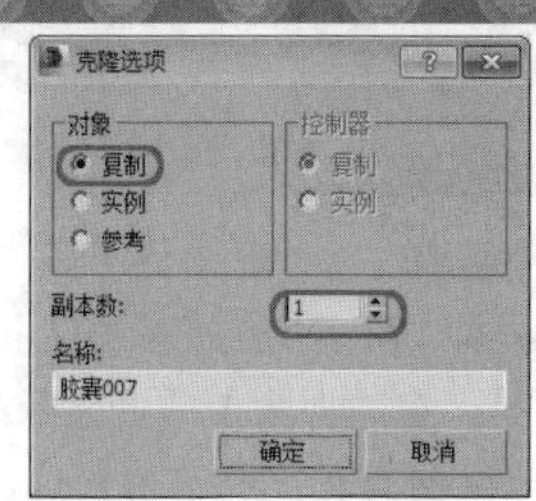

实战操作135 创建纺锤

素材：无	难度：★★★★★
场景：无	视频：视频\Cha03\实战操作135.avi

使用“纺锤”工具可以创建带有圆锥形封口的圆柱体。创建纺锤的具体操作步骤如下。

01 选择“创建”|“几何体”|“扩展基本体”|“纺锤”工具，在顶视图中单击鼠标左键并拖动，定义纺锤底部的半径，如下图所示。

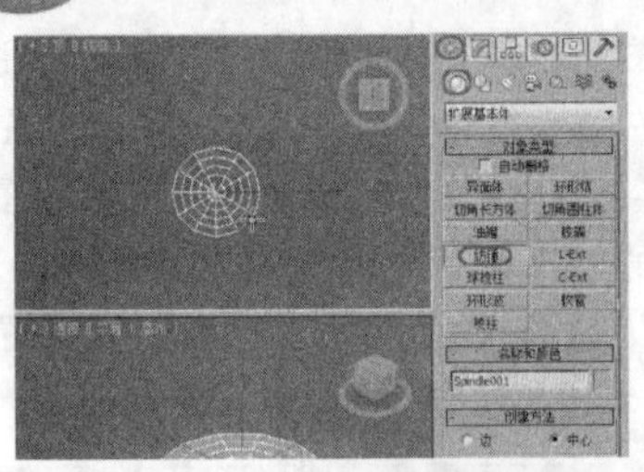

02 释放并移动鼠标，定义纺锤的高度，如右图所示。

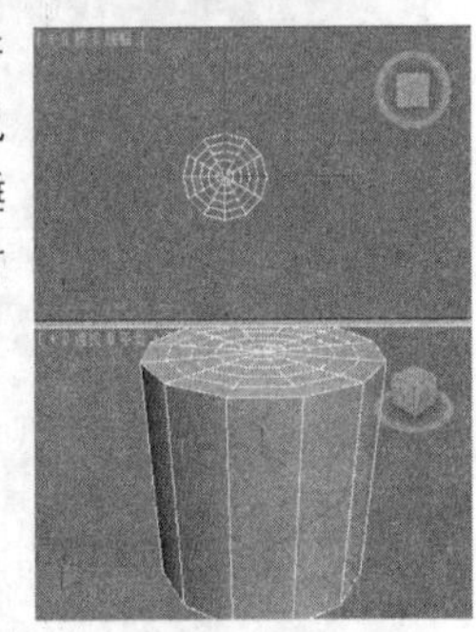

03 单击鼠标左键，然后移动鼠标，定义纺锤的封口高度，再次单击鼠标左键，完成纺锤的创建，如下图所示。

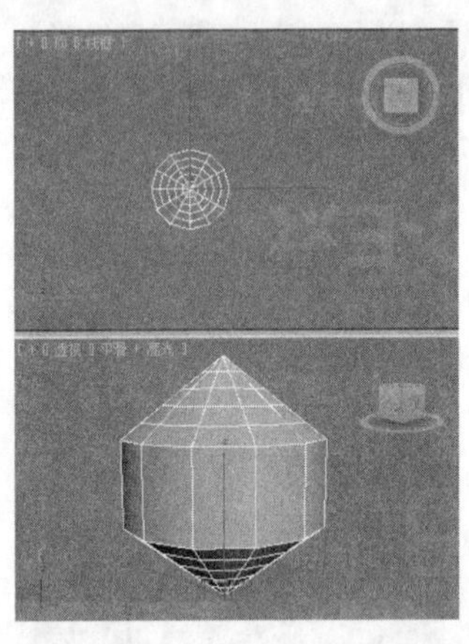

04 切换到“修改”命令面板，在“参数”卷展栏中，将“半径”设置为20，将“高度”设置为90，将“封口高度”设置为25，如下图所示。

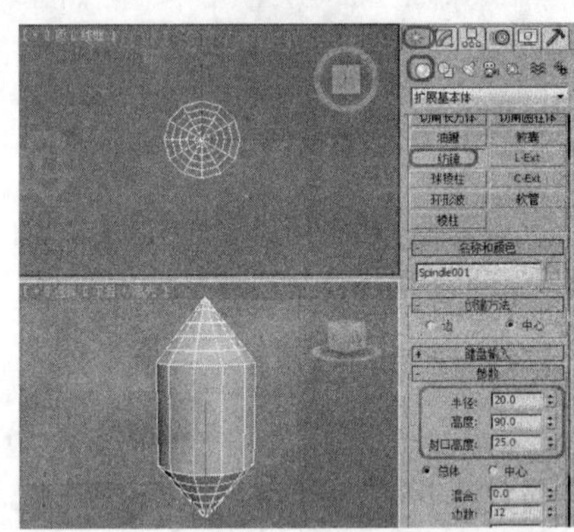

实战操作136 创建L-Ext

素材：Scenes\Cha03\3-15.max	难度：★★★★★
场景：Scenes\Cha03\实战操作136.max	视频：视频\Cha03\实战操作136.avi

使用“L-Ext”工具可以创建挤出的L形对象，具体操作步骤如下。

01 单击按钮，在弹出的下拉列表中选择“打开”选项，在打开的对话框中打开素材文件3-15.max，如下图所示。

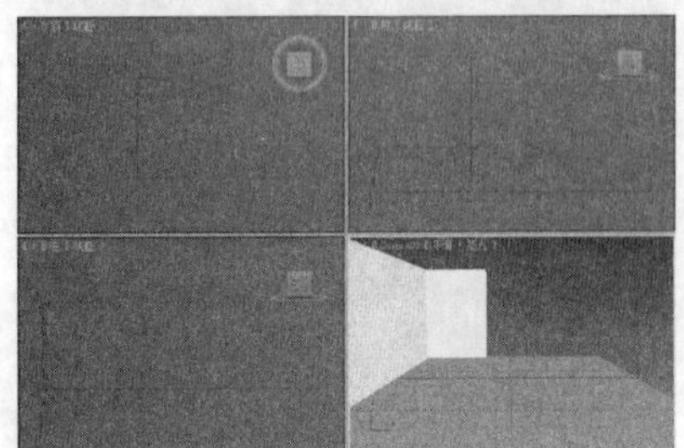

02 选择“创建”|“几何体”|“扩展基本体”|“L-Ext”工具，在顶视图中单击鼠标左键并拖动，定义侧面长度和前面长度，如下图所示。

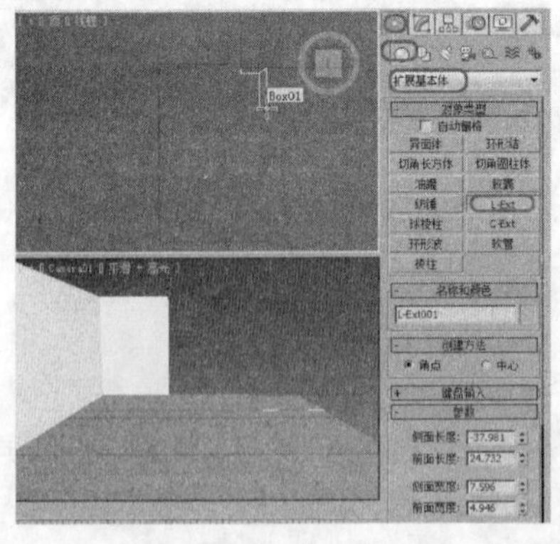

03 释放并移动鼠标，定义挤出的高度，如下图所示。

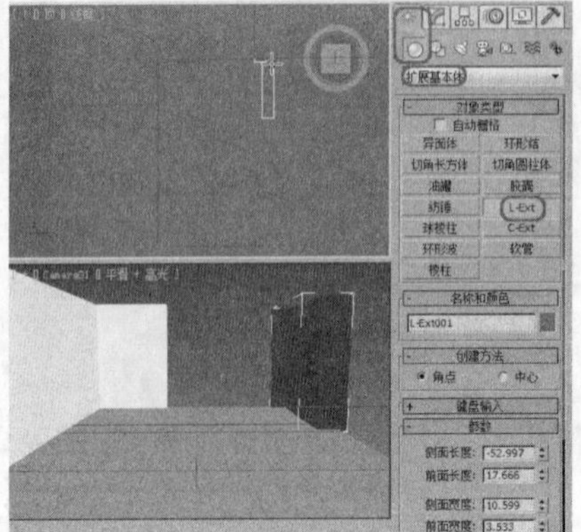

04 单击鼠标左键，并移动鼠标，定义侧面宽度和前面宽度，再次单击鼠标左键，完成创建，如下图所示。

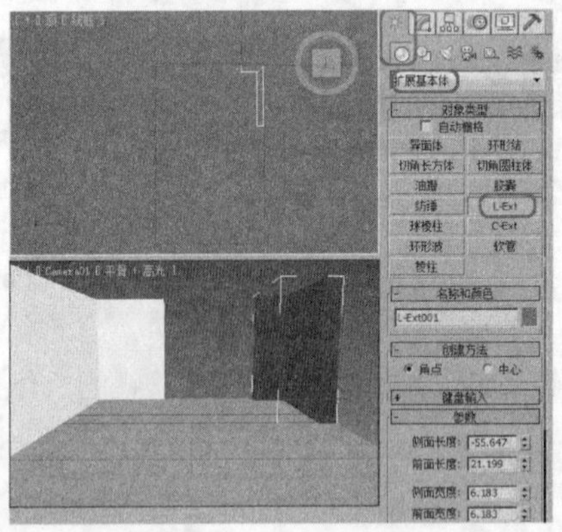

05 切换到“修改”命令面板，在“参数”卷展栏中，将“侧面长度”设置为-163.884，将“前面长度”设置为31.5，将“侧面宽度”和“前面宽度”设置为2.9、1.863，将“高度”设置为49.995，并使用“选择并移动”工具在视图中调整其位置，效果如下图所示。

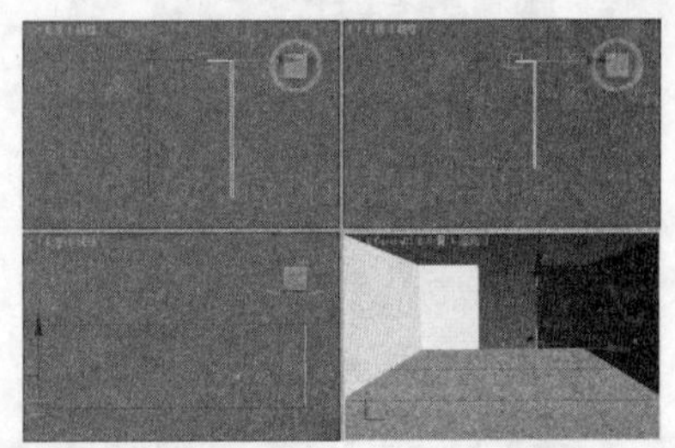

06 按M键打开“材质编辑器”对话框，选择“墙”材质球，单击“将材质指定给选定对象”按钮，按F9键对摄影机视图进行渲染，渲染完成后的效果如下图所示。

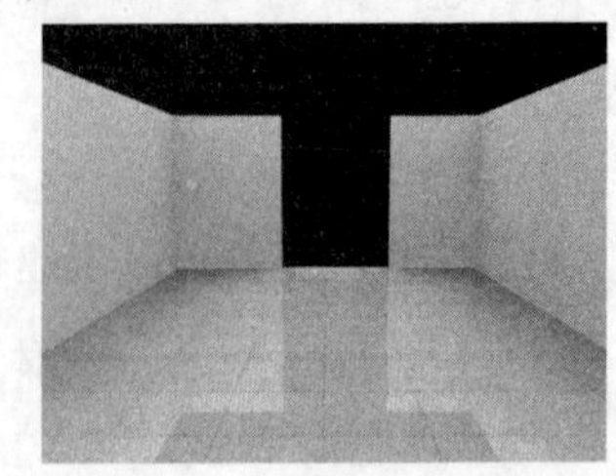

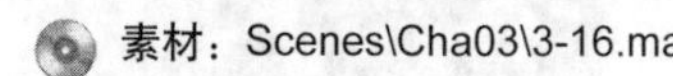

实战操作137 创建球棱柱

素材：Scenes\Cha03\3-16.max	难度：★★★★★
场景：无	视频：视频\Cha03\实战操作137.avi

下面介绍创建球棱柱的方法，具体操作步骤如下。

01 单击按钮，在弹出的下拉列表中选择“打开”选项，在打开的对话框中打开素材文件3-16.max，如下图所示。

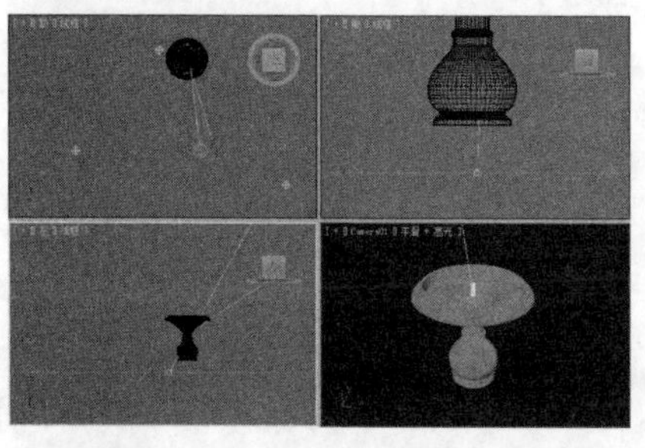

02 选择“创建”|“几何体”|“扩展基本体”|“球棱柱”工具，在顶视图中单击鼠标左键并拖动，定义球棱柱的半径，如下图所示。

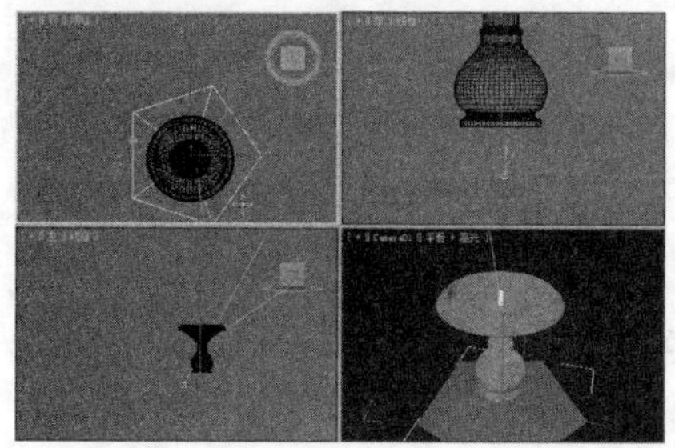

03 释放并移动鼠标，定义球棱柱的高度，如下图所示。

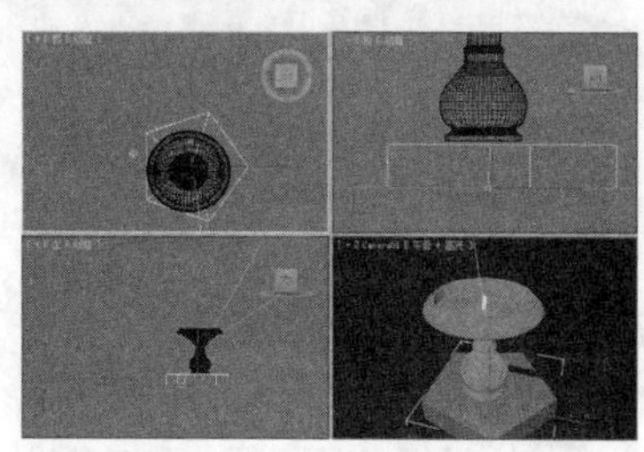

04 单击鼠标左键，然后移动鼠标，定义球棱柱的圆角，再次单击鼠标左键，完成球棱柱的创建，如下图所示。

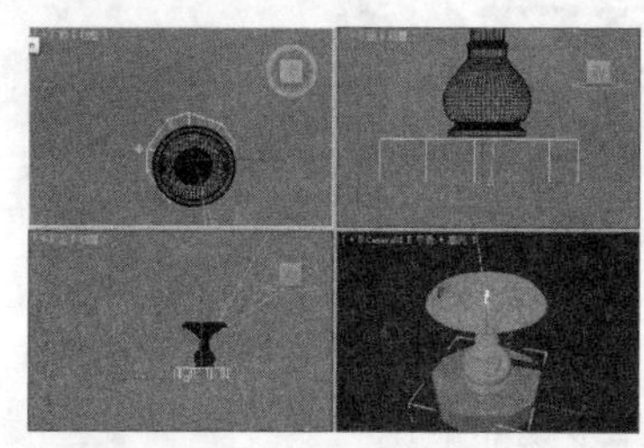

05 切换到“修改”命令面板，在“参数”卷展栏中，将“边数”设置为8，将“半径”设置为30.115，将“圆角”设置为3.0，将“高度”设置为15，并使用“选择并移动”工具在视图中调整球棱柱的位置，效果如下图所示。

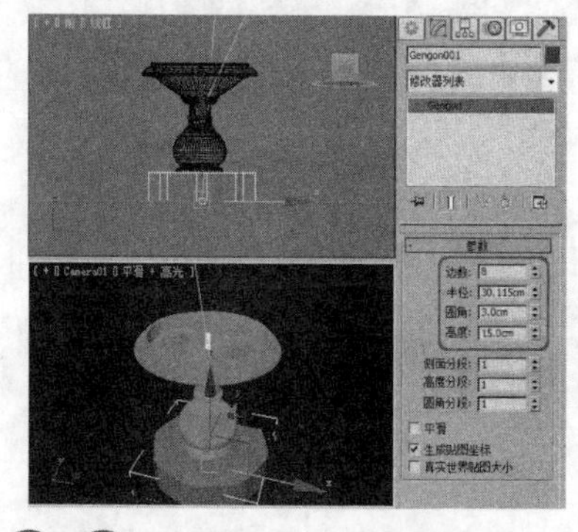

06 按M键打开“材质编辑器”对话框，在其中选择“大理石”材质，并单击“将材质指定给选定对象”按钮，将材质指定给新创建的球棱柱，如右图所示。

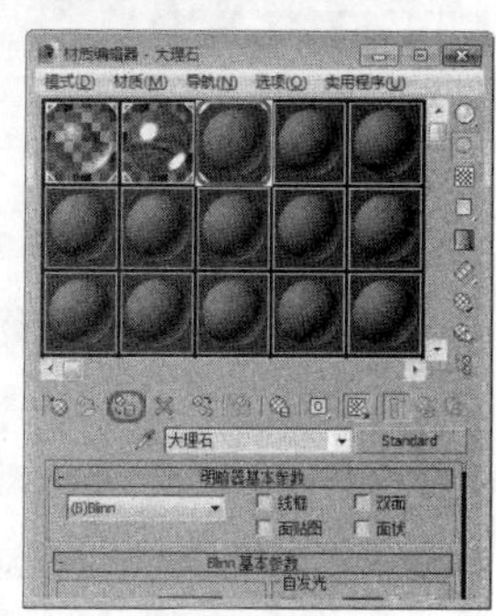

实战操作138 创建C-Ext

素材：Scenes\Cha03\3-17.max	难度：★★★★★
场景：Scenes\Cha03\实战操作138.max	视频：视频\Cha03\实战操作138.avi

使用“C-Ext”工具可以创建挤出的C形对象，具体操作步骤如下。

01 单击按钮，在弹出的下拉列表中选择“打开”选项，在打开的对话框中打开素材文件3-17.max，如下图所示。

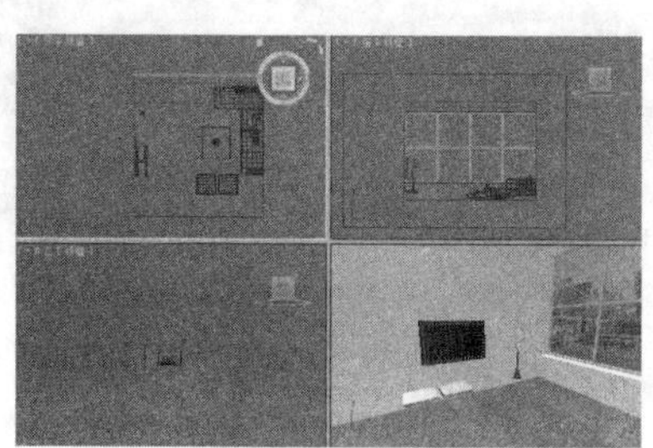

02 选择“创建”|“几何体”|“扩展基本体”|“C-Ext”工具，在左视图中单击鼠标左键并拖动，绘制C-Ext，如右图所示。

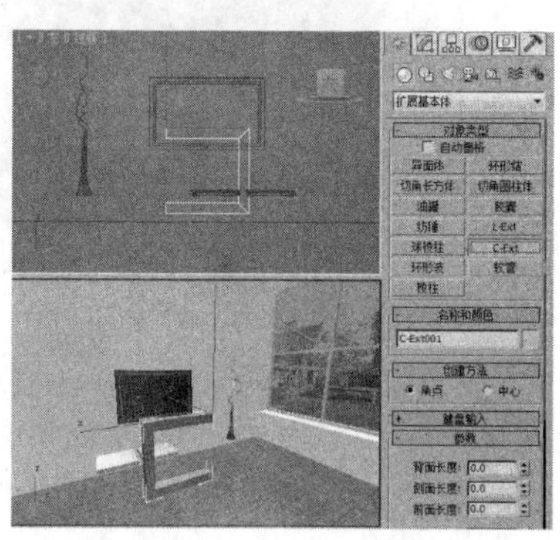

03 切换到“修改”命令面板，在“参数”卷展栏中，将“背面长度”设置为2450，将“侧面长度”设置为-275，将“前面长度”设置为1900、将“背面宽度”设置为47，将“侧面宽度”设置为51，将“前面宽度”设置为50，将“高度”设置为478，并在视图中调整其位置，效果如下图所示。

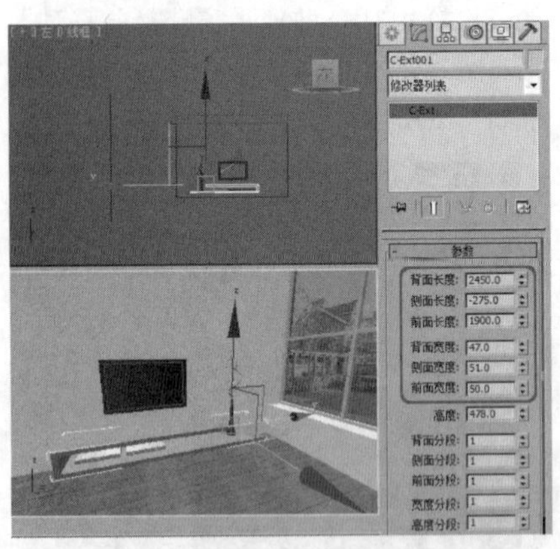

04 在“修改器列表”中选择“UVW贴图”修改器，在“参数”卷展栏中勾选“贴图”区域下的“长方体”单选按钮，在“对齐”区域中勾选“Z”单选按钮，并单击“适配”按钮，如下图所示。

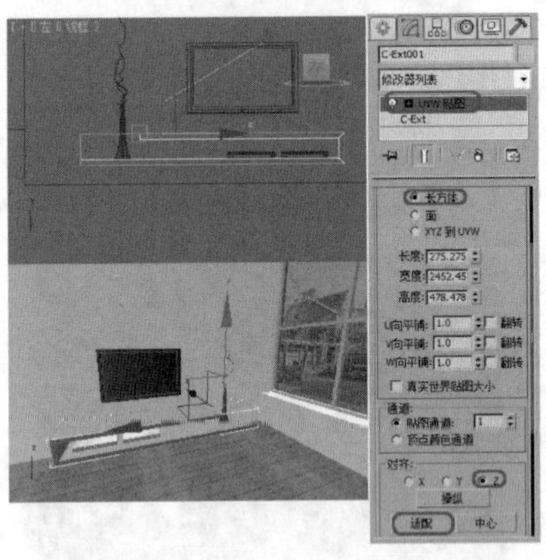

05 按M键打开“材质编辑器”对话框，在其中选择“14 - Default”材质，并单击“将材质指定给选定对象”按钮，如下图所示。

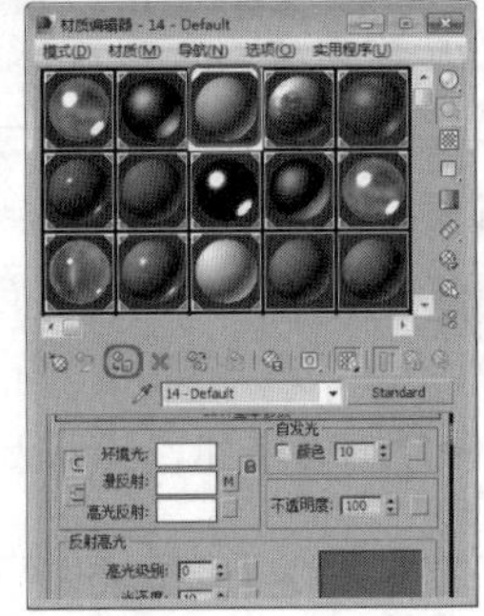

06 激活摄影机视图，按F9键进行渲染，渲染完成后的效果如下图所示。

实战操作139 创建环形波

素材：无	难度：★★★★★
场景：无	视频：视频\Cha03\实战操作139.avi

下面介绍创建环形波的方法，具体操作步骤如下。

01 选择“创建” | “几何体” | “扩展基本体” | “环形波”工具，在顶视图中单击鼠标左键并拖动，定义环形波的半径，如下图所示。

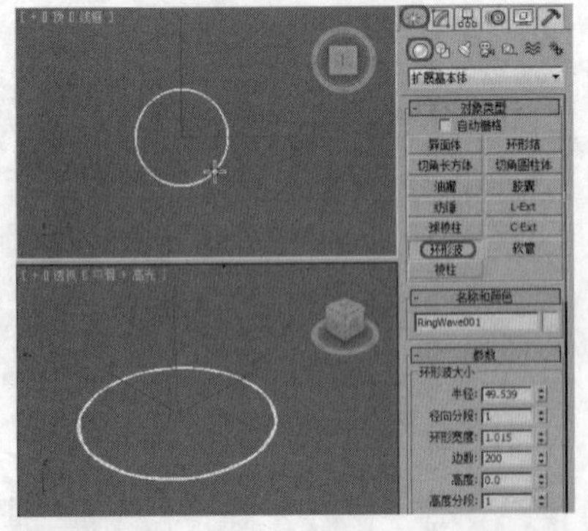

02 释放并移动鼠标，定义环形波的环形宽度，再次单击鼠标左键，完成环形波的创建，如下图所示。创建完成后，可以在“修改”命令面板中的“参数”卷展栏中设置参数。

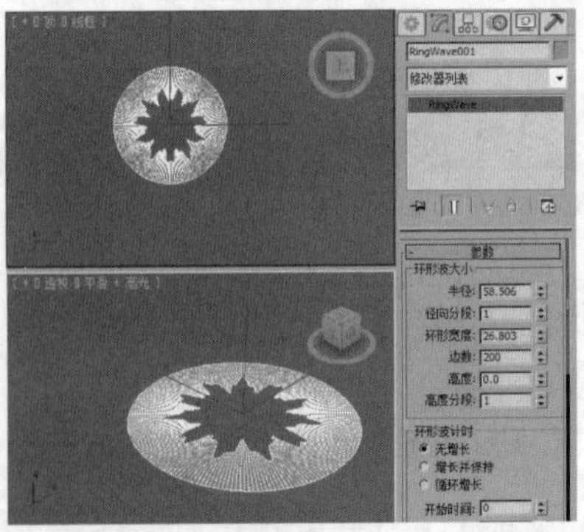

实战操作140 创建软管

素材：Scenes\Cha03\3-18.max	难度：★★★★★
场景：Scenes\Cha03\实战操作140.max	视频：视频\Cha03\实战操作140.avi

使用“软管”工具可以创建圆形软管、长方形软管和D截面软管，下面介绍创建圆形软管的方法，具体操作步骤如下。

01 单击按钮，在弹出的下拉列表中选择“打开”选项，在打开的对话框中打开素材文件3-18.max，如下图所示。

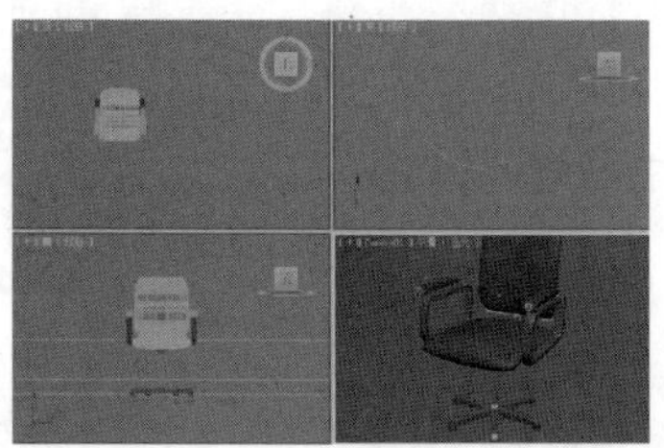

02 选择“创建”|“几何体”|“扩展基本体”|“软管”工具，在顶视图中按住鼠标左键并拖动，定义软管的半径，如下图所示。

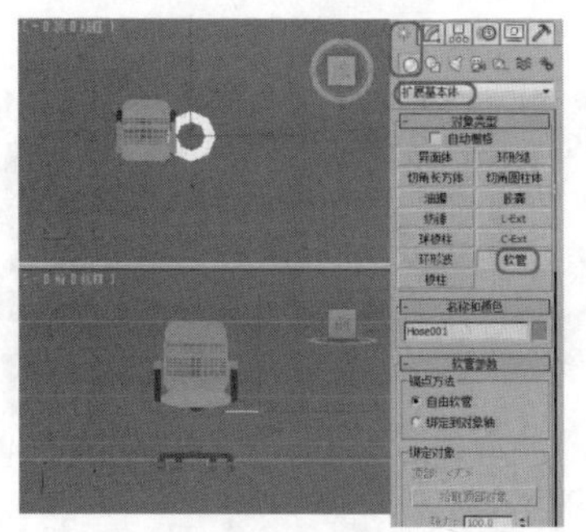

03 释放并移动鼠标，定义软管的高度，再次单击鼠标左键，完成软管的创建，如下图所示。

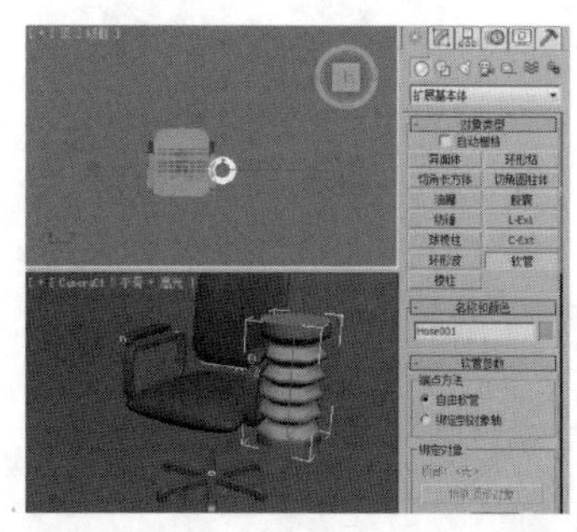

04 切换到“修改”命令面板，打开“软管参数”卷展栏，在“自由软管参数”区域中将“高度”设置为210，在“公用软管参数”区域中将“周期数”设置为12，将“直径”设置为12，在“软管形状”区域中将“直径”设置为35，并在视图中调整软管的位置，如下图所示。

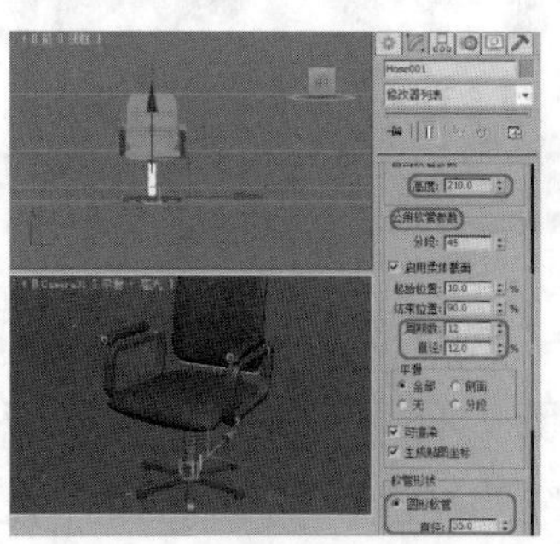

05 按M键打开“材质编辑器”对话框，在其中选择“支架”材质，并单击“将材质指定给选定对象”按钮，如下图所示。

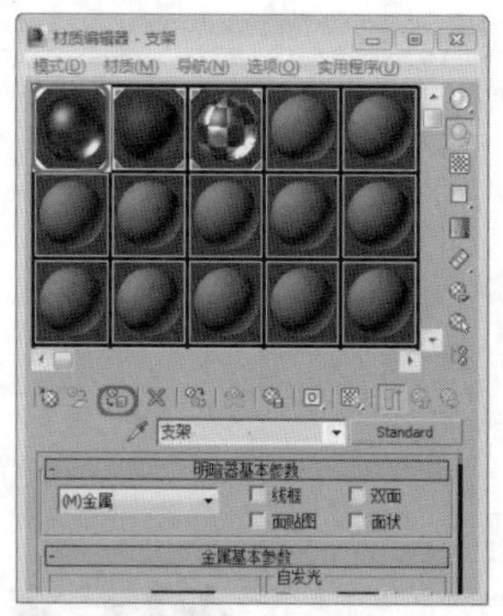

06 激活摄影机视图，按F9键进行渲染，渲染完成后的效果如下图所示。

实战操作141 创建棱柱

 素材：无	难度：★★★★★
场景：无	视频：视频\Cha03\实战操作141.avi

使用“棱柱”工具可以创建带有独立分段面的三面棱柱。创建棱柱的具体操作步骤如下。

01 选择“创建”|“几何体”|“扩展基本体”|“棱柱”工具，在顶视图中单击鼠标左键并拖动，定义侧面1的长度，如右图所示。

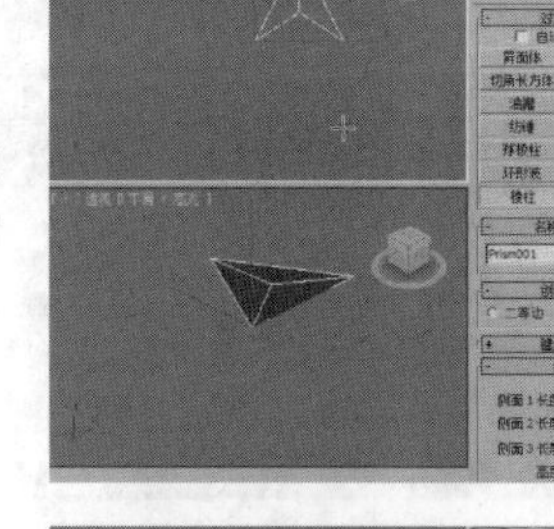

02 释放并移动鼠标，定义侧面2和侧面3的长度，如右图所示。

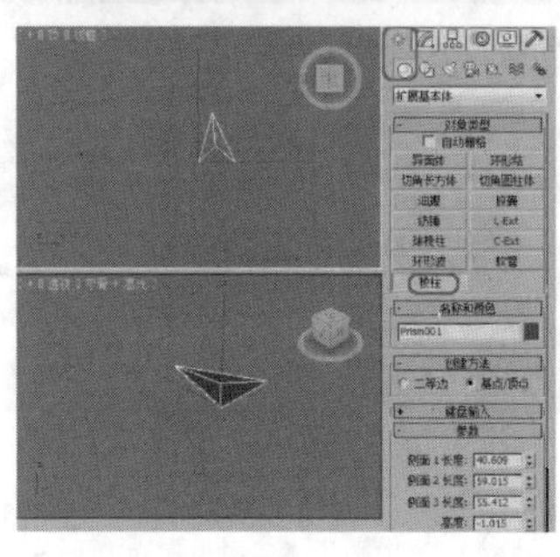

03 单击鼠标左键，然后移动鼠标，定义棱柱的高度，再次单击鼠标左键，完成棱柱的创建，如右图所示。

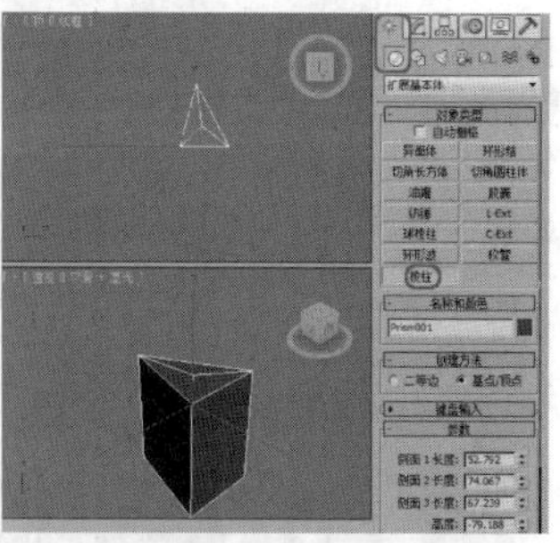

04 切换到“修改”命令面板，在“参数”卷展栏中，将“侧面1长度”设置为60，将“侧面2长度”设置为60，将“侧面3长度”设置为60，将“高度”设置为80，效果如右图所示。

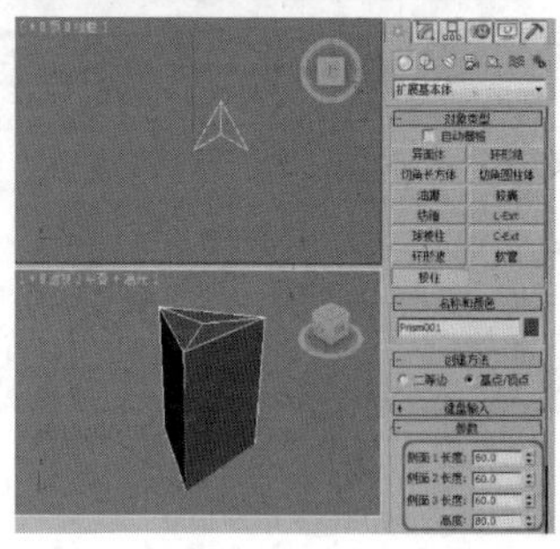

Chapter 04

第4章 二维图形的创建和编辑

在现实生活中，通常我们所看到复杂而又真实的三维模型，是通过2D样条线加工而成的。在本章我们将为您介绍如何在3ds Max 2014中使用二维图形面板中的工具进行基础建模，使读者对基础建模有所了解，并掌握基础建模的方法，为深入学习3ds Max 2013做更好的铺垫。

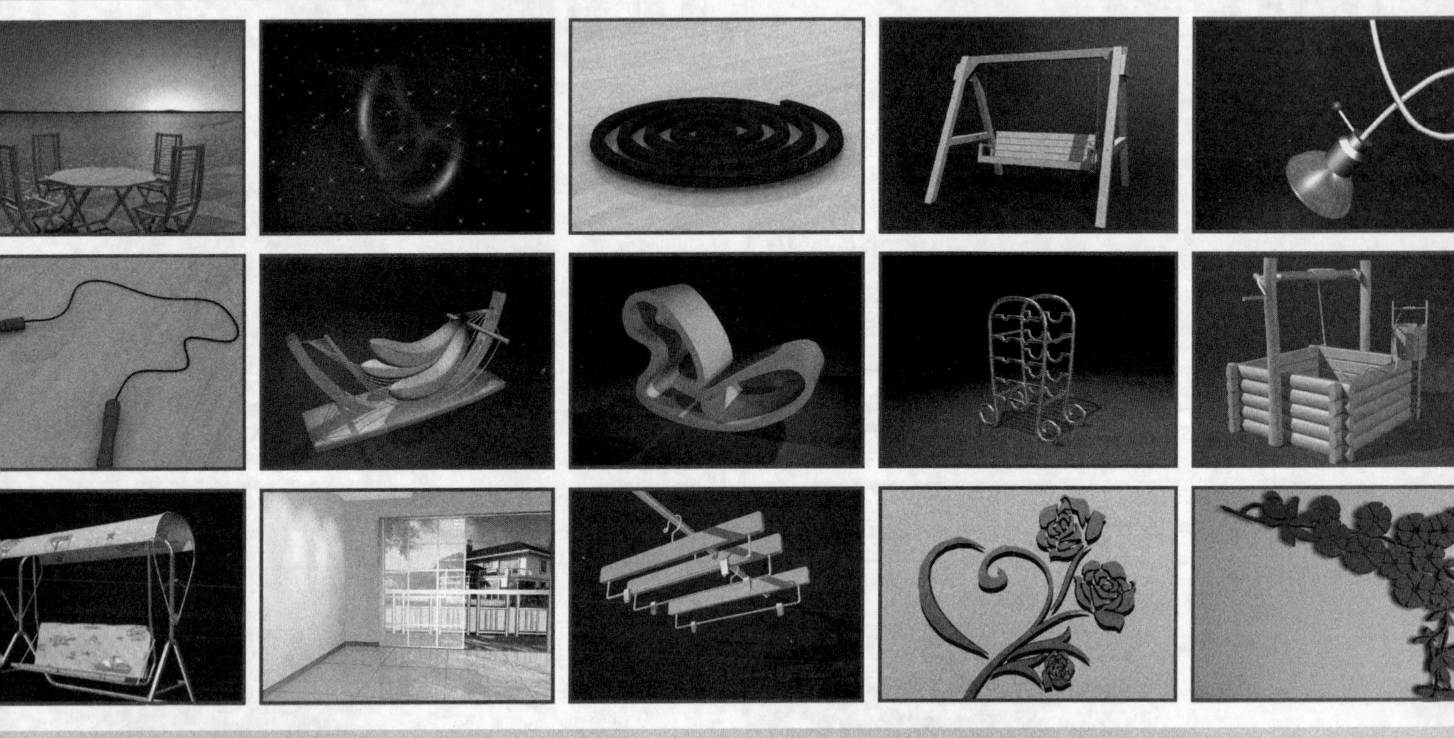

4.1 创建样条线

样条曲线一共有12种类型，它们可以作为挤压、旋转等加工成型的截面图形，还可以作为物体运动的路径，每建立的一个曲线都可以作为一个新的独立的物体。

实战操作142 创建线

素材：Scenes\Cha04\4-1.max	难度：★★★★★
场景：Scenes\Cha04\实战操作142.max	视频：视频\Cha04\实战操作142.avi

“线”工具是用来绘制开放或是封闭型的曲线，它还可以创建对个分段组成的自由形式样条线。

01 按Ctrl+O组合键，打开随书附带光盘中的素材文件4-1.max，如下图所示。

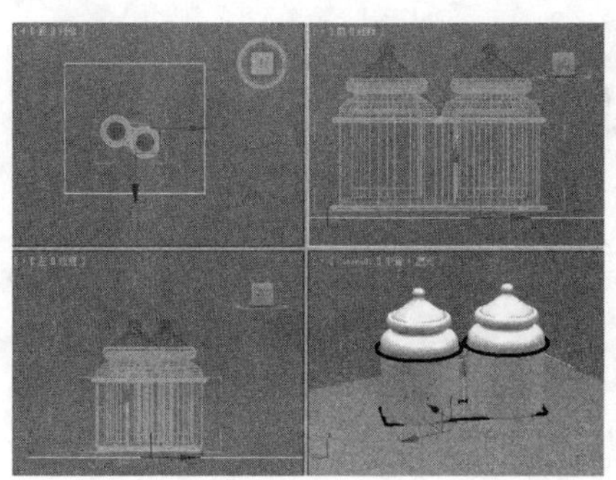

02 选择“创建”|“图形”|“样条线”|“线”工具，在前视图中绘制样条线，如下图所示。

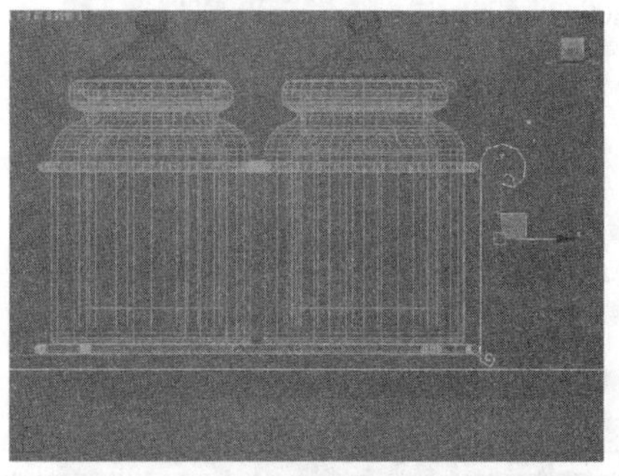

03 在前视图中适当调节顶点的位置，如下图所示。

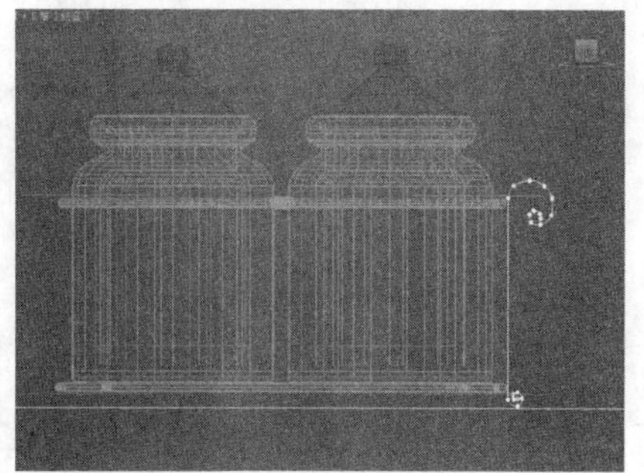

04 切换到“修改”面板，在“渲染”卷展栏中勾选“在渲染中启用”和“在视口中启用”复选框，将“径向厚度”设置为0.3，“边”设置为12，如右图所示。

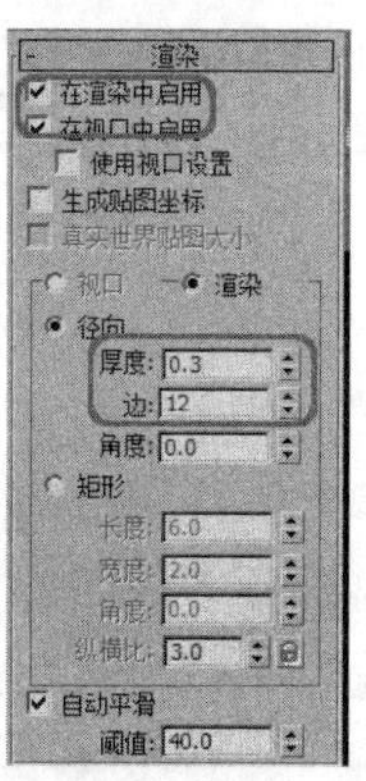

05 按住Shift键复制一个样条线出来，效果如下图所示。

06 设置完成后，在顶视图中选择刚刚绘制的两个样条线，按住Shift键单击鼠标左键并向右拖动，对其进行复制，在工具栏中“选择并旋转”按钮单击鼠标右键，在弹出的对话框中“偏移：世界”选项中的“Z”组中输入180，并在视图中调整其位置，并给对象选定材质，如下图所示。

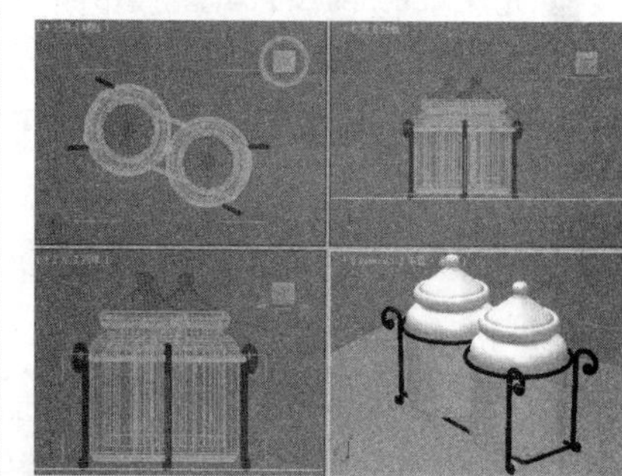

实战操作143 创建矩形

素材：Scenes\Cha04\4-2.max	难度：★★★★★
场景：Scenes\Cha04\实战操作143.max	视频：视频\Cha04\实战操作143.avi

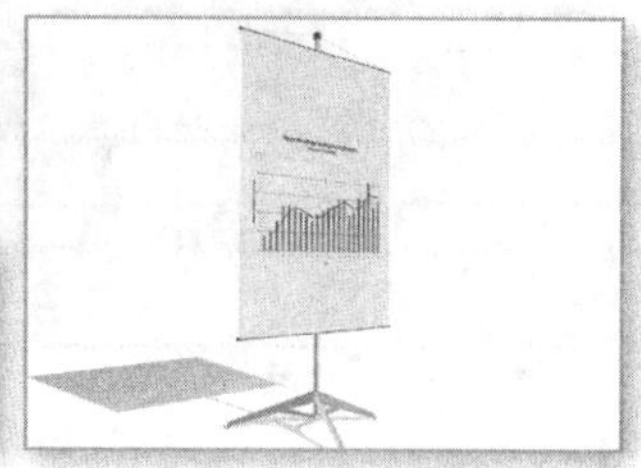

“矩形”工具是一个普遍经常用到的工具，可以创建正方形和矩形样条线。

01 按Ctrl+O组合键，打开随书附带光盘中的素材文件4-2.max，如下图所示。

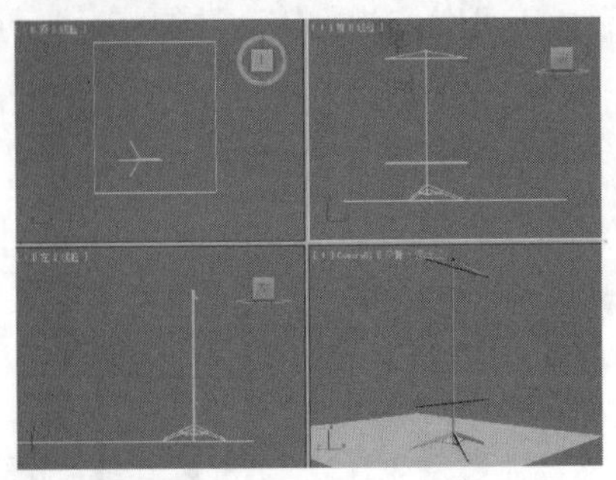

02 选择“创建” | “图形” | “样条线” | “矩形”工具，在前视图中创建矩形，如下图所示，并将其位置进行调整。

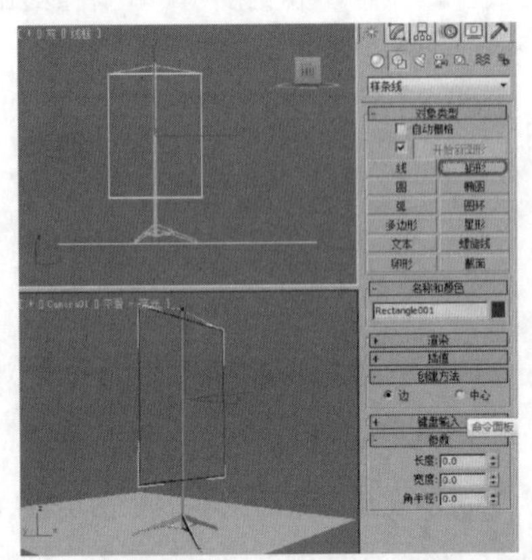

03 切换到“修改”命令面板，在修改器下拉列表中选择“挤出”修改器，对其进行挤出，如下图所示。

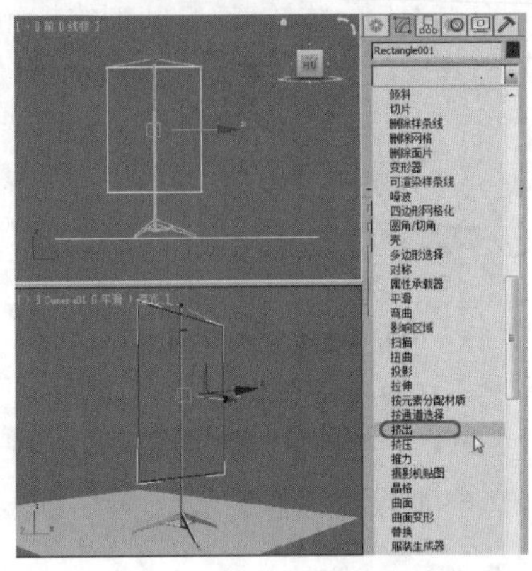

04 选择完成后，在“参数”卷展栏中，将挤出“数量”设置为0.2，“分段”设置为1，如下图所示。

05 设置完成后，为创建的矩形指定材质，渲染效果如下图所示。

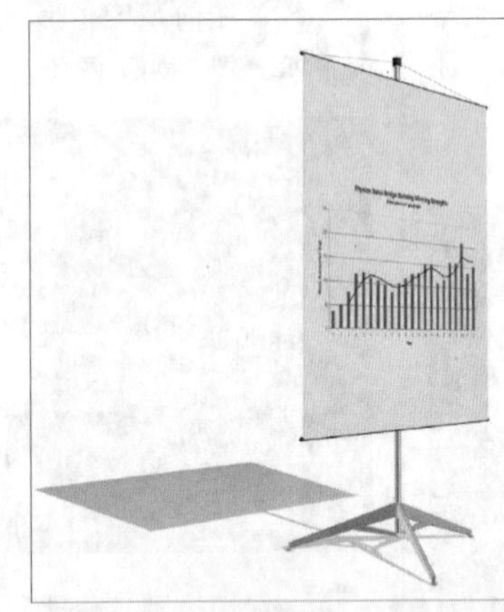

实战操作144 创建圆

 素材：Scenes\Cha04\4-3.max

 场景：Scenes\Cha04\实战操作144.max

难度：★★★★★

“圆”工具可以用来创建圆形。

01 按Ctrl+O组合键，打开随书附带光盘中的素材文件4-3.max，如下图所示。

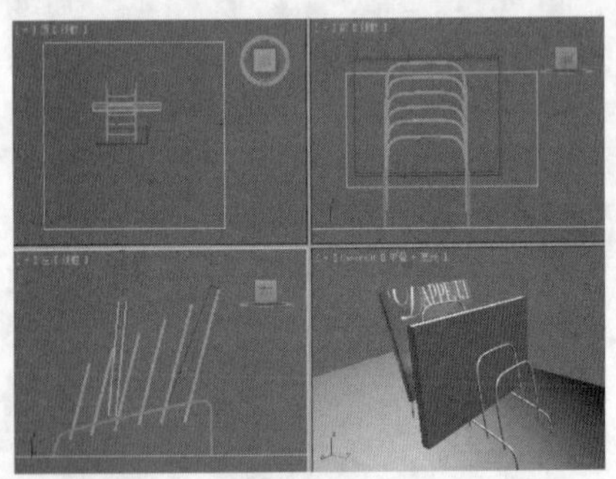

02 打开后，选择“创建” | “图形” | “样条线” | “圆”工具，在左视图中单击鼠标左键并拖动，单击鼠标右键完成圆的创建，如下图所示。

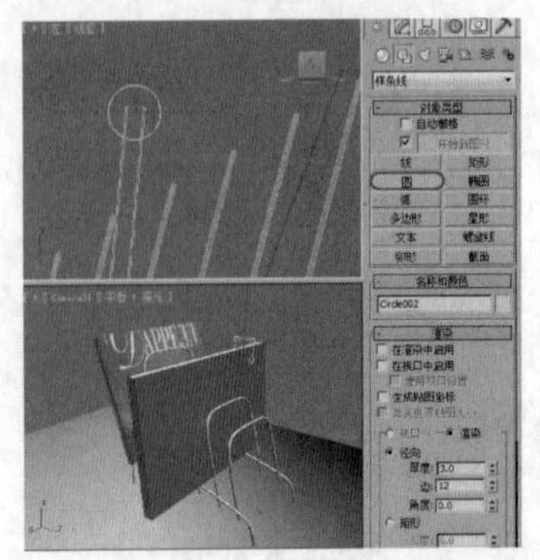

03 完成对象的创建后，将圆移动到合适的位置，单击“修改” 按钮，进入修改命令面板，在“渲染”卷展栏中勾选“在渲染中启用”和“在视口中启用”复选框，将“厚度”设置为3，“边”设置为12，在“参数”卷展栏中将“半径”设置为16，并设置圆的颜色，如下图所示。

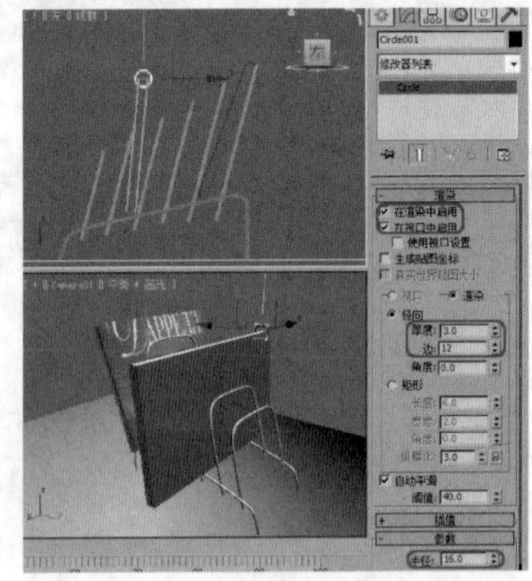

04 设置完成后，激活前视图，选择圆环，按住Shift键单击鼠标左键并向右拖动，对其进行复制，在弹出的对话框中，将“副本数”设置为18，并在视图中调整其位置，复制后的效果如右图所示。

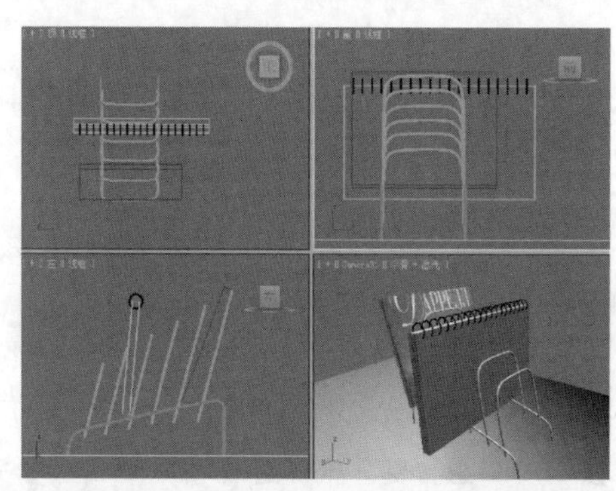

实战操作145 创建椭圆

素材：Scenes\Cha04\4-4.max	难度：★★★★★
场景：无	视频：视频\Cha04\实战操作145.avi

“椭圆”工具可以用来绘制椭圆形，与“圆”的创建类似，只不过椭圆是可以调节“长度”和“宽度”两个参数。

01 按Ctrl+O组合键，打开随书附带光盘中的素材文件4-4.max，如下图所示。

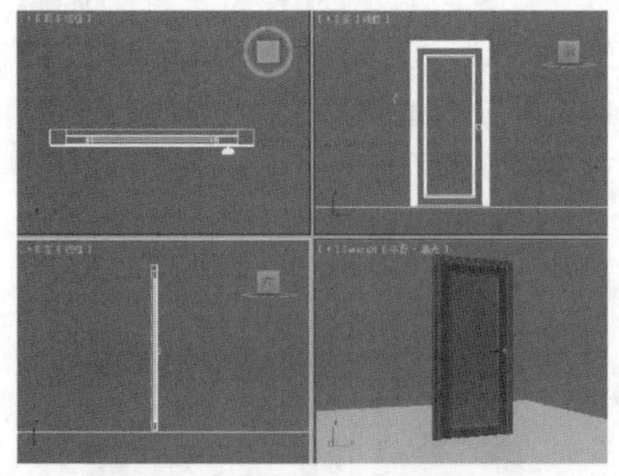

02 选择“创建” | “图形” | “样条线” | “椭圆”工具，在前视图中按住鼠标左键并拖动，单击鼠标右键结束椭圆的创建，如下图所示。

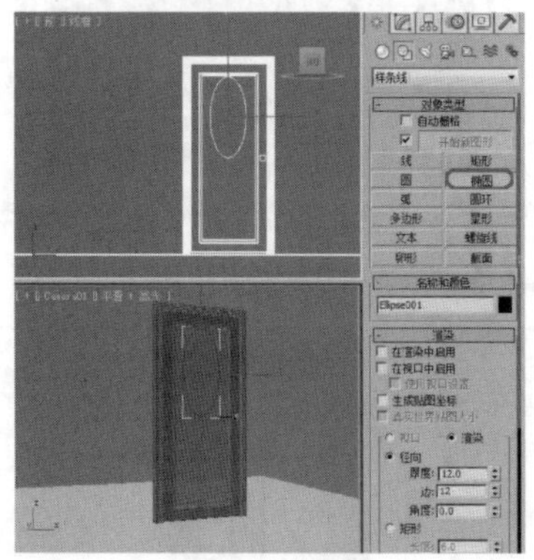

03 完成对象的创建后，将椭圆移动到合适的位置，单击“修改”按钮，进入修改命令面板，在“参数”卷展栏中，将“长度”设置为870.02，“宽度”设置为399.186，在“渲染”卷展栏中勾选“在渲染中启用”和“在视口中启用”复选框，将“径向”组中的“厚度”和“边”分别设置为6和12，并设置椭圆的颜色，如下图所示。

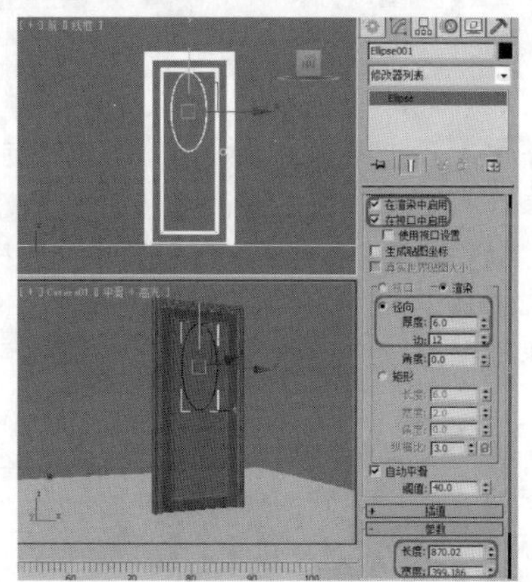

04 设置完成后，切换至“修改”面板，在修改器下拉列表中选择“网格平滑”命令，使其平滑，如下图所示。

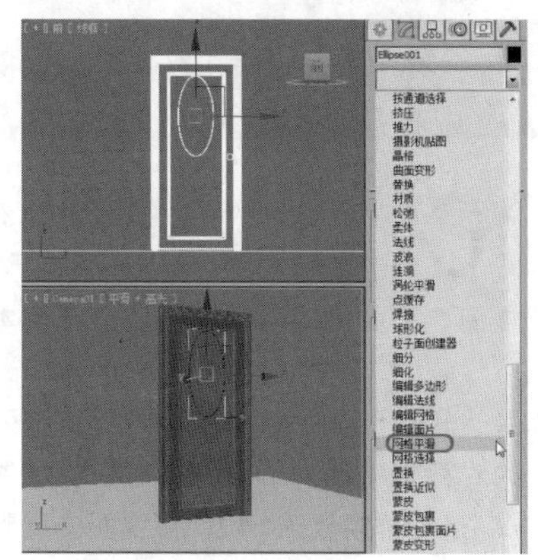

05 激活顶视图，选择创建好的椭圆，按住Shift键单击鼠标左键并向右拖动，对其进行复制，在弹出的对话框中，将“副本数”设置为1，并在视图中调整其位置，复制后的效果如下图所示。

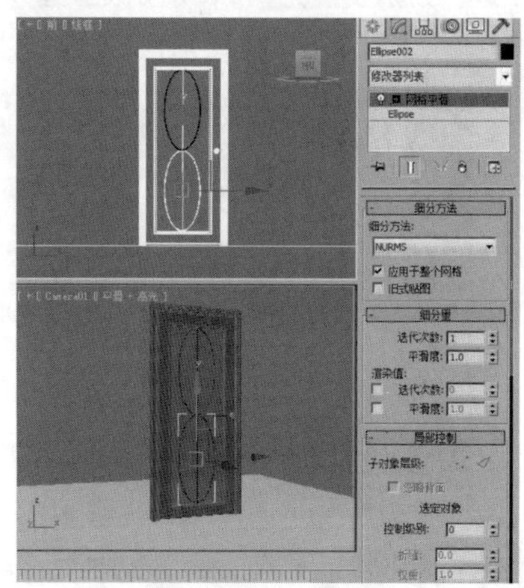

06 设置完成后，按F9键，渲染即可出效果图，如下图所示。

实战操作146 创建弧

素材：Scenes\Cha04\4-5.max	难度：★★★★★
场景：Scenes\Cha04\实战操作146.max	视频：视频\Cha04\实战操作146.avi

“弧”工具可以用来制作圆弧曲线和扇形。

01 按Ctrl+O组合键，打开随书附带光盘中的素材文件4-5.max，如下图所示。

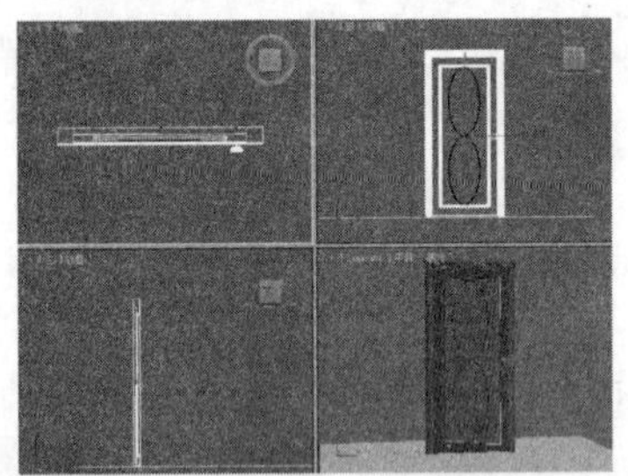

02 选择“创建”|“图形”|“样条线”|“线”工具，在前视图中按住鼠标并拖动，拖出一条直线，在“渲染”卷展栏中，勾选“在渲染中启用”和“在视口中启用”复选框，将“径向”组中的“厚度”和“边”分别设置为6和12，并设置直线的颜色，如下图所示。

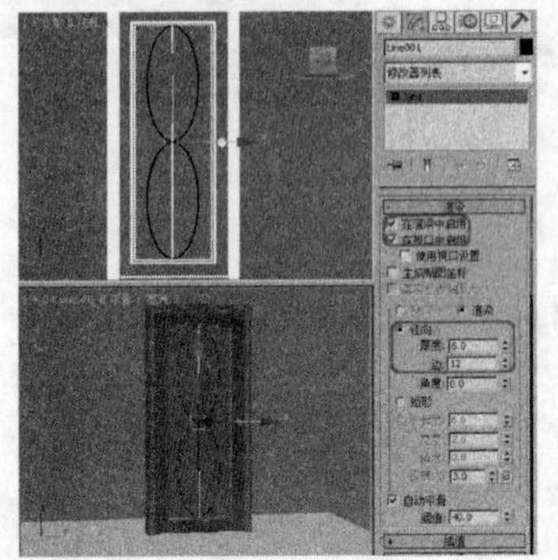

03 选择“创建”|“图形”|“样条线”|“线”工具，在前视图中按住鼠标并拖动，拖出一条直线，到达一定的位置后松开鼠标，移动鼠标确定圆弧的大小，单击鼠标左键完成弧的创建，如下图所示。

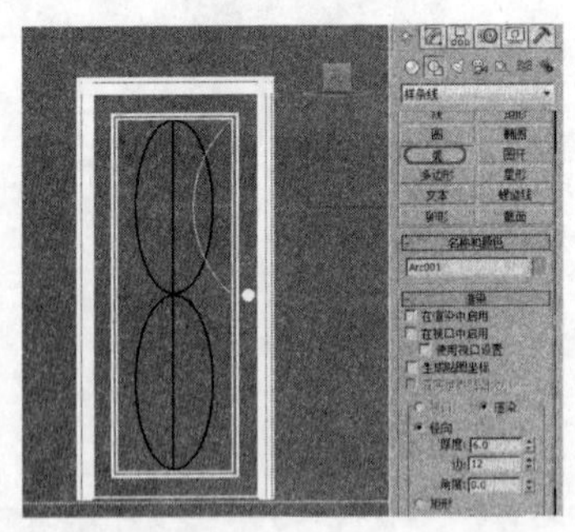

04 完成对象的创建后，单击“修改”按钮，进入修改命令面板，在“渲染”卷展栏中，勾选“在渲染中启用”和“在视口中启用”复选框，将“径向”组中的“厚度”和“边”分别设置为6和12，并设置弧的颜色，如下图所示。

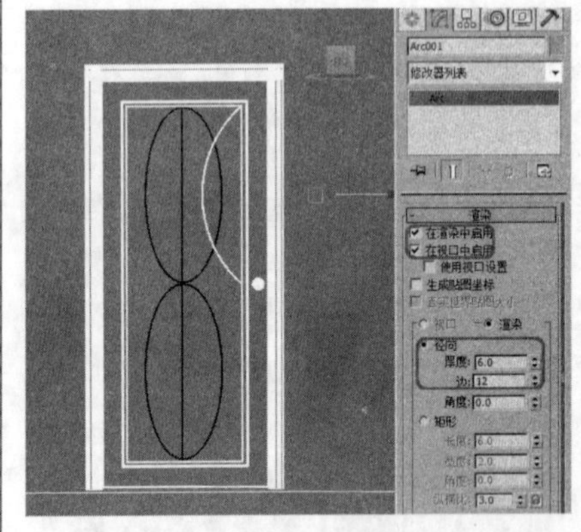

05 选择弧，切换到“修改”面板，单击修改面板右侧的小三角按钮，在弹出的下拉菜单中选择“网格平滑”修改器，使其平滑，如下图所示。

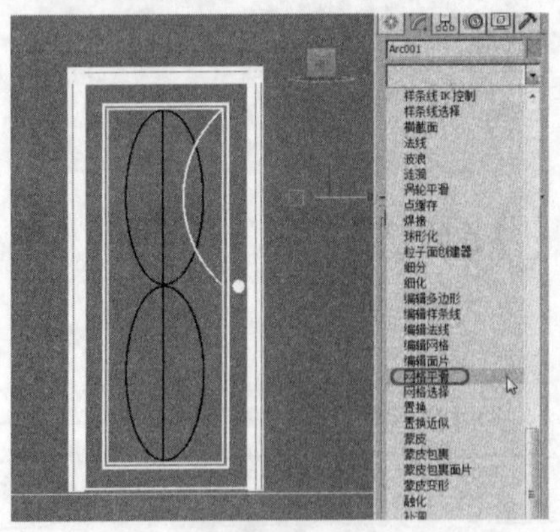

06 选择创建好的弧，按住Shift键单击鼠标左键并向左拖动，进行复制，在弹出的对话框中，将“副本数”设置为1，并在工具栏中选择“选择并旋转”工具，单击鼠标右键，在弹出的对话框中的“偏移：屏幕”组中的“Z”选项框中输入180，在视图中调整其位置，复制后的效果如下图所示。

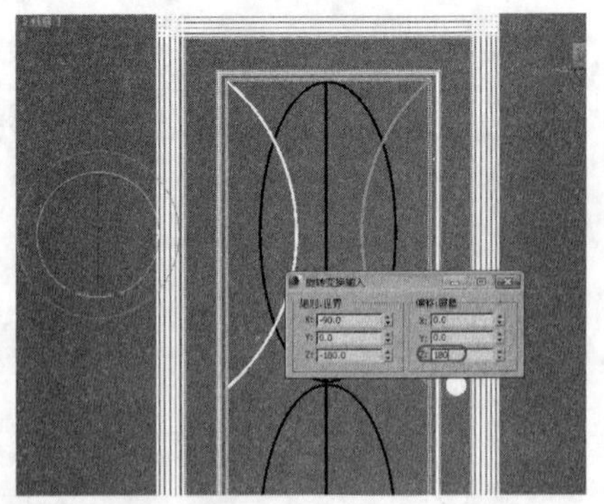

07 选择两条弧线，按住Shift键单击鼠标左键并向下拖动，进行复制，在弹出的对话框中，将“副本数”设置为1，并在视图中调整位置。运用“线”工具在视图中绘制多条直线，并在“渲染”卷展栏中进行设置，效果如下图所示。

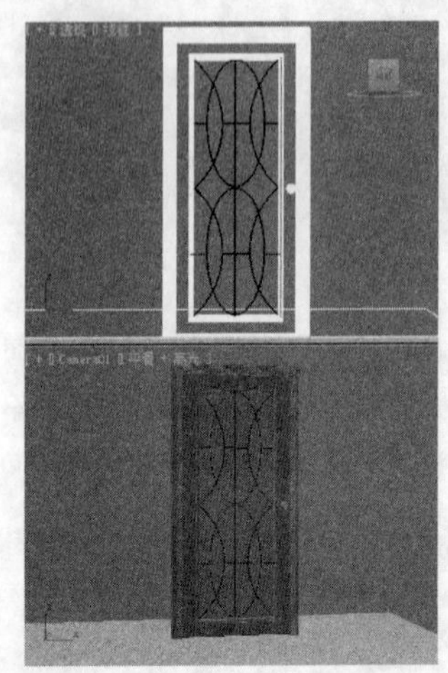

08 设置完成后，按F9键，进行渲染，效果如下图所示。

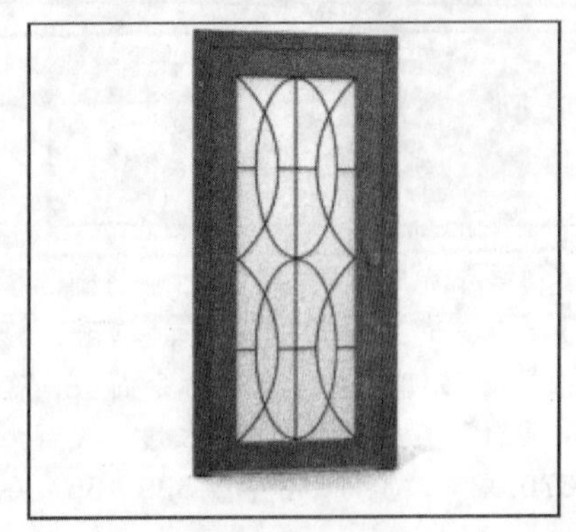

实战操作147 创建圆环

素材：Scenes\Cha04\4-6.max	难度：★★★★★
场景：Scenes\Cha04\实战操作147.max	视频：视频\Cha04\实战操作147.avi

使用“圆环”可以通过两个同心圆创建封闭的形状，而且每个圆都由四个顶点组成。

01 按Ctrl+O组合键，打开随书附带光盘中的素材文件4-6.max，如下图所示。

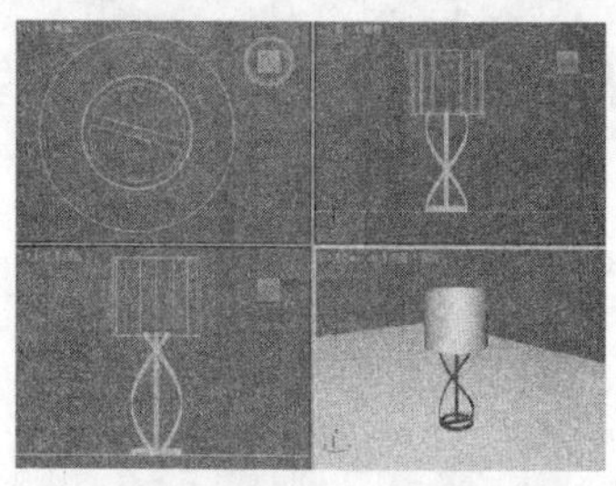

02 选择“创建”|“图形”|“样条线”|“圆环”工具，在顶视图中创建圆环，在“参数”卷展栏中，将“半径1”设置为71，将“半径2”设置为73，并在视图中将其位置调整好，如下图所示。

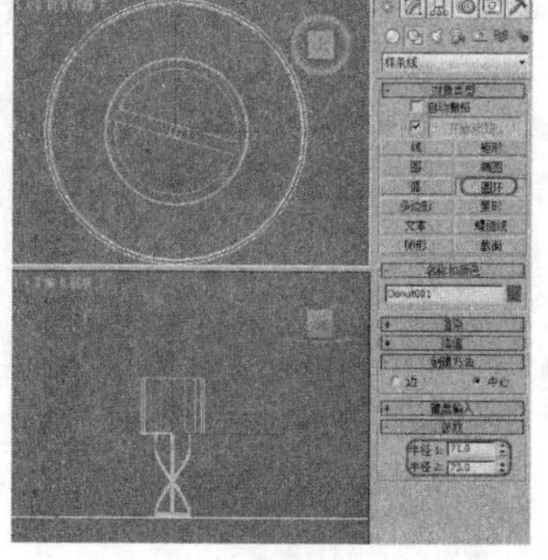

03 选择绘制的圆环，切换到“修改”面板，单击修改面板右侧的小三角按钮，在弹出的下拉菜单中选择“挤出”修改器，如下图所示。

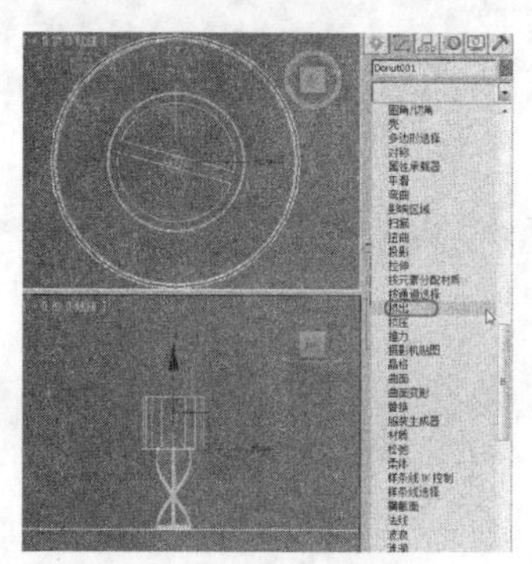

04 在“参数”卷展栏中，将“数量”设置为120，将“分段”设置为1，如下图所示。

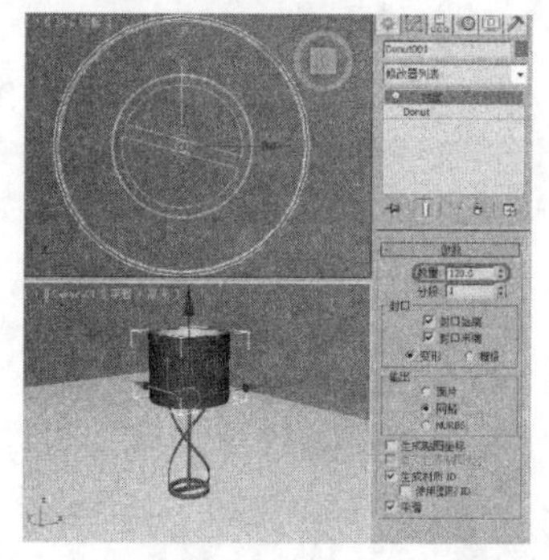

05 给对象设置颜色，如下图所示。

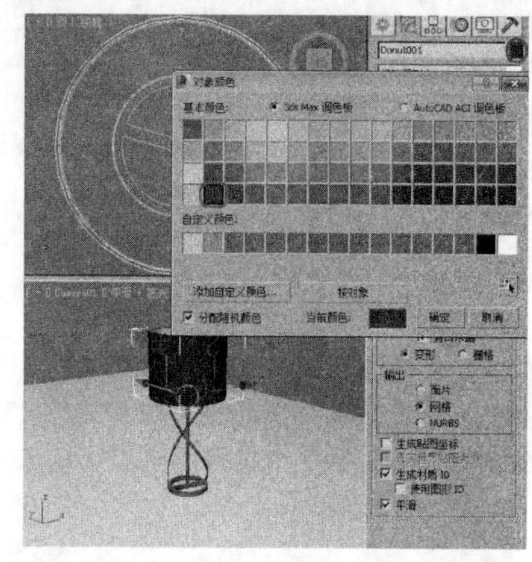

06 激活摄影机视图，按F9快捷键进行渲染，最终效果如下图所示。

实战操作148 创建多边形

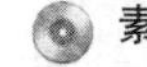

素材：Scenes\Cha04\4-7.max	难度：★★★★★
场景：Scenes\Cha04\实战操作148.max	视频：视频\Cha04\实战操作148.avi

“多边形”工具可以制作任意边数的正多边形，还可以产生圆角多边形。

01 按Ctrl+O组合键，打开随书附带光盘中的素材文件4-7.max，如右图所示。

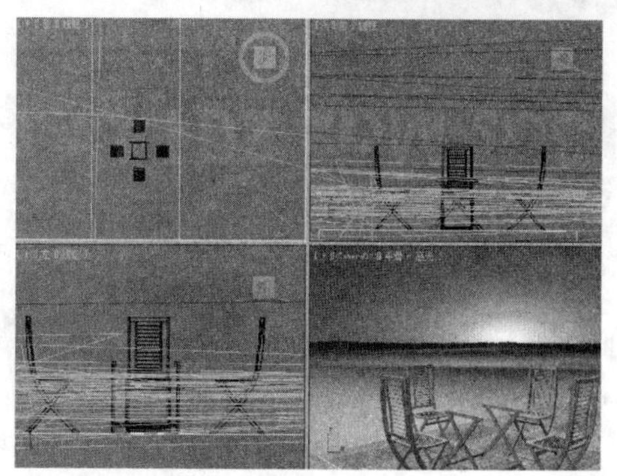

02 选择“创建”|“图形”|“样条线”|“多边形”工具，在“参数”卷展栏中将“边数”设置为8，在顶视图中按住鼠标并拖动，释放鼠标完成多边形的创建，如下图所示。

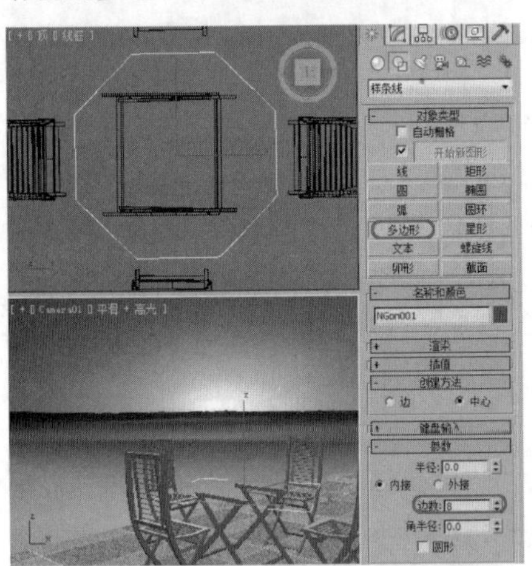

03 切换到“修改”面板，单击修改面板右侧的小三角按钮，在弹出的下拉菜单中选择“挤出”修改器，如下图所示。

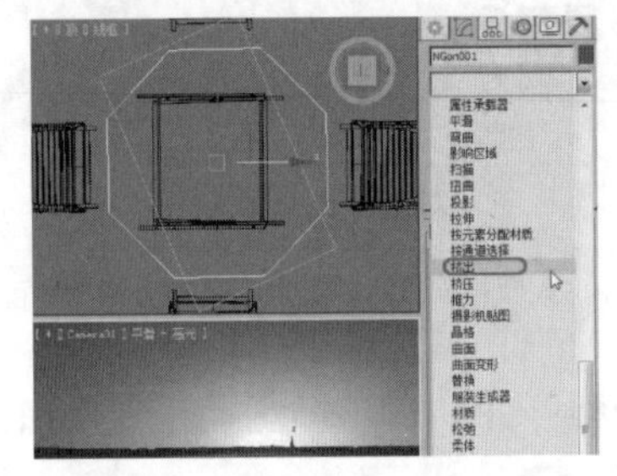

04 在“参数”卷展栏中,将“数量”设置为0.03，如下图所示。

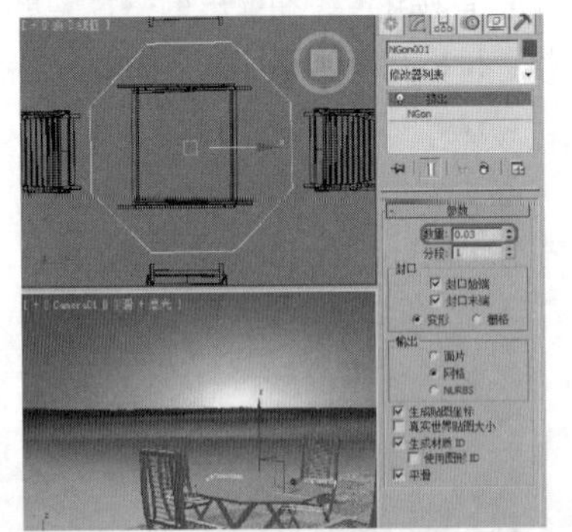

05 在修改器中，选择“UVW贴图”命令，在“参数”卷展栏中的“贴图”组中勾选“长方体”复选框，为多边形指定材质，如下图所示。

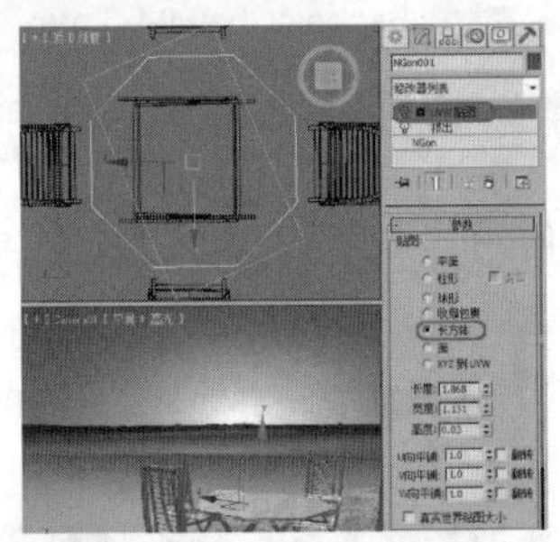

06 设置完成后，按F9键进行渲染，效果如下图所示。

实战操作149 创建星形

素材：无	难度：★★★★★
场景：Scenes\Cha04\实战操作149.max	视频：视频\Cha04\实战操作149.avi

“星形”工具可以建立多角星形，尖角可以钝化为圆角，制作齿轮图案；尖角的方向可以扭曲，产生倒刺状锯齿；参数的变换可以产生许多奇特的图案。

01 选择“创建”|“图形”|“样条线”|“星形”工具，在顶视图中按住鼠标并拖动，拖拽出星形的一级半径，松开鼠标并移动鼠标，拖拽出二级半径，单击鼠标右键完成星形的创建，如下图所示。

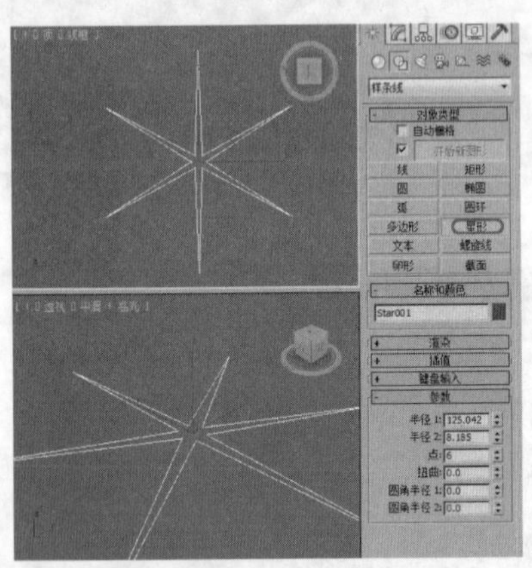

02 单击“修改”按钮，进入修改命令面板，在参数卷展栏中，将“半径1”设置为25，“半径2”设置为3，“点”设置为4，如下图所示。

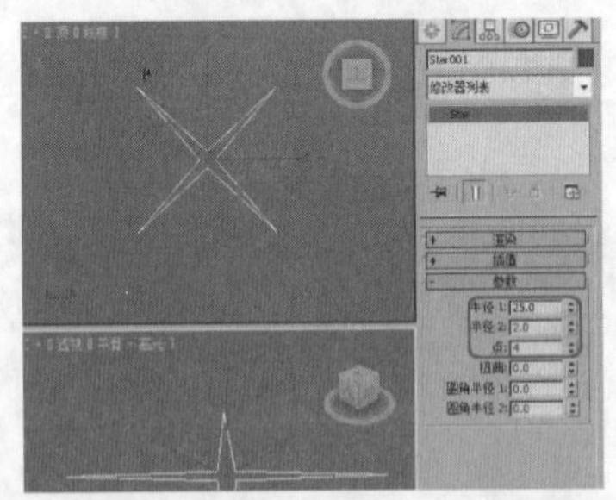

03 在修改器下拉列表中选择“挤出”修改器，如下图所示。

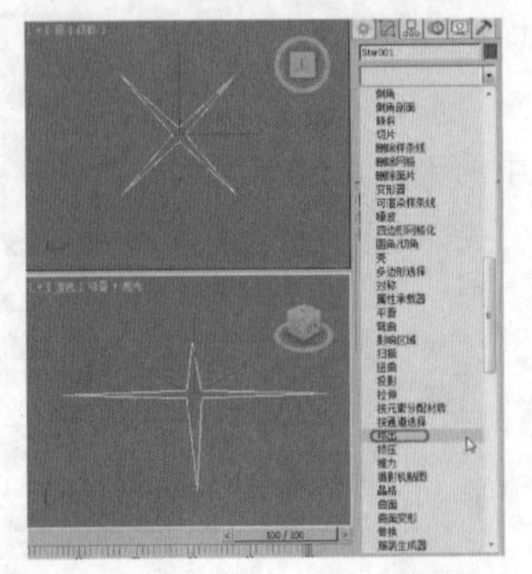

04 在“参数”卷展栏中，将“数量”设置为2，“分段”设置为1，这样星星就有了厚度，将其颜色改为白色，如下图所示。

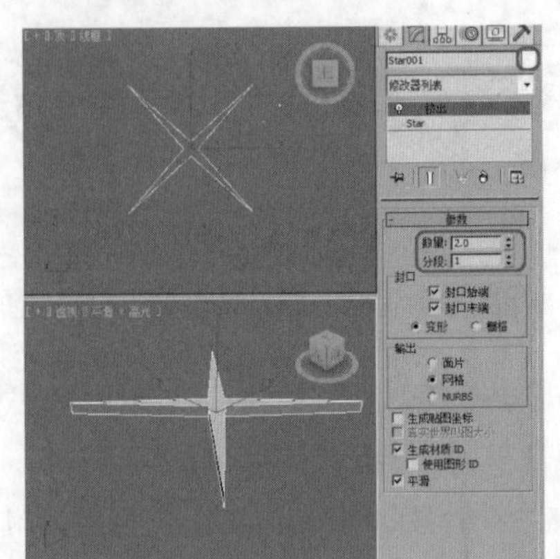

05 设置完成后，激活顶视图，选择创建好的星星，按住Shift键单击鼠标左键并向右拖动，对其进行复制，在弹出的对话框中，将“副本数”设置为10，复制后的效果如右图所示。

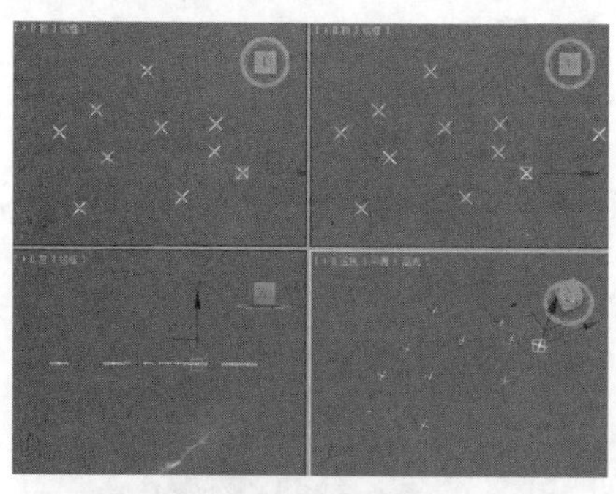

06 按键盘中的数字“8”键，设置“环境贴图”。在弹出的“环境和效果”对话框中，单击“背景”选项区中的“无”按钮，在打开的“材质/贴图浏览器”对话框中双击“位图”贴图，如下图所示。

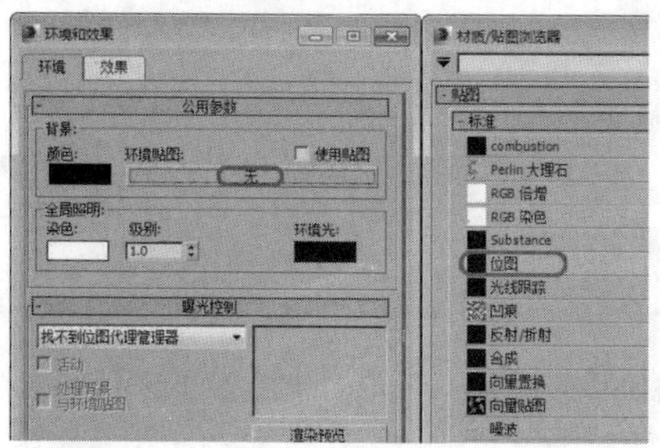

07 在弹出的“选择位图图像文件”对话框中，选择随书附带光盘中的\Map\星形.jpg文件，如下图所示。

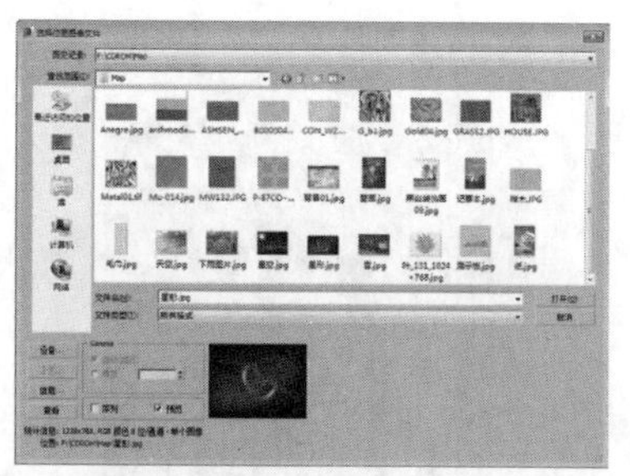

08 在工具栏中选择“材质编辑器”，将“环境和效果”对话框中的贴图拖拽到一个材质球中，在弹出的对话栏中单击“确定”按钮，在“坐标”卷展栏中选择“屏幕”命令，如下图所示。

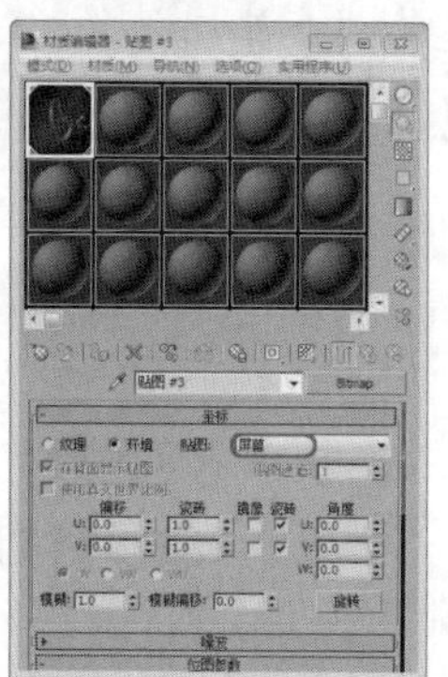

09 在菜单栏中选择“视图”|“视口背景”|“环境背景”命令，效果如图所示。

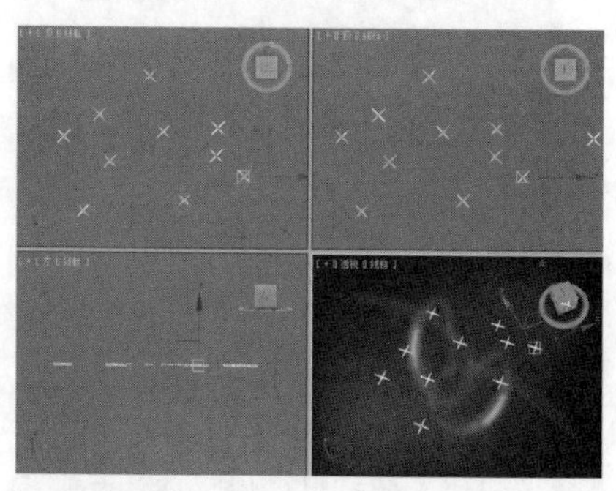

10 将视图中的星形对象进行位置调整，并将星形进行复制和缩放，设置完成后，激活透视视图，按F9键进行渲染，渲染完成后的效果如下图所示。

实战操作150 创建文本

素材：Scenes\Cha04\4-8.max	难度：★★★★★
场景：Scenes\Cha04\实战操作150.max	视频：视频\Cha04\实战操作150.avi

“文本”工具可以直接产生文字图形，在中文Windows平台下可以直接产生各种字体的中文字形，字形的内容、大小、间距都可以调整，在完成了动画制作后，仍可以修改文字的内容。

01 按Ctrl+O组合键，打开随书附带光盘中的素材文件4-8.max，如下图所示。

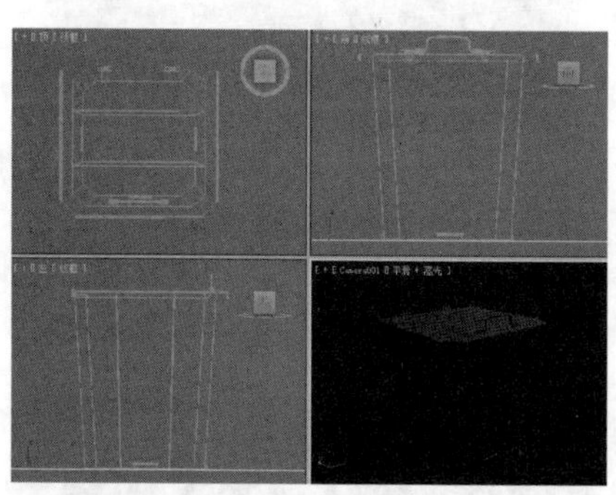

02 选择“创建”|“图形”|“样条线”|“文本”工具，在“参数”卷展栏中的文档中输入“垃圾箱”，在视图中单击鼠标即可创建文本图形，如下图所示。

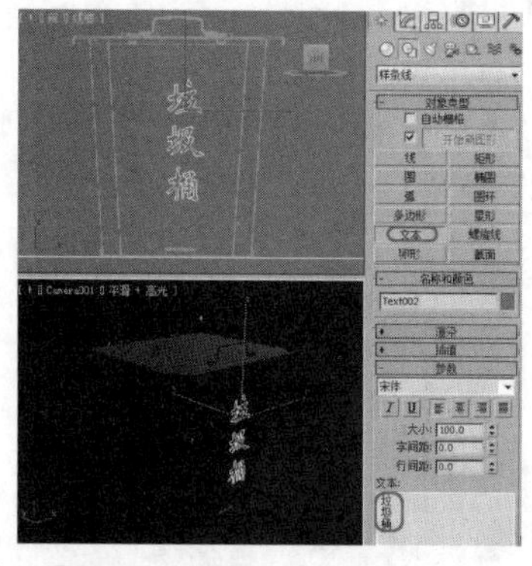

03 在“参数”卷展栏中，可以对文本的字体、字号、间距以及文本的内容进行修改，将“大小”参数设置为“140”，“字间距”参数设置为“0”，“行间距”设置为“0”，字体设置为华文新魏，如下图所示。

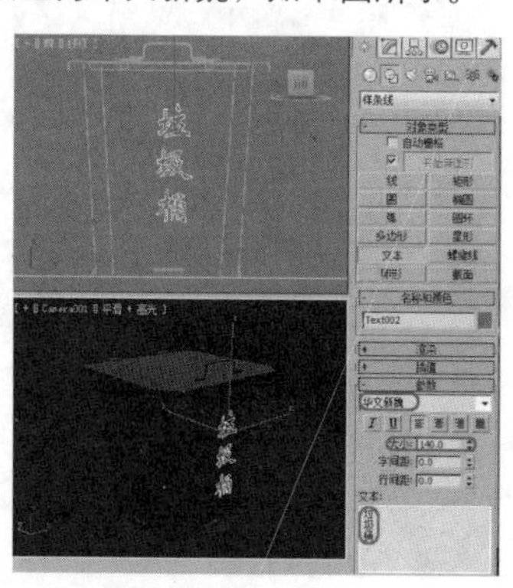

04 切换到“修改”面板，在修改器下拉列表中选择“挤出”修改器，在“参数”卷展栏中，将“数量”设置为0.1，“分段”设置为1，将文本的颜色设置为白色，并在视图中调

整文本的位置，如下图所示。

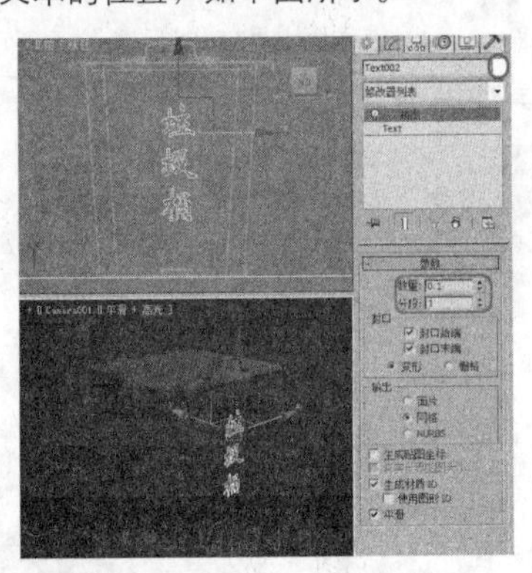

05 在工具栏中选择“选择并旋转“按钮，在左视图中将文本进行旋转，放置到适当的位置，如下图所示。

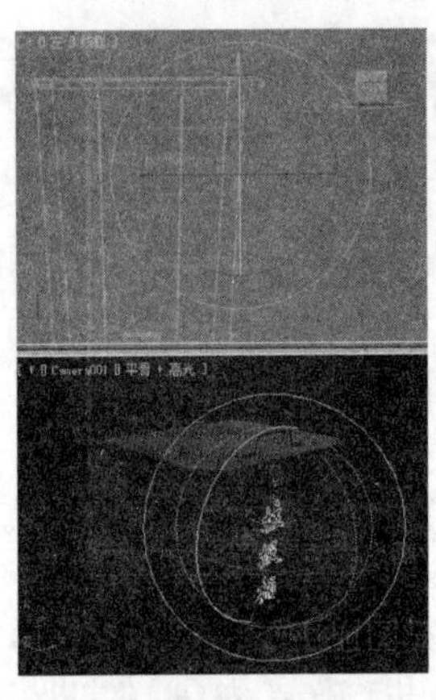

06 按F9键将场景进行渲染，并将文件进行保存即可。

实战操作151 创建螺旋线

 素材：Scenes\Cha04\4-9.max	难度：★★★★★
场景：Scenes\Cha04\实战操作151.max	 视频：视频\Cha04\实战操作151.avi

“螺旋线”工具可以制作平面或空间的螺旋线，用于完成弹簧、盘香、线轴等的造型，或用来制作运动路径。

01 按Ctrl+O组合键，打开一幅素材模型，如下图所示。

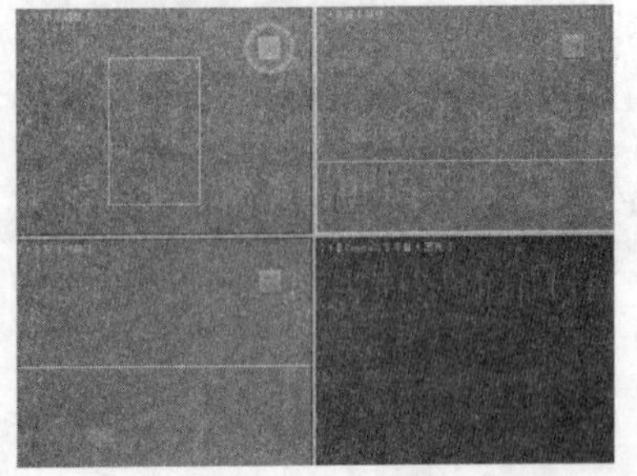

02 选择“创建” | “图形” | “样条线” | “螺旋线”工具，在顶视图中单击鼠标左键并拖动，拉出一级半径，如下图所示。

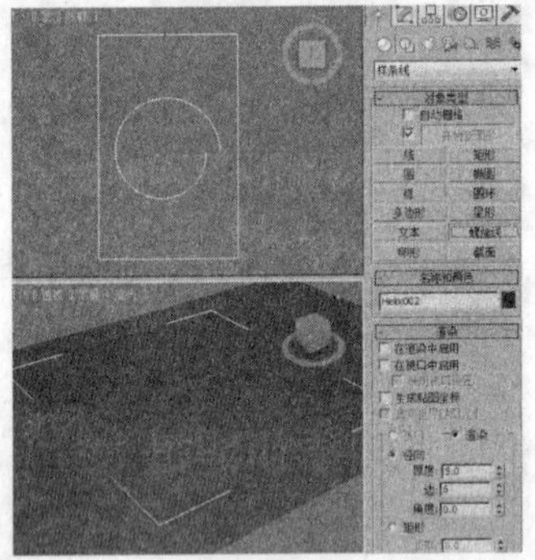

03 切换到修改面板，在“渲染”卷展栏中勾选“在渲染中启用”和“在视窗中启用”复选框，将“厚度”设置为5.0，“边”设置为6，在参数卷展栏中，将“半径1”设置为70，“半径2”设置为2.0，“高度”设置为0，“圈数”设置为5，如下图所示。

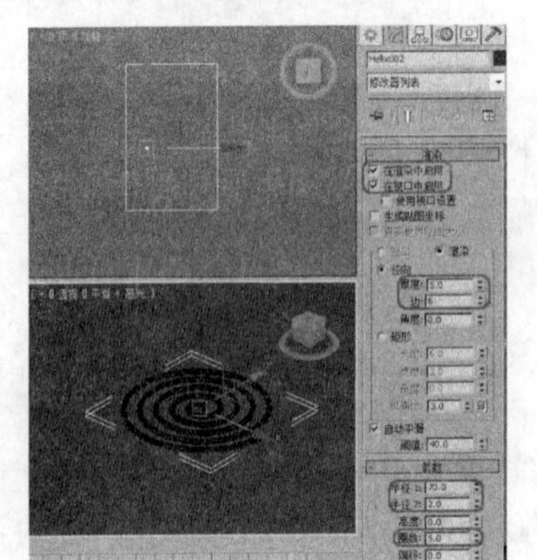

04 在修改器下拉列表中选择“倒角”修改器，在“倒角值”卷展栏中将“级别1”下的“高度”、“轮廓”分别设置为2、1.2，勾选“级别3”复选框，将“高度”设置为2，如下图所示。

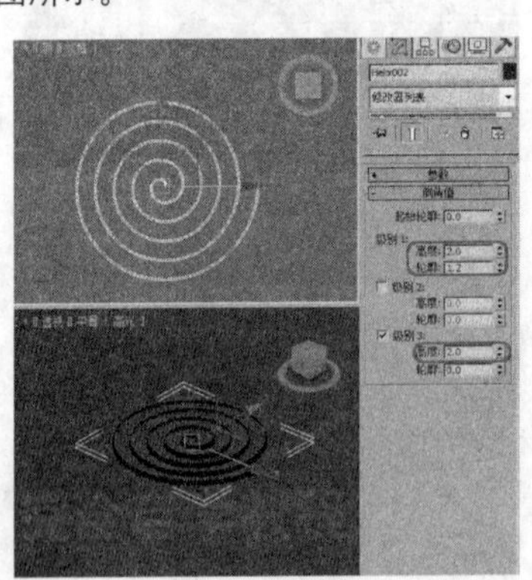

05 使用同样的方法，添加“网格平滑”和“壳”修改器，选择“壳”修改器，将“参数”卷展栏中的“内部量”、“外部量”分别设置为1、5，并在“材质编辑器”对话框中将命名为“蚊香”的材质指定给场景中的“蚊香”对象，如下图所示。

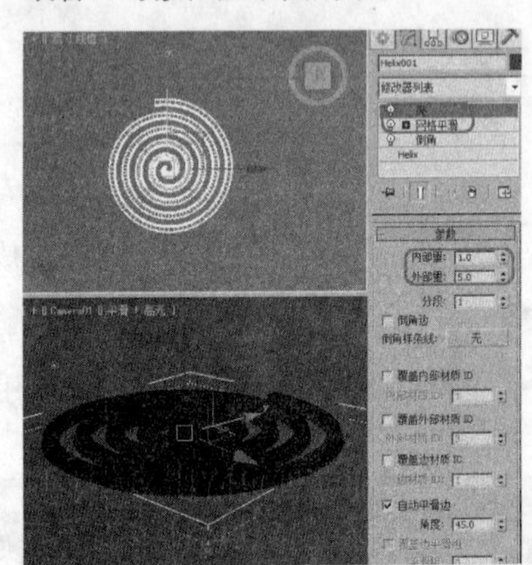

06 调整好后，按F9键进行渲染，渲染完成后的效果如下图所示。

实战操作152 创建卵形

素材：无	难度：★★★★★
场景：无	视频：视频\Cha04\实战操作152.avi

使用“卵形”工具可以通过两个同心圆创建封闭的形状，而且每个圆都由四个顶点组成。

01 选择“创建”|“图形”|“样条线”|“卵形”工具，在顶视图中按住鼠标并拖动，释放鼠标完成多边形的创建，如右图所示。

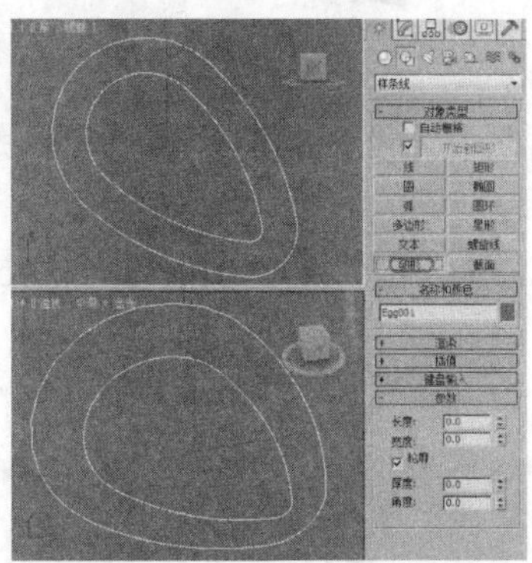

02 完成对象的创建后，可以在命令面板中对其参数进行修改，如右图所示。

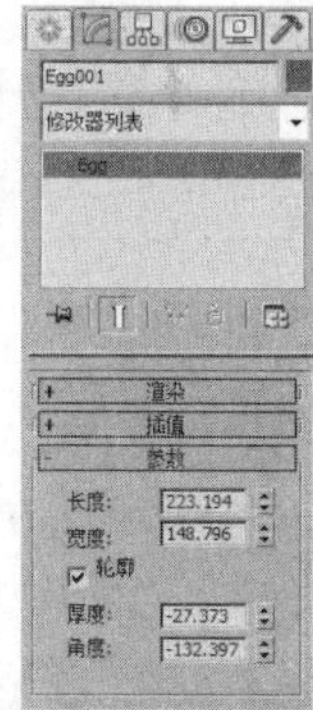

实战操作153 创建截面

 素材：Scenes\Cha04\4-10.max	 难度：★★★★★
 场景：Scenes\Cha04\实战操作153.max	视频：视频\Cha04\实战操作153.avi

“截面”工具可以通过截取三维造型的截面而获得二维图形，使用此工具建立一个平面，可以对其进行移动、旋转和缩放，当它穿过一个三维造型时，会显示出截获的截面。

01 按Ctrl+O组合键，打开一幅素材模型，如下图所示。

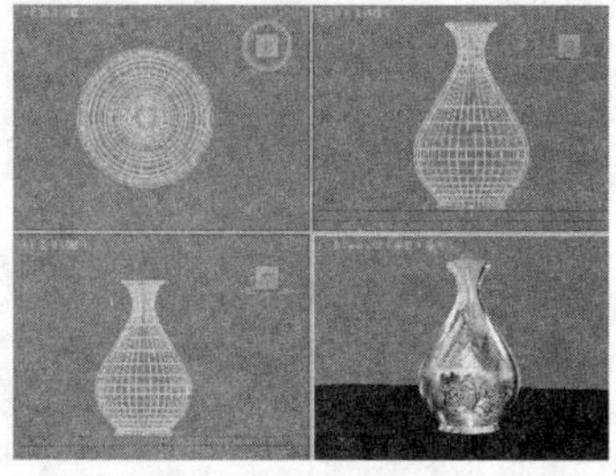

02 选择“创建”|“图形”|“样条线”|“截面”工具，在前视图中单击鼠标左键并拖动，然后释放鼠标，拖拽出截面，单击鼠标右键完成截面的创建，如下图所示。

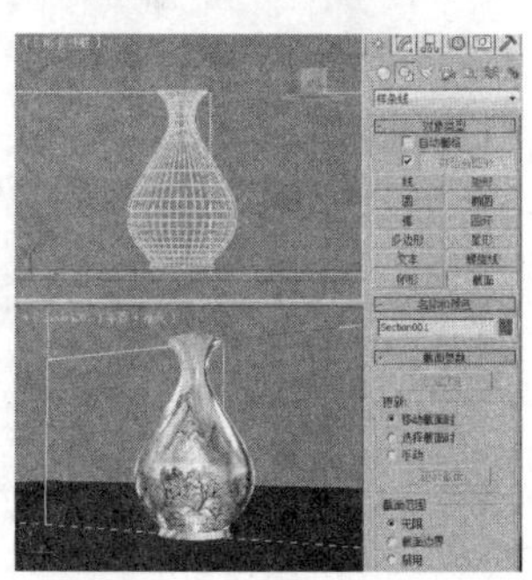

03 创建完成后，切换到“修改”面板，在“截面大小”卷展栏中，将“长度”和“宽度”都设置为230，在视图中调整截面的位置，使其截出的图形完整，如下图所示。

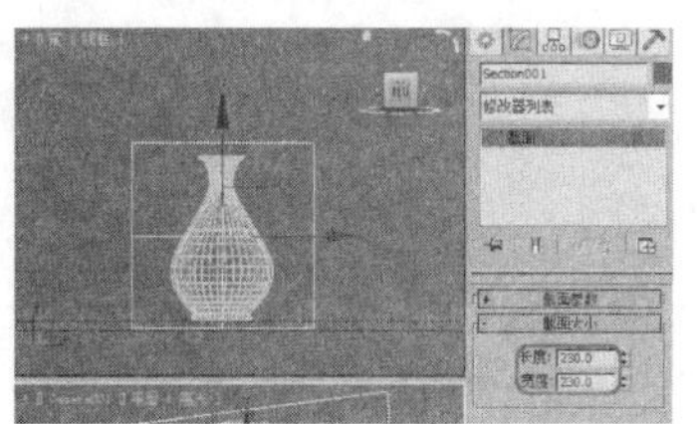

04 调整后，在“截面参数”卷展栏中单击“创建图形”按钮，弹出“命名截面图形”对话框，为图形命名，单击“确定”按钮，如下图所示。

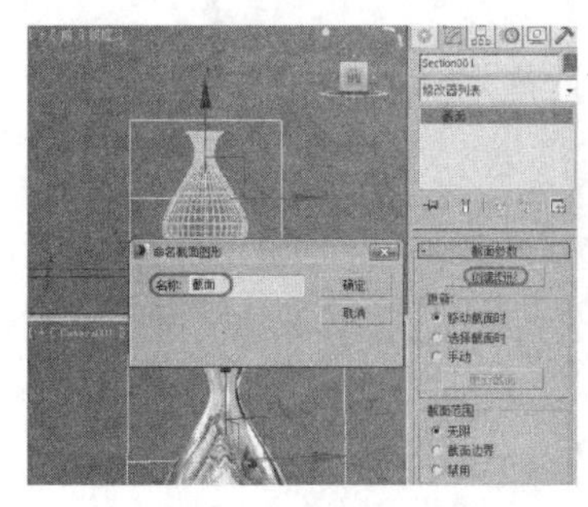

05 选择模型，切换到“显示”面板，在“隐藏”卷展栏中单击“隐藏选定对象”按钮，如下图所示。

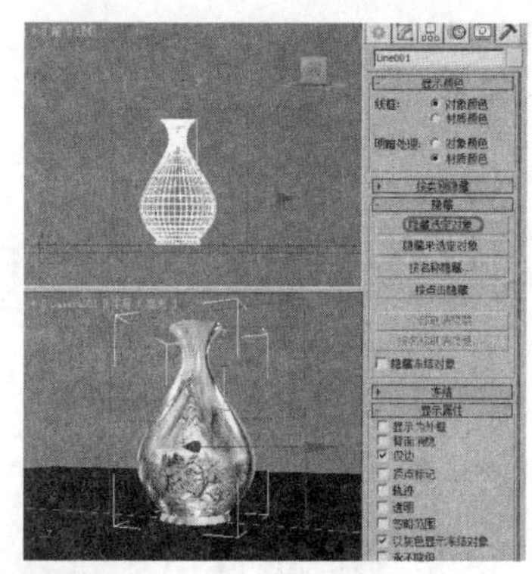

06 显示最终效果，如下图所示。

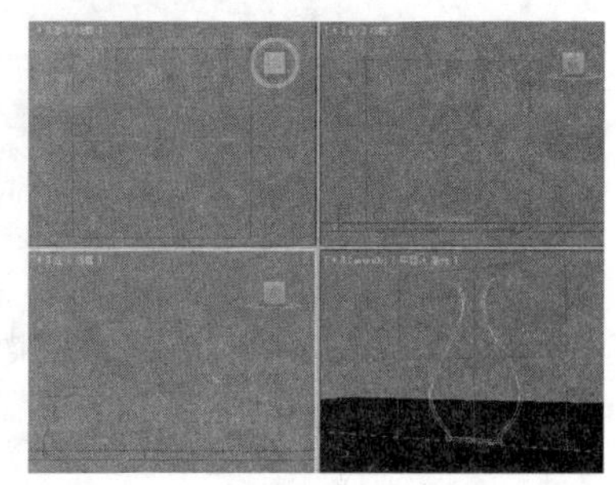

4.2 创建扩展样条线

扩展样条线是对原始样条线集的增强。包括墙矩形样条线、通道样条线、角度样条线、T形样条线、宽法兰样条线，下面讲解这几种扩展样条线的使用。

实战操作154 创建墙矩形

 素材：Scenes\Cha04\4-11.max	 难度：★★★★★
 场景：Scenes\Cha04\实战操作154.max	视频：视频\Cha04\实战操作154.avi

使用“墙矩形”可以通过两个同心矩形创建封闭的形状。每个矩形都由四个顶点组成。墙矩形与“圆环”工具相似，只是其使用矩形而不是圆。

01 按Ctrl+O组合键，打开一幅素材模型，如下图所示。

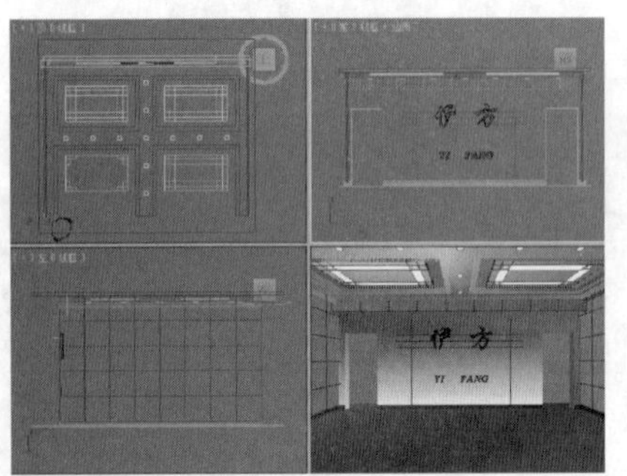

02 选择“创建” | “图形” | “扩展样条线” | “墙矩形”工具，在顶视图中单击并拖动鼠标，创建出墙矩形，设置“长度”为7000，“宽度”为8000，“厚度”为240，然后释放鼠标并移动鼠标，创建出墙矩形的厚度，单击鼠标右键完成墙矩形的创建，如下图所示。

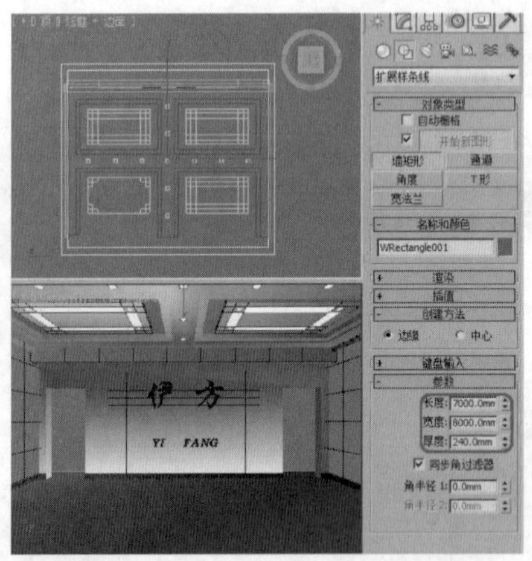

03 单击“修改”按钮，进入修改命令面板，选择“挤出”修改器，在“参数”卷展栏中，将“数量”设置为3640，将对象移动到合适的位置，并在“材质编辑器”中指定相应的材质，如下图所示。

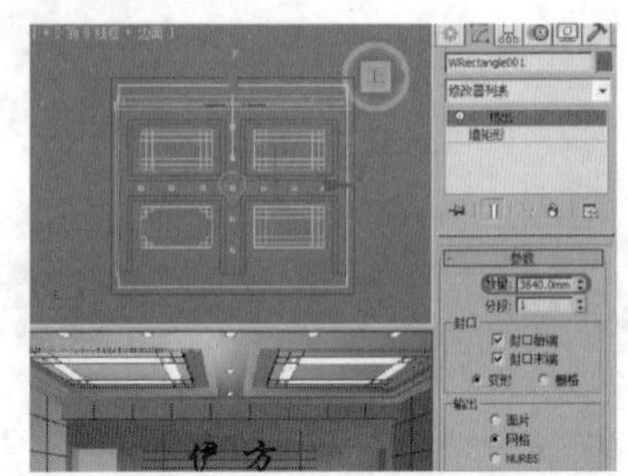

04 设置完成后，按F9键进行渲染，如下图所示。

实战操作155 创建通道

 素材：Scenes\Cha04\4-12max	难度：★★★★★
 场景：Scenes\Cha04\实战操作155.max	视频：视频\Cha04\实战操作155.avi

使用通道创建一个闭合的形状为“C”的样条线。您可以选择指定该部分的垂直网和水平腿之间的内部和外部角。

01 按Ctrl+O组合键，打开一幅素材模型，如下图所示。

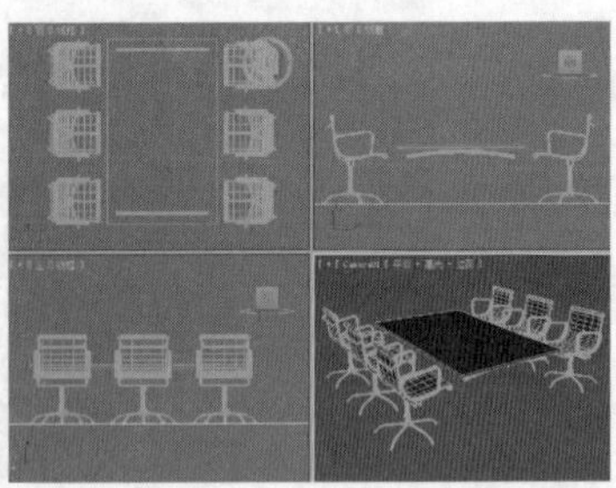

02 选择“桌面”对象，将其他部分进行隐藏，选择“创建” | “图形” | “扩展样条线” | “通道”工具，在左视图中单击并拖动鼠标，创建通道，如右图所示。

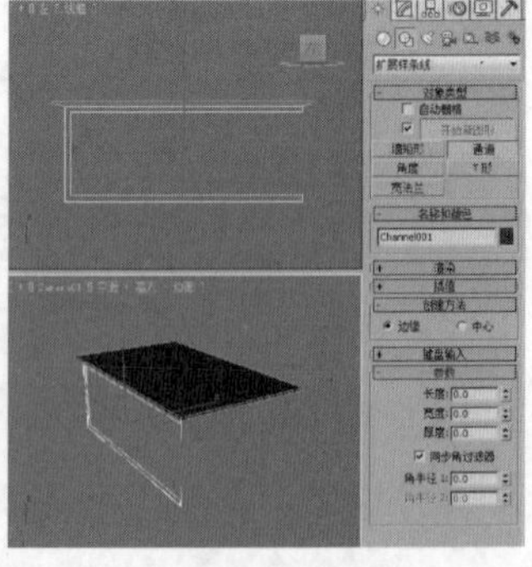

03 在工具栏中，单击鼠标右键，选择“选择并旋转”按钮，弹出“旋转”对话框，在“绝对：世界”组中的Y轴右侧的文本框中输入“90”，如下图所示。

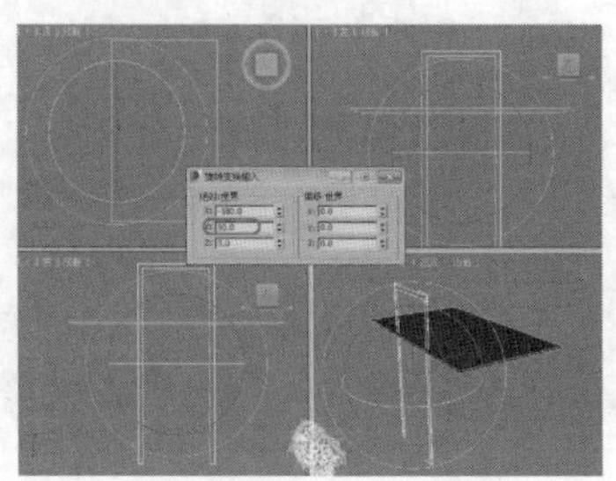

04 单击“修改”按钮，进入修改命令面板，在“参数”卷展栏中，将“长度”设置为453，“宽度”设置为120，“厚度”设置为11，如下图所示。

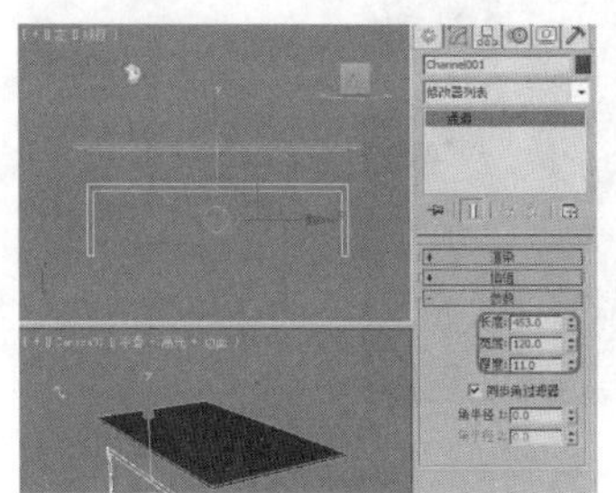

05 设置完成后，在修改器下拉列表中选择“挤出”修改器，如下图所示。

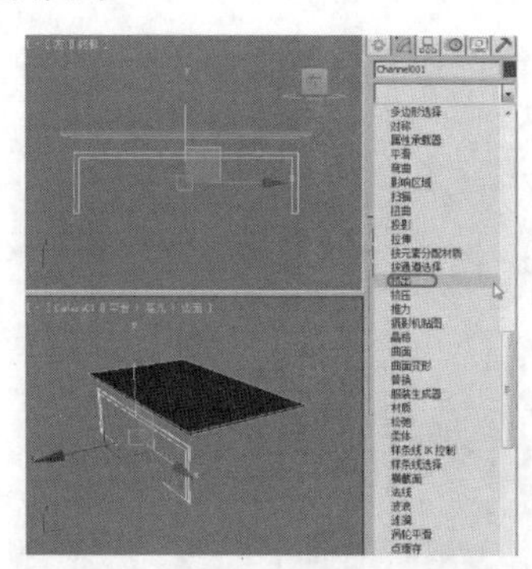

06 在“参数”卷展栏中将“数量”设置为9。并在视图中调整其位置，如下图所示。

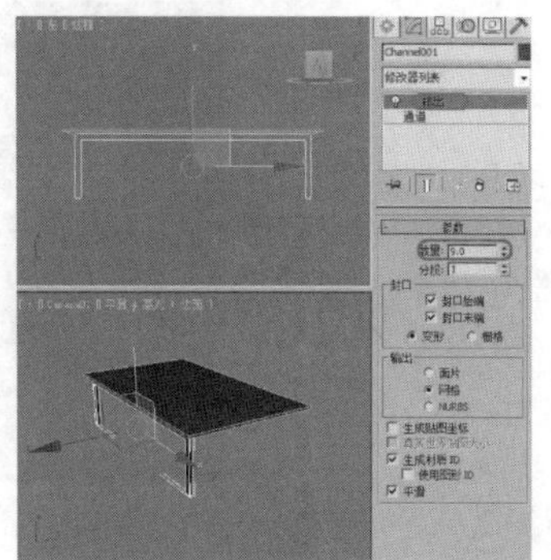

07 设置完成后，在顶视图中选择创建的通道，按住Shift键单击鼠标左键向右侧拖动，对其进行复制，在“副本数”右侧的文本框中输入“1”，放置适当的位置，如下图所示。

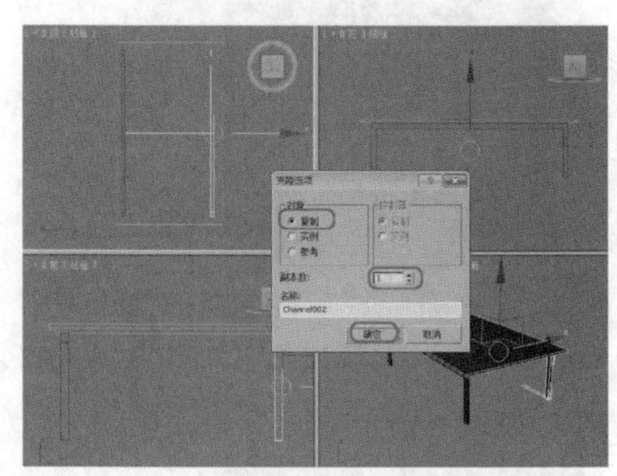

08 设置完成后，将显示所有的对象，在视图中调整其位置，并在“材质编辑器”对话框中指定材质，按F9键进行渲染，渲染效果如下图所示。

实战操作156 创建角度

 素材：Scenes\Cha04\4-13.max	 难度：★★★★★
 场景：Scenes\Cha04\实战操作156.max	 视频：视频\Cha04\实战操作156.avi

使用“角度”创建一个闭合的形状为“L”的样条线。可以选择指定该部分的垂直腿和水平腿之间的角半径。

01 按Ctrl+O组合键，打开一幅素材模型，如下图所示。

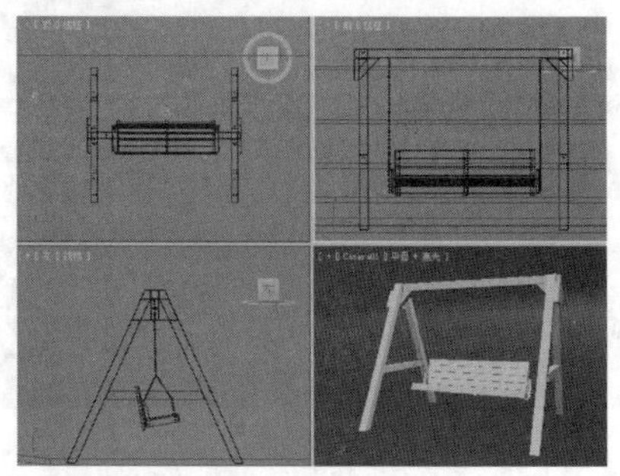

02 选择“创建”|“图形”|“扩展样条线”|“角度”工具，在左视图中单击并拖动鼠标，创建角度的长度和宽度，释放鼠标并移动鼠标，单击鼠标左键完成角度的创建，如下图所示。

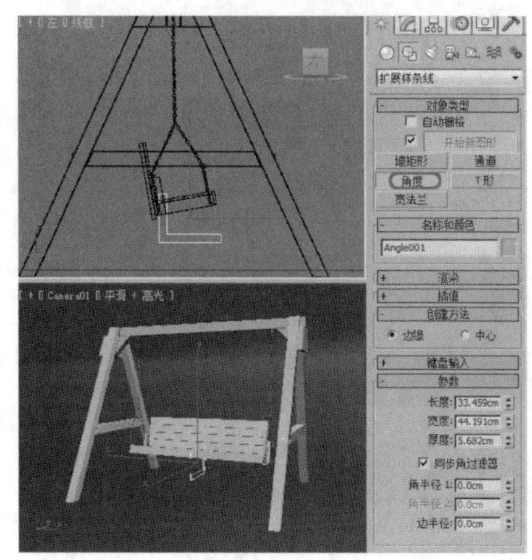

03 在工具栏中选择“选择并旋转”按钮，旋转到合适的角度，如下图所示。

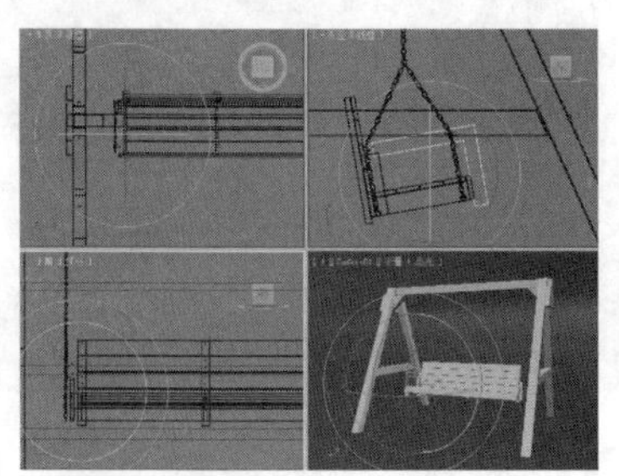

04 切换到“修改”面板，在“参数”卷展栏中，将“长度”设置为28，“宽度”设置为45，“厚度”设置为4，如右图所示。

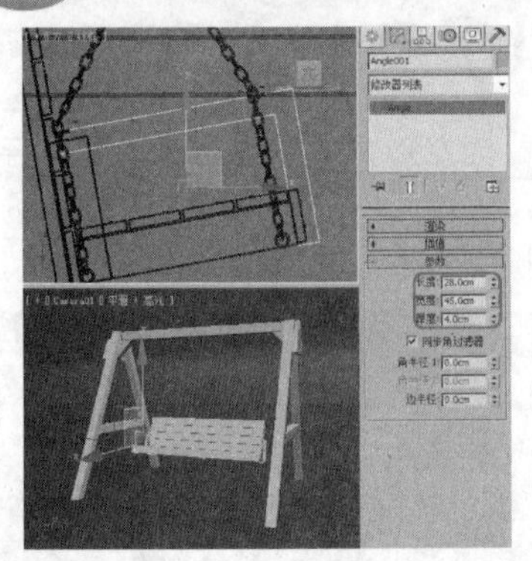

05 设置完成后，在修改器下拉列表中选择“挤出”修改器，如下图所示。

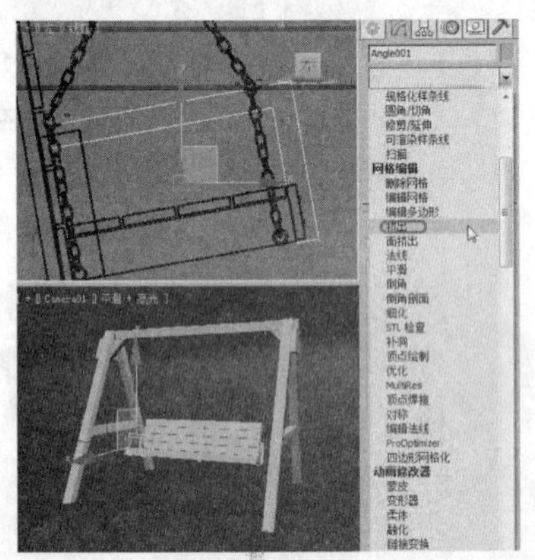

06 在“参数”卷展栏中将“数量”设置为5。并在视图中调整其位置，如下图所示。

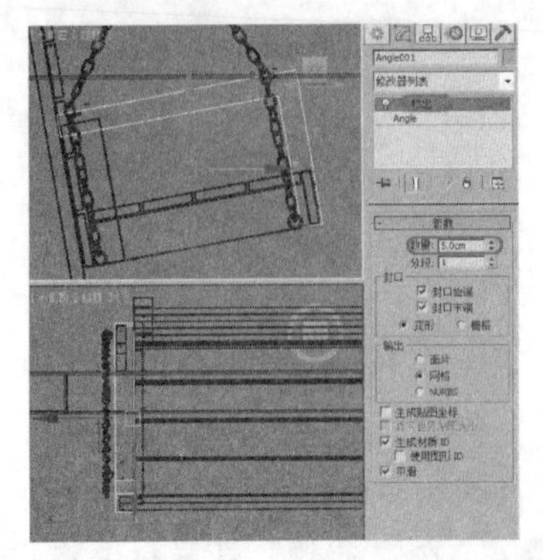

07 设置完成后，在顶视图中选择创建的角度，按住Shift键单击鼠标左键并向右侧拖动，对其进行复制，在“副本数”右侧的文本框中输入“1”，如下图所示。

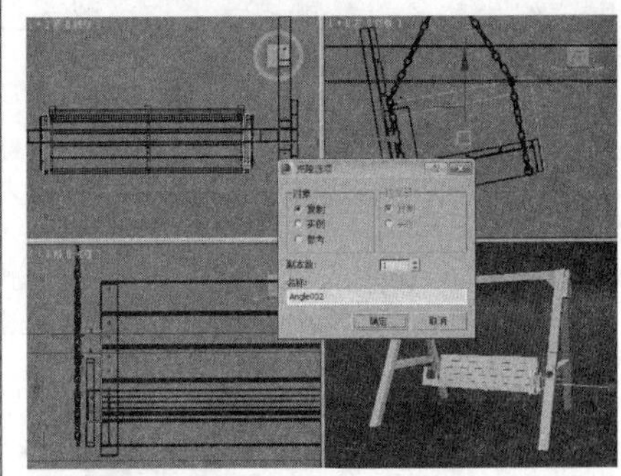

08 设置完成后，在视图中调整其位置，并为其指定材质，最后进行渲染，如下图所示。

实战操作157 创建T形

素材：Scenes\Cha04\4-14.max	难度：★★★★★
场景：Scenes\Cha04\实战操作157.max	视频：视频\Cha04\实战操作157.avi

使用“T形样条线”可以绘制出“T”字形状的样条线。并可以指定该部分的垂直网和水平凸缘之间的内部角半径。

01 按Ctrl+O组合键，打开一幅素材模型，如下图所示。

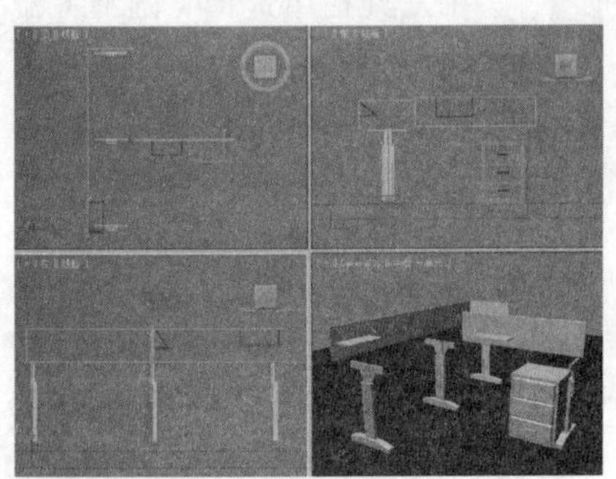

02 选择“创建”|“图形”|“扩展样条线”|“T形”工具，在顶视图中单击并拖动鼠标，创建T形的长度和宽度，释放并拖动鼠标，创建T形的厚度，单击鼠标左键完成T形的创建，如下图所示。

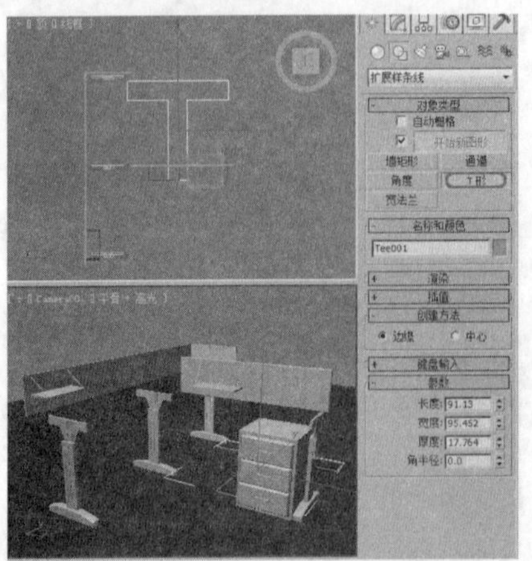

03 在工具栏中选择“选择并旋转”按钮，在弹出的对话框中“绝对：世界”组中的Z轴右侧的文本框中输入90，将角度旋转到合适的角度，如下图所示。

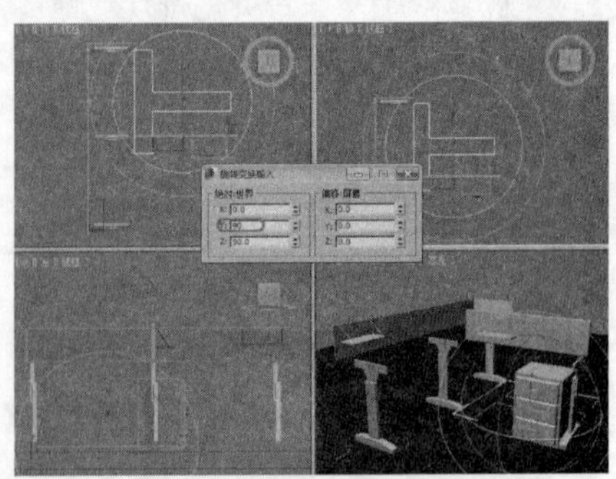

04 单击“修改”按钮，进入修改命令面板，在“参数”卷展栏中，将“长度”设置为138，“宽度”设置为178，“厚度”设置为43，如右图所示。

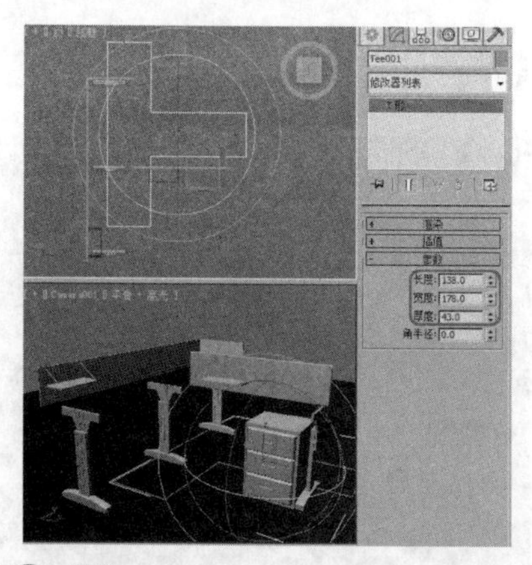

05 设置完成后，在修改器下拉列表中，选择“挤出”修改器，如下图所示。

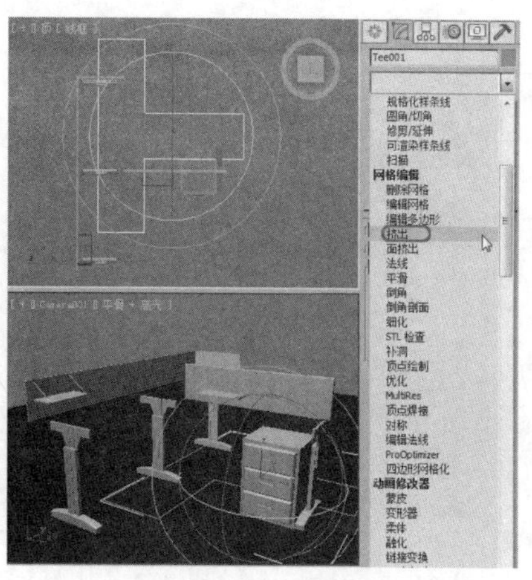

06 在“参数”卷展栏中，将“数量”设置为2。单击工具栏中的“选择并移动”按钮，将T形移动到合适的位置，并为其指定材质，如下图所示。

4.3 编辑顶点

在对二维图形进行修改时，最基本最常用的方法就是对顶点进行编辑修改，通过对图形进行添加点、移动点、连接点等操作，调整到我们需要的图形。

实战操作158 编辑Bezier角点

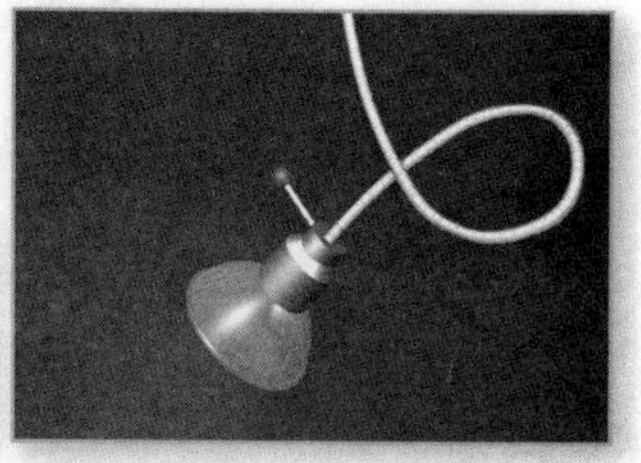

 素材：Scenes\Cha04\4-15.max	 难度：★★★★★
 场景：Scenes\Cha04\实战操作158.max	视频：视频\Cha04\实战操作158.avi

“Bezier角点”是一种比较常用的顶点类型，分别对它们的两个控制手柄进行调节，可以灵活地控制顶点、修改曲线。

01 按Ctrl+0组合键，打开一幅素材模型，如下图所示。

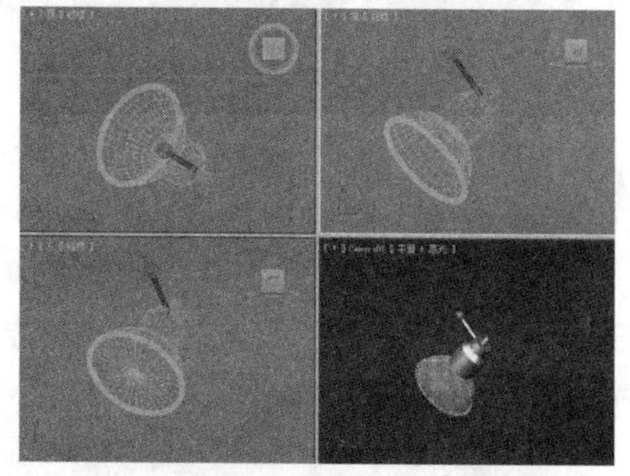

02 选择“创建”|“图形”|“样条线”|“线”工具，在前视图中绘制一个样条线，如下图所示。

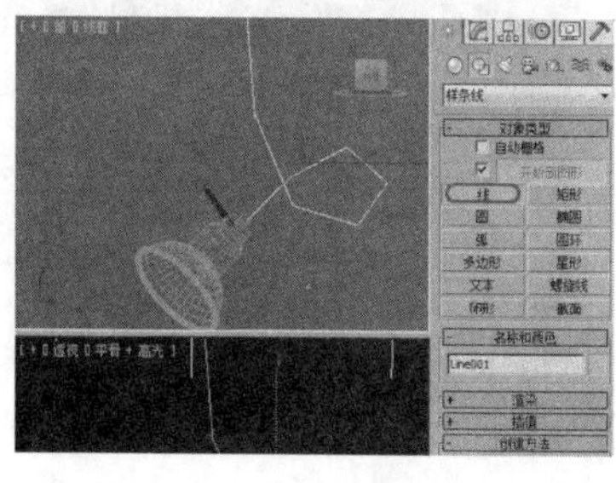

03 切换至修改面板，将当前选择集定义为“顶点”，如下图所示。

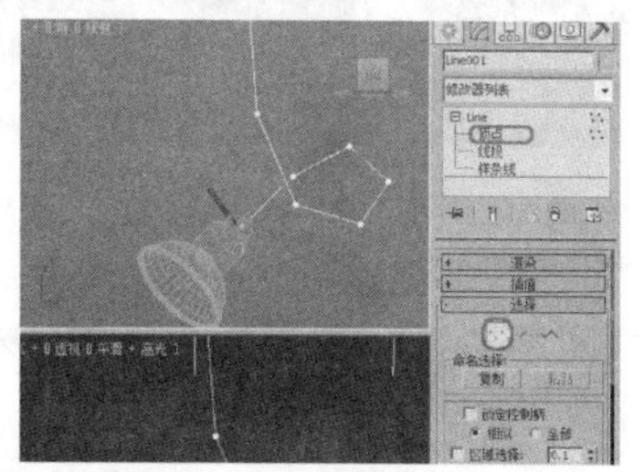

04 在顶视图中选择一个节点，选择的点以红色显示，在节点上单击鼠标右键，弹出快捷菜单，选择“Bezier角点”命令，如下图所示。

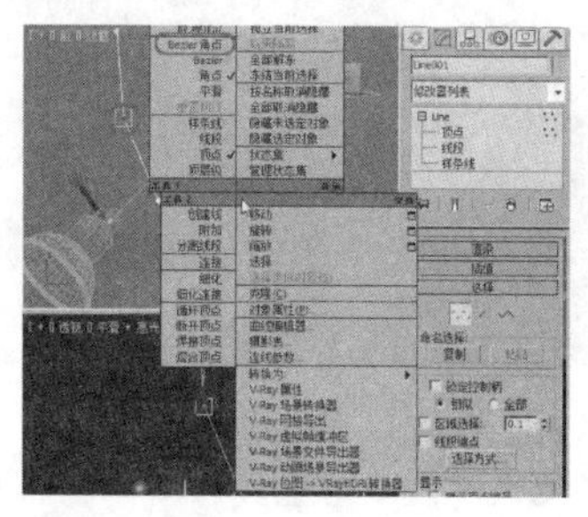

05 被修改的节点变为带控制柄的Bezier角点，单击工具栏中的“选择并移动”工具，调节节点的控制柄，线形变平滑，使用相同的方法来修改其他的点，如下图所示。

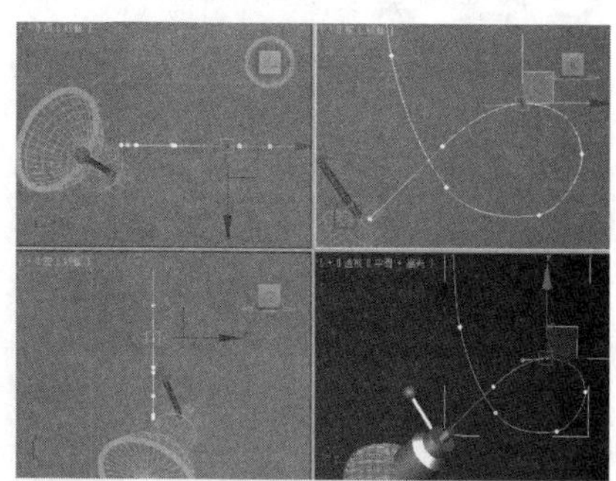

06 修改完成后，切换至修改面板，在“渲染”卷展栏中勾选“在渲染中启用”和“在视口中启用”复选框，将“径向厚度”设置为3.5，“边”设置为15。并为其指定颜色，如下图所示。

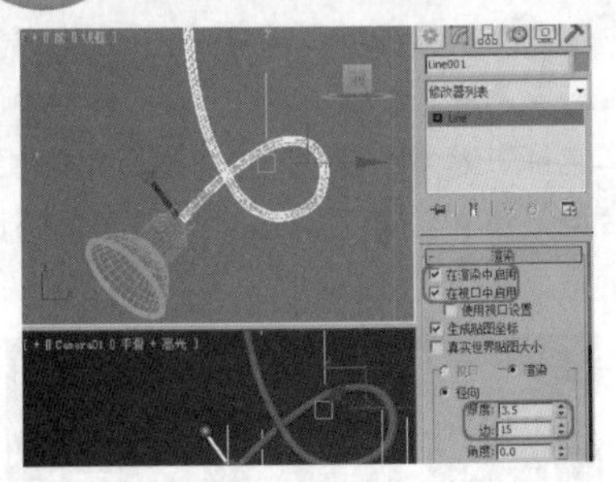

07 确认“Line001”对象是被选择状态，打开“材质编辑器”对话框，将其命名为“线”的材质球，单击“将材质制定给选定对象”按钮，将材质指定给场景中的“Line001”对象，如下图所示。

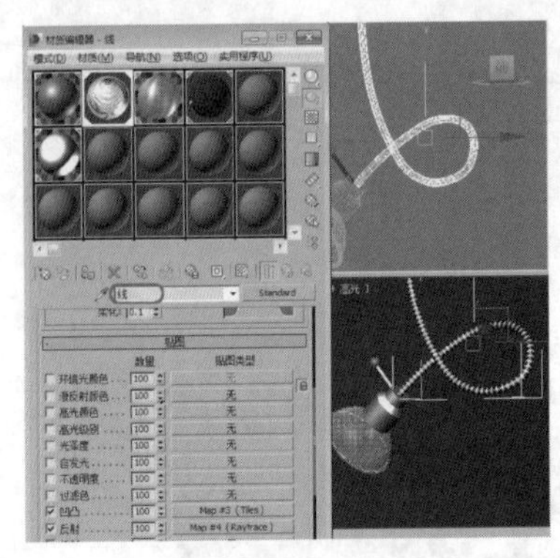

08 按F9键，将场景进行渲染，渲染效果如下图所示。

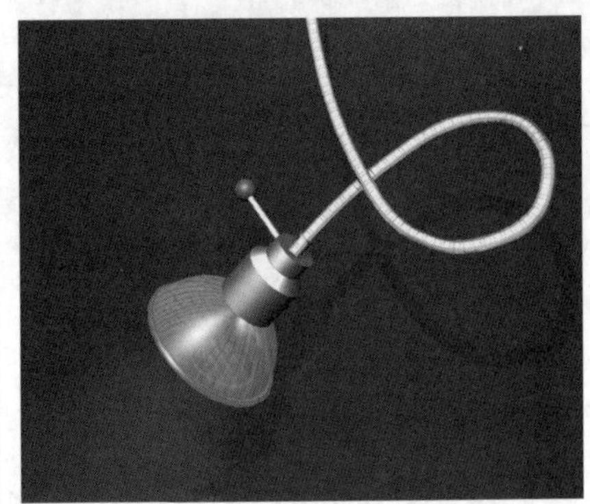

实战操作159 将顶点转换为平滑

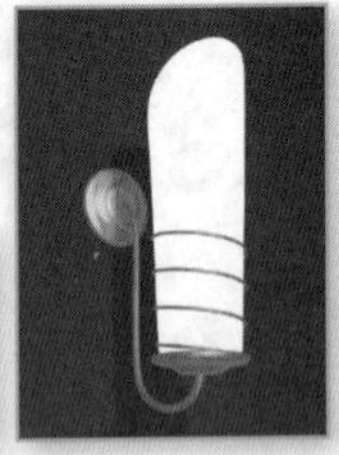

素材：Scenes\Cha04\4-16.max	难度：★★★★★
场景：Scenes\Cha04\实战操作159.max	视频：视频\Cha04\实战操作159.avi

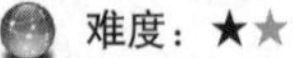

“平滑”属性决定了经过该点的曲线为平滑曲线。

01 按Ctrl+O组合键，打开一幅素材模型，如下图所示。

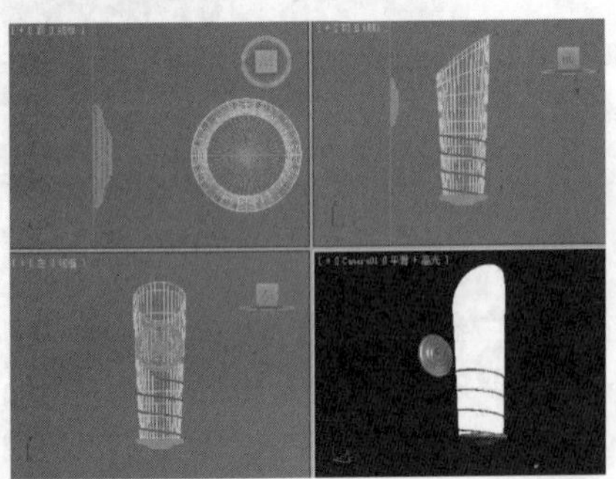

02 选择“创建”|“图形”|“样条线”|“线”工具，在前视图中绘制一个样条线，如下图所示。

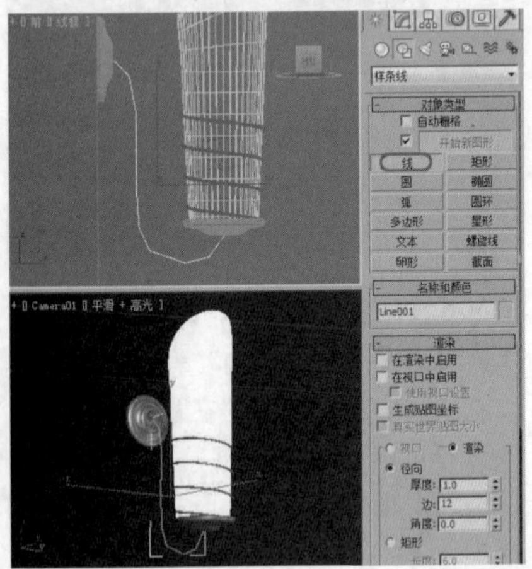

03 切换至修改面板，将当前选择集定义为“顶点”，如下图所示。

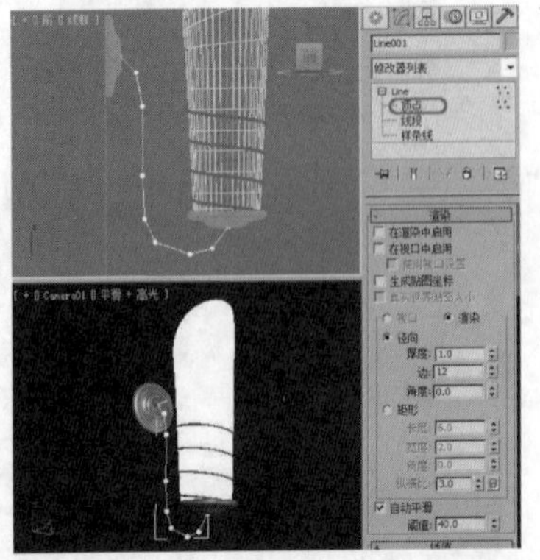

04 在前视图中选择所有节点，选择的点以红色显示，在节点上单击鼠标右键，弹出快捷菜单，选择“平滑”命令，如下图所示。

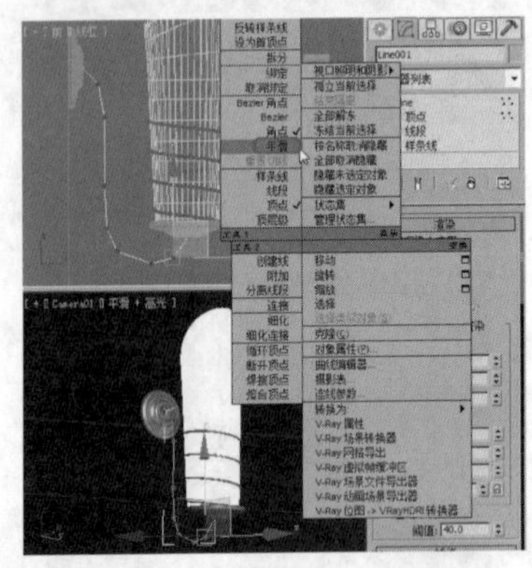

05 释放鼠标后节点变成光滑的曲线，单击工具栏中的“选择并移动”工具，适当调整节点的位置。将对象进行移动，移动到合适的位置，并命名为“灯托”，如下图所示。

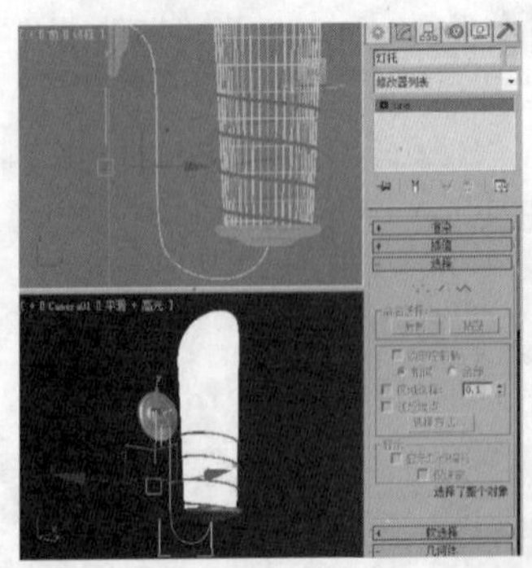

06 切换至修改面板，在“渲染”卷展栏中，勾选“在渲染中启用”和“在视口中启用”复选框，将“径向厚度”设置为25，“边”设置为12。并为其指定颜色，如下图所示。

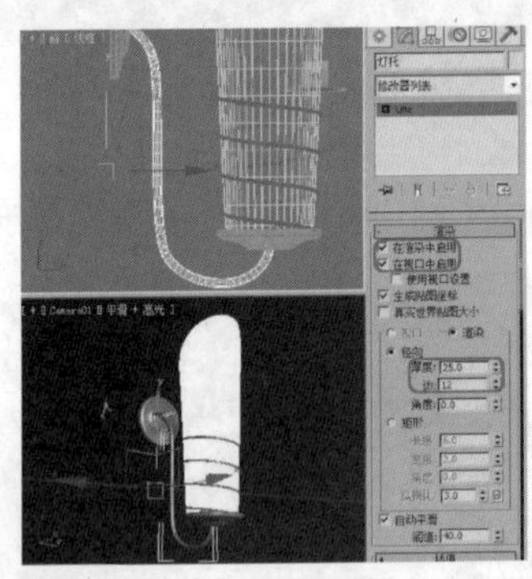

07 打开“材质编辑器”对话框，选择“金属”材质球，单击

"将材质指定给选定对象"按钮，将材质指定给场景中的"灯托"对象，如下图所示。

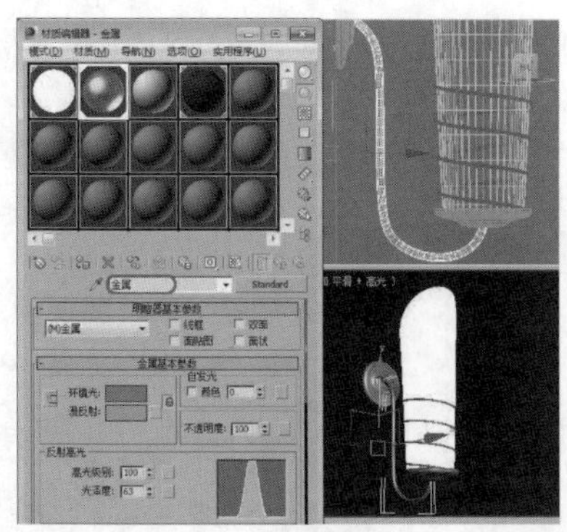

08 按F9键，将场景进行渲染，渲染效果如下图所示。

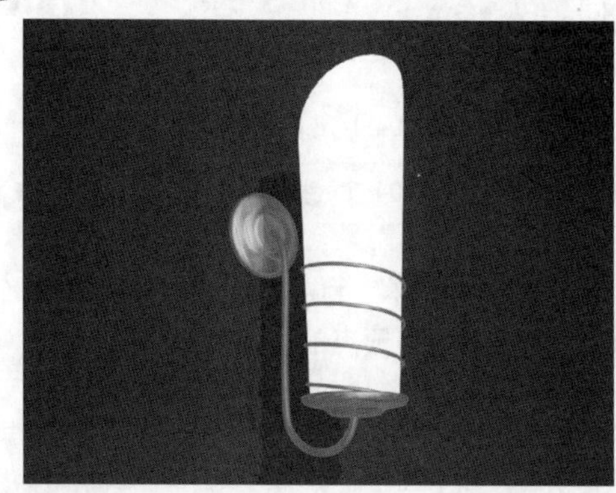

实战操作160 优化顶点

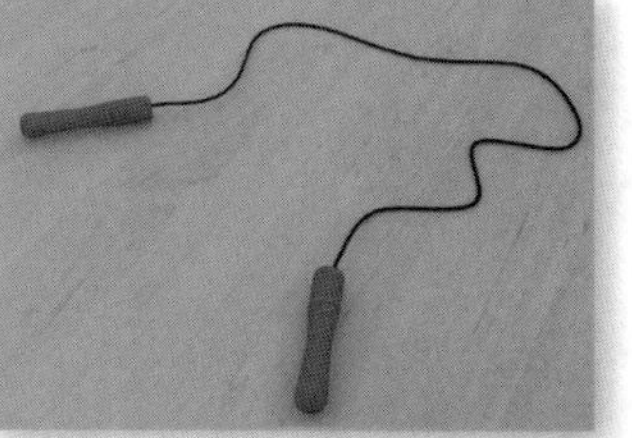

素材：Scenes\Cha04\4-17.max	难度：★★★★★
场景：Scenes\Cha04\实战操作160.max	视频：视频\Cha04\实战操作160.avi

使用"优化"命令可以添加顶点，而不更改样条线的曲率值。单击"优化"按钮，然后选择每次单击时要添加顶点的任意数量的样条线线段。下面举例讲解优化的作用。

01 按Ctrl+O组合键，打开一幅素材模型，如下图所示。

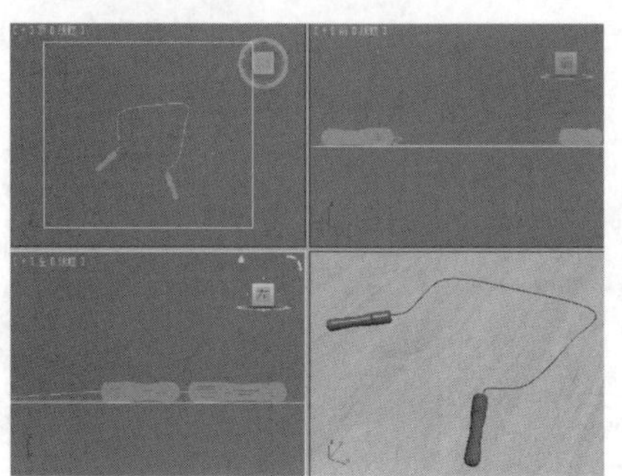

02 选择"绳"对象，切换到"修改"面板，将当前选择集定义为"顶点"，如下图所示。

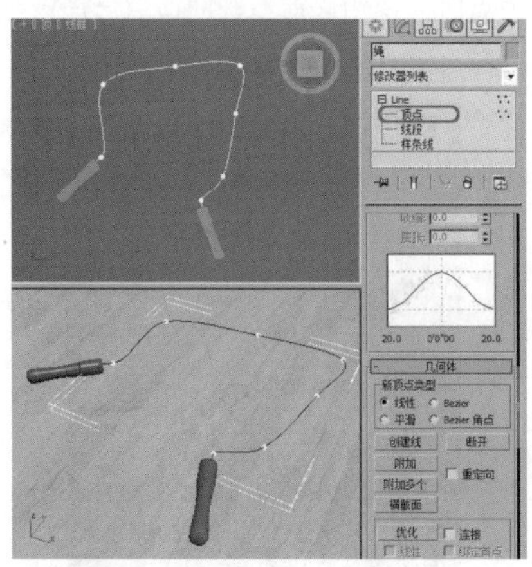

03 在"几何体"卷展栏中，单击"优化"按钮，在顶视图中给"绳"对象添加点，当鼠标在Line上呈现形状时，在线段上单击鼠标左键，即可看见优化的节点，如下图所示。

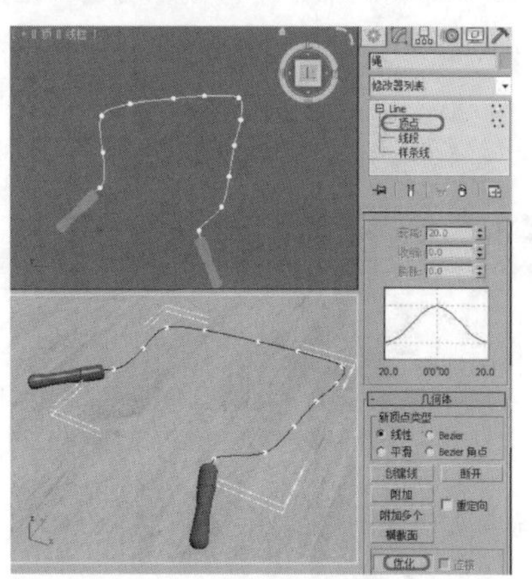

04 将优化的节点进行移动调整，如下图所示。

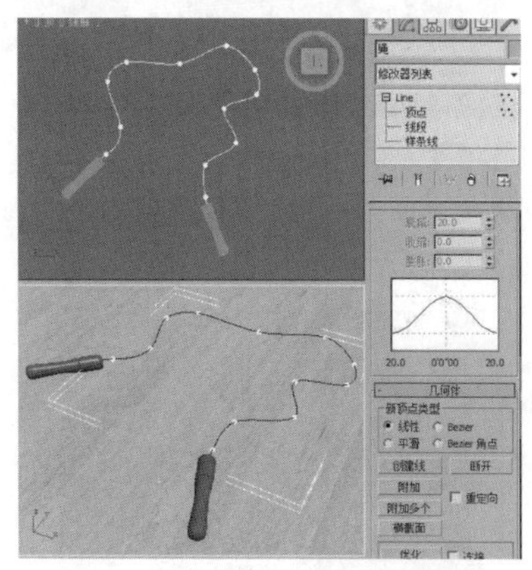

05 在"渲染"卷展栏中勾选"在渲染中启用"和"在视口中启用"复选框，将"厚度"设置为10，"边"设置为12，如下图所示。

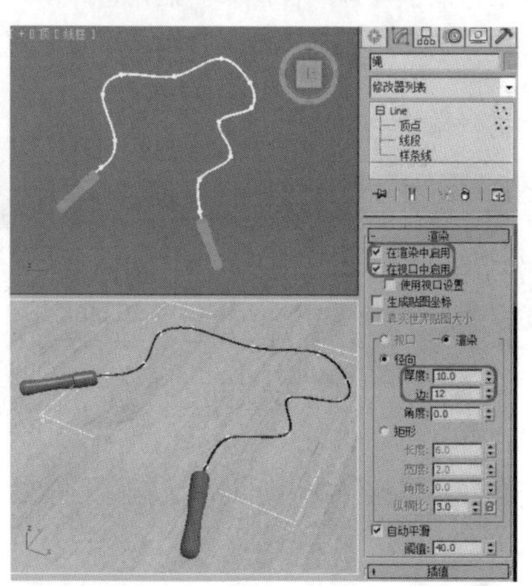

06 在"材质编辑器"对话框中，将"绳"的材质球指定给场景中的"绳"对象，移动到合适的位置，按F9键进行渲染，渲染效果如下图所示。

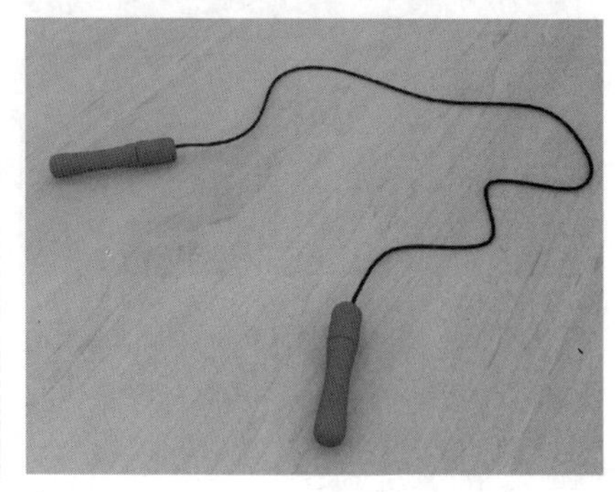

实战操作161 熔合顶点

素材：Scenes\Cha04\4-18.max	难度：★★★★★
场景：Scenes\Cha04\实战操作161.max	视频：视频\Cha04\实战操作161.avi

“熔合”与“焊接”的命令相似，都是将两个断点合并为一个顶点，而熔合的顶点将移至熔合顶点的中心位置。

01 按Ctrl+O组合键，打开一幅素材模型，如下图所示。

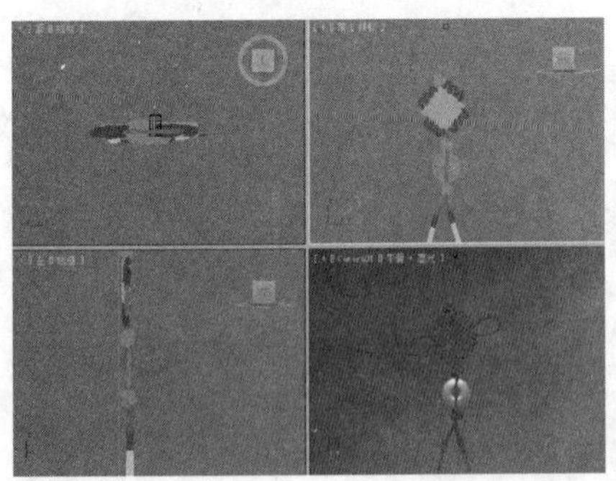

02 选择“绳1”对象，切换到“修改”面板，在“渲染”卷展栏中，取消勾选“在渲染中启用”和“在视口中启用”复选框，将当前选择集定义为“顶点”，如下图所示。

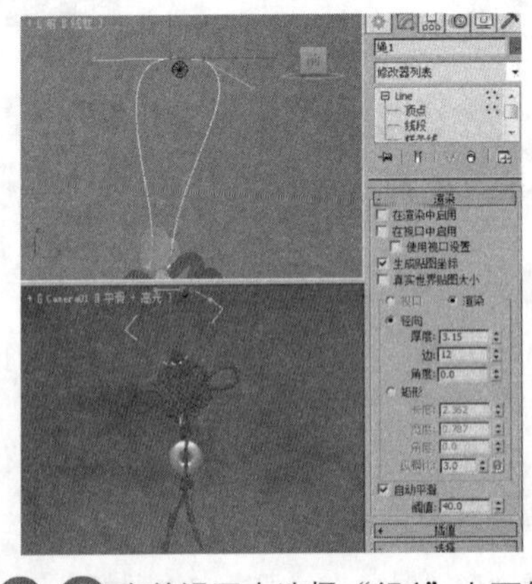

03 在前视图中选择“绳1”上面的两个点，单击鼠标右键，在弹出的菜单中选择“熔合顶点”命令，将对象进行调整，如下图所示。

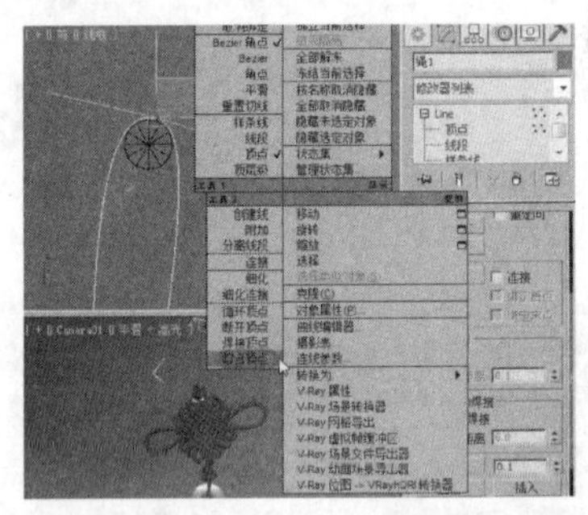

04 在“渲染”卷展栏中，再次勾选“在渲染中启用”和“在视口中启用”复选框，最后将场景进行渲染，如右图所示。

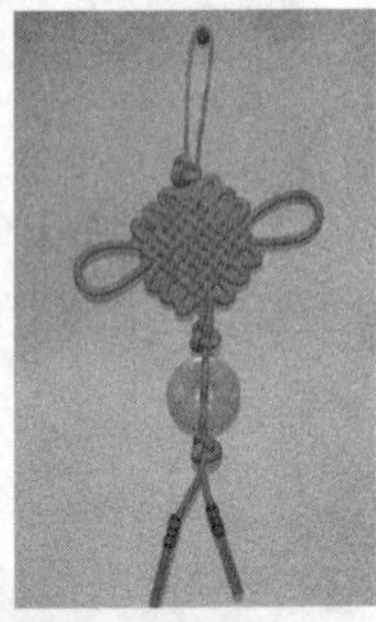

实战操作162 焊接顶点

素材：Scenes\Cha04\4-19.max	难度：★★★★★
场景：Scenes\Cha04\实战操作162.max	视频：视频\Cha04\实战操作162.avi

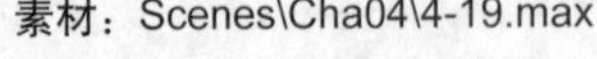

“焊接”命令的功能是将两个断点合并为一个顶点。

01 按Ctrl+O组合键，打开一幅素材模型，如下图所示。

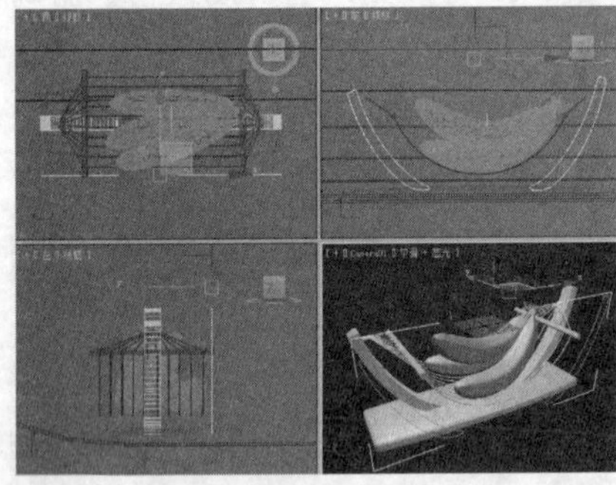

02 选择支架001，切换到“修改”面板，将当前选择集定义为“顶点”，在前视图中选择四个节点，如下图所示。

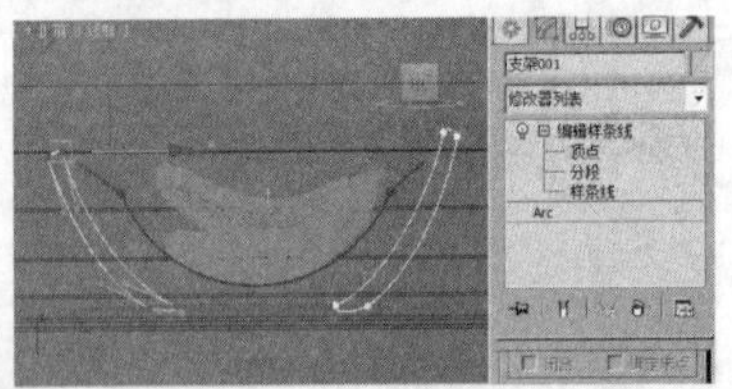

03 单击鼠标右键，弹出快捷菜单，选择“焊接顶点”选项，如下图所示。

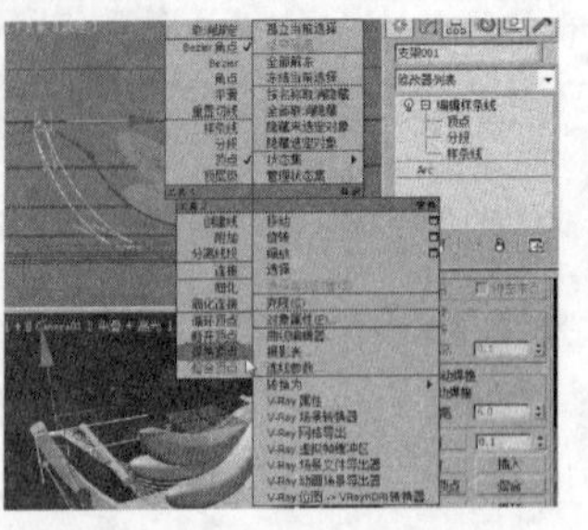

04 执行焊接命令后，当视图中显示有且仅有一个呈黄色显示的顶点时，说明之前断开的顶点已焊接在一起，如下图所示。

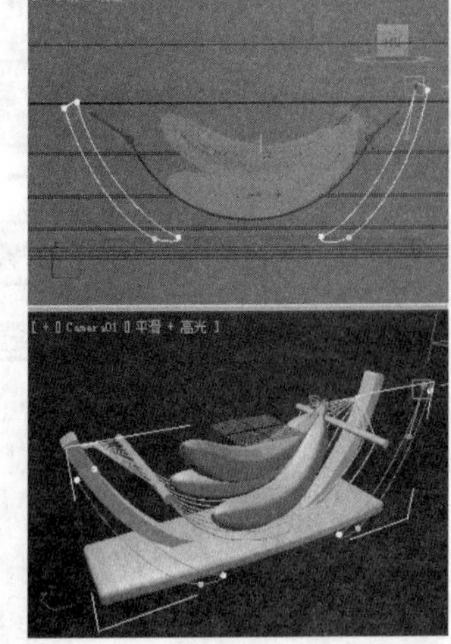

实战操作163 圆角顶点

素材：Scenes\Cha04\4-20.max	难度：★★★★★
场景：Scenes\Cha04\实战操作163.max	视频：视频\Cha04\实战操作163.avi

"圆角"命令的功能是将顶点所在的线段变得圆滑。

01 按Ctrl+O组合键，打开一幅素材模型，如下图所示。

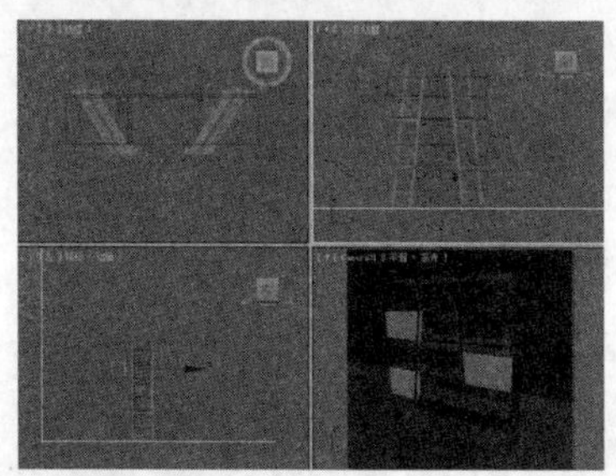

02 选择"背景"对象，切换到"修改"面板，将当前选择集定义为"顶点"，在左视图中选择下面的两个点，如下图所示。

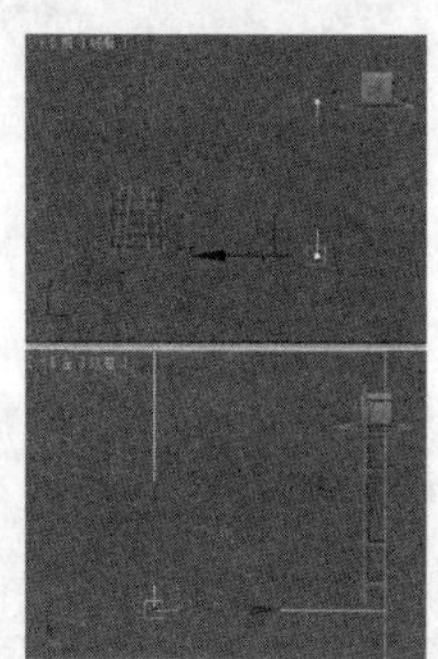

03 单击"几何体"卷展栏中的"圆角"按钮，并在其右侧的文本框中输入800，按回车键即可将顶点进行圆角处理，如下图所示。

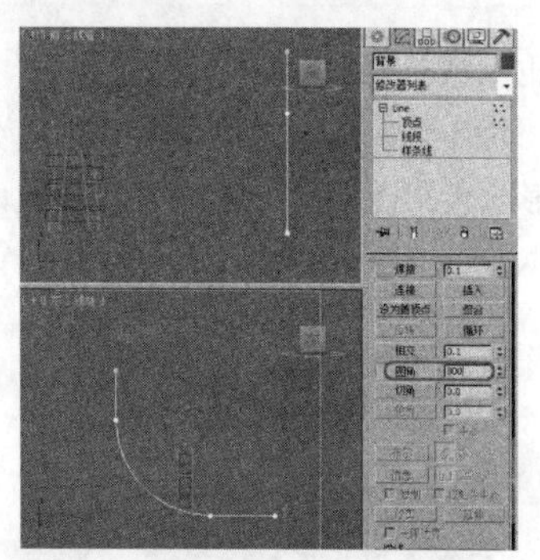

04 在修改器中选择"挤出"命令。在"参数"卷展栏中将"数量"设置为3000，将对象调整到合适的位置，如下图所示。

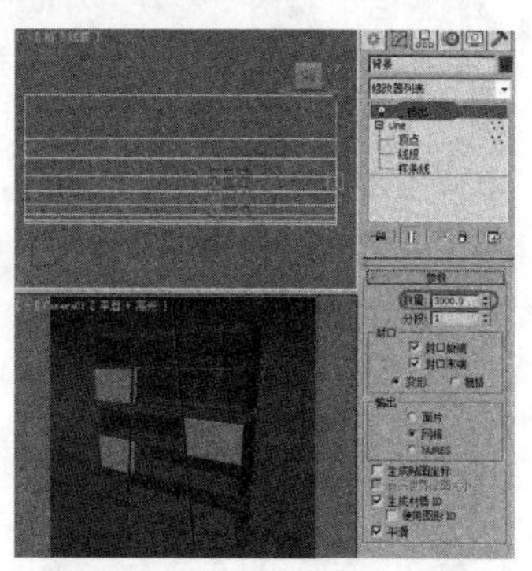

05 在修改器中选择"壳"命令，在"参数"卷展栏中将"内部量"设置为5，并设置颜色，如下图所示。

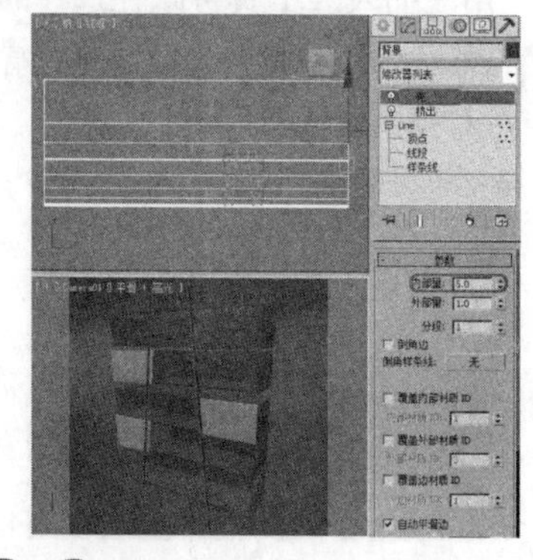

06 按F9键，将场景进行渲染，效果如下图所示。

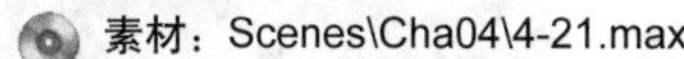

实战操作164 切角顶点

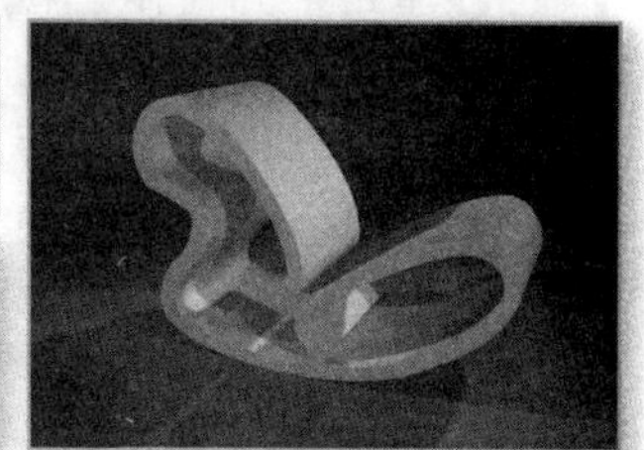

素材：Scenes\Cha04\4-21.max	难度：★★★★★
场景：Scenes\Cha04\实战操作164.max	视频：视频\Cha04\实战操作164.avi

用"切角"工具可以将一个顶点切角，形成切角顶点。

01 按Ctrl+O组合键，打开一幅素材模型，单击Line002样条线，切换到"修改"面板，将当前选择集定义为顶点，在顶视图中选择一个节点，如右图所示。

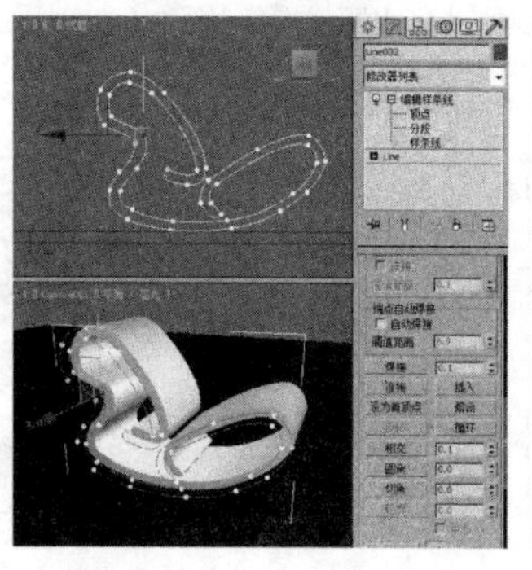

02 单击"几何体"卷展栏中的"切角"按钮，移动鼠标至前视图，选择节点，当鼠标指针呈形状时，沿Y轴向上拖拽鼠标至合适位置，然后释放鼠标，即可得到切角顶点，如右图所示。

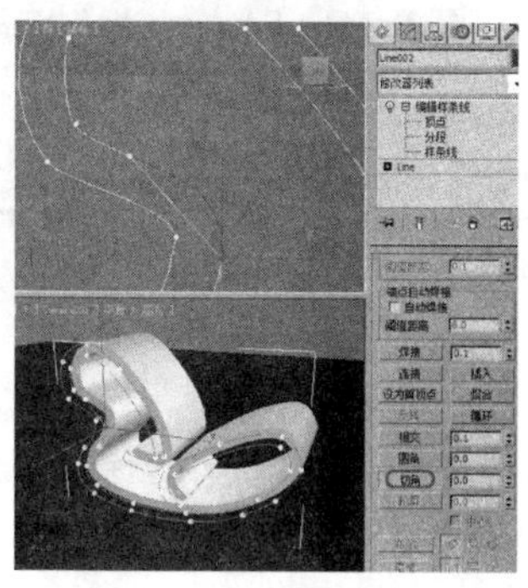

4.4 编辑线段

线段选择集是连接两个节点之间的线段，当对线段进行操作时，相当于对线段两端的节点进行操作。

实战操作165 插入线段

素材：Scenes\Cha04\4-22.max	难度：★★★★★
场景：Scenes\Cha04\实战操作165.max	视频：视频\Cha04\实战操作165.avi

用“插入”工具可以在选择的线段中插入线段。

01 按Ctrl+O组合键，打开一幅素材模型，如下图所示。

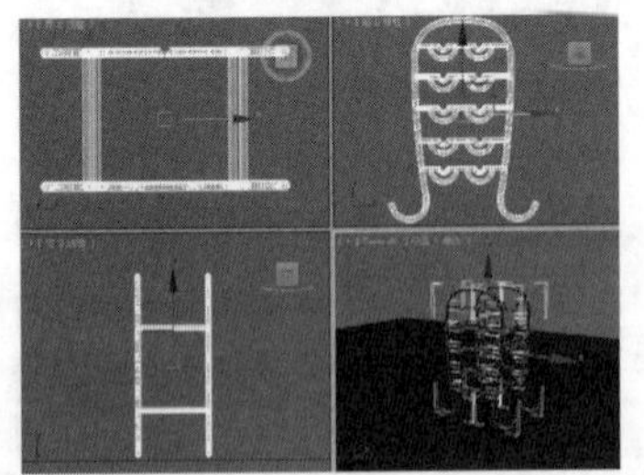

02 选择“支架01”对象，切换到“修改”面板，将当前选择集定义为线段，在“渲染”卷展栏中暂时取消勾选“在渲染中启用”和“在视口中启用”复选框，如下图所示。

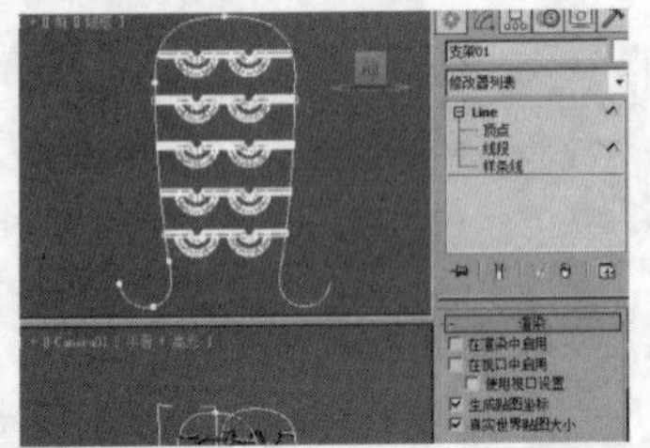

03 单击“几何体”卷展栏中的“插入”按钮，移动鼠标至前视图中的线段底部，当鼠标指针呈时，按住鼠标左键并拖拽线段，样条线的形状也跟随变化，单击鼠标左键即可插入线段，并使用“选择并移动”工具，将线段进行调整，如下图所示。

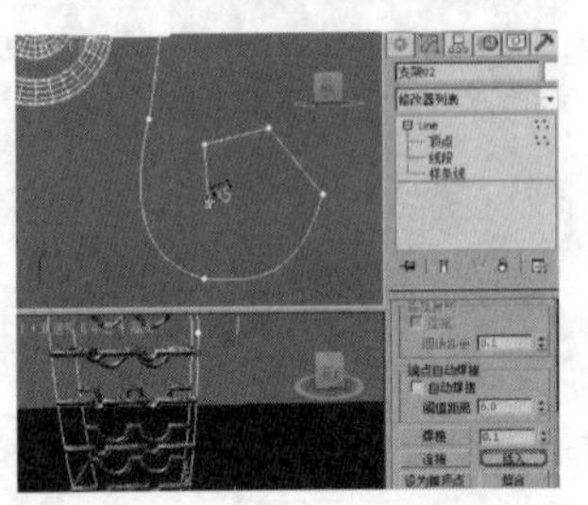

04 激活前视图，在视图中调整顶点的位置，将其平滑，并在“渲染”卷展栏中勾选“在渲染中启用”和“在视口中启用”复选框，将“径向厚度”设置为10，“边”设置为12，如下图所示。

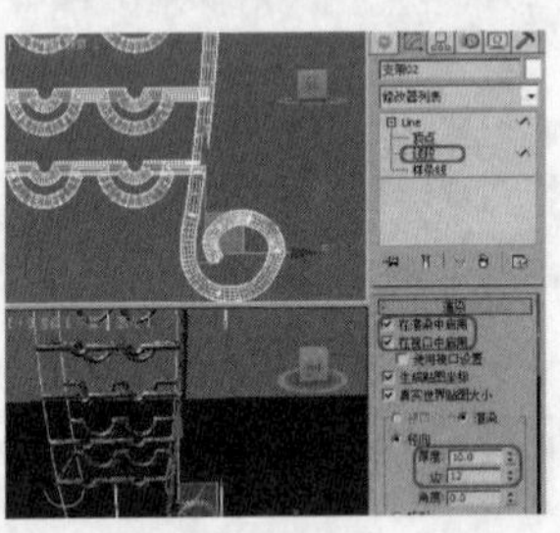

05 使用同样的方法，将其他支架进行插入，并进行调整，如下图所示。

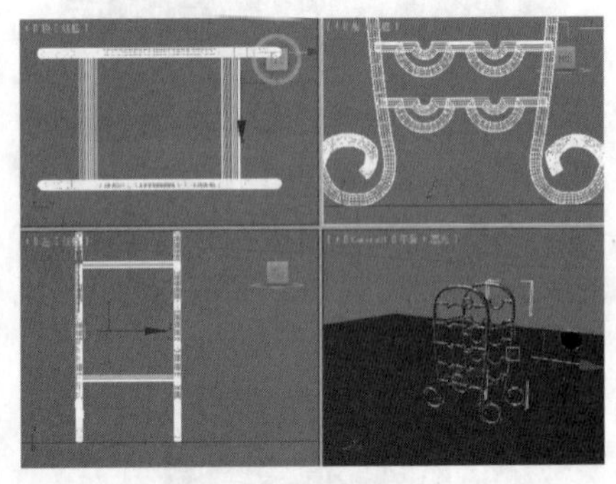

06 调整完后，按F9键进行渲染，如下图所示。

实战操作166 拆分线段

素材：Scenes\Cha04\4-23.max	难度：★★★★★
场景：Scenes\Cha04\实战操作166.max	视频：视频\Cha04\实战操作166.avi

通过在选择的线段上加点，将选择的线段分成若干条线段，然后在其后面的文本框中输入要加入顶点的数值，再单击该按钮，即可将选择的线段拆分为若干条线段。

01 按Ctrl+O组合键，打开一幅素材模型，如下图所示。

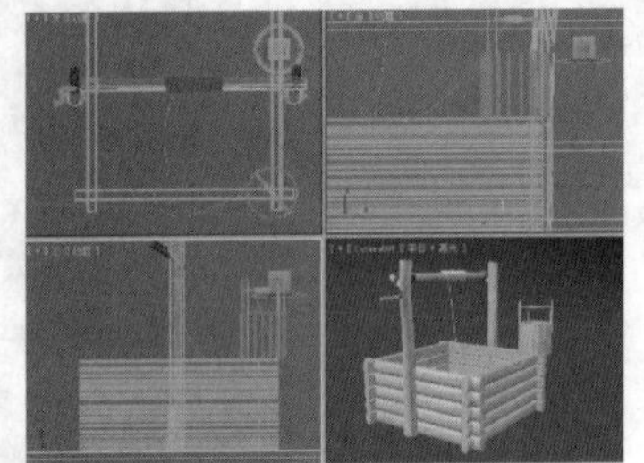

02 选择拉绳002样条线，切换到“修改”面板，将当前选择集定义为线段，使其高亮显示，在前视图中选择线段，所选的线段呈红色，如下图所示。

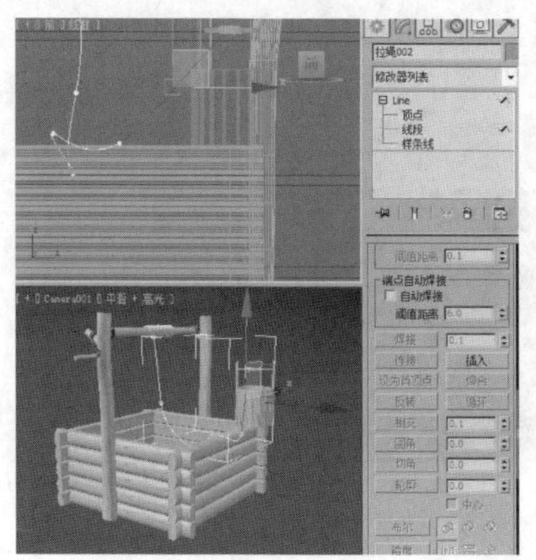

03 在“几何体”卷展栏中的“拆分”按钮后的文本框中输入1，然后单击“拆分”按钮，所选的线段将被拆分，如下图所示。

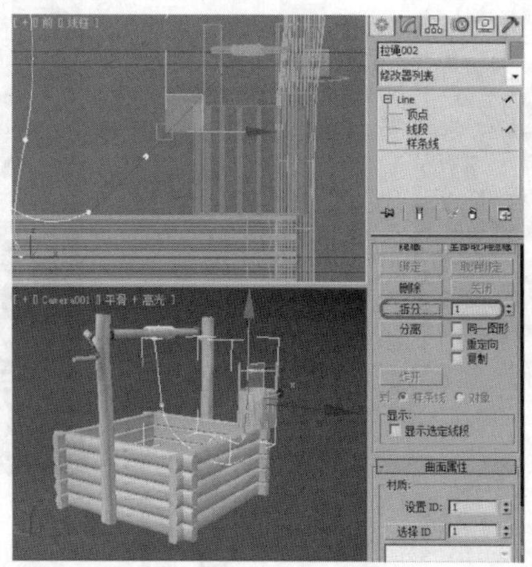

04 拆分后，将当前选择集定义为顶点，在“渲染”卷展栏中勾选“在渲染中启用”和“在视口中启用”复选框，将“径向厚度”设置为2，“边”设置为12。并在视图中调整其位置，如下图所示。

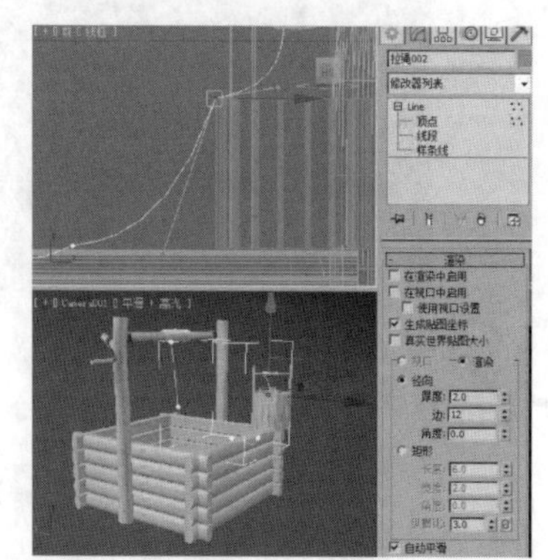

实战操作167 分离线段

素材：Scenes\Cha04\4-23..max	难度：★★★★★
场景：无	视频：视频\Cha04\实战操作167.avi

用“分离”工具可以将选择的线段分离。

01 按Ctrl+O组合键，打开4-23.max素材模型，选择拉绳002样条线，将当前选择集定义为线段，使其高亮显示，在前视图中选择线段，所选的线段呈红色，如右图所示。

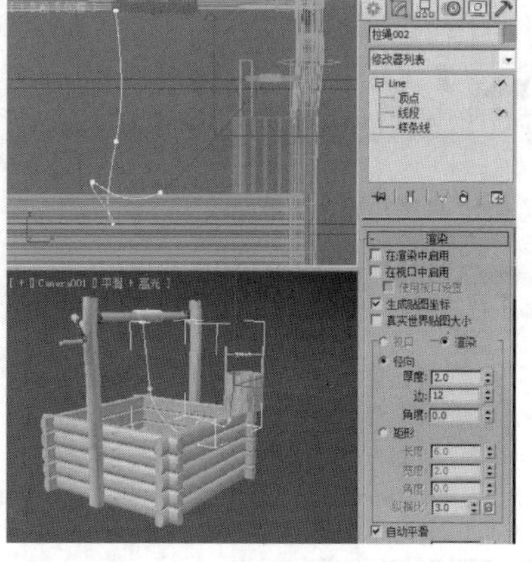

02 单击“几何体”卷展栏中的“分离”按钮，弹出“分离”对话框，单击“确定”按钮，所选的线段将成为单独的图形分离出来，如右图所示。

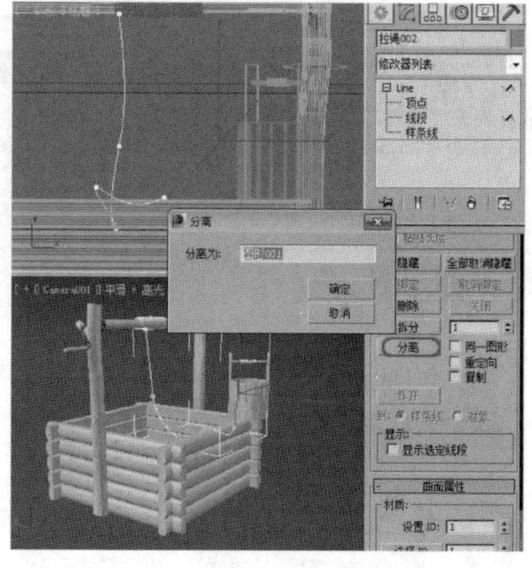

4.5 编辑二维样条线

样条线级别是二维图形中另一个功能强大的次物体修改级别，相连接的线段即为一条样条线。

实战操作168 附加单个样条线

 素材：Scenes\Cha04\4-24.max	难度：★★★★★
 场景：Scenes\Cha04\实战操作168.max	视频：视频\Cha04\实战操作168.avi

单击“几何体”卷展栏中的“附加”命令，则两个样条线形成一个整体。

01 按Ctrl+O组合键，打开一幅素材模型，如下图所示。

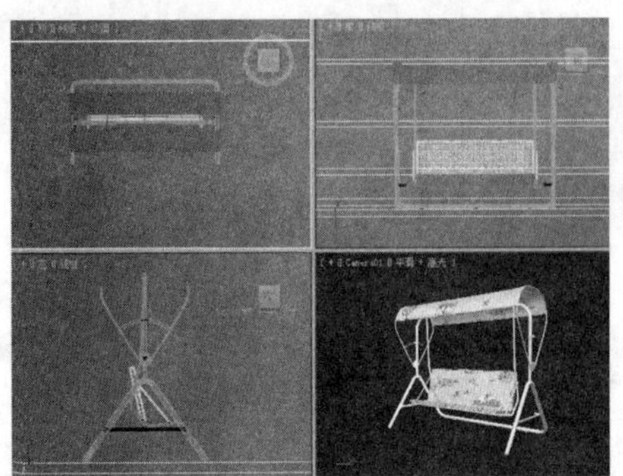

02 在前视图中选择“支架01”，将当前选择集定义为样条线，如下图所示。

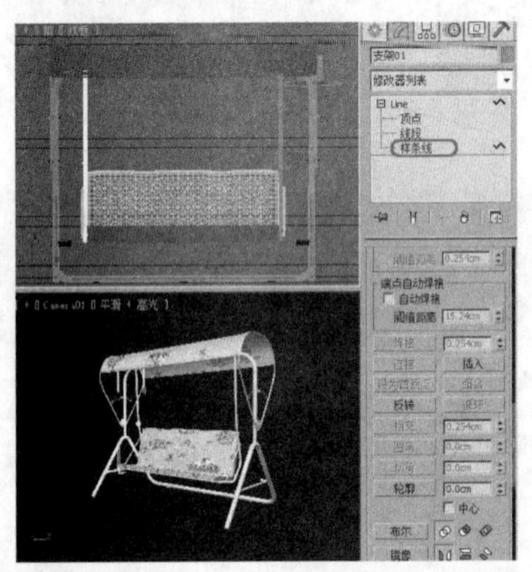

03 单击“几何体”卷展栏中的“附加”按钮，移动鼠标至前视图中，当鼠标指针呈现形状时，单击鼠标左键，附加“支架02”对象，如下图所示。

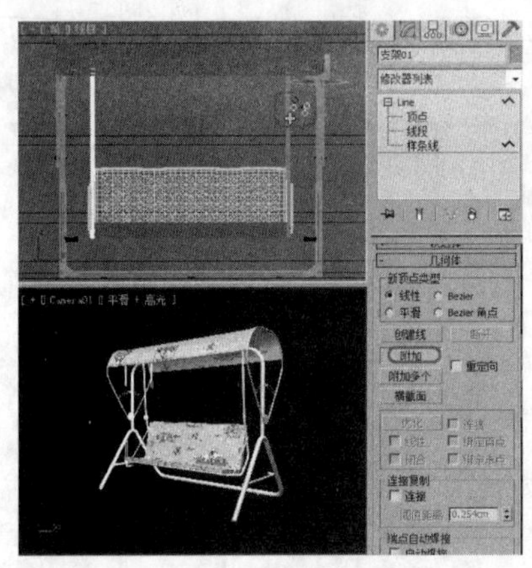

04 按F9键，渲染场景，效果如下图所示。

实战操作169 附加多个样条线

素材：Scenes\Cha04\4-24.max	难度：★★★★★
场景：无	视频：视频\Cha04\实战操作169.avi

在附加样条线中不仅可以附加一条，而且可以附加多条样条线，使多条样条线成为一个整体。

01 按Ctrl+O组合键，打开4-24素材模型，选择“支架01”对象，如下图所示。

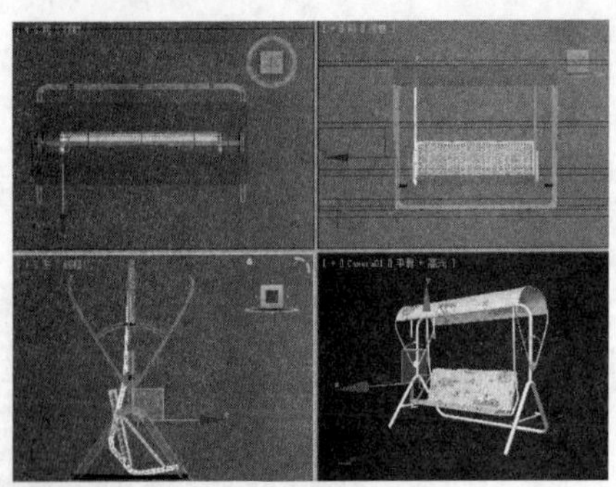

02 切换到“修改”面板，将当前选择集定义为样条线，单击“几何体”卷展栏中的“附加多个”按钮，如下图所示。

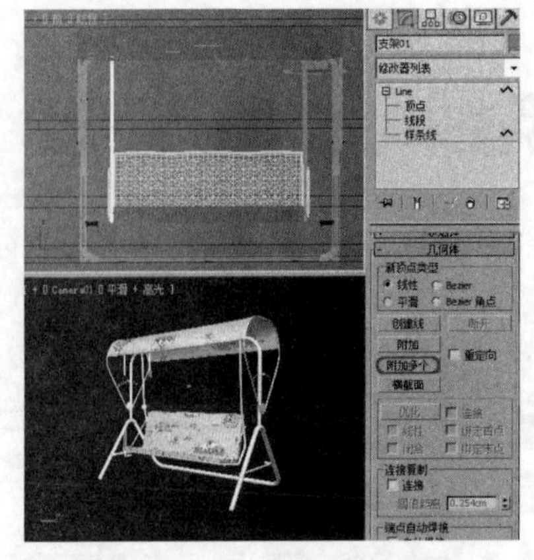

03 弹出“附加多个”对话框，按住Ctrl键的同时单击线段对象名称，选中后的对象呈蓝色，单击“附加”按钮，即可附加所选的对象，如下图所示。

04 按F9键进行渲染，渲染效果如下图所示。

实战操作170 设置样条线轮廓

素材：Scenes\Cha04\4-25.max	难度：★★★★★
场景：Scenes\Cha04\实战操作170.max	视频：视频\Cha04\实战操作170.avi

制作样条线的副本，所有侧边上的距离偏移量由“轮廓宽度”微调器（在“轮廓”按钮的右侧）指定。选择一个或多个样条线，然后使用微调器动态地调整轮廓的位置，或单击“轮廓”然后拖动样条线。如果样条线是开口的，生成的样条线及其轮廓将成为一个闭合的样条线。

01 按Ctrl+O组合键，打开一幅素材模型，如下图所示。

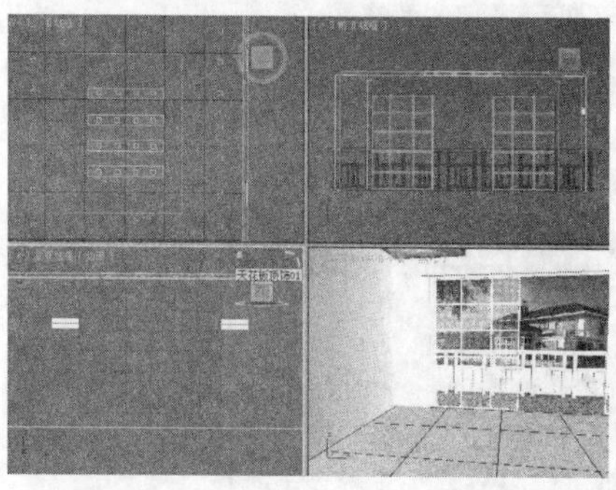

02 选择“创建”|“图形”|“样条线”|“线”工具，在顶视图中绘制一条线，如下图所示。

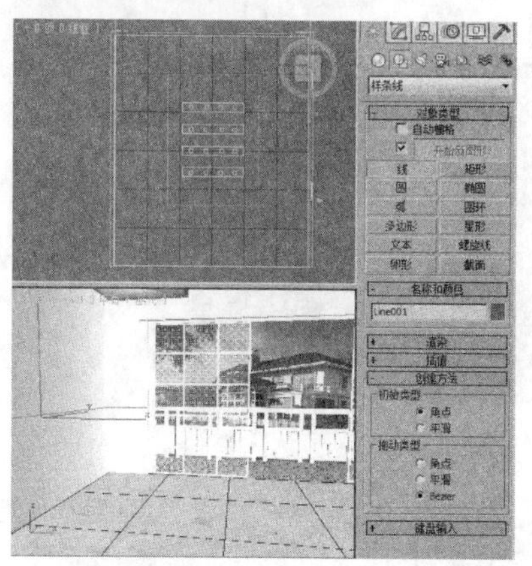

03 切换至修改面板，将当前选择集定义为“样条线”命令，如下图所示。

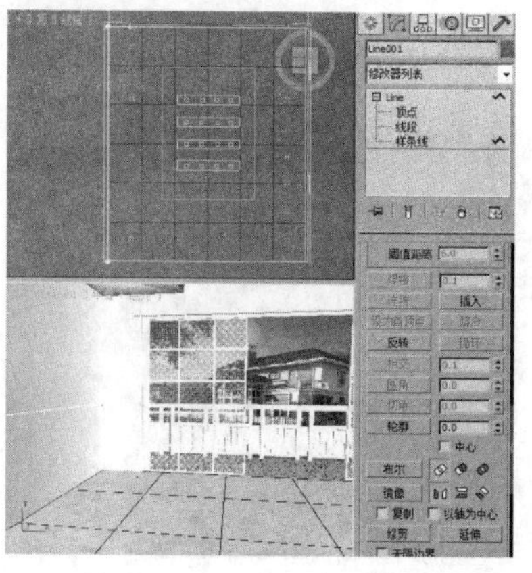

04 在“几何体”卷展栏中，单击“轮廓”按钮，并在右侧的文本框中输入20，如下图所示。

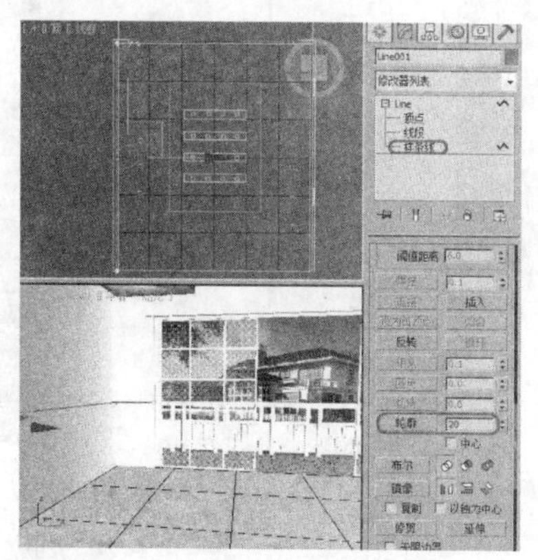

05 在修改器的下拉列表中选择“挤出”修改器，如下图所示。

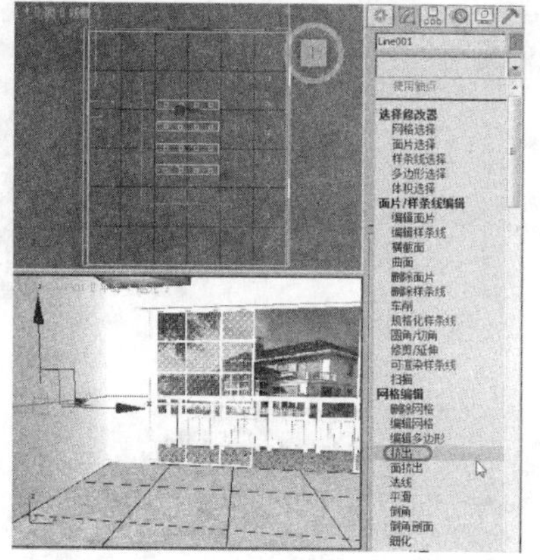

06 在参数卷展栏中，将数量设置为100。在视图中调整其位置，并为其指定材质，如下图所示。

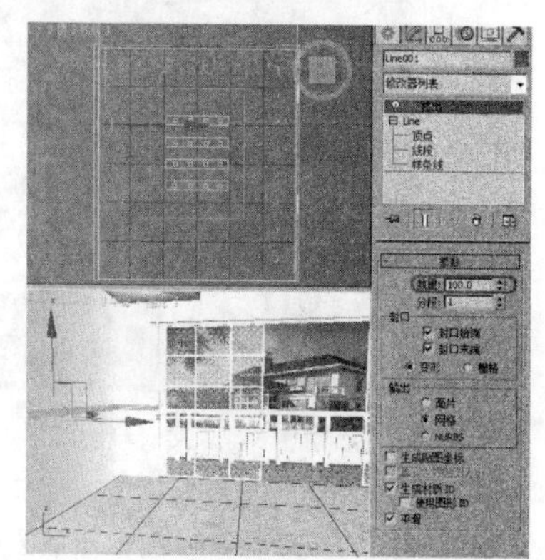

07 将对象命名为“踢脚线”，打开“材质编辑器”对话框，选择“踢脚线”材质球，将其指定给场景中的“踢脚线”命令，并将其调整位置，如下图所示。

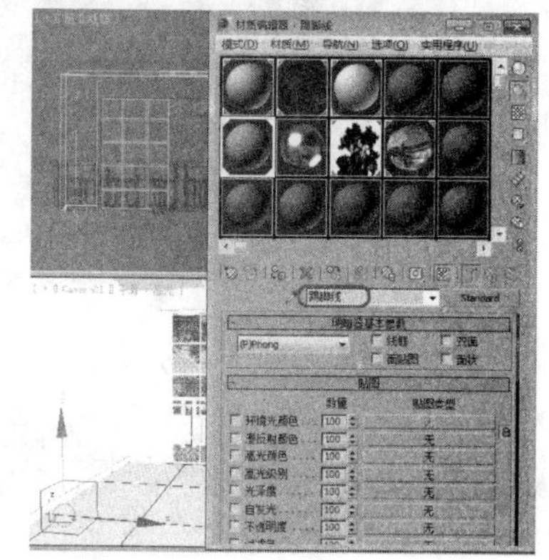

08 按F9键，将场景进行渲染，渲染效果如下图所示。

实战操作171 修剪样条线

素材：Scenes\Cha04\4-26.max	难度：★★★★★
场景：Scenes\Cha04\实战操作171.max	视频：视频\Cha04\实战操作171.avi

“修剪”工具可以将样条线中的交叉或无用的样条线修剪掉，达到需要的形状。

01 按Ctrl+O组合键，打开一幅素材模型，如下图所示。

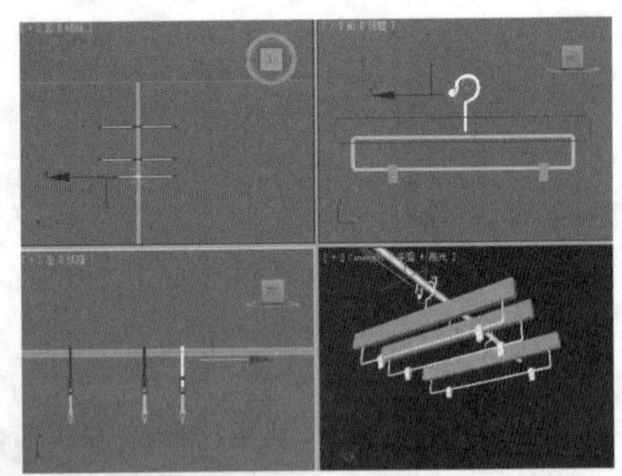

02 选择视图中“衣架-挂钩01”对象，切换到“修改”面板，将当前选择集定义为“样条线”，单击“几何体”卷展栏中的“修剪”按钮，如下图所示。

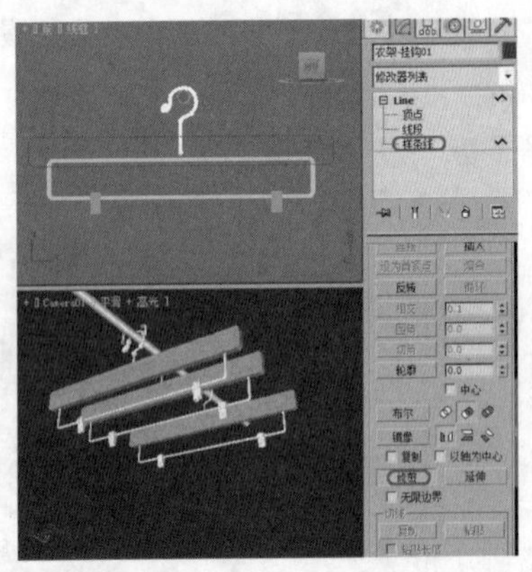

03 在“渲染”卷展栏中，取消勾选“在渲染中启用”和“在视口中启用”复选框，移动鼠标至到前视图，当“衣架-挂钩01”对象上的鼠标指针呈现形状时，单击鼠标左键，单击需要修剪的线段，释放鼠标，即可修剪，如下图所示。

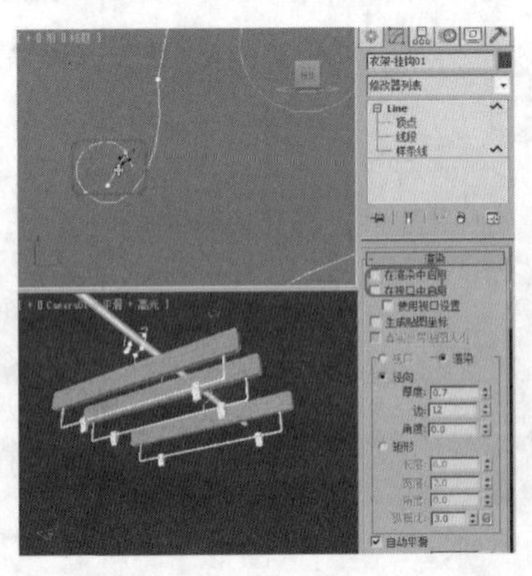

04 修剪后，在“渲染”卷展栏中，勾选“在渲染中启用”和“在视口中启用”复选框，按F9键进行渲染，渲染效果如下图所示。

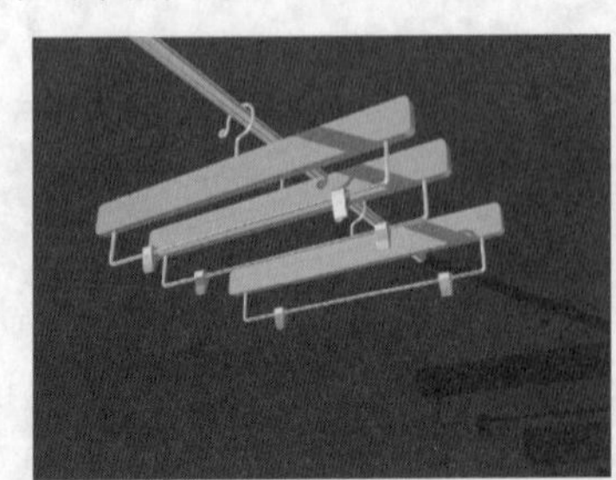

实战操作172 并集二维样条线

 素材：Scenes\Cha04\4-27.max	难度：★★★★★
 场景：Scenes\Cha04\实战操作172.max	视频：视频\Cha04\实战操作172.avi

在“几何体”卷展栏中的“并集”命令，是将两个样条线合并，相交的部分被删除，形成一个新的样条线。

01 按Ctrl+O组合键，打开一幅素材模型，如下图所示。

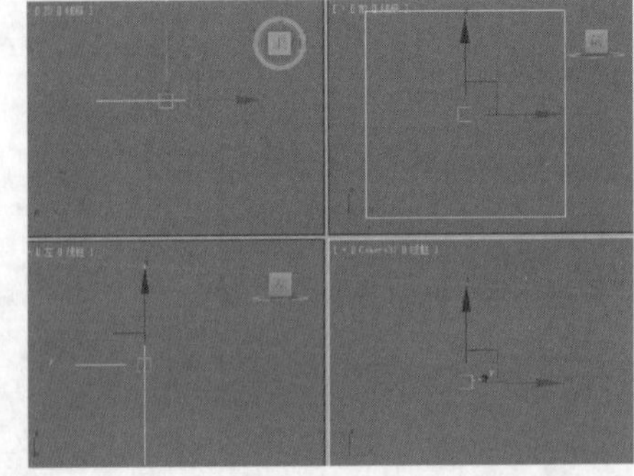

02 选择Shape17，切换至修改面板，将当前选择集定义为“样条线”，在顶视图中选择一个样条线，如下图所示。

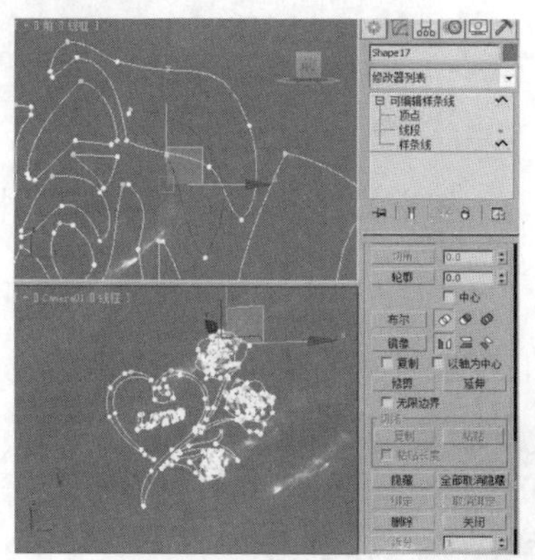

03 在“几何体”卷展栏中单击“并集”按钮，然后单击“布尔”按钮，移动鼠标到样条线上，当鼠标指针呈形状时，单击鼠标左键，即可并集样条线，如下图所示。

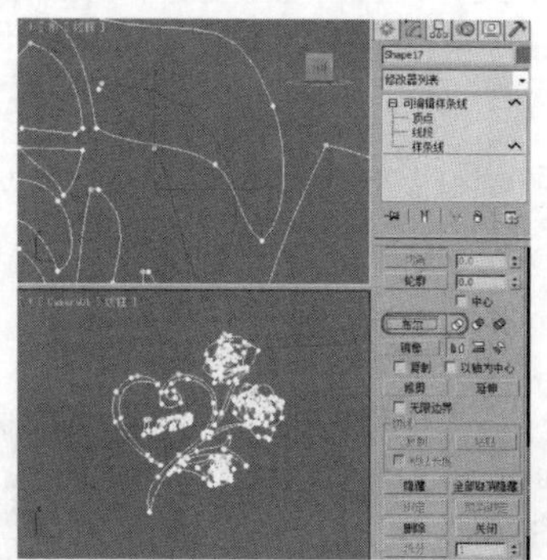

04 单击修改面板右侧的小三角按钮，在弹出的下拉菜单中选择“挤出”选项，在“参数”卷展栏中将“数量”设置为0.5，如下图所示。

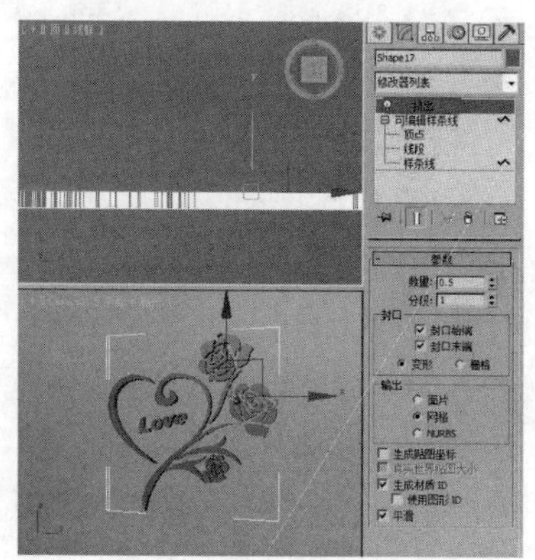

实战操作173 差集二维样条线

素材：Scenes\Cha04\4-27.max	 难度：★★★★★
 场景：Scenes\Cha04\实战操作173.max	 视频：视频\Cha04\实战操作173.avi

“差集”是布尔运算中的一种，将两个样条线进行相减处理，得到一种切割后的样条线。

01 按Ctrl+O组合键，打开一幅素材模型，如下图所示。

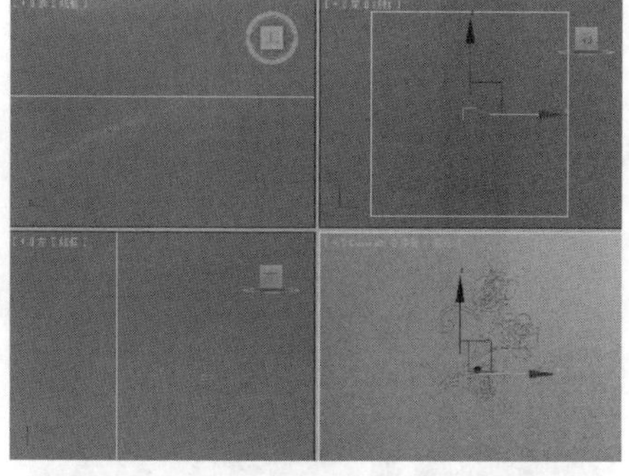

02 在前视图中选择Shape17，切换到“修改”面板，将当前选择集定义为“样条线”，选择需要差集的样条线，选中的样条线呈红色显示，如下图所示。

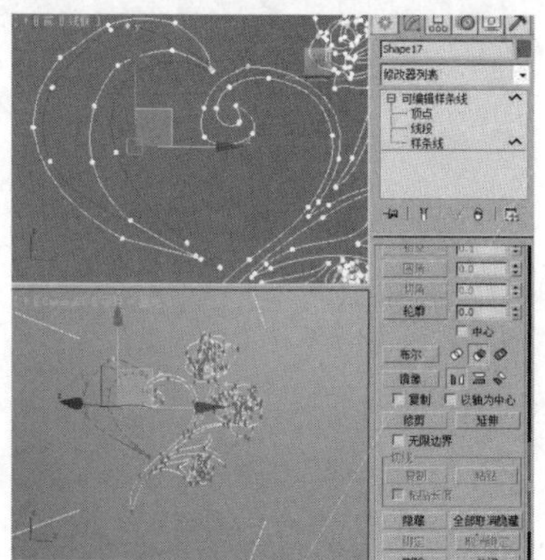

03 在“几何体”卷展栏中单击“差集”按钮，然后单击“布尔”按钮，移动鼠标到样条线上，当鼠标指针呈形状时，单击鼠标左键，即可差集样条线，并将对象进行调整，如下图所示。

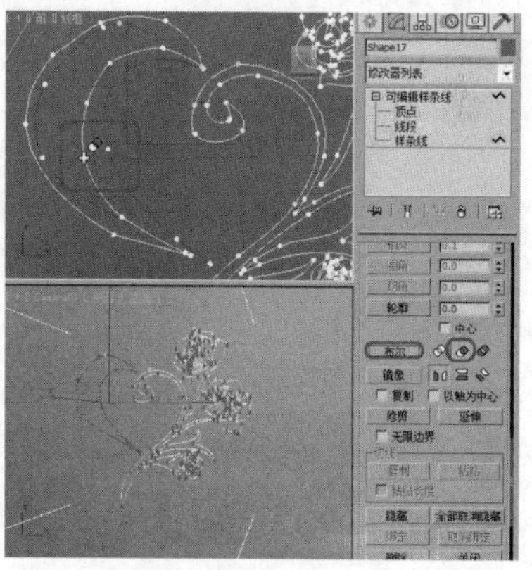

04 单击修改面板右侧的小三角按钮，在弹出的下拉菜单中选择“挤出”选项，在“参数”卷展栏中，将“数量”设置为0.3，并设置图形的颜色，如下图所示。

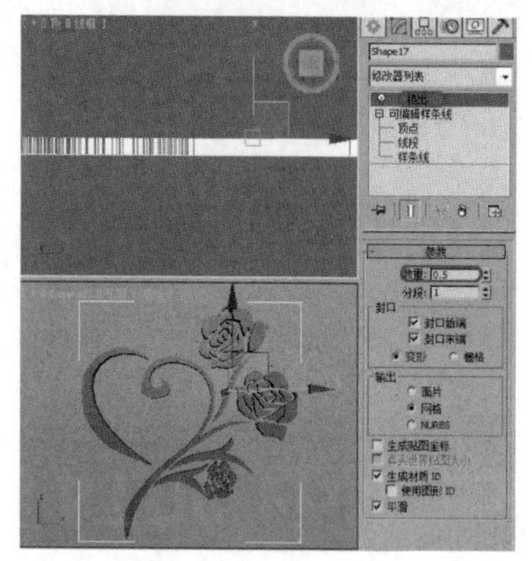

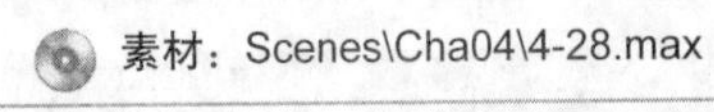

实战操作174 交集二维样条线

素材：Scenes\Cha04\4-28.max	难度：★★★★★
场景：Scenes\Cha04\实战操作174.max	视频：视频\Cha04\实战操作174.avi

"交集"与"并集"、"差集"的功能相似，将两个样条线相交的部分保留，不相交的部分删除，形成新的样条线。

01 按Ctrl+O组合键，打开一幅素材模型，如下图所示。

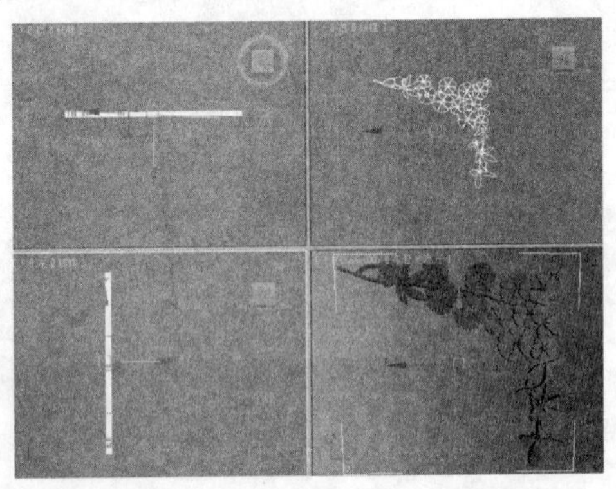

02 在前视图中选择Line001，切换到"修改"面板，选择"Line"修改器堆栈中的"样条线"选项，选中的样条线呈红色显示，如下图所示。

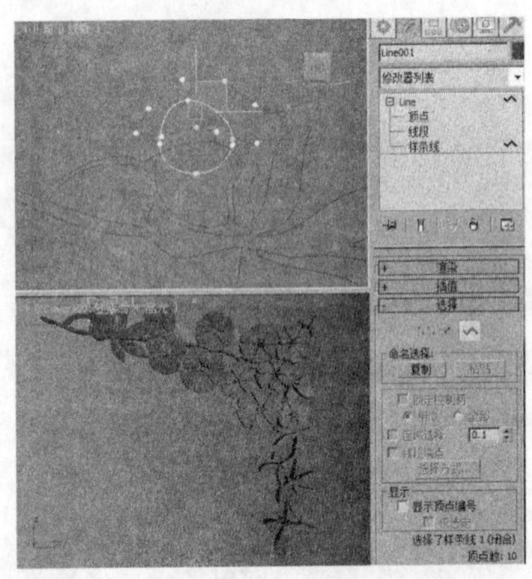

03 在"几何体"卷展栏中，单击"交集"按钮，然后单击"布尔"按钮，移动鼠标到样条线上，当鼠标指针呈形状时，单击鼠标左键，即可交集样条线，如下图所示。

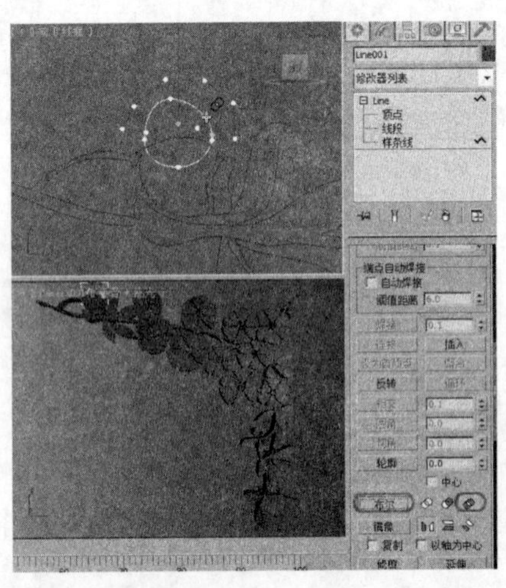

04 单击修改面板右侧的小三角按钮，在弹出的下拉菜单中选择"挤出"选项，在"参数"卷展栏中，将"数量"设置为10，如下图所示。

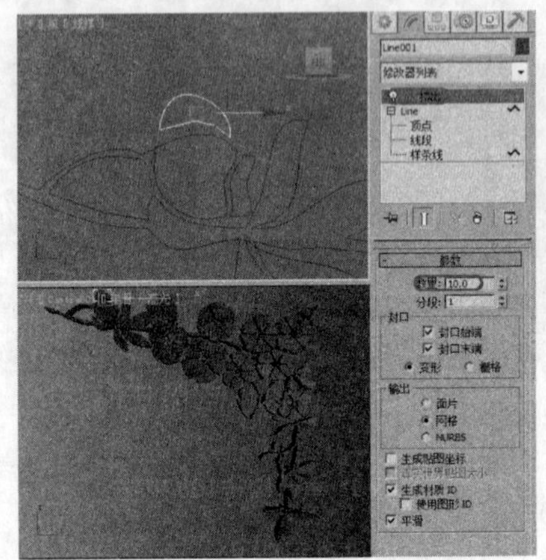

第5章 创建植物和建筑对象

Chapter 05

为了方便用户高效、快捷地完成工作，从3ds Max 6之后新增了不少几何体，这些几何体也在3ds Max 2014中得到保留。它们是一些简单的植物模型和建筑模型，在大多数场景中，只要将它们稍加修改就能满足用户的需要。

5.1 创建AEC扩展

"AEC扩展"对象专为在建筑、工程和构造领域中使用而设计。使用"植物"工具下的选项来创建植物，使用"栏杆"工具下的选项来创建栏杆和栅栏，使用"墙"工具下的选项来创建墙。

实战操作175 创建孟加拉菩提树

素材：Scenes\Cha05\5-1.max	难度：★★★★★
场景：Scenes\Cha05\实战操作175.max	视频：视频\Cha05\实战操作175.avi

下面介绍如何创建孟加拉菩提树，具体操作步骤如下。

01 重置一个新的场景，按Ctrl+O组合键，在弹出的对话框中打开5-1.max素材文件，选择"创建" | "几何体" | "AEC扩展" | "植物"工具，在"收藏的植物"卷展栏中单击"孟加拉菩提树"对象，如下图所示。

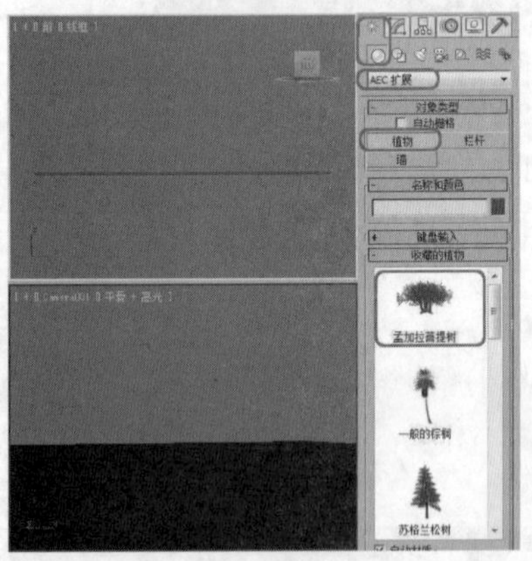

02 激活顶视图，单击创建孟加拉菩提树对象，如下图所示。

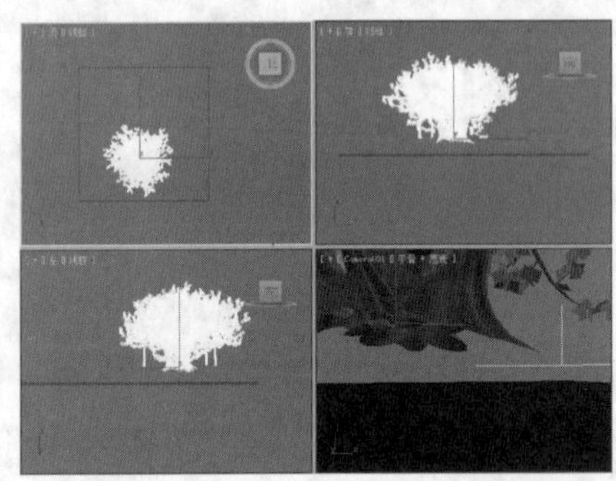

03 选择"选择并移动"工具，在场景中选择创建的植物对象，切换至"修改"命令面板，在"参数"卷展栏中，将"高度"设置为75.6，并将其调整至合适的位置，如下图所示。

04 设置完成后，激活摄影机视图，按F9键进行渲染，效果如下图所示。

实战操作176 创建一般的棕榈

素材：Scenes\Cha05\5-1.max	难度：★★★★★
场景：Scenes\Cha05\实战操作176.max	视频：视频\Cha05\实战操作176.avi

下面介绍如何创建一般的棕榈，具体操作步骤如下。

01 重置一个新的场景，按Ctrl+O组合键，在弹出的对话框中打开5-1.max素材文件，选择"创建" | "几何体" | "AEC扩展" | "植物"工具，在"收藏的植物"卷展栏中单击"一般的棕榈"对象，如右图所示。

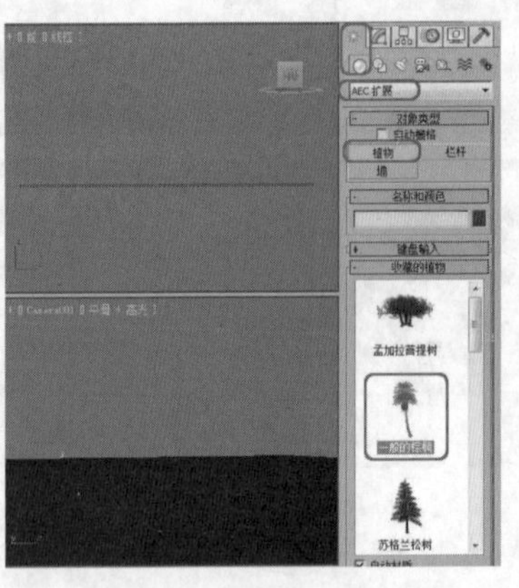

02 激活顶视图，单击创建一般的棕榈，如下图所示。

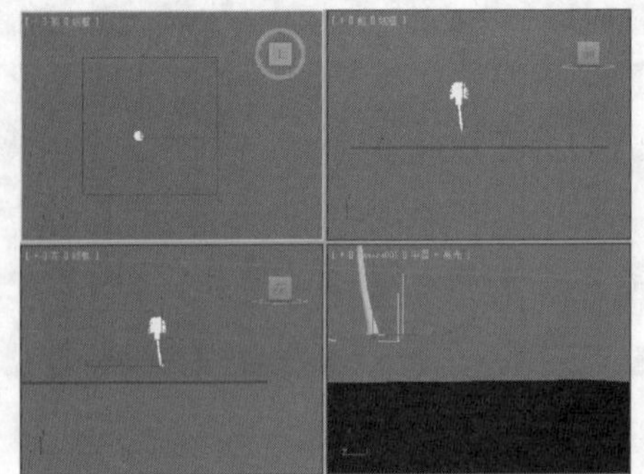

03 选择“选择并移动”工具，在场景中选择创建的植物对象，切换至“修改”命令面板，在“参数”卷展栏中，将“高度”设置为141.6，将“种子”设置为150，并将其调整至合适的位置，如右图所示。

04 设置完成后，激活摄影机视图，按F9键进行渲染，效果如右图所示。

实战操作177 创建苏格兰松树

 素材：Scenes\Cha05\5-2.max	 难度：★★★★★
 场景：Scenes\Cha05\实战操作177.max	视频：视频\Cha05\实战操作177.avi

下面介绍如何创建苏格兰松树，具体操作步骤如下。

01 重置一个新的场景，按Ctrl+O组合键，在弹出的对话框中打开5-2.max素材文件，选择“创建”|“几何体”|“AEC扩展”|“植物”工具，在“收藏的植物”卷展栏中，单击“苏格兰松树”对象，如下图所示。

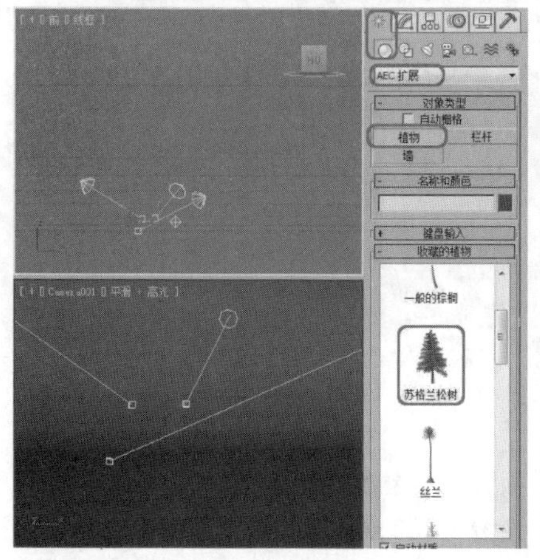

02 在顶视图中单击鼠标左键，即可创建一棵苏格兰松树，如下图所示。

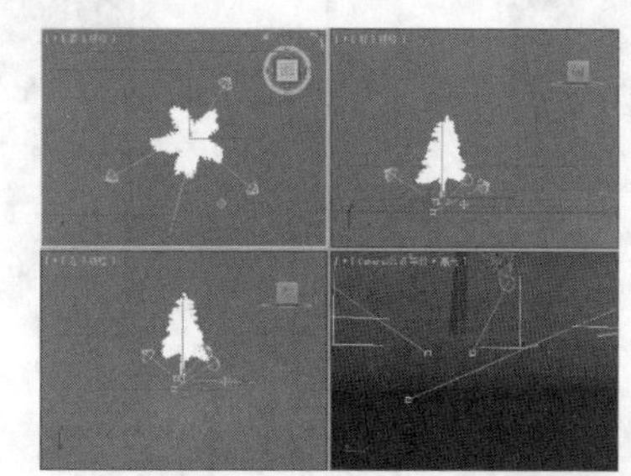

03 选择“选择并移动”工具，在场景中选择创建的植物对象，切换至“修改”命令面板，在“参数”卷展栏中，将“高度”设置为245，如下图所示。

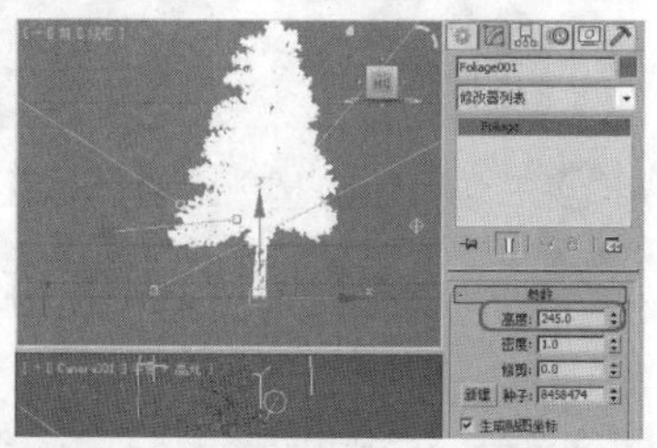

04 设置完成后，激活摄影机视图，按F9键进行渲染，效果如下图所示。

实战操作178 创建丝兰

 素材：Scenes\Cha05\5-3VRay.max	 难度：★★★★★
 场景：Scenes\Cha05\实战操作178.max	视频：视频\Cha05\实战操作178.avi

下面介绍如何创建丝兰，创建丝兰的具体操作步骤如下。

01 重置一个新的场景，按Ctrl+O组合键，在弹出的对话框中打开5-3.max素材文件，选择“创建”|“几何体”|“AEC扩展”|“植物”工具，在“收藏的植物”卷展栏中单击“丝兰”对象，如下图所示。

02 在顶视图中单击鼠标左键，即可创建一棵丝兰，如下图所示。

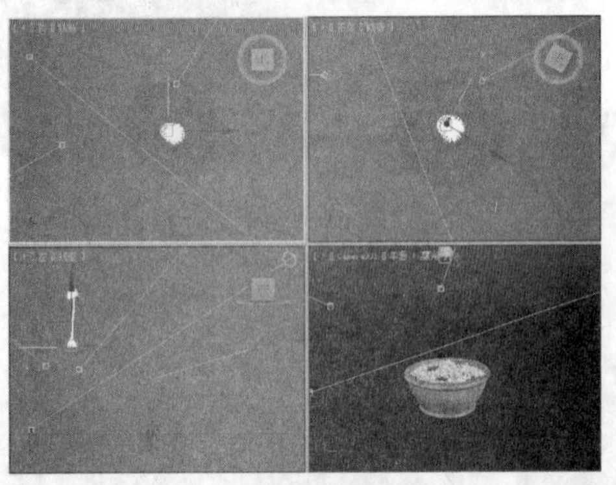

03 在场景中选择创建的丝兰对象，切换至“修改”命令面板，在“参数”卷展栏中，将“高度”设置为800，将“修剪”设置为1，将“种子”设置为120356，在“显示”选项组中，取消勾选“树干”复选框，并将其调整至合适的位置，如下图所示。

04 设置完成后，激活摄影机视图，按F9键进行渲染，效果如下图所示。

实战操作179 创建蓝色的针松

 素材：Scenes\Cha05\5-2.max	 难度：★★★★★
 场景：Scenes\Cha05\实战操作179.max	视频：视频\Cha05\实战操作179.avi

下面介绍如何创建蓝色的针松，具体操作步骤如下。

01 重置一个新的场景，按Ctrl+O组合键，在弹出的对话框中打开5-2.max素材文件，选择“创建” | “几何体” | “AEC扩展” | “植物”工具，在“收藏的植物”卷展栏中单击“蓝色的针松”对象，如下图所示。

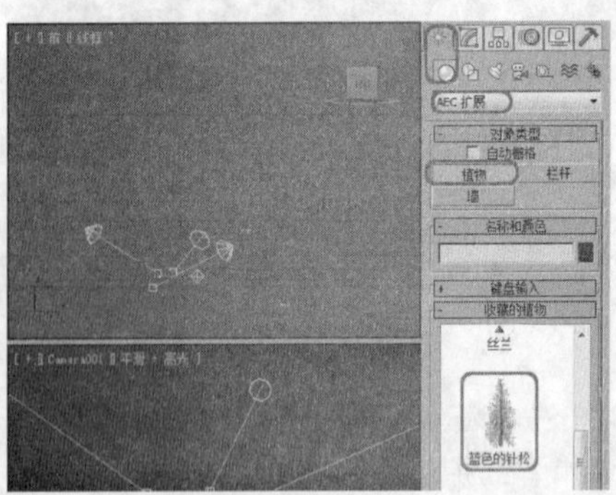

02 在顶视图中单击鼠标左键，即可创建一棵蓝色的针松，如下图所示。

03 在场景中选择创建的针松对象，切换至“修改”命令面板，在“参数”卷展栏中，将“高度”设置为255，并将其调整至合适的位置，如下图所示。

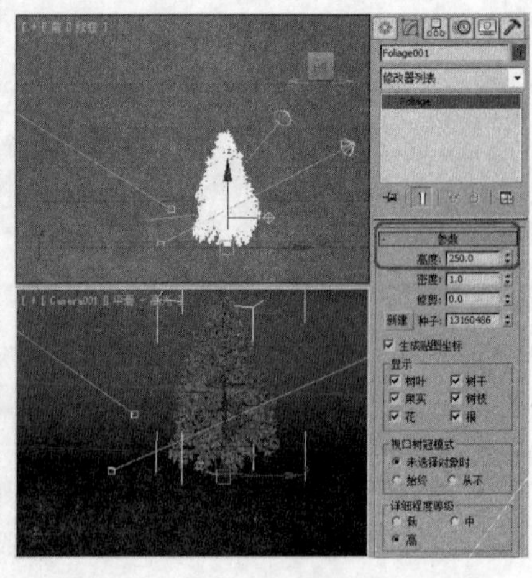

04 设置完成后，激活摄影机视图，按F9键进行渲染，效果如右图所示。

实战操作180 创建美洲榆

素材：Scenes\Cha05\5-2.max	难度：★★★★★
场景：Scenes\Cha05\实战操作180.max	视频：视频\Cha05\实战操作180.avi

下面介绍如何创建美洲榆，具体操作步骤如下。

01 重置一个新的场景，按Ctrl+O组合键，在弹出的对话框中打开5-2.max素材文件，选择“创建”｜“几何体”｜“AEC扩展”｜“植物”工具，在“收藏的植物”卷展栏中单击“美洲榆”对象，如下图所示。

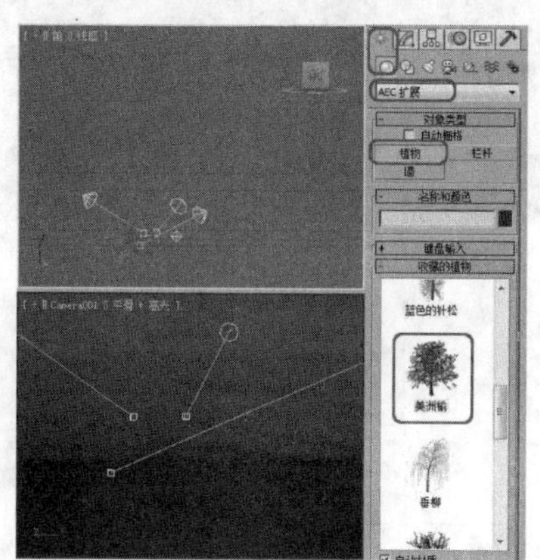

02 在顶视图中单击鼠标左键，即可创建一棵美洲榆，如下图所示。

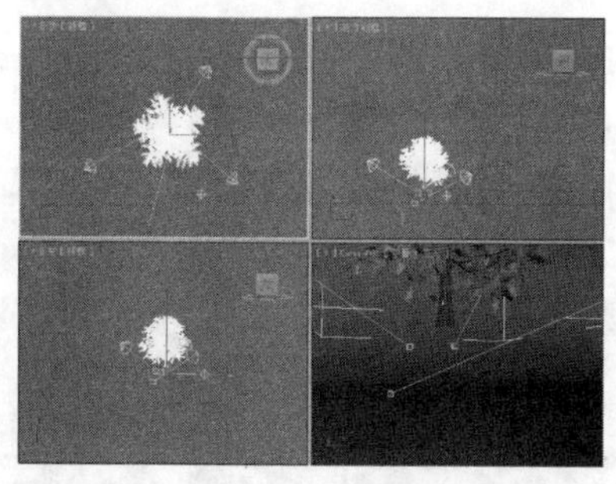

03 在场景中选择创建的美洲榆对象，切换至“修改”命令面板，在“参数”卷展栏中将“高度”设置为220，并将其调整至合适的位置，如下图所示。

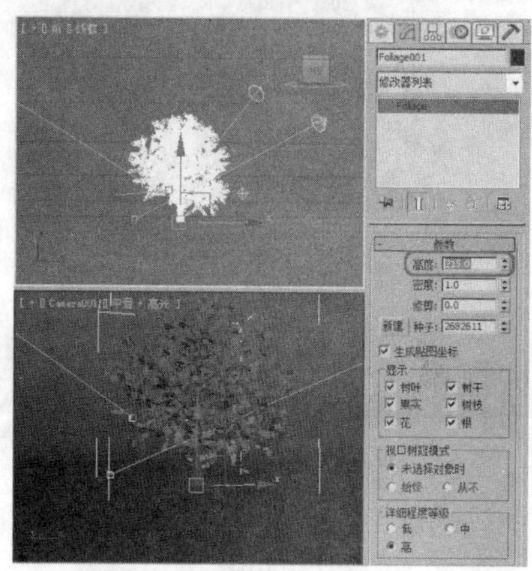

04 设置完成后，激活摄影机视图，按F9键进行渲染，效果如下图所示。

实战操作181 创建垂柳

 素材：Scenes\Cha05\5-2.max	难度：★★★★★
场景：Scenes\Cha05\实战操作181.max	视频：视频\Cha05\实战操作181.avi

下面介绍如何创建垂柳，具体操作步骤如下。

01 重置一个新的场景，按Ctrl+O组合键，在弹出的对话框中打开5-2.max素材文件，选择“创建” | “几何体” | “AEC扩展” | “植物”工具，在“收藏的植物”卷展栏中单击“垂柳”对象，如下图所示。

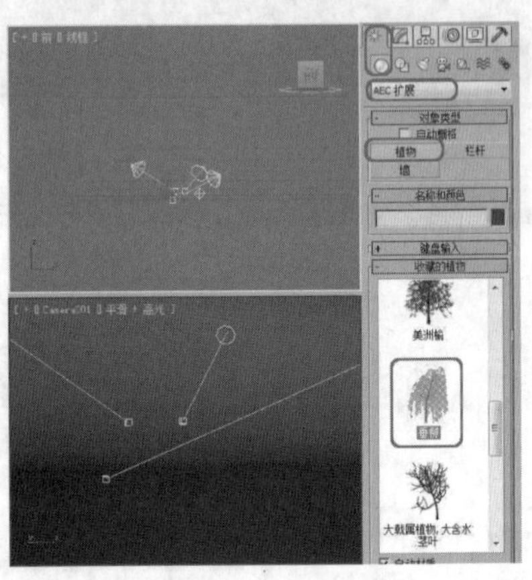

02 在顶视图中单击鼠标左键，即可创建一棵垂柳，如下图所示。

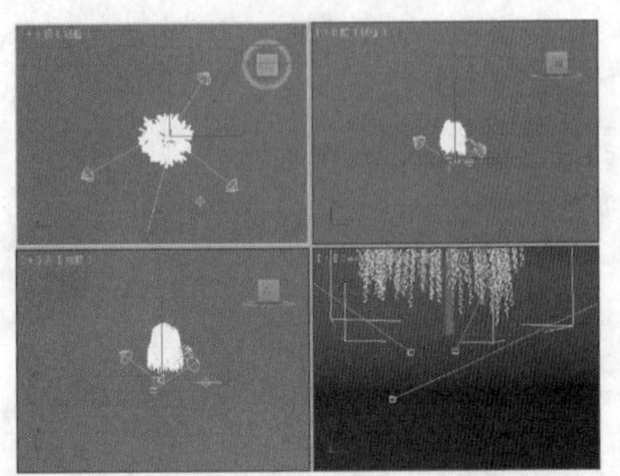

03 在场景中选择创建的垂柳对象，切换至“修改”命令面板，在“参数”卷展栏中，将“高度”设置为220，并将其调整至合适的位置，如下图所示。

04 设置完成后，激活摄影机视图，按F9键进行渲染，效果如下图所示。

实战操作182 创建大戟属植物

 素材：Scenes\Cha05\5-2.max	难度：★★★★★
 场景：Scenes\Cha05\实战操作182.max	视频：视频\Cha05\实战操作182.avi

创建“大戟属植物”的具体操作步骤如下。

01 重置一个新的场景，按Ctrl+O组合键，在弹出的对话框中打开5-2.max素材文件，选择“创建” | “几何体” | “AEC扩展” | “植物”工具，在“收藏的植物”卷展栏中单击“大戟属植物”对象，如下图所示。

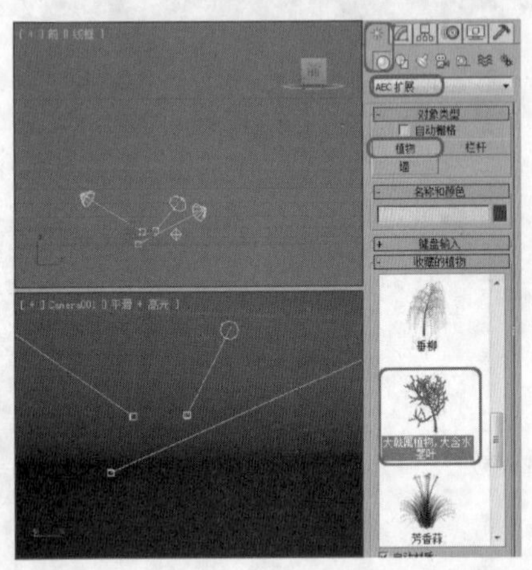

02 在顶视图中单击鼠标左键，即可创建一棵大戟属植物，如下图所示。

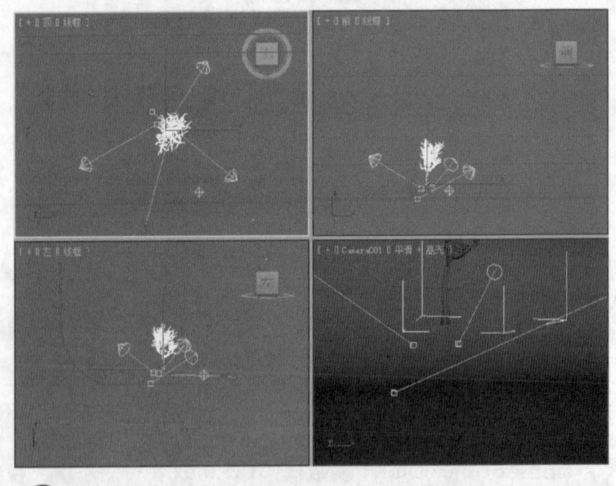

03 在场景中选择创建的大戟属植物对象，切换至“修改”命令面板，在“参数”卷展栏中，将“高度”设

置为220，并将其调整至合适的位置，如下图所示。

04 设置完成后，激活摄影机视图，按F9键进行渲染，效果如下图所示。

实战操作183 创建芳香蒜

素材：Scenes\Cha05\5-3 VRay.max	难度：★★★★★
场景：Scenes\Cha05\183 VRay.max	视频：视频\Cha05\实战操作183.avi

创建“芳香蒜”的具体操作步骤如下。

01 重置一个新的场景，按Ctrl+O组合键，在弹出的对话框中打开5-3 VRay.max素材文件，选择“创建” | “几何体” | “AEC扩展” | “植物”工具，在“收藏的植物”卷展栏中单击“芳香蒜”对象，如下图所示。

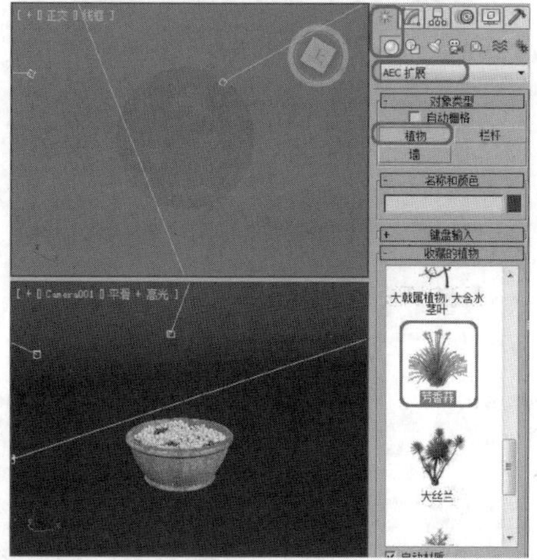

02 在顶视图中单击鼠标左键，即可创建芳香蒜，如下图所示。

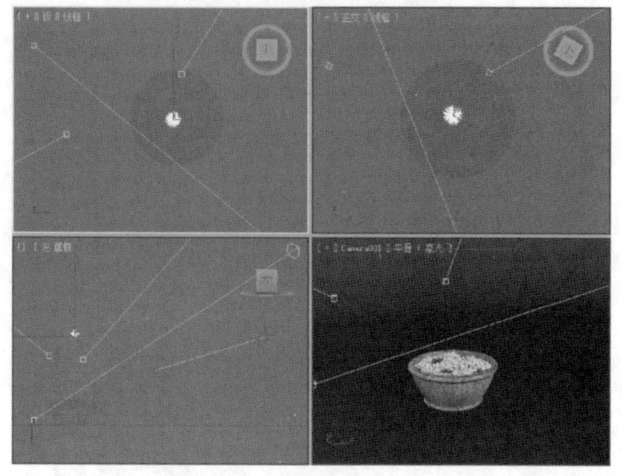

03 在场景中选择创建的芳香蒜对象，切换至“修改”命令面板，在“参数”卷展栏中，将“高度”设置为151，并将其调整至合适的位置，如下图所示。

04 设置完成后，激活摄影机视图，按F9键进行渲染，效果如下图所示。

实战操作184 创建大丝兰

素材：Scenes\Cha05\5-3 VRay.max	难度：★★★★★
场景：Scenes\Cha05\实战操作184 VRay.max	视频：视频\Cha05\实战操作184.avi

创建“大丝兰”的具体操作步骤如下。

01 重置一个新的场景，按Ctrl+O组合键，在弹出的对话框中打开5-3 VRay.max素材文件，选择“创建”|“几何体”|“AEC扩展”|“植物”工具，在“收藏的植物”卷展栏中单击“大丝兰”对象，如下图所示。

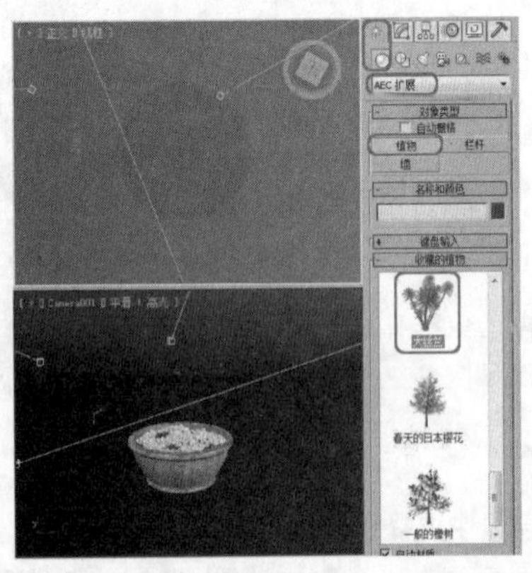

02 在顶视图中单击鼠标左键，即可创建大丝兰，如下图所示。

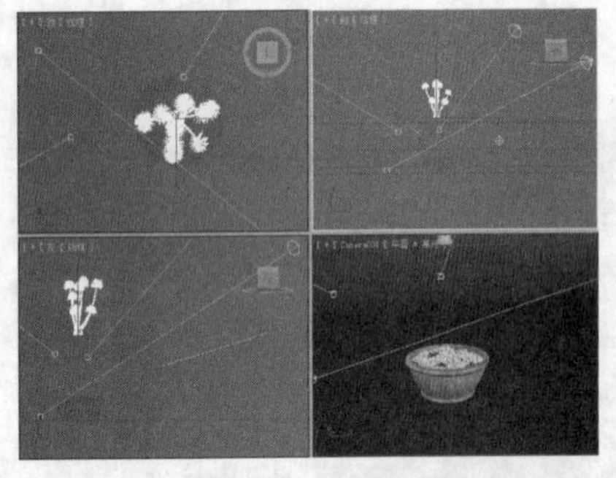

03 在场景中选择创建的大丝兰对象，切换至“修改”命令面板，在“参数”卷展栏中，将“高度”设置为190，并将其调整至合适的位置，如下图所示。

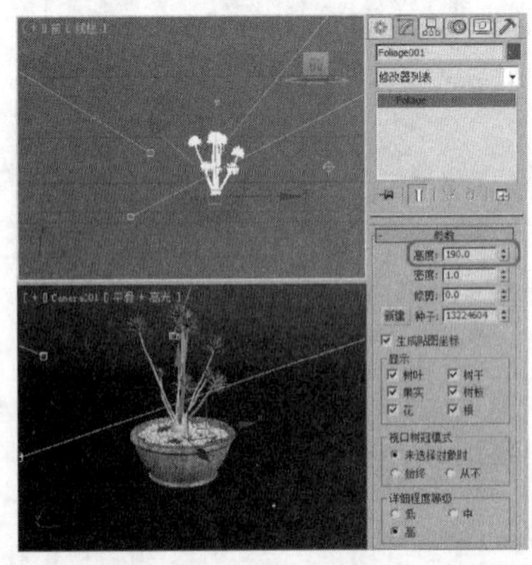

04 设置完成后，激活摄影机视图，按F9键进行渲染，效果如下图所示。

实战操作185 春天的日本樱花

素材：Scenes\Cha05\5-4.max	难度：★★★★★
场景：Scenes\Cha05\实战操作185.max	视频：视频\Cha05\实战操作185.avi

01 重置一个新的场景，按Ctrl+O组合键，在弹出的对话框中打开5-4.max素材文件，选择“创建”|“几何体”|“AEC扩展”|“植物”工具，在“收藏的植物”卷展栏中单击“春天的日本樱花”对象，如右图所示。

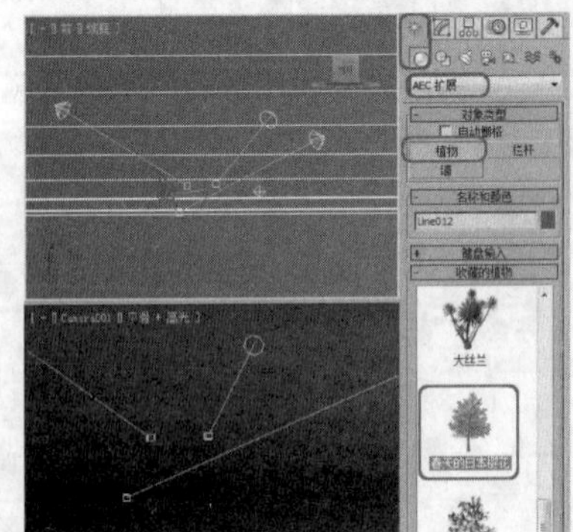

02 在顶视图中单击鼠标左键，即可创建春天的日本樱花，如下图所示。

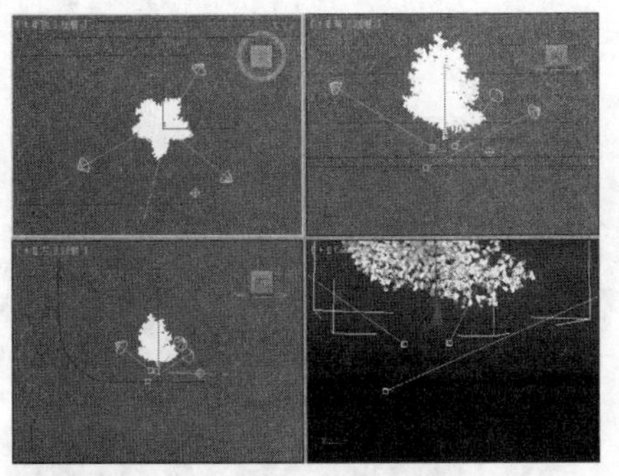

03 在场景中选择创建的日本樱花对象，切换至“修改”命令面板，在“参数”卷展栏中，将“高度”设置为190，并将其调整至合适的位置，如下图所示。

04 设置完成后，激活摄影机视图，按F9键进行渲染，效果如下图所示。

实战操作186 创建一般的橡树

素材：Scenes\Cha05\5-2.max	难度：★★★★★
场景：Scenes\Cha05\实战操作186.max	视频：视频\Cha05\实战操作186.avi

01 重置一个新的场景，按Ctrl+O组合键，在弹出的对话框中打开5-2.max素材文件，选择“创建”|“几何体”|“AEC扩展”|“植物”工具，在“收藏的植物”卷展栏中单击“一般的橡树”对象，如下图所示。

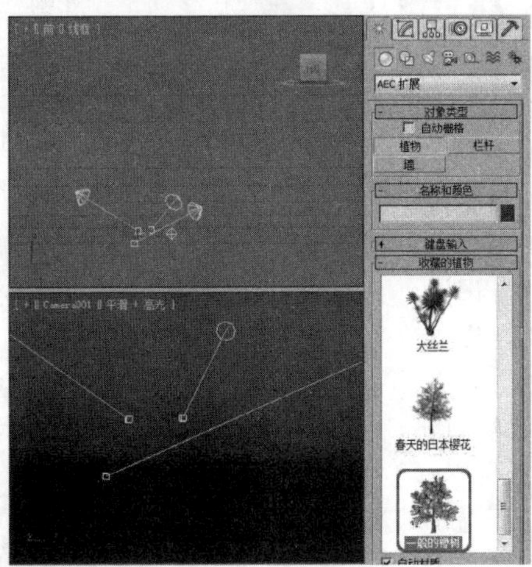

02 在顶视图中单击鼠标左键，即可创建一般的橡树，如下图所示。

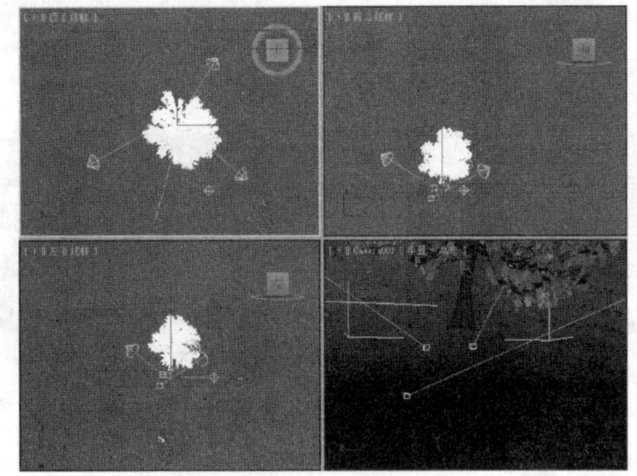

03 在场景中选择创建的“一般的橡树”对象，切换至“修改”命令面板，在“参数”卷展栏中，将“高度”设置为190，并将其调整至合适的位置，如下图所示。

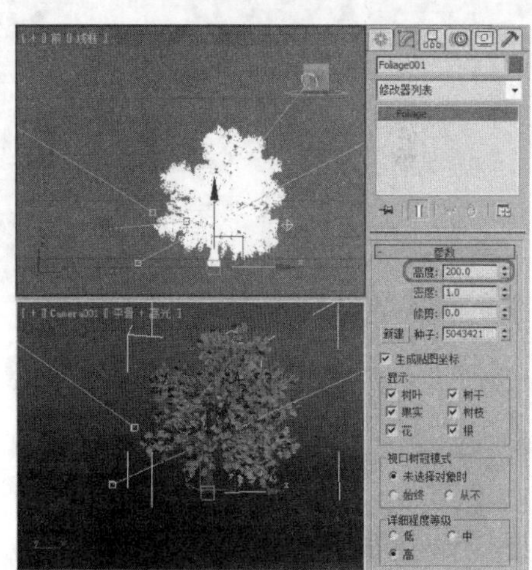

04 设置完成后，激活摄影机视图，按F9键进行渲染，效果如下图所示。

5.2 创建栏杆和墙

运用“AEC扩展”建模，可以创建栏杆、立柱和简单户型的墙体等模型。本节将介绍如何使用“AEC扩展”创建栏杆和墙。

实战操作187 创建栏杆

素材：Scenes\Cha05\5-5.max	难度：★★★★★
场景：Scenes\Cha05\实战操作187.max	视频：视频\Cha05\实战操作187.avi

下面介绍如何运用“AEC扩展”建模创建栏杆，创建栏杆的具体操作步骤如下。

01 重置一个新的场景文件，按Ctrl+O组合键，在弹出的对话框中打开5-5.max素材文件，如下图所示。

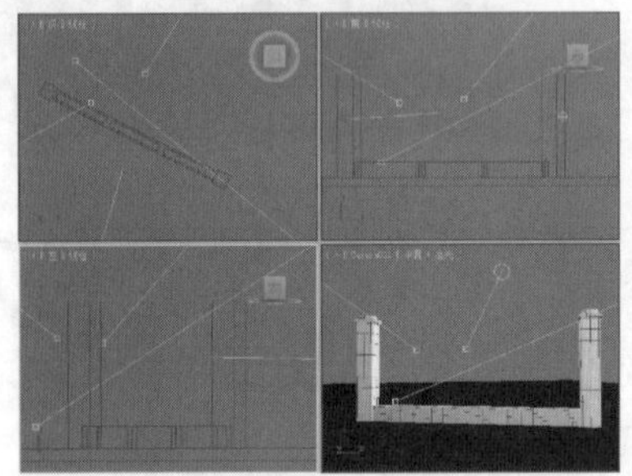

02 选择“创建”|“几何体”|“AEC扩展”选项，在“对象类型”卷展栏中选择击“栏杆”工具，如下图所示。

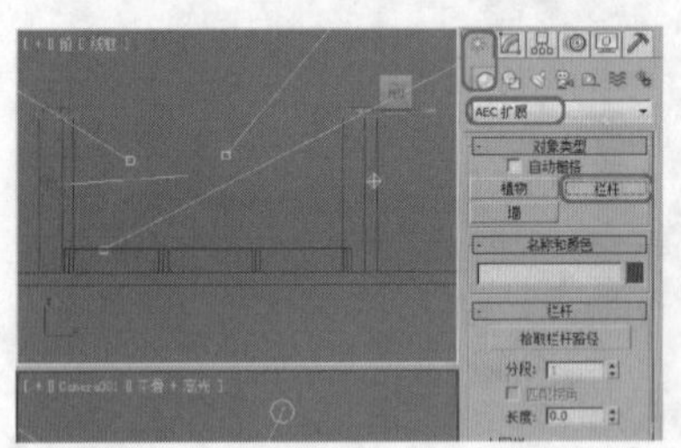

03 切换至顶视图，单击鼠标左键并向右拖拽，释放鼠标后向上移动鼠标，至合适位置后单击鼠标左键，即可在视图中创建一个栏杆，如下图所示。

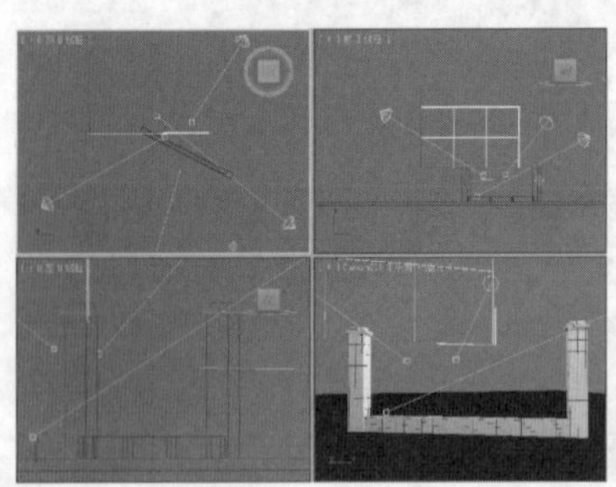

04 切换至“修改”命令面板，在“栏杆”卷展栏中，将栏杆的长度设置为295，在“上围栏”选项组中，设置“剖面”为方形，“深度”值为5，“宽度”值为5，“高度”值为125，将“下围栏”选项组中的“剖面”设置为“无”，如下图所示。

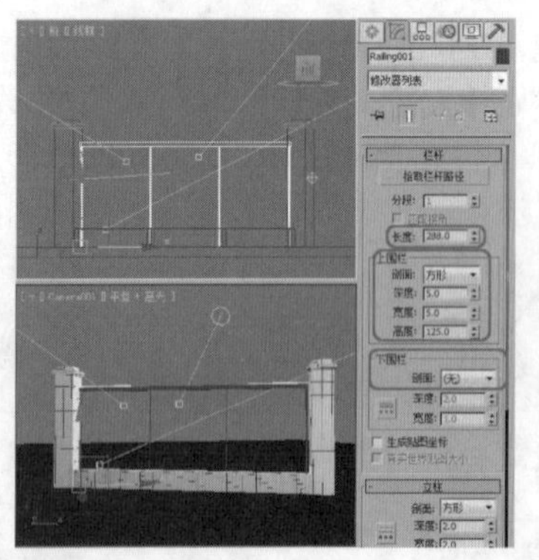

05 在“立柱”卷展栏中，设置“剖面”为无，在“栅栏”卷展栏中设置“类型”为“支柱”，在“支柱”选项组中设置“剖面”为“圆形”，“深度”值为2，“宽度”为2，设置完成后单击“支柱间距”按钮，如下图所示。

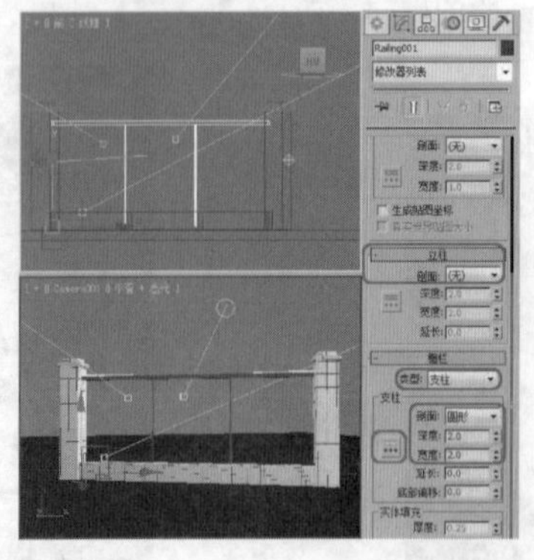

06 弹出“支柱间距”对话框，在“参数”选项组中，设置“计数”为16，单击“关闭”按钮即可，如下图所示。

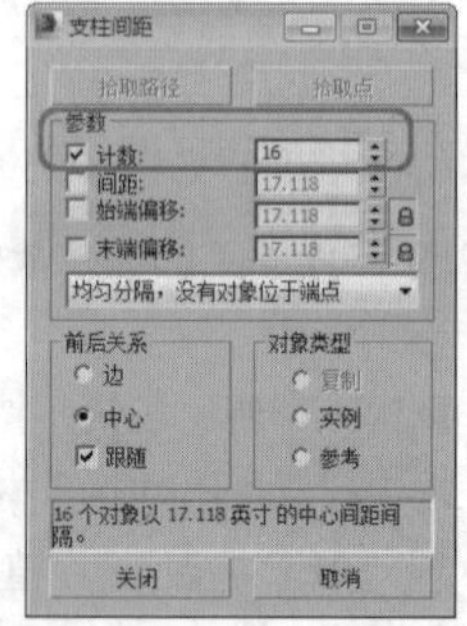

07 使用移动工具在前视图中将其移动至合适位置，按M键打开材质编辑器，在材质编辑器中选择“金属”材质球，然后单击“将材质制定给选定对象”按钮，如下图所示。

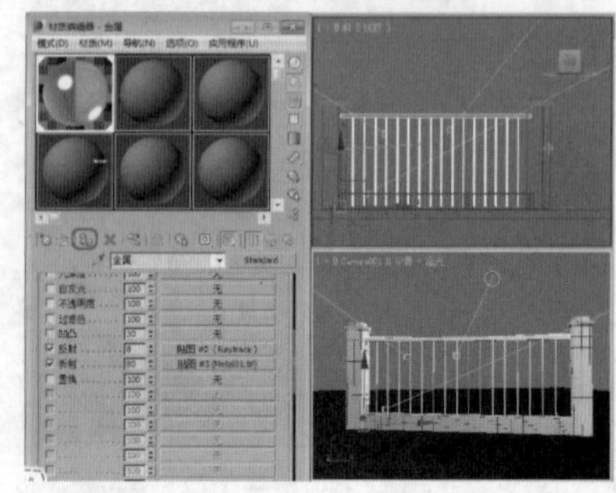

08 为对象制定完材质后，将材质编辑器关闭，激活摄影机视图，按F9键快速渲染，渲染后的效果如下图所示。

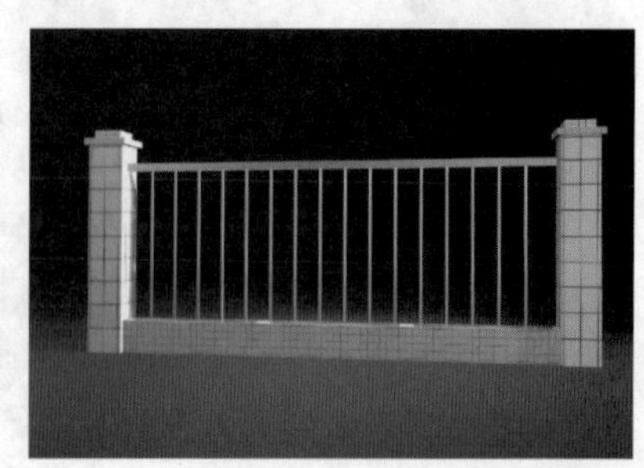

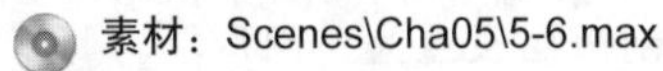

实战操作188 创建墙

素材：Scenes\Cha05\5-6.max	难度：★★★★★
场景：Scenes\Cha05\实战操作188.max	视频：视频\Cha05\实战操作188avi

运用AEC扩展建模可以创建墙，使用户可以更简便地对设计建筑图，创建墙的具体操作步骤如下。

01 重置一个新的场景，按Ctrl+O组合键，在弹出的对话框中打开5-6.Max素材文件，如下图所示。

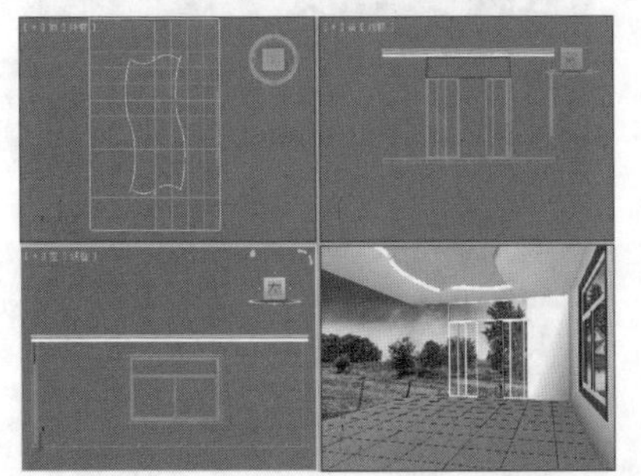

02 选择“创建”|“几何体”|“AEC扩展”|“墙”工具，在顶视图中创建如下图所示的墙。

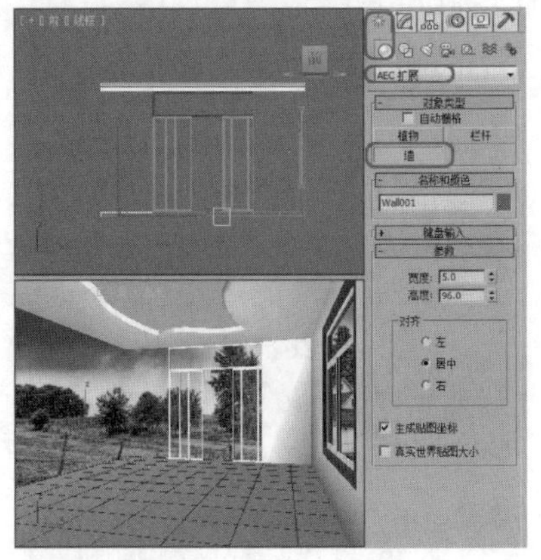

03 展开“参数”卷展栏，将“宽度”设置为190.4，将“高度”设置为3000.0，如下图所示。

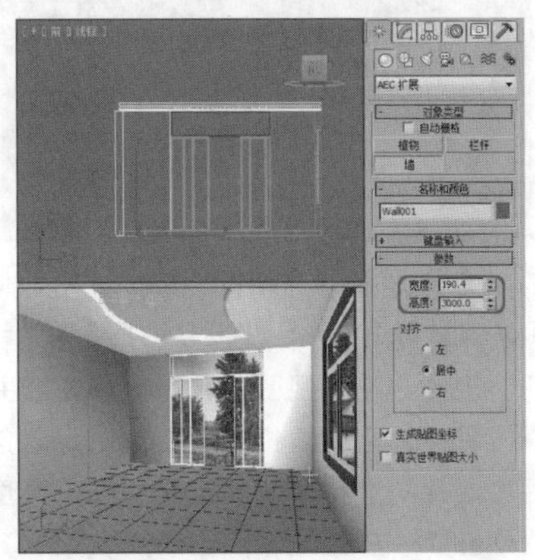

04 切换至“修改”命令面板，将当前选择集定义为“分段”，在“编辑分段”卷展栏中，将“参数”选项组中的“宽度”设置为150，如下图所示。

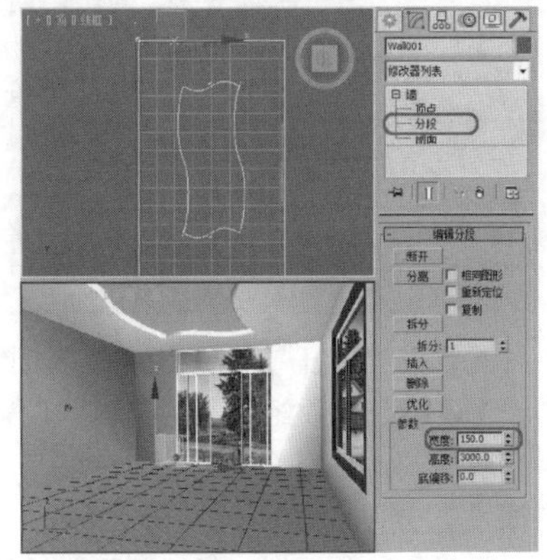

05 退出当前选择集，使用“选择并移动”工具，将其调整至合适的位置，然后将当前选择集定义为“顶点”，在视图中调整顶点的位置，调整完成后为其指定材质，如下图所示。

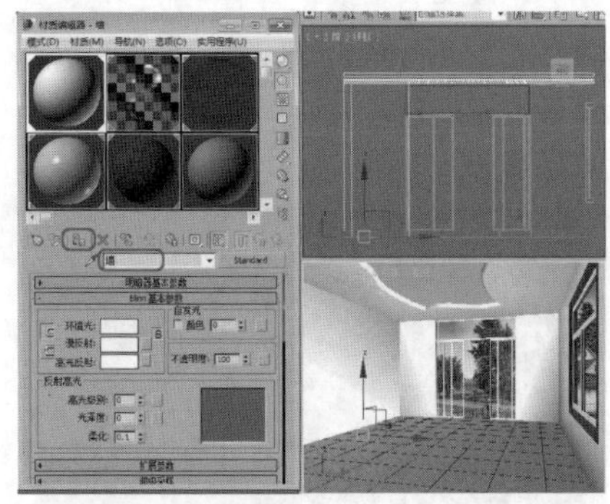

06 激活摄影机视图，按F9键进行渲染，完成后的效果如下图所示。

5.3 创建楼梯

运用“楼梯”建模，可以创建直线楼梯、L型楼梯、U型楼梯、螺旋楼梯等模型。

实战操作189 创建L型楼梯

素材：Scenes\Cha05\5-7.max	难度：★★★★★
场景：Scenes\Cha05\实战操作189.max	视频：视频\Cha05\实战操作189.avi

使用“L 型楼梯”对象可以创建带有彼此成直角的两段楼梯，下面介绍如何创建L型楼梯，具体操作步骤如下。

01 重置一个新的场景文件，按Ctrl+O组合键，在弹出的对话框中打开5-7.max素材文件，如下图所示。

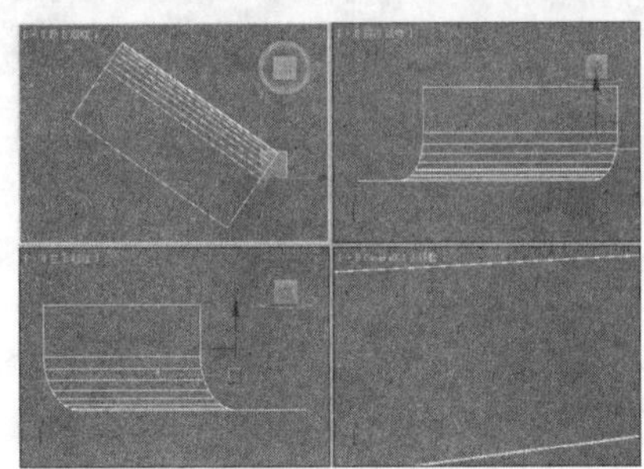

02 选择“创建”|“几何体”|“楼梯”|“L型楼梯”工具，在顶视图中按住鼠标左键向上进行拖拽，拖拽至合适的位置后释放鼠标，然后移动鼠标并单击确定第二段的长度和方向，再次向上移动鼠标并单击鼠标确定楼梯的高度，如下图所示。

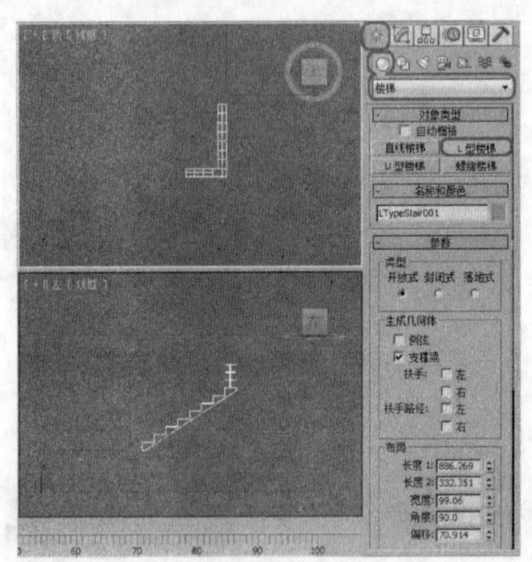

03 切换至“修改”命令面板中，在“参数”卷展栏中，设置“类型”为“封闭式”，在“生成几何体”选项组中，勾选“扶手路径”右侧的“左”、“右”两个复选框，在“布局”选项组中设置“长度1”、“长度2”、“宽度”、“角度”、“偏移”分别为80、79、66、-90、17.5，在“梯级”选项组中，设置“总高”为“116.4”，按Enter键确认，如下图所示。

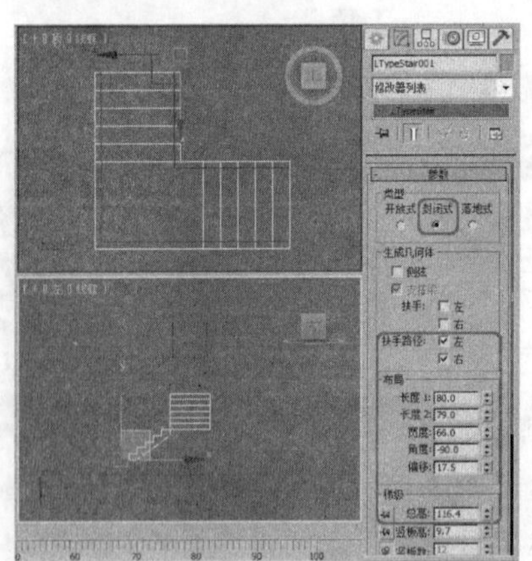

04 在“栏杆”卷展栏中，设置“高度”值为0，“偏移”值为2，如下图所示。

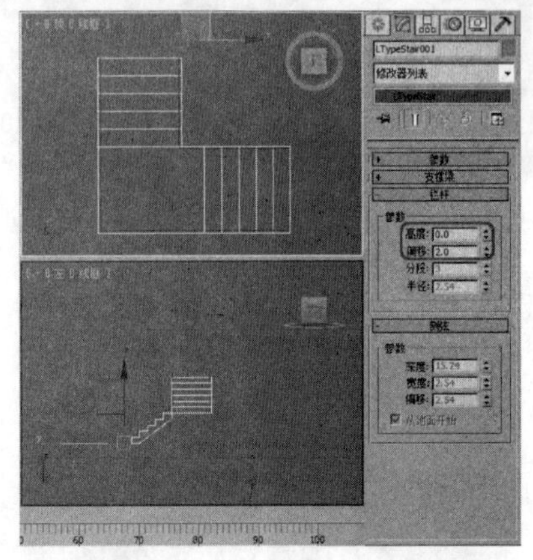

05 选择“创建”|“几何体”|“AEC扩展”|“栏杆”工具，在顶视图中单击鼠标左键并拖拽鼠标，至合适位置后释放鼠标，然后将鼠标向上移动，确定好栏杆的高度后单击鼠标左键，如下图所示。

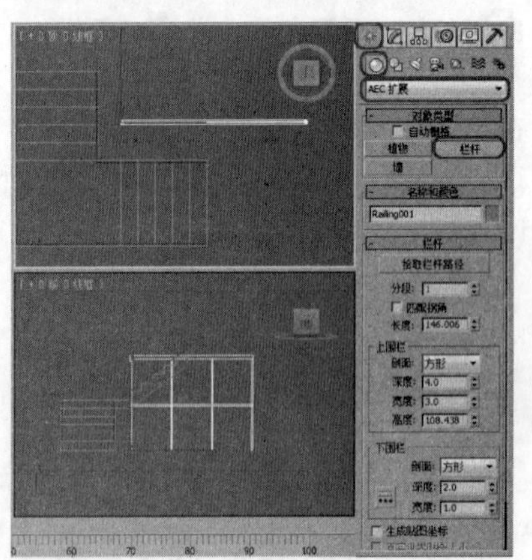

06 在“栏杆”卷展栏中的“上围栏”选项组中将“剖面”设置为“圆形”，将“深度”、“宽度”、“高度”分别设置为3.5、3、52，在“下围栏”选项组中，将“剖面”设置为“圆形”，将“深度”、“宽度”都设置为2，勾选“生成贴图坐标”复选框，如下图所示。

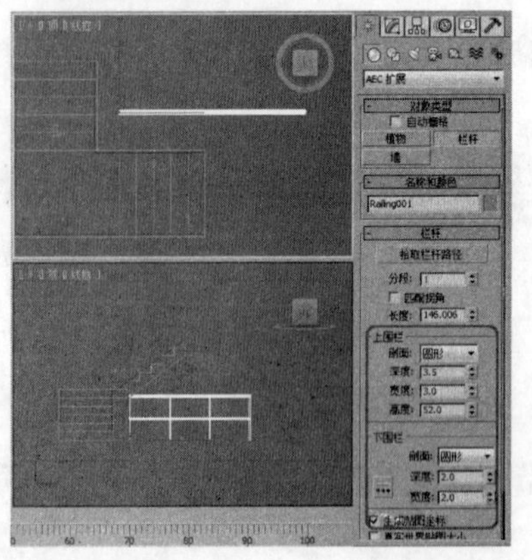

07 打开“立柱”卷展栏，将“剖面”设置为“圆形”，将“深度”、“宽度”都设置为2，打开“栅栏”卷展栏，在“支柱”选项组中，将“剖面”设置为“圆形”，将“深度”、“宽度”都设置为2.5，在“支柱”选项组中，单击“支柱间距”按钮，在弹出的“支柱间距”对话框中，将“计数”设置为9，如下图所示。

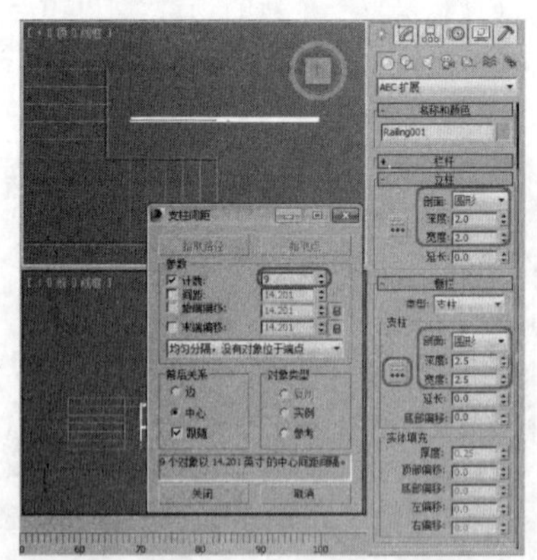

08 单击“关闭”按钮，在“栏杆”卷展栏中，单击“拾取栏杆路径”按钮，勾选“匹配拐角”复选框，在如下图所示。

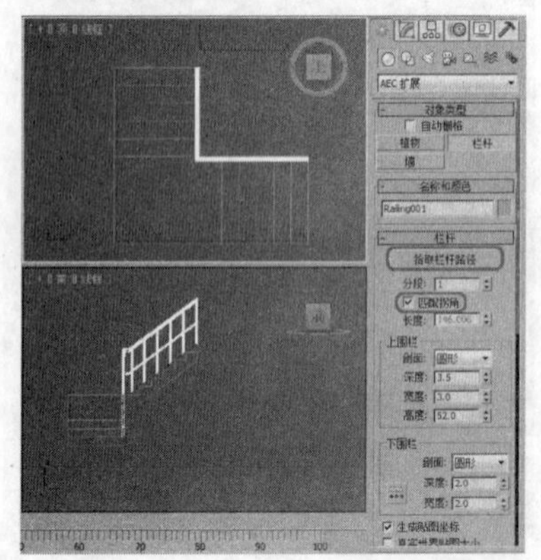

09 使用同样的方法，为楼梯的另一侧添加栏杆，并调整两个栏杆的位置，调整后的效果如下图所示。

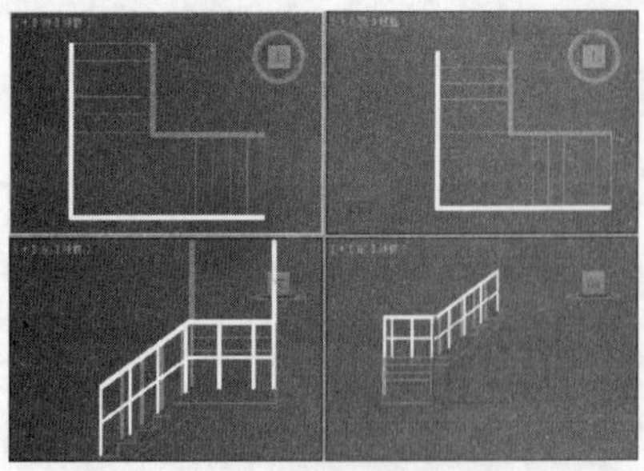

10 在视图中，选中所有的楼梯对象和栏杆，使用“选择并旋转”工具对其进行旋转，旋转完成后，在视图中调整其位置，调整后的效果如右图所示。

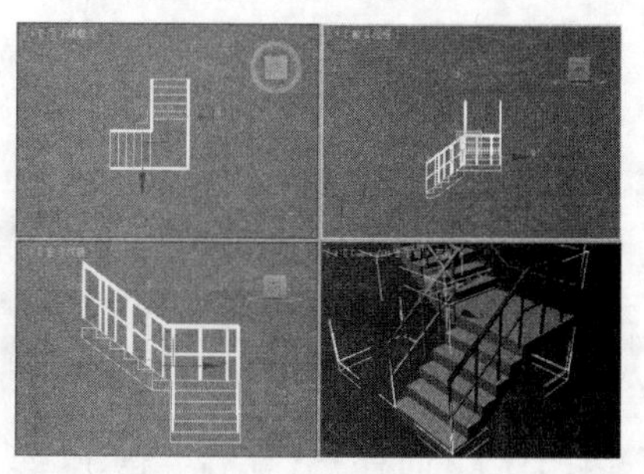

11 在场景中选择创建好的栏杆对象，按M键打开材质编辑器，在材质编辑器中选择“金属”材质球，然后单击“将材质制定给选定对象”按钮，使用同样的方法为楼梯赋予材质，如下图所示。

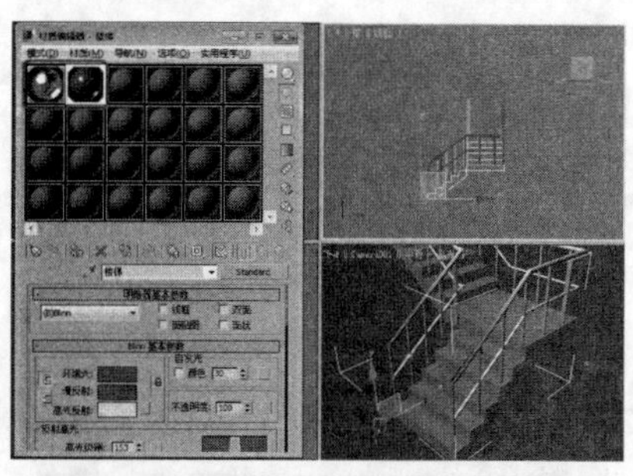

12 指定完成后，按F9键对摄影机视图进行渲染，渲染后的效果如下图所示。

实战操作190 创建直线型楼梯

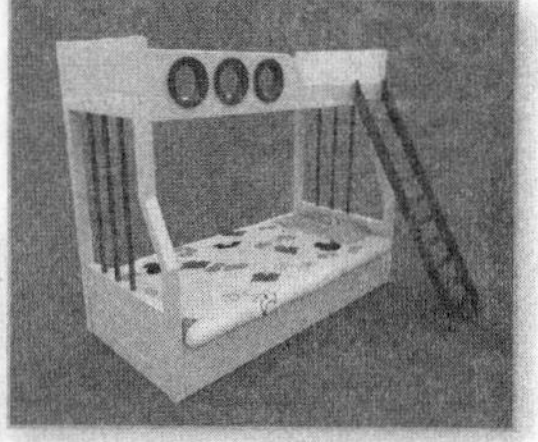

素材：Scenes\Cha05\5-8.max	难度：★★★★★
场景：Scenes\Cha05\实战操作190.max	视频：视频\Cha05\实战操作190.avi

创建直线型楼梯的具体操作步骤如下。

01 重置一个新的场景，按Ctrl+O组合键，在弹出的对话框中打开5-8.max素材文件，如下图所示。

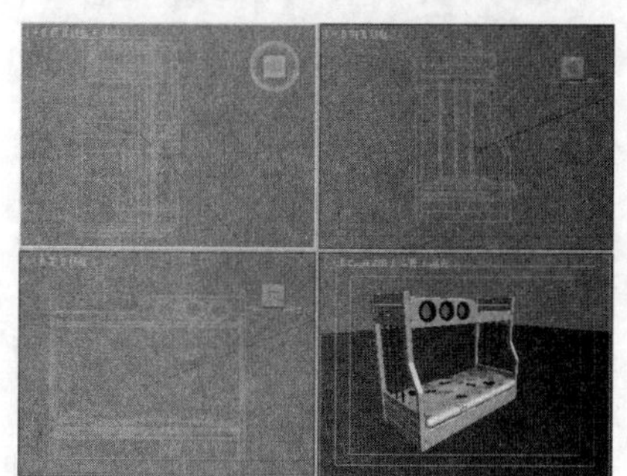

02 选择“创建”|“几何体”|“楼梯”|“直线楼梯”，在顶视图中单击并向左拖拽鼠标，然后向下拖拽鼠标，确定楼梯的宽度，再在向下拖拽鼠标，确定楼梯的高度，最后释放鼠标即可，如下图所示。

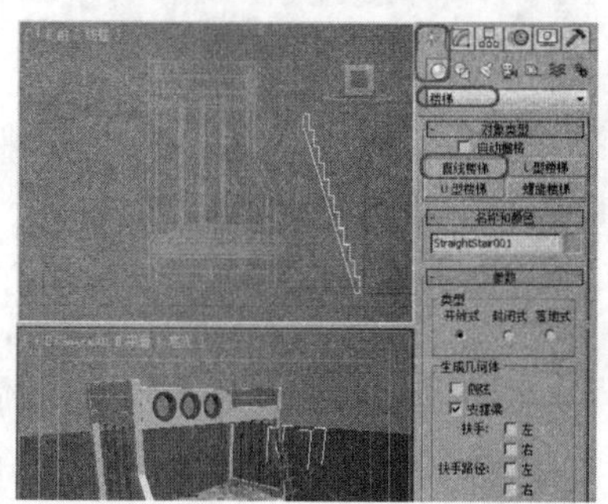

03 切换至“修改”命令面板，在“参数”卷展栏中的“生成几何体”选项组中，勾选“侧弦”复选框，在“布局”选项组中，将“长度”设置为1930mm，将“宽度”设置为666mm，在“梯级”选项组中，将“总高”设置为3150mm，将“竖板高”设置为262.5mm，如下图所示。

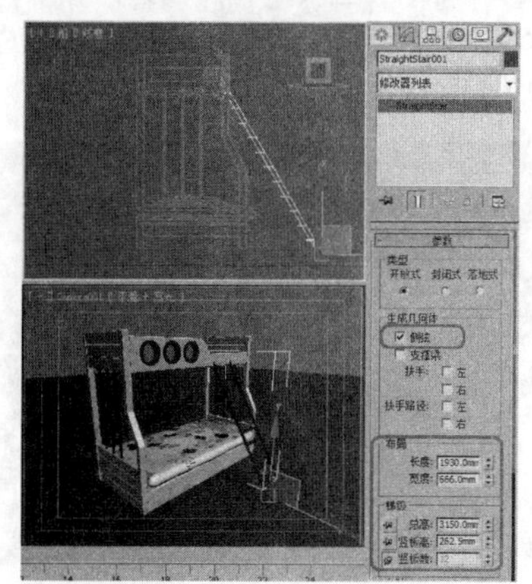

04 展开“侧弦”卷展栏，在“参数”选项组中，将“深度”设置为300.0mm，将“宽度”设置为50mm，并使用“选择并移动”工具，将其调整至合适的位置，如下图所示。

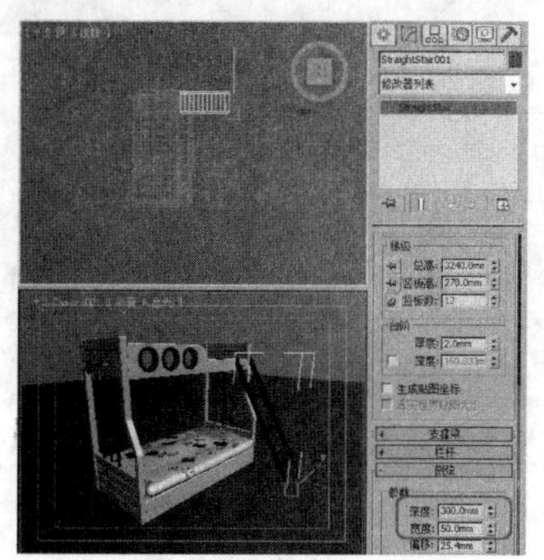

05 按M键打开“材质编辑器”，选择“木质”材质球，单击“将材质指定给选定对象”按钮，然后单击“在适口中显示标准贴图”按钮，如下图所示。

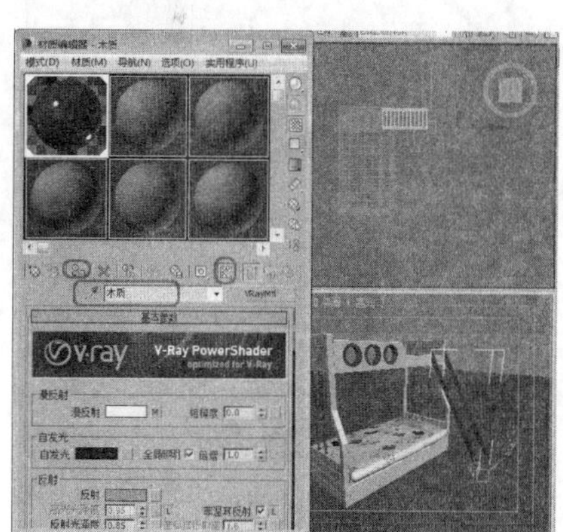

06 激活摄影机视图，按F9键进行渲染效果，如下图所示。

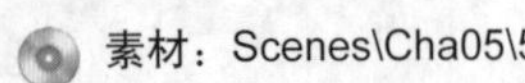

实战操作191 创建U型楼梯

素材：Scenes\Cha05\5-9.max	难度：★★★★★
场景：Scenes\Cha05\实战操作191.max	视频：视频\Cha05\实战操作191.avi

使用“U型楼梯”工具可以创建一个两段的楼梯，这两段楼梯彼此平行，并且它们之间有一个平台。创建U型楼梯的具体操作步骤如下。

01 重置一个新的场景，按Ctrl+O组合键，在弹出的对话框中打开5-9.max素材文件，选择“创建” |“几何体” |“楼梯”|“U型楼梯”工具，在顶视图中创建楼梯模型，如下图所示。

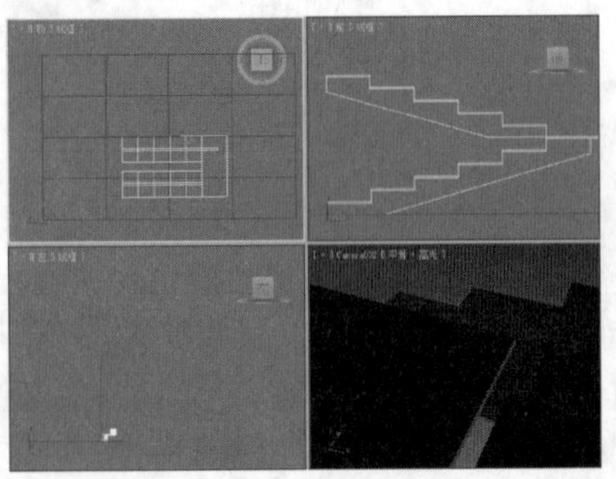

02 在“参数”卷展栏中的“类型”选项组中，勾选“封闭式”单选钮，在“生成几何体”选项组中勾选“扶手路径”右侧的“左”和“右”复选框，在“布局”选项组中勾选“左”单选钮，分别设置“长度1”、“长度2”、“宽度”、“偏移”值为189.7、193、63.5、12，按Enter键确认，如下图所示。

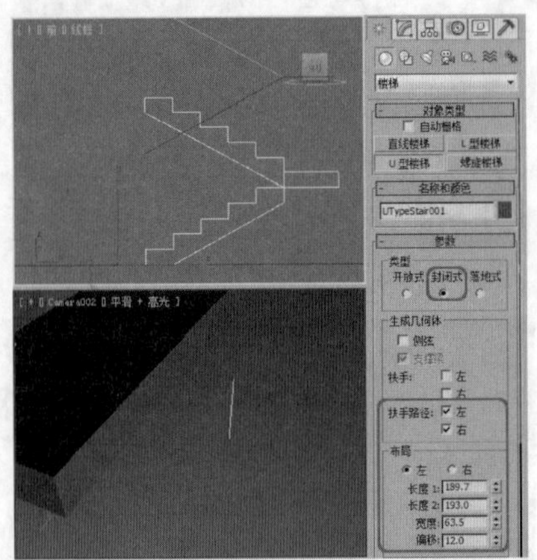

03 在“梯级”选项组中，单击“竖板高”左侧的“枢轴竖板高度”按钮，将“竖板数”设置为19，然后再单击“竖板数”左侧的“枢轴竖板数”按钮，设置“总高”值为200.5，按Enter键确认，如下图所示。

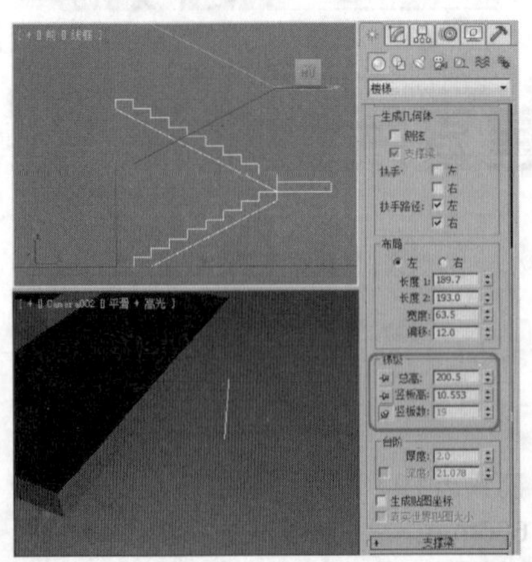

04 在工具栏中选择“选择并移动”工具，将创建的楼梯调整至合适的位置，并适当调整路径的位置，如下图所示。

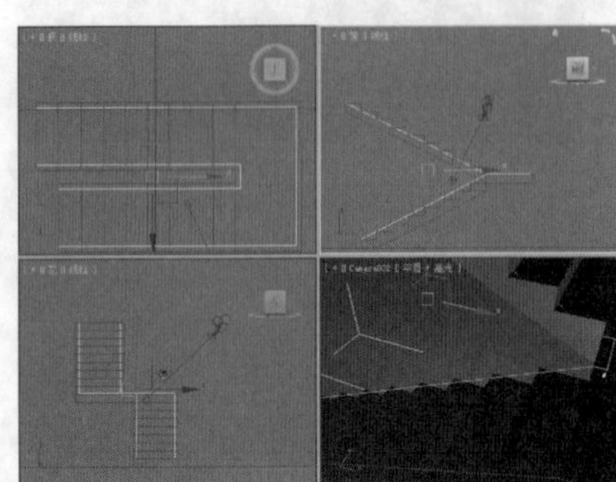

05 选择“创建” |“几何体” |“AEC扩展”|“栏杆”工具，在顶视图中创建一个栏杆，如下图所示。

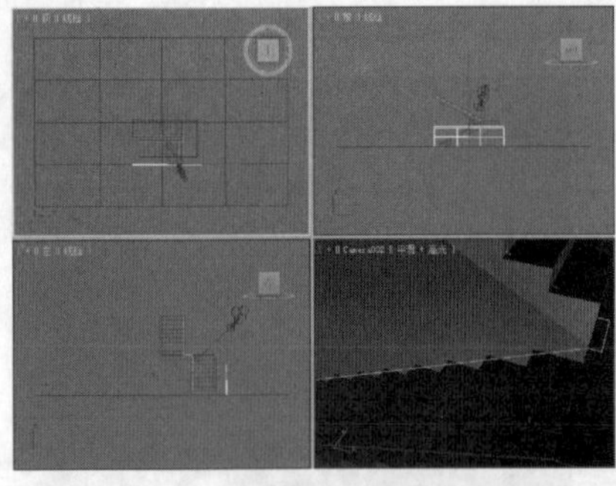

06 在“栏杆”卷展栏中将“上围栏”选项组中的“剖面”设置为圆形，将“深度”、“宽度”设置为3.5，将“高度”设置为45，在“下围栏”选项组中将“剖面”设置为无，如下图所示。

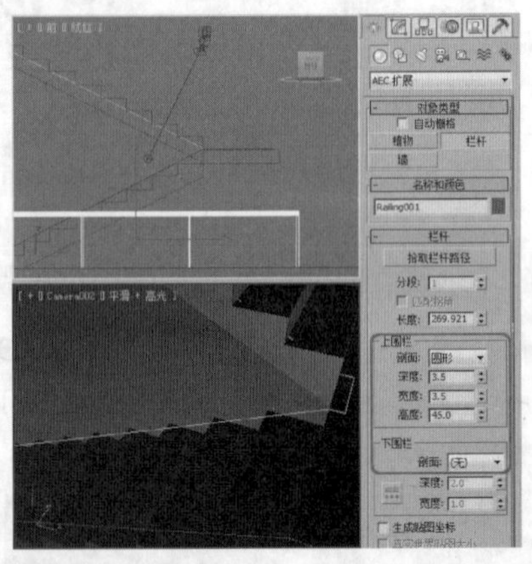

07 展开“立柱”卷展栏，在该卷展栏中，将“剖面”设置为圆形，将“深度”和“宽度”均设置为2，展开“栅栏”卷展栏，将“类型”设置为“支柱”，在“支柱”选项组中，将“剖面”设置为“圆形”，将“深度”、“宽度”设置为2，如下图所示。

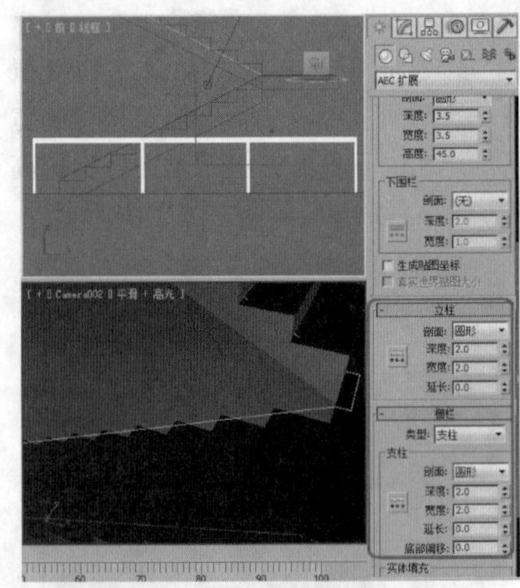

08 在“栏杆”卷展栏中，单击“拾取栏杆路径”按钮，在场景中拾取楼梯的路径，将“分段”设置为80，勾选“匹配拐角”复选框，如下图所示。

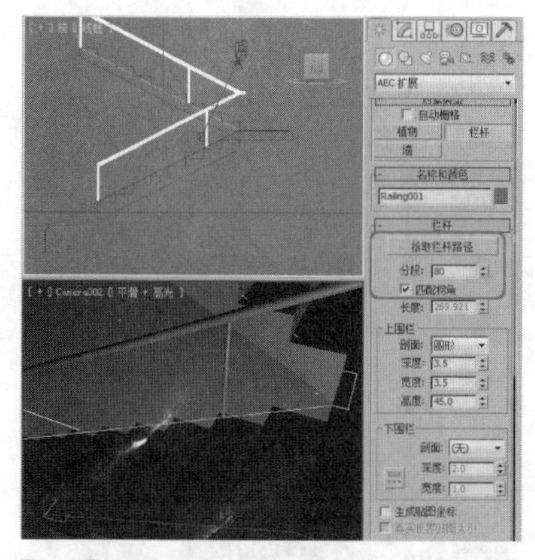

09 在“支柱”选项组中，单击“支柱间距”按钮，在“参数”选项组中，将“计数”设置为18，单击“始端偏移”右侧的按钮，将“间距”设置为24.193，选择“自由中心”选项，如下图所示。

10 设置完成后，单击“关闭”按钮，并使用同样的方法创建另一边的栏杆，完成后的效果如下图所示。

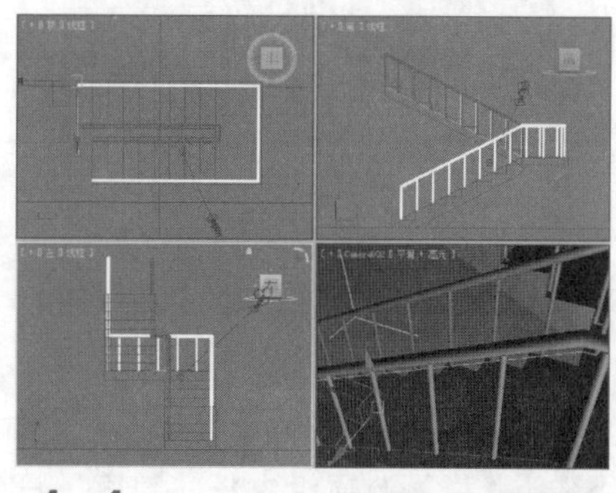

11 在场景中选择创建的楼梯对象，按M键打开“材质编辑器”，选择“瓷砖”材质球，单击“将材质指定给选定对象”按钮，然后单击“在视口中显示标准贴图”按钮，如下图所示。

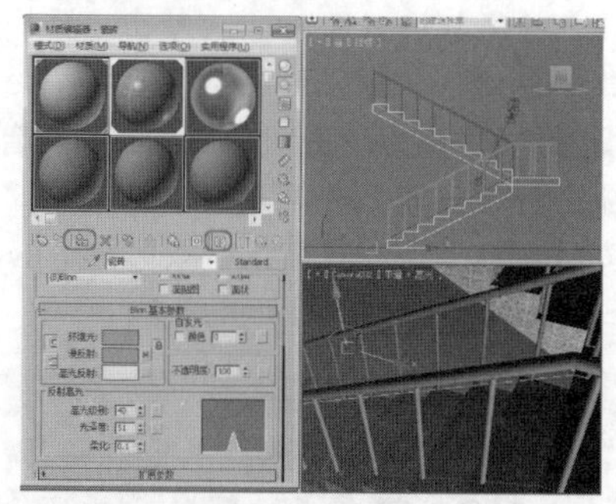

12 使用同样的方法为栏杆对象赋予材质，激活摄影机视图，按F9键进行渲染，完成后的效果如下图所示。

实战操作192 创建螺旋楼梯

 素材：Sences\Cha05\5-10.max	难度：★★★★★
 场景：Scenes\Cha05\实战操作192.max	视频：视频\Cha05\实战操作192.avi

创建螺旋楼梯的具体操作步骤如下。

01 重置一个新的场景，按Ctrl+O组合键，在弹出的对话框中打开5-10.max素材文件，选择“创建”|“几何体”|“楼梯”选项，在“对象类型”卷展栏中选择“螺旋楼梯”工具，在顶视图中按住鼠标左键进行拖拽，至合适的位置后释放鼠标，再次拖动鼠标至合适位置，单击鼠标左键，确认楼梯的高度，如下图所示。

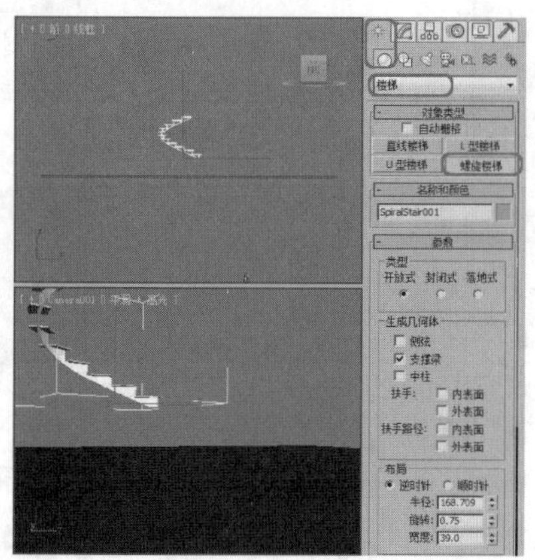

02 在“参数”卷展栏中，勾选“开放式”单选钮，在“生成几何体”选项组中分别勾选“侧弦”和“中柱”复选框，取消勾选“支撑梁”复选框，勾选“扶手路径”右侧的“外表面”复选框，在“布局”选项组中，设置“半径”、“旋转”和“宽度”值分别为103、2、86，按Enter键确认，如下图所示。

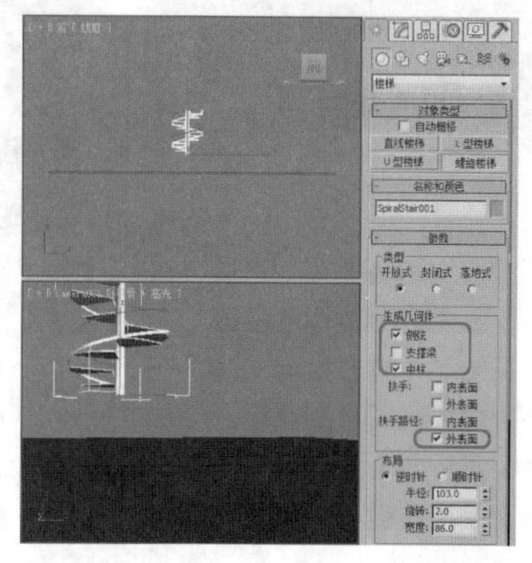

03 在“梯级”选项组中，单击“竖板高”左侧的“枢轴竖板高度”按钮，激活“竖板数”文本框，并将其设置为35，再单击“竖板数”左侧的“枢轴竖板数”按钮，设置“总高”值为458，在“台阶”选项组中，设置“厚度”为5，勾选“深度”复选框，并将其值设置为24，按Enter键确认，如下图所示。

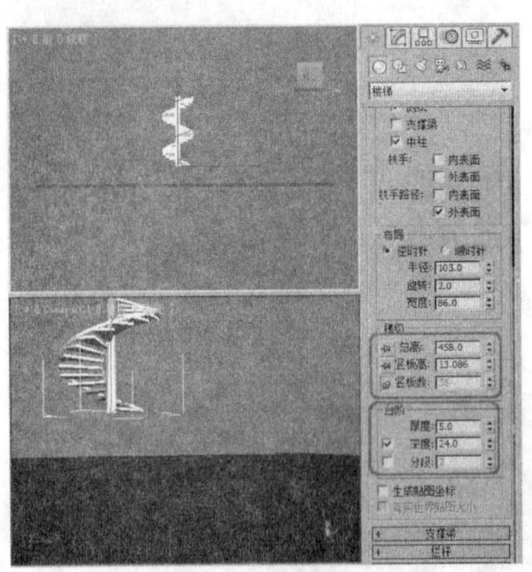

04 打开“栏杆”卷展栏，分别设置“高度”和“偏移”值为0、4，打开“侧弦”卷展栏，分别设置“深度”、“宽度”和“偏移”值为25、3.5、5，打开“中柱”卷展栏，分别设置“半径”、“分段”值为18、12，按Enter键确认，并将其调整至合适的位置，如下图所示。

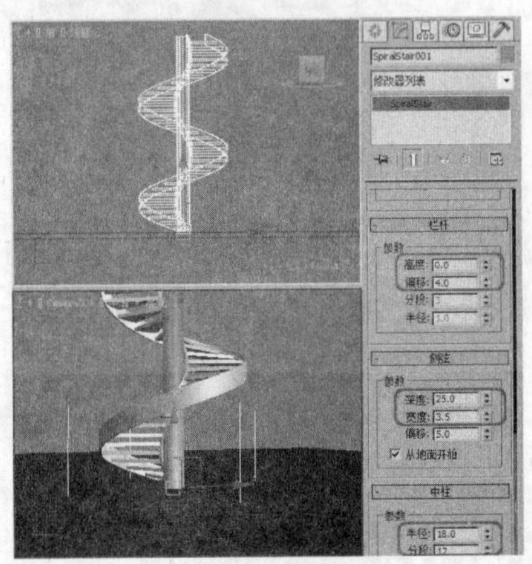

05 选择“创建”|“几何体”|“AEC扩展”选项，在“对象类型”卷展栏中选择“栏杆”工具，在“顶视图”中单击鼠标左键并拖拽鼠标，至合适位置后释放鼠标，绘制栏杆的长度，然后向上移动鼠标，至合适位置后单击鼠标左键，绘制栏杆的高度，如下图所示。

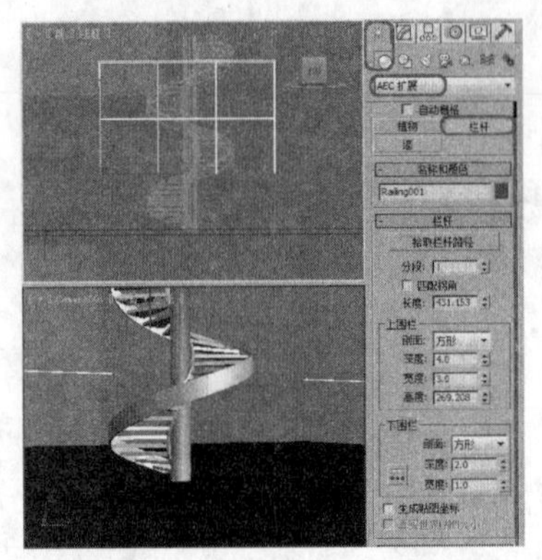

06 在“栏杆”卷展栏中的“上围栏”选项组中将“剖面”设置为“圆形”，分别将“深度”、“宽度”、“高度”值设置为3.5、3.5、58，在“下围栏”选项组中，将“剖面”设置为“圆形”，并将“深度”、“宽度”设置为2、2，如下图所示。

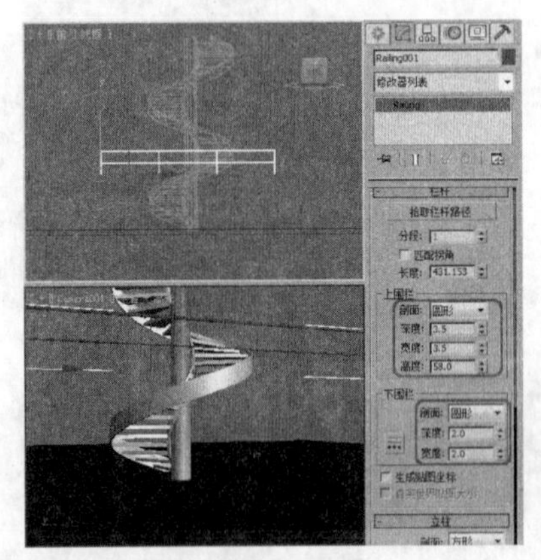

07 打开“立柱”卷展栏，将“剖面”设置为“圆形”，分别设置“深度”、“宽度”、“延长”的值为2、2、0，如下图所示。

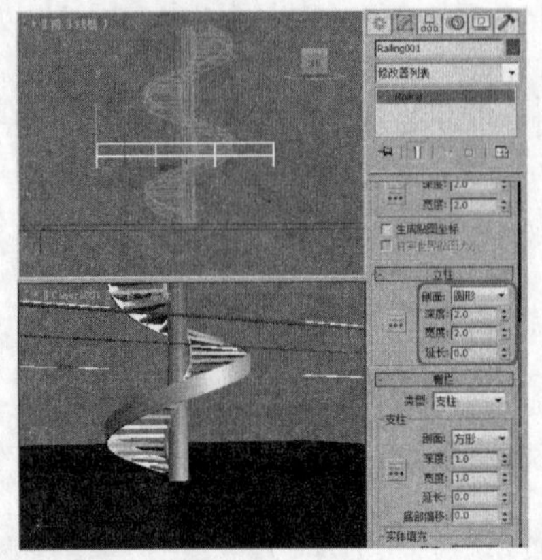

08 打开“栅栏”卷展栏，在“支柱”选项组中，将“剖面”设置为“圆形”，分别将“深度”和“宽度”设置为1、1，单击“支柱间距”按钮，在弹出的“支柱间距”对话框中，将“计数”设置为33，单击“始端偏移”右侧的按钮，勾选“间距”复选框，将“间距”设置为38，如下图所示。

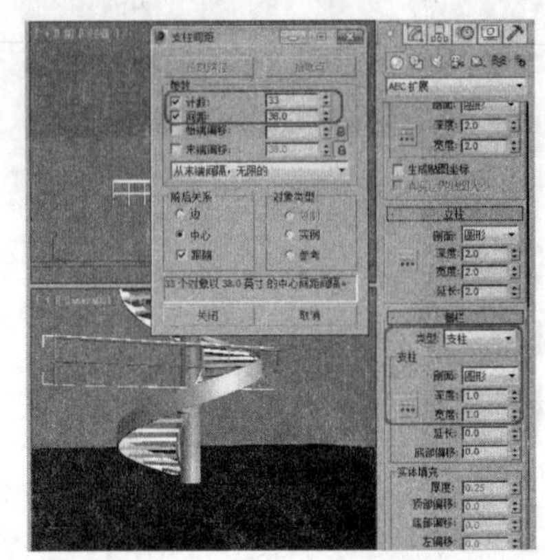

09 单击“关闭”按钮，在“栏杆”卷展栏中，单击“拾取栏杆路径”按钮，在视图中拾取栏杆的路径，勾选“匹配拐角”复选框，在“分段”文本框中输入80，按Enter键确认，完成后的效果如下图所示。

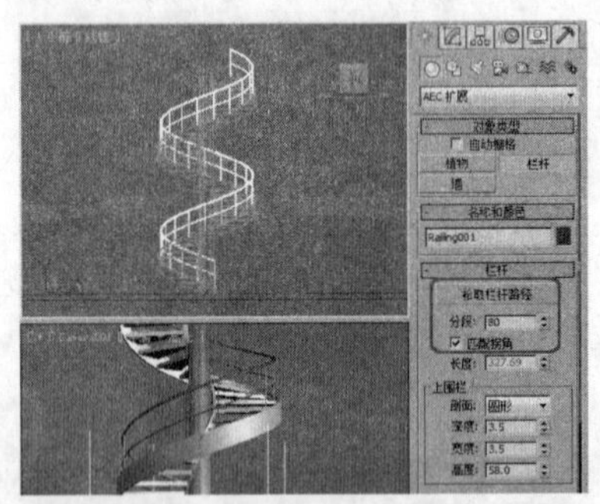

10 在场景中选择创建的栏杆和楼梯对象，使用旋转工具在顶视图中将其旋转一定的角度，如下图所示。

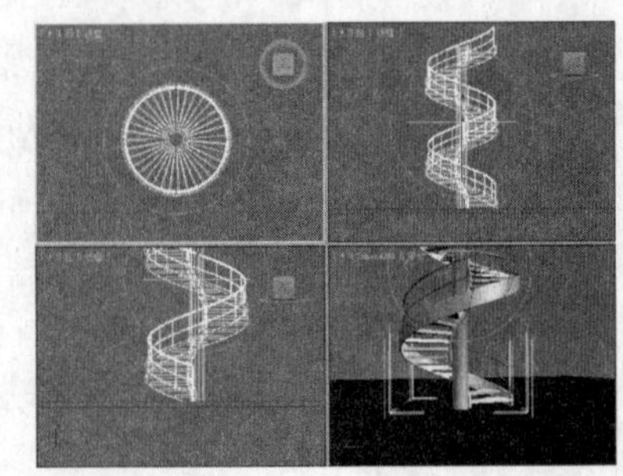

11 在工具箱中选择“选择并均匀缩放”工具，将其缩放至合适的大小，如下图所示。

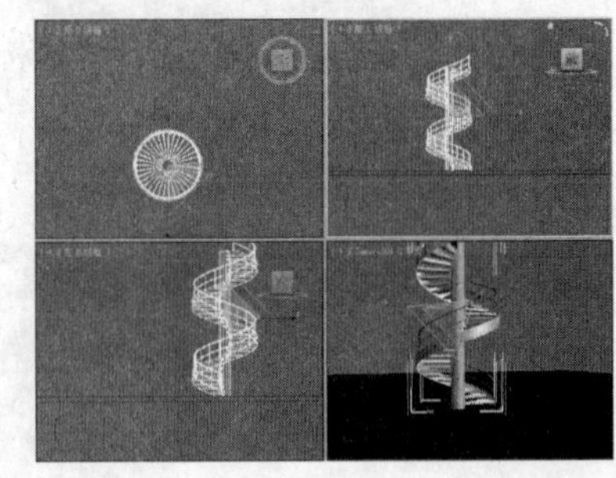

12 在场景中选择“楼梯”对象，按M键打开“材质编辑器”，选择“木质”材质球，单击“将材质指定给选定对象”按钮，然后单击“在适口中显示标准贴图”按钮，如下图所示。

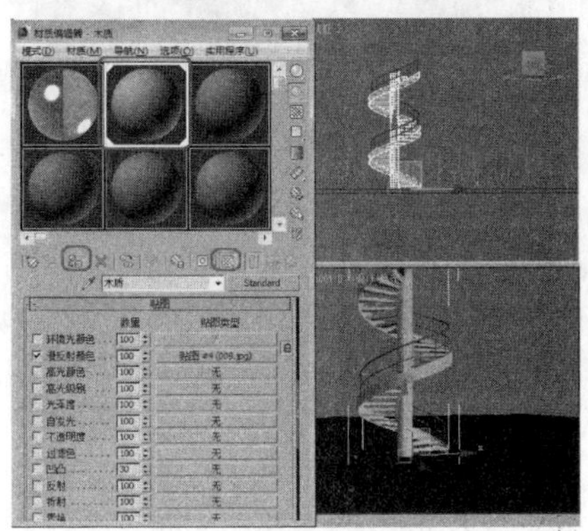

13 选择“栏杆”对象，选择“金属”材质球，单击“将材质指定给选定对象”按钮，然后单击“在适口中显示标准贴图”按钮，如下图所示。

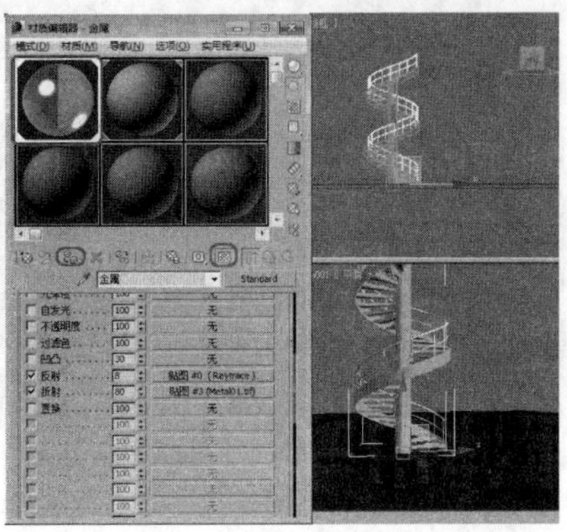

14 激活摄影机视图，按F9键快速渲染，渲染后的效果如下图所示。

5.4 创建门

运用“门”建模，可以制作枢轴门、推拉门、折叠门等模型。

实战操作193 创建枢轴门

素材：Scenes\Cha05\5-11.max	难度：★★★★★
场景：Scenes\Cha05\实战操作193.max	视频：视频\Cha05\实战操作193.avi

枢轴门只在一侧用铰链接合。用户还可以将门制作成为双门，该门具有两个门元素，每个元素在其外边缘处用铰链接合。下面介绍如何创建枢轴门，具体操作步骤如下。

01 重置一个新的场景文件，按Ctrl+O组合键，在弹出的对话框中打开5-11.max素材文件，如下图所示。

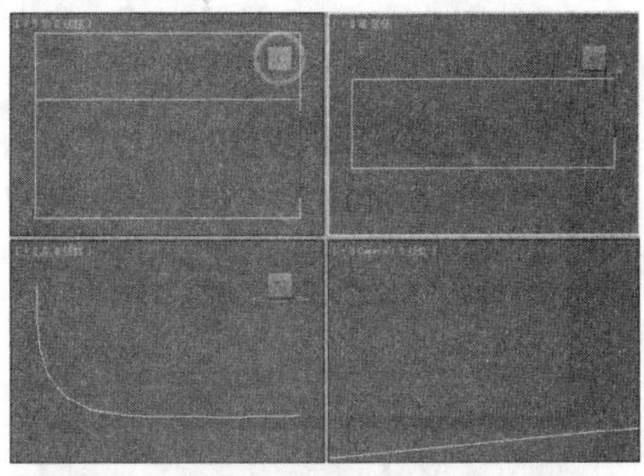

02 选择“创建” | “几何体” | “门”选项，在“对象类型”卷展栏中选择“枢轴门”工具，在顶视图中，按住鼠标左键进行拖拽，至合适位置后释放鼠标，然后向上或向下移动鼠标，至合适位置后单击鼠标左键，再次移动鼠标，绘制门的高度，至合适位置后释放鼠标，如下图所示。

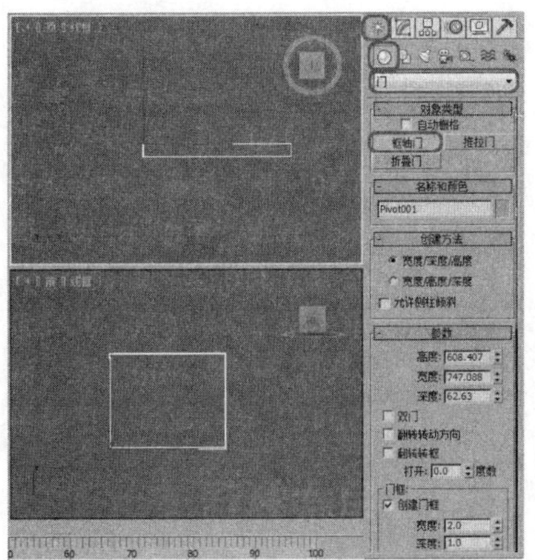

03 切换至“修改”命令面板，在“参数”卷展栏中，将“高度”、“宽度”、“深度”分别设置为192、91、10，勾选“翻转转动方向”和“翻转转枢”复选框，将“打开”设置为10，在“门框”选项组中，将“宽度”和“深度”分别设置为2.5、0，如下图所示。

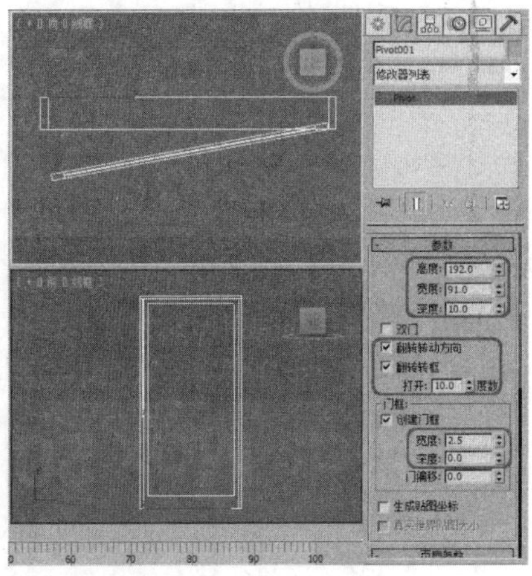

04 在“页扇参数”卷展栏中，设置“厚度”值为4.5，“门挺/顶梁”值为7，“底梁”值为16，按Enter键确认，如下图所示。

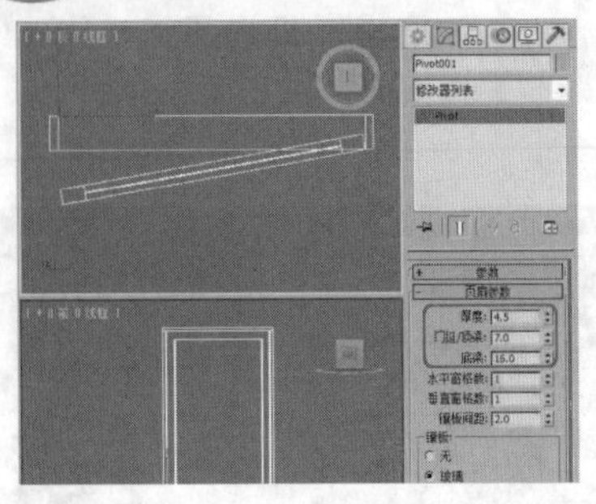

05 在视图中选择枢轴门，在修改器下拉列表中，选择“编辑多边形”修改器，将当前选择集定义为“元素”，在顶视图中选择如下图所示的元素。

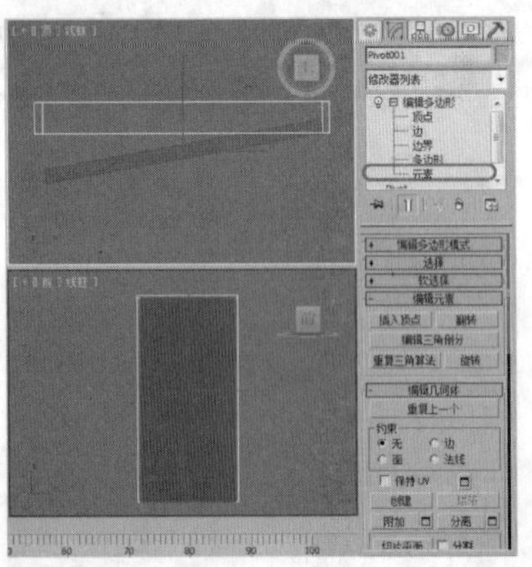

06 在“编辑几何体”卷展栏中，单击“分离”按钮，如下图所示。

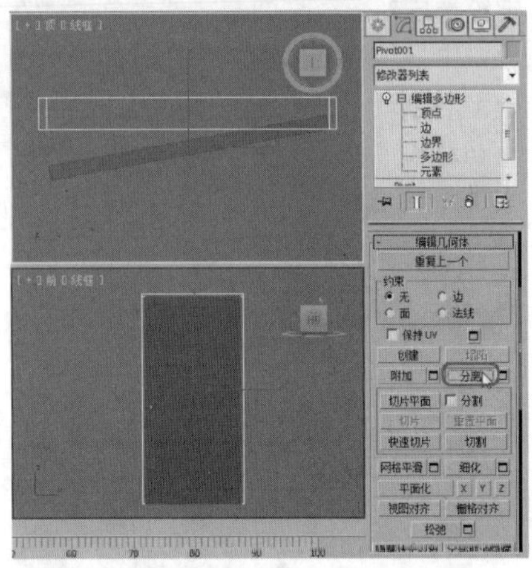

07 关闭当前选择集，在视图中选择枢轴门的页扇，进入“修改”命令面板，在修改器下拉列表中，选择“UVW贴图”修改器，在“参数”卷展栏的“贴图”选项组中勾选“平面”单选按钮，在“U向平铺”和“V向平铺”文本框中输入0.33、0.33，并勾选“U向平铺”复选框，在“对齐”选项组中，单击“Z”单选按钮，单击“适配”按钮，如下图所示。

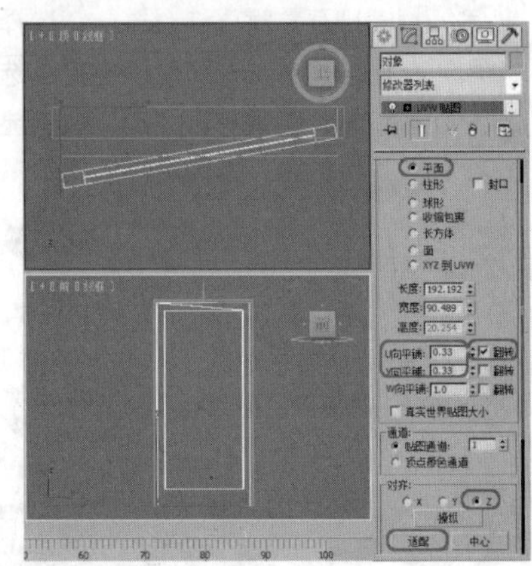

08 分别为枢轴门的页扇和门赋予材质，并在视图中调整其位置，完成后的效果如下图所示。

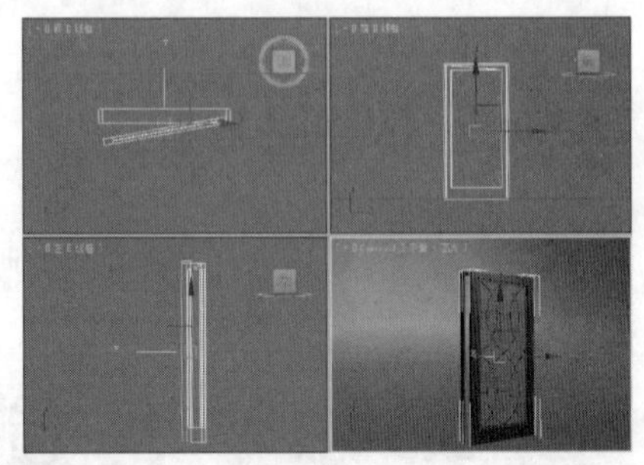

实战操作194 创建推拉门

素材：Scenes\Cha05\5-12.max	难度：★★★★★
场景：Scenes\Cha05\实战操作194.max	视频：视频\Cha05\实战操作194.avi

使用“滑动”门可以将门进行滑动，就像在轨道上一样。该门有两个门元素：一个保持固定，而另一个可以移动。下面介绍如何创建推拉门，具体操作步骤如下。

01 重置一个新的场景文件，按Ctrl+O组合键，在弹出的对话框中打开5-12.max素材文件，如下图所示。

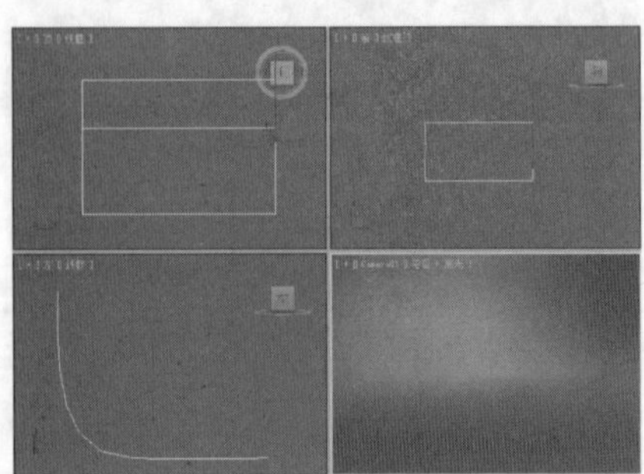

02 选择“创建”|“几何体”|“门”选项，在“对象类型”卷展栏中选择“推拉门”工具，在顶视图中按住鼠标左键进行拖拽，至合适位置后释放鼠标，然后向上或向下移动鼠标，至合适位置后单击鼠标左键，再次移动鼠标，绘制门的高度，至合适位置后释放鼠标，如下图所示。

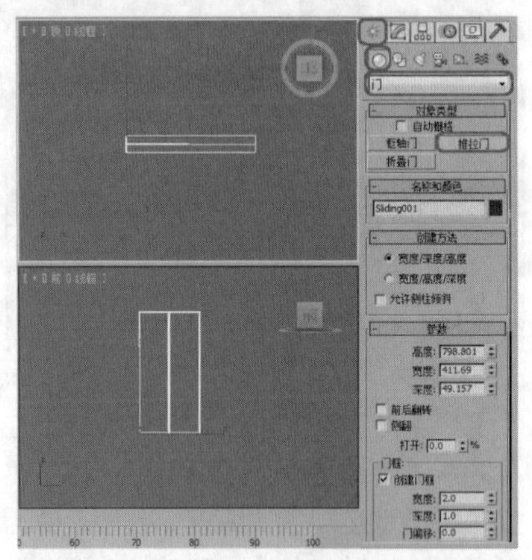

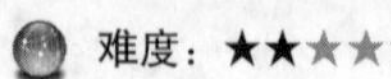

03 切换至“修改”命令面板，在“参数”卷展栏中，设置“高度”值为320，将“宽度”值设置为190，将“深度”值设置为12，勾选“侧翻”复选框，设置“打开”值为45%，设置“门框”选项组中的“宽度”值为4、“深度”值为3，按Enter键确认，如下图所示。

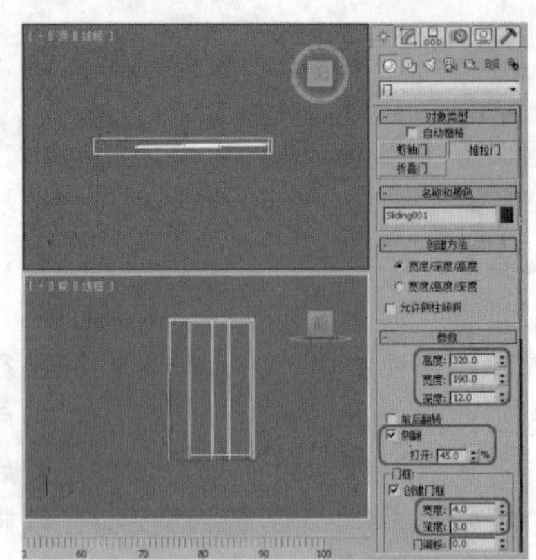

04 在“页扇参数”卷展栏中，设置“厚度”值为4.5，“门挺/顶梁”值为16.5，“底梁”值为12，按Enter键确认，并使用移动工具在视图中调整门的位置，如下图所示。

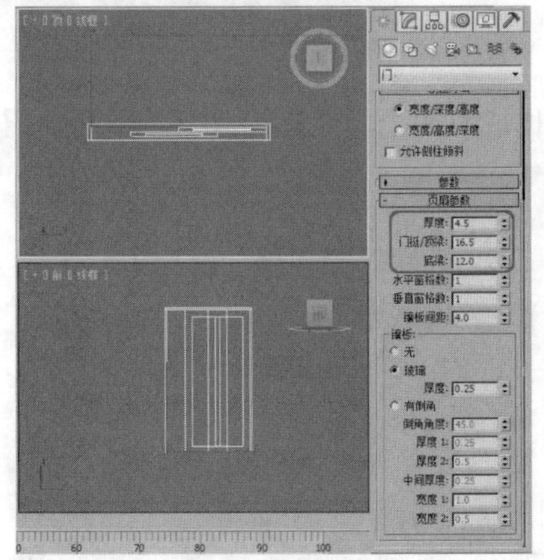

05 在视图中选择创建好的“推拉门”，在修改器下拉列表中选择“编辑多边形”修改器，将当前选择集定义为“元素”，在视图中选择如下图所示的元素。

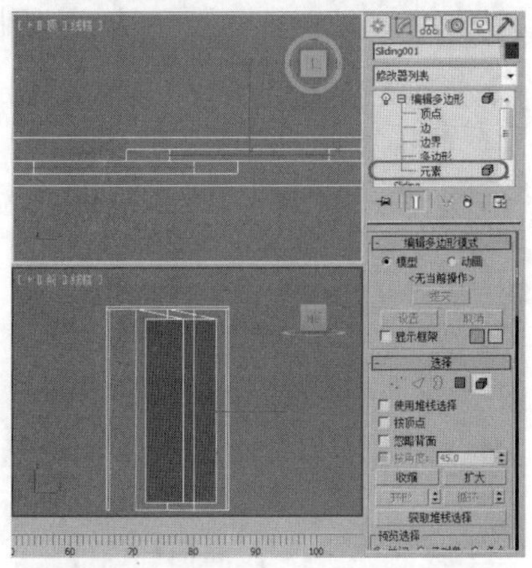

06 在“编辑几何体”卷展栏中单击“分离”按钮，如下图所示。

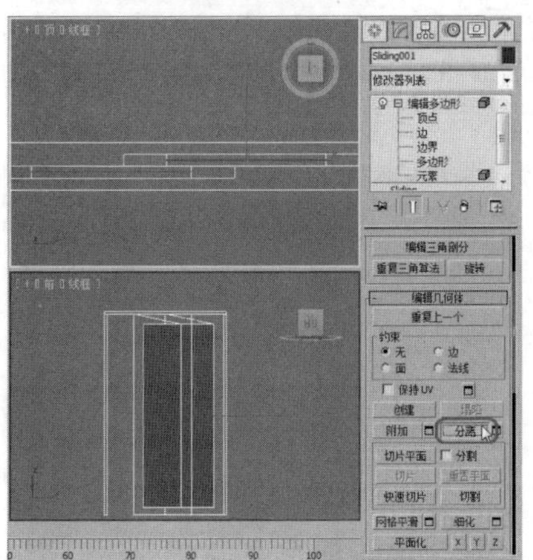

07 关闭当前选择集，在视图中选择推拉门的页扇，然后在修改面板中将当前选择集定义为“元素”，在视图中选择如下图所示的元素。

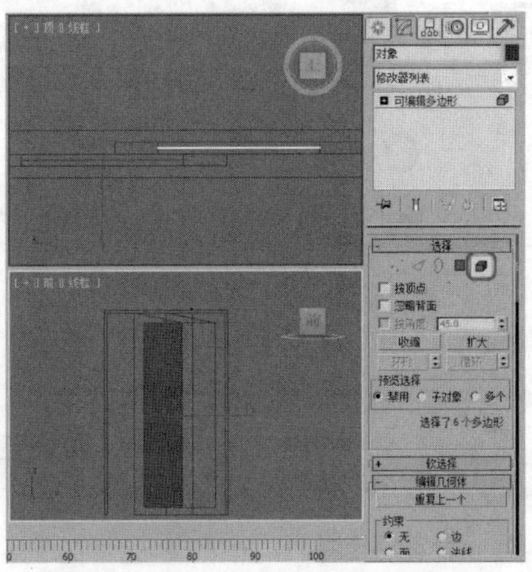

08 在“编辑几何体”卷展栏中，单击“分离”按钮，在弹出的“分离”对话框输入“页扇”，如下图所示。

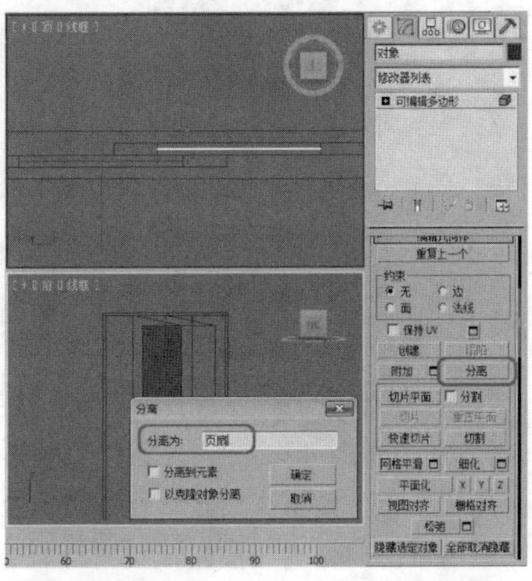

09 单击“确定”按钮，关闭当前选择集，在视图中选择推拉门左侧的页扇，在修改器下拉列表中选择“UVW贴图”修改器，在“参数”卷展栏中的“贴图”选项组中勾选“平面”单选按钮，在“长度”和“宽度”文本框中分别输入339、80，在“U向平铺”和“V向平铺”文本框中输入0.35、1.01，并勾选“V向平铺”复选框，如下图所示。

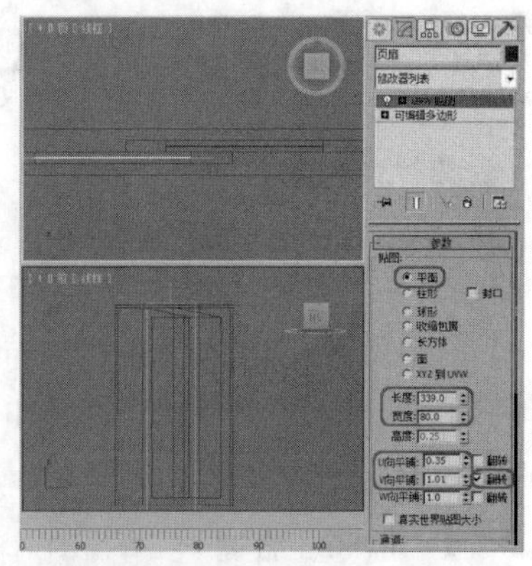

10 使用同样的方法为推拉门右侧的页扇添加“UVW贴图”修改器，如下图所示。

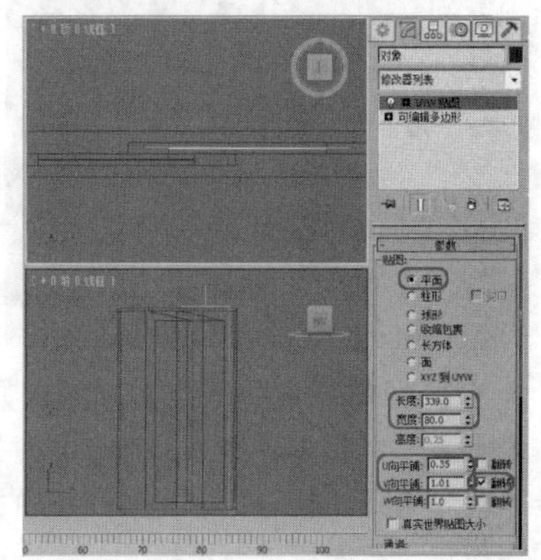

11 分别为推拉门的门框、左页扇和右页扇赋予不同的材质，调整后的效果如下图所示。

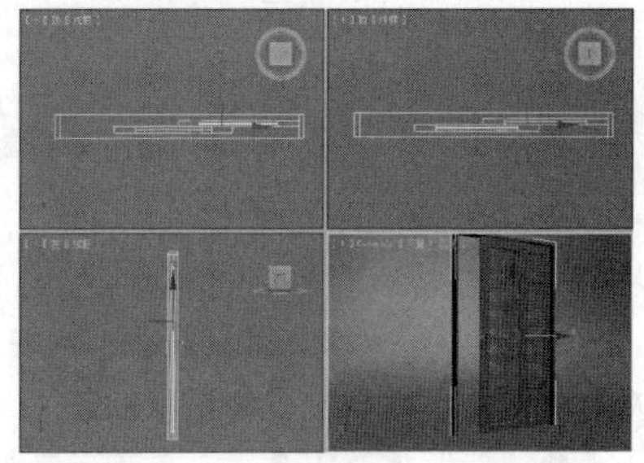

12 激活透视视图，按F9键快速渲染，渲染后的效果如下图所示。

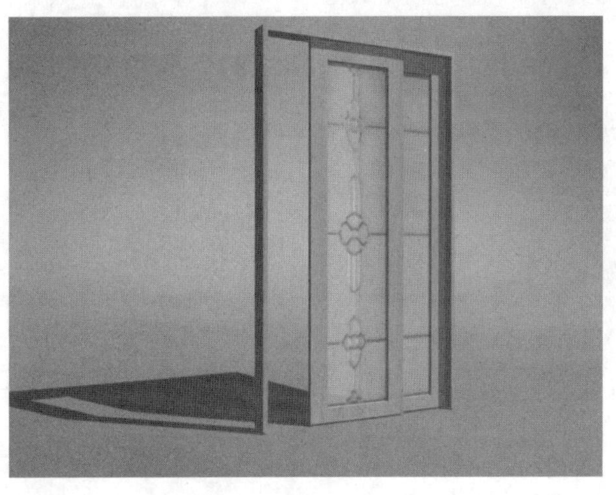

实战操作195 创建折叠门

素材：Scenes\Cha05\5-13.max	难度：★★★★★
场景：Scenes\Cha05\实战操作195max	视频：视频\Cha05\实战操作195.avi

折叠门在中间转枢，也在侧面转枢。该门有两个门元素。也可以将该门制作成有四个门元素的双门。下面介绍如何创建折叠门，具体操作步骤如下。

01 重置一个新的场景文件，按Ctrl+O组合键，在弹出的对话框中打开5-13.max素材文件，如下图所示。

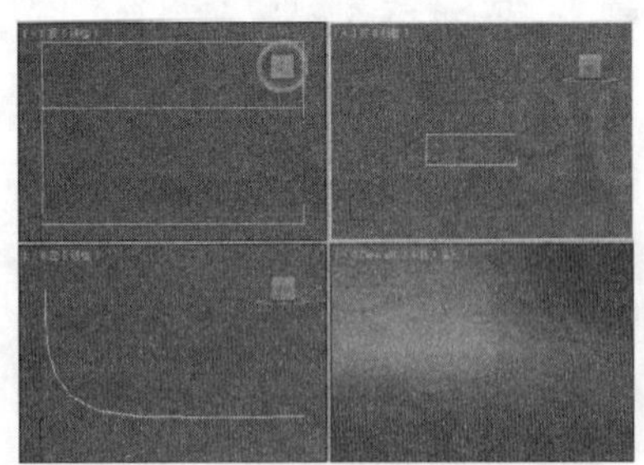

02 选择“创建” | “几何体” | “门”选项，在“对象类型”卷展栏中选择“折叠门”工具，在顶视图中按住鼠标左键进行拖拽，至合适位置后释放鼠标，然后向上或向下移动鼠标，至合适位置后单击鼠标左键，再次移动鼠标，绘制门的高度，至合适位置后释放鼠标，如下图所示。

03 在“参数”卷展栏中设置“高度”值为255，“宽度”值为177、“深度”值为13，将“打开”设置为45%，在“门框”选项组中，设置“宽度”值为3，“深度”值为3，如下图所示。

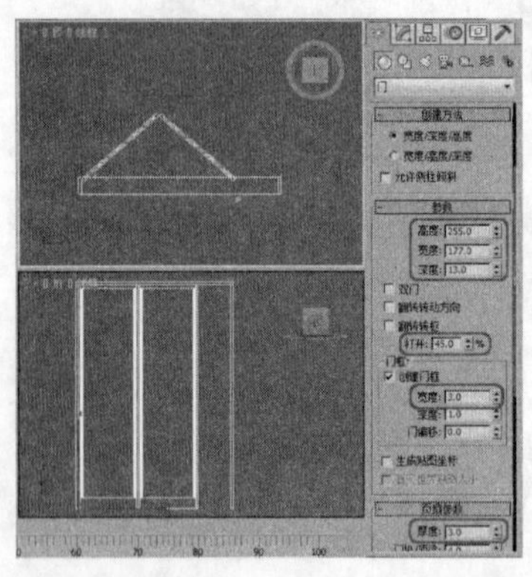

04 在视图中选择折叠门，切换至“修改”命令面板，在修改器下拉列表中选择“编辑多边形”修改器，将当前选择集定义为“多边形”，在视图中选择如下图所示的多边形。

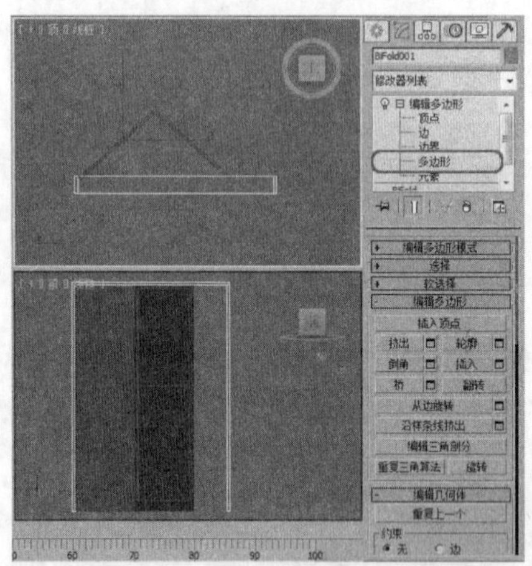

05 在“编辑几何体”卷展栏中单击“分离”按钮，关闭当前选择集，在视图中选择折叠门的页扇，将当前选择集定义为“元素”，在视图中选择折叠门右侧的页扇，在“编辑几何体”卷展栏中单击“分离”按钮，在弹出的对话框中使用默认设置，如下图所示。

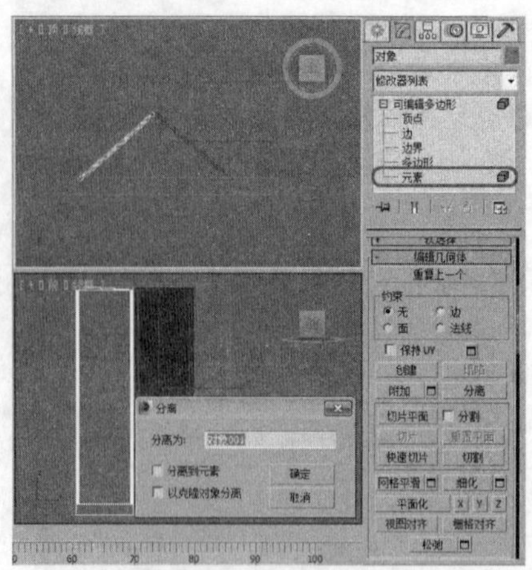

06 单击“确定”按钮，关闭当前选择集，确认左侧的页扇处于选中状态，在修改器下拉列表中选择“UVW贴图”修改器，如下图所示。

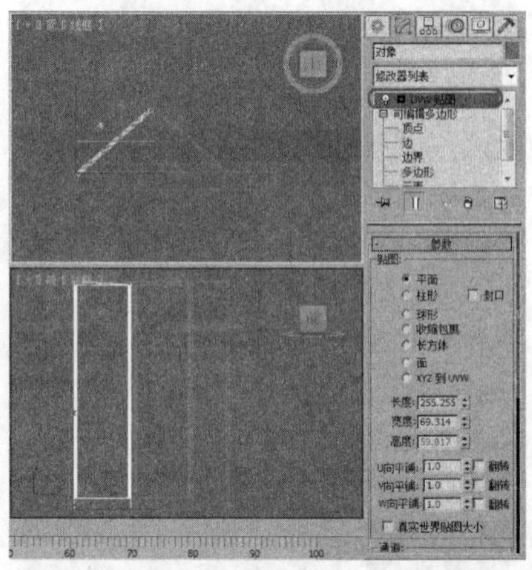

07 使用同样的方法，为右侧的页扇添加“UVW贴图”修改器，然后为其指定不同的材质，再在视图中调整门的位置，效果如下图所示。

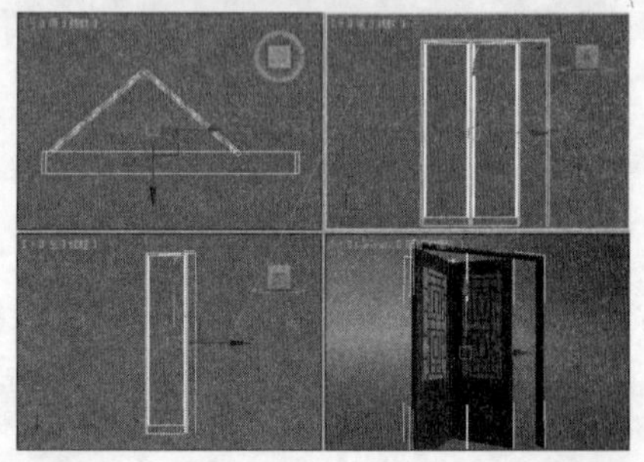

08 指定完成后，按F9键对摄影机视图进行渲染，效果如下图所示。

5.5 创建窗户

运用“窗”建模，可以快速创建各种窗户模型。其有一到两扇像门一样的窗框，它们可以向内或向外转动；旋开窗的轴垂直或水平位于其窗框的中心；伸出式窗有3扇窗框，其中两扇窗框打开时像反向的遮篷；推拉窗有两扇窗框，其中一扇窗框可以沿着垂直或水平方向滑动；固定式窗户不能打开；遮篷式窗户有一扇通过铰链与顶部相连的窗框。下面介绍创建窗的具体操作方法。

实战操作196 创建遮篷式窗

素材：Scenes\Cha05\5-14.max	难度：★★★★★
场景：Scenes\Cha05\实战操作196.max	视频：视频\Cha05\实战操作196.avi

“遮篷式”窗具有一个或多个可在顶部转枢的窗框。下面介绍如何创建遮篷式窗，具体操作步骤如下。

01 重置一个新的场景，按Ctrl+O组合键，在打开的对话框中打开素材文件5-15.max，如下图所示。

02 选择“创建”|“几何体”|“窗”|“遮棚式窗”工具，在顶视图中创建一个遮棚式窗，如下图所示。

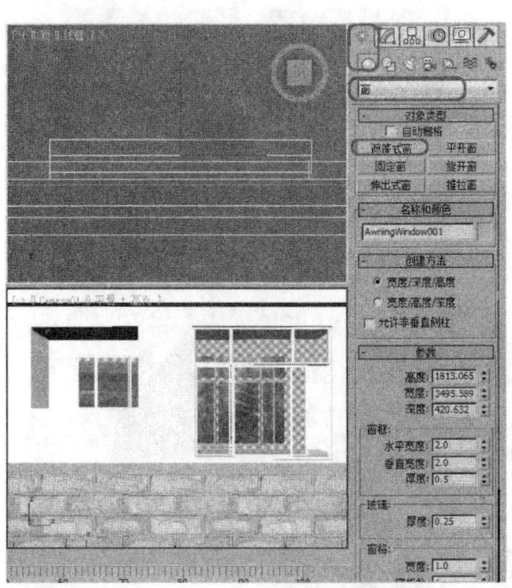

03 使用选择并移动工具，将其调整至合适的位置，切换至“修改”命令面板，展开“参数”卷展栏，将“高度”设置为2540，将“宽度”设置为3450，将“深度”设置为180，在“窗框”选项组中，将“水平宽度”和“垂直宽度”均设置为2，在“玻璃”选项组中，将“厚度”设置为0.25，将“窗格”选项组中的“宽度”设置为1，在“开窗”选项组中，将“打开”设置为35%，如下图所示。

04 再适当调整窗户的位置，确定当前选择为窗户，在“修改器列表”中为其添加“编辑多边形”修改器，并将当前选择集定义为“元素”，选择如下图所示的元素。

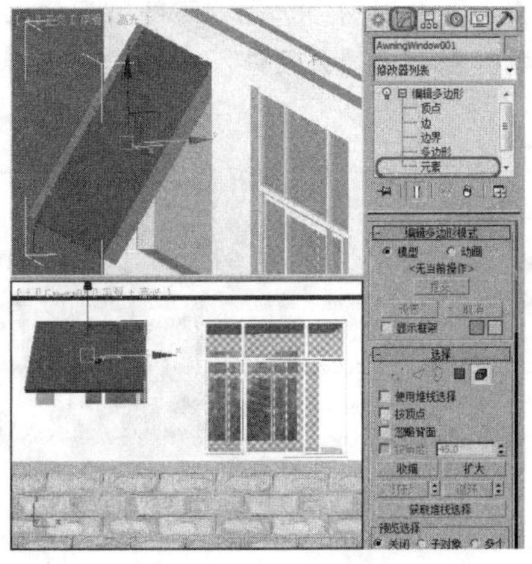

05 在“编辑几何体”卷展栏中，单击“分离”右侧的设置按钮，在弹出的对话框中，将其重命名为“玻璃”，如下图所示。

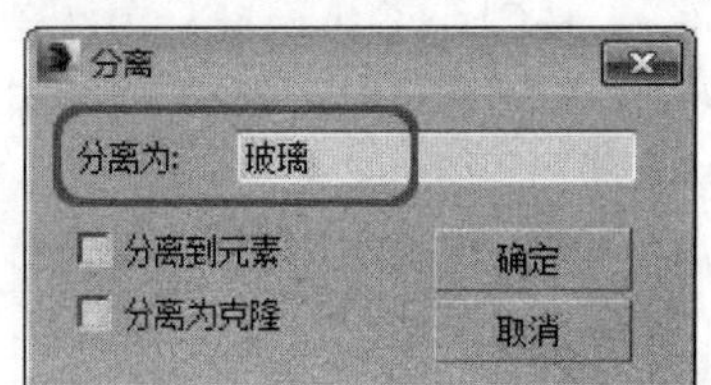

06 设置完成后，单击“确定”按钮，退出当前选择集，选择“创建”|“图形”|“线”工具，在视图中绘制一条直线，在“渲染”卷展栏中，勾选“在渲染中启用”与“在视口中启用”复选框，设置“径向”选项组中的“厚度”值为90，如下图所示。

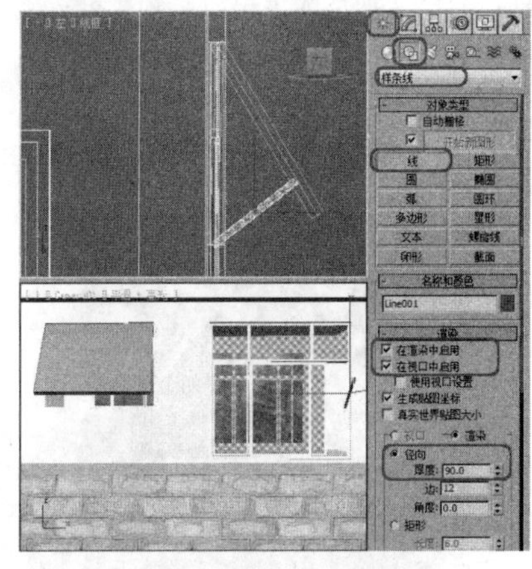

07 在视图中选择创建的线，将其调整至合适的位置，按M键打开材质编辑器，分别为场景中的窗框、玻璃、支柱赋予不同的材质，效果如下图所示。

08 激活摄影机视图，按F9键快速渲染，渲染后的效果如下图所示。

实战操作197 创建平开窗

素材：Scenes\Cha05\5-15.max	难度：★★★★★
场景：Scenes\Cha05\实战操作197.max	视频：视频\Cha05\实战操作197.avi

平开窗具有一个或两个类似于门的窗户。下面介绍如何创建平开窗，具体操作步骤如下。

01 按Ctrl+O组合键，在打开的对话框中打开素材文件5-15.max，如下图所示。

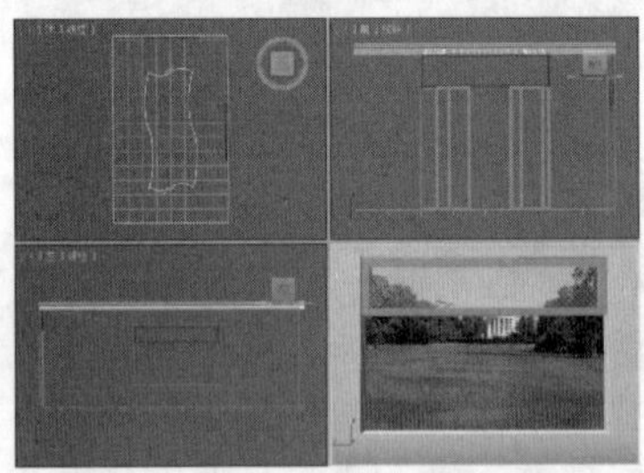

02 选择“创建”|“几何体”|“窗”选项，在“对象类型”卷展栏中选择“平开窗”工具，然后在顶视图中单击鼠标左键，至合适位置后释放鼠标，再次移动鼠标，至合适宽度后单击鼠标，向上或向下移动鼠标，至合适高度后单击鼠标左键，如下图所示。

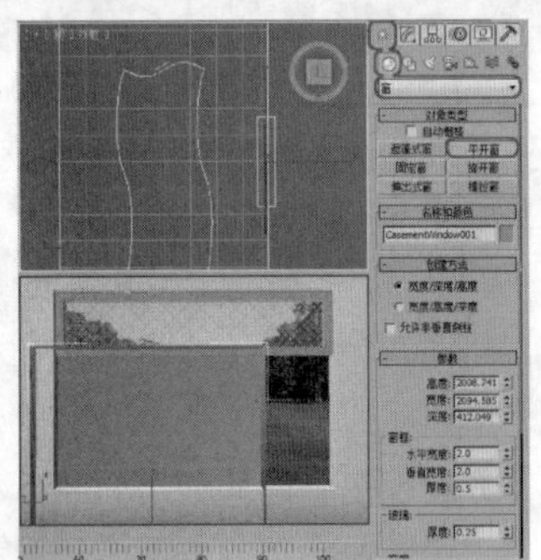

03 在“参数”卷展栏中，设置“高度”值为1257，“宽度”值为2600，“深度”值为100，在“窗框”选项组中，设置“水平宽度”值为65，“垂直宽度”值为65，“厚度”值为0，在“窗扉”选项组中，设置“隔板宽度”值为65，勾选“二”单选按钮，在“打开窗”选项组中设置“打开”值为54%，按Enter确认，如下图所示。

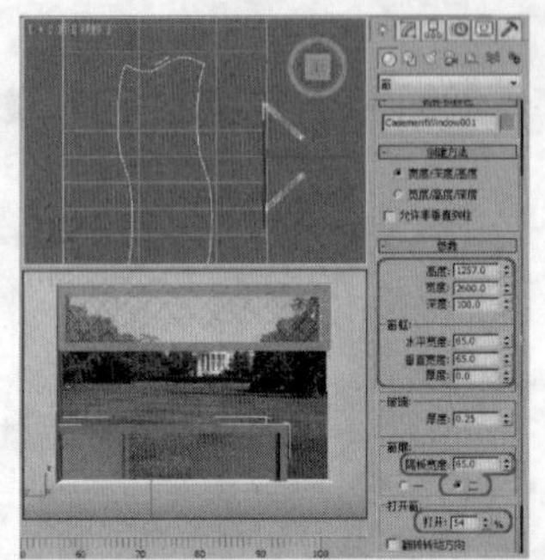

04 当创建的对象处于选中状态时，在“修改”面板中的“修改器列表”中选择“编辑多边形”修改器，将当前的选择集定义为“元素”，在视图中选择如下图所示的元素，在“编辑几何体”卷展栏中单击“分离”按钮。

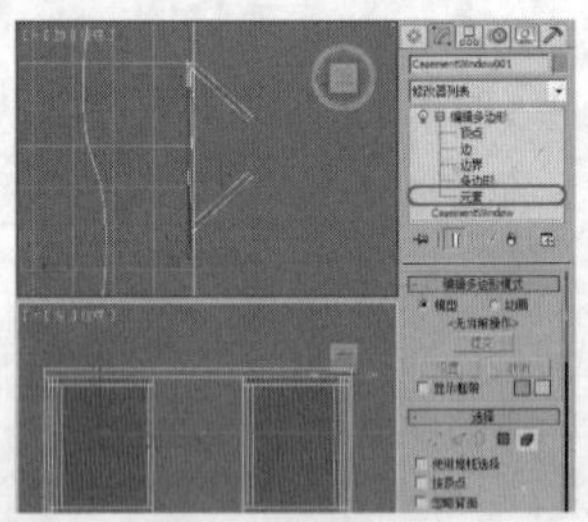

05 关闭当前选择集，分别为玻璃和窗框赋予不同的材质，并在视图中调整其位置，调整完成后的效果如下图所示。

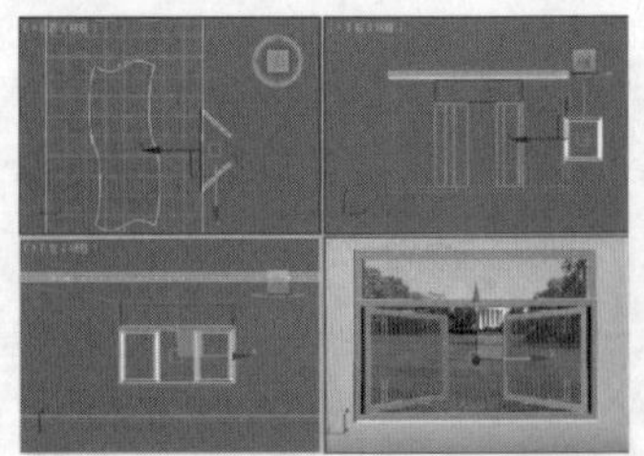

06 激活摄影机视图，按F9键进行渲染，渲染后的效果如下图所示。

实战操作198 创建固定窗

素材：Scenes\Cha05\5-16.max	难度：★★★★★
场景：Scenes\Cha05\实战操作198.max	视频：视频\Cha05\实战操作198.avi

"固定窗"不能被打开，因为没有可在侧面转枢的窗框。它被固定在指定的位置不能推动，下面介绍如何创建固定窗，具体操作步骤如下。

01 重置一个新的场景，按Ctrl+O组合键，在弹出的对话框中打开5-16.max素材文件，如下图所示。

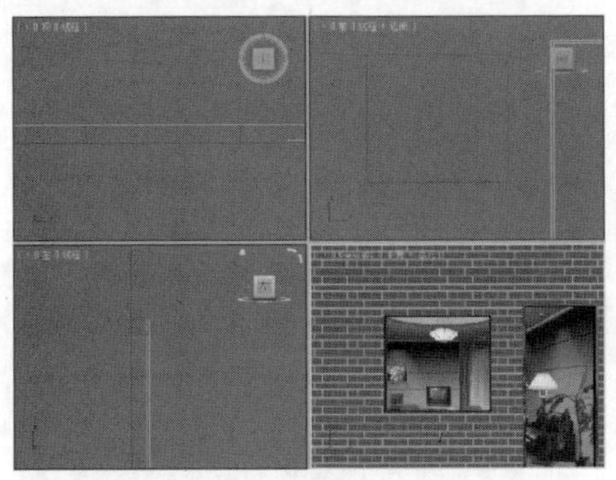

02 选择"创建" | "几何体" | "窗户" | "固定窗"工具，在顶视图中创建窗户模型，如下图所示。

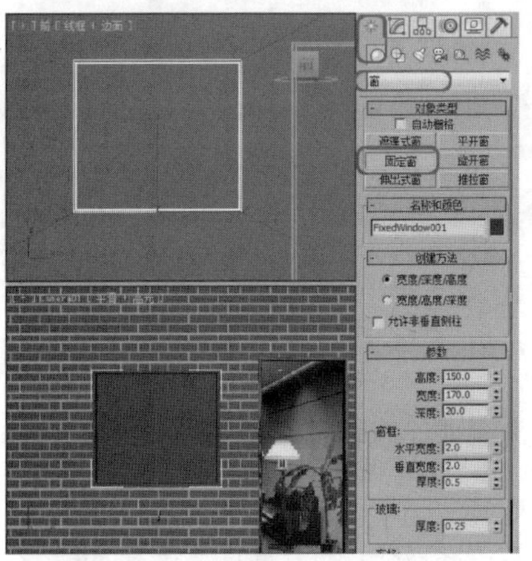

03 切换至"修改"命令面板，在"参数"卷展栏中，将"高度"设置为150，将"宽度"设置为170，将"深度"设置为13，在"窗框"选项组中，将"水平宽度"和"垂直宽度"均设置为0，将"厚度"设置为0.25，在"玻璃"选项组中，将"厚度"设置为0.5，在"窗格"选项组中，将"宽度"设置为6，将"水平窗格数"、"垂直窗格数"均设置为2，勾选"切角剖面"复选框，如下图所示。

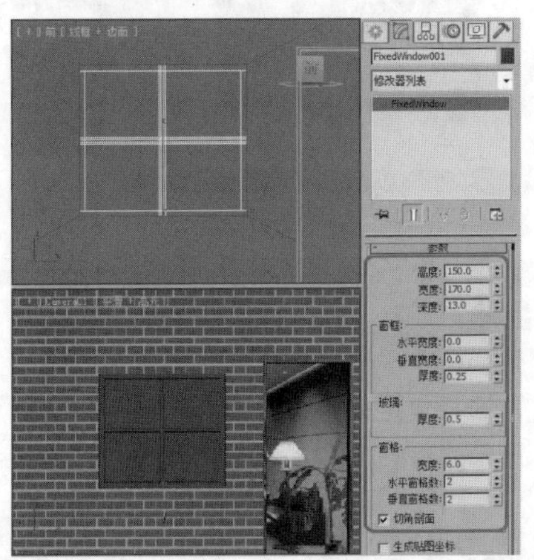

04 选择创建的窗户模型，将其调整至合适的位置，在"修改器列表"中为其添加"编辑多边形"修改器，将当前选择集定义为"元素"，选择如下图所示的元素。

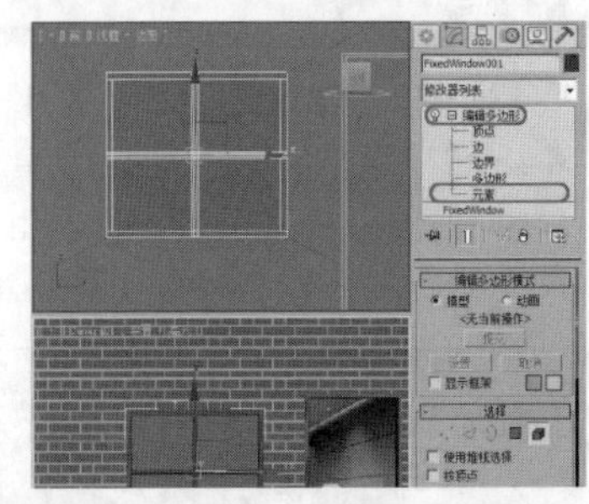

05 在"编辑几何体"卷展栏中单击"分离"按钮，退出当前选择集，为创建的模型赋予材质，如下图所示。

06 激活摄影机视图，按F9键快速渲染，渲染后的效果如下图所示。

实战操作199 创建旋开窗

素材：Scenes\Cha05\5-17.max	难度：★★★★★
场景：Scenes\Cha05\实战操作199.max	视频：视频\Cha05\实战操作199.avi

创建旋开窗的具体操作步骤如下。

01 重置一个新场景，按Ctrl+O组合键，在弹出的对话框中打开5-17.max素材文件，如下图所示。

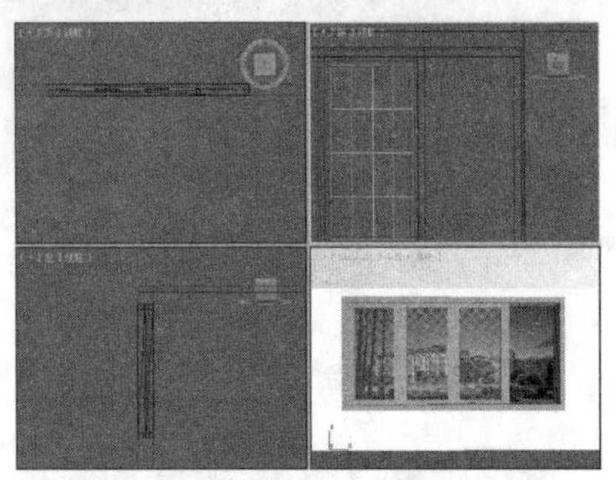

02 选择“创建” | “几何体” | “窗” | “旋开窗”工具，在顶视图中创建一个旋开窗模型，如下图所示。

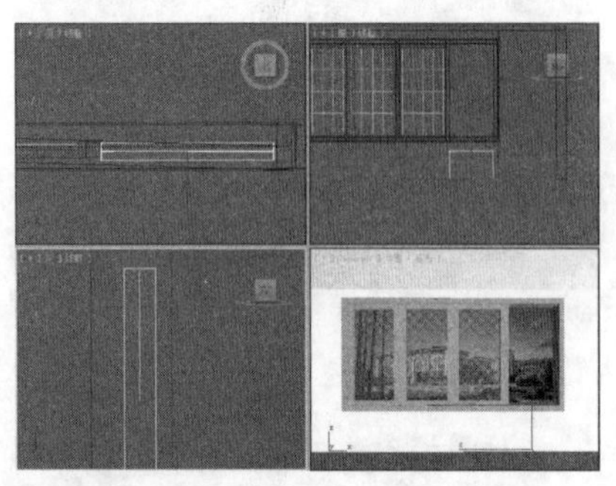

03 切换至“修改”命令面板，在“参数”卷展栏中，将“高度”设置为2045，将“宽度”设置为1070，将“深度”设置为90，在“窗框”选项组中，将“水平宽度”和“垂直宽度”均设置为110.5，将“厚度”设置为0.5，将“玻璃”选项组中的“厚度”设置为0.25，将“窗格”选项组中的“宽度”设置为70，在“打开窗”选项组中，将“打开”设置为19%，并将其调整至合适的位置，如下图所示。

04 在场景中选择创建的窗户对象，在“修改器列表”中为其添加一个“编辑多边形”修改器，将当前选择集定义为“元素”，选择如下图所示的对象。

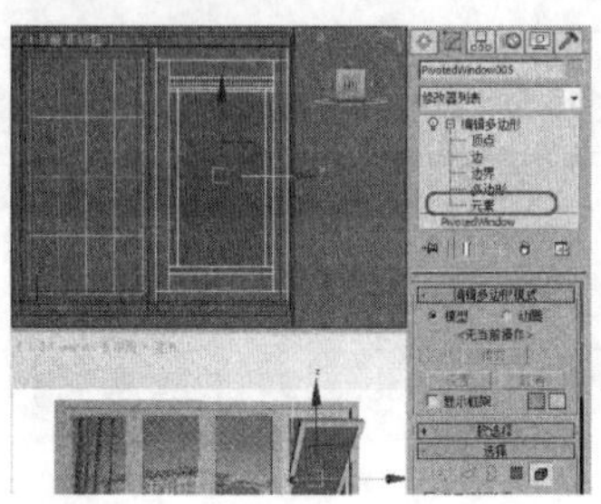

05 在“编辑几何体”卷展栏中单击“分离”按钮，然后退出当前选择集。分别为场景中的玻璃和窗框赋予不同的材质，完成后的效果如下图所示。

06 激活摄影机视图，按F9键快速渲染，效果如下图所示。

实战操作200 创建伸出式窗

素材：Scenes\Cha05\5-18.max	难度：★★★★★
场景：Scenes\Cha05\实战操作200max	视频：视频\Cha05\实战操作200.avi

“伸出式窗”具有三个窗框：顶部窗框是固定的，底部的两个窗框像遮篷式窗那样旋转打开，但方向相反。创建伸出窗具体操作步骤如下。

01 重置一个新的场景，按Ctrl+O组合键，在弹出的对话框中打开5-18.max素材文件，选择“创建” | “几何体” | “窗户” | “伸出式窗”工具，在顶视图中创建窗户模型，如下图所示。

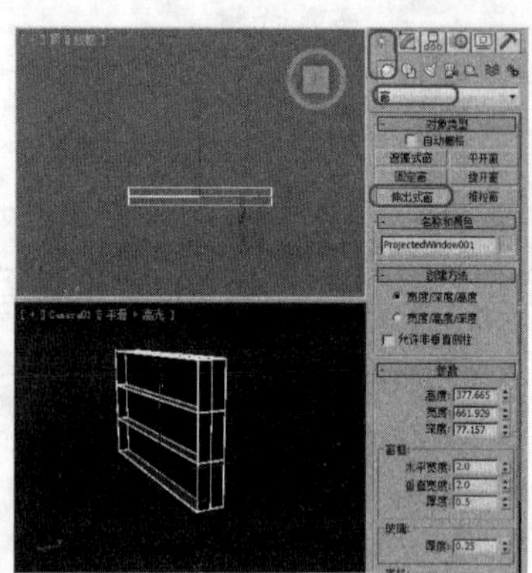

02 切换至“参数”卷展栏，将“高度”设置为532，将“宽度”设置为344，将“深度”设置为27，在“窗框”选项组中，将“水平宽度”和“垂直宽度”均设置为18，将“厚度”设置为2，在“玻璃”选项组中，将“厚度”设置为0.1，在“窗格”选项组中，将“宽度”设置为13，将“中点高度”和“底部高度”设置为186，在“打开窗”选项组中，将“打开”设置为44%，如右图所示。

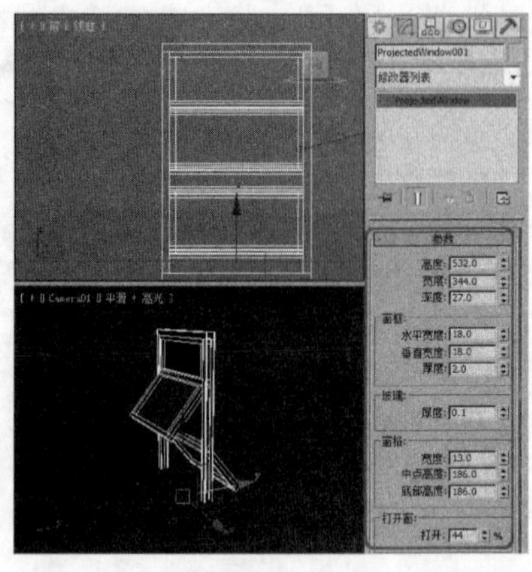

03 在视图中，将其调整至合适的位置，在“修改器列表”中为其添加“编辑多边形”编辑器，将当前选择集定义为“元素”，在视图中选择“玻璃”元素，展开“多边形：材质ID”卷展栏，将“ID”设置为1，如下图所示。

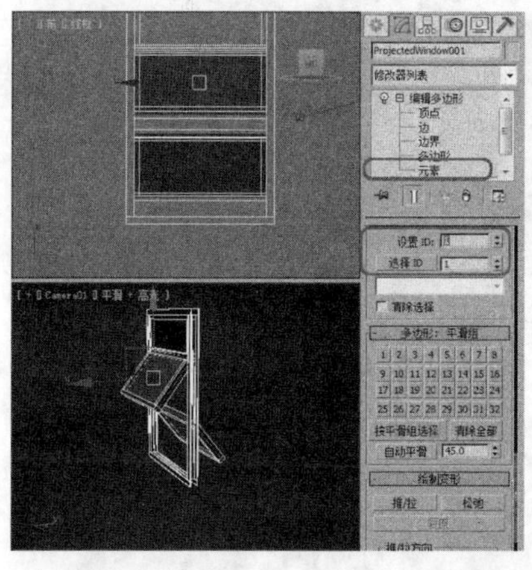

04 按Ctrl+I组合键，将元素进行反选，并将其ID设置为2，如下图所示。

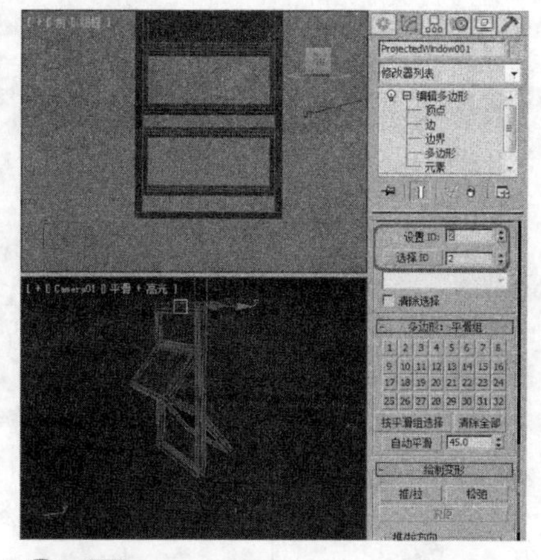

05 退出当前选择集，在场景中选择创建的窗户对象，按M键打开“材质编辑器”，选择“材质”材质球，按“将材质指定给选定对象”按钮，为对象赋予材质，如下图所示。

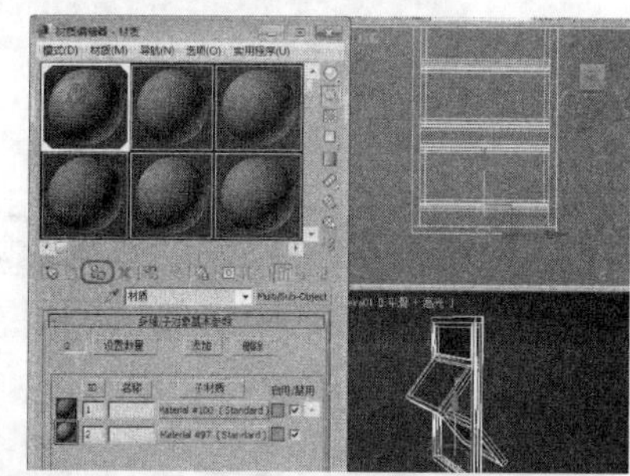

06 激活摄影机视图，按F9键渲染完成后的效果，如下图所示。

实战操作201 创建推拉窗

素材：Scenes\Cha05\5-19.max	难度：★★★★★
场景：Scenes\Cha05\实战操作201.max	视频：视频\Cha05\实战操作201.avi

创建推拉窗的具体操作步骤如下。

01 重置一个新的场景，按Ctrl+O组合键，在弹出的对话框中打开5-18.Max素材文件，如下图所示。

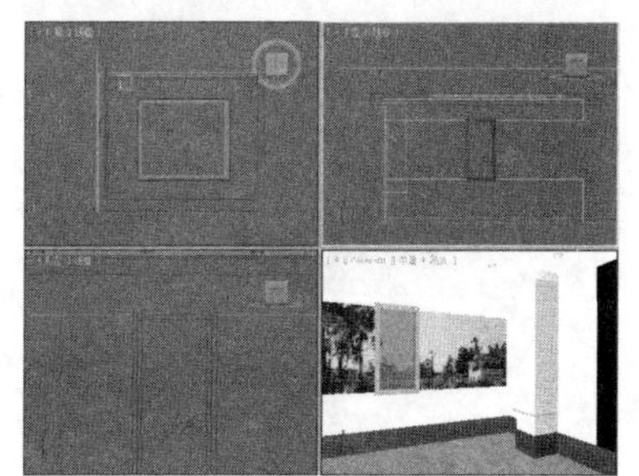

02 选择“创建”  |“几何体”  |“窗”选项，在“对象类型”中选择“推拉窗”工具，在前视图中创建推拉窗模型，如下图所示。

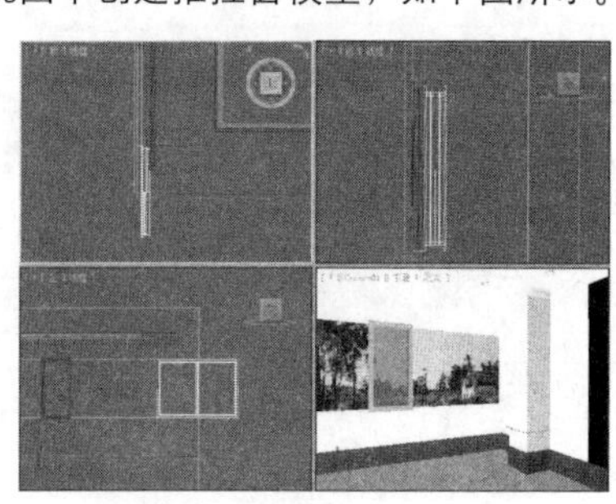

03 切换至“修改”命令面板，在“修改”命令面板中，将“参数”卷展栏中的“高度”设置为56，将“宽度”设置为75，将“深度”设置为5，在“窗框”选项组中，将“水平宽度”和“垂直宽度”设置为1.5，在“玻璃”选项组中，将“厚度”设置为0.5，将“窗格”选项组中的“窗格宽度”设置为1.5，取消勾选“悬挂”复选框，将“打开”设置为37%，并将窗户调整至合适的位置，如下图所示。

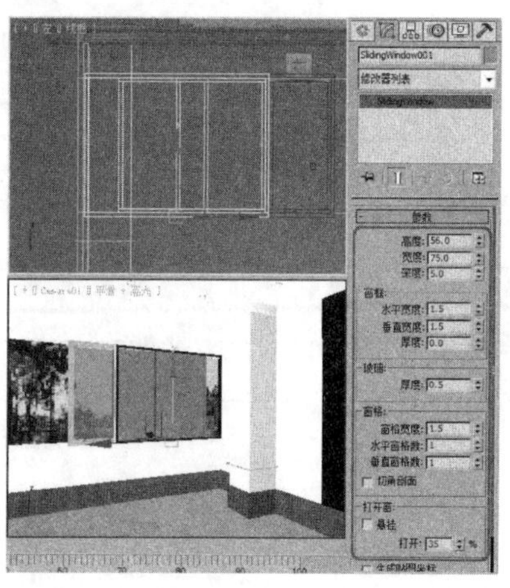

04 当创建的窗处于选中状态时，在“修改器列表”中为其添加“编辑多边形”修改器，将当前的选择集定义为“元素”，在视图中选择如下图所示的元素。

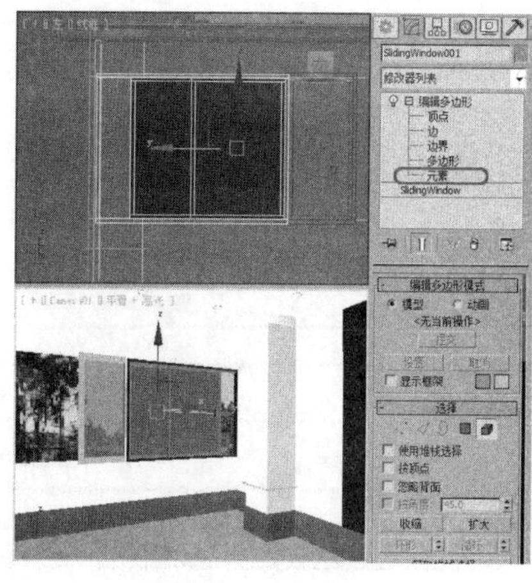

05 在“编辑几何体”卷展栏中单击“分离”按钮，将选择的玻璃元素分离，如下图所示。

06 退出当前选择集，然后分别为窗框和玻璃分别赋予不同的材质，完成后的效果如下图所示。

07 在场景中选择赋予完材质的对象，在左视图中，在按住Shift键的同时沿X轴向右移动鼠标，在弹出的对话框中保持其默认设置，并将其调整至合适的位置，如下图所示。

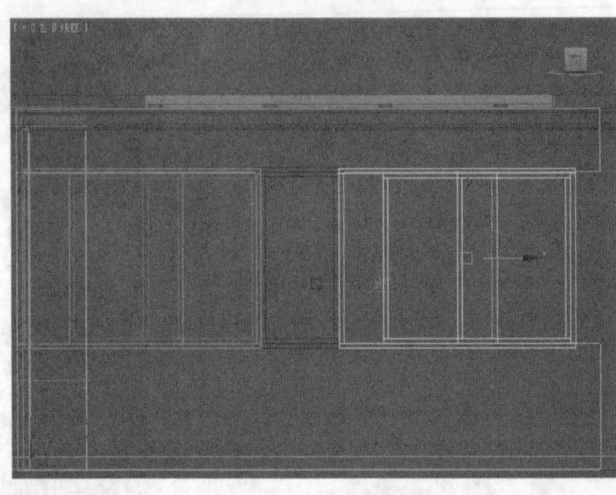

08 单击“确定”按钮，激活摄影机视图，按F9键快速渲染，渲染后的效果如下图所示。

第6章 模型的编辑与修改

Chapter 06

模型在动画结构中是最重要的组成部分，制作者利用修改器可以制作出适合特定任务的高品质模型。本章将介绍模型的编辑，以及对模型的修改。

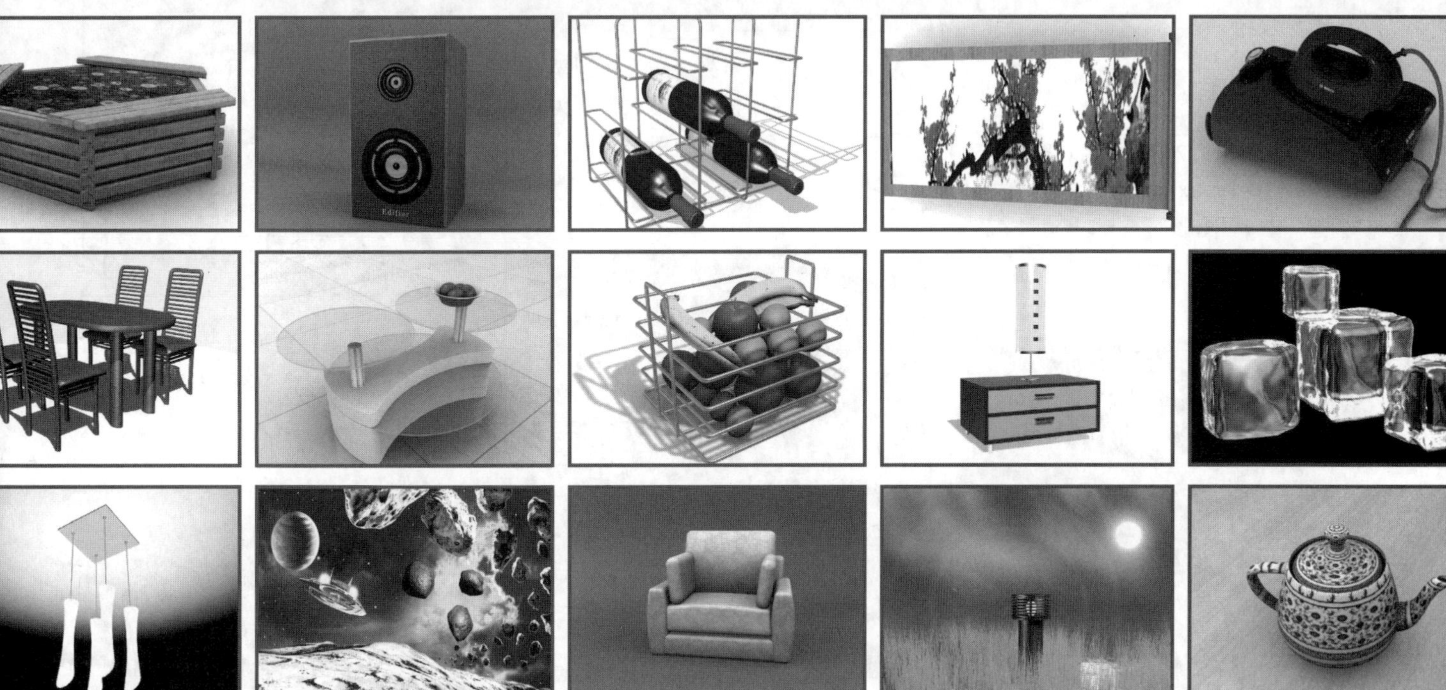

6.1 二维造型修改器

前面介绍了有关基础2D造型的创建，以及在选择集基础上的编辑修改。二维造型可以添加的编辑器主要有“挤出”、“车削”、“倒角”修改器。下面使用修改列表中的常用2D编辑修改器，将2D图形变成3D模型。

实战操作202 “挤出”修改器

素材：Scenes\Cha06\6-1.max	难度：★★★★★
场景：Scenes\Cha06\实战操作202.max	视频：视频\ Cha06\实战操作202.avi

“挤出”修改器用于将二维的样条线图形增加厚度，挤出三维实体。这是在二维造型修改器中最为常用的修改器，具体操作步骤如下。

01 在3ds Max中单击“应用程序”按钮，在弹出的下拉菜单中选择“打开”|“打开”选项，如下图所示。

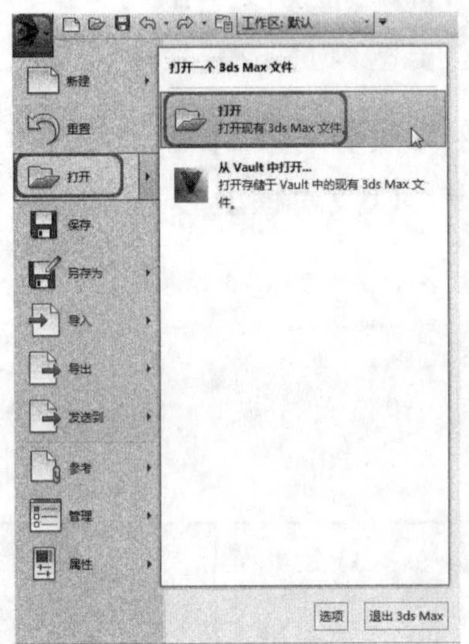

02 在弹出的对话框中打开素材文件6-1.max，激活顶视图，选择“创建”|“图形”|“多边形”工具，在顶视图中创建一个多边形，如下图所示。

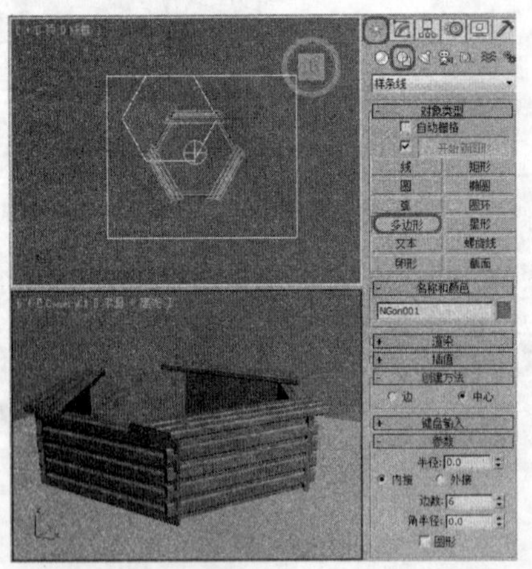

03 在“修改”命令面板中的“参数”卷展栏中，将“半径”和“边数”分别设置为65和6，并将其命名为“草坪”，如下图所示。

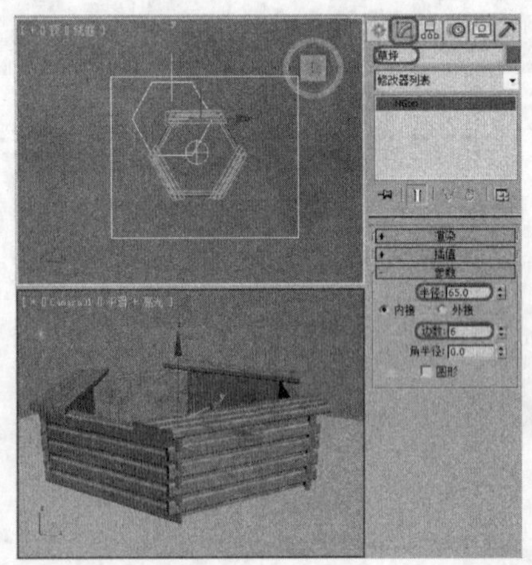

04 在“修改器列表”下拉列表框中选择“挤出”修改器，为草坪设置厚度。在“参数”卷展栏中，将“数量”设置为34，并调整其位置，如下图所示。

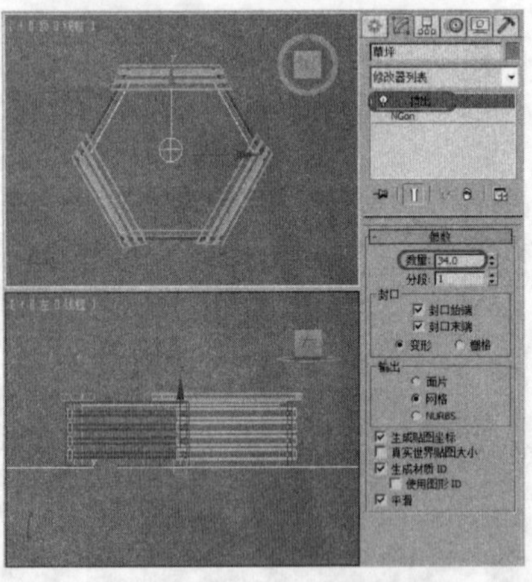

05 按M键打开“材质编辑器”对话框，在场景中选择“草坪”对象，选择“草坪”材质，然后在“材质编辑器”中单击“将材质指定给选定对象”按钮，为该对象设置材质，如下图所示。

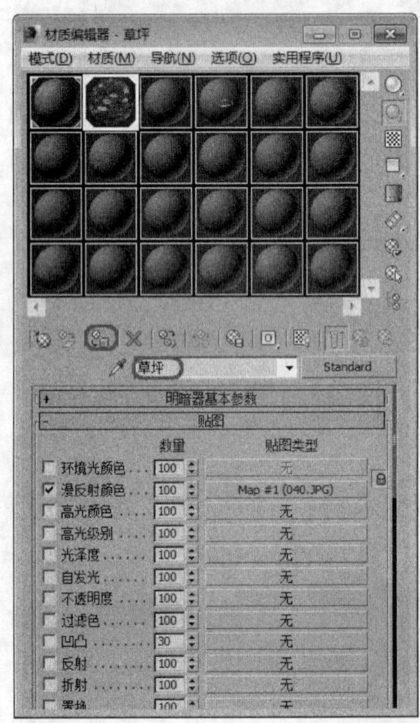

06 激活摄影机视图，按F9键对其进行渲染，渲染完成后的效果如下图所示。

实战操作203 “倒角”修改器

素材：Scenes\Cha06\6-2.max	难度：★★★★★
场景：Scenes\Cha06\实战操作203.max	视频：视频\ Cha06\实战操作203.avi

“倒角”修改器是将二维图形挤出为3D对象，并在边缘应用平或圆的倒角，它只能对二维图形使用。下面介绍使用“倒角”修改器制作音响盒的方法，具体操作步骤如下。

01 单击“应用程序”按钮，在弹出的下拉列表中选择“打开”|“打开”选项，在打开的对话框中打开素材文件6-2.max，如下图所示。

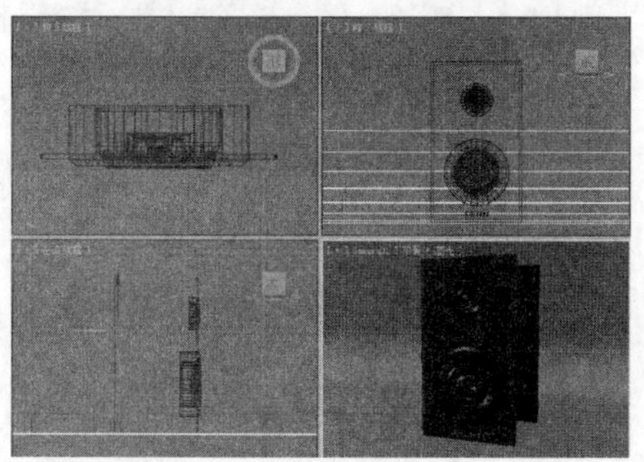

02 在视图中选择“音响盒”对象，然后切换到“修改”命令面板，将选择集定义为“Rectangle”，在“修改器列表”下拉列表中选择“倒角”修改器，如下图所示。

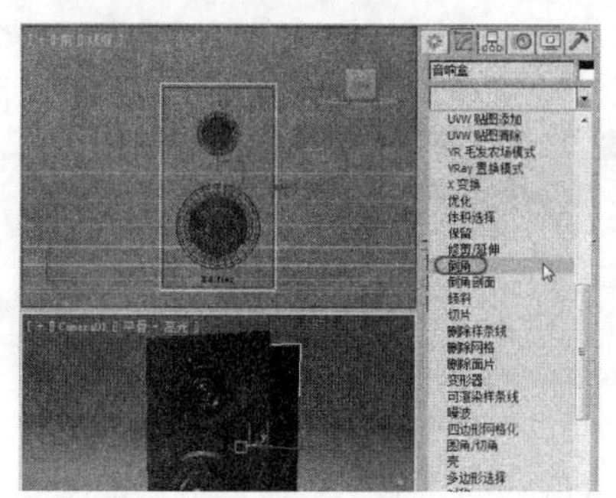

03 在“倒角值”卷展栏中将“级别1”区域下的“高度”设置为-270，勾选“级别2”复选框，将“级别2”区域下的“高度”和“轮廓”分别设置为-6.5和-8.0，如下图所示。

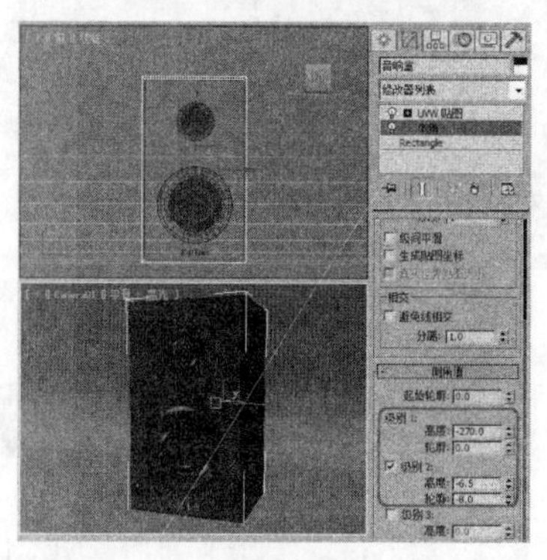

04 激活摄像机视图，按F9键进行渲染，渲染完成后的效果如下图所示。

实战操作204 “车削”修改器

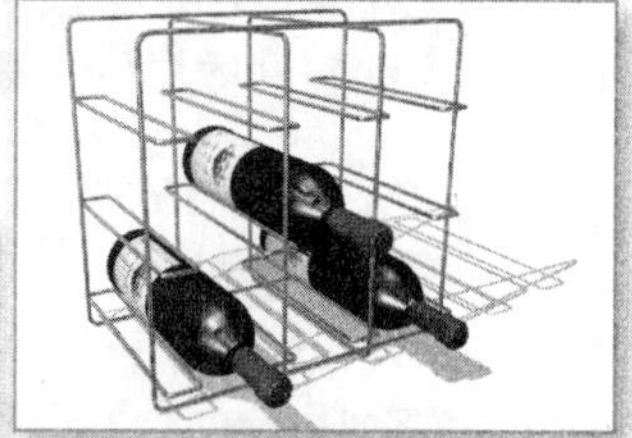

 素材：Scenes\Cha06\6-3.max	难度：★★★★★
 场景：Scenes\Cha06\实战操作204.max	视频：视频\ Cha06\实战操作204.avi

“车削”修改器是用二维图形来创建物体的剖面，然后利用“车削”修改器来产生三维建模。这是一种比较实用的造型工具。具体操作步骤如下。

01 单击“应用程序”按钮，在弹出的下拉列表中选择“打开”|“打开”选项，在打开的对话框中打开素材文件6-3.max，如下图所示。

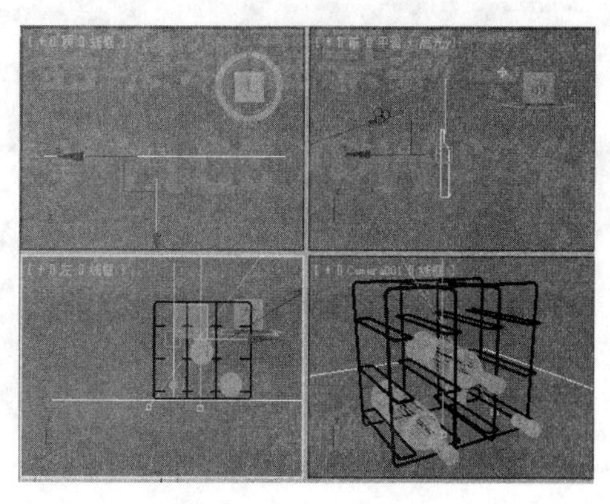

02 激活前视图，在打开的素材文件中选择“瓶体001”对象，切换到“修改”命令面板，单击“修改器列表”后面的下三角按钮，在弹出的下拉列表中选择“车削”修改器，如下图所示。

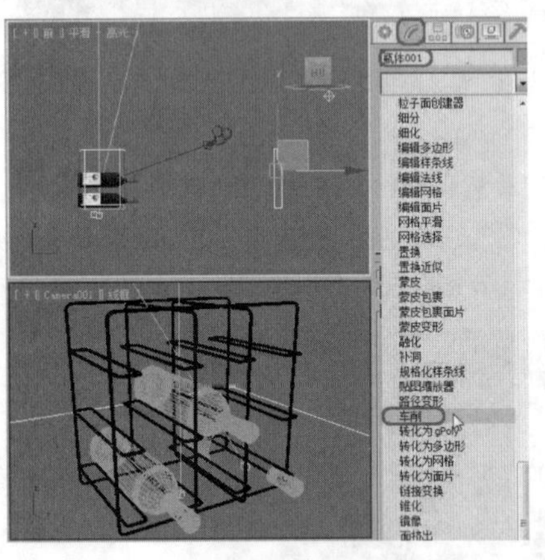

03 在“参数”卷展栏中，将“分段”设置为26，在“方向”选项组中单击“y”按钮，然后再在“对齐”选项组中单击“最小”按钮，如下图所示。

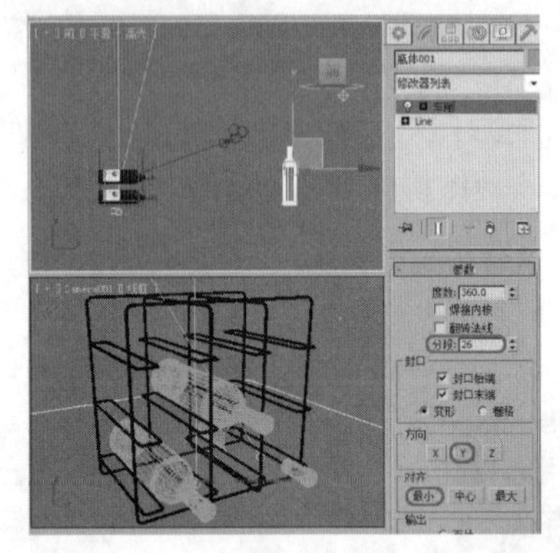

04 将“瓶体001”对象移动并旋转到合适位置，激活摄影机视图，按F9键进行渲染，渲染完成后的效果如下图所示。

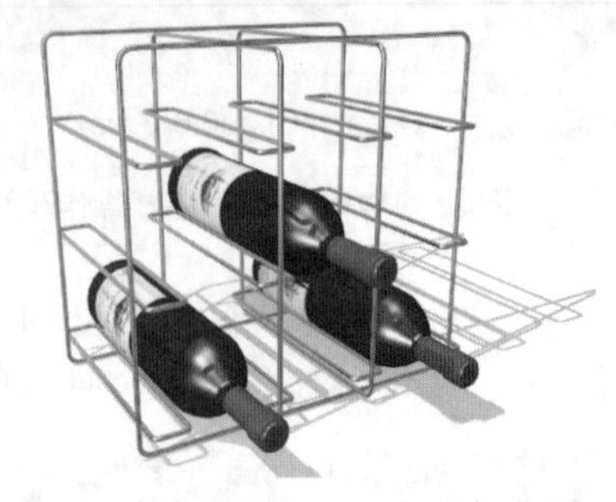

专家提醒

车削是3D中从二维到三维的一种成型方法，但是用这个工具的前提是物体是对称的模型。一般中心放射的物体都可以用这种方法完成。

6.2 三维造型修改器

使用基本对象创建工具只能创建一些简单的模型，如果要修改模型，使其有更多的细节和增加逼真程度，这就要用到编辑修改器了。本节将对“贴图缩放器”、“路径变形”、“倒角剖面”等三维造型修改器的使用方法进行详细的介绍。

实战操作205 “贴图缩放器”修改器

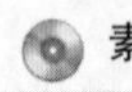 素材：Scenes\Cha06\6-4.max	难度：★★★★★
场景：Scenes\Cha06\实战操作205.max	 视频：视频\ Cha06\实战操作205.avi

“贴图缩放器”修改器工作于对象空间，用来保持应用到对象上贴图的缩放大小。通常，如果通过调整创建参数来更改对象大小，可以使用它来保持贴图的尺寸大小而不考虑几何体如何缩放。下面介绍“贴图缩放器”修改器的使用方法，具体操作步骤如下。

01 单击“应用程序”按钮，在弹出的下拉列表中选择“打开”|“打开”选项，在打开的对话框中打开素材文件6-4.max，如下图所示。

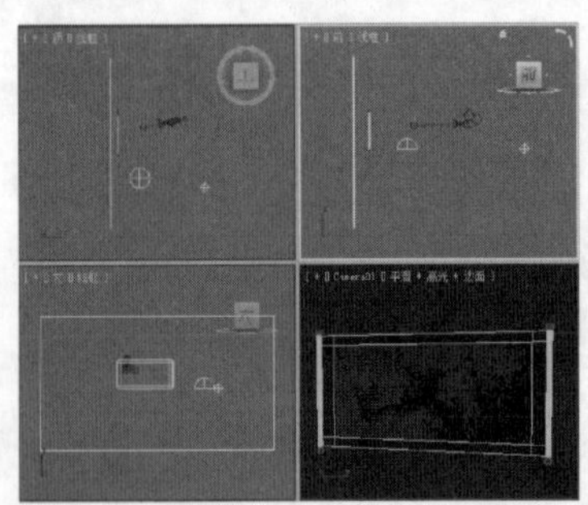

02 在前视图中选择“画”对象，然后切换到“修改”命令面板，单击“修改器列表”后面的下三角按钮，在弹出的下拉列表中选择“贴图缩放器”修改器，如下图所示。

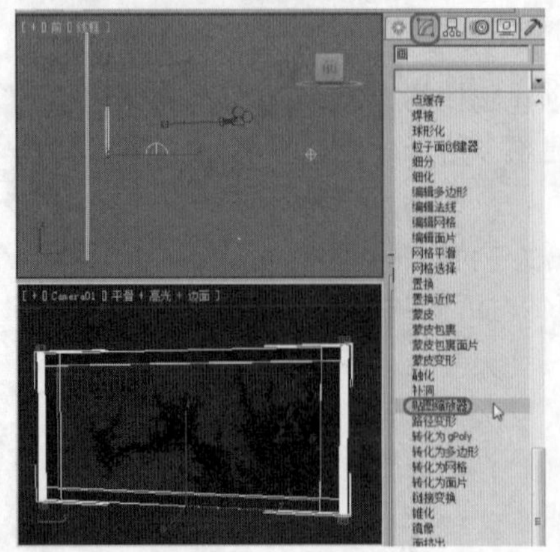

03 在“参数”卷展栏中，将“比例”设置为262，将“U向偏移”设置为-0.93，将“V向偏移”设置为-0.22，如下图所示。

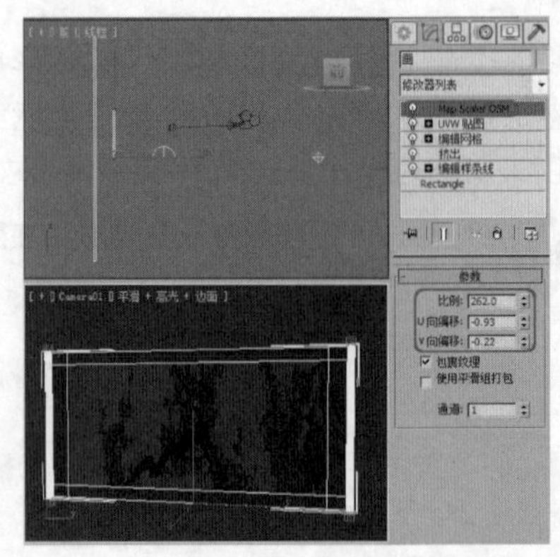

04 激活摄影机视图，按F9键进行渲染，渲染完成后的效果如右图所示。

实战操作206 “路径变形”修改器

素材：Scenes\Cha06\6-5.max	难度：★★★★★
场景：Scenes\Cha06\实战操作206.max	视频：视频\ Cha06\实战操作206.avi

“路径变形”修改器用来控制对象沿路径曲线变形，对象在指定路径上不仅沿路径移动，同时还根据曲线的形状产生形变。下面介绍“路径变形”修改器的使用方法，具体操作步骤如下。

01 单击“应用程序”按钮，在弹出的下拉列表中选择“打开”|“打开”选项，在打开的对话框中打开素材文件6-5.max，如下图所示。

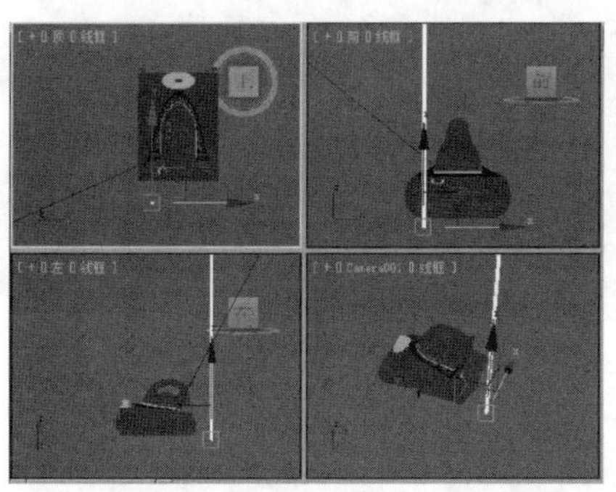

02 选择“创建” | “图形” | “线”工具，如下图所示。

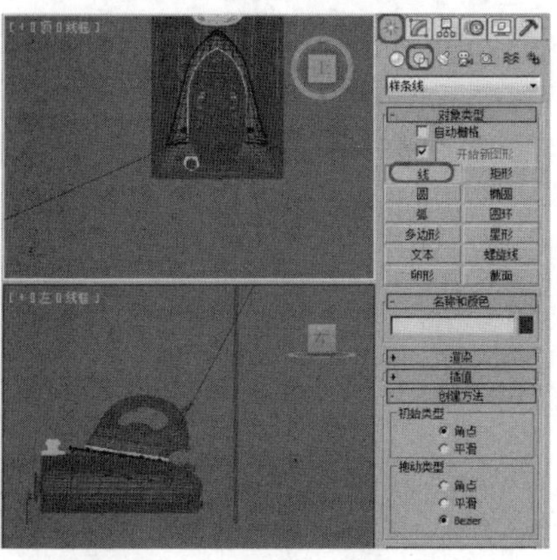

03 激活顶视图，在该视图中创建线，然后调整其位置，如下图所示。

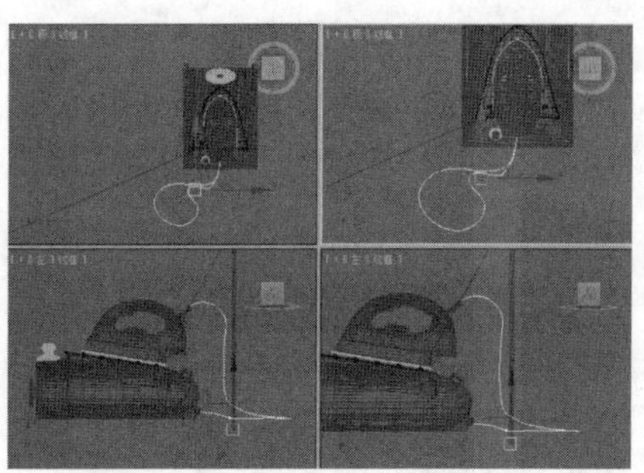

04 选择“线”对象，切换到“修改”命令面板，单击“修改器列表”后面的下三角按钮，在弹出的下拉列表中选择“路径变形（WSM）”修改器，如下图所示。

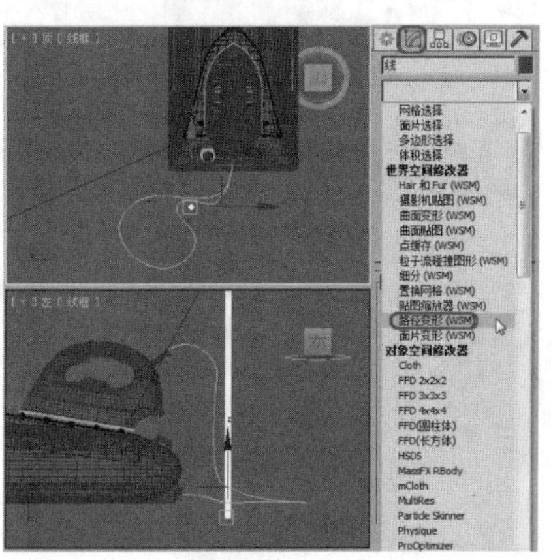

05 在“参数”卷展栏中，单击“拾取路径”按钮，在场景中拾取刚创建的路径，然后单击“转到路径”按钮，将“拉伸”设置为1.0，如下图所示。

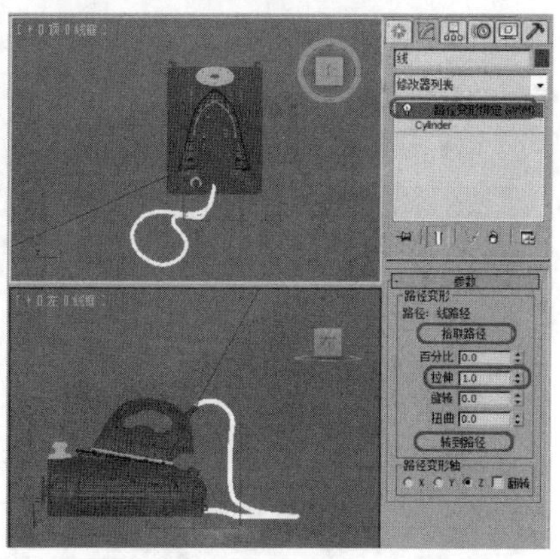

06 激活摄影机视图，按F9键进行渲染，渲染完成后的效果如下图所示。

实战操作207 “倒角剖面”修改器

素材：Scenes\Cha06\6-6.max	难度：★★★★★
场景：Scenes\Cha06\实战操作207.max	视频：视频\ Cha06\实战操作207.avi

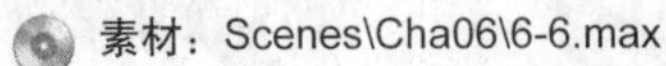

“倒角剖面”修改器沿路径拉伸，生成的实体边缘形状非常丰富。下面介绍“倒角剖面”修改器的使用方法，具体操作步骤如下。

01 单击“应用程序”按钮，在弹出的下拉列表中选择“打开”|“打开”选项，在打开的对话框中打开素材文件6-6.max，如下图所示。

02 激活前视图，在场景中选择“桌面”对象，然后切换到“修改”命令面板，单击“修改器列表”后面的下三角按钮，在弹出的下拉列表中选择“倒角剖面”修改器，如下图所示。

03 单击“参数”卷展栏“倒角剖面”选项组中的“拾取剖面”按钮，在前视图中拾取“line1”对象，如下图所示。

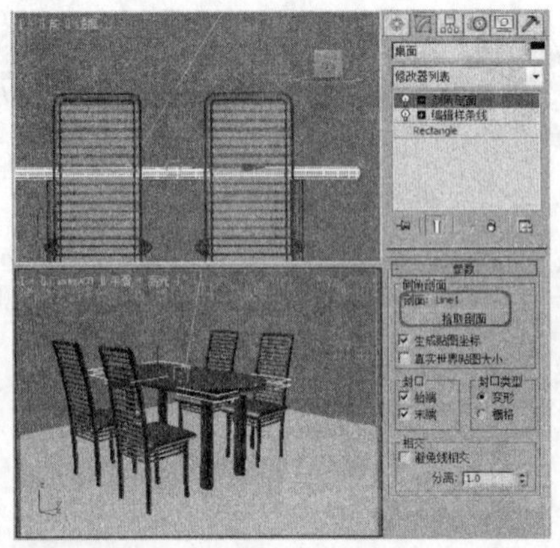

04 单击“修改列表”后面的下三角按钮，在弹出的下拉列表中选择“UVW贴图”修改器，如下图所示。

05 在“参数”卷展栏中，勾选“贴图”选项组中的“长方体”单选按钮，将“长度”、“宽度”、“高度”均使用默认值，如下图所示。

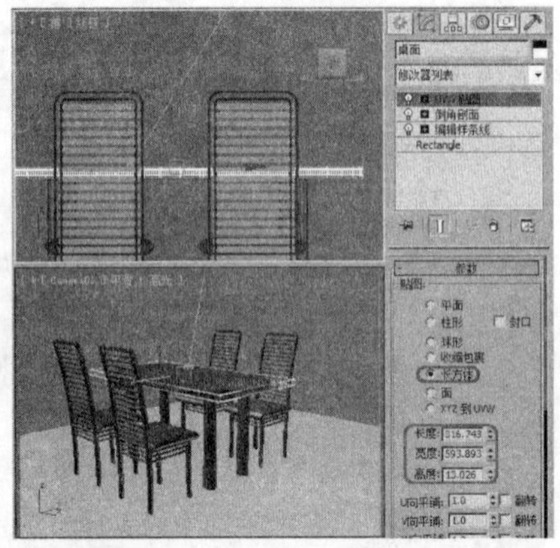

06 激活摄影机视图，按F9键进行渲染，渲染完成后的效果如下图所示。

专家提醒

在“倒角剖面”修改器的“封口”选项组中，可以通过“始端”和“末端”两个复选框来控制是否要在拉伸出的实体的开始与结束处增加顶面，将其开口封闭。

实战操作208 “补洞”修改器

素材：Scenes\Cha06\6-7.max	难度：★★★★★
场景：Scenes\Cha06\实战操作208.max	视频：视频\ Cha06\实战操作208.avi

“补洞”修改器是在网格对象中的孔洞里构建曲面。孔洞定义为边的循环，每一个孔洞只有一个曲面。“补

洞”修改器在重建平面孔洞时效果最好，而在非平面孔洞上也会产生合理的效果。下面介绍“补洞”修改器的使用方法，具体操作步骤如下。

01 单击“应用程序”按钮，在弹出的下拉列表中选择“打开”|“打开”选项，在打开的对话框中打开素材文件6-7.max，如下图所示。

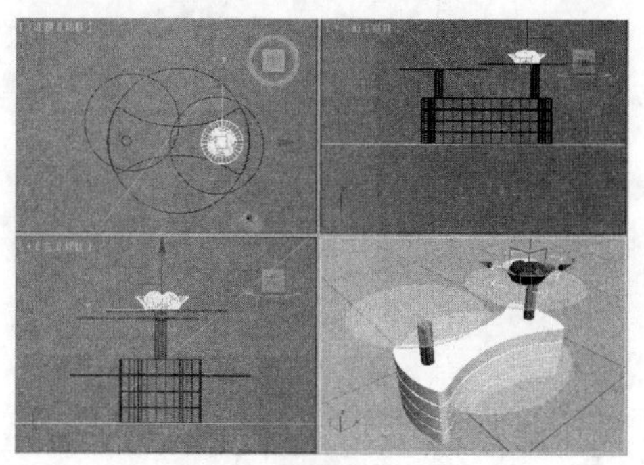

02 在场景中选择“果盘”对象，然后切换到“修改”命令面板，单击“修改器列表”后面的下三角按钮，在弹出的下拉列表中选择“补洞”修改器，如下图所示。

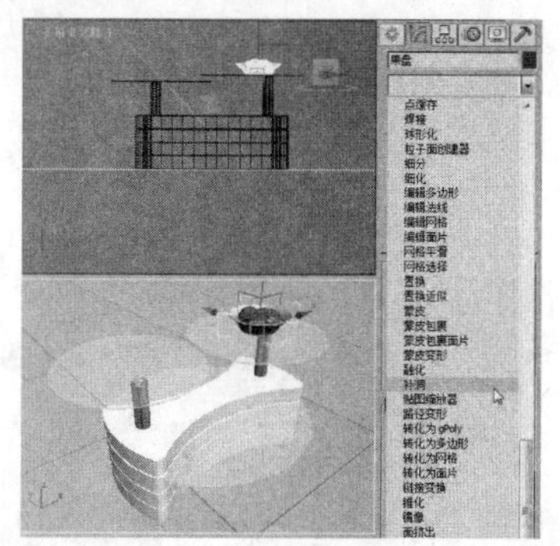

03 在“参数”卷展栏中，勾选“与旧面保持平滑”复选框，如下图所示。

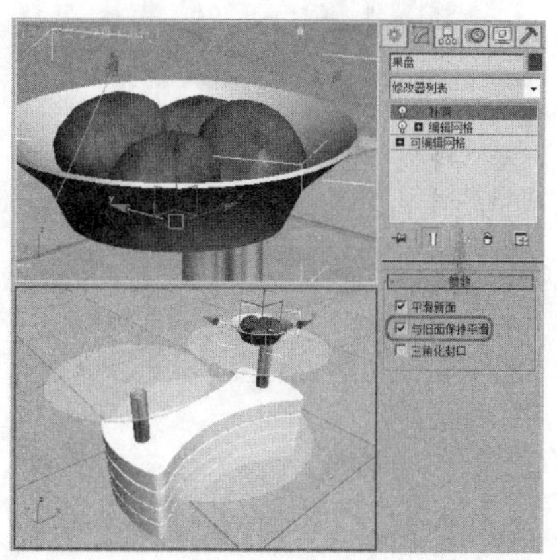

04 激活摄影机视图，按F9键进行渲染，渲染完成后的效果如下图所示。

实战操作209 “删除网格”修改器

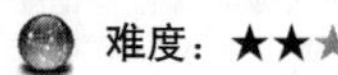

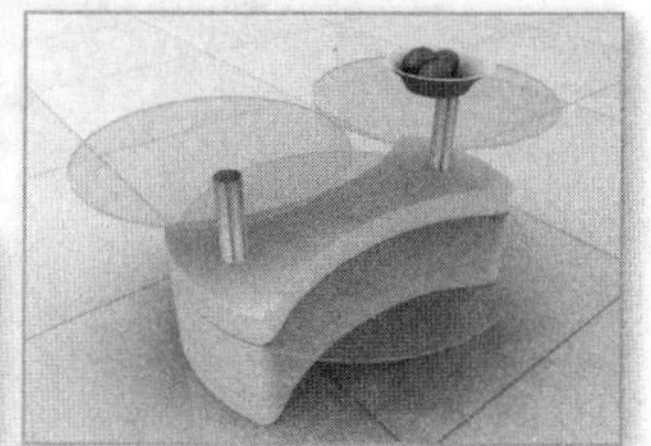

素材：Scenes\Cha06\6-8.max	难度：★★★★★
场景：Scenes\Cha06\实战操作209.max	视频：视频\ Cha06\实战操作209.avi

“删除网格”修改器提供基于堆栈中当前子对象选择级别的参数删除。下面介绍“删除网格”修改器的使用方法，具体操作步骤如下。

01 单击“应用程序”按钮，在弹出的下拉列表中选择“打开”选项，在打开的对话框中打开素材文件6-8.max，如下图所示。

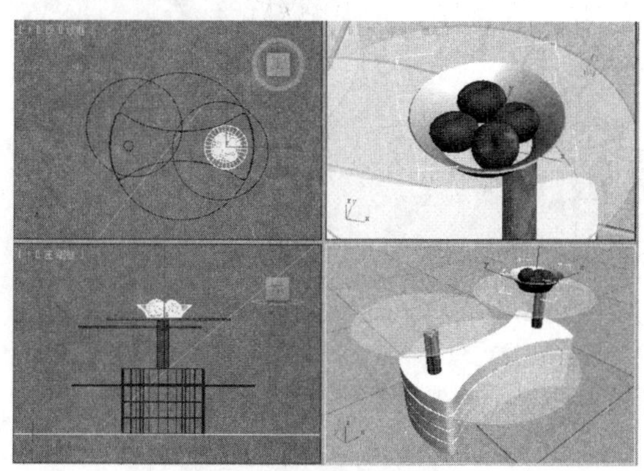

02 在场景中选择“果盘”对象，切换到“修改”命令面板，将当前选择集定义为“元素”，选择其中一个元素，如下图所示。

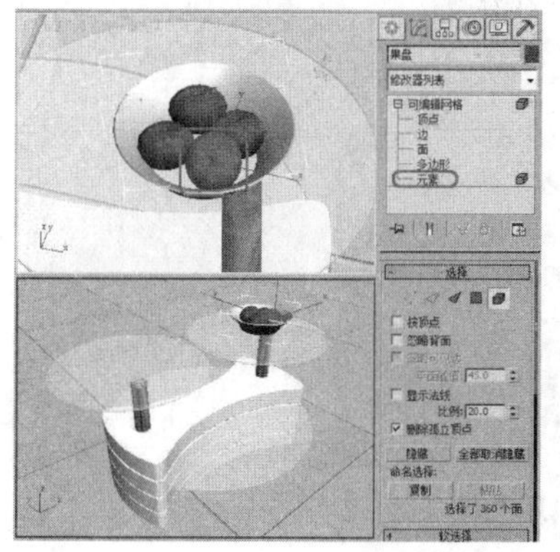

03 单击“修改器列表”后面的下三角按钮，在弹出的下拉列表中选择“删除网格”修改器，如下图所示。

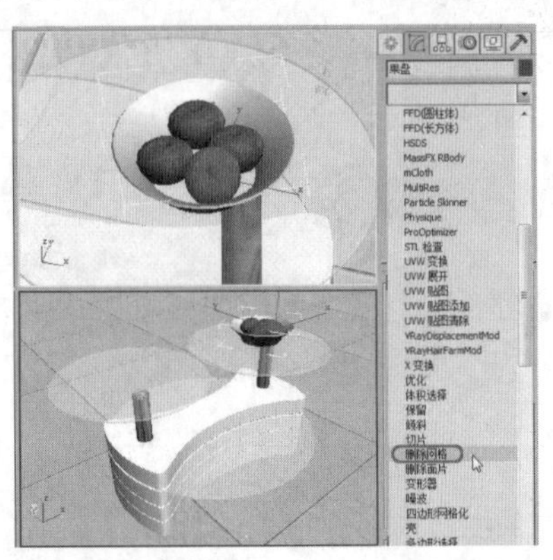

04 完成后激活摄影机视图，按F9键进行渲染，渲染完成后的效果如下图所示。

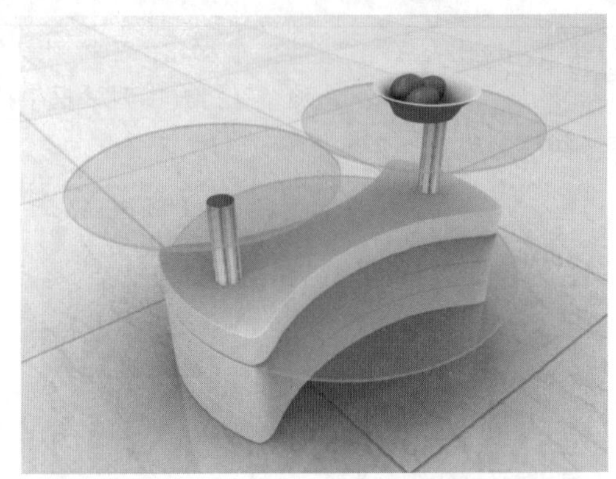

实战操作210 “替换”修改器

素材：Scenes\Cha06\6-9.max	难度：★★★★★
场景：Scenes\Cha06\实战操作210.max	视频：视频\ Cha06\实战操作210.avi

“替换”修改器可以在视口中或渲染时快速地用其他对象来替换一个或多个对象。“替换”修改器还可以将2D对象替换成它们对等的3D对象。具体操作步骤如下。

01 单击“应用程序”按钮，在弹出的下拉列表中选择“打开”|“打开”选项，在打开的对话框中打开素材文件6-9.max，如下图所示。

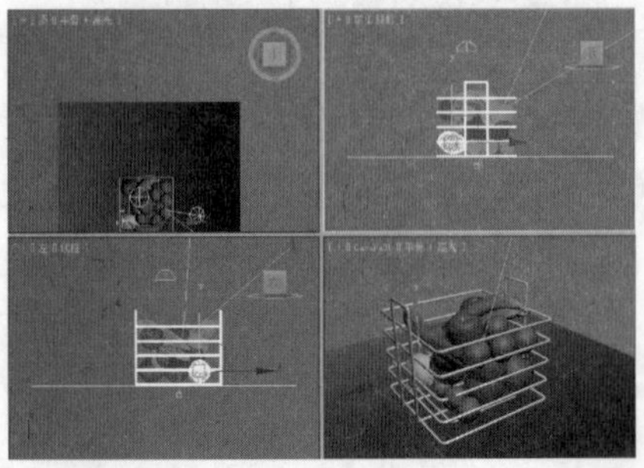

02 在场景中选择“橙子07”对象，然后切换到“修改”命令面板，单击“修改器列表”后面的下三角按钮，在弹出的下拉列表中选择“替换”修改器，如下图所示。

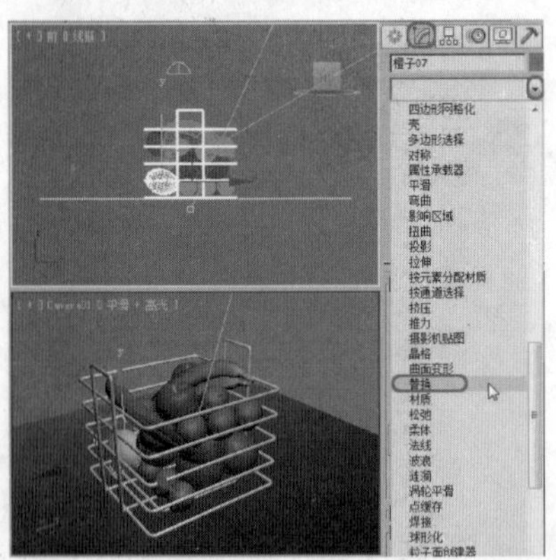

03 在“参数”卷展栏的“替换指定”选项组中，单击“按名称选择对象”按钮，在弹出的对话框中选择如下图所示的选项。

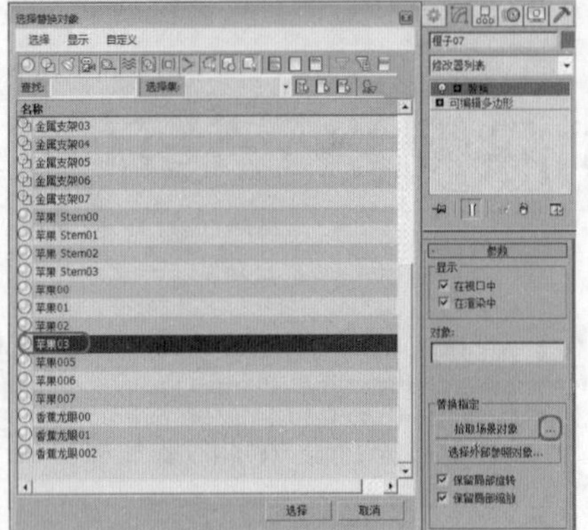

04 选择完成后单击“选择”按钮，然后再在弹出的“替换问题”对话框中单击“是”按钮，如下图所示。

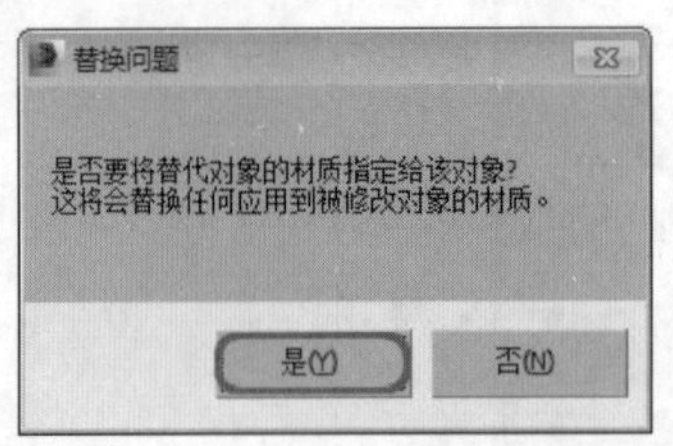

05 即可将选择的对象替换，此时会在“参数”卷展栏中的“对象”文本框中显示出替换为对象的名称，效果如下图所示。

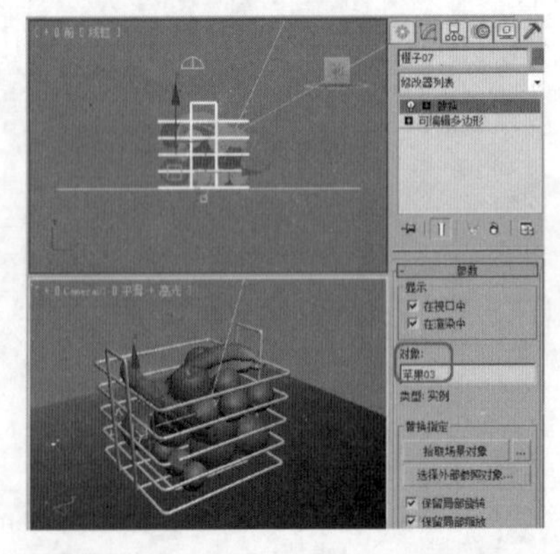

06 激活摄影机视图，按F9键进行渲染，渲染完成后的效果如下图所示。

专家提醒

在使用“替换”修改器时，替换的对象可以是来自当前场景的实例，也可以是外部文件的引用。

实战操作211 “圆角/切角”修改器

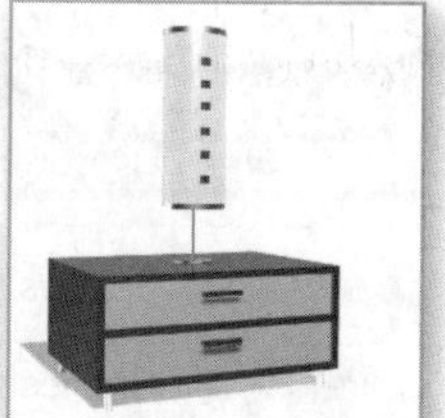

素材：Scenes\Cha06\6-10.max	难度：★★★★★
场景：Scenes\Cha06\实战操作211.max	视频：视频\ Cha06\实战操作211.avi

“圆角/切角”修改器专门用于样条线的加工，对直的折角点进行加线处理，以产生圆角或切角效果。下面介绍“圆角/切角”修改器的使用方法，具体操作步骤如下。

01 单击“应用程序”按钮，在弹出的下拉列表中选择“打开”|“打开”选项，在打开的对话框中打开素材文件6-10.max，如下图所示。

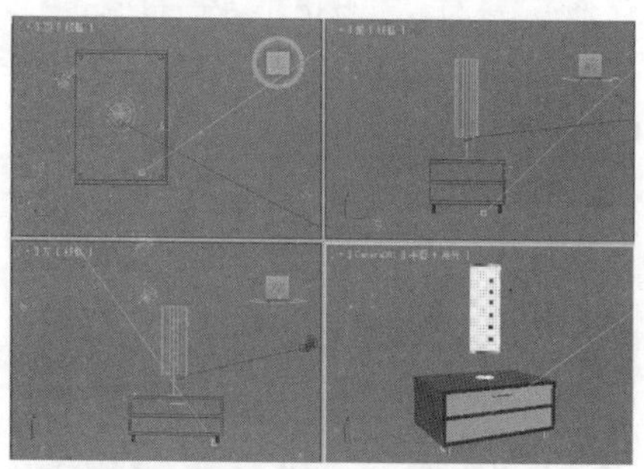

02 在场景中选择“抽屉拉手”对象，切换到“修改”命令面板，单击“修改器列表”后面的下三角按钮，在弹出的下拉列表中选择“圆角/切角”修改器，如下图所示。

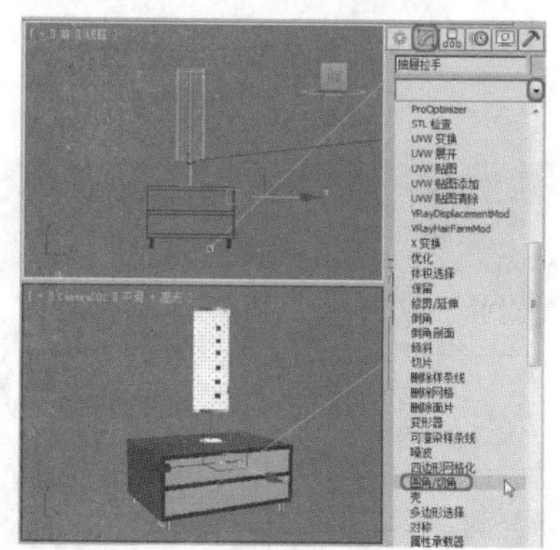

03 激活顶视图，将当前选择集定义为“顶点”，在顶视图中选择右侧的两个顶点，如下图所示。

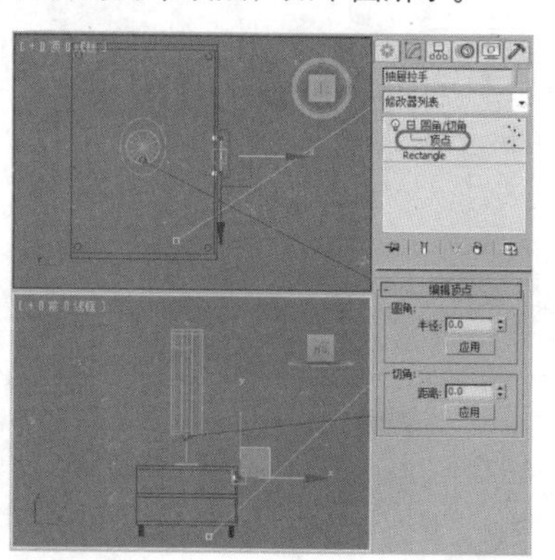

04 在“编辑顶点”卷展栏中将“圆角”区域下的“半径”设置为7，并单击“应用”按钮，如下图所示。

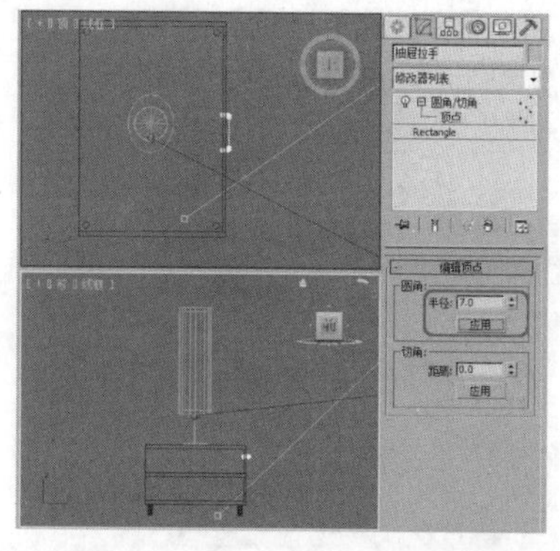

05 关闭当前选择集，然后再单击“修改器列表”后面的下三角按钮，在弹出的下拉列表中选择“挤出”修改器，如下图所示。

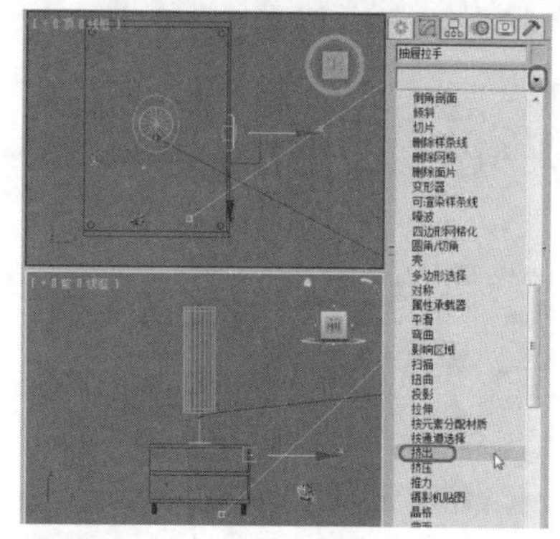

06 在“参数”卷展栏中将“数量”设置为-10，如下图所示。

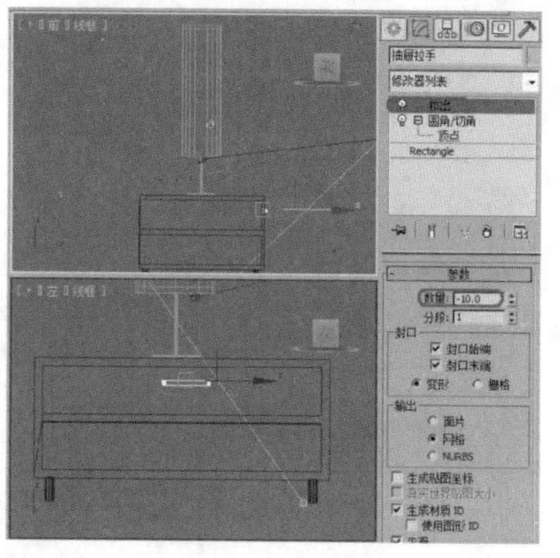

07 确认“抽屉拉手”对象处于选择状态，激活左视图，单击工具栏中的“选择并移动”按钮，配合Shift键，将其向下拖动，在弹出的“克隆选项”对话框中选中“实例”单选按钮，如下图所示。

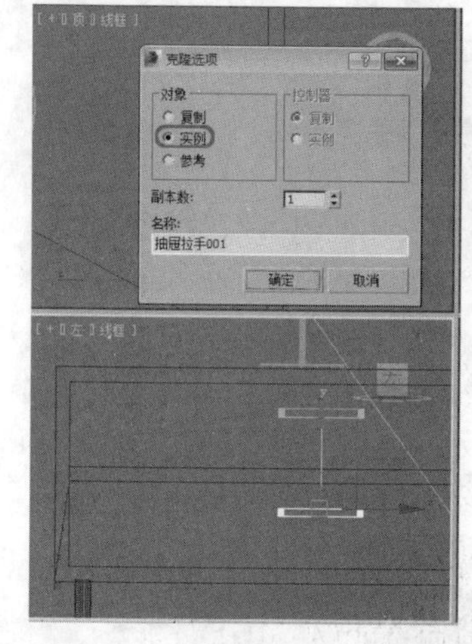

08 单击“确定”按钮，激活摄影机视图，按F9键进行渲染，渲染完成后的效果如下图所示。

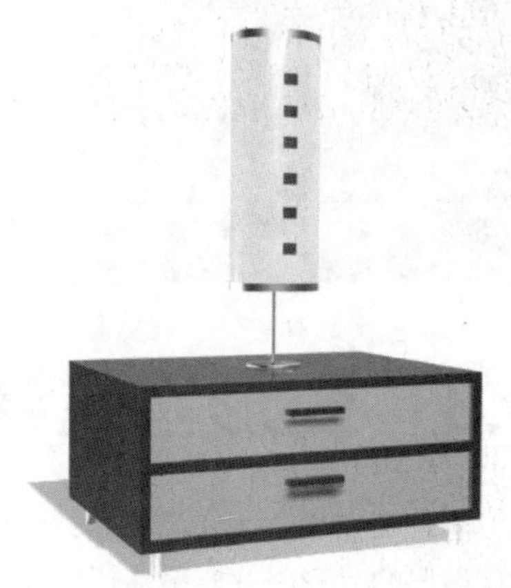

专家提醒

“圆角/切角”修改器只工作于图形子对象层级中的样条线上，它在两个或多个独立图形对象之间不工作。

实战操作212 “融化”修改器

素材：Scenes\Cha06\6-11.max	难度：★★★★★
场景：Scenes\Cha06\实战操作212.max	视频：视频\ Cha06\实战操作212.avi

“融化”修改器可以将实际融化效果应用到所有类型的对象上，包括可编辑面片和NURBS对象，同样也包括传递到堆栈的子对象选择。下面介绍“融化”修改器的使用方法，具体操作步骤如下。

01 单击“应用程序”按钮，在弹出的下拉列表中选择“打开”|“打开”选项，在打开的对话框中打开素材文件6-11.max，如下图所示。

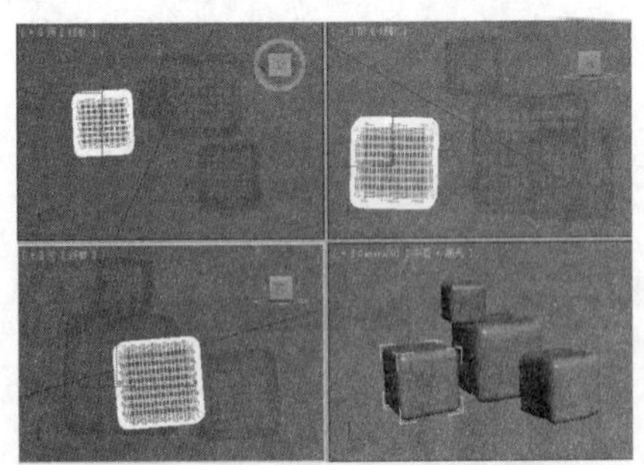

02 在场景中选择“冰块4”对象，然后切换到“修改”命令面板，单击“修改器列表”后面的下三角按钮，在弹出的下拉列表中选择“融化”修改器，如下图所示。

03 在“参数”卷展栏的“融化”选项组中，将“数量”设置为45，将“扩散”选项组中的“融化百分比”设置为33，如下图所示。

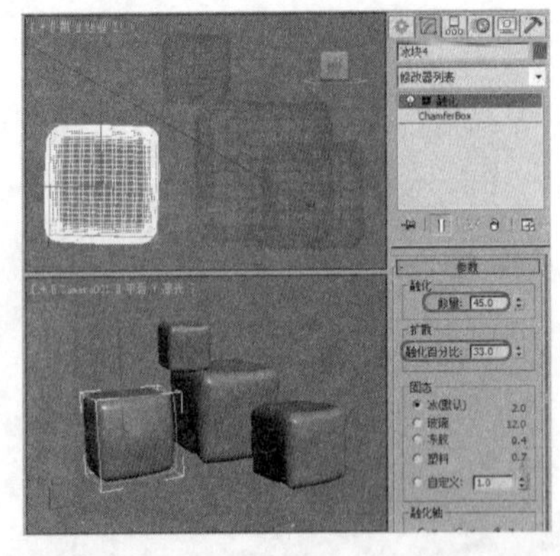

04 单击“修改器列表”后面的下三角按钮，在弹出的下拉列表中选择“噪波”修改器，如下图所示。

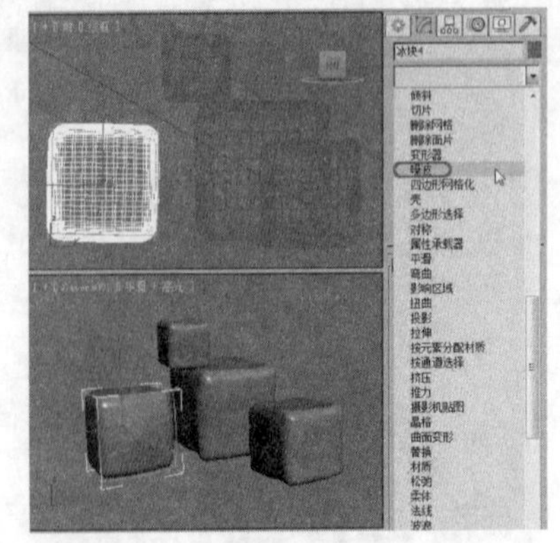

05 在“参数”卷展栏的“噪波”选项组中勾选“分形”复选框，将“迭代次数”设置为9，在“强度”选项组中，将“X”、“Y”、“Z”的值都设置为10，如下图所示。

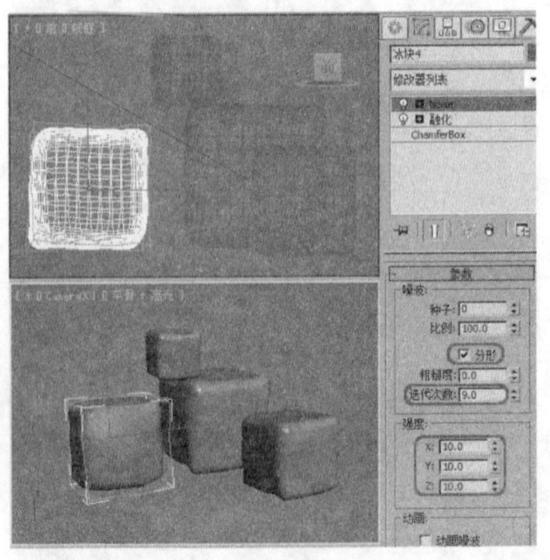

06 激活摄影机视图，按F9键进行渲染，渲染完成后的效果如下图所示。

6.3 变形修改器

通过前面对修改器的介绍，相信读者对3ds Max 2014中的修改器有了一定的认识。下面将对变形修改器进行介绍，主要的变形修改器包括扭曲、噪波、FFD4×4×4、弯曲等。

实战操作213 “扭曲”修改器

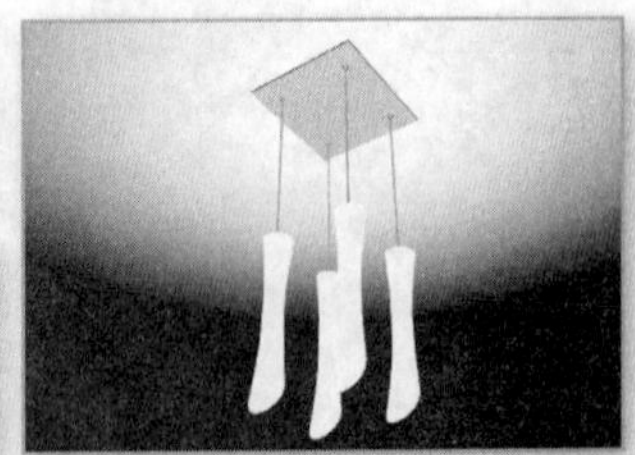

素材：Scenes\Cha06\6-12.max	难度：★★★★★
场景：Scenes\Cha06\实战操作213.max	视频：视频\ Cha06\实战操作213.avi

"扭曲"修改器在对象几何体中产生一个旋转效果，它可以控制任意三个轴上扭曲的角度，并设置偏移来压缩扭曲相对于轴点的效果。同时，它还可以对几何体的一段限制扭曲。下面介绍"扭曲"修改器的具体操作步骤。

01 单击"应用程序"按钮，在弹出的下拉列表中选择"打开"|"打开"选项，在打开的对话框中打开素材文件6-12.max，如下图所示。

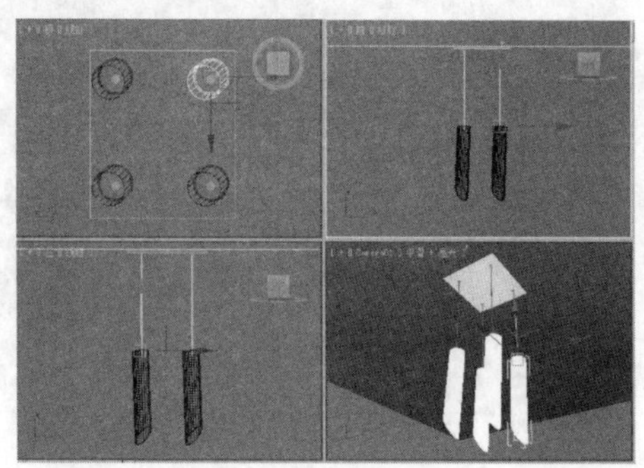

02 在场景中选择"吊灯"对象，然后切换到"修改"命令面板，单击"修改器列表"后面的下三角按钮，在弹出的快捷菜单中选择"扭曲"修改器，如下图所示。

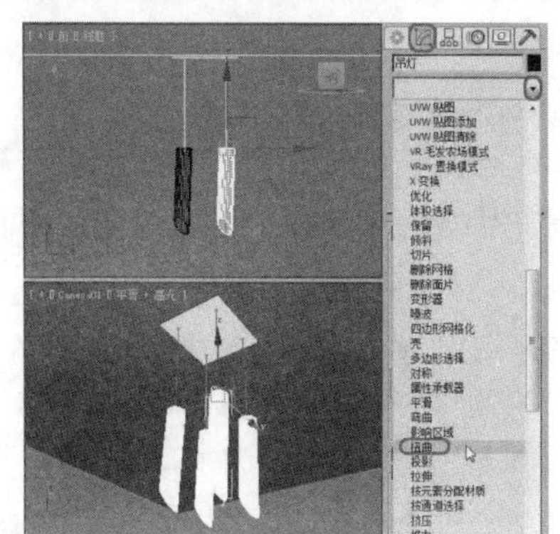

03 在"参数"卷展栏的"扭曲"选项组中，将"角度"和"偏移"分别设置为130和25，将"扭曲轴"设置为"Z"轴，如下图所示。

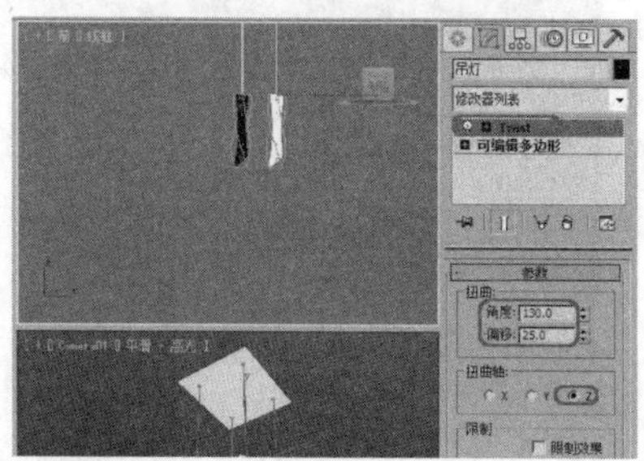

04 激活摄影机视图，按F9键进行渲染，渲染完成后的效果如下图所示。

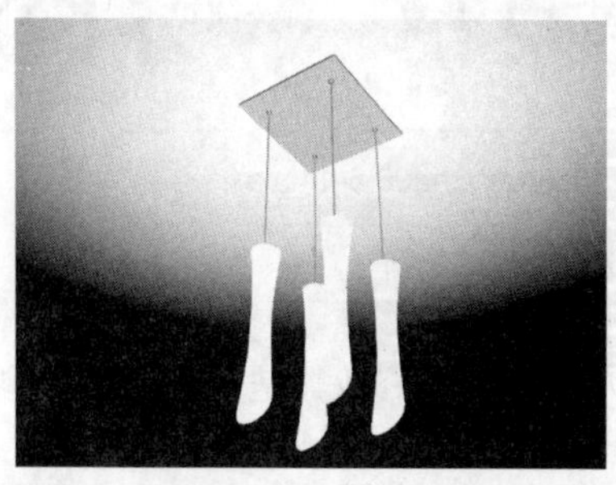

专家提醒

当应用扭曲修改器时，会将扭曲 Gizmo 的中心放置于对象的轴点，并且 Gizmo 与对象局部轴排列成行。

实战操作214 "噪波"修改器

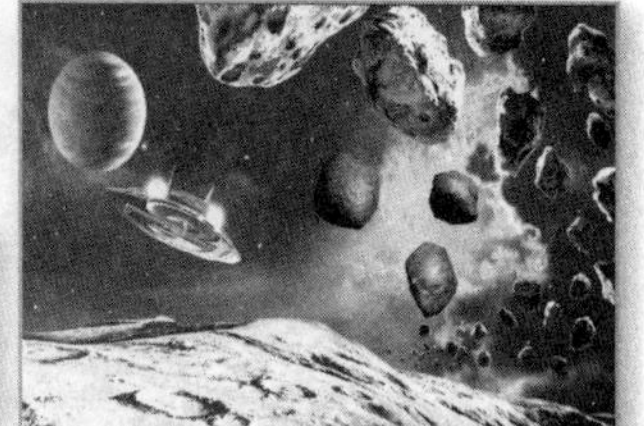

 素材：Scenes\Cha06\6-13.max	难度：★★★★★
 场景：Scenes\Cha06\实战操作214.max	

"噪波"修改器是对物体表面的顶点进行随机变动，使表面变得起伏而不规则。下面通过对石头模型添加"噪波"修改器，来介绍"噪波"修改器的使用方法，具体操作步骤如下。

01 单击按钮，在弹出的下拉列表中选择"打开"选项，在打开的对话框中打开素材文件6-13.max，如下图所示。

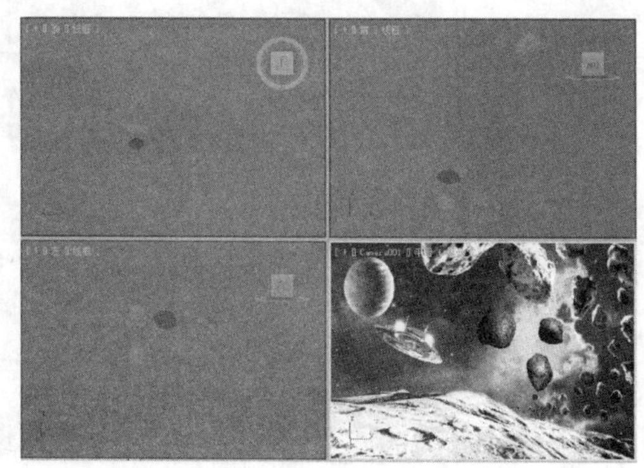

02 在视图中选择"石头01"对象，然后切换到"修改"命令面板，在"修改器列表"中选择"噪波"修改器，如下图所示。

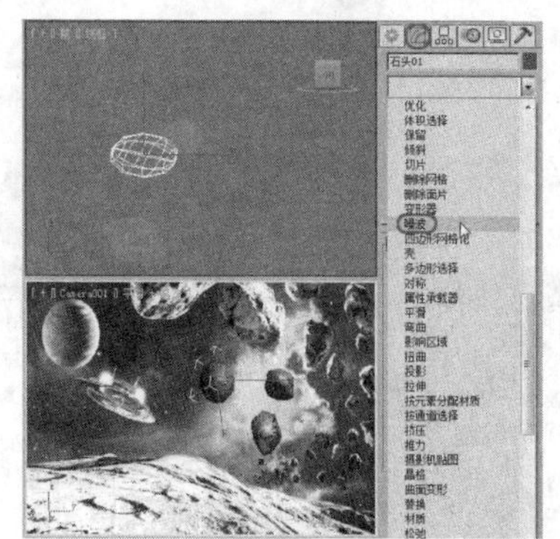

03 在“参数”卷展栏中，将“噪波”区域下的“比例”设置为100，勾选“分形”复选框，将“迭代次数”设置为9，在“强度”区域下，将X、Y、Z参数分别设置为45、88、80，如下图所示。

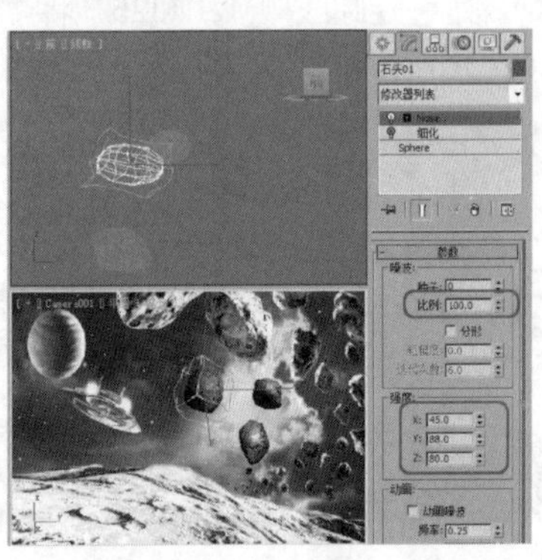

04 激活透视视图，按F9键进行渲染，渲染完成后的效果如下图所示。

实战操作215 “FFD4×4×4”修改器

素材：Scenes\Cha06\6-14.max	难度：★★★★★
场景：无	视频：视频\ Cha06\实战操作215.avi

“FFD4×4×4”修改器是使用晶格框包围选中的几何体。通过调整晶格的控制点，可以改变封闭几何体的形状。下面介绍“FFD4×4×4”修改器的使用方法，具体操作步骤如下。

01 单击按钮，在弹出的下拉列表中选择“打开”选项，在打开的对话框中打开素材文件6-14.max，如下图所示。

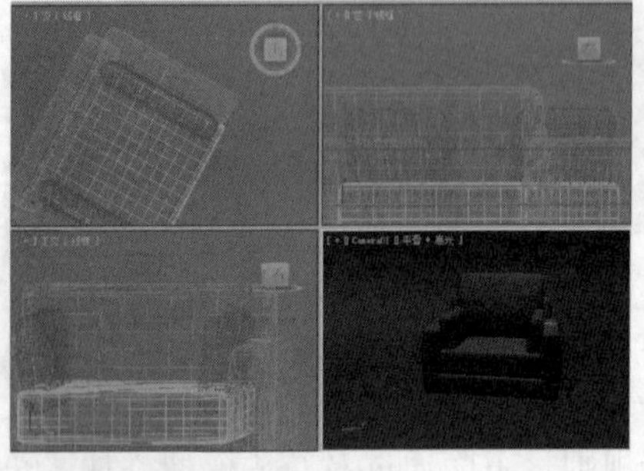

02 在视图中选择“沙发坐垫02”对象，然后切换到“修改”命令面板，在“修改器列表”中选择“FFD4×4×4”修改器，如下图所示。

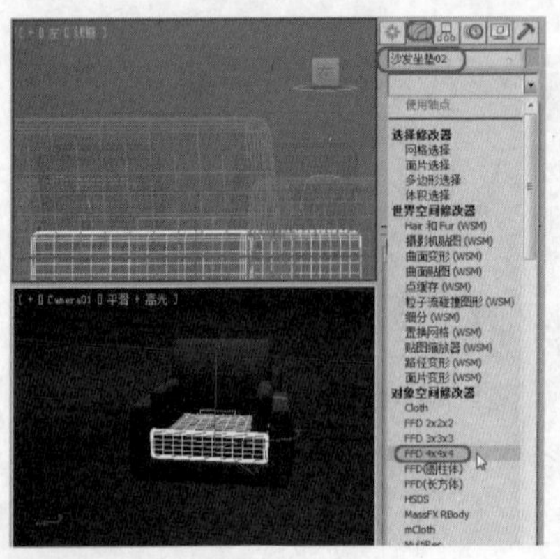

03 单击修改器前面的图标，在展开的列表中选择“控制点”，即可将当前选择集定义为“控制点”，如下图所示。

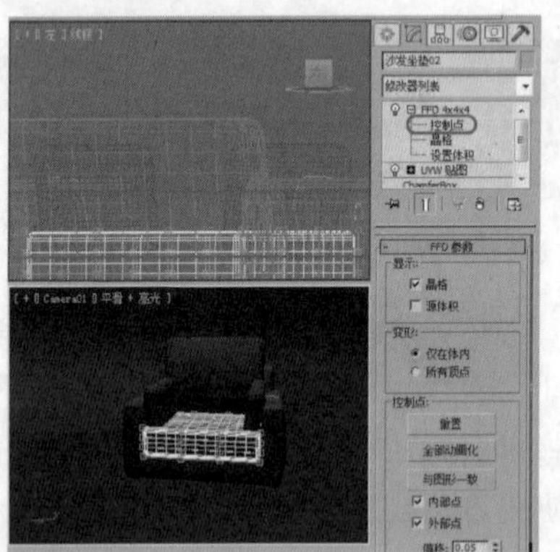

04 调整视图的角度，对控制点的位置进行调整，如下图所示。

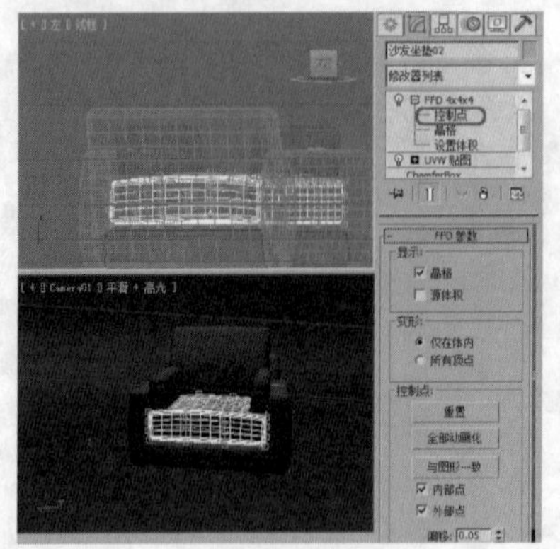

05 对两边的长方体进行调整，改变“沙发坐垫02”上方的效果，如下图所示。

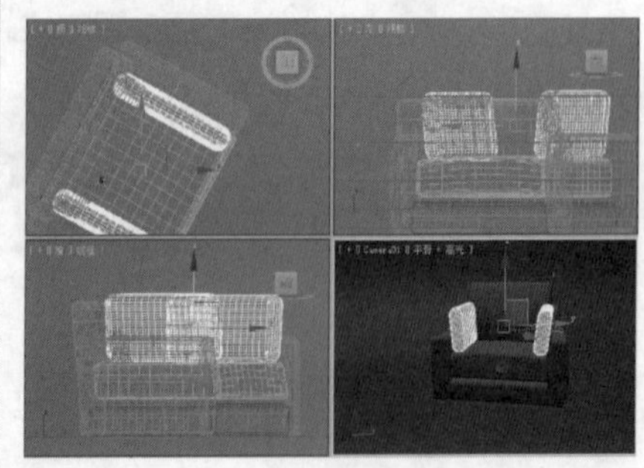

06 激活摄影机视图，按F9键进行渲染，渲染完成后的效果如下图所示。

实战操作216 “弯曲”修改器

素材：无	难度：★★★★★
场景：Scenes\Cha06\实战操作216.max	视频：视频\ Cha06\实战操作216.avi

“弯曲”修改器主要用于对对象进行弯曲处理，可以调整弯曲的角度和方向。下面介绍“弯曲”修改器的使用方法，具体操作步骤如下。

01 继续上一节的操作，在视图中选择“沙发扶手上002”对象，然后切换到“修改”命令面板，在“修改器列表”中选择“弯曲”修改器，如下图所示。

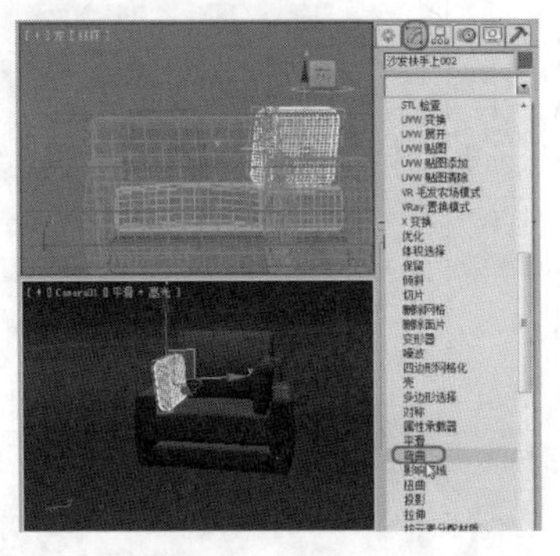

02 在“参数”卷展栏中，将“弯曲”区域下的“角度”设置为255.5，勾选“弯曲轴”区域下的“X”单选按钮，并使用“选择并移动”和“选择并旋转”工具进行调整，如下图所示。

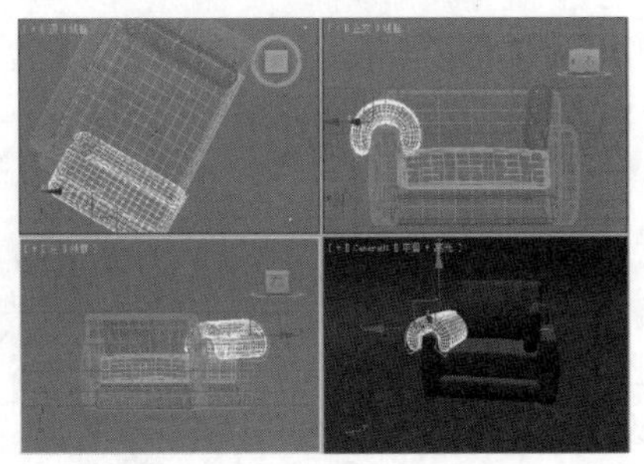

03 使用同样的方法，设置“沙发扶手上004”，如下图所示。

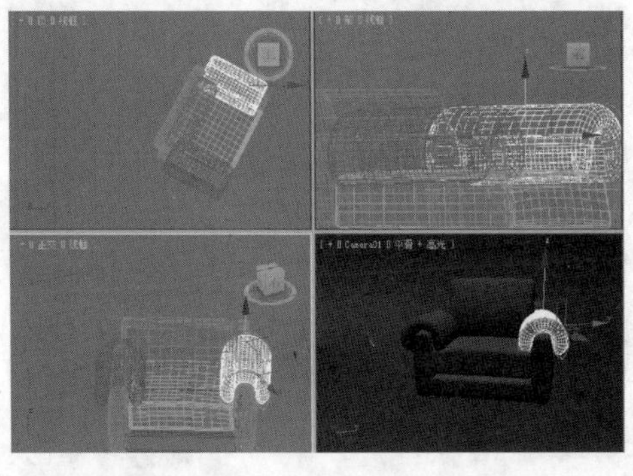

04 激活摄影机视图，按F9键进行渲染，渲染完成后的效果如下图所示。

实战操作217 “拉伸”修改器

 素材：Scenes\Cha06\6-15.max	 难度：★★★★★
 场景：Scenes\Cha06\实战操作217.max	 视频：视频\ Cha06\实战操作217.avi

“拉伸”修改器是指在保持体积不变的前提下，沿指定的轴向拉伸或挤压物体的形态，下面介绍“拉伸”修改器的使用方法，具体操作步骤如下。

01 单击按钮，在弹出的下拉列表中选择“打开”选项，在打开的对话框中打开素材文件6-15.max，如右图所示。

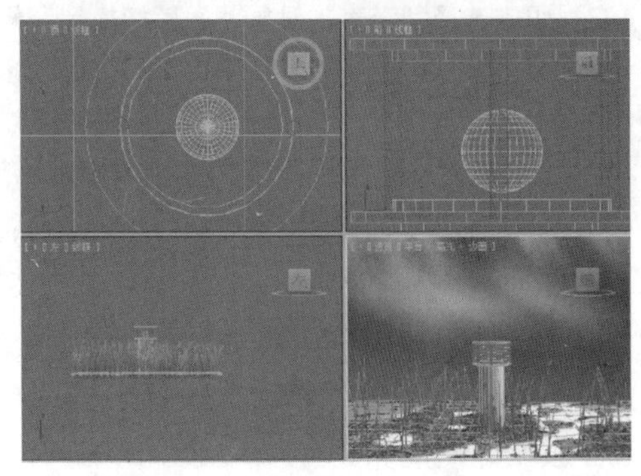

02 在视图中选择“Sphere001”对象，然后切换到“修改”命令面板，在“修改器列表”中选择“拉伸”修改器，如下图所示。

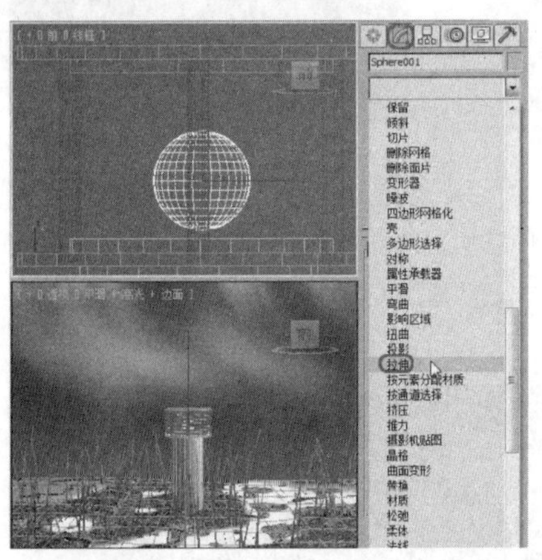

03 在“参数”卷展栏中，将“拉伸”区域下的“拉伸”和“放大”设置为0.5和-40，将“拉伸轴”设置为“X”，如下图所示。

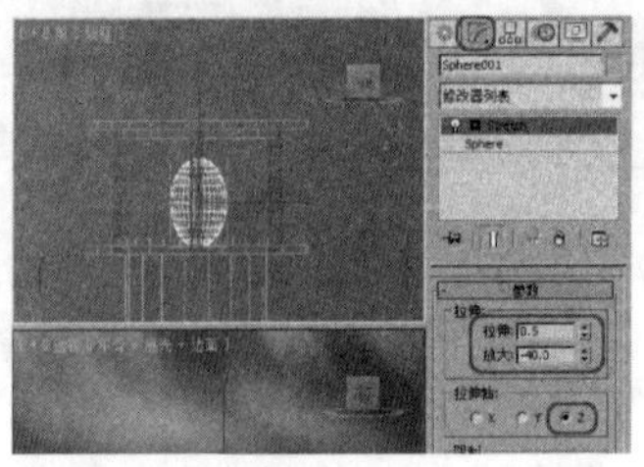

04 再在“修改器列表”中选择“锥化”修改器，如下图所示。

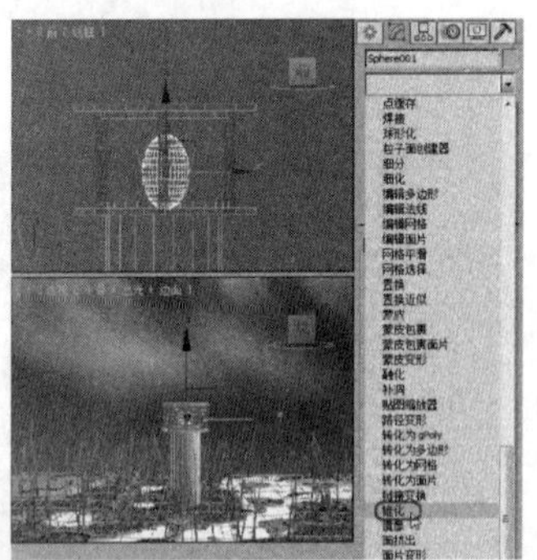

05 在“参数”卷展栏中，将“数量”设置为0.5，如下图所示。

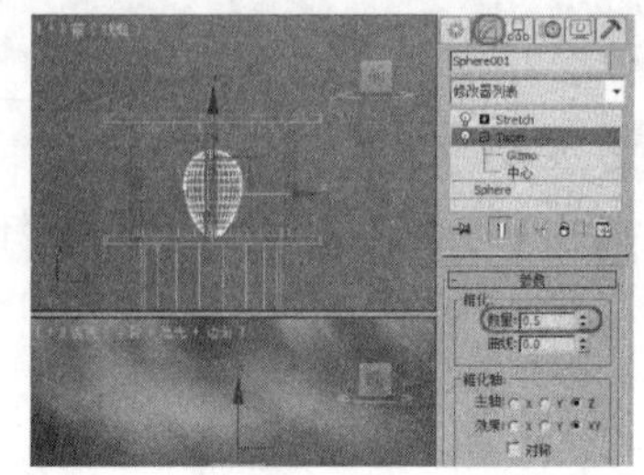

06 激活透视视图，按F9键进行渲染，渲染完成后的效果如下图所示。

实战操作218 “挤压”修改器

 素材：Scenes\Cha06\6-16.max	 难度：★★★★★
 场景：Scenes\Cha06\实战操作218.max	视频：视频\ Cha06\实战操作218.avi

“挤压”修改器可以将挤压效果应用到对象，通过调整“轴向凸出”和“径向挤压”的参数，来调整模型挤压的方向和程度。在此效果中，与轴点最为接近的顶点会向内移动。下面介绍“挤压”修改器的使用方法，具体操作步骤如下。

01 单击按钮，在弹出的下拉列表中选择“打开”选项，在打开的对话框中打开素材文件6-16.max，如下图所示。

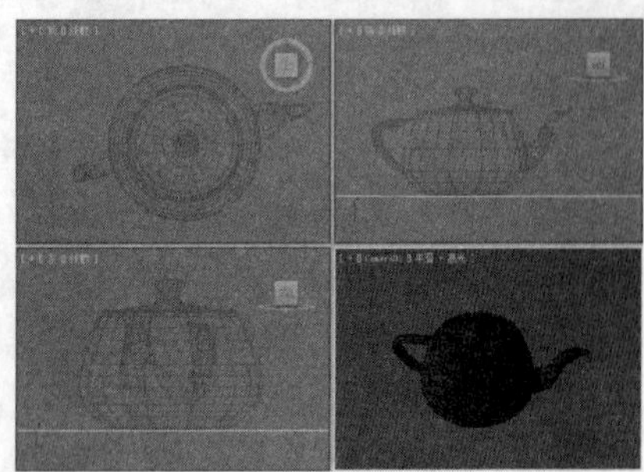

02 在视图中选择“茶壶”对象，然后切换到“修改”命令面板，在“修改器列表”中选择“挤压”修改器，如下图所示。

03 在“参数”卷展栏中，将“轴向凸出”区域下的“数量”设置为0.1，“效果平衡”区域下的“偏移”设置为40，如右图所示。

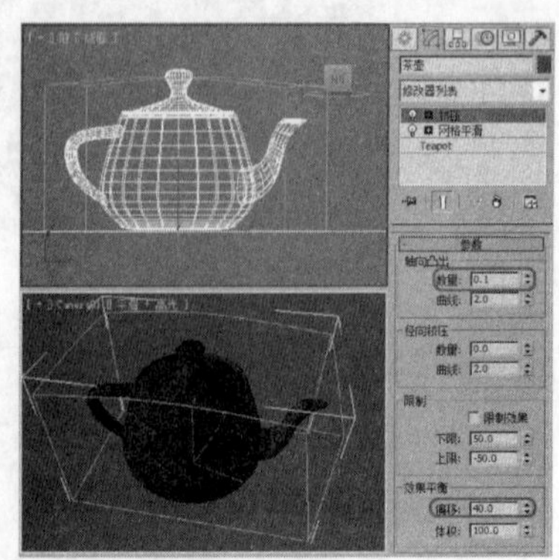

04 激活摄影机视图，按F9键进行渲染，渲染完成后的效果如下图所示。

实战操作219 “晶格”修改器

 素材：Scenes\Cha06\6-17.max	 难度：★★★★★
 场景：Scenes\Cha06\实战操作219.max	视频：视频\ Cha06\实战操作219.avi

“晶格”修改器是将图形的线段或边转化为圆柱形结构，并在顶点上产生可选的关节多面体。下面介绍“晶格”修改器的使用方法，具体操作步骤如下。

01 单击按钮，在弹出的下拉列表中选择“打开”选项，在打开的对话框中打开素材文件6-17.max，如下图所示。

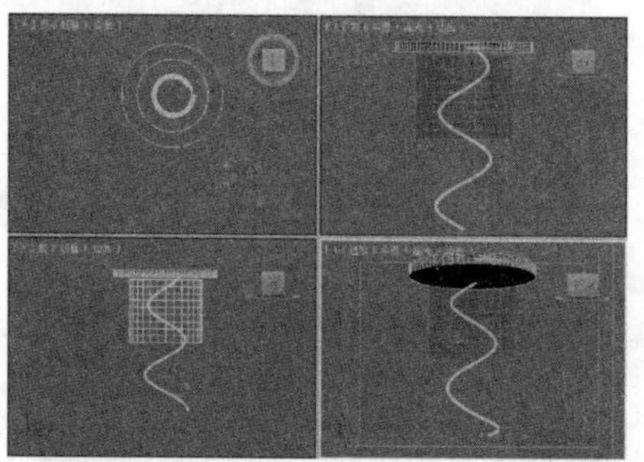

02 在视图中选择“Circle001”对象，然后切换到“修改”命令面板，在“修改器列表”中选择“晶格”修改器，如下图所示。

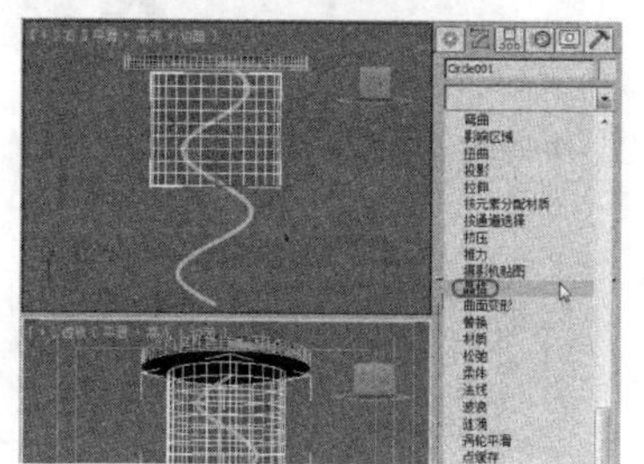

03 在“参数”卷展栏中将“支柱”区域下的“半径”设置为1，将“边数”设置为3，在“节点”区域中勾选“八面体”单选按钮，并将“半径”设置为10，如下图所示。

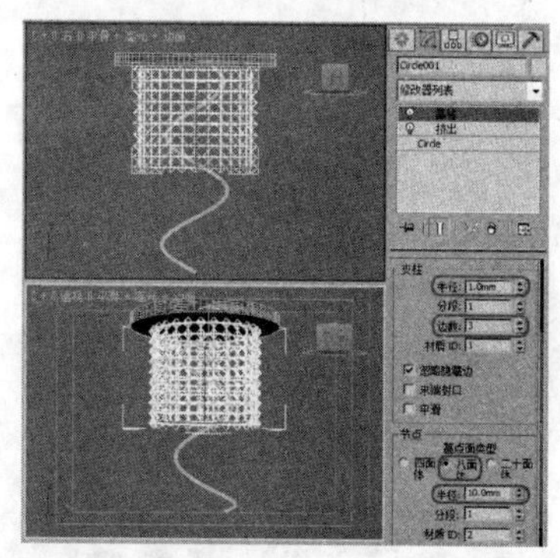

04 按M键打开“材质编辑器”，选择“Glass-Yellow”材质，然后单击“将材质制定给选定对象”按钮，将材质赋予“Circle001”对象，如下图所示。

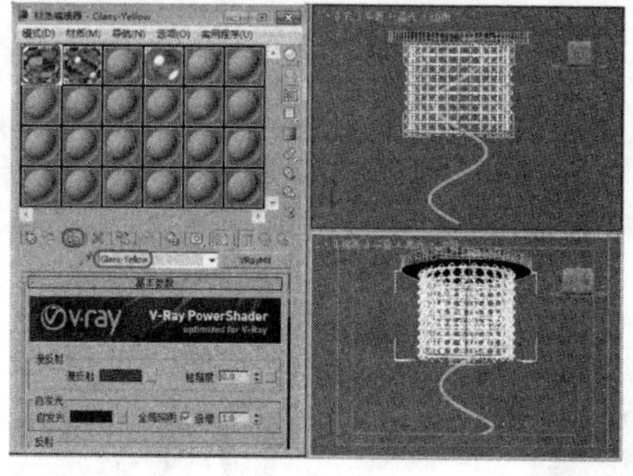

05 在前视图中，使用“选择并移动”工具，按住Shift键将“Circle001”对象复制两个对象，然后使用“选择并均匀缩放”工具和“选择并移动”工具，将其调整大小及位置，调整后的效果如下图所示。

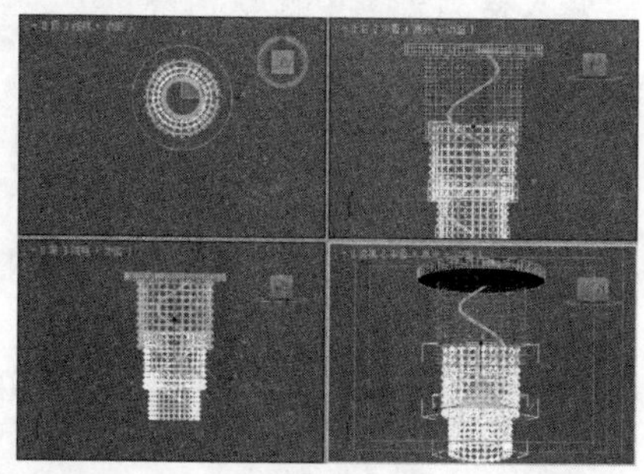

06 激活摄影机视图，按F9键进行渲染，渲染完成后的效果如下图所示。

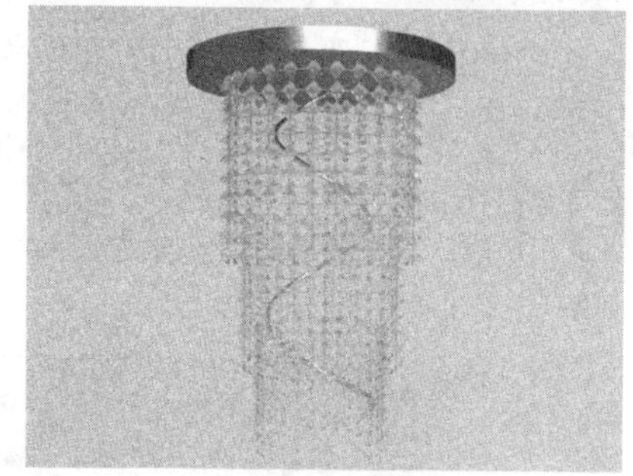

6.4 特殊效果修改器

特殊效果修改器主要包括“网格平滑”、“材质”和“切片”等修改器。本节将对特殊效果修改器的使用方法进行简单的介绍。

实战操作220 “松弛”修改器

 素材：Scenes\Cha06\6-18.max	 难度：★★★★★
 场景：Scenes\Cha06\实战操作220.max	视频：视频\ Cha06\实战操作220.avi

“松弛”修改器通过向内收紧表面的顶点或向外松弛表面的顶点来改变物体表面的张力。下面介绍“松弛”修改器的使用方法，具体操作步骤如下。

01 单击按钮，在弹出的下拉列表中选择“打开”选项，在打开的对话框中打开素材文件6-18.max，如下图所示。

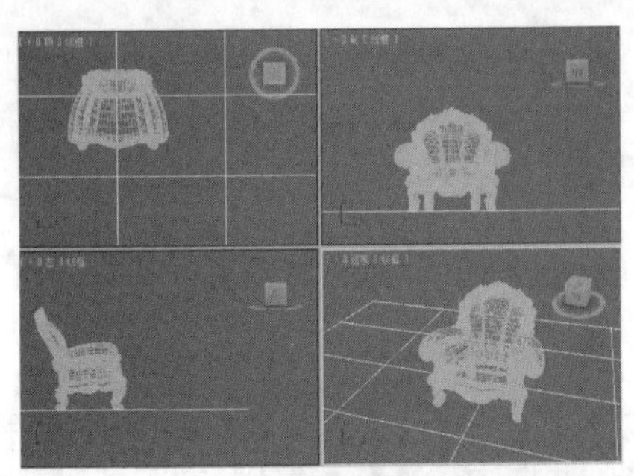

02 在视图中选择“对象012”对象，然后切换到“修改”命令面板，在“修改器列表”中选择“松弛”修改器，如右图所示。

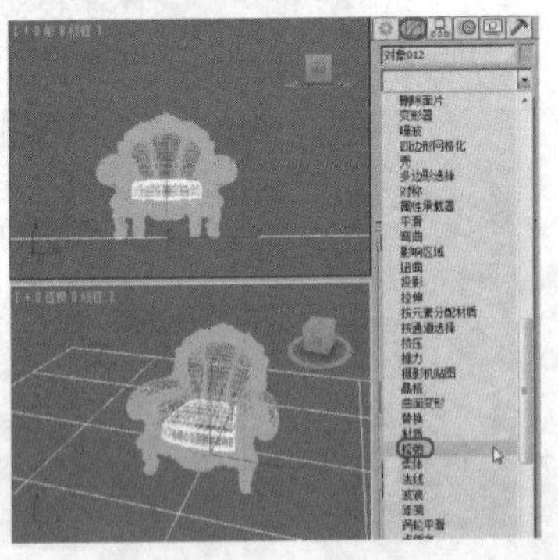

03 在“参数”卷展栏中，将“松弛值”设置为0.5，将“迭代次数”设置为50，如下图所示。

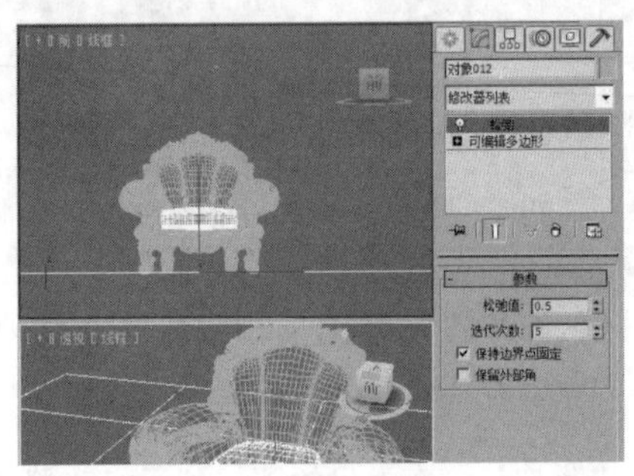

04 激活透视视图，按F9键进行渲染，渲染完成后的效果如下图所示。

实战操作221 “网格平滑”修改器

 素材：Scenes\Cha06\6-19.max	难度：★★★★★
场景：Scenes\Cha06\实战操作221.max	视频：视频\ Cha06\实战操作221.avi

“网格平滑”修改器可以通过多种不同方法平滑场景中的几何体。其效果是使角和边变圆，就像它们被锉平或刨平一样。下面介绍“网格平滑”修改器的使用方法，具体操作步骤如下。

01 单击按钮，在弹出的下拉列表中选择“打开”选项，在打开的对话框中打开素材文件6-19.max，如下图所示。

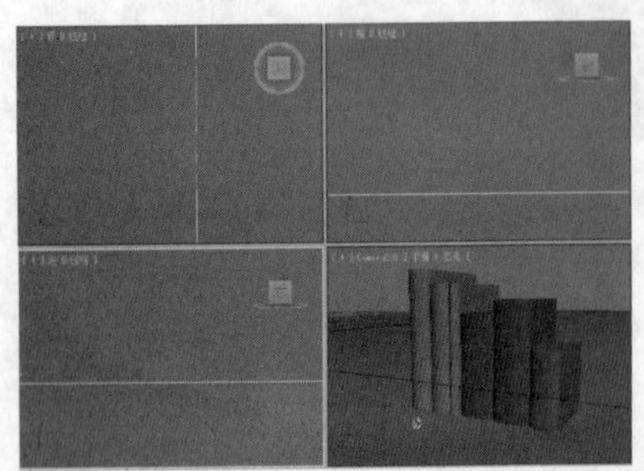

02 在视图中选择“对象002”对象，然后切换到“修改”命令面板，在“修改器列表”中选择“网格平滑”修改器，如右图所示。

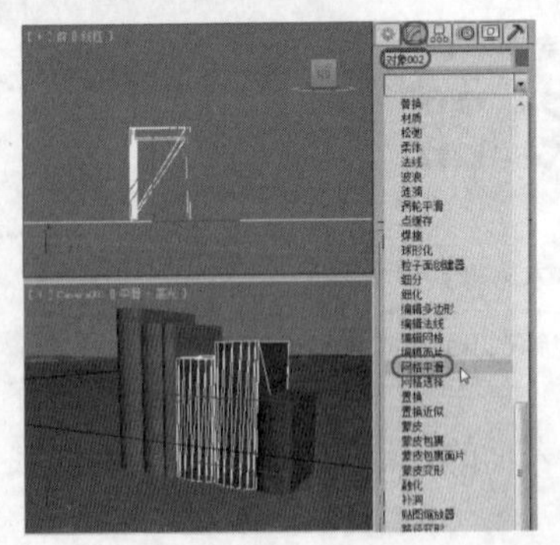

03 在“系分量”参数卷展栏中，将“迭代次数”设置为0，如右图所示。

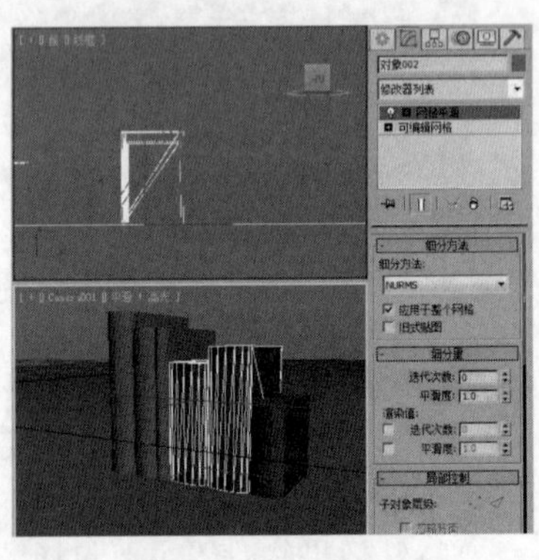

04 使用同样的方法，为“对象003”添加“网格平滑”修改器，并进行设置，对摄影机视图渲染，效果如下图所示。

实战操作222 “材质”修改器

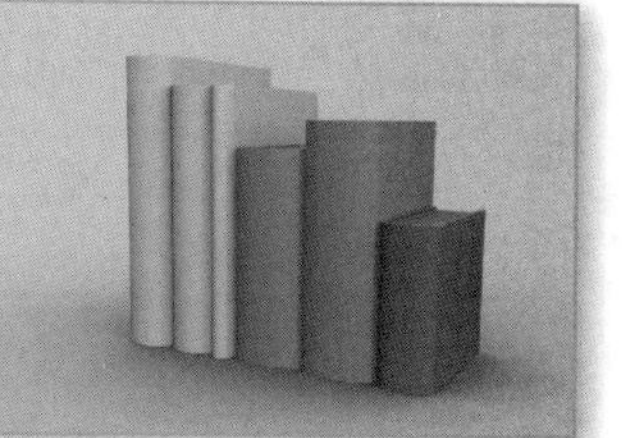

素材：无	难度：★★★★★
场景：Scenes\Cha06\实战操作222.max	视频：视频\Cha06\实战操作222.avi

“材质”修改器可以指定对象上的材质ID，下面介绍“材质”修改器的使用方法，具体操作步骤如下。

01 继续上一节的操作，选择“对象003”，然后切换到“修改”命令面板，在“修改器列表”中选择“材质”修改器，如下图所示。

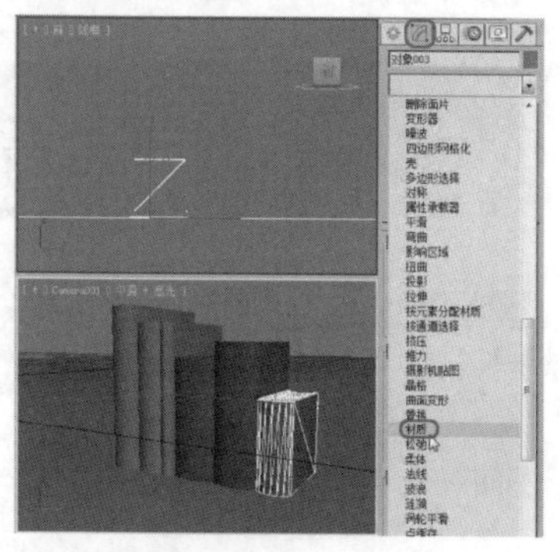

02 在“参数”卷展栏中，将“材质ID”设置为2，如下图所示。

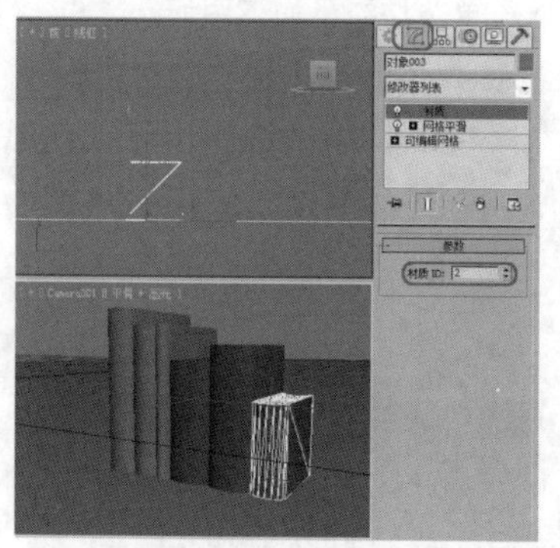

03 使用同样的方法对“对象002”添加“材质”修改器，并在“参数”卷展栏中将“材质ID”设置为3。

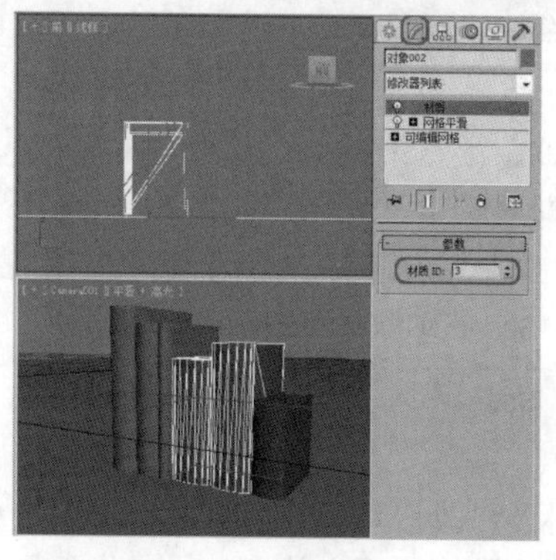

04 激活摄影机视图，按F9键进行渲染，渲染完成后的效果如下图所示。

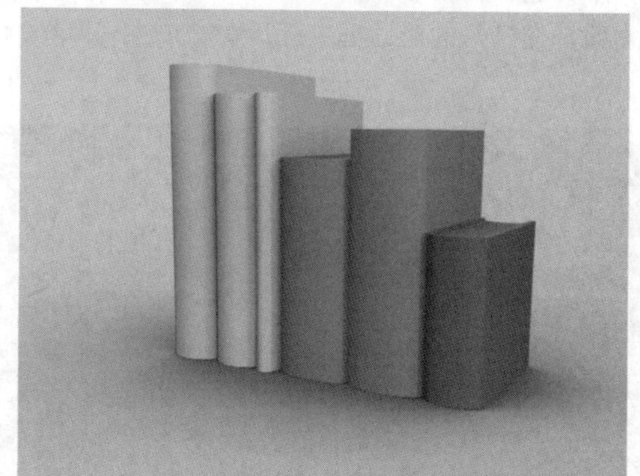

实战操作223 “壳”修改器

 素材：Scenes\Cha06\实战操作218.max	 难度：★★★★★
 场景：Scenes\Cha06\实战操作223.max	 视频：视频\ Cha06\实战操作223.avi

使用“壳”修改器可以为对象赋予厚度，可以调节里外两种方向的厚度，它可以应用于三维物体及二维物体。下面介绍“壳”修改器的使用方法，具体操作步骤如下。

01 继续对“实战操作218‘挤压’修改器”进行操作，单击按钮，在弹出的下拉列表中选择“打开”选项，在打开的对话框中打开实战操作218.max，如右图所示。

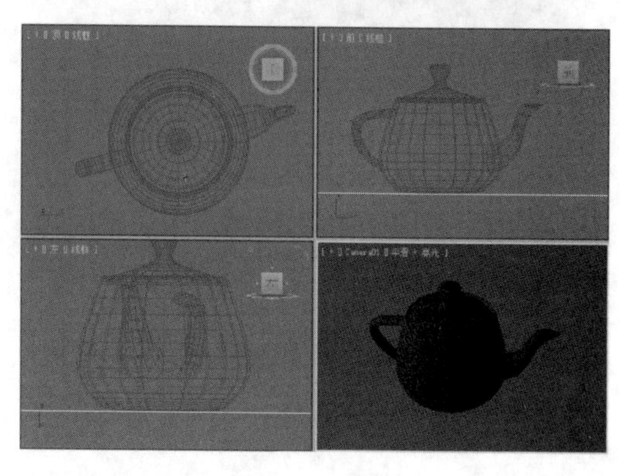

02 在视图中选择“茶壶”对象，然后切换到“修改”命令面板，在“修改器列表”中选择“壳”修改器，如下图所示。

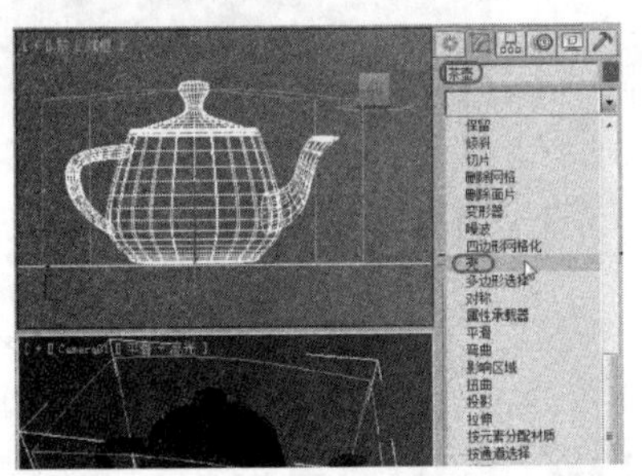

03 在“参数”卷展栏中，将“内部量”设置为1.0，将“外部量”设置为1.3，如下图所示。

04 激活摄影机视图，按F9键进行渲染，渲染完成后的效果如下图所示。

实战操作224 “倾斜”修改器

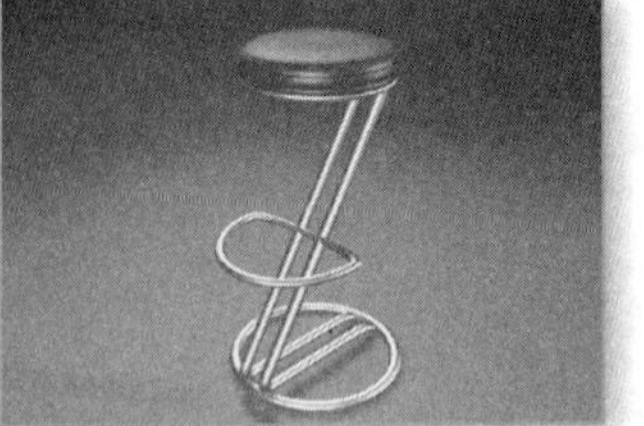

素材：Scenes\Cha06\6-20.max	难度：★★★★★
场景：Scenes\Cha06\实战操作224.max	视频：视频\Cha06\实战操作224.avi

“倾斜”修改器可以在对象几何体中产生均匀的偏移。可以控制在任何一个轴上的倾斜数量和方向。下面介绍“倾斜”修改器的使用方法，具体操作步骤如下。

01 单击按钮，在弹出的下拉列表中选择“打开”选项，在打开的对话框中打开素材文件6-20.max，如下图所示。

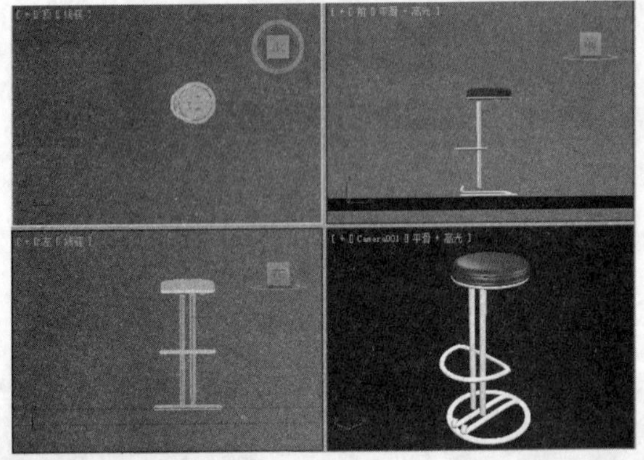

02 在视图中选择“支架”对象，然后切换到“修改”命令面板，在“修改器列表”中选择“倾斜”修改器，如下图所示。

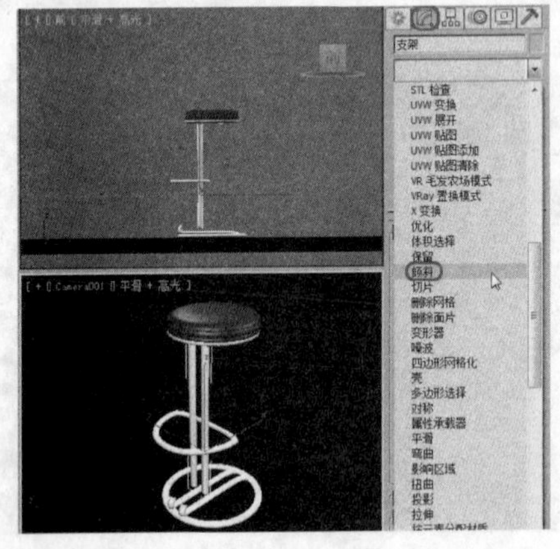

03 在“参数”卷展栏中，将“数量”设置为203，并勾选“Y”单选按钮，如下图所示。

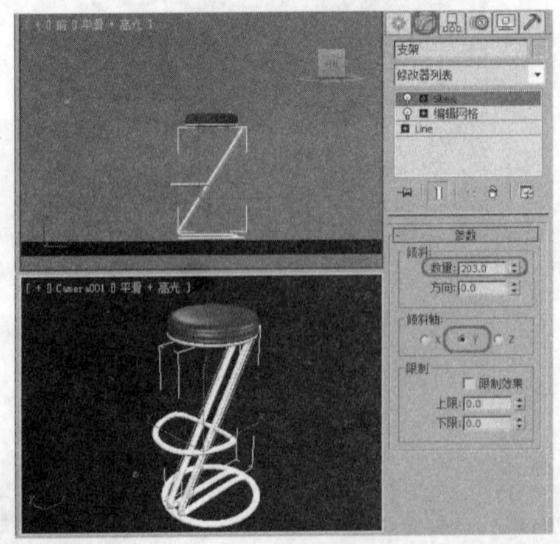

04 激活摄影机视图，按F9键进行渲染，渲染完成后的效果如下图所示。

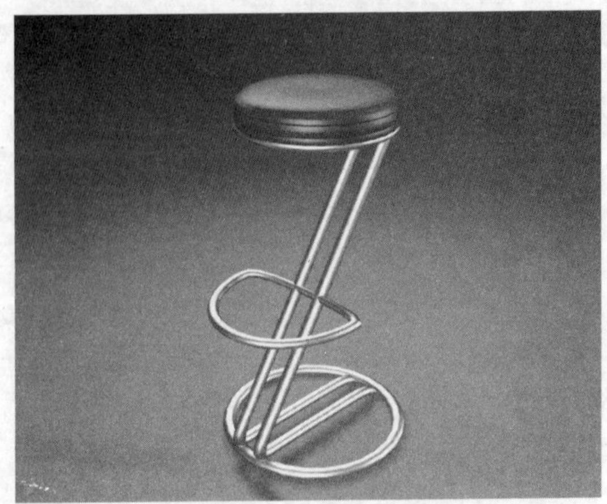

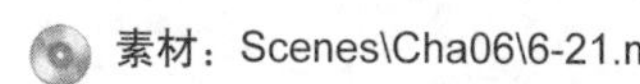实战操作225 "优化"修改器

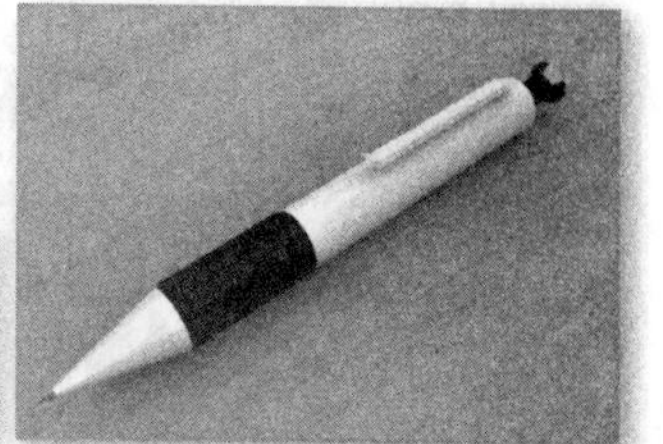

素材：Scenes\Cha06\6-21.max	难度：★★★★★
场景：Scenes\Cha06\实战操作225.max	视频：视频\Cha06\实战操作225.avi

使用"优化"修改器可以减少对象中面和顶点的数目。这样可以在简化几何体和加速渲染的同时仍然保留可接受的图像。下面介绍"优化"修改器的使用方法，具体操作步骤如下。

01 单击按钮，在弹出的下拉列表中选择"打开"选项，在打开的对话框中打开素材文件6-21.max，如下图所示。

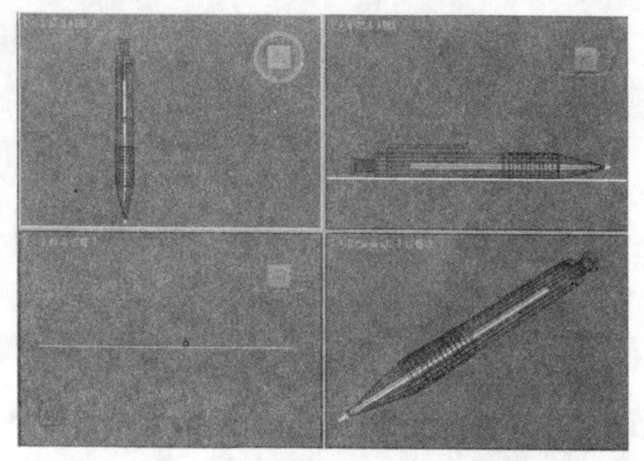

02 在视图中选择"组001"对象，然后切换到"修改"命令面板，在"修改器列表"中选择"优化"修改器，如下图所示。

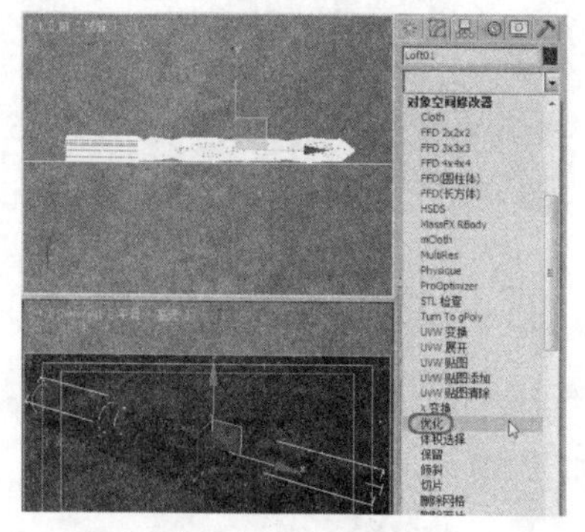

03 打开"参数"卷展栏，即可在"上次优化状态"区域下看到优化前后顶点和面数的对比情况，如下图所示。

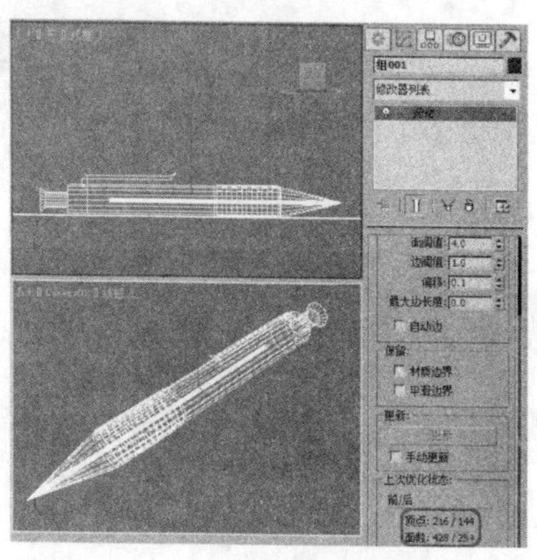

04 激活摄影机视图，按F9键进行渲染，渲染完成后的效果如下图所示。

实战操作226 "切片"修改器

素材：Scenes\Cha06\6-22.max	难度：★★★★★
场景：Scenes\Cha06\实战操作226.max	视频：视频\Cha06\实战操作226.avi

"切片"修改器通过基于切片平面 Gizmo 的位置创建新的顶点、边和面，下面介绍"切片"修改器的使用方法，具体操作步骤如下。

01 单击按钮，在弹出的下拉列表中选择"打开"选项，在打开的对话框中打开素材文件6-22.max，如右图所示。

02 在视图中选择"蓝色顶"对象，然后切换到"修改"命令面板，在"修改器列表"中选择"切片"修改

器，如下图所示。

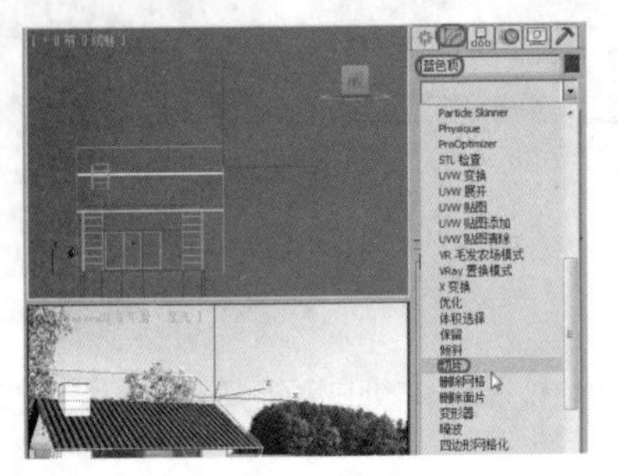

03 将当前选择集定义为“切片平面”，然后在“切片参数”卷展栏中勾选“移除底部”单选按钮，在前视图中将其沿X轴进行移动，移动至如下图所示的位置。

04 关闭当前选择集，激活摄影机视图，效果如下图所示。

实战操作227 “平滑”修改器

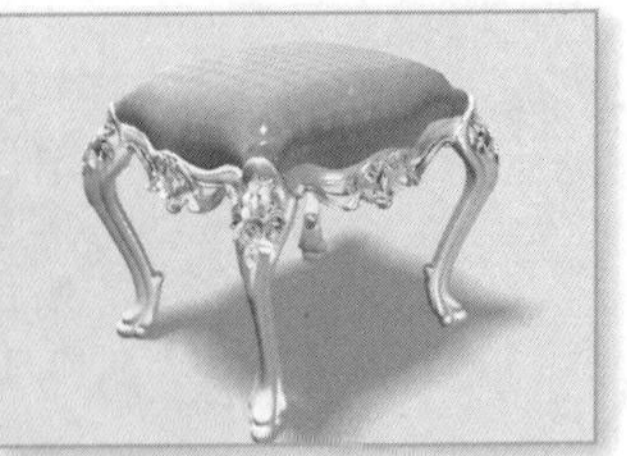

素材：Scenes\Cha06\6-23.max	难度：★★★★★
场景：Scenes\Cha06\实战操作227.max	视频：视频\ Cha06\实战操作227.avi

“平滑”修改器是基于相邻面的角提供自动平滑。下面介绍“平滑”修改器的使用方法，具体操作步骤如下。

01 单击按钮，在弹出的下拉列表中选择“打开”选项，在打开的对话框中打开素材文件6-23.max，如下图所示。

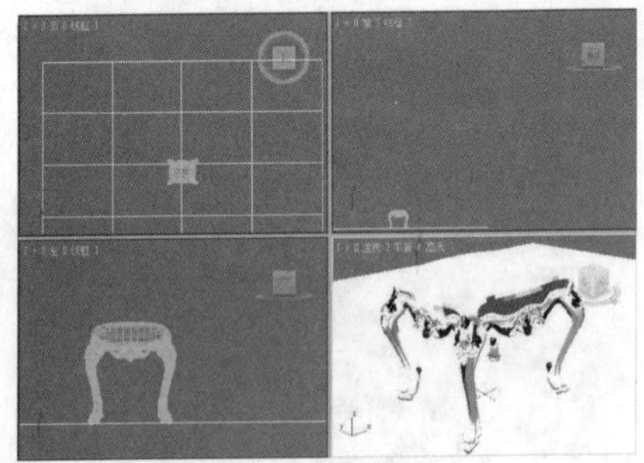

02 在视图中选择“对象001”对象，然后切换到“修改”命令面板，在“修改器列表”中选择“平滑”修改器，如下图所示。

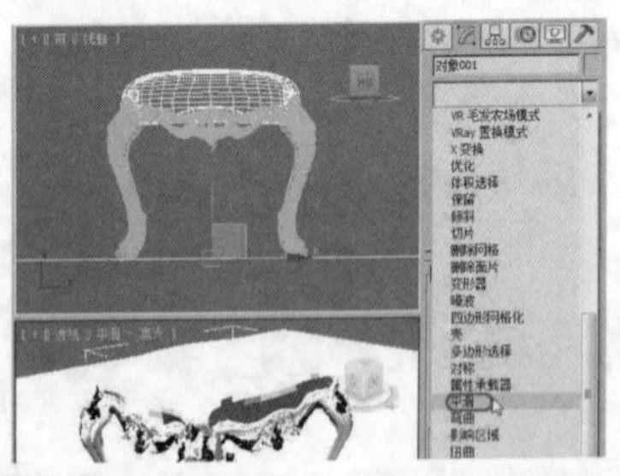

03 在“参数”卷展栏中，勾选“自动平滑”复选框，如下图所示。

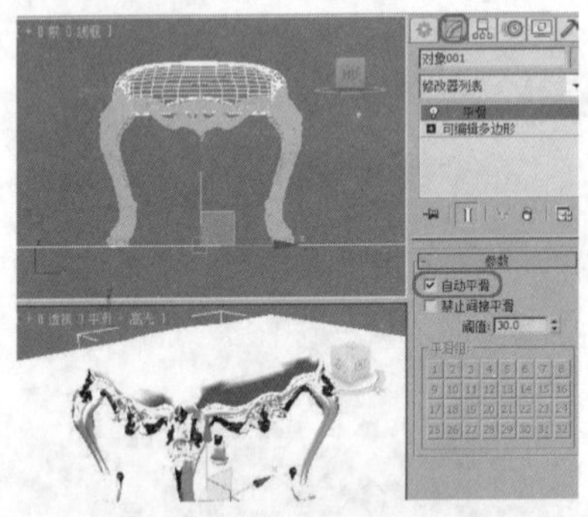

04 激活摄影机视图，按F9键进行渲染，渲染完成后的效果如下图所示。

实战操作228 “锥化”修改器

素材：Scenes\Cha06\6-24.max	难度：★★★★★
场景：Scenes\Cha06\实战操作228.max	视频：视频\ Cha06\实战操作228.avi

“锥化”修改器是通过缩放对象几何体的两端产生锥化轮廓。下面介绍“锥化”修改器的使用方法，具体操作步骤如下。

01 单击按钮，在弹出的下拉列表中选择“打开”选项，在打开的对话框中打开素材文件6-24.max，如下图所示。

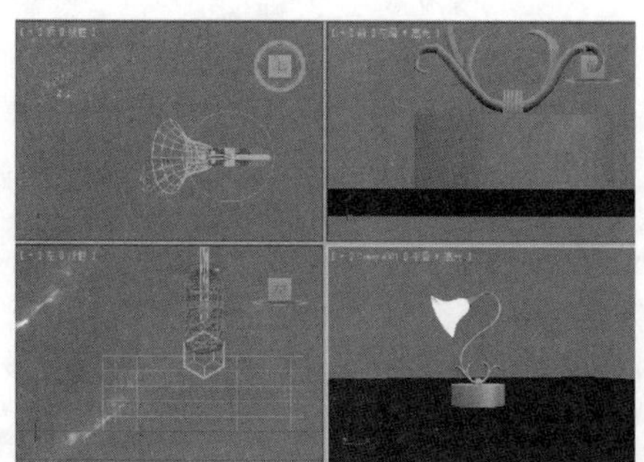

02 在视图中选择“Cylinder001”对象，然后切换到“修改”命令面板，在“修改器列表”中选择“锥化”修改器，如右图所示。

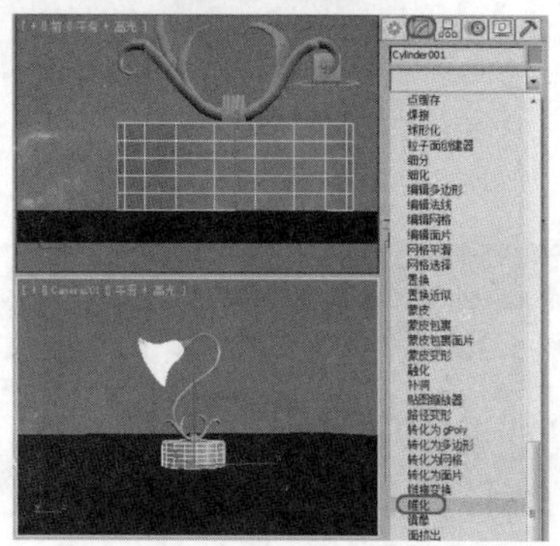

03 在“参数”卷展栏中，将“锥化”区域下的“数量”设置为-0.58，如下图所示。

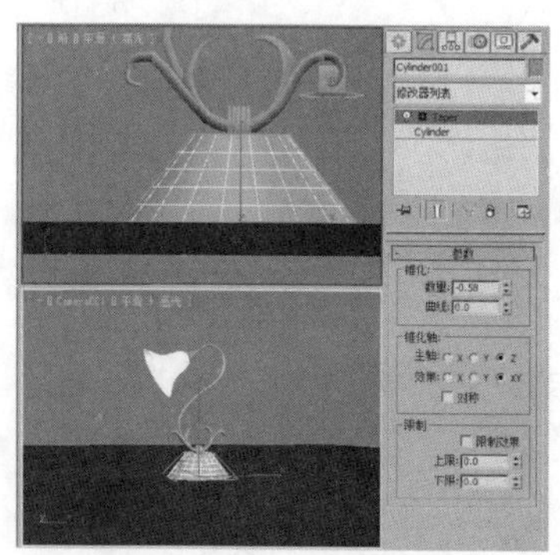

04 激活摄影机视图，按F9键进行渲染，渲染完成后的效果如下图所示。

实战操作229 “球形化”修改器

素材：Scenes\Cha06\6-25.max	难度：★★★★★
场景：Scenes\Cha06\实战操作229.max	视频：视频\ Cha06\实战操作229.avi

“球形化”修改器可以将对象扭曲为球形。下面介绍“球形化”修改器的使用方法，具体操作步骤如下。

01 单击按钮，在弹出的下拉列表中选择“打开”选项，在打开的对话框中打开素材文件6-25.max，如下图所示。

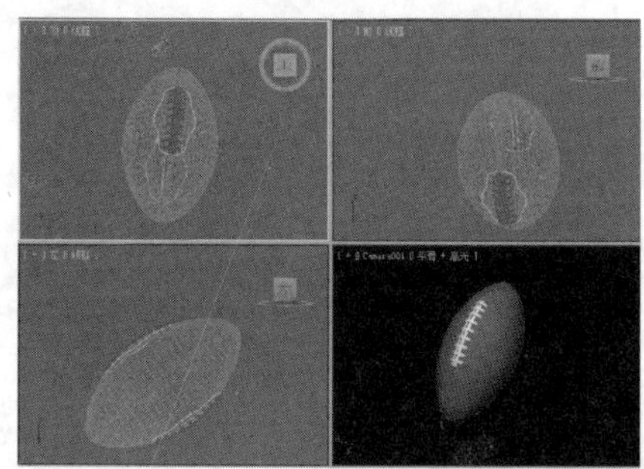

02 选择“组001”对象，然后切换到“修改”命令面板，在“修改器列表”中选择“球形化”修改器，如右图所示。

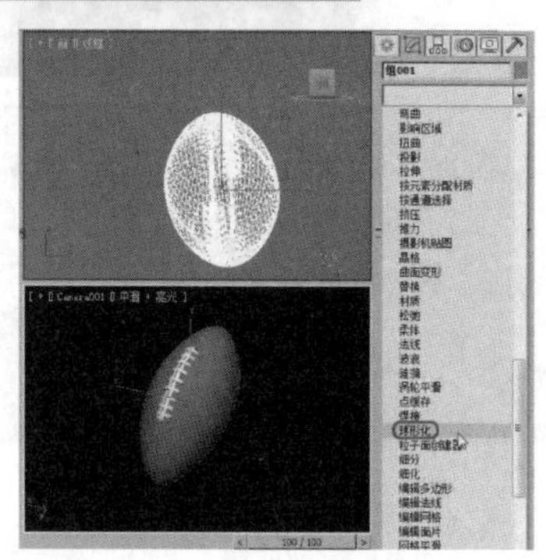

03 在“参数”卷展栏中，将“百分比”设置为35，如下图所示。

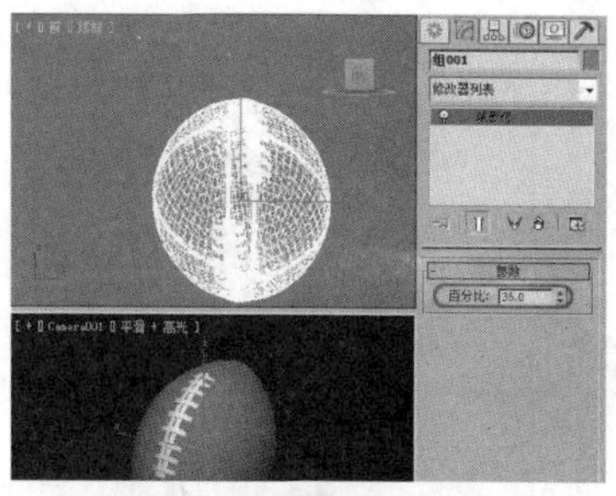

04 激活摄影机视图，按F9键进行渲染，渲染完成后的效果如下图所示。

3ds Max 2014

Chapter 07 第7章 复合建模

复合对象通常将两个或多个现有对象组合成单个对象。从而产生千变万化的模型，在合并过程中不仅可以反复调节，也可以将其表现为动画的方式。

7.1 变形复合对象

变形是一种动画特技，是作为动画的一种表现形式，它可以通过一个模型向另一个模型的演变来产生物体表面的变形动画，在3ds Max中，用户可以通过在不同帧拾取不同的对象，来制作变形动画，本节将对其进行简单的介绍。

实战操作230 创建变形

素材：Scenes\Cha07\7-1.max	难度：★★★★★
场景：Scenes\Cha07\实战操作230.max	视频：视频\Cha07\实战操作230.avi

下面介绍如何创建变形复合对象，具体操作步骤如下。

01 启动3ds Max 2014软件，按Ctrl+O组合键，在弹出的对话框中打开素材文件7-1.max，打开的场景如下图所示。

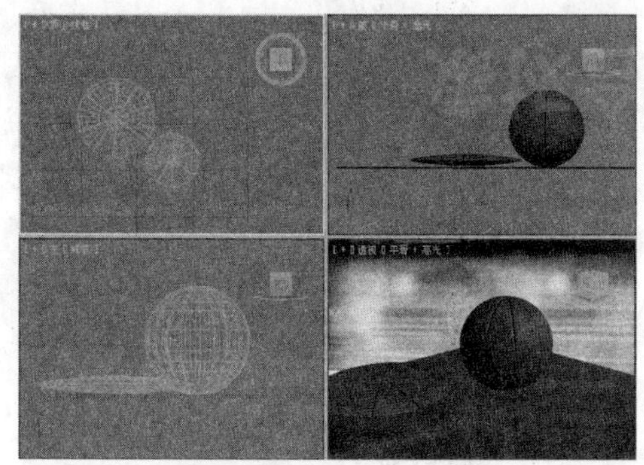

02 在场景中选择“篮球”对象，选择“创建”|“几何体”|“复合对象”|“变形”工具，如下图所示。

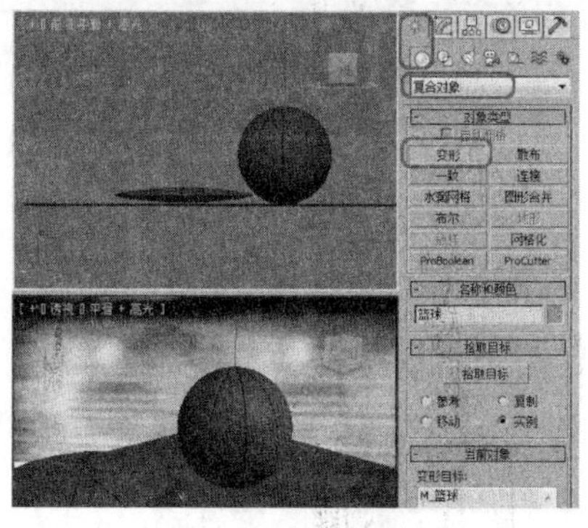

03 在“当前对象”卷展栏中的“变形目标”列表框中选择“M_篮球”对象，确认时间滑块处于0帧处，然后在“当前对象”卷展栏中单击“创建变形关键点”按钮，如右图所示。

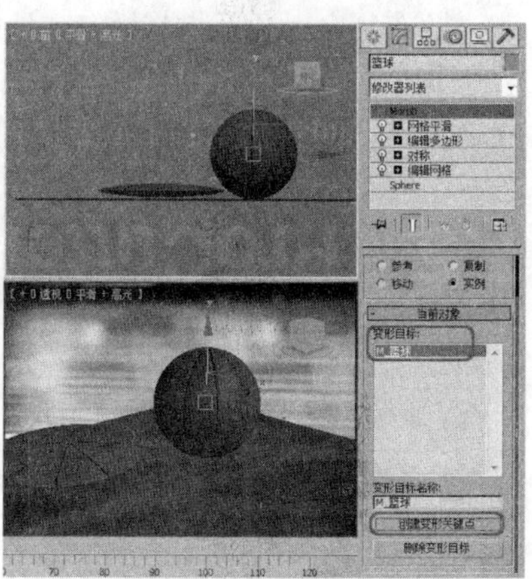

04 在“拾取目标”卷展栏中单击“移动”单选按钮，单击“拾取目标”按钮，将时间滑块拖动到第120帧处，在场景中选择“篮球001”对象，在“变形目标”列表框中，选择“M_篮球001”对象，单击“创建变形关键点”按钮，如右图所示。

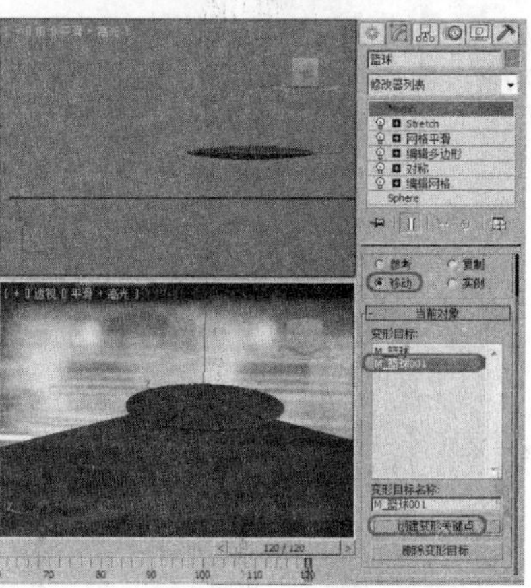

实战操作231 观看变形动画

素材：无	难度：★★★★★
场景：无	视频：视频\Cha07\实战操作231.avi

下面介绍如何查看变形动画，具体操作步骤如下。

01 继续上一实例的操作，激活透视视图，在动画控制区中单击“播放动画”按钮进行播放，如下图所示。

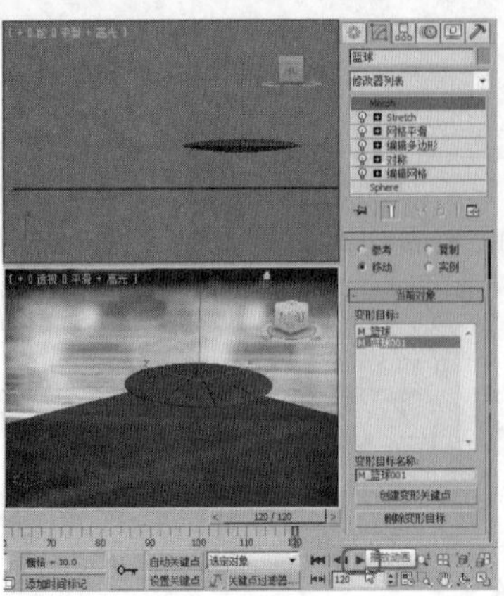

02 执行该操作后，即可查看每帧对象变形的效果，如下图所示。

7.2 散布复合对象

散布复合对象是指将散布分子散布到目标物体的表面，从而产生大量的复制品。

散布是将对象以各种方式覆盖至目标物体的表面上，产生多个复制品。可以制作草地、乱石或满身是刺的刺猬等。也可以将散布中的控制参数记录成动画。

实战操作232 创建散布复合对象

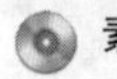 素材：Scenes\Cha07\7-2.max	 难度：★★★★★
 场景：Scenes\Cha07\实战操作232.max	视频：视频\Cha07\实战操作232.avi

下面介绍如何创建散布复合对象，具体操作步骤如下。

01 重置一个新的场景，按Ctrl+O组合键，打开素材文件7-2.max，打开的场景如下图所示。

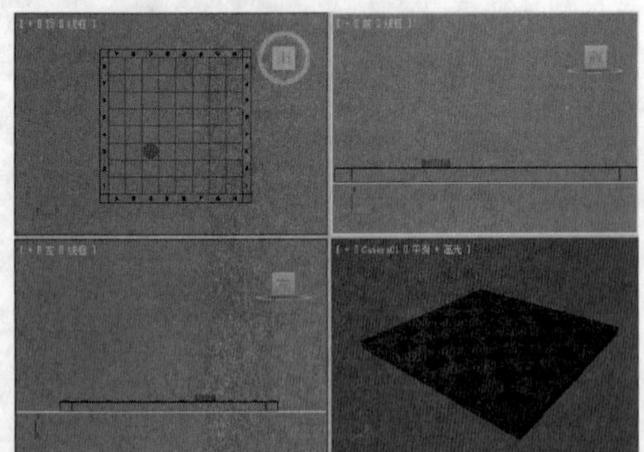

02 在场景中选择“棋子”对象，选择“创建” | “几何体” | “复合对象” | “散布”工具，如右图所示。

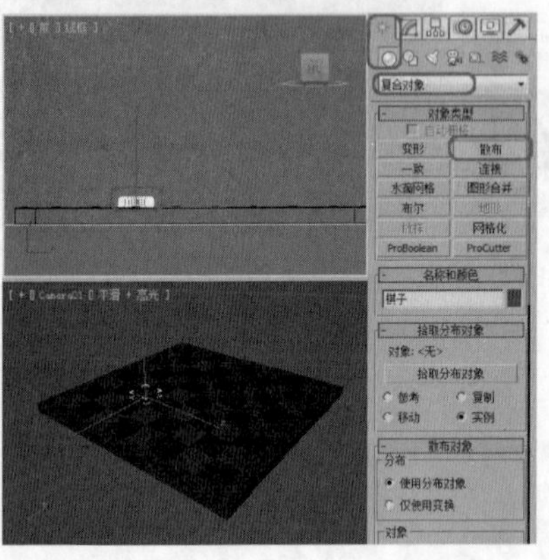

03 在“拾取分布对象”卷展栏中单击“拾取分布对象”按钮，在场景中选择“棋盘”对象，如下图所示。

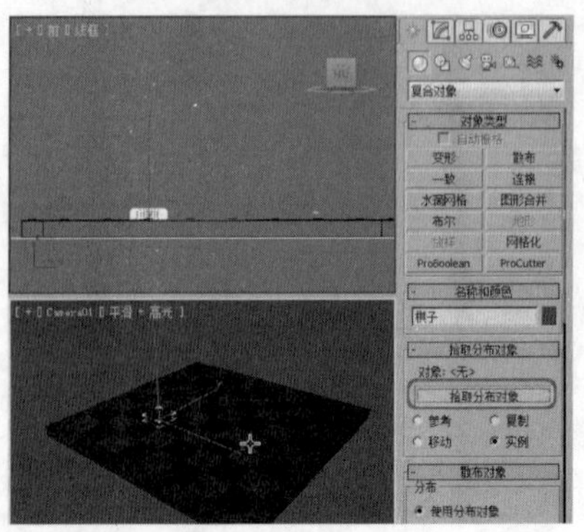

04 按F9键对“Camera01”视图进行渲染，渲染完成后的效果如下图所示。

实战操作233 设置重复数与分布方式

素材：无	难度：★★★★★
场景：Scenes\Cha07\实战操作233.max	视频：视频\Cha07\实战操作233.avi

创建完复合对象外，用户还可以根据需要设置重复数和分布方式。

01 继续上一实例的操作，按H键打开“从场景选择”对话框，在其中选择“棋子”，如下图所示。

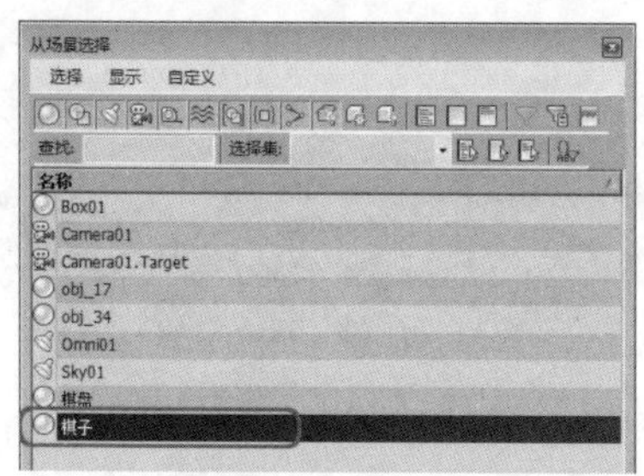

02 选择完成后，单击“确定”按钮，即可将该对象选中，如下图所示。

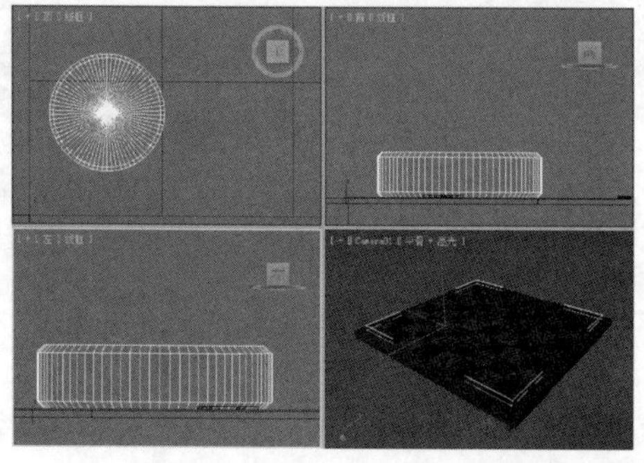

03 切换至“修改”命令面板，在“散布对象”卷展栏中，将“源对象参数”选项组中的“重复数”设置为5，然后单击“分布对象参数”选项组中的“区域”单选按钮，如下图所示。

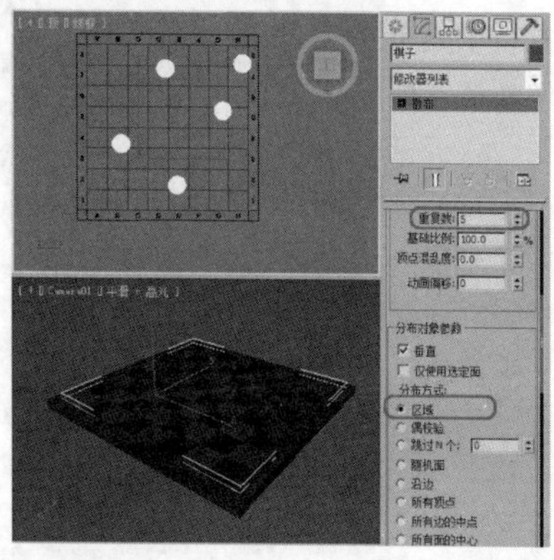

04 按F9键对“Camera01”视图进行渲染，渲染后的效果如下图所示。

实战操作234 设置局部平移

素材：无	难度：★★★★★
场景：Scenes\Cha07\实战操作234.max	视频：视频\Cha07\实战操作234.avi

下面介绍如何设置局部平移，具体操作步骤如下。

01 继续上一实例的操作，确认场景中所有的棋子处于选中状态，切换至“修改”命令面板，在“变换”卷展栏中，将“局部平移”选项组中的X、Y分别设置为70、-135，按Enter键确认，如右图所示。

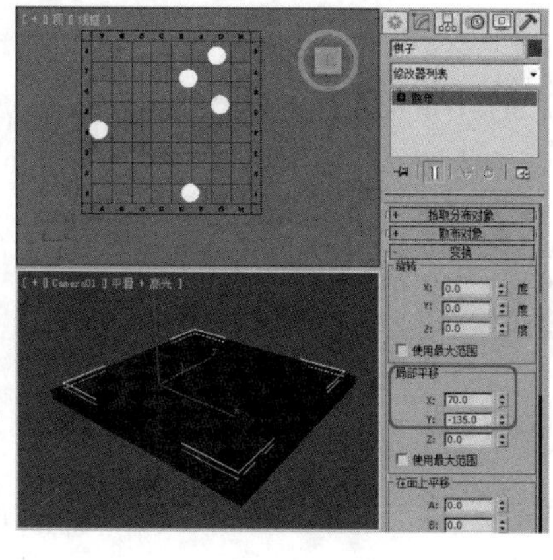

02 按F9键对“Camera01”视图进行渲染，渲染后的效果如下图所示。

实战操作235 设置在面上平移

素材：无	难度：★★★★★
场景：Scenes\Cha07\实战操作235.max	视频：视频\Cha07\实战操作235.avi

下面介绍如何设置“在面上平移”，具体操作步骤如下。

01 继续上一实例的操作，确认场景中的所有棋子处于选中状态，切换至“修改”命令面板，在“变换”卷展栏中，将“在面上平移”选项组中的A、B分别设置为-18、230，按Enter键确认，如右图所示。

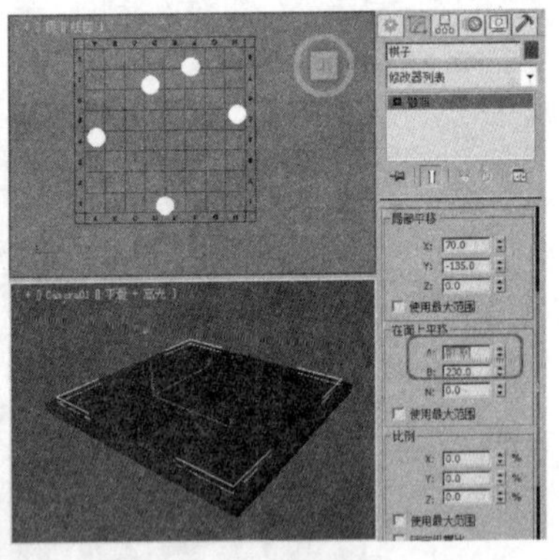

02 按F9键对“Camera01”视图进行渲染，渲染后的效果如下图所示。

实战操作236 设置显示

素材：无	难度：★★★★★
场景：Scenes\Cha07\实战操作236.max	视频：视频\Cha07\实战操作236.avi

下面介绍如何设置显示方式，具体操作步骤如下。

01 继续上一实例的操作，确认场景中的所有棋子处于选中状态，切换至“修改”命令面板，在“显示”卷展栏中勾选“隐藏分布对象”复选框，如右图所示。

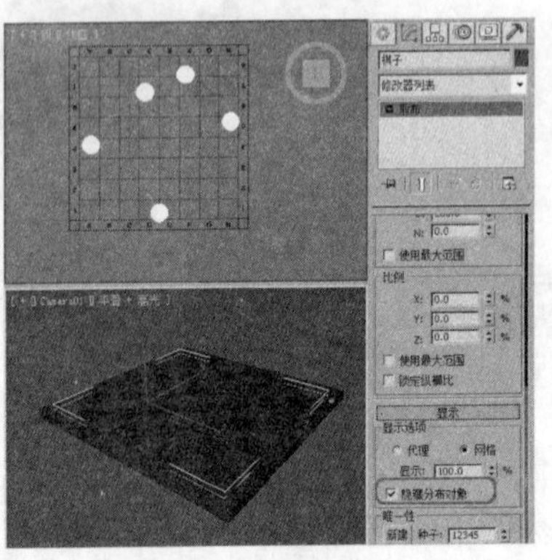

02 按F9键对“Camera01”视图进行渲染，渲染后的效果如下图所示。

7.3 连接复合对象

连接复合对象是指在两个以上物体对应的删除面之间创建封闭的表面，将其焊接在一起，并产生平滑过渡的效果，该工具非常常用，它可以消除生硬的接缝，本节将对其进行简单介绍。

实战操作237 创建连接对象

素材：Scenes\Cha07\7-3.max	难度：★★★★★
场景：Scenes\Cha07\实战操作237.max	视频：视频\Cha07\实战操作237.avi

下面介绍如何创建连接对象，具体操作步骤如下。

01 重置一个新的场景，按Ctrl+O组合键，在弹出的对话框中选择7-3.max素材文件，如下图所示。

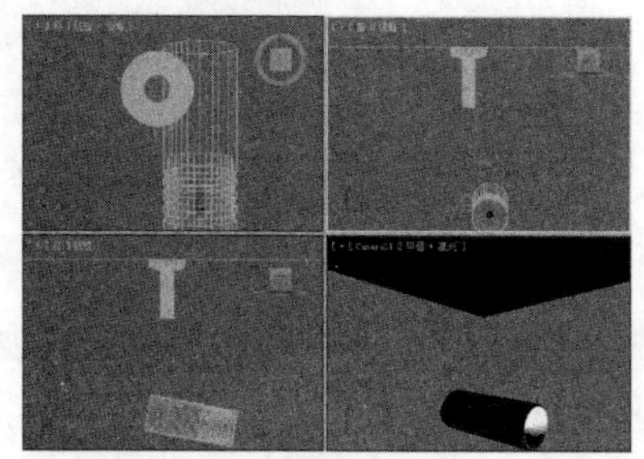

02 选择“创建”|“几何体”|“标准基本体”|“圆柱体”工具，在顶视图中创建一个“半径”、“高度”分别为19、495，“高度分段”为5、“边数”为86的圆柱体，将其命名为“链接01”，并将其调整至合适的位置，如下图所示。

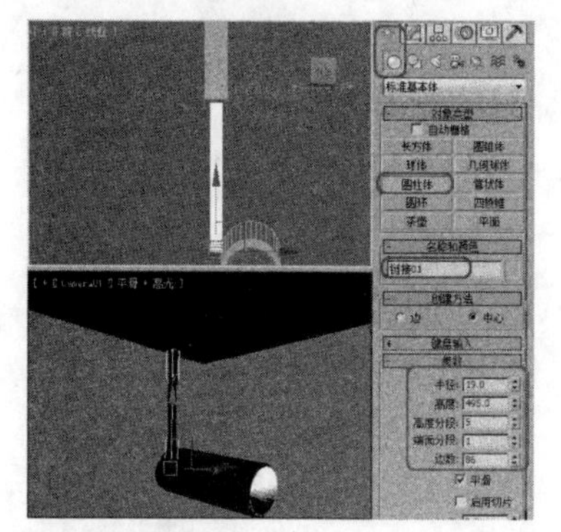

03 切换至“修改”命令面板，在“修改器列表”中为其添加“编辑多边形”修改器，并将当前选择集定义为“多边形”，在顶视图中选择如下图所示的多边形。

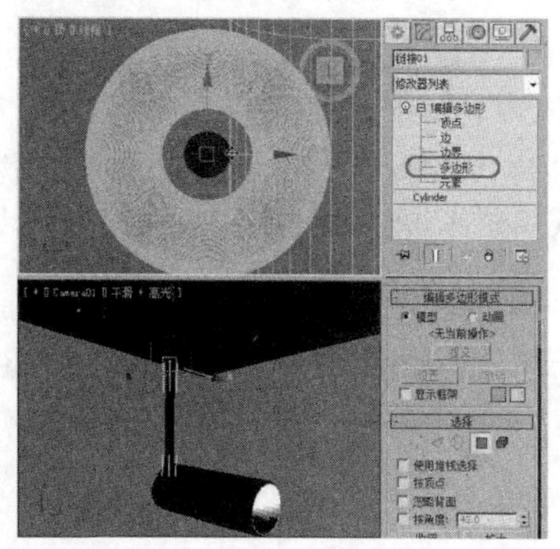

04 按Delete键将其删除，退出当前选择集，在场景中选择“链接02”对象，在“修改”命令面板中为其添加“编辑多边形”修改器，将当选择集定义为“多边形”，在场景中选择如下图所示的多边形。

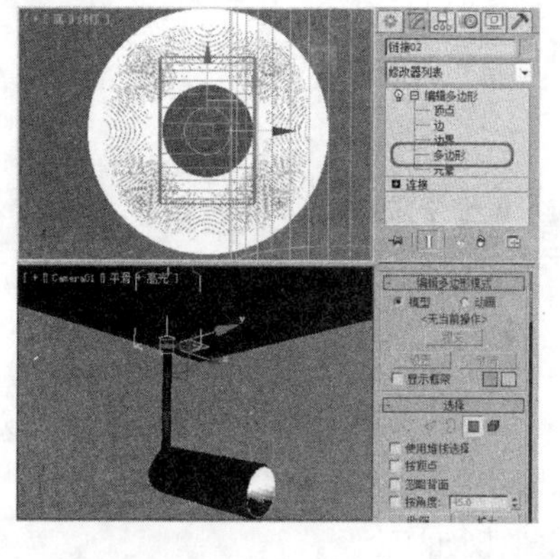

05 按Delete键将选择的多边形删除，关闭当前选择集，在场景中选择“链接01”对象，选择“创建”|“几何体”|“复合对象”|“连接”工具，在“拾取操作对象”卷展栏中单击“拾取操作对象”按钮，在场景中选择“链接02”对象，如下图所示。

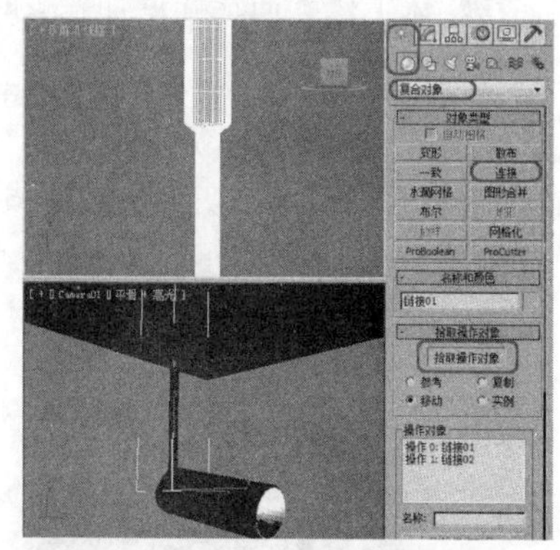

06 为其指定“金属”的材质，按F9键对“Camera01”视图进行渲染，渲染后的效果如下图所示。

实战操作238 设置分段数

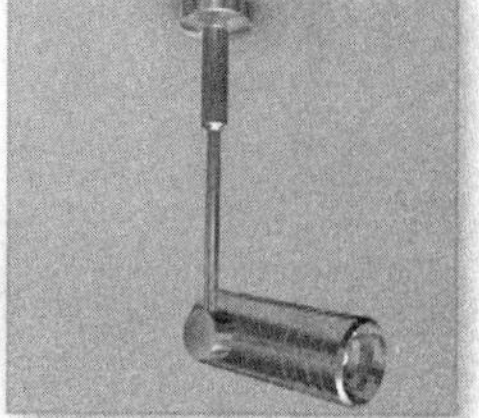

素材：无	难度：★★★★★
场景：Scenes\Cha07\实战操作238.max	视频：视频\Cha07\实战操作238.avi

当创建完连接复合对象后，用户可以根据需要设置连接对象的分段数，具体操作步骤如下。

01 继续上一实例的操作，在场景中选择“链接01”，切换至“修改”命令面板，在“拾取操作对象”卷展栏中，将“差值”选项区域中的“分段”设置为100，按Enter键确认，如右图所示。

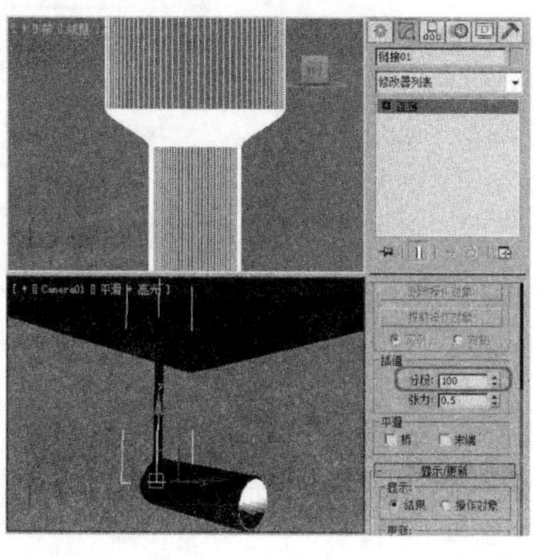

02 设置完成后，按F9键对“Camera01”视图进行渲染，渲染后的效果如右图所示。

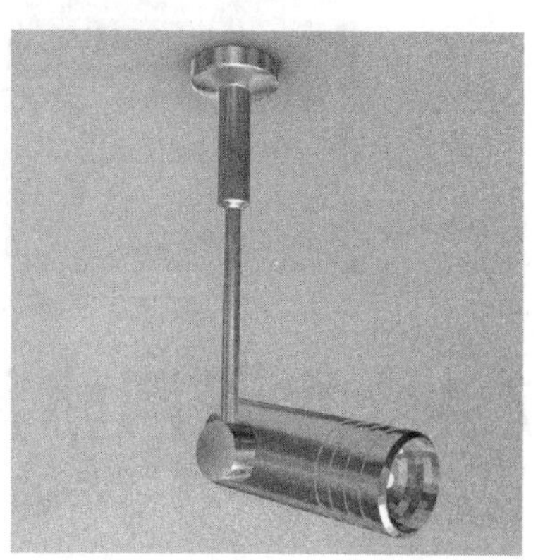

实战操作239 设置张力

素材：无	难度：★★★★★
场景：Scenes\Cha07\实战操作239.max	视频：视频\Cha07\实战操作239.avi

“张力”主要控制连接过渡物体的曲度，当该值为0时，则无张力，物体不会进行弯曲，该值越大，系统就会在连接物体上建立曲线并增加光滑度，以匹配连接物体过渡部分末端的法线表面。

01 继续上一实例的操作，确认“链接01”对象处于选中状态，切换至“修改”命令面板，在“拾取操作对象”卷展栏中，将“张力”设置为0.1，按Enter键确认，如下图所示。

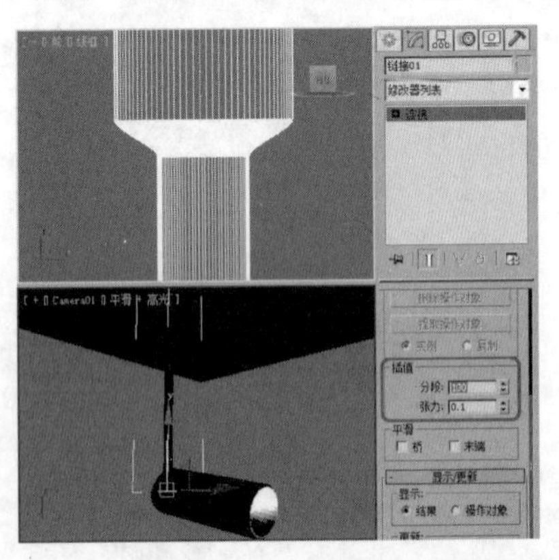

02 设置完成后，按F9键对“Camera01”视图进行渲染，渲染后的效果如下图所示。

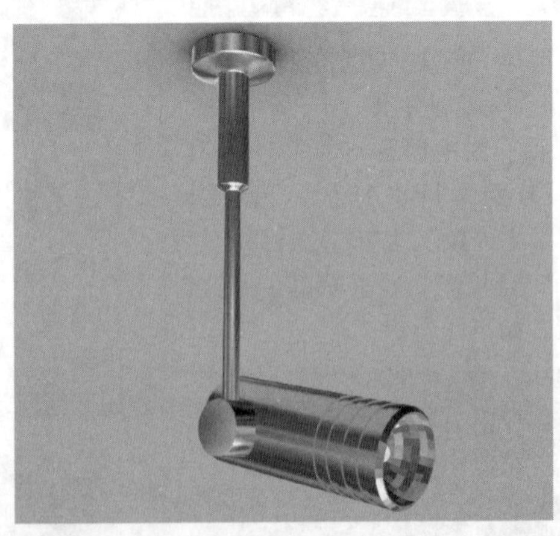

实战操作240 设置平滑

素材：无	难度：★★★★★
场景：Scenes\Cha07\实战操作240.max	视频：视频\Cha07\实战操作240.avi

下面介绍如如何设置平滑，具体操作步骤如下。

01 继续上一实例的操作，确认“链接01”对象处于选中状态，切换至“修改”命令面板，在“拾取操作对象”卷展栏中勾选“桥”复选框，如下图所示。

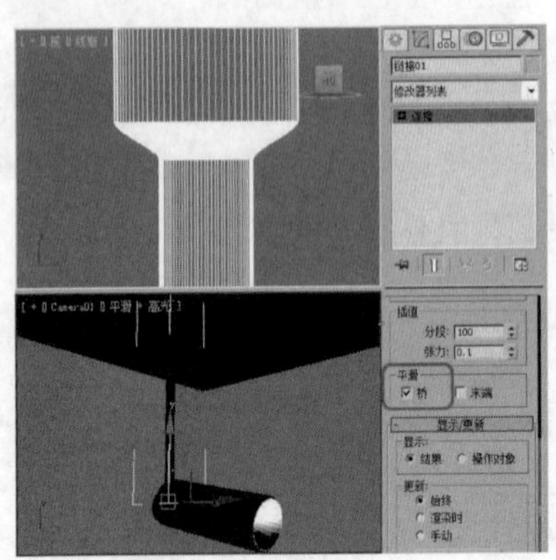

02 设置完成后，按F9键对“Camera01”视图进行渲染，渲染后的效果如下图所示。

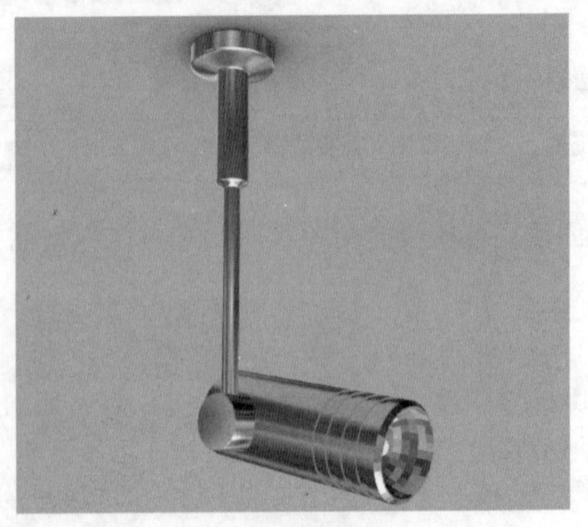

7.4 水滴网格复合对象

水滴网格可以通过几何体或粒子创建一组球体，这种球体也叫做变形球，还可以将球体连接起来，就如这些球体是由柔软的液态物质构成一般。如果球体在离另外一个球体的一定范围内移动，它们就会连接在一起。如果将这些球体相互移开，则会重新显示球体的形状，下面将对水滴网格复合对象进行简单地介绍。

实战操作241 创建水滴网格复合对象

素材：Scenes\Cha07\7-4.max	难度：★★★★★
场景：无	视频：视频\Cha07\实战操作241.avi

水滴网格复合对象可以根据场景中的指定对象生成变形球。下面介绍如何创建水滴网格复合对象。

01 启动3ds Max 2014，按Ctrl+O组合键，打开素材文件7-4.max，打开的场景如下图所示。

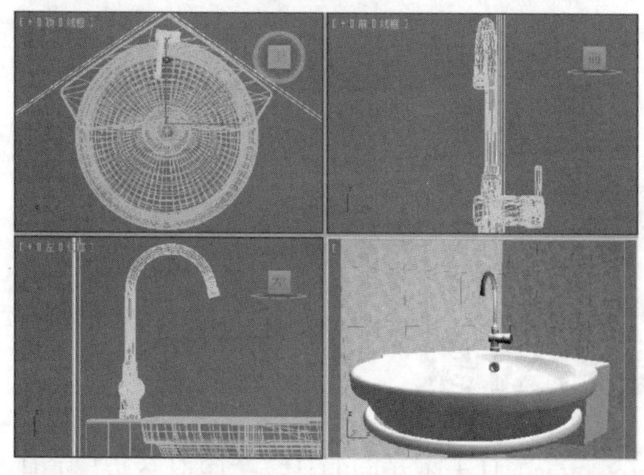

02 选择“创建”|“几何体”|“复合对象”|“水滴网格”工具，在前视图中创建一个水滴网格复合对象，如下图所示。

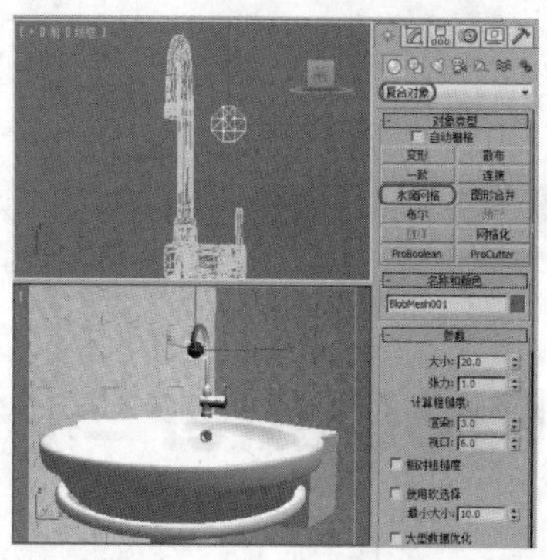

实战操作242 拾取水滴对象

素材：无	难度：★★★★★
场景：Scenes\Cha07\实战操作242.max	视频：视频\Cha07\实战操作242.avi

下面介绍如何拾取水滴网格复合对象，具体操作步骤如下。

01 继续上一实例的操作，选择“创建”|“图形”|“线”工具，在前视图创建一个如下图所示的图形，并将其命名为“水滴1”。

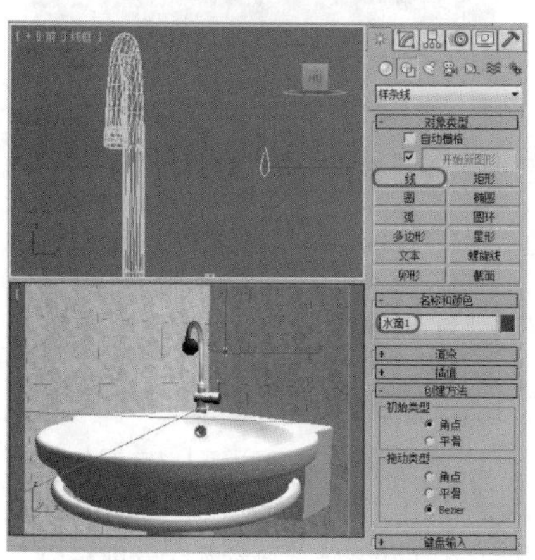

02 按住Shift键对该图形进行复制，并将其命名为“水滴2”，使用“选择并移动”工具调整水滴的位置，调整后的效果如下图所示。

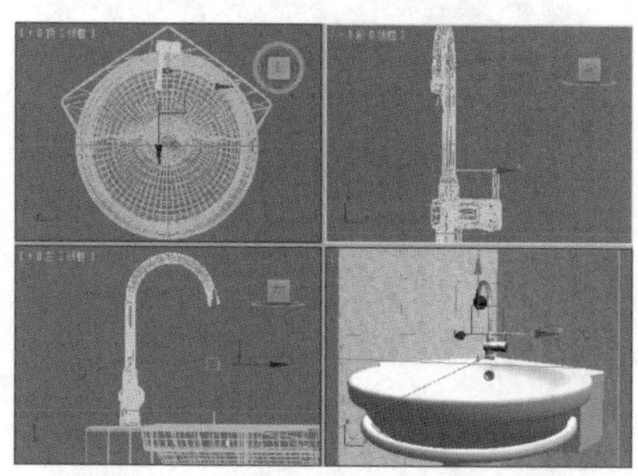

03 在场景中选择创建的水滴网格复合对象，切换至“修改”命令面板，在“参数”卷展栏中单击“水滴对象”选项组中的“拾取”按钮。

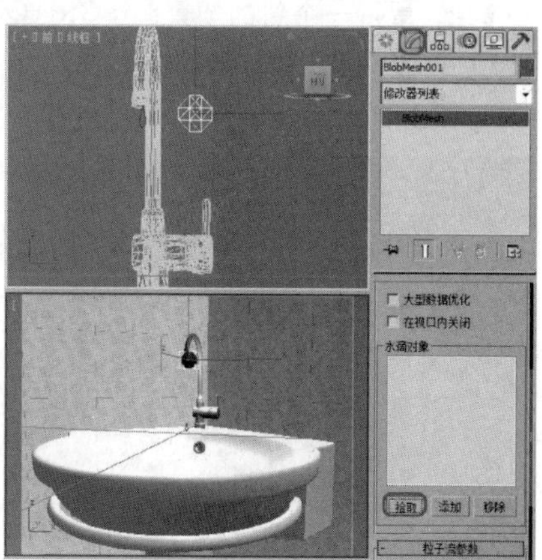

04 按H键打开“拾取对象”对话框，在其中选择“水滴1”，如下图所示。

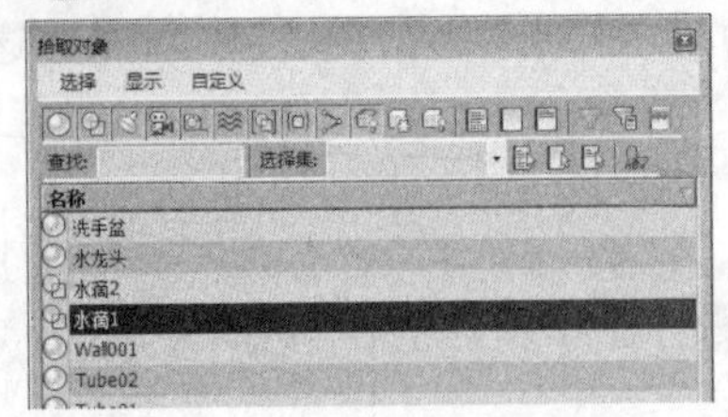

05 选择完成后，单击“拾取”按钮，在“参数”卷展栏中，将“大小”设置为4，勾选“相对粗糙度”复选框，如下图所示。

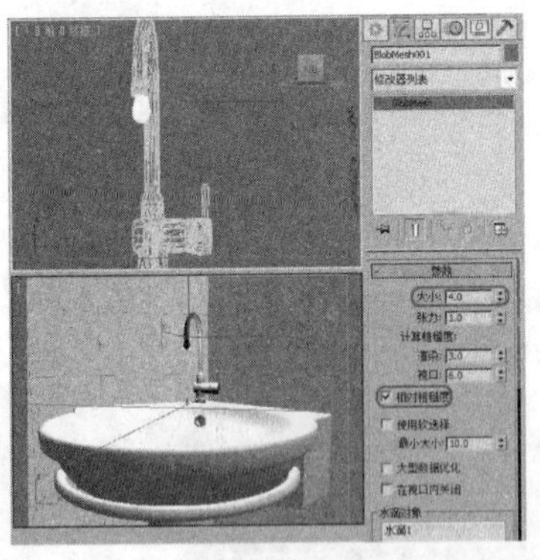

06 使用同样的方法拾取“水滴2”对象，并在“参数”卷展栏中将“大小”设置为4，勾选“相对粗糙度”复选框，如下图所示。

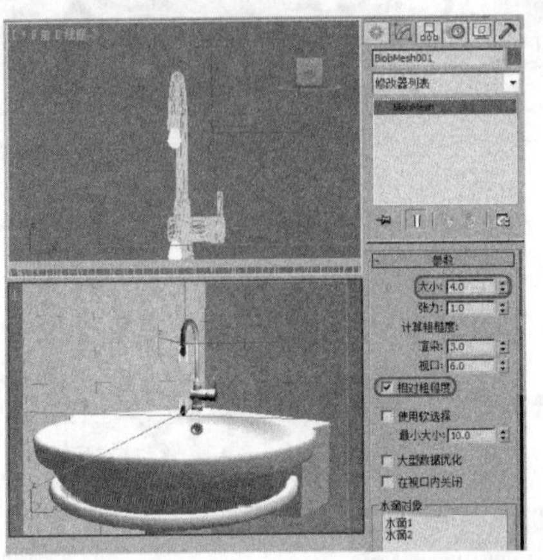

07 选择水滴网格复合对象，按M键打开“材质编辑器”对话框，在其中选择“水滴”材质样本球，单击“将材质指定给选定对象”按钮，如下图所示。

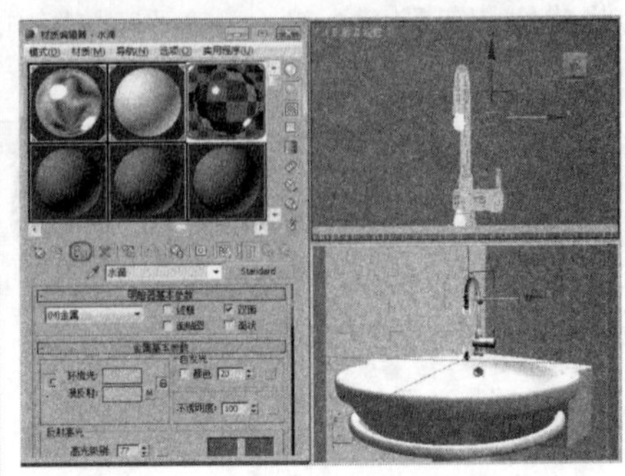

08 按F9键对“Camera01”视图进行渲染，渲染后的效果如下图所示。

7.5 ProCutter与图形合并复合对象

“ProCutter ”工具主要是将对象进行分裂或细分体积。与ProCutter工具大不相同的是，“图形合并”工具是用来创建包含网格对象和一个或多个图形的复合对象，本节将对其进行简单介绍。

实战操作243 ProCutter工具

素材：Scenes\Cha07\7-5.max	难度：★★★★★
场景：Scenes\Cha07\实战操作243.max	视频：视频\Cha07\实战操作243.avi

下面介绍ProCutter工具的使用方法，具体操作步骤如下。

01 重置一个新的场景，按Ctrl+O组合键，打开素材文件7-5.max，打开的场景如下图所示。

02 选择“创建”|“图形”|“文本”工具，在“参数”卷展栏中，将字体设置为“汉仪长宋简”，将“大小”设置为5，在“文本”文本框中输入“X”，在前视图中单击鼠标创建文字，如下图所示。

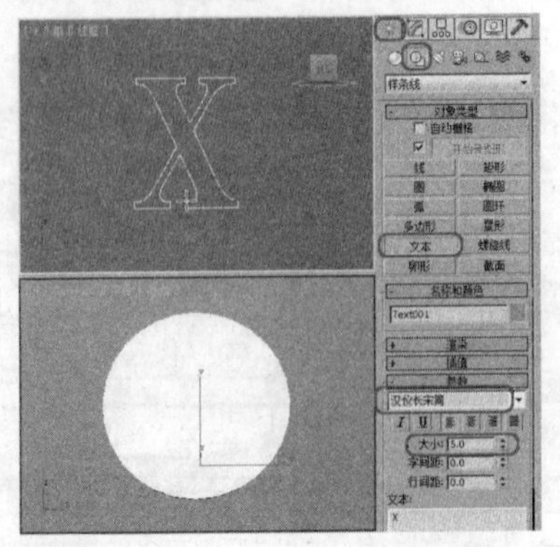

03 切换至“修改”命令面板，为其添加“挤出”修改器，在“参数”卷展栏中，将“数量”设置为0.7，并使用“选择并移动”工具调整其位置，调整后的效果如下图所示。

04 选择“创建”|“几何体”|“复合对象”|ProCutter工具，在“切割器拾取参数”卷展栏中，

勾选“切割器工具模式”选项组中的“自动提取网格”复选框，单击“拾取原料对象”按钮，如下图所示。

05 在场景中选择“Circle001”对象，然后在视图中选择“Text001”，按Delete键将其删除，如下图所示。

06 在视图中选择“Text002”，为其指定材质，按F9键对前视图进行渲染，完成后的效果如下图所示。

实战操作244 “图形合并”工具

 素材：Scenes\Cha07\7-6.max	 难度：★★★★★
 场景：Scenes\Cha07\实战操作244.max	视频：视频\Cha07\实战操作244.avi

下面介绍如何使用“图形合并”工具合并图形，具体操作步骤如下。

01 启动3ds Max 2014，按Ctrl+O组合键，打开素材文件7-6.max，打开的场景如下图所示。

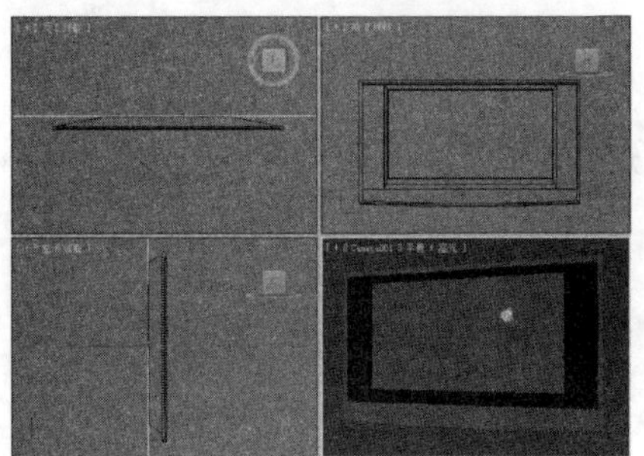

02 选择“创建”|“图形”|“文本”工具，在“参数”卷展栏中，将字体设置为“黑体”，将“大小”设置为5，在“文本”文本框中输入“HTV”，在前视图中单击鼠标，如下图所示。

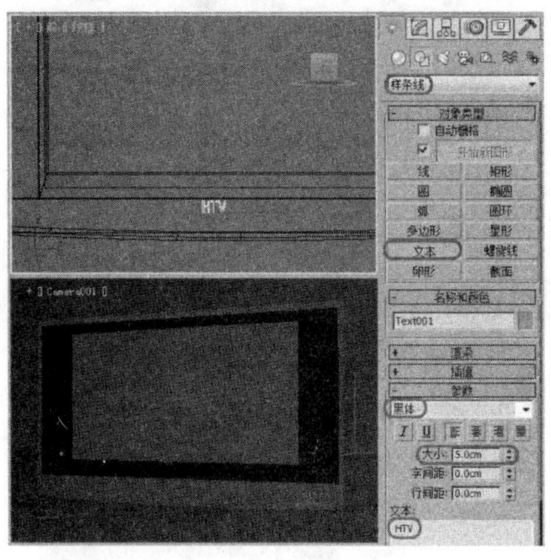

03 确认该文字处于选中状态，在工具栏中单击“选择并移动”工具，在前视图和左视图中调整其位置，效果如下图所示。

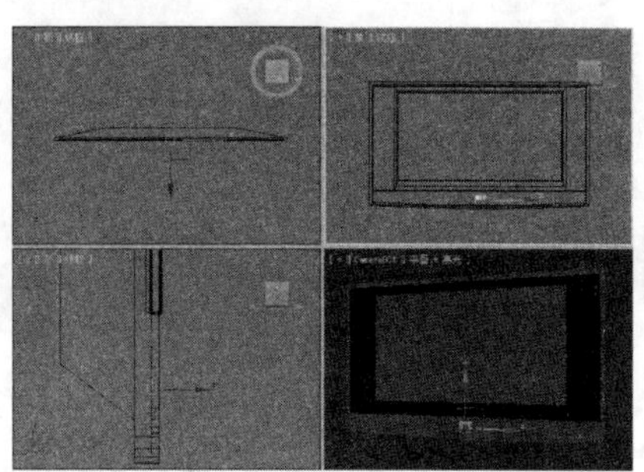

04 在视图中选择“电视面板”对象，选择“创建”|“几何体”|“复合对象”|“图形合并”工具，在“拾取操作对象”卷展栏中单击“移动”单选按钮，单击“拾取图形”按钮，在视图中选择文本，如下图所示。

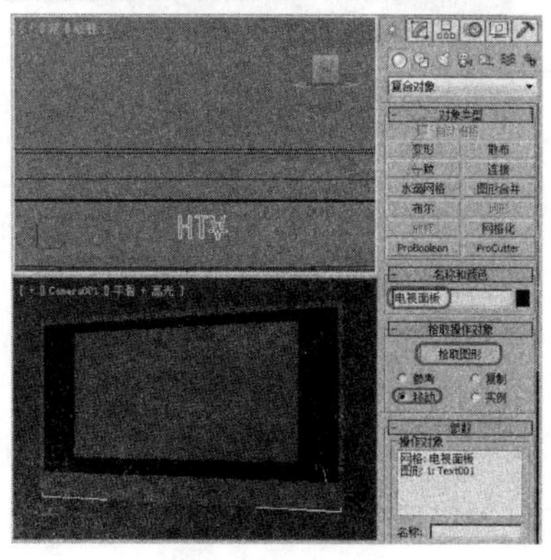

05 切换至“修改”命令面板，在修改器下拉列表中选择“编辑多边形”修改器，如下图所示。

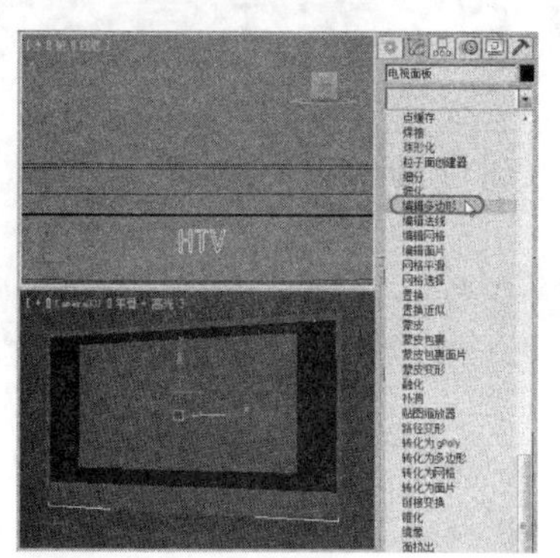

06 将当前选择集定义为“多边形”，在前视图中使用“选择并移动”工具选择如下图所示的多边形。

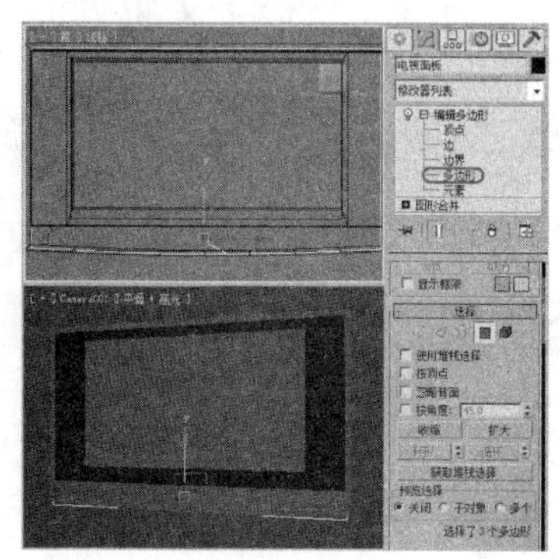

07 在“编辑多边形”卷展栏中，单击“挤出”按钮，再单击该按钮右侧的“设置”按钮，在“挤出

高度”文本框中输入0.5，单击“确定”按钮，如下图所示。

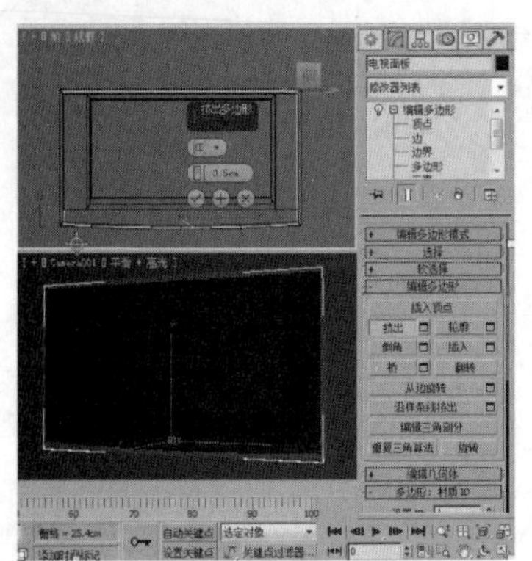

08 再次单击“挤出”按钮，将其关闭，在视图中选择如下图所示的多边形。

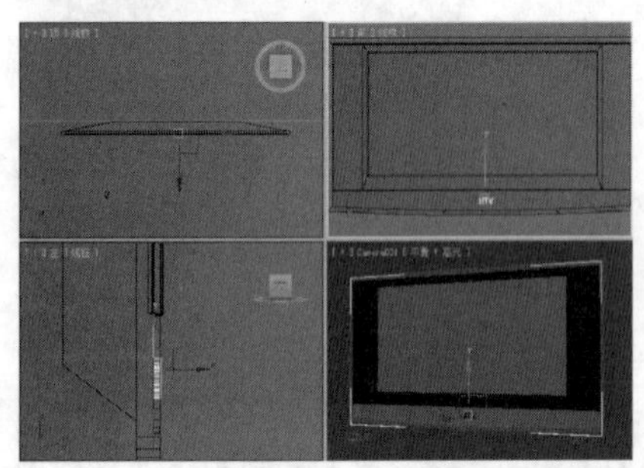

09 在“多边形：材质ID”卷展栏的“设置ID”文本框中输入1，按Enter键确认，如下图所示。

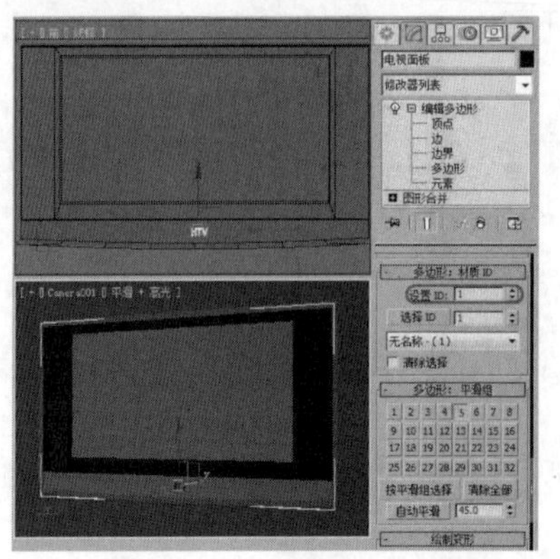

10 在菜单栏中选择“编辑”|“反选”命令，如右图所示。然后在“多边形：材质ID”卷展栏的“设置ID”文本框中输入2，按Enter键确认。

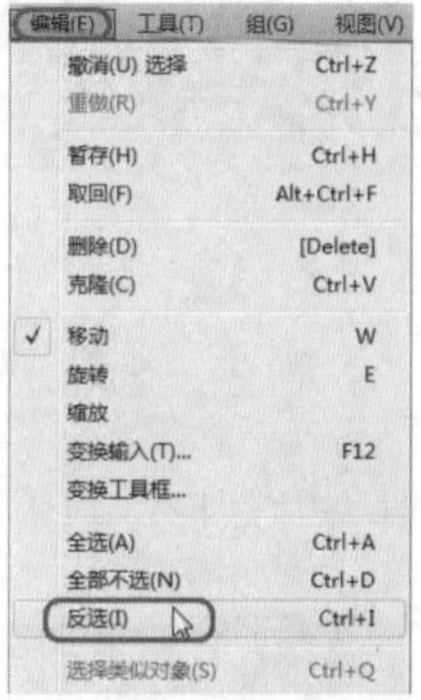

11 将当前选择集关闭，单击“材质编辑器”按钮，打开“材质编辑器”对话框，将如下图所示的材质指定给“电视面板”。

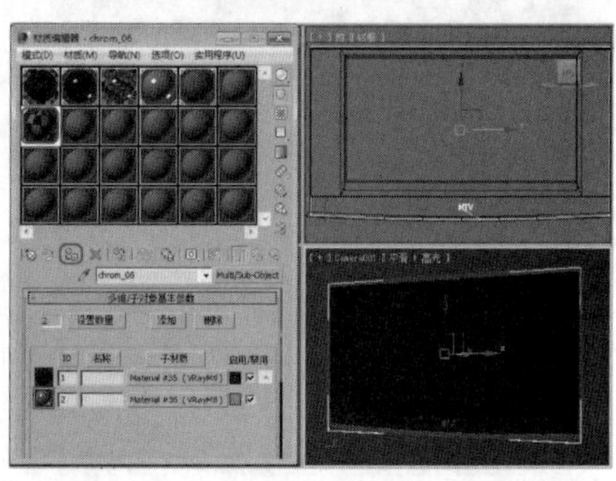

12 指定完成后，按F9键对“Camera01”视图进行渲染，渲染后的效果如下图所示。

7.6 布尔复合对象

布尔复合对象通过对两个对象进行布尔操作将它们组合起来，通过布尔运算可以制作出复杂的复合物体。

实战操作245 差集运算

 素材：Scenes\Cha07\7-7.max	 难度：★★★★★
 场景：Scenes\Cha07\实战操作245.max	 视频：视频\Cha07\实战操作245.avi

下面介绍差集运算的使用方法，具体操作步骤如下。

01 重置一个新的场景，按Ctrl+O组合键，打开素材文件7-7.max，打开的场景如下图所示。

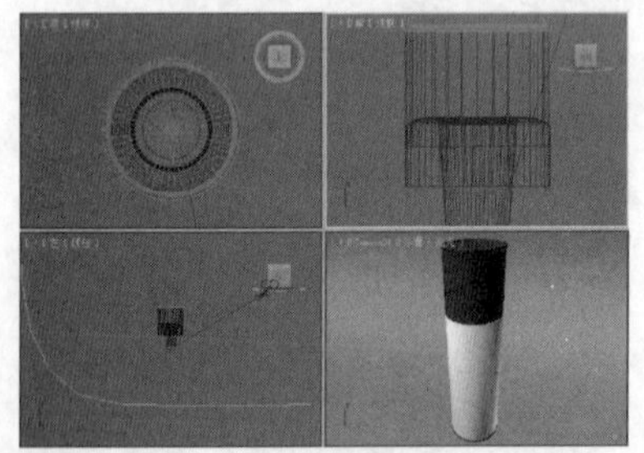

02 选择“创建”|“几何体”|“标准基本体”|“长方体”工具，在前视图中创建一个“长度”、“宽度”、“高度”分别为120、90、225的长方体，并使用移动工具将其调整至合适的位置，如下图所示。

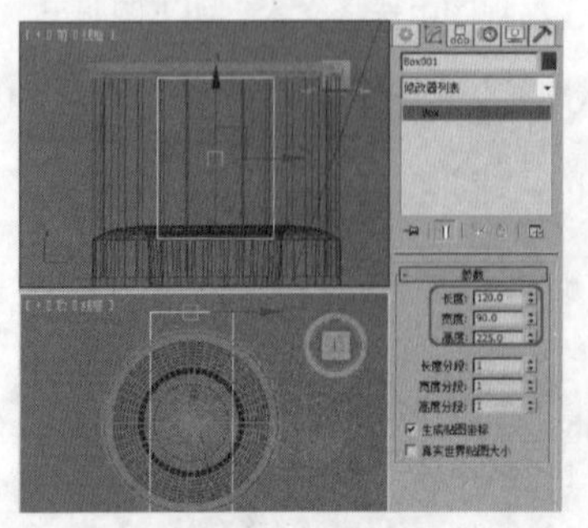

03 在场景中选择“圆柱”对象，选择“创建”|“几何体”|“复合对象”|“布尔”工具，如下图所示。

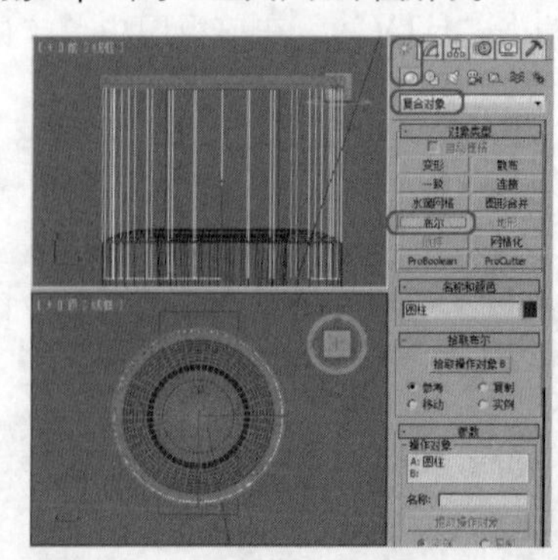

04 切换至“修改”命令面板，在“拾取布尔”卷展栏中，选择“操作”选项组中的“差集（A-B）”

选项，单击“拾取操作对象B”按钮，在场景中单击创建的“Box001”对象，如下图所示。

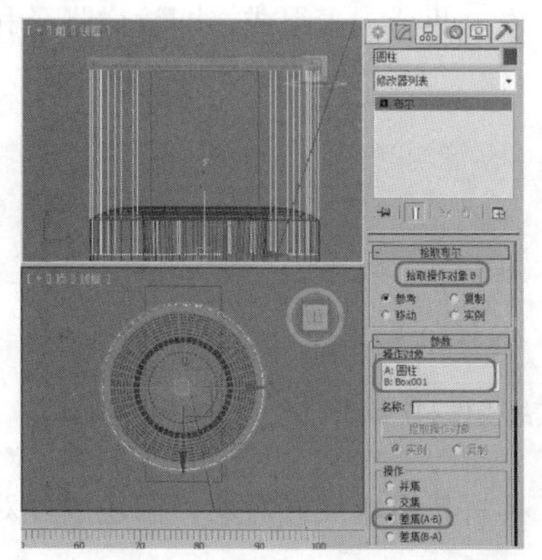

05 在场景中选择“Box001”对象后的效果如下图所示。

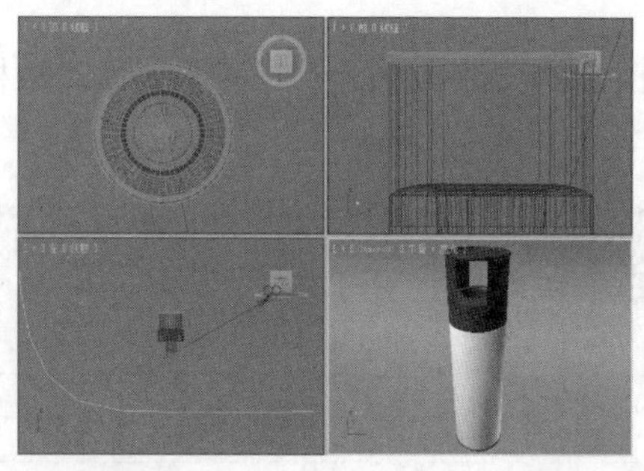

06 在视图中适当调整摄影机的位置，按F9键对“Camera01”视图进行渲染，渲染后的效果如下图所示。

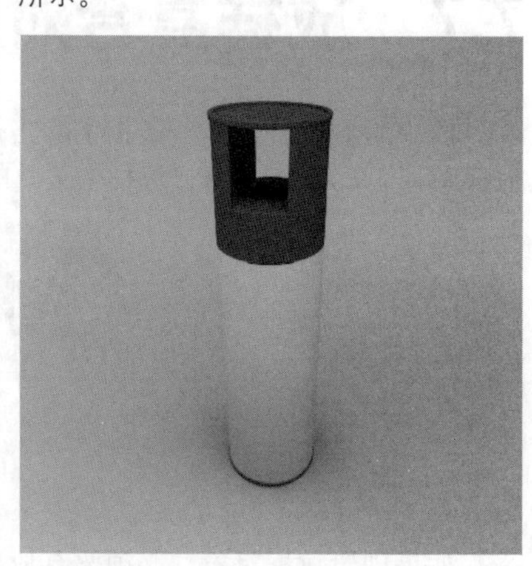

实战操作246 并集运算

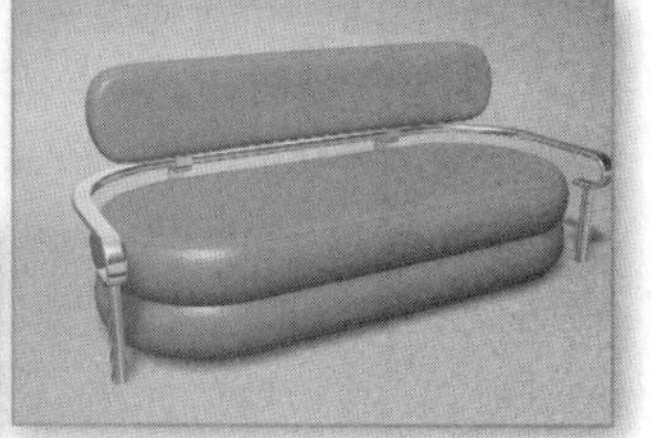

素材：Scenes\Cha07\7-8.max	难度：★★★★★
场景：Scenes\Cha07\实战操作246.max	视频：视频\Cha07\实战操作246.avi

并集运算是指将两个对象进行合并，然后将相交的部分删除，下面介绍如何应用并集运算，具体操作步骤如下。

01 重置一个新的场景，按Ctrl+O组合键，打开素材文件7-8.max，打开的场景如下图所示。

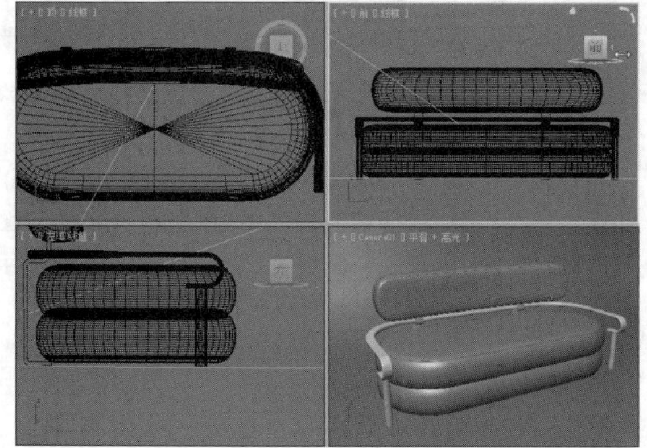

02 在场景中选择“坐垫01”对象，选择“创建”  |“几何体”  |“复合对象”|“布尔”工具，如下图所示。

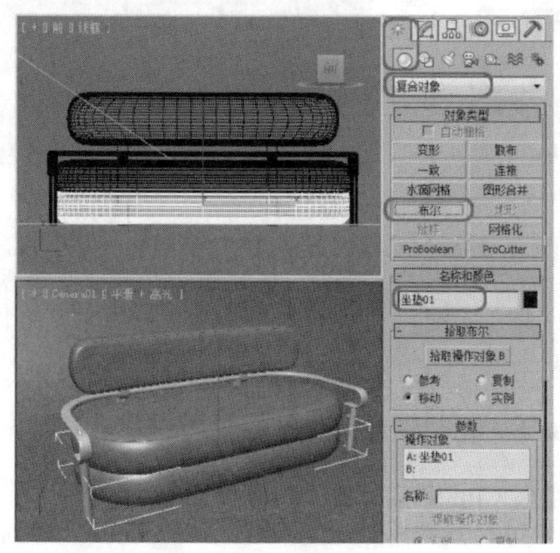

03 切换至“修改”命令面板，在“参数”卷展栏中，选择“操作”选项组中的“并集”选项，在“拾取布尔”卷展栏中单击“拾取操作对象B”按钮，在场景中单击“坐垫02”对象，如下图所示。

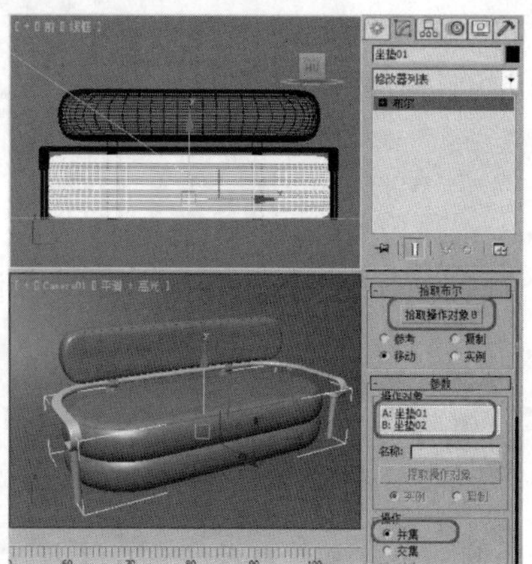

04 按F9键对“Camera001”视图进行渲染，渲染后的效果如下图所示。

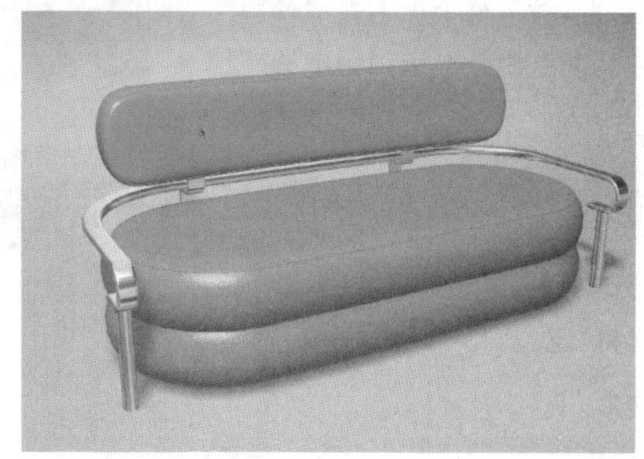

7.7 放样复合对象

放样的原理就是在一条指定的路径上排列截面，从而形成对象表面。放样对象由两个因素组成，即放样路径和放样图形。本节将介绍“放样”工具的使用方法。

实战操作247 创建放样对象

素材：Scenes\Cha07\7-9.max	难度：★★★★★
场景：无	视频：视频\Cha07\实战操作247.avi

如果创建放样对象，必须要有放样图形和放样路径，然后再通过“放样”工具将其组成放样对象，创建放样对象的具体操作步骤如下。

01 重置一个新的场景，按Ctrl+O组合键打开素材文件7-9.max，打开后的场景如下图所示。

02 在场景中选择全部对象，将其隐藏显示，选择“创建” |“图形” |“线”工具，分别在前视图和顶视图中绘制如下图所示的路径。

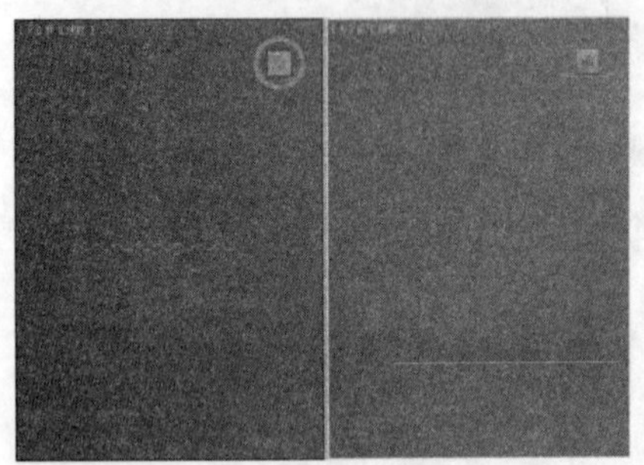

03 将绘制的直线重命名为“路径1”、曲线重命名为“路径2”，在场景中选择“路径2”对象，为其添加“噪波”修改器，在“参数”卷展栏中，将“噪波”选项组中的“种子”设置为14，在“强度”选项组中将“Y”、“Z”轴分别设置为4、5，如下图所示。

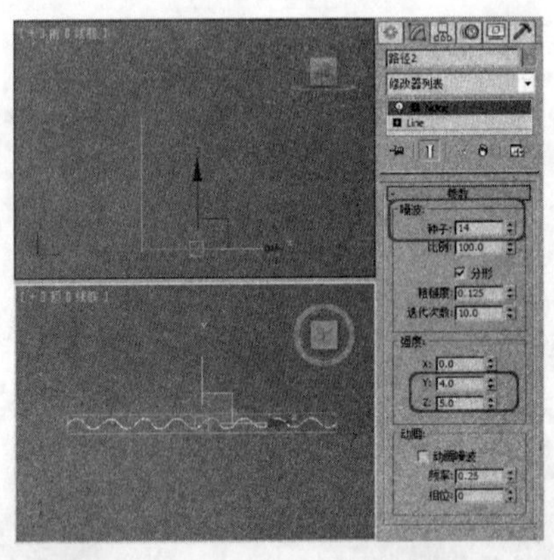

04 确认“路径2”对象处于选中状态，选择“创建” |“几何体” |“复合对象”|“放样”工具，如下图所示。

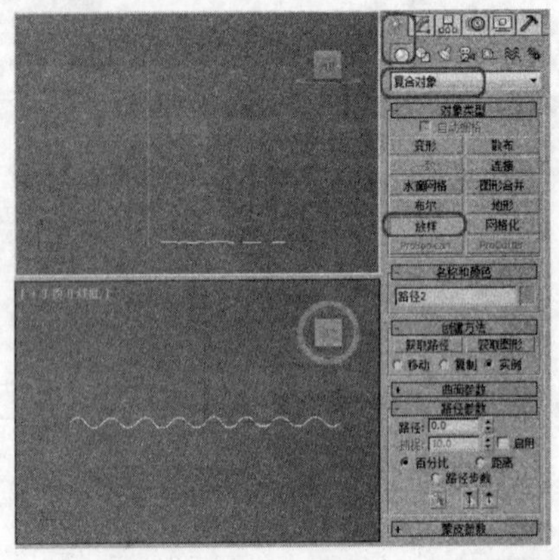

05 在“创建方法”卷展栏中，单击“获取路径”按钮，在场景中选择“路径1”对象，如下图所示。

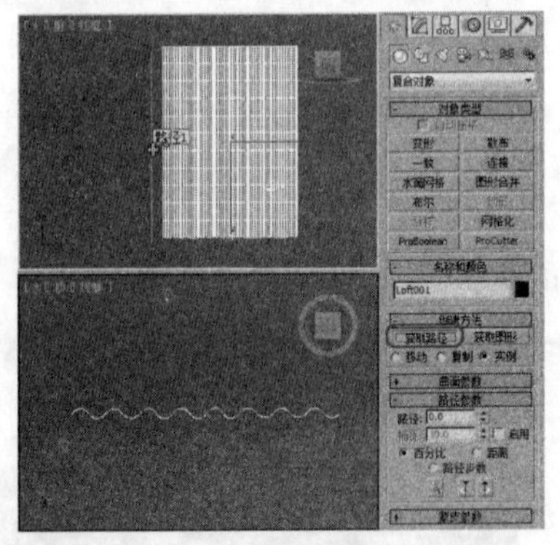

06 在场景中选择放样后的对象，切换至“修改”命令面板，将当前选择集定义为“图形”，在场景中选择绘制的“路径2”对象，在“图形命令”面板中，单击“对齐”选项组中的“左”按钮，如下图所示。

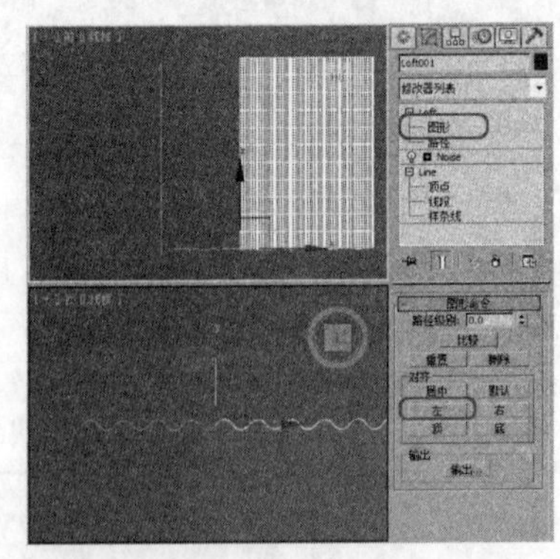

实战操作248 设置蒙皮参数

素材：无	难度：★★★★★
场景：无	视频：视频\Cha07\实战操作248.avi

下面介绍如何设置蒙皮参数，具体操作步骤如下。

01 继续上一实例的操作，选择放样的复合对象，退出当前选择集，在为对象设置参数之前的效果如下图所示。

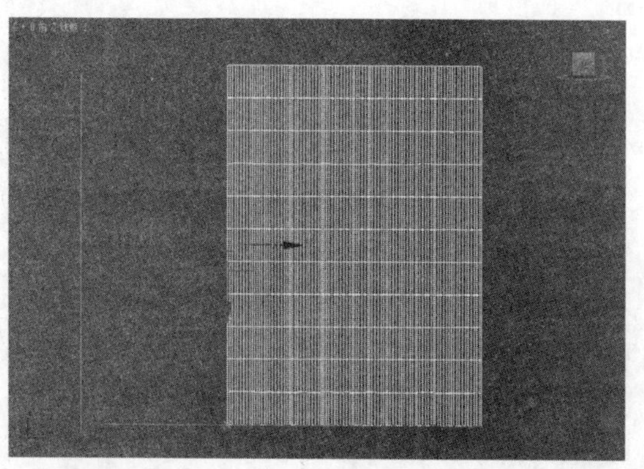

02 切换至“修改”命令面板，在“蒙皮参数”卷展栏中，将“图形步数”设置为20，取消勾选“自适应路径步数”复选框，勾选“变换降级”复选框，如下图所示。

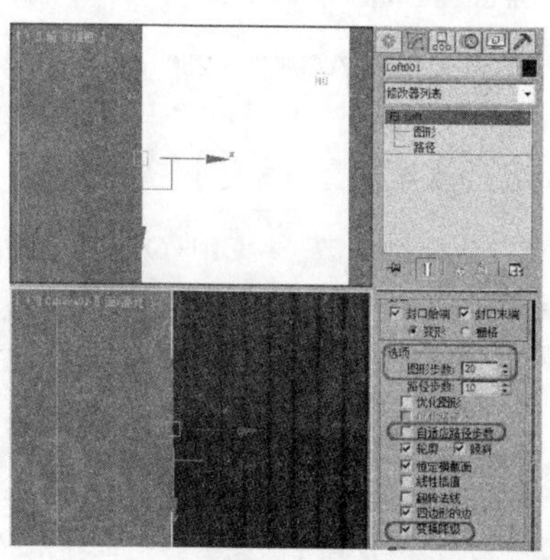

实战操作249 缩放变形

素材：无	难度：★★★★★
场景：Scenes\Cha07\实战操作249.max	视频：视频\Cha07\实战操作249.avi

下面介绍如何对放样的图形进行缩放，具体操作步骤如下。

01 继续上一实例的操作，选择放样的对象，切换至“修改”命令面板，在“变形”卷展栏中单击“缩放”按钮，如下图所示。

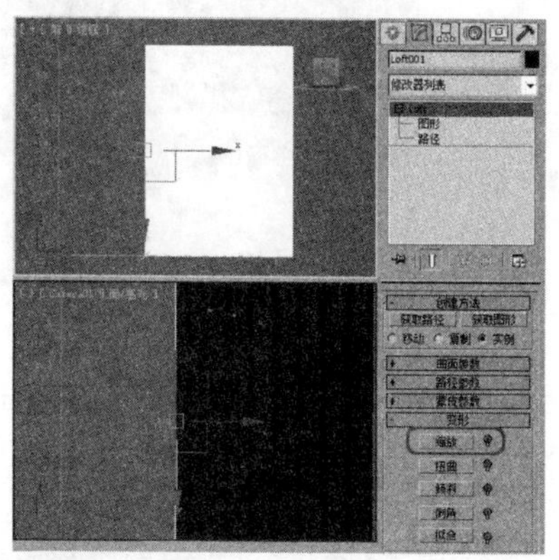

02 执行该操作后，即可打开“缩放变形”对话框，将最左侧的控制点的垂直设置为28，将最右侧的控制点的垂直设置为65，在第40帧位置插入控制点，并将其垂直设置为23，如下图所示。

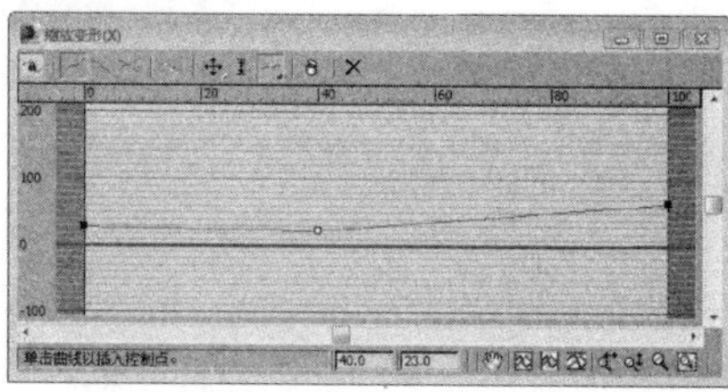

03 选择中间的控制点，单击鼠标右键，在弹出的快捷菜单中选择“Bezier角点”选项，调整控制点的弧度，如下图所示。

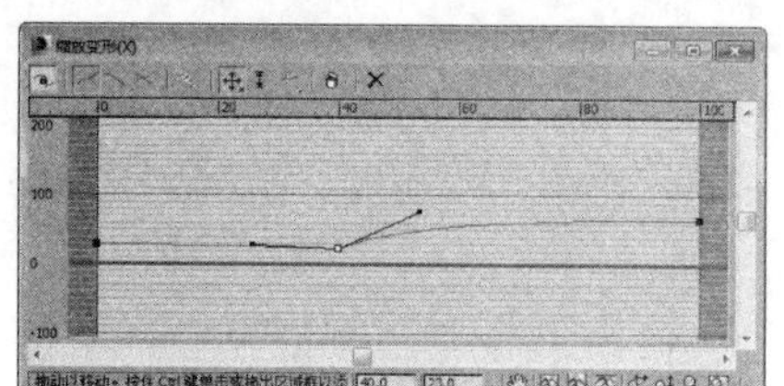

04 将该对话框关闭，全部取消隐藏，并将其调整至合适的位置，如下图所示。

05 选择放样后的对象，将其重命名为“窗帘”，在工具箱中单击“镜像”按钮，打开“镜像：局部坐标”对话框，在“镜像轴”选项组中，选择“X”选项，将“偏移”设置为6980.0，在“克隆当前选择”选项组中点选“复制”选项，如下图所示。

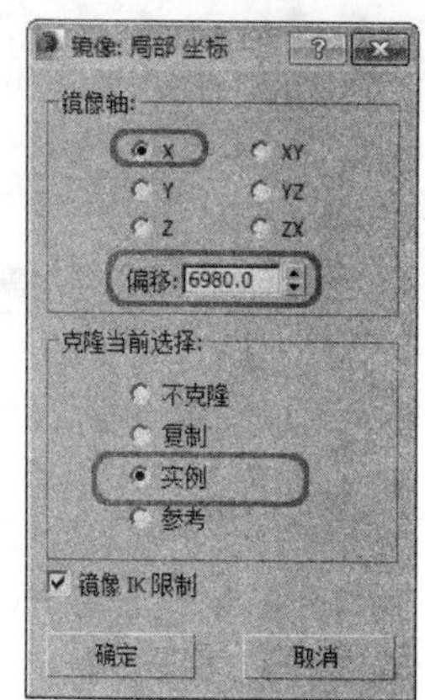

06 设置完成后单击“确定”按钮，为复制后的窗帘指定材质，激活摄影机视图，按F9键进行渲染，效果如下图所示。

实战操作250 扭曲变形

素材：Scenes\Cha07\7-10.max	难度：★★★★★
场景：Scenes\Cha07\实战操作250.max	视频：视频\Cha07\实战操作250.avi

下面介绍对放样复合对象进行扭曲变形，具体操作步骤如下。

01 重置一个新的场景，按Ctrl+O组合键，在弹出的对话框中打开素材文件7-10.max素材文件，如下图所示。

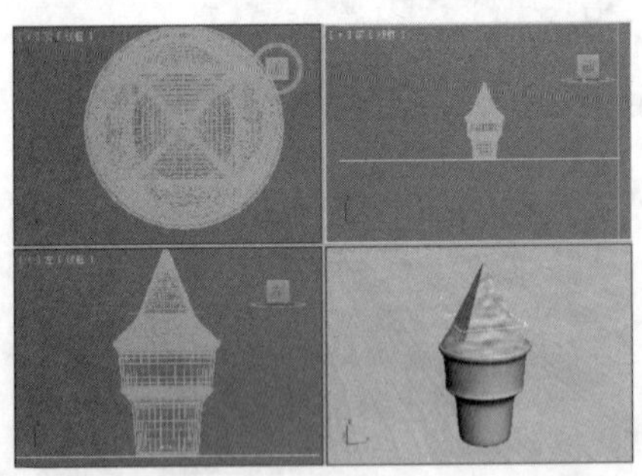

02 在场景中选择“冰淇淋”对象，切换至“修改”命令面板，展开“变形”卷展栏，在该卷展栏中单击“扭曲”按钮，如下图所示。

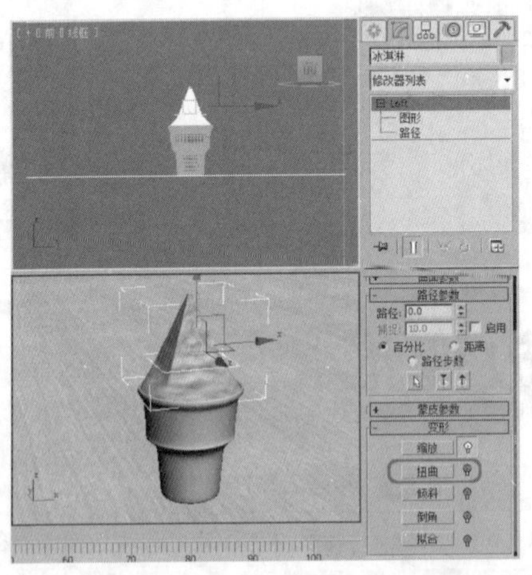

03 打开“扭曲变形”对话框，选择右侧的控制点，将其垂直位置设置为280，如下图所示。

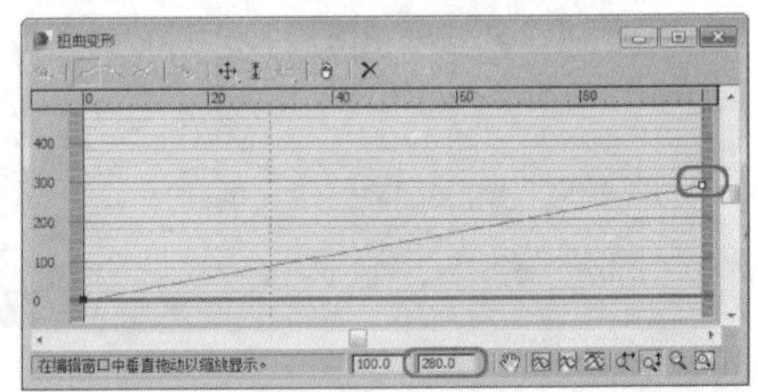

04 将该对话框关闭，按F9键对“Camera01”视图进行渲染，渲染后的效果如右图所示。

实战操作251 拟合变形

素材：Scenes\Cha07\7-11.max	难度：★★★★★
场景：Scenes\Cha07\实战操作251.max	视频：视频\Cha07\实战操作251.avi

下面介绍如何创建拟合变形，具体操作步骤如下。

01 重置一个新的场景，按Ctrl+O组合键，打开素材文件7-11.max，打开的场景如下图所示。

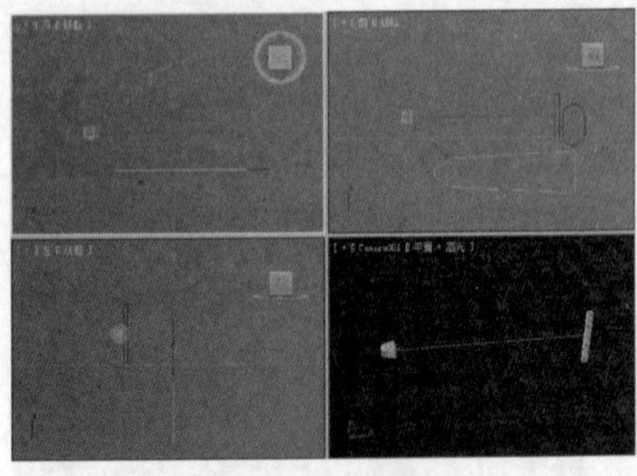

02 在视图区中选择“路径”对象，然后选择“创建”|“几何体”|“复合对象”|“放样”工具，在“创建方法”卷展栏中单击“获取图形”按钮，在前视图中拾取“截面”对象，如下图所示。

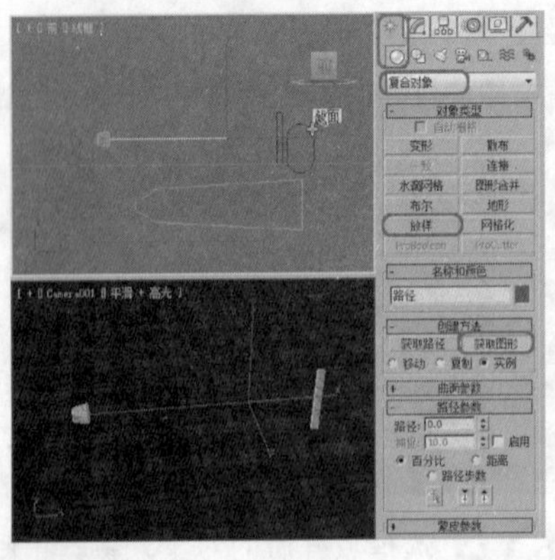

03 切换至“修改”命令面板，单击“变形”卷展栏中的“拟合”变形按钮，打开“拟合变形(X)”窗口。单击“均衡”按钮，然后确定选中“显示X轴”按钮，单击“获取图形”按钮，并在顶视图中拾取“X轴变形”对象，如下图所示。

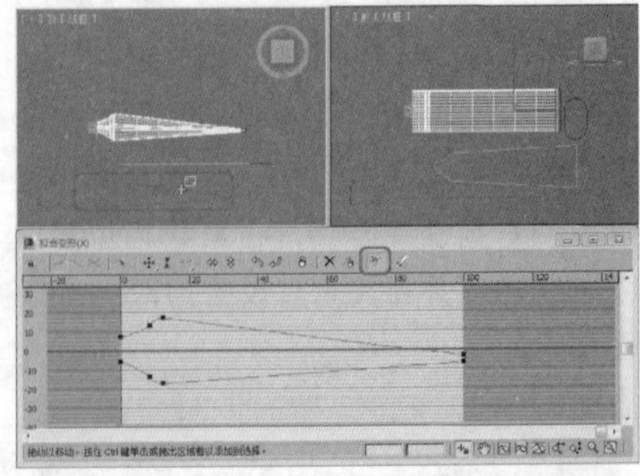

04 单击“显示Y轴”按钮，然后在前视图中拾取“Y轴变形”对象，如下图所示。

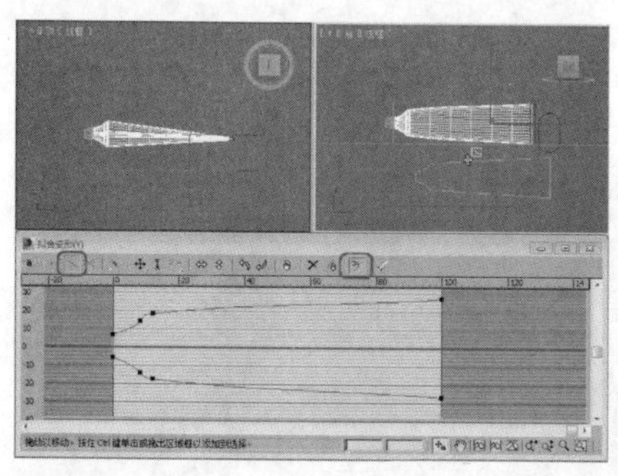

05 拾取完成后，将该对话框关闭，为其添加“网格平滑”和“UVW贴图”修改器，如下图所示。

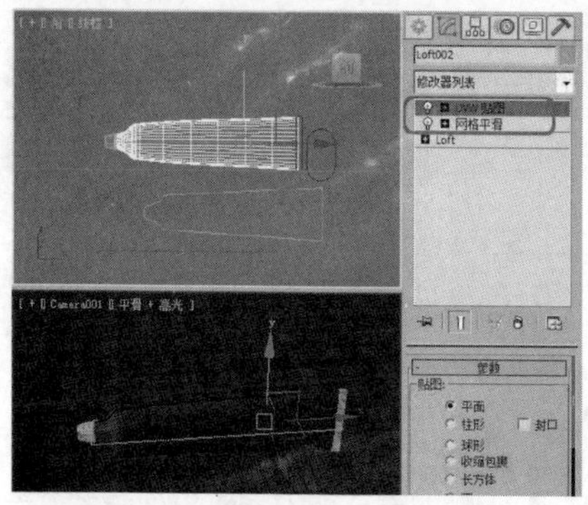

06 在“参数”卷展栏中，将“贴图”选项组中的“长度”、“宽度”分别设置为51.199、168.719，将“U向平铺”和“V向平铺”分别设置为0.9、0.95，在“对齐”选项组中选择“Y”选项，如下图所示。

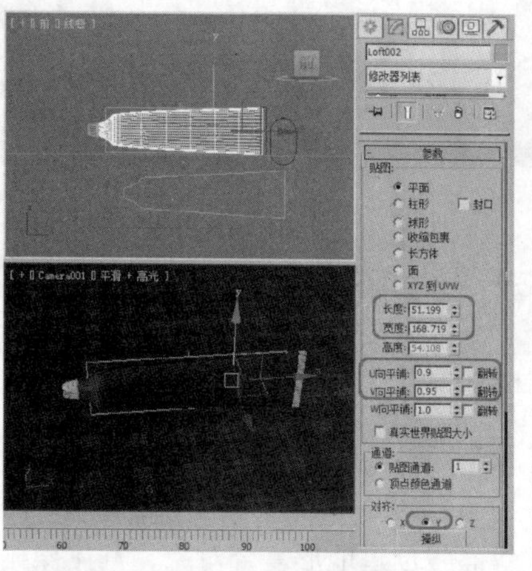

07 设置完成后为其指定贴图，并将其旋转一定的角度，调整至合适的位置，如下图所示。

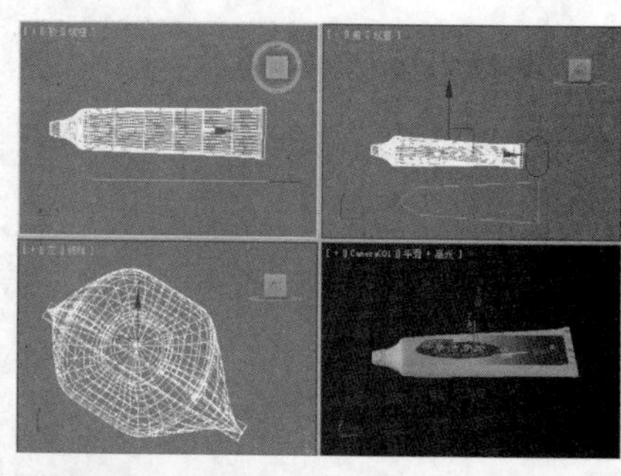

08 激活“Camera001”视图，按F9渲染效果，如下图所示。

7.8 地形复合对象

在3ds Max中，用户可以根据需要创建地形复合对象，本节将对其进行简单介绍。

实战操作252 创建等高线

素材：Scenes\Cha07\7-12.max	难度：★★★★★
场景：无	视频：视频\Cha07\实战操作252.avi

在创建地形复合对象之前，首先要创建用于表示海拔轮廓的样条线。下面介绍创建等高线的方法，具体操作步骤如下。

01 重置一个新的场景，按Ctrl+O组合键，打开7-12.max素材文件，选择“创建”|“图形”|“样条线”|“线”工具，在顶视图中绘制样条线，并切换至“修改”命令面板，将当前选择集定义为“顶点”，在视图中调整样条线的形状，如下图所示。

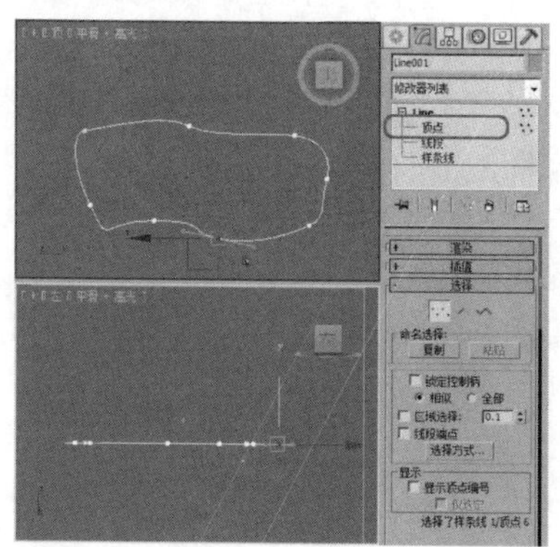

02 关闭当前选择集，在工具栏中单击“选择并均匀缩放”按钮，在顶视图中按住Shift键对其进行均匀缩放，在弹出的对话框中单击“复制”单选按钮，然后单击“确定”按钮，使用“选择并移动”工具调整其位置，调整后的效果如下图所示。

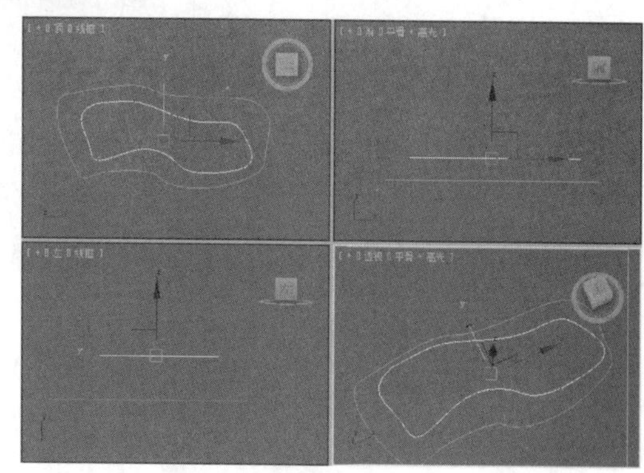

03 使用同样的方法，在顶视图中绘制图形，并将当前选择集定义为“顶点”，在视图中将线调整至如下图所示的图形。

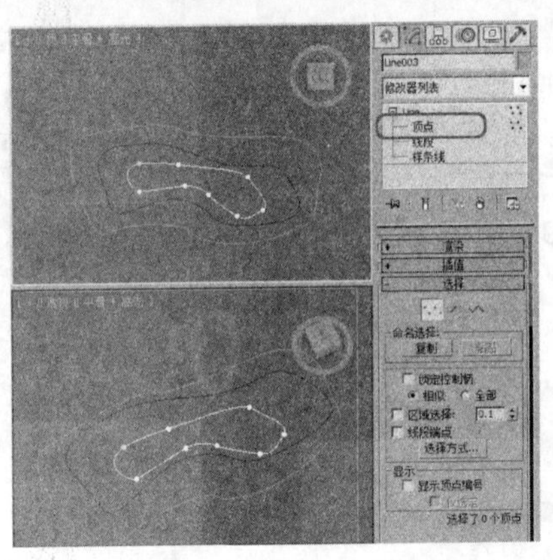

04 关闭当前选择集，在视图中调整样条线的上下距离，如下图所示，至此等高线便创建完成。

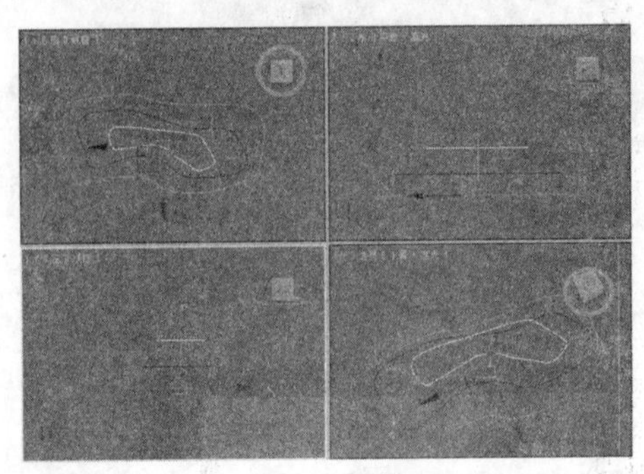

实战操作253 创建地形复合对象

素材：无	难度：★★★★★
场景：Scenes\Cha07\实战操作253.max	视频：视频\Cha07\实战操作253.avi

创建完等高线后，即可通过创建的等高线创建地形复合对象，具体操作步骤如下。

01 继续上一实例的操作，在场景中选择“Line001”样条线，选择“创建”| “几何体”| “复合对象”|“地形”工具，单击“拾取操作对象”卷展栏中的“拾取操作对象”按钮，在场景中分别选择“Line002”、“Line003”样条线，效果如下图所示。

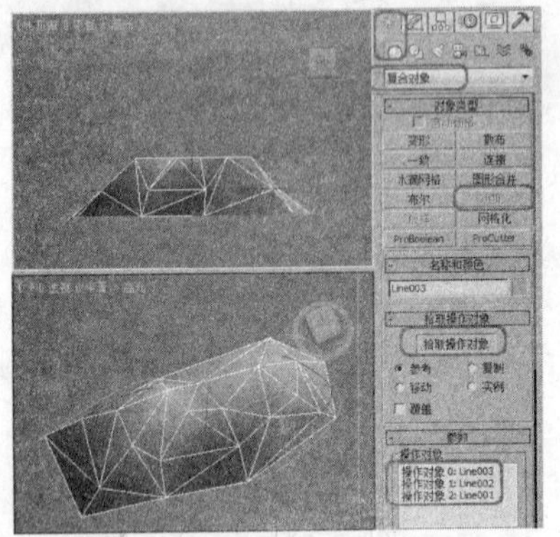

02 激活透视视图，按Alt+B组合键，在弹出的“视口配置”对话框中选择“使用环境背景”选项，如下图所示。

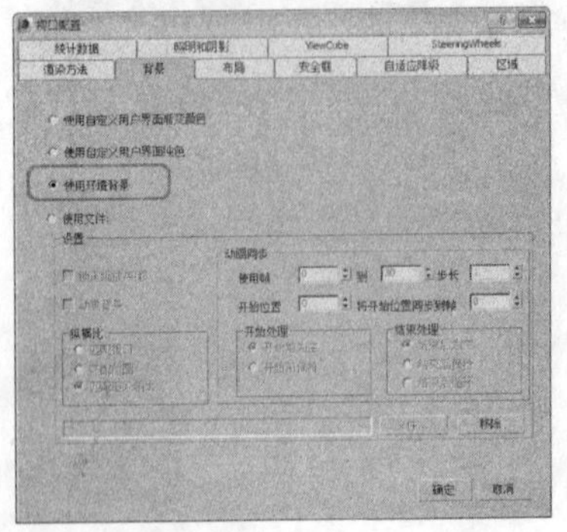

03 单击“确定”按钮，选择透视视图，按Ctrl+C组合键，并调整摄影机的位置，如下图所示。

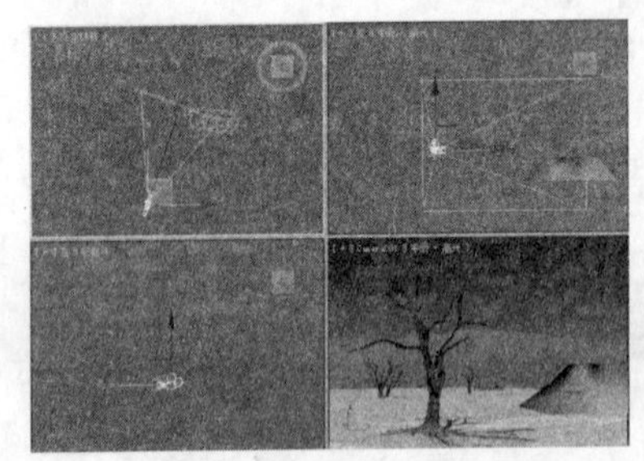

04 为地形指定贴图，并在场景中创建灯光，然后调整灯光的位置，如下图所示。

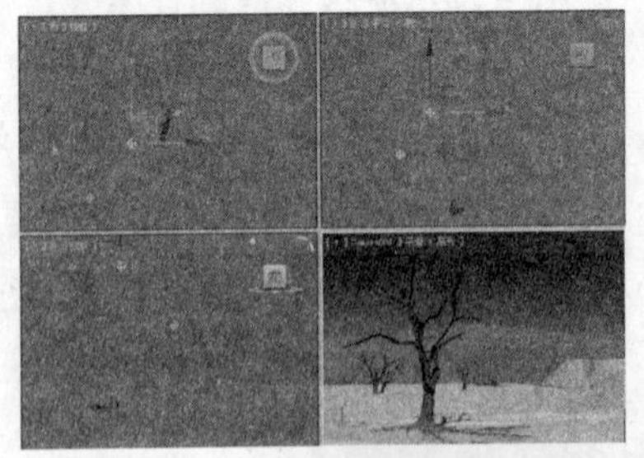

05 选择“地形001”对象，为其添加“UVW贴图”修改器，在“贴图”选项组中选择“柱形”选项，在“对齐”选项组中单击“Z”选项，单击“适配”按钮，如下图所示。

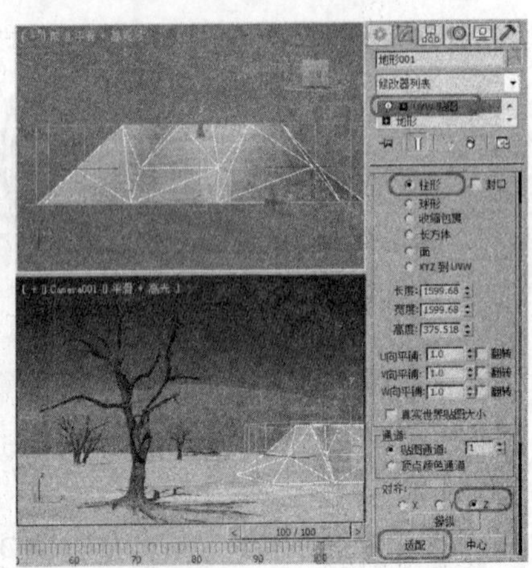

06 在视图中重新调整地形和灯光的位置，调整完成后激活“Camera001”视图，对效果进行渲染，完成后的效果如下图所示。

3ds Max 2014

第8章 高级建模

Chapter 08

前面几章介绍的都是实体建模，而在现实生活中有大量的物体是无法通过实体建模的方法来实现的，例如人物、衣服、植物等，这些物体形状非常复杂，这时就需要使用高级建模方式。本章将对网格建模、面片建模、多边形建模和NURBS建模进行一一介绍。

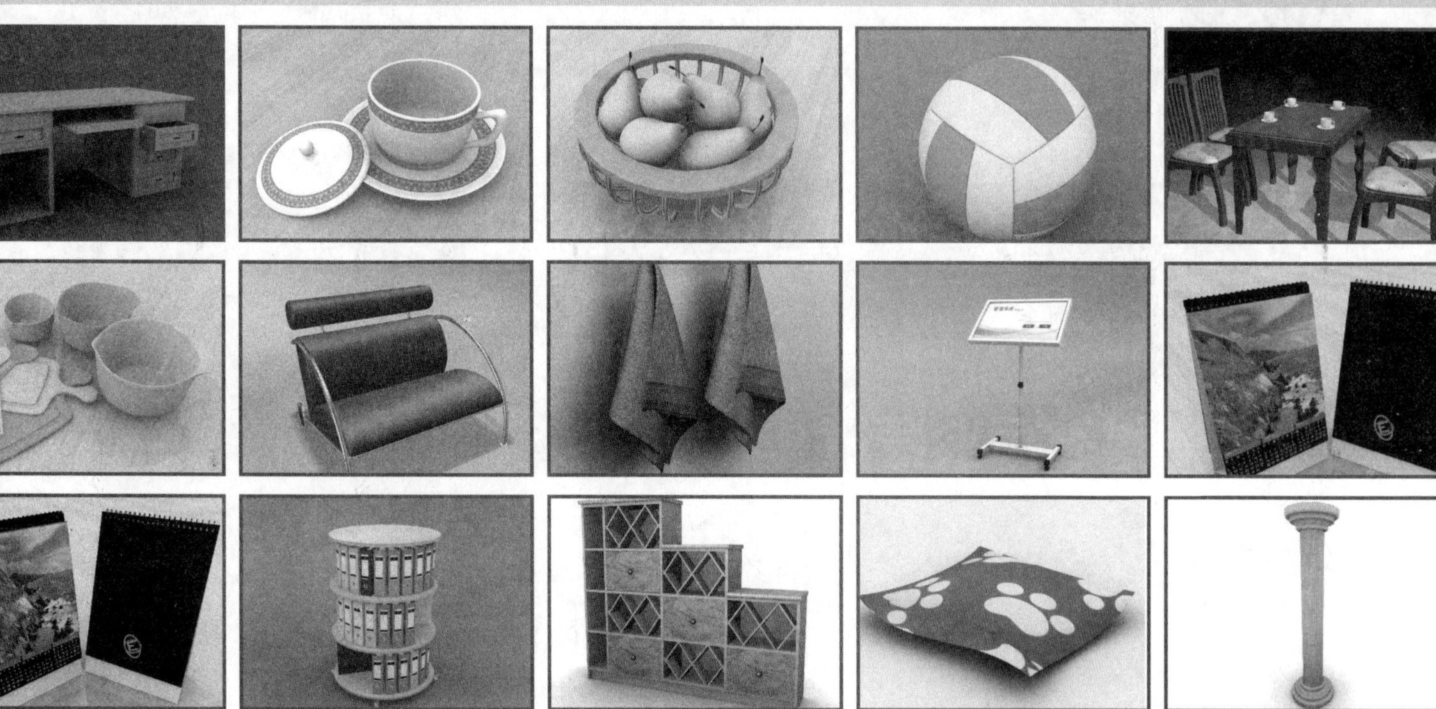

8.1 编辑网格建模

本节主要介绍将模型转换为“可编辑网格”的方法，以及对网格建模的编辑等。

实战操作254 转换为可编辑网格

素材：Scenes\Cha08\8-1.max	难度：★★★★★
场景：Scenes\Cha08\实战操作254.max	视频：视频\Cha08\实战操作254.avi

下面介绍如何将模型转换为可编辑网格，具体操作步骤如下。

01 启动3ds Max 2014，按Ctrl+O组合键，打开素材文件8-1.max，打开的场景如下图所示。

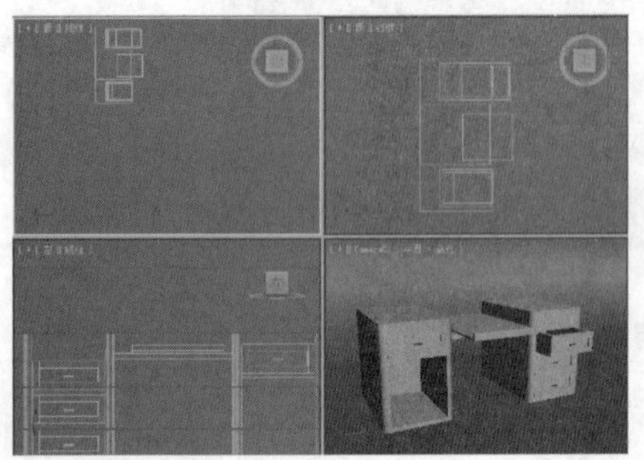

02 选择“创建”|“图形”|“矩形”工具，在顶视图中绘制一个“长度”、“宽度”分别为832、430的矩形，如下图所示。

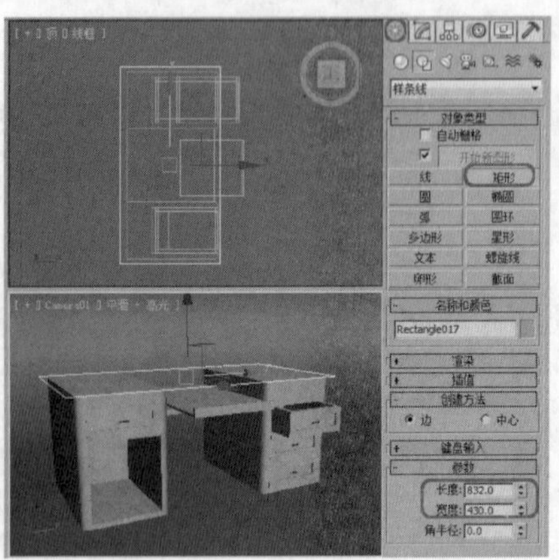

03 切换至“修改”命令面板，在修改器列表中选择“挤出”修改器，在“参数”卷展栏中将“数量”设置为10，按Enter键确认，如下图所示。

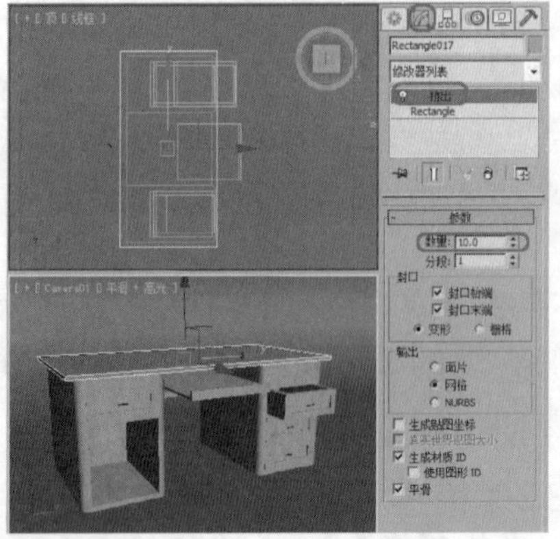

04 确认该对象处于选中状态，右击鼠标，在弹出的快捷菜单中选择“转换为”|“转换为可编辑网格”命令，如下图所示。

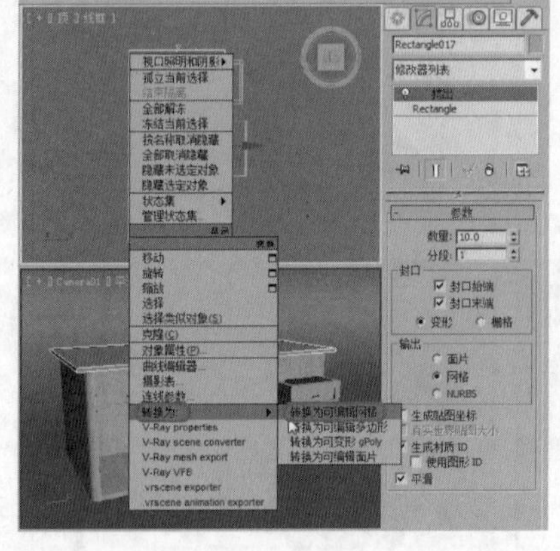

05 执行该操作后，即将其转换为可编辑网格。添加“UVW贴图”修改器，为其指定材质，如下图所示。

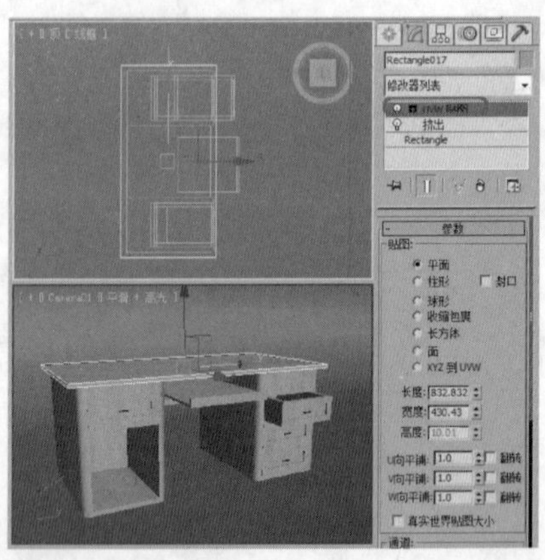

06 按F9键对“Camera01”视图进行渲染，渲染后的效果如下图所示。

专家提醒

除了用上述方法可以将模型转换为可编辑网格外，还可以使用下面的两种方法。

方法1：在修改命令面板中的“修改器列表”中选择“编辑网格”修改器。

方法2：在菜单栏中选择“修改器”|“网格编辑”|“编辑网格”命令。

实战操作255 挤出多边形

素材：无	难度：★★★★★
场景：Scenes\Cha08\实战操作255.max	视频：视频\Cha08\实战操作255.avi

下面介绍如何对选择的多边形进行挤出，具体操作步骤如下。

01 继续上一实例的操作，切换至“修改”命令面板，将当前选择集定义为“多边形”，在视图中选择如下图所示的多边形。

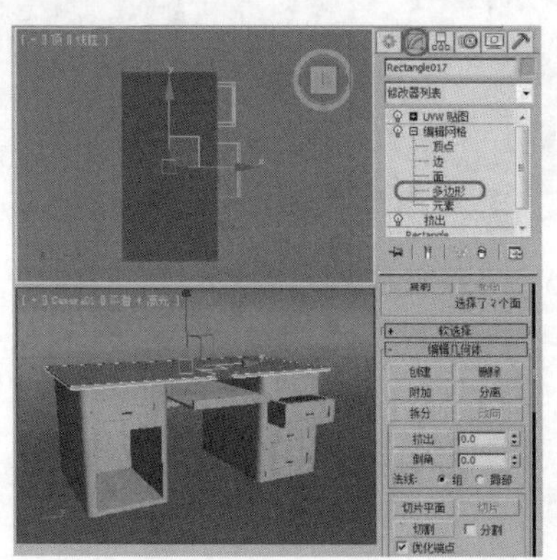

02 在“编辑几何体”卷展栏中，单击“挤出”按钮，在右侧的文本框中输入3，按Enter键确认，挤出后的效果如下图所示。

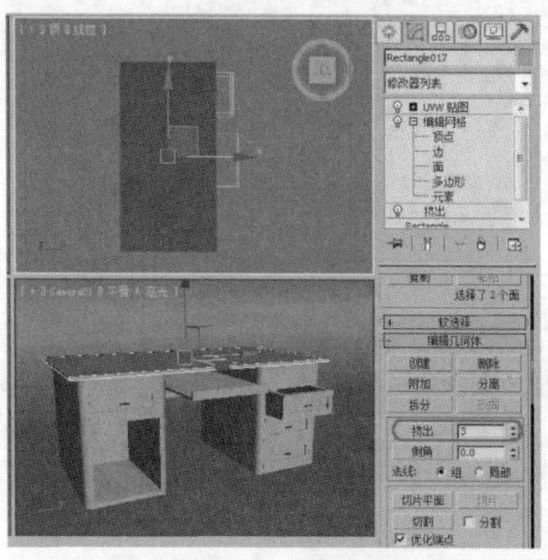

实战操作256 倒角多边形

素材：无	难度：★★★★★
场景：Scenes\Cha08\实战操作256.max	视频：视频\Cha08\实战操作256.avi

下面介绍如何对多边形进行倒角，具体操作步骤如下。

01 继续上一实例的操作，切换至“修改”命令面板，将当前选择集定义为“多边形”，在视图中选择如下图所示的多边形。

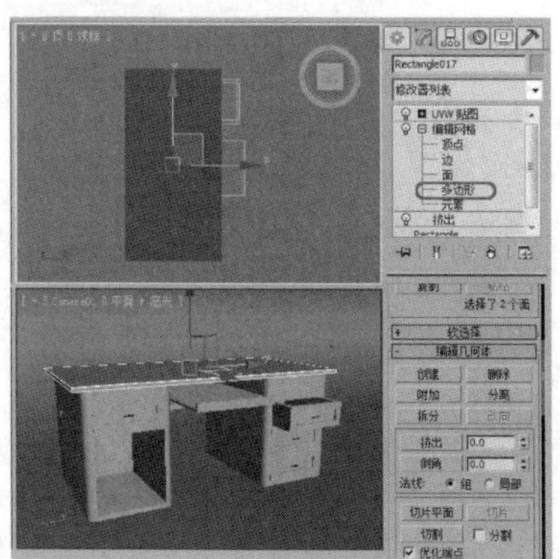

02 在“编辑几何体”卷展栏中，单击“倒角”按钮，在右侧的文本框中输入-1，按Enter键确认，倒角后的效果如下图所示。

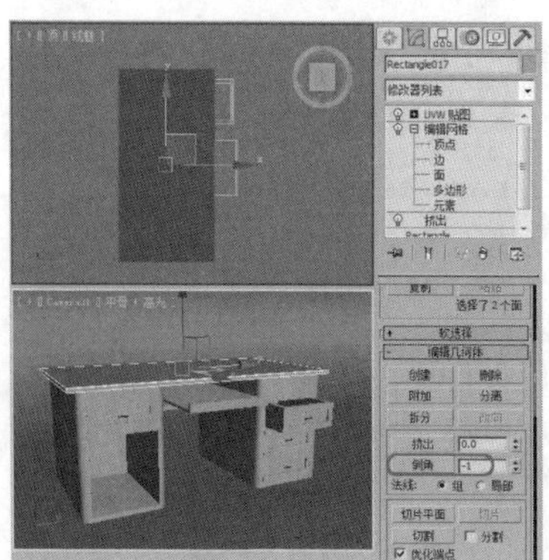

实战操作257 细化元素

素材：无	难度：★★★★★
场景：无	视频：视频\Cha08\实战操作257.avi

下面介绍细化元素的方法。

01 继续上一实例的操作，确认该对象处于选中状态，切换至“修改”命令面板，将当前选择集定义为“元素”，在视图中选择整个对象，如下图所示。

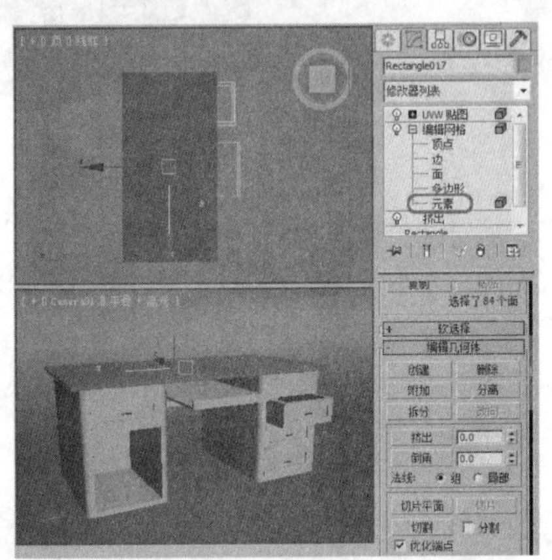

02 在“编辑几何体”卷展栏中，将细化方式定义为“面中心”，然后单击“细化”按钮，即可将选择的元素细化，如下图所示。

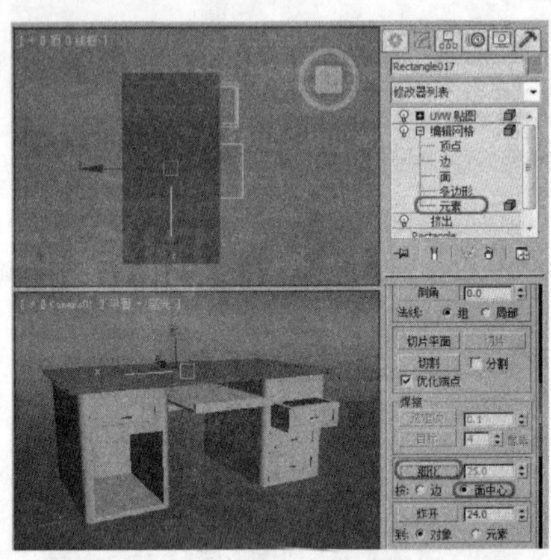

专家提醒

细化方式分为两种：“边”和“面中心”。“边”是以选择面的边为根据进行分裂复制，通过“细化”按钮右侧的文本框进行调节；“面中心”是以选择面的中心为依据进行分裂复制。

实战操作258 通过边模式创建切角

素材：无	难度：★★★★★
场景：无	视频：视频\Cha08\实战操作258.avi

下面介绍如何通过边模式创建切角，具体操作步骤如下。

01 继续上一实例的操作，确认该对象处于选中状态，切换至“修改”命令面板，将当前选择集定义为“边”，在视图中选择如下图所示的边。

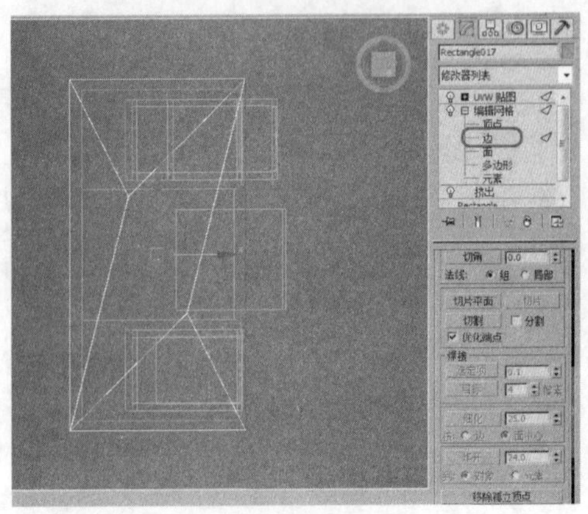

02 在“编辑几何体”卷展栏中单击“切角”按钮，并在右侧的文本框中输入1，然后按Enter键确认，即可对选中的边进行切角，如下图所示。

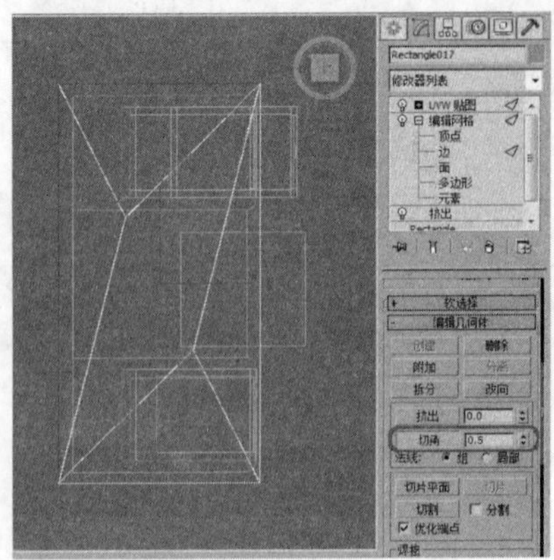

8.2 编辑面片栅格

面片栅格包括四边形面片和三角形面片两种，在3ds Max中，用户可以根据需要对创建的面片栅格进行编辑，本节将对其进行简单介绍。

实战操作259 创建四边形面片

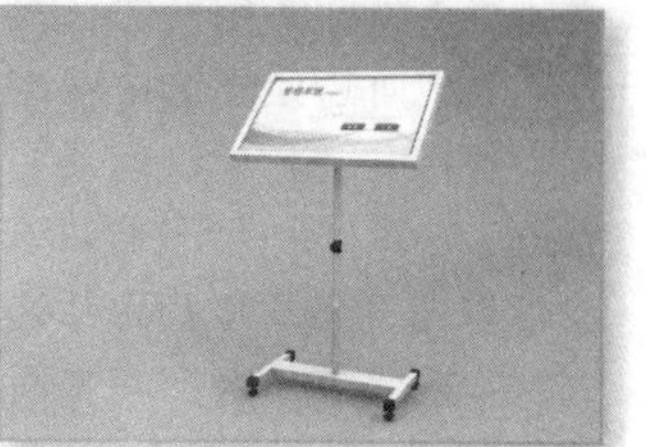

素材：Scenes\Cha08\8-2.max	难度：★★★★★
场景：Scenes\Cha08\实战操作259.max	视频：视频\Cha08\实战操作259.avi

下面介绍创建四边形面片的方法。

01 启动3ds Max 2014，按Ctrl+O组合键，打开素材文件8-2.max，打开的场景如下图所示。

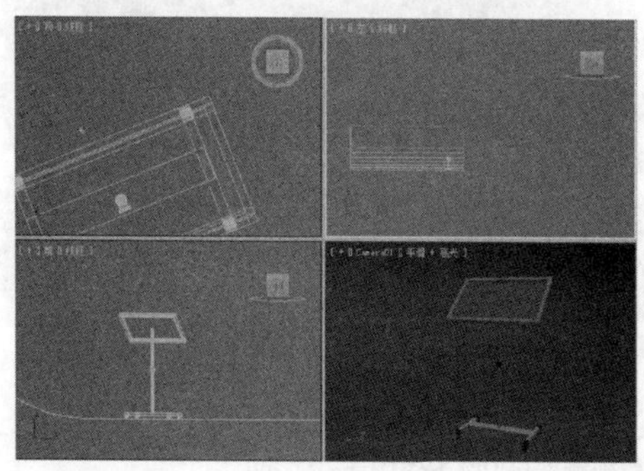

02 选择“创建” |“几何体” |面片栅格 | “四边形面片”工具，在顶视图中创建一个“长度”、“宽度”分别为200、289的四边形面片，如下图所示。

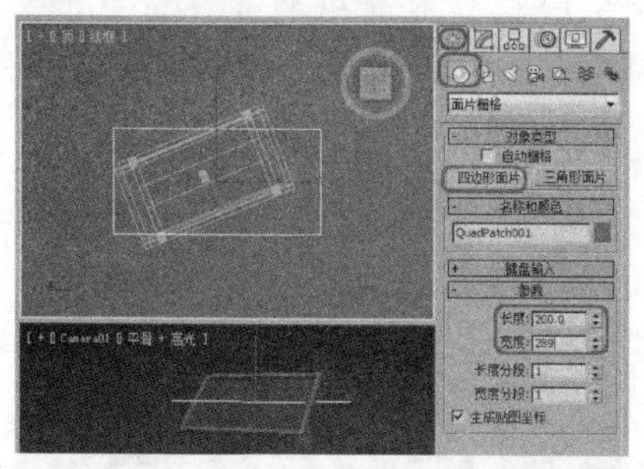

03 使用“选择并旋转”工具对其进行调整，确认该对象处于选中状态，为其指定材质，调整后的效果如下图所示。

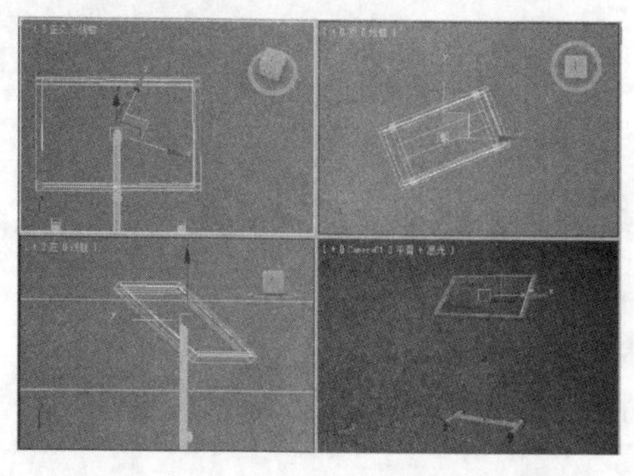

04 按F9键对“Camera01”视图进行渲染，渲染后的效果如下图所示。

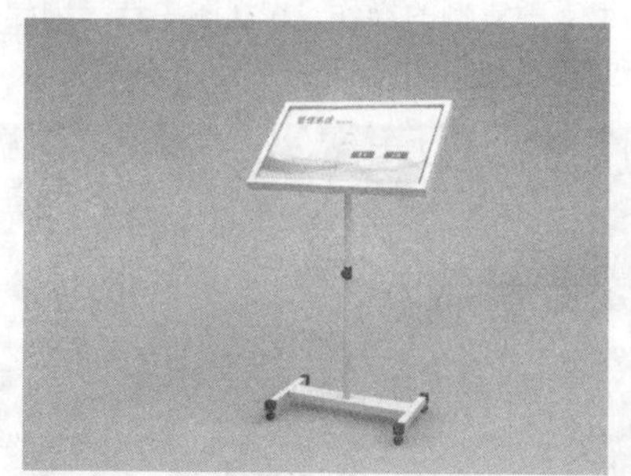

实战操作260 创建三角形面片

素材：Scenes\Cha08\8-3.max	难度：★★★★★
场景：Scenes\Cha08\实战操作260.max	视频：视频\Cha08\实战操作260.avi

下面介绍创建三角形面片的方法。

01 启动3ds Max 2014，按Ctrl+O组合键，打开素材文件8-3.max，打开的场景如下图所示。

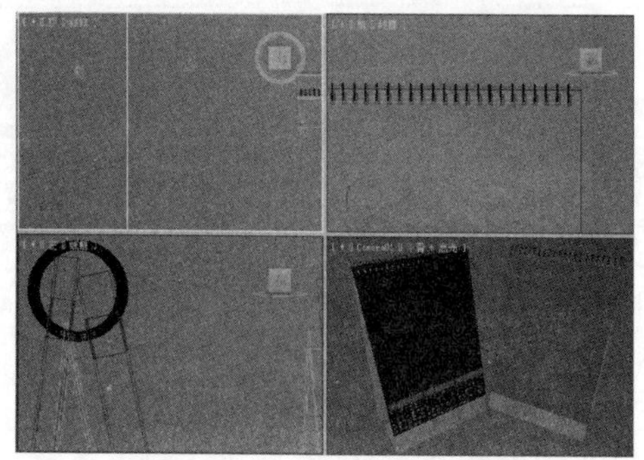

02 选择“创建” |“几何体” |面片栅格 | “三角形面片”工具，在左视图中按住鼠标左键并拖动鼠标，拖动至适当位置后松开鼠标左键，在“参数”卷展栏中，将“长度”设置为307，“宽度”设置为295，使用“选择并旋转”工具进行调整，如右图所示。

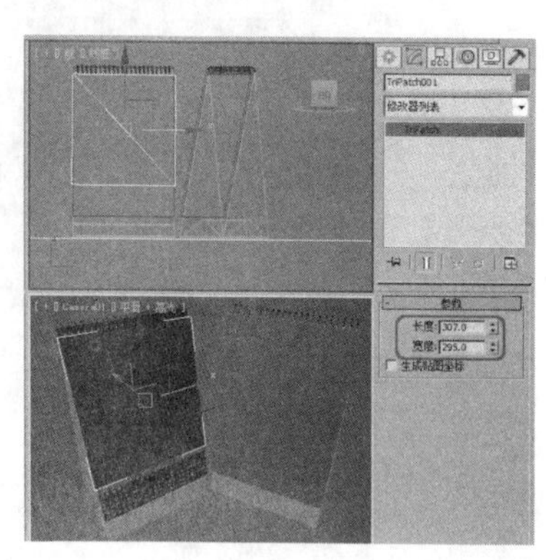

03 确定新创建的三角形面片处于选中状态，按M键打开“材质编辑器”对话框，选择“台历5”样本球，然后单击“将材质指定给选定对象”按钮，为三角形面片赋予材质，如右图所示。

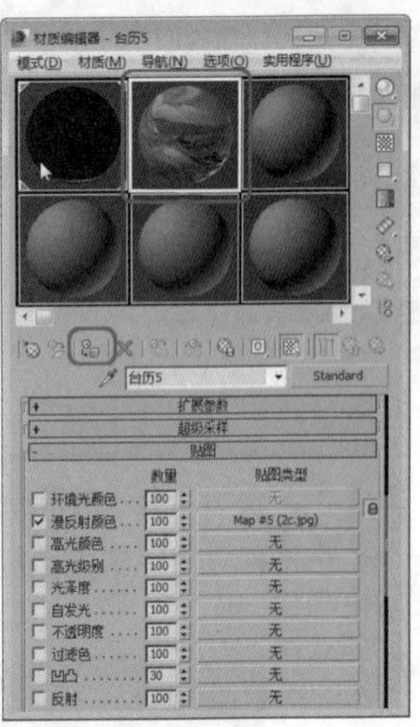

04 指定完成后，将该对话框关闭，在视图中调整该对象的位置，按F9键对“Camera01”视图进行渲染，效果如下图所示。

实战操作261 转换为可编辑面片

素材：无	难度：★★★★★
场景：无	视频：视频\Cha08\实战操作261.avi

下面介绍如何将选中的对象换为可编辑面片，具体操作步骤如下。

01 继续上一实例的操作，在视图中选择创建的三角形面片对象，如下图所示。

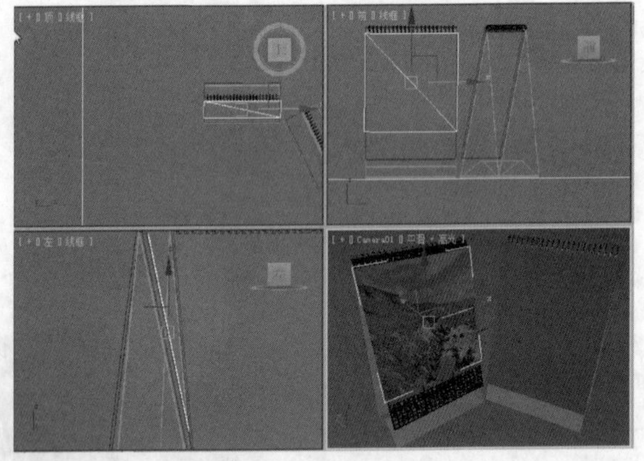

02 右击鼠标，在弹出的快捷菜单中选择“转换为”|“转换为可编辑面片”选项，如下图所示，执行操作后，即可将模型转换为可编辑面片。

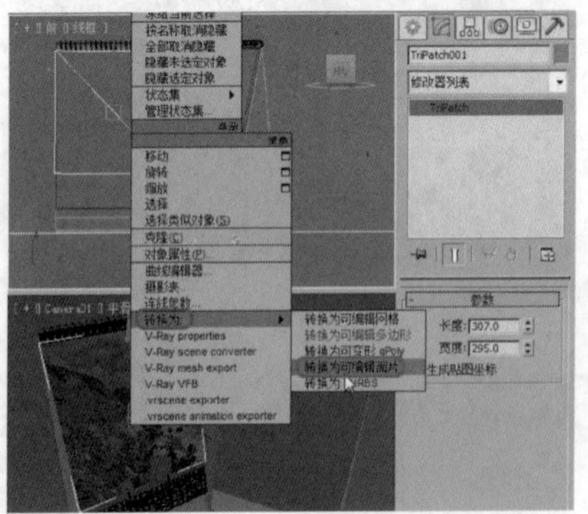

专家提醒

除了用上述方法可以将几何体转换为可编辑面片外，还可以使用下面的两种方法。

方法1：在修改命令面板中的“修改器列表”中选择“编辑面片”修改器。

方法2：在菜单栏中选择“修改器”|“面片/样条线编辑”|“编辑面片”命令。

实战操作262 细分面片

素材：无	难度：★★★★★
场景：无	视频：视频\Cha08\实战操作262.avi

使用“细分”命令可以将选择的面片分成四个大小相同的面片，操作步骤如下。

01 继续上一实例的操作，确认该对象处于选中状态，切换至“修改”命令面板，将当前选择集定义为“面片”，在视图中选择如右图所示的面片。

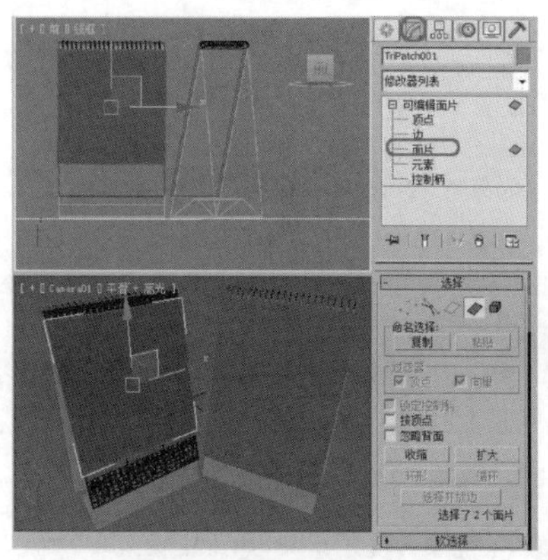

02 在“几何体”卷展栏中单击“细分”按钮，即可细分选择的面片，如右图所示。

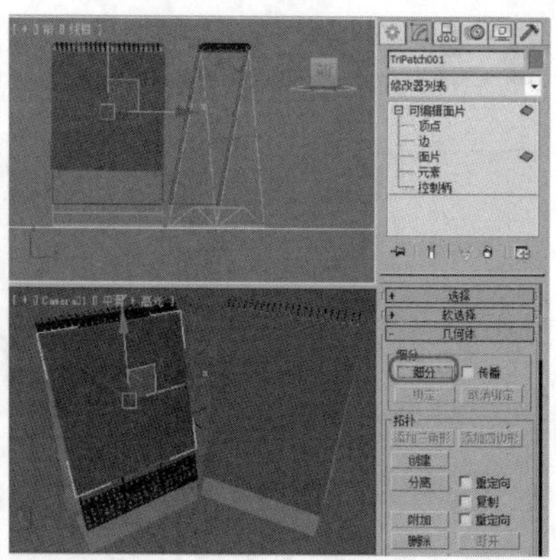

实战操作263 挤出面片

素材：无	难度：★★★★★
场景：无	视频：视频\Cha08\实战操作263.avi

下面介绍如何挤出面片，具体操作步骤如下。

01 继续上一实例的操作，确认该对象处于选中状态，切换至“修改”命令面板，将当前选择集定义为“面片”，在视图中选择如右图所示的面片。

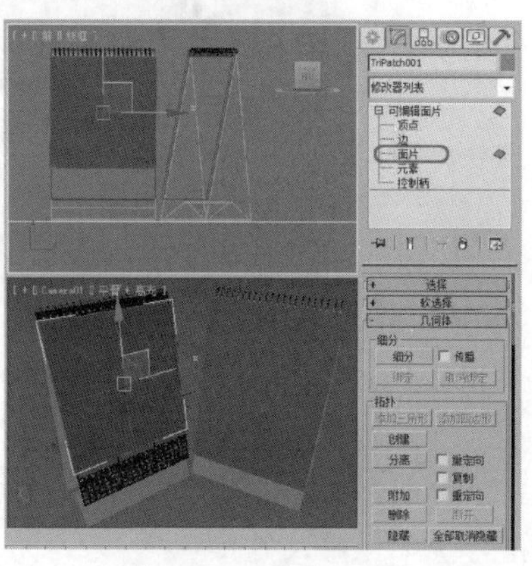

02 打开“几何体”卷展栏，在“挤出和倒角”选项组中的“挤出”文本框中输入2，然后按Enter键确认，即可挤出面片，如右图所示。

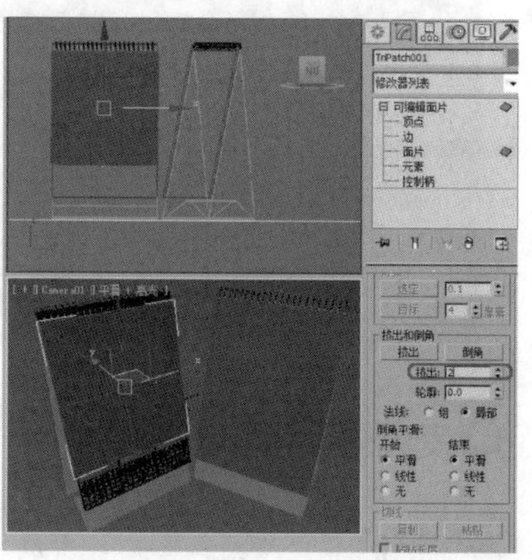

实战操作264 倒角面片

素材：无	难度：★★★★★
场景：Scenes\Cha08\实战操作264.max	视频：视频\Cha08\实战操作264.avi

下面介绍如何对选中的面片进行倒角，具体操作步骤如下。

01 继续上一实例的操作，确认该对象处于选中状态，切换至“修改”命令面板，将当前选择集定义为“面片”，在视图中选择如右图所示的面片。

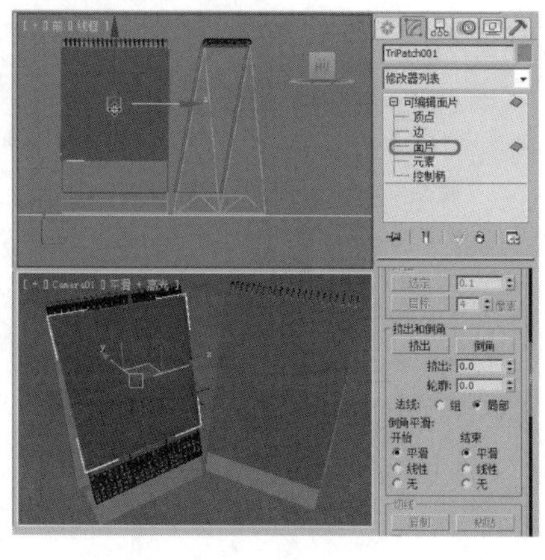

02 打开“几何体”卷展栏，在“挤出和倒角”选项组中单击“倒角”按钮，然后在“挤出”文本框中输入5，按Enter键确认，在“轮廓”文本框中输入-2.5，按Enter键确认，如右图所示。

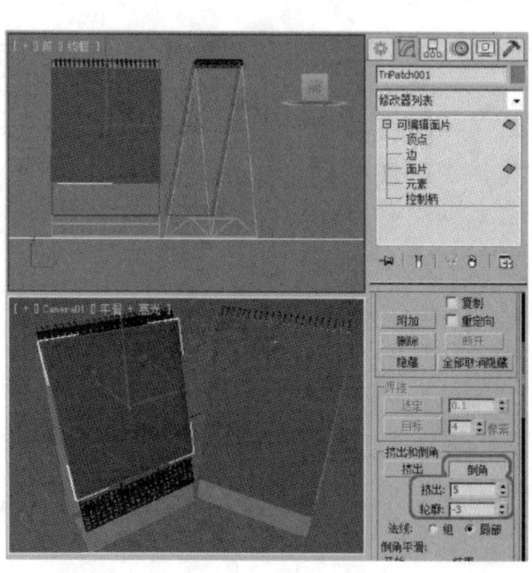

8.3 编辑多边形建模

本节主要介绍将模型转换为"可编辑多边形"的方法，以及对多边形建模的编辑等。

实战操作265 转换为可编辑多边形

素材：Scenes\Cha08\8-4.max	难度：★★★★★
场景：无	视频：视频\Cha08\实战操作265.avi

下面介绍如何将选中的对象转换为可编辑多边形，具体操作步骤如下。

01 启动3ds Max 2014，按Ctrl+O组合键，打开素材文件8-4.max，打开的场景如下图所示。

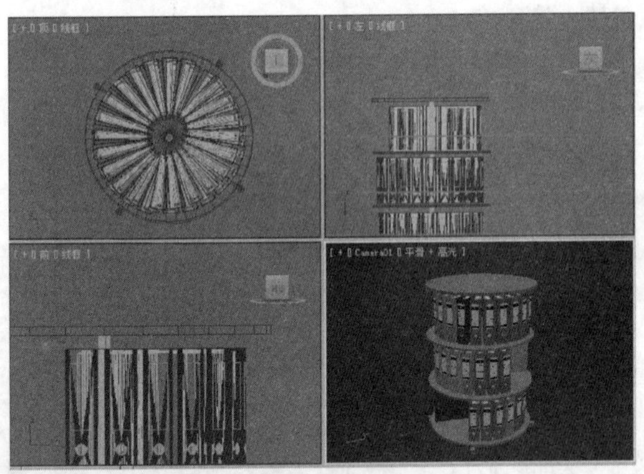

02 在场景中选择"书架顶"对象，右击鼠标，在弹出的快捷菜单中选择"转换为"|"转换为可编辑多边形"选项，即可将模型转换为可编辑多边形，如下图所示。

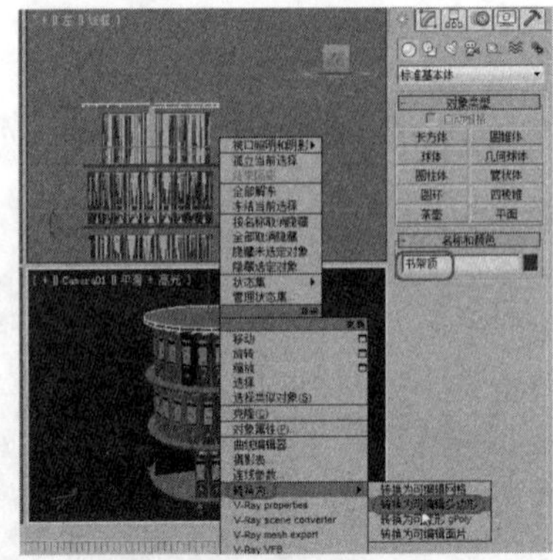

专家提醒

除了用上述方法可以将模型转换为可编辑多边形外，还可以使用下面的两种方法。

方法1：在修改命令面板中的"修改器列表"中选择"编辑多边形"修改器。

方法2：在菜单栏中选择"修改器"|"网格编辑"|"编辑多边形"命令。

实战操作266 创建切角

素材：无	难度：★★★★★
场景：Scenes\Cha08\实战操作266.max	视频：视频\Cha08\实战操作266.avi

下面介绍如何创建切角，具体操作步骤如下。

01 继续上一实例的操作，在视图中选择"书架顶"对象，切换至"修改"命令面板，将当前选择集定义为"边"，在顶视图中选择如右图所示的边。

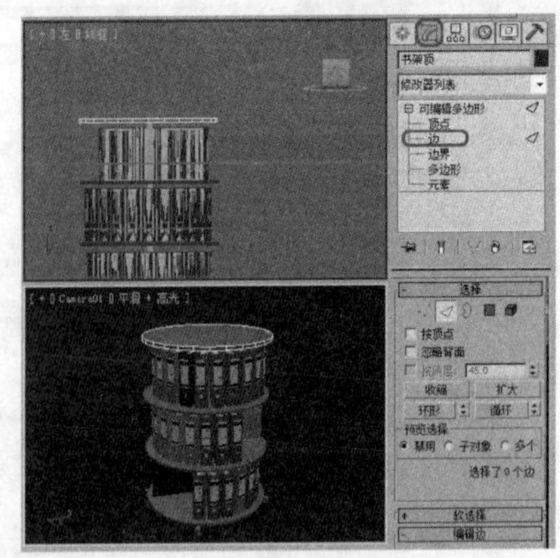

02 在“编辑边”卷展栏中单击“切角”后面的“设置”按钮，在弹出的“切角”对话框中，将“边切角量”设置为10，然后单击“确定”按钮，如右图所示。

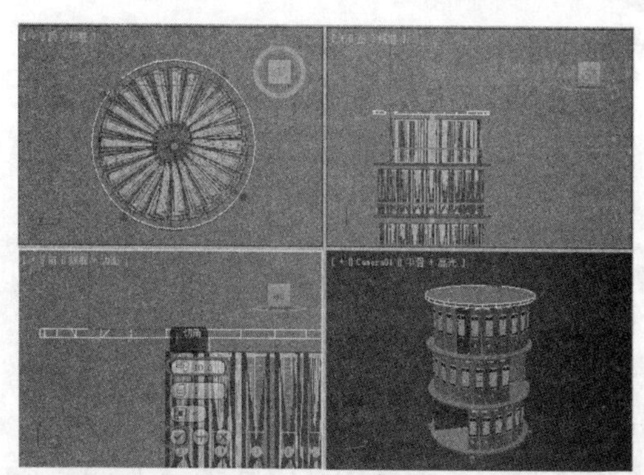

实战操作267 附加对象

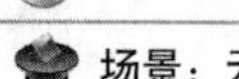

素材：无	难度：★★★★★
场景：无	视频：视频\Cha08\实战操作267.avi

在3ds Max中，为了更好地对对象进行操作，用户可以根据需要将不同的对象附加在一起，附加对象的具体操作步骤如下。

01 继续上一实例的操作，在工具栏中单击“选择并移动”按钮，在视图中选择“书架顶”对象，如下图所示。

02 切换至“修改”命令面板，在“编辑几何体”卷展栏中，单击“附加”按钮右侧的“附加列表”按钮，如下图所示。

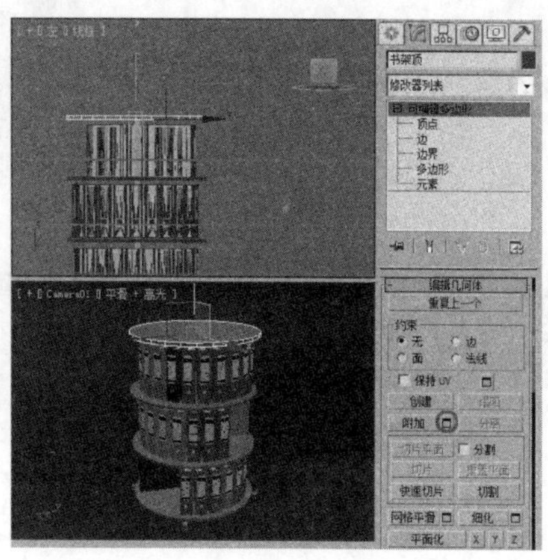

03 执行该操作后，即可打开“附加列表”对话框，在该对话框中按住Ctrl键选择如下图所示的对象。

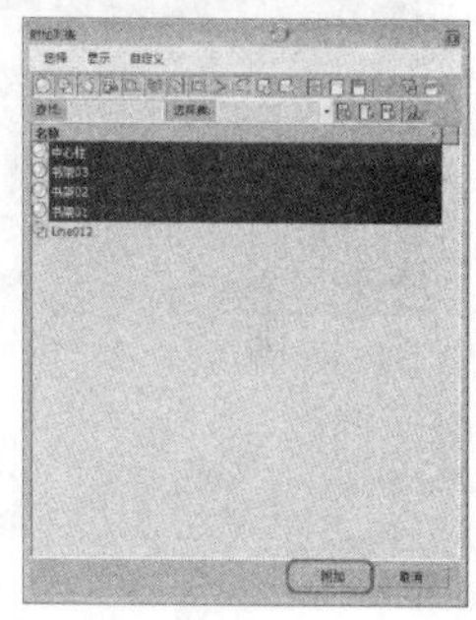

04 选择完成后，单击“附加”按钮，即可将选中的对象附加在一起，附加后的效果如下图所示。

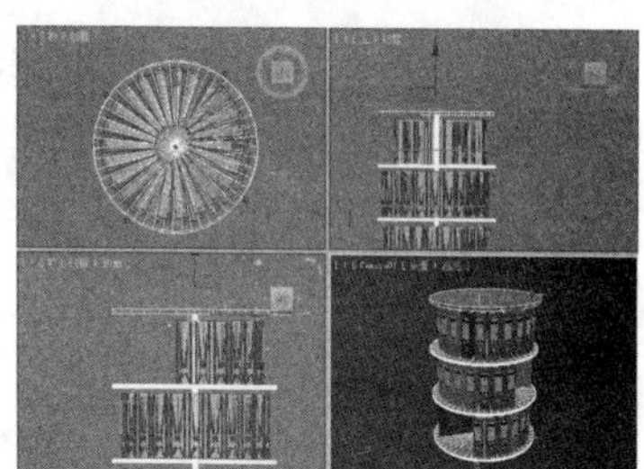

专家提醒

单击“附加”按钮后，如果要附加的对象与源对象材质不同时，将会弹出“附加选项”对话框，用户可以根据需要在该对话框中单击不同的单选按钮，从而匹配材质。

实战操作268 倒角多边形

素材：Scenes\Cha08\8-5.max	难度：★★★★★
场景：Scenes\Cha08\实战操作268.max	视频：视频\Cha08\实战操作268.avi

下面介绍如何对多边形进行倒角，具体操作步骤如下。

01 启动3ds Max 2014，按Ctrl+O组合键，打开素材文件8-5.max，打开的场景如下图所示。

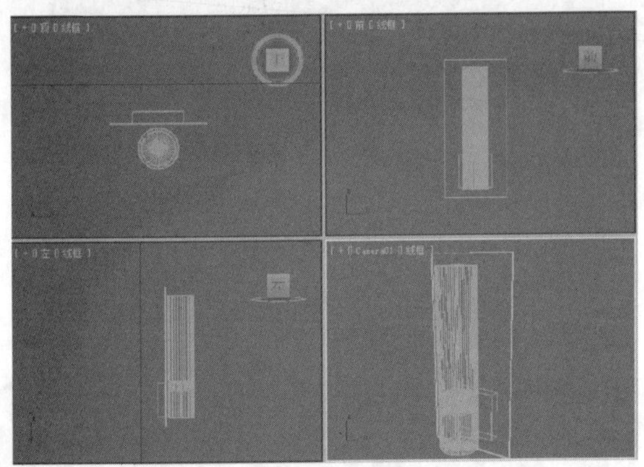

02 选择背板对象，右击鼠标，在弹出的快捷菜单中选择“转换为”|“转换为可编辑多边形”命令，如下图所示。

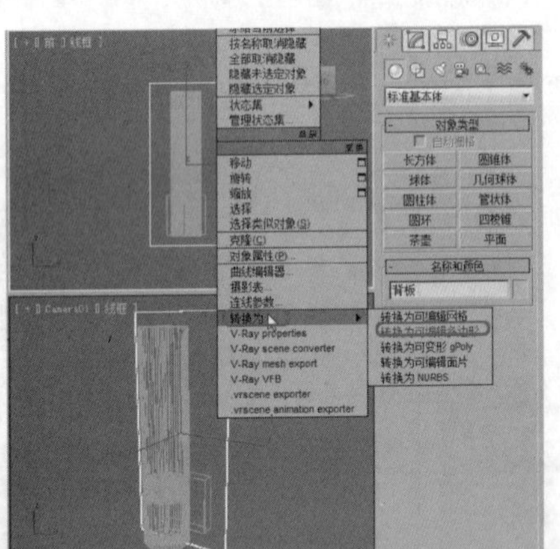

03 切换至“修改”命令面板，将当前选择集定义为“多边形”，在视图中选择如下图所示的多边形。

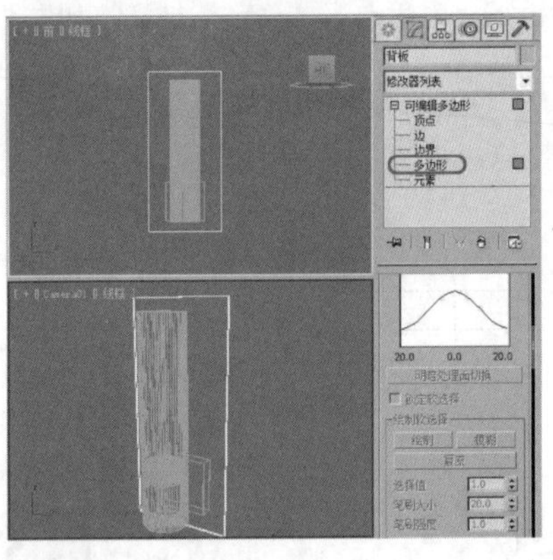

04 在“编辑多边形”卷展栏中，单击“倒角”右侧的“设置”按钮，在弹出的“倒角”对话框中，将“组”设置为“按多边形”，将“高度”和“轮廓”分别设置为0.02、-0.12，单击“确定”按钮，如下图所示。

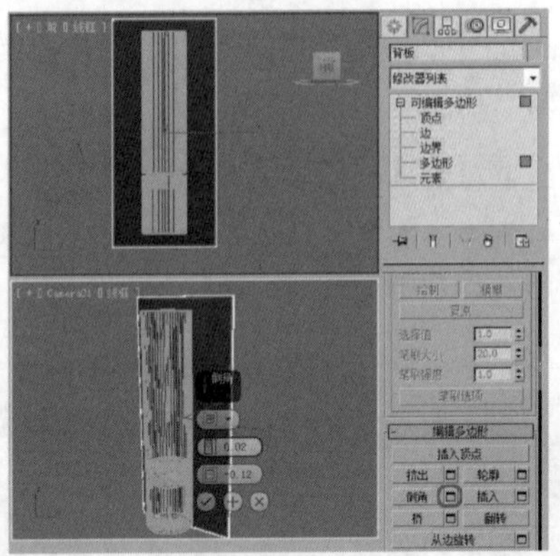

实战操作269 设置ID号

素材：无	难度：★★★★★
场景：Scenes\Cha08\实战操作269.max	视频：视频\Cha08\实战操作269.avi

在3ds Max中，用户可以根据需要为同一个对象设置不同的ID号，为其设置不同的材质，设置ID号的具体操作步骤如下。

01 继续上一实例的操作，切换至“修改”命令面板，将当前选择集定义为“多边形”，在顶视图中按住Ctrl键选择如下图所示的多边形。

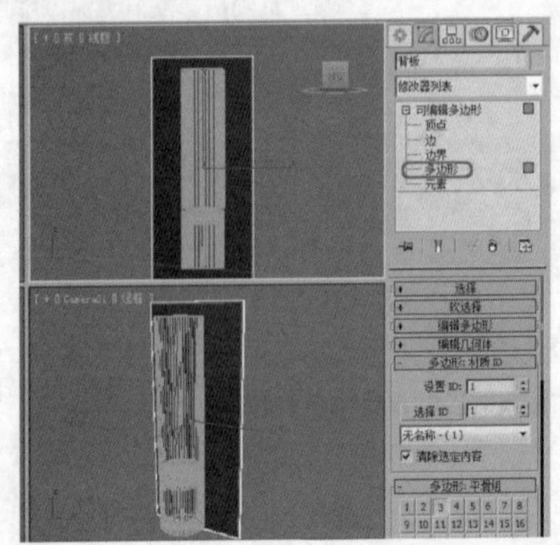

02 在“多边形：材质ID”卷展栏中的“设置ID”文本框中输入1，按Enter键确认，如下图所示。

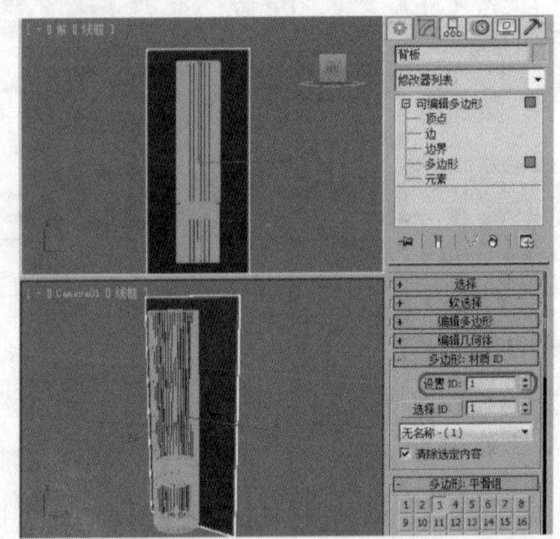

03 在前视图中选择最上面的多边形，在“多边形：材质ID”卷展栏中的“设置ID”文本框中输入2，按Enter键确认，如下图所示。

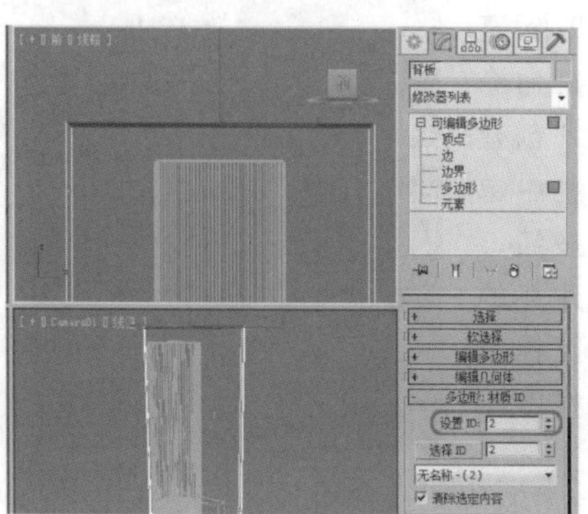

04 使用同样的方法为其他多边形设置ID，如下图所示。

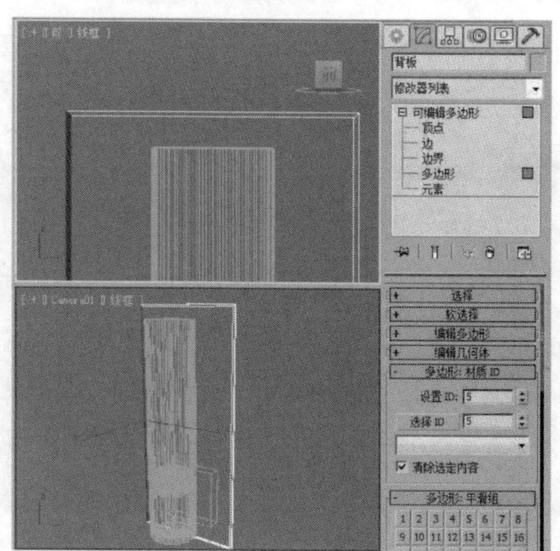

实战操作270 分离对象

素材：无	难度：★★★★★
场景：无	视频：视频\Cha08\实战操作270.avi

下面介绍如何将对象进行分离，具体操作步骤如下。

01 继续上一实例的操作，切换至“修改”命令面板，将当前选择集定义为“多边形”，在视图中选择如下图所示的多边形。

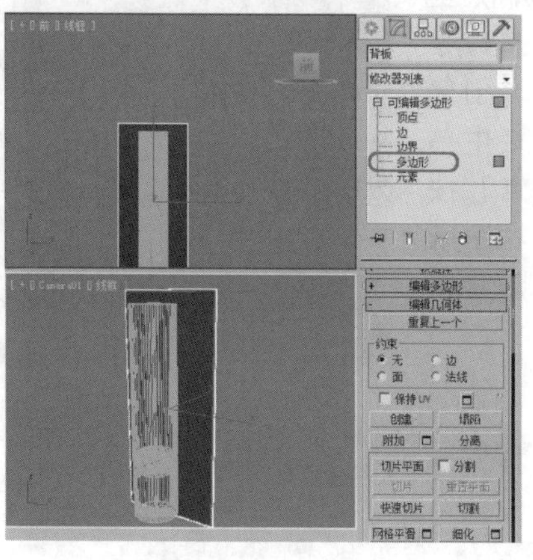

02 在“编辑几何体”卷展栏中单击“分离”按钮，在弹出的对话框中设置分离名称，如下图所示，设置完成后，单击“确定”按钮即可。

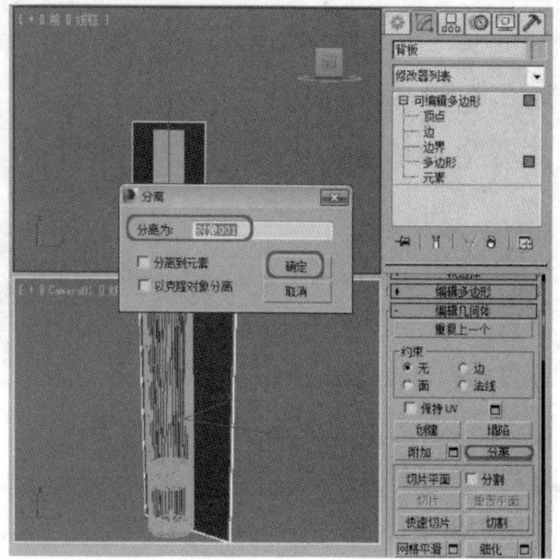

8.4 创建NURBS点

NURBS建模是由点、曲线和曲面3种元素组成，本节将简单介绍创建NURBS点的方法。

实战操作271 创建点

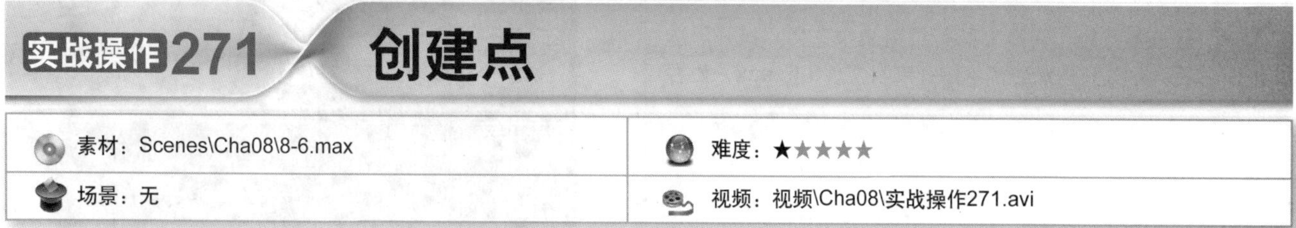

素材：Scenes\Cha08\8-6.max	难度：★★★★★
场景：无	视频：视频\Cha08\实战操作271.avi

使用“点”命令可以创建一个独立存在的点，操作步骤如下。

01 启动3ds Max 2014，按Ctrl+O组合键，打开素材文件8-6.max，打开的场景如下图所示。

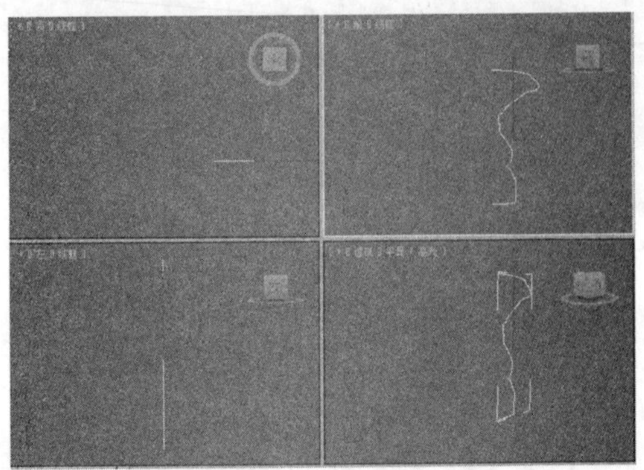

02 在场景中选择“Curve001”对象，切换至“修改”命令面板，在“创建点”卷展栏中单击“点”按钮，在需要创建点的位置单击鼠标左键即可，如右图所示。

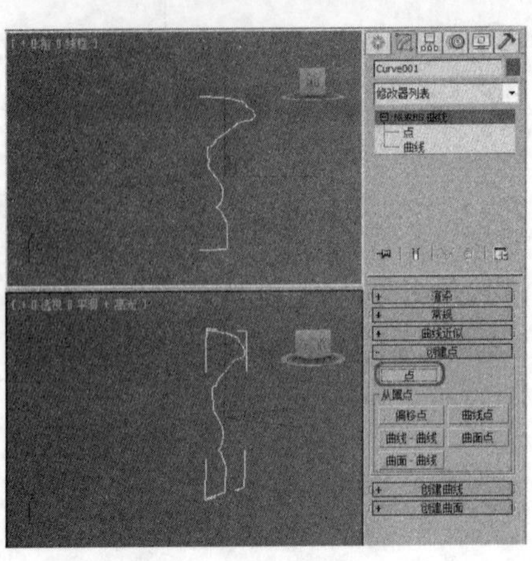

实战操作272 创建偏移点

素材：Scenes\Cha08\8-6.max	难度：★★★★★
场景：无	视频：视频\Cha08\实战操作272.avi

使用“偏移点”命令可以创建一个与选定点相依附的点，操作步骤如下。

01 启动3ds Max 2014，按Ctrl+O组合键，打开素材文件8-6.max，如下图所示。

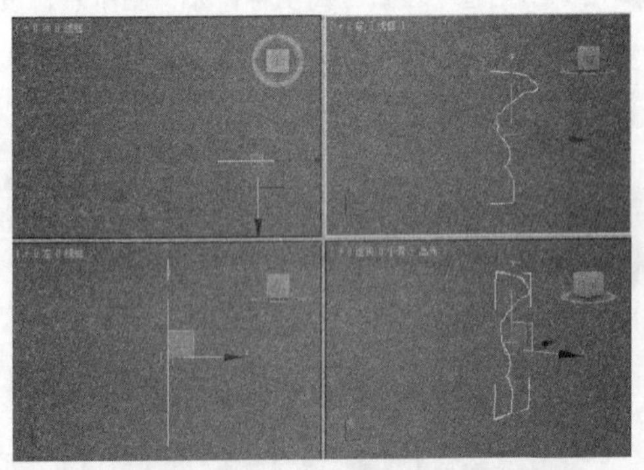

02 在场景中选择“Curve001”对象，切换至“修改”命令面板，在“创建点”卷展栏中单击“偏移点”按钮，在如右图所示的位置创建偏移点。

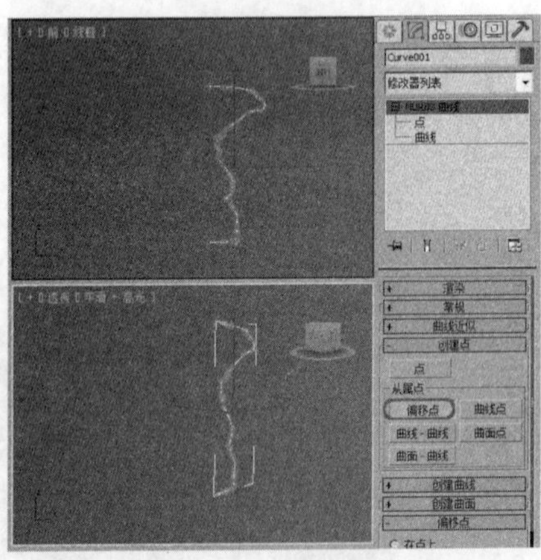

实战操作273 创建曲线点

素材：Scenes\Cha08\8-6.max	难度：★★★★★
场景：无	视频：视频\Cha08\实战操作273.avi

使用“曲线点”命令可以创建一个依赖于曲线的点，操作步骤如下。

01 单击按钮，在弹出的下拉列表中选择“打开”选项，在打开的对话框中打开素材文件8-6.max，如右图所示。

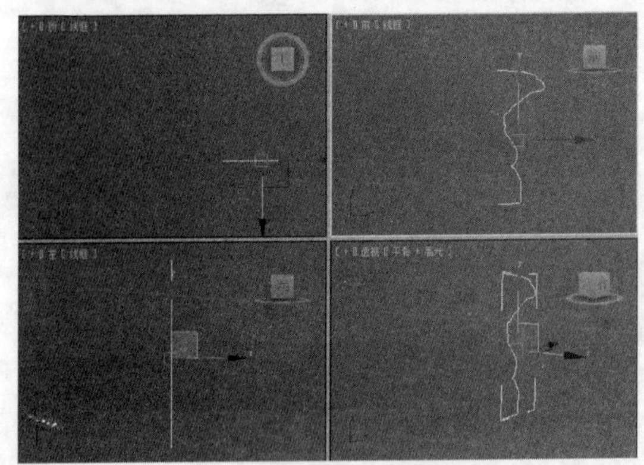

02 在场景中选择“Curve001”对象，切换至“修改”命令面板，在“创建点”卷展栏中，单击“曲线点”按钮，在曲线的任意位置创建一个点，如右图所示。

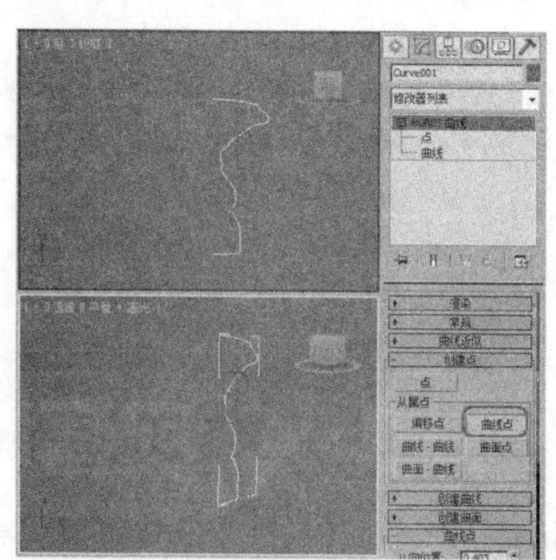

实战操作274 创建曲线-曲线点

素材：Scenes\Cha08\8-7.max	难度：★★★★★
场景：无	视频：视频\Cha08\实战操作274.avi

使用“曲线-曲线”命令可以在两条曲线的相交处创建一个从属点，具体操作步骤如下。

01 打开素材文件8-7.max，在前视图中选择“Curve001”对象，切换至“修改”命令面板，在“创建点”卷展栏中，单击“曲线-曲线”按钮，在右侧的曲线上单击鼠标左键，然后拖动鼠标，此时在第一条曲线和鼠标之间会出现一条虚线，如右图所示。

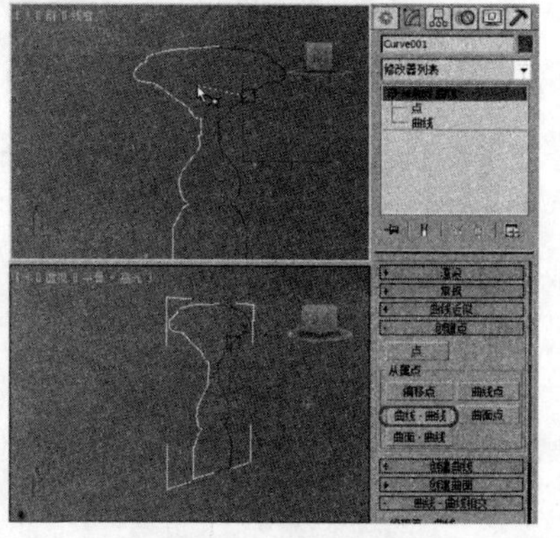

02 将鼠标移至左侧的曲线上，然后单击鼠标左键，即可在两条曲线的相交处创建一个点，如下图所示。

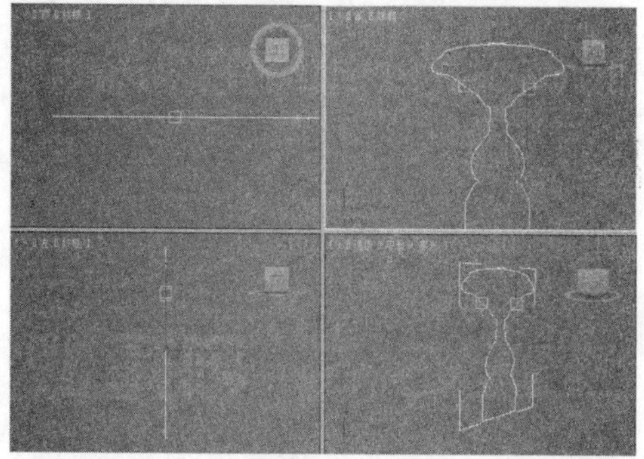

实战操作275 创建曲面点

素材：Scenes\Cha08\8-8.max	难度：★★★★★
场景：无	视频：视频\Cha08\实战操作275.avi

下面介绍如何创建曲面点，具体操作步骤如下。

01 单击按钮，在弹出的下拉列表中选择“打开”选项，在打开的对话框中打开素材文件8-8.max，如下图所示。

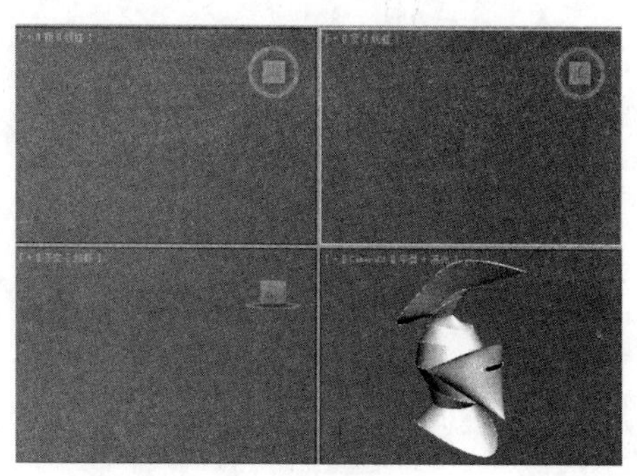

02 在场景中选择“Curve01”对象，切换至“修改”命令面板，在“创建点”卷展栏中单击“曲面点”按钮，在如右图所示的位置单击鼠标左键，即可创建曲面点。

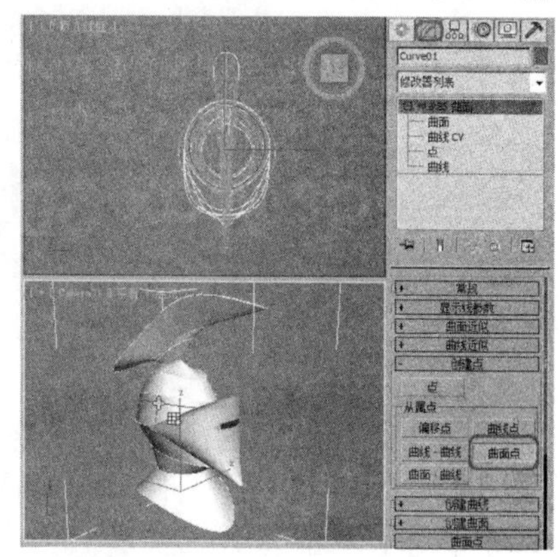

实战操作276 创建曲面-曲线点

素材：Scenes\Cha08\8-8.max	难度：★★★★★
场景：无	视频：视频\Cha08\实战操作276.avi

下面介绍如何创建曲面-曲线点，具体操作步骤如下。

01 单击按钮，在弹出的下拉列表中选择“打开”选项，在打开的对话框中打开素材文件8-8.max，如下图所示。

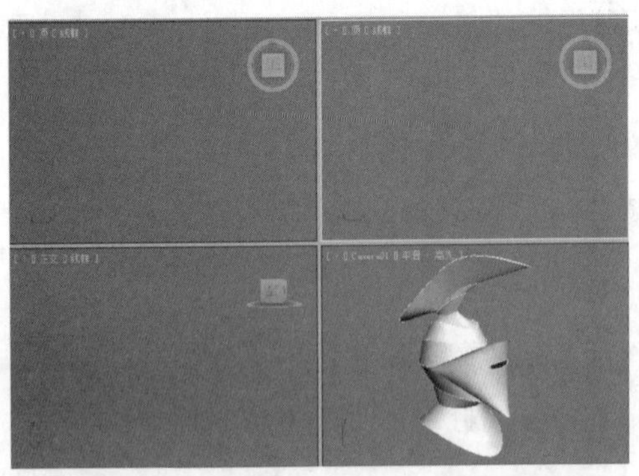

02 在场景中选择“Curve01”对象，切换至“修改”命令面板，在“创建点”卷展栏中，单击“曲面-曲线”按钮，在摄影机视图中选择如下图所示的曲线。

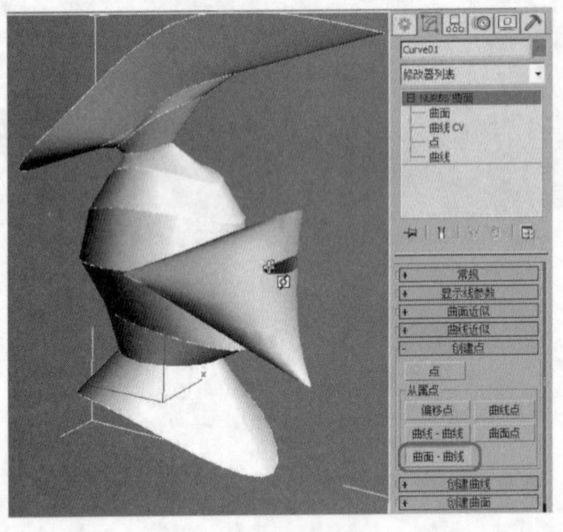

03 在该曲线上单击鼠标，再将鼠标移动到如下图所示的曲线上。

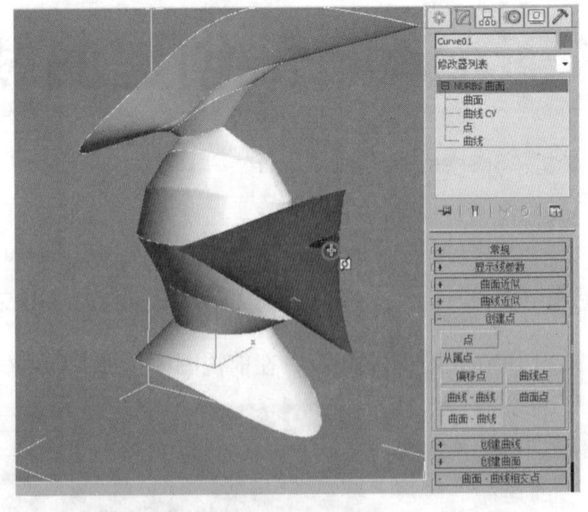

04 在曲面上单击鼠标左键，即可创建曲面-曲线点，如下图所示。

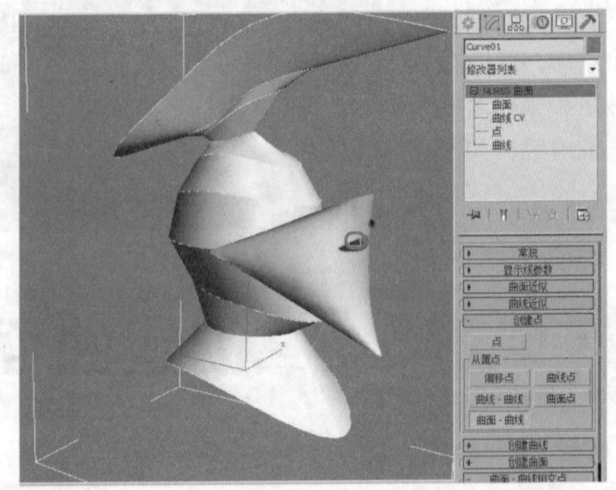

8.5 创建NURBS基本曲线

NURBS 曲线是图形对象，在制作样条线时可以使用这些曲线。下面介绍如何使用NURBS创建基本曲线。

实战操作277 创建点曲线

素材：Scenes\Cha08\8-9.max	难度：★★★★★
场景：无	视频：视频\Cha08\实战操作277.avi

在3ds Max中，用户可以根据需要创建点曲线，具体操作步骤如下。

01 启动3ds Max 2014，按Ctrl+O组合键，打开素材文件8-9.max，打开的场景如下图所示。

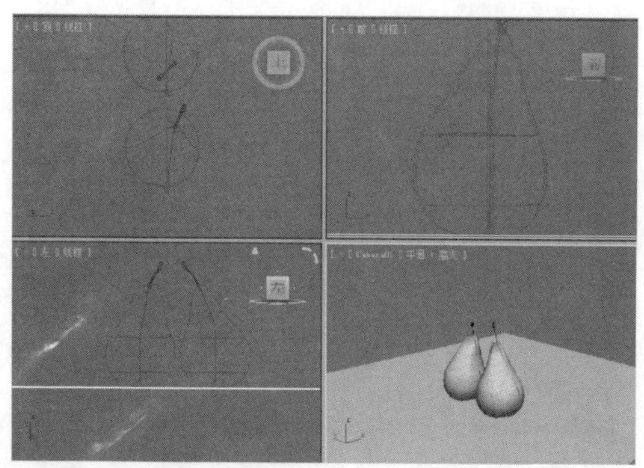

02 选择“创建” | “图形” | “NURBS 曲线” | “点曲线”工具，在左视图中如下图所示的位置上单击鼠标。

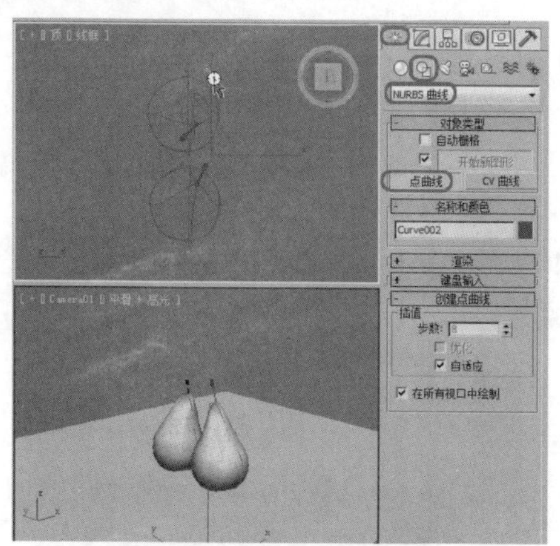

03 向右移动鼠标，然后在如下图所示的位置单击鼠标左键。

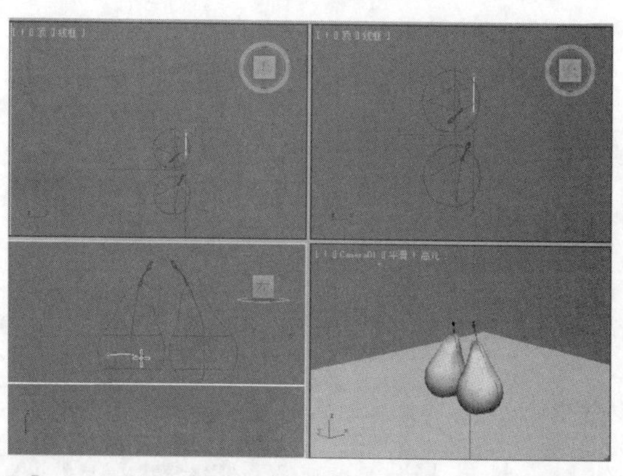

04 再次向右移动鼠标，在如下图所示的位置单击鼠标左键，然后再单击鼠标右键，即可完成点曲线的创建。

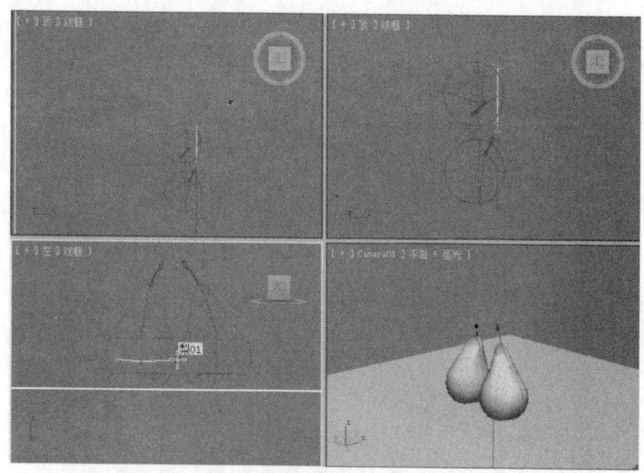

实战操作278 创建CV曲线

素材：Scenes\Cha08\8-9.max	难度：★★★★★
场景：无	视频：视频\Cha08\实战操作278.avi

CV 曲线是由控制顶点（CV）控制的 NURBS 曲线。CV 不位于曲线上。它们定义在一个包含曲线的控制晶格上，可通过调整CV来更改曲线，创建CV曲线的操作步骤如下。

01 启动3ds Max 2014，按Ctrl+O组合键，打开素材文件8-9.max，打开的场景如下图所示。

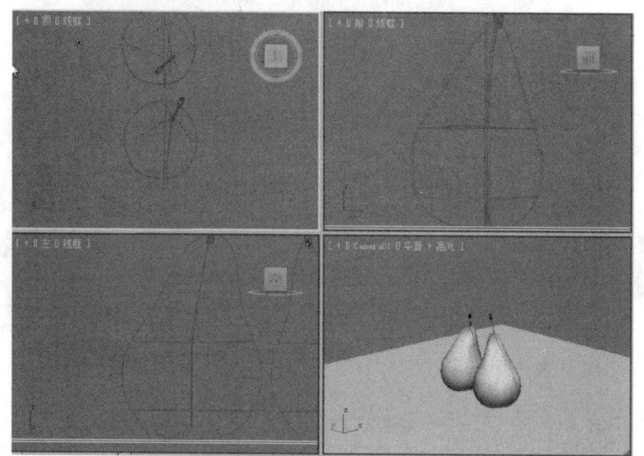

02 选择“创建” | “图形” | “NURBS 曲线” | “CV 曲线”工具，在左视图中如下图所示的位置上单击鼠标。

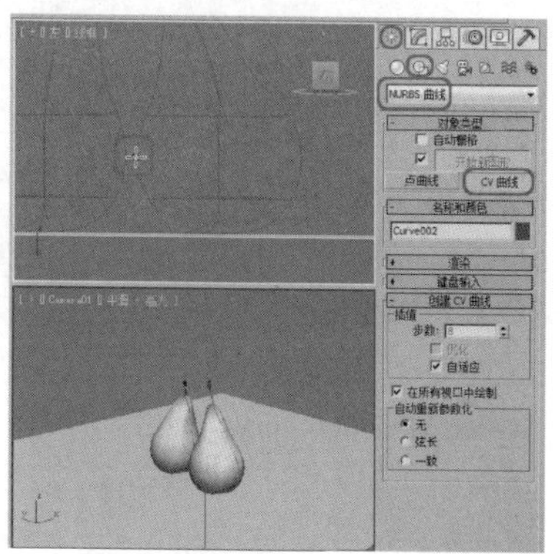

03 向右移动鼠标，然后在如下图所示的位置单击鼠标左键。

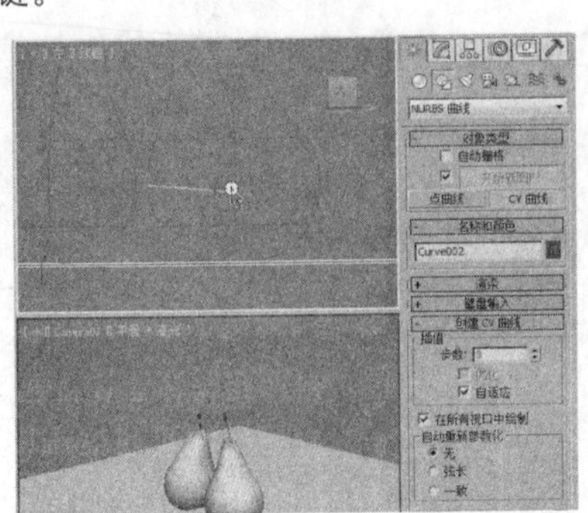

04 再次向右移动鼠标，在如下图所示的位置单击鼠标左键，然后再单击鼠标右键，即可完成CV曲线的创建。

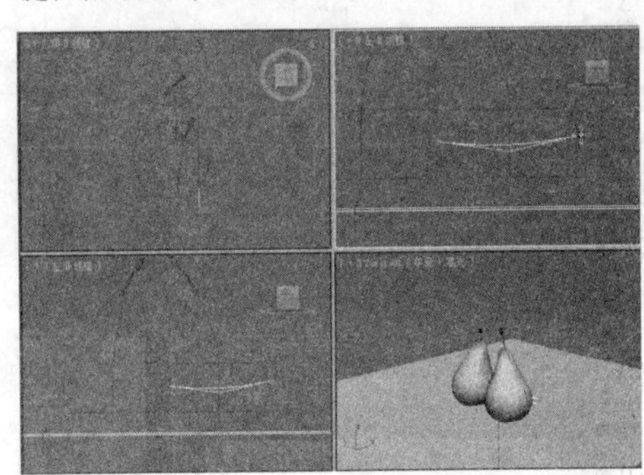

实战操作279 创建拟合曲线

 素材：Scenes\Cha08\8-9.max	 难度：★★★★★
 场景：无	视频：视频\Cha08\实战操作279.avi

下面介绍如何创建拟合曲线，具体操作步骤如下。

01 启动3ds Max 2014，按Ctrl+O组合键，打开素材文件8-9.max，打开的场景如下图所示。

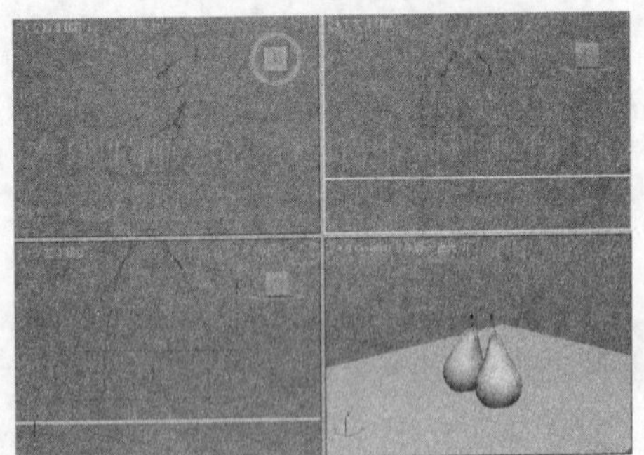

02 在场景中选择“梨01”对象，切换至“修改”命令面板，在“创建曲线”卷展栏中单击“曲线拟合”按钮，在左视图中如下图所示的位置上单击鼠标。

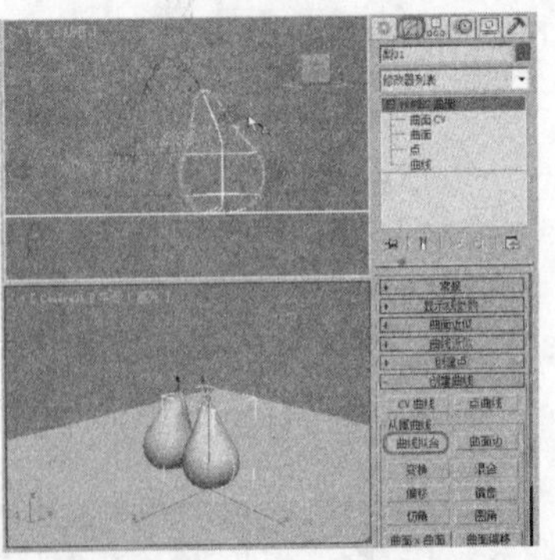

03 向右移动鼠标，然后在如下图所示的位置单击鼠标左键。

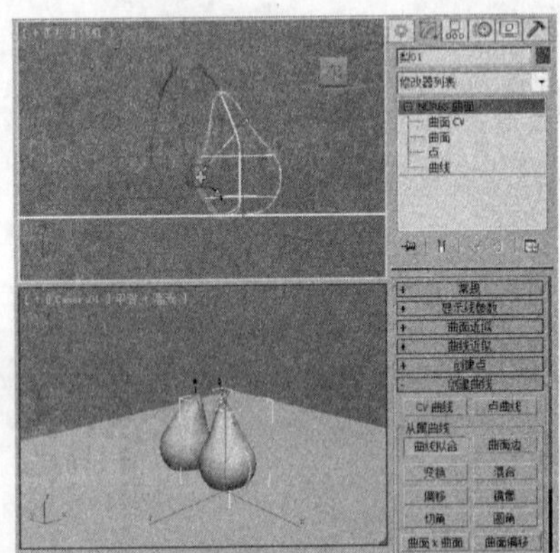

04 再次向右移动鼠标，在如下图所示的位置单击鼠标左键，然后再单击鼠标右键，即可完成拟合曲线的创建。

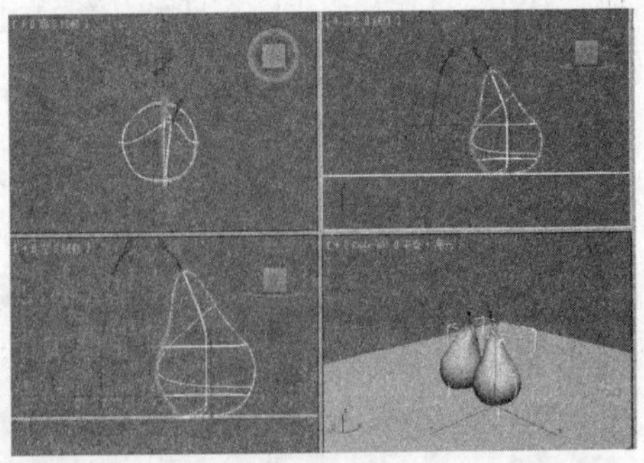

实战操作280 创建变换曲线

 素材：Scenes\Cha08\8-9.max	 难度：★★★★★
 场景：无	视频：视频\Cha08\实战操作280.avi

变换曲线指的是具有不同位置、旋转或缩放的原始曲线的副本，创建变化曲线的操作步骤如下。

01 打开素材文件8-9.max，在场景中选择“梨02”对象，切换至“修改”命令面板，在“创建曲线”卷展栏中单击“变换”按钮，将鼠标移至如下图所示的曲线上。

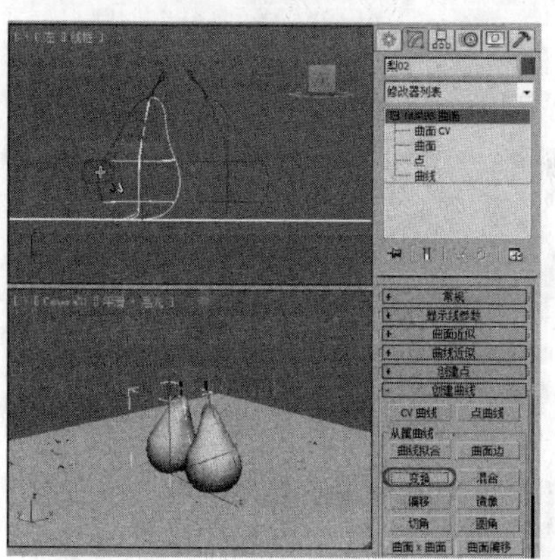

02 按住鼠标左键并向任意方向拖动，拖动至适当的位置后松开鼠标即可，如下图所示。

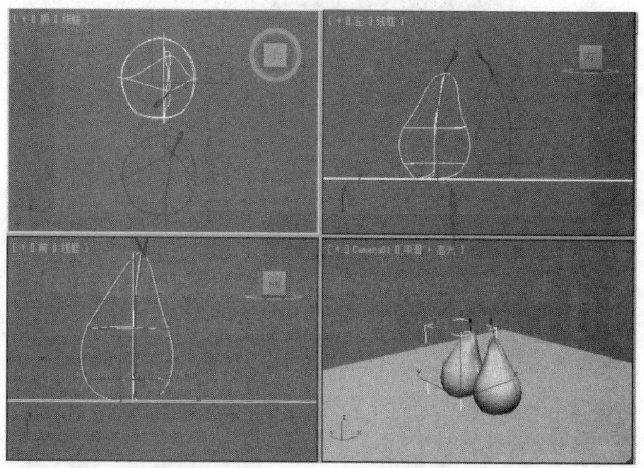

实战操作281 创建偏移曲线

素材：Scenes\Cha08\8-9.max	难度：★★★★★
场景：无	视频：视频\Cha08\实战操作281.avi

下面介绍如何创建偏移曲线，具体操作步骤如下。

01 打开素材文件8-9.max，在场景中选择“梨01”对象，切换至“修改”命令面板，在“创建曲线”卷展栏中单击“偏移”按钮，将鼠标移至如下图所示的曲线上。

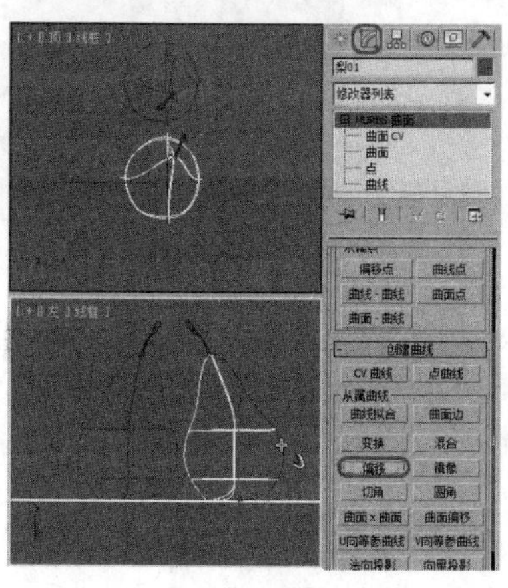

02 按住鼠标左键并向上拖动，拖动至适当位置后松开鼠标即可，如下图所示。

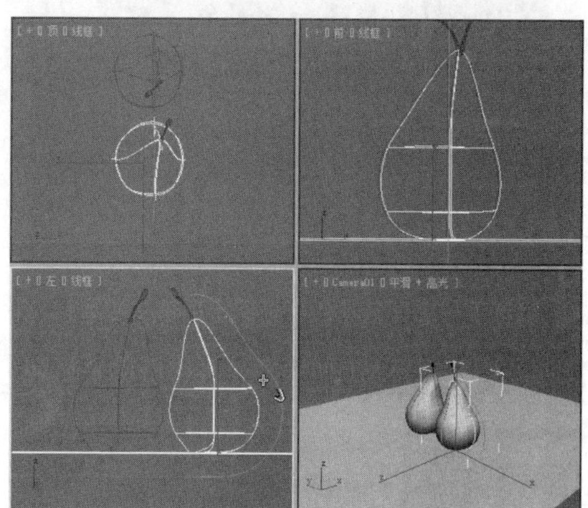

实战操作282 创建镜像曲线

素材：Scenes\Cha08\8-9.max	难度：★★★★★
场景：无	视频：视频\Cha08\实战操作282.avi

镜像曲线是指原始曲线的镜像图像。创建镜像曲线的操作步骤如下。

01 打开素材文件8-9.max，在场景中选择“梨01”对象，切换至“修改”命令面板，在“创建曲线”卷展栏中单击“镜像”按钮，将鼠标移至如下图所示的曲线上。

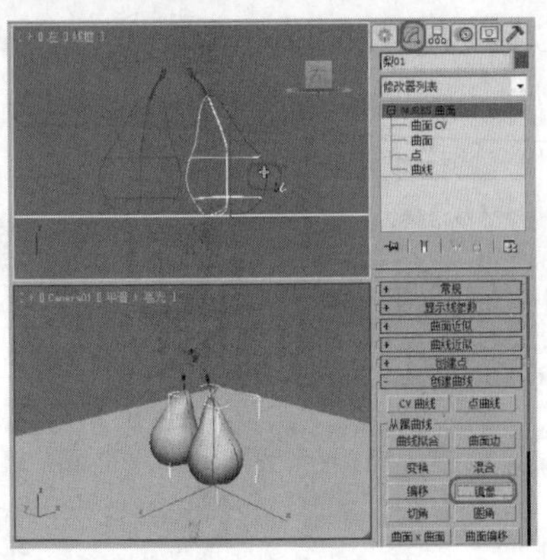

02 在曲线上单击鼠标左键，在“镜像曲线”卷展栏中，将“镜像轴”设置为X，将“偏移”设置为-1.2，如下图所示。

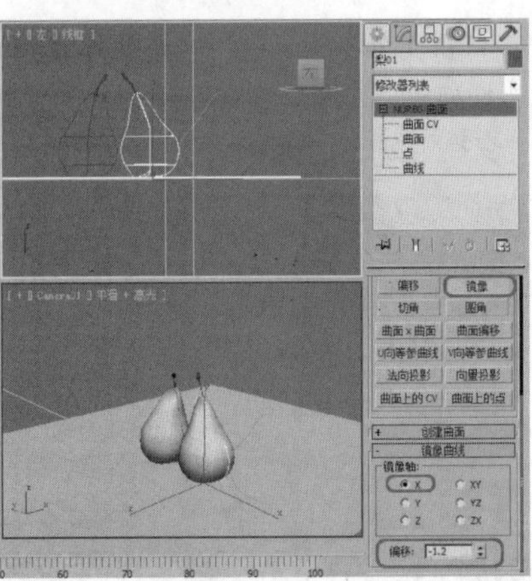

实战操作283 创建U向等参曲线

素材：Scenes\Cha08\8-9max	难度：★★★★★
场景：无	视频：视频\Cha08\实战操作283.avi

下面介绍如何创建U向等参曲线，具体操作步骤如下。

01 启动3ds Max 2014，按Ctrl+O组合键，打开素材文件8-9.max，打开的场景如下图所示。

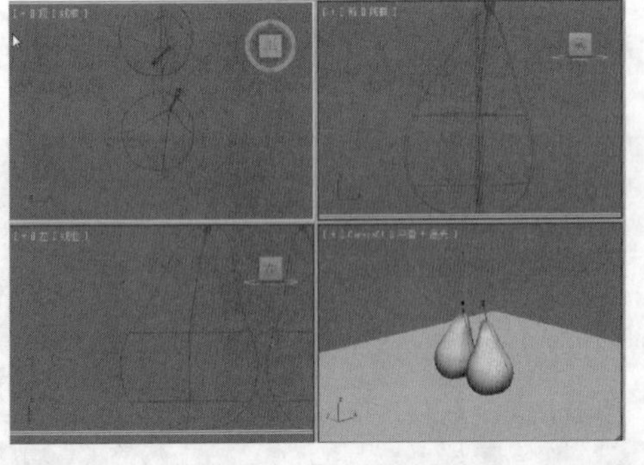

02 在场景中选择“梨02”对象，切换至“修改”命令面板，在“创建曲线”卷展栏中单击“U向等参曲线”按钮，在“梨02”对象上单击鼠标左键，即可创建U向等参曲线，如右图所示。

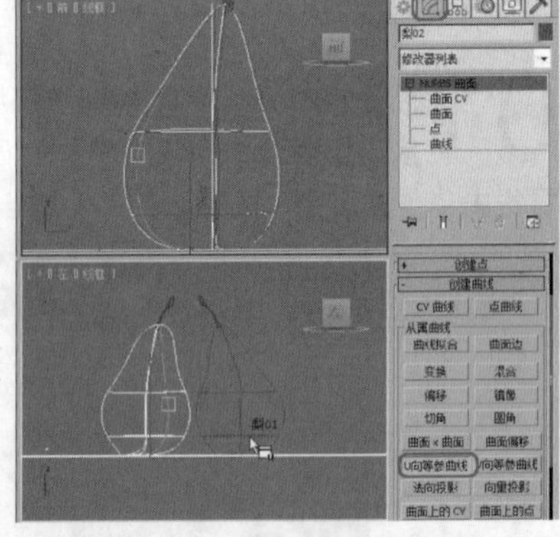

实战操作284 创建V向等参曲线

素材：Scenes\Cha08\8-9.max	难度：★★★★★
场景：无	视频：视频\Cha08\实战操作284.avi

下面介绍如何创建V向等参曲线，具体操作步骤如下。

01 启动3ds Max 2014，按Ctrl+O组合键，打开素材文件8-9.max，打开的场景如右图所示。

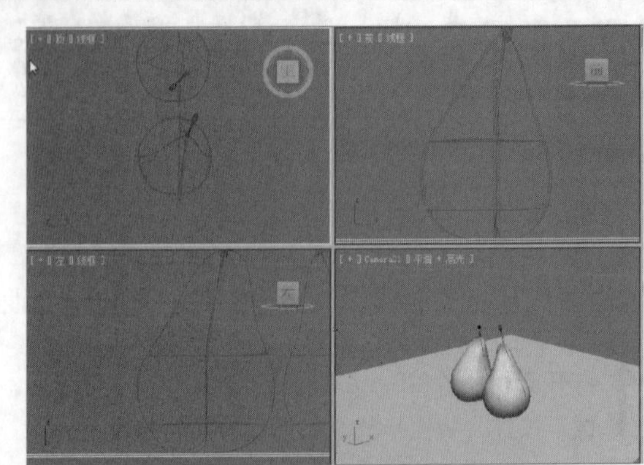

02 在场景中选择“梨02”对象，切换至“修改”命令面板，在“创建曲线”卷展栏中单击“V向等参曲线”按钮，在“梨02”对象上单击鼠标左键，即可创建V向等参曲线，如右图所示。

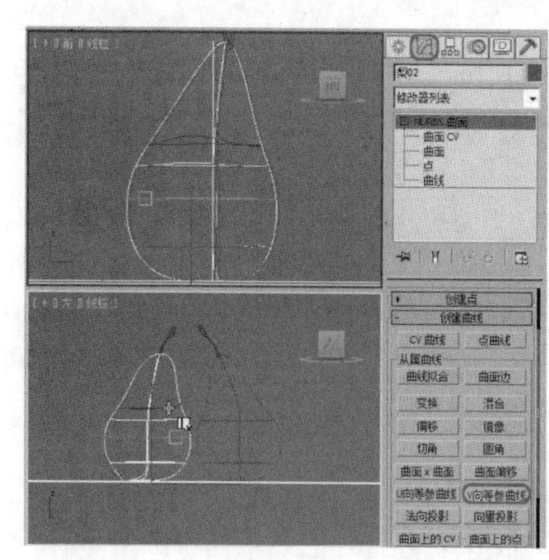

8.6 创建NURBS基本曲面

NURBS曲面对象是 NURBS 模型的基础。使用“创建”面板来创建的初始曲面是带有点或 CV 的平面段。本节将介绍创建NURBS曲面的方法。

实战操作285 创建点曲面

素材：Scenes\Cha08\8-10.max	难度：★★★★★
场景：Scenes\Cha08\实战操作285.max	视频：视频\Cha08\实战操作285.avi

点曲面是 NURBS 曲面，其中曲面上的点被约束在曲面上。创建点曲面的操作步骤如下。

01 启动3ds Max 2014，按Ctrl+O组合键，打开素材文件8-10.max，打开的场景如下图所示。

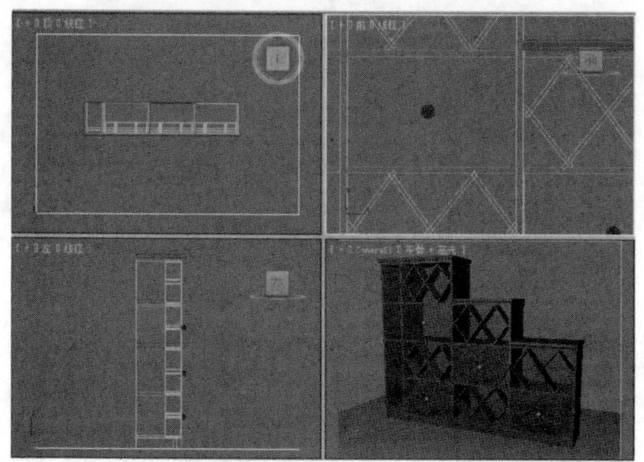

02 选择“创建” | “几何体” |NURBS 曲面 | “点曲面”工具，在前视图中按住鼠标左键并拖动鼠标，拖动至适当位置后松开鼠标左键，即可创建一个点曲面，如下图所示。

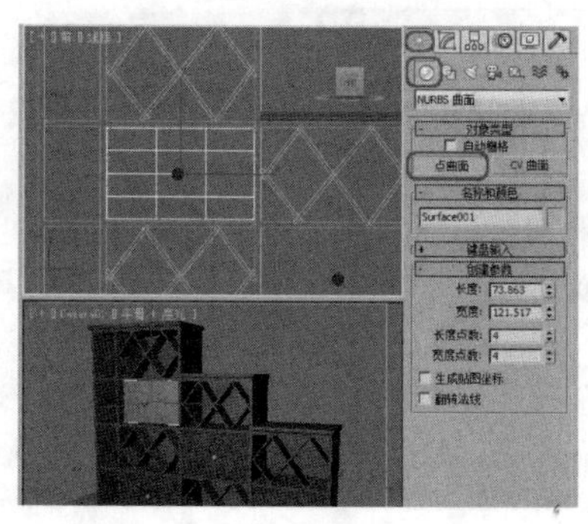

03 在工具栏中单击“选择并移动”按钮，在视图中调整点曲面的位置，调整后的效果如下图所示。

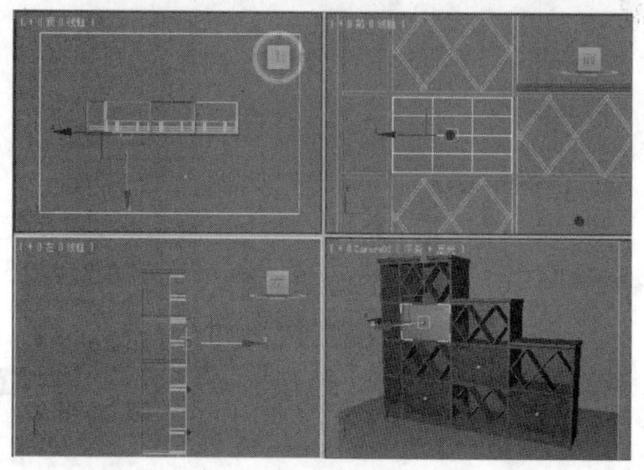

04 按M键打开“材质编辑器”对话框，选择第一个材质样本球，然后单击“将材质指定给选定对象”按钮，按F9键对Camera01视图进行渲染，渲染后的效果如下图所示。

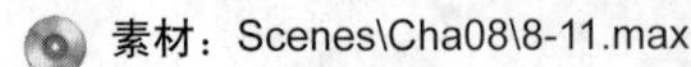

实战操作286 创建CV曲面

素材：Scenes\Cha08\8-11.max	难度：★★★★★
场景：Scenes\Cha08\实战操作286.max	视频：视频\Cha08\实战操作286.avi

下面介绍如何创建CV曲面，具体操作步骤如下。

01 启动3ds Max 2014，按Ctrl+O组合键，打开素材文件8-11.max，打开的场景如下图所示。

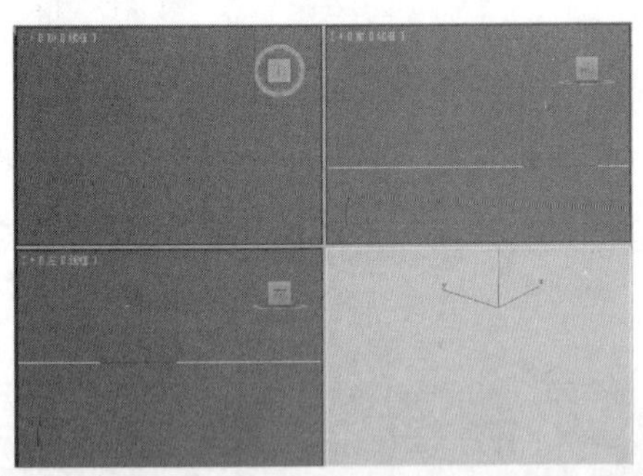

02 选择“创建” | “几何体” |NURBS 曲面 | “CV曲面”工具，在顶视图中按住鼠标左键并拖动鼠标，拖动至适当位置后松开鼠标左键，在“创建参数”卷展栏中，将“长度”设置为249，将“宽度”设置为233，如下图所示。

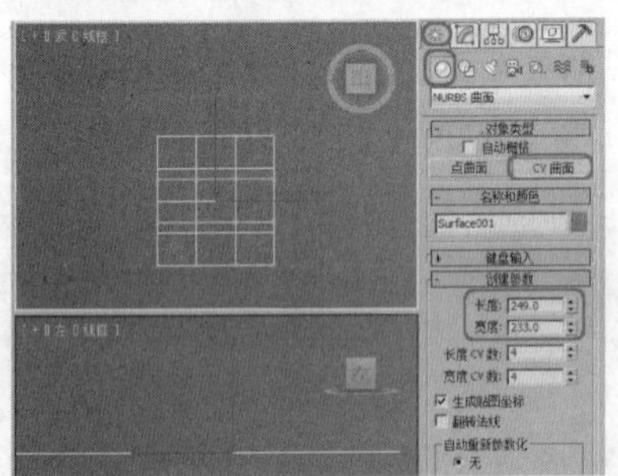

03 切换至“修改”命令面板，将当前选择集定义为“曲面CV”，使用“选择并移动”工具调整CV的位置，调整后的效果如下图所示。

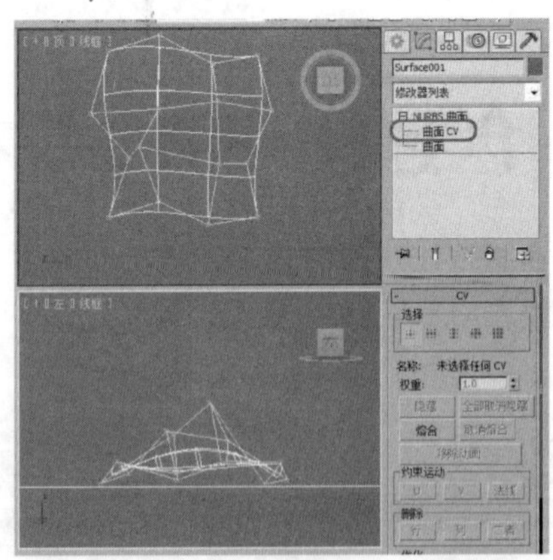

04 关闭当前选择集，按M键打开“材质编辑器”对话框，选择第一个材质样本球，然后单击“将材质指定给选定对象” 按钮，按F9键对Camera001视图进行渲染，渲染后的效果如下图所示。

实战操作287 创建挤出曲面

素材：Scenes\Cha08\8-12.max	难度：★★★★★
场景：无	视频：视频\Cha08\实战操作287.avi

挤出曲面的优势在于挤出子对象是 NURBS 模型的一部分，因此可以使用它来构造曲线和曲面子对象。创建挤出曲面的操作步骤如下。

01 启动3ds Max 2014，按Ctrl+O组合键，打开素材文件8-12.max，打开的场景如右图所示。

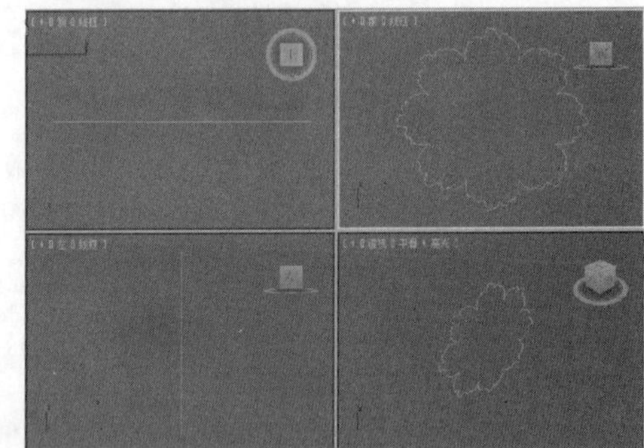

02在前视图中选择“花”对象，切换至“修改”命令面板，在“创建曲面”卷展栏中单击“挤出”按钮，将鼠标移至“花”对象上，单击鼠标左键并向上拖动，拖动至适当位置后松开鼠标，在“挤出曲面”卷展栏中将“数量”设置为-10，如右图所示。

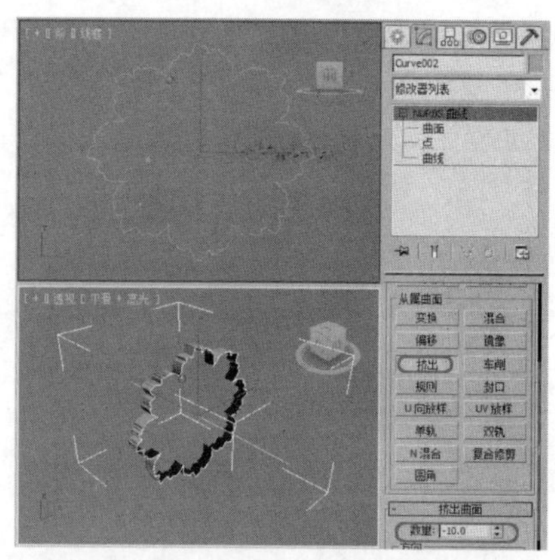

实战操作288 创建封口曲面

素材：Scenes\Cha08\8-13.max	难度：★★★★★
场景：无	视频：视频\Cha08\实战操作288.avi

下面介绍如何创建封口曲面，具体操作步骤如下。

01打开素材文件8-13.max，在场景中选择“花”对象，切换至“修改”命令面板，在“创建曲面”卷展栏中单击“封口”按钮，将鼠标移至如下图所示的位置。

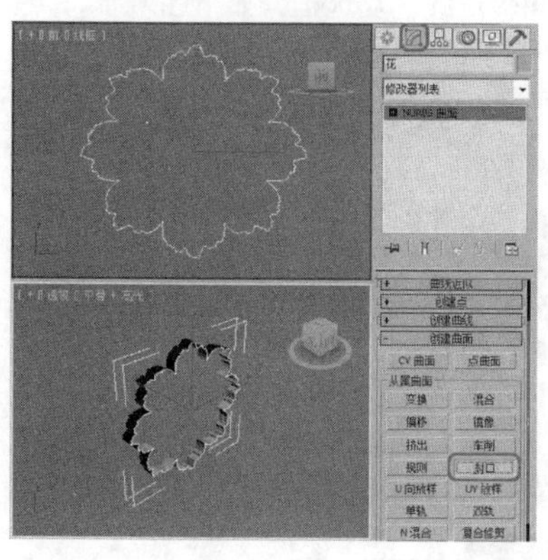

02单击鼠标左键，即可创建封口曲面，如下图所示。

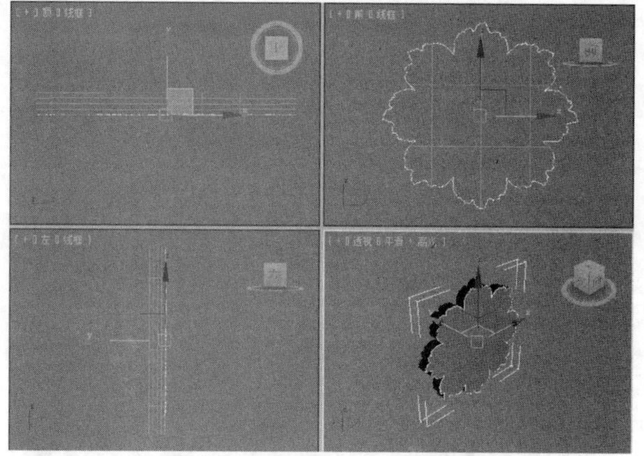

实战操作289 创建镜像曲面

素材：Scenes\Cha08\8-14.max	难度：★★★★★
场景：无	视频：视频\Cha08\实战操作289.avi

下面介绍如何创建镜像曲面，具体操作步骤如下。

01打开素材文件8-14.max，在场景中选择“花”对象，切换至“修改”命令面板，在“创建曲面”卷展栏中单击“镜像”按钮，将鼠标移至如下图所示的位置。

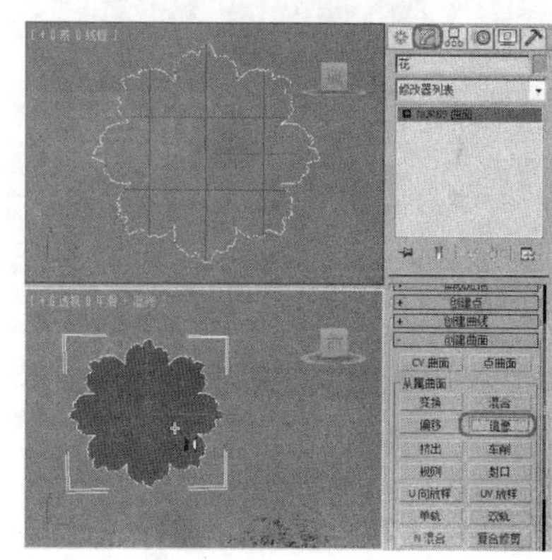

02 单击鼠标左键，打开“镜像曲面”卷展栏，在“镜像轴”区域中勾选“X”单选按钮，将“偏移”设置为-66，即可创建镜像曲面，如右图所示。

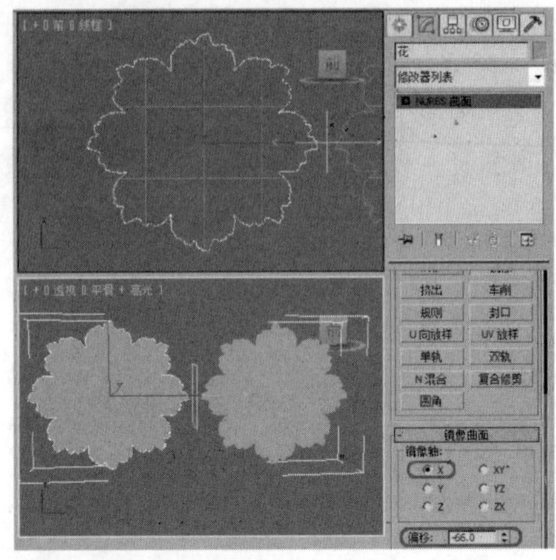

实战操作290 创建车削曲面

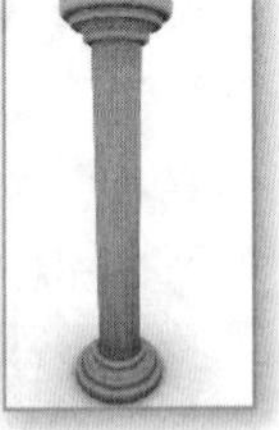

素材：Scenes\Cha08\8-15.max	难度：★★★★★
场景：Scenes\Cha08\实战操作290.max	视频：视频\Cha08\实战操作290.avi

下面介绍如何创建车削曲面，具体操作步骤如下。

01 启动3ds Max 2014，按Ctrl+O组合键，打开素材文件8-15.max，打开的场景如下图所示。

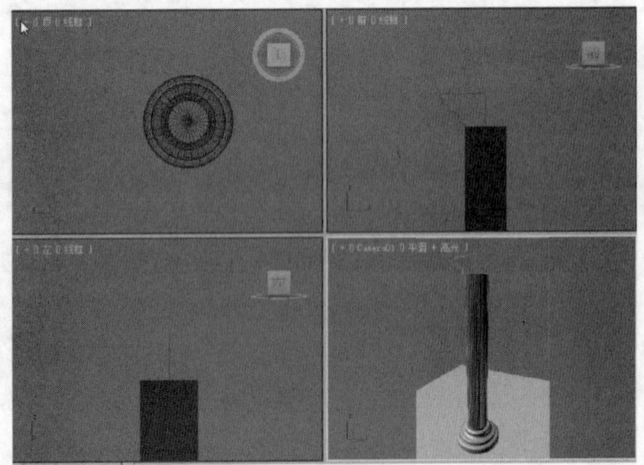

02 在场景中选择“Curve002”对象，切换至“修改”命令面板，在“创建曲面”卷展栏中单击“车削”按钮，在曲线上单击鼠标左键，即可创建车削曲面，如下图所示。

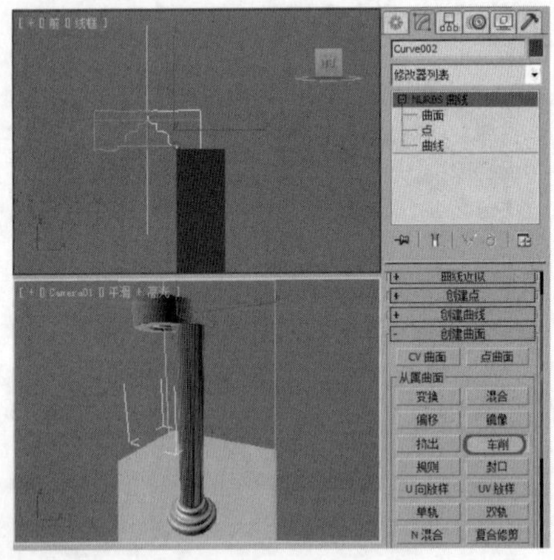

03 在“车削曲面”卷展栏中单击“最大”按钮，勾选“翻转法线”复选框，如下图所示。

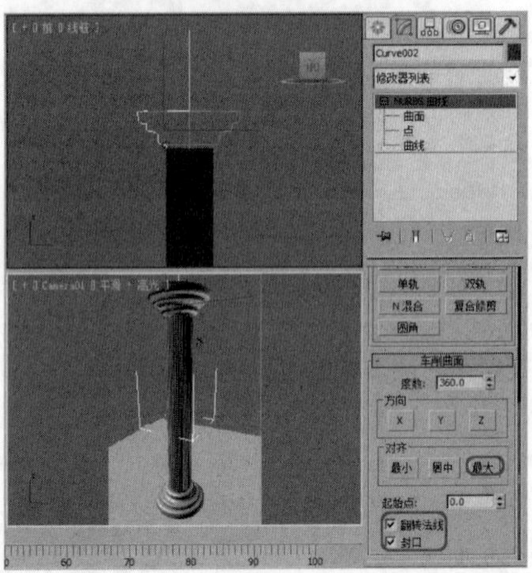

04 按F9键对Camera01视图进行渲染，渲染后的效果如下图所示。

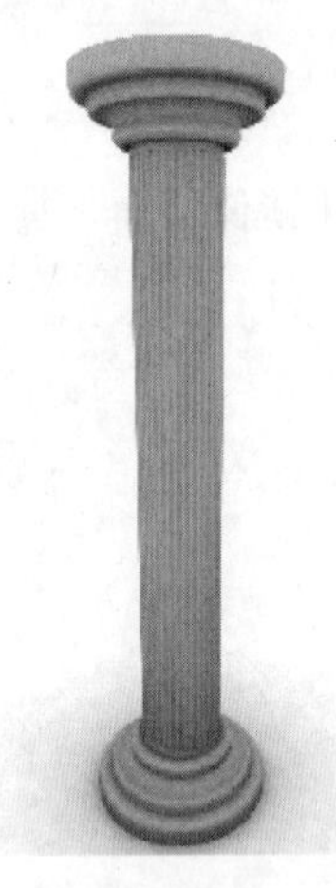

实战操作291 创建U向放样曲面

素材：Scenes\Cha08\8-16.max	难度：★★★★★
场景：无	视频：视频\Cha08\实战操作291.avi

下面介绍如何创建U向放样曲面，具体操作步骤如下。

01 打开素材文件8-16.max，在场景中选择“鲨鱼”对象，切换至“修改”命令面板，在“创建曲面”卷展栏中单击“U向放样”按钮，在如下图所示的曲线上单击鼠标左键。

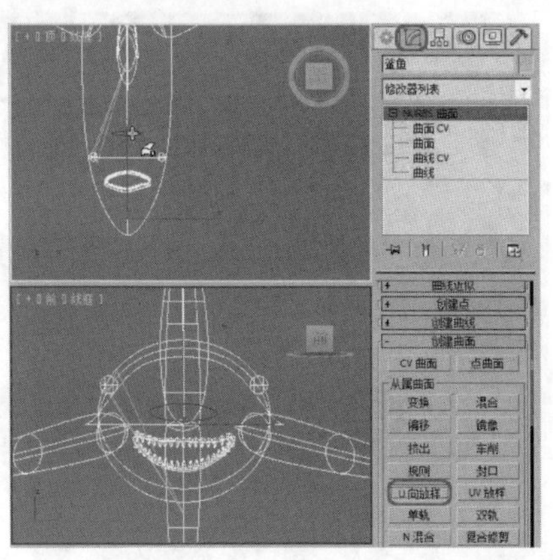

02 将鼠标移至如下图所示的曲线上并单击鼠标左键，然后再单击鼠标右键，即可创建U 向放样曲面。

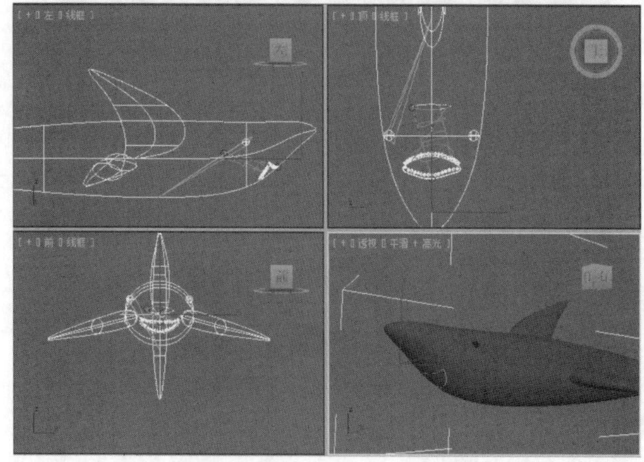

8.7 编辑NURBS曲线

本节主要介绍将模型转换为“NURBS”的方法，以及对NURBS曲线的编辑等。

实战操作292 将模型转换为NURBS

素材：Scenes\Cha08\8-17.max	难度：★★★★★
场景：无	视频：视频\Cha08\实战操作292.avi

下面介绍将模型转换为NURBS的方法。

01 启动3ds Max 2014，按Ctrl+O组合键，打开素材文件8-17.max，打开的场景如下图所示。

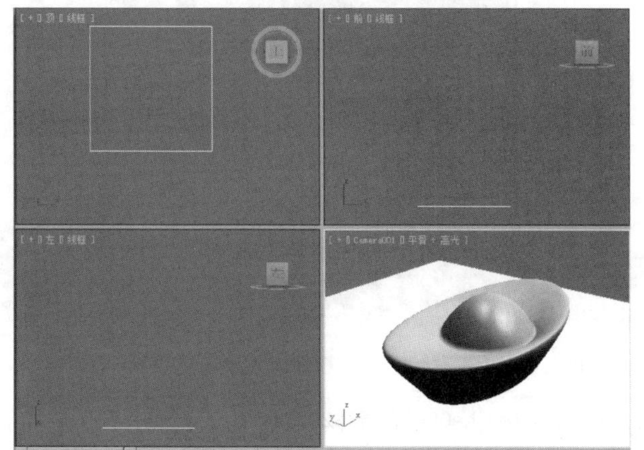

02 在场景中选择“元宝1”对象，单击鼠标右键，在弹出的快捷菜单中选择“转换为”|“转换为NURBS”选项，即可将模型转换为NURBS，如下图所示。

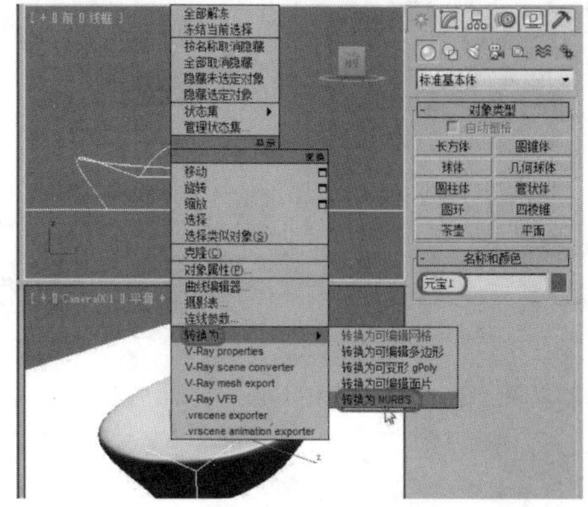

实战操作293 设置U向线数

素材：无	难度：★★★★★
场景：无	视频：视频\Cha08\实战操作293.avi

下面介绍如何设置U向线数，具体操作步骤如下。

01 继续上一节的操作，在视图中选择“元宝1”对象。

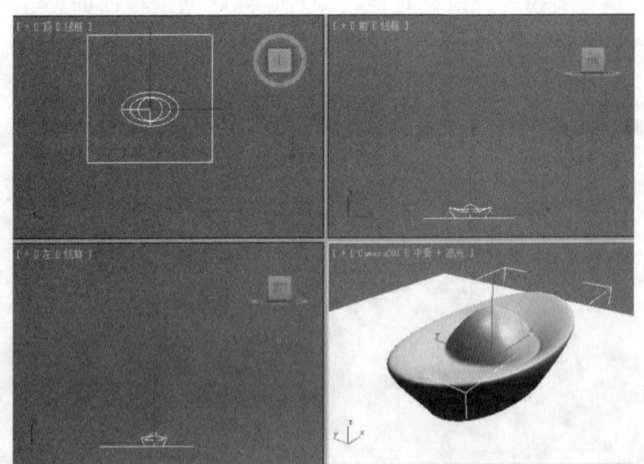

02 切换至“修改”命令面板，在“显示线参数”卷展栏中将“U向线数”设置为6，然后按Enter键确认，如下图所示。

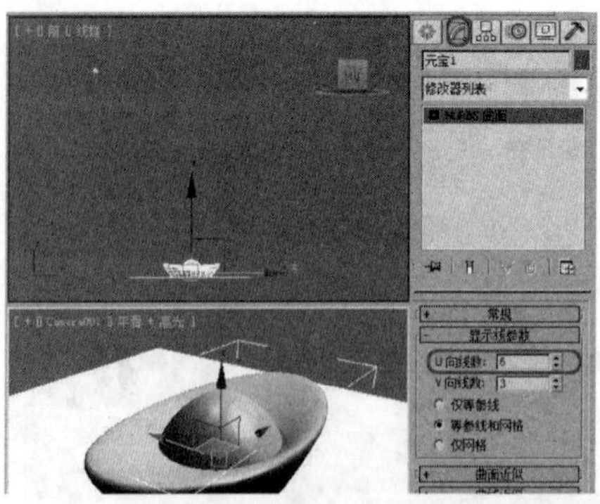

实战操作294 设置V向线数

素材：Scenes\Cha08\8-18.max	难度：★★★★★
场景：无	视频：视频\Cha08\实战操作294.avi

下面介绍如何设置V向线数，具体操作步骤如下。

01 单击按钮，在弹出的下拉列表中选择“打开”选项，在打开的对话框中打开素材文件8-18.max，如下图所示。

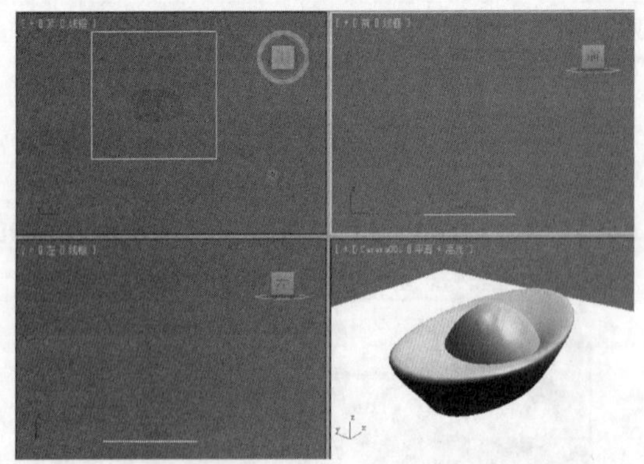

02 在场景中选择“元宝1”对象，并切换至“修改”命令面板，在“显示线参数”卷展栏中将“V向线数”设置为6，然后按Enter键确认，如下图所示。

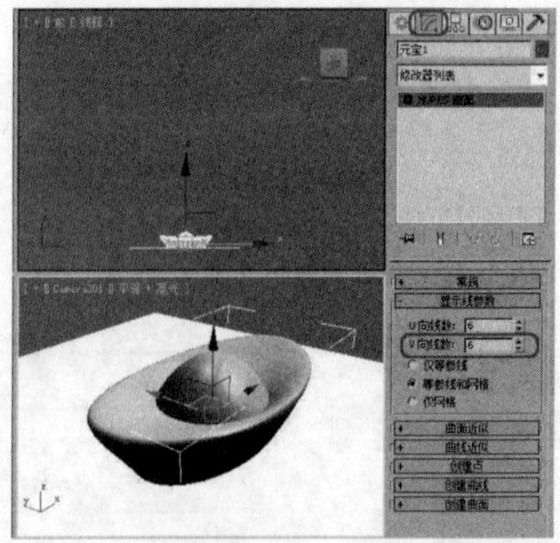

实战操作295 熔合曲线点

素材：Scenes\Cha08\8-19.max	难度：★★★★★
场景：无	视频：视频\Cha08\实战操作295.avi

通过使用“熔合”命令可以将选择的曲线上的点熔合在一起，具体操作步骤如下。

01 打开素材文件8-19.max，在场景中选择“元宝1”对象，并切换到修改命令面板，将当前选择集定义为“点”，在“点”卷展栏中单击“熔合”按钮，在如下图所示的顶点上单击鼠标。

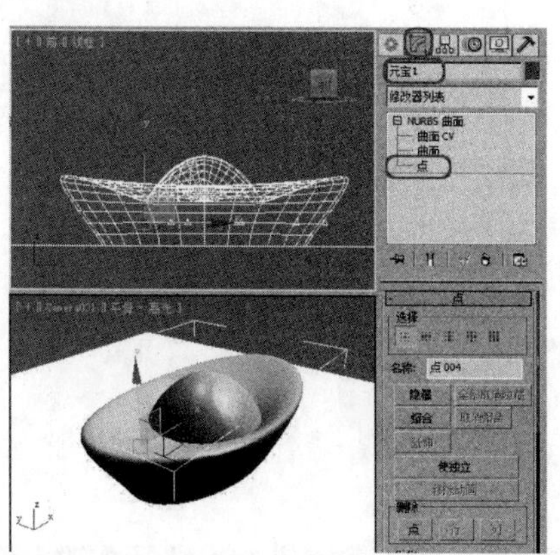

02 然后将鼠标移到第二个点上并单击鼠标左键，即可熔合曲线点，如下图所示。

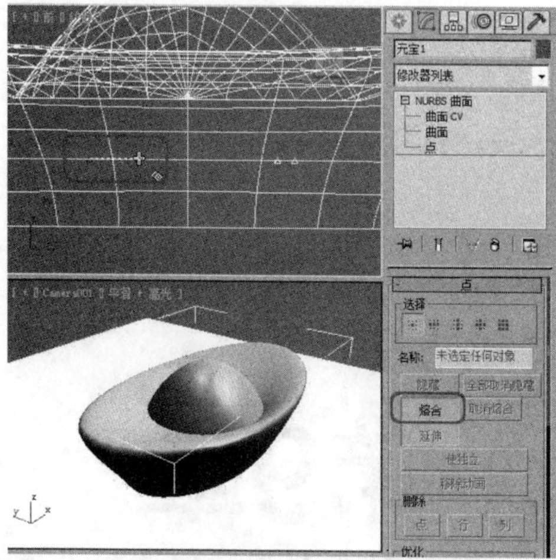

实战操作296 优化曲线

素材：Scenes\Cha08\8-20.max	难度：★★★★★
场景：无	视频：视频\Cha08\实战操作296.avi

下面介绍优化曲线的方法，具体操作步骤如下。

01 启动3ds Max 2014，按Ctrl+O组合键，打开素材文件8-20.max，打开的场景如下图所示。

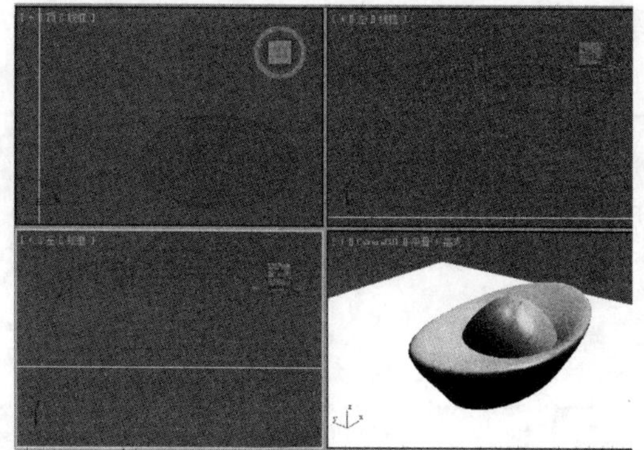

02 在场景中选择“元宝1”对象，切换至“修改”命令面板，将当前选择集定义为“点”，打开“点”卷展栏，在“优化”区域中单击“曲线”按钮，将鼠标移至曲线上并单击鼠标左键，即可优化曲线，如下图所示。

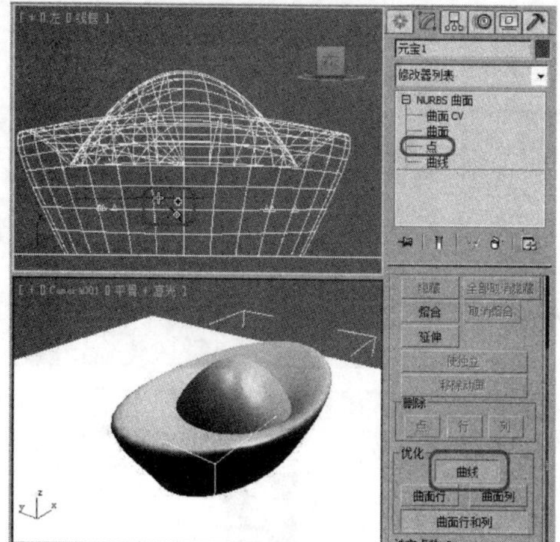

Chapter 09

第9章 材质与贴图

材质是对现实世界中各种材料视觉效果的模拟，材质的制作也是一个相对复杂的过程，材质主要用于描述物体如何反射和传播光线，而材质中的贴图不仅可以用于模拟物体的质地、提供纹理图案、反射与折射等其他效果，还可以用于环境和灯光投影，通过各种类型的贴图，可以制作出千变万化的材质。

9.1 材质编辑器

材质编辑器用于创建、编辑材质以及设置贴图的设置窗口，并将设置的材质和贴图赋予视图中的物体，通过渲染场景便可以看到设置的材质与贴图的效果。

实战操作297 打开材质编辑器

素材：Scenes\Cha09\9-1.max	难度：★★★★★
场景：无	视频：视频\Cha09\实战操作297.avi

“材质编辑器”对话框主要可以分为菜单栏、示例窗、工具按钮、参数控制四大区域。

01 在3ds Max 2014中，按Ctrl+O组合键，打开素材文件9-1.max，打开后的效果如下图所示。

02 在工具栏中单击“材质编辑器”按钮，即可打开“材质编辑器”对话框，如下图所示。

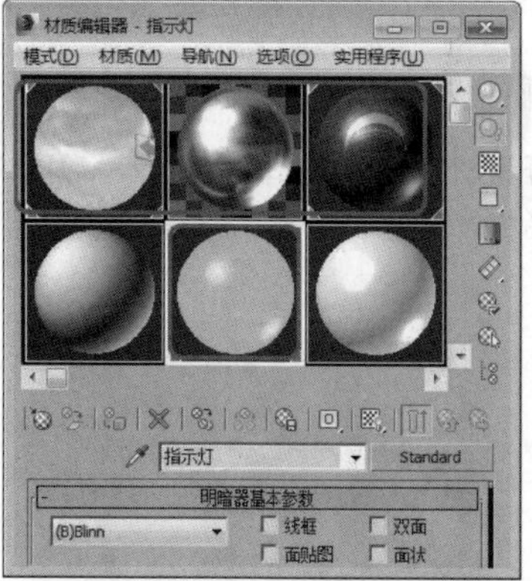

专家提醒

除了上述方法可以打开“材质编辑器”对话框外，还有以下两种方法。

方法1：按M键，打开“材质编辑器”对话框。

方法2：在菜单栏中选择“渲染”|“材质编辑器”命令，在弹出的子菜单中选择相应的材质编辑器选项。

实战操作298 更改材质示例窗显示数目

素材：Scenes\Cha09\9-1.max	难度：★★★★★
场景：无	视频：视频\Cha09\实战操作298.avi

在3ds Max 2013中，提供了三种材质示例窗数目的显示方式。默认情况下是以3×2的方式显示。

01 打开素材文件9-1.max，按M键打开“材质编辑器”对话框，在任意一个材质样本球上单击鼠标右键，在弹出的快捷菜单中选择一种显示方式，如右图所示。

02 例如选择“6×4示例窗”显示方式后，“材质编辑器”中材质示例窗的效果，如下图所示。

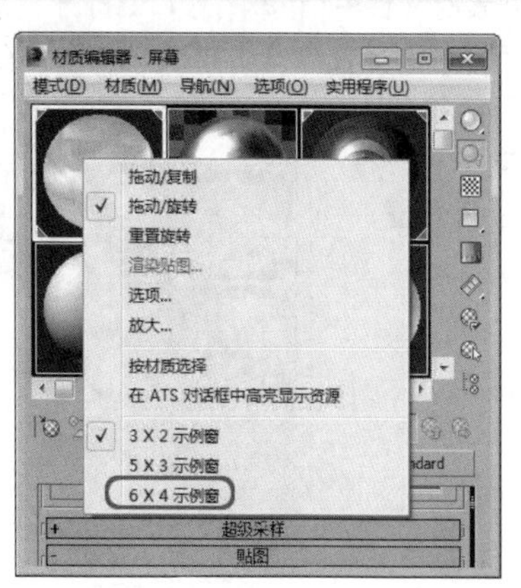

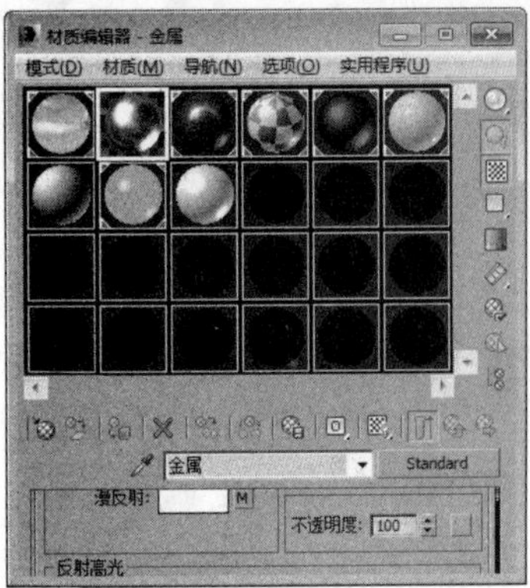

专家提醒

3×2示例窗、5×3示例窗、6×4示例窗：用于设计示例窗的布局，材质示例窗中其实一共有24个小窗，当以6×4方式显示时，它们可以完全显示出来，只是比较小；如果以5×3或3×2方式显示，可以使用手形拖动窗口，显示出隐藏在内部的其他示例窗。

除了上述方法可以设置材质示例窗显示的数目外，还可以在“材质编辑器”对话框的菜单栏中选择“选项”|“选项”命令，在打开的“材质编辑器选项”对话框中设置示例窗的数目。

实战操作299 显示材质样本球的背景

素材：Scenes\Cha09\9-1.max	难度：★★★★★
场景：无	视频：视频\Cha09\实战操作299.avi

启用材质样本球背景将在材质样本球背面显示多颜色的方格背景。使用该背景可方便观察材质样本球的透明度。

01 打开素材文件9-1.max，按M键打开“材质编辑器”对话框，未显示材质样本球背景的效果如下图所示。

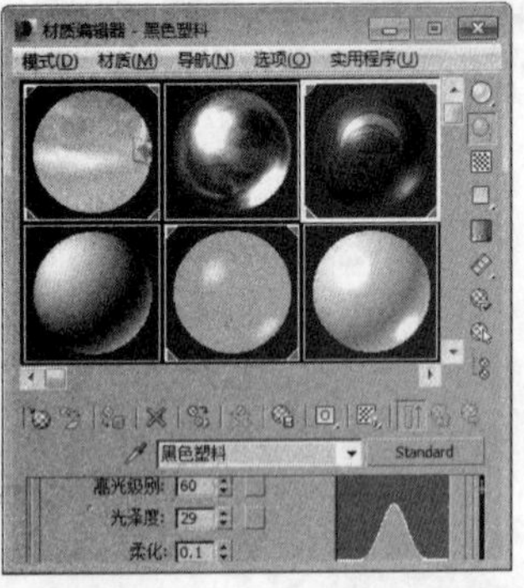

02 选择材质样本球，单击工具栏中的“背景”按钮，即可显示材质样本球的背景，效果如下图所示。

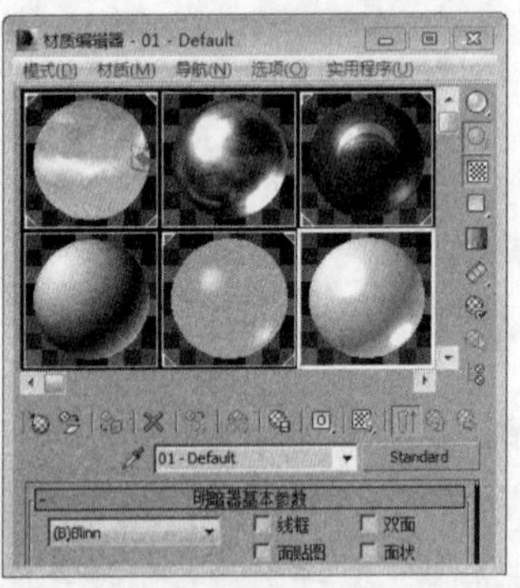

实战操作300 更改采样类型

素材：Scenes\Cha09\9-1.max	难度：★★★★★
场景：无	视频：视频\Cha09\实战操作300.avi

在“材质编辑器”对话框中，默认情况下的采样类型的显示方式为球体，可以通过“采样类型”按钮进行更改。

01 打开素材文件9-1.max，按M键打开“材质编辑器”对话框，选择任意一个材质样本球，在工具栏中的“采样类型”按钮上按住鼠标左键不放，将弹出采样类型列表框，如右图所示。

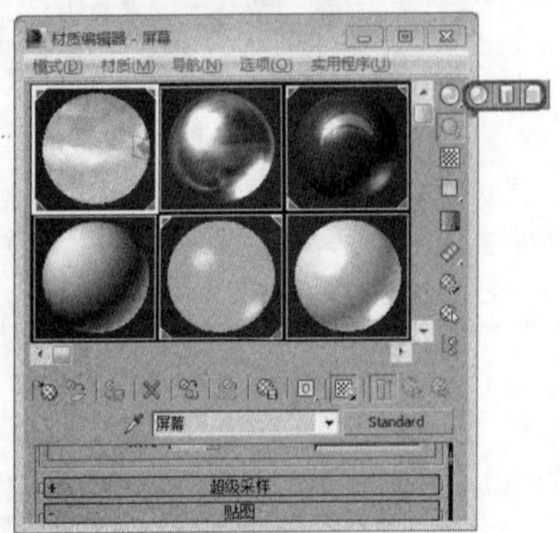

02 在弹出的列表框中，选择“长方体”形状，原材质样本球将以长方体形状显示，如下图所示。

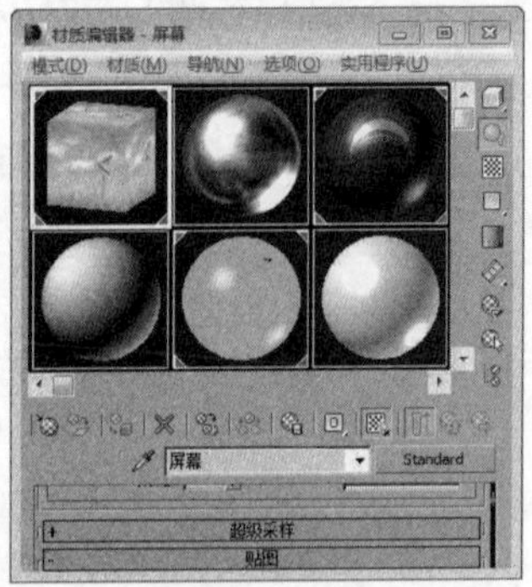

实战操作301 从对象拾取材质

素材：Scenes\Cha09\9-1.max	难度：★★★★★
场景：无	视频：视频\Cha09\实战操作301.avi

通过单击“从对象拾取材质”按钮，可以在场景中的某个对象上获取其所附的材质。此时鼠标会变为吸管状态。

01 打开素材文件9-1.max，按M键打开“材质编辑器”对话框，选择一个没有材质的样本球，单击“从对象拾取材质”按钮。

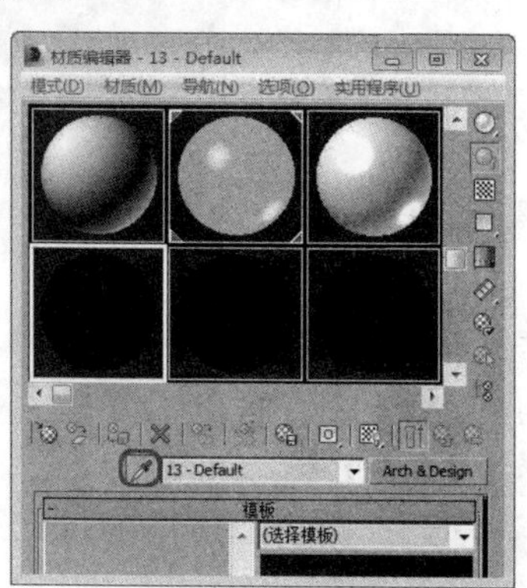

02 在对象上单击需要的材质，如将鼠标移至装饰画上，当鼠标变为时，单击鼠标左键，则所选的材质将指定给选择的样本球，如下图所示。

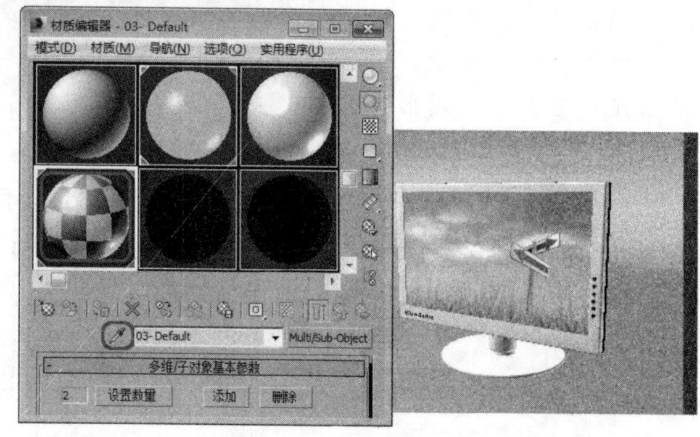

实战操作302 最大化查看材质

素材：Scenes\Cha09\9-1.max	难度：★★★★★
场景：无	视频：视频\Cha09\实战操作302.avi

在3ds Max 2014中可以将当前活动示例窗最大化显示，此时，示例窗将以浮动窗口的方式显示。

01 打开素材文件9-1.max，按M键打开“材质编辑器”对话框，在任意一个材质样本球上单击鼠标右键，在快捷菜单中选择“放大”选项，如下图所示。

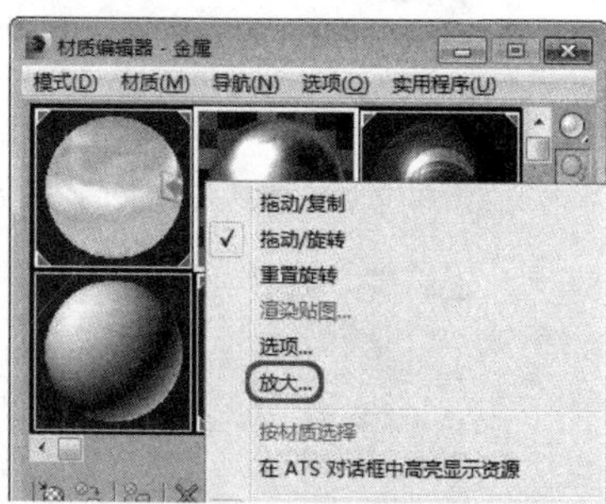

02 选择“放大”选项后，所选的材质样本球将以浮动窗口的方式最大化显示，如下图所示。

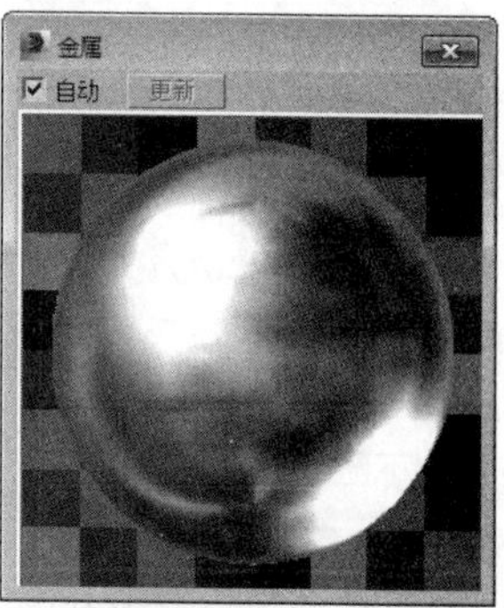

专家提醒

最大化查看材质的另外两种方法如下。

方法1：在当前活动示例窗上双击鼠标，即可将其最大化显示。

方法2：在“材质编辑器”对话框的菜单栏上，选择“材质”|“启动放大窗口”命令。

每一个材质只允许有一个放大窗口，最多可以同时打开24个放大窗口。通过拖拽它的四角可以任意放大尺寸。

专家提醒

在“重置材质/贴图参数”对话框中，选择第1个单选按钮会影响示例窗及场景中所有使用该材质的对象，但仍保持为同步材质；选择第2个单选按钮将只影响示例窗中的材质，变为非同步材质。

“同步材质”是指将材质指定给场景中的对象时，当用户对示例窗中的材质进行编辑时，场景中的材质将跟着变化，“非同步材质”与其相反。

实战操作303 旋转材质

素材：Scenes\Cha09\9-2.max	难度：★★★★★
场景：无	视频：视频\Cha09\实战操作303.avi

在示例窗中还可以旋转样本球，以便于观察其他角度的材质效果。在材质样本球对象上拖动时，是绕它自己的X或Y轴旋转，在材质样本球示例窗角落进行拖动，是绕它自己的Z轴旋转。

01 打开素材文件9-1.max，按M键打开“材质编辑器”对话框，选择一个带有材质的样本球，并单击鼠标右键，在弹出的快捷菜单中选择“拖动/旋转”命令，如右图所示。

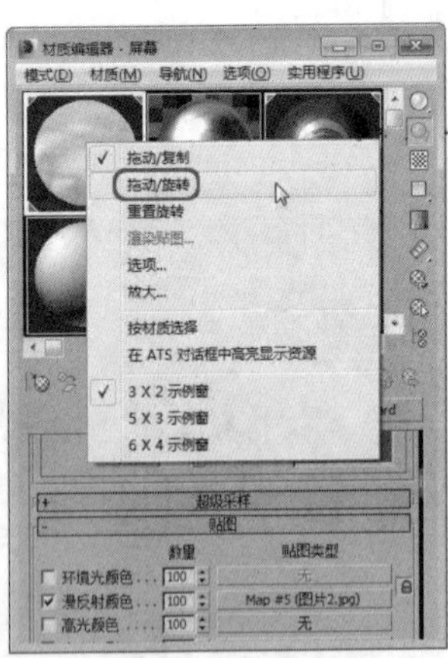

02 将鼠标移至材质样本球上并按住鼠标左键进行拖动，即可查看该样本球其他角度的材质效果，如右图所示。

专家提醒

将旋转后的样本球还原为默认状态的方法是：在样本球上单击鼠标右键，在弹出的快捷菜单中选择“重置旋转”命令即可。

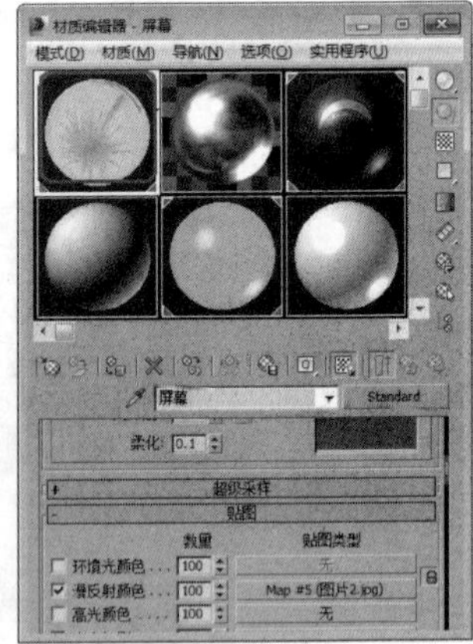

9.2 材质/贴图浏览器

“材质/贴图浏览器”对话框提供全方位的材质和贴图浏览选择功能，它会根据当前的情况而变化，如果允许选择材质和贴图，则会将两者都显示在该对话框中，否则将仅显示材质或贴图。

实战操作304 打开系统材质

素材：Scenes\Cha09\9-2.max	难度：★★★★★
场景：无	视频：视频\Cha09\实战操作304.avi

在“材质/贴图浏览器”对话框中，提供了标准、虫漆、多维/子对象、光线跟踪等15种内置材质。

01 在3ds Max 2014中单击按钮，在弹出的下拉列表中选择打开命令，在弹出的对话框中选择素材文件9-2.max，打开后的场景如下图所示。

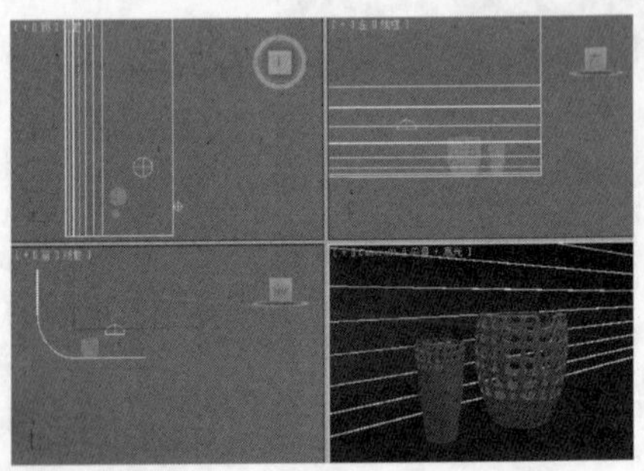

02 按M键打开“材质编辑器”对话框，选择一个新样本球，单击“获取材质”按钮，如下图所示。

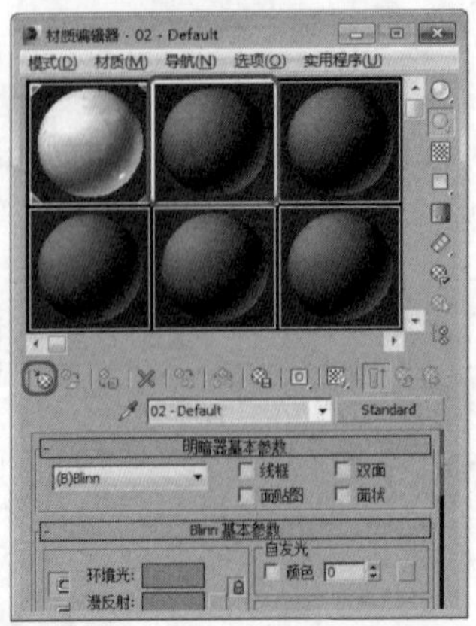

03 在打开的“材质/贴图浏览器”对话框中，双击“Ink'n Paint”材质选项，如下图所示。

04 即可打开系统内置材质，该材质将显示在当前活动示例窗中，如右图所示。

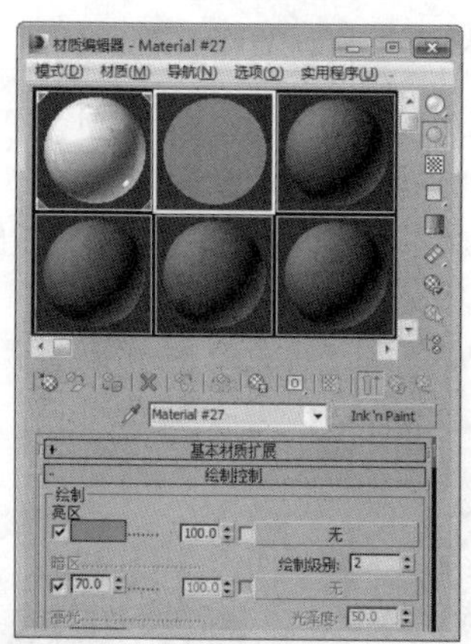

实战操作305 打开材质库

素材：Scenes\Cha09\9-2.max	难度：★★★★★
场景：无	视频：视频\Cha09\实战操作305.avi

01 在3ds Max 2014中单击按钮，在弹出的下拉列表中选择打开命令，在弹出的对话框中选择素材文件9-2.max，打开后的场景如下图所示。

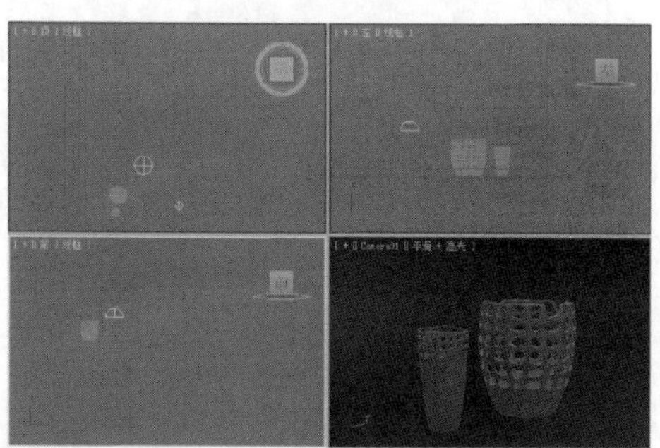

02 按M键打开“材质编辑器”对话框，选择一个新样本球，单击“获取材质”按钮，如下图所示。

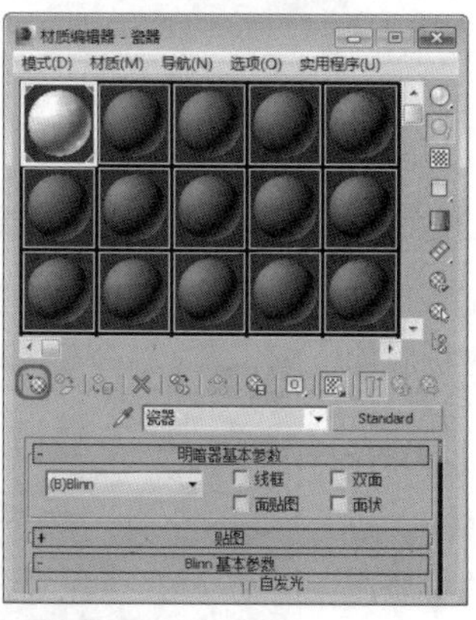

03 打开“材质\贴图浏览器”对话框，展开“场景材质”卷展栏，右击“瓷器”选项，在弹出的快捷菜单中选择“复制到”|“新建材质库”命令，如下图所示。

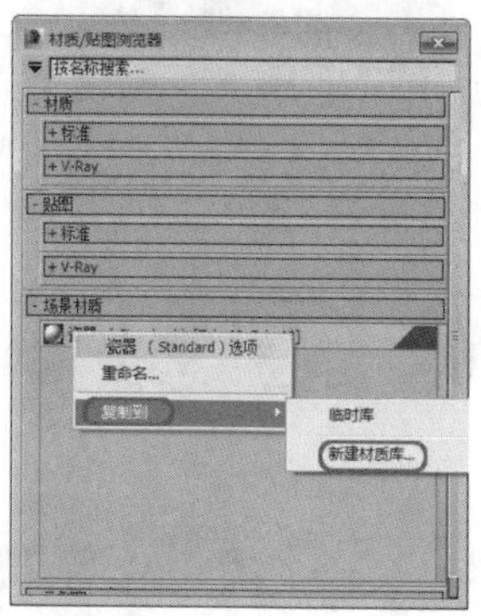

04 在弹出的对话框中，设置存储路径及文件名，设置完成后单击“保存”按钮，如下图所示。

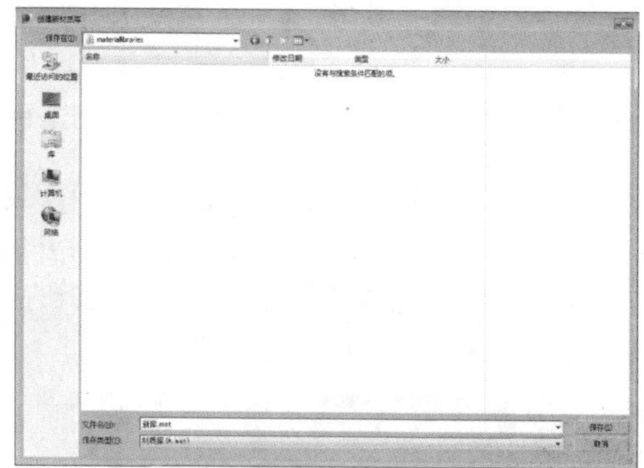

实战操作306 永久保存材质

素材：Scenes\Cha09\9-2.max	难度：★★★★★
场景：无	视频：视频\Cha09\实战操作306.avi

永久保存材质是将材质保存到本地磁盘中，关机后也不会丢失。材质库的文件扩展名为.mat。

01 打开素材文件9-2.max，按M键打开“材质编辑器”，选择一个材质样本球，单击“从对象拾取材质”按钮，在场景中选择对象，将该对象中的材质拾取到样本球上，如下图所示。

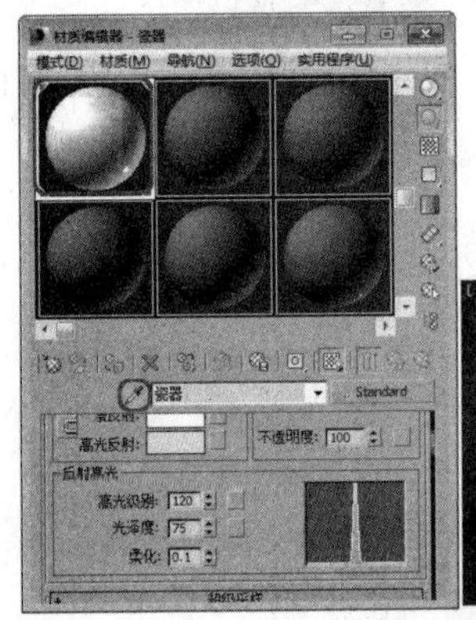

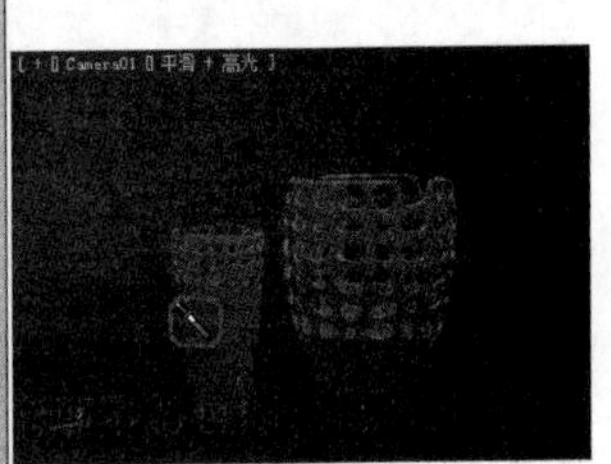

02 单击“放入库”按钮，在打开的“放置到库”对话框中使用默认名称，并单击“确定”按钮，如下图所示。

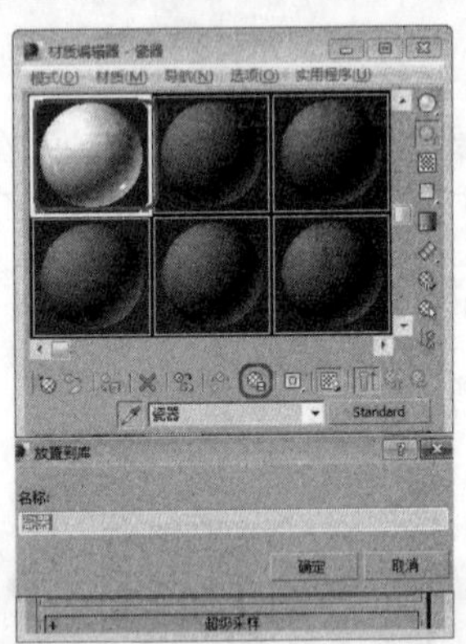

03 再单击“获取材质”按钮，在打开的对话框中的“临时库”卷展栏中显示出刚存储的材质，在“临时库”卷展栏上单击鼠标右键，在弹出的快捷菜单中选择“另存为”选项，如下图所示。

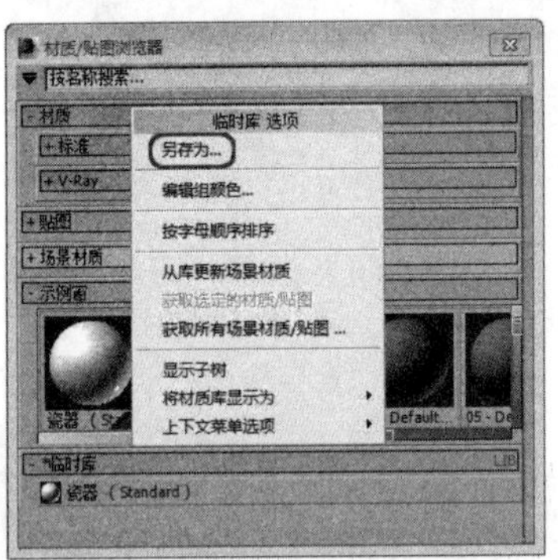

04 弹出“导出材质库”对话框，在该对话框中设置保存路径及文件名，如下图所示，单击“保存”按钮，即可将该材质永久保存至磁盘中。

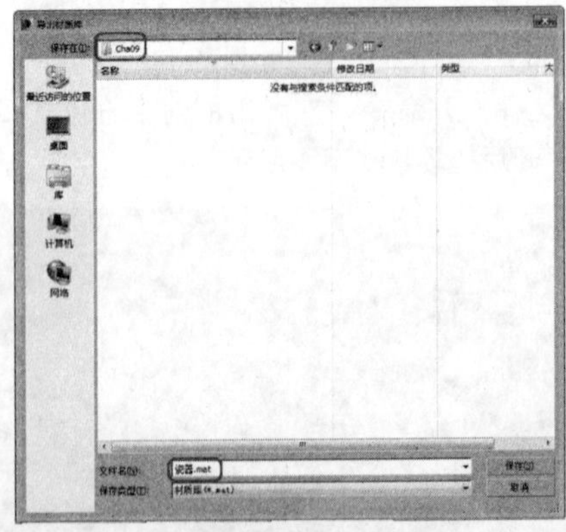

实战操作307 打开已保存的材质

素材：Scenes\Cha09\9-2.max	难度：★★★★★
场景：无	视频：视频\Cha09\实战操作307.avi

在打开的场景中可以将已保存的材质，即扩展名为.mat的材质库文件直接导入到“材质/贴图浏览器”对话框中。

01 打开素材文件9-2.max，按M键打开“材质编辑器”对话框，单击“获取材质”按钮，在打开的对话框中单击“材质/贴图浏览器选项”按钮，并在弹出的快捷菜单中选择“打开材质库”选项，如下图所示。

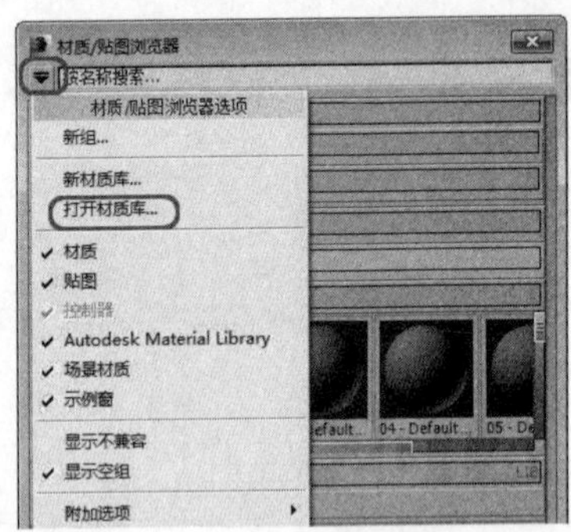

02 在打开的“导入材质库”对话框中选择实战操作中保存的材质库文件，单击“打开”按钮，即可将材质库文件导入，如下图所示。双击该材质库中的材质，即可将其指定给选中的样本球。

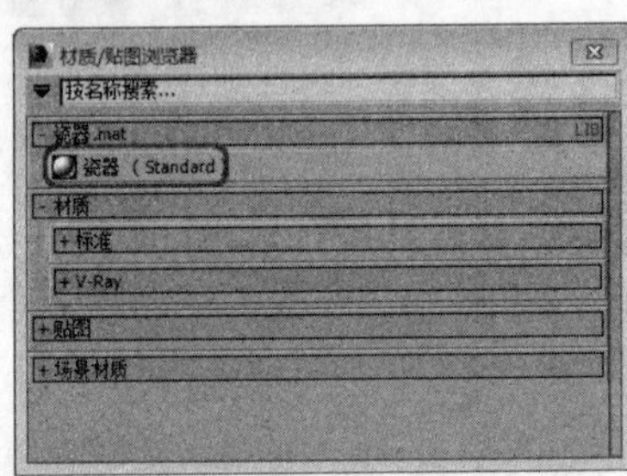

专家提醒

扩展名为.mat的材质库文件中可以包含1个或多个不同的材质。

实战操作308 查看文本

素材：Scenes\Cha09\9-2.max	难度：★★★★★
场景：无	视频：视频\Cha09\实战操作308.avi

在“材质/贴图浏览器”对话框中，默认是以图标和文本的方式显示材质和贴图。除此之外，还可以以其他方式显示。其中文本是以文字方式显示的。

01 打开素材文件9-2.max，在“材质编辑器”对话框中单击“获取材质”按钮，在打开的对话框中任意一个卷展栏上单击鼠标右键，在弹出的快捷菜单中选择“将组(和子组)显示为”选项，并在子菜单中选择“文本”选项，如下图所示。

02 选择“文本”选项后，“材质/贴图浏览器”对话框中的该卷展栏下的内容显示方式将变为以文字方式显示，如下图所示。

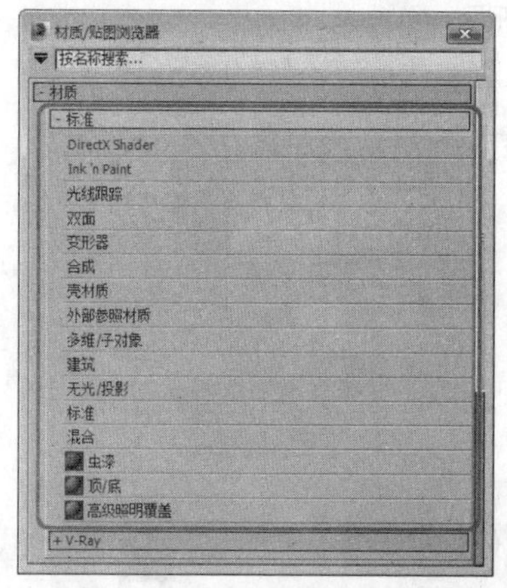

实战操作309 查看小图标

素材：Scenes\Cha09\9-2max	难度：★★★★★
场景：无	视频：视频\Cha09\实战操作309.avi

以小图标方式显示，并在小图标下显示其名称，当鼠标停留在某个小图标上时，也会显示它的名称。

01 打开素材文件9-2.max，在“材质编辑器”对话框中单击“获取材质”按钮，在打开的对话框中任意一个卷展栏上单击鼠标右键，在弹出的快捷菜单中选择“将组(和子组)显示为”选项，并在子菜单中选择“小图标”选项，如下图所示。

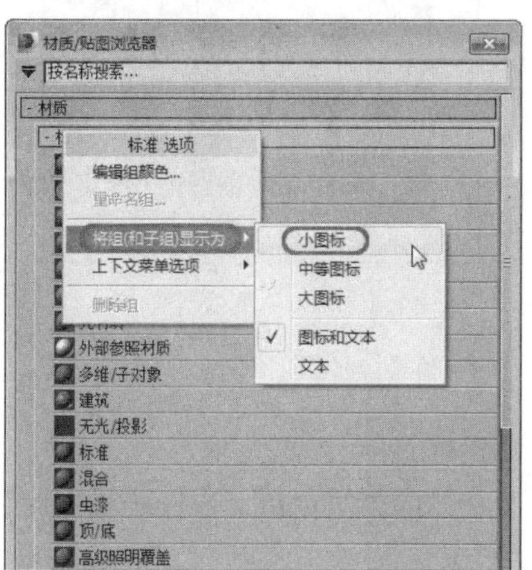

02 选择“小图标”选项后，“材质/贴图浏览器”对话框中的该卷展栏下的内容显示方式将变为以小图标方式显示，如下图所示。

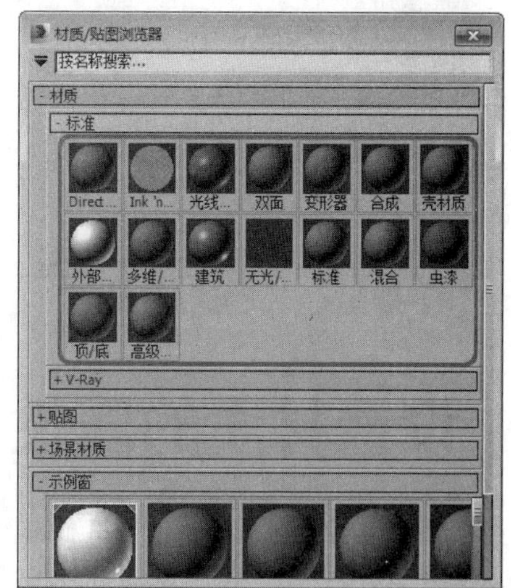

实战操作310 查看中等图标

素材：Scenes\Cha09\9-2.max	难度：★★★★★
场景：无	视频：视频\Cha09\实战操作310.avi

以中等图标方式显示，并在中等图标下显示其名称，当鼠标停留在某个中等图标上时，也会显示它的名称。

01 打开素材文件9-2.max，在“材质编辑器”对话框中单击“获取材质”按钮，在打开的对话框中任意一个卷展栏上单击鼠标右键，在弹出的快捷菜单中选择“将组(和子组)显示为”选项，并在子菜单中选择“中等图标”选项，如下图所示。

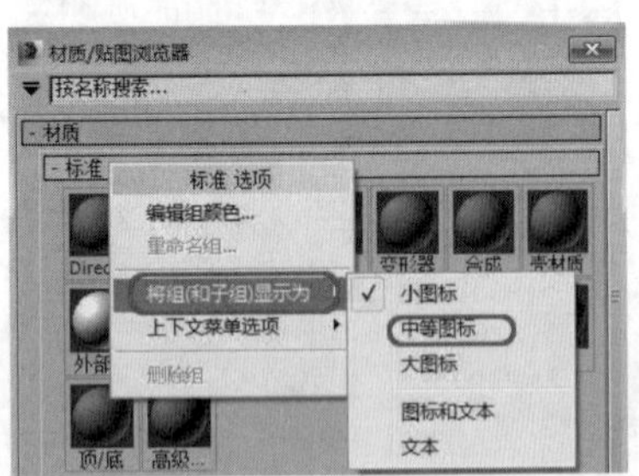

02 选择“中等图标”选项后，“材质/贴图浏览器”对话框中的该卷展栏下的内容显示方式将变为以中等图标方式显示，如下图所示。

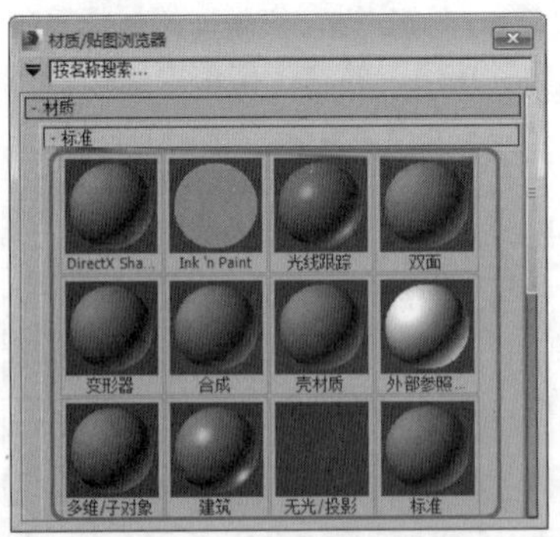

实战操作311 查看大图标

素材：Scenes\Cha09\9-2.max	难度：★★★★★
场景：无	视频：视频\Cha09\实战操作311.avi

以大图标方式显示，并在大图标下显示其名称，当鼠标停留在某个大图标上时，也会显示它的名称。

01 打开素材文件9-2.max，在“材质编辑器”对话框中单击“获取材质”按钮，在打开的对话框中任意一个卷展栏上单击鼠标右键，在弹出的快捷菜单中选择“将组(和子组)显示为”选项，并在子菜单中选择“大图标”选项，如下图所示。

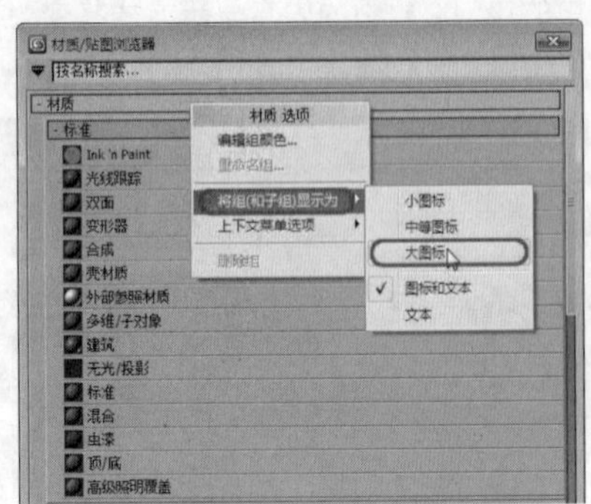

02 选择“大图标”选项后，“材质/贴图浏览器”对话框中的该卷展栏下的内容显示方式将变为以大图标方式显示，如下图所示。

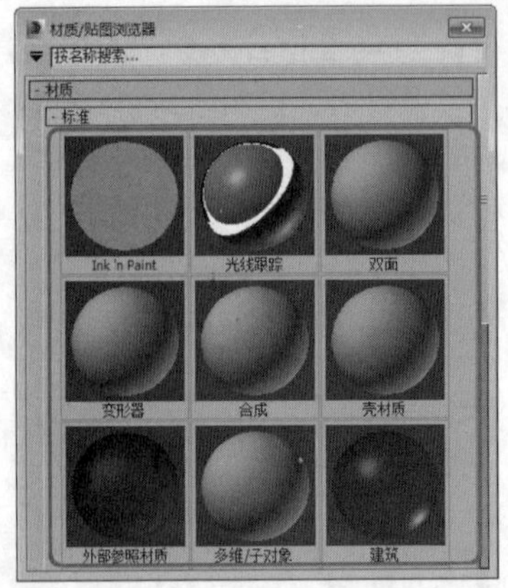

9.3 设置材质的属性

当为创建的物体设置材质时，设置材质的属性是至关重要的，一个物体的效果如何，取决于如何设置其属性，本节将介绍如何设置材质的属性，使读者对3ds Max 2014有进一步的了解。

实战操作312 设置环境光

素材：Scenes\Cha09\9-3.max	难度：★★★★★
场景：Scenes\Cha09\实战操作312.max	视频：视频\Cha09\实战操作312.avi

环境光主要控制物体表面阴影区的颜色，下面介绍如何设置环境光。

01 在3ds Max 2014中单击按钮，在弹出的下拉列表中选择“打开”命令，在弹出的对话框中选择素材文件9-3.max，打开后的场景如下图所示。

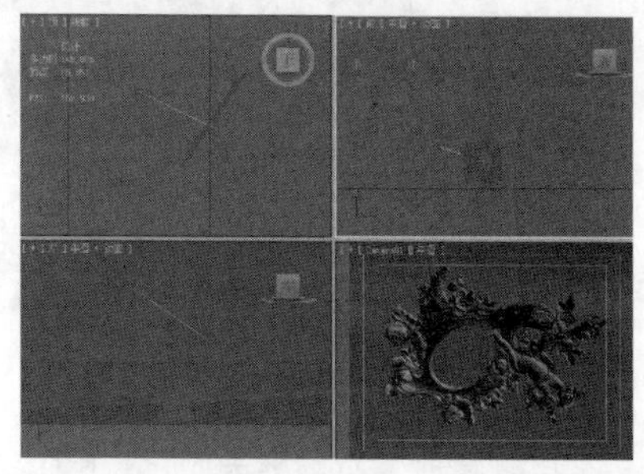

02 打开素材后，在工具栏中单击“材质编辑器”按钮，并在弹出的对话框中选择第一个材质样本球，在“Blinn基本参数”卷展栏中，单击“环境光”右侧的颜色框，在弹出的对话框中，将RGB值设置为（196、220、243），如下图所示。

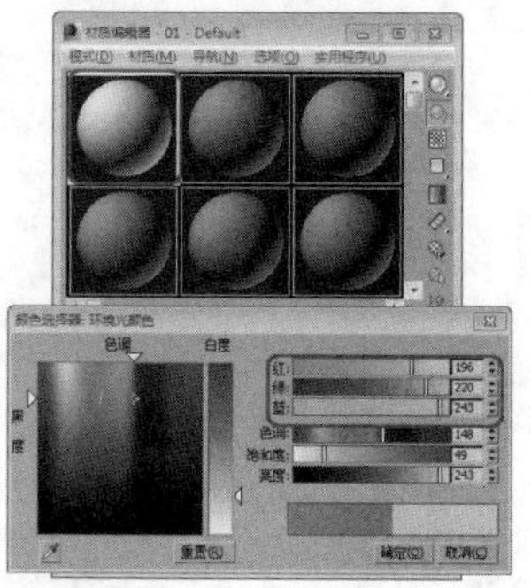

03 单击“将材质指定给选定对象”按钮，将材质指定给对象。将“材质编辑器”对话框关闭，按键盘上的8键，在打开的对话框中选择“环境”选项卡，如下图所示。

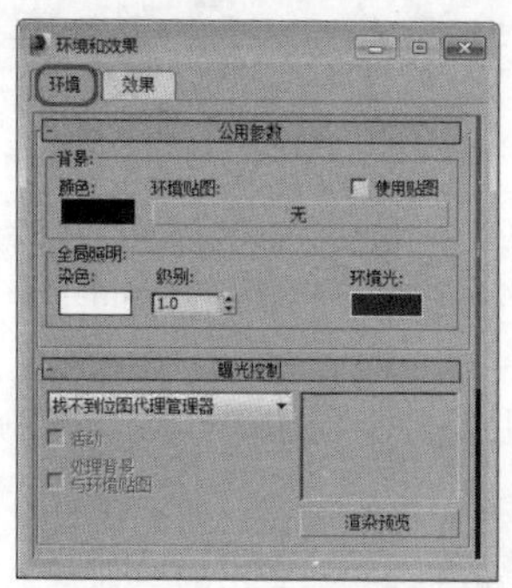

04 在“参数公用”卷展栏中的“全局照明”选项组中，单击“环境光”下方的颜色框，在弹出的对话框中，将RGB值设置为（49、49、49），如下图所示，然后将“环境和效果”对话框关闭即可。

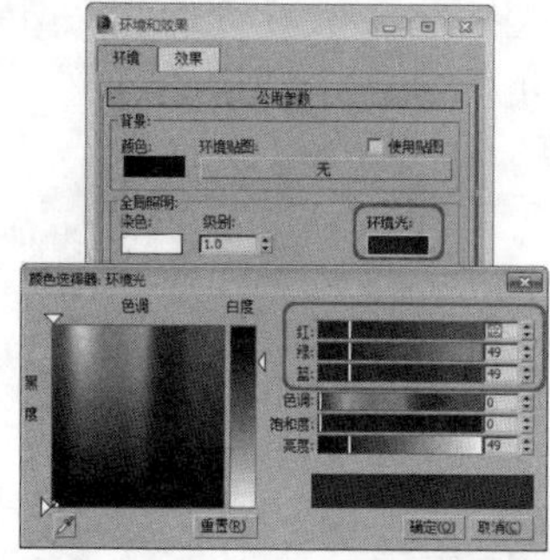

实战操作313 设置漫反射

素材：无	难度：★★★★★
场景：Scenes\Cha09\实战操作313.max	视频：视频\Cha09\实战操作313avi

漫反射主要控制物体表面过滤区的颜色，下面介绍如何设置漫反射。

01 继续上一实例的操作，在工具栏中单击“材质编辑器”按钮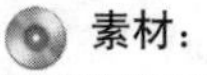，并在弹出的对话框中选择第一个材质样本球，在“Blinn基本参数”卷展栏中，单击“漫反射”左侧的按钮，取消“环境光”与“漫反射”之间的颜色锁定，单击“漫反射”右侧的颜色框，在弹出的对话框中，将RGB值设置为（201、191、122），如右图所示。

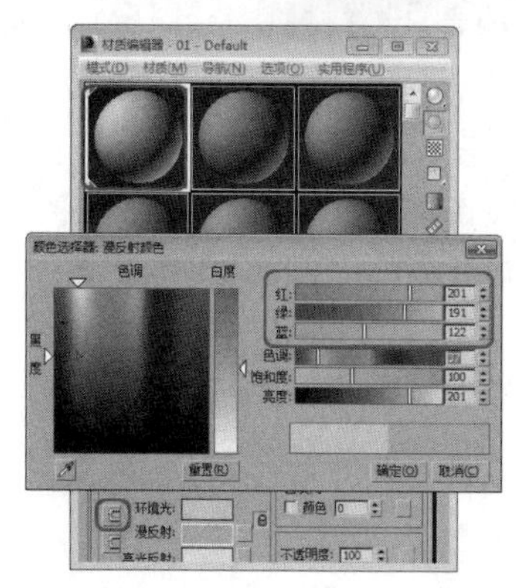

02 将“材质编辑器”对话框关闭，单击“渲染产品”按钮，渲染产品，渲染完成后的效果如右图所示。

实战操作314 设置高光反射

素材：无	难度：★★★★★
场景：Scenes\Cha09\实战操作314max	视频：视频\Cha09\实战操作314.avi

高光反射主要控制物体表面高光区的颜色，下面介绍如何设置漫反射。

01 继续上一实例的操作，在工具栏中单击“材质编辑器”按钮，并在弹出的对话框中选择第一个材质样本球，在“Blinn基本参数”卷展栏中，单击“高光反射”右侧的颜色框，在弹出的对话框中，将RGB值设置为（0、0、255），将“反射高光”下的“高光级别”设置为543，如右图所示。

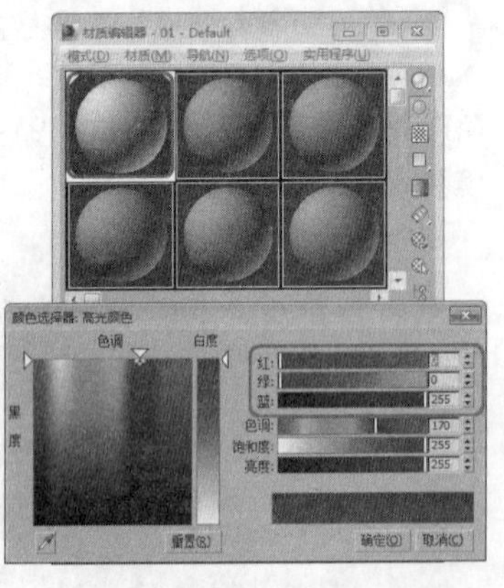

02 将“材质编辑器”对话框关闭，按F9键对摄影机视图进行渲染，渲染完成后的效果如下图所示。

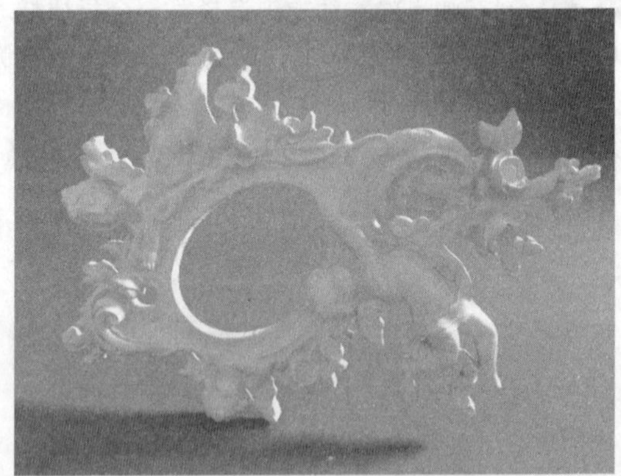

实战操作315 设置材质的不透明度

素材：Scenes\Cha09\9-4.max	难度：★★★★★
场景：Scenes\Cha09\实战操作315.max	视频：视频\Cha09\实战操作315.avi

一般情况下，材质透明度的默认值为100，我们可以根据调整数值来设置材质的透明度，下面介绍如何设置材质的不透明度。

01 打开素材文件9-4.max，在工具栏中单击“材质编辑器”按钮，并在弹出的对话框中选择“玻璃“材质样本球，如右图所示。

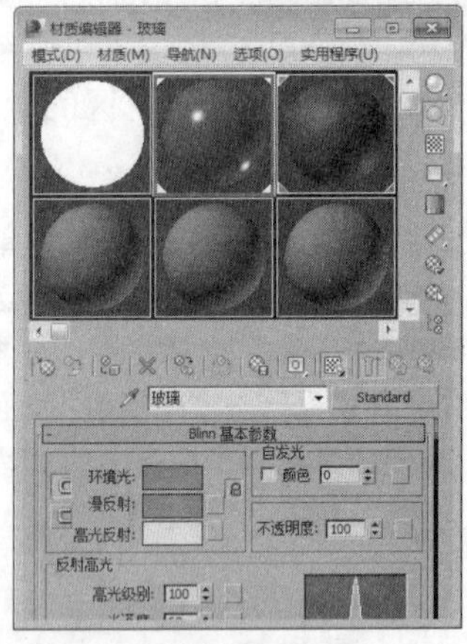

02 在“贴图”卷展栏中，单击“不透明度”右侧的“无”按钮，在弹出的对话框中选择“衰减”，单击“确定”按钮，在“材质编辑器”对话框中单击“转到父对象”按钮，将“材质编辑器”对话框关闭，按F9键对摄影机视图进行渲染，渲染完成后的效果如右图所示。

实战操作316 设置材质的自发光

素材：Scenes\Cha09\9-5.max	难度：★★★★★
场景：Scenes\Cha09\实战操作316.max	视频：视频\Cha09\实战操作316.avi

设置材质的自发光可以使材质具备自身的发光效果，设置自发光有两种方式，一种是勾选前面的复选框，使用带有颜色的自发光，另一种是关闭复选框，在文本框中输入相应的数值，使用单一颜色的自发光。下面介绍第二种方式的使用方法。

01 打开素材文件9-5.max，在工具栏中单击“材质编辑器”按钮，并在弹出的对话框中选择玻璃样本球，如右图所示。

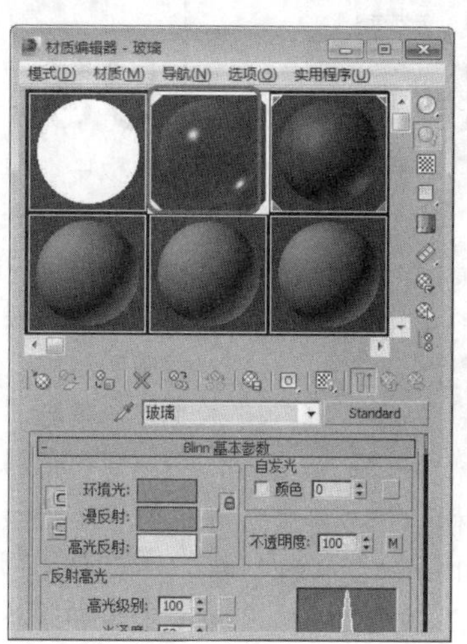

02 在“Blinn基本参数”卷展栏中的“自发光”文本框中输入40，按Enter键确认，如下图所示，将“材质编辑器”对话框关闭，按F9键对摄影机视图渲染，如下图所示。

9.4 创建标准材质

标准材质类型为表面建模提供了非常直观的方式。在现实世界中，表面的外观取决于它如何反射光线。在3ds Max中，标准材质模拟表面的反射属性。如果不使用贴图，标准材质会为对象提供单一统一的颜色。在接下来的实例中将会介绍如何创建材质。

实战操作317 创建多维/子材质

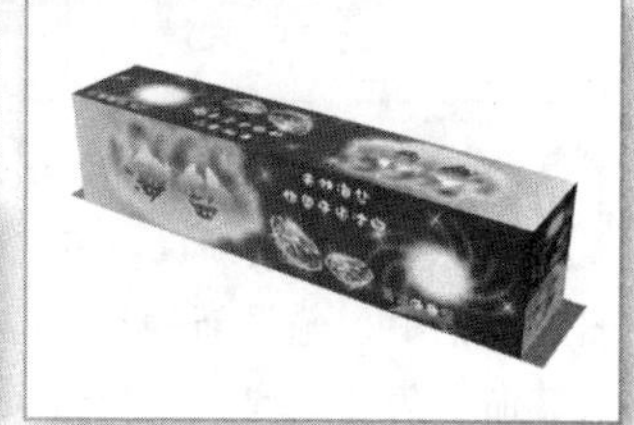

素材：Scenes\Cha09\9-6.max	难度：★★★★★
场景：Scenes\Cha09\实战操作317.max	视频：视频\Cha09\实战操作317.avi

创建多维/子材质是将多个材质组合为一种复合式材质，可以在一组不同的物体之间分配ID号，使一个物体享有不同的多维/子材质，下面介绍如何创建多维/子材质。

01 打开素材文件9-6.max，在视图中选择“牙膏盒”对象，进入“修改”命令面板，将当前选择集定义为“多边形”，如下图所示。

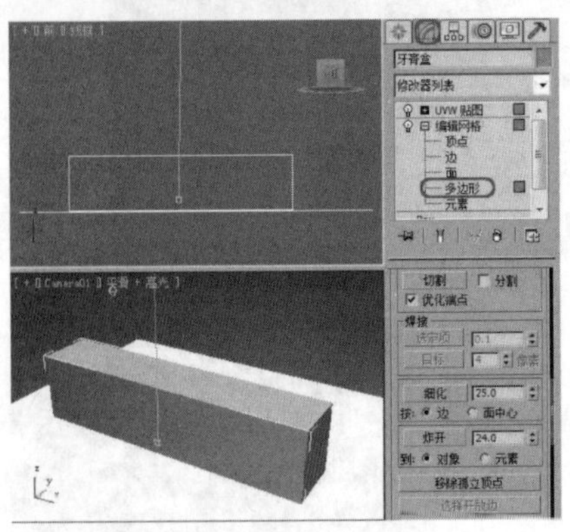

02 在前视图中选择多边形，在“曲面属性”卷展栏中，将“设置ID”的参数设置为1，按Enter键确认，如下图所示。

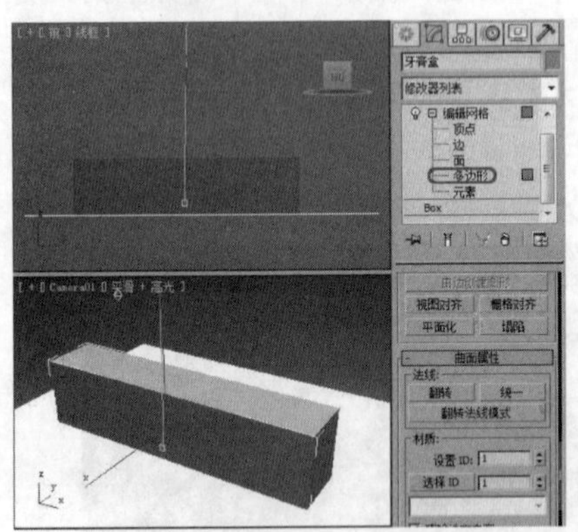

03 将前视图变为后视图，选择长方体的多边形面，在“曲面属性”卷展栏中，将“设置ID”的参数设置为2，按Enter键确认。

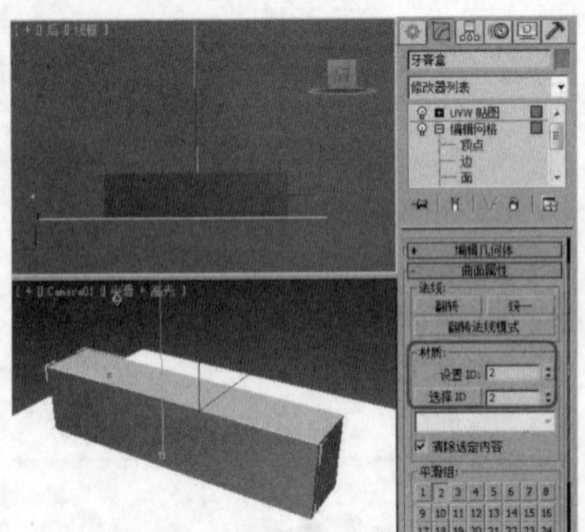

04 使用同样的方法设置其他面的ID，按M键打开“材质编辑器”对话框，选择新的材质样本球，并将其命名为“牙膏”，单击文本框右侧的Standard按钮，在弹出的对话框中选择“多维/子对象”选项，单击“确定”按钮，在弹出的“替换材质”对话框中单击“确定”按钮，如下图所示。

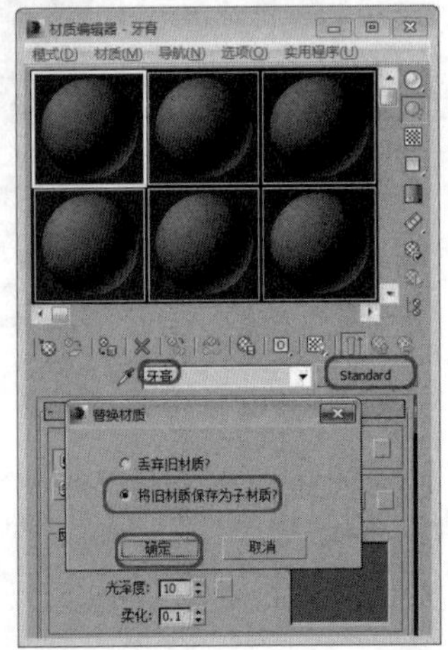

05 在“多维/子对象基本参数”卷展栏中，单击“设置数量”按钮，在弹出的对话框中，将“材质数量”设置为5，单击“确定”按钮，如下图所示。

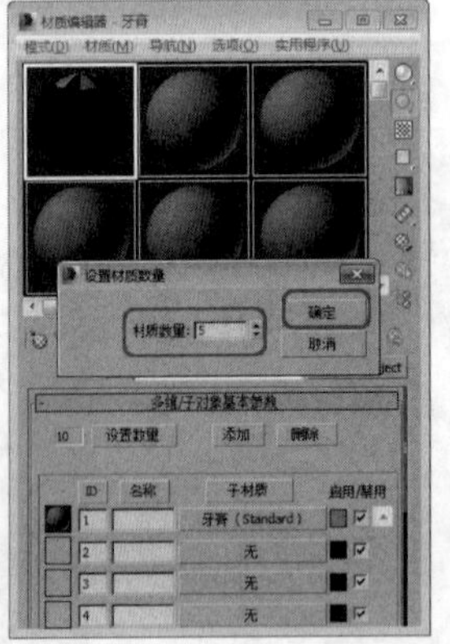

06 单击ID1右侧的“子材质”按钮，在“Blinn基本参数”卷展栏中，将“自发光”选项区中的“颜色”设置为30。在“贴图”卷展栏中，单击“漫反射颜色”右侧的“无”按钮，在弹出的对话框中双击“位图”选项，再在弹出的对话框中选择随书附带光盘中的CDROM\Map\牙膏包装正面.tif贴图文件，单击“打开”按钮，如下图所示。

07 进入位图贴图通道面板，使用默认设置，单击“转到父对象”按钮，将“漫反射颜色”通道中的贴图路径拖拽至“凹凸”通道的“无”按钮上，在弹出的对话框中选择“实例”单选按钮，单击“确定”按钮即可，如下图所示。

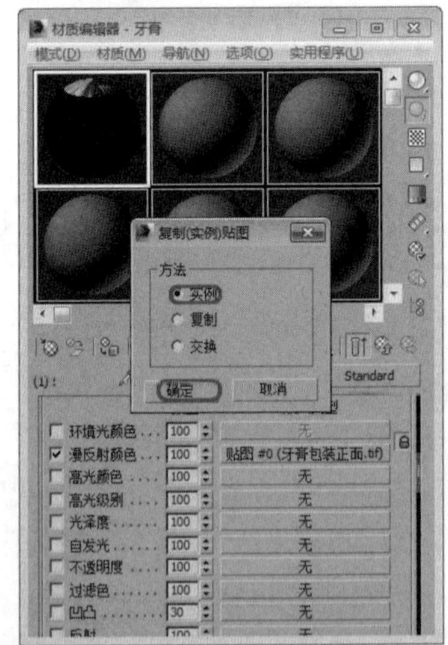

08 单击“转到父对象”按钮，返回到“多维/子对象材质”面板中，单击ID2右侧的“子材质”按钮，在弹出的对话框中选择“标准”选项，单击“确定”按钮，在“Blinn基本参数”卷展栏中，将“自发光”选项区中的颜色设置为30，在“贴图”卷展栏中，单击“漫反射颜色”右侧的“无”按钮，在弹出的对话框中双击“位图”选项，再在弹出的对话框中选择随书附带光盘中的CDROM\Map\牙膏包装背面.tif贴图文件，单击“打开”按钮，如下图所示。

09 单击“转到父对象”按钮，将“漫反射颜色”通道后的贴图路径拖拽至“凹凸”通道后的“无”按钮上，在弹出的对话框中选择“实例”单选按钮，单击“确定”按钮，如下图所示。

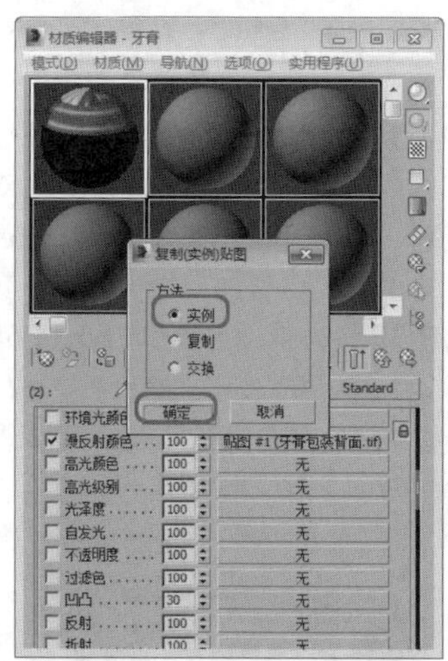

10 单击“转到父对象”按钮，返回到“多维/子对象材质”面板中，单击ID3右侧的“子材质”按钮，在弹出的对话框中选择“标准”选项，单击“确定”按钮，在“Blinn基本参数”卷展栏中，将“自发光”选项区中的颜色设置为30，在“贴图”卷展栏中，单击“漫反射颜色”右侧的“无”按钮，在弹出的对话框中双击“位图”选项，再在弹出的对话框中选择随书附带光盘中的CDROM\Map\牙膏包装侧面01.tif贴图文件，单击“打开”按钮，如下图所示。

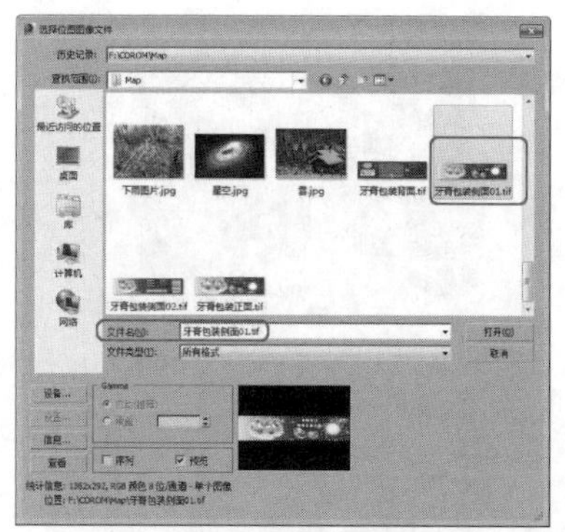

11 单击“转到父对象”按钮，将“漫反射颜色”通道后的贴图路径拖拽至“凹凸”通道后的“无”按钮上，在弹出的对话框中选择“实例”单选按钮，单击“确定”按钮，如下图所示。

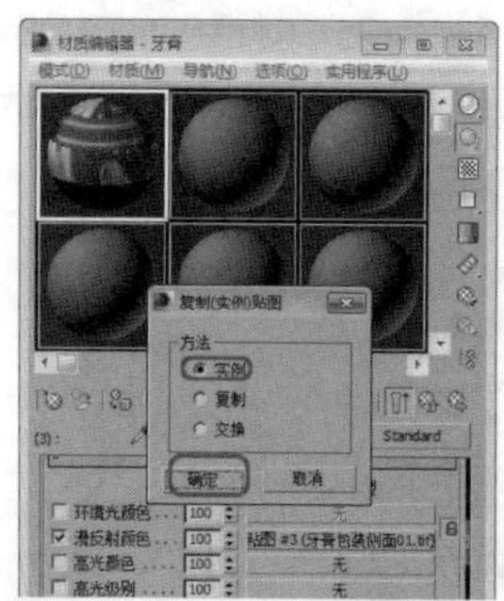

12 使用同样的方法设置其他ID材质，设置完成后返回到主材质面板，单击“将材质指定给选定对象”按钮，将材质指定给包装盒，指定完成后渲染摄影机视图，效果如下图所示。

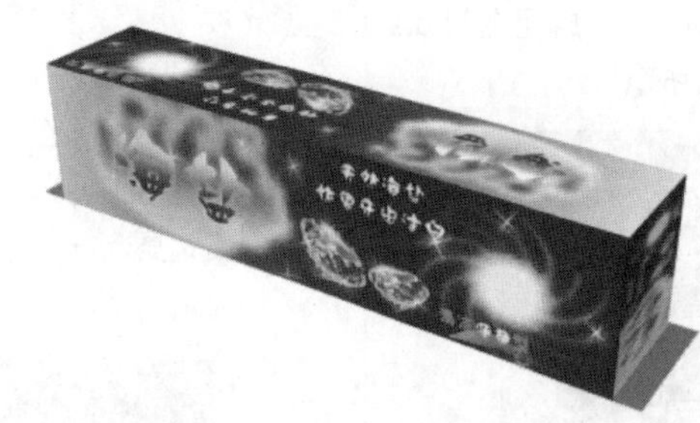

实战操作318 创建光线跟踪材质

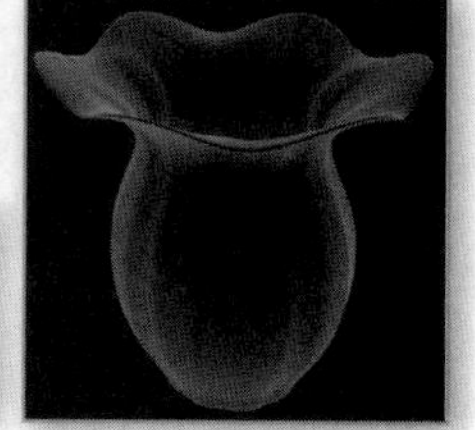

素材：Scenes\Cha09\9-7.max	难度：★★★★★
场景：Scenes\Cha09\实战操作318.max	视频：视频\Cha09\实战操作318.avi

光线跟踪材质是一种比标准材质更高的材质类型，它不仅包括了标准材质具备的全部特性，还可以创建真实的反射和折射效果，并且还支持雾、颜色浓度、半透明以及荧光等特殊效果，下面介绍如何创建光线跟踪材质。

01 在3ds Max 2014中，按Ctrl+O组合键，打开素材文件9-7.max，如下图所示。

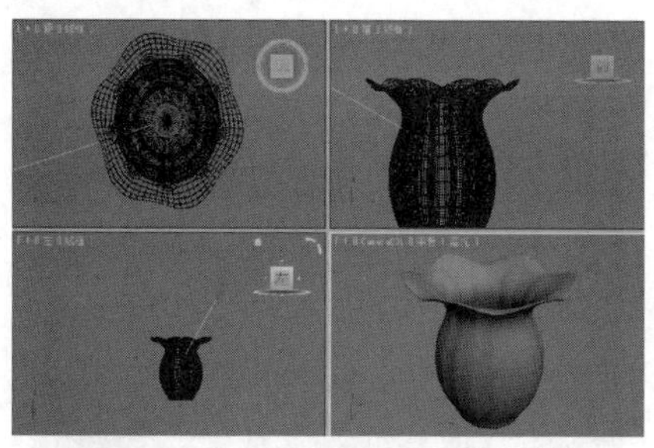

02 打开后，在视图中选择Cylinder01对象，在工具栏中单击“材质编辑器”按钮，在打开的对话框中选择第一个材质样本球，将其命名为“花瓶”，如下图所示。

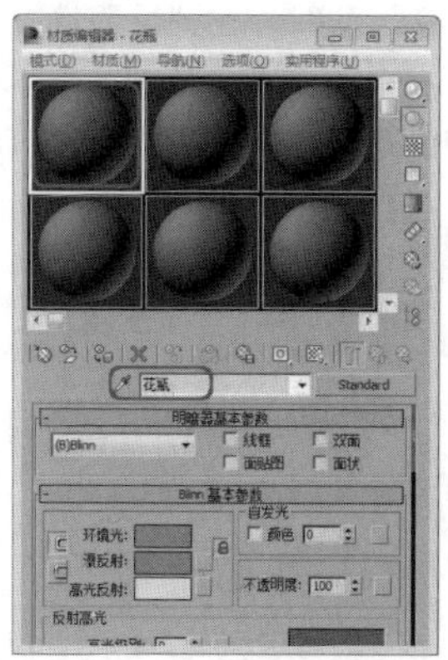

03 在“材质编辑器”对话框中，单击Standard按钮，在弹出的“材质/贴图浏览器”对话框中，单击“光线跟踪”按钮，如下图所示。

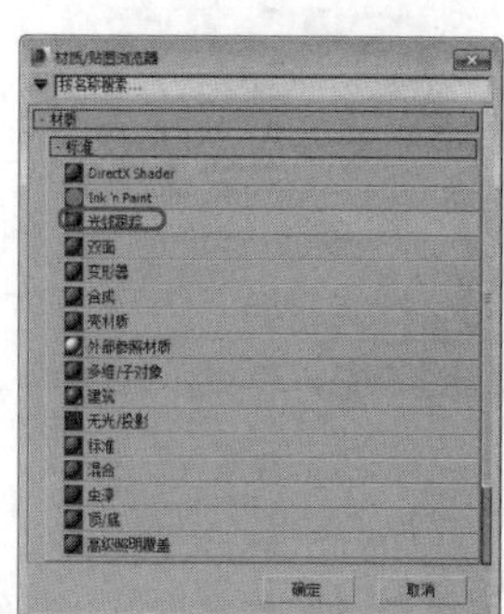

04 单击“确定”按钮，在“光线跟踪基本参数”卷展栏中，将“环境光”和“反射”的RGB值都设置为（255、0、0），将“漫反射”和“发光度”的RGB值都设置为（128、

146、222），将“透明度”的RGB值设置为（144、144、144），在“高光级别”和“光泽度”对话框中分别输入0、100，按Enter键确认，如下图所示。

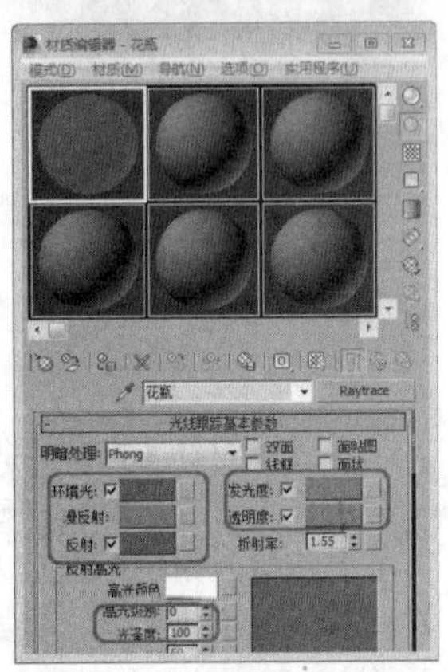

05 在“光线跟踪器控制”卷展栏中，取消勾选“启用光线跟踪”复选框，如下图所示。

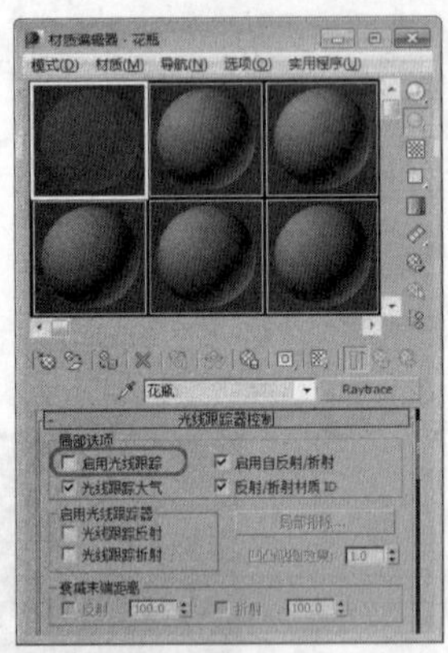

06 打开“贴图”卷展栏，单击“漫反射”贴图通道后面的“无”按钮，在打开的“材质/贴图浏览器”中双击“噪波”贴图，在“噪波参数”卷展栏中，将“颜色#1”的RGB值设置为（0、0、255），如下图所示。

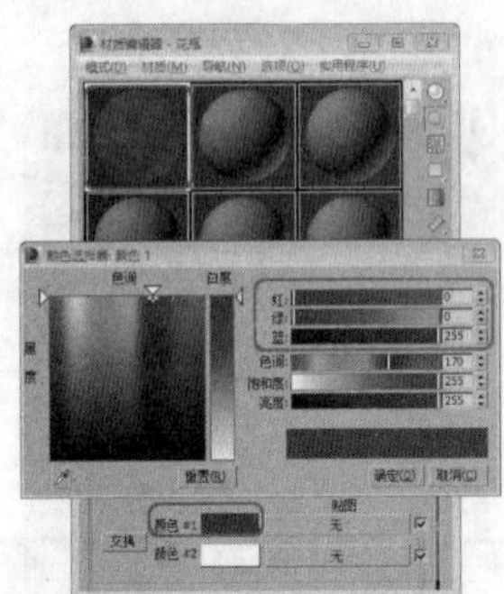

07 单击“转到父对象”按钮，返回到父材质层级，单击“透明度”贴图通道后面的“无”按钮，在打开的“材质/贴图浏览器”中双击“衰减”贴图，在“衰减参数”卷展栏下，将“前：侧”选项组中的两个颜色框的RGB值分别设置为（255、255、255）和（0、0、0），如下图所示。

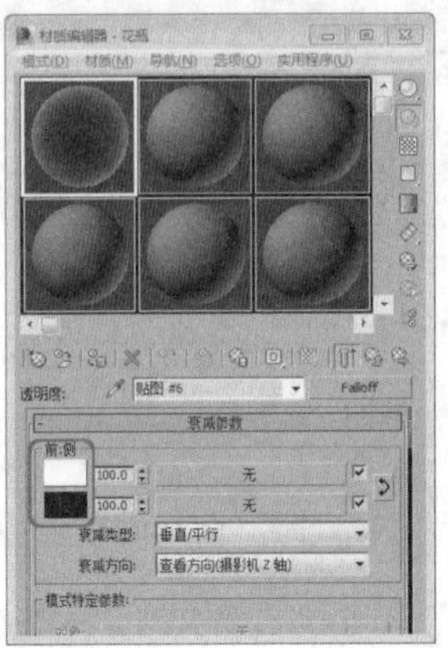

08 打开“输出”卷展栏，将“输出量”设置为1.2，单击“转到父对象”按钮，返回到父材质层级，单击“发光度”贴图通道后面的“无”按钮，在打开的“材质/贴图浏览器”中，双击“平面镜”贴图，在“平面镜参数”卷展栏中，勾选“渲染”选项组中的“应用于带ID的面”复选框，如下图所示。

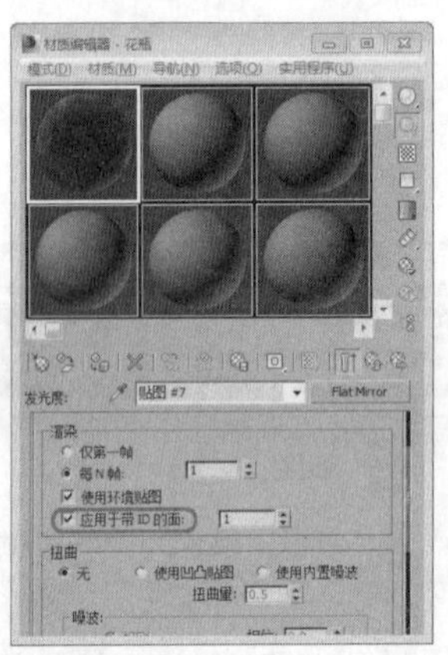

09 单击“转到父对象”按钮，返回到父材质层级，单击“附加光”贴图通道后面的“无”按钮，在打开的“材质/贴图浏览器”中，双击“平面镜”贴图，在“平面镜参数”卷展栏中，选择“渲染”选项组中的“应用于带ID的面”复选框，如下图所示。

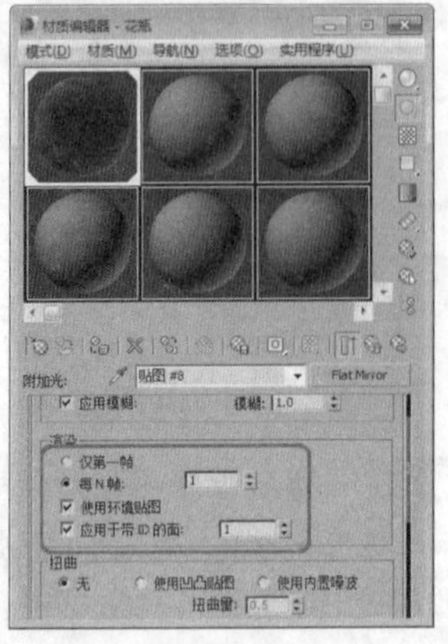

10 单击“转到父对象”按钮，返回到父材质层级，单击“半透明”贴图通道后面的“无”按钮，在打开的“材质/贴图浏览器”中双击“衰减”贴图，在“衰减参数”卷展栏中，将“前：侧”选项组中的两个颜色框的RGB值分别设置为（255、255、255）和（0、0、0），然后在“输出”卷展栏中，将“输出量”设置为1.2，按Enter键确认，如下图所示。

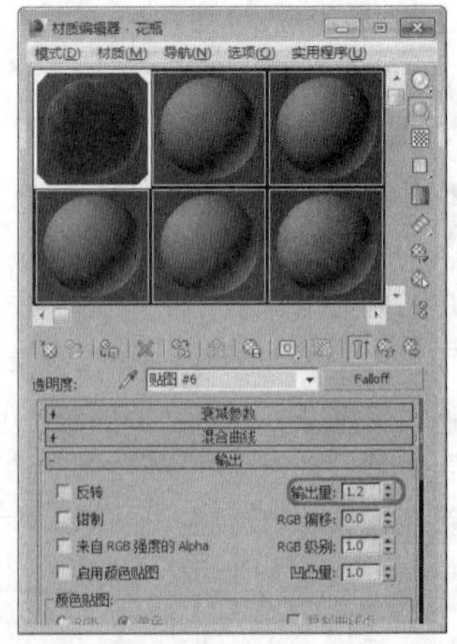

11 设置完成后单击“转到父对象”按钮，返回到父材质层级，单击“将材质指定给选定对象”按钮和“在视口中显示标准贴图”按钮，将当前材质指定给场景中选择的对象，将“材质编辑器”对话框关闭，即可完成创建光线跟踪材质，如下图所示。

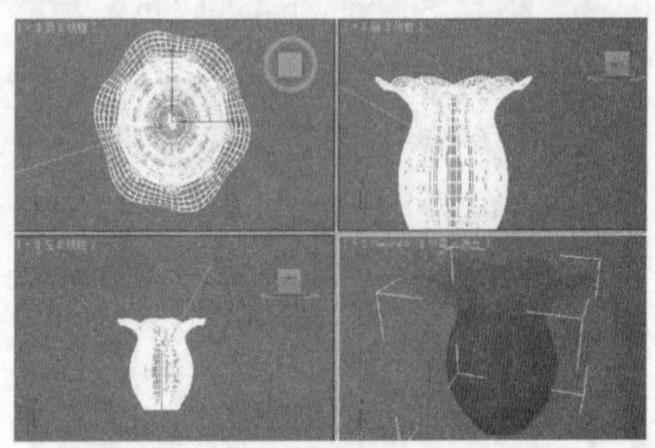

12 按F9键对摄影机视图进行渲染，渲染完成后的效果如下图所示。

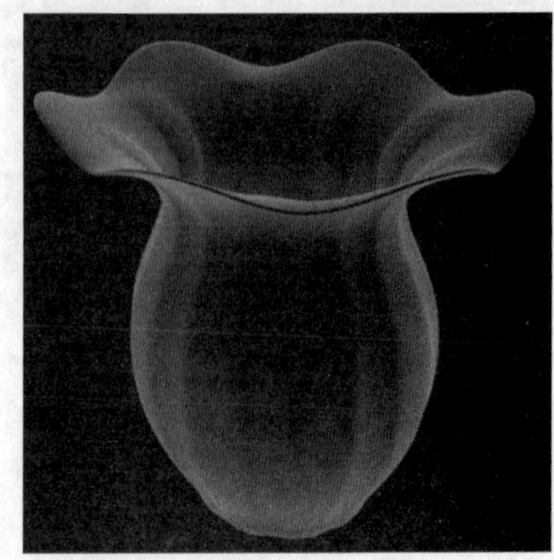

实战操作319 创建双面材质

 素材：Scenes\Cha09\9-8.max	难度：★★★★★
场景：Scenes\Cha09\实战操作319.max	视频：视频\Cha09\实战操作319avi

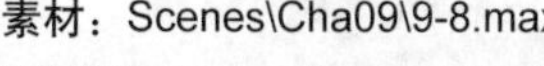

双面材质是指在物体的内外表面分别指定两种不同的材质，并且还可以控制它们的透明程度，下面介绍如何创建双面材质。

01 在3ds Max 2014中，按Ctrl+O组合键,打开素材文件9-8.max，如下图所示。

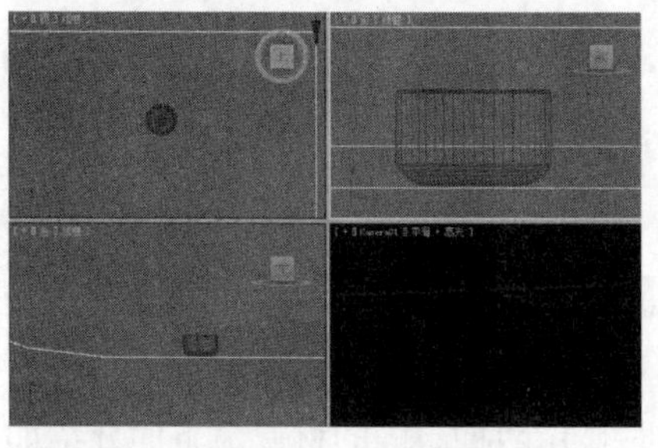

02 打开素材后，按H键打开“从场景中选择”对话框，在对话框中选择“杯子”，如下图所示。

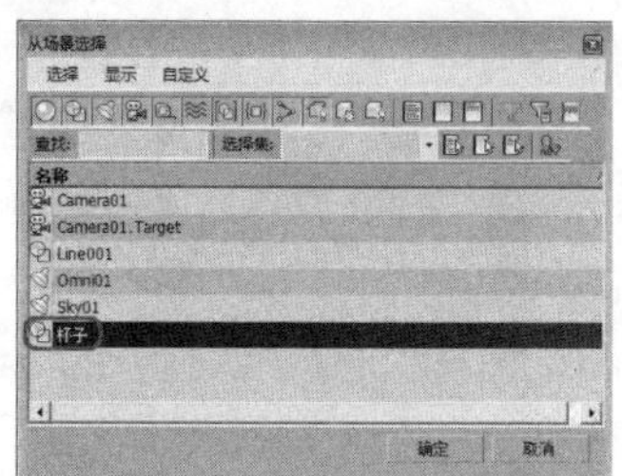

03 单击“确定”按钮，在工具栏中单击“材质编辑器”按钮，在弹出的对话框中单击Standard按钮，在弹出的“材质/贴图浏览器”对话框中选择“双面”，如下图所示。

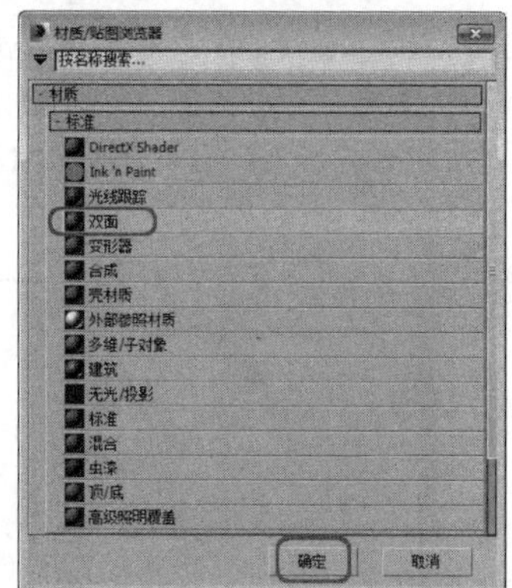

04 单击“确定”按钮，在弹出的“替换材质”对话框中单击“确定”按钮，在“双面基本参数”卷展栏中，单击“正面材质”右侧的材质按钮，如下图所示。

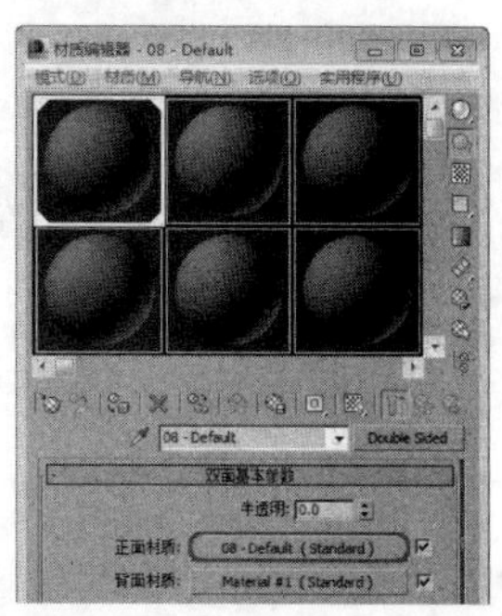

05 在“Blinn基本参数”卷展栏中，将“环境光”的RGB值设置为（39、218、77），在“自发光”选项组中的文本框中输入30，在“高光级别”和“光泽度”文本框中分别输入77、32，按Enter键确认，如下图所示。

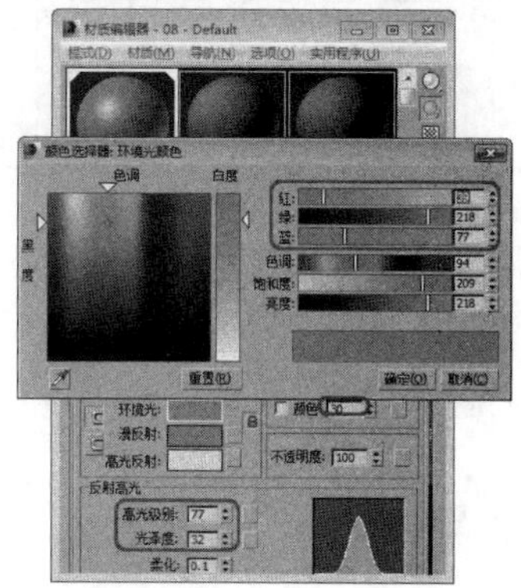

06 在“贴图”卷展栏中，单击“漫反射颜色”右侧的“无”按钮，在弹出的“材质/贴图浏览器”对话框中，双击“位图”贴图，如下图所示。

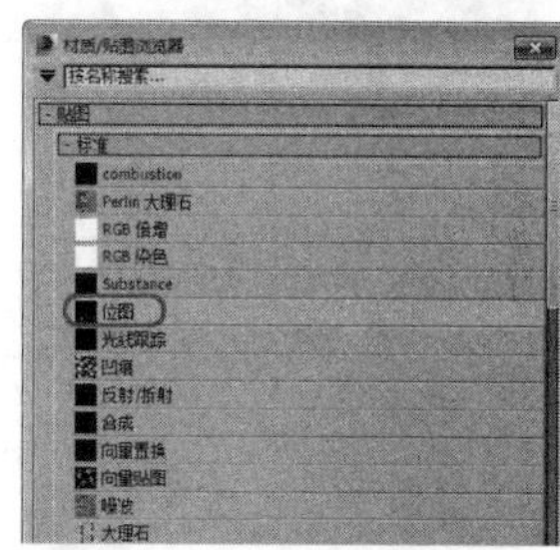

07 在弹出的“选择位图图像文件”对话框中，选择随书附带光盘中的CDROM\Map\012.jpg素材图片，如下图所示。

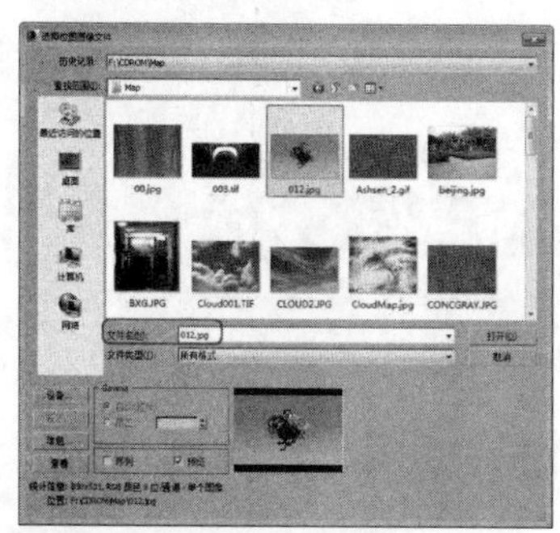

08 单击“打开”按钮，在“坐标”卷展栏中，单击“环境”单选按钮，在“偏移”下方的“U”、“V”文本框中输入-1、-0.16，在“瓷砖”下方的“U”、“V”文本框中输入2、2，如下图所示。

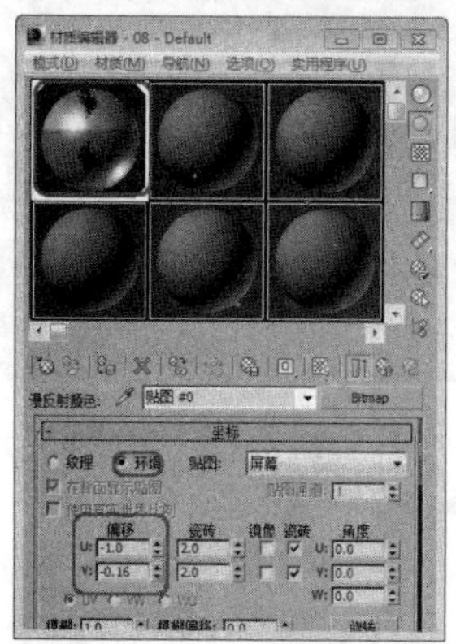

09 单击两次“转到父对象”按钮，返回到父材质层级，在“材质编辑器”对话框中，单击“背面材质”右侧的材质按钮，如下图所示。

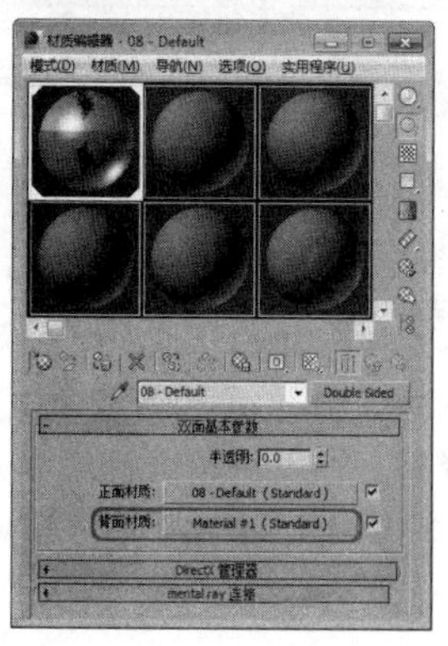

10 在“Blinn基本参数”卷展栏中，将“环境光”的RGB值设置为（255、255、255），在“自发光”选项组中的文本框中输入40，在“高光级别”和“光泽度”文本框中分别输入71、31，按Enter键确认，如右图所示，然后单击“将材质指定给选定对象”和“在视口中显示标准贴图”按钮，将“材质编辑器”对话框关闭即可。

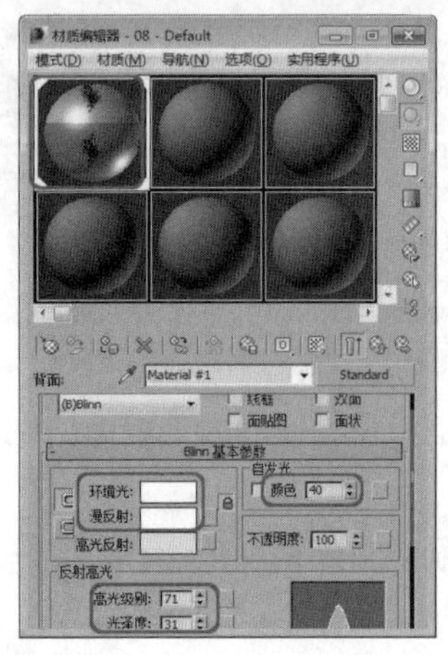

实战操作320 创建壳材质

素材：Scenes\Cha09\9-9.max	难度：★★★★★
场景：Scenes\Cha09\实战操作320.max	视频：视频\Cha09\实战操作320.avi

外壳材质是指将两种材质指定到一个物体上，用户可以设置在视口和渲染时显示两种不同的材质，下面介绍如何创建壳材质。

01 打开素材文件9-9.max，如下图所示。

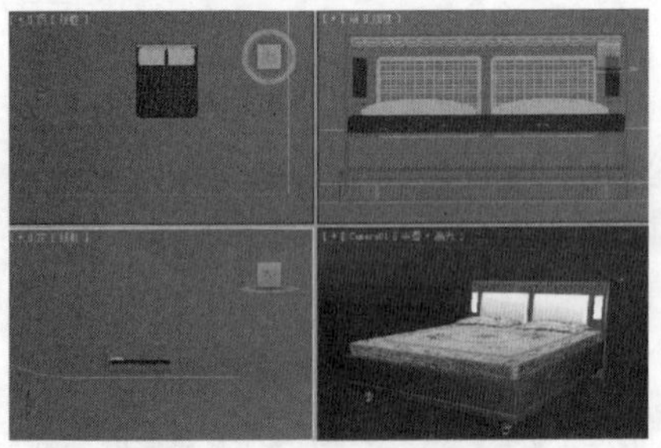

02 打开模型后，按H键打开“从场景中选择”对话框，在对话框中选择“床垫”，如下图所示。

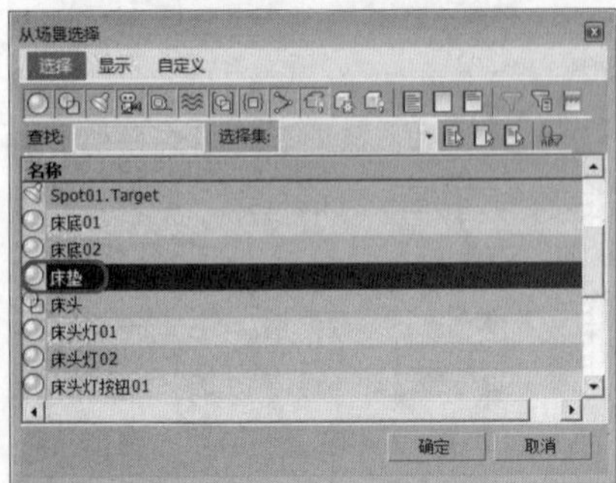

03 单击“确定”按钮，在工具栏中单击“材质编辑器”按钮，在弹出的“材质编辑器”对话框中选择第五个材质样本球，然后单击Standard按钮，在弹出的“材质/贴图浏览器”对话框中选择“壳材质”，如下图所示。

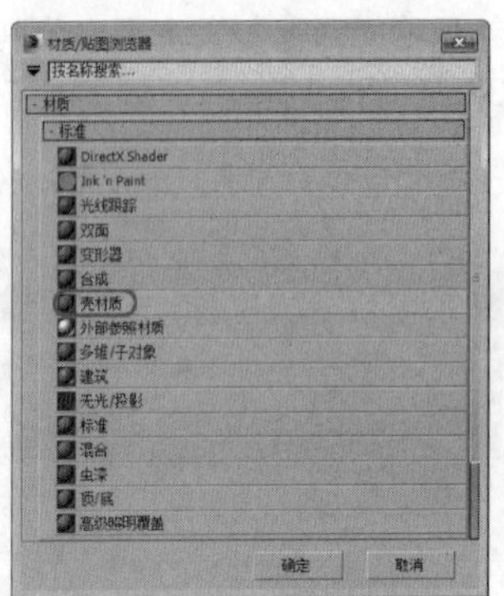

04 单击“确定”按钮，这时将会弹出一个“替换材质”对话框，在弹出的“替换材质”对话框中单击“确定”按钮，如下图所示。

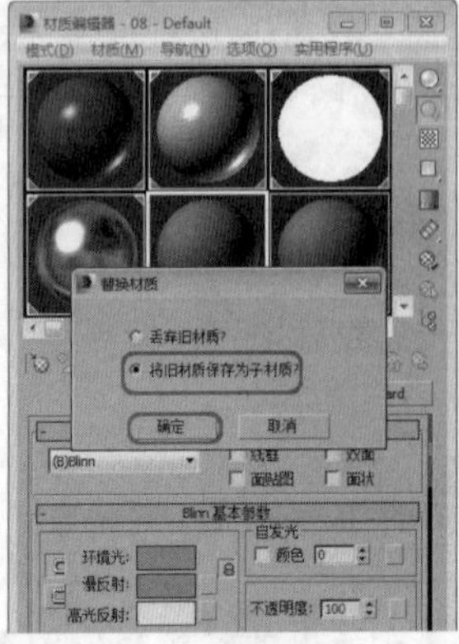

05 在“壳材质参数”卷展栏中，单击“原始材质”下方的“08-Default(standard)”按钮，如下图所示。

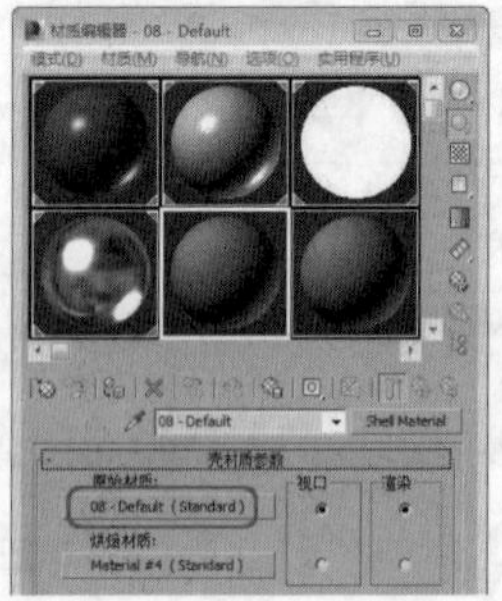

06 在“明暗器基本参数”卷展栏中，将明暗器类型定义为“Phong”，在“Phong基本参数”卷展栏中将“环境光”的RGB值设置为（181、101、6），在“自发光”选项组中的文本框中输入80，在“高光级别”和“光泽度”文本框中输入16、27，按Enter键确认，如下图所示。

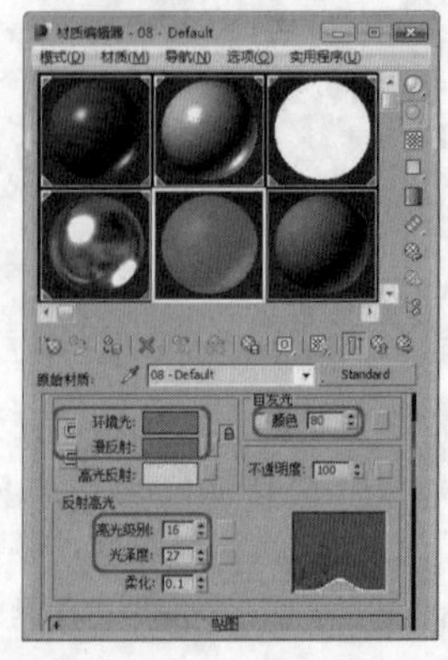

07 在“贴图”卷展栏中，单击“漫反射颜色”右侧的“无”按钮，在弹出的“材质/贴图浏览器”对话框双击“位图”贴图，如下图所示。

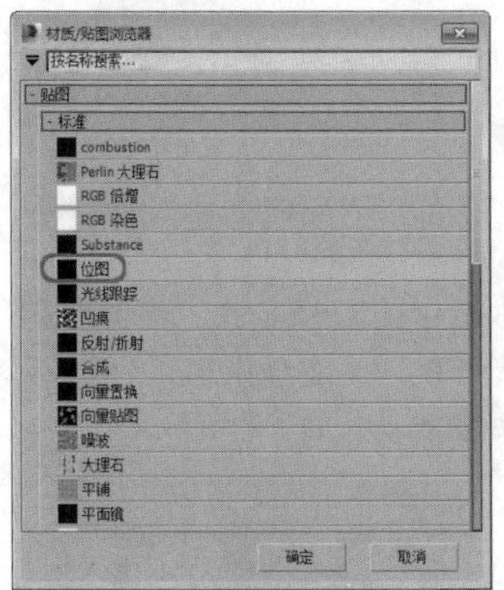

08 在弹出的“选择位图图像文件”对话框中选择随书附带光盘中的\Map\Dt16.jpg素材图像，如下图所示。

09 单击“打开”按钮，在“坐标”卷展栏中，取消“使用真实世界比例”复选框的勾选，在“瓷砖”下方的“V”文本框中输入1.2，按Enter键确认，如下图所示。

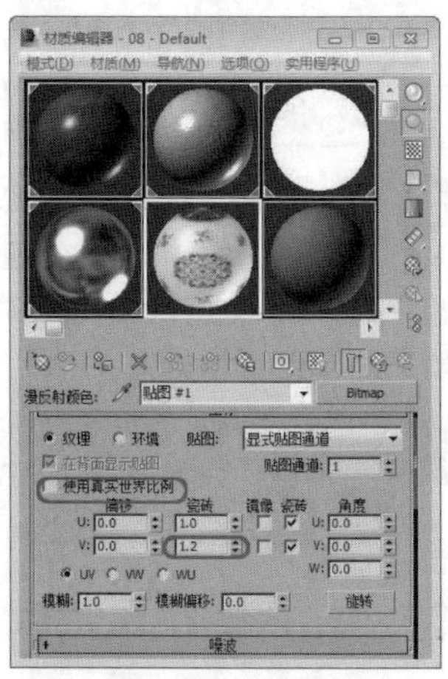

10 单击“转到父对象”按钮，单击“将材质指定给选定对象按钮”和“在视口中显示标准贴图”按钮，再单击“转到父对象”按钮，在“壳材质”卷展栏中，单击“烘焙材质”下方的“Material#4（Standard）”按钮，如下图所示。

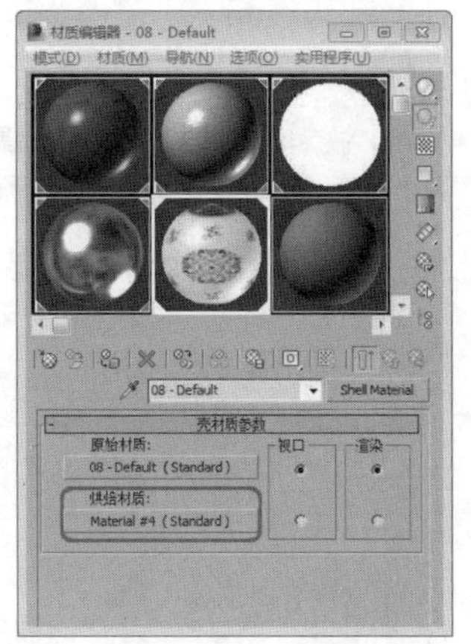

11 在“明暗器基本参数”卷展栏中，将明暗器类型定义为“Phong”，在“Phong基本参数”卷展栏中，将“环境光”的RGB值设置为（181、101、6），在“自发光”选项组中的文本框中输入80，在“高光级别”和“光泽度”文本框中输入16、27，按Enter键确认，如下图所示。

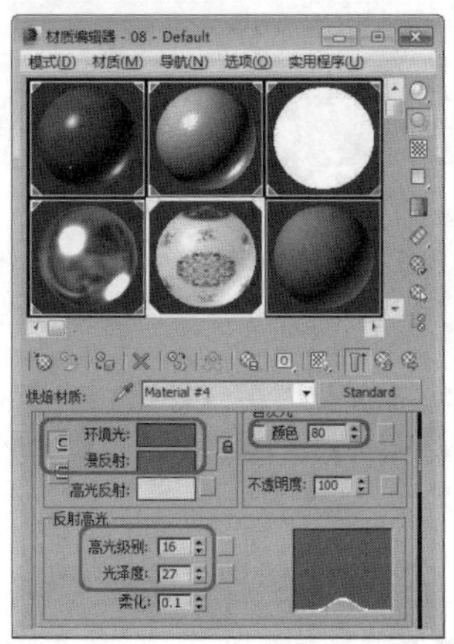

12 在“贴图”卷展栏中，单击“漫反射颜色”右侧的None按钮，在弹出的“材质/贴图浏览器”对话框双击“位图”贴图，如下图所示。

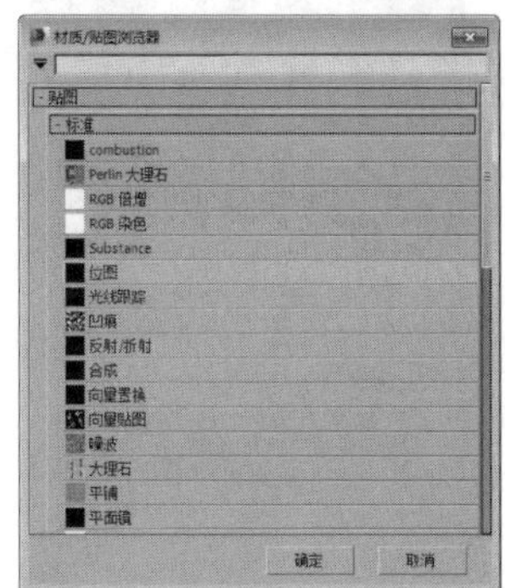

13 在弹出的“选择位图图像文件”对话框中，选择随书附带光盘中的\Map\024.jpg素材图像，如下图所示。

14 单击“打开”按钮，在“坐标”卷展栏中，取消“使用真实世界比例”复选框的勾选，然后单击两次“转到父对象”按钮，在“视口”区域中勾选第二个单选按钮，并将其材质指定给“床垫”和“组01”即可，如下图所示。

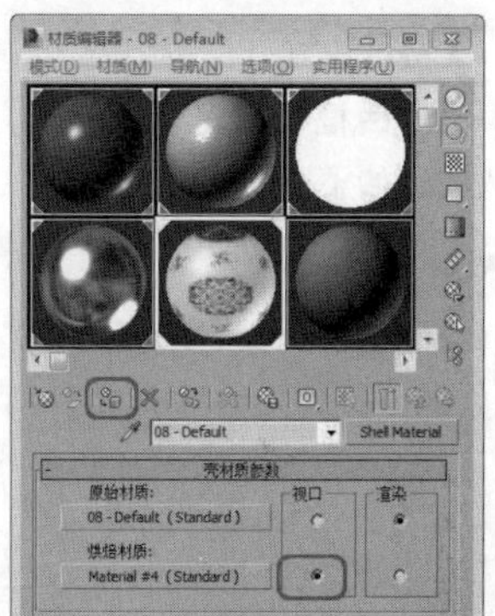

15 将“材质编辑器”对话框关闭，即可在视图中显示如下图所示的材质。

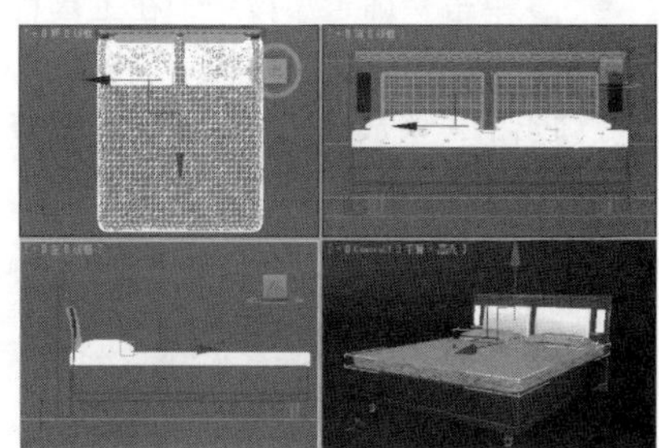

16 至此，创建壳材质就设置完成了，按F9键进行快速渲染，效果如下图所示。

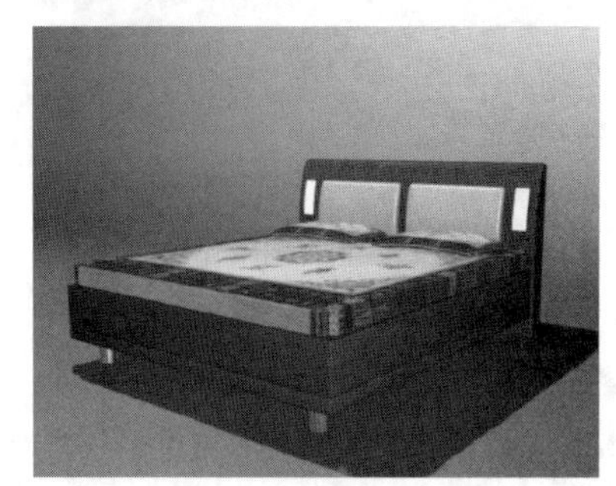

实战操作321 创建混合材质

素材：Scenes\Cha09\9-10.max	难度：★★★★★
场景：Scenes\Cha09\实战操作321.max	视频：视频\Cha09\实战操作321.avi

将两种子材质组合在一起的材质便是混合材质，可表现物体创建混合的效果，下面介绍如何创建混合材质。

01 打开素材文件9-10.max，如下图所示。

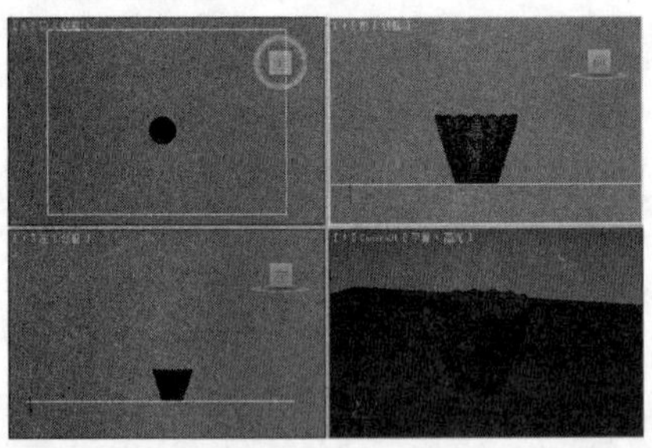

02 按H键打开“从场景中选择”对话框，在对话框中选择“瓷器”选项，如下图所示。

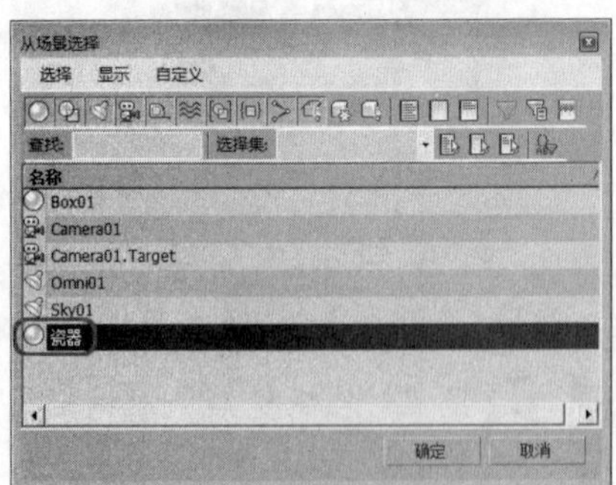

03 单击“确定”按钮，在工具栏中单击“材质编辑器”按钮，在弹出的“材质编辑器”对话框中第一个材质样本球，如下图所示。

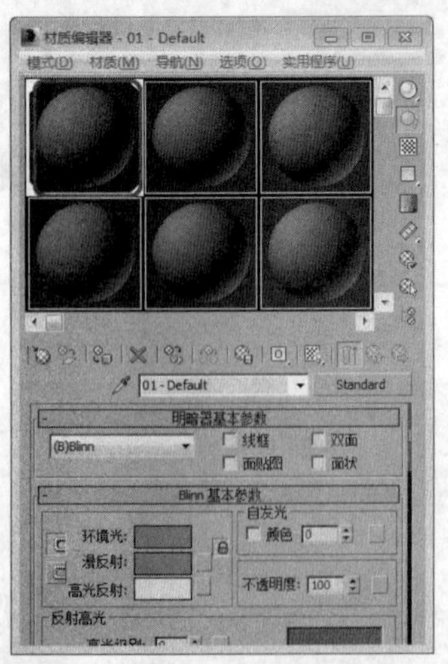

04 单击Standard按钮，在弹出的“材质/贴图浏览器”对话框中选择“混合”贴图，如下图所示。

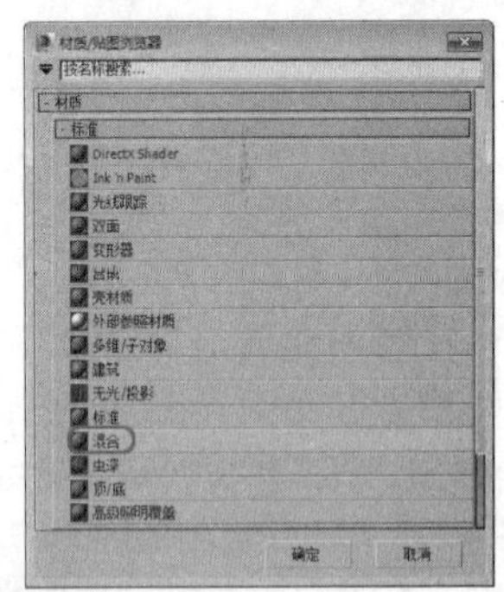

05 单击“确定”按钮，在弹出的“替换材质”对话框中单击“确定”按钮，如下图所示。

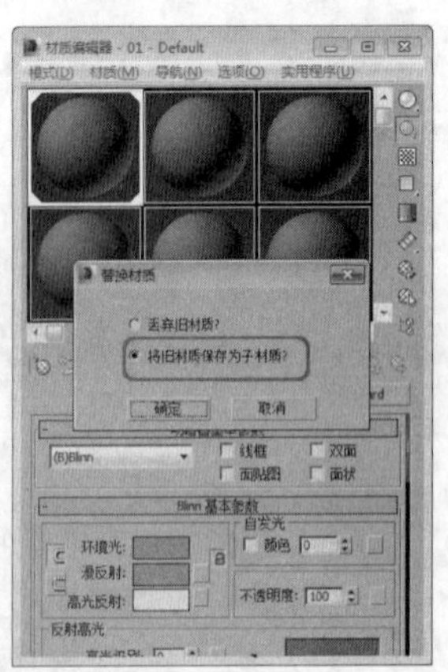

06 在“混合基本参数”卷展栏中，单击“材质1”右侧的材质通道按钮，如下图所示。

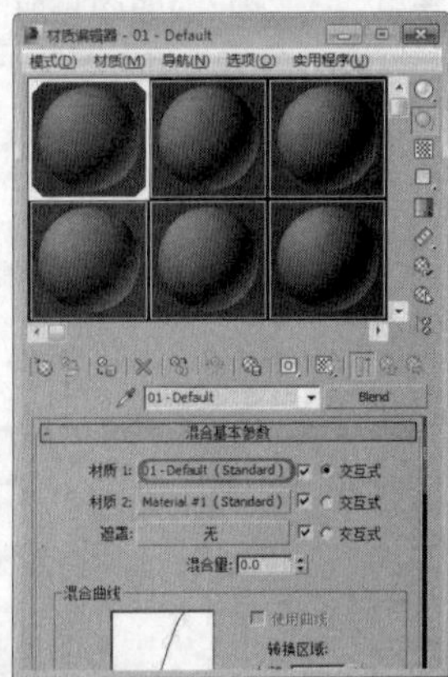

07 打开“Blinn基本参数”卷展栏，在“自发光”选项组中的文本框中输入45，在“高光级别”和“光泽度”文本框中输入18、27，按Enter键确认，如下图所示。

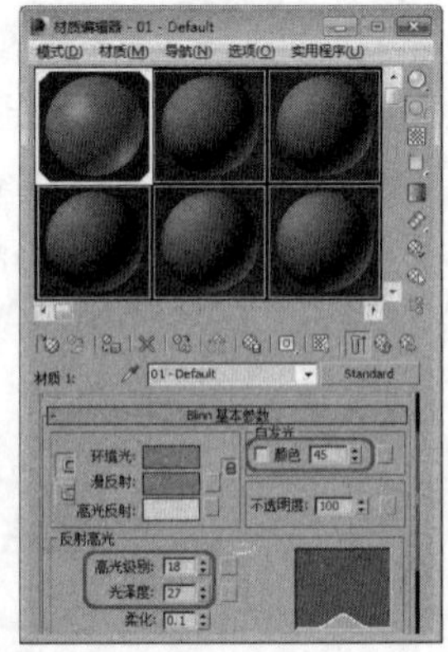

08 在“贴图”卷展栏中，单击“漫反射颜色”右侧的“无”按钮，在弹出的“材质/贴图浏览器”对话框双击“位图”贴图，如下图所示。

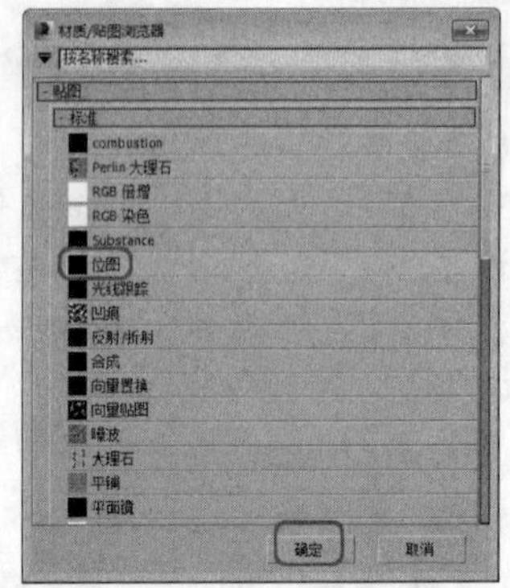

09 在弹出的“选择位图图像文件”对话框中，选择随书附带光盘中的\Map\花瓶材质1.jpg素材图片，如下图所示。

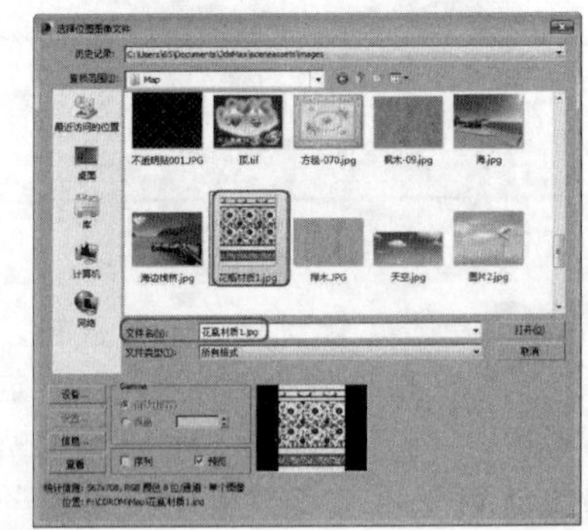

10 单击“打开”按钮，在“坐标”卷展栏 中的“瓷砖”下方的“U”、“V”文本框中分别输入2.7、2.0，按Enter键确认，如下图所示。

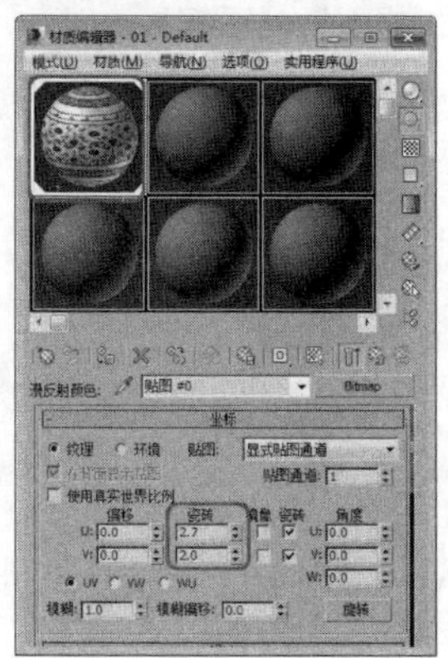

11 单击两次“转到父对象”按钮，在“混合基本参数”卷展栏中，单击“材质2”右侧的材质通道按钮，在“Blinn基本参数”卷展栏中，将“环境光”的RGB值设置为（91、243、238），在“自发光”选项组的文本框中输入45，按Enter键确认，并单击“在视口中显示标准贴图”按钮和“将材质指定给选定对象”按钮，如下图所示。

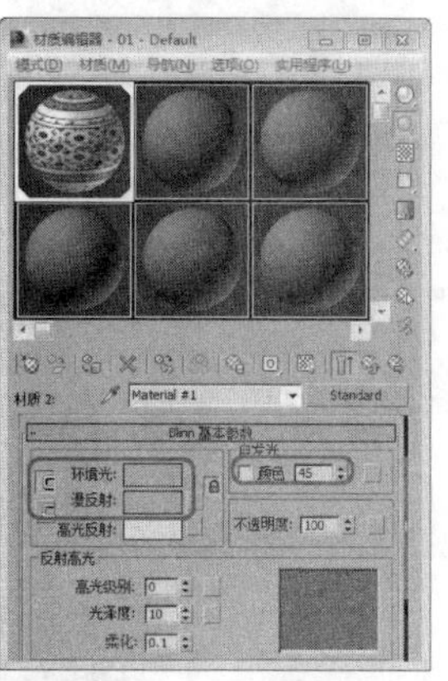

12 单击“转到父对象”按钮，在“混合基本参数”卷展栏中的“混合量”文本框中输入40，按Enter键确认，如下图所示，设置完成后，将“材质编辑器”对话框关闭即可。

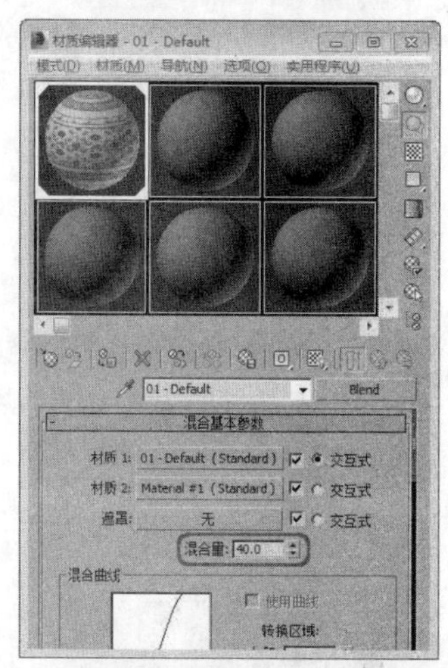

实战操作322 创建虫漆材质

 素材：Scenes\Cha09\9-11.max	 难度：★★★★★
 场景：Scenes\Cha09\实战操作322.max	 视频：视频\Cha09\实战操作322.avi

虫漆材质是将一种材质叠加到另一种材质上的混合材质，其中叠加的材质成为“虫漆”材质，被叠加的材质称为基本材质。“虫漆”材质的颜色增加到基础材质的颜色上，通过参数控制颜色混合的程度。

01 打开素材文件9-11.max，如下图所示。

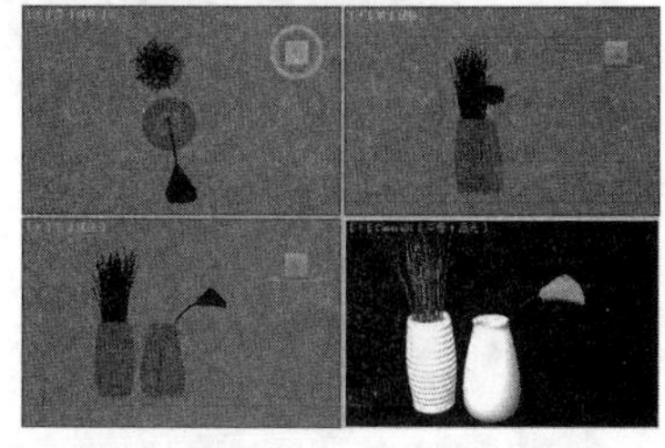

02 按H键打开“从场景中选择”对话框，在对话框中选择“花瓶”，如下图所示。

03 单击“确定”按钮，在工具栏中单击“材质编辑器”按钮，在弹出的“材质编辑器”对话框中选择一个新的材质样本球，然后单击Standard按钮，在弹出的“材质/贴图浏览器”对话框中选择“虫漆”贴图，如下图所示。

04 单击“确定”按钮，这时会在材质编辑器中弹出“替换材质”对话框，在弹出的对话框中单击“确定”按钮，如下图所示。

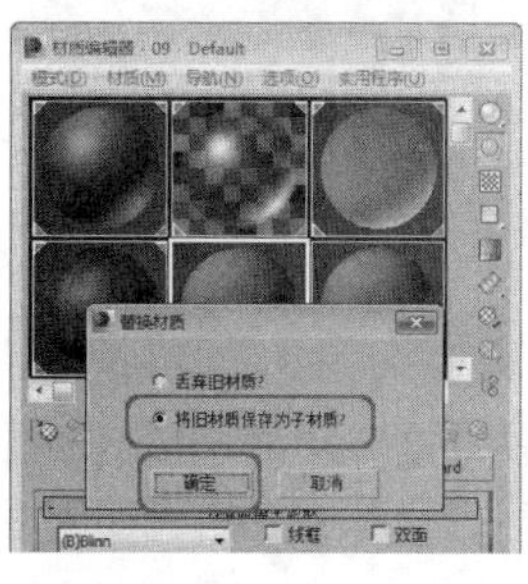

05 在“虫漆基本参数”卷展栏中，单击“基础材质”右侧的材质通道按钮，如下图所示。

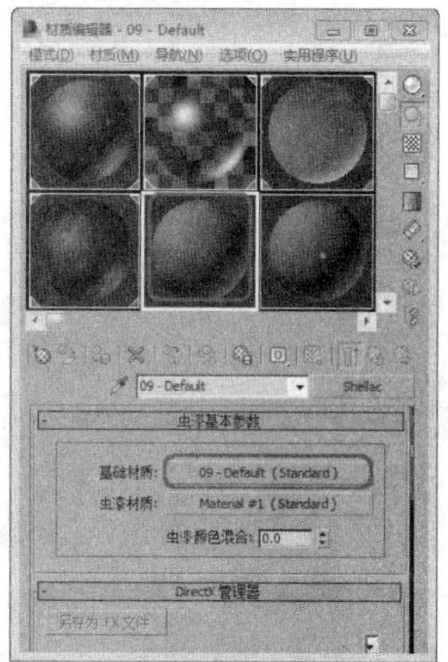

06 在“Blinn基本参数”卷展栏中将“环境光”的RGB值设置为（94、188、205），在“自发光”选项组中的文本框中输入40，在“高光级别”和“光泽度”的文本框中分别输入10、20，按Enter键确认，如下图所示。

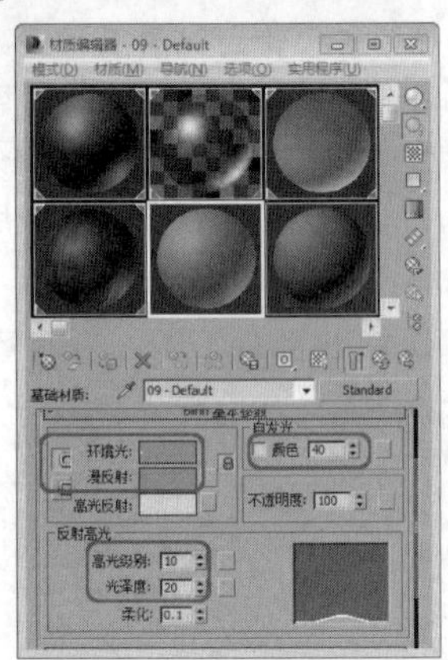

07 单击“转到父对象”按钮，在“虫漆基本参数”卷展栏中，单击“虫漆材质”右侧的材质通道按钮，如下图所示。

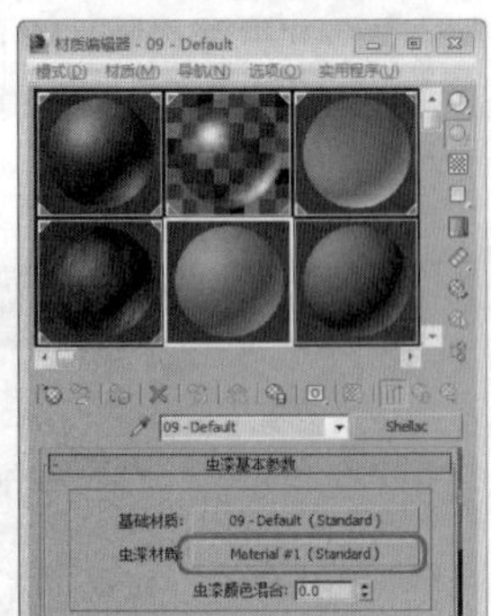

08 在“Blinn基本参数”卷展栏中，将“环境光”的RGB值设置为（86、169、208），在“自发光”选项组的文本框中输入40，在“高光级别”和“光泽度”文本框中都输入10，如下图所示。

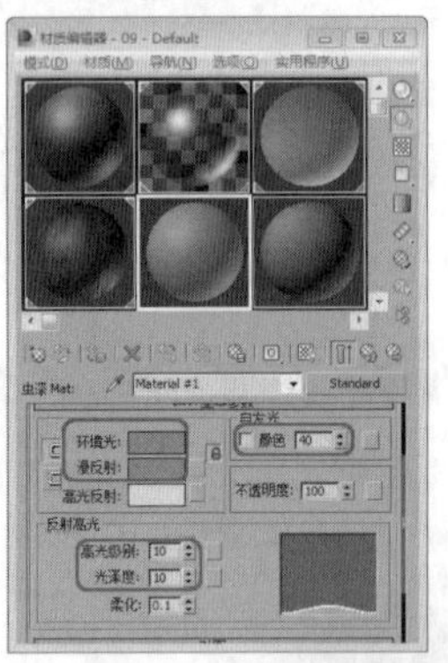

09 单击“转到父对象”按钮，在“虫漆颜色混合”文本框中输入50，按Enter键确认，如下图所示，单击“将材质指定给选定对象”按钮，将“材质编辑器”对话框关闭即可。

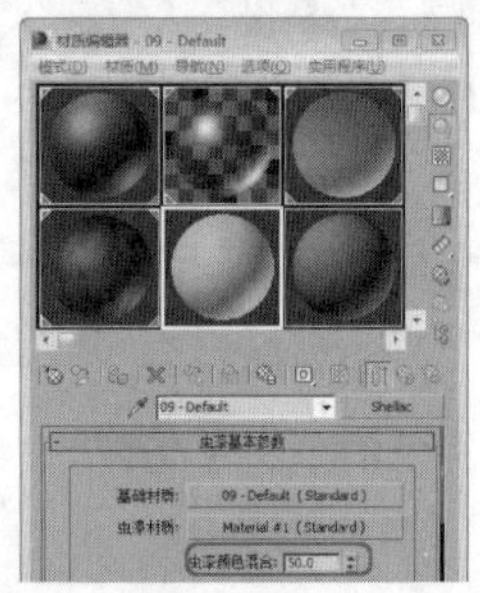

10 至此，创建虫漆材质就设置完成了，按F9键进行快速渲染，效果如下图所示。

实战操作323 创建顶/底材质

素材：Scenes\Cha09\9-12.max	难度：★★★★★
场景：Scenes\Cha09\实战操作323.max	视频：视频\Cha09\实战操作323.avi

顶/底材质是指两个材质分别位于顶部与底部，下面介绍创建顶/底材质。

01 打开素材文件9-12.max，打开的素材如下图所示。

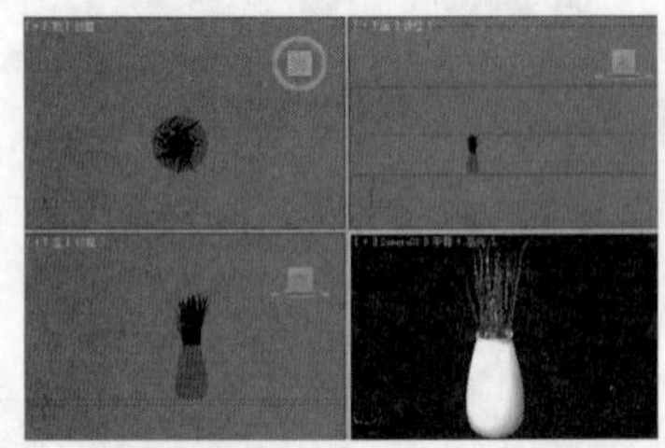

02 按H键打开“从场景中选择”对话框，在对话框中选择“花瓶”，如下图所示。

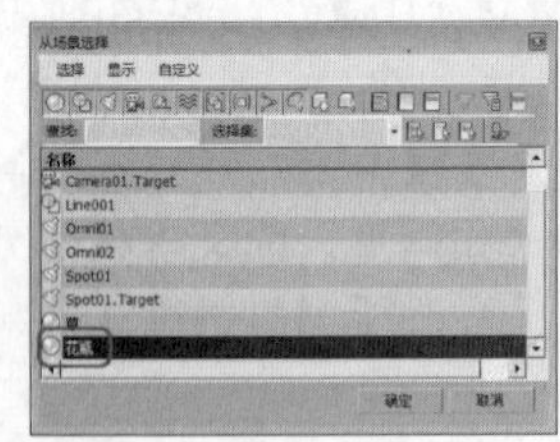

03 单击“确定”按钮，在工具栏中单击“材质编辑器”按钮，在弹出的“材质编辑器”对话框中，选择一个新的材质样本球，将其命名为“瓷器”，如下图所示。

04 单击Standard按钮，在弹出的“材质/贴图浏览器”对话框中选择“顶/底”，如下图所示。

05 单击“确定”按钮，这时会在材质编辑器中弹出“替换材质”对话框，在弹出的“替换材质”对话框中单击“确定”按钮即可，如下图所示。

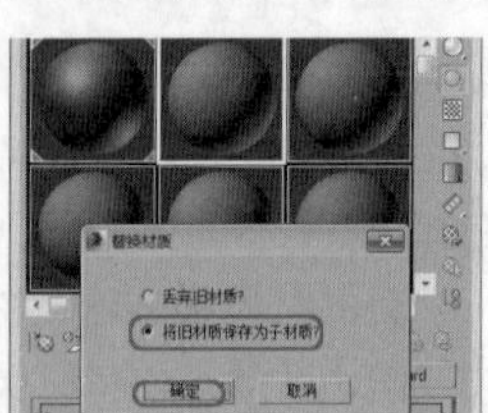

06 在“顶/底基本参数”卷展栏中，单击“顶材质”右侧的材质通道按钮，在“Blinn基本参数”卷展栏中，将“环境光”的RGB值设置为（185、134、23），在“自发光”选项组的文本框中输入50，在“高光级别”和“光泽度”文本框中分别输入20、10，按Enter键确认，如右图所示。

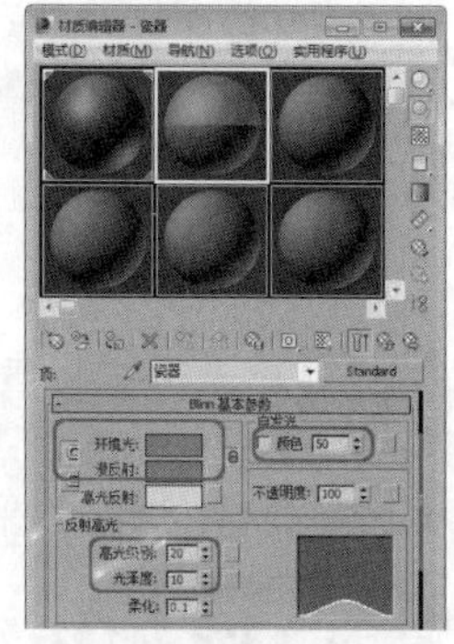

07 单击“转到父对象”按钮，在“顶/底基本参数”卷展栏中，单击“底材质”右侧的材质通道按钮，在“Blinn基本参数”卷展栏中，将“环境光”的RGB值设置为（124、88、57），在“自发光”选项组的文本框中输入50，在“高光级别”和“光泽度”文本框中分别输入20、10，按Enter键确认。并单击“将材质指定给选定对象”和“在视口中显示标准贴图”按钮，如下图所示。

08 单击“转到父对象”按钮，在“顶/底基本参数”卷展栏中的“位置”文本框中输入50，按Enter键确认，如下图所示。

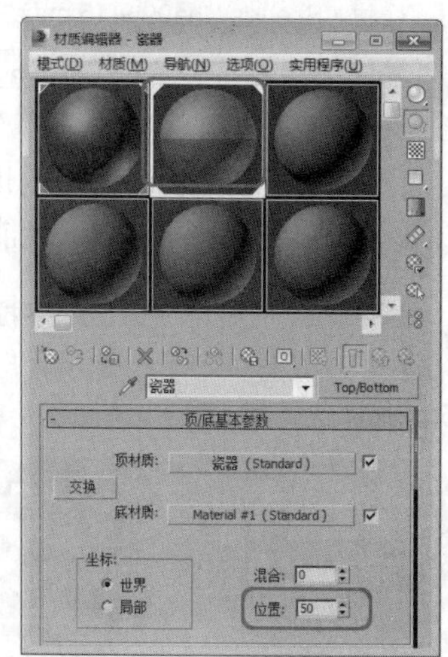

实战操作324 创建外部参照材质

素材：Scenes\Cha09\9-13.max、9-14.max	难度：★★★★★
场景：Scenes\Cha09\实战操作324.max	视频：视频\ Cha09\实战操作324.avi

外部参照材质能够使用户在另一个场景文件中从外部参照某个应用于对象的材质。对于外部参照对象，材质驻留在单独的源文件中。用户可以仅在源文件中设置材质属性。当在源文件中改变材质属性并保存时，在包含外部参照的主文件中，材质的外观可能会发生变化。

01 打开9-13.max素材文件，如下图所示。

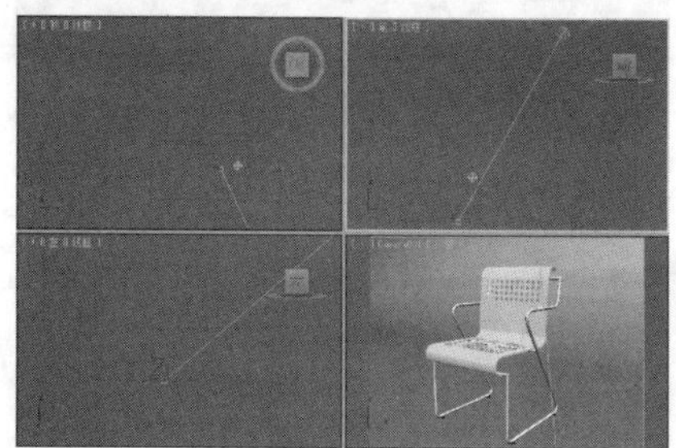

02 按M键，在弹出的“材质编辑器”对话框中选择空白材质样本球，单击Standard按钮，弹出“材质/贴图浏览器”对话框，选择“外部参照材质”，如下图所示。

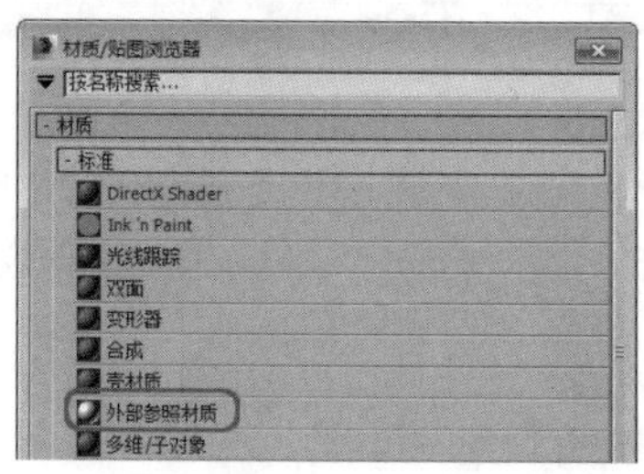

03 单击“确定”按钮，在“参数”卷展栏中，单击“文件名”选项组右侧的“浏览文件”按钮，在弹出“打开文件”的对话框中选择随书附带光盘中的CDROM\Scenes\9-14.max素材文件，如下图所示。

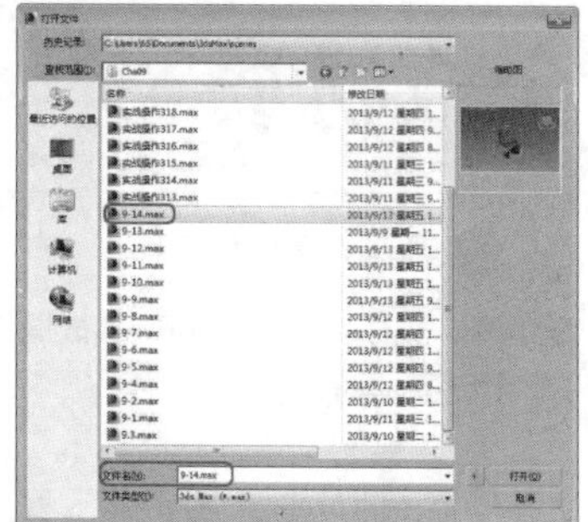

04 单击“打开”按钮，弹出“外部参照合并9-14.max”对话框，选择“椅子”选项，如下图所示。

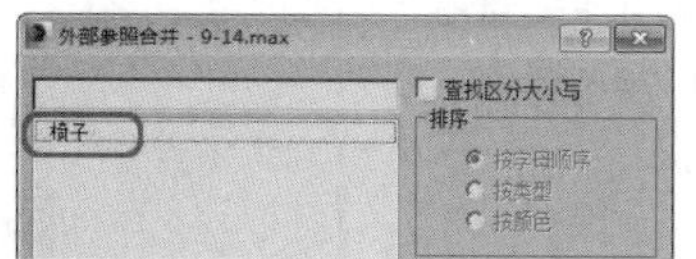

05 单击“确定”按钮，这样就完成了合并材质。在场景中选择“Line001”，单击“将材质指定给选定对象”按钮，即可赋予参照外部的材质，效果如下图所示。

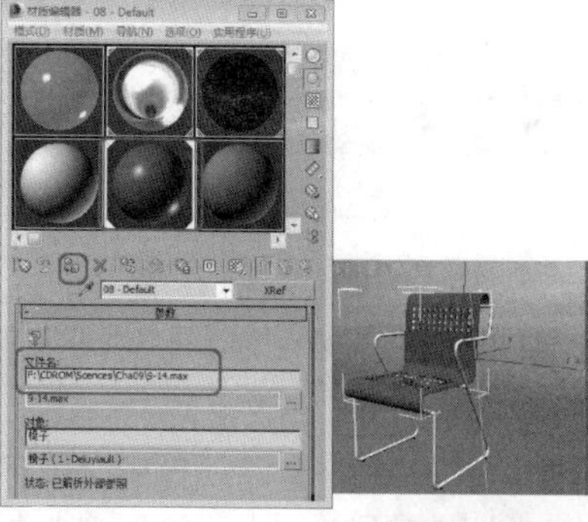

06 激活摄影机视图，按F9键进行快速渲染，渲染后的效果如右图所示。

实战操作325 创建高级照明材质

素材：Scenes\Cha09\9-15.max	难度：★★★★★
场景：Scenes\Cha09\实战操作325.max	视频：视频\ Cha09\实战操作325.avi

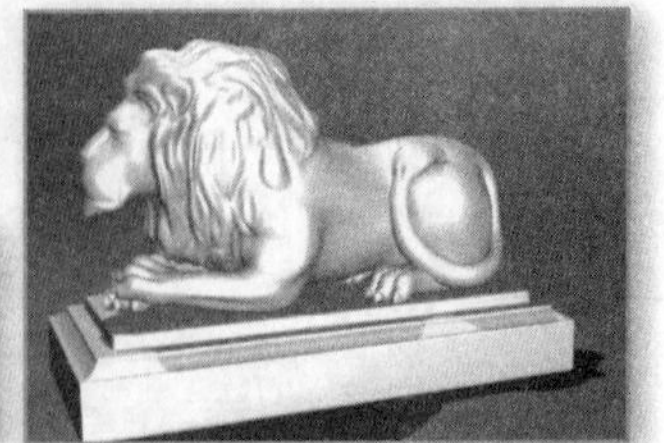

高级照明材质有两种主要的用途：（1）调整在光能传递解决方案或光跟踪中使用的材质属性；（2）产生特殊的效果，例如让自发光对象在光能传递解决方案中起作用。

01 单击按钮，在弹出的下拉列表中选择“打开”选项，打开9-15.max素材文件，如下图所示。

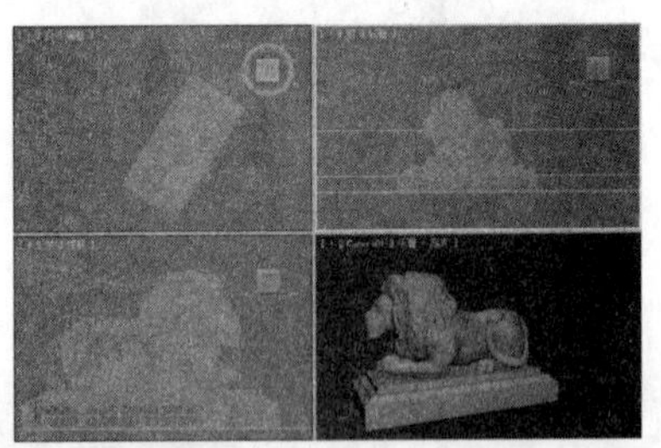

02 选择“Arch34-036obj.00”对象，按M键，在弹出的“材质编辑器”对话框中选择一个新的材质样本球，单击Standard按钮，弹出“材质/贴图浏览器”对话框，选择“高级照明覆盖”选项，如下图所示。

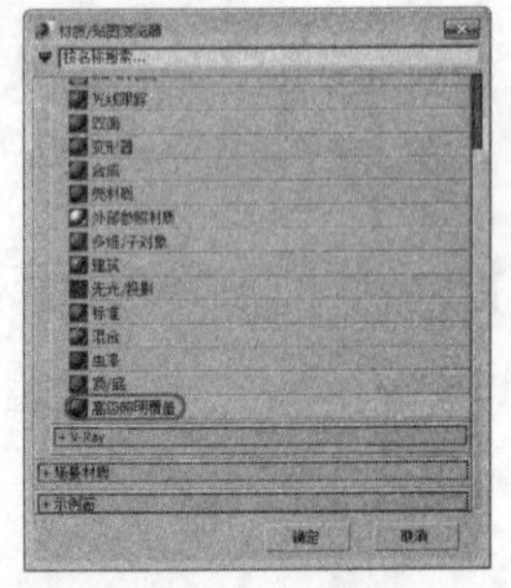

03 单击“确定”按钮，弹出“替换材质”对话框，选中“丢弃旧材质”单选按钮，单击“确定”按钮，展开“高级照明覆盖材质”卷展栏，单击“基础材质”右侧的按钮，如右图所示。

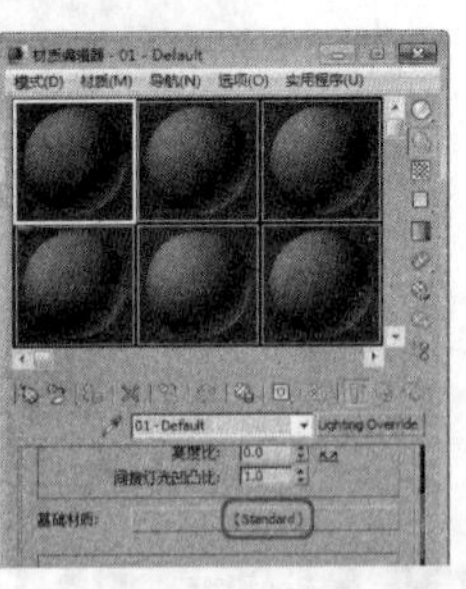

04 切换到“Blinn基本参数”卷展栏，将“环境光”和“漫反射”的RGB值都设置为（237、237、237），将“高光反射”的RGB值设置为（237、237、237），将“自发光”选项下的“颜色”设置为25，并将“反射高光”区域下的“高光级别”和“光泽度”分别设置为63和22，如右图所示。

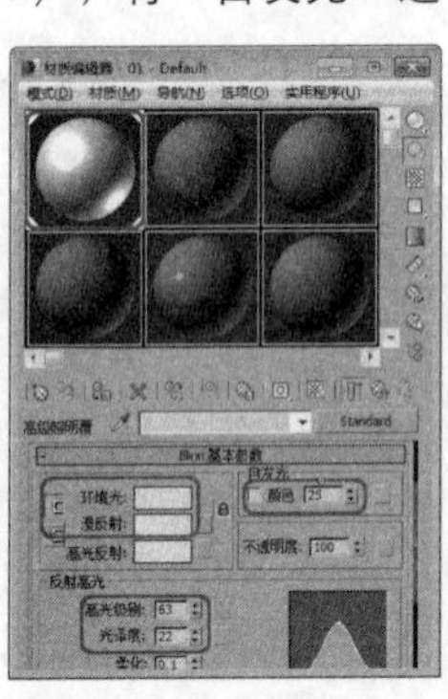

05 单击“将材质指定给选定对象”按钮，即可为椅背对象赋予高级照明材质，效果如下图所示。

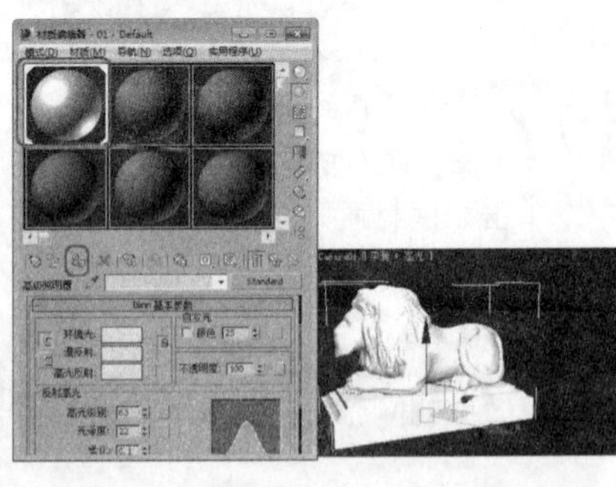

06 激活透视视图，按F9键进行快速渲染，渲染后的效果如下图所示。

实战操作326 创建合成材质

素材：Scenes\Cha09\9-16.max	难度：★★★★★
场景：Scenes\Cha09\实战操作326.max	视频：视频\Cha09\实战操作326.avi

合成材质最多可以合成 10 种材质。按照在卷展栏中列出的顺序，从上到下叠加材质。使用相加不透明度、相减不透明度来组合材质，或使用 Amount（数量）值来混合材质。

01 打开素材文件9-16.max，按M键打开“材质编辑器”对话框，选择“瓷器”材质，单击Standard按钮，在打开的对话框中选择“合成”材质，如下图所示。

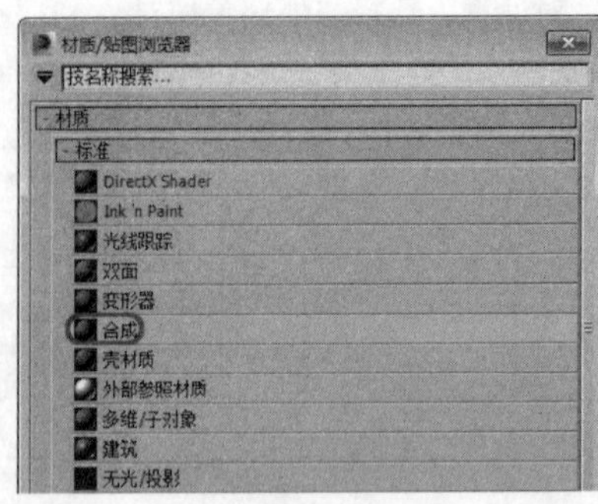

02 单击“确定”按钮，在打开的“替换材质”对话框中选择“将旧材质保存为子材质”单选按钮，如下图所示，并单击“确定”按钮。

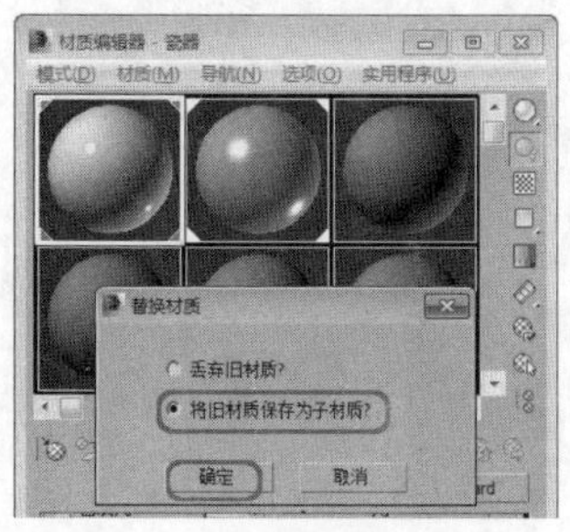

03 单击“材质1”右侧的“无”按钮，在打开的对话框中选择“标准”材质，如下图所示，并单击“确定”按钮。

04 在“材质1”层级面板中，将“自发光”设置为80，并展开“贴图”卷展栏，单击“漫反射颜色”右侧的“无”按钮，在打开的对话框中选择“位图”选项，如下图所示，并单击“确定”按钮。

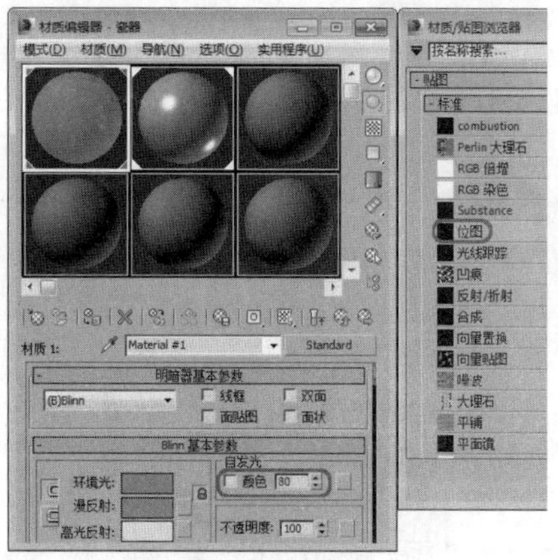

05 在打开的对话框中，选择随书附带光盘中的CDROM\Map\024.jpg文件，单击“打开”按钮，在“坐标”卷展栏中，取消“使用真实世界比例”复选框的勾选，将“瓷砖”下的U、V设置为1、1，如下图所示。

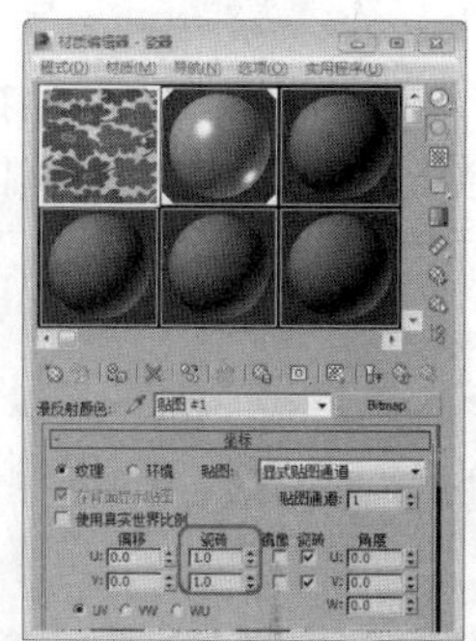

06 单击两次“转到父对象”按钮，返回到合成材质面板，将“材质1”的合成类型下的数值设置为6，如下图所示，最后对摄影机视图进行渲染。

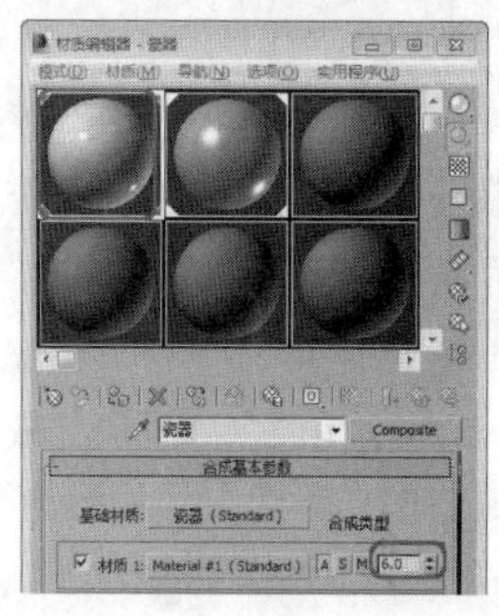

9.5 编辑材质

制作完物体的模型之后，需要为模型指定材质，为物体指定材质非常重要，也是决定最后渲染效果的关键。本章主要对编辑材质进行系统地介绍和讲解，希望通过本章的学习，不仅能了解材质，并且能学会基本的材质设置。

实战操作327 编辑金属材质

 素材：Scenes\Cha09\9-17.max	 难度：★★★★★
 场景：Scenes\Cha09\实战操作327.max	 视频：视频\Cha09\实战操作327.avi

本例介绍金属材质的制作，首先要确定金属的颜色，然后在“金属基本参数”卷展栏中设置“反射高光”的相应参数。通过本例学习，用户可以掌握金属质感的制作、修改以及编辑操作，更好地利用材质编辑器。

01 打开素材文件9-17.max，如下图所示。

02 按M键，弹出“材质编辑器”对话框，选择一个材质样本球，在“明暗器基本参数”卷展栏中，将明暗器类型设置为“（M）金属”，如右图所示。

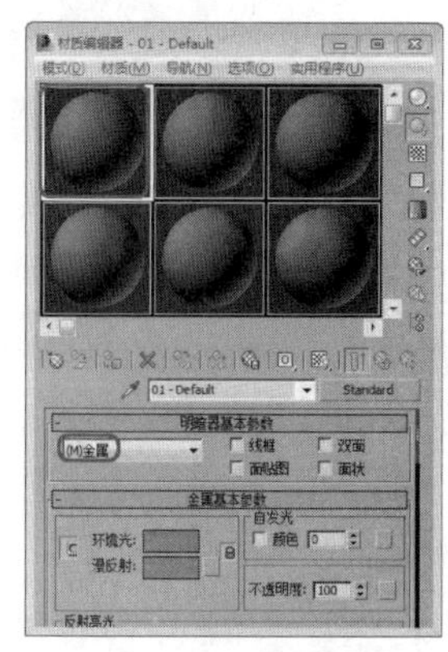

03 在“金属基本参数”卷展栏中，单击“漫反射”右侧的“颜色”色块，弹出“颜色选择器：漫反射颜色”对话框，将RGB值设置为（240、120、12），如下图所示。

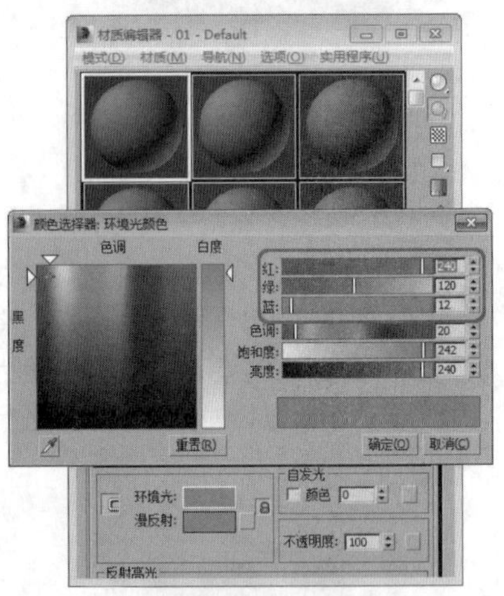

04 单击“确定”按钮，返回“金属基本参数”卷展栏，在“反射高光”选项组中，设置“高光级别”为100，“光泽度”为70，将“自发光”区域下的“颜色”值设置为30。

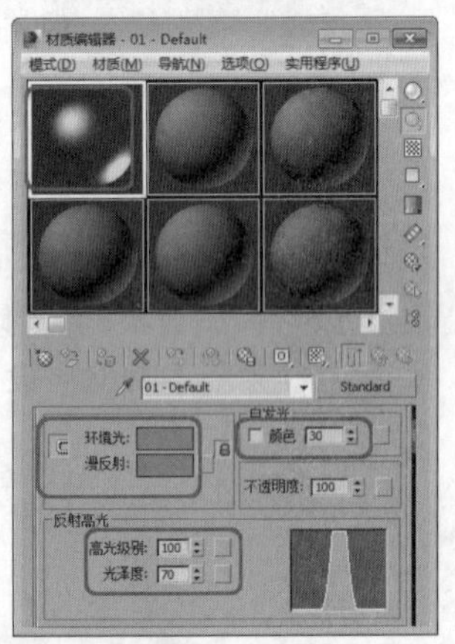

05 展开“贴图”卷展栏，单击“凹凸”右侧的“无”按钮，在弹出的对话框中双击“位图”选项，在弹出的对话框中。选择随书附带光盘中的CDROM\Map\huangjin.jpg文件，如下图所示。

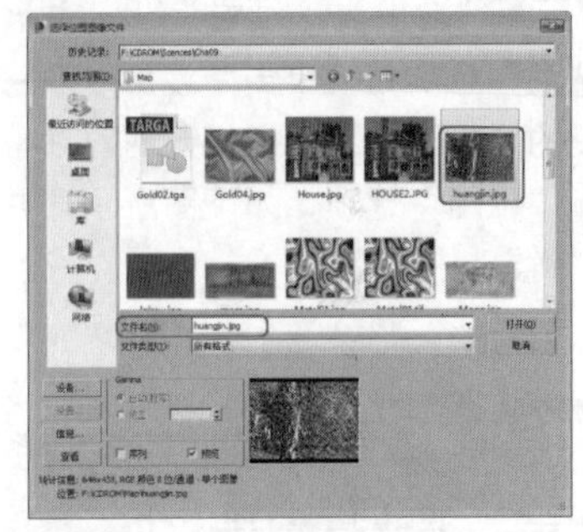

06 单击“打开”按钮，将“瓷砖”下U、V均设置为2.0，单击“转到父对象”按钮，将“凹凸”数量设置为-8，如下图所示。

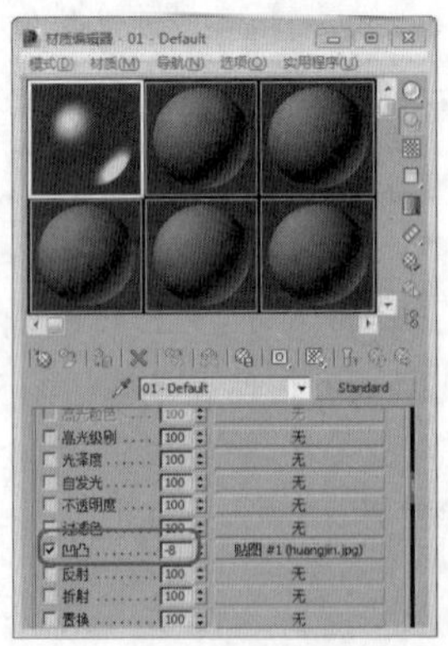

07 单击“反射”右侧的“无”按钮，在弹出的对话框中选择“混合”选项，单击“确定”按钮，单击“颜色#1”右侧的贴图按钮，在弹出的对话框中选择“光线跟踪”，如下图所示。

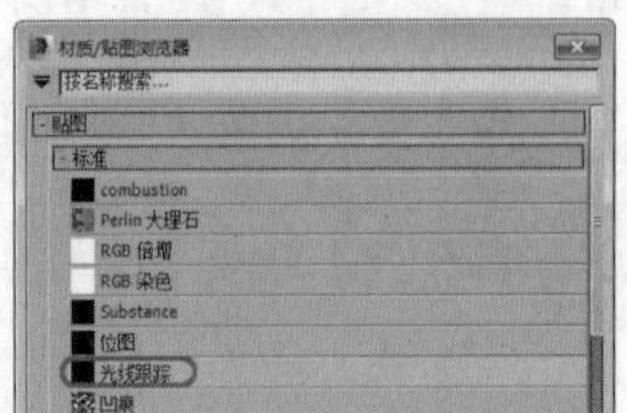

08 单击“确定”按钮，使用默认设置，单击“转到父对象”按钮，单击“颜色#2”右侧的贴图按钮，在弹出的对话框中双击“位图”选项，再在弹出的对话框中选择随书附带光盘中的CDROM\Map\黄金02.jpg文件，如下图所示。

09 将“模糊偏移”设置为0.05，单击“转到父对象”按钮，将“混合量”设置为90，如下图所示。

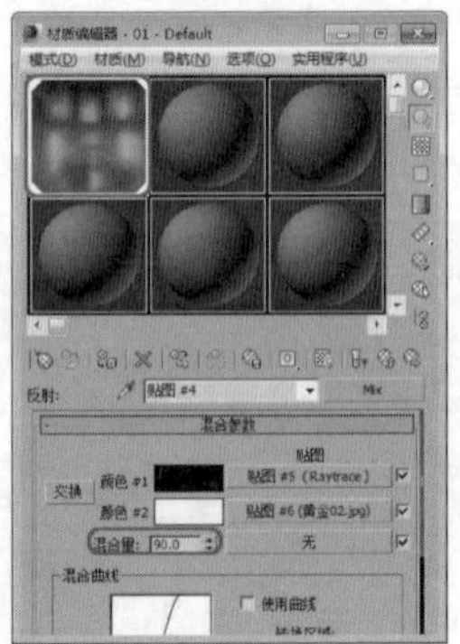

10 单击“转到父对象”按钮，在场景中选择对象，单击“将材质指定给选定对象”按钮和“在视口中显示标准贴图”按钮，设置完成后，按F9键对摄影机视图进行渲染，渲染完成后的效果如下图所示。

实战操作328 显示线框材质

 素材：Scenes\Cha09\9-18.max	 难度：★★★★★
场景：Scenes\Cha09\实战操作328max	视频：视频\Cha09\实战操作328.avi

“线框”是以网格线框的方式来渲染对象，它只能表现出对象的线架结构，线框是一种视口显示设置，用于以线框网格形式查看给定视口中的对象。这是非透视视口的默认设置。通过“明暗处理”视口标签菜单可以对此设置进行更改。

01 打开素材文件9-18.max，如下图所示。

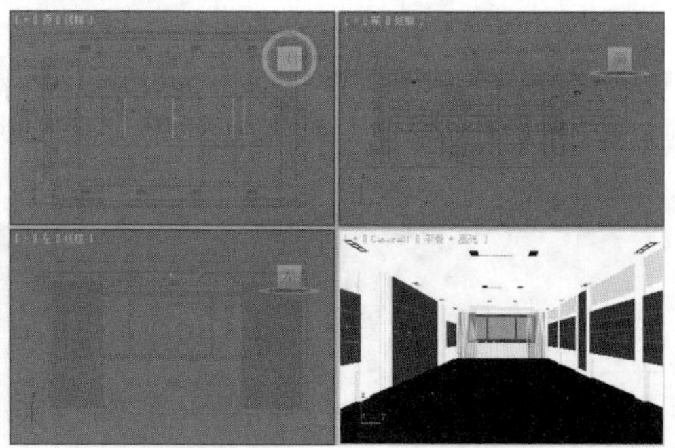

02 按M键，弹出“材质编辑器”对话框，选择“地板线”材质样本球，在“明暗器基本参数”卷展栏中，勾选“线框”复选框，如右图所示。

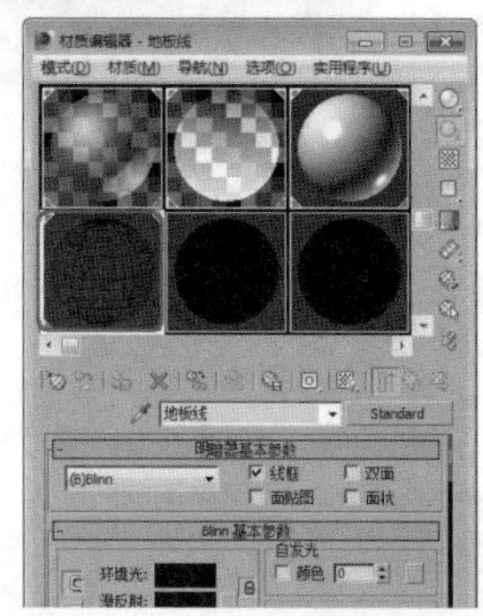

03 按照以上操作完成后，则对象和材质以线框的形式显示，如下图所示。

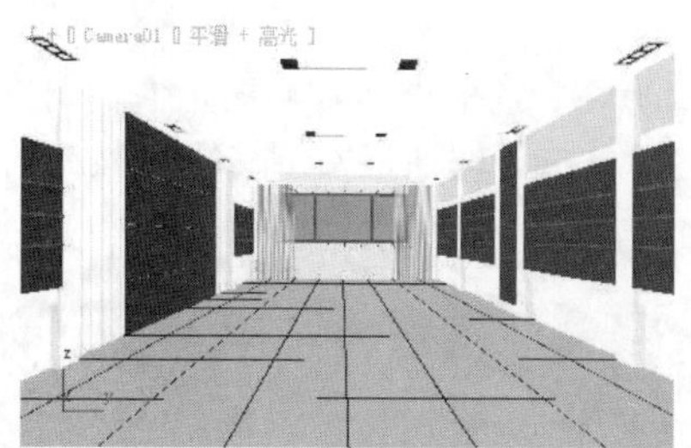

04 激活摄影机视图，按F9键进行快速渲染，渲染效果如下图所示。

实战操作329 显示双面材质

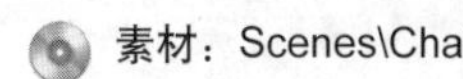 素材：Scenes\Cha09\9-19.max	难度：★★★★★
 场景：Scenes\Cha09\实战操作329.max	视频：视频\Cha01实战操作329.avi

使用双面材质可以向对象的前面和后面制定两个不同的材质。将对象方向相反的一面也进行渲染，使对象更加美观。

01 打开素材文件9-19.max，如下图所示。

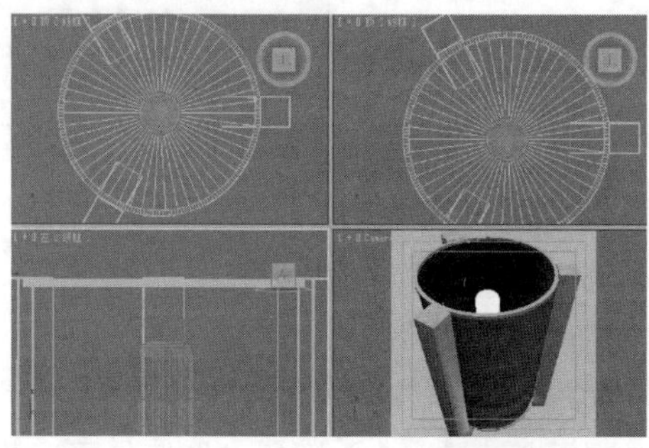

02 按M键，弹出“材质编辑器”对话框，选择“灯罩”材质样本球，在“明暗器基本参数”卷展栏中，勾选“双面”复选框，如右图所示。

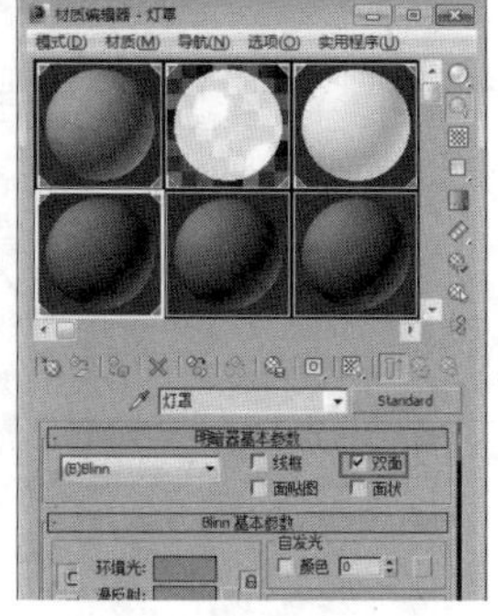

03 在“Blinn基本参数”卷展栏中，将“自发光”设置为80，单击“贴图”卷展栏中的“漫反射颜色”右侧的“无”按钮，在弹出的对话框中双击“位图”选项，再在弹出的对话框中选择随书附带光盘中的CDROM\Map\8081.jpg素材图片，如下图所示。

04 使用默认设置，单击“转到父对象”按钮，按F9键对摄影机视图进行渲染，如右图所示。

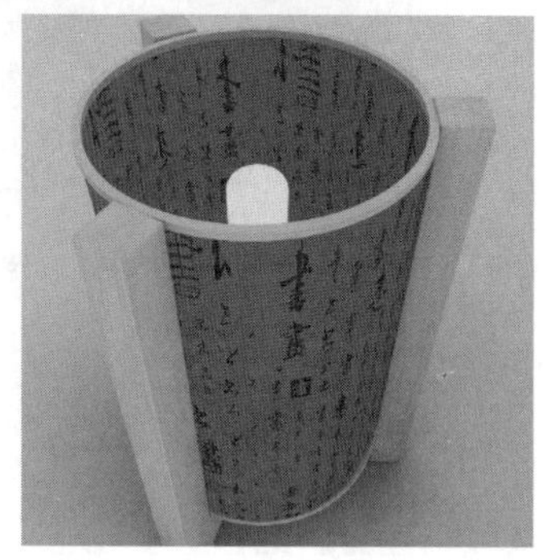

9.6 使用2D贴图

在3ds max 中包括很多种贴图，它们可以根据使用方法、效果分为多种类型，下面主要介绍2D贴图。在“贴图”卷展栏，单击任何通道右侧的None按钮，都可以打开“材质/贴图浏览器”。2D贴图主要是一些平面贴图。

实战操作330 使用渐变贴图

 素材：Scenes\Cha09\9-20.max	难度：★★★★★
场景：Scenes\Cha09\实战操作330.max	视频：视频\ Cha09\实战操作330.avi

使用渐变贴图可产生三色（或三个贴图）的渐变过渡效果，它的可拓展性非常强，有“线性渐变”和“径向渐变”两种渐变类型，三个色彩可以随意调节，相互区域比例的大小也可以调节，通过贴图可以产生无限级的渐变和图像嵌套结果，另外，渐变贴图自身还有Noise噪波参数可以调节，用于控制相互区域之间融合时产生的杂乱效果。

01 打开9-20.max素材文件，按M键，在弹出的“材质编辑器”对话框中选择“花瓣”材质样本球，在“明暗器基本参数”卷展栏中，勾选“双面”复选框，如下图所示。

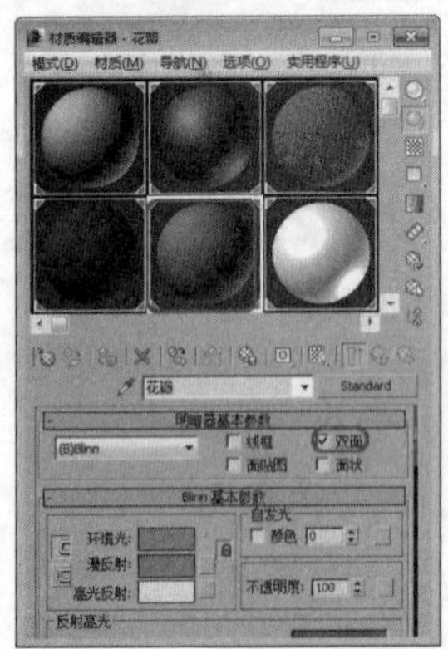

02 将“环境光”和“漫反射”RGB值设置为（255、0、246），将“自发光”设置为30，将“高光级别”和“光泽度”分别设置为13、10，在“贴图”卷展栏中，单击“漫反射颜色”后面的“无”按钮，再在弹出的对话框中的“标准”区域下选择“渐变”选项，如下图所示。

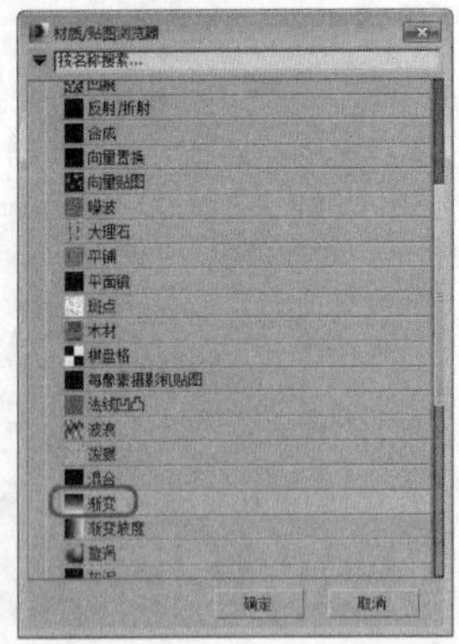

03 单击“确定”按钮，在“坐标”卷展栏中，取消“使用真实世界比例”复选框的勾选，将“瓷砖”下的“U”、“V”都设置为1.0，将“渐变参数”卷展栏展开，将“颜色#1”的RGB值设置为（209、0、255），将“颜色#2”的RGB值设置为(248、175、255)，将“颜色#3”的RGB值设置为（255、255、255），将“颜色#2”的位置设置为0.25，如下图所示。

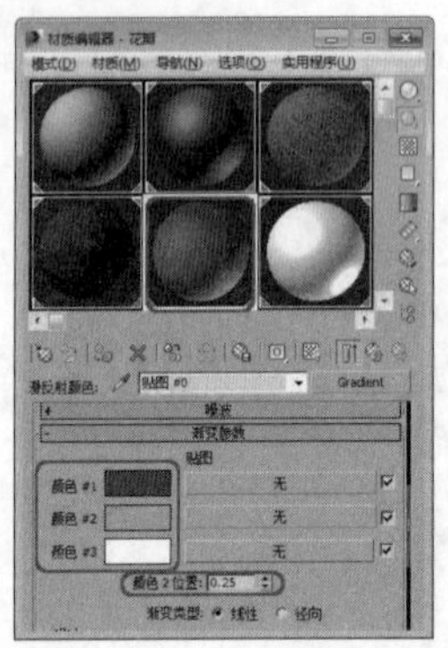

04 单击“转到父对象”按钮，将“凹凸”的数量设置为50，并单击其右侧的“无”按钮，在弹出的对话框中选择“噪波”选项，单击“确定”按钮，将“瓷砖”下X、Y、Z都设置为0.394，如下图所示。

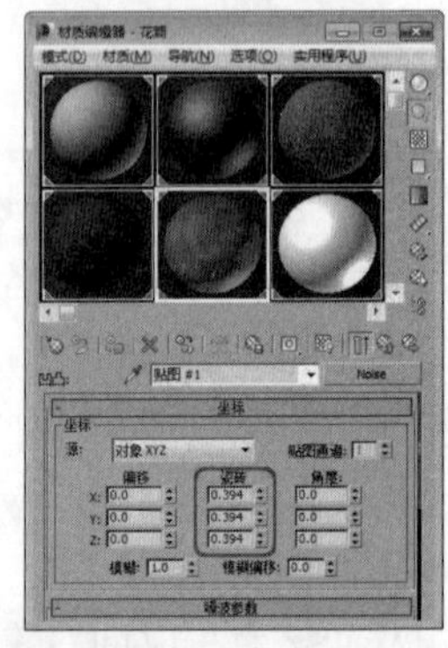

05 展开“噪波参数”卷展栏，将“大小”设置为1.0，如下图所示。

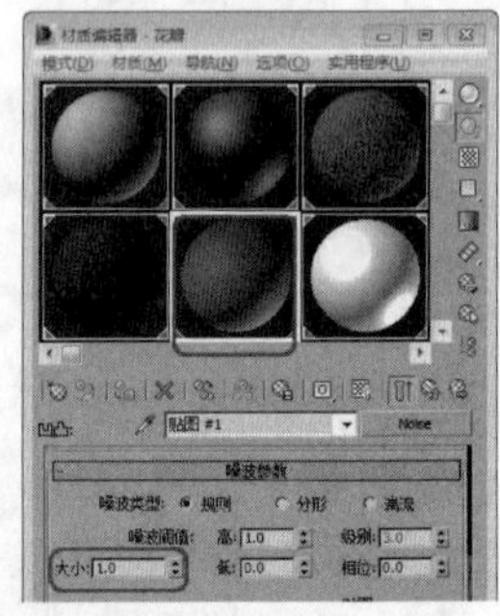

06 设置完成后单击“转到父对象”按钮，按F9键对摄影机视图进行渲染，渲染效果如下图所示。

实战操作331 使用棋盘格贴图

素材：Scenes\Cha09\9-21.max	难度：★★★★★
场景：Scenes\Cha09\实战操作331.max	视频：视频\ Cha09\实战操作331.avi

棋盘格贴图可以产生两色方格交错的方案，也可以用两个贴图来进行交错，如果使用棋盘格进行嵌套，可以产生多彩色方格图案效果。用于产生一些格状纹理，或者砖墙、地板块等有序纹理。

01 单击按钮，在弹出的下拉列表中选择“打开”选项，打开9-21.max素材文件，如下图所示。

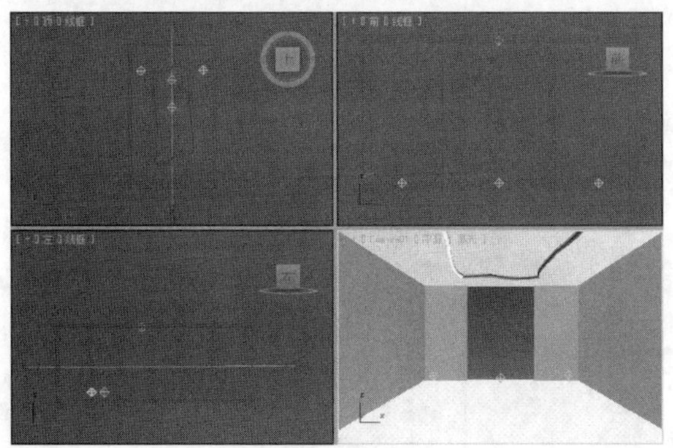

02 按M键，在弹出的“材质编辑器”对话框中选择“地板”，在“贴图”卷展栏中，单击“漫反射颜色”后面的“无”按钮，再在弹出的对话框中“标准”区域下选择“棋盘格”选项，如下图所示。

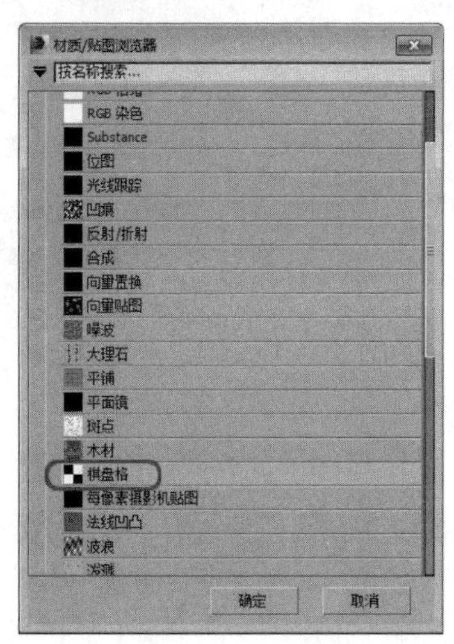

03 单击“确定”按钮，将“坐标”卷展栏展开，取消“使用真实世界比例”复选框的勾选，然后将坐标卷展栏中的“瓷砖”下面U、V都设置为7.0、7.0，按Enter键确认，如下图所示。

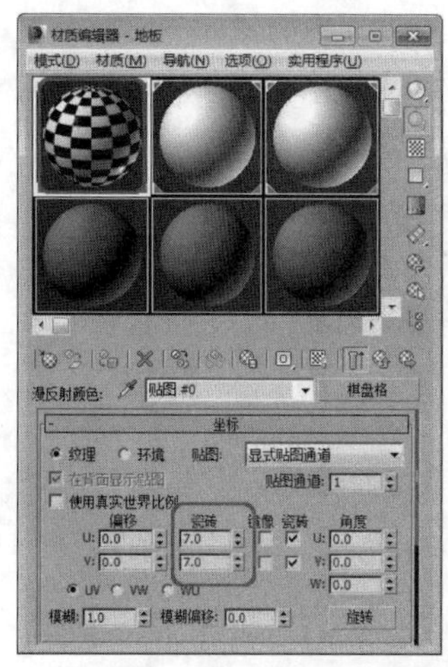

04 单击“转到父对象”按钮，按F9键对摄影机视图进行渲染，渲染完成后的效果如下图所示。

实战操作332 使用位图贴图

素材：Scenes\Cha09\9-22.max	难度：★★★★★
场景：Scenes\Cha09\实战操作332.max	视频：视频\Cha09\实战操作332.avi

位图贴图就是将位图图像文件作为贴图使用，它支持各种类型的图像和动画格式。位图贴图的使用很广泛，通常用在漫反射颜色贴图通道、凹凸贴图通道、反射贴图通道和折射贴图通道中。

01 打开9-22.max素材文件，如下图所示。

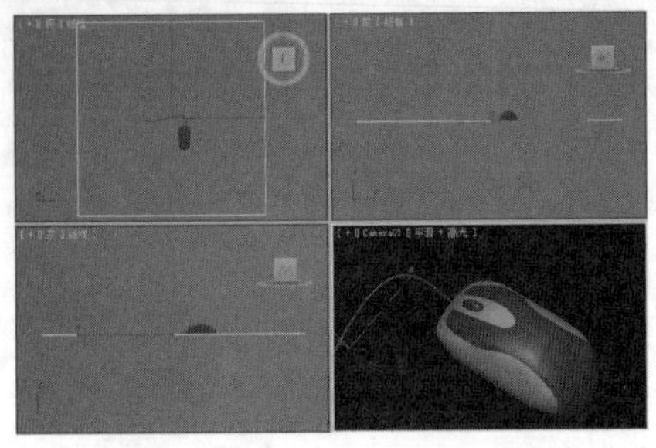

02 按M键，在弹出的“材质编辑器”对话框中选择“桌面”材质样本球，在“贴图”卷展栏中，单击“漫反射颜色”后面的“无”按钮，如下图所示。

03 再在弹出的对话框中的“标准”区域下选择“位图”选项，如下图所示。

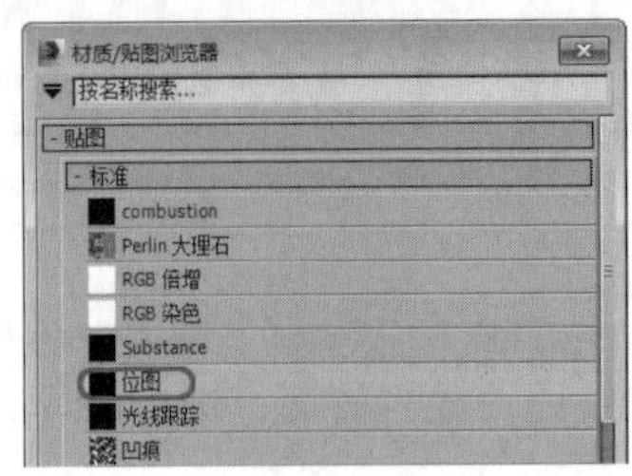

04 单击“确定”按钮，弹出“选择位图图像文件”对话框，选择随书附带光盘中的Map\枫木-09.jpg素材文件，如下图所示。

05 单击“打开”按钮，为其添加贴图。在“坐标”卷展栏中，取消“使用真实世界比例”复选框的勾选，将“瓷砖”下的“U”、“V”都设置为5.0，如下图所示。

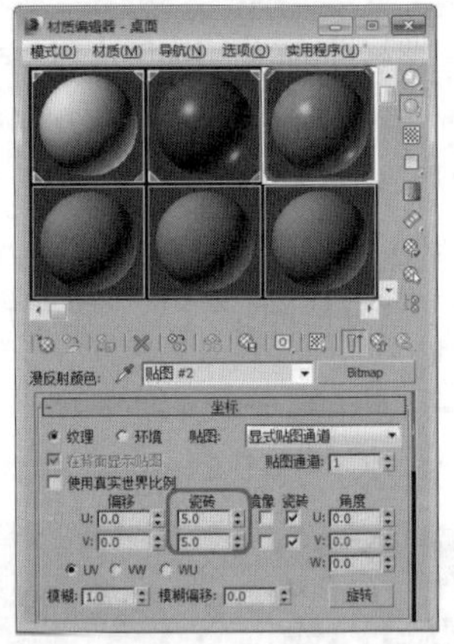

06 单击“转到父对象”按钮，在“Blinn”卷展栏中，将“高光级别”和“光泽度”分别设置为40、50，按F9键快速渲染摄影机视图，如下图所示。

实战操作333 使用向量贴图

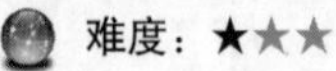

素材：Scenes\Cha09\9-23.max	难度：★★★★★
场景：Scenes\Cha09\实战操作333.max	视频：视频\Cha09\实战操作333.avi

使用向量贴图可以将基于向量的图形（包括动画）用作对象的纹理。

向量图形文件具有描述性优势，它生成的图像与显示分辨率无关。向量贴图支持多种行业标准的向量图形格式。

01 在3ds Max 2014中，按Ctrl+O组合键，打开素材文件9-23.max，如下图所示。

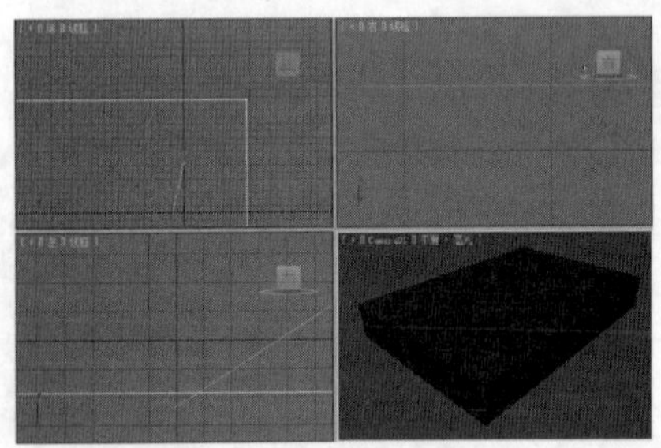

02 选择“月饼盒正面”，按M键打开“材质编辑器”对话框，选择一个空白材质样本球，将其命名为“月饼盒正面”，展开“贴图”卷展栏，单击“漫反射颜色”右侧的“无”按钮，在弹出的对话框中选择“向量贴图”，如下图所示。

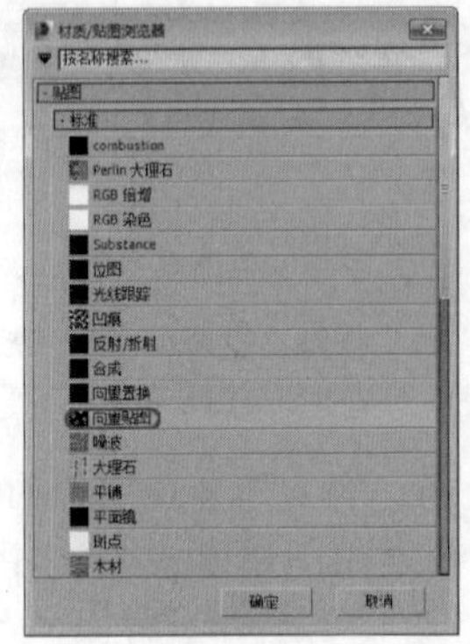

03 单击“确定”按钮，单击“参数”卷展栏中“向量文件”右侧的“无”按钮，在弹出的对话框中，选择随书附带光盘中的CDROM\Map\月饼盒01.ai素材文件，如下图所示。

04 单击“将材质指定给选定对象”按钮，按F9键对摄影机视图进行渲染，渲染完成后的效果如右图所示。

9.7 使用贴图通道

在“标准”材质中，提供了12种贴图通道，如“漫反射颜色”、“反射”、“凹凸”等，每种通道右侧都有一个None按钮，单击该按钮可以选择磁盘上的位图文件或程序贴图。左侧的“复选框”用于启用或禁用贴图效果。“数量”参数用于控制贴图影响材质的数量，以百分比表示。例如，数量为100时的漫反射贴图表示完全覆盖，为50时表示以50%的透明度进行覆盖。

实战操作334 使用漫反射颜色贴图通道

素材：Scenes\Cha09\9-24.max	难度：★★★★★
场景：Scenes\Cha09\实战操作334.max	视频：视频\Cha09\实战操作334.avi

漫反射颜色贴图主要用于表现材质的纹理效果，当它的数值为100时，会完全覆盖漫反射颜色，例如要用砖头砌成墙，则可以选择带有砖头图像的贴图。

01 在3ds Max 2014中，按Ctrl+O组合键，打开素材文件9-24.max，如下图所示。

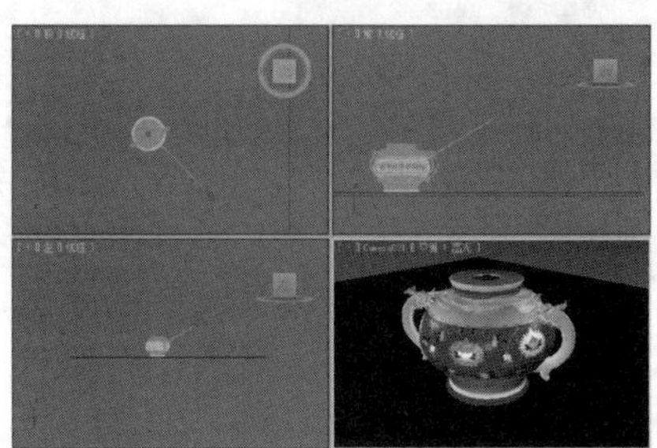

02 按M键打开“材质编辑器”对话框，选择“瓶口和瓶底”材质样本球，并单击“贴图”卷展栏中“漫反射颜色”右侧的“无”按钮，如下图所示。

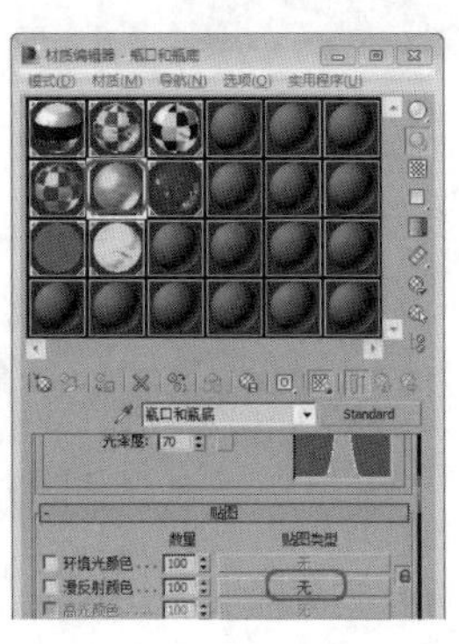

03 在打开的“材质/贴图浏览器”对话框中选择“位图”贴图选项，如下图所示，并单击“确定”按钮。

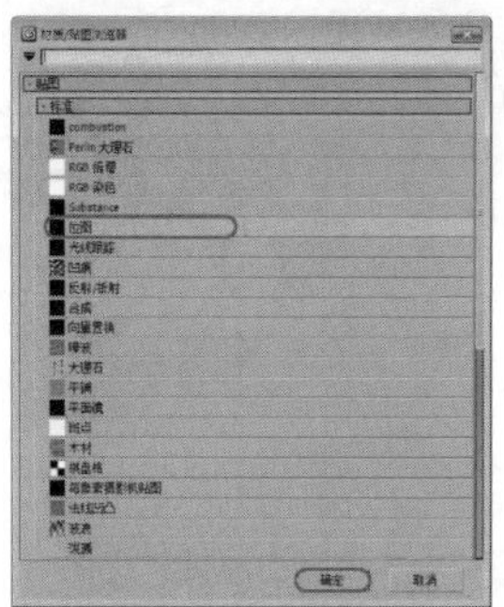

04 在打开对话框中，选择随书附带光盘中的CDROM\Map\gundi-a.tga位图文件，如下图所示。

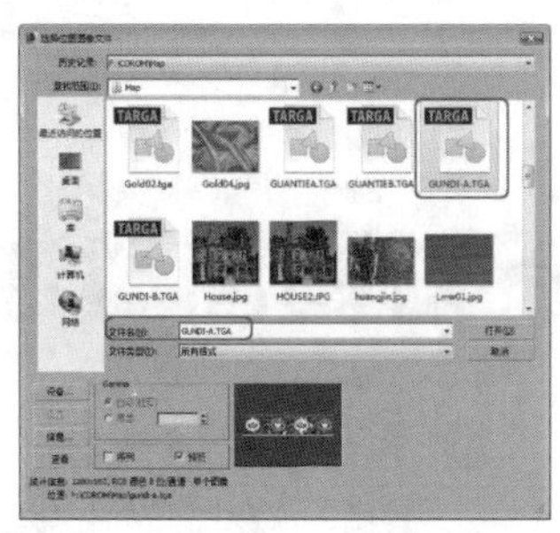

05 单击“打开”按钮，进入“漫反射颜色”层级面板，在“坐标”卷展栏中，取消“使用真实世界比例”复选框的勾选，将“瓷砖”的U、V设置为2.0、0.833，如下图所示。

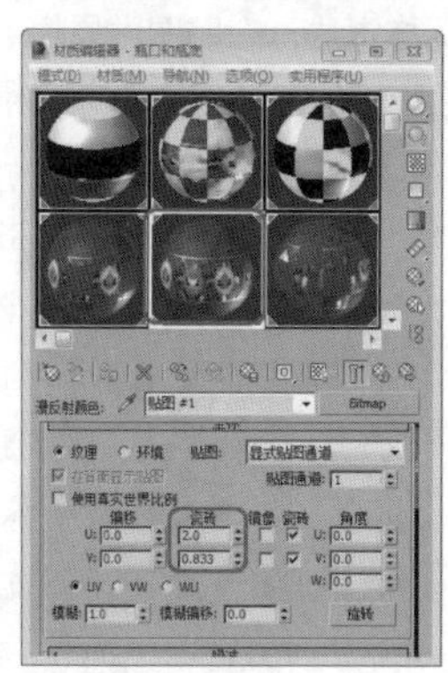

06 单击“转到父对象”按钮，返回上一层级面板，按F9键对摄影机视图进行渲染，渲染完成后的效果如下图所示。

专家提醒

默认情况下，漫反射贴图也将相同的贴图应用于环境光颜色。并不一定必须锁定环境光贴图和漫反射贴图。通过禁用锁定并针对每个组件使用不同的贴图，您可以获得有趣的混合效果。但是，通常漫反射贴图的目的是模拟比基本材质更复杂的单个曲面，为此，应该启用锁定。

实战操作335 使用凹凸贴图通道

素材：Scenes\Cha09\9-25.max	难度：★★★★★
场景：Scenes\Cha09\实战操作335.max	视频：视频\Cha09\实战操作335.avi

通过图像的明暗强度来影响材质表面的光滑程度，从而产生凹凸的表面效果，白色图像产生凸起，黑色图像产生凹陷，中间色产生过渡。

01 在3ds Max 2014中，按Ctrl+O组合键，打开素材文件9-25.max，如下图所示。

02 按M键打开“材质编辑器”对话框，选择“橘子”材质样本球，在贴图卷展栏中，单击“凹凸”右侧的“无”按钮，在弹出的对话框中选择“噪波”选项，如下图所示。

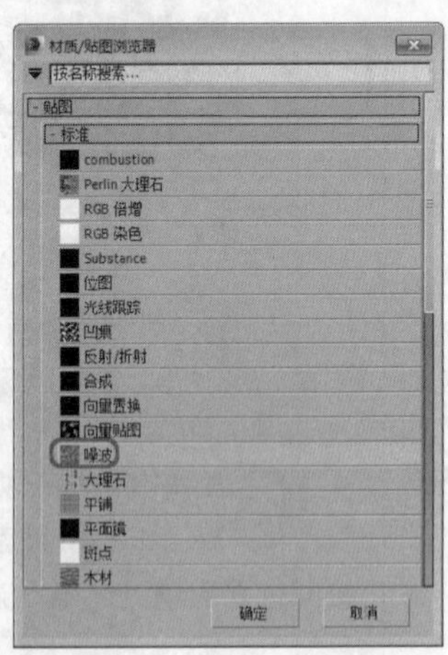

03 单击“确定”按钮，在“噪波参数”卷展栏中，将“大小”值设置为1.5，如下图所示。

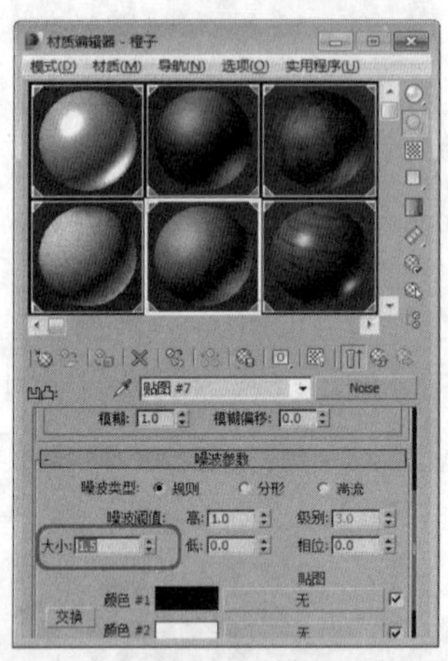

04 按F9键对摄影机视图进行渲染，渲染完成后的效果如下图所示。

实战操作336 使用反射贴图通道

素材：Scenes\Cha09\9-26.max	难度：★★★★★
场景：Scenes\Cha09\实战操作336.max	视频：视频\Cha09\实战操作336.avi

反射贴图是一种很重要的贴图方式，要想制作出光洁亮丽的质感，必须要熟练掌握反射贴图的使用。

01 打开素材文件9-26.max，如下图所示。

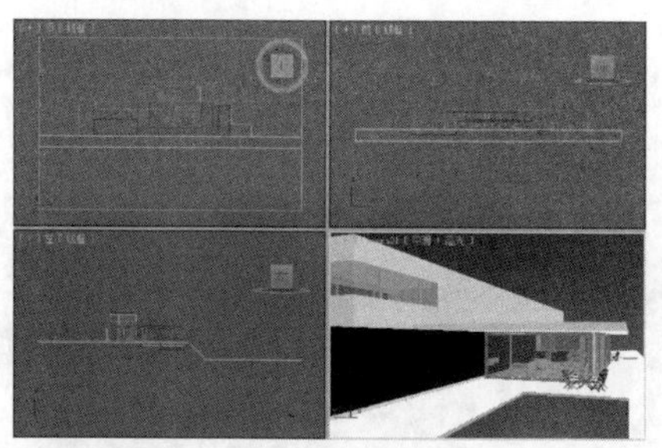

02 按M键打开“材质编辑器”对话框，选择“水面”材质样本球，切换至“贴图”卷展栏，单击“反射”右侧的“无”按钮，在打开的对话框中选择“遮罩”选项，如下图所示。

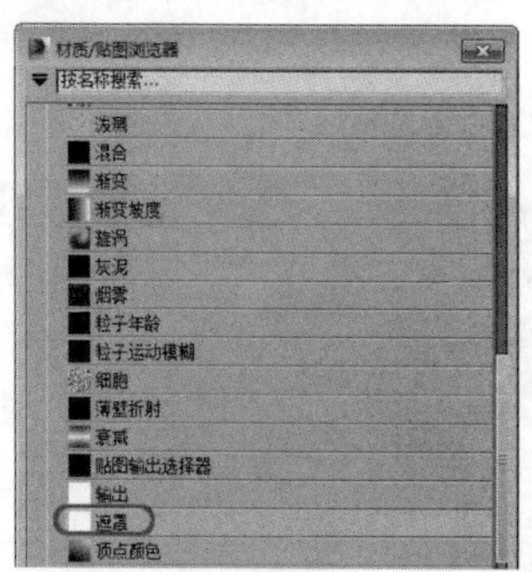

03 在“遮罩参数”卷展栏中，单击“贴图”右侧的“无”按钮，在弹出的对话框中双击“光线跟踪”，如下图所示。

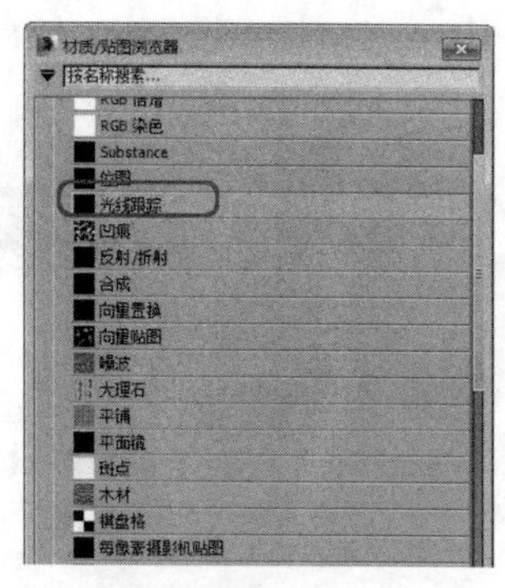

04 单击两次“转到父对象”按钮，按F9键对摄影机视图进行快速渲染，渲染完成后的效果如下图所示。

专家提醒

可以创建三种反射：基本反射贴图，自动反射贴图和平面镜反射贴图。

“基本反射贴图”：能创建铬合金，玻璃或金属的效果，方法是在几何体上使用贴图，使得图像看起来好像表面反射的一样。

“自动反射贴图”：根本不使用贴图，它从对象的中心向外看，把看到的东西映射到表面上。另一种生成自动反射的方法是，指定光线跟踪贴图作为反射贴图。

“平面镜贴图”：用于一系列共面的面，把面对它的对象反射，与实际镜子一模一样。

实战操作337 使用折射贴图通道

 素材：Scenes\Cha09\9-27.max	 难度：★★★★★
 场景：Scenes\Cha09\实战操作337.max	视频：视频\Cha09\实战操作337.avi

折射贴图用于模拟空气和水等介质的折射效果，在物体表面产生对周围景物的折射映像，它表现一种穿透效果。

01 打开素材文件9-27.max，按M键打开“材质编辑器”对话框，选择“酒杯”材质样本球，在“贴图”卷展栏中，单击“折射”右侧的None按钮，在打开的对话框中选择“光线跟踪”选项，如右图所示。

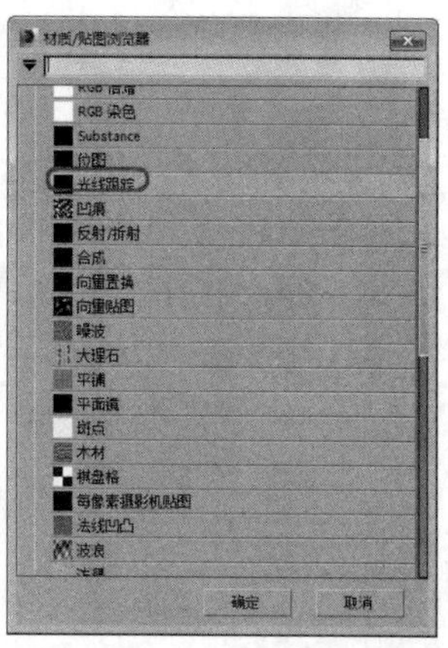

02 使用默认设置，单击“转到父对象”按钮，按F9键对摄影机视图进行渲染，渲染完成后的效果如右图所示。

专家提醒

折射贴图类似于反射贴图。它将视图贴在表面上，这样图像看起来就像透过表面所看到的一样，而不是从表面反射的样子。就像反射贴图一样，折射贴图的方向锁定到视图而不是对象。即在移动或旋转对象时，折射图像的位置固定不变。

9.8 修改贴图坐标

贴图坐标用于指定几何体上贴图的位置、方向以及大小。坐标通常以U、V和W指定，其中，U是水平维度，V是垂直维度，W是可选的第三维度，它表示深度。

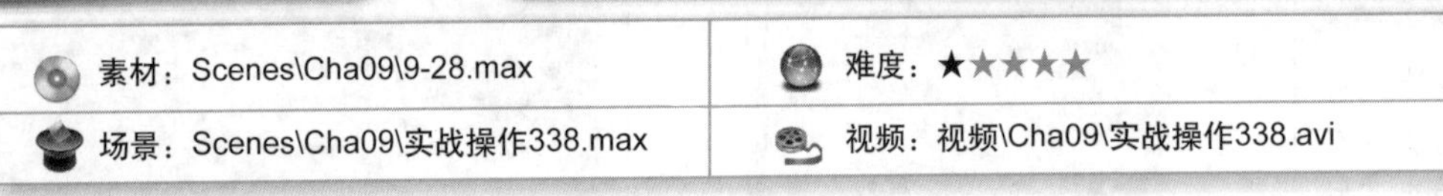

实战操作338 使用UVW贴图修改器

素材：Scenes\Cha09\9-28.max	难度：★★★★★
场景：Scenes\Cha09\实战操作338.max	视频：视频\Cha09\实战操作338.avi

UVW贴图修改器用于对物体表面指定贴图坐标，以确定如何使材质投射到物体表面。使用UVW贴图修改器能更有力地控制贴图坐标。

01 在3ds Max 2014中，按Ctrl+O组合键，打开素材文件9-28.max，打开后的效果如下图所示。

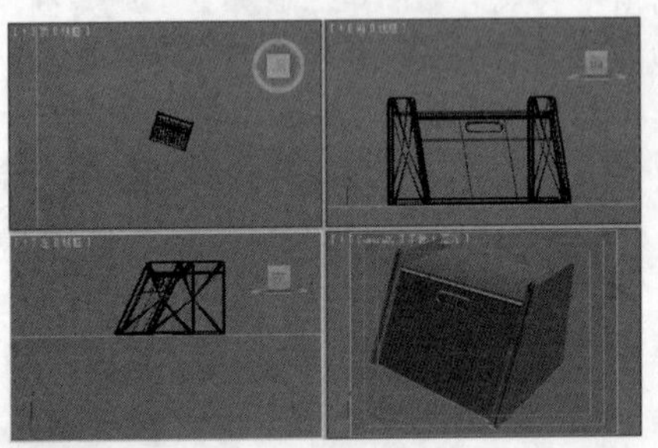

02 在场景中选择除“地面”外的所有对象，按M键打开“材质编辑器”对话框，选择第一个材质样本球，如下图所示。

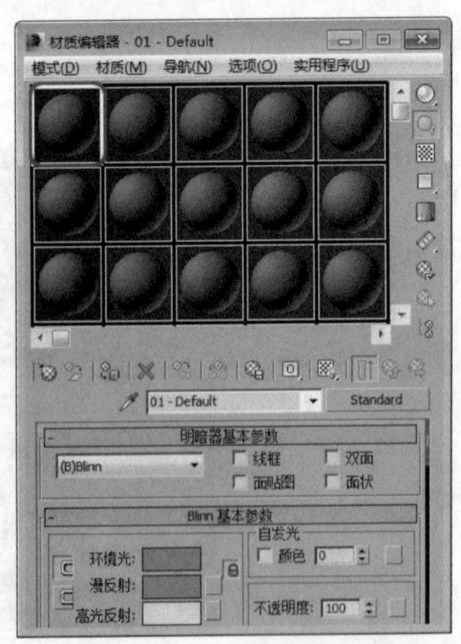

03 在“Blinn基本参数”卷展栏中将“环境光”和“漫反射”RGB值设置为（255、192、83），将“自发光”设置为35，将“高光级别”设置为178，将“光泽度”设置为68，如下图所示。

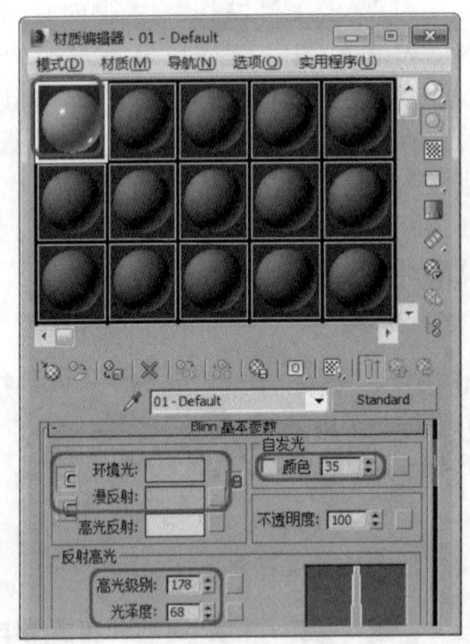

04 在“贴图”卷展栏中，单击“漫反射颜色”右侧的“无”按钮，在打开的“材质/贴图浏览器”中选择“位图”选项，按“确定”按钮即可，如下图所示。

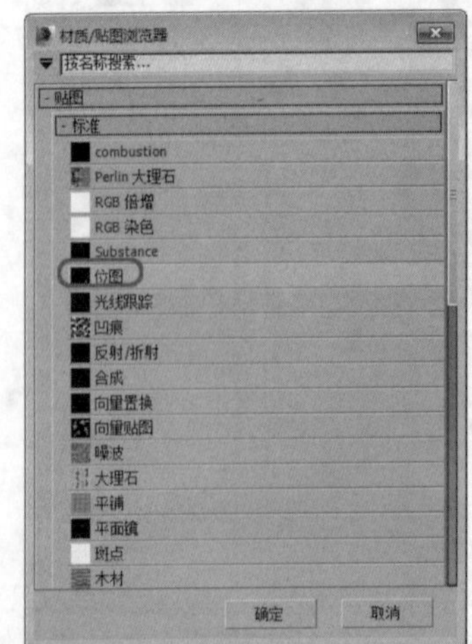

05 在打开的对话框中，选择随书附带光盘中的CDROM\Map\Lmw01.jpg位图文件，如下图所示。

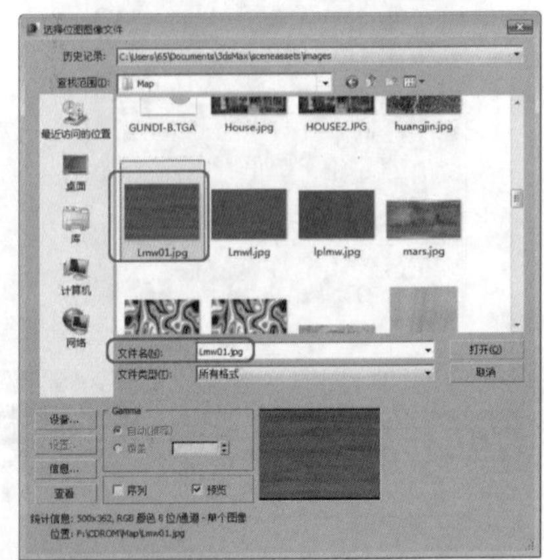

06 选择位图后，在“坐标”卷展栏中，取消“使用真实世界比例”复选框的勾选，将“瓷砖”下的“U”、“V”分别设置为2.0、1.0，如下图所示。

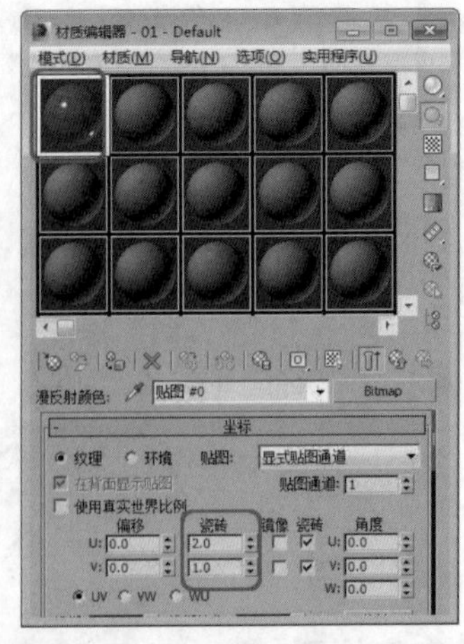

07 单击“转到父对象”按钮，单击“将材质指定给选定对象”和“在视口中显示标准贴图”按钮，为其指定材质，如下图所示。

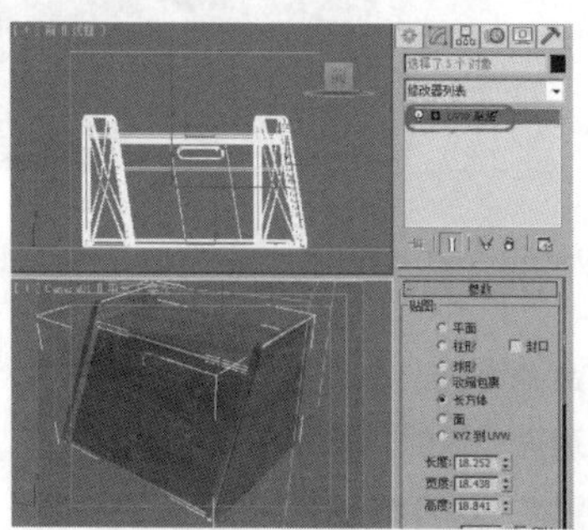

08 指定材质后，按M键关闭材质编辑器，切换至“修改”命令面板，并为其添加“UVW贴图”修改器，如下图所示。

09 在“参数”卷展栏中，勾选“长方体”单选按钮，取消“真实世界贴图大小”复选框的勾选，并将“长度”、“宽度”、“高度”分别设置为16、18、12，如下图所示。

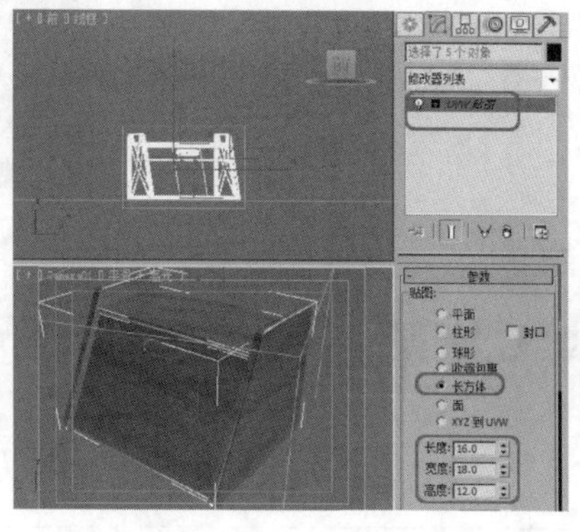

10 在场景中，代表贴图坐标的黄色的Gizmo线框会随着长、宽、高的更改而变化。最终效果如下图所示。

专家提醒

默认情况下，基本体对象（如球体和长方体）与放样对象和NURBS曲面一样，具有贴图坐标。扫描、导入或手动构造的多边形或面片模型不具有贴图坐标系，直到应用了“UVW贴图”修改器。

实战操作339 更改贴图坐标系

素材：Scenes\Cha09\9-29.max	难度：★★★★★
场景：Scenes\Cha09\实战操作339.max	视频：视频\Cha09\实战操作339avi

贴图坐标指定如何将位图投影到对象上。UVW 坐标系与XYZ坐标系相似。位图的U和V轴对应于X和Y轴。对应于Z轴的W轴一般仅用于程序贴图。默认为UV，可在“材质编辑器”中将位图坐标系切换到VW或WU。

01 在3ds Max 2014中，按Ctrl+O组合键，打开素材文件9-29.max，打开后的效果如下图所示。

02 按M键打开“材质编辑器”对话框，选择“木纹”的材质样本球，在“Blinn基本参数”卷展栏中，单击“漫反射”颜色块右侧的M按钮，如下图所示。

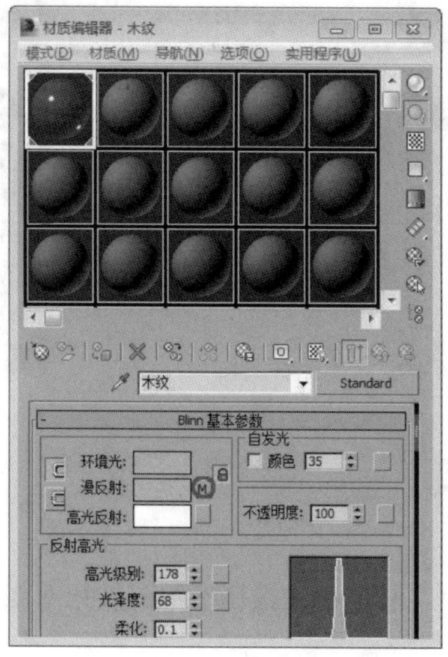

03 进入“漫反射颜色”层级面板，并在“坐标”卷展栏中，单击“VW”单选按钮，如下图所示。

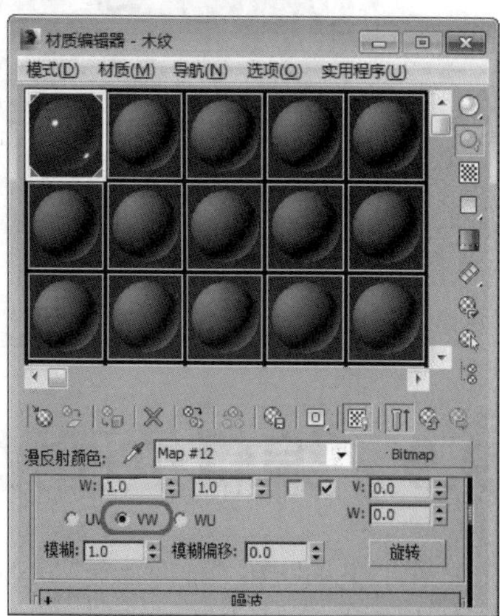

04 将贴图坐标系更改为“VW”后，场景中对象上的材质也随之发生变化，其效果如右图所示。

实战操作340 对齐贴图坐标

素材：Scenes\Cha09\9-29.max	难度：★★★★★
场景：Scenes\Cha09\实战操作340.max	视频：视频\Cha09\实战操作340.avi

在“UVW贴图”修改器参数卷展栏中的“对齐”组中，可以设置表示贴图坐标的Gizmo的对齐方法。

01 在3ds Max 2014中，按Ctrl+O组合键，打开素材文件9-29.max，打开后的效果如下图所示。

02 按H键打开“从场景选择”对话框，在该对话框中选择如下图所示的对象，并单击“确定”按钮。

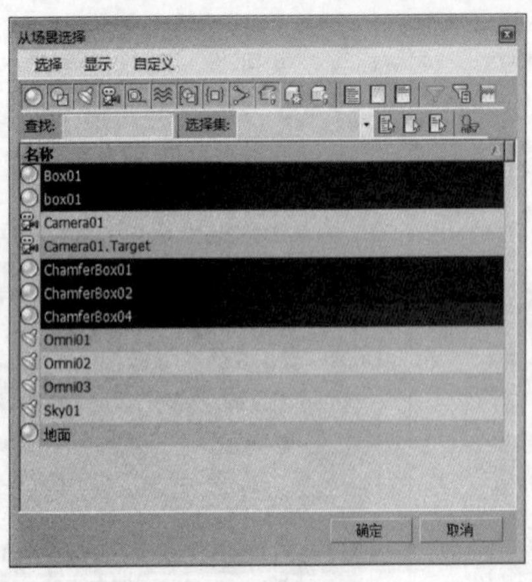

03 切换至“修改”命令面板，在“参数”卷展栏中的“对齐”选项组中，选择“适配”按钮，如下图所示。

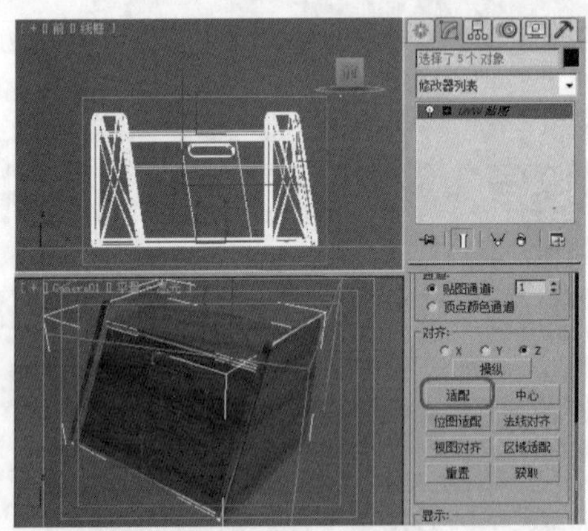

04 执行操作后，所选择对象的贴图坐标将自动适配对齐，渲染后的效果如下图所示。

9.9 编辑位图贴图

在“坐标”和“位图参数”卷展栏中，通过相关按钮参数或按钮对当前使用的贴图进行旋转和裁剪操作，便于调整出多种不同的效果。

实战操作341 旋转位图

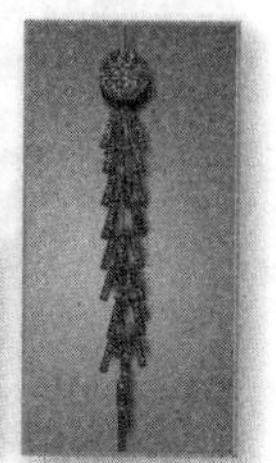

素材：Scenes\Cha09\9-30.max	难度：★★★★★
场景：Scenes\Cha09\实战操作341.max	视频：视频\Cha09\实战操作341.avi

可以通过“坐标”卷展栏中的“角度”参数组和“旋转”按钮来控制在相应的坐标方向上产生贴图的旋转效果。

01 在3ds Max 2014中，按Ctrl+O组合键，打开素材文件9-30.max，打开后的效果如下图所示。

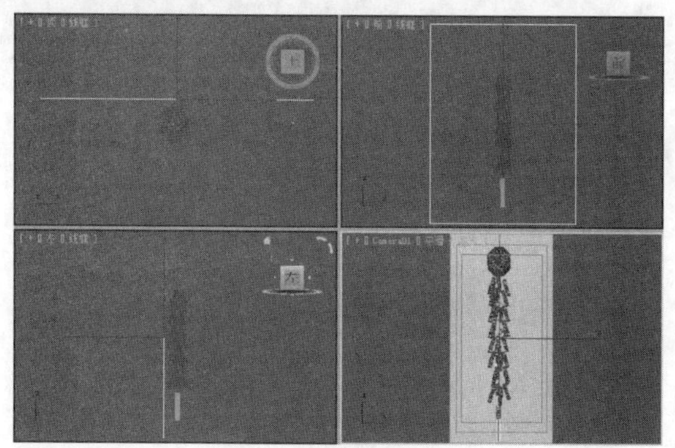

02 按M键打开“材质编辑器”对话框，选择“鞭炮上装饰”材质，并单击“ID1”右侧的子材质按钮，在“Blinn基本参数”卷展栏中，单击“漫反射”颜色块右侧的M按钮，如下图所示。

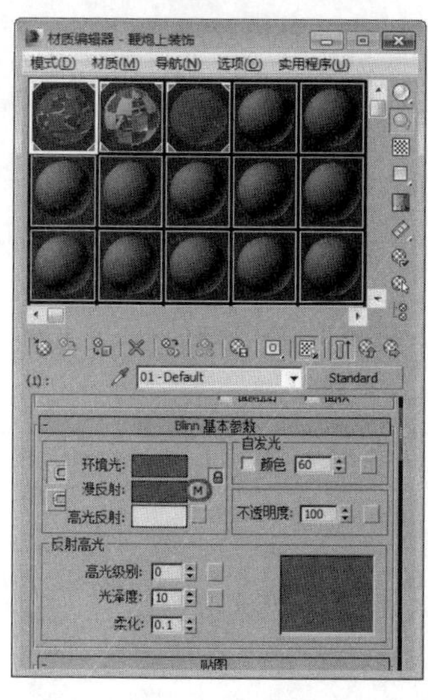

03 在“坐标”卷展栏中，单击“旋转”按钮，打开“旋转贴图坐标”对话框，如下图所示。

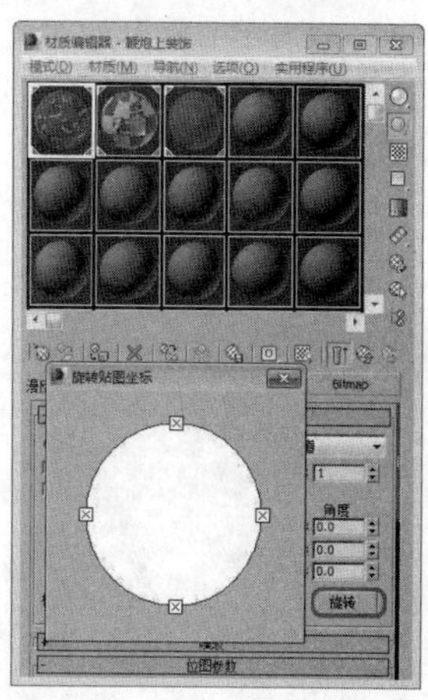

04 通过在该对话框中拖动鼠标来旋转位图，同时，摄影机视图中会随时显示调整旋转位图的效果，按F9键对摄影机视图进行渲染，渲染完成后的效果如下图所示。

实战操作342 裁剪位图

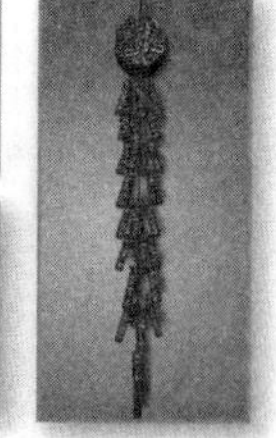

素材：Scenes\Cha09\9-30.max	难度：★★★★★
场景：Scenes\Cha09\实战操作342.max	视频：视频\Cha09\实战操作342.avi

裁剪位图允许在位图上任意剪切一部分图像，作为贴图进行使用，或将原位图按比例进行缩小使用。它并不会改变原位图文件，只是在材质编辑器中实施控制。

01 在3ds Max 2014中，按Ctrl+O组合键，打开素材文件9-30.max，打开后的效果如下图所示。

02 按M键打开“材质编辑器”对话框，选择“鞭炮上装饰”材质，并单击“ID1”右侧的子材质按钮，在“Blinn基本参数”卷展栏中，单击“漫反射”颜色块右侧的M按钮，如下图所示。

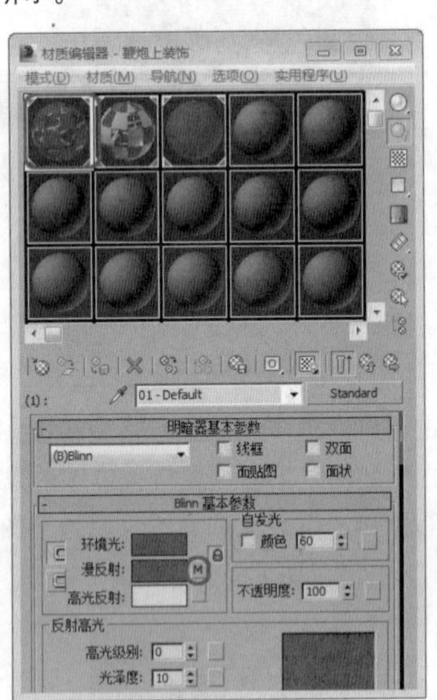

03 在“位图参数”卷展栏中，勾选“应用”复选框，并单击“查看图像”按钮，在打开的对话框中调整裁剪框的大小及位置，如下图所示。

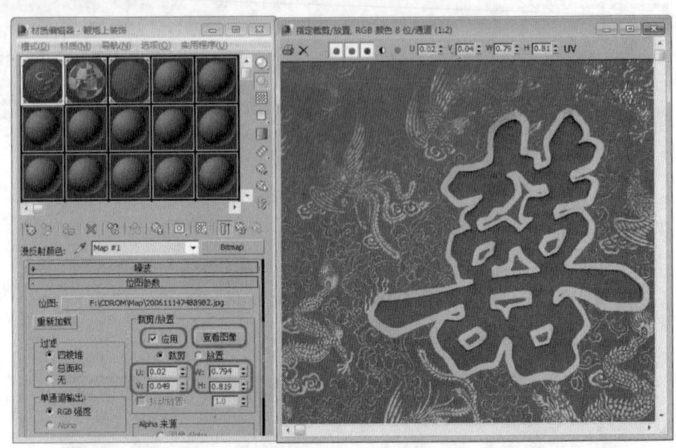

04 关闭裁剪对话框，即可在视图中查看裁剪后的贴图效果，按F9键对摄影机视图进行渲染，渲染完成后的效果如下图所示。

第10章 灯光与摄影机

Chapter 10

光线是画面视觉信息与视觉造型的基础，没有光便无法体现物体的形状与质感。摄影机好比人的眼睛，通过对摄影机的调整可以决定视图中物体的位置和尺寸，影响到场景对象的数量及创建方法。

10.1 创建标准灯光

不同种类的标准灯光对象可用不同的方法投影灯光，模拟不同种类的光源。与光度学灯光不同，标准灯光不具有基于物理的强度值。

实战操作343 创建目标聚光灯

素材：Scenes\Cha10\10-1.max	难度：★★★★★
场景：Scenes\Cha10\实战操作343.max	视频：视频\ Cha10\实战操作343.avi

聚光灯像闪光灯一样投影聚焦的光束，创建“目标聚光灯”的操作步骤如下。

01 单击按钮，在弹出的下拉列表中选择“打开”选项，在打开的对话框中打开素材文件10-1.max，如下图所示。

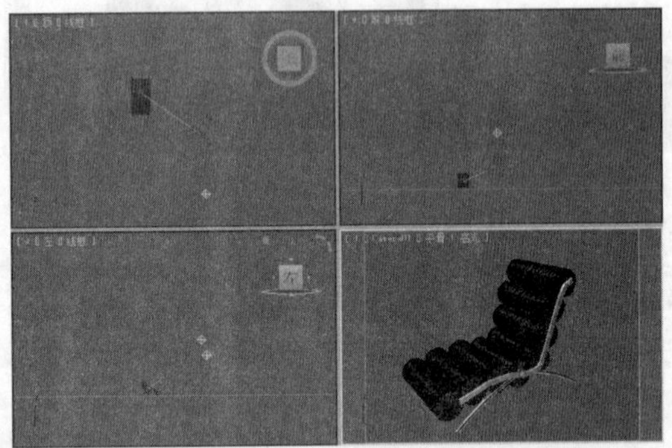

02 选择“创建” | “灯光” | “标准” | “目标聚光灯”工具，在顶视图中单击鼠标左键并拖动鼠标，拖动至适当位置后松开鼠标，即可创建目标聚光灯，如下图所示。

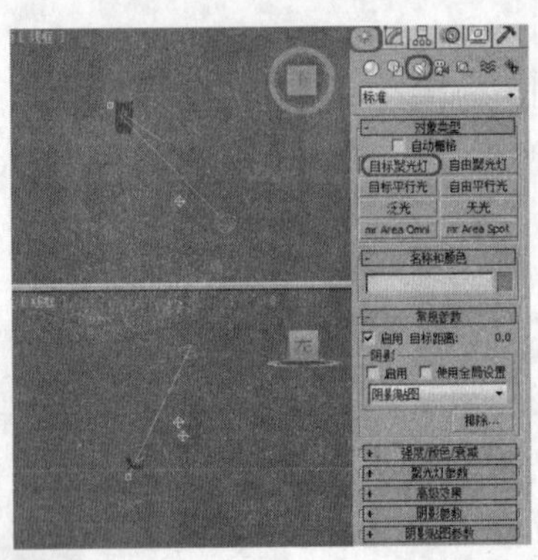

03 切换到修改命令面板，在“常规参数”卷展栏中，勾选“阴影”区域中的“启用”复选框，将阴影模式定义为“光线跟踪阴影”。在“聚光灯参数”卷展栏中，将“聚光区/光束”和“衰减区/区域”设置为60和90，如下图所示。

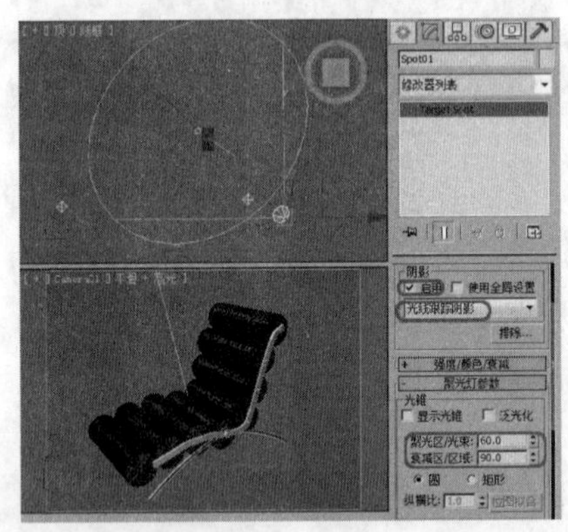

04 在工具栏中单击“选择并移动”按钮，在其他视图中调整目标聚光灯的位置，如下图所示。

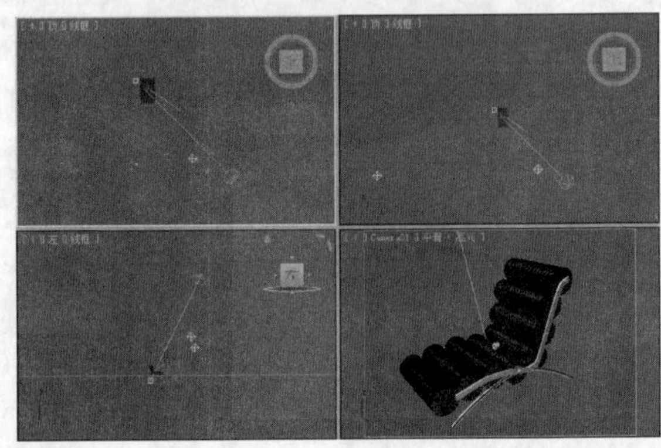

实战操作344 创建自由聚光灯

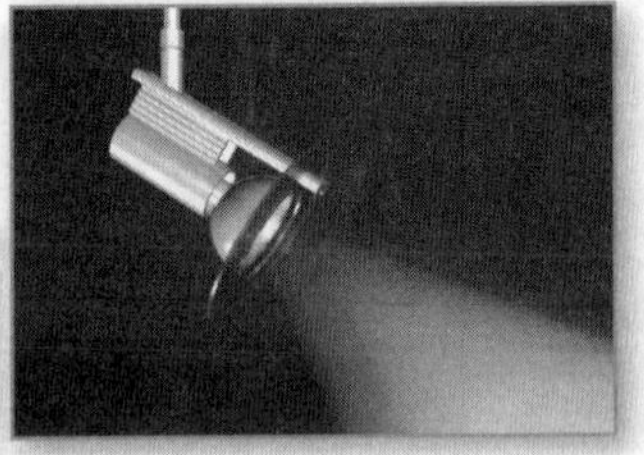

素材：Scenes\Cha10\10-2.max	难度：★★★★★
场景：Scenes\Cha10\实战操作344.max	视频：视频\ Cha10\实战操作344.avi

自由聚光灯没有目标对象，可以通过移动和旋转方法将其指向任何方向。创建“Free Spot”的操作步骤如下。

01 单击按钮，在弹出的下拉列表中选择“打开”选项，在打开的对话框中打开素材文件10-2.max，如下图所示。

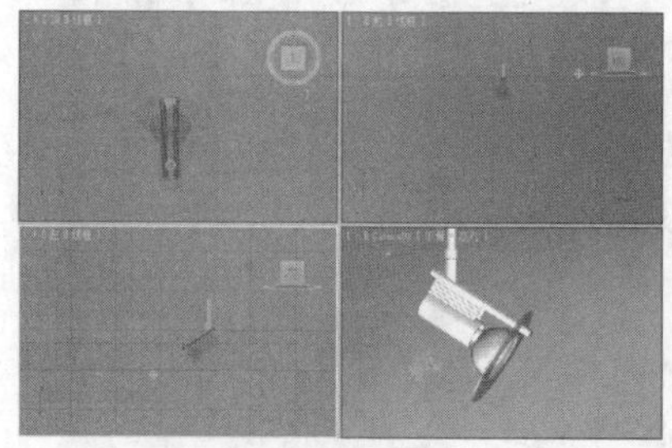

02 选择“创建”|“灯光”|标准|“自由聚光灯”工具，在顶视图中单击鼠标左键，即可创建自由聚光灯，如下图所示。

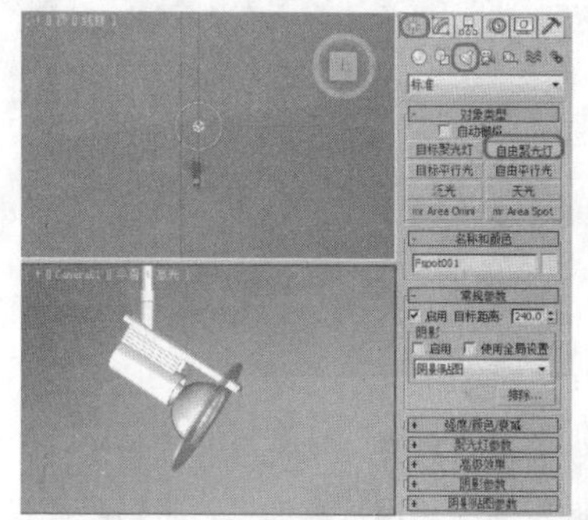

03 切换到修改命令面板，在“强度/颜色/衰减”卷展栏中，将倍增设置为0.5，在“大气和效果”卷展栏中单击“添加”按钮，在弹出的对话框中，选择“体积光”，单击“确定”按钮，如下图所示。

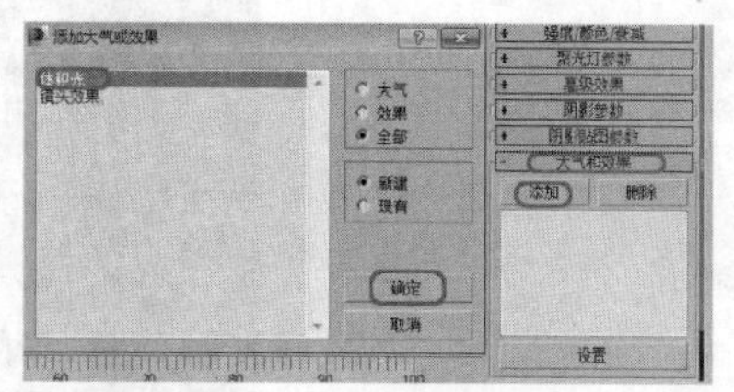

04 选择“体积光”选项，单击“设置”按钮，在弹出的对话框中，选择“环境”选项卡，在“大气”卷展栏在中选择“体积光”，其他设置使用默认设置，将对话框关闭，如下图所示。

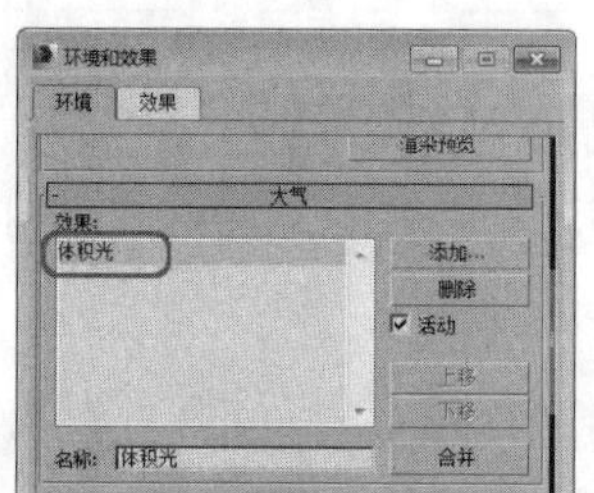

05 设置完成后，使用“选择并移动”和“移动并旋转”工具，在各个视图中调整自由聚光灯的位置，调整完成后的效果如下图所示。

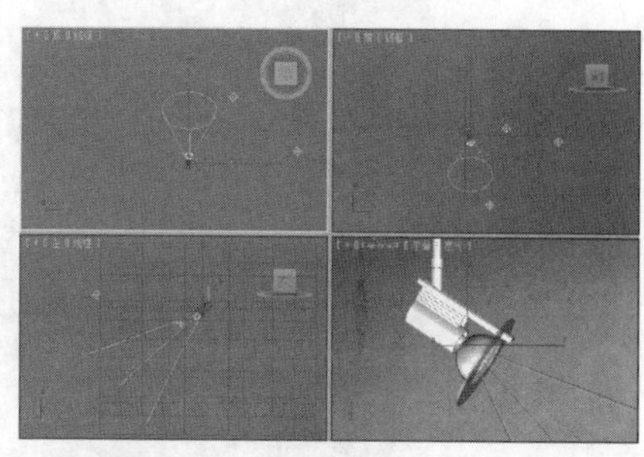

06 激活摄影机视图，按F9键快速渲染一次，渲染完成后的效果如下图所示。

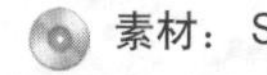

实战操作345 创建目标平行光

素材：Scenes\Cha10\10-3.max	难度：★★★★★
场景：Scenes\Cha10\实战操作345.max	视频：视频\ Cha10\实战操作345.avi

由于平行光线是平行的，所以平行光线呈圆形或矩形棱柱，而不是“圆锥体”。创建“目标平行光”的操作步骤如下。

01 单击按钮，在弹出的下拉列表中选择“打开”选项，在打开的对话框中打开素材文件10-3.max，如下图所示。

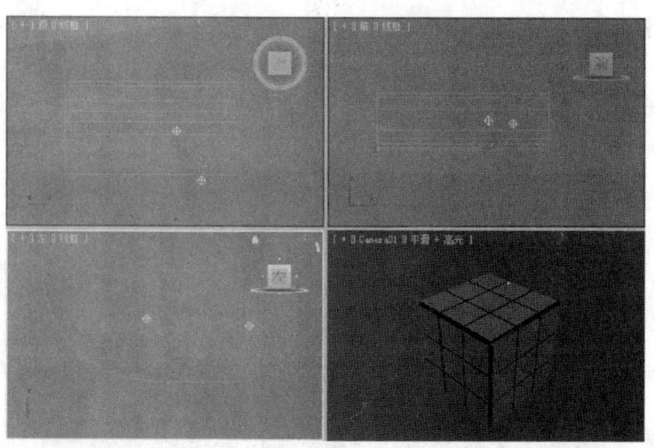

02 选择“创建”|“灯光”|标准|“目标平行光”工具，在顶视图中，单击鼠标左键并拖动鼠标，拖动至适当位置后松开鼠标，即可创建目标平行光，如下图所示。

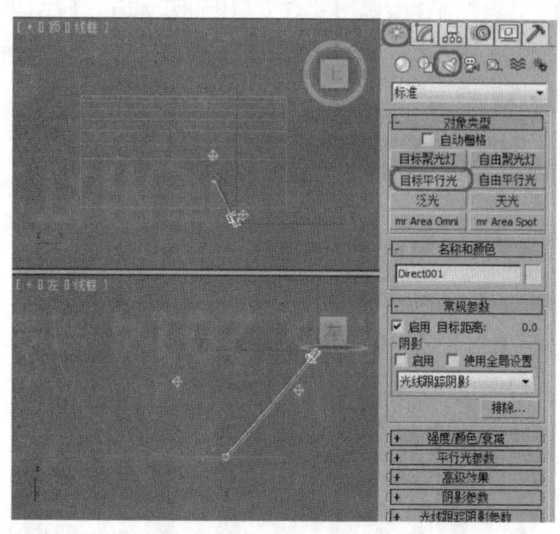

03 切换到修改命令面板，在“常规参数”卷展栏中，勾选“阴影”区域中的“启用”复选框，将阴影模式定

义为“光线跟踪阴影”。在“强度/颜色/衰减”卷展栏中，将“倍增”设置为0.3，在“平行光参数”卷展栏中，将“聚光区/光束”和“衰减区/区域”设置为300和400，如下图所示。

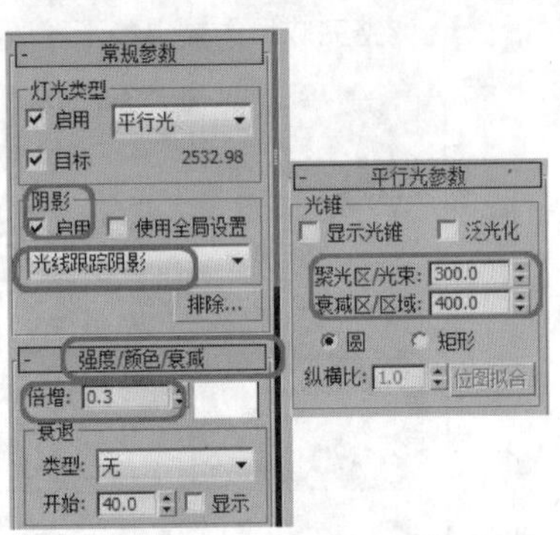

04 单击工具栏中的“选择并移动”按钮，在其他视图中调整目标平行光的位置，如下图所示。

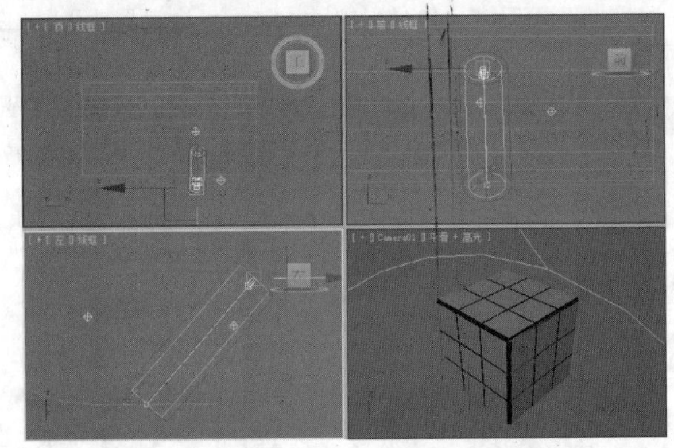

实战操作346 创建自由平行光

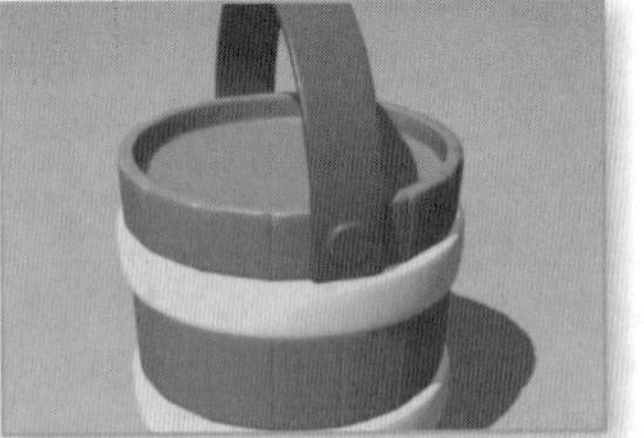

素材：Scenes\Cha10\10-4.max	难度：★★★★★
场景：Scenes\Cha10\实战操作346.max	视频：视频\ Cha10\实战操作346.avi

自由平行光没有目标对象。可以通过移动和旋转的方法将其指向任何方向。创建“自由平行光”的操作步骤如下。

01 单击按钮，在弹出的下拉列表中选择“打开”选项，在打开的对话框中打开素材文件10-4.max，如下图所示。

02 选择“创建”|“灯光”|标准|“自由平行光”工具，在顶视图中单击鼠标左键，即可创建自由平行光，如下图所示。

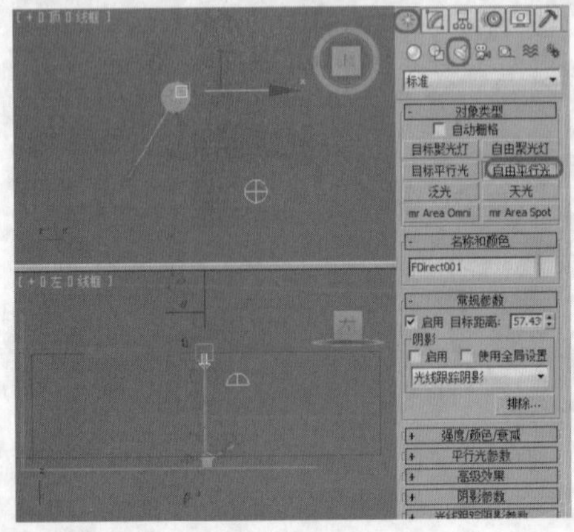

03 切换到修改命令面板，打开“常规参数”卷展栏，勾选“阴影”区域中的“启用”复选框，将阴影模式定义为“光线跟踪阴影”。在“强度/颜色/衰减”卷展栏中，将“倍增”设置为1.0，将“对象阴影”区域中的“颜色”设置为55、34、0，如下图所示。

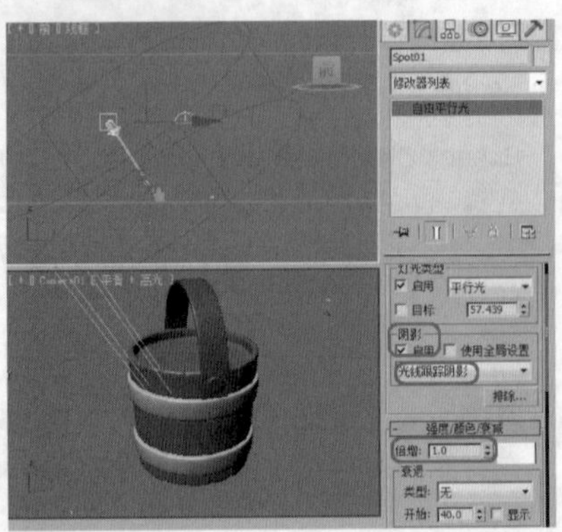

04 使用工具栏中的“选择并移动”按钮和“选择并旋转”按钮，在其他视图中调整自由平行光的位置，如下图所示。

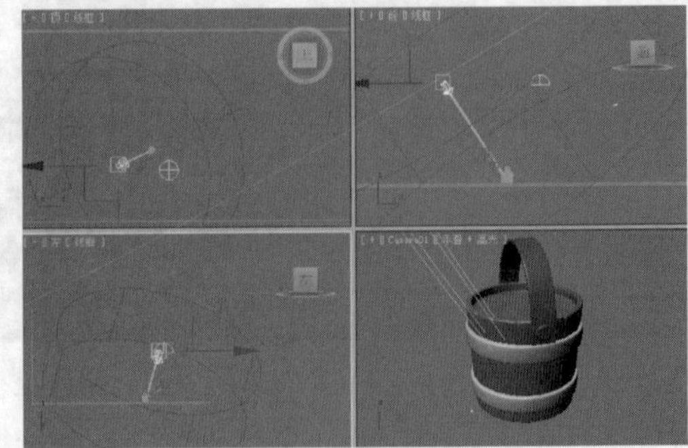

实战操作347 创建泛光灯

素材：Scenes\Cha10\10-5.max	难度：★★★★★
场景：Scenes\Cha10\实战操作347.max	视频：视频\ Cha10\实战操作347.avi

泛光灯可以投射阴影和投影。单个投射阴影的泛光灯等同于六个投射阴影的聚光灯，从中心指向外侧。创建“泛光”的操作步骤如下。

01 单击按钮，在弹出的下拉列表中选择“打开”选项，在打开的对话框中打开素材文件10-5.max，如下图所示。

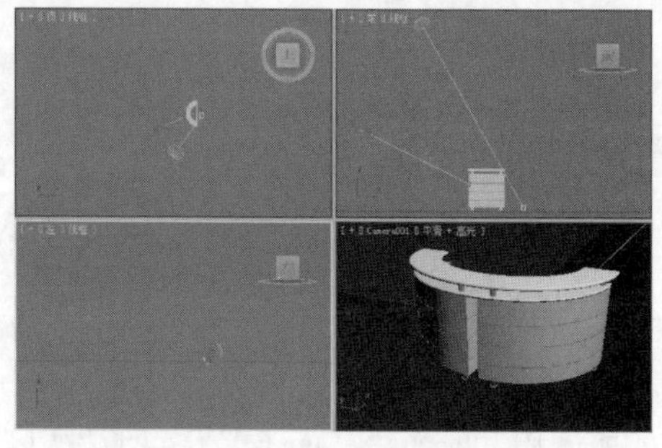

02 选择“创建”|“灯光”|标准|“泛光”工具，在顶视图中单击鼠标左键，即可创建泛光灯，如下图所示。

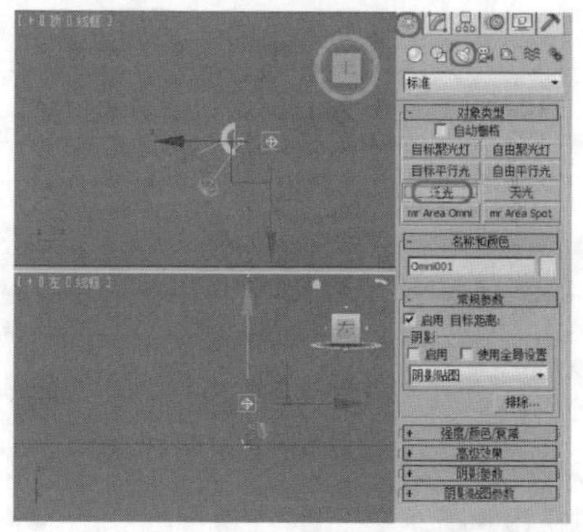

03 切换到修改命令面板，在“强度/颜色/衰减”卷展栏中，将“倍增”设置为1，在“远距衰减”选项组中，勾选“使用”复选框，如下图所示。

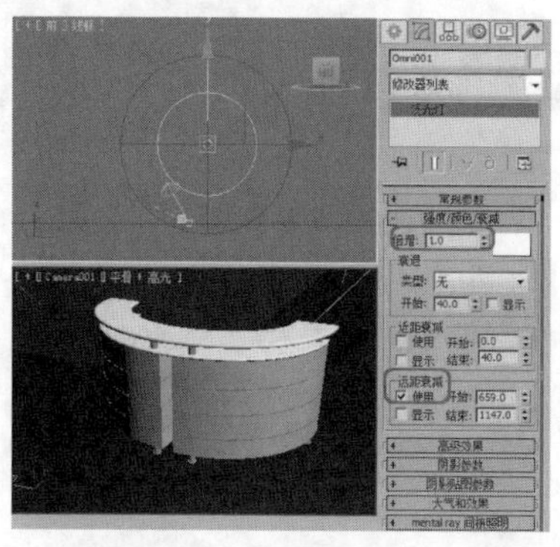

04 使用同样的方法，再次创建一个泛光灯，然后在其他视图中调整两个泛光灯的位置，如下图所示。

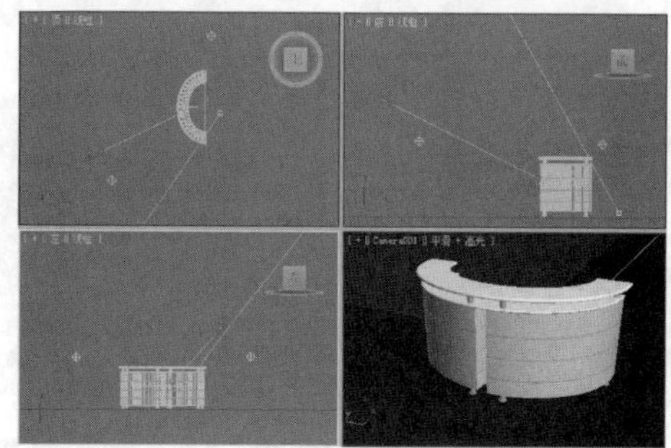

实战操作348 创建天光

素材：Scenes\Cha10\10-6.max	难度：★★★★★
场景：Scenes\Cha10\实战操作348.max	视频：视频\ Cha10\实战操作348.avi

天光能够模拟日光照射效果，创建“天光”的操作步骤如下。

01 打开素材文件10-6.max，选择“创建”|“灯光”|标准|“天光”工具，在顶视图中单击鼠标左键，即可创建天光，如右图所示。

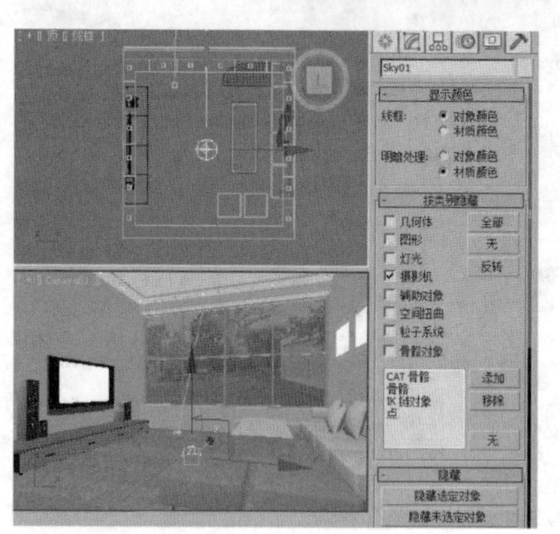

02 切换到修改命令面板，在“天光参数”卷展栏中，将“倍增”设置为1.5，如右图所示。

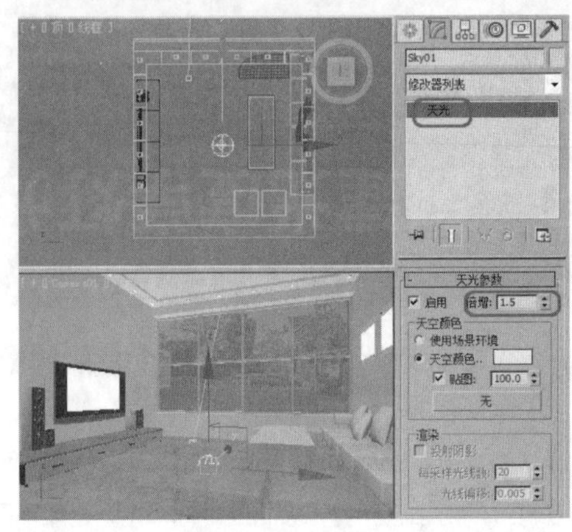

实战操作349 创建mr Area Omni

素材：Scenes\Cha10\10-7.max	难度：★★★★★
场景：Scenes\Cha10\实战操作349.max	视频：视频\ Cha10\实战操作349.avi

当使用mental ray渲染器渲染场景时，mr Area Omni从球体或圆柱体体积发射光线，而不是从点源发射光线。当使用默认扫描线渲染器渲染时，其效果等同于标准的泛光灯。创建“mr Area Omni”的操作步骤如下。

01 单击按钮，在弹出的下拉列表中选择“打开”选项，在打开的对话框中打开素材文件10-7.max，如下图所示。

02 选择“创建”|“灯光”|“标准”|“mr Area Omni”工具，在顶视图中单击鼠标左键，即可创建mr Area Omni，如下图所示。

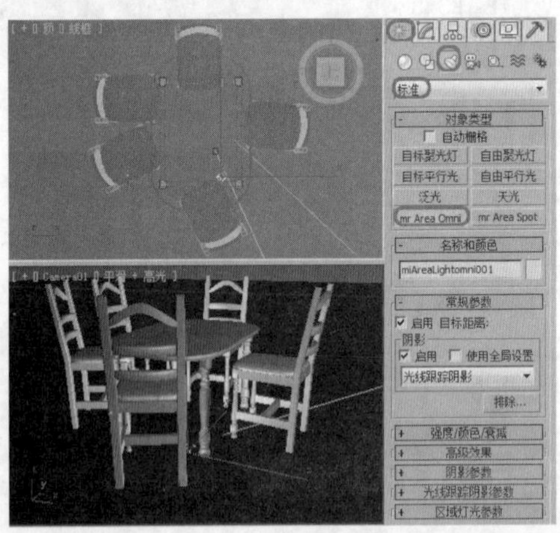

03 切换到修改命令面板，在“常规参数”卷展栏中，取消勾选“阴影”区域中的“启用”复选框，在“强度/颜色/衰减”卷展栏中，将“倍增”设置为0.5，在“远距衰减”选项组中，勾选“使用”复选框，将“开始”设置为1200，将“结束”设置为2000，如下图所示。

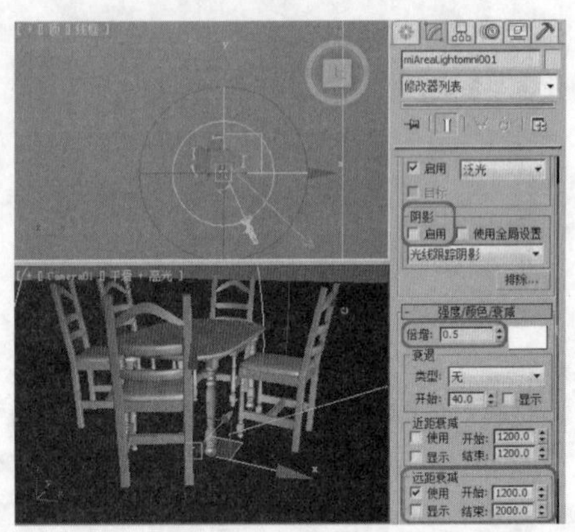

04 在工具栏中单击“选择并移动”按钮，在其他视图中调整mr Area Omni的位置，如下图所示。

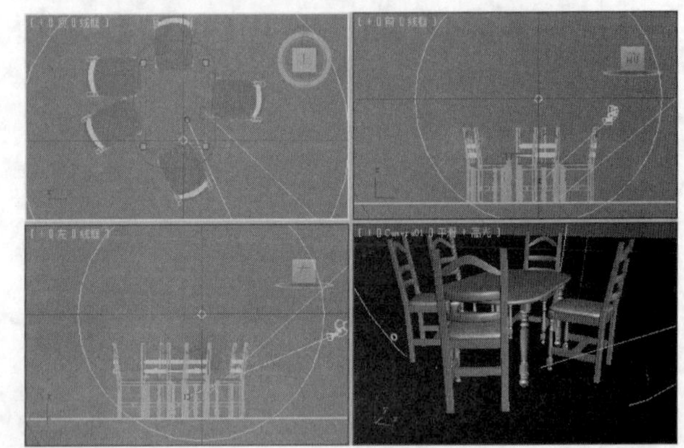

实战操作350 创建mr Area Spot

素材：Scenes\Cha10\10-8.max	难度：★★★★★
场景：Scenes\Cha10\实战操作350.max	视频：视频\ Cha10\实战操作350.avi

当使用mental ray渲染器渲染场景时，mr Aera Spot从矩形或圆形区域发射光线，而不是从点源发射光线。当使用默认扫描线渲染器渲染时，其效果等同于标准的聚光灯。创建“mr Area Spot”的操作步骤如下。

01 单击按钮，在弹出的下拉列表中选择“打开”选项，在打开的对话框中打开素材文件10-8.max，如下图所示。

02 选择“创建” | “灯光” |标准 | “mr Area Spot”工具，在顶视图中单击鼠标左键并拖动鼠标，拖动至适当位置后松开鼠标，即可创建mr Aera Spot，如下图所示。

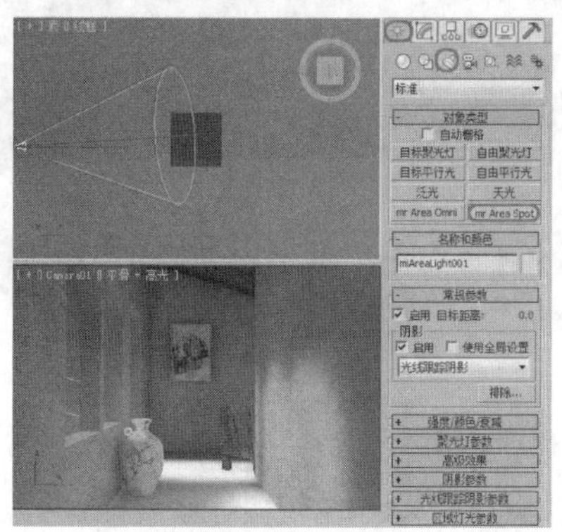

03 切换到修改命令面板，在“强度/颜色/衰减”卷展栏中，将“倍增”设置为2，在“聚光灯参数”卷展栏中，将“聚光区/光束”和“衰减区/区域”设置为50和65，如下图所示。

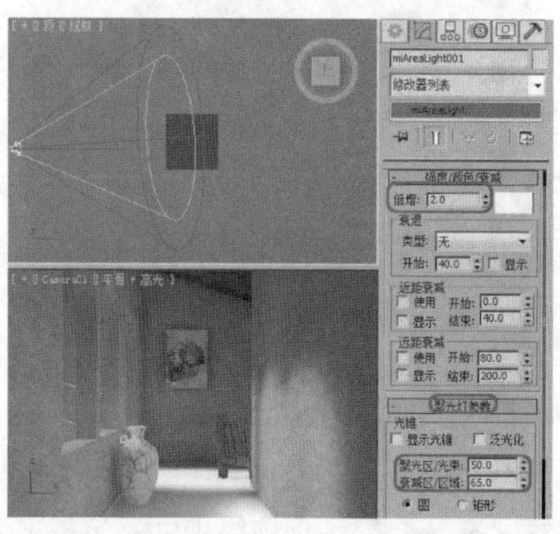

04 在工具栏中单击“选择并移动”按钮，在其他视图中调整mr Aera Spot的位置，如下图所示。

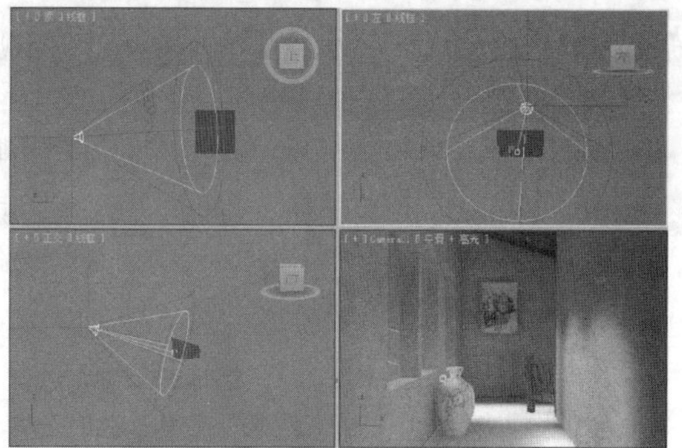

10.2 创建光度学灯光

光度学灯光使用光度学（光能）值，通过这些值可以更精确地定义灯光，就像在真实世界一样。

实战操作351 创建目标灯光

素材：Scenes\Cha10\10-9.max	难度：★★★★★
场景：Scenes\Cha10\实战操作351.max	视频：视频\ Cha10\实战操作351.avi

目标灯光具有可以用于指向灯光的目标子对象。创建目标灯光的操作步骤如下。

01 打开素材文件10-9.max，选择“创建” | “灯光” |光度学 | “目标灯光”工具，此时会弹出如下图所示的“创建光度学灯光”对话框。

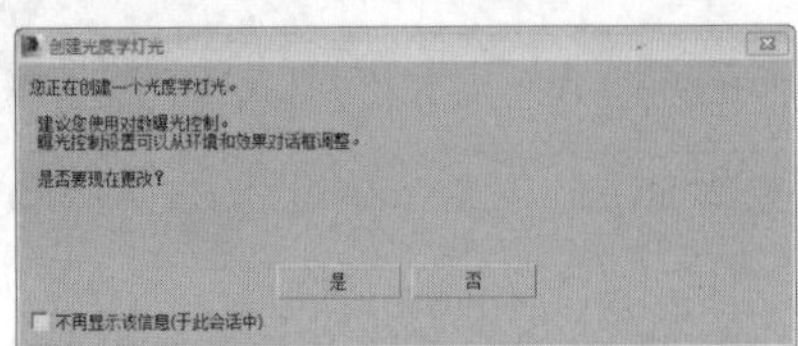

02 单击“否”按钮，然后在前视图中单击鼠标左键并拖动鼠标，拖动至适当位置后松开鼠标，即可创建目标灯光，如下图所示。

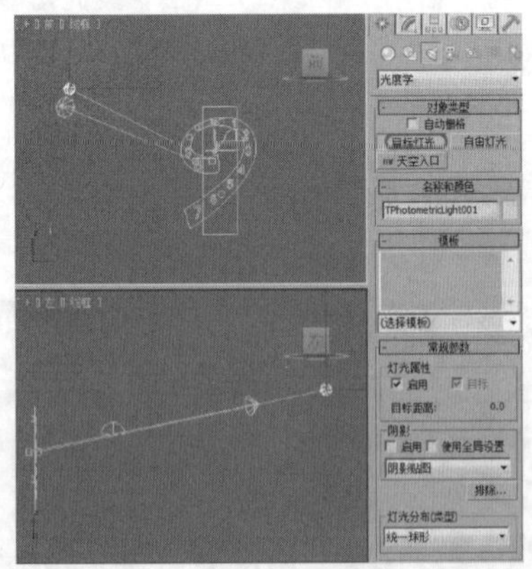

03 切换到修改命令面板，打开“强度/颜色/衰减”卷展栏，在“强度”选项组中cd下方的文本框中输入1500，如下图所示。

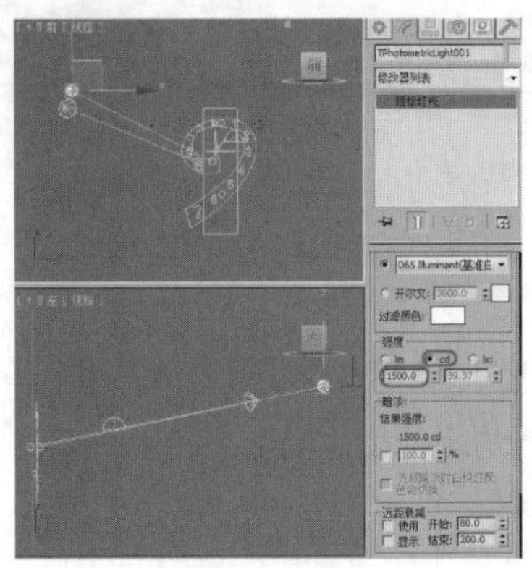

04 在工具栏中，单击“选择并移动”按钮，在其他视图中调整目标灯光的位置，并按F9键进行渲染，如下图所示。

实战操作352 创建白炽灯

素材：Scenes\Cha10\10-10.max	难度：★★★★★
场景：Scenes\Cha10\实战操作352.max	视频：视频\ Cha10\实战操作352.avi

创建白炽灯的操作步骤如下。

01 打开素材文件10-10.max，选择“创建” | “灯光” |光度学 | “目标灯光”工具，此时会弹出如下图所示的“创建光度学灯光”对话框。

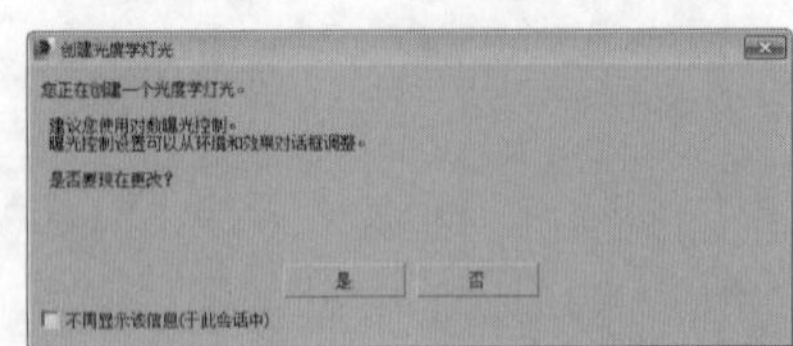

02 单击“否”按钮，然后在左视图中单击鼠标左键并拖动鼠标，拖动至适当位置后松开鼠标，即可创建目标灯光，如右图所示。

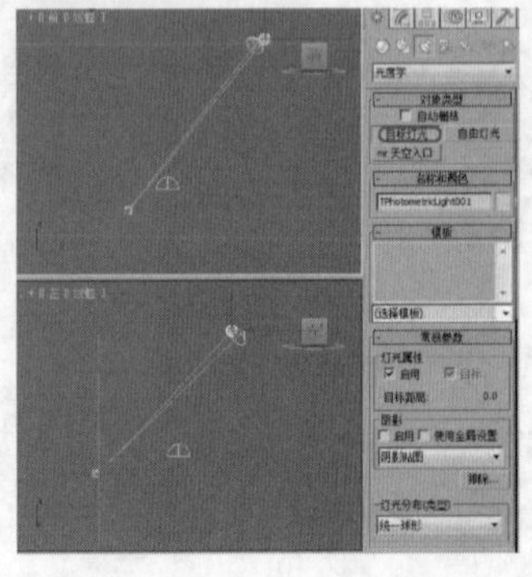

03 切换到修改命令面板，打开“强度/颜色/衰减”卷展栏，在“颜色”区域中的下拉列表中选择“白炽灯”选项，在“强度”选项组中lm下方的文本框中输入8000，如下图所示。

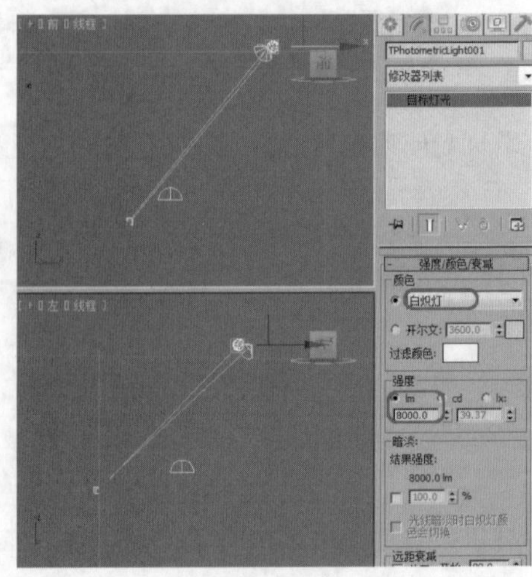

04 在工具栏中单击“选择并移动”按钮，在其他视图中调整灯光的位置，并渲染场景，如右图所示。

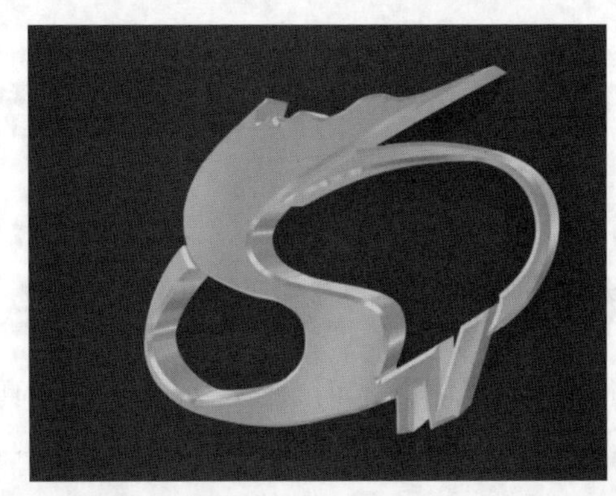

实战操作353 创建自由灯光

素材：Scenes\Cha10\10-11.max	难度：★★★★★
场景：Scenes\Cha10\实战操作353.max	视频：视频\ Cha10\实战操作353.avi

自由灯光不具备目标子对象。创建自由灯光的操作步骤如下。

01 打开素材文件10-11.max。选择“创建”|“灯光”|光度学|“自由灯光”工具，此时会弹出如下图所示的“创建光度学灯光”对话框。

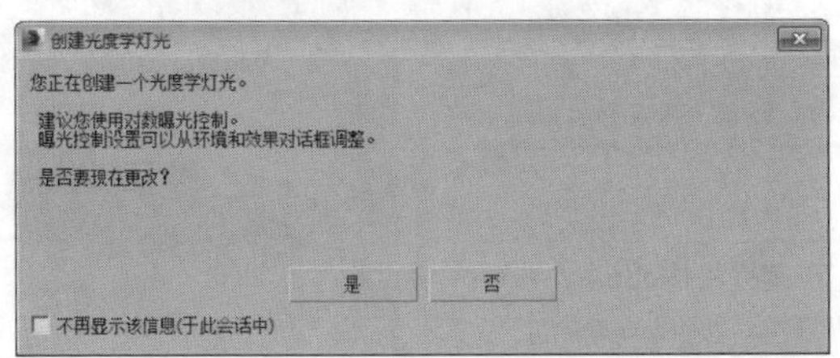

02 单击“否”按钮，然后在顶视图中单击鼠标左键，即可创建自由灯光，如下图所示。

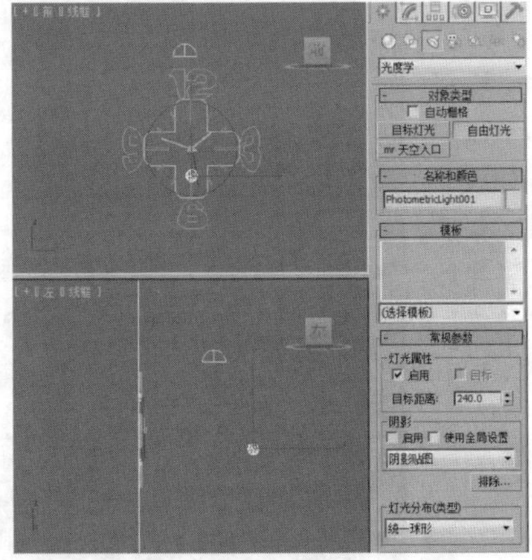

03 切换到修改命令面板，打开“强度/颜色/衰减”卷展栏，在“强度”选项组中lm下方的文本框中输入5000，如下图所示。

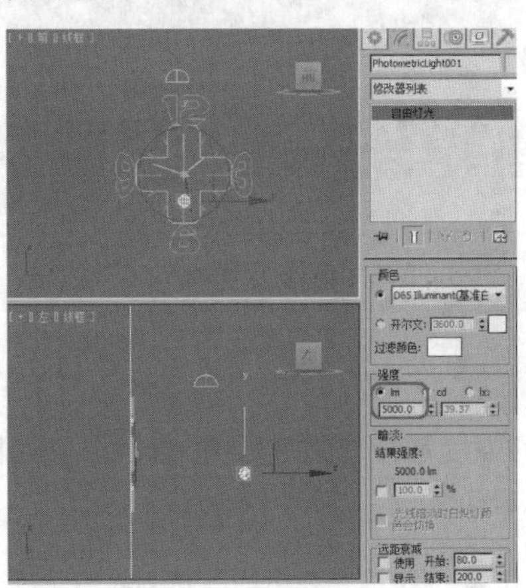

04 在工具栏中单击“选择并移动”按钮，在其他视图中调整灯光的位置，按F9键进行渲染，如下图所示。

10.3 修改灯光参数

创建完灯光后，通过修改灯光参数，可达到更加真实的效果。

实战操作354 使用灯光阴影

素材：Scenes\Cha10\10-12.max	难度：★★★★★
场景：Scenes\Cha10\实战操作354.max	视频：视频\ Cha10\实战操作354.avi

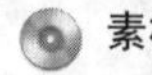

通过使用灯光阴影，可以使模型更加形象逼真。使用灯光阴影的操作步骤如下。

01 单击按钮，在弹出的下拉列表中选择“打开”选项，在打开的对话框中打开素材文件10-12.max，如下图所示。

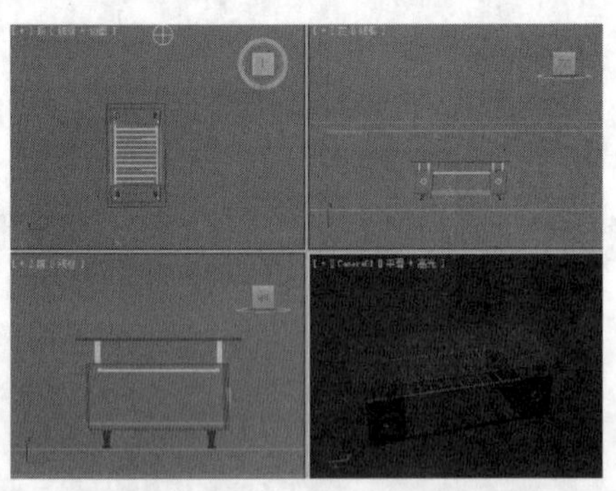

02 在场景中选择“Omni01”对象，切换到修改命令面板，在“常规参数”卷展栏中，勾选“阴影”区域中的“启用”复选框，并将阴影模式定义为“光线跟踪阴影”，如右图所示。

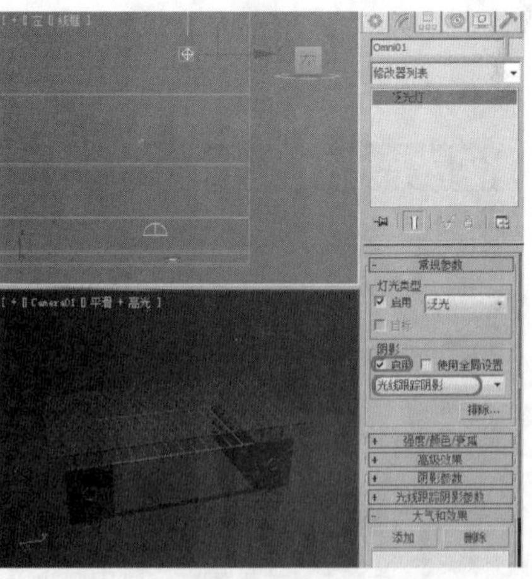

实战操作355 设置灯光强度

素材：Scenes\Cha10\10-12.max	难度：★★★★★
场景：Scenes\Cha10\实战操作355.max	视频：视频\ Cha10\实战操作355.avi

灯光的强度是在“强度/颜色/衰减”卷展栏中的“倍增”文本框中进行设置的，标准值为1。下面介绍设置灯光强度的方法。

01 单击按钮，在弹出的下拉列表中选择“打开”选项，在打开的对话框中打开素材文件10-12.max，如下图所示。

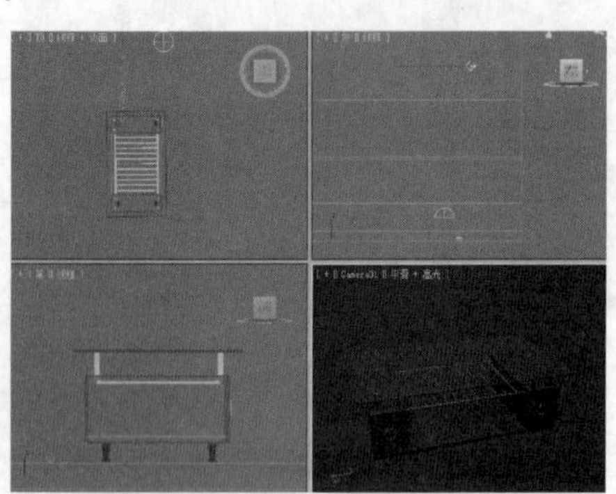

02 在场景中选择“Omni01”对象，切换到修改命令面板，在“强度/颜色/衰减”卷展栏中，将“倍增”设置为0.31，如右图所示。

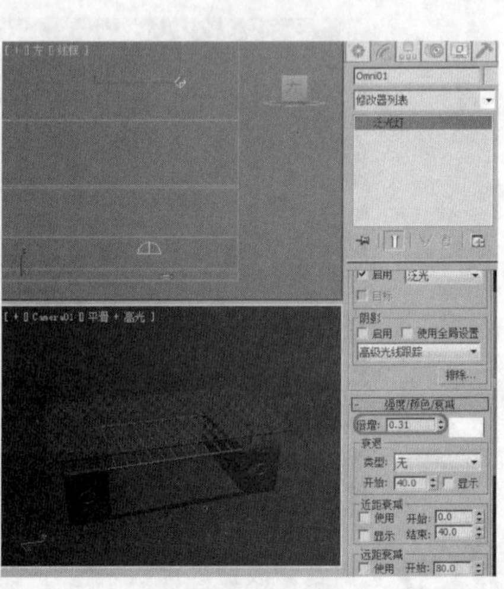

实战操作356 设置灯光颜色

素材：Scenes\Cha10\10-13.max	难度：★★★★★
场景：Scenes\Cha10\实战操作356.max	视频：视频\ Cha10\实战操作356.max

用户可以根据自己的需要，为灯光设置不同的颜色，下面介绍设置灯光颜色的方法，操作步骤如下。

01 单击按钮，在弹出的下拉列表中选择“打开”选项，在打开的对话框中打开素材文件10-13.max，如下图所示。

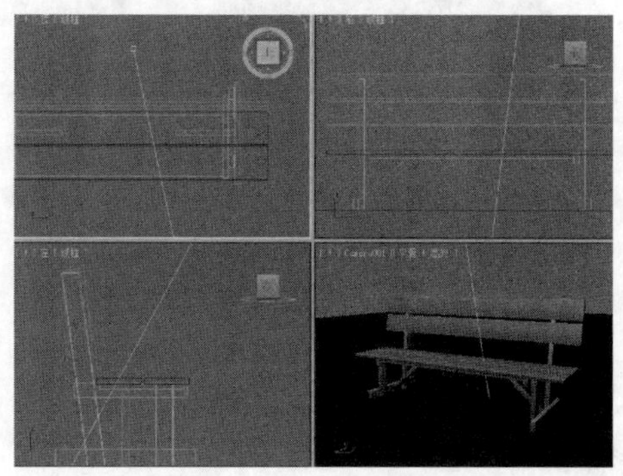

02 在场景中选择“Spot001”对象，切换到修改命令面板，在“强度/颜色/衰减”卷展栏中单击“倍增”右侧的色块，在弹出的“颜色选择器”面板中，将灯光颜色的RGB值设置为（183、194、204），单击“确定”按钮，如下图所示。

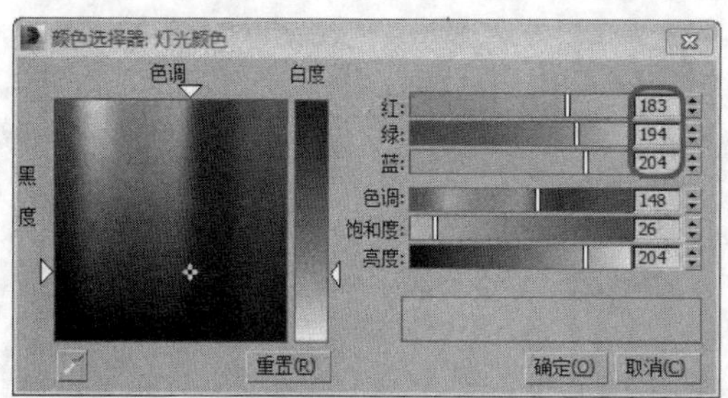

实战操作357 使用近距衰减

素材：Scenes\Cha10\10-14.max	难度：★★★★★
场景：Scenes\Cha10\实战操作357.max	视频：视频\ Cha10\实战操作357.avi

使用“近距衰减”时，灯光亮度在光源到指定起点之间保持为0，在起点到指定终点之间不断增强，在终点以外保持为颜色和倍增控制所指定的值。下面介绍使用近距衰减的方法。

01 单击按钮，在弹出的下拉列表中选择“打开”选项，在打开的对话框中打开素材文件10-14.max，如下图所示。

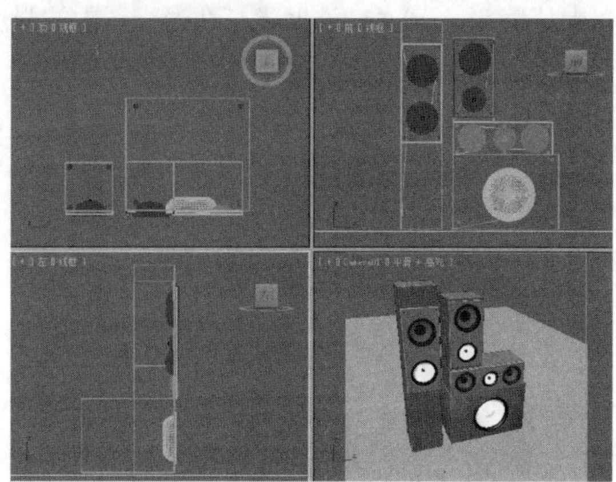

02 在场景中选择“Spot01”对象，切换到修改命令面板，打开“强度/颜色/衰减”卷展栏，在“近距衰减”区域中勾选“使用”和“显示”复选框，在“开始”文本框中输入1000，“结束”文本框中输入1200，如下图所示。

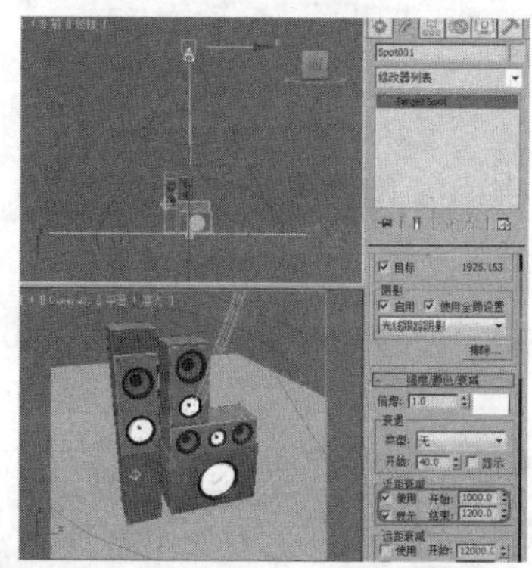

专家提醒

在“近距衰减”区域中的各选项功能如下。
开始：设置灯光开始淡入的位置。
结束：设置灯光达到最大值的位置。
使用：用于开启近距或远距衰减开关。
显示：用于显示近距或远距衰减的范围线框。

实战操作358 使用远距衰减

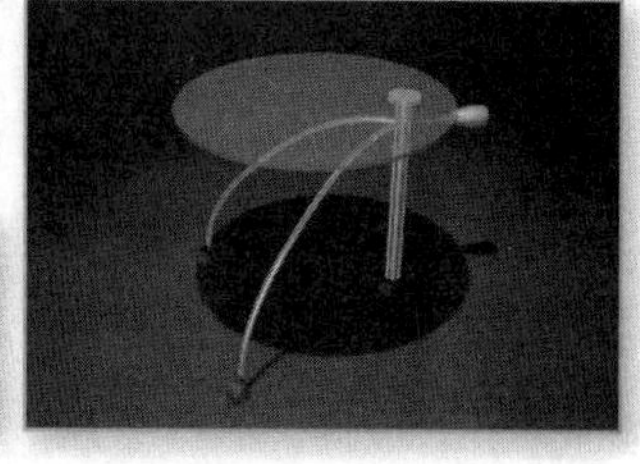

素材：Scenes\Cha10\10-15.max	难度：★★★★★
场景：Scenes\Cha10\实战操作358.max	视频：视频\ Cha10\实战操作358.avi

设置远距衰减范围有助于大大缩短渲染时间。使用远距衰减时，在光源与起点之间保持颜色和倍增控制所控制

的灯光亮度，在起点到终点之间，灯光亮度将一直为0。下面介绍使用远距衰减的方法。

01 单击按钮，在弹出的下拉列表中选择“打开”选项，在打开的对话框中打开素材文件10-15.max，如下图所示。

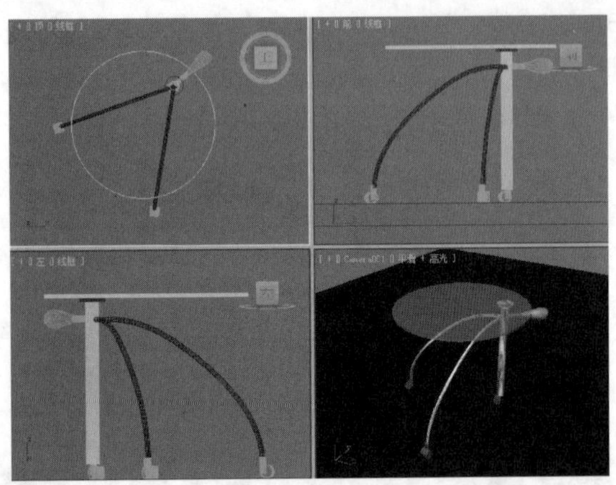

02 在场景中选择“Spot01”对象，切换到修改命令面板，打开“强度/颜色/衰减”卷展栏，在“远距衰减”区域中勾选“使用”和“显示”复选框，在“开始”文本框中输入1000，在“结束”文本框中输1200，如下图所示。

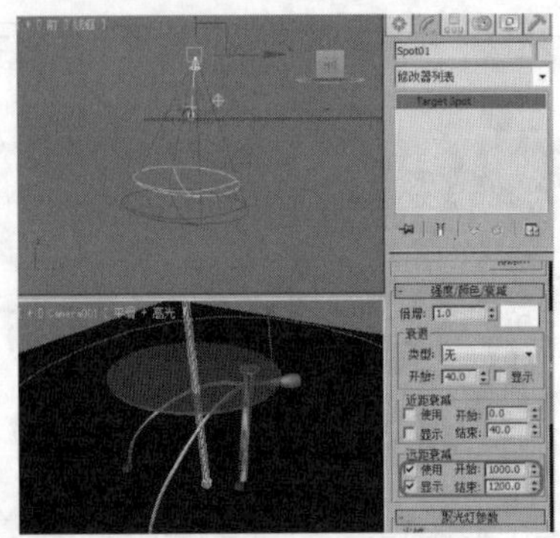

专家提醒

在“远距衰减”区域中的各选项功能如下。

开始：设置灯光开始淡出的位置。

结束：设置灯光将为0的位置。

使用：用于开启近距或远距衰减开关。

显示：用于显示近距或远距衰减的范围线框。

实战操作359 调整聚光区/光束

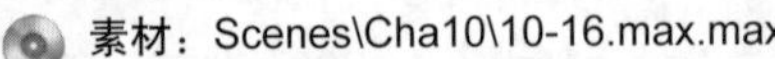

素材：Scenes\Cha10\10-16.max.max	难度：★★★★★
场景：Scenes\Cha10\实战操作359.max	视频：视频\ Cha10\实战操作359.avi

调整聚光区/光束是指调整灯光的锥形区，以角度进行衡量，默认值为 43.0，标准聚光灯在聚光区内的强度保持不变。具体操作步骤如下。

01 单击按钮，在弹出的下拉列表中选择“打开”选项，在打开的对话框中打开素材文件10-16.max，如下图所示。

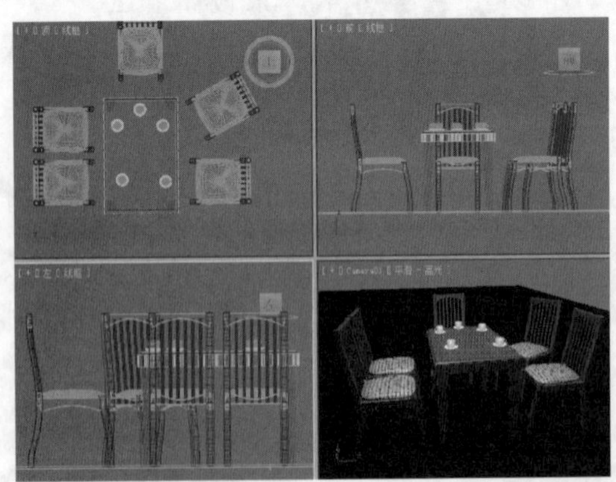

02 在场景中选择“Spot01”对象，切换到修改命令面板，在“聚光灯参数”卷展栏中的“聚光区/光束”文本框中输入5.0，如下图所示。

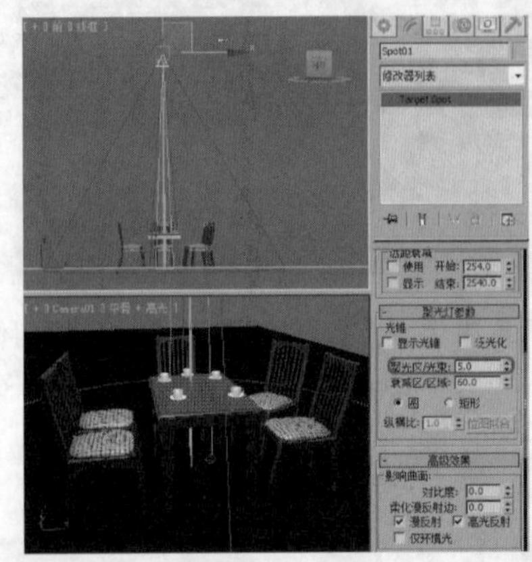

实战操作360 调整衰减区/区域

素材：Scenes\Cha10\10-16.max	难度：★★★★★
场景：Scenes\Cha10\实战操作360.max	视频：视频\ Cha10\实战操作360.avi

调整衰减区/区域是指调整灯光衰减区的角度。调节灯光的衰减区域，以角度进行衡量。此范围外的物体将不受任何光强的影响，聚光区与此范围之间，光线由强向弱进行衰减变化。具体操作步骤如下。

01 单击按钮，在弹出的下拉列表中选择“打开”选项，在打开的对话框中打开素材文件10-16.max，如下图所示。

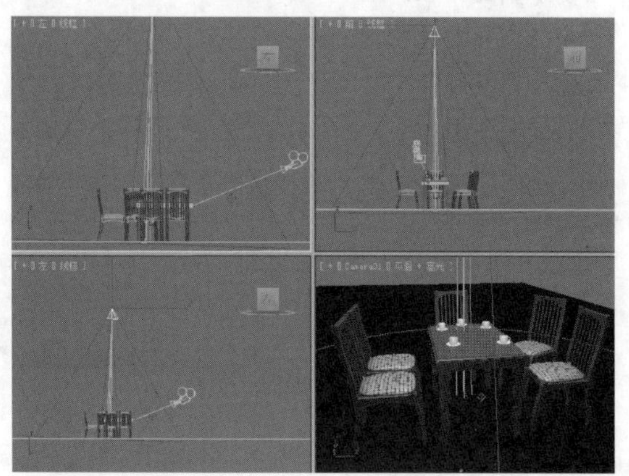

02 在场景中选择“Spot01”对象，切换到修改命令面板，在“聚光灯参数”卷展栏中的“衰减区/区域”文本框中输入110，如下图所示。

实战操作361 使用投影贴图

素材：Scenes\Cha10\10-17.max	难度：★★★★★
场景：Scenes\Cha10\实战操作361.max	视频：视频\ Cha10\实战操作361.avi

下面介绍使用投影贴图的方法。

01 单击按钮，在弹出的下拉列表中选择“打开”选项，在打开的对话框中打开素材文件10-17.max，如下图所示。

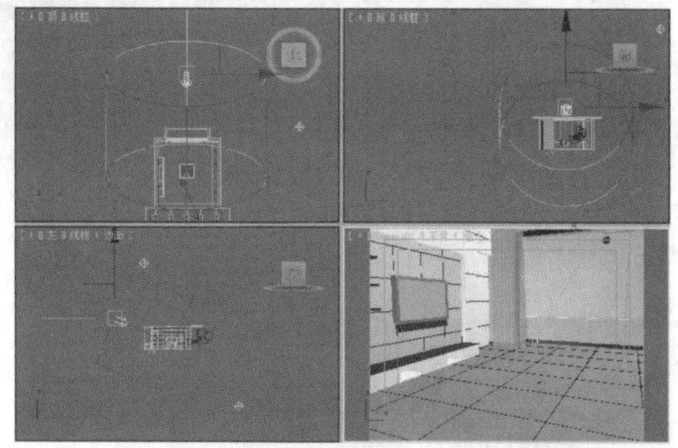

02 在场景中选择“Direct01”对象，切换到修改命令面板，在“高级效果”卷展栏中的“投影贴图”区域中单击“无”按钮，如下图所示。

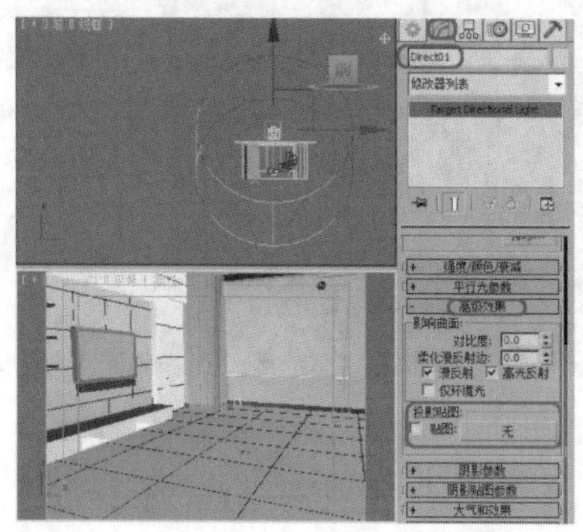

03 在弹出的“材质/贴图浏览器”对话框中，选择“位图”贴图，如下图所示。

04 单击“确定”按钮，在弹出的“选择位图图像文件”对话框中，选择随书附带光盘中的\Map\植物130.jpg文件，单击“打开”按钮，如下图所示。渲染摄影机视图，即可查看使用投影贴图后的效果。

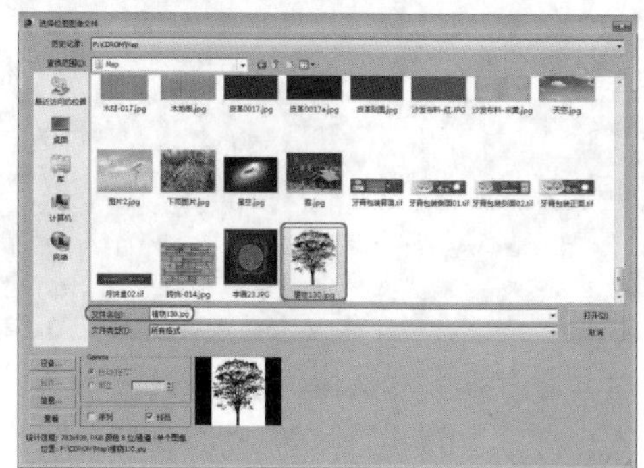

实战操作362 设置阴影颜色

素材：Scenes\Cha10\10-18.max	难度：★★★★★
场景：Scenes\Cha10\实战操作362.max	视频：视频\ Cha10\实战操作362.avi

用户可以根据自己的需要为灯光阴影设置不同的颜色，具体操作步骤如下。

01 单击按钮，在弹出的下拉列表中选择“打开”选项，在打开的对话框中打开素材文件10-18.max，如下图所示。

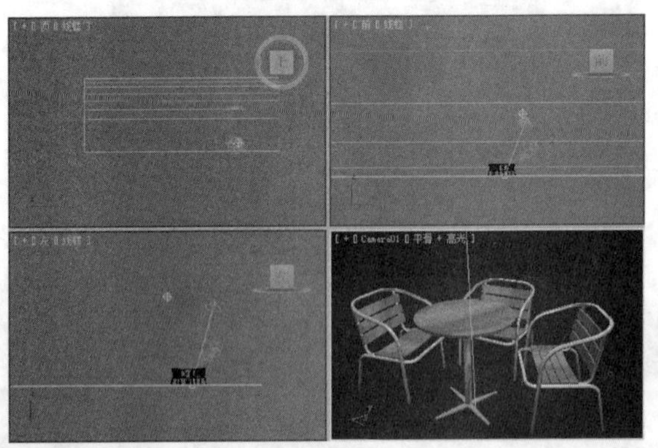

02 在场景中选择“Spot01”对象，切换到修改命令面板，打开“阴影参数”卷展栏，在“对象阴影”区域中单击“颜色”右侧的色块，在弹出的“颜色选择器”面板中将阴影颜色的RGB值设置为（225、208、122），单击“确定”按钮，如下图所示。然后渲染摄影机视图，即可查看设置阴影颜色后的效果。

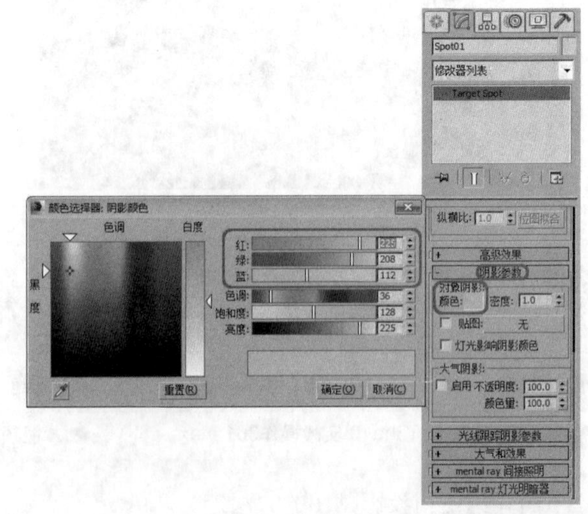

实战操作363 设置阴影贴图

素材：Scenes\Cha10\10-19Vray.max	难度：★★★★★
场景：Scenes\Cha10\实战操作363.max	视频：视频\ Cha10\实战操作363.avi

在3ds Max中可以将贴图指定给阴影。下面介绍设置阴影贴图的方法。

01 单击按钮，在弹出的下拉列表中选择“打开”选项，在打开的对话框中打开素材文件10-19Vray.max，如下图所示。

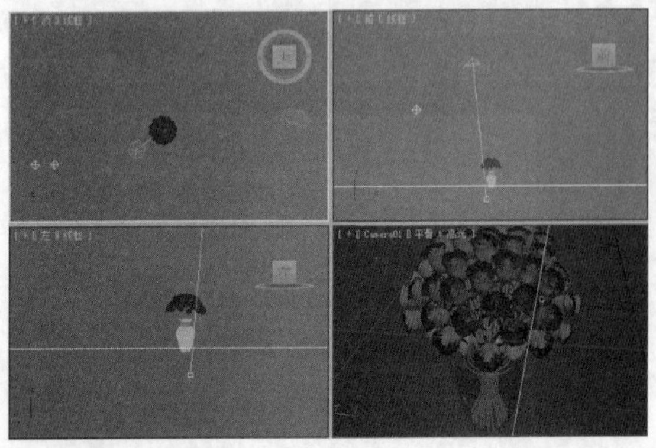

02 在场景中选择“Spot01”对象，切换到修改命令面板，打开“阴影参数”卷展栏，在“对象阴影”区域中单击“贴图”右侧的“无”按钮，如下图所示。

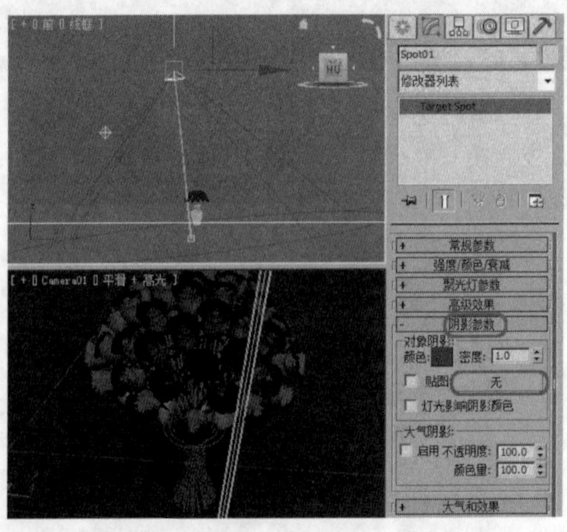

03 在弹出的“材质/贴图浏览器”对话框中，选择“位图”贴图，如下图所示。

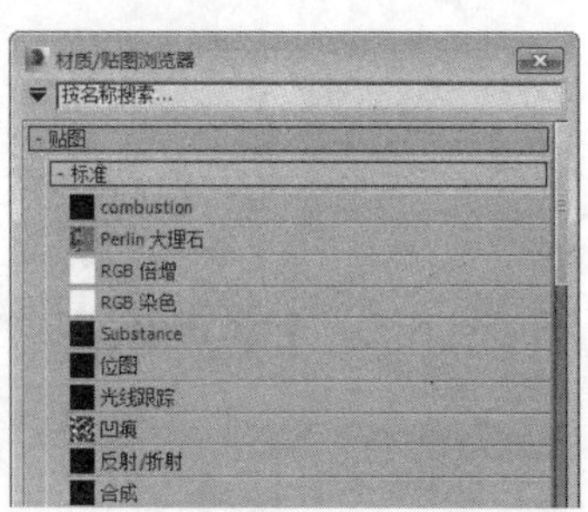

04 单击“确定”按钮，在弹出的“选择位图图像文件”对话框中，选择随书附带光盘中的\Map\48475633.jpg文件，单击“打开”按钮，如下图所示。然后渲染摄影机视图，即可查看设置阴影贴图后的效果。

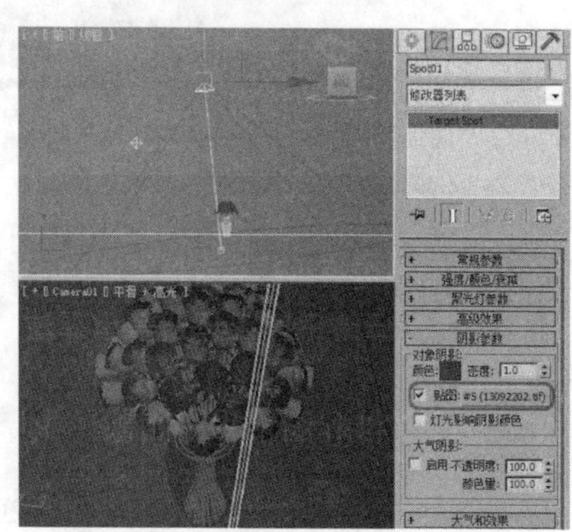

10.4 使用摄影机

使用摄影机可从特定的观察点表现场景，用于模拟现实世界中的静止图像、运动图片或视频摄影机。多个摄影机可以提供相同场景的不同视图。

实战操作364 创建目标摄影机

素材：Scenes\Cha10\10-20.max	难度：★★★★★
场景：Scenes\Cha10\实战操作364.max	视频：视频\ Cha10\实战操作364.avi

目标摄影机用于查看目标对象周围的区域。它有摄影机、目标点两部分，可以很容易地单独进行控制调整，创建目标摄影机的操作步骤如下。

01 单击按钮，在弹出的下拉列表中选择“打开”选项，在打开的对话框中打开素材文件10-20.max，如下图所示。

02 选择“创建”|“摄影机”|“目标”摄影机工具，在顶视图中单击鼠标左键并拖动鼠标，拖动至适当位置后松开鼠标，即可创建目标摄影机，如下图所示。

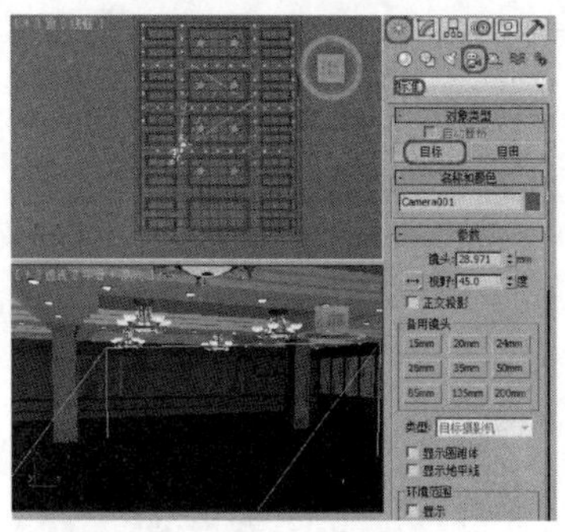

03 切换到修改命令面板，在“参数”卷展栏中，将“镜头”设置为20，如下图所示。

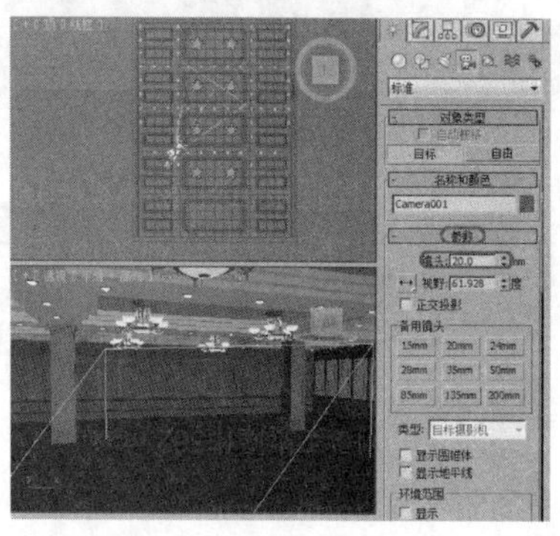

04 激活透视视图，按C键将其转换为摄影机视图。在工具栏中单击“选择并移动”按钮，在其他视图中调整目标摄影机的位置，如下图所示。

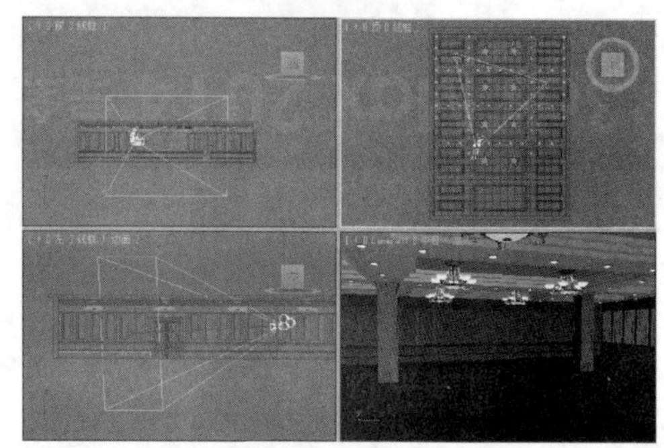

实战操作365 创建自由摄影机

素材：Scenes\Cha10\10-21.max	难度：★★★★★
场景：Scenes\Cha10\实战操作365.max	视频：视频\ Cha10\实战操作365.avi

自由摄影机用于查看注视摄影机方向的区域。它没有目标点。创建自由摄影机的操作步骤如下。

01 单击按钮，在弹出的下拉列表中选择“打开”选项，在打开的对话框中打开素材文件10-21.max，如下图所示。

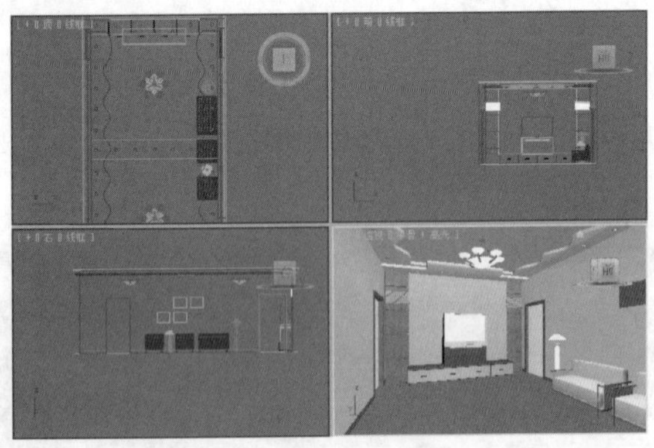

02 选择“创建”|“摄影机”|“自由”摄影机工具，在前视图中单击鼠标左键，即可创建自由摄影机，如下图所示。

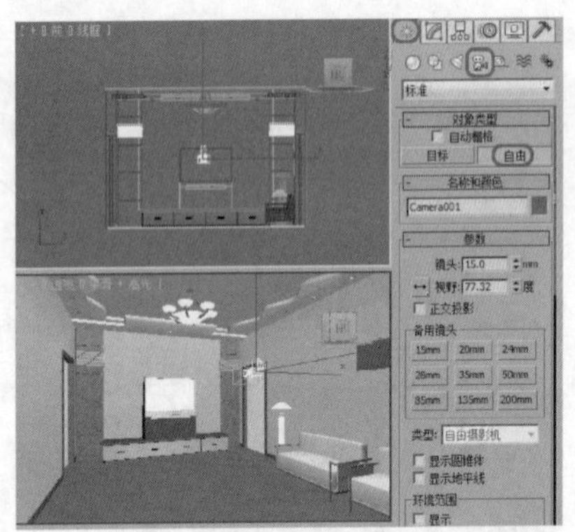

03 切换到修改命令面板，在“参数”卷展栏中，将“镜头”设置为15，如下图所示。

04 激活透视视图，按C键将其转换为摄影机视图。在工具栏中单击“选择并移动”按钮和“选择并旋转”按钮，在其他视图中调整摄影机的位置，如下图所示。

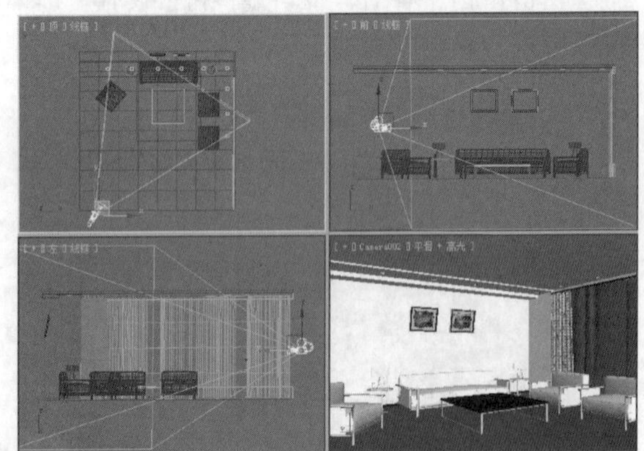

第11章 环境与效果

Chapter 11

在渲染特效中，可以使用一些特殊的效果对场景进行加工和添色，来模拟现实中的视觉效果。在3ds Max中提供了4种大气效果，包括“火效果”、“雾”、“体积雾”和“体积光”。

11.1 设置渲染环境

本节将对环境和环境效果进行简单的介绍，通过对本节的学习，能够使用户对环境效果有一个简单的认识，掌握环境效果的基本应用。

实战操作366 设置渲染背景贴图

素材：无	难度：★★★★★
场景：Scenes\Cha11\实战操作366.max	视频：视频\Cha11\实战操作366.avi

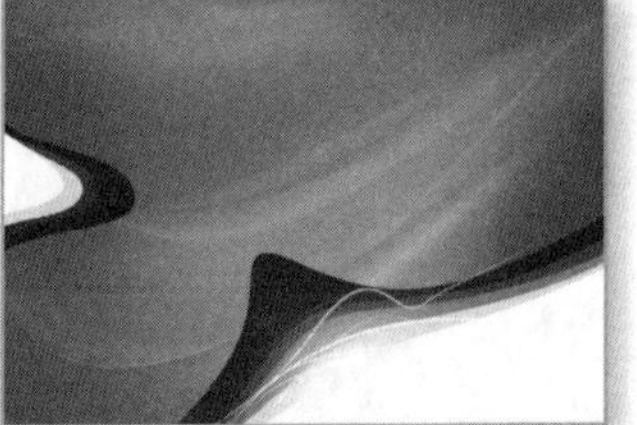

在三维创作中，无论是静止的建筑效果图，还是运动的三维动画片，除了主体的精工细作外，还要用一些贴图来增加烘托效果。

01 在菜单栏选择“渲染”|“环境”命令，在弹出的“环境和效果”对话框中，单击“背景”选项组中的“无”按钮，在打开的“材质/贴图浏览器”对话框中双击“位图”贴图，然后在弹出的“选择位图图像文件”中选择随书附带光盘中的\Map\11beijing.jpg文件，如下图所示。

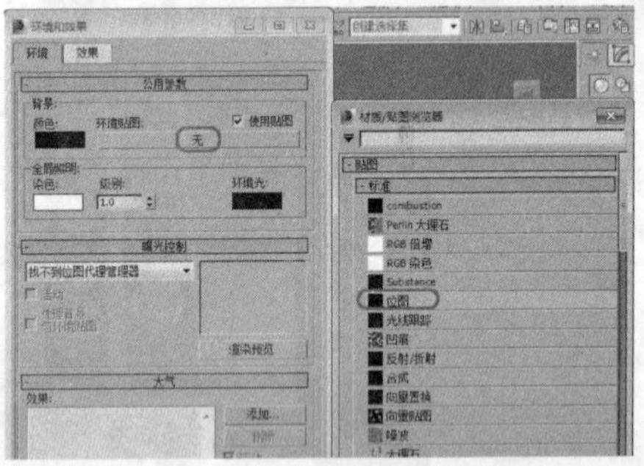

02 按M键，打开“材质编辑器”，选择一个材质样本球，在“环境和效果”对话框中，将刚刚加入的贴图拖至材质样本球上，弹出“实例（副本）贴图”对话框，保存默认值，单击“确定”按钮，在“坐标”卷展栏中，将“贴图”设置为“屏幕”，如下图所示。

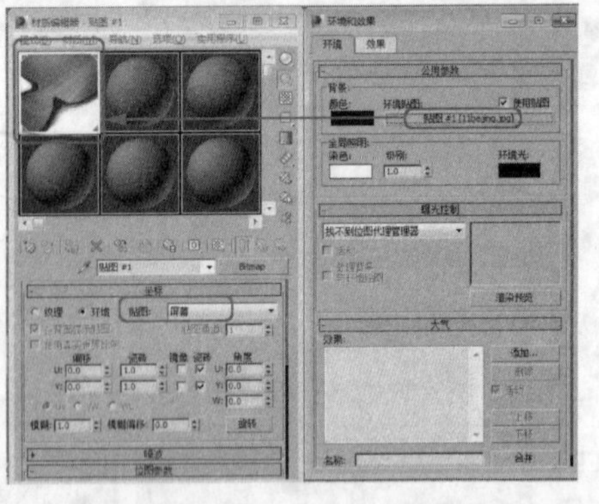

03 激活透视视图，在菜单栏执行“视图”|“视口配置…”命令，弹出“视口配置”对话框，选择“背景”选项，并勾选“使用环境背景”单选按钮，单击“确定”按钮，如下图所示。

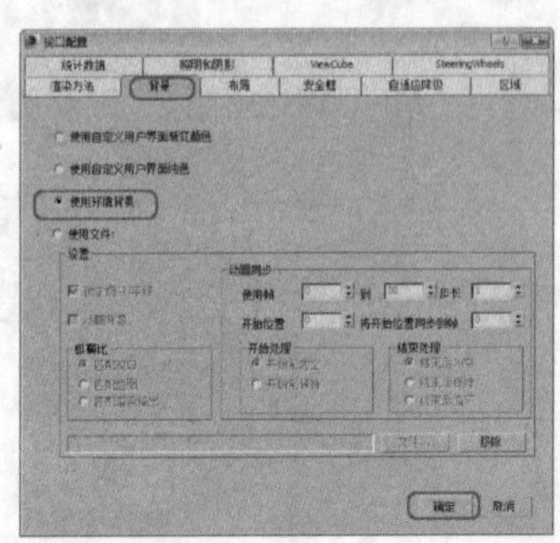

04 激活透视视图，按F9键进行渲染，效果如下图所示。

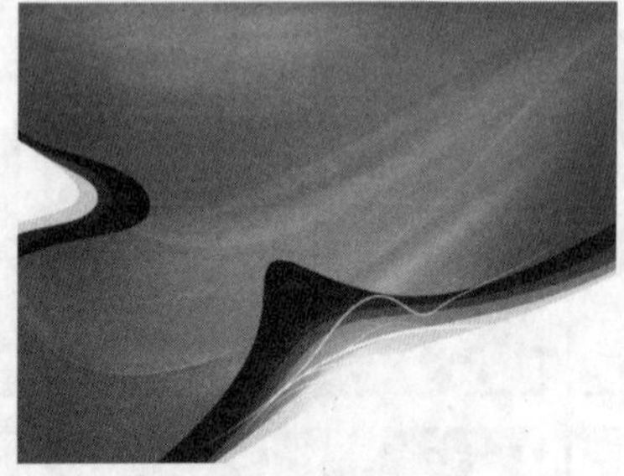

专家提醒

选择了一幅图片作为背景图像后，在“环境”选项卡中的“使用贴图”复选框将同时被选中，表示将使用背景图片。如果此时取消选中“使用贴图”复选框，渲染时将不会显示出背景图像。

实战操作367 设置渲染背景颜色

素材：Scenes\Cha11\11-1.max	难度：★★★★★
场景：Scenes\Cha11\实战操作367.max	视频：视频\ Cha11\实战操作367.avi

在渲染的时候见到的背景色是默认的黑色，但有时渲染主体为深颜色的场景时，就需要适当更改背景颜色，具体操作方法如下。

01 打开素材文件11-1.max，对场景进行渲染，得到如右图所示的效果。

02 选择“渲染”|“环境”命令，或者按快捷键8，系统会弹出如右图所示的“环境和效果”对话框。

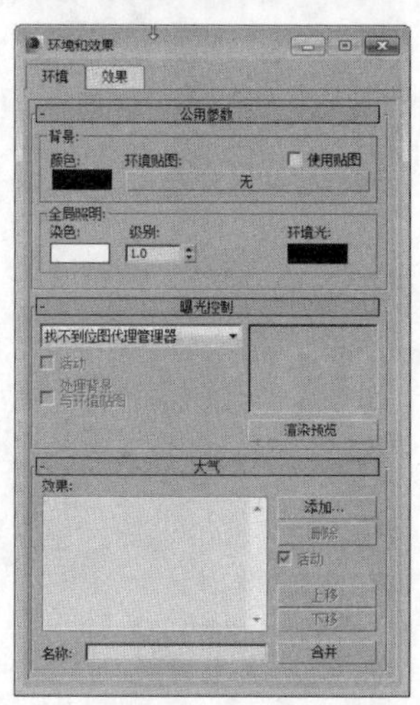

03 在“公用参数”卷展栏中，设置渲染环境的一般属性。单击“背景”选项组中的“颜色”下方的颜色块，系统会弹出如下图所示的对话框，将颜色的RGB值设置为（147、147、147），然后单击“确定”按钮。

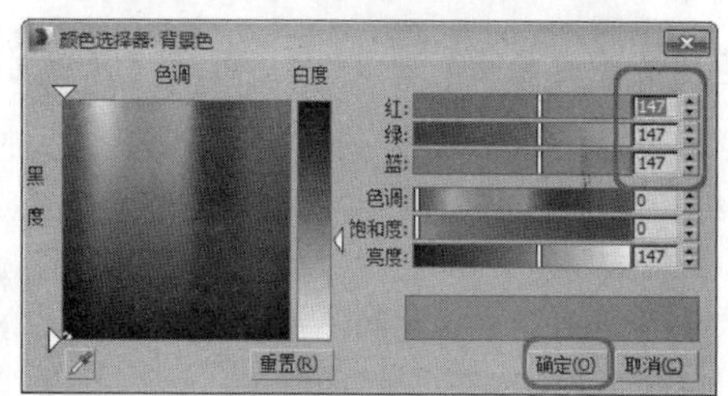

04 再次渲染，背景颜色便改变了，效果如下图所示。

实战操作368 设置染色

素材：无	难度：★★★★★
场景：Scenes\Cha11\实战操作368.max	视频：视频\Cha11\实战操作368.avi

系统默认染色是白色，如果此颜色不是白色，则为场景中的所有灯光（环境光除外）染色。

01 继续上一实例的操作，按快捷键8，打开“环境和效果”对话框，单击“全局照明”选项组中“染色”下的色块，在弹出的“颜色选择器”中，设置颜色的GRB值为（255、255、0），如下图所示。

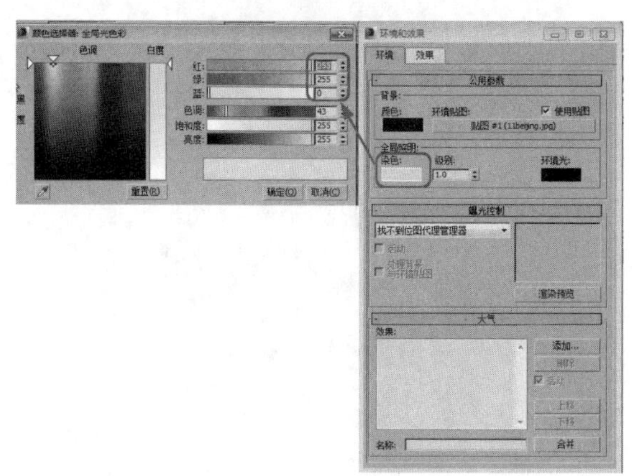

02 按F9键进行快速渲染，得到的效果如下图所示。

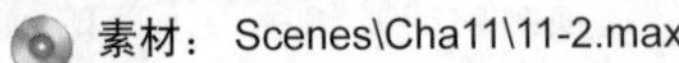

实战操作369 设置环境光

素材：Scenes\Cha11\11-2.max	难度：★★★★★
场景：Scenes\Cha11\实战操作369.max	视频：视频\Cha11\实战操作369.avi

环境光是照亮整个场景的常规光线。这种光具有均匀的强度，并且属于均质漫反射。它不具有可辨别的光源和方向。

01 打开素材文件，选择“渲染”|“环境”命令，打开“环境和效果”对话框，单击“全局照明”选项组中“环境光”下的色块，在弹出的“颜色选择器”中，设置颜色的GRB值为255、0、245，如下图所示。

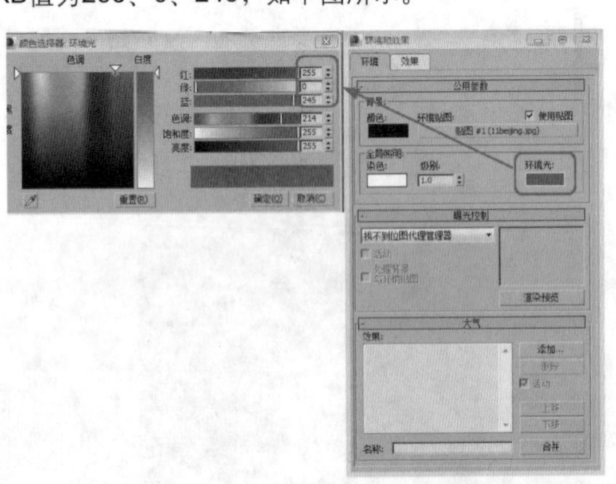

02 按F9键进行快速渲染，得到的效果如下图所示。

实战操作370 设置曝光

素材：Scenes\Cha11\11-2.max	难度：★★★★★
场景：Scenes\Cha11\实战操作370.max	视频：视频\Cha11\实战操作370.avi

曝光控制用于调整渲染的输出级别和颜色范围的插件组件，就像调整胶片曝光一样。此过程就是所谓的色调贴图。如果渲染使用光能传递并且处理高动态范围 (HDR) 图像，这些控制尤其有用。设置曝光的操作步骤如下。

01 打开素材文件，选择“渲染”|“环境”命令，打开“环境和效果”对话框，如下图所示。

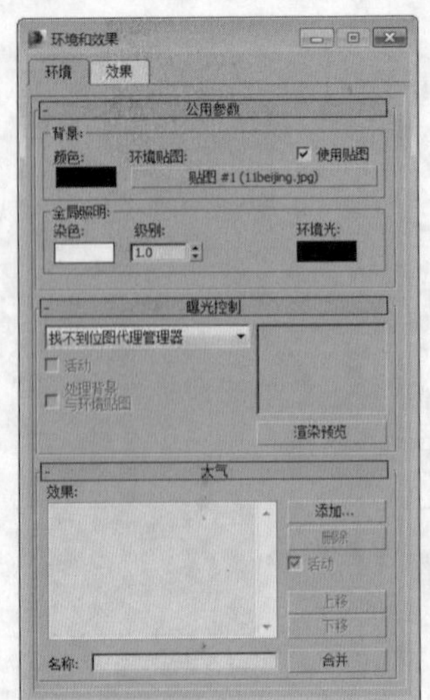

02 单击“曝光控制”卷展栏中的“找不到位图代理管理器”右侧的下拉按钮，在列表框中选择“自动曝光控制”选项，如下图所示。

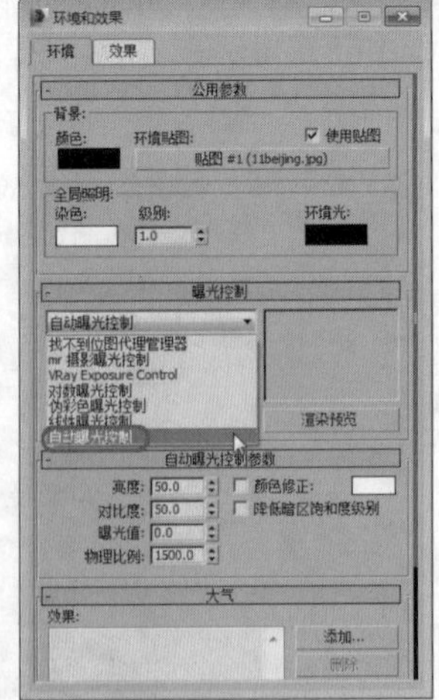

03 在“自动曝光控制参数”卷展栏中，设置“亮度”为30、曝光值为2，并分别勾选“颜色修正”与“降低暗区饱和度级别”复选框，将右侧色块的RGB值设置为（255、38、38），如右图所示。

04 按F9键进行快速渲染，效果如右图所示。

11.2 使用大气特效

在三维场景中，有时要用到一些特殊大气效果，如雾效果、火焰效果、体积光等，大气特效是用于创建照明效果（例如雾、火焰等）的插件组件。

实战操作371 使用雾效果

素材：Scenes\Cha11\11-3.max	难度：★★★★★
场景：Scenes\Cha11\实战操作371.max	视频：视频\ Cha11\实战操作371.avi

在大气特效中，雾是制造氛围的一种方法。雾可使对象随着与摄像机距离的增加逐渐衰减，或提供分层雾效果，使所有对象或部分对象被雾笼罩，具体操作方法如下。

01 单击按钮，在弹出的下拉列表中选择“打开”选项，在打开的对话框中打开素材文件11-3，如下图所示。

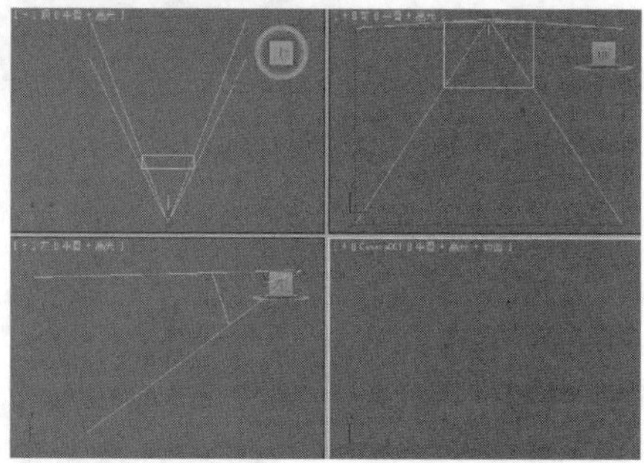

02 按快捷键8，打开“环境和效果”对话框；单击“环境贴图”通道下的“无”按钮，在弹出的“材质/贴图浏览器”中选择“位图”贴图，在打开的对话框中，选择随书附带光盘\Map\sqbj00.jpg文件，单击“打开”按钮，如下图所示。

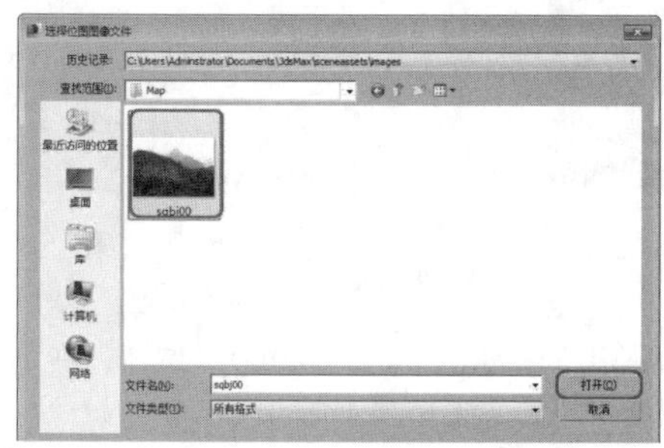

03 按Alt+B快捷键，在“背景”选项卡下，勾选“使用环境背景”复选框，单击确定按钮，如下图所示。

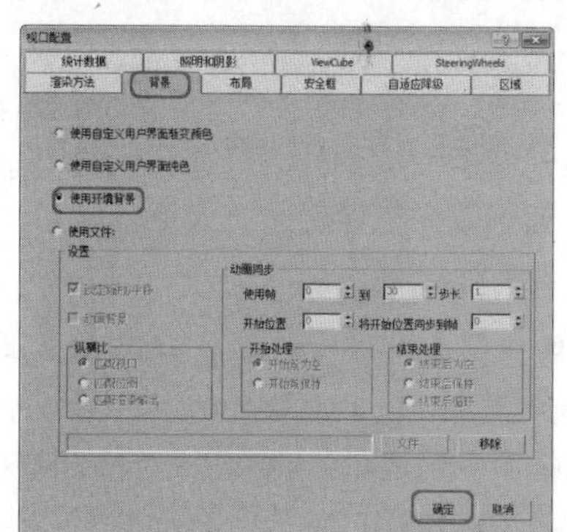

04 按M键打开“材质编辑器”对话框，在“环境和效果”对话框中，将“环境贴图”拖拽至材质球上，在弹出的对话框中单击“确定”按钮，在“坐标”卷展栏中，选择“环境”单选按钮，将“贴图”设置为“屏幕”，如右图所示。

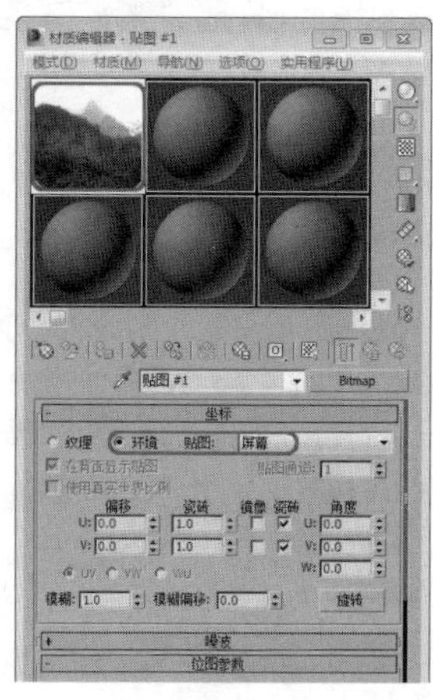

05 在“环境和效果”对话框中的“大气”卷展栏中，单击“添加”按钮，在弹出的“添加大气效果”对话框中，选择“雾”选项，单击“确定”按钮，即可将“雾”添加到大气效果列表中，如下图所示。

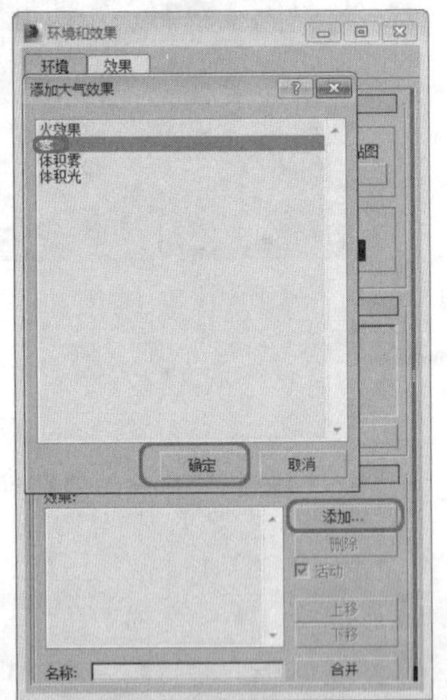

06 在“雾参数”卷展栏中，将“雾”区域下的“颜色”的RGB值设置为（242、254、255），并勾选“分层”单选按钮，如下图所示。

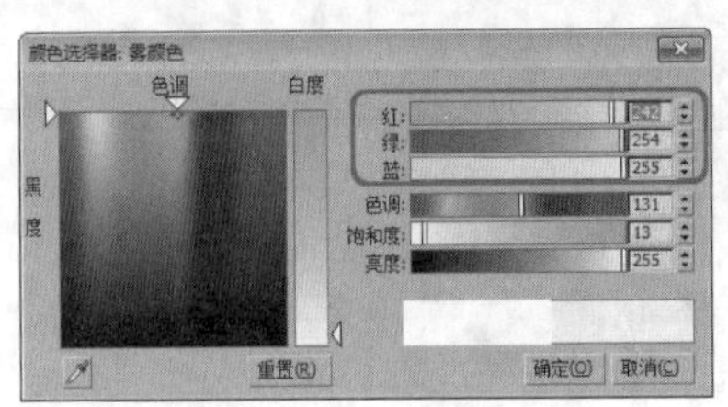

07 在“分层”区域下，将“顶”、“底”、“密度”分别设置为300、10、30，并将“衰减”设置为“顶”；勾选“地平线噪波”复选框，可以增加场景的真实感，将“大小”、“角度”和“相位”分别设置为100、0、50，如下图所示。

08 激活摄影机视图，按F9键进行渲染，效果如下图所示。

实战操作372 使用火焰效果

素材：Scenes\Cha11\11-4.max	难度：★★★★★
场景：Scenes\Cha11\实战操作372.max	视频：视频\ Cha11\实战操作372.avi

在三维动画中，火焰效果是为了烘托气氛经常要用到的效果之一。使用“火焰”可以生成动画的火焰、烟雾和爆炸效果。火焰效果包括篝火、火炬、火球、烟云和星云。

01 打开素材文件11-4.max文件，选择“创建”  |“辅助对象”  |“大气装置”|“球体Gizmo”工具，在顶视图中创建球体Gizmo；在修改器下的“球体Gizmo参数”卷展栏中，勾选“半径”复选框，如下图所示。

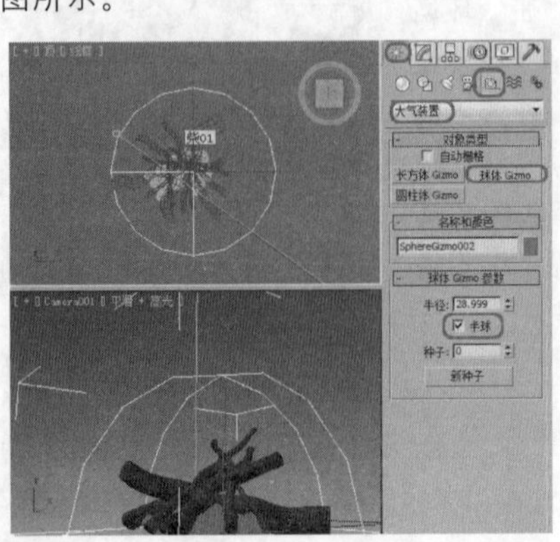

02 在顶视图中，将“SphereGizmo001”移动至木头位置；再单击缩放工具栏中的“选择并均匀缩放” （快捷键R）按钮，对其进行不对称缩放，如下图所示。

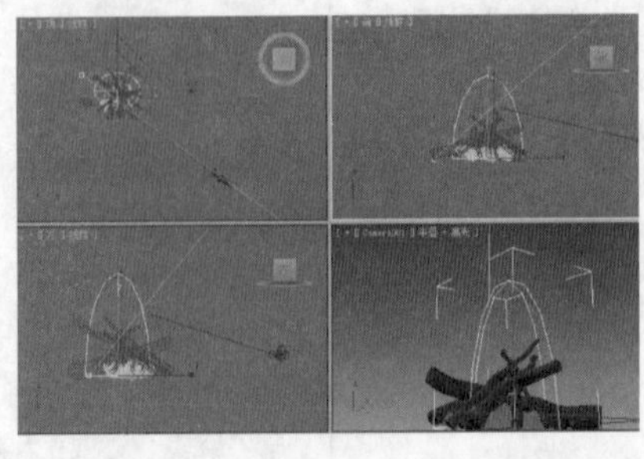

03 按快捷键8，打开“环境和效果”对话框；在“大气”卷展栏下，单击“添加”按钮，在弹出的“添加大气效果”对话框中，选择“火效果”选项，单击“确定”按钮，如下图所示。

04 在“环境和效果”对话框中的“火效果参数”卷展栏中，单击“拾取Gizmo”按钮，在场景中拾取球体Gizmo对象，其相对应的名字将显

示在右边的下拉列表中，如下图所示。

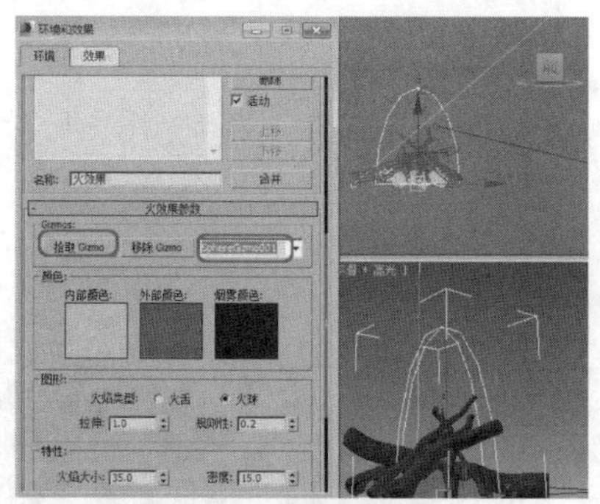

05 在“环境和效果”对话框中，在“颜色”选项区中将“内部颜色”的RGB值设置为（255、225、0）；将“外部颜色”的RGB值设置为（225、0、0）。在“图形”选项区中，将“火焰类型”设置为“火舌”，将“拉伸”值设置为1，将“火焰大小”、“密度”和“采样值”分别设置为10、45、20，如下图所示。

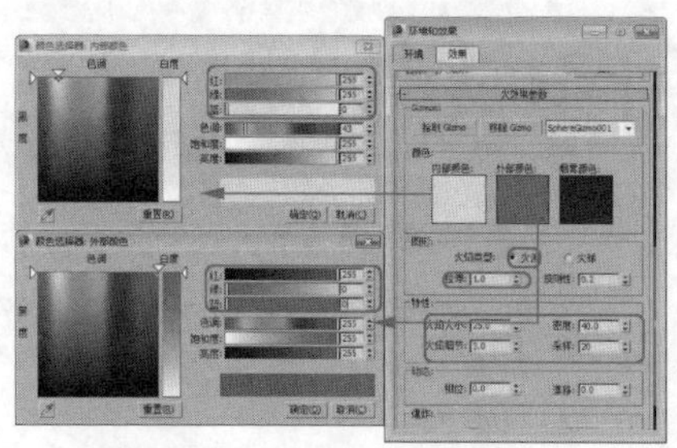

06 激活摄影机视图，按F9键进行渲染，效果如下图所示。

实战操作373 使用体积光效果

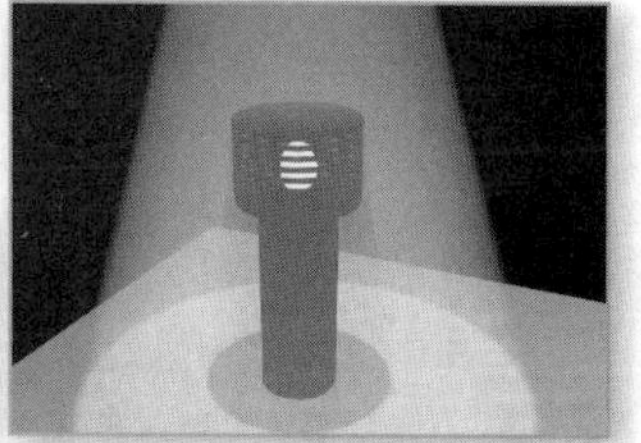

素材：Scenes\Cha11\11-5.max	难度：★★★★★
场景：场景\Cha11\实战操作373.max	视频：视频\ Cha11\实战操作373.avi

体积光是一种特殊的光线，体积光根据灯光与大气的相互作用提供灯光效果。用它可以制作出各种光束、光斑、光芒等效果。

01 打开素材文件11-5.max，在前视图中创建一盏目标聚光灯，如下图所示。

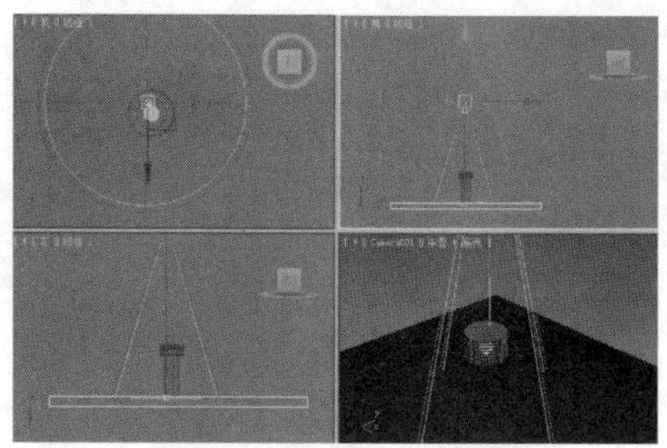

02 切换到修改命令面板，在“常规参数”卷展栏中的“阴影”区域下勾选“启用”复选框，在“强度/颜色/衰减”卷展栏中，将“倍增”设置为0.3，在“聚光灯参数”卷展栏中，勾选“显示光锥”复选框，并将“聚光区/光束”的值设置为35，将“衰减区/区域”的值设置为37，如下图所示。

03 按快捷键8，弹出“环境和效果”对话框，在“环境”选项卡中单击“大气”选项组区域下的“添加”按钮，在弹出的“添加大气效果”对话框中，选择“体积光”选项，单击“确定”按钮，如右图所示。

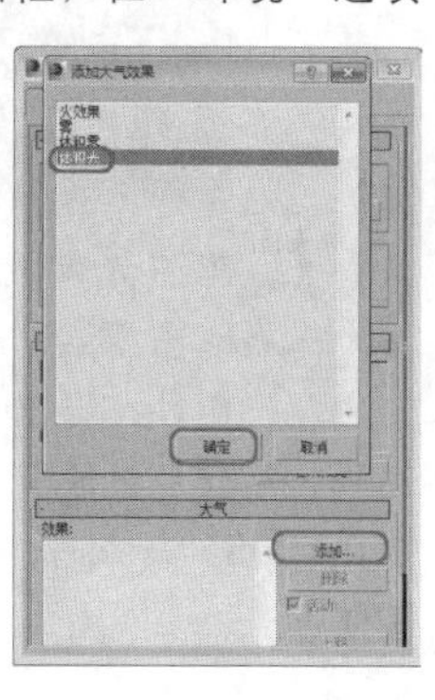

04 返回到“环境和效果”对话框，在“体积光参数”卷展栏中，单击“拾取灯光”按钮，在场景中选择创建的目标聚光灯，其相对应的名字将显示在右边的下拉列表中，如下图所示。

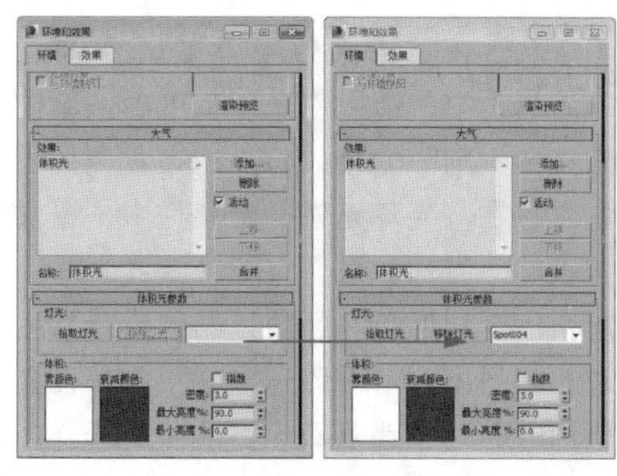

05 在“体积”选项组中，将“密度”的值设置为1，如下图所示。

06 激活摄影机视图，按F9键进行快速渲染，得到的效果如下图所示。

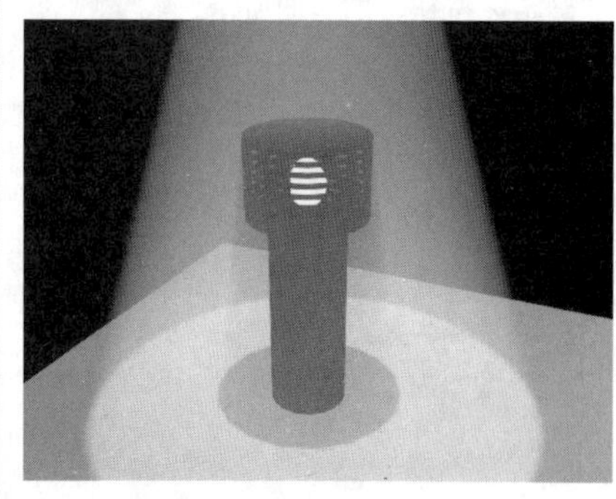

11.3 使用效果面板

在效果面板中共有9种效果：Hair和Fur、镜头效果、模糊、亮度和对比度、色彩平衡、景深、文件输出、胶片颗粒和运动模糊。这里主要介绍其中的四种特效。

实战操作374 使用镜头效果

素材：Scenes\Cha11\11-6.max	难度：★★★★★
场景：场景\Cha11\实战操作374.max	视频：视频\ Cha11\实战操作374.avi

下面介绍镜头光晕效果的制作方法。

01 打开光盘中的素材文件11-6.max，如下图所示。

02 选择“创建”|“灯光”|“标准”|“泛光灯”工具，在透视视图中创建一盏泛光灯，如下图所示。

03 按快捷键8，弹出“环境和效果”对话框；在“效果”选项卡中，单击“效果”卷展栏中的“添加”按钮，在弹出的“添加效果”对话框中，选择“镜头效果”选项，单击“确定”按钮，如下图所示。

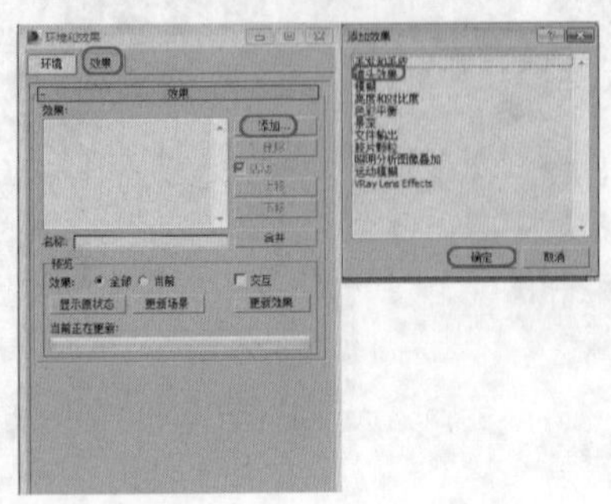

04 在“镜头效果参数”卷展栏中，选择“光晕”选项，单击 按钮，则“光晕”特效将显示在右侧列表框中，在“镜头效果全局”卷展栏中，单击“拾取灯光”按钮，单击场景中创建好的泛光灯，如下图所示。

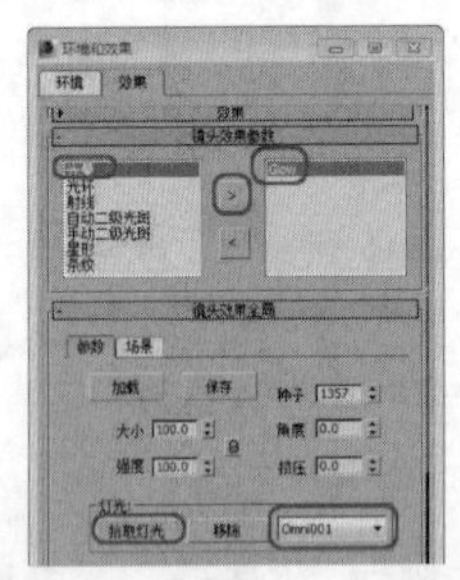

05 在“光晕元素”卷展栏中，单击“径向颜色”区域下的“白色”色块，弹出“颜色选择器”对话框，将颜色的RGB值设置为（255、240、205），单击“确定”按钮，如下图所示。

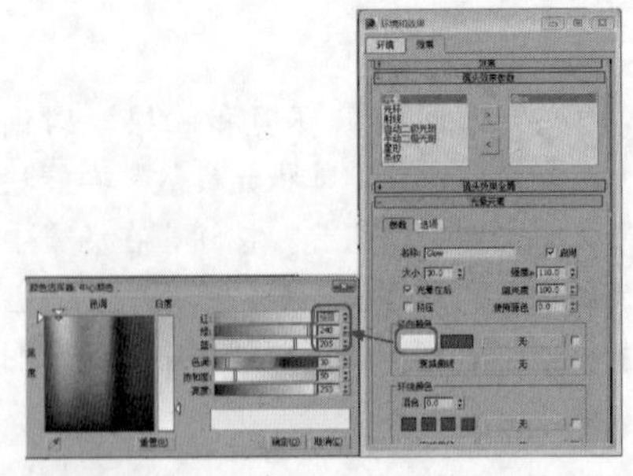

06 在“镜头效果参数”卷展栏中，选择“光环”选项，单击 按钮，则Ring特效将显示在右侧列表框中，在“光环元素”卷展栏中，设置“大小”为10，强度为70，厚度为20；单击“径向颜色”区域下的“白色”色块，在弹出的“颜色选择器”中，设置颜色的GRB值为（225、254、215），单击“确定”按钮，如下图所示。

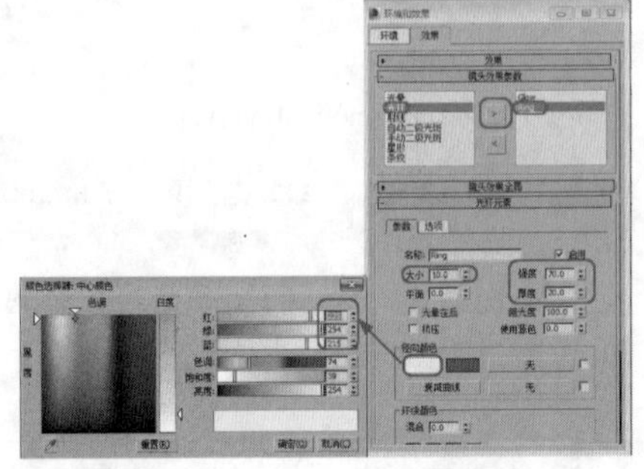

07 在“镜头效果参数”卷展栏中，选择“自动二级光斑”选项，单击 按钮，则Auto Secondary特效将显示在右侧列表框中，在“自动二级光斑元素”卷展栏中，设置“最小”值为0.1，“最大”值为2，“数量”为8，“强度”为100，如下图所示。

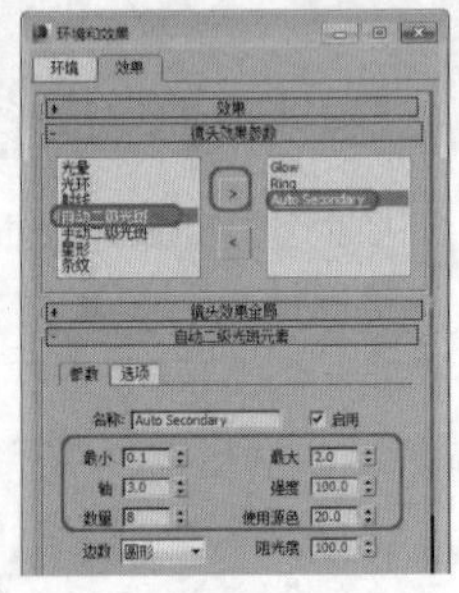

08 关闭“环境和效果”对话框，激活透视视图，对“泛光灯”进行设置，按F9键进行快速渲染，得到的效果图如下图所示。

实战操作375 使用亮度和对比度效果

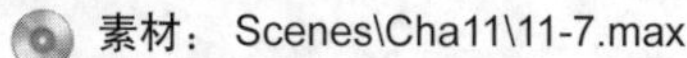

素材：Scenes\Cha11\11-7.max	难度：★★★★★
场景：场景：场景\Cha11\实战操作375.max	视频：视频\ Cha11\实战操作375.avi

在渲染时经常会遇到渲染出来的图像比较暗，效果并不理想，这时可以通过使用“亮度和对比度”效果来调整图像。

01 打开需要调整亮度和对比度的素材文件11-7.max，并对其进行渲染，效果如下图所示。

02 选择“渲染”|“效果”命令，弹出“环境和效果”对话框，在“效果”选项卡中，单击“效果”卷展栏中的“添加”按钮，在弹出的“添加效果”对话框中，选择“亮度和对比度”选项，单击“确定”按钮，如下图所示。

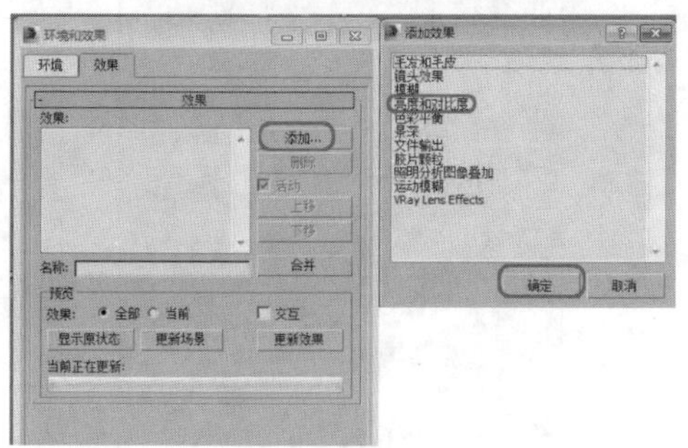

03 在“亮度和对比度参数”卷展栏中，将“亮度”设置为0.8，将“对比度”设置为0.8，如下图所示。

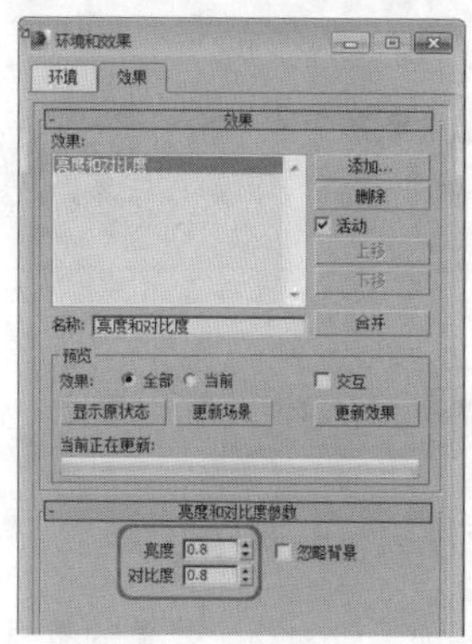

04 关闭“环境和效果”对话框，激活透视视图，按F9键进行快速渲染，效果如下图所示。

实战操作376 使用色彩平衡效果

素材：Scenes\Cha11\11-8.max	难度：★★★★★
场景：场景\Cha11\实战操作376.max	视频：视频\ Cha11\实战操作376.avi

使用色彩平衡效果可以通过独立控制RGB通道中颜色的相加或相减。

01 打开需要调整色彩平衡的素材文件11-8.max，并对其进行渲染，效果如右图所示。

02 选择“渲染”|“效果”命令，弹出“环境和效果”对话框，在“效果”选项卡中，单击“效果”卷展栏中的“添加”按钮，在弹出的“添加效果”对话框中，选择“色彩平衡”选项，单击“确定”按钮，如下图所示。

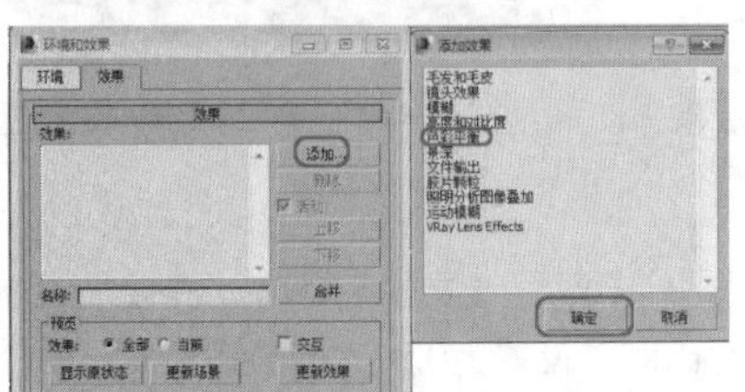

03 在“色彩平衡参数”卷展栏下，将色彩平衡值依次从上至下设置为31、37、-36，并勾选“保持发光度”复选框，如右图所示。

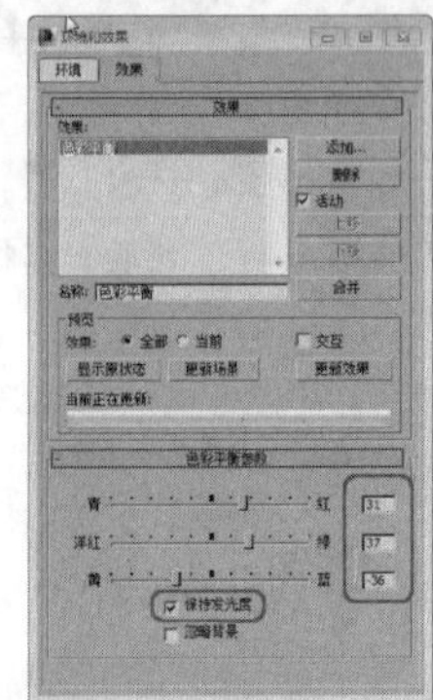

04 关闭“环境和效果”对话框，激活透视视图，单击按钮进行快速渲染，效果如下图所示。

实战操作377 使用胶片颗粒效果

 素材：Scenes\Cha11\11-9.max	难度：★★★★★
场景：场景\Cha11\实战操作377.max	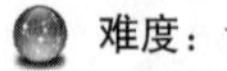 视频：视频\ Cha11\实战操作377.avi

下面介绍胶片颗粒的制作方法。

01 打开需要创建胶片颗粒效果的素材文件11-9.max，并对其进行渲染，效果如下图所示。

02 按快捷键8，弹出“环境和效果”对话框，在“效果”选项卡中，单击“效果”卷展栏中的“添加”按钮，在弹出的“添加效果”对话框中，选择“胶片颗粒”选项，单击“确定”按钮，如下图所示。

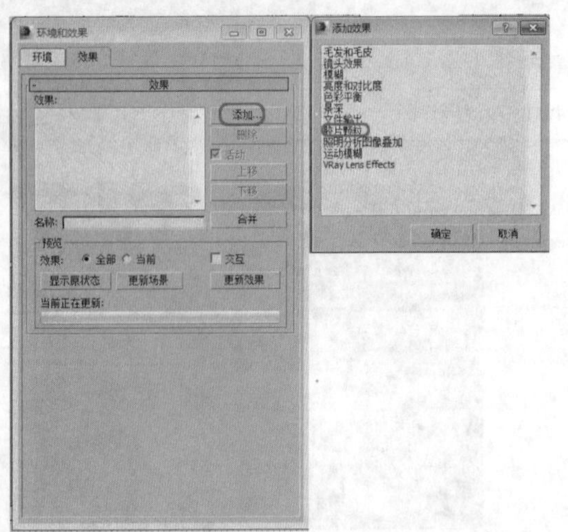

03 在“胶片颗粒参数”卷展栏中，将“颗粒”值设置为1.0，如下图所示。

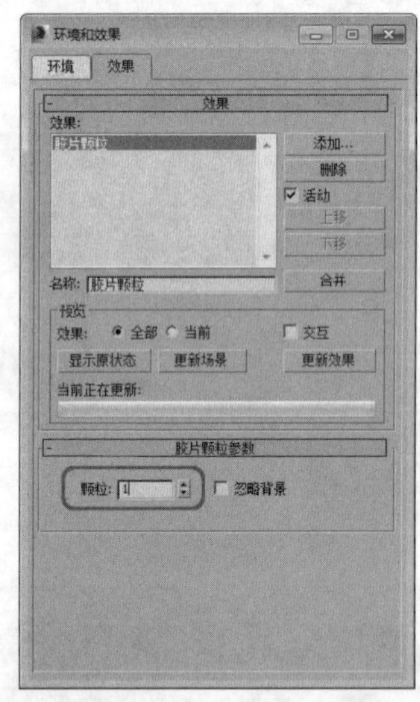

04 关闭“环境和效果”对话框，激活透视视图，按F9键进行快速渲染，效果如下图所示。

11.4 使用“视频后期处理”对话框

Video Post视频合成器是3ds Max中独立的一个组成部分，相当于一个视频后期处理软件，包括动态影像的非线性编辑功能以及特殊效果处理功能，类似于After Effects或者Combustion等后期合成软件的性质，但视频后期处理功能很弱，因此建议使用专业的后期合成软件来完成视频后期处理视频合成器中的工作。

实战操作378 打开“视频后期处理”对话框

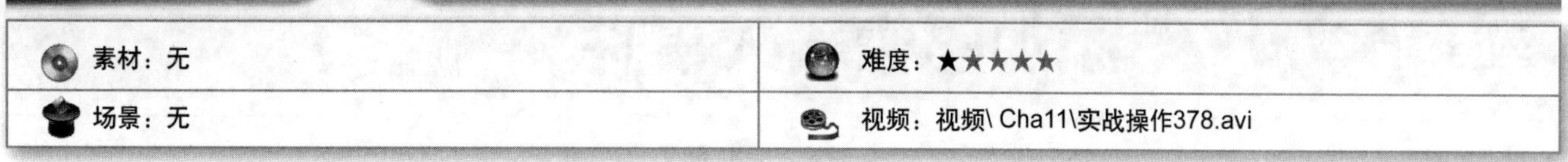

素材：无	难度：★★★★★
场景：无	视频：视频\ Cha11\实战操作378.avi

从外表上看，视频后期处理界面由4部分组成，顶端为工具栏，完成各种操作；左侧为序列窗口，用于加入和调整合成的项目序列；右侧为编辑窗口，用滑块控制当前项目所处的活动区段；底端用于提示信息的显示和一些显示控制工具。

01 在菜单栏中选择“渲染”|“视频后期处理”命令，如右图所示。

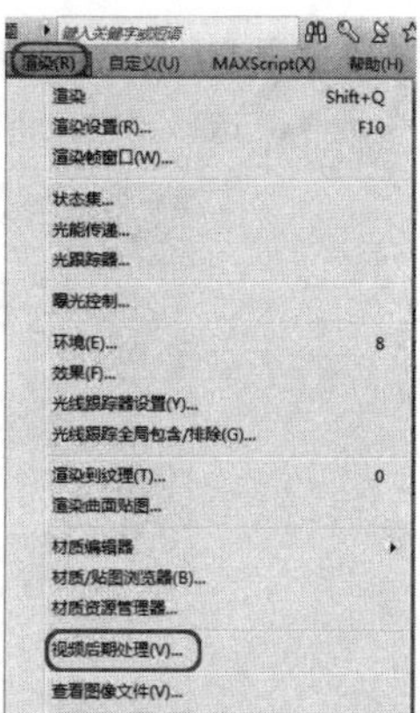

02 打开在“视频后期处理”对话框，如下图所示。

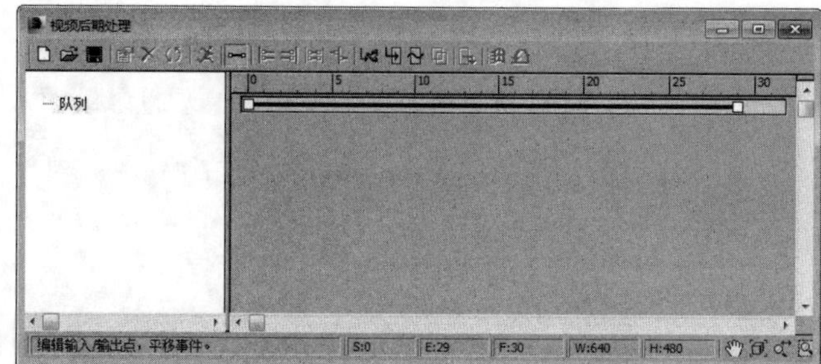

实战操作379 添加场景事件

素材：无	难度：★★★★★
场景：无	视频：视频\ Cha11\实战操作379.avi

在Video Post窗口中，添加新事件，事件来源于当前场景中的一个视图。

01 在菜单栏中，选择“渲染”|“视频后期处理”命令，如下图所示。

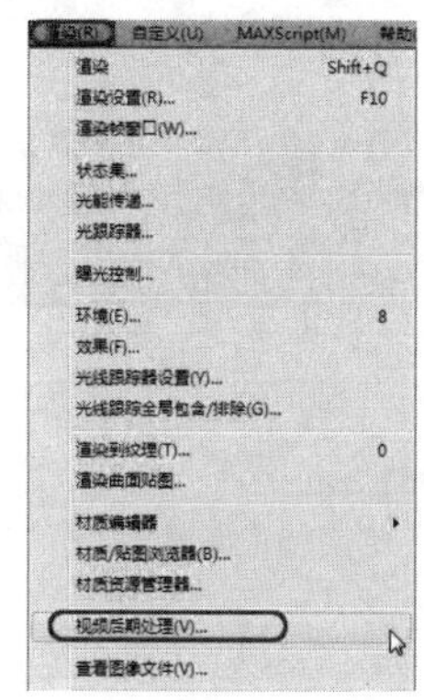

02 打开“视频后期处理”对话框，单击“添加场景事件”按钮，如下图所示。

03 弹出“添加场景事件”对话框，在“视图”选项组中默认为透视视图，如右图所示。

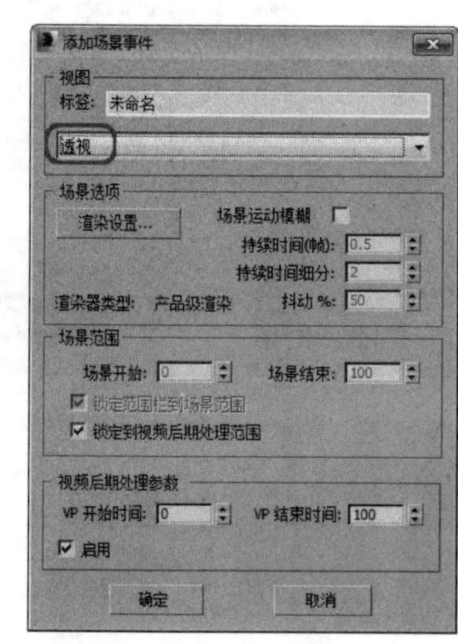

04 单击“确定”按钮，透视视图事件便添加到视频后期处理对话框的序列中，如右图所示。

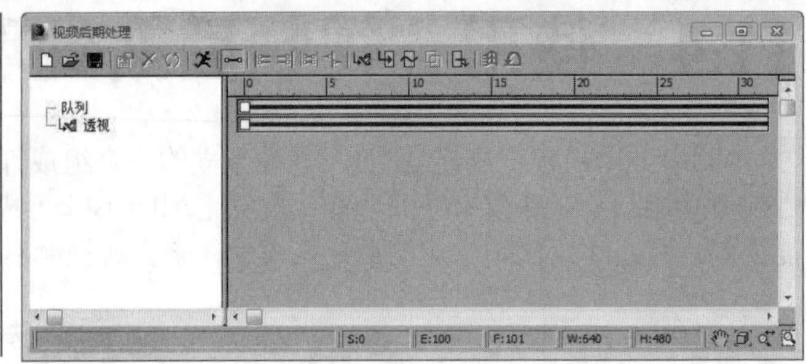

实战操作380 添加图像输入事件

素材：无	难度：★★★★★
场景：无	视频：视频\Cha11\实战操作380.avi

利用添加图像输入事件命令，可将外部的各种格式的图像文件作为一个事件添加到视频后期处理对话框中。

01 选择“渲染”|“视频后期处理”命令，打开“视频后期处理”对话框后，单击“添加图像输入事件”按钮，如下图所示。

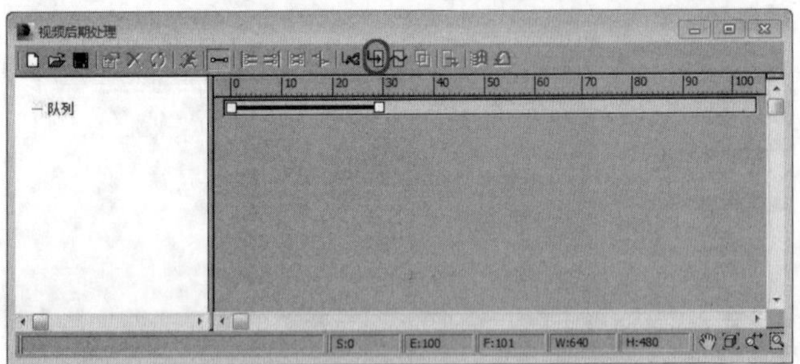

02 弹出“添加图像输入事件”对话框，单击“图像输入”选项组中的“文件”按钮，如下图所示。

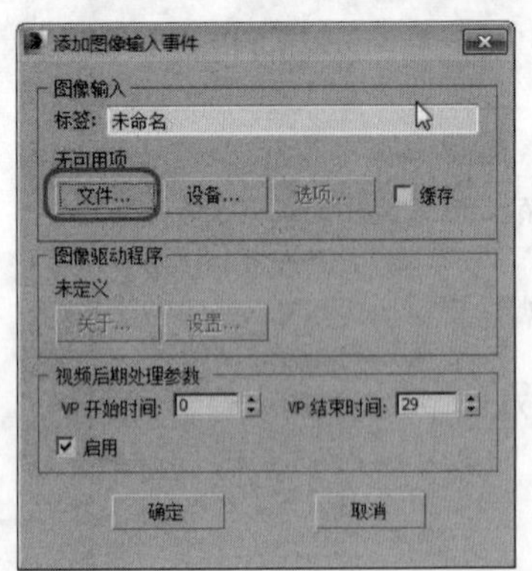

03 弹出“为视频后期处理输入选择图像文件”对话框，选择素材文件，如下图所示。

04 单击“打开”按钮，返回“添加图像输入事件”对话框，单击“确定”按钮，如下图所示，即可添加图像输入事件。

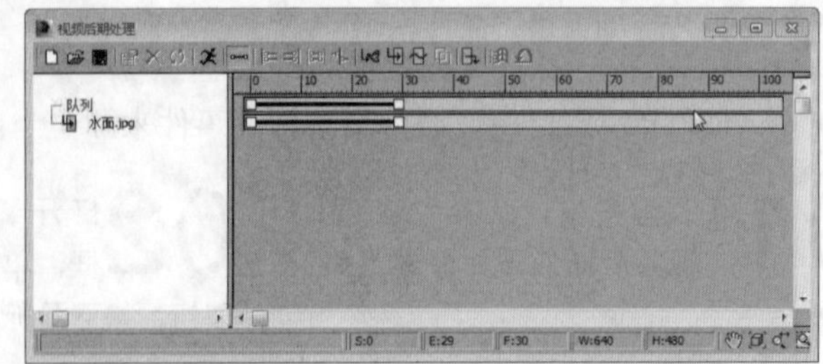

实战操作381 添加图像过滤事件

素材：无	难度：★★★★★
场景：无	视频：视频\Cha11\实战操作381.avi

对前面的图像进行特殊处理，如对比度、衰减、光晕、星空等处理。

01 在菜单栏中选择“渲染”|“视频后期处理”命令，如右图所示。

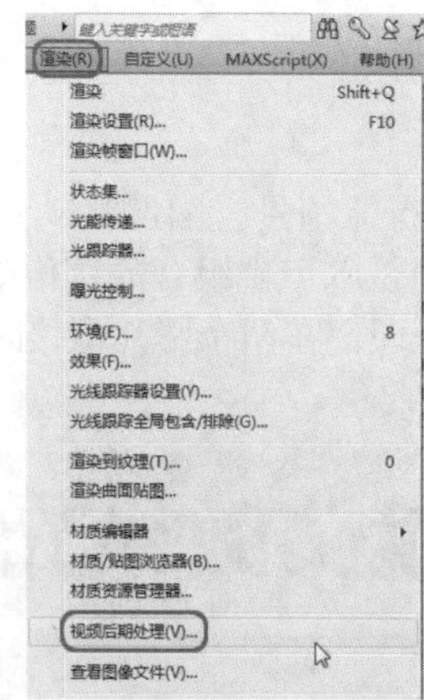

02 打开“视频后期处理”对话框，单击“添加图像过滤事件”按钮，如下图所示。

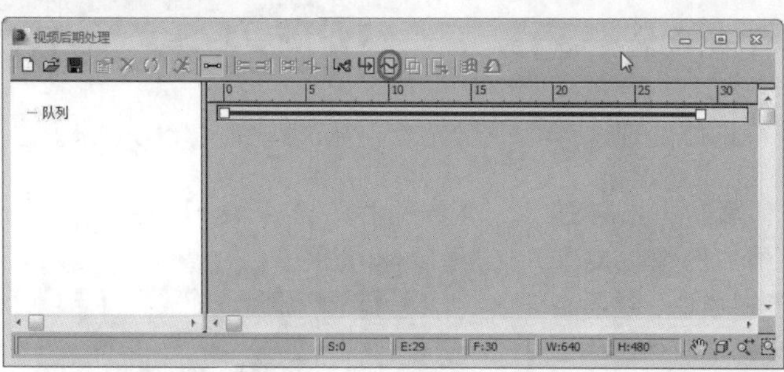

03 弹出“添加图像过滤事件”对话框，在“过滤器插件”选项组中，选择“镜头效果光斑”选项，如右图所示。

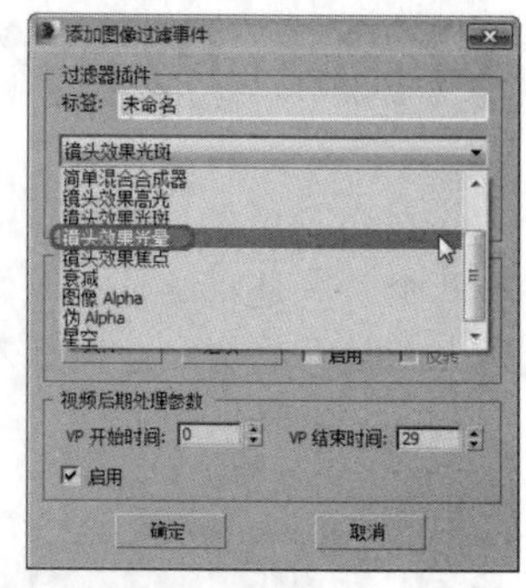

04 单击“确定”按钮，即可添加图像过滤事件，如下图所示。

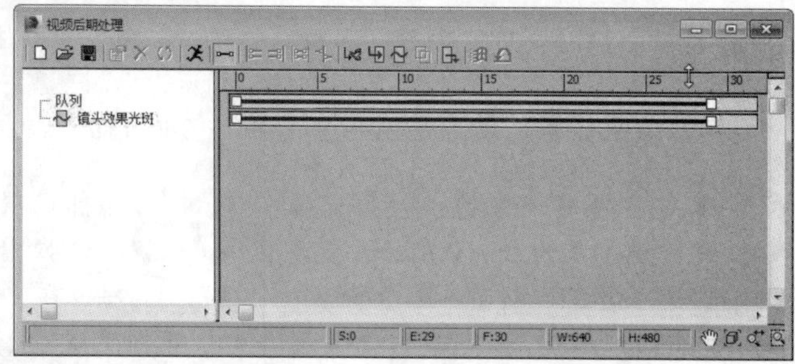

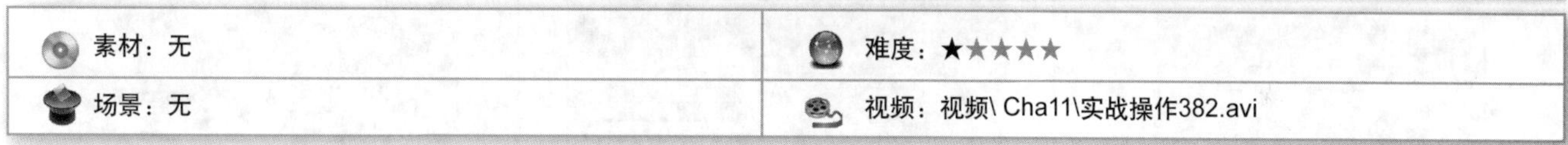

实战操作382 添加图像输出事件

素材：无	难度：★★★★★
场景：无	视频：视频\Cha11\实战操作382.avi

添加图像输出事件可将最后合成的结果保存为图像文件。

01 在菜单栏中选择“渲染”|“视频后期处理”命令，如下图所示。

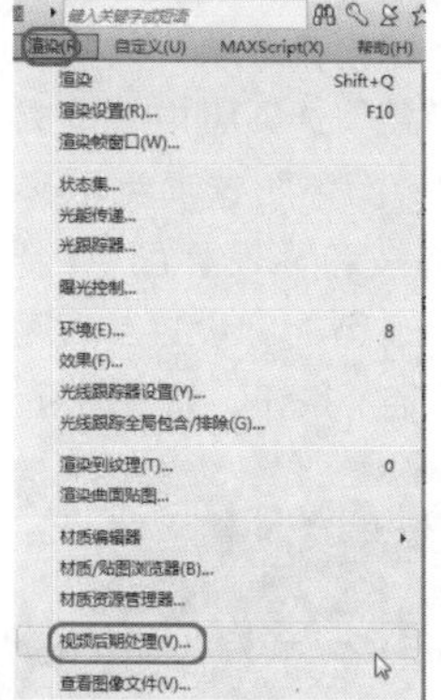

02 打开“视频后期处理”对话框，使用前面介绍的方法为其添加一个透视场景事件，然后单击“添加图像输出事件”按钮，如下图所示。

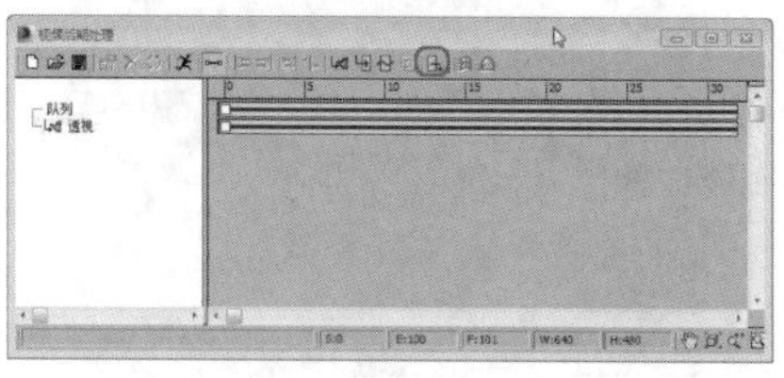

03 弹出“添加图像输出事件”对话框，单击“图像文件”选项组中的“文件”按钮，如下图所示。

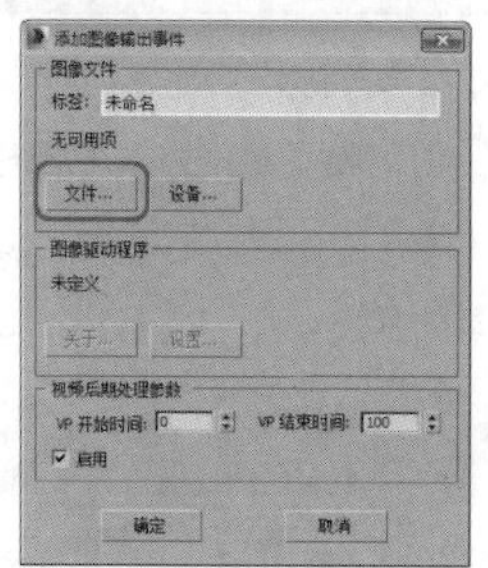

04 弹出“为视频后期处理输出选择图像文件”对话框，设置“文件名”为001，“保存类型”为AVI文件（*.avi），如下图所示。

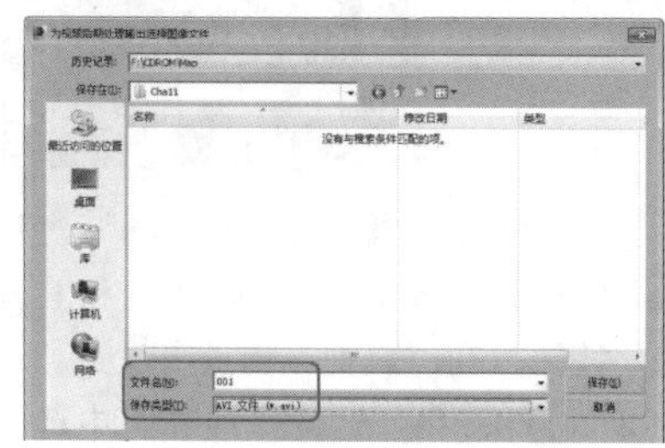

05 单击“保存”按钮，弹出“AVI文件压缩设置”对话框，如下图所示。

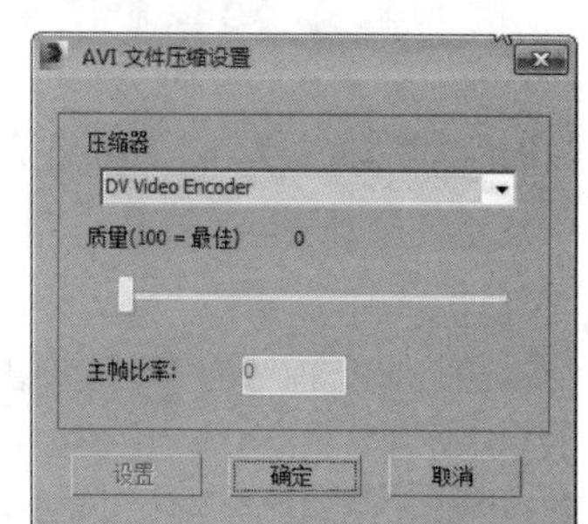

06 单击两次“确定”按钮，返回视频后期处理对话框，如下图所示。即可添加图像输出事件。

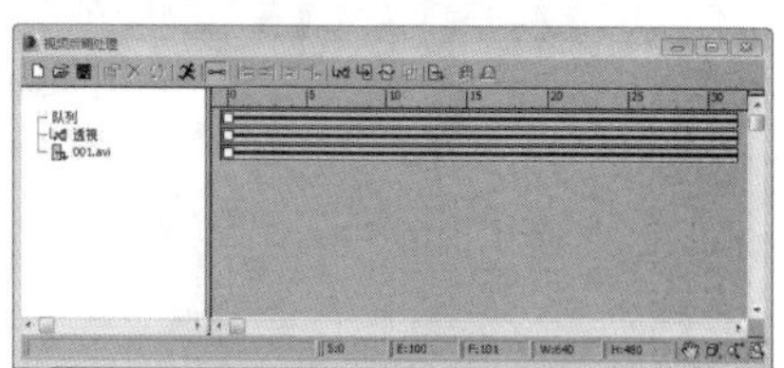

11.5 应用视频后期处理

在视频后期处理中，可以加入多种类型的项目，包括当前场景、图像、动画、过滤器和合成器等，主要目的有两个：一是将场景、图像和动画组合连接在一起，层层覆盖以产生组合的图像效果，分段连接产生剪辑影片的作用；二是对组合和连接加入特殊处理，如对图像进行发光处理，在两个影片衔接时进行淡入淡出处理等。

实战操作383 为对象添加镜头效果光晕

素材：Scenes\Cha11\11-10.max	难度：★★★★★
场景：场景\Cha11\实战操作383.max	视频：视频\ Cha11\实战操作383.avi

镜头效果光晕是最为常见的过滤器，它可对物体表面进行灼烧处理，产生一层光晕，从而达到发光的效果。

01 打开需要添加镜头效果光晕的素材文件11-10.max，在场景中选择“Loft01”模型，单击鼠标右键，在弹出的快捷菜单中选择“对象属性”命令，在弹出的“对象属性”对话框中设置“G缓冲区”选项组中的“对象ID”为1，单击“确定”按钮，如下图所示。

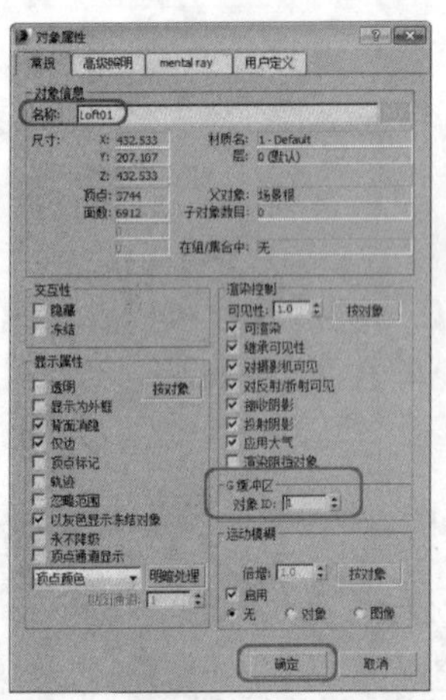

02 在菜单栏中选择“渲染”|“视频后期处理”命令，在弹出的“视频后期处理”窗口中单击工具栏中的按钮，弹出“添加场景事件”对话框，在“视图”选项组中选择“透视”，单击“确定”按钮，如下图所示。

03 添加场景事件后，单击按钮，弹出“添加图像过滤事件”对话框，在“过滤器插件”选项组中，选择“镜头效果光晕”事件，单击“确定”按钮，如下图所示。

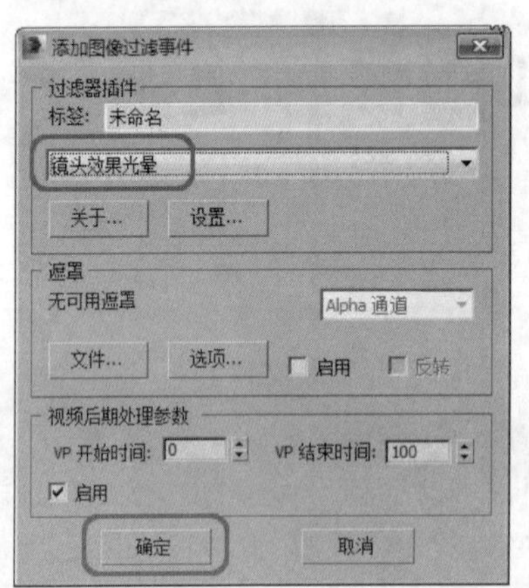

04 在序列窗格中，双击“镜头效果光晕”事件，在弹出的“编辑过滤事件”对话框中单击“设置”按钮，如下图所示。

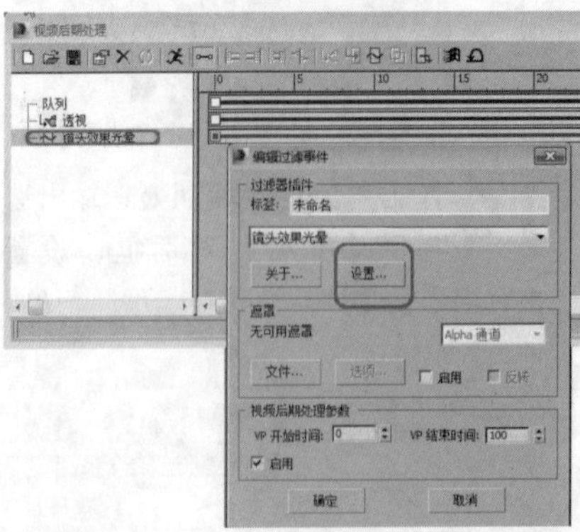

05 打开“镜头效果光晕”对话框，单击“VP排列”和“预览”按钮，在“属性”选项卡设置“对象ID”为1，在“过滤”选项组中选择“周界Alpha”选项，如下图所示。

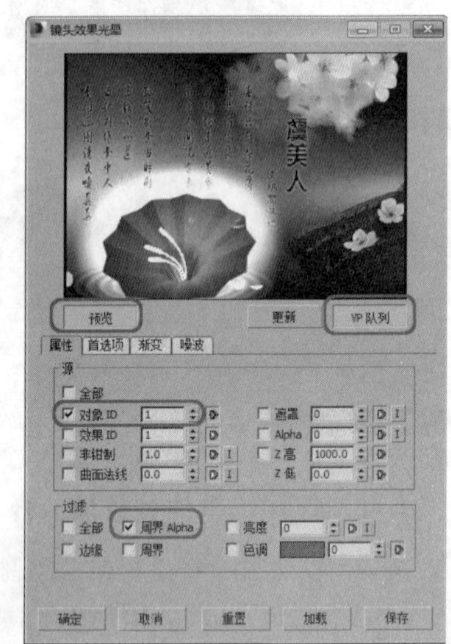

06 在“首选项”选项卡中的“效果”选项组中，设置“大小”为2，在“颜色”选项组中，选择“用户”单选按钮，设置颜色的RGB值为（0、185、67），设置“强度”为60，单击“确定”按钮，如下图所示。

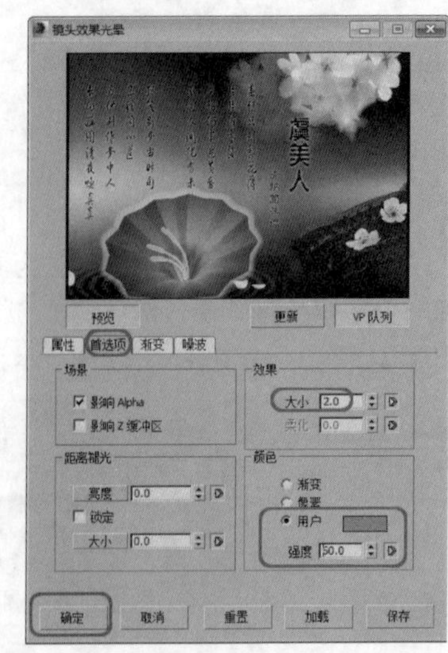

实战操作384 执行镜头效果光晕特效

素材：Scenes\Cha11\ 11-11.max	难度：★★★★★
场景：场景\Cha11\实战操作384.max	视频：视频\ Cha11\实战操作384.avi

下面对刚才创建的镜头效果光晕进行输出渲染。

01 以实战操作383为例，选择“渲染”|“环境”命令，打开视频后期处理编辑器窗口，单击按钮，弹出“添加图像输出事件”对话框，单击“图像文件”区域下的“文件”按钮，如下图所示。

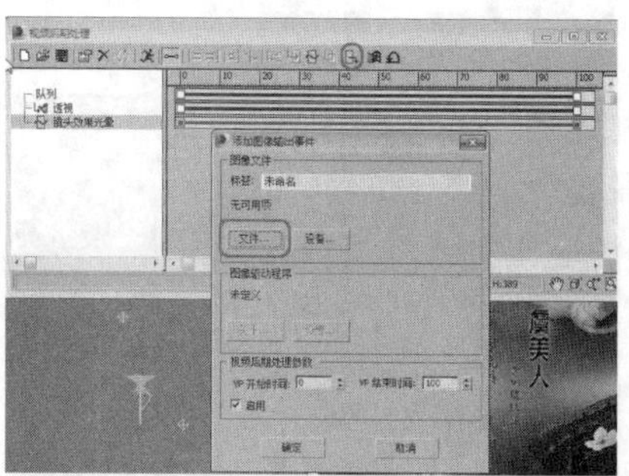

02 弹出“为视频后期处理输出选择图像文件”对话框，设置“文件名”为“虞美人”，设置“保存类型”为TIF图像文件（*.tif），如下图所示。

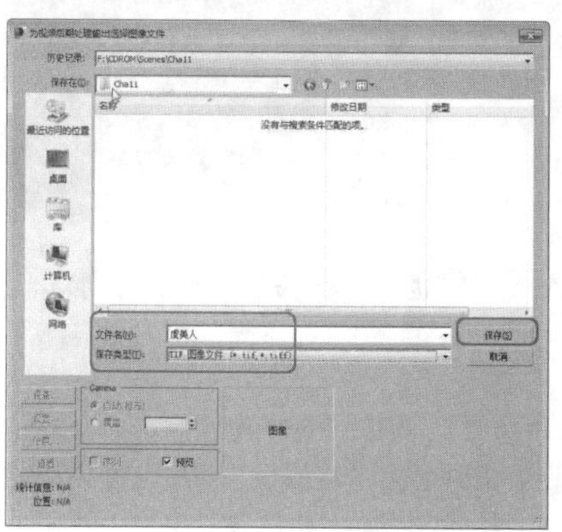

03 单击“保存”按钮，弹出“TIF图像控制”对话框，如下图所示。

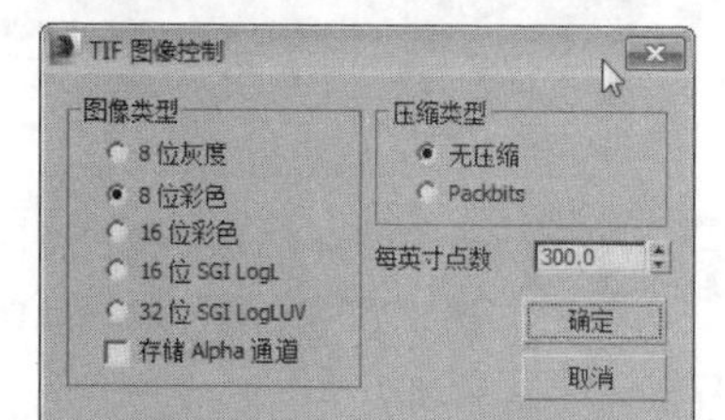

04 单击两次“确定”按钮，返回到“视频后期处理”对话框，如下图所示。即可添加图像输出效果。

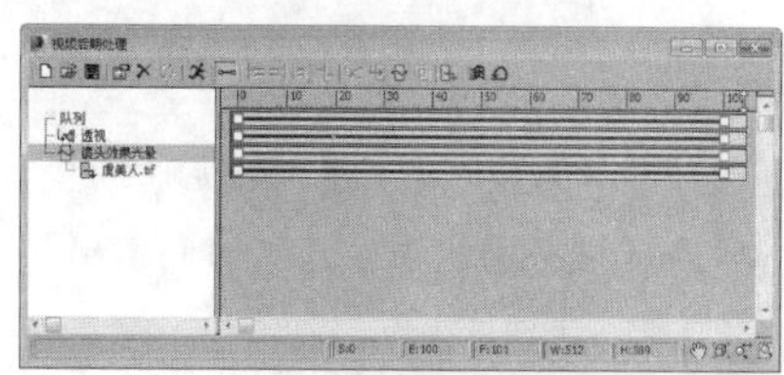

05 单击“执行序列”按钮，弹出“执行视频后期处理”对话框，在“时间输出”中勾选“单个”单选按钮，在“输出大小”选项组中，将输出大小设置为1024×778，如下图所示。

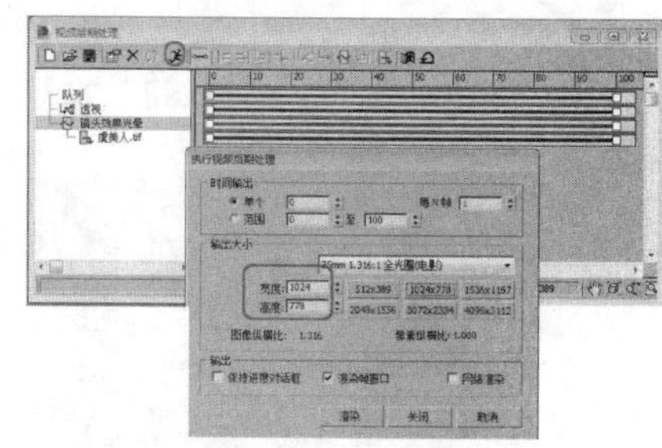

06 单击“渲染”按钮，对序列进行渲染，得到效果如下图所示。

实战操作385 使用星空渲染场景

素材：Scenes\Cha11\11-12.max	难度：★★★★★
场景：场景\Cha11\实战操作385.max	视频：视频\ Cha11\实战操作385.avi

使用星空渲染场景可产生星空背景，这种星空可以按照地球周围真实的星空数据库计算，这种背景只在摄影机视图中产生作用。

01 打开素材文件11-12.max，选择“渲染”|“视频后期处理”命令，打开“视频后期处理”对话框，单击按钮，在弹出的“添加图像过滤事件”对话框中，选择“星空”事件，单击“确定”按钮，如右图所示。

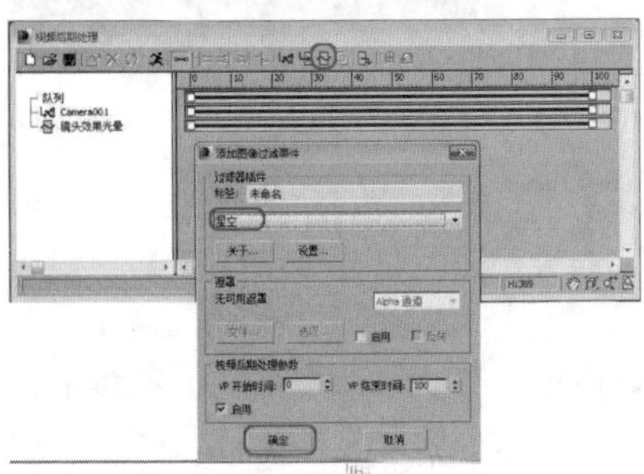

02 在序列窗格中双击“星空”事件，在弹出的“编辑过滤事件”对话框中单击“设置”按钮，如下图所示。

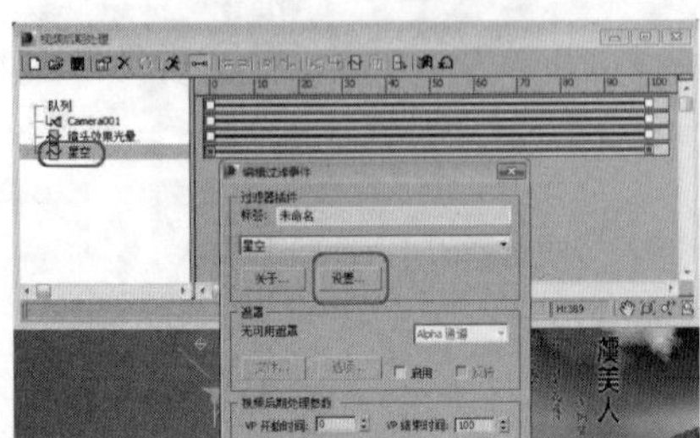

03 在弹出的“星星控制”对话框中，将“星星大小（像素）”的值设置为2，将“运动模糊”选项组中的“数量”设置为100，单击“确定”按钮，如下图所示。

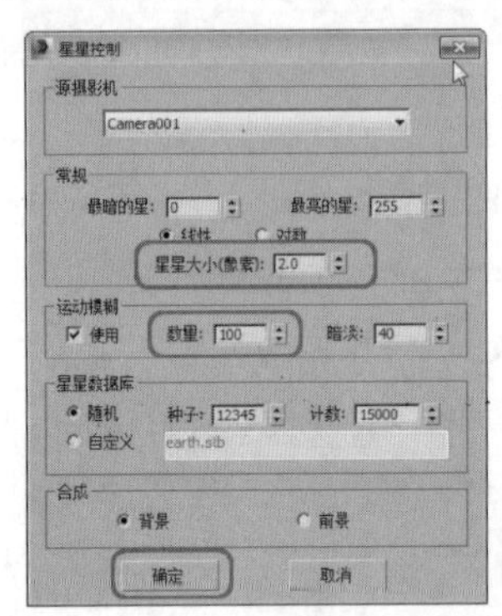

04 再次单击“确定”按钮，返回到“视频后期处理”对话框，单击按钮，如下图所示。

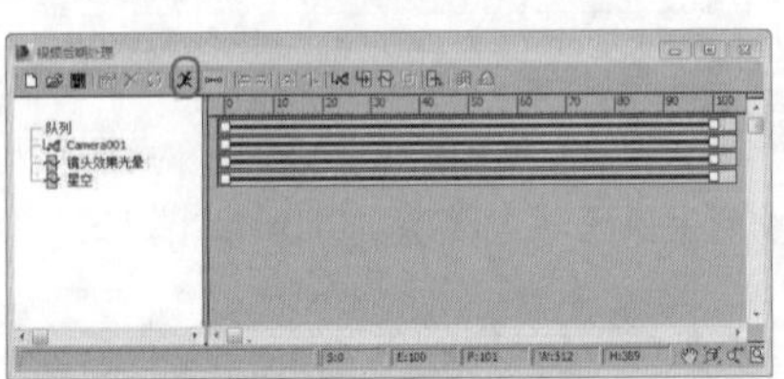

05 在弹出的“执行视频后期处理”面板中，在“时间输出”区域下勾选“单个”单选按钮，将“输出大小”的“宽度”设置为1024，“高度”设置为778，如下图所示。

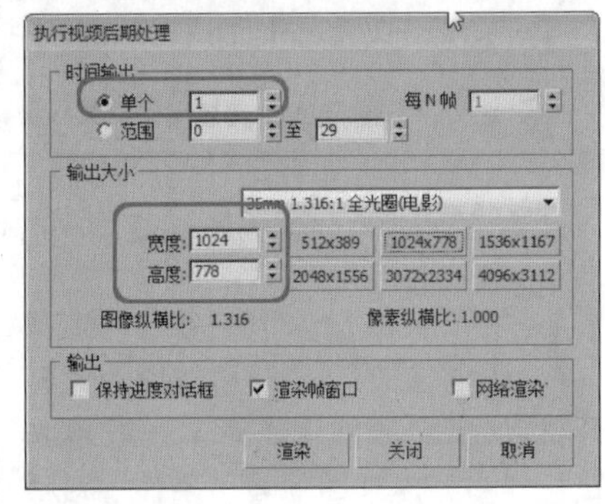

06 单击“渲染”按钮，得到如下图所示的效果。

实战操作386 设置交叉衰减

素材：Scenes\Cha11\11-13.max	难度：★★★★★
场景：场景\Cha11\实战操作386.max	视频：视频\ Cha11\实战操作386.avi

设置交叉衰减功能可将两个图像在时间上做衰减处理，从背景图像向前景图像过滤，最后完全转化为前景图像。它没有参数设置，直接指定即可，转化的速度取决于时间段的长度。

01 打开需要设置交叉衰减的素材文件11-13.max，选择“渲染”|“视频后期处理”命令，打开“视频后期处理”对话框，即可显示素材，如下图所示。

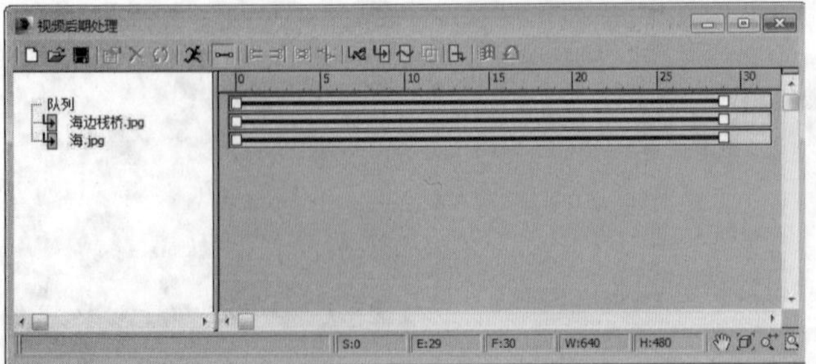

02 单击“添加图像输出事件”按钮，在弹出的“添加图像输出事件”对话框中单击“文件”按钮，弹出“为视频后期处理输出选择图像文件”对话框，为其设置保存路径，在“保存类型”下拉列表框中选择“AVI文件(*.avi)”选项，并设置文件名为“实战操作386设置交叉衰减”，如下图所示。

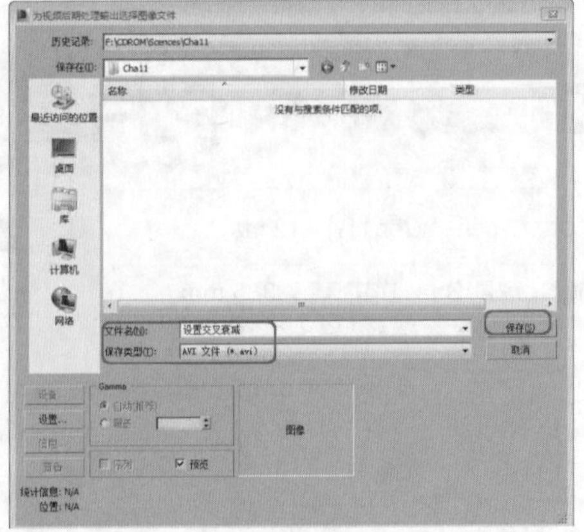

03 单击“保存”按钮，弹出“AVI文件压缩设置”对话框，使用默认值，单击“确定”按钮，如下图所示。

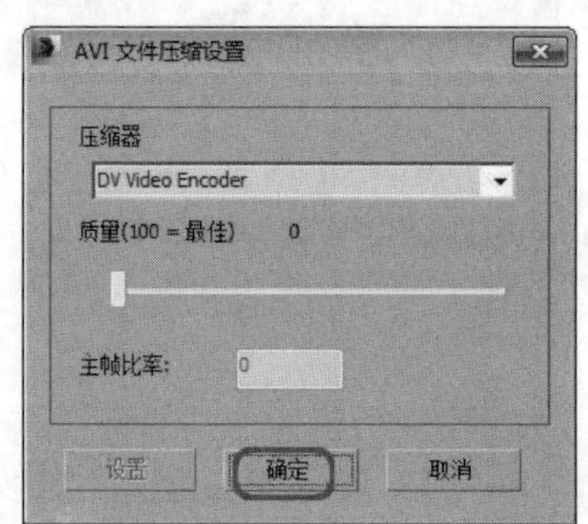

04 单击两次“确定”按钮，返回“视频后期处理”对话框，按住Ctrl键的同时选择二个图像输入事件，单击“添加图像层事件”按钮，如下图所示。

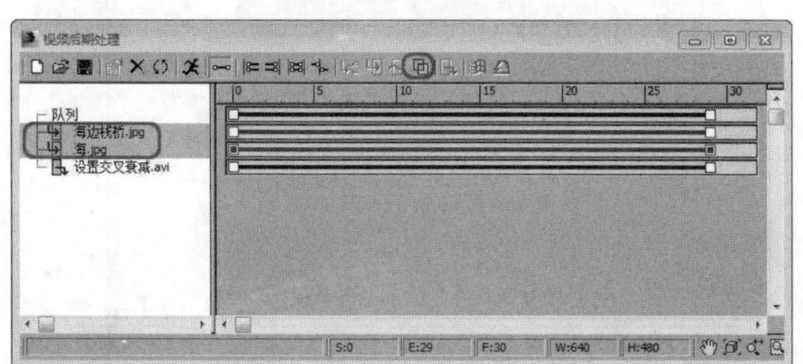

05 弹出“添加图像层事件”对话框，在“层插件”选项组中的“视频后期处理变换过滤器”列表框中选择“交叉衰减变换”选项，如下图所示。

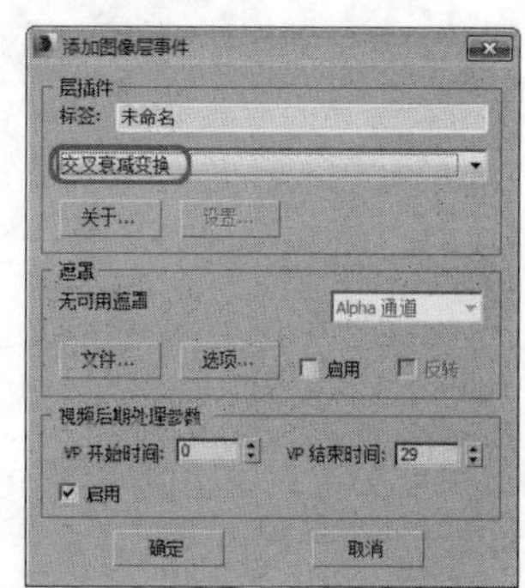

06 单击“确定”按钮，返回“视频后期处理”对话框，单击“执行序列”按钮，弹出“执行视频后期处理”对话框，在“时间输出”选项组中选择“范围”单选按钮，在右侧的文本框中输入0、15，在“输出大小”选项组中，将“宽度”设置为640，“高度”设置为480，然后单击“渲染”按钮，如下图所示。

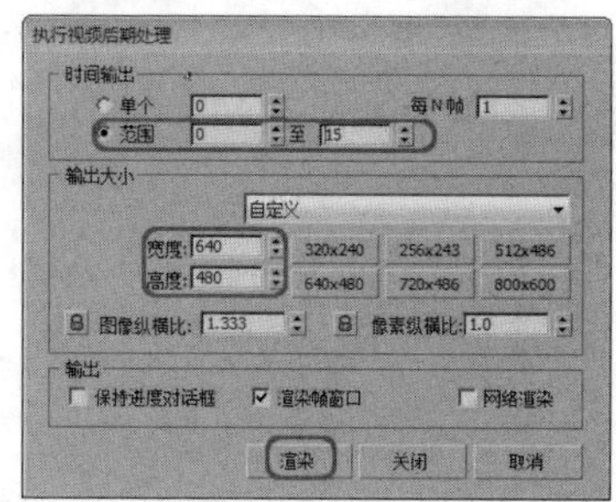

实战操作387 保存序列

素材：无	难度：★★★★★
场景：无	视频：视频\ Cha11\实战操作387.avi

下面介绍保存序列的方法。

01 继续上一实例的操作，选择“渲染”|“视频后期处理”命令，弹出“视频后期处理”对话框，单击“保存序列”按钮，如下图所示。

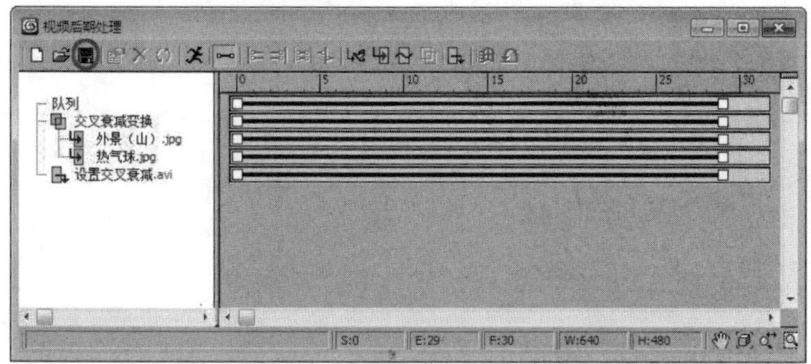

02 弹出“保存序列”对话框，选择相应的文件路径，设置“文件名”为“001”，单击“保存”按钮，如下图所示，即可保存序列。

实战操作388 打开序列

素材：无	难度：★★★★★
场景：无	视频：视频\ Cha11\实战操作388.avi

下面介绍打开序列的方法。

01 重置一个3ds Max场景，选择菜单栏中的“渲染”|“视频后期处理”命令，如下图所示。

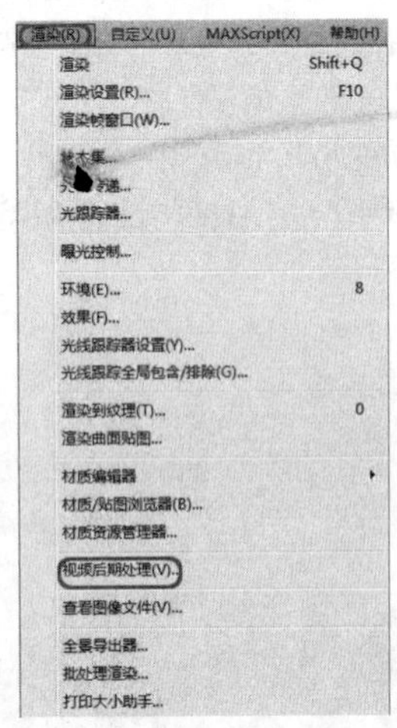

02 弹出“视频后期处理”对话框，单击“打开序列”按钮，如下图所示。

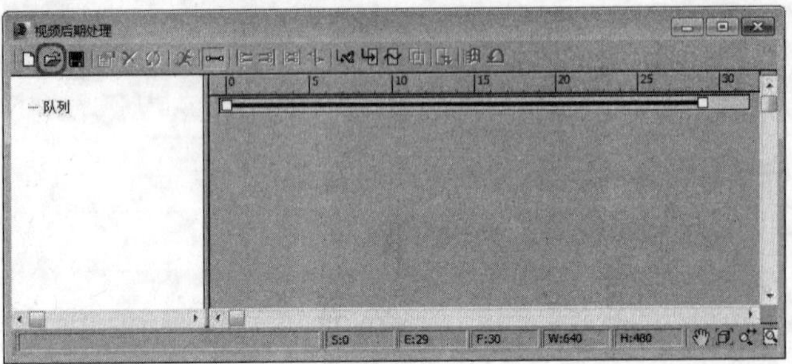

03 弹出“打开序列”对话框，选择相应的素材序列，如下图所示。

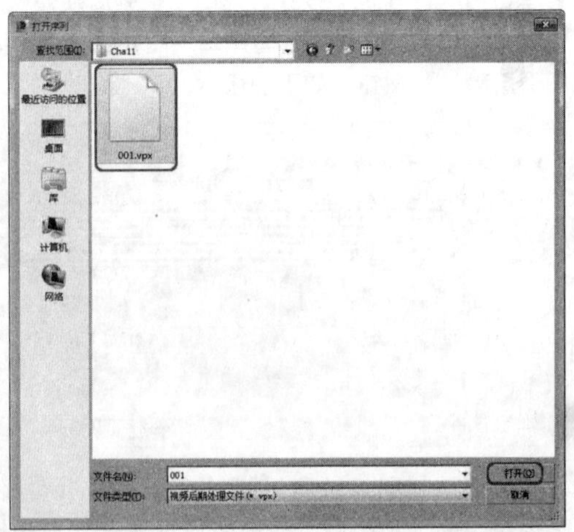

04 单击“打开”按钮，即可打开序列，如下图所示。

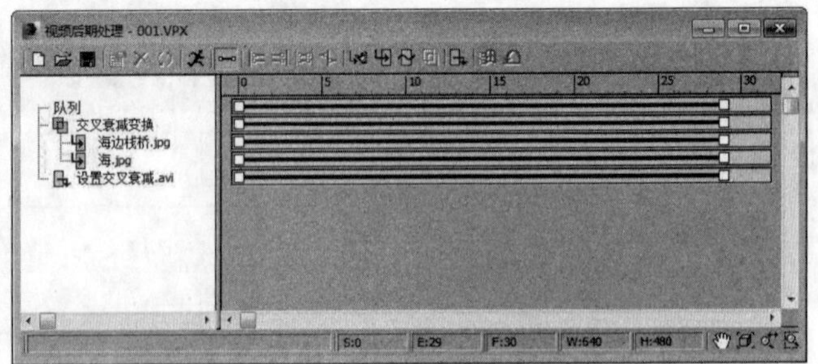

第12章 基本动画

Chapter 12

在3ds Max 2014中可以轻松地制作动画。本章将介绍3ds Max 2014中常用的动画工具，如轨迹视图、运动命令面板和动画控制器等。通过本章的学习，可以了解并掌握动画的应用和操作技巧。

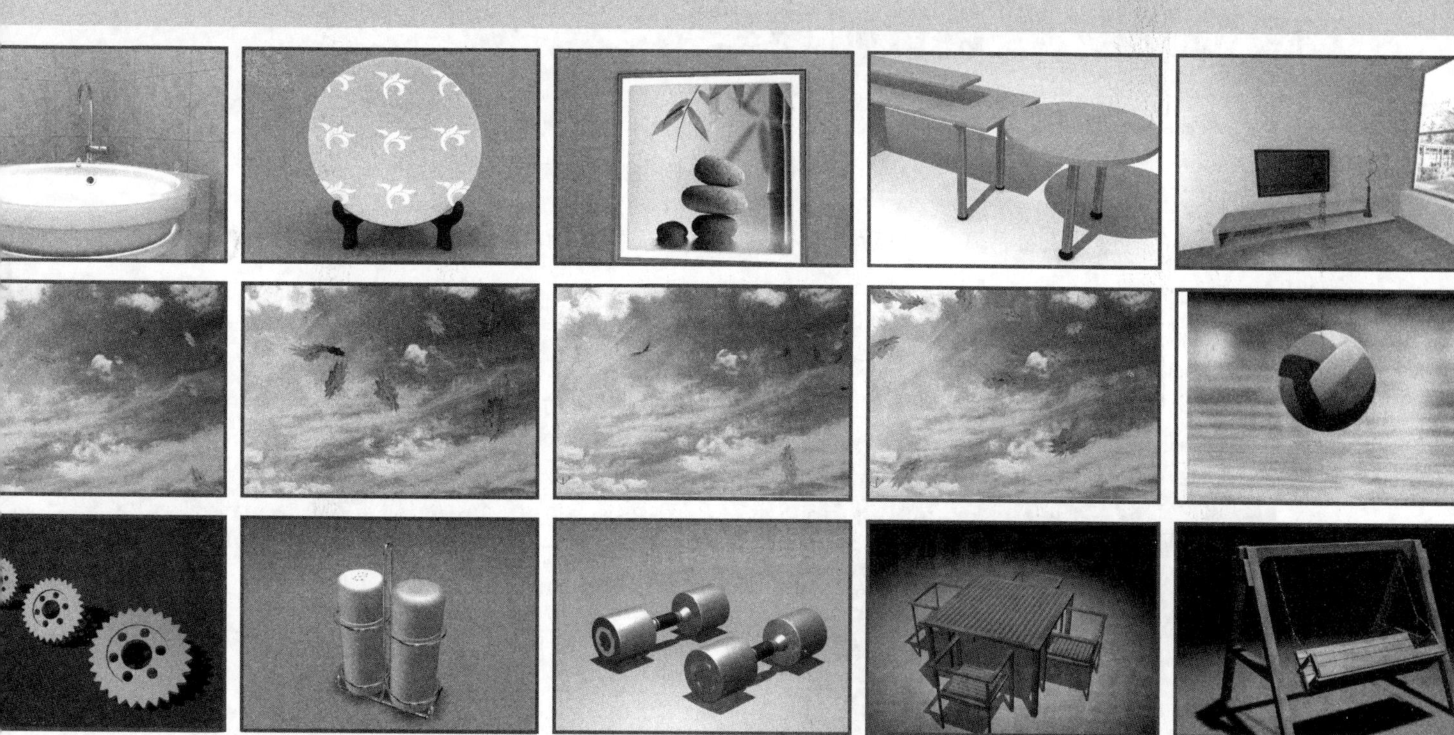

12.1 关键帧动画

动画的产生是基于人类视觉暂留的原理。人们在观看一组连续播放的图片时，每一幅图片都会在人眼中产生短暂的停留，只要图片播放的速度快于图片在人眼中停留的时间，就可以感觉到它们好像真的在运动一样。这种组成动画的每张图片都叫做“帧”，帧是3ds Max 动画中最基本也是最重要的概念。

实战操作389 开启动画模式

素材：Scenes\Cha12\12-1.max	难度：★★★★★
场景：无	视频：视频\Cha12\实战操作389.avi

下面介绍开启动画模式的方法，具体操作步骤如下。

01 单击按钮，在弹出的下拉列表中选择“打开”选项，在打开的对话框中打开素材文件12-1.max，如下图所示。

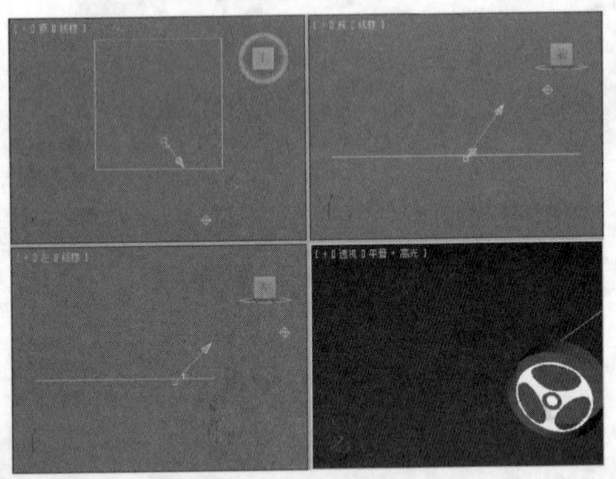

02 单击动画控制区中的“自动关键点”按钮，即可开启动画模式，则当前视图和进度条呈红色状态显示，如下图所示。

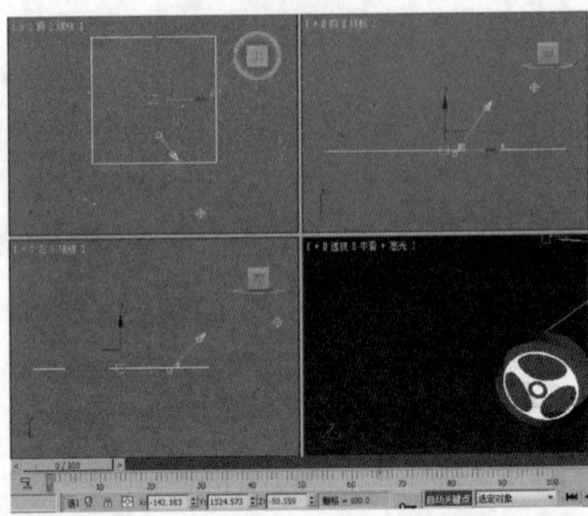

实战操作390 设置帧速率

素材：Scenes\Cha12\12-1.max	难度：★★★★★
场景：无	视频：视频\Cha12\实战操作390.avi

通常，动画的帧速率以每秒显示的帧数（fps）表示。即每秒钟实时播放时显示的帧数。设置帧速率的操作步骤如下。

01 单击按钮，在弹出的下拉列表中选择“打开”选项，在打开的对话框中打开素材文件12-1.max，如下图所示。

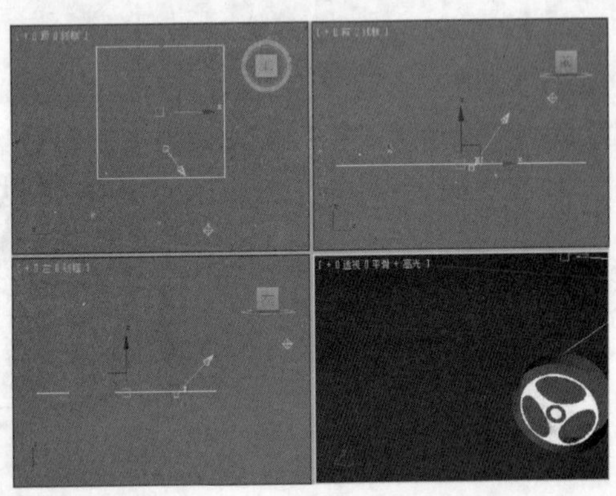

02 单击动画控制区中的“时间配置”按钮，弹出“时间配置”对话框，在“帧速率”选项组中勾选“自定义”单选按钮，将FPS的值设置为30，单击“确定”按钮，即可设置帧速率，如右图所示。

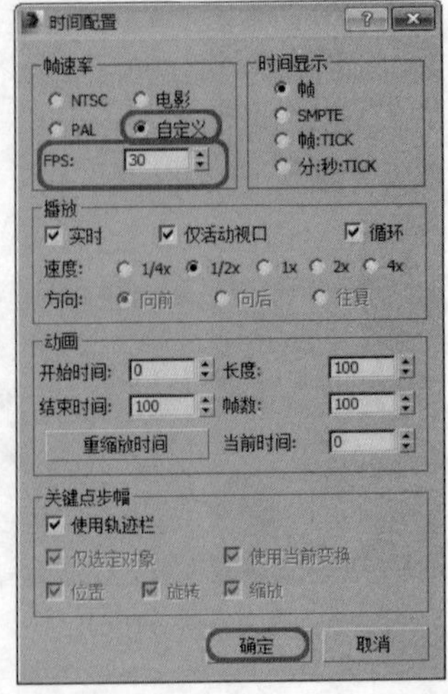

专家提醒

"帧速率"选项组中各选项的含义如下。

NTSC：是指美国和日本视频标准，约每秒30帧。

PAL：是指欧洲视频标准，每秒25帧。

电影：是指电影标准，每秒24帧。

自定义：是指FPS参数中设置的帧速率。

实战操作391 设置动画录制时间

素材：Scenes\Cha12\12-1.max	难度：★★★★★
场景：无	视频：视频\Cha12\实战操作391.avi

用户可以通过"时间配置"对话框中的"长度"选项来设置动画录制时间，具体操作步骤如下。

01 打开素材文件12-1.max，单击动画控制区中的"时间配置"按钮，弹出"时间配置"对话框，在"动画"选项组中设置"长度"为80，如右图所示。

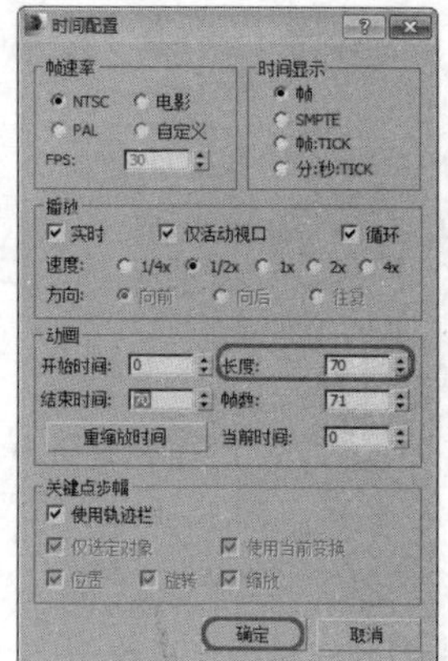

02 单击"确定"按钮，即可设置动画录制时间，则轨迹栏中的帧数变为80，如下图所示。

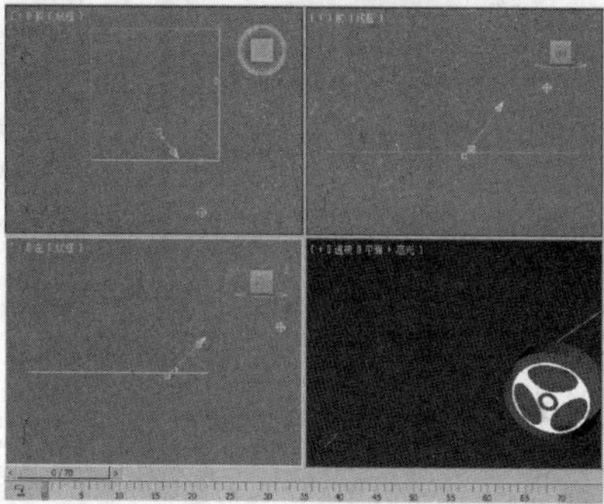

实战操作392 设置关键点

素材：Scenes\Cha12\12-1.max	难度：★★★★★
场景：无	视频：视频\Cha12\实战操作392.avi

下面介绍设置关键点的方法，具体操作步骤如下。

01 打开素材文件12-1.max，单击动画控制区中的"自动关键点"按钮，如下图所示。

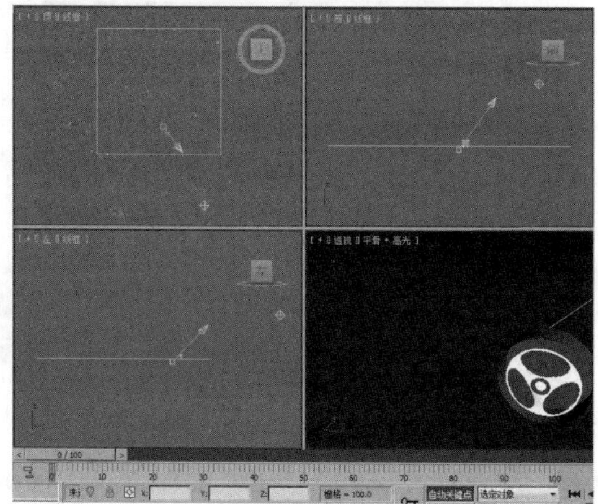

02 然后将时间滑块拖动至第0帧处，在视图中选择"Donut01"对象，单击动画控制区中的"设置关键点"按钮，即可在第30帧位置设置关键点，如下图所示。

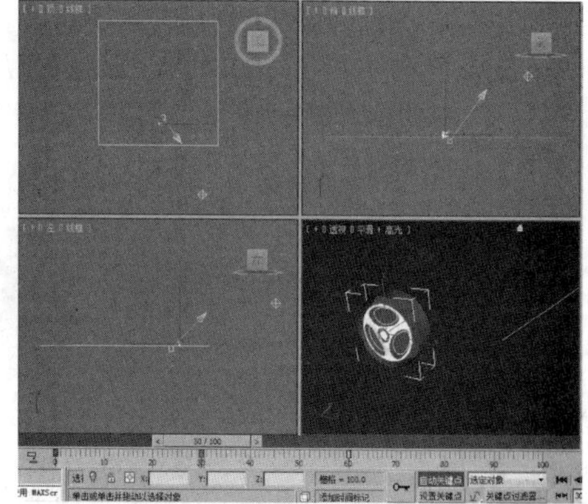

实战操作393 播放动画

素材：Scenes\Cha12\12-1.max	难度：★★★★★
场景：无	视频：视频\Cha12\实战操作393.avi

在动画控制区中单击“播放动画”按钮，即可播放动画，具体操作步骤如下。

01 单击按钮，在弹出的下拉列表中选择“打开”选项，在打开的对话框中打开素材文件12-1.max，如下图所示。

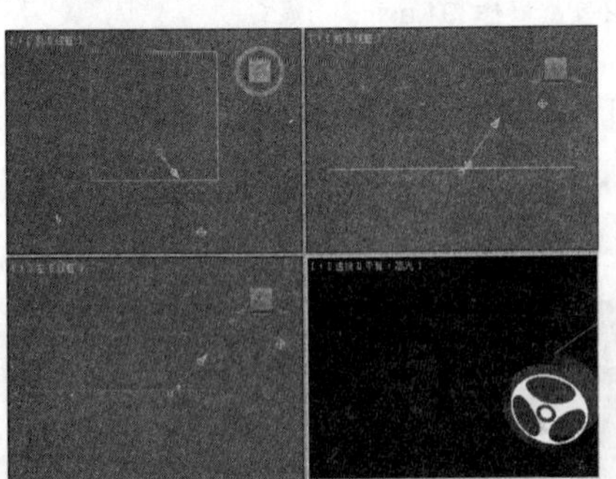

02 在动画控制区中单击“播放动画”按钮，如下图所示，即可播放动画。

03 当时间滑块滑至第30帧时，效果如下图所示。

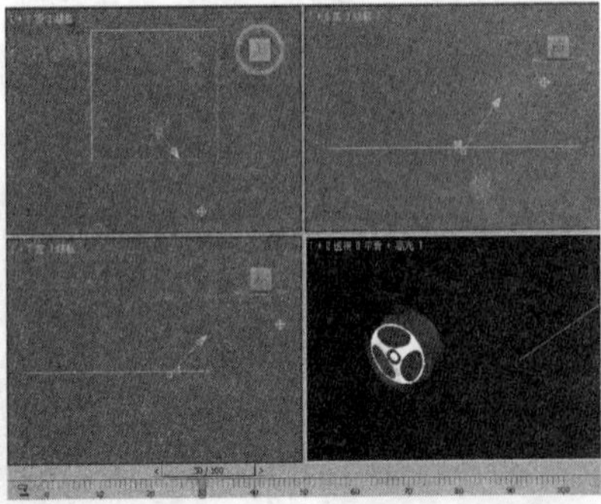

04 当时间滑块滑至第60帧时，效果如下图所示。

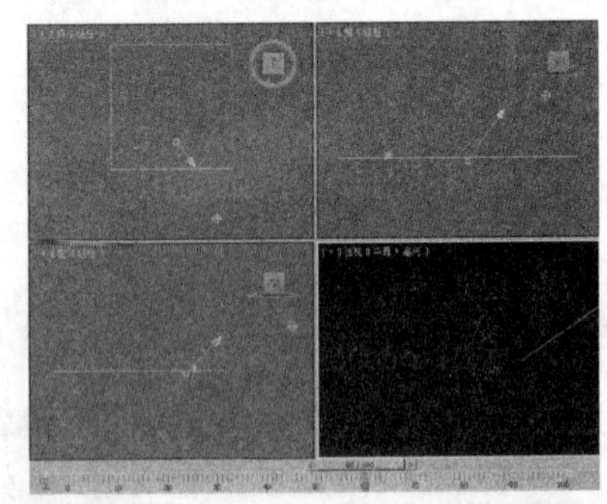

专家提醒

在场景中播放动画时，只在激活的视图中播放。

实战操作394 停止播放动画

素材：无	难度：★★★★★
场景：无	视频：视频\Cha12\实战操作394.avi

在动画控制区中单击“停止动画”按钮，即可停止播放动画，具体的操作步骤如下。

01 继续上一实例的操作，在动画控制区中单击“停止动画”按钮，如下图所示。

02 即可停止播放动画，如下图所示。

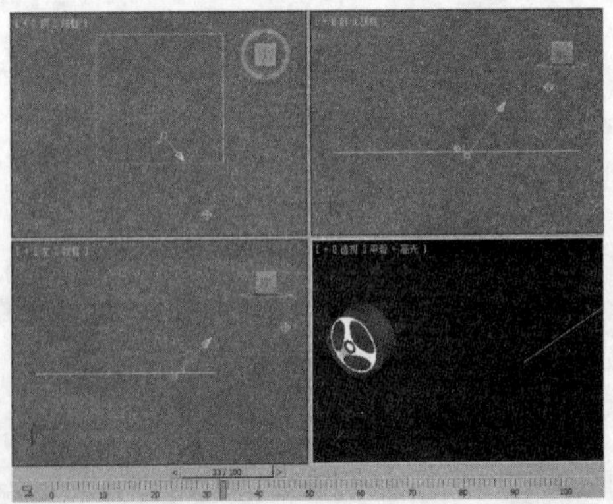

实战操作395 删除关键点

素材：Scenes\Cha12\12-1.max	难度：★★★★★
场景：无	视频：视频\Cha12\实战操作395.avi

下面介绍删除关键点的方法，具体操作步骤如下。

01 打开素材文件12-1.max，在场景中选择“Donut01”对象，即可显示出动画关键点，如下图所示。

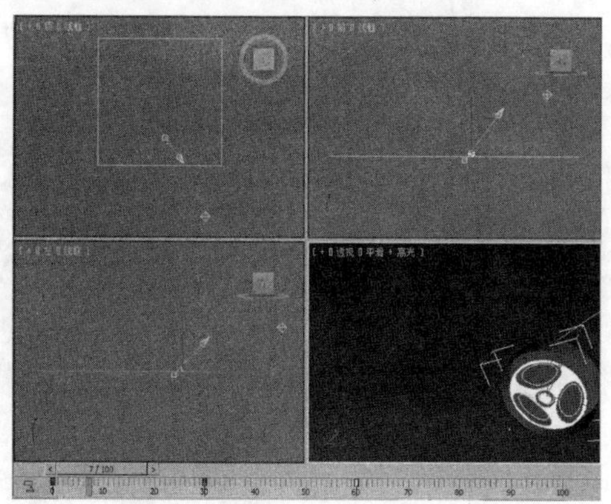

02 选择第0帧的关键帧，单击鼠标右键，在弹出的快捷菜单中选择“删除选定关键点”命令，如右图所示，即可删除关键点。

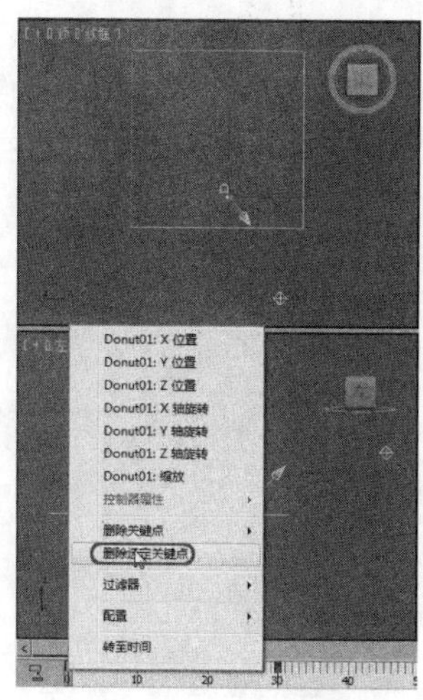

12.2 使用轨迹视图

3ds Max提供了将场景对象的各种动画设置为以曲线图表方式显示的功能，这种曲线图只有在轨迹视图对话框中可以看到和修改。

实战操作396 打开“轨迹视图-曲线编辑器”对话框

素材：Scenes\Cha12\12-2.max	难度：★★★★★
场景：无	视频：视频\Cha12\实战操作396.avi

下面介绍打开轨迹视图窗口的方法，具体操作步骤如下。

01 单击按钮，在弹出的下拉列表中选择“打开”选项，在打开的对话框中打开素材文件12-2.max，如下图所示。

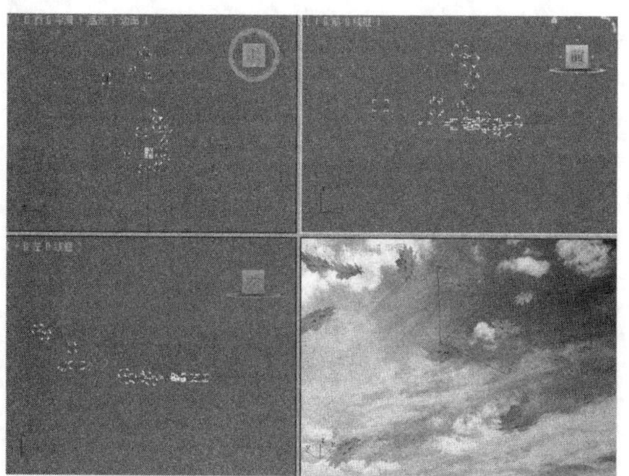

02 在视图中选择“树叶01”对象，然后在工具栏中单击“曲线编辑器（打开）”按钮，即可打开“轨迹视图-曲线编辑器”对话框，如下图所示。

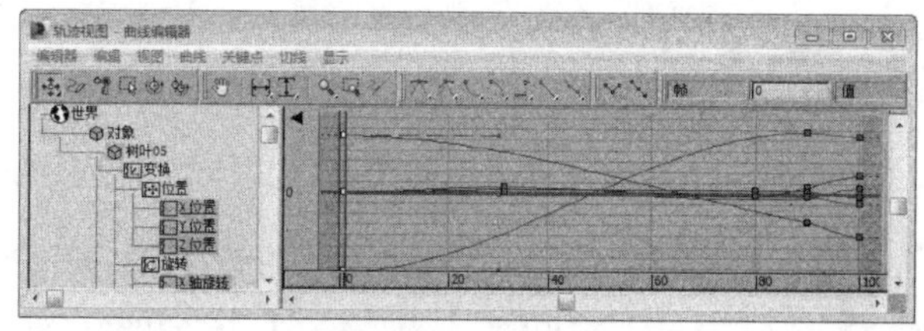

专家提醒

在菜单栏中选择“图形编辑器”|“轨迹视图-曲线编辑器”命令，也可以打开“轨迹视图-曲线编辑器”对话框。

实战操作397 添加循环效果

素材：Scenes\Cha12\12-2.max	难度：★★★★★
场景：Scenes\Cha12\实战操作397.max	视频：视频\Cha12\实战操作397.avi

下面介绍添加循环效果的方法，具体操作步骤如下。

01 打开素材文件12-2.max，在场景中选择“树叶01”对象，单击“打开迷你曲线编辑器”按钮，如下图所示。

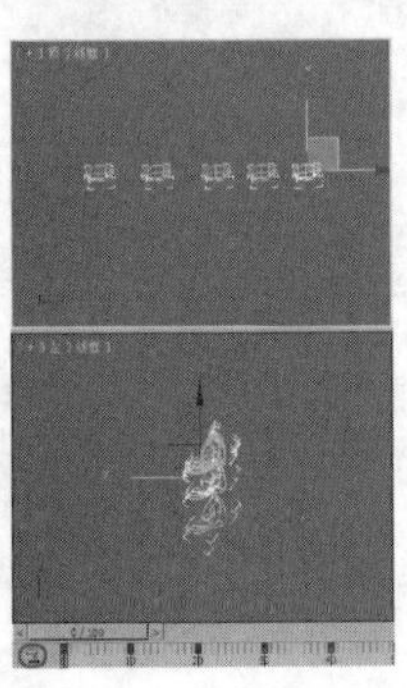

02 弹出迷你曲线编辑器面板，选择“编辑”|“控制器”|“超出范围类型”命令，如下图所示。

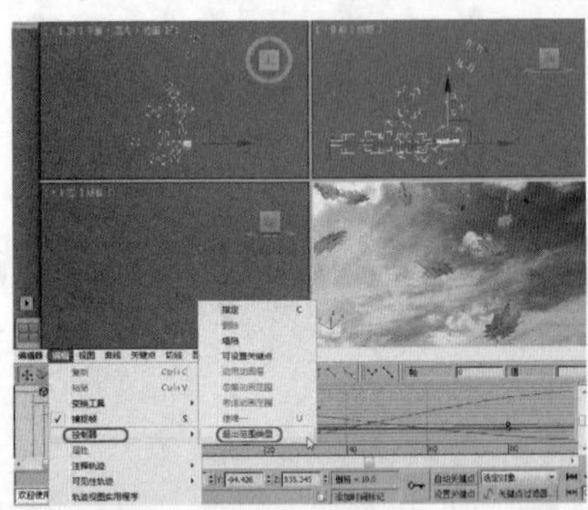

03 弹出“参数曲线超出范围类型”对话框，单击“循环”下方的图标，如下图所示。

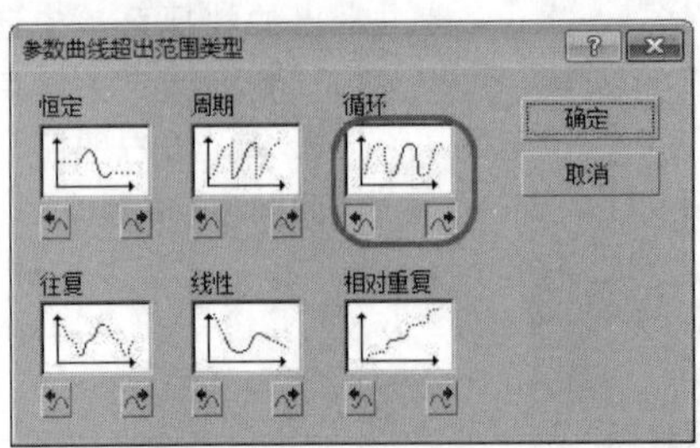

04 单击“确定”按钮，即可添加循环效果，效果如下图所示。

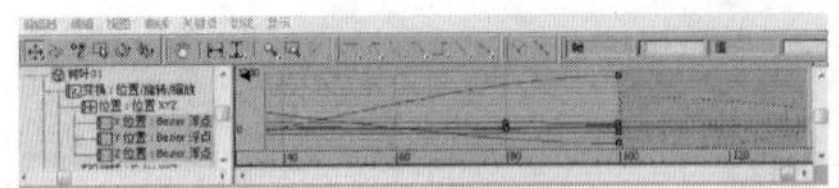

05 单击“关闭”按钮，关闭迷你曲线编辑器面板，单击动画控制区中的“播放动画”按钮，当时间滑块滑至第20帧处时，效果如下图所示。

06 当时间滑块滑至第63帧处时，效果如下图所示。

实战操作398 添加可见性轨迹

素材：Scenes\Cha12\12-2.max	难度：★★★★★
场景：无	视频：视频\Cha12\实战操作398.avi

下面介绍添加可见性轨迹的方法，具体操作步骤如下。

01 单击按钮，在弹出的下拉列表中选择“打开”选项，在打开的对话框中打开素材文件12-2.max，如下图所示。

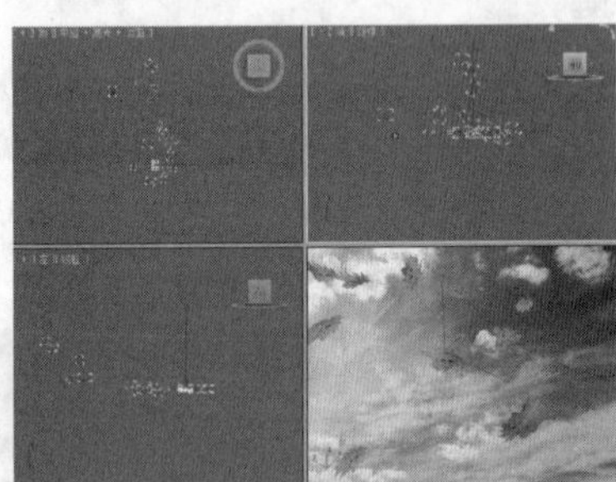

02 在视图中选择“树叶01”对象，然后在工具栏中单击“曲线编辑器（打开）”按钮，打开“轨迹视图-曲线编辑器”对话框，在左侧的列表中选择“对象”下的“树叶01”选项，如下图所示。

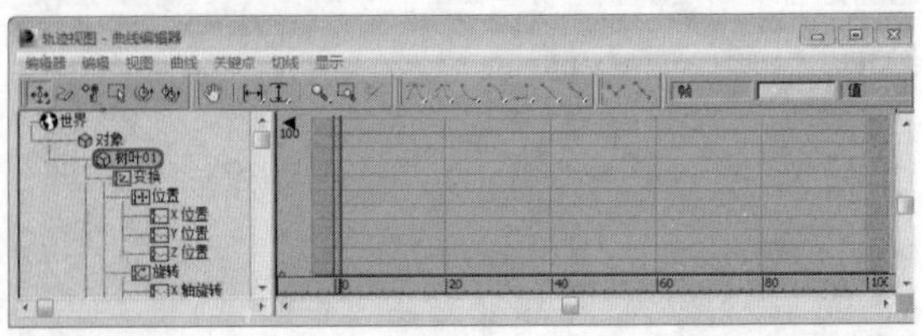

03 在菜单栏中选择“编辑”|“可见性轨迹”|“添加”命令，如下图所示。

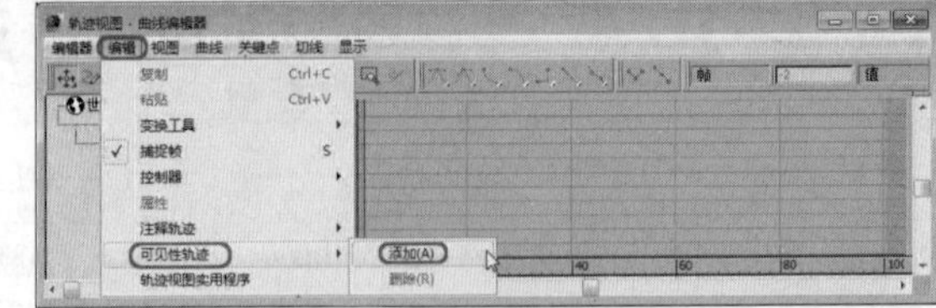

04 即可添加可见性轨迹，如下图所示。

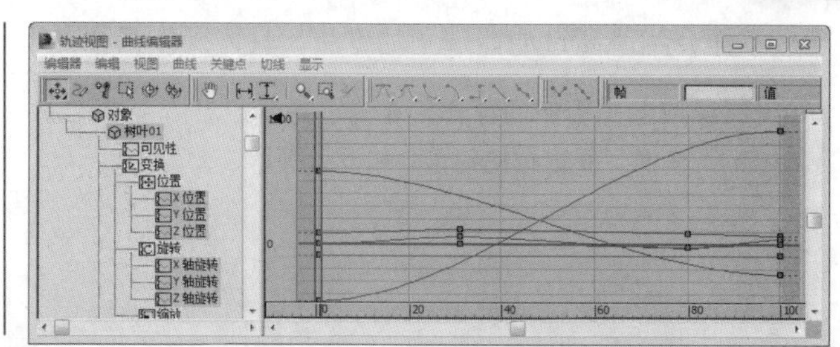

实战操作399 修改轨迹切线

素材：Scenes\Cha12\12-2.max	难度：★★★★★
场景：无	视频：视频\Cha12\实战操作399.avi

在“轨迹视图-曲线编辑器”对话框中可以对轨迹切线进行修改，操作步骤如下。

01 打开素材文件12-2.max，选择“树叶01”对象，在工具栏中单击“曲线编辑器（打开）”按钮，打开“轨迹视图-曲线编辑器”对话框，然后框选所有轨迹上的关键点，如下图所示。

02 单击“将切线设置为阶梯式”按钮，即可修改轨迹切线，效果如下图所示。

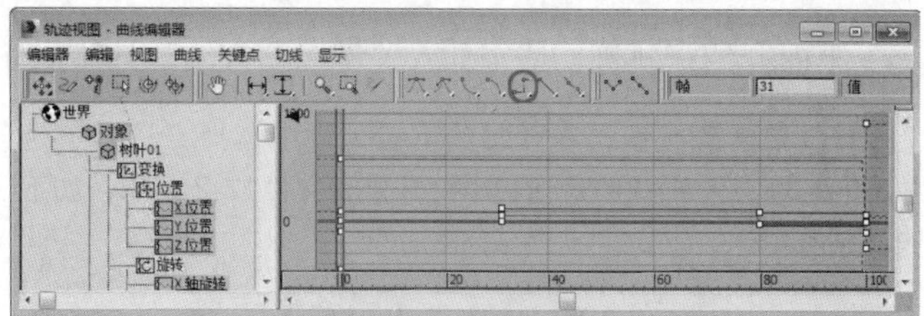

实战操作400 打开“过滤器”对话框

素材：无	难度：★★★★★
场景：无	视频：视频\Cha12\实战操作400.avi

可以使用“过滤器”对话框来选择在“轨迹视图-曲线编辑器”对话框中显示的对象。下面介绍打开“过滤器”对话框的方法，具体操作步骤如下。

01 继续上一实例的操作，在菜单栏中选择“视图”|“过滤器”命令，如下图所示。

02 即可打开“过滤器”对话框，如下图所示。

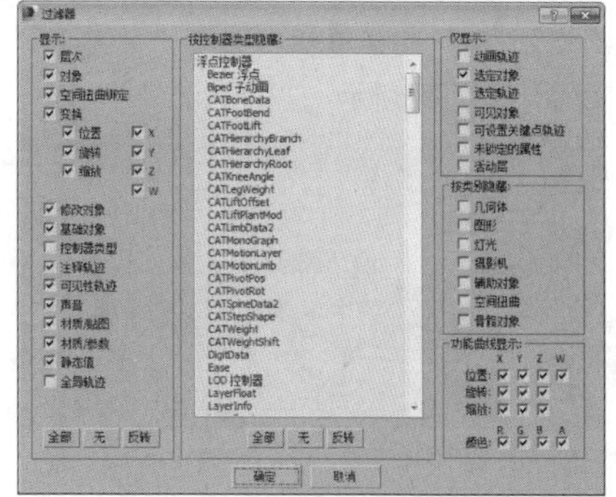

实战操作401 隐藏过滤器选项

素材：无	难度：★★★★★
场景：无	视频：视频\Cha12\实战操作401.avi

下面介绍隐藏过滤器选项的方法，具体操作步骤如下。

01 继续上一实例的操作，在“过滤器”对话框中取消“变换”复选框的勾选，如下图所示。

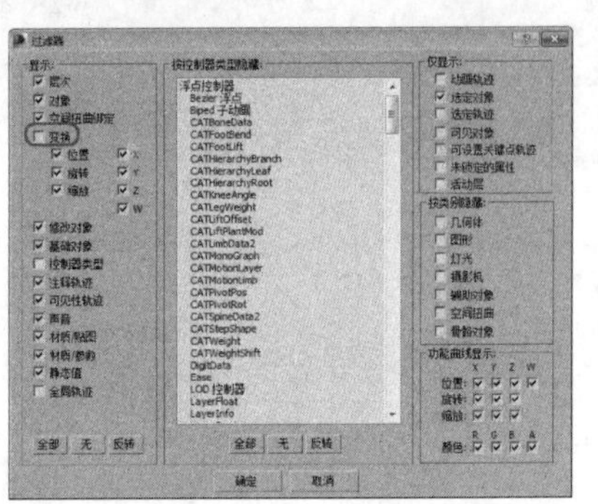

02 单击“确定”按钮，返回到“轨迹视图-曲线编辑器”对话框中，在左侧的列表中可以看到“变换”过滤器选项被隐藏，如下图所示。

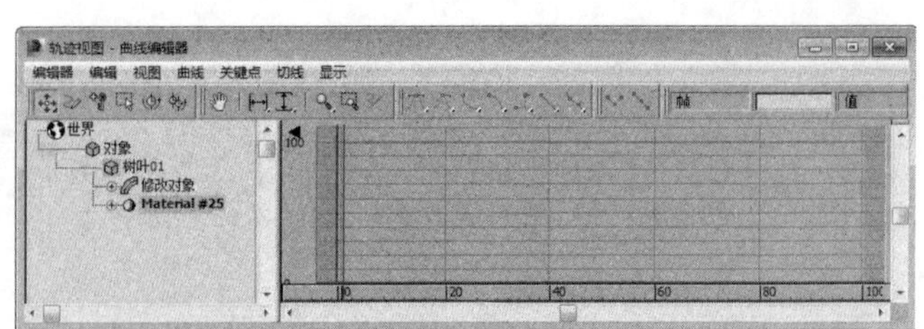

实战操作402 插入关键点

素材：Scenes\Cha12\12-2.max	难度：★★★★★
场景：无	视频：视频\Cha12\实战操作402.avi

下面介绍在轨迹切线上插入关键点的方法，具体操作步骤如下。

01 单击按钮，在弹出的下拉列表中选择“打开”选项，在打开的对话框中打开素材文件12-2.max，如下图所示。

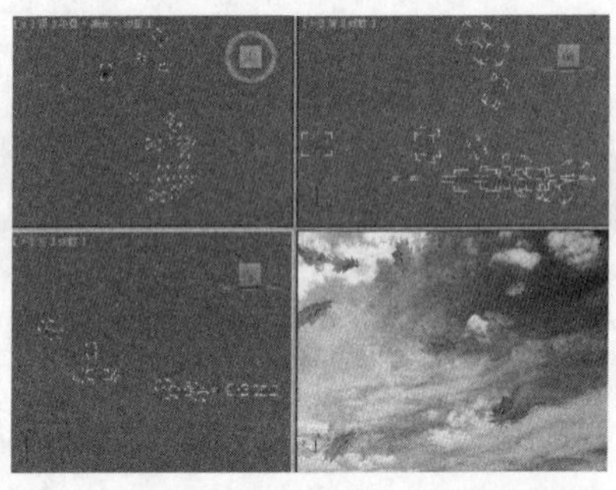

02 在视图中选择“树叶01”对象，然后在工具栏中单击“曲线编辑器（打开）”按钮，打开“轨迹视图-曲线编辑器”对话框，在菜单栏中选择“关键点”|“添加关键点工具”命令，如下图所示。

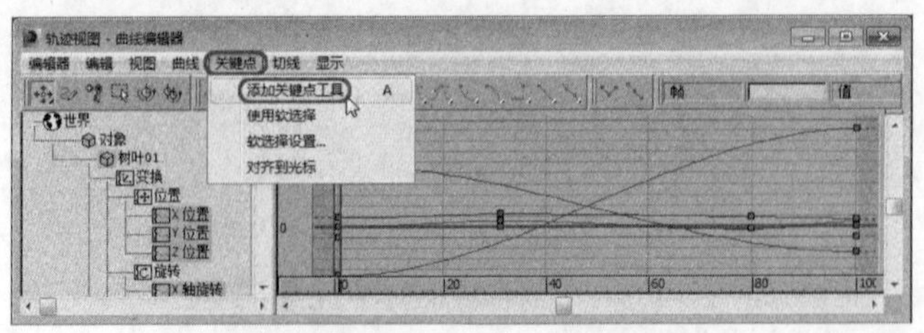

03 在轨迹切线上单击鼠标左键，即可插入关键点，效果如下图所示。

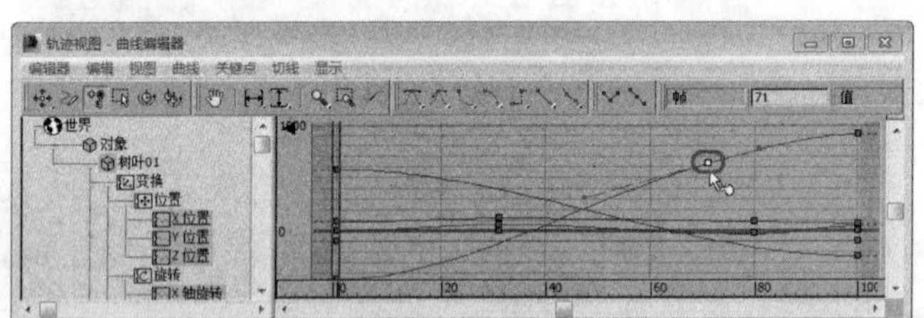

04 关闭“轨迹视图-曲线编辑器”对话框，可以看到，新插入的关键点显示在轨迹栏上，效果如下图所示。

12.3 使用动画控制器和约束

动画控制器和约束为设置场景中所有对象和材质的动画提供了强有力的工具。从技术上而言，控制器和约束间没有区别。约束就是一个需要使用第二个对象的控制器。例如，“路径”约束是要求路径是一个样条线对象的控制器。

实战操作403 添加波形控制器

素材：Scenes\Cha12\12-3.max	难度：★★★★★
场景：Scenes\Cha12\实战操作403.max	视频：视频\Cha12\实战操作403.avi

波形控制器是浮动的控制器，提供规则和周期波形。下面介绍添加波形控制器的方法，具体操作步骤如下。

01 单击按钮，在弹出的下拉列表中选择“打开”选项，在打开的对话框中打开素材文件12-3.max，如下图所示。

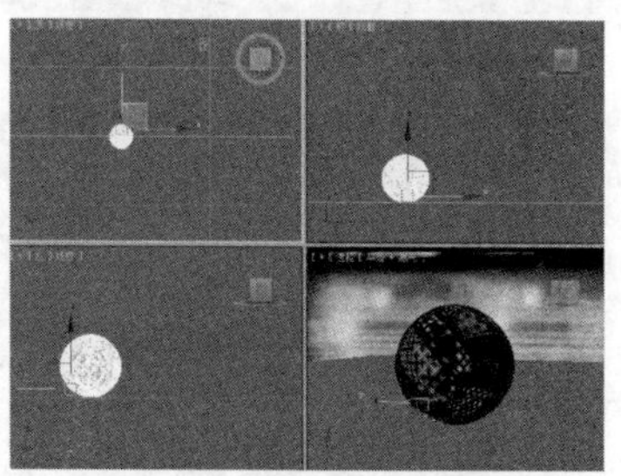

02 在场景中选择“排球”对象，单击“运动”按钮，切换到“运动”命令面板，在“指定控制器”卷展栏中，单击“位置”左侧的+号，在展开的树形列表中选择“Z位置：Bezier浮点”选项，并单击“指定控制器”按钮，如下图所示。

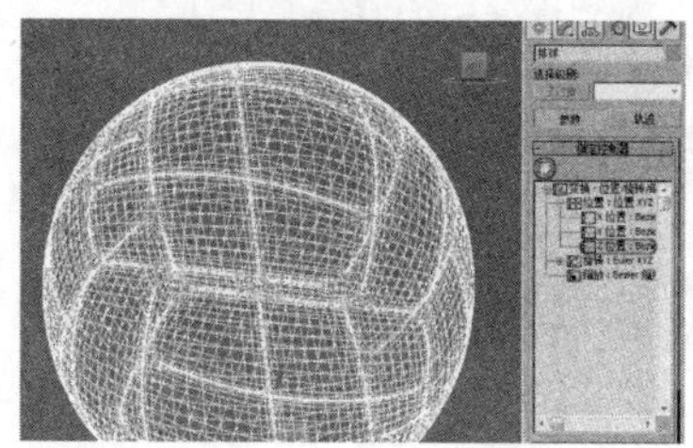

03 弹出“指定浮点控制器”对话框，在该对话框中选择“波形浮点”选项，并单击“确定”按钮，如下图所示。

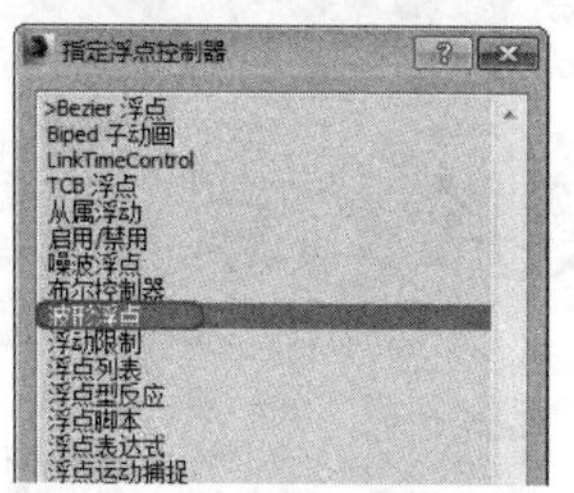

04 弹出“波形控制器：排球/Z位置”对话框，在“波形”选项组中设置“周期”为50，“振幅”为30，在“效果”选项组中，勾选“钳制上方”单选按钮，在“垂直偏移”选项组中，勾选“自动>0”单选按钮，如下图所示。

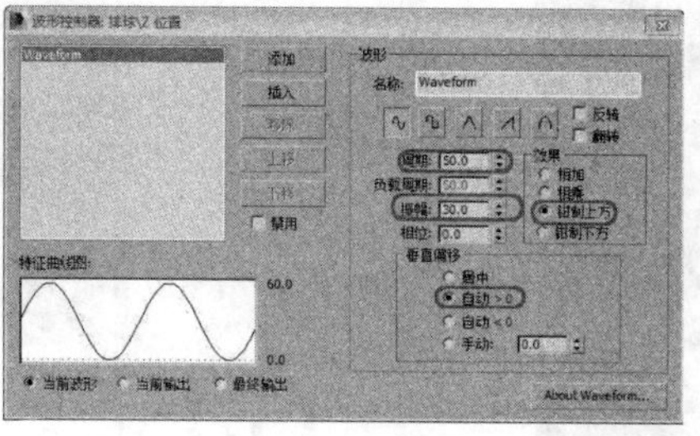

05 关闭“波形控制器：排球/Z位置”对话框，返回到“指定控制器”卷展栏中，即可看到添加的波形控制器，如下图所示。

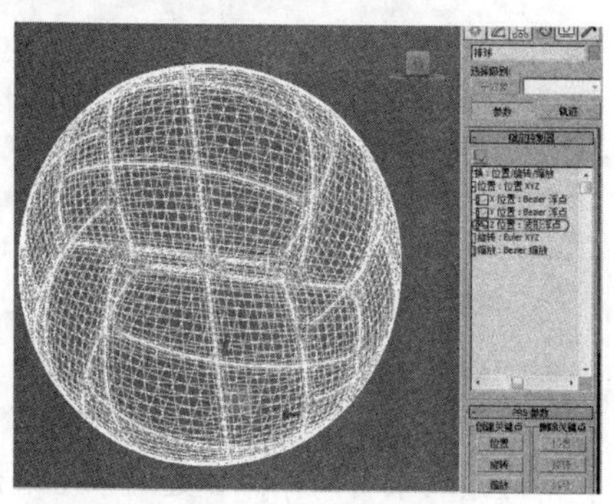

06 单击动画控制区中的“播放动画”按钮，当时间滑块滑至第30帧时，效果如下图所示。

实战操作404 添加噪波控制器

素材：Scenes\Cha12\12-3.max	难度：★★★★★
场景：Scenes\Cha12\实战操作404.max	视频：视频\Cha12\实战操作404.avi

噪波控制器会在一系列帧上产生随机的、基于分形的动画。下面介绍添加噪波控制器的方法，具体操作步骤如下。

01 打开素材文件12-3.max，选择“排球”对象，切换到“运动”面板，在“指定控制器”卷展栏中单击“位置”左侧的+号，在展开的树形列表中选择“Z位置：Bezier浮点”选项，并单击“指定控制器”按钮，弹出“指定浮点控制器”对话框，选择“噪波浮点”选项，如下图所示。

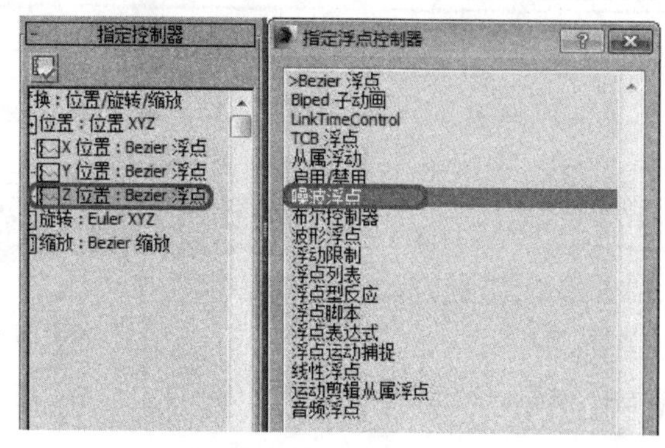

02 单击“确定”按钮，弹出“噪波控制器：排球/Z位置”对话框，勾选“强度”文本框右侧的复选框，并将“强度”设置为43，将“频率”设置为0.023，将“分形噪波”复选框取消勾选，如下图所示。

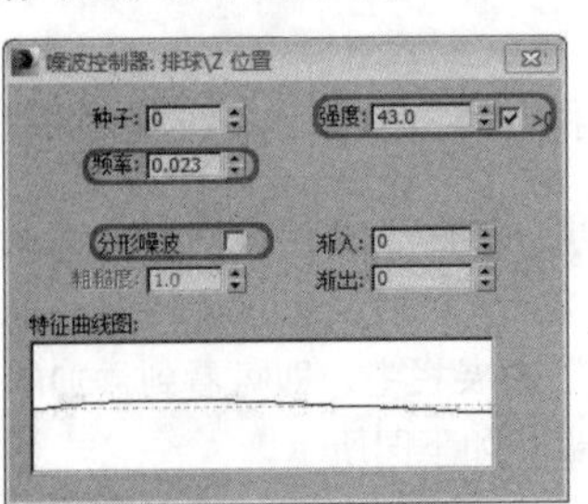

03 关闭“噪波控制器：排球/Z位置”对话框，返回到“指定控制器”卷展栏中，即可看到添加的噪波控制器，如下图所示。

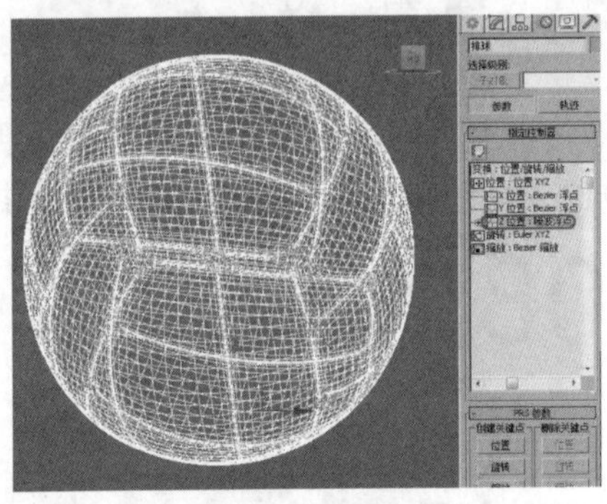

04 单击动画控制区中的“播放动画”按钮▶，当时间滑块滑至第40帧时，效果如下图所示。

实战操作405 使用链接约束

素材：Scenes\Cha12\12-4Vray.max	难度：★★★★★
场景：Scenes\Cha12\实战操作405.max	视频：视频\Cha12\实战操作405.avi

链接约束可以用来创建对象与目标对象之间彼此链接的动画。使用链接约束的操作步骤如下。

01 单击按钮，在弹出的下拉列表中选择“打开”选项，在打开的对话框中打开素材文件12-4Vray.max，如下图所示。

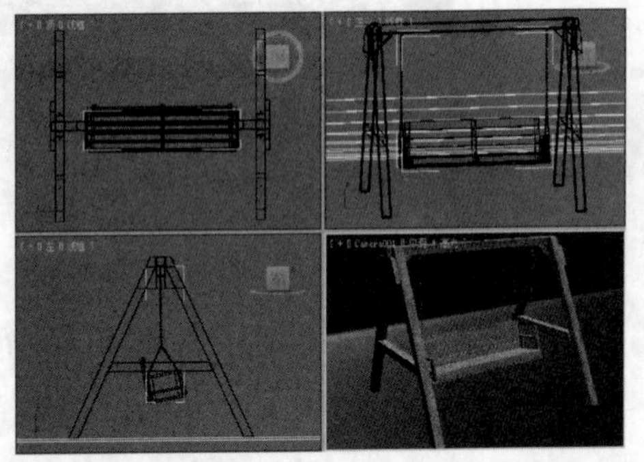

02 在场景中选择“座”对象，并在菜单栏中选择“动画”|“约束”|“链接约束”命令，如下图所示。

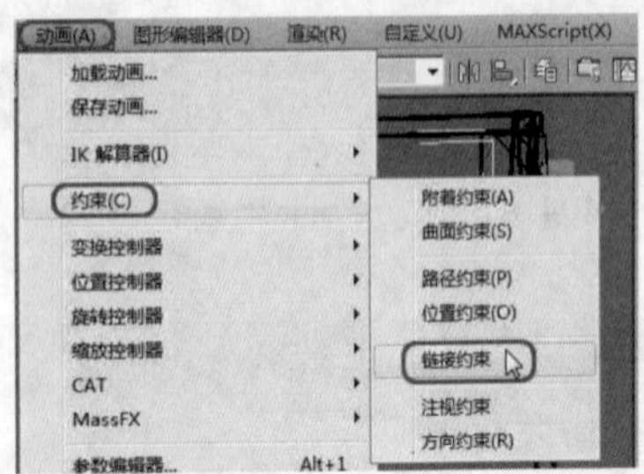

03 拖拽鼠标指针至“链”上，并单击鼠标左键，如下图所示。

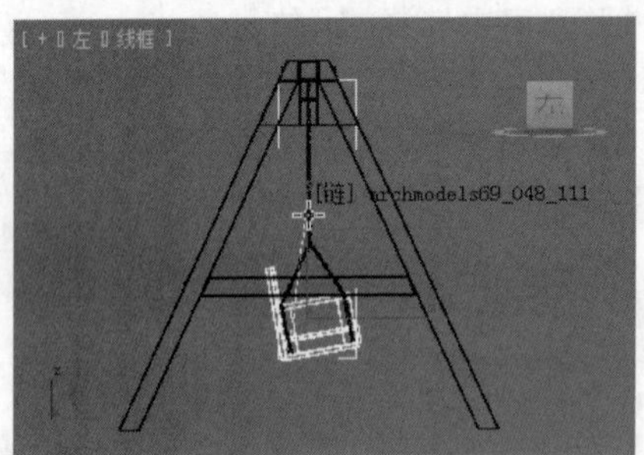

04 即可将“座”对象链接约束在“链”上，然后单击动画控制区中的“播放动画”按钮▶，播放链接约束效果的动画，如下图所示。

实战操作406 使用附着约束

素材：无	难度：★★★★★
场景：Scenes\Cha12\实战操作406.max	视频：视频\Cha12\实战操作406.avi

附着约束是一种位置约束，它将一个对象的位置附着到另一个对象的面上。使用附着约束的操作步骤如下。

01 继续上一实例的操作，在任意视图中单击鼠标右键，在弹出的快捷菜单中选择“全部取消隐藏”命令，如下图所示。

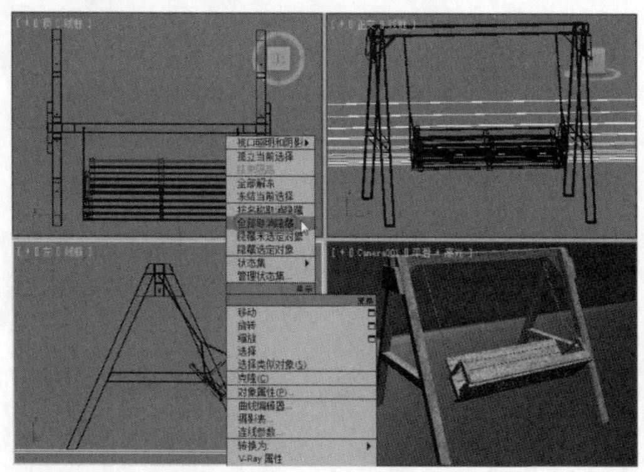

02 将时间滑块拖动到第0帧位置，在场景中选择“组001”球对象，并在菜单栏中选择“动画”|“约束”|“附着约束”命令，然后在顶视图中拖拽鼠标指针至“[座]archmodels69_048_49”上，如下图所示。

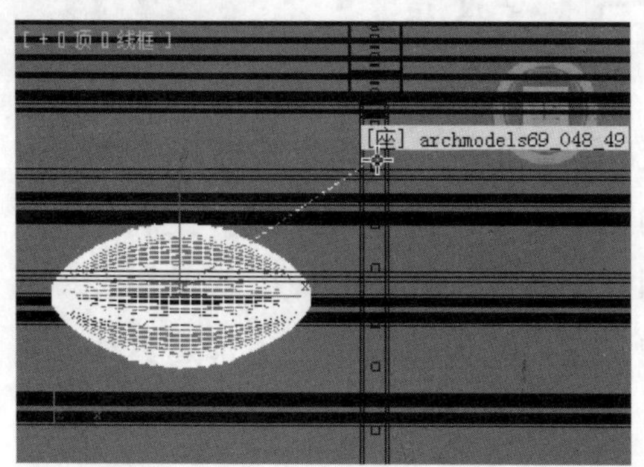

03 单击鼠标左键，即可将“组001”球对象附着约束在“座”上，然后切换到“运动”命令面板，打开“附着参数”卷展栏，在“附加到”区域中取消勾选“对齐到曲面”复选框，在“关键点信息”区域中将“面”设置为5，“A”设置为20，如下图所示。

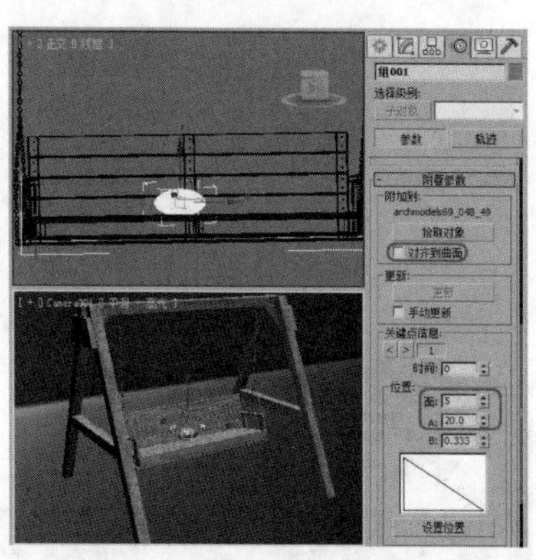

04 单击动画控制区中的“播放动画”按钮▶，即可播放附着约束效果的动画，如下图所示。

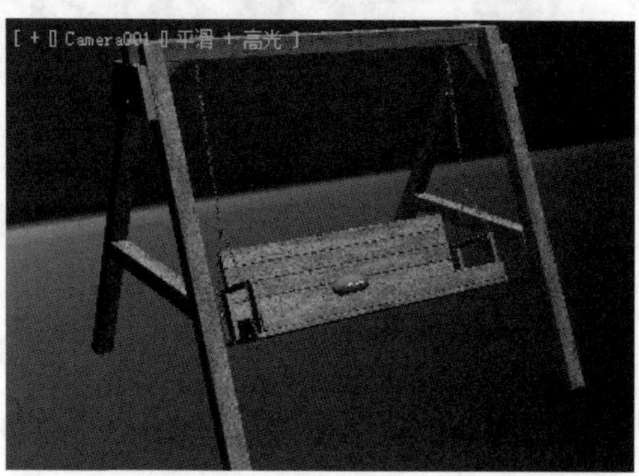

Chapter 13

第13章 粒子系统与空间扭曲

粒子系统和空间扭曲是附加的建模工具。粒子系统能生成粒子子对象，从而达到模拟雪、雨、灰尘等效果的目的，主要用于动画中。空间扭曲是使其他对象变形的“力场”，可以创建出涟漪、波浪和风吹等效果。本章将对粒子系统和空间扭曲进行详细地介绍，从而使原场景更加逼真和精彩。

13.1 创建粒子系统

粒子系统是一个相对独立的造型系统，可以用来创建雨、雪、灰尘、泡沫、火花和气流等效果。在3ds Max 2014中，粒子系统集中分布在“创建”|“几何体”|“粒子系统”选项面板下的“对象类型”卷展栏中。

实战操作407 创建喷射

素材：无	难度：★★★★★
场景：Scenes\Cha13\实战操作407.max	视频：视频\Cha13\实战操作407.avi

“喷射”粒子系统可以模拟水滴下落的效果，如下雨、喷泉和瀑布等。创建“喷射”粒子系统的操作步骤如下。

01 选择“创建”|“几何体”|“粒子系统”|“喷射”工具，在顶视图中创建喷射粒子系统，如下图所示。

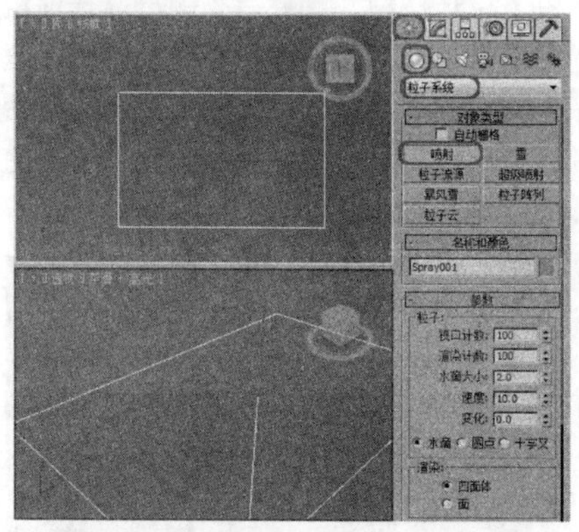

02 单击“修改”按钮，进入“修改”命令面板，打开“参数”卷展栏，在“粒子”选项组中将“视口计数”和“渲染计数”都设置为10000，将“水滴大小”和“速度”分别设置为1、15，在“计时”选项组中将“开始”和“寿命”分别设置为-50、400，在“发射器”选项组中将“宽度”和“长度”都设置为400。并在视图中调整其位置，效果如下图所示。

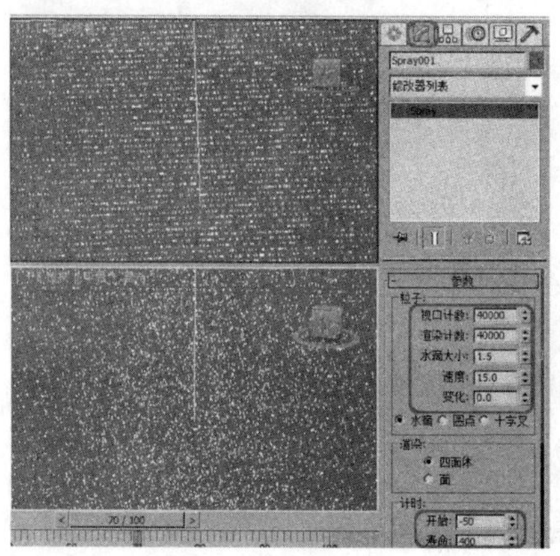

03 在菜单栏中选择“渲染”|“环境”命令，如下图所示。

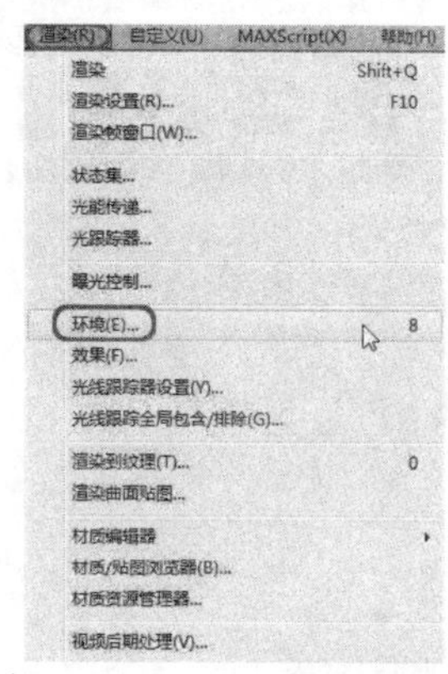

04 弹出“环境和效果”对话框，在“公用参数”卷展栏中，单击“背景”选项组下的“无”按钮，如下图所示。

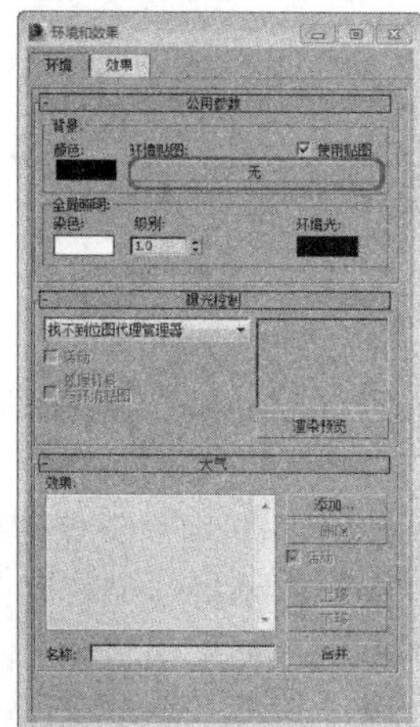

05 弹出“材质/贴图浏览器”对话框，在该对话框中选择“位图”贴图，单击“确定”按钮，在弹出的“选择位图图像文件”对话框中，选择随书附带光盘中的Map\ps003.jpg贴图文件，单击“打开”按钮，如下图所示。

06 返回到“环境和效果”对话框中，将该对话框关闭即可。然后在视图中选择创建的喷射粒子系统，并单击鼠标右键，在弹出的快捷菜单中选择“对象属性”选项，如下图所示。

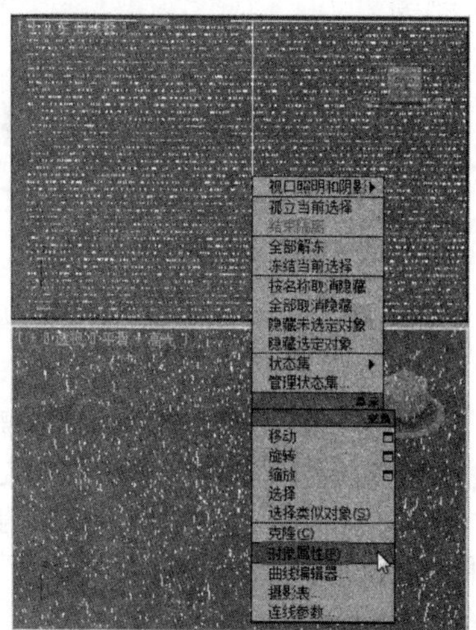

07 弹出“对象属性”对话框，选择“常规”选项卡，在“运动模糊”选项组中勾选“图像”单选按钮，并将“倍增”设置为1.8，单击“确定”按钮，如下图所示。

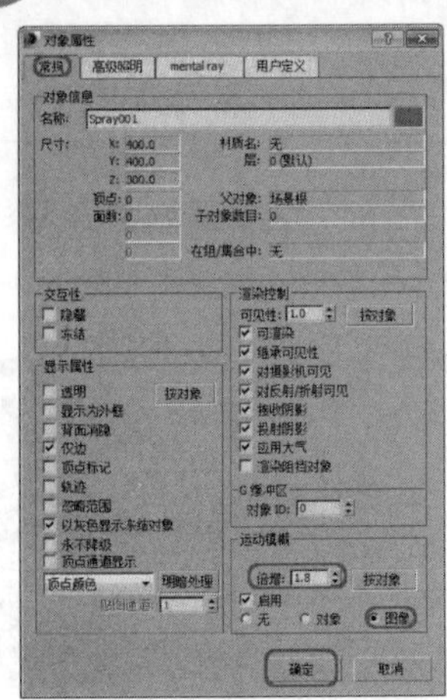

08 按M键打开“材质编辑器”对话框，选择一个新的材质样本球，在“Blinn基本参数”卷展栏中，将“环境光”和“漫反射”的RGB值设置为（225、225、225），勾选“自发光”选项组中的“颜色”复选框，并将RGB值设置为（240、240、240），在“反射高光”选项组中将“高光级别”和“光泽度”设置为0，如下图所示。

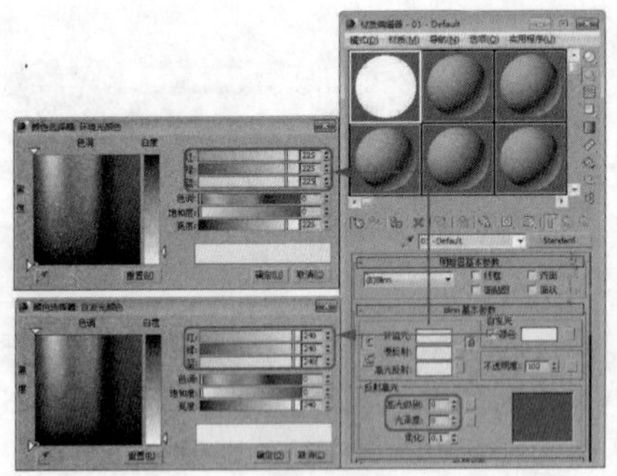

09 打开“扩展参数”卷展栏，在“衰减”选项中勾选“外”单选按钮，并将数量设置为100，然后单击“将材质指定给选定对象”按钮，如下图所示。

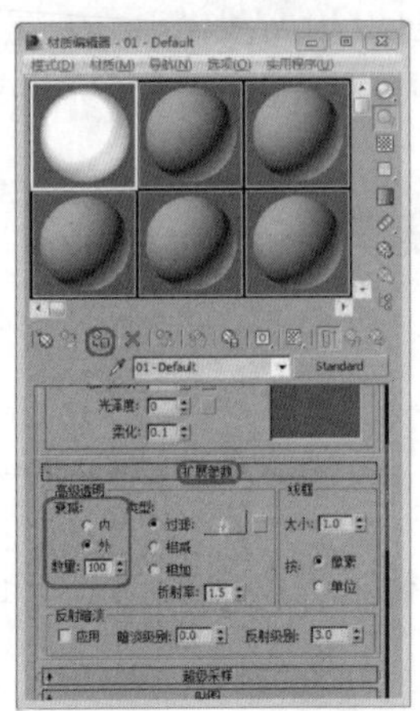

10 按8键打开“环境和效果”对话框，选择“环境”选项卡，将“环境贴图”拖拽至“材质编辑器”中的一个空白材质球上，在弹出的对话框中单击“确定”按钮，如下图所示。

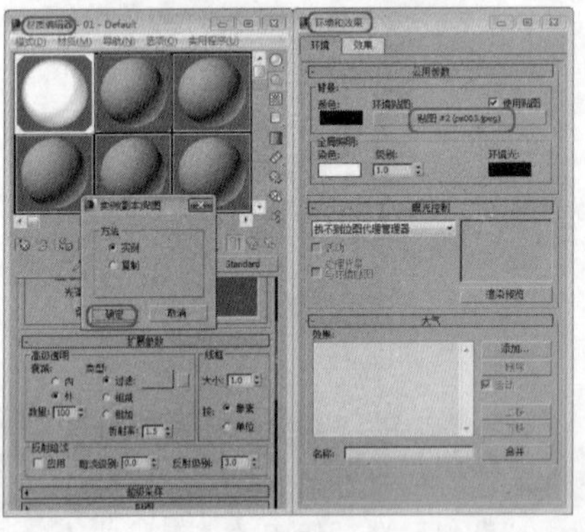

11 在“坐标”卷展栏中，选择“环境”单选按钮，将“贴图”设置为“屏幕”，将“瓷砖”下的“U”设置为“0.9”，如下图所示。

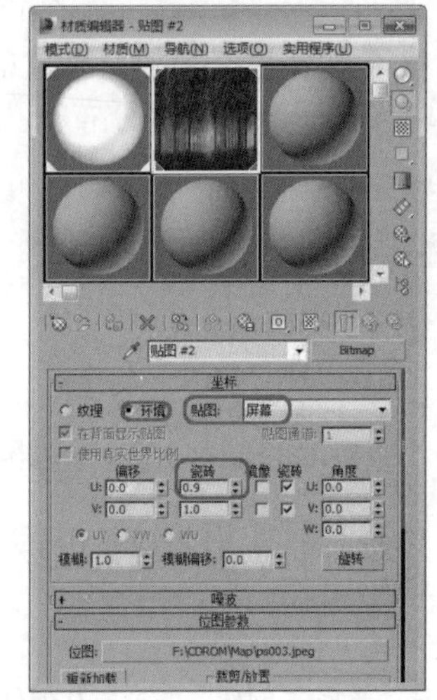

12 按F10键，打开“渲染设置：默认扫描线渲染器”对话框，在公用参数卷展栏中，勾选“活动时间段”单选按钮，在“渲染输出”选项组中单击“文件”按钮，在弹出的对话框中设置存储路径，设置完成后，将对话框关闭，按F9键渲染透视视图，渲染完成后的效果如下图所示。

实战操作408 创建雪粒子

 素材：Scenes\Cha13\13-1.max	难度：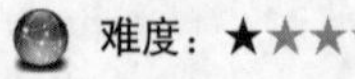
 场景：Scenes\Cha13\实战操作408.max	视频：视频\ Cha13\实战操作408.avi

“雪”粒子系统可以模拟飞舞的雪花或者纸屑等效果，与“喷射”粒子系统不同的是，它还具有一些附加参数，控制雪花的旋转效果，而且渲染参数也不同。创建“雪”粒子系统的操作步骤如下。

01 单击按钮，在弹出的下拉列表中选择“打开”选项，在打开的对话框中打开素材文件13-1.max，如右图所示。

02 选择“创建”|“几何体”|“粒子系统”|“雪”工具，在顶视图中创建“雪”粒子系统，如下图所示。

03 切换到“修改”命令面板，在“参数”卷展栏中，将“粒子”选项组中的“视口计数”、“渲染计数”、“雪花大小”和“速度”分别设置为2000、2000、1、5，勾选“渲染”选项组中的“面”单选按钮，将“计时”选项组中的“开始”和“寿命”分别设置为-100、300。将“发射器”选项组中的“宽度”和“长度”设置为400，并在视图中调整其位置，如下图所示。

04 按M键打开“材质编辑器”对话框，在该对话框中选择“01 - Default”材质，并单击“将材质指定给选定对象”按钮，将材质指定给“雪”粒子系统，如下图所示。

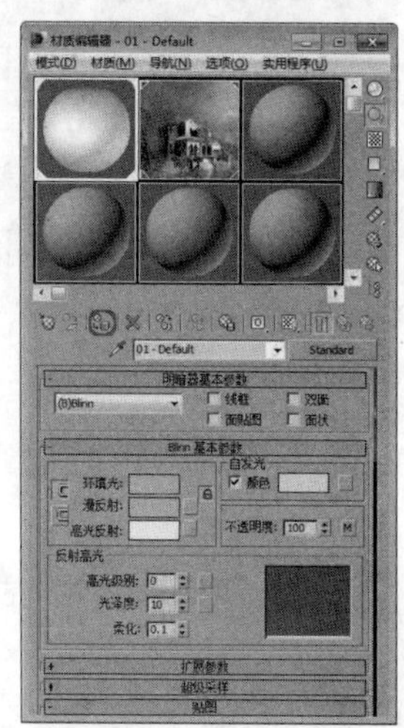

实战操作409 创建超级喷射

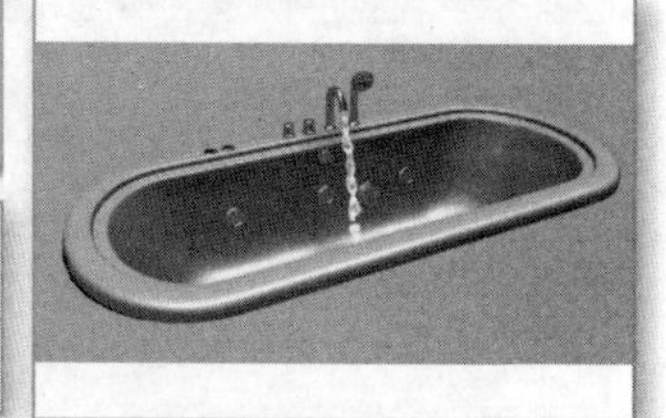

素材：Scenes\Cha13\13-2.max	难度：★★★★★
场景：Scenes\Cha13\实战操作409.max	视频：视频\Cha13\实战操作409.avi

“超级喷射”粒子系统可以喷射出可控制的水滴状粒子，它与简单的“喷射”粒子系统相似，但是其功能更为强大。创建“超级喷射”粒子系统的操作步骤如下。

01 打开随书附带光盘中的素材13-2.max文件，如下图所示。

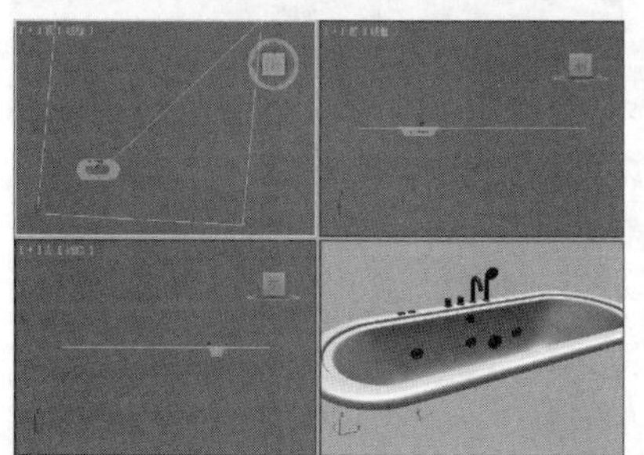

02 在场景中选择“喷头”以外的所有对象，将其隐藏，如下图所示。

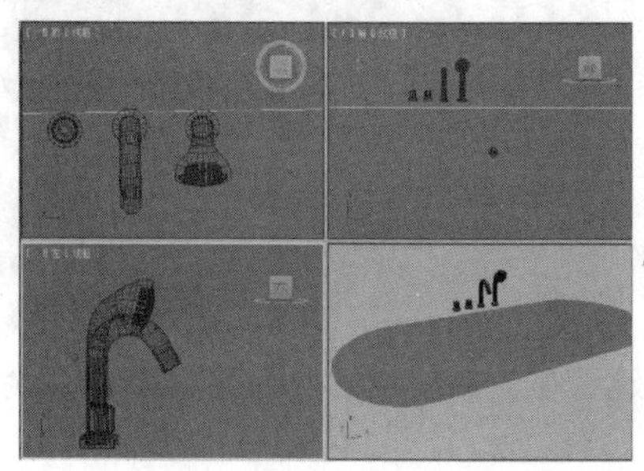

03 激活顶视图，选择“创建”|“几何体”|“粒子系统”|“超级喷射”工具，如下图所示。

04 切换“修改”命令面板，在“基本参数”卷展栏中，将“轴偏离”和“平面偏离”下的“扩散”分别设置为2和180，在“显示图标”区域下将“图标大小”设置为4，在“视口显示”区域下选中“网格”单选按钮，如下图所示。

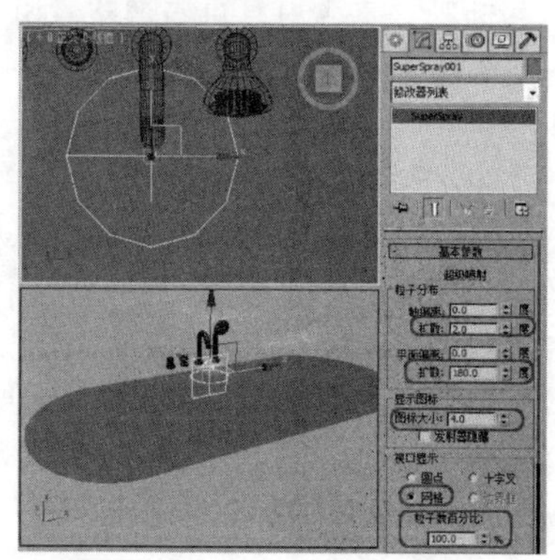

05 在“粒子生成”卷展栏中，选中“粒子”数量区域下的“使用总数”单选按钮，将它下面的数值设置为300。在“粒子运动”区域下的“速度”设置为2，在“粒子计时”区域下将“发射开始”、“发射停止”、“寿命”分别设置为-20、160、100，在“粒子大小”区域下将“大小”、“变化”、“曾长耗时”、“衰减耗时”分别设置为2、20、6、30，如下图所示。

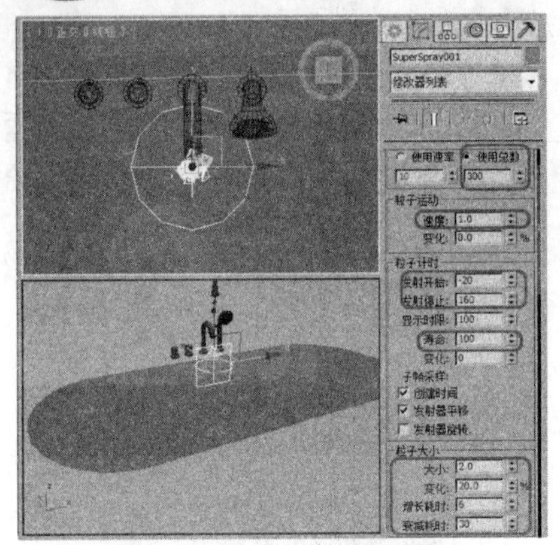

06 在“粒子类型”卷展栏中，选择“变形球粒子”单选按钮，如下图所示。

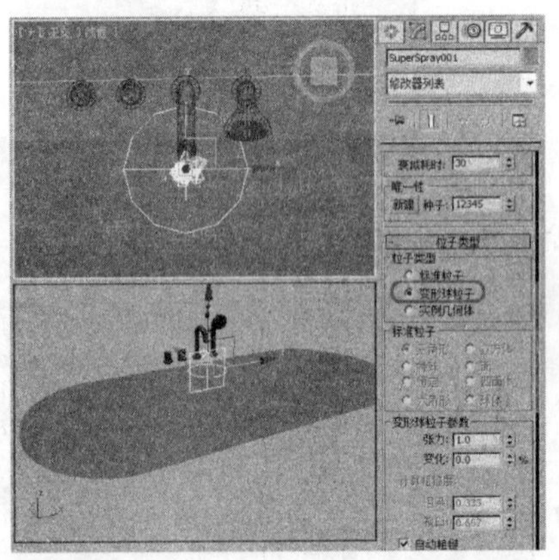

07 确认粒子对象处于选中状态，在工具栏中选择“选择并旋转”工具，在视图中沿X轴将粒子系统旋转165°，然后选择“选择并移动”工具，对其进行调整，如下图所示。

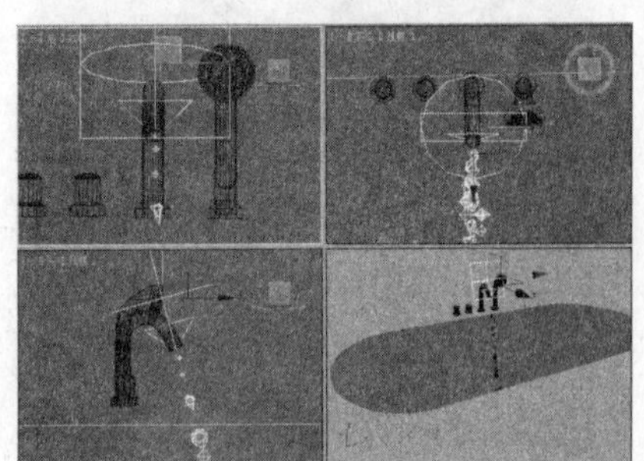

08 按M键打开“材质编辑器”对话框，选择一个样本球，在“明暗器基本参数”卷展栏中，将阴影模式设置为“金属”，在“反射高光”区域下，将“高光级别”和“光泽度”分别设置为34和76，如下图所示。

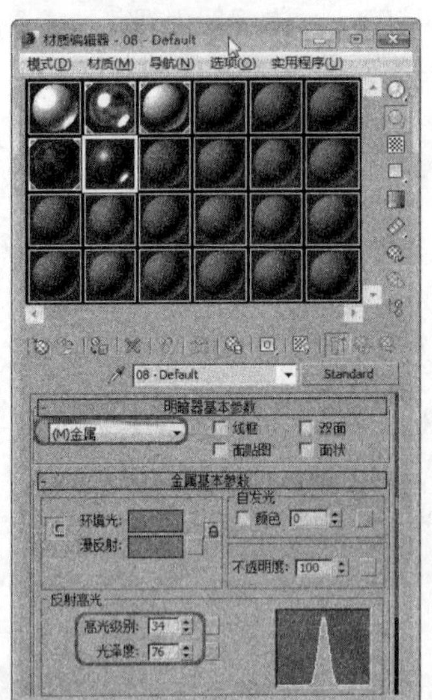

09 在“贴图”卷展栏，单击“反射”通道后面的“无”按钮，在打开的“材质/贴图浏览器”对话框中选择“位图”并双击鼠标，在打开的对话框中选择Map\水材质.JPG文件，进入“反射”通道的位图层，在“坐标”卷展栏中，将“模糊偏移”设置为0.001，在“位图参数”卷展栏中，勾选“应用”复选框，并将U、V、W、H分别设置为0.225、0.209、0.402、0.791，如下图所示。单击“转到父对象”按钮，单击“折射”通道后面的“无”按钮，在打开的“材质/贴图浏览器”对话框中，选择“光线跟踪”贴图，然后单击“确定”按钮，使用默认参数，最后单击“将材质制定给选定对象”按钮。

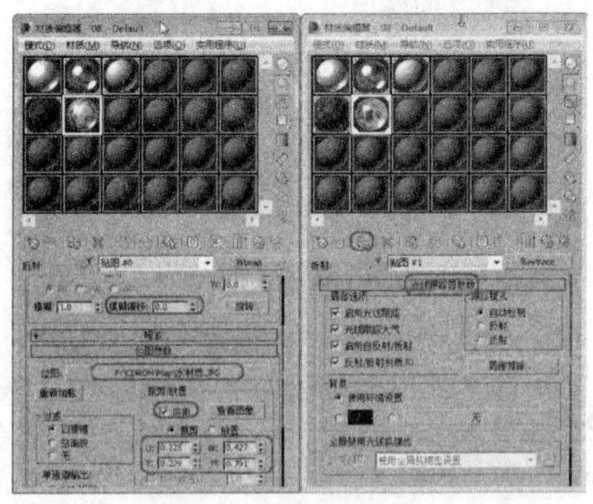

10 在工具栏中单击“渲染设置”按钮，弹出“渲染设置”对话框，在“时间输出”区域下的勾选“活动时间段”按钮，在“输出大小”区域下设置渲染尺寸为640×480，单击“渲染输出”区域下的“文件”按钮，在弹出的对话框中选择保存路径及保存类型，完成后的效果如下图所示。

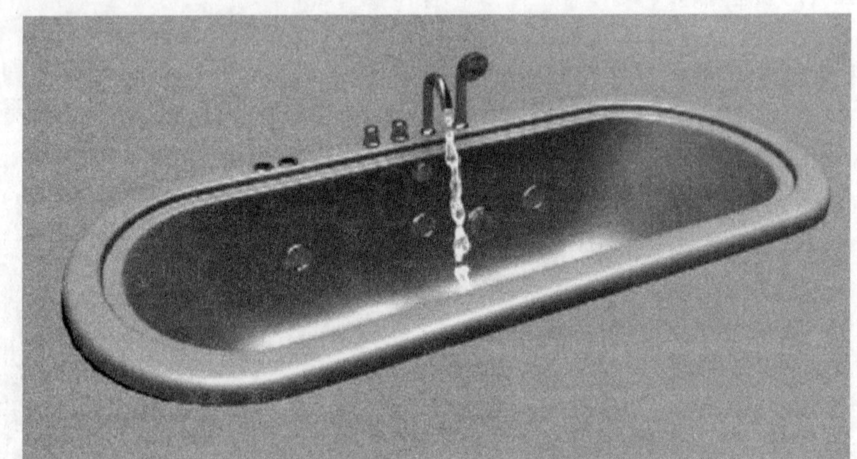

实战操作410 创建粒子云

素材：Scenes\Cha13\13-3.max	难度：★★★★★
场景：Scenes\Cha13\实战操作410.max	视频：视频\Cha13\实战操作410.avi

“粒子云”粒子系统会限制一个空间，在空间内部产生粒子效果。创建“粒子云”粒子系统的操作步骤如下。

01 单击按钮，在弹出的下拉列表中选择“打开”选项，打开随书附带光盘中的素材文件13-3.max，如下图所示。

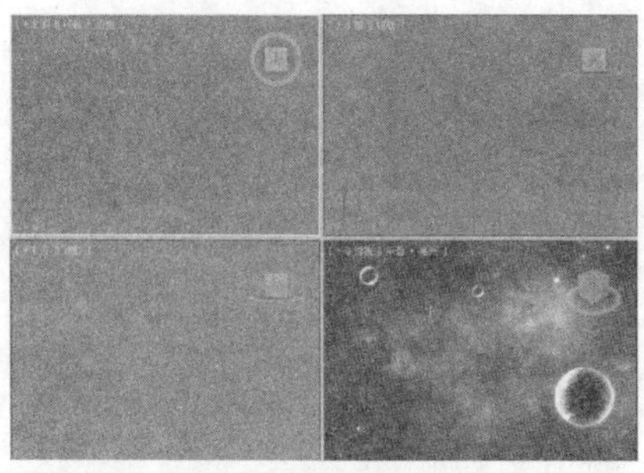

02 选择“创建”|“几何体”|“粒子系统”|“粒子云”工具，在顶视图中创建“粒子云”粒子系统，如下图所示。

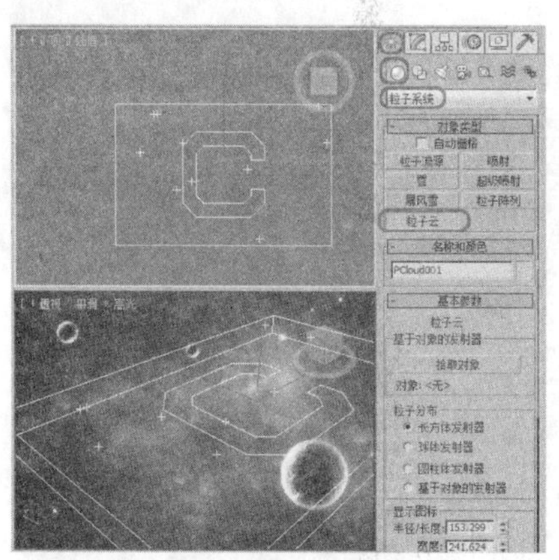

03 切换到“修改”命令面板，打开“基本参数”卷展栏，在“显示图标”选项组中，将“半径/长度”设置为200，将“宽度”设置为245，将“高度”设置为1，如下图所示。

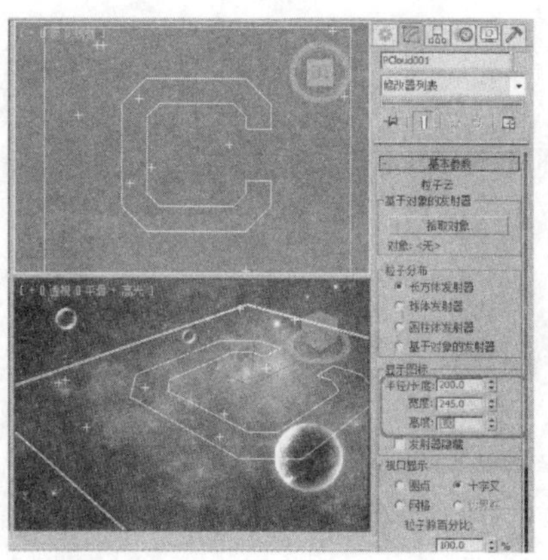

04 打开“粒子生成”卷展栏，在“粒子计时”选项组中，将“发射开始”和“发射停止”设置为-20和100，在“粒子大小”选项组中，将“大小”设置为1.5，如下图所示。

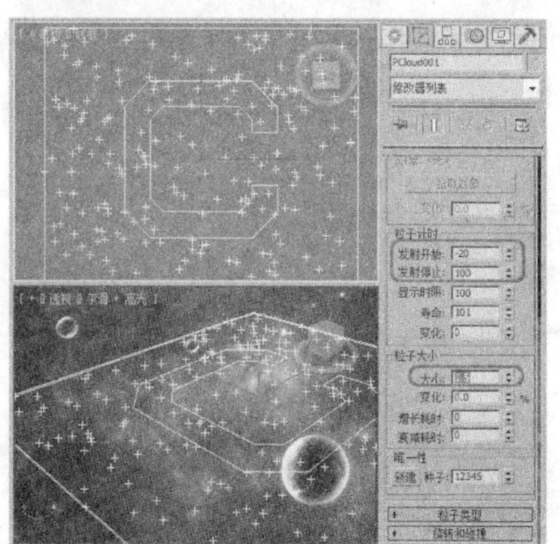

05 打开“粒子类型”卷展栏，在“标准粒子”选项组中，勾选“恒定”单选按钮，并在视图中对“粒子云”粒子系统进行调整，如下图所示。

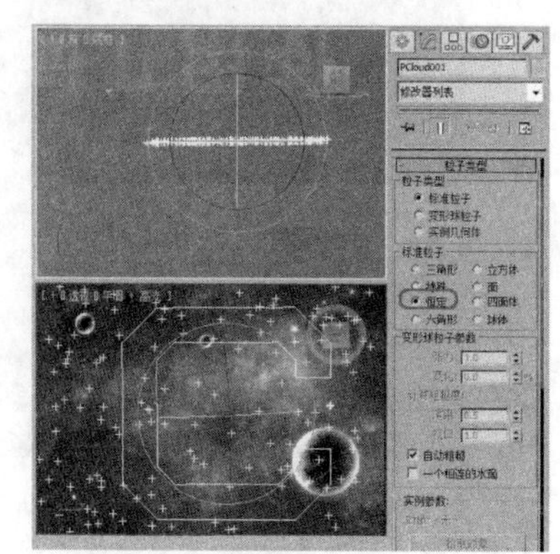

06 按M键打开“材质编辑器”对话框，在该对话框中选择“01 - Default”材质，并单击“将材质指定给选定对象”按钮，将材质指定给“粒子云”粒子系统，如下图所示。

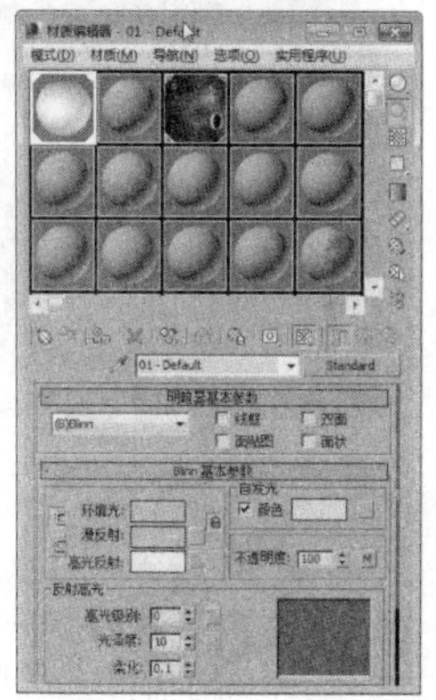

13.2 创建空间扭曲

空间扭曲是一类特殊的力场，施加了这类力场作用后的场景可以用来模拟自然界的各种动力效果，使物体的运动规律与现实更加贴近。

创建空间扭曲对象时，视口中会显示一个线框来表示它。可以像对其他 3ds Max 对象那样改变空间扭曲。空间扭曲的位置、旋转和缩放会影响其作用。

实战操作411 创建漩涡

 素材：Scenes\Cha13\13-4.max	难度：★★★★★
 场景：无	 视频：视频\Cha13\实战操作411.avi

“漩涡”空间扭曲将力应用于粒子系统，使它们在急转的漩涡中旋转，然后让它们向下移动成一个长而窄的喷流或者旋涡井。“漩涡”在创建黑洞、涡流、龙卷风和其他漏斗状对象时很有用。创建“漩涡”的操作步骤如下。

01 单击按钮，在弹出的下拉列表中选择“打开”选项，在打开的对话框中选择随书附带光盘中的素材文件13-4.max，如下图所示。

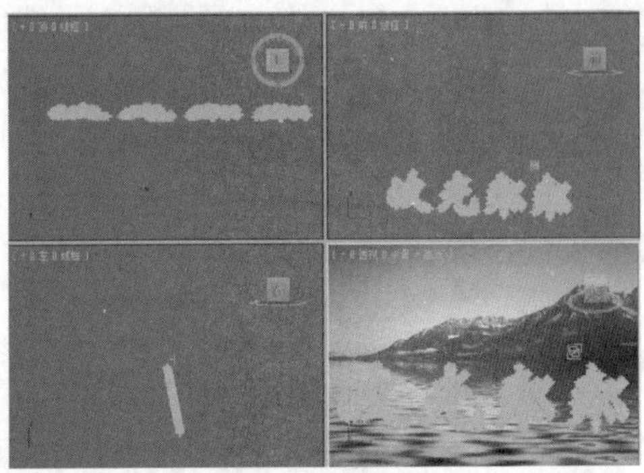

02 选择“创建”|“空间扭曲”|“力”|“漩涡”工具，在前视图中创建漩涡，如下图所示。

03 单击“修改”按钮，进入“修改”命令面板，在“参数”卷展栏中，将“显示”选项组中的“图标大小”设置为90，如下图所示。

04 激活透视视图，按F9键进行渲染，渲染完成后的效果如下图所示。

实战操作412 调整漩涡

 素材：无	难度：★★★★★
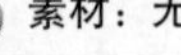 场景：Scenes\Cha13\实战操作412.max	 视频：视频\Cha13\实战操作412.avi

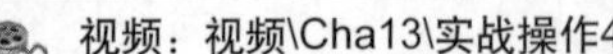

创建完“漩涡”后，再来对创建的“漩涡”进行调整，具体操作步骤如下。

01 继续上一实例的操作。在视图中选择“PF Source 001”对象，然后在“修改”命令面板中的“设置”卷展栏中，单击“粒子视图”按钮，如下图所示。

02 弹出“粒子视图”对话框，在该对话框中选择“力”选项，并将其拖拽至上方的“事件显示”中，如下图所示。

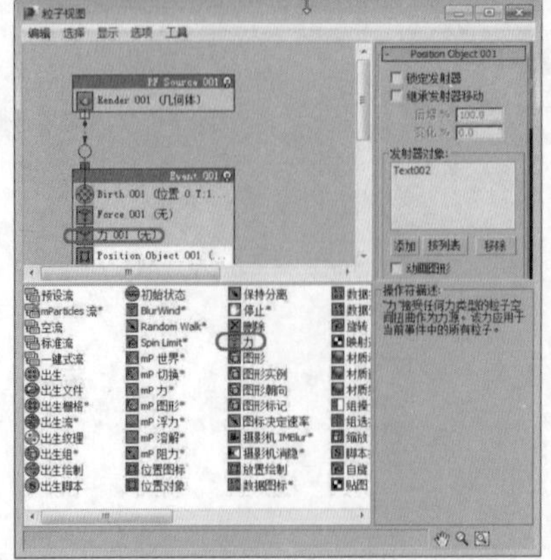

03 释放鼠标即可添加“力”选项，选择添加的“力”选项，然后在右侧的“力001”卷展栏中，单击“添加”按钮，如下图所示。

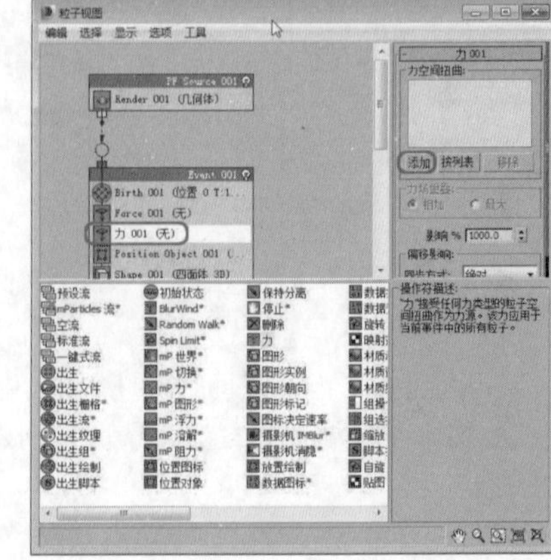

04 移动鼠标指针至前视图中，在该视图中单击选择“Vortex001”对象，如下图所示。

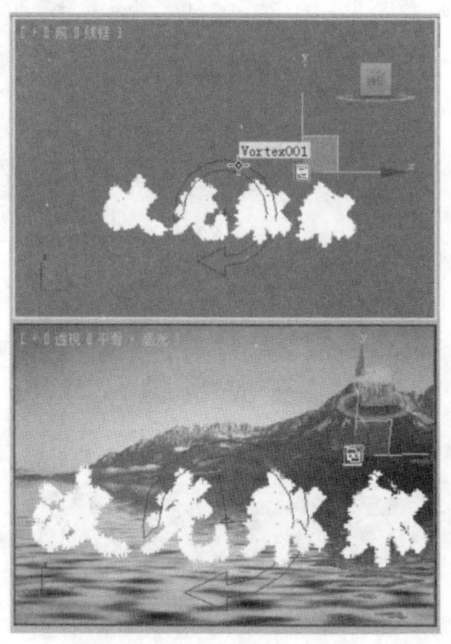

05 即可在“力001”卷展栏中的“力空间扭曲”选项组中显示出添加的旋涡对象，如下图所示。

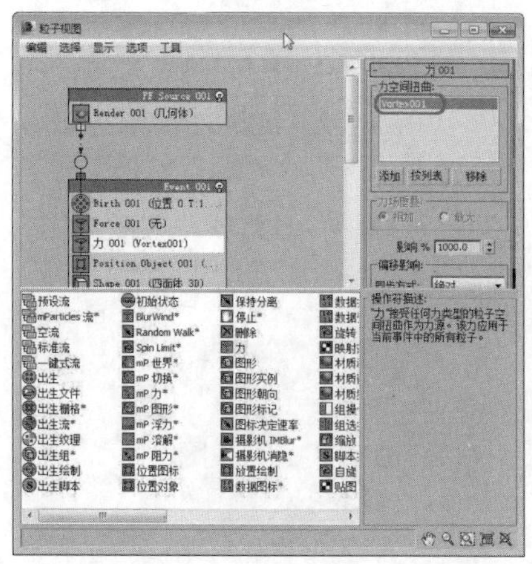

06 关闭“粒子视图”对话框，并拖动时间滑块至第10帧处，然后激活透视视图，按F9键进行渲染，渲染完成后的效果如下图所示。

实战操作413 创建风

素材：Scenes\Cha13\13-4.max	难度：★★★★★
场景：无	视频：视频\Cha13\实战操作413.avi

“风”空间扭曲可以模拟风吹动粒子系统所产生的效果。风力具有方向性。顺着风力箭头方向运动的粒子呈加速状，逆着箭头方向运动的粒子呈减速状。创建“风”的操作步骤如下。

01 单击按钮，在弹出的下拉列表中选择“打开”选项，在打开的对话框中选择随书附带光盘中的Scenes \Cha13\13-4.max文件，如下图所示。

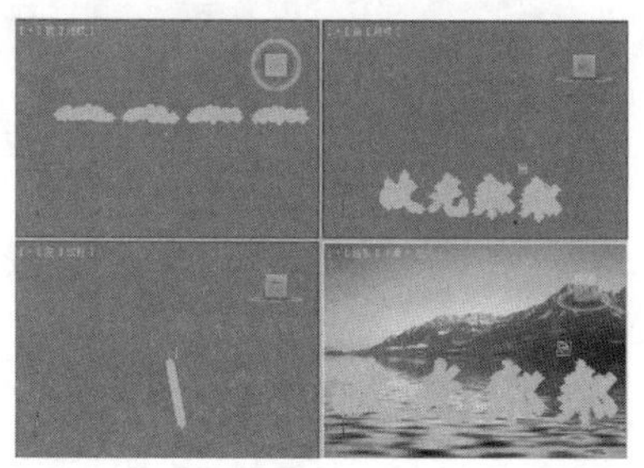

02 选择“创建” |“空间扭曲” |“力”|“风”工具，在前视图中创建风，如下图所示。

03 单击“修改”按钮，进入“修改”命令面板，在“参数”卷展栏中，将“显示”选项组中的“图标大小”设置为55，如下图所示。

04 单击工具栏中的“镜像”按钮，弹出“镜像：屏幕 坐标”对话框，在“镜像轴”选项组中勾选“Z”单选按钮，将“克隆当前选择”设置为“不克隆”，并单击“确定”按钮，如右图所示。

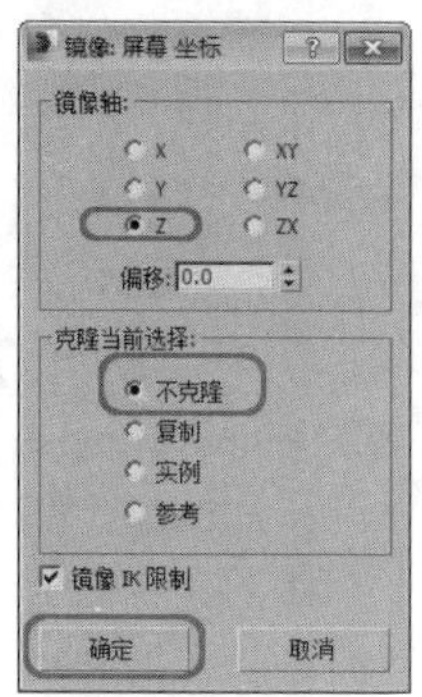

05 在前视图中调整风的位置，效果如下图所示。

06 激活透视视图，按F9键进行渲染，渲染完成后的效果如下图所示。

实战操作414 调整风

素材：无	难度：★★★★★
场景：Scenes\Cha13\实战操作414.max	视频：视频\Cha13\实战操作414.avi

创建完“风”后，再来对创建的“风”进行调整，具体操作步骤如下。

01 继续上一实例的操作。在视图中选择“Wind001”对象，然后在工具栏中右击“选择并旋转”按钮，对其进行调整，调整完成后如下图所示。

02 在工具栏中使用“选择并移动”工具对创建的“风”对象进行调整，如下图所示。

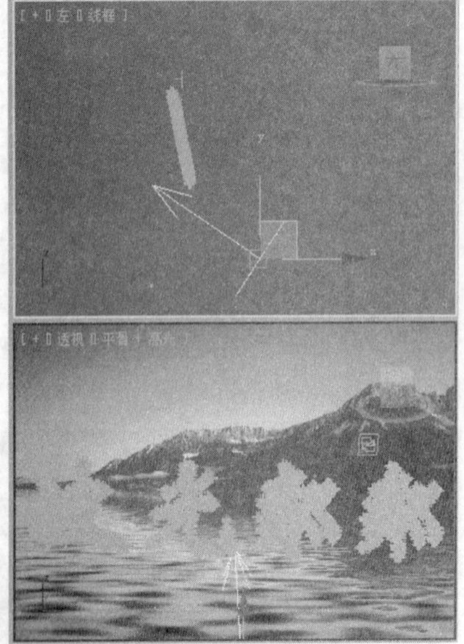

03 在视图中选择“PF Source 001”对象，然后在“修改”命令面板中的“设置”卷展栏中，单击“粒子视图”按钮，如下图所示。

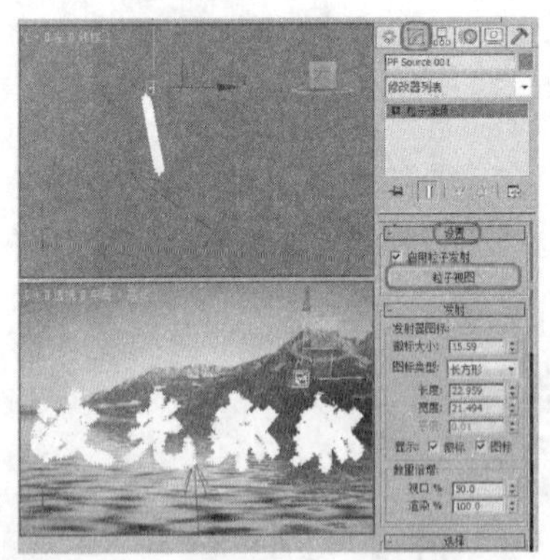

04 弹出“粒子视图”对话框，在该对话框中选择“力”选项并将其拖拽至上方的“事件显示”中，如下图所示。

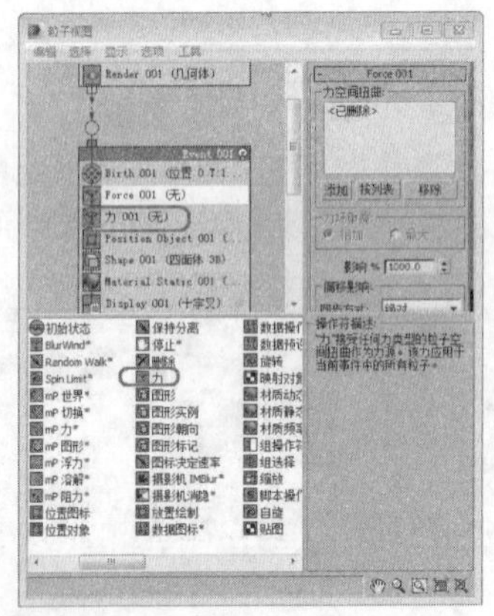

05 释放鼠标即可添加“力”选项，选择添加的“力”选项，然后在右侧的“力001”卷展栏中，单击“添加”按钮，如下图所示。

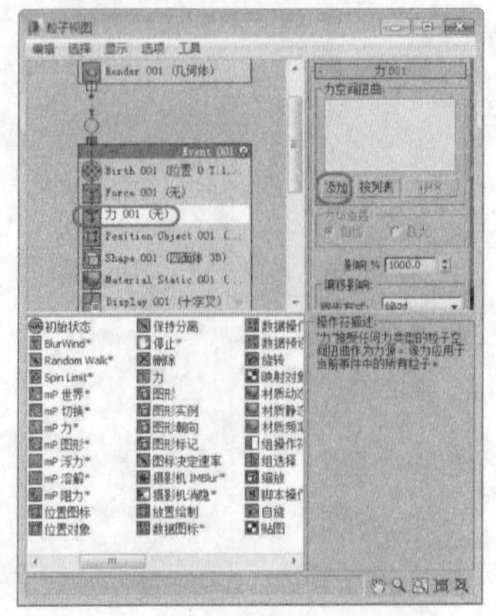

06 移动鼠标指针至左视图中，在该视图中单击选择“Wind001”对象，如下图所示。

07 即可在“力001”卷展栏中的“力空间扭曲”选项组中显示出添加的风对象，如下图所示。

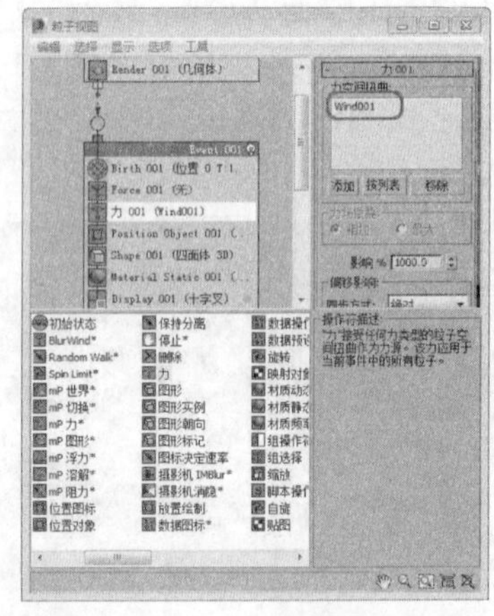

08 关闭“粒子视图”对话框，并拖动时间滑块至第15帧处，然后激活透视视图，按F9键进行渲染，渲染完成后的效果如下图所示。

实战操作415 创建重力

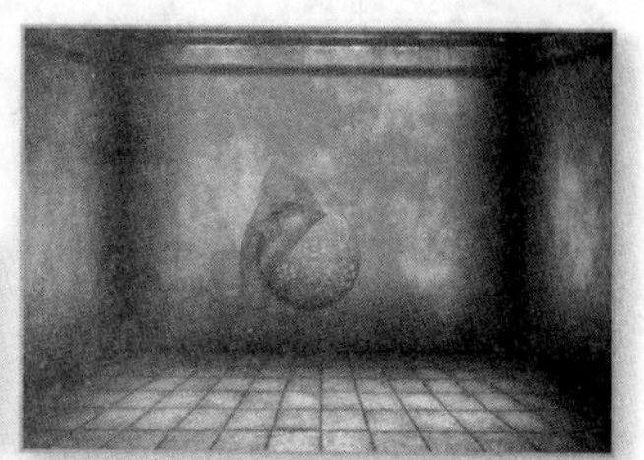

素材：Scenes\Cha13\13-5.max	难度：★★★★★
场景：Scenes\Cha13\实战操作415.max	视频：视频\Cha13\实战操作415.avi

“重力”空间扭曲可以在粒子系统所产生的粒子上对自然重力的效果进行模拟。重力具有方向性。沿重力箭头方向的粒子加速运动，逆着箭头方向运动的粒子呈减速状。创建“重力”的操作步骤如下。

01 单击按钮，在弹出的下拉列表中选择“打开”选项，在打开的对话框中选择随书附带光盘中的Scenes\Cha13\13-5.max文件，选择“创建”|“空间扭曲”|“力”|“重力”工具，如下图所示。

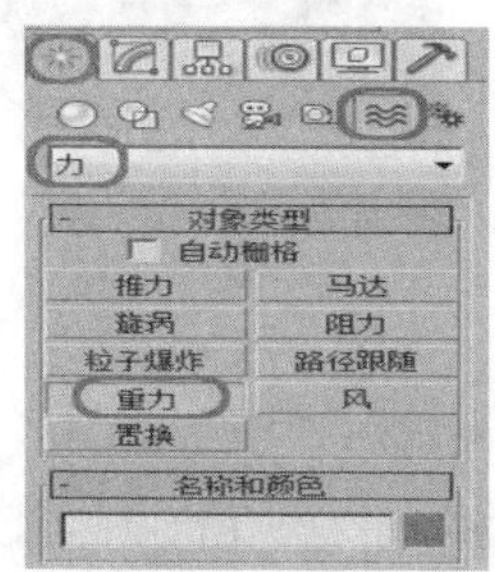

02 激活顶视图，创建重力，在“参数”卷展栏的“显示”选项区中，将“图标大小”设置为100，并调整其位置，完成后的效果如下图所示。

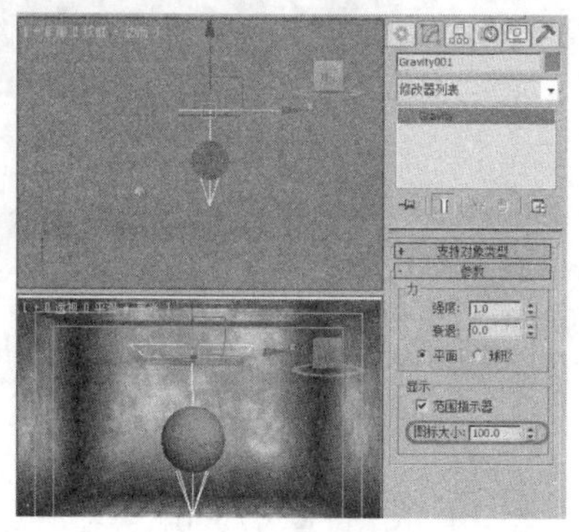

03 选择“丝绸”对象，进入“修改”命令面板，在“力和导向器”卷展栏中的“力”选区中单击“添加”按钮，在场景中选择“重力”，如下图所示。

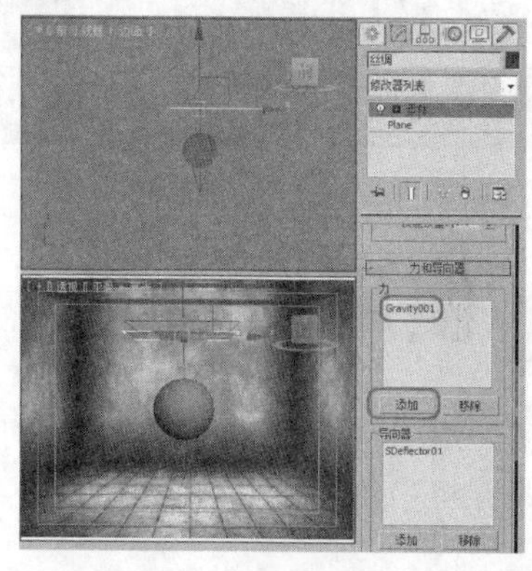

04 激活透视视图，将时间滑块调整到30帧处，按F9键对动画进行渲染，完成后的效果如下图所示。

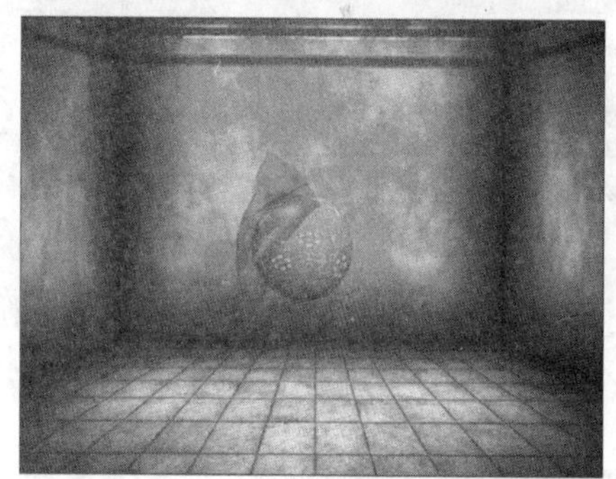

实战操作416 调整重力

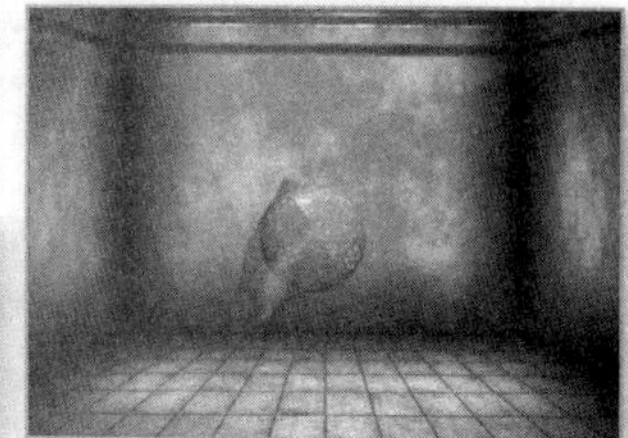

素材：无	难度：★★★★★
场景：Scenes\Cha13\实战操作416.max	视频：视频\Cha13\实战操作416.avi

创建完“重力”后，再来对创建的“重力”进行调整，具体操作步骤如下。

01 继续上一实例的操作，在场景中选择“重力”对象，单击“修改”按钮，进入“修改”命令面板，如右图所示。

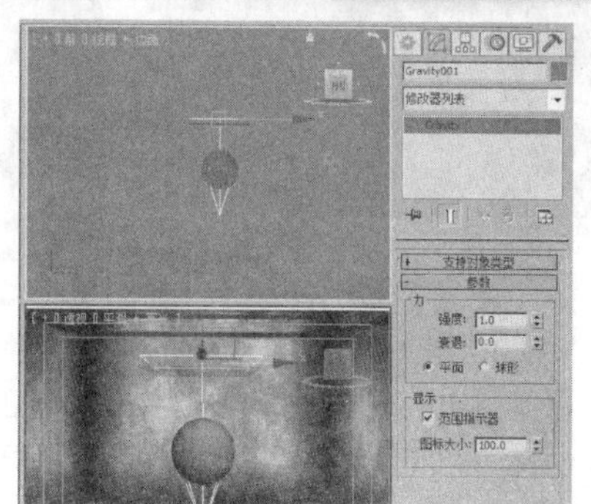

02 在“参数”卷展栏中的“力”选项区中，将“强度”设置为0.1，在“显示”选项区中将“图标大小”设置为40，并调整其位置，如下图所示。

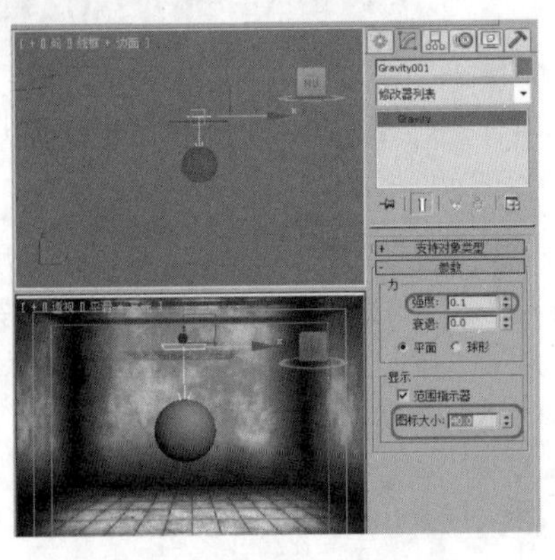

03 激活透视视图，将时间滑块调整到第60帧处，按F9键对动画进行渲染，完成后的效果如下图所示。

04 激活透视视图，然后拖动时间滑块至第90帧处，并按F9键进行渲染，渲染完成后的效果如下图所示。

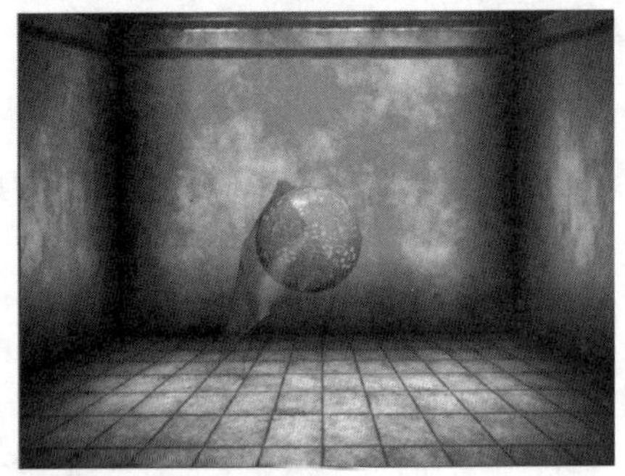

13.3 使用导向器

“导向器”空间扭曲起着平面防护板的作用，它能排斥由粒子系统生成的粒子。使用“导向器”可以模拟被雨水敲击的公路。将“导向器”空间扭曲和“重力”空间扭曲结合在一起可以产生瀑布和喷泉效果。

实战操作417 使用全导向器

素材：Scenes\Cha13\13-6.max	难度：★★★★★
场景：Scenes\Cha13\实战操作417.max	视频：视频\Cha13\实战操作417.avi

“全导向器”是一种能使用任意对象作为粒子导向器的全导向器。下面介绍全导向球的使用方法，具体操作步骤如下。

01 单击按钮，在弹出的下拉列表中选择“打开”选项，在打开的对话框中打开素材文件13-6.max，如下图所示。

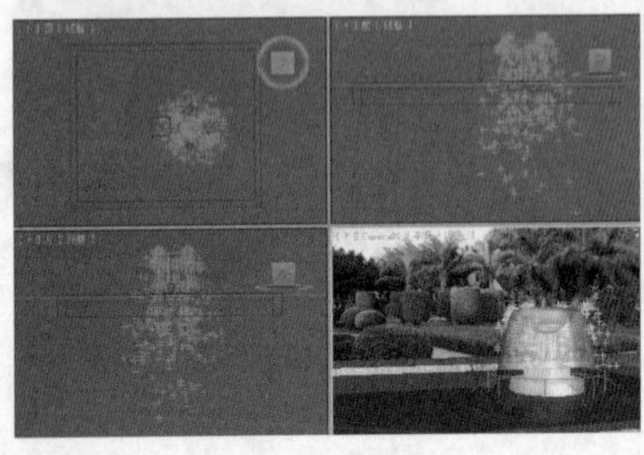

02 选择“创建”|“空间扭曲”|“导向器”|“全导向器”工具，在顶视图中单击鼠标左键并拖动鼠标，创建一个“全导向器”，如下图所示。

03 单击“修改”按钮，进入修改命令面板，在“基本参数”卷展栏中，单击“拾取对象”按钮，在前视图中拾取“水池边沿”对象，然后将“显示图标”选项组中的“图标大小”设置为7500，并在视图中调整全导向器的位置，如下图所示。

04 在场景中选择所有的粒子系统，单击工具栏中的“绑定到空间扭曲”按钮，在顶视图中，按住鼠标左键并将其拖动至创建的全导向器上，如下图所示。

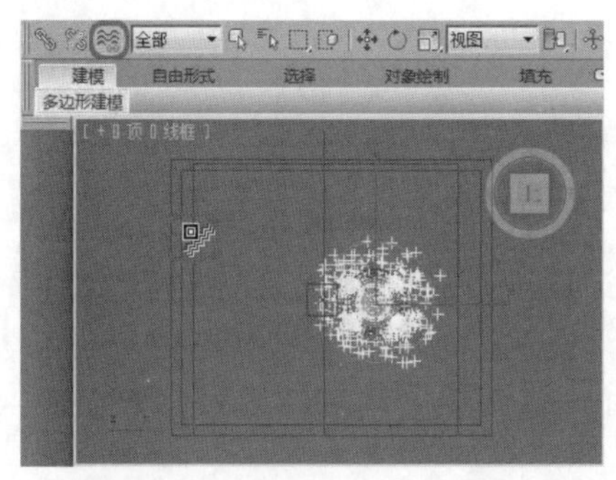

05 释放鼠标，即可将粒子系统绑定到全导向器上，激活摄影机视图，将时间滑块调整到第100帧处，按F9键进行渲染，完成后的效果如下图所示。

06 将时间滑块调整到第200帧处，并按F9键进行快速渲染，完成后的效果如下图所示。

实战操作418 使用导向球

 素材：Scenes\Cha13\13-6.max	难度：★★★★★
 场景：Scenes\Cha13\实战操作418.max	视频：视频\Cha13\实战操作418.avi

“导向球”空间扭曲起着球形粒子导向器的作用。下面介绍导向球的使用方法，具体操作步骤如下。

01 单击按钮，在弹出的下拉列表中选择“打开”选项，在打开的对话框中打开素材文件13-6.max，如下图所示。

02 选择“创建”|“空间扭曲”|“导向器”|“导向球”工具，在顶视图中按住鼠标左键并拖动鼠标，创建一个“导向球”，如下图所示。

03 切换到“修改”命令面板，在“基本参数”卷展栏中，将“显示图标”选项组中的“直径”设置为4000，并在其他视图中调整其位置，如下图所示。

04 在场景中选择所有的粒子系统，单击工具栏中的“绑定到空间扭曲”按钮，在顶视图中，按住鼠标左键并将其拖动至创建的导向球上，如下图所示。

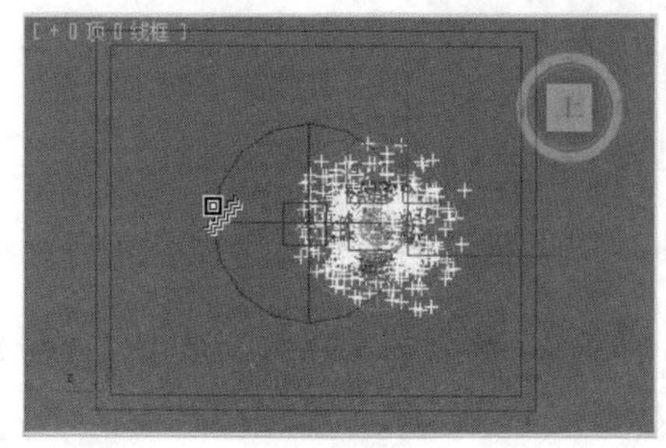

05 释放鼠标，即可将粒子系统绑定到导向球上，激活摄影机视图，将时间滑块调整到第100帧处，按F9键进行渲染，完成后的效果如下图所示。

06 将时间滑块调整到第200帧处，并按F9键进行快速渲染，完成后的效果如下图所示。

实战操作419 使用导向板

素材：Scenes\Cha13\13-6.max	难度：★★★★★
场景：Scenes\Cha13\实战操作419.max	视频：视频\Cha13\实战操作419.avi

“导向板”空间扭曲起着平面防护板的作用，它能排斥由粒子系统生成的粒子。下面介绍导向板的使用方法，具体操作步骤如下。

01 单击按钮，在弹出的下拉列表中选择“打开”选项，在打开的对话框中打开素材文件13-6.max，如下图所示。

02 选择“创建”|“空间扭曲”|“导向器”|“导向板”工具，在顶视图中按住鼠标左键并拖动鼠标，创建一个“导向板”，如下图所示。

03 切换到“修改”命令面板，在“参数”卷展栏中，将“反弹”、“变化”、“混乱”、“摩擦力”、“继承速度”、“宽度”和“长度”分别设置为0.52、10、34、0、1.47、7500和6500，并在其他视图中调整其位置，如下图所示。

04 在场景中选择所有的粒子系统，单击工具栏中的“绑定到空间扭曲”按钮，在顶视图中按住鼠标左键，并将其拖动至创建的导向板上，如下图所示。

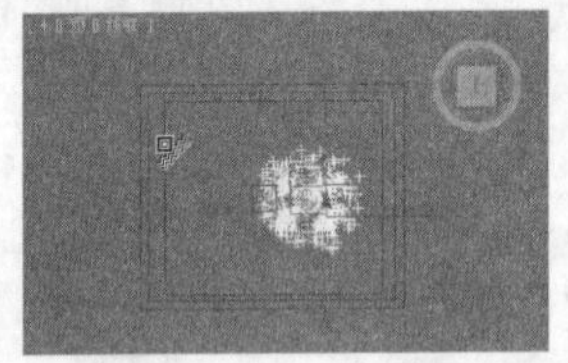

05 释放鼠标，即可将粒子系统绑定到导向板上，激活摄影机视图，将时间滑块调整到第100帧处，按F9键进行渲染，完成后的效果如下图所示。

06 将时间滑块调整到第200帧处，并按F9键进行快速渲染，完成后的效果如下图所示。

13.4 使用几何/可变形

使用“几何/可变形”空间扭曲可以使几何体变形，下面将对几种常用的“几何/可变形”空间扭曲进行介绍。

实战操作420 使用波浪

素材：Scenes\Cha13\13-7.max	难度：★★★★★
场景：Scenes\Cha13\实战操作420.max	视频：视频\Cha13\实战操作420.avi

“波浪”空间扭曲可以在整个世界空间中创建线性波浪。它影响几何体和产生作用的方式与“波浪”修改器相同。下面介绍“波浪”的使用方法，具体操作步骤如下。

01 单击按钮，在弹出的下拉列表中选择“打开”选项，在打开的对话框中打开素材文件13-7.max，如下图所示。

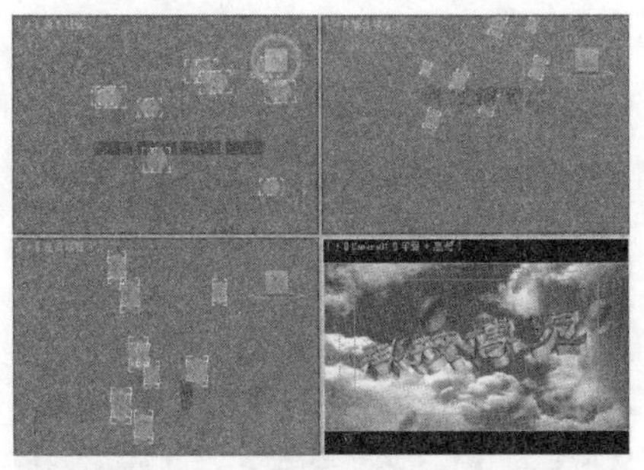

02 选择“创建”|“空间扭曲”|“几何/可变形”|“波浪”工具，在前视图中单击鼠标左键并拖动，定义波浪的波长，如下图所示。

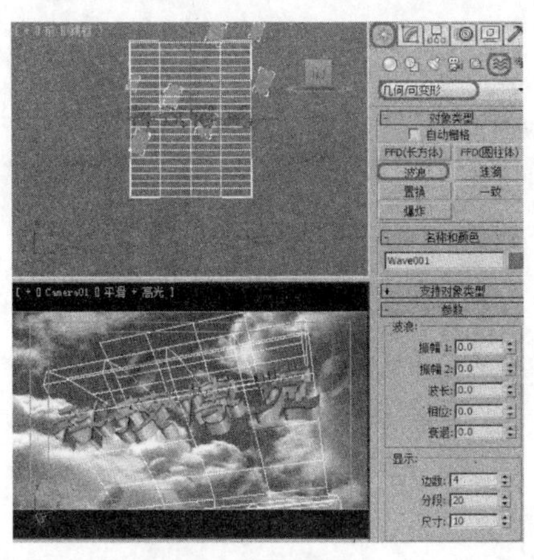

03 选择“修改”按钮，在打开的修改命令面板中，将“参数”卷展栏中“波浪”选项组下的“振幅1”、“振幅2”设置为-12、-12，按Enter键进行确认；“波长”设置为100.0，添加“自动关键帧”，并将时间滑块调整到第100帧处，设置“相位”为2.0，如下图所示。

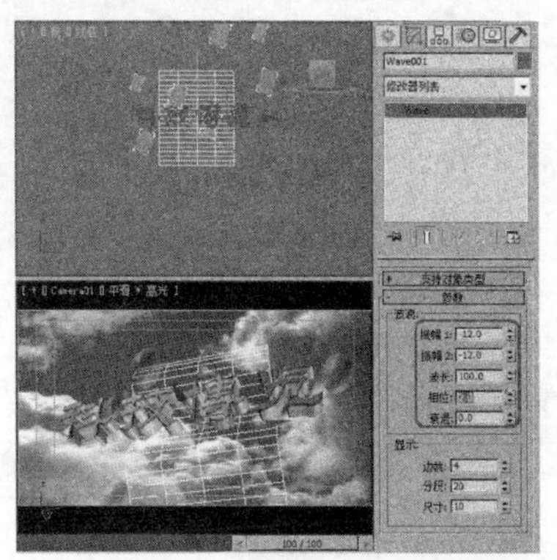

04 选择顶视图，在工具栏中单击“选择并旋转”按钮，沿Y轴将“波浪”空间扭曲旋转90°，调整其大小及位置，如右图所示。

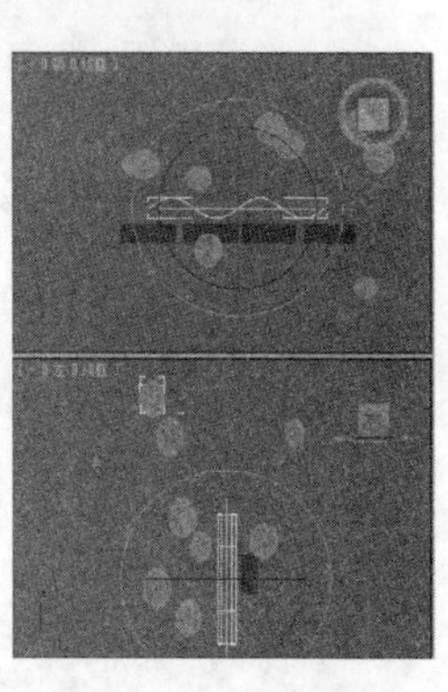

05 在工具栏中选择“绑定到空间扭曲”按钮，在前视图中按住鼠标并进行拖拽，将文本图像拖拽至创建的“波浪”空间扭曲中，即可将文本对象绑定到“波浪”空间扭曲中，如下图所示。

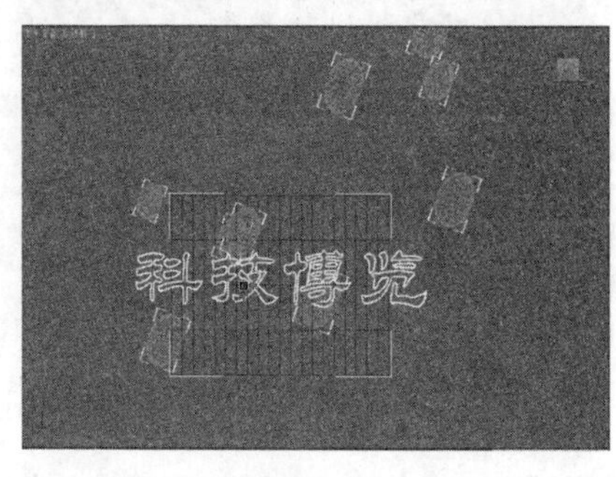

06 选择透视视图，将时间滑块调整到第50帧处，按F9键对动画进行渲染，如下图所示。

实战操作421 使用涟漪

 素材：Scenes\Cha13\13-8.max	 难度：★★★★★
 场景：Scenes\Cha13\实战操作421.max	视频：视频\Cha13\实战操作421.avi

“涟漪”空间扭曲可以在整个世界空间中创建同心波纹。它影响几何体和产生作用的方式与“涟漪”修改器相同。下面介绍“涟漪”的使用方法，具体操作步骤如下。

01 单击按钮，在弹出的下拉列表中选择“打开”选项，在打开的对话框中打开素材文件13-8.max，如下图所示。

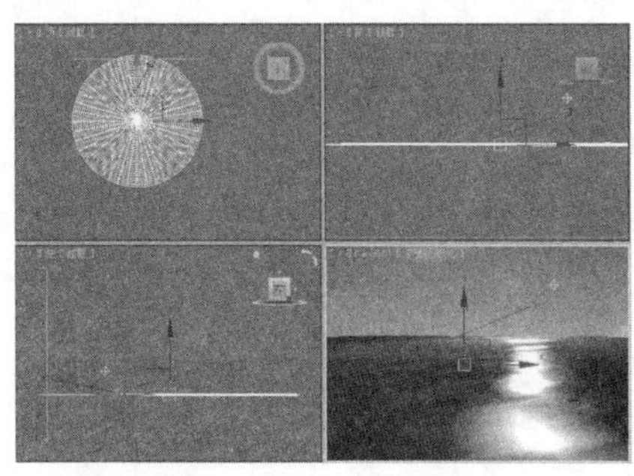

02 激活顶视图，选择“创建”|“空间扭曲”|“几何/可变形”|“涟漪”工具，在顶视图中单击鼠标左键并拖动，创建一个“涟漪”空间扭曲，如下图所示。

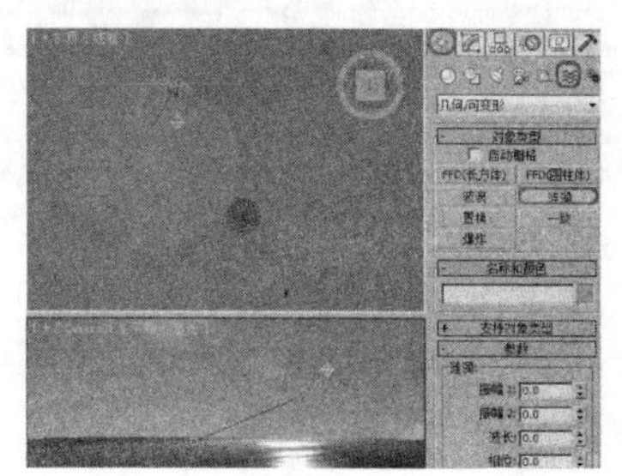

03 选择“修改”命令面板，将“参数”卷展栏中的“涟漪”选项下的“振幅1”、“振幅2”、“波长”分别设置为6、6、130，在“显示”选项组中分别设置“圈数”、“分段”和“尺寸”为23、23、18，如下图所示。

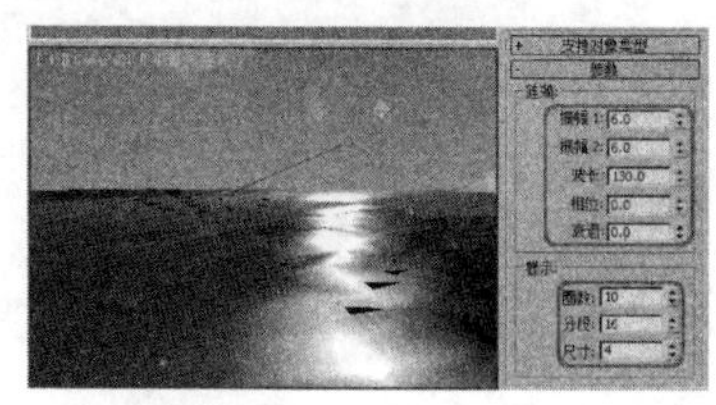

04 单击“自动关键帧”按钮，将时间滑块调整至第300帧的位置，将“相位”设置为6.0，按Enter键确认，将“自动关键帧”关闭，并调整位置，如下图所示。

05 在工具栏中单击“绑定到空间扭曲”按钮，在顶视图中按住鼠标左键并将其拖动至创建的“涟漪”空间扭曲上，如下图所示。

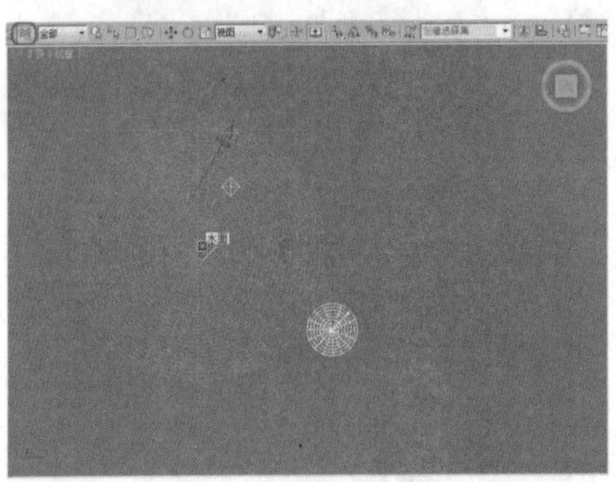

06 释放鼠标，即可将“水面”对象绑定到“涟漪”空间扭曲上，然后激活摄影机视图，按F9键进行渲染，渲染完成后的效果如下图所示。

实战操作422 使用爆炸

 素材：Scenes\Cha13\13-9.max

 难度：★★★★★

 场景：Scenes\Cha13\实战操作422.max

视频：视频\Cha13\实战操作422.avi

“爆炸”空间扭曲能把对象炸成许多单独的面。下面介绍“爆炸”的使用方法，具体操作步骤如下。

01 单击按钮，在弹出的下拉列表中选择“打开”选项，在打开的对话框中选择素材文件13-9.max，如下图所示。

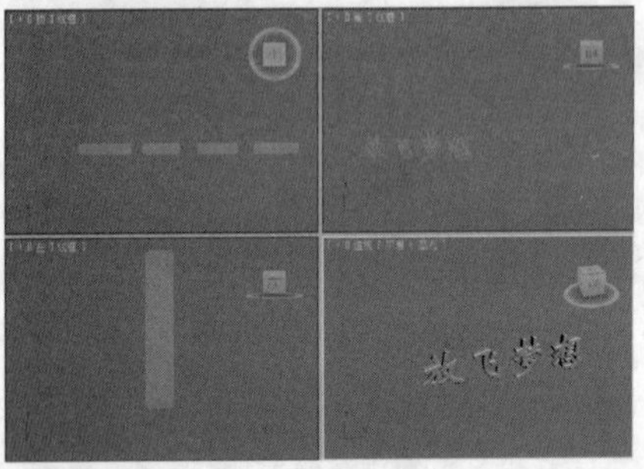

02 选择“创建”|“空间扭曲”|“几何/可变形”|“爆炸”工具，激活顶视图，创建一个“爆炸”空间扭曲，如下图所示。

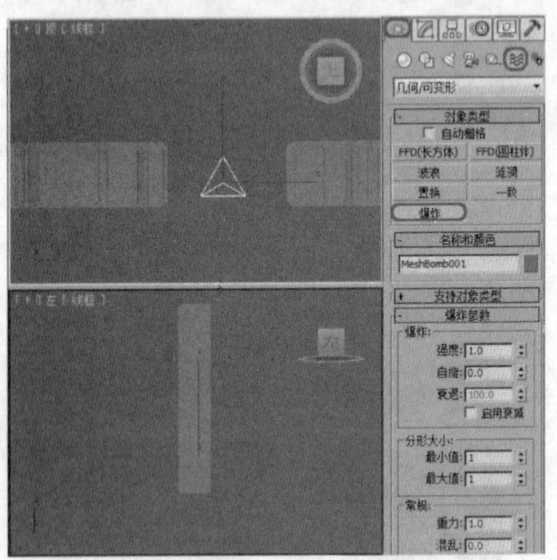

03 选择“修改”按钮，在打开的“爆炸参数”卷展栏中，设置“常规”选项组中的“混乱”为2.0，如下图所示。

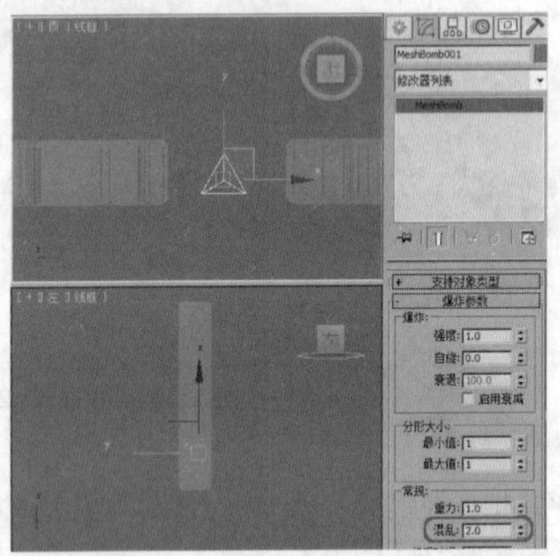

04 在场景中选择文本对象，选择工具栏中的“绑定到空间扭曲”按钮，在顶视图中，将文本图像绑定到“爆炸”空间扭曲中，如下图所示。

05 激活透视视图，将时间滑块调整到第10帧处，按F9键进行渲染，完成后的效果如下图所示。

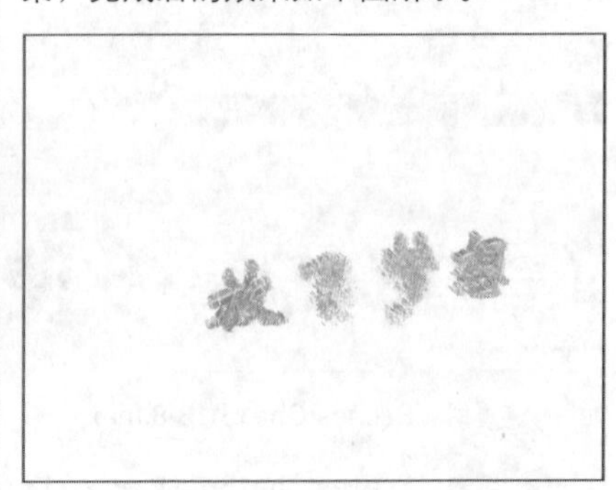

06 将时间滑块调整到第40帧处，并按F9键进行快速渲染，完成后的效果如下图所示。

13.5 创建动力学对象

动力学对象与其他网格对象类似，不同之处在于它们可以对绑定的对象运动作出反应，或当包含在动力学模拟中时提供动力学力量。

实战操作423 创建弹簧

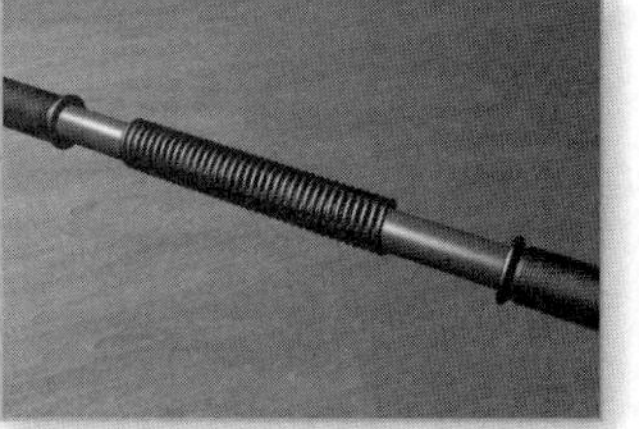

 素材：Scenes\Cha13\13-10.max	 难度：★★★★★
 场景：Scenes\Cha13\实战操作423.max	视频：视频\Cha13\实战操作423.avi

"弹簧"对象是形状为弯曲弹簧的动力学对象。使用弯曲弹簧，可以在动力学模拟中模拟富有弹性的弹簧。创建弹簧的操作步骤如下。

01 单击按钮，在弹出的下拉列表中选择"打开"选项，在打开的对话框中打开素材文件13-10.max，如下图所示。

02 选择"创建"|"几何体"|"动力学对象"|"弹簧工具"。在前视图中创建"弹簧"，如下图所示。

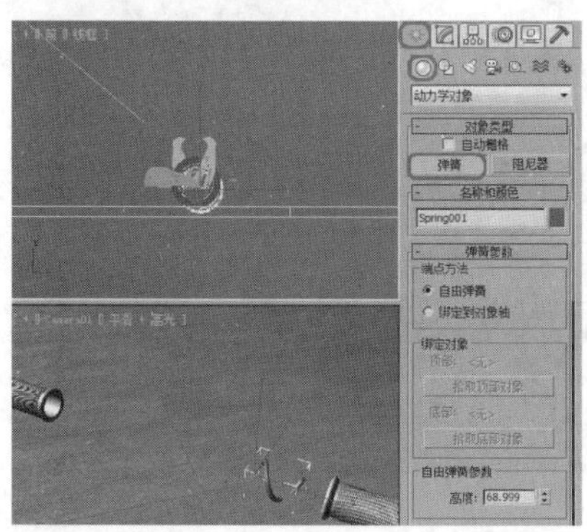

03 单击"修改"按钮，进入"修改"命令面板，在"弹簧参数"卷展栏中，将"自由弹簧参数"选项区中的"高度"设置为300，按Enter键确认；将"公用弹簧参数"选项区中的"直径"、"圈数"分别设置为48.0、36.0，按Enter键确认；将"线框形状"选项区中的"圆形线框"下的"直径"设置为6.0，按Enter键确认，如下图所示。

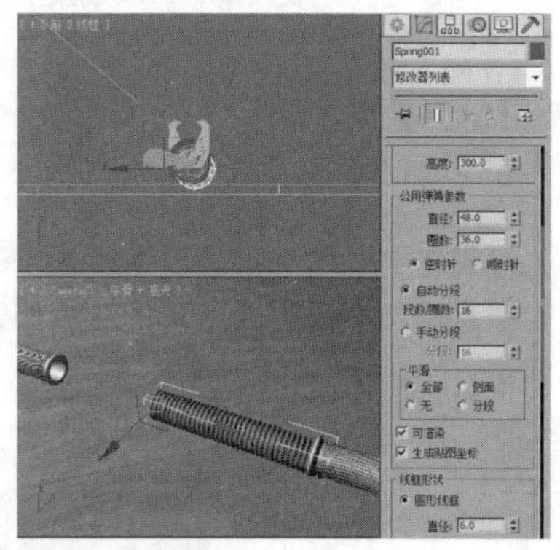

04 确认创建的"弹簧"出处于选中状态，单击工具栏中的"选择并移动"按钮，调整完成后的效果如下图所示。

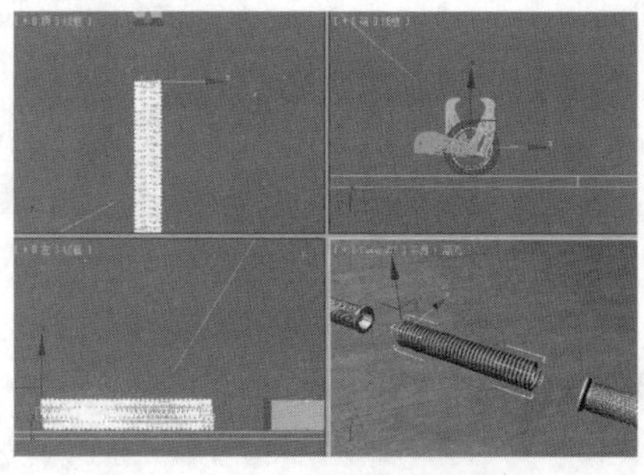

05 按M键打开材质编辑器对话框，选择"弹簧"材质球，单击"将材质指定给选定对象"按钮，如下图所示。

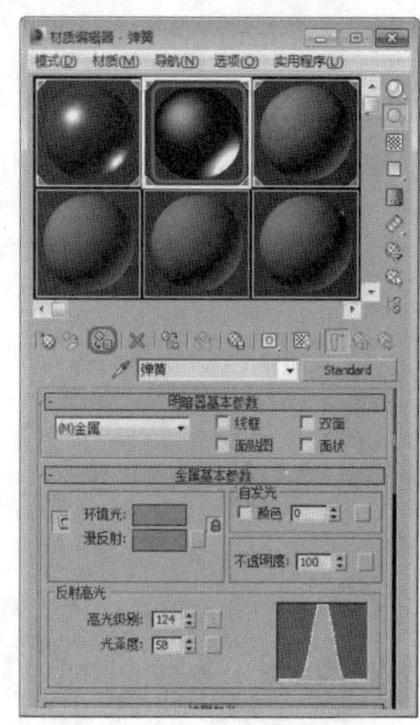

06 激活摄影机视图，单击工具栏中的"渲染产品"按钮，对场景进行渲染，渲染完成后的效果如下图所示。

实战操作424 修改弹簧直径

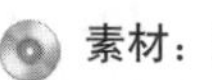 素材：无	 难度：★★★★★
 场景：Scenes\Cha13\实战操作424.max	 视频：视频\Cha13\实战操作424.avi

在“弹簧参数”卷展栏中，使用“公用弹簧参数”区域下的“直径”选项可以设置弹簧直径，具体操作步骤如下。

01 继续上一实例的操作，在“弹簧参数”卷展栏中，将“公用弹簧参数”区域下的“直径”设置为40，如下图所示。

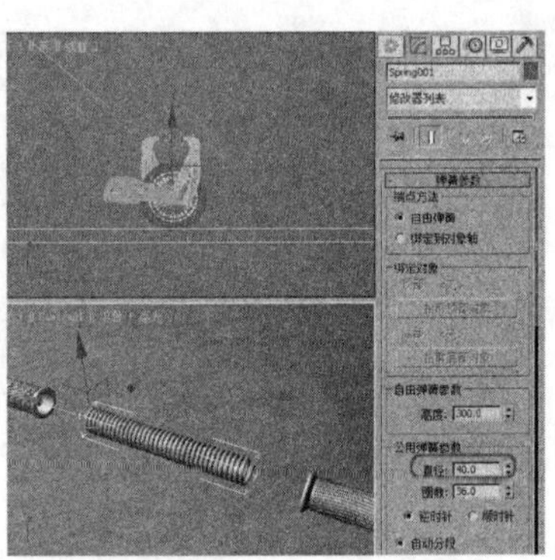

02 激活摄影机视图，按F9键进行渲染，渲染完成后的效果如下图所示。

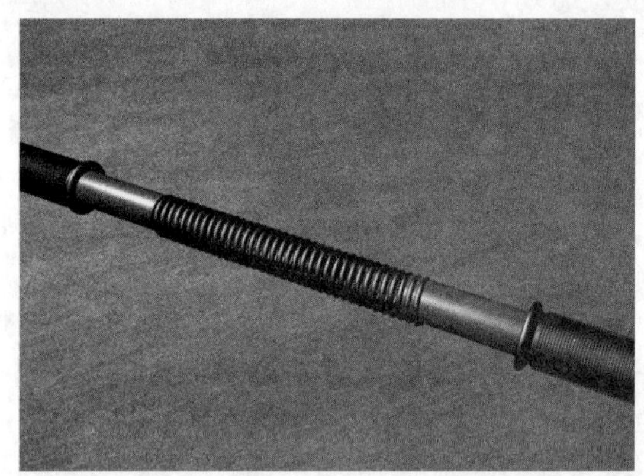

实战操作425 修改弹簧圈数

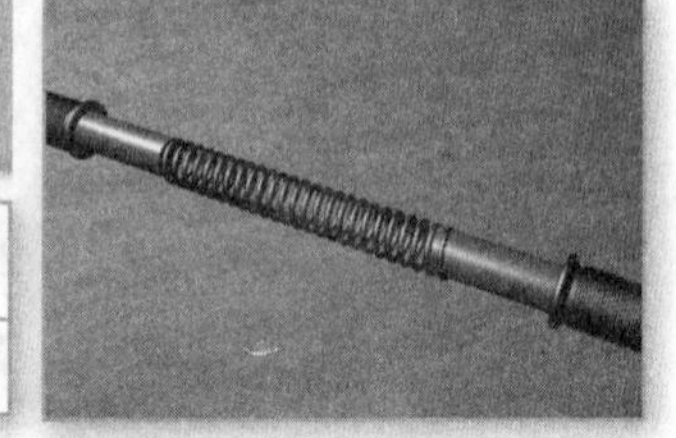

素材：无	难度：★★★★★
场景：Scenes\Cha13\实战操作425.max	视频：视频\Cha13\实战操作425.avi

在“弹簧参数”卷展栏中，使用“公用弹簧参数”区域下的“圈数”选项可以设置弹簧圈数，具体操作步骤如下。

01 继续上一实例的操作，在“弹簧参数”卷展栏中，将“公用弹簧参数”区域下的“圈数”设置为25，并调整“弹簧”的位置，如下图所示。

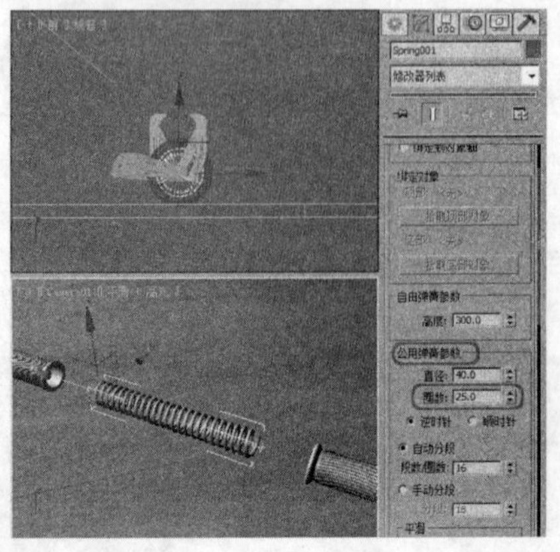

02 激活摄影机视图，按F9键进行渲染，渲染完成后的效果如下图所示。

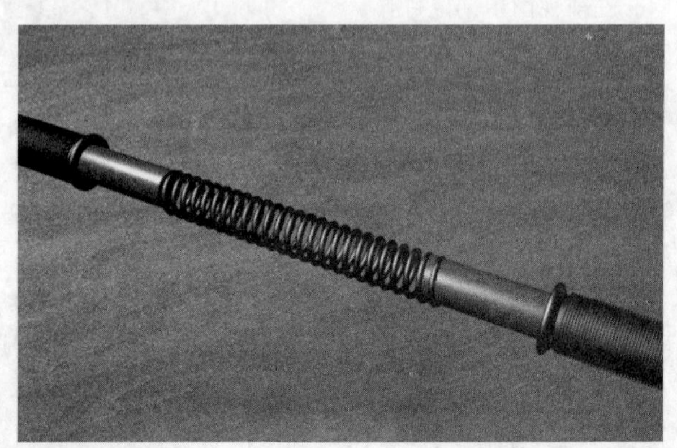

实战操作426 修改弹簧旋转方向

 素材：无	难度：★★★★★
 场景：Scenes\Cha13\实战操作426.max	视频：视频\Cha13\实战操作426.avi

在“弹簧参数”卷展栏中的“公用弹簧参数”区域中，可以设置弹簧的旋转方向，具体操作步骤如下。

01 继续上一实例的操作，在“弹簧参数”卷展栏中，勾选“公用弹簧参数”区域下的“顺时针”单选按钮，即可更改弹簧的旋转方向，如下图所示。

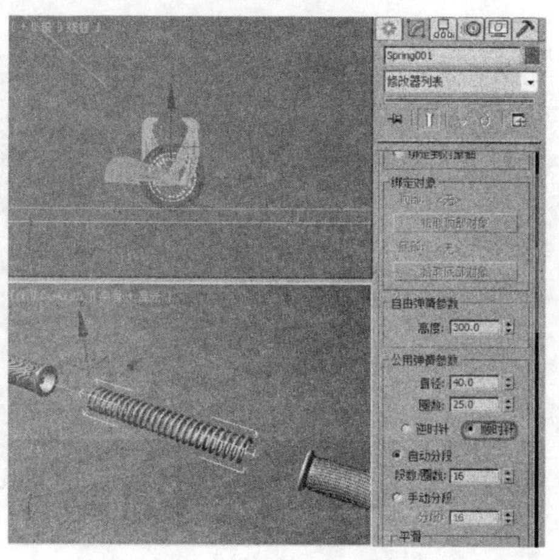

02 激活摄影机视图，按F9键进行渲染，渲染完成后的效果如下图所示。

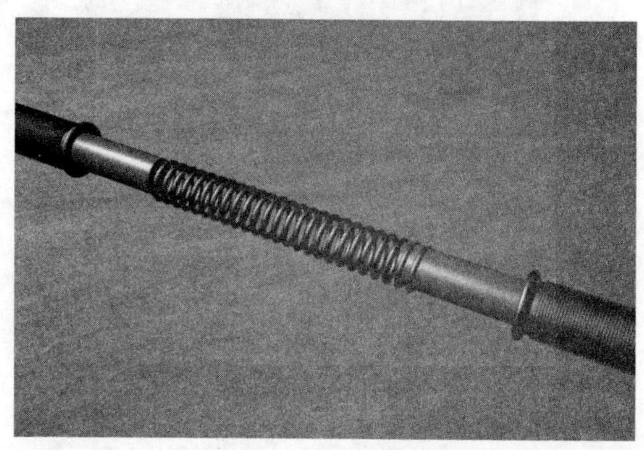

实战操作427 修改弹簧段数

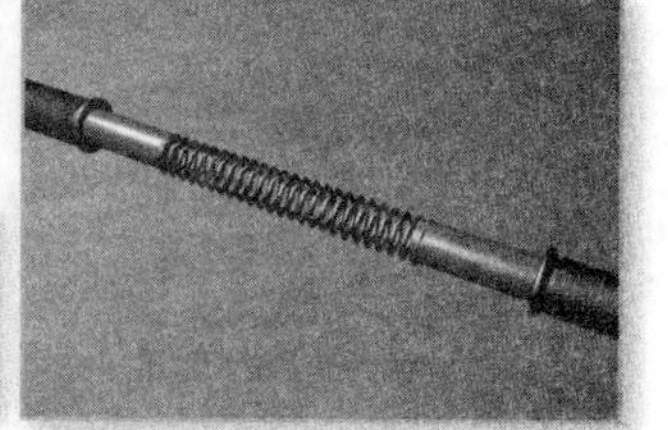

素材：无	难度：★★★★★
场景：Scenes\Cha13\实战操作427.max	视频：视频\Cha13\实战操作427.avi

在“弹簧参数”卷展栏中，使用“公用弹簧参数”区域下的“段数/圈数”选项可以设置弹簧段数，具体操作步骤如下。

01 继续上一实例的操作，在“弹簧参数”卷展栏中，将“公用弹簧参数”区域下的“段数/圈数”设置为30，如下图所示。

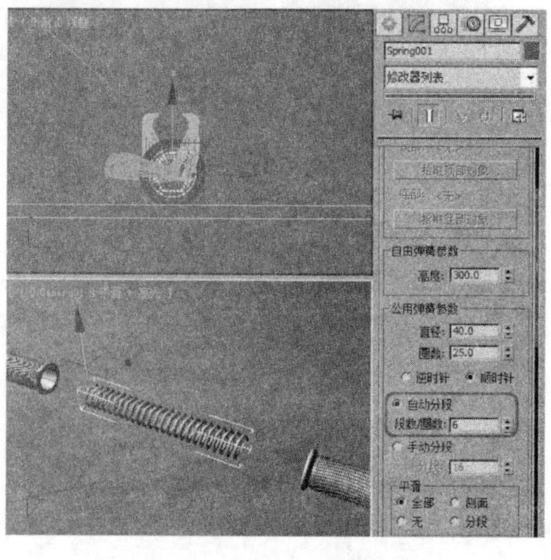

02 激活摄影机视图，按F9键进行渲染，渲染完成后的效果如下图所示。

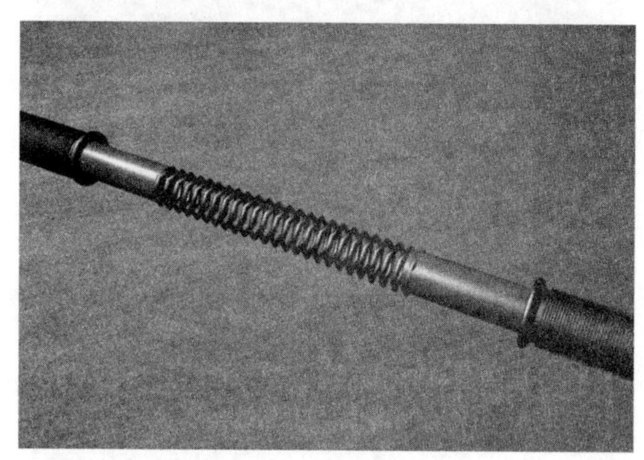

实战操作428 修改形状显示

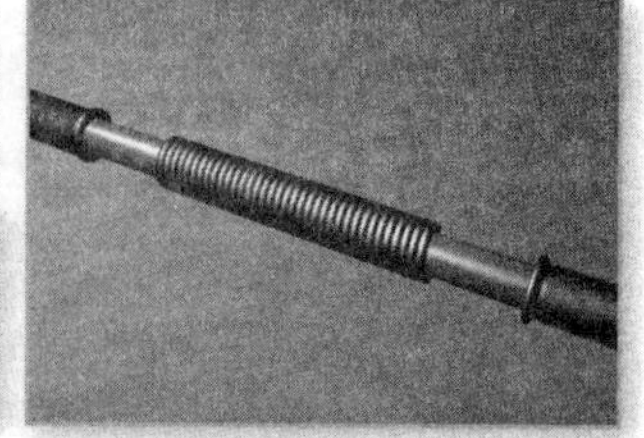

 素材：Scenes\Cha13\13-11..max	 难度：★★★★★
 场景：Scenes\Cha13\实战操作428.max	视频：视频\Cha13\实战操作428.avi

在“弹簧参数”卷展栏中的“线框形状”区域中可以设置弹簧的形状显示，具体操作步骤如下。

01 单击按钮，在弹出的下拉列表中选择“打开”选项，打开素材文件13-11.max，单击“修改”按钮，进入“修改”命令面板，在“弹簧参数”卷展栏中的“线框形状”选项区中，选中“长方形线框”单选按钮，如下图所示。

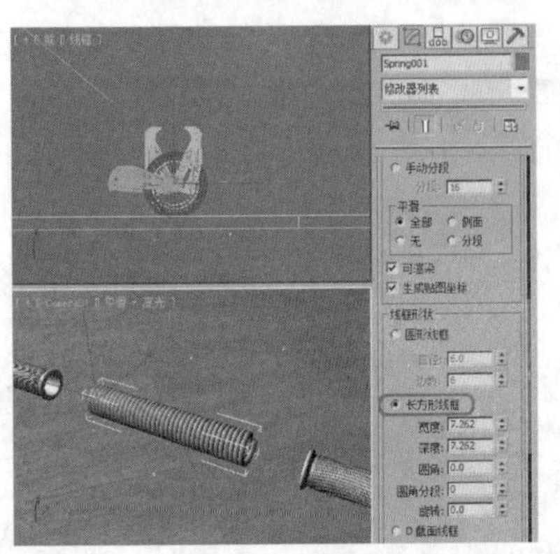

02 激活摄影机视图，按F9键进行渲染，渲染完成后的效果如下图所示。

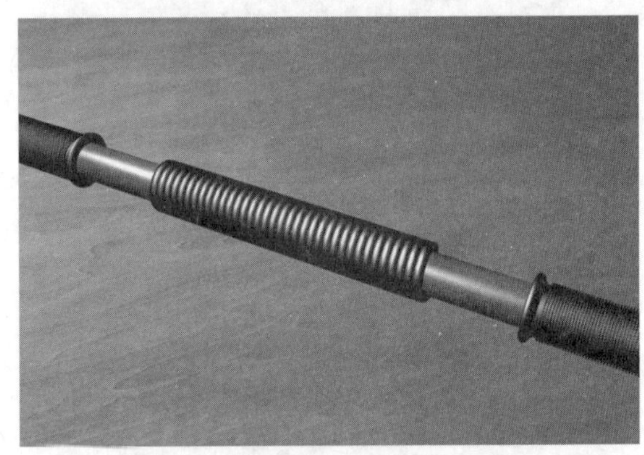

实战操作429 创建弹簧动画

素材：Scenes\Cha13\13-12.max	难度：★★★★★
场景：Scenes\Cha13\实战操作429.max	视频：视频\Cha13\实战操作429.avi

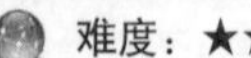

下面介绍创建弹簧动画的方法，具体操作步骤如下。

01 单击按钮，在弹出的下拉列表中选择“打开”选项，在打开的对话框中打开素材文件13-11.max，如下图所示。

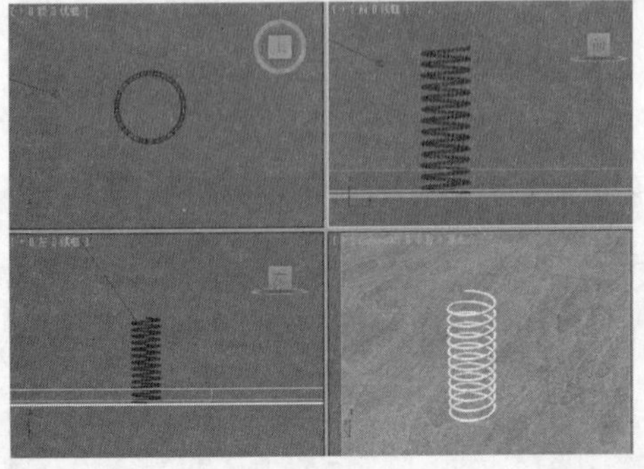

02 在动画控制区中单击“自动关键点”按钮，激活前视图，将时间滑块调整到第20帧处，确认弹簧对象处于选中状态，切换到“修改”命令面板，在“弹簧参数”卷展栏中，将“自由弹簧参数”区域下的“高度”设置为40，如下图所示。

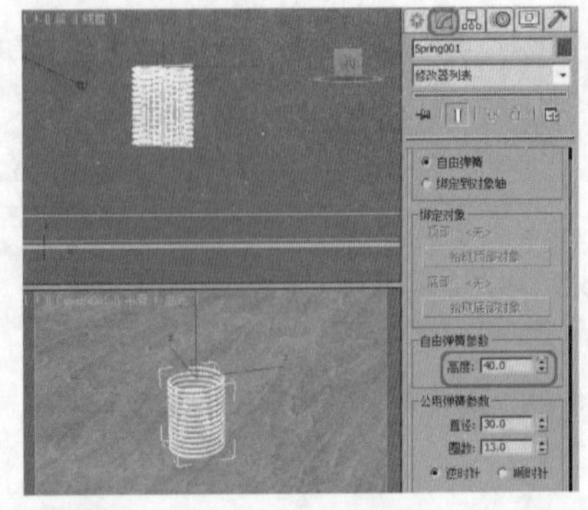

03 将时间滑块调整至第40帧处，确认“弹簧”对象处于选中状态，在“修改”命令面板中将“弹簧参数”卷展栏“自由弹簧参数”选项区中的“高度”设置为20，如下图所示。

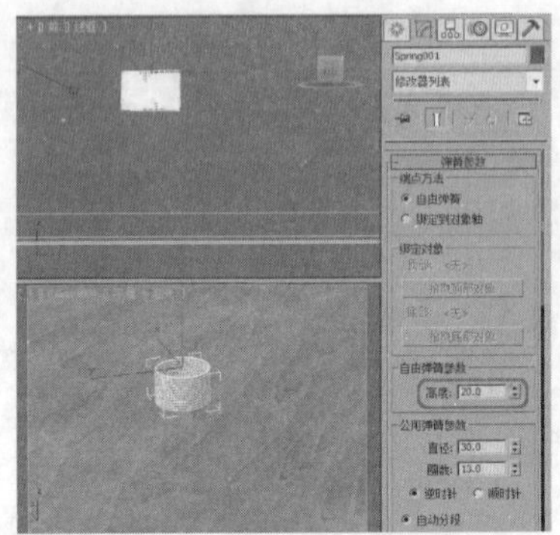

04 将时间滑块调整到第60帧处，确认“弹簧”对象处于选中状态，在“修改”命令面板中，将“弹簧参数”卷展栏中的“自由弹簧参数”选项区中的“高度”设置为40，如下图所示。

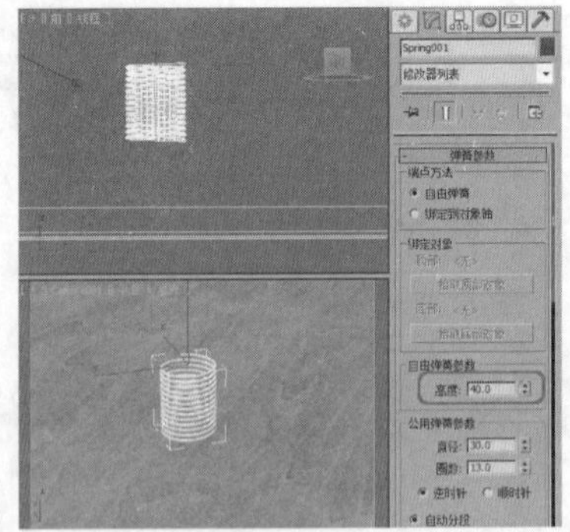

05 将时间滑块调整到第80帧处，确认“弹簧”对象处于选中状态，在“修改”命令面板中，将“弹簧参数”卷展栏的“自由弹簧参数”选项区中的“高度”设置为90，如下图所示。

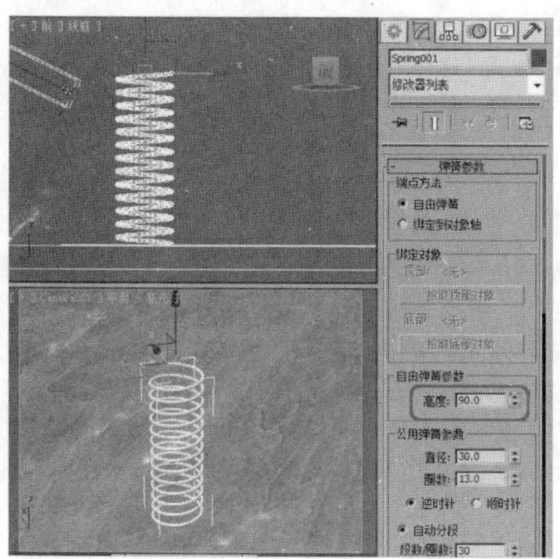

06 单击动画控制区中的“播放动画”按钮，这样就可以看到“弹簧”沿着Y轴方向来回运动，将时间滑块调整到第50帧时，按F9键快速渲染，效果如下图所示。

07 单击“渲染设置”按钮，弹出“渲染设置：默认扫描线渲染器”对话框，在“公用参数”卷展栏中的“时间输出”选项区中选中“活动时间段”单选按钮，在“渲染输出”选项区中单击“文件”按钮，如下图所示。

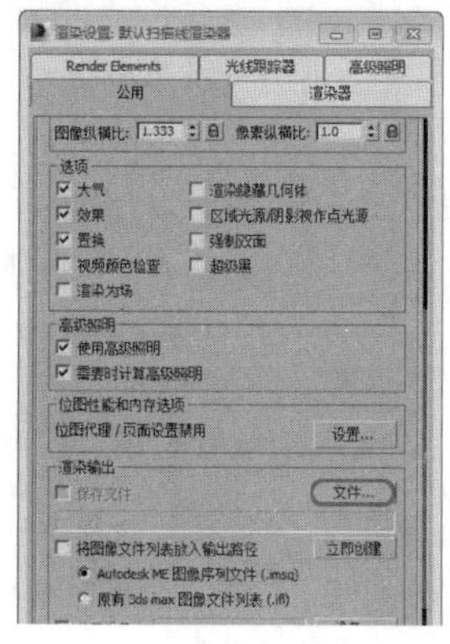

08 弹出“渲染输出文件”对话框，在该对话框中选择动画的输出路径，并设置“保存类型”为“AVI文件（*.avi）”，设置“文件名”为“实战操作429”，单击“保存”按钮，如下图所示。

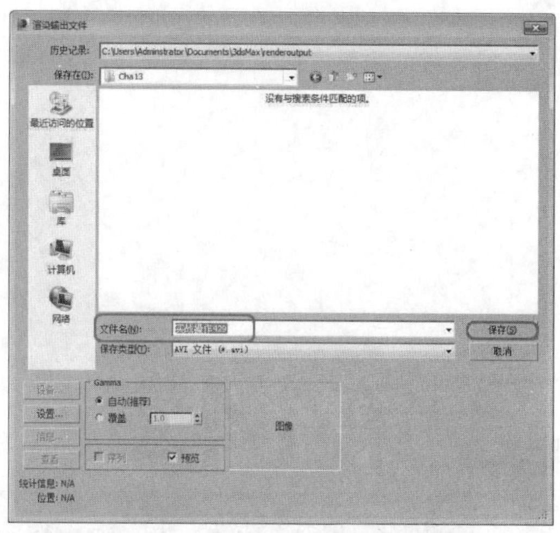

09 弹出“AVI文件压缩设置”对话框，使用默认设置，单击“确定”按钮，如下图所示。

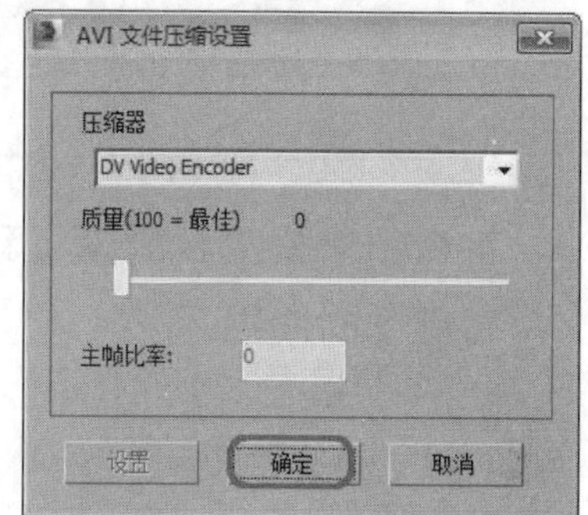

10 返回到“渲染设置”对话框中，然后单击“渲染”按钮开始渲染动画，渲染的静帧效果如下图所示。

Chapter 14

第14章 渲染输出

在3ds Max 2014中，制作好的场景文件都需要进行渲染输出，本章将介绍渲染工具的设置和使用，以及文件的渲染输出类型等，从而渲染出高品质的效果。

14.1 渲染设置

在菜单栏中选择“渲染”|“渲染设置”命令，或者在工具栏中单击“渲染设置”按钮，弹出“渲染设置”对话框，在其中可以对渲染的输出路径、渲染范围和渲染尺寸等进行设置。

实战操作430 设置单帧渲染

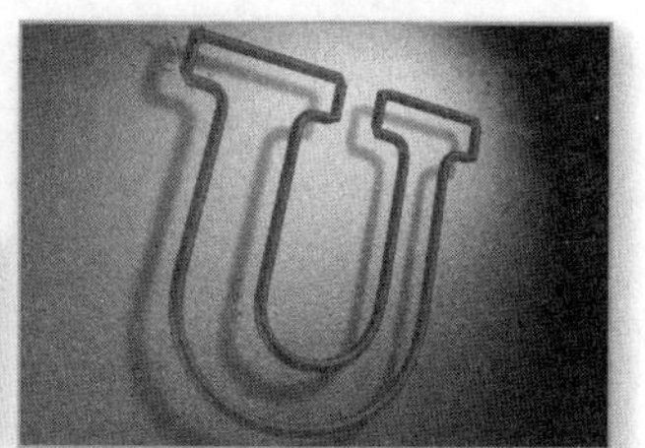

素材：Scenes\Cha14\14-1. max	难度：★★★★★
场景：Scenes\Cha14\实战操作430. max	视频：视频\ Cha14\实战操作430.avi

单帧渲染是对当前帧进行渲染。在制作动画时，我们可以通过渲染单帧来快速查看动画效果，设置单帧渲染的操作步骤如下。

01 单击按钮，在弹出的下拉列表中，选择“打开”选项，在打开的对话框中打开素材文件14-1.max，并将时间滑块拖动至第100帧，如下图所示。

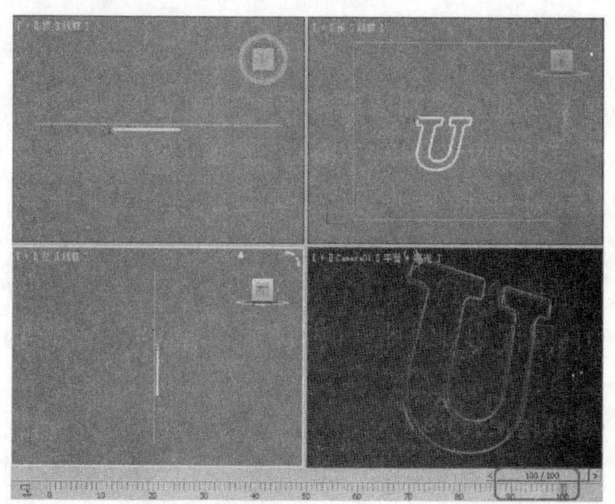

02 在工具栏中单击“渲染设置”按钮，弹出“渲染设置”对话框，选择“公用”选项卡，在“公用参数”卷展栏中，勾选“时间输出”选项组中的“单帧”单选按钮，如下图所示。

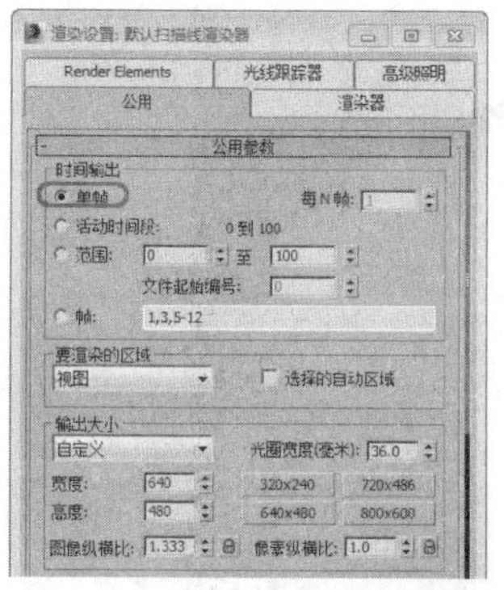

03 在对话框底部的“查看”下拉列表中，选择“四单元菜单4-Camera01”选项，然后单击“渲染”按钮，如下图所示。

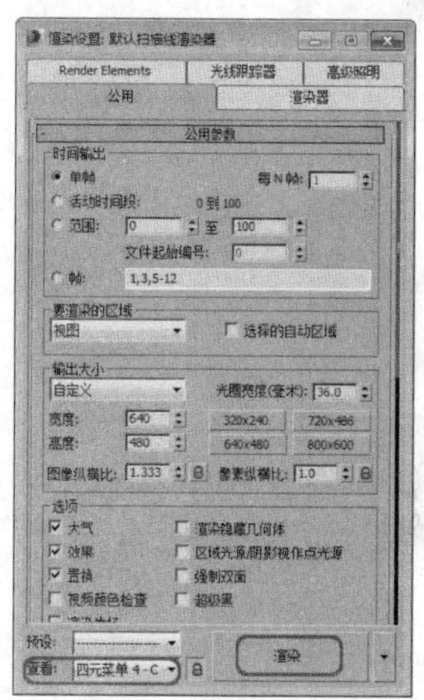

04 即可对第100帧进行渲染，渲染完成后的效果如下图所示。

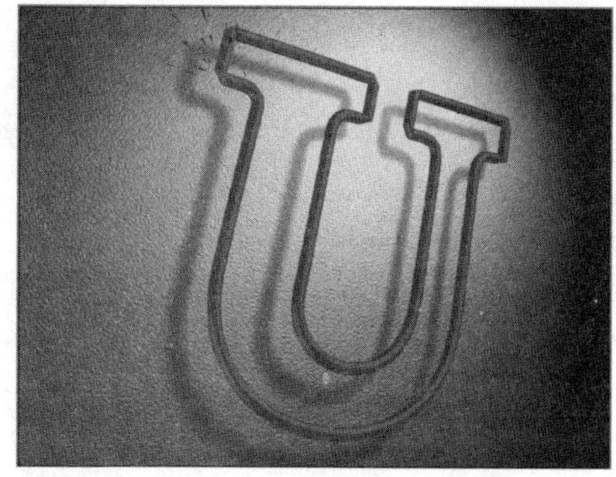

实战操作431 设置渲染输出路径

素材：Scenes\Cha14\14-1.max	难度：★★★★★
场景：Scenes\Cha14\实战操作431. max	视频：视频\Cha14\实战操作431.avi

在渲染动画之前，首先需要对动画的输出路径、文件名和类型等进行设置，下面介绍设置动画渲染输出路径的方法，具体操作步骤如下。

01 单击按钮，在弹出的下拉列表中，选择“打开”选项，在打开的对话框中打开素材文件14-1.max，如下图所示。

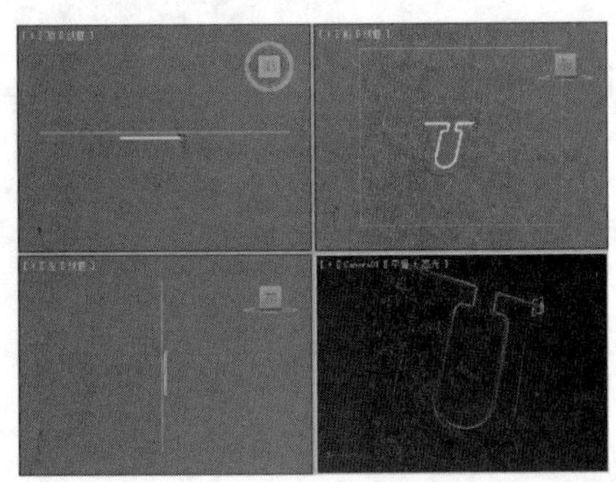

02 在工具栏中单击“渲染设置”按钮，弹出“渲染设置”对话框，选择“公用”选项卡，在“公用参数”卷展栏中，勾选“时间输出”选项组中的“活动时间段”单选按钮，如下图所示。

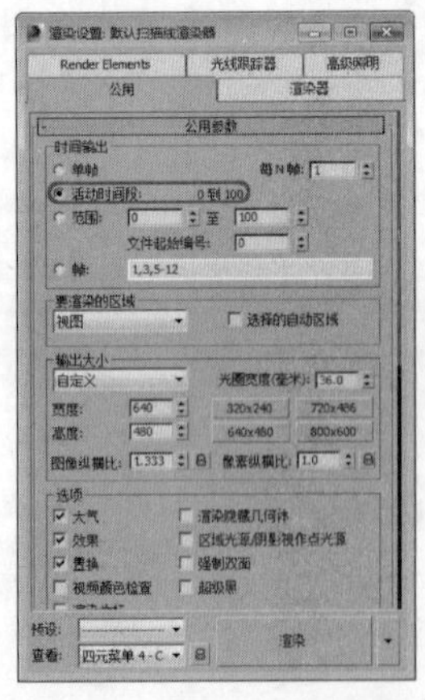

03 在“渲染输出”选项组中单击“文件”按钮，如下图所示。

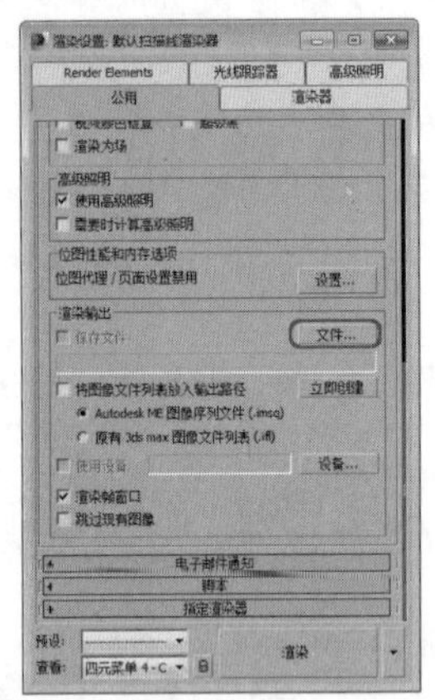

04 弹出“渲染输出文件”对话框，在其中选择动画的输出路径，并设置“保存类型”为“AVI文件(*.avi)”，设置“文件名”为“实战操作431设置渲染输出路径”，如下图所示。

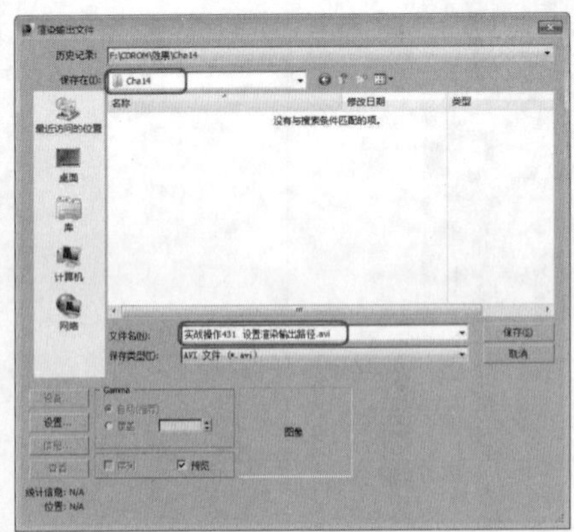

05 单击“保存”按钮，弹出“AVI文件压缩设置”对话框，在其中将“主帧比率”设置为0，如下图所示。

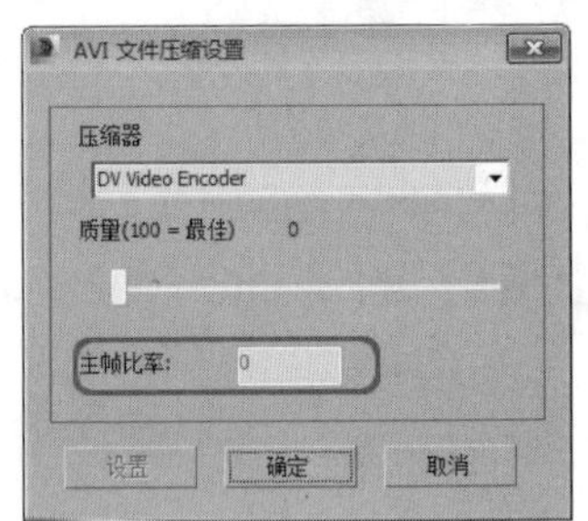

06 单击“确定”按钮，返回到“渲染设置”对话框中，此时会在“文件”按钮的下方显示出输出路径，如下图所示。在“查看”下拉列表中，选择“四单元菜单4-Camera01”选项，然后单击“渲染”按钮，即可对当前动画进行渲染。

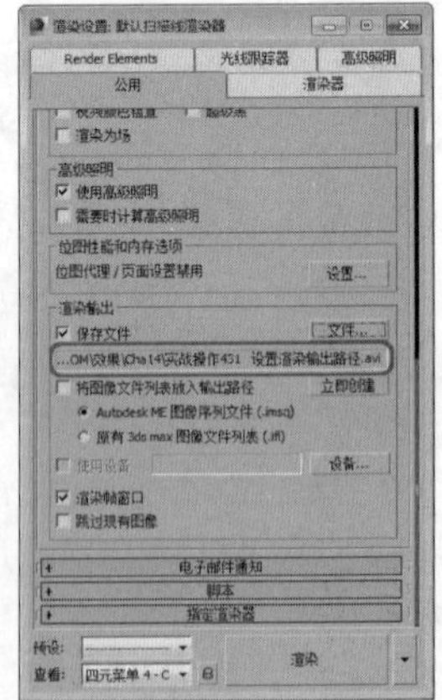

实战操作432 设置渲染范围

素材：Scenes\Cha14\14-1..max	难度：★★★★★
场景：Scenes\Cha14\实战操作432. max	视频：视频\ Cha14\实战操作432.avi

渲染范围指两个数字之间（包括这两个数）的所有帧。设置渲染范围的操作步骤如下。

01 单击按钮，在弹出的下拉列表中，选择“打开”选项，在打开的对话框中打开素材文件14-1.max，如右图所示。

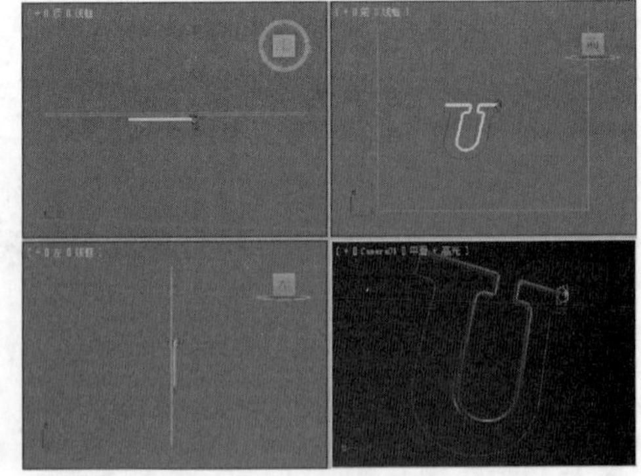

02 在工具栏中单击“渲染设置”按钮，弹出“渲染设置”对话框，选择“公用”选项卡，在“公用参数”卷展栏中，勾选“时间输出”选项组中的“范围”单选按钮，并将后面的范围设置为0至53，如下图所示。

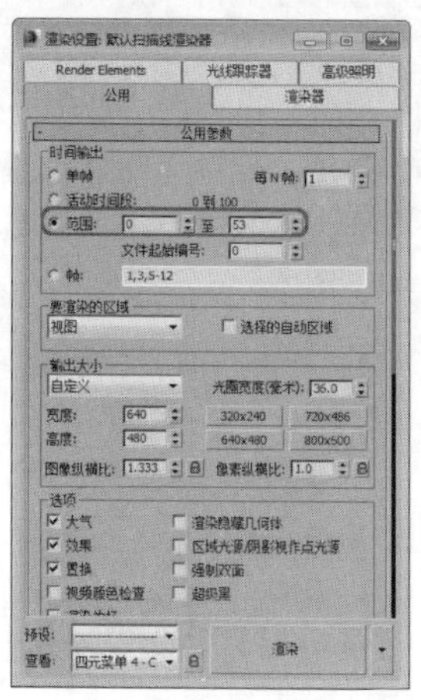

03 使用上一实例中讲到的方法为动画设置输出路径、类型和文件名，设置完成后即可在“渲染输出”选项组中显示出输出路径，如下图所示。

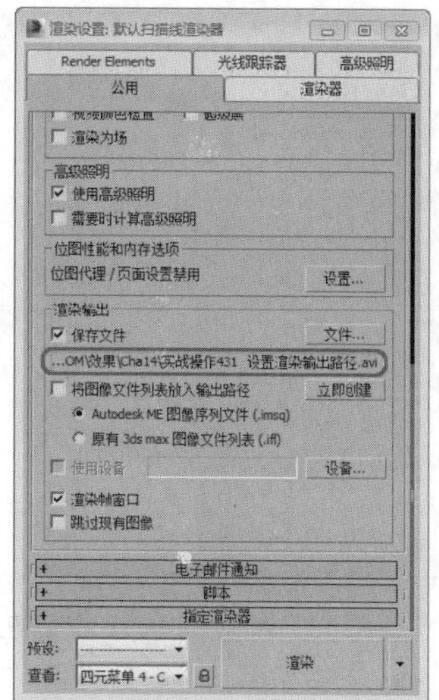

04 在“查看”下拉列表中，选择“四单元菜单4-Camera01”选项，然后单击“渲染”按钮，如下图所示，即可对当前动画进行渲染。

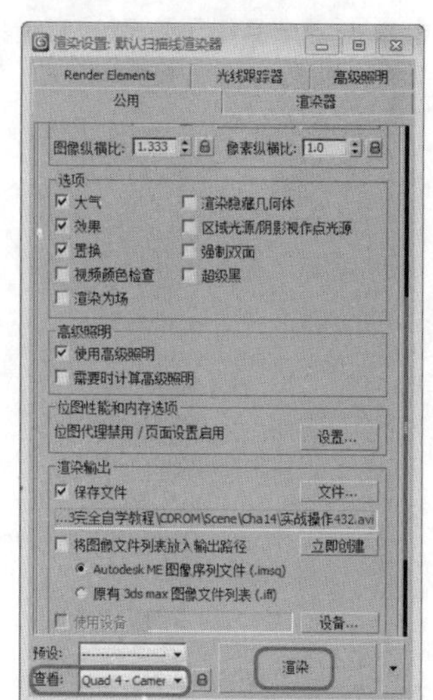

实战操作433 设置渲染尺寸

素材：Scenes\Cha14\14-1. max	难度：★★★★★
场景：无	视频：视频\ Cha14\实战操作433.avi

在渲染场景文件时，用户可以根据需要对渲染尺寸进行设置。设置渲染尺寸的操作步骤如下。

01 打开素材文件14-1. max，在工具栏中单击“渲染设置”按钮，弹出“渲染设置”对话框，选择“公用”选项卡，在“公用参数”卷展栏中的“输出大小”选项组中单击“640x480”按钮，如右图所示。

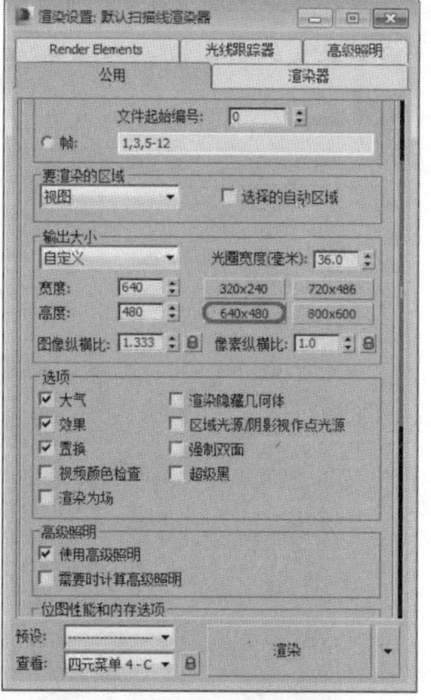

02 将时间滑块拖动至第100帧处，然后单击对话框右下角的“渲染”按钮，渲染窗口即可以640x480大小显示，如下图所示。

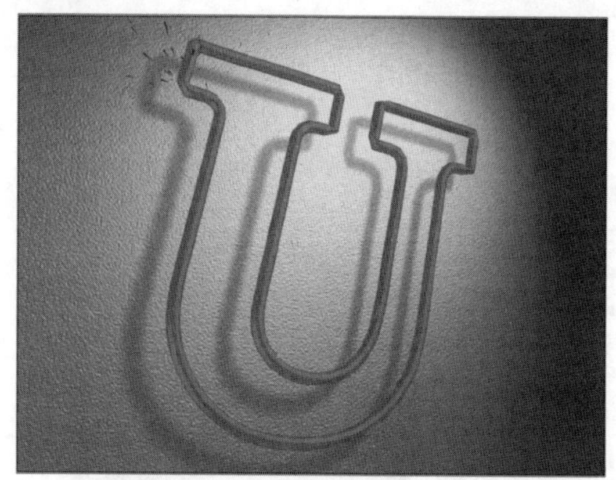

实战操作434 指定渲染器

素材：Scenes\Cha14\14-1. max	难度：★★★★★
场景：无	视频：视频\ Cha14\实战操作434.avi

“指定渲染器”卷展栏用于设置指定给产品级和ActiveShade类别的渲染器，指定渲染器的操作步骤如下。

01 打开素材文件14-1.max，在工具栏中单击“渲染设置”按钮，弹出“渲染设置”对话框，选择“公用”选项卡，在“指定渲染器”卷展栏中单击“产品级”右侧的“选择渲染器…”按钮，如下图所示。

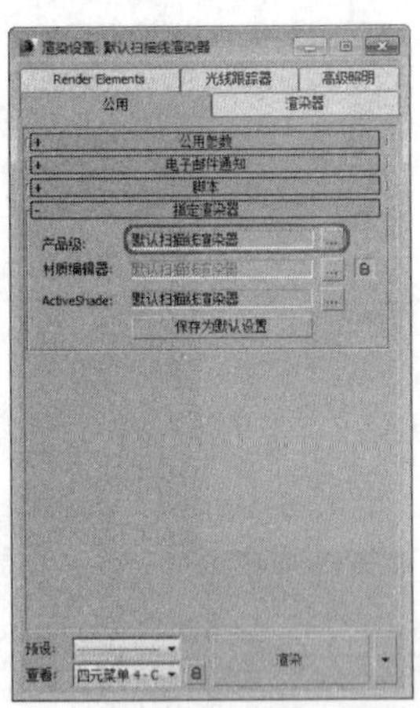

02 弹出“选择渲染器”对话框，在弹出的对话框中选择“NVIDIA mental ray”渲染器，如下图所示。

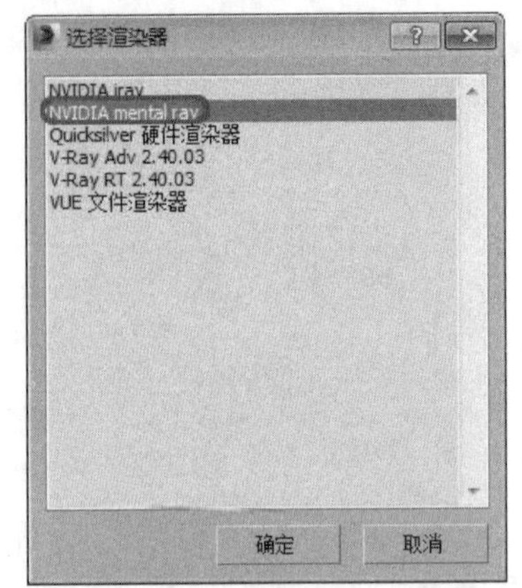

03 单击“确定”按钮，然后在“指定渲染器”卷展栏中单击“保存为默认设置”按钮，如下图所示。

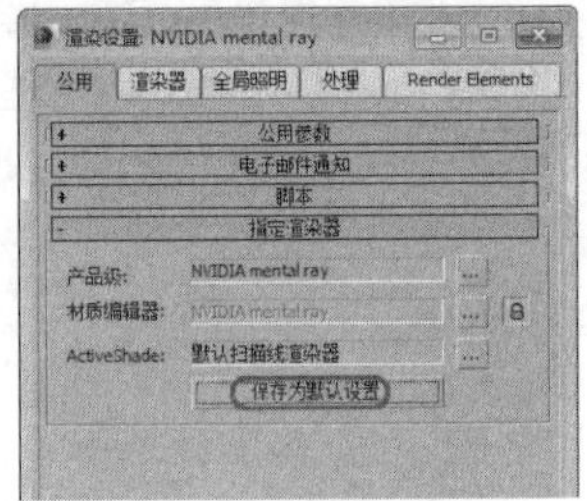

04 弹出“保存为默认设置”对话框，在其中单击“确定”按钮即可，如下图所示。

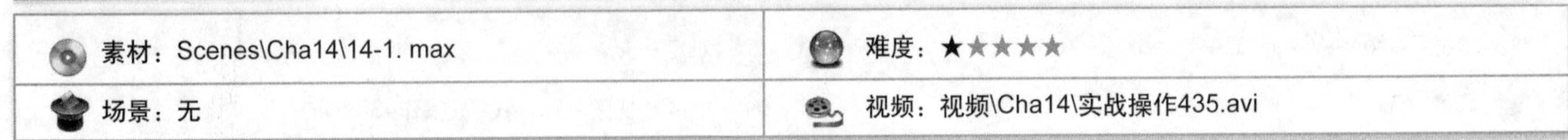

实战操作435 设置渲染帧窗口

素材：Scenes\Cha14\14-1. max	难度：★★★★★
场景：无	视频：视频\Cha14\实战操作435.avi

通过单击渲染帧窗口中的“切换UI”按钮，可以简化窗口界面并且使该窗口占据较小的空间，具体操作步骤如下。

01 打开素材文件14-1.max，激活摄影机视图，在工具栏中单击“渲染产品”按钮，弹出渲染帧窗口，然后单击“切换UI”按钮，如下图所示。

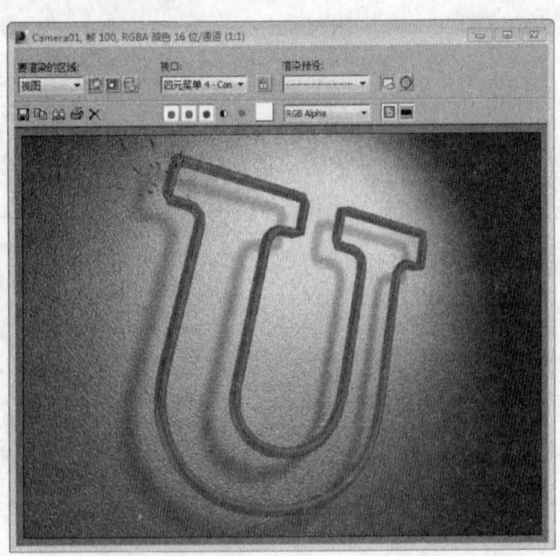

02 即可隐藏窗口顶部的渲染控件，如下图所示。

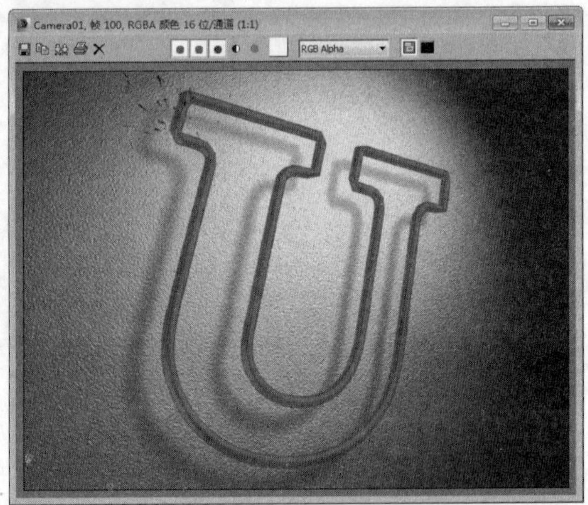

14.2 运用NVIDIA mental ray渲染器

NVIDIA mental ray渲染器是一种通用渲染器，它可以生成灯光效果的物理校正模拟，包括光线跟踪反射和折射、焦散和全局照明。

与默认的3ds Max扫描线渲染器相比，NVIDIA mental ray 渲染器不用“手工”或通过生成光能传递解决方案来模拟复杂的照明效果。NVIDIA mental ray渲染器为使用多处理器进行了优化，并为动画的高效渲染而利用增量变化。

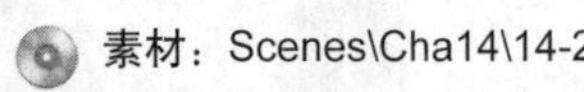

实战操作436 设置NVIDIA mental ray折射

素材：Scenes\Cha14\14-2. max	难度：★★★★★
场景：Scenes\Cha14\实战操作436. max	视频：视频\ Cha14\实战操作436.avi

当启用折射时，NVIDIA mental ray会跟踪深度控制光线被折射的次数。下面介绍设置NVIDIA mental ray折射的方法，具体操作步骤如下。

01 单击按钮，在弹出的下拉列表中，选择“打开”选项，在打开的对话框中打开素材文件14-2.max，如下图所示。

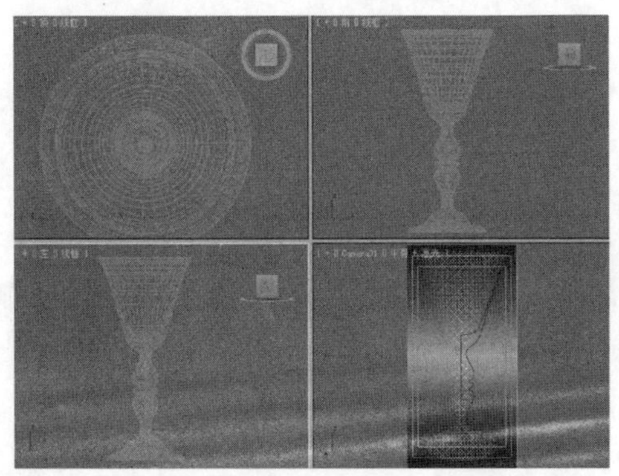

02 在工具栏中单击“渲染设置”按钮，弹出“渲染设置”对话框，选择“渲染器”选项卡，在“渲染算法”卷展栏中，勾选“反射/折射”选项组中的“启用折射”复选框，并将“最大折射”设置为11，如下图所示。

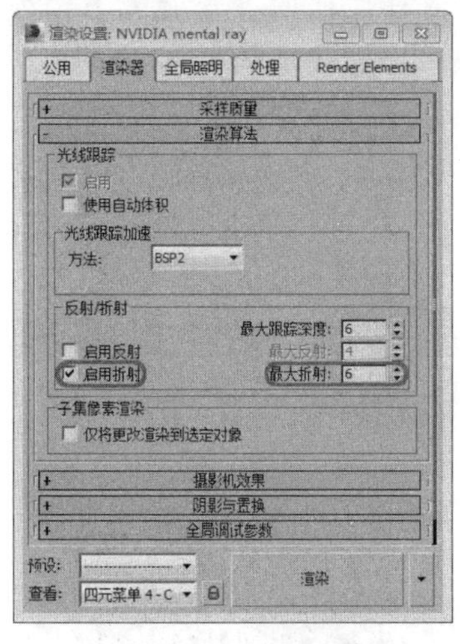

03 在对话框底部的“查看”下拉列表中，选择“Quad4-Camera001”选项，然后单击“渲染”按钮，如下图所示。

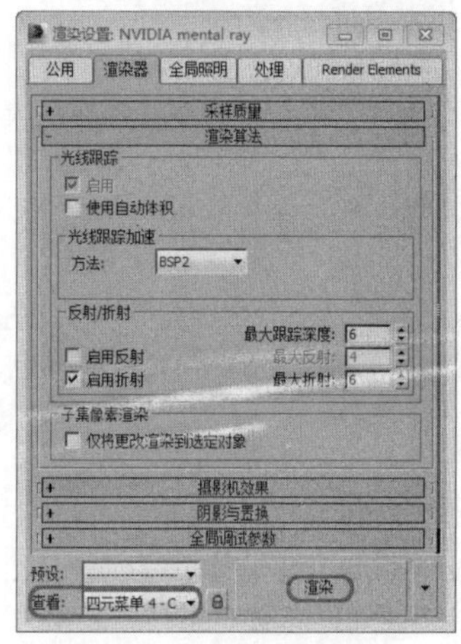

04 渲染完成后的效果如下图所示。

实战操作437 设置NVIDIA mental ray反射

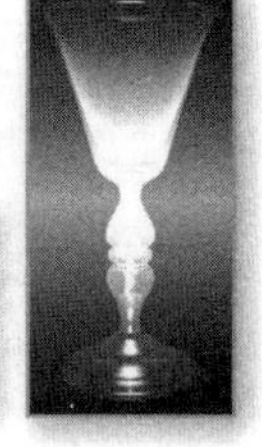

素材：Scenes\Cha14\14-3. max	难度：★★★★★
  场景：Scenes\Cha14\实战操作437. max	视频：视频\ Cha14\实战操作437.avi

当启用反射时，NVIDIA mental ray会跟踪深度控制光线被反射的次数。下面介绍设置NVIDIA mental ray反射的方法，具体操作步骤如下。

01 继续上面的操作，在工具栏中单击“渲染设置”按钮，弹出“渲染设置”对话框，选择“渲染器”选项卡，在“渲染算法”卷展栏中，勾选“反射/折射”选项组中的“启用反射”复选框，并将“最大反射”设置为4，如下图所示。

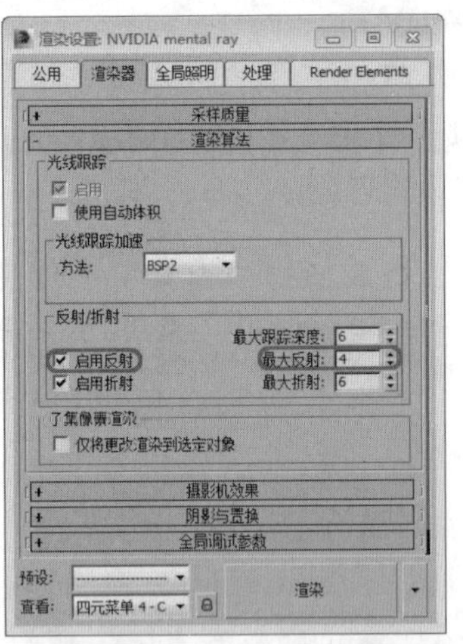

02 在对话框底部的“查看”下拉列表中，选择“Quad4-Camera001”选项，然后单击“渲染”按钮进行渲染，渲染完成后的效果如右图所示。

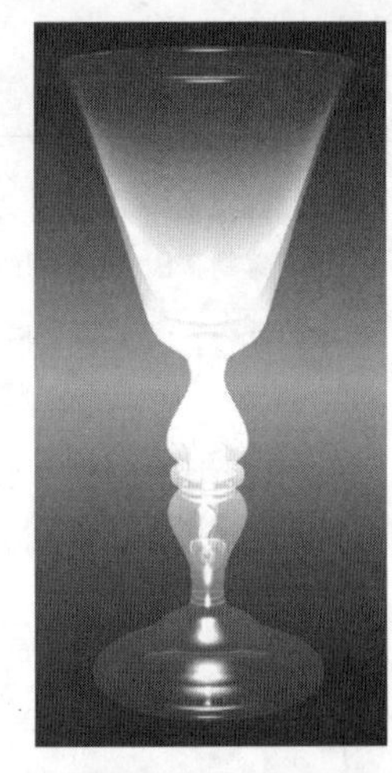

专家提醒

“最大反射”选项用于设置光线可以反射的次数。0表示不会发生反射。1表示光线只可以反射一次。2表示光线可以反射两次，以此类推。默认值为4。

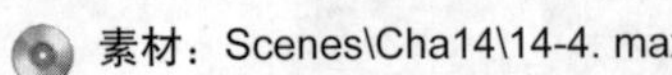

实战操作438 设置最终焦距

素材：Scenes\Cha14\14-4. max	难度：★★★★★
场景：Scenes\Cha14\实战操作438. max	视频：视频\ Cha14\实战操作438.avi

下面介绍设置最终焦距的方法，具体操作步骤如下。

01 打开素材文件14-4.max，在工具栏中单击“渲染设置”按钮，弹出“渲染设置”对话框，选择“全局照明”选项卡，在“最终聚集”卷展栏中，将“基本”选项组下的“漫反射反弹次数”设置为10，如下图所示。

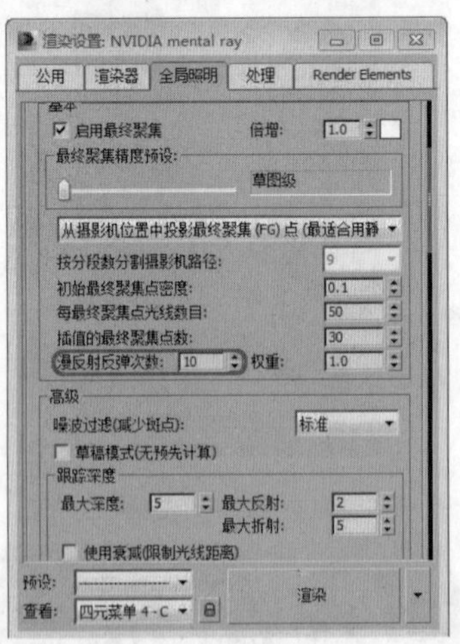

02 在对话框底部的“查看”下拉列表中，选择“Quad4-Camera001”选项，然后单击“渲染”按钮进行渲染，渲染完成后的效果如下图所示。

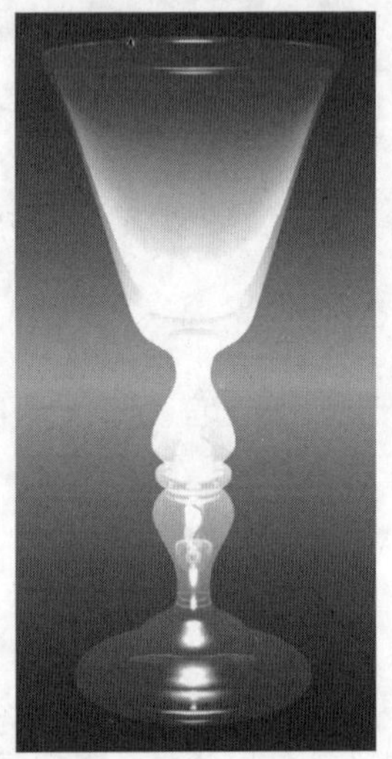

实战操作439 调整采样精度

素材：Scenes\Cha14\14-5Vray. max	难度：★★★★★
场景：Scenes\Cha14\实战操作439. max	视频：视频\ Cha14\实战操作439.avi

在渲染场景文件之前，可以在“每像素采样数”选项组中设置用于对渲染输出进行抗锯齿操作的最小和最大采样率，从而调整采样精度，具体操作步骤如下。

01 单击按钮，在弹出的下拉列表中，选择“打开”选项，在打开的对话框中打开素材文件14-5Vray.max，如下图所示。

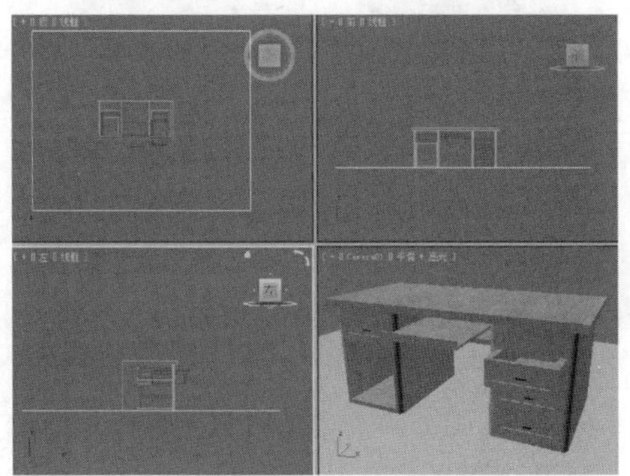

02 在工具栏中单击“渲染设置”按钮，弹出“渲染设置”对话框，选择“渲染器”选项卡，在“采样质量”卷展栏中，将“每像素采样数”选项组下的“最小”设置为1，将“最大”设置为16，如下图所示。

03 在对话框底部的“查看”下拉列表中，选择“Quad4-Camera001”选项，然后单击“渲染”按钮，如下图所示。

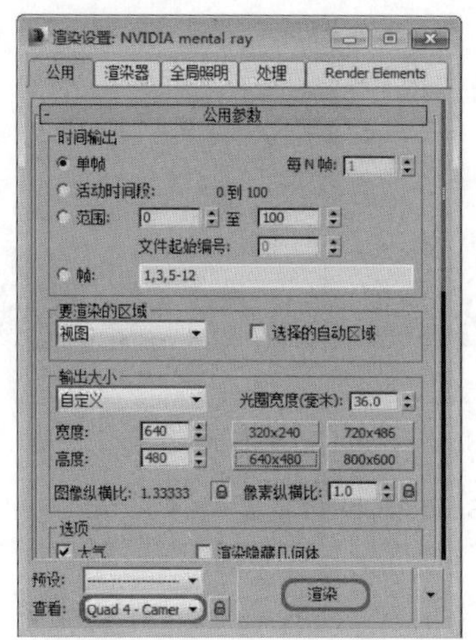

04 渲染完成后的效果如下图所示。

实战操作440 设置渲染块宽度

 素材：Scenes\Cha14\14-5 Vray. max	 难度：★★★★★
 场景：Scenes\Cha14\实战操作440. max	 视频：视频\ Cha14\实战操作440.avi

为了渲染场景，NVIDIA mental ray渲染器将图像细分成矩形横截面或“渲染块”。使用较小的渲染块会在渲染时生成更多的更新图像。更新图像消耗一定数量的CPU 周期。对于一个一般复杂的场景，小的渲染块将增加渲染时间，而大的渲染块可节约渲染时间。对于复杂的场景，正好相反。设置渲染块宽度的操作步骤如下。

01 打开素材文件14-5Vray.max，在工具栏中单击“渲染设置”按钮，弹出“渲染设置”对话框，选择“渲染器”选项卡，在“采样质量”卷展栏中，将“选项”选项组下的“渲染块宽度”设置为80，如右图所示。

02 在对话框底部的“查看”下拉列表中，选择“Quad4-Camera001”选项，然后单击“渲染”按钮进行渲染，即可查看渲染块的宽度，如右图所示。

实战操作441 设置渲染块顺序

素材：Scenes\Cha14\14-5Vray. max	难度：★★★★★
场景：Scenes\Cha14\实战操作441. max	视频：视频\ Cha14\实战操作441.avi

在渲染场景文件之前，可以对渲染块的渲染顺序进行设置，其中包括希尔伯特（最佳）、螺旋、从左到右、从右到左、从上到下和从下到上6种渲染顺序，设置渲染块渲染顺序的操作步骤如下。

01 打开素材文件14-5Vray.max，在工具栏中单击“渲染设置”按钮，弹出“渲染设置”对话框，选择“渲染器”选项卡，在“采样质量”卷展栏中，将“选项”选项组下的“渲染块顺序”设置为“从上到下”，如下图所示。

02 在对话框底部的“查看”下拉列表中，选择“Quad4-Camera001”选项，然后单击“渲染”按钮进行渲染，即可看到渲染块是从上到下进行渲染，如下图所示。

实战操作442 渲染背景元素

素材：Scenes\Cha14\14-6 Vray. max	难度：★★★★★
场景：Scenes\Cha14\实战操作442. max	视频：视频\ Cha14\实战操作442.avi

在“渲染元素”对话框中可以选择需要渲染的元素，下面介绍渲染背景元素的方法，具体操作步骤如下。

01 单击按钮，在弹出的下拉列表中，选择“打开”选项，在打开的对话框中打开素材文件14-6Vray.max，如右图所示。

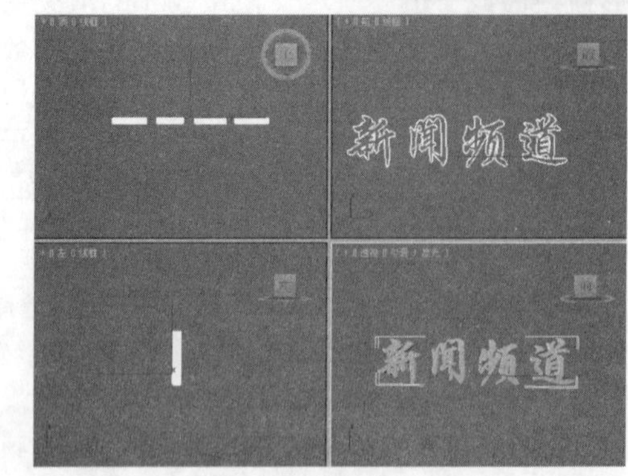

02 在工具栏中单击“渲染设置”按钮，弹出“渲染设置”对话框，选择“Render Elements”选项卡，在“渲染元素”卷展栏中单击“添加”按钮，如下图所示。

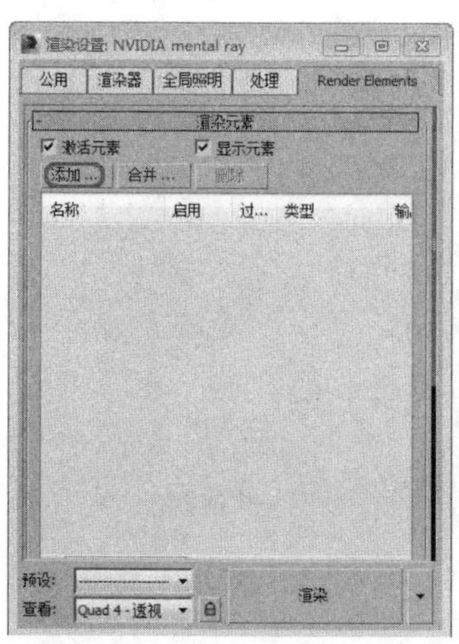

03 弹出“渲染元素”对话框，在下拉列表框中选择“背景”选项，如下图所示。

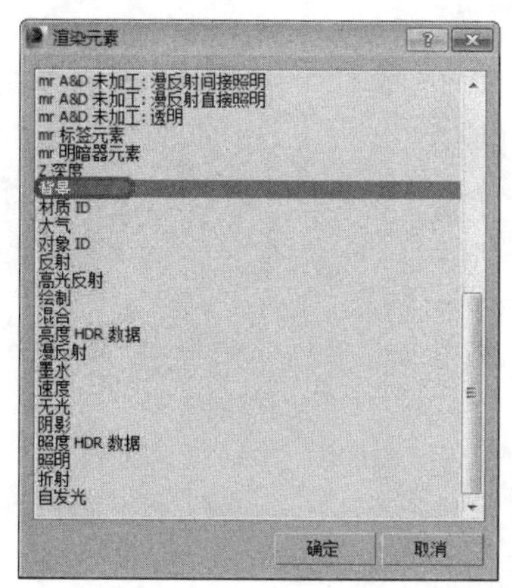

04 单击“确定”按钮，返回到“渲染设置”对话框中，在下拉列表框中即可显示出渲染元素的名称和类型等，如下图所示。

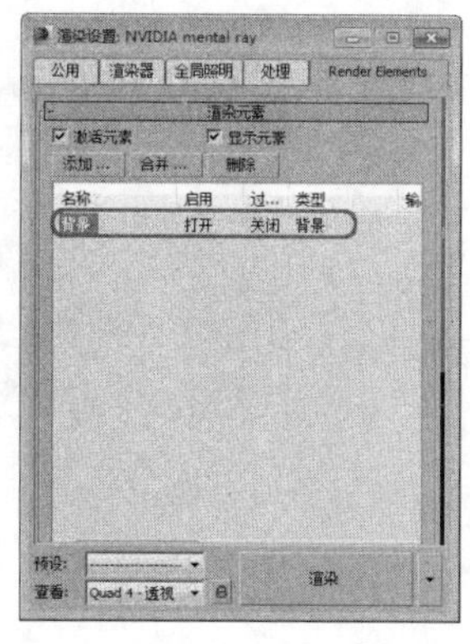

05 在对话框底部的“查看”下拉列表中，选择“Quad4-透视”选项，然后单击“渲染”按钮，对场景文件进行渲染，如下图所示。

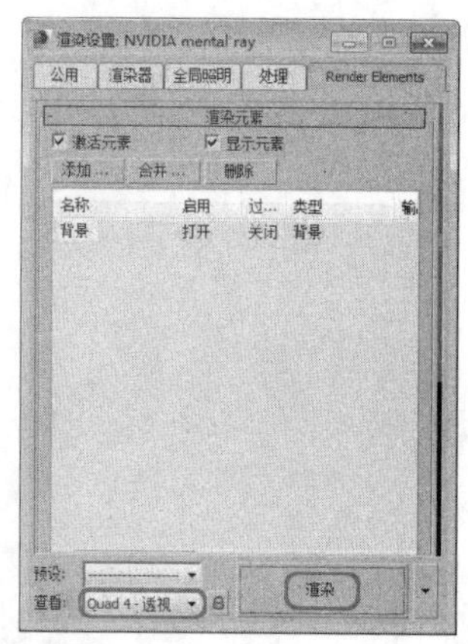

06 渲染完成后，弹出“背景，RGBA 颜色 16位/通道（1:1）”渲染窗口，效果如下图所示。

实战操作443 渲染高光反射元素

素材：Scenes\Cha14\14-6 Vray.max	难度：★★★★★
场景：Scenes\Cha14\实战操作443. max	视频：视频\ Cha14\实战操作443.avi

下面再来介绍一下渲染高光反射元素的方法，具体操作步骤如下。

01 打开素材文件14-6Vray.max，按F10键弹出“渲染设置”对话框，选择“Render Elements”选项卡，在“渲染元素”卷展栏中单击“添加”按钮，如下图所示。

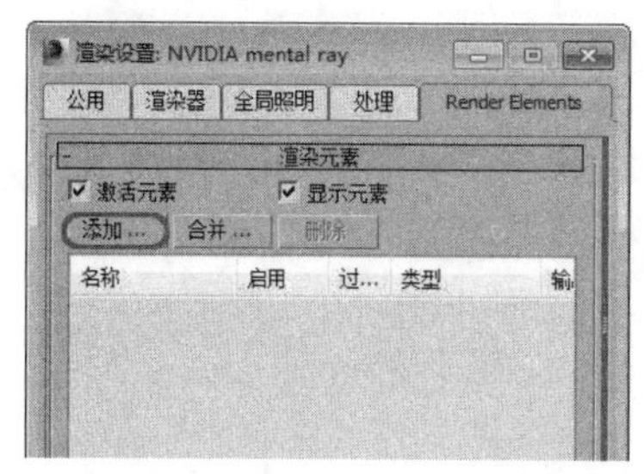

02 弹出“渲染元素”对话框，在下拉列表框中选择“高光反射”选项，如下图所示。

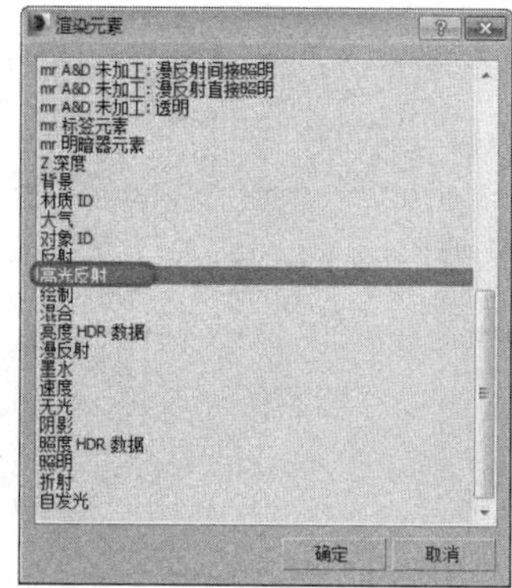

03 单击“确定”按钮，返回到“渲染设置”对话框中，在对话框底部的“查看”下拉列表中，选择“Quad4-透视”选项，然后单击“渲染”按钮对场景文件进行渲染，如下图所示。

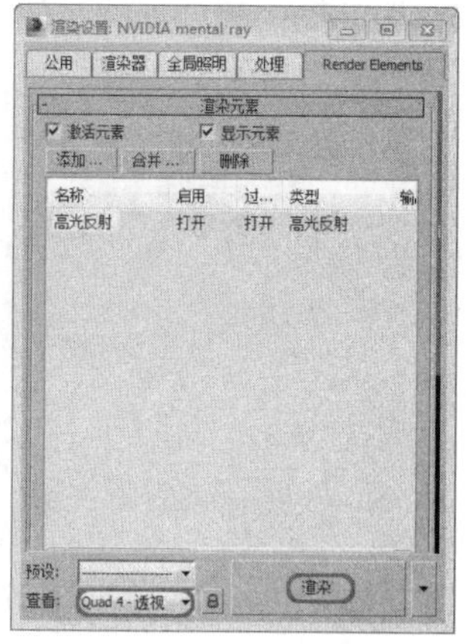

04 渲染完成后，弹出“高光反射，RGBA 颜色 16位/通道（1:1）”渲染窗口，效果如右图所示。

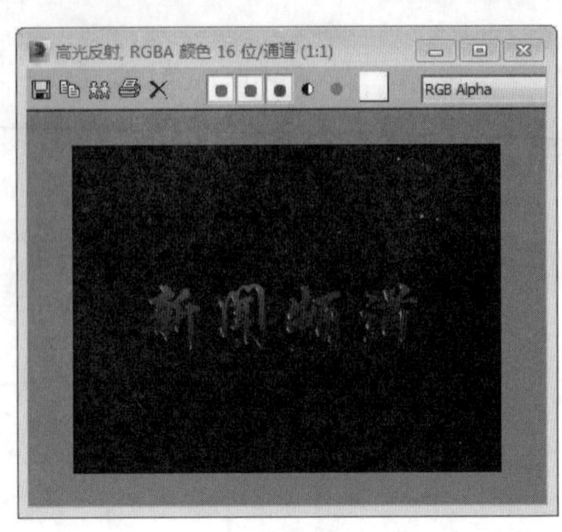

14.3 设置渲染输出

本节来介绍一下设置渲染输出的方法，其中包括切换渲染通道、设置输出类型等。

实战操作444 切换渲染通道

素材：Scenes\Cha14\14-7.max	难度：★★★★★
场景：Scenes\Cha14\实战操作444. max	视频：视频\ Cha14\实战操作444.avi

在渲染帧窗口中可以切换渲染通道，具体操作步骤如下。

01 单击按钮，在弹出的下拉列表中，选择“打开”选项，在打开的对话框中打开素材文件14-7.max，如下图所示。

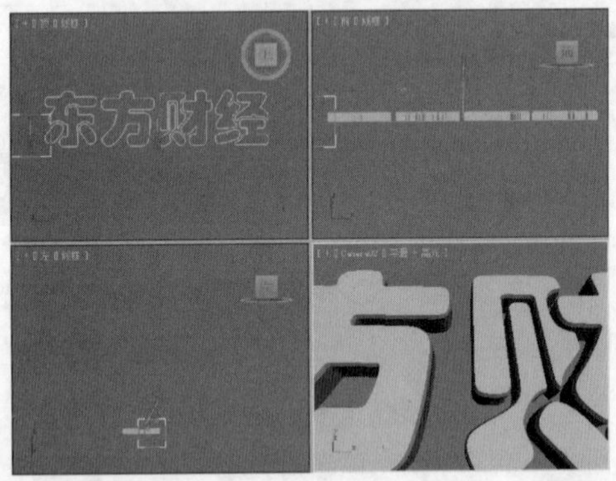

02 激活摄影机视图，并将时间滑块拖动至第200帧处，如下图所示。

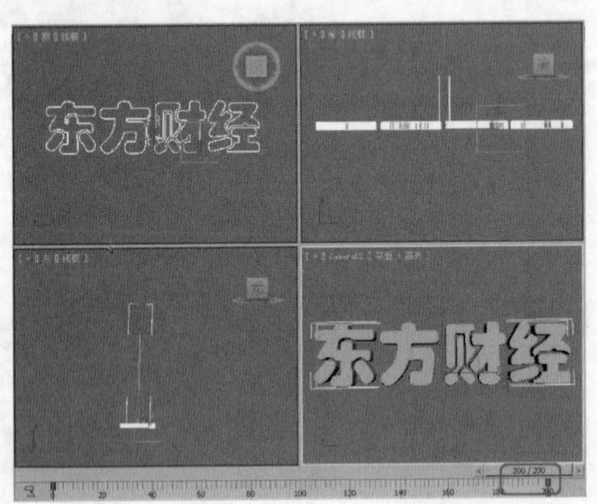

03 在工具栏中单击“渲染产品”按钮，弹出渲染帧窗口，如下图所示。

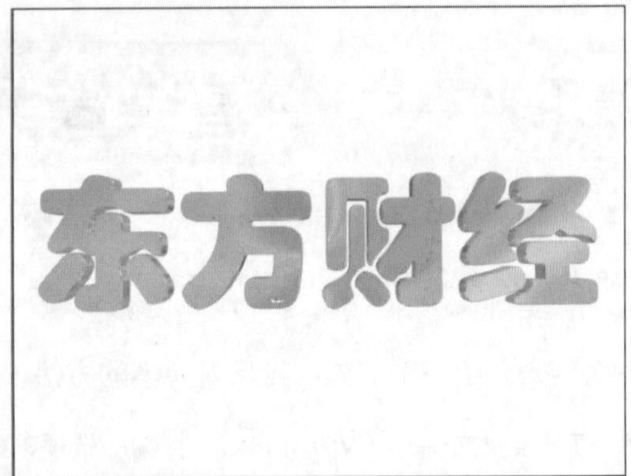

04 在渲染帧窗口中，单击“启用红色通道”按钮，效果如下图所示。

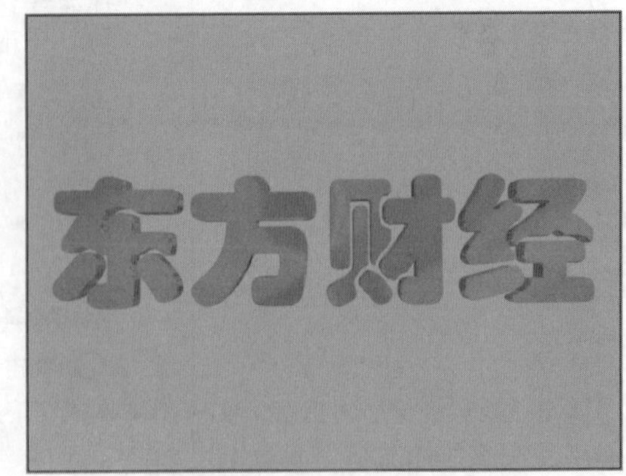

实战操作445 输出AVI动画

东方财经

素材：Scenes\Cha14\14-7.max	难度：★★★★★
场景：Scenes\Cha14\实战操作445. max	视频：视频\ Cha14\实战操作445.avi

下面介绍将场景文件输出为AVI动画的方法，具体操作步骤如下。

01 打开素材文件14-7.max，在工具栏中单击“渲染设置”按钮，弹出“渲染设置”对话框，选择“公用”选项卡，在“公用参数”卷展栏中，勾选“时间输出”选项组中的“范围”单选按钮，并将后面的范围设置为130至200，然后在“渲染输出”选项组中单击“文件”按钮，如下图所示。

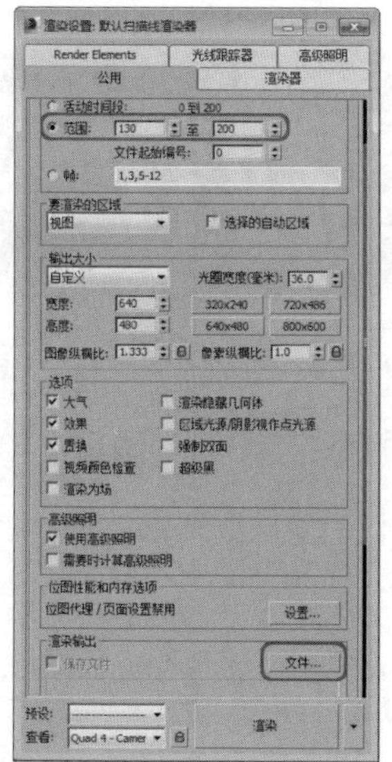

02 弹出“渲染输出文件”对话框，在其中设置输出路径，将文件名命名为“实战操作445”，设置“保存类型”为“AVI文件（*.avi）”，如下图所示。

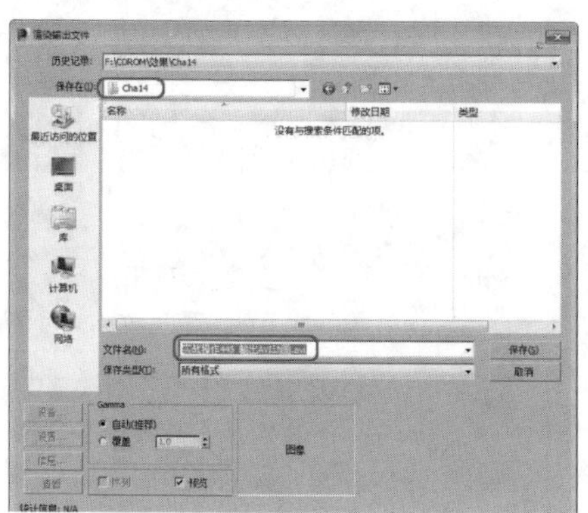

03 单击“保存”按钮，弹出“AVI文件压缩设置”对话框，使用默认设置，单击“确定”按钮，返回到“渲染设置”对话框中，在“查看”下拉列表中，选择“Quad4-Camera02”选项，单击“渲染”按钮，在渲染到第130帧时的效果如下图所示。

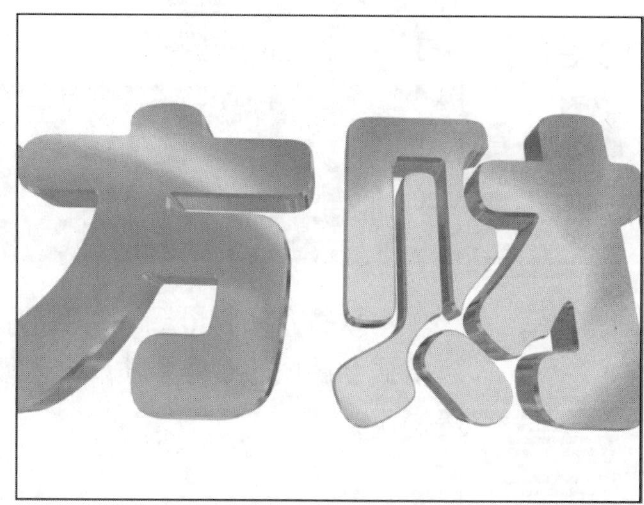

04 当场景渲染到第200帧时，渲染效果如下图所示。

Chapter 15

第15章 常用三维文字的制作

本章将介绍常用三维文字的制作方法，通过本章的学习，使用户可以掌握金属质感、浮雕质感、玻璃质感、激光质感的制作、修改、编辑等操作。

15.1 金属文字

通过本例的学习，用户可以掌握金属质感的制作、修改以及编辑操作，同时掌握反射贴图通道的应用。

实战操作446 创建文字并设置倒角

素材：无	难度：★★★★★
场景：无	视频：视频\Cha15\实战操作446.avi

在制作金属文字之前，最重要的是先创建文字，下面介绍如何创建文字并为其设置倒角，具体操作步骤如下。

01 选择“创建”|“图形”|“样条线”|“文本”工具，在“参数”卷展栏中的“字体”下拉列表中选择“方正综艺简体”，在文本输入框中输入“特别关注”，在顶视图中，单击鼠标左键创建文本，如下图所示。

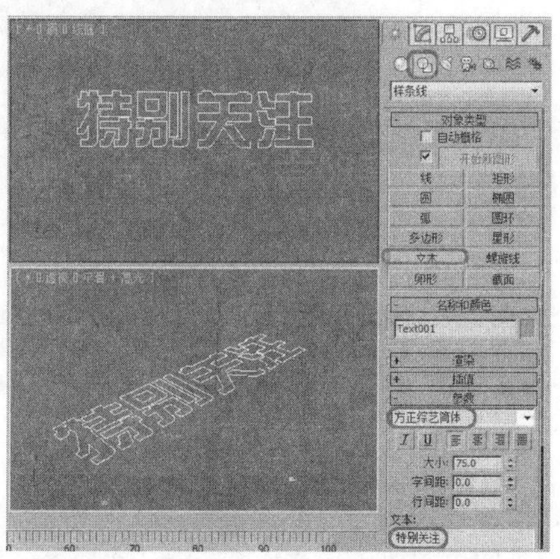

02 切换至“修改”命令面板，在“修改器列表”下拉列表中，选择“倒角”修改器，在“倒角值”卷展栏中，将“级别1”下的“高度”设置为15，勾选“级别2”复选框，将“高度”设置为1，“轮廓”设置为-1，如下图所示。

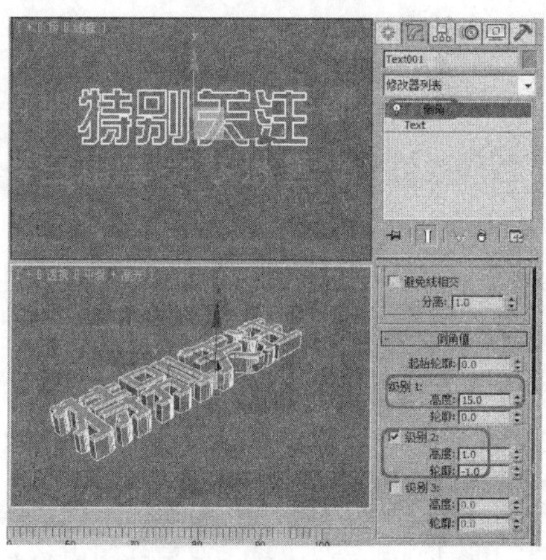

实战操作447 设置材质

素材：无	难度：★★★★★
场景：无	视频：视频\Cha15\实战操作447.avi

创建完文字后，将为文字设置材质，具体操作步骤如下。

01 继续上一实例的操作，在视图中选择文字，按M键打开“材质编辑器”对话框，在该对话框中选择一个材质样本球，将其命名为“金属”，如右图所示。

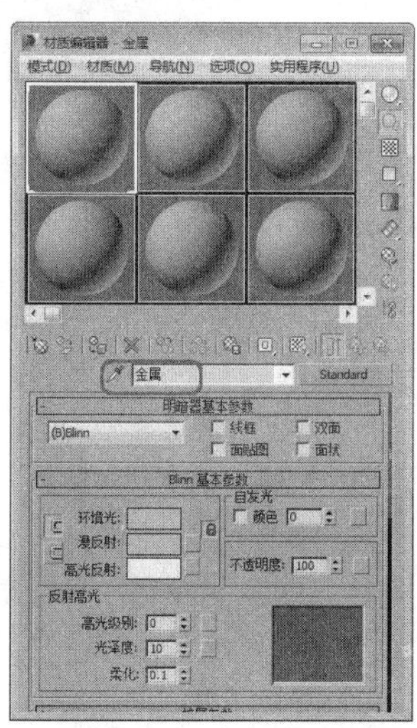

02 在“明暗器基本参数”卷展栏中，将明暗器类型设置为“(M)金属”，在“金属基本参数”卷展栏中，将“环境光”的RGB值设置为（209、205、187），将“高光级别”和“光泽度”分别设置为102、74，如右图所示。

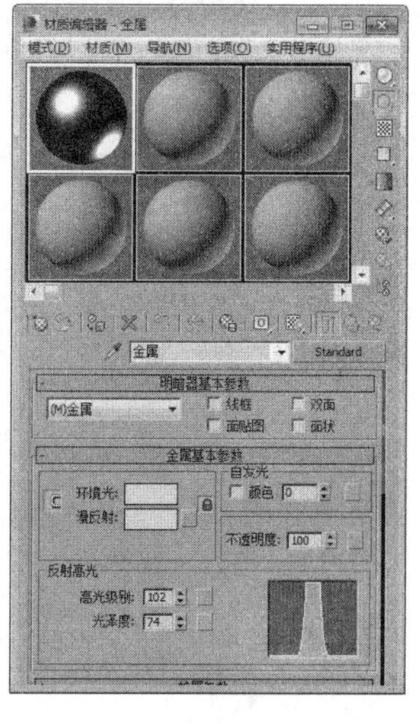

03 打开"贴图"卷展栏，单击"反射"通道后的"无"按钮，在打开的"材质/贴图浏览器"对话框中选择"光线跟踪"，如下图所示。

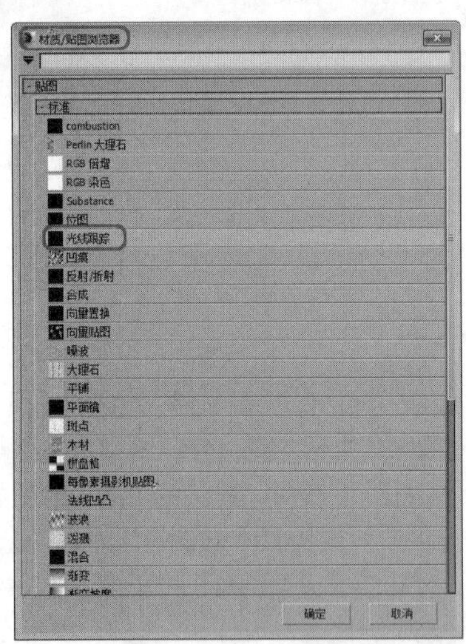

04 双击"光线跟踪"，在弹出的界面中使用其默认设置，如下图所示。

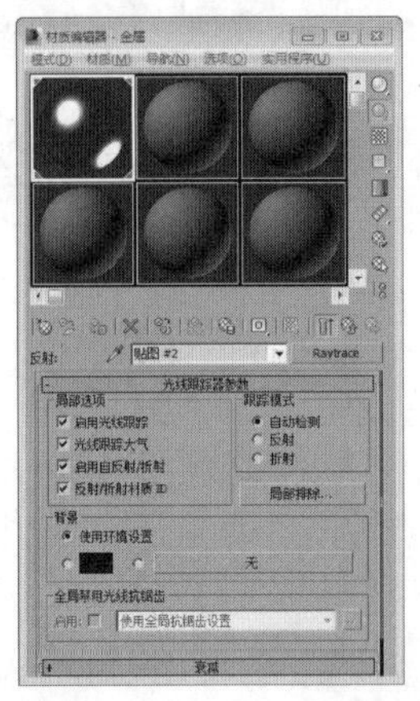

05 单击"转到父对象"按钮，在弹出的界面中单击"将材质指定给选定对象"按钮和"在视口中显示标准贴图"按钮，如下图所示。

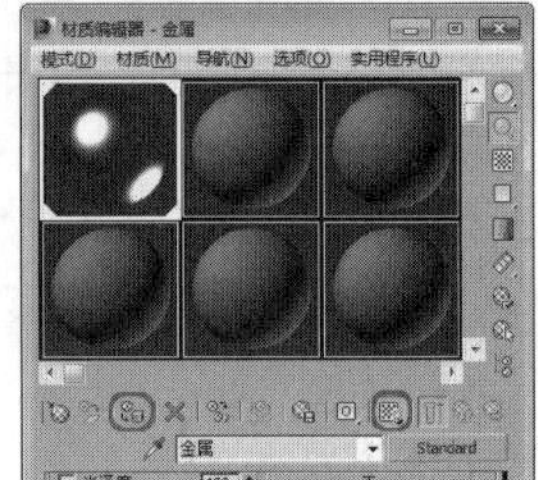

06 将"材质编辑器"对话框关闭，执行完该操作后，即可将材质指定给选定对象，效果如下图所示。

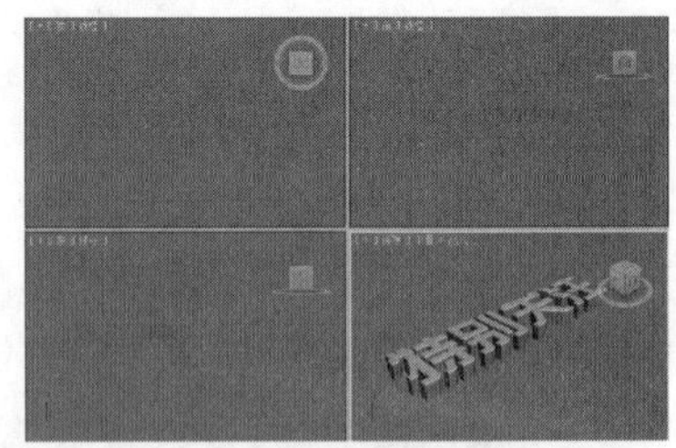

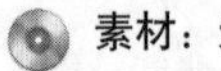 实战操作448 创建摄影机

素材：无	难度：★★★★★
场景：无	视频：视频\Cha15\实战操作448.avi

为文字设置完材质后，就要创建摄影机，创建摄影机的具体操作步骤如下。

01 继续上一实例的操作，选择"创建"|"摄影机"|"目标"工具，在前视图中创建一个摄影机，如下图所示。

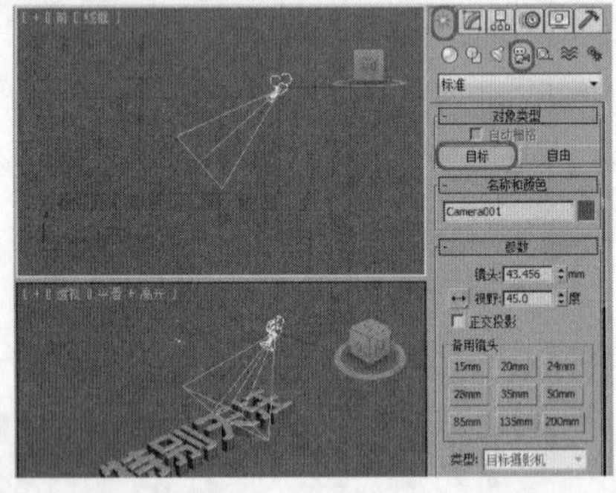

02 激活透视视图，按C键将其转换为摄影机视图，并使用"选择并移动"工具在其他视图中调整摄影机的位置，调整后的效果如下图所示。

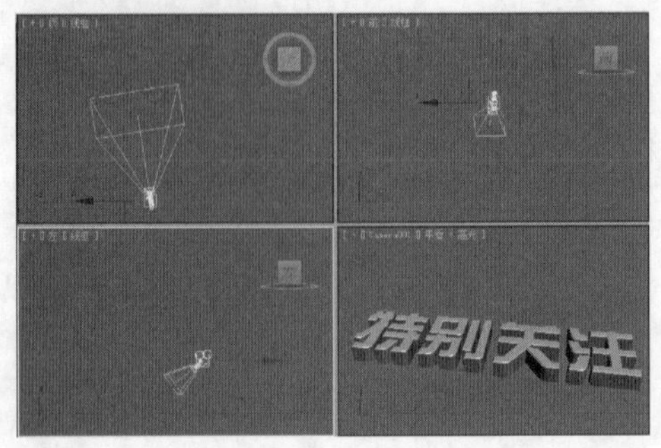

03 选择"创建"|"几何体"|"平面"工具，在顶视图中创建一个"长度"、"宽度"分别为400、500的平面，并调整其位置至合适的位置，如下图所示。

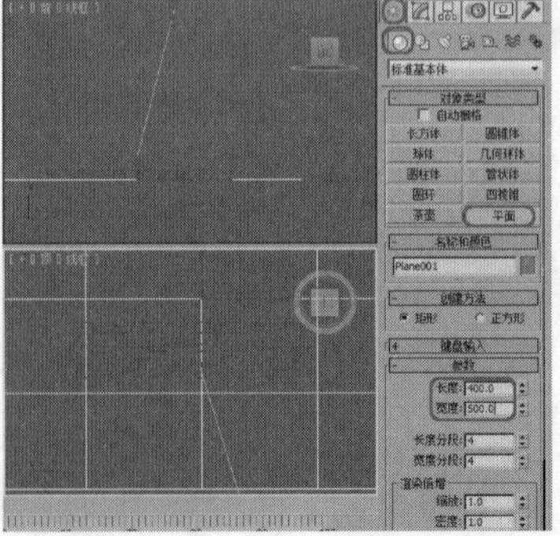

04 确认该对象处于选中状态，按M键打开材质编辑器，在该对话框中选择一个材质样本球，在"Blinn基本参数"卷展栏中，将"环境光"的RGB值设置为（212、212、202），如右图所示，设置完成后，单击"将材质指定给选定对象"按钮，将材质指定给选定对象，然后将对话框关闭。

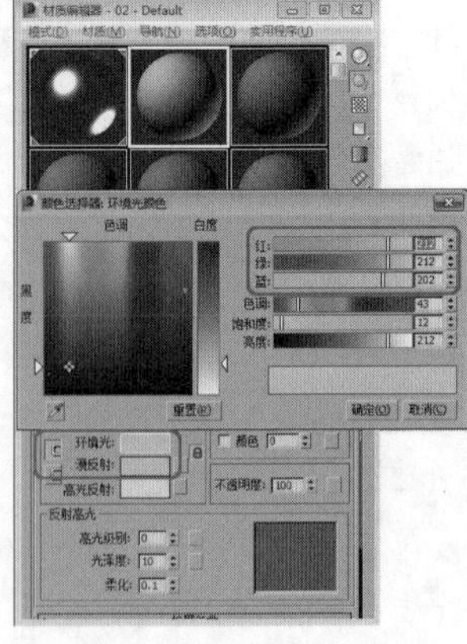

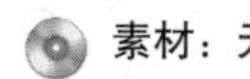 449 创建灯光

素材：无	难度：★★★★★
场景：Scenes\Cha15\实战操作449.max	视频：视频\Cha15\实战操作449.avi

下面介绍为文字添加创建灯光，具体操作步骤如下。

01 选择“创建” | “灯光” | “标准” | “泛光”工具，在前视图中创建一个泛光灯，如下图所示。

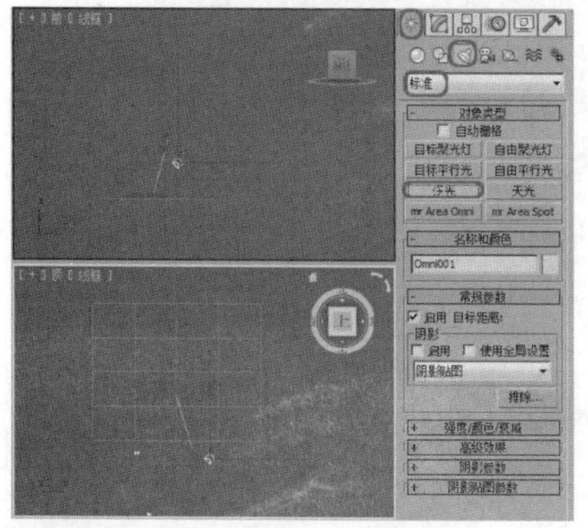

02 切换至“修改” 命令面板，在“阴影参数”卷展栏中，将“密度”设置为0.5，按Enter键确认，如下图所示。

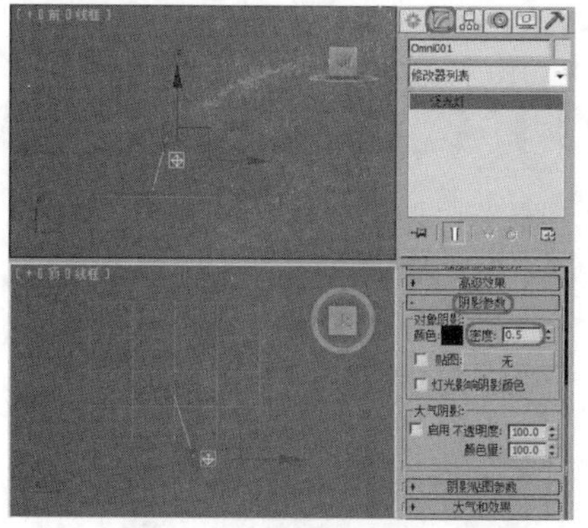

03 选择“创建” | “灯光” | “标准” | “泛光”工具，在顶视图中创建一个泛光灯，如下图所示。

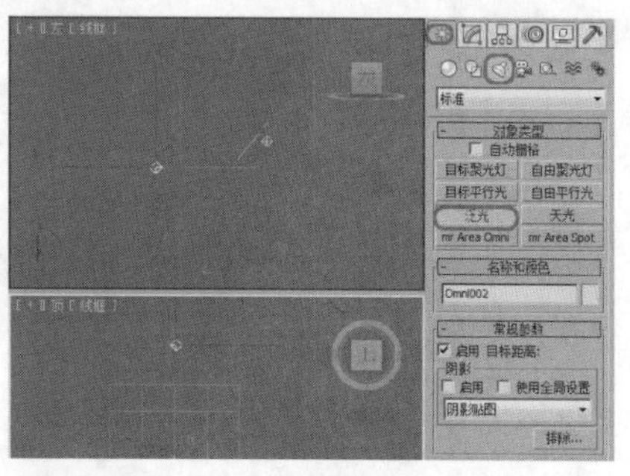

04 切换至“修改” 命令面板，在“常规参数”卷展栏中，勾选“阴影”下的“启用”复选框，在“强度/颜色/衰减”卷展栏中，将“倍增”设置为0.03，按Enter键确认，如下图所示。

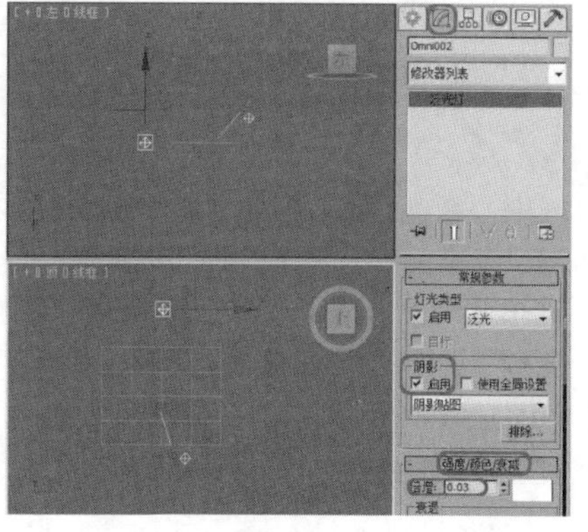

05 再在“阴影参数”卷展栏中，将“密度”设置为2，按Enter键确认，使用同样的方法创建其他灯光，并在视图中调整其位置，调整后的效果如下图所示。

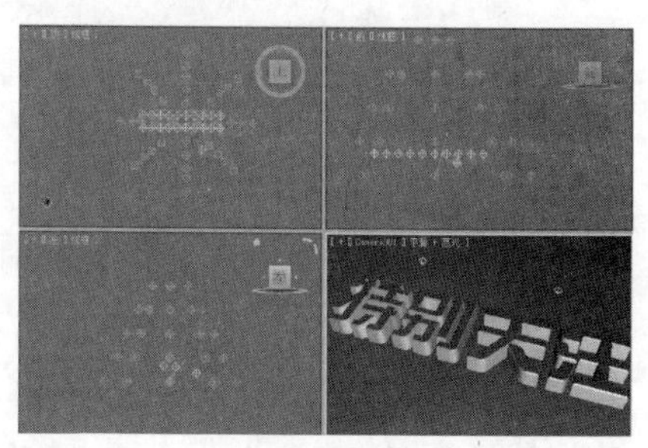

06 按F9 键对“Camera001”视图进行渲染，渲染后的效果如下图所示。

15.2 玻璃文字

本节介绍玻璃文字的制作方法，玻璃文字主要通过为文字设置材质来表现其透明效果，通过本节的学习用户可以掌握玻璃材质的调节方法。

实战操作450 创建文字

素材：无	难度：★★★★★
场景：无	视频：视频\Cha15\实战操作450.avi

制作玻璃文字首先要创建文字，下面介绍如何创建文字，具体操作步骤如下。

01 选择“创建” |“图形” |“文本”工具，在“参数”卷展栏中，单击“字体”右侧的下三角按钮，在弹出的菜单中选择“经典隶书简”，将大小设置为“100”，在“文本”文本框中输入“综艺节目”，在前视图中单击鼠标左键即可创建文字，如下图所示。

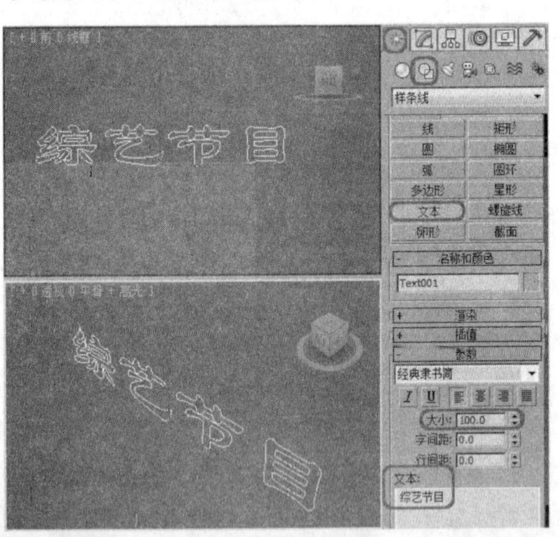

02 进入“修改”命令面板，在修改器下拉列表中，选择“倒角”修改器，在“倒角值”卷展栏中，在“级别1”下的“高度”与“轮廓”文本框中分别输入2、2，勾选“级别2”复选框，并在下方的“高度”文本框中输入15，再勾选“级别3”复选框，在下方的“高度”与“轮廓”文本框中分别输入2、-2，按Enter键确认即可，如下图所示。

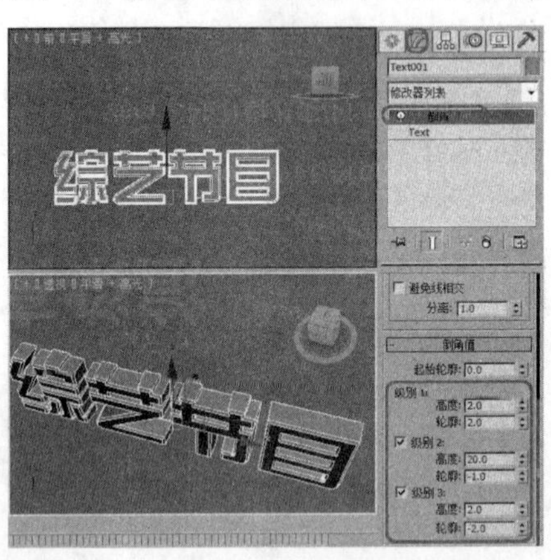

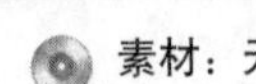实战操作451 设置材质

素材：无	难度：★★★★★
场景：无	视频：视频\Cha15\实战操作451.avi

创建完文字后，接下来为创建的文字设置材质，设置材质的具体操作步骤如下。

01 继续上一实例的操作，在工具栏中单击“材质编辑器”按钮，在弹出的“材质编辑器”对话框中选择第一个样本材质球，在“明暗器参数”卷展栏中，勾选“双面”复选框，在“Blinn基本参数”卷展栏中单击按钮，取消“环境光”和“漫反射”颜色的锁定，如下图所示。

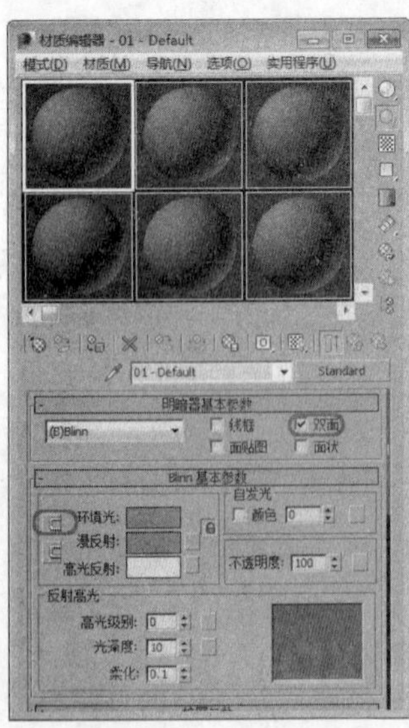

02 在“Blinn基本参数”卷展栏中，单击按钮在弹出的对话框中，单击“是”按钮，将“漫反射”和“高光反射”锁定，将“环境光”的RGB值设置为200、200、200，将“漫反射”的RGB值设置为（255、255、255），然后设置“不透明度”值为10，按Enter键确认，如下图所示。

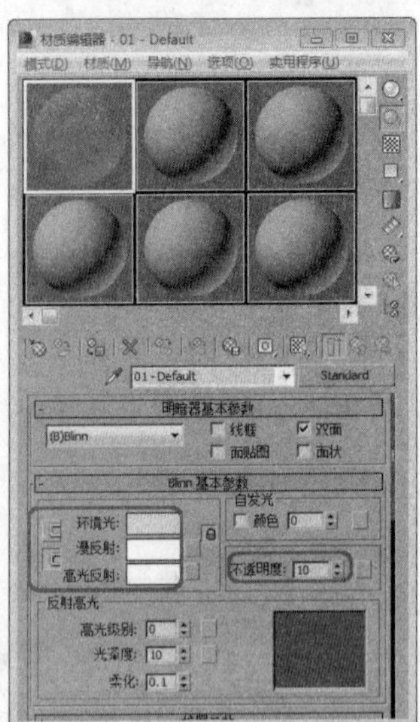

03 在“反射高光”选项组中的“高光级别”和“光泽度”文本框中分别输入100、69，在“柔化”文本框中输入0.53，并按Enter键确认，如下图所示。

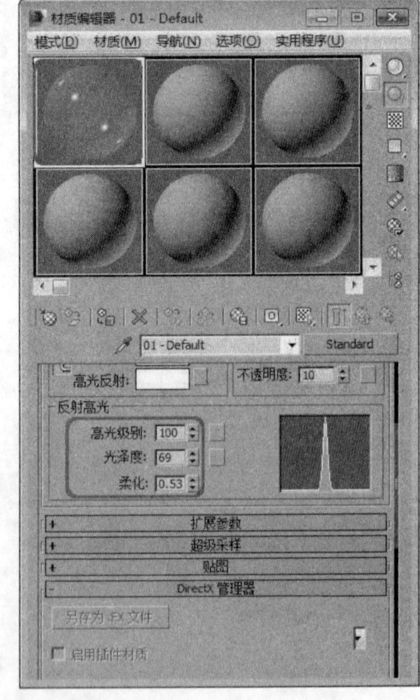

04 在“扩展参数”卷展栏中，将“过滤”的RGB值设置为(255、255、255)，在“数量”文本框中输入100，并按Enter键确认，如下图所示。

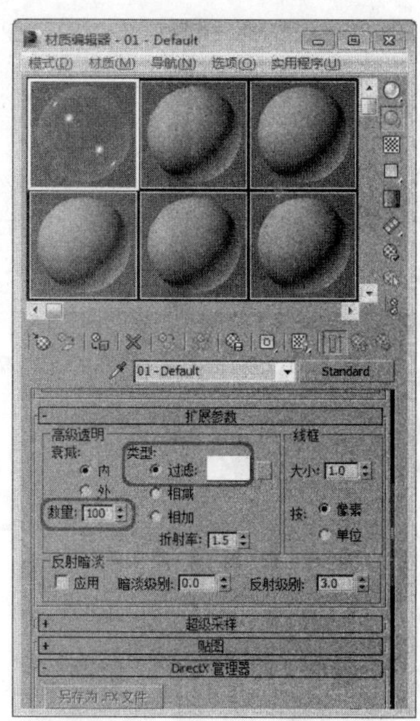

05 在“贴图”卷展栏中，单击“折射”右侧的“无”按钮，在弹出的“材质/贴图浏览器”对话框中双击“光线追踪”选项，在“光线跟踪器参数”卷展栏中，取消勾选“光线跟踪大气”与“反射/折射材质ID”复选框，如下图所示。

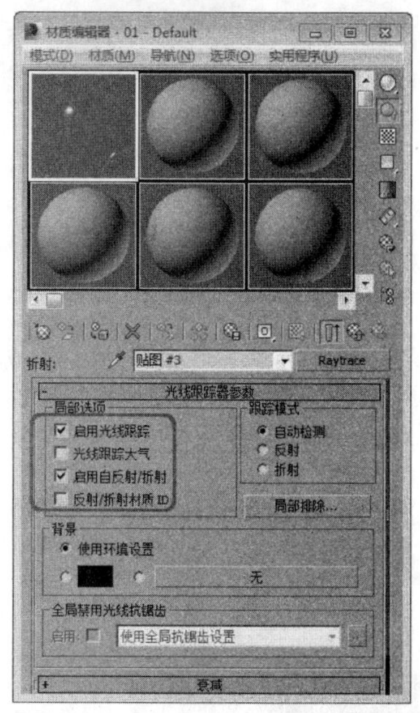

06 单击“转到父对象”按钮，然后在“贴图”卷展栏中，将“折射”的“数量”设置为90，并按Enter键确认，设置完成后，单击“将材质指定给选定对象”按钮即可，如下图所示。

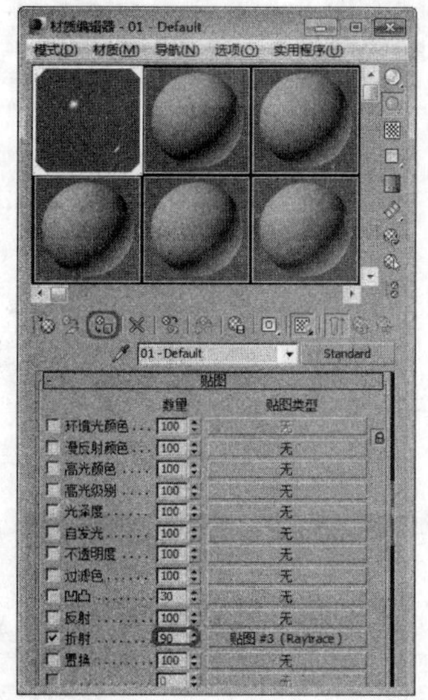

07 在“材质编辑器”对话框中，选择第二个材质样本球，单击“获取材质”按钮。在弹出的“材质/贴图浏览器”对话框中双击“位图”贴图，在弹出的“选择位图图像文件”对话框中找到随书附带光盘中的\Map\Cloud001.TIF贴图文件，如下图所示。

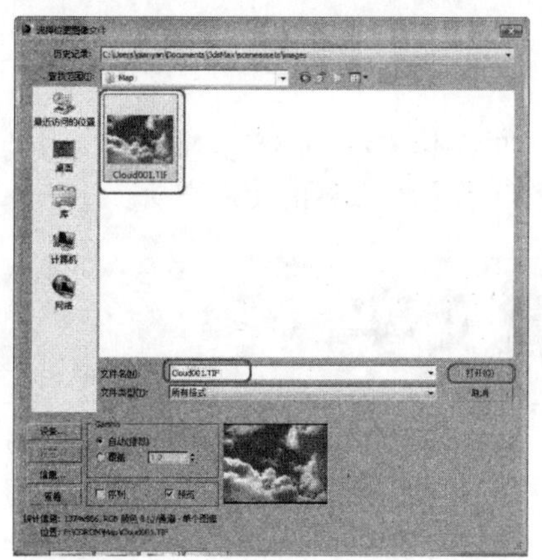

08 单击“打开”按钮，将“材质/贴图浏览器”对话框关闭，在“坐标”卷展栏中单击“环境”单选按钮，在“贴图”右侧的下拉列表中，选择“收缩包裹环境”选项，设置“U”的“瓷砖”为0.9，设置“V”的“瓷砖”为0.9，如下图所示。

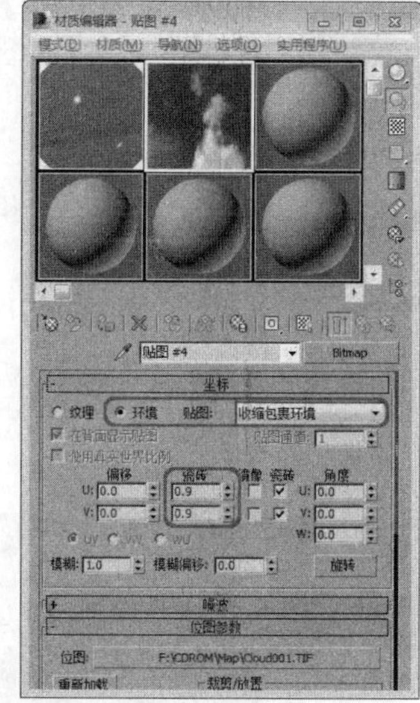

09 按键盘上的8键，在弹出的“环境和效果”对话框中选择“环境”选项卡，将第二个材质样本球上的背景材质拖动到“环境和效果”对话框中的环境贴图中，在弹出的“实例（副本）贴图”对话框中，单击“实例”单选按钮，如下图所示。

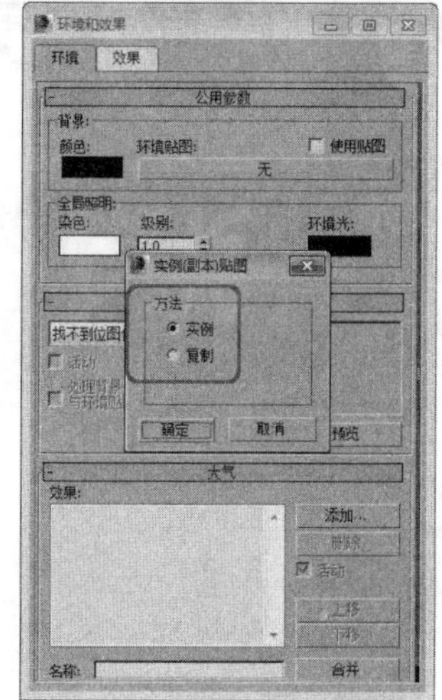

10 单击“确定”按钮，并将“环境和效果”对话框关闭。再将“材质编辑器”对话框关闭，按F9键进行快速渲染，效果如下图所示。

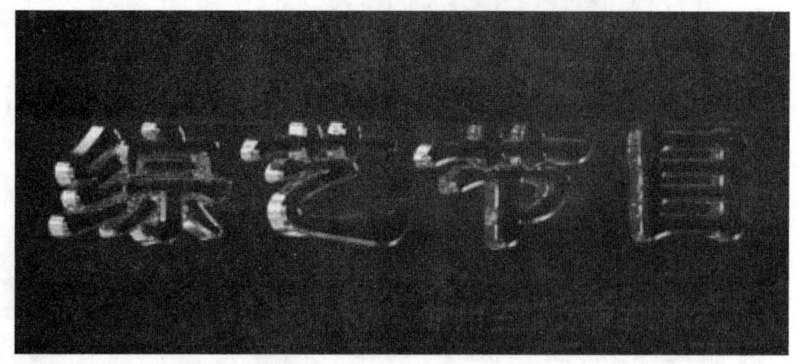

实战操作452 创建摄影机

素材：无	难度：★★★★★
场景：Scenes\Cha15\实战操作452.max	视频：视频\Cha15\实战操作452.avi

一个好看的玻璃字除了材质最重要以外，在渲染时的角度也很重要，下面介绍如何为玻璃文字创建摄影机。

01 选择“创建”|“摄影机”工具，在“对象类型”卷展栏中，选择“目标”工具，在“顶视图”中创建一个摄影机对象，如下图所示。

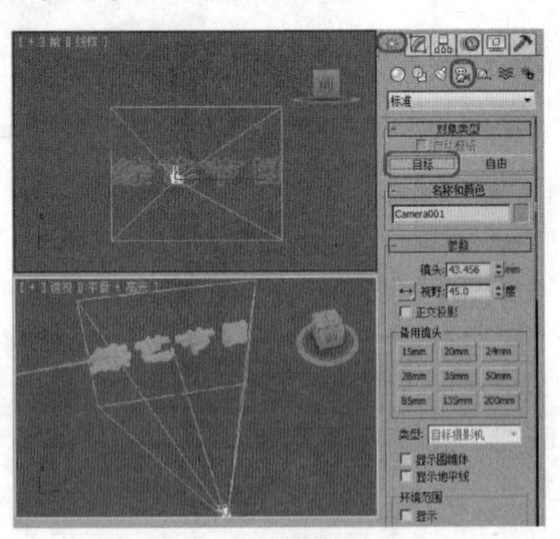

02 激活透视视图，按C键将当前激活的视图转为摄影机视图，并在其他视图中调整摄影机的位置，调整后的效果如下图所示，对完成后的场景进行保存即可。

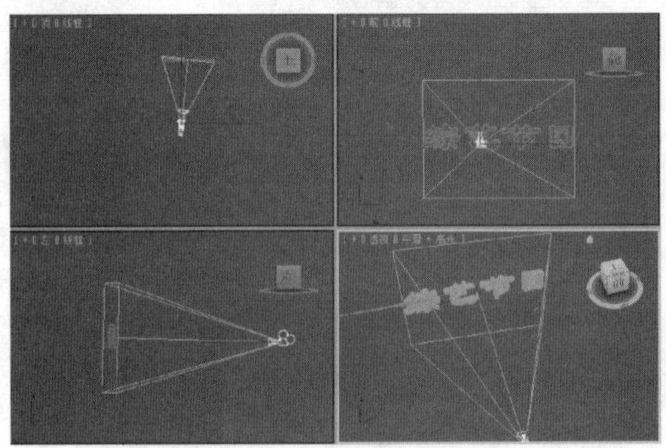

15.3 浮雕文字

本节将介绍一种简单实用的浮雕文字的制作方法，浮雕文字主要通过为长方体指定“置换”修改器来创建，通过本节的学习可以使用户更熟练地掌握“置换”修改器的使用方法。

实战操作453 创建文字

素材：无	难度：★★★★★
场景：无	视频：视频\Cha15\实战操作453.avi

下面介绍如何为浮雕文字创建文字，具体操作步骤如下。

01 选择“创建”|“几何体”|“长方体”工具，在“前视图”中创建一个“长度”、“宽度”、“高度”各为125、380、5，“长度分段”和“宽度分段”各为90、185的长方体，并将其命名为“底板”，如下图所示。

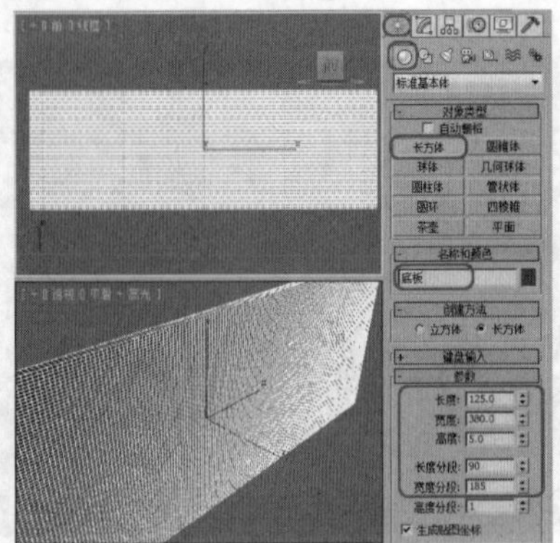

02 进入“修改”命令面板，在修改器下拉列表中，选择“置换”修改器，在“参数”卷展栏中的“置换”选项组中的“强度”文本框中输入8，勾选“亮度中心”复选框，如下图所示。

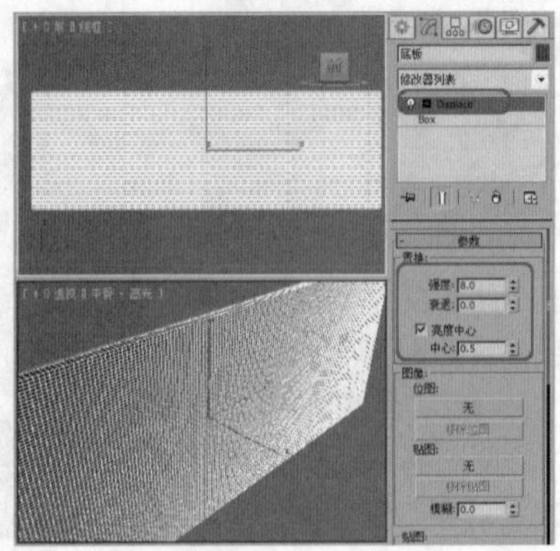

03 在“图像”选项组中，单击“位图”下方的“无”按钮，在弹出的“选择置换图像”对话框中，选择随书附带光盘中的Map\天宇集团.tif文件，如下图所示。

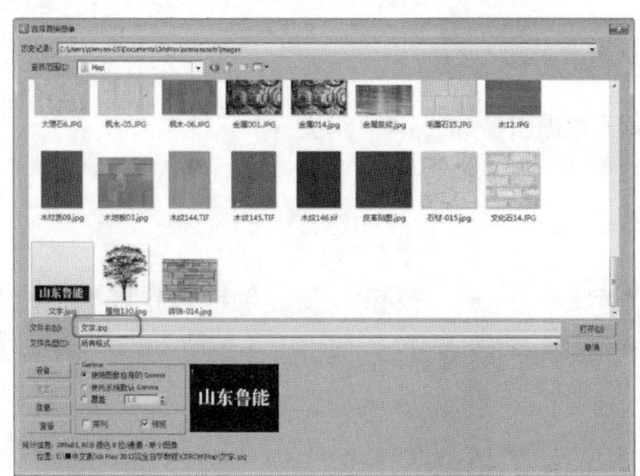

04 单击“打开”按钮，即可创建文字，效果如下图所示。

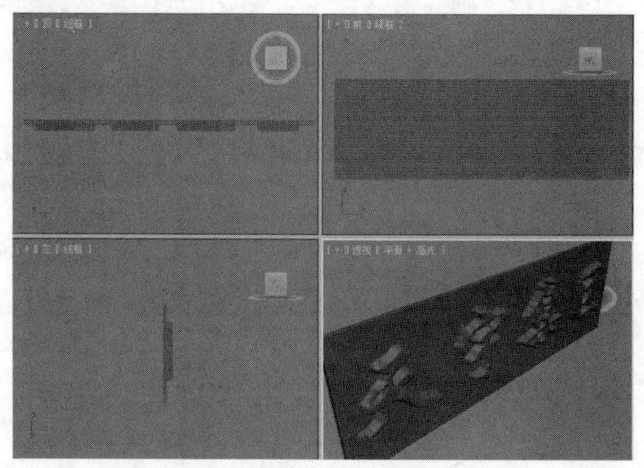

实战操作454 创建边框

素材：无	难度：★★★★★
场景：无	视频：视频\Cha15\实战操作454.avi

下面介绍如何为浮雕文字创建边框，具体操作步骤如下。

01 继续上一实例的操作，选择“创建” | “图形” | “矩形”工具，在“前视图”中沿长方体的边缘创建一个“长度”、“宽度”各为127、382的矩形，并将其命名为“边框”，如下图所示。

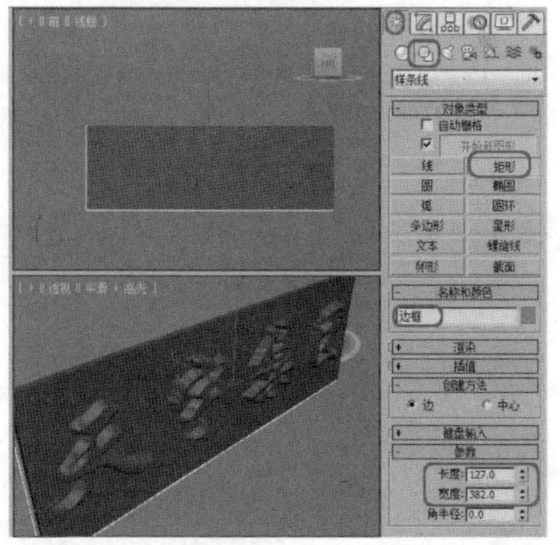

02 进入“修改”命令面板，在修改器下拉列表中选择“编辑样条线”修改器，将当前选择集定义为“样条线”，如下图所示。

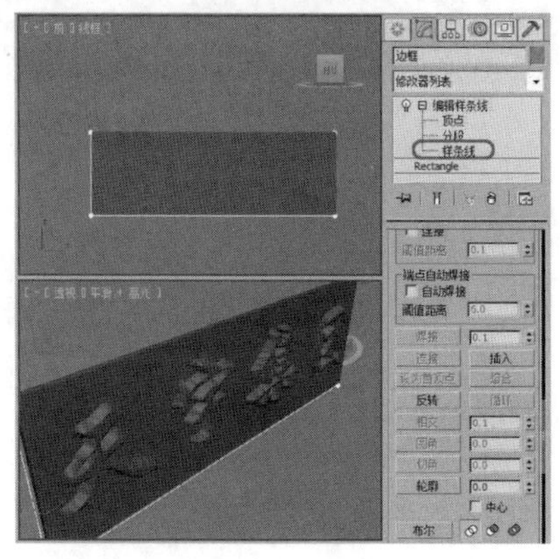

03 在“几何体”卷展栏中的“轮廓”文本框中输入8，按Enter键确认，效果如下图所示。

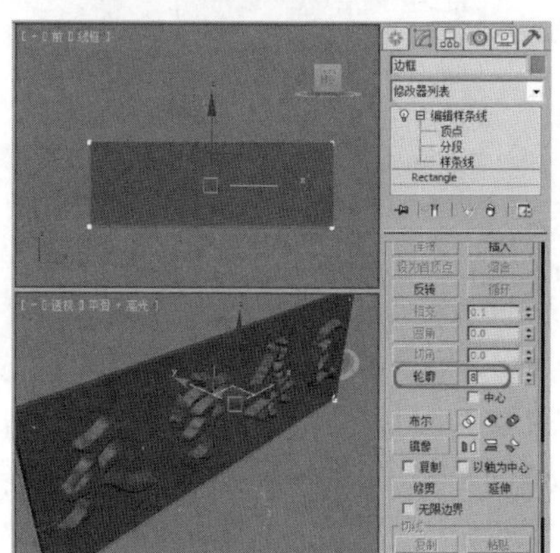

04 在修改器下拉列表中选择“倒角”修改器，在“倒角值”卷展栏中，将“级别1”下方的“高度”和“轮廓”设置为2、2，勾选“级别2”复选框，在“高度”文本框中输入5，勾选“级别3”复选框，在“高度”和“轮廓”文本框中输入2、-2，按Enter键确认，如下图所示。

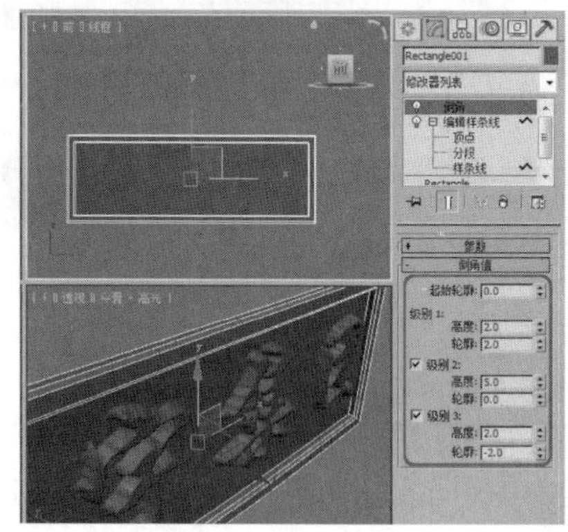

实战操作455 设置材质

素材：无	难度：★★★★★
场景：无	视频：视频\Cha15\实战操作455.avi

下面介绍如何为浮雕文字设置材质，具体操作步骤如下。

01 继续上一实例的操作，在视图中选择所有的对象，按M键打开“材质编辑器”对话框，选择第一个材质样本球，在“明暗器基本参数”卷展栏中，将明暗器类型定义为“金属”，在“金属基本参数”卷展栏中，将“环境光”的RGB值设置为（255、174、0），在“高光级别”和“光泽度”文本框中分别输入100、80，按Enter键确认，如下图所示。

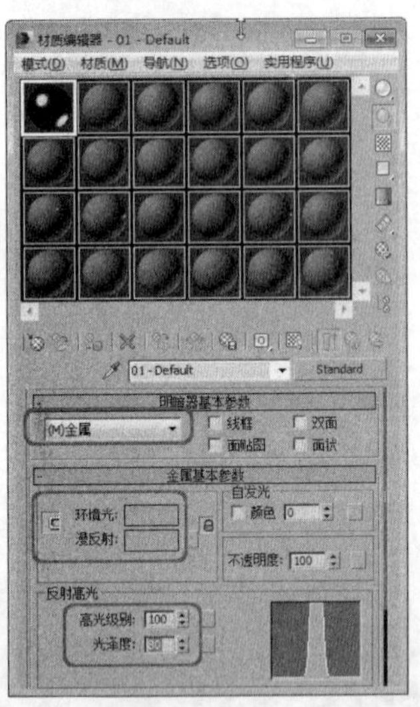

02 在“贴图”卷展栏中，单击“反射”右侧的“无”按钮，在弹出的“材质/贴图浏览器”对话框中双击“位图”贴图，在弹出的“选择位图图像文件”对话框中，选择随书附带光盘中的Map\Gold04.jpg文件，如下图所示。

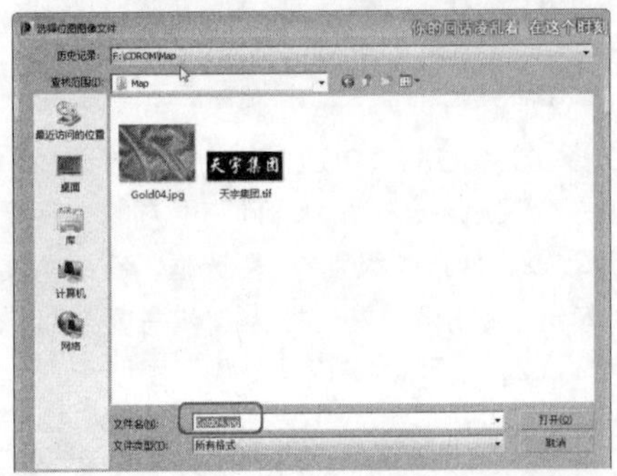

03 单击“打开”按钮，在“坐标”卷展栏中的“模糊偏移”文本框中输入0.09，按Enter键确认，如下图所示。

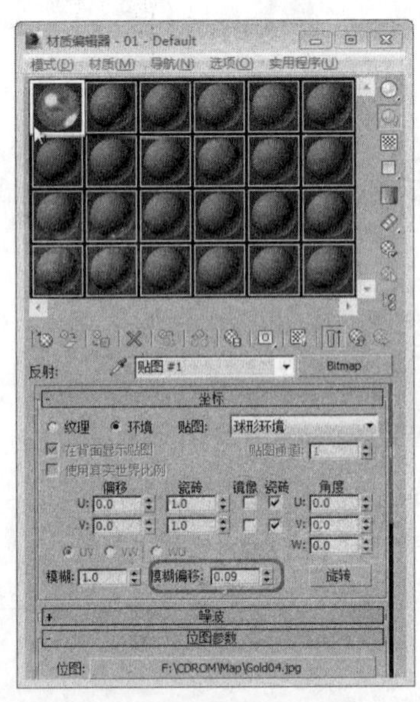

04 单击“将材质指定给选定对象”按钮，将“材质编辑器”对话框关闭即可，指定材质后的文字，如下图所示。

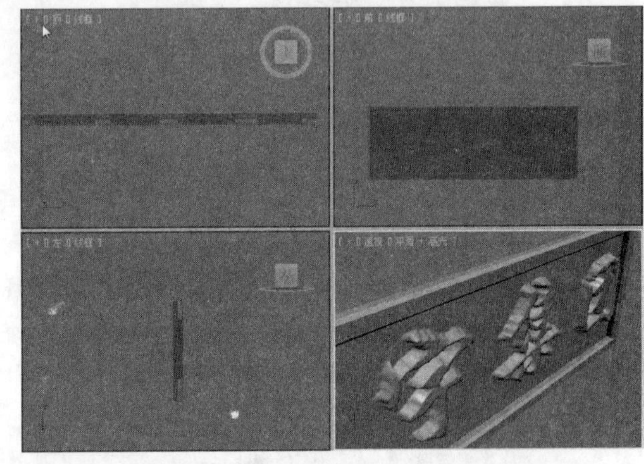

实战操作456 创建摄影机

素材：无	难度：★★★★★
场景：场景\Cha15\实战操作456.max	视频：视频\Cha15\实战操作456.avi

下面介绍如何为浮雕文字创建摄影机，并为其调整一个好看的角度，具体操作步骤如下。

01 选择"创建"|"摄影机"|"目标"工具，在顶视图中创建一个摄影机对象，在"参数"卷展栏中单击"备用镜头"选项组中的"28mm"按钮，激活透视视图，然后按C键将当前激活的视图转为摄影机视图，并在除摄影机视图外的其他视图中调整摄影机的位置，调整后的效果如下图所示。

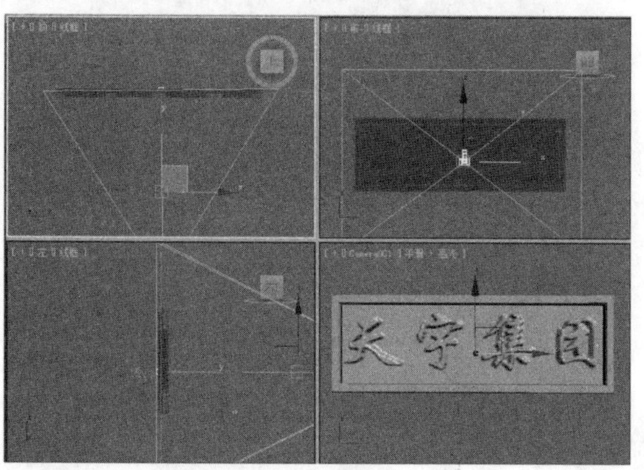

02 按8键打开"环境和效果"对话框，在"公用参数"卷展栏中设置"颜色"的RGB值为（255、255、255），设置完成后关闭对话框即可，按F9键对摄影机视图进行渲染，然后将完成后的场景进行保存，

15.4 激光文字

本节将介绍如何创建激光文字，激光文字主要通过施加"挤出"修改器和为其设置动画来创建完成，通过本章的学习将会对前面所学的知识进行巩固。

实战操作457 创建文字

素材：无	难度：★★★★★
场景：无	视频：视频\Cha15\实战操作457.avi

创建激光文字最关键的就是创建文字，下面介绍如何创建文字，具体操作步骤如下。

01 选择"创建"|"图形"|"文本"工具，在"参数"卷展栏中单击"字体"右侧的下三角按钮，在弹出的菜单中选择"华文行楷"，在"文本"文本框中输入"希望电子"，在前视图中单击鼠标左键创建文字，如下图所示。

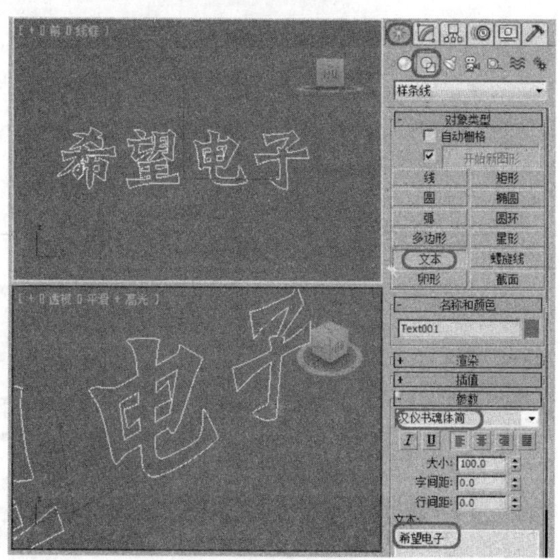

02 选择"创建"|"图形"|"矩形"工具，在前视图中创建一个"长度"和"宽度"分别为450、650的矩形，如下图所示。

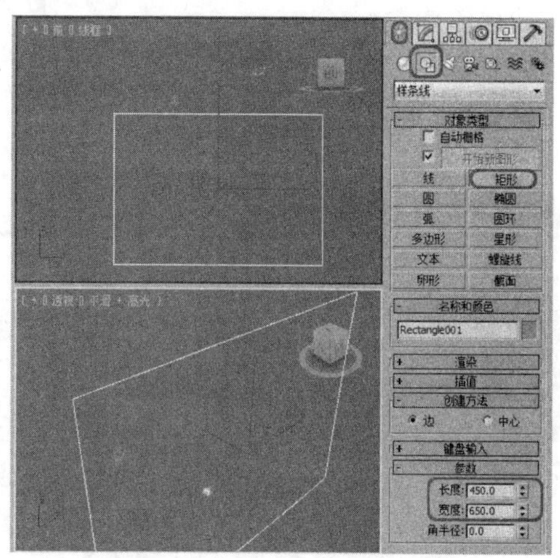

03 确认所绘制的矩形处于选中状态，右击鼠标，在弹出的快捷菜单中选择"转换为"|"转换为可编辑样条

线”选项，将当前选择集定义为“线段”，在“几何体”卷展栏中，单击“附加”按钮，在创建的文本上单击鼠标左键，对其进行附加，效果如下图所示。

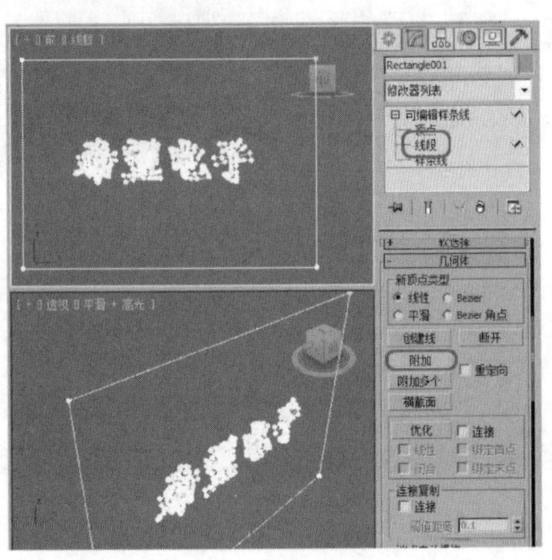

04 在修改器下拉列表中，选择“挤出”修改器，在“参数”卷展栏中的“数量”文本框中输入10，按Enter键确认，如下图所示。

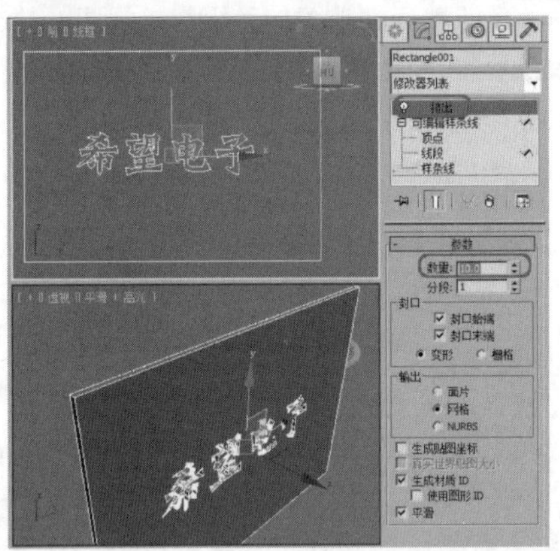

实战操作458 创建摄影机与灯光

素材：无	难度：★★★★★
场景：无	视频：视频\Cha15\实战操作458.avi

下面介绍如何创建摄影机和灯光，具体操作步骤如下。

01 继续上一实例的操作，“创建”|“摄影机”|“标准”|“目标”工具，在前视图中创建一个摄影机，如下图所示。

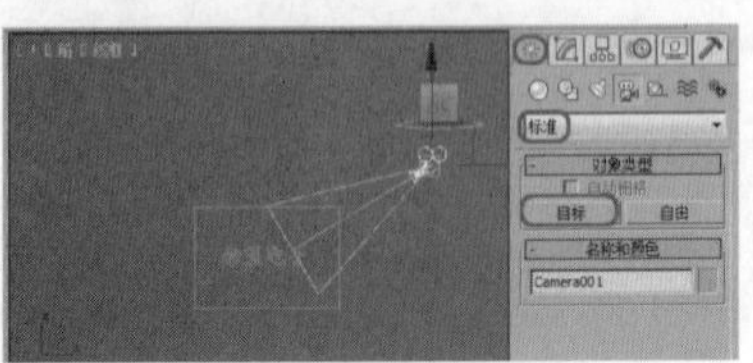

02 激活透视视图，然后按C键将当前激活的视图转为摄影机视图，并在除摄影机视图外的其他视图中调整摄影机的位置，进入“修改”命令面板，在“参数”卷展栏中的“镜头”文本框中输入40，按Enter键确认，如下图所示。

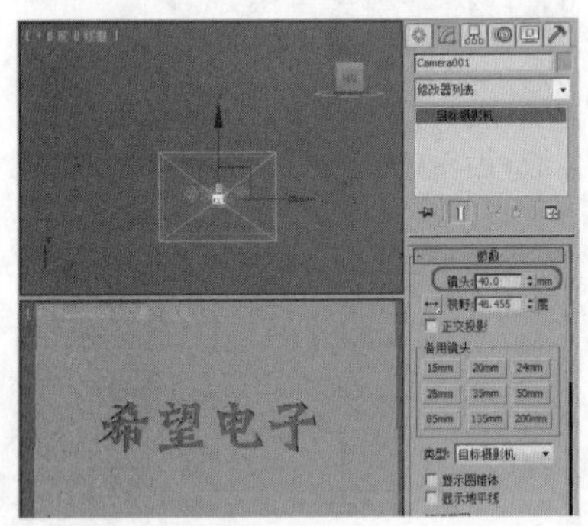

03 选择“创建”|“灯光”|“标准”|“目标聚光灯”工具，在前视图中创建一个目标聚光灯，如下图所示。

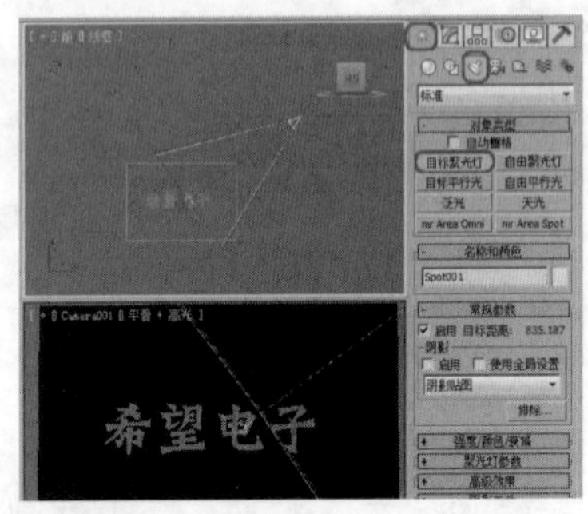

04 进入“修改”命令面板，在“常规参数”卷展栏中，勾选“阴影”选项组中的“启用”复选框，在“强度/颜色/衰减”卷展栏中，单击“倍增”右侧的颜色框，在弹出的“颜色选择器”对话框中，将“红、绿、蓝”分别设置为253、131、0，如下图所示。

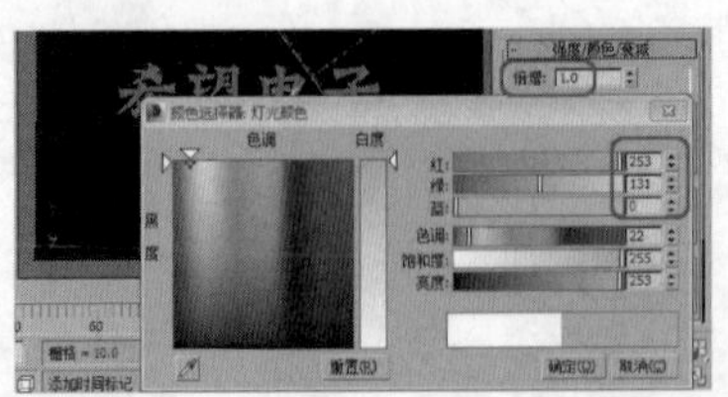

05 单击“确定”按钮，单击“远距衰减”选项组中的“使用”复选框，在“开始”文本框中输入435，在“结束”文本框中输入645，在“聚光灯参数”卷展栏中的“聚光区/光束”和“衰减区/区域”文本框中分别输入21.4、37，如下图所示。

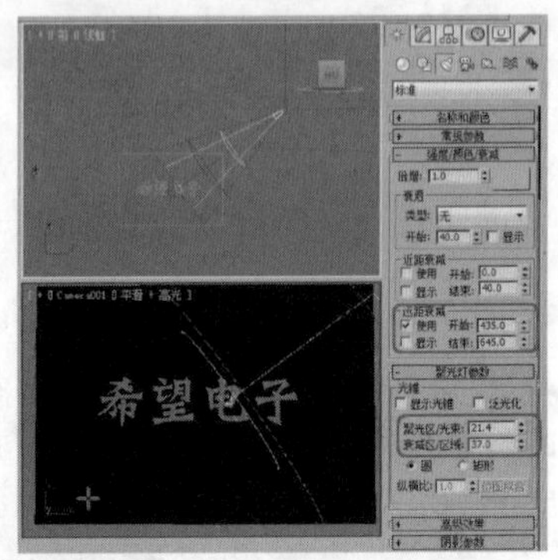

06 在“大气和效果”卷展栏中，单击“添加”按钮，在弹出的“添加大气或效果”对话框中单击“体积光”按钮，单击“确定”按钮，在视图中调整目标聚光灯的位置，调整后的效果如下图所示。

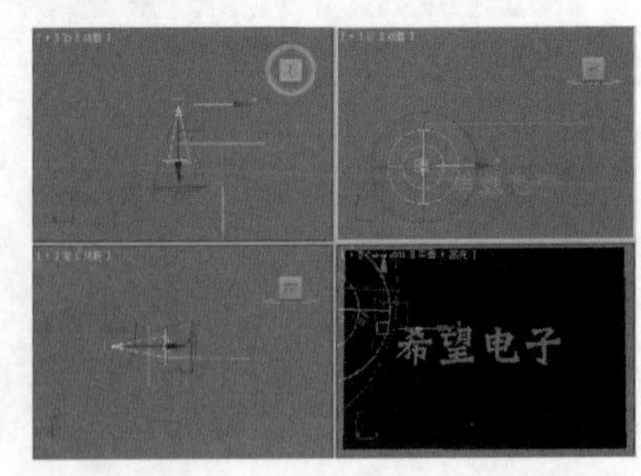

实战操作459 设置动画与渲染输出

素材：无	难度：★★★★★
场景：场景\Cha15\实战操作459.max	视频：视频\Cha15\实战操作459.avi

下面介绍如何为激光文字设置动画与渲染输出，具体操作步骤如下。

01 继续上一实例的操作，单击右下角的“时间配置”按钮，在弹出的对话框中将“动画”选项组中的“开始时间”和“结束时间”分别设置为0、50，如下图所示。

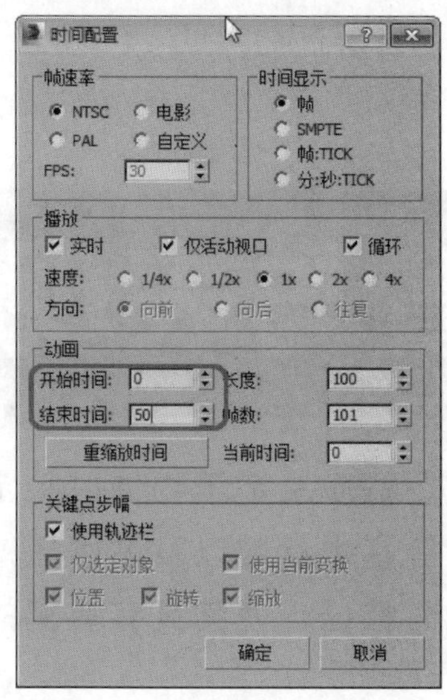

02 单击“确定”按钮，单击“自动关键点”按钮，将滑块从第0帧拖动到第50帧处，在前视图中选择目标聚光灯沿X轴向右移动，如下图所示。

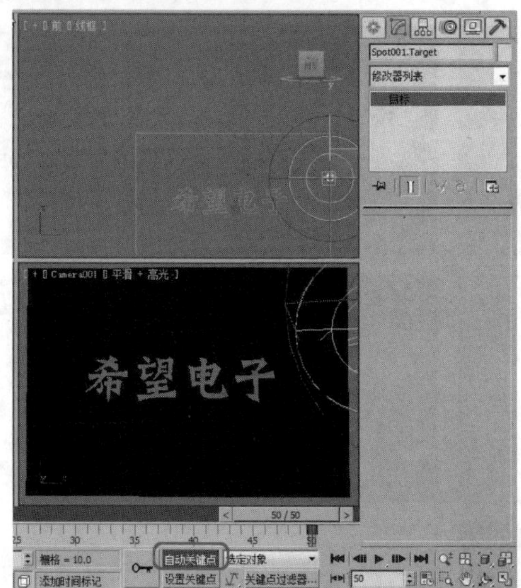

03 激活摄影机视图，按F10键打开“渲染设置“对话框，选择“公用参数”选项卡，在“公用参数”卷展栏中单击“活动时间段”单选按钮，在“输出大小”选项组中单击“640×480”按钮，如下图所示。

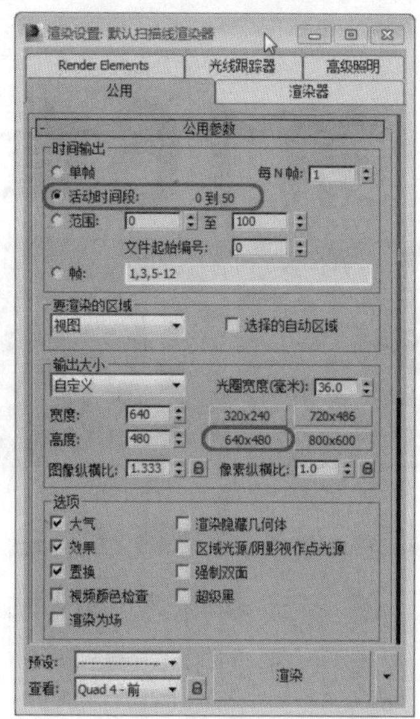

04 在“渲染输出”选项组中，单击“文件”按钮，在弹出的“渲染输出文件”对话框中指定渲染输出的路径，将其命名为“激光文字”，将“保存类型”定义为“AVI文件（*.avi）”，单击“保存”按钮，在弹出的“AVI文件压缩设置”对话框单击“确定”按钮，如下图所示，在“渲染设置”对话框中单击“渲染”按钮进行渲染输出即可。

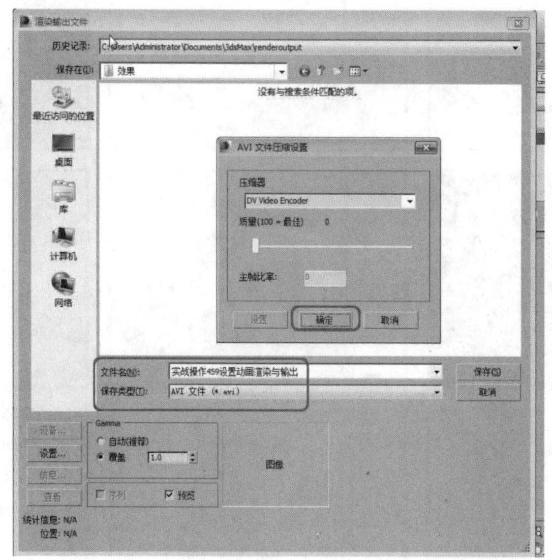

Chapter 16

第16章 常用材质的设置与表现

本章介绍场景中常用材质的设置与表现，材质决定了物体以特定的方式表现，通过设置材质的颜色、光泽度等基本参数以及贴图通道中的不同贴图来更加真实地模拟出物体的表面特征，使其具有真实的视觉效果。

16.1 瓷器材质

本例将介绍瓷器材质的制作方法。在日常生活中，瓷器质感的东西随处可见，瓷器材质也非常简单，主要是通过“高光级别”、“光泽度”和“自发光”以及“环境光”颜色来表现。

实战操作460 瓷器质感的表现

素材：Scenes\Cha16\16-1.max	难度：★★★★★
场景：Scenes\Cha16\实战操作460.max	视频：视频\Cha16\实战操作460.avi

瓷器质感的调试非常简单，主要通过“高光级别”、“光泽度”和“自发光”颜色来表现，最后为其添加“光线跟踪”。

01 重置一个新的场景文件，按Ctrl+O组合键，在弹出的对话框中打开素材文件16-1.max，如下图所示。

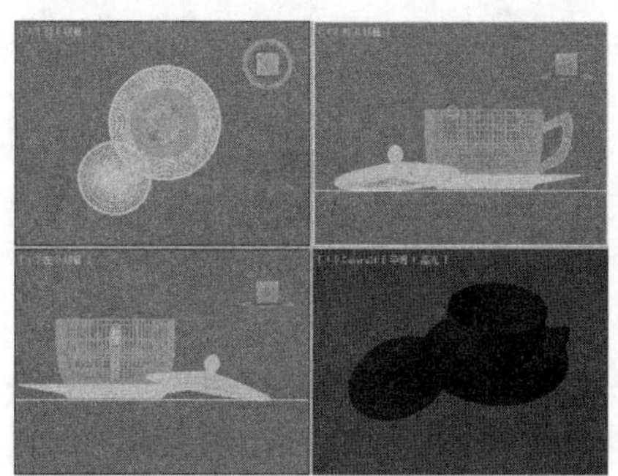

02 按H键，打开“从场景中选择”对话框，在其中选择“茶杯贴图”选项，然后单击“确定”按钮，如下图所示。

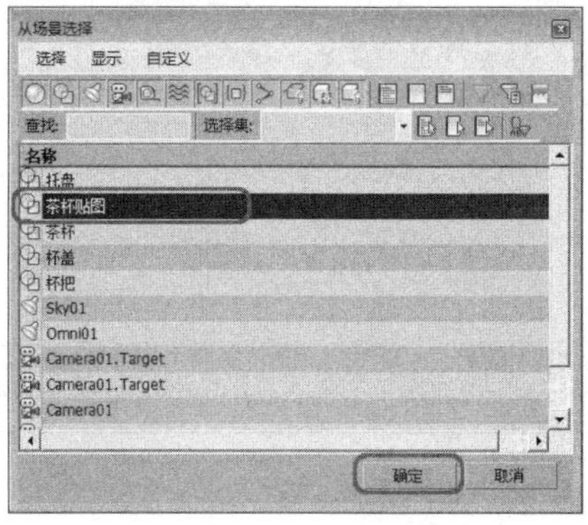

03 在场景中选择“茶杯贴图”对象后，切换至“修改”命令面板，在“修改器列表”中选择“UVW贴图”修改器，在“参数”卷展栏中，选择“贴图”选项组中的“柱形”单选按钮，将“U向平铺”设置为2，在“对齐”选项组中的X单选按钮，并单击“适配”按钮，如下图所示。

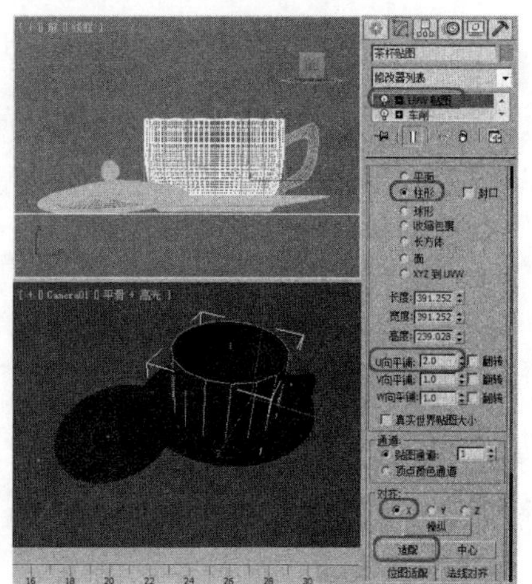

04 按M键打开材质编辑器，选择一个空白的材质样本球，将其重命名为“茶杯贴图”，在“Bliin基本参数”卷展栏中，将“环境光”设置为白色，在“自发光”选项组中将“颜色”设置为30，将“反射高光”选项组中的“高光级别”和“光泽度”分别设置为100、83，如下图所示。

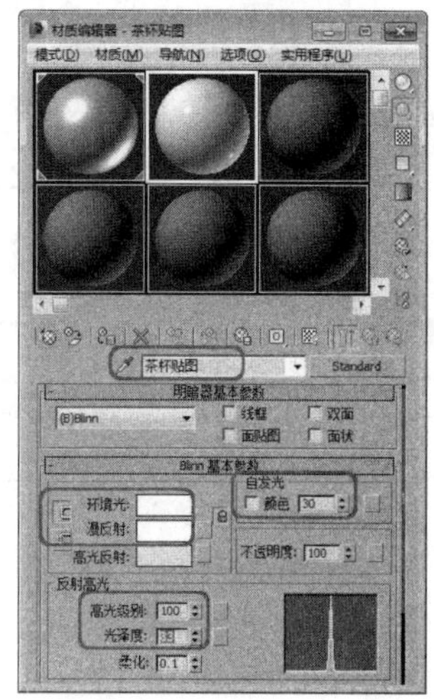

05 展开“贴图”卷展栏，单击“漫反射颜色”后面的“无”按钮，在弹出的对话框中选择“位图”选项，单击“确定”按钮，在弹出的对话框中选择随书附带光盘中的Map\杯子.jpg贴图文件，如下图所示。

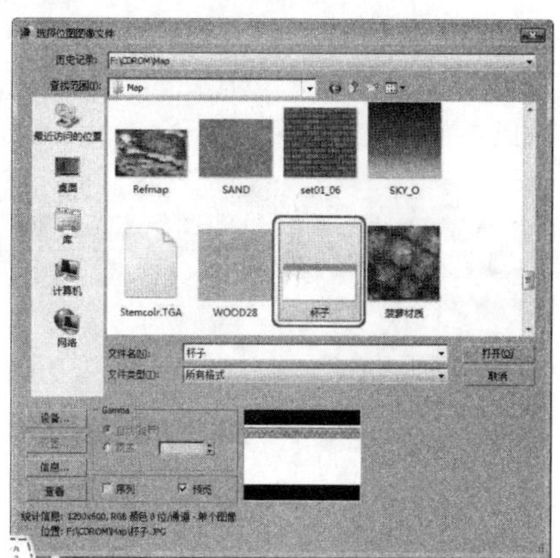

06 单击“打开”按钮，单击“转到父对象”按钮，将“反射”数量设置为8，单击“反射”右侧的“无”按钮，在打开的“材质/贴图浏览器”对话框中选择“光线跟踪”选项，如下图所示。

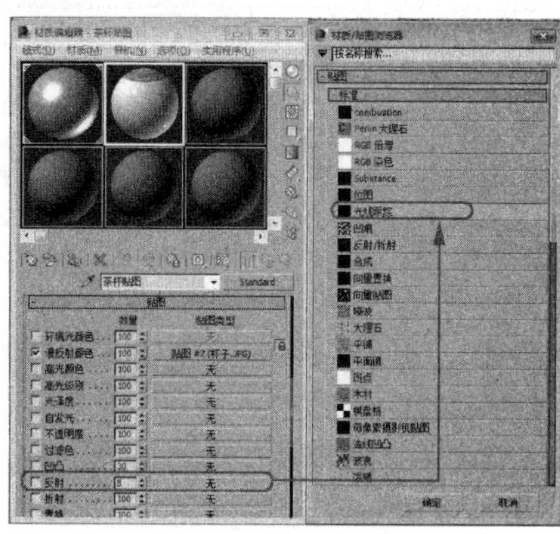

07 单击“确定”按钮，单击“转到父对象”按钮，将材质指定给场景中选择的对象，如下图所示。

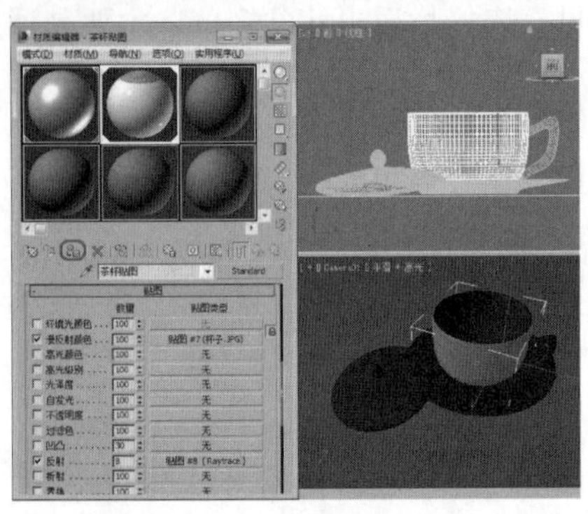

08 在场景中选择“杯子”、“杯把”对象，按M键打开“材质编辑器”，选择一个空白的材质样本球，并将其重命名为“白色瓷器”，展开“Blinn基本参数”卷展栏中，将“环境光”的颜色设置为白色，在“自发光”选项组中，将“颜色”设置为30，将“反射高光”选项组中的“高光级别”和“光泽度”分别设置为100、83，将“反射”数量设置为8，单击“反射”右侧的“无”按钮，在打开的“材质/贴图浏览器”对话框中选择“光纤跟踪”选项，如下图所示。

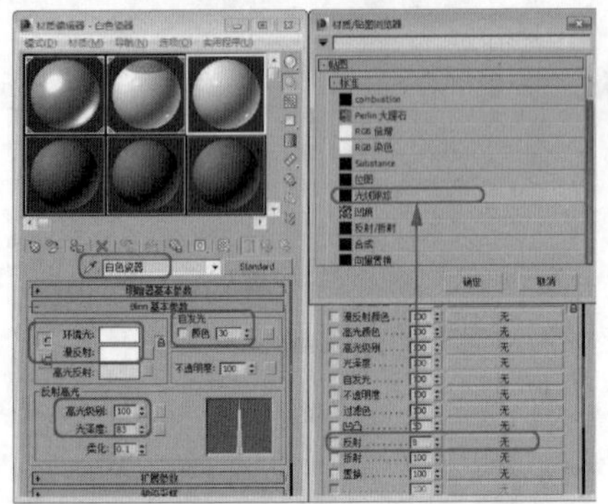

09 单击“确定”按钮，单击“将材质指定给选定对象”按钮，如下图所示。

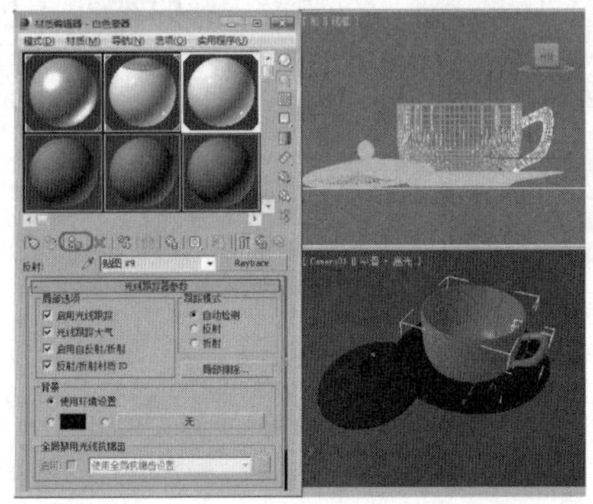

10 单击“转到父对象”按钮，选择一个空白的材质样本球，将其重命名为“托盘”，在“Blinn基本参数”卷展栏中，将“自发光”选项组中的“颜色”设置为30，将“反射高光”选项组中的“高光级别”和“光泽度”分别设置为100、83，如下图所示。

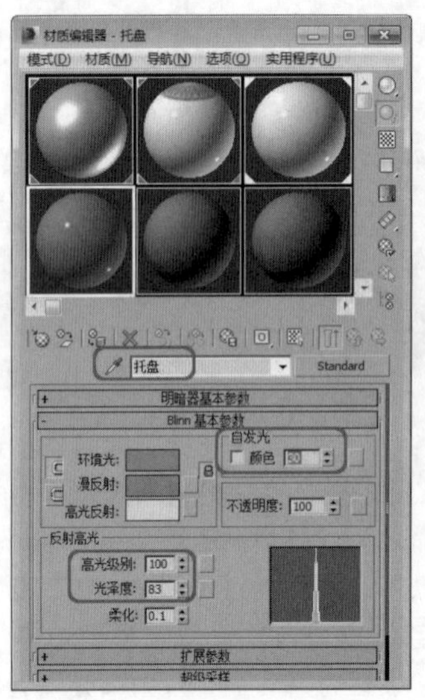

11 展开“贴图”卷展栏，单击“漫反射颜色”后面的“无”按钮，在弹出的对话框中选择“位图”选项，单击“确定”按钮，在弹出的对话框中选择随书附带光盘中的Map\盘子.jpg贴图文件，如下图所示。

12 单击“确定”按钮，单击“转到父对象”按钮，将“反射”数量设置为8，单击“反射”右侧的“无”按钮，在打开的“材质/贴图浏览器”对话框中选择“光线跟踪”选项，如下图所示。将材质指定给选定的对象即可。

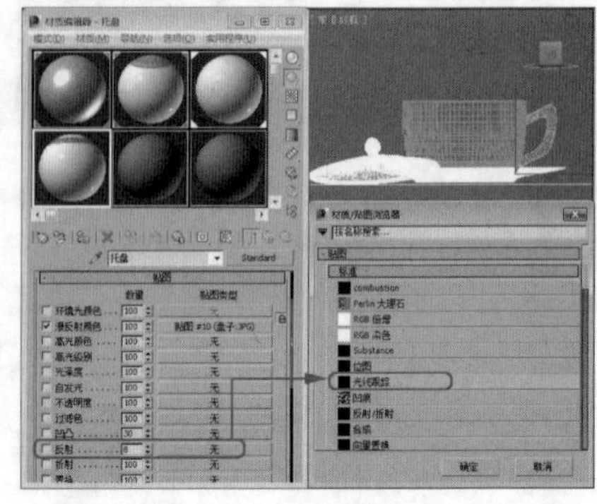

16.2 玻璃材质

玻璃材质在现实生活中随处可见，例如玻璃杯、酒瓶、室内外玻璃等。玻璃的制作虽然相对简单，但效果与真实的玻璃质感会有很大的出入，需要在各个细节上进行把握和调节。

实战操作461 玻璃质感的表现

 素材：Scenes\Cha16\16-2.max	 难度：★★★★★
 场景：Scenes\Cha16\实战操作461.max	 视频：视频\Cha16\实战操作461.avi

玻璃质感的表现有很多种方法，下面通过设置玻璃自身颜色、“自发光”、“不透明度”以及“贴图”卷展栏中的“凹凸”来制作玻璃的质感。具体操作步骤如下。

01 重置一个新的场景文件，按Ctrl+O组合键，在弹出的对话框中打开素材文件16-2.max，如下图所示。

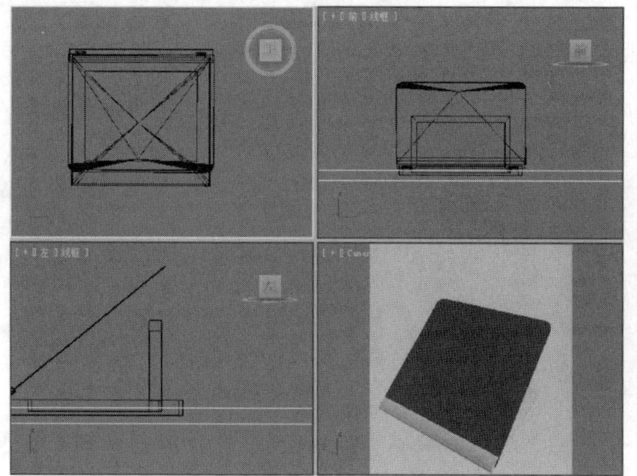

02 按H键，在打开的“从场景选择”对话框中，选择“玻璃”对象，如下图所示。

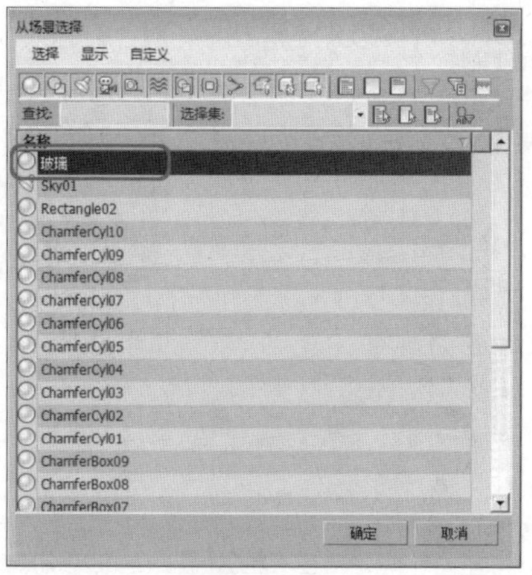

03 单击“确定”按钮，按M键打开“材质编辑器”，选择一个空白的材质样本球，并将其重命名为“玻璃”，在“Blinn基本参数”卷展栏中，将“环境光”的RGB值设置为（193、225、255），将“自发光”选项组中的“颜色”设置为5，将“不透明度”设置为50，在“反射高光”选项组中，将“高光级别”设置为128，将“光泽度”设置为47，展开“扩展参数”卷展栏，单击“高级透明”选项组中的“外”单选按钮，如下图所示。

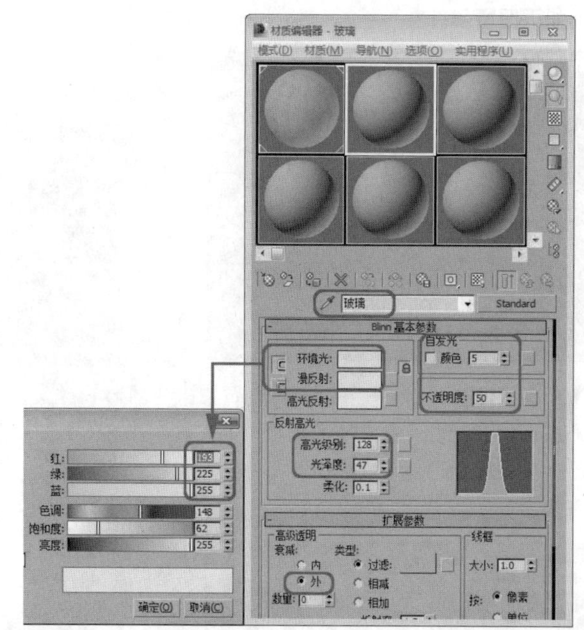

04 单击“将材质指定给选定对象”按钮，激活摄影机视图，按F9键渲染效果，如下图所示。

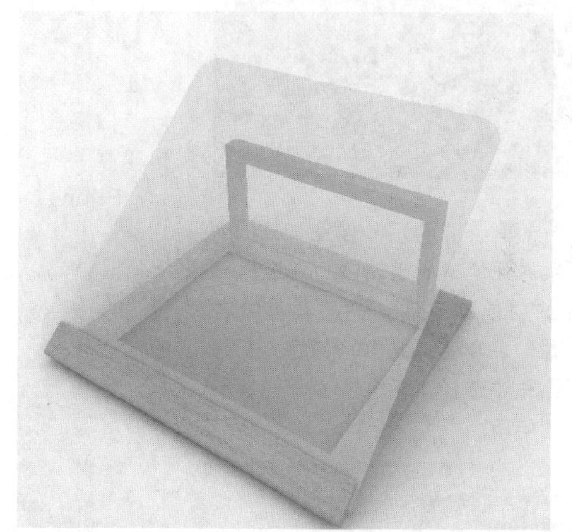

16.3 多维次物体材质

下面介绍多维子材质的设置方法，通过设置排球材质来表现多维次物体材质。

实战操作462 排球

素材：Scenes\Cha16\16-3.max	难度：★★★★★
场景：Scenes\Cha16\实战操作462.max	视频：视频\Cha16\实战操作462.avi

本例提供场景中的ID在创建物体的时候就设置好了，在此，我们只需要直接为场景中的“排球”设置材质即可。具体操作步骤如下。

01 按Ctrl+O组合键，在弹出的对话框中打开16-3.max素材文件，如下图所示。

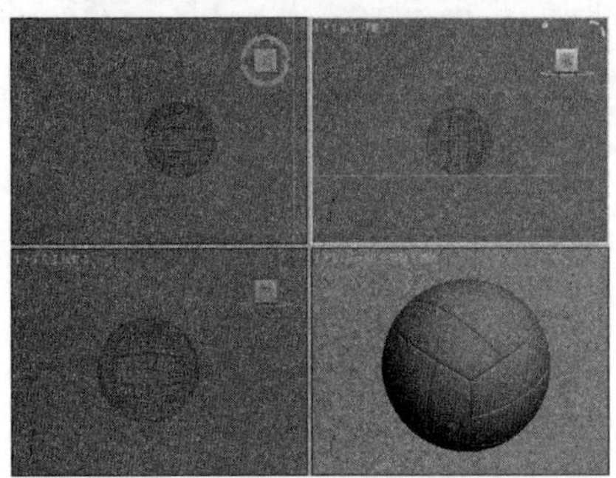

02 按H键，打开“按名称选择”对话框，在其中选择“排球”、“排球01”至“排球12”，如下图所示。

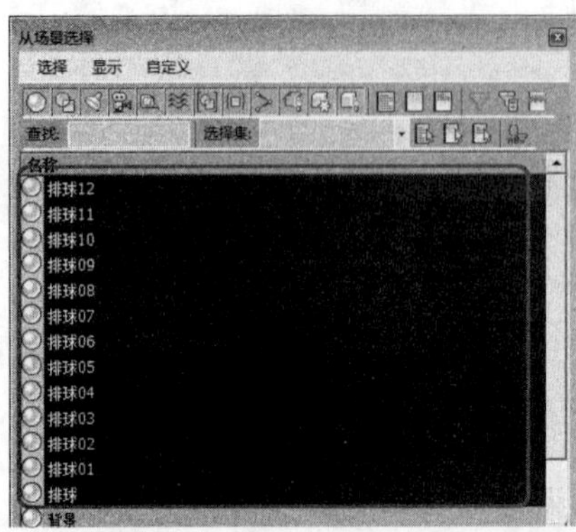

03 单击“确定”按钮，按M键打开“材质编辑器”，选择一个空白的材质样本球，并将其重命名为“排球”，单击standard按钮，在弹出的对话框中选择“多维/子材质”选项，如下图所示。

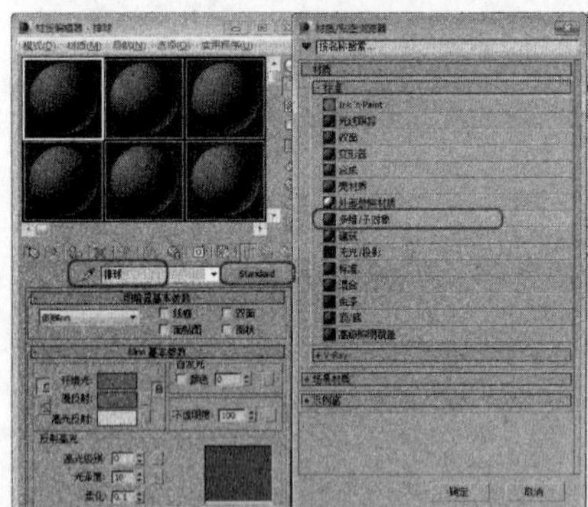

04 单击“确定”按钮，此时会弹出一个“替换材质”对话框，在其中保持其默认设置，如下图所示。

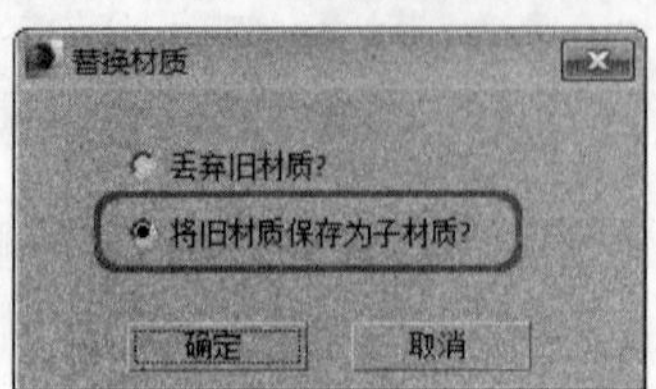

05 单击“确定”按钮，在“多维/子材质基本参数”卷展栏中单击“设置数量按钮，在弹出的对话框中，将“数量”设置为2，如下图所示。

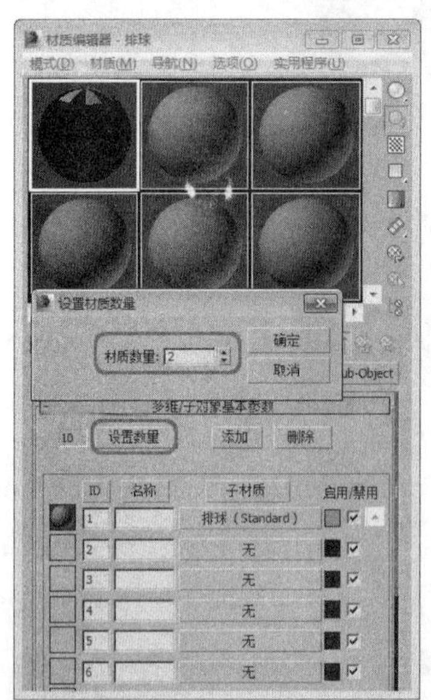

06 单击“确定”按钮，单击“ID1”右侧的材质按钮，进入该子材质层级，并将其重命名为“白色”，在“明暗器基本参数”卷展栏中，将“阴影”模式设置为“Phong”，在“Phong基本参数”卷展栏中，将“环境光”颜色的RGB值设置为白色，在“反射高光”卷展栏中，将“高光级别”设置为16，将“光泽度”设置为27，如下图所示。

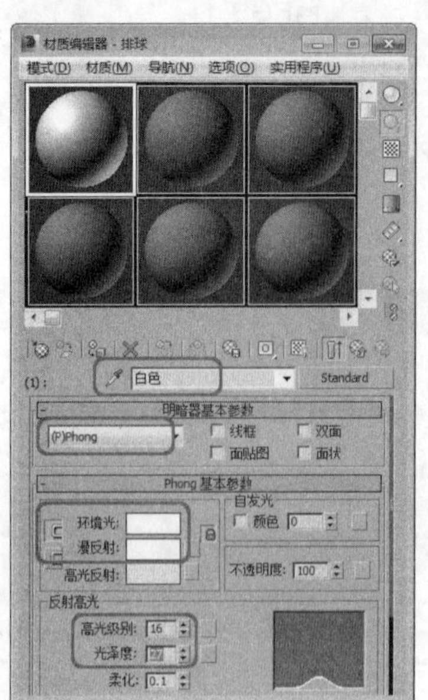

07 设置完成后单击“转到父对象”按钮，返回到“父级”材质层级，然后单击“ID2”右侧的材质按钮，在弹出的对话框中选择“标准”贴图，如下图所示。

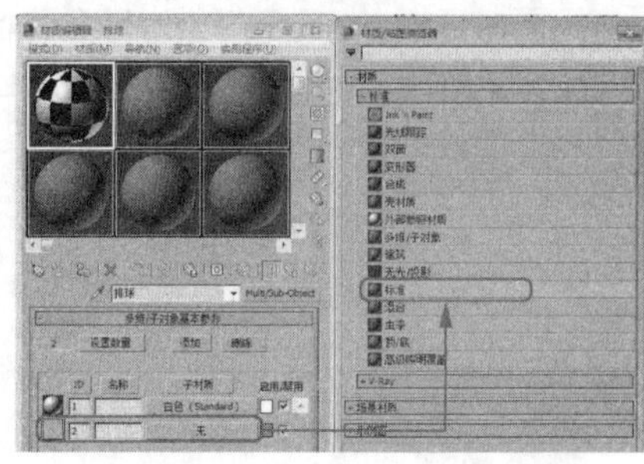

08 并将其重命名为“橘黄”，在“明暗器基本参数”卷展栏中，将“阴影”模式设置为“Phong”，在“Phong基本参数”卷展栏中，将“环境光”颜色的RGB值设置为（255、156、0），在“反射高光”卷展栏中，将“高光级别”设置为11，将“光泽度”设置为30，如下图所示。

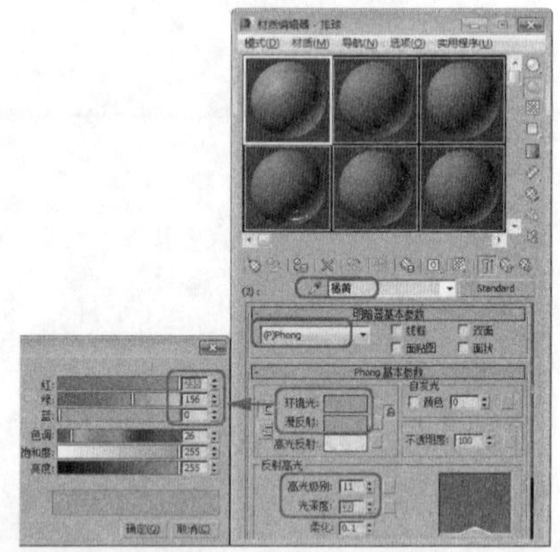

09 设置完成后单击“转到父对象”按钮，然后单击“将材质指定给选定对象”按钮，如下图所示。

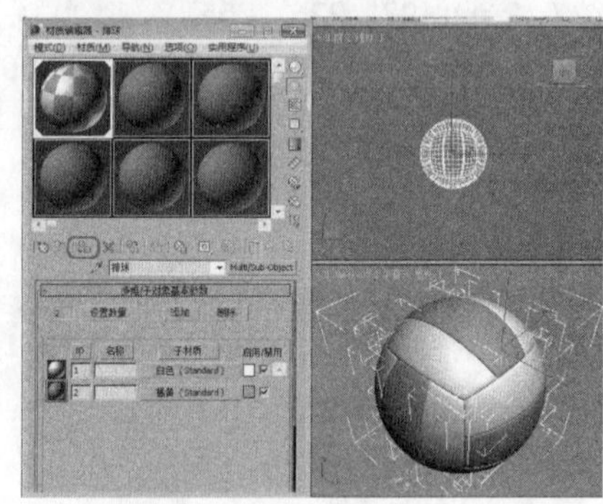

10 关闭材质编辑器，按F9键渲染完成后的效果，效果如下图所示。

16.4 黄金金属材质

金色属于一种非常具有代表性的金属材质，是一种华贵的金属材料，在广告及三维片头中使用率非常高。金属质感的表现离不开虚拟贴图反射，虚拟贴图反射是指使用一张图像作为反射贴图。

实战操作463 黄金质感的表现

 素材：Scenes\Cha16\16-4.max	 难度：★★★★★
 场景：Scenes\Cha16\实战操作463.max	视频：视频\Cha16\实战操作463.avi

黄金金属质感的制作，首先要确定金属的颜色，然后在“贴图”卷展栏中设置“反射”的“数量”值，为其指定金属贴图来表现金属质感，并对贴图进行调整。具体操作步骤如下。

01 按Ctrl+O组合键，在弹出的对话框中打开16-4.max素材文件，按H键打开“从场景选择”对话框，在其中选择Text01，如下图所示。

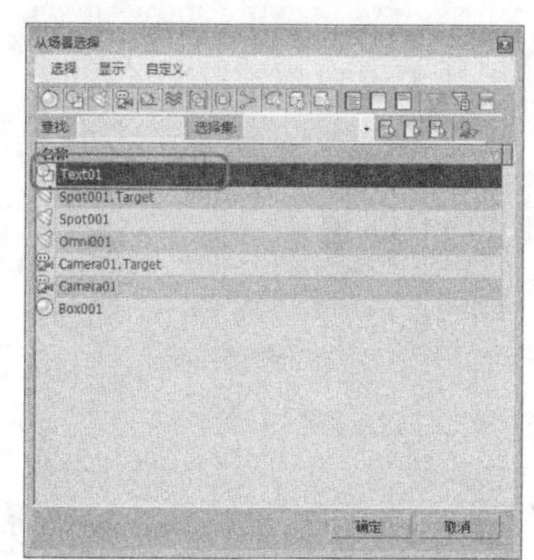

02 单击“确定”按钮，即可选中文字对象，按M键打开材质编辑器，选择一个空白的材质样本球，并将其重命名为“金属字”，展开“明暗器基本参数”卷展栏，将其类型设置为“金属”，在“金属基本参数”卷展栏中，将“环境光”的颜色设置为黑色，将“漫反射”颜色的RGB值设置为（255、222、0），将高光级别设置为100，将光泽度设置为100，如下图所示。

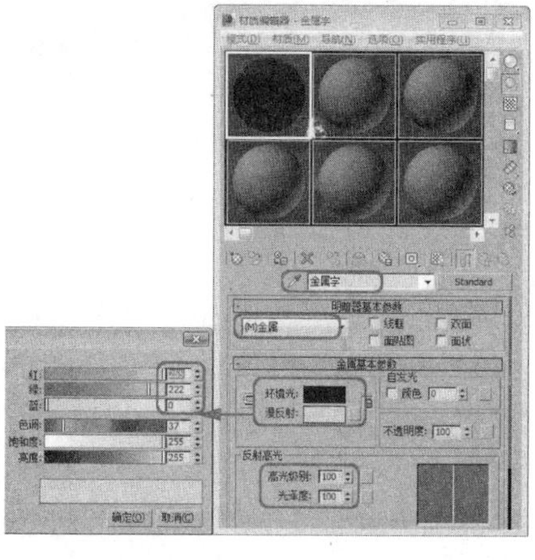

03 展开“贴图”卷展栏，单击“反射”右侧的“无”按钮，在弹出的对话框中选择“位图”选项，单击“确定”按钮，在弹出的对话框中选择随书附带光盘中的Map\gold04.jpg贴图文件，如下图所示。

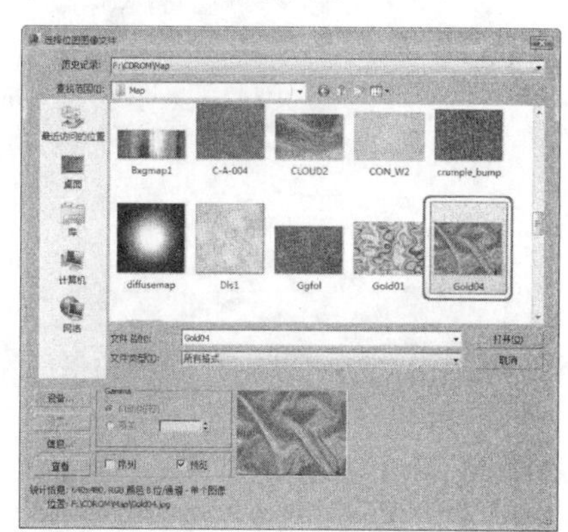

04 单击“确定”按钮，即可将选择的贴图文件添加到材质编辑器中，展开“输出”卷展栏，将“输出量”设置为1.3，如下图所示。

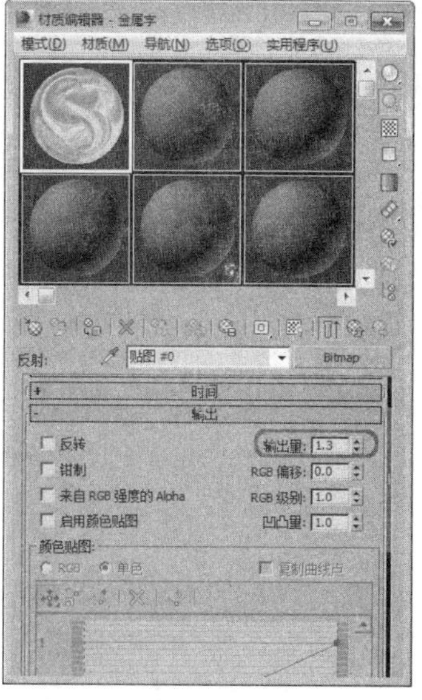

05 设置完成后单击“转到父对象”按钮，然后单击“将材质指定给选定对象”按钮，如下图所示。

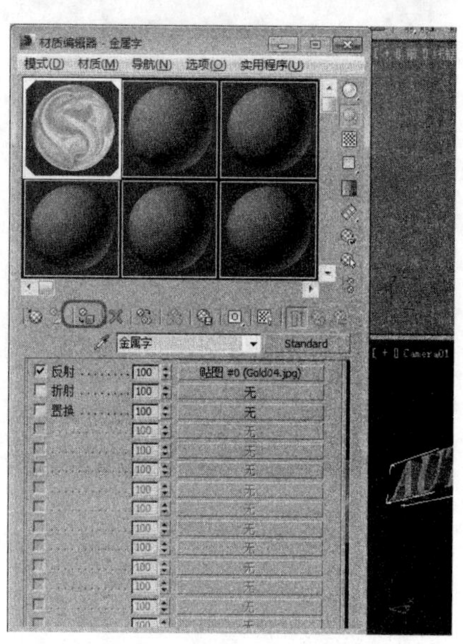

06 关闭材质编辑器，激活摄影机视图，按F9键渲染效果，如下图所示。

16.5 木纹材质

木纹材质在室内效果图中的应用是比较频繁的，无论是窗框、门、地板以及各种木纹的家具等。因此掌握木纹材质的制作是制作室内效果图的关键之一。

实战操作464 木纹质感的表现

素材：Scenes\Cha16\16-5.max	难度：★★★★★
场景：Scenes\Cha16\实战操作464.max	视频：视频\Cha16\实战操作464.avi

木纹材质主要通过贴图来表现其质感，设置贴图的U、V值来表现。具体操作步骤如下。

01 重置一个新的场景，按Ctrl+O组合键，在弹出的对话框中打开16-5.max素材文件，如下图所示。

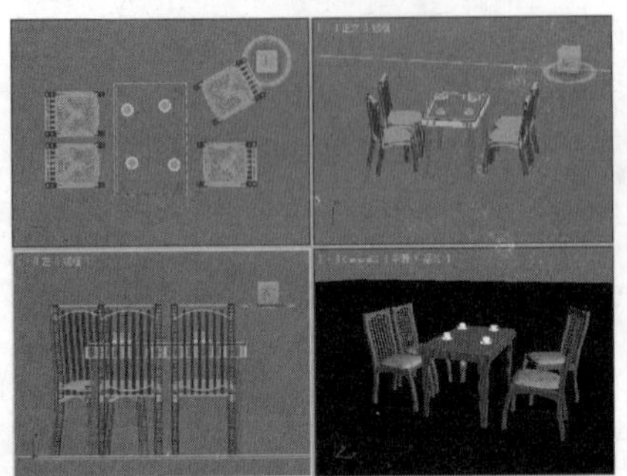

02 按H键，在打开的“从场景选择”对话框中选择“桌子”、“椅子”对象，如下图所示。

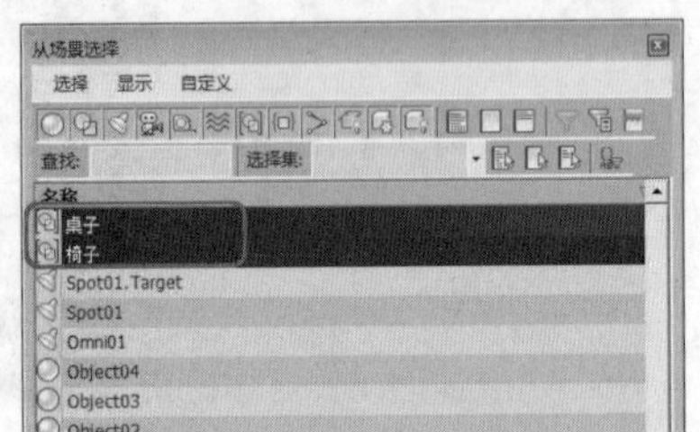

03 单击“确定”按钮，按M键打开“材质编辑器”对话框，选择一个空白的材质样本球，将其重命名为“木质”，在“明暗器基本参数”卷展栏中，将类型设置为“phong”，勾选“双面”复选框，展开“phong基本参数”卷展栏，单击“环境光”和“漫反射”左侧的按钮，取消两者之间的链接关系，并将环境光的颜色设置为黑色，将“漫反射”颜色的RGB值设置为（128、128、128），在“反射高光”选项组中，将“高光级别”设置为50，将“光泽度”设置为40，如下图所示。

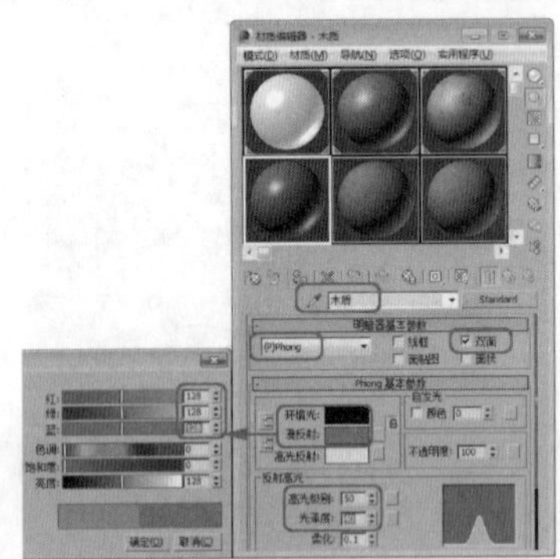

04 设置为完成后，展开“贴图”卷展栏，单击“漫反射颜色”右侧的“无”按钮，在弹出的对话框中选择“位图”贴图，单击“确定”按钮，在弹出的对话框中选择随书附带光盘中的Map\MW132.jpg贴图文件，如下图所示。

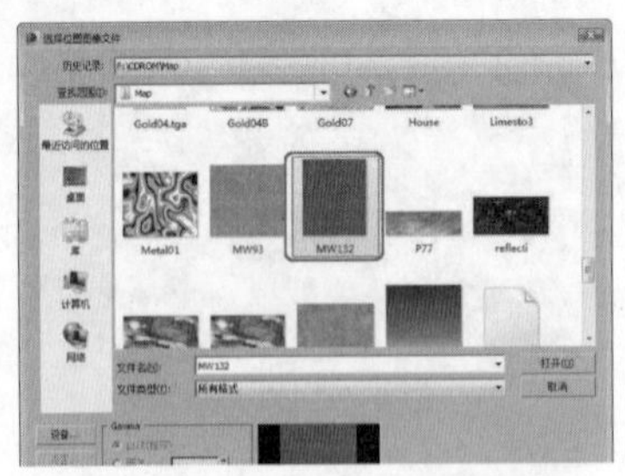

05 单击“打开”按钮，即可将选择的贴图文件添加至材质编辑器中，单击“转到父对象”按钮，然后单击“将材质指定给选定对象”按钮，如下图所示。

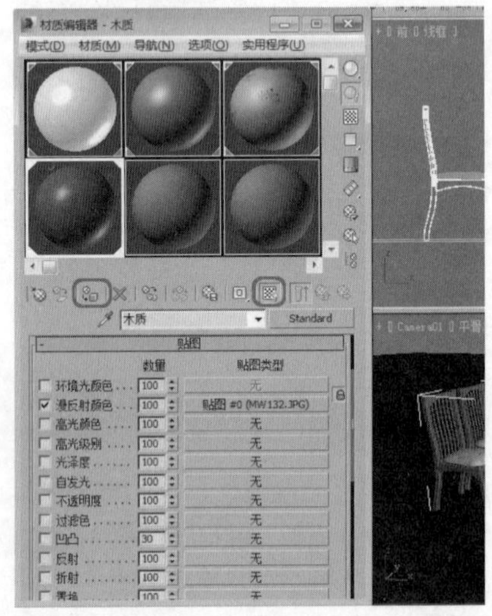

06 激活摄影机视图，按F9键渲染完成后的效果，如下图所示。

16.6 不锈钢材质

不锈钢材质是一种极光亮的金属，使用广泛，在广告业的标版动画中以及效果图的制作中会大量使用，并且该材质在生活中的使用也十分广泛，例如不锈钢防盗窗、不锈钢餐具等。

实战操作465 不锈钢质感的表现

素材：Scenes\Cha16\16-6.max	难度：★★★★★
场景：Scenes\Cha16\实战操作465.max	视频：视频\Cha16\实战操作465.avi

不锈钢质感的表现，主要是在“反射”通道中为其指定金属贴图，并设置贴图的模糊偏移值。设置不锈钢材质的具体操作步骤如下。

01 重置一个新的场景文件，按Ctrl+O组合键，在弹出的对话框中打开16-6.max素材文件，如下图所示。

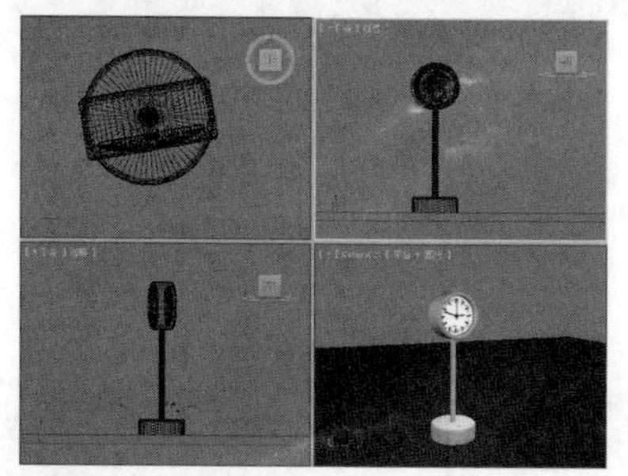

02 按H键，在打开的“从场景选择”对话框中选择“底座”、“外壳”对象，如下图所示。

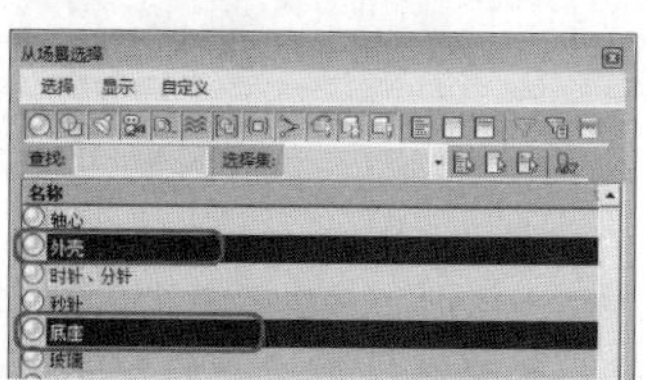

03 单击“确定”按钮，按M键打开“材质编辑器”，选择一个空白的材质样本球，将其重命名为“金属”，在“明暗器基本参数”卷展栏中，将类型设置为“金属”，在“金属基本参数”卷展栏中单击按钮，将“环境光”设置为黑色，将“漫反射”颜色的RGB值设置为（242、252、255），在“反射高光”选项组中，将“高光级别”设置为100，将“光泽度”设置为i86，如下图所示。

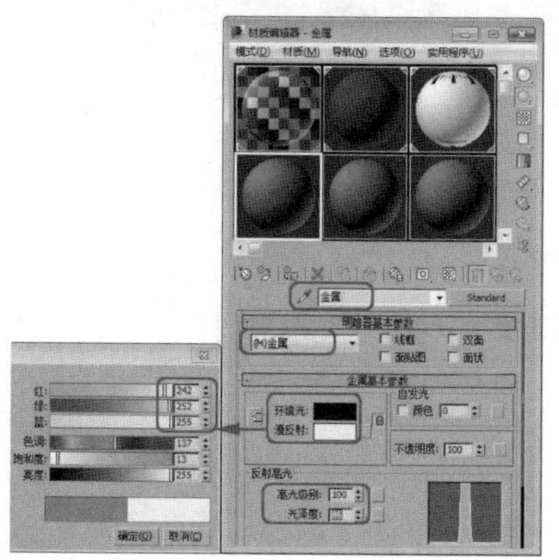

04 展开“贴图”卷展栏，将“反射”设置为8，单击右侧的“无”按钮，在弹出的对话框中，选择“光线跟踪”选项，如下图所示。

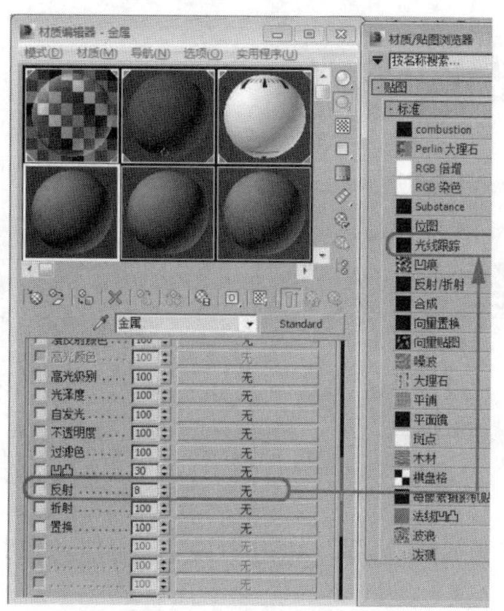

05 单击“确定”按钮，在“光线跟踪器参数”卷展栏中，单击“背景”选项组中的“无”按钮，在打开的窗口中选择位图，在弹出的对话框中，选择随书附带光盘中的Map\Metal01.tif贴图文件，如下图所示。

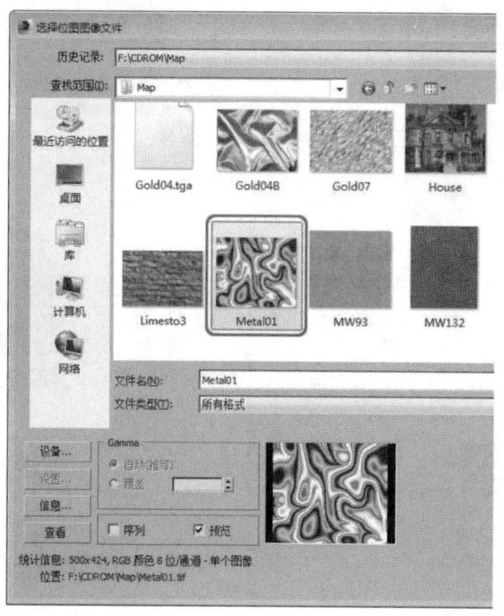

06 单击“打开”按钮，在“坐标”卷展栏中，将“瓷砖”下的U、V分别设置为0.4、0.1，如下图所示。

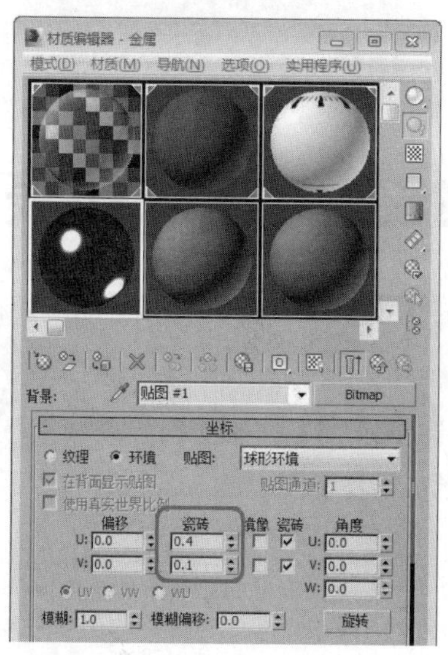

07 单击两次“转到父对象”按钮，将“折射”设置为80，单击右侧的“无”按钮，在弹出的对话框中选择“位图”贴图，如下图所示。

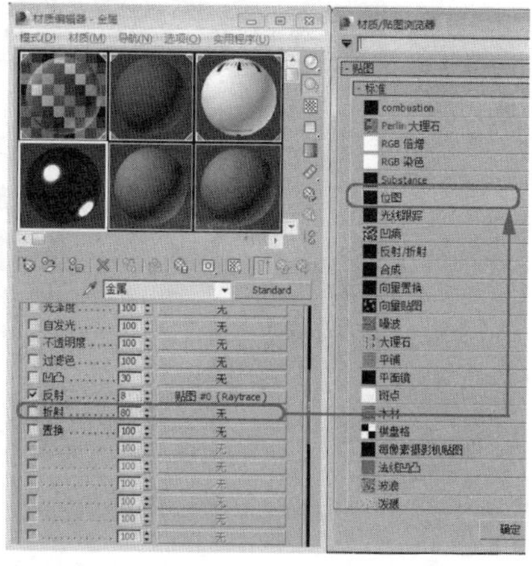

08 单击“确定”按钮，在弹出的对话框中选择随书附带光盘中的Map\Metal01.tif贴图文件，单击“打开”按钮，在“坐标”卷展栏中，将“瓷砖”下的U、V分别设置为0.6、0.5，将“模糊偏移”设置为0.1，如下图所示。

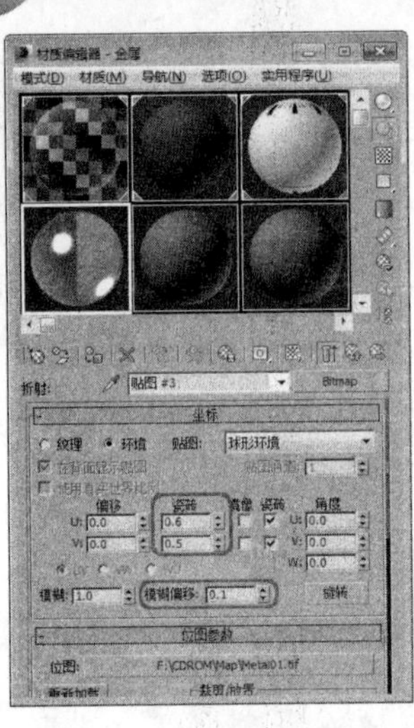

09 单击“转到父对象”按钮，然后单击“将材质指定给选定对象”按钮，如下图所示。

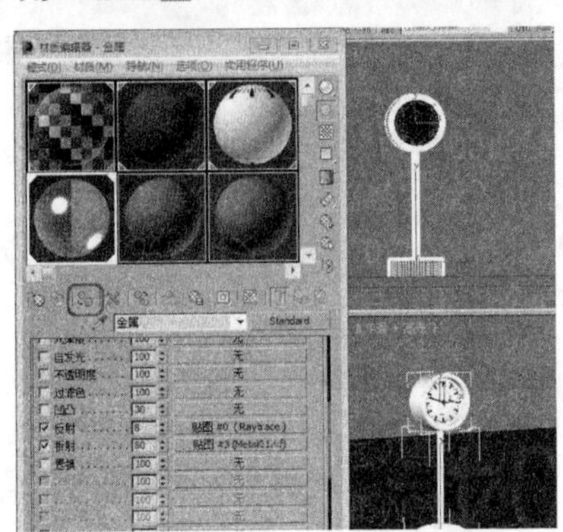

10 激活摄影机视图，按F9键渲染完成后的效果，如下图所示。

16.7 皮革的表现

皮革在室内设计中应用很多，在生活中的应用也非常广泛，如常见的沙发、钱包等。

实战操作466 皮革的表现

素材：Scenes\Cha16\16-7.max	难度：★★★★★
场景：Scenes\Cha16\实战操作466.max	视频：视频\Cha16\实战操作466.avi

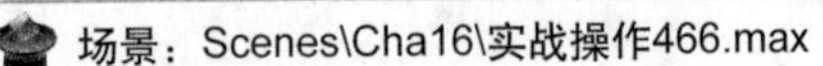

皮革的制作方法很简单，主要是通过在“贴图”通道中设置“凹凸”的数量，并为其指定皮革贴图来表现皮革质感，具体操作步骤如下。

01 重置一个新的场景文件，按Ctrl+O组合键，在弹出的对话框中打开16-7.max素材文件，如下图所示。

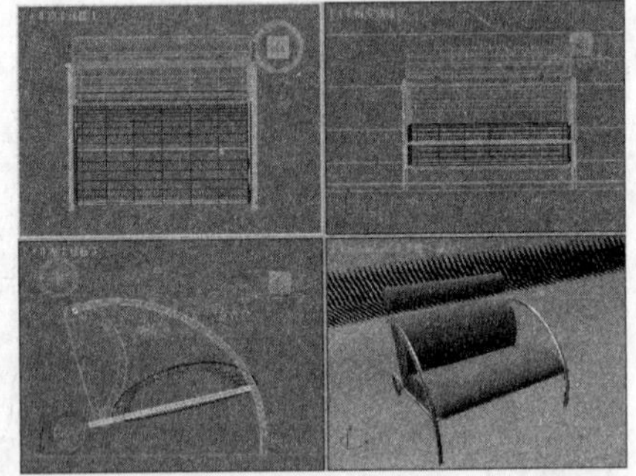

02 按H键，打开“从场景中选择”对话框，在其中选择如下图所示的对象。

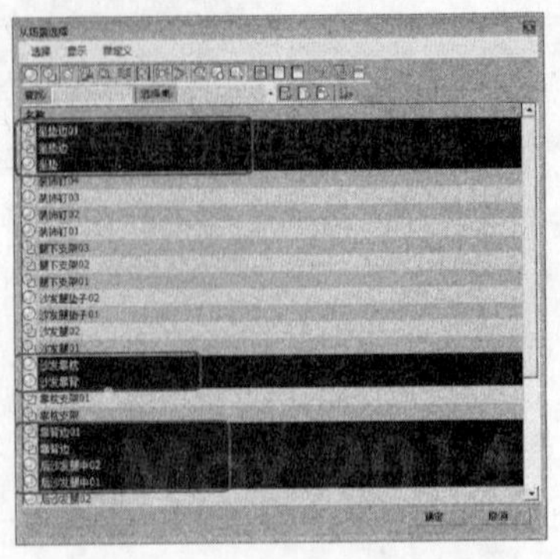

03 单击“确定”按钮，按M键打开“材质编辑器”，选择一个空白的材质样本球，并将其重命名为“皮革”，在“Blinn基本参数”卷展栏中，单击“环境光”左侧的按钮，将“环境光”颜色的RGB值设置为（17、47、15），将“漫反射”颜色的RGB值设置为（51、53、51），在“自发光”选项组中，将“颜色”设置为26，在“反射高光”选项组中，将“高光级别”设置为40，将“光泽度”设置为20，如下图所示。

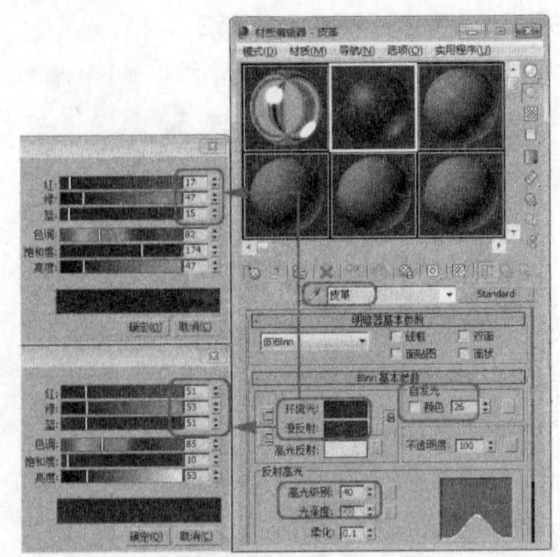

04 展开“贴图”卷展栏，单击“漫反射颜色”右侧的“无”按钮，在弹出的对话框中选择“位图”选项，在弹出的对话框中选择“位图”选项，单击“确定”按

钮，在弹出的对话框中选择随书附带光盘中的Map\c-a-004.jpg贴图文件，如下图所示。

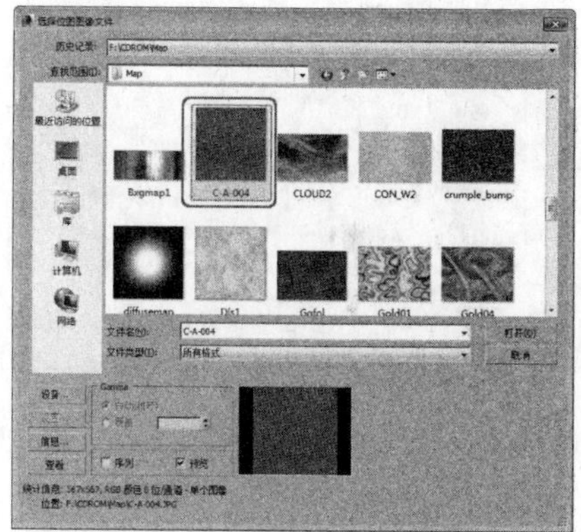

05 单击“打开”按钮，在“坐标”卷展栏中，将“瓷砖”下的U、V设置为2、2，如下图所示。

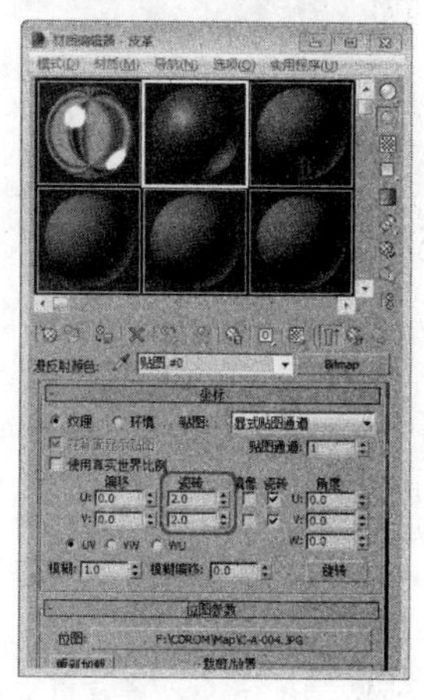

06 单击“转到父对象”按钮，将“凹凸”数量设置为166，单击右侧的“无”按钮，在弹出的对话框中选择“位图”选项，使用同样的方法，为其添加c-a-004.jpg贴图文件，并设置其坐标值，如下图所示。

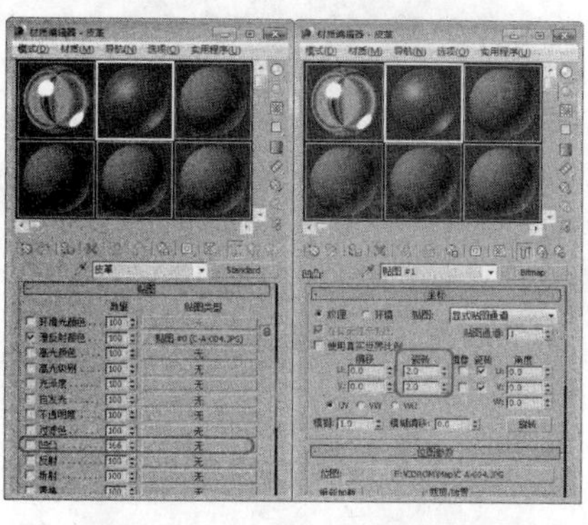

07 单击“转到父对象”按钮，单击“将材质指定给选定对象”按钮，然后单击“在视口中显示标准材质”按钮，如下图所示。

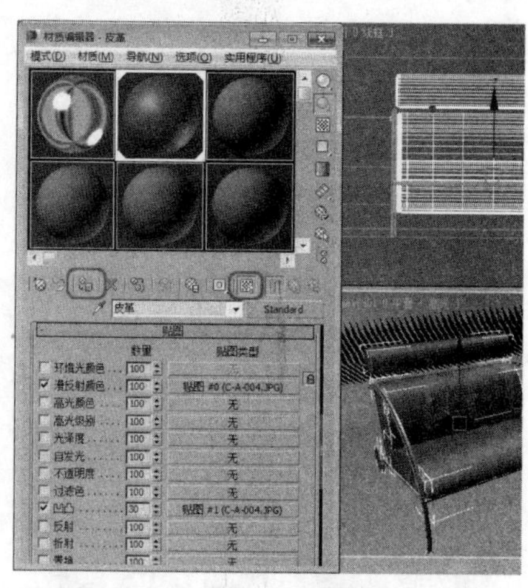

08 关闭“材质编辑器”对话框，激活摄影机视图，按F9键渲染设置完成后的效果，如下图所示。

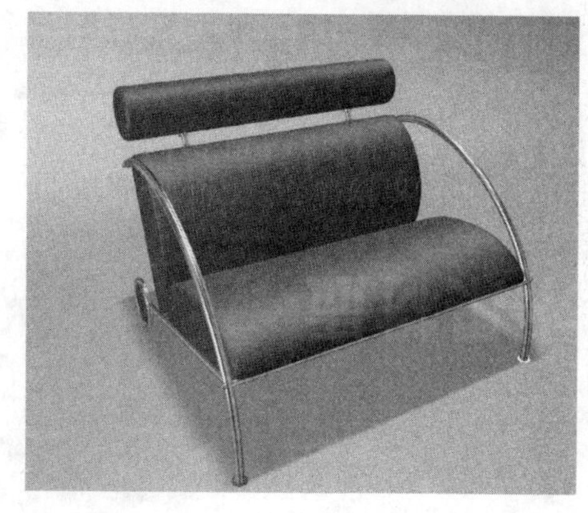

16.8 大理石材质

在日常生活中，大理石材质随处可见，无论是室内、室外都应用十分广泛，本节将介绍如何设置大理石材质。

实战操作467 大理石质感的表现

素材：Scenes\Cha16\16-8.max	难度：★★★★★
场景：Scenes\Cha16\实战操作467.max	视频：视频\Cha16\实战操作467.avi

下面介绍大理石质感的表现，该材质主要通过设置漫反射颜色和反射来表现，具体操作步骤如下。

01 按Ctrl+O组合键，在弹出的对话框中选择素材文件16-8.max，将其打开，按H键，在打开的“从场景选择”对话框中选择“地面”对象，如右图所示。

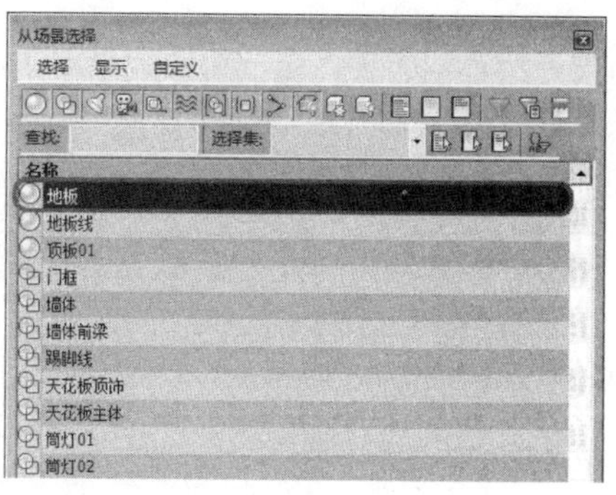

02 单击“确定”按钮，按M键，打开“材质编辑器”对话框，在弹出的对话框中选择一个新的材质样本球，将其命名为“地面”，在“Blinn基本参数”卷展栏中，

将“环境光”的RGB值设置为（255、251、212），如下图所示。

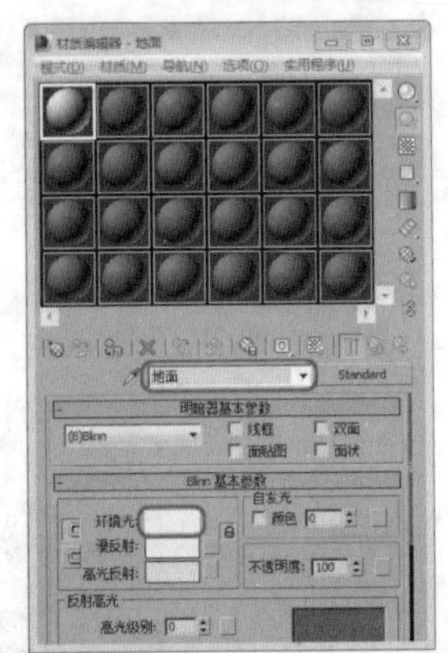

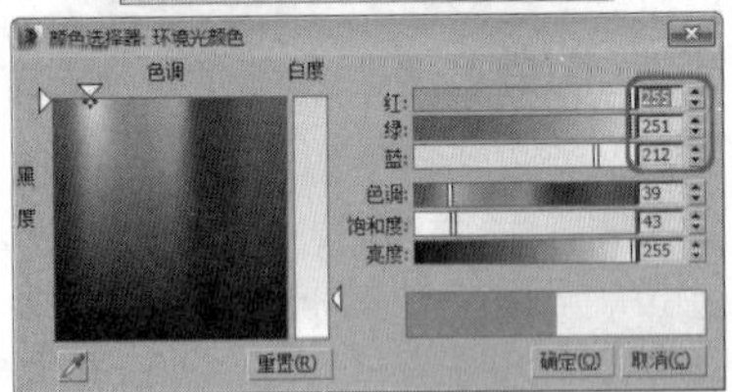

03 在“贴图”卷展栏中，单击“漫反射颜色”右侧的“无”按钮，在弹出的对话框中选择“位图”选项，单击“确定”按钮，再在弹出的对话框中选择随书附带光盘中的Map\ B0000570.JPG贴图文件，如下图所示。

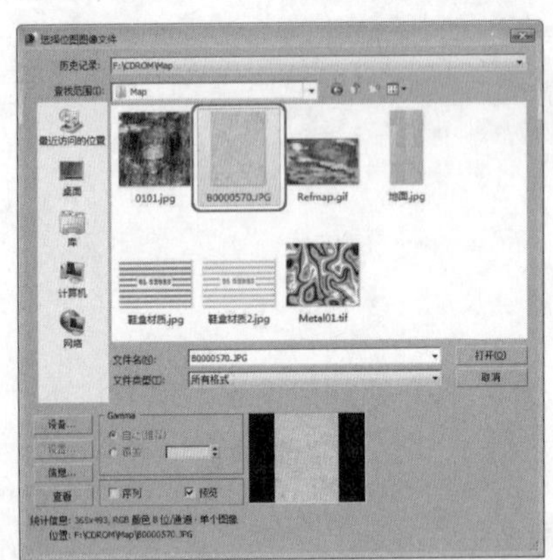

04 单击“打开”按钮，在“坐标”卷展栏中，将“瓷砖”下的U、V都设置为10，在“位图参数”卷展栏中，在“裁剪/放置”选项组中勾选“应用”复选框，将“H”值设置为0.689，如下图所示。

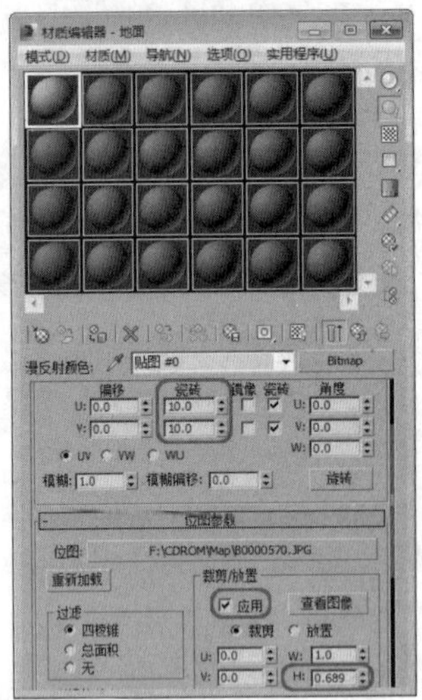

05 设置完成后，单击“转到父对象”按钮，再在“贴图”卷展栏中，将“反射”右侧的“数量”设置为20，如下图所示。

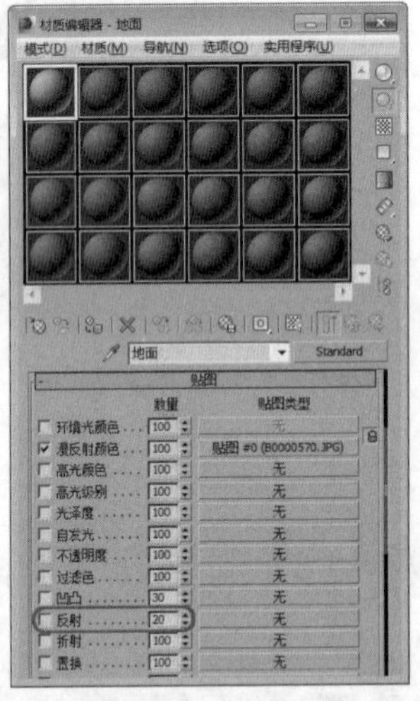

06 设置完成后，单击其右侧的“无”按钮，在弹出的对话框中选择“平面镜”选项，如下图所示。

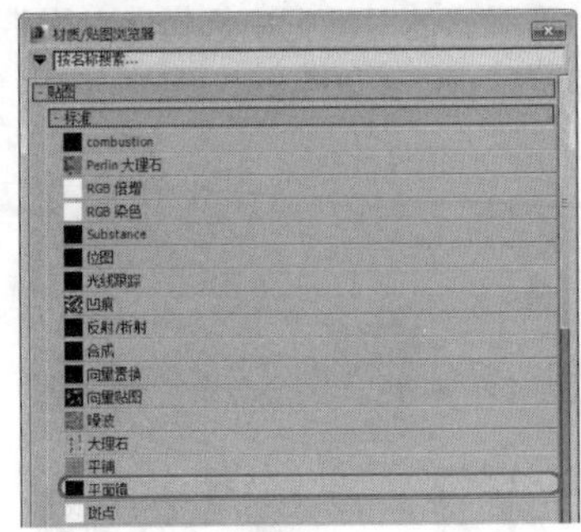

07 单击“确定”按钮，在“平面镜参数”卷展栏中，勾选“应用于带ID的面”复选框，如下图所示。

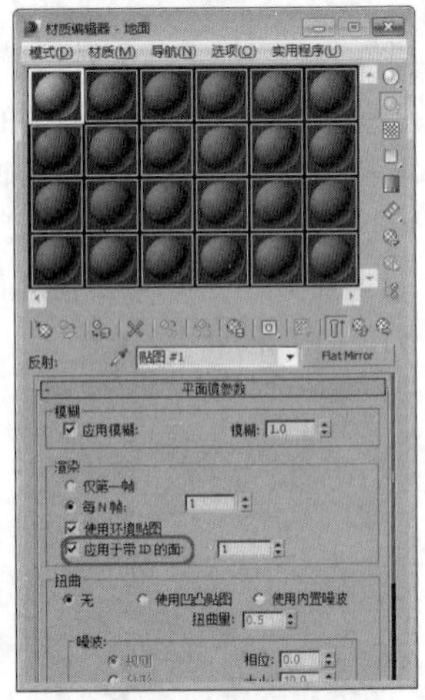

08 设置完成后，单击“转到父对象”按钮，单击“将材质指定给选定对象”按钮和“在视口中显示标准贴图”按钮，将设置完成后的材质给选定的对象，并按F9键对摄影机视图进行渲染，效果如下图所示。

16.9 镜面反射材质

本节将介绍如何表现镜面反射的效果，其效果主要是通过为对象设置反射贴图来表现的，通过设置镜面反射效果，可以使最终效果显得更加逼真。

实战操作468 镜面反射材质

 素材：Scenes\Cha16\16-9.max

 难度：★★★★★

 场景：Scenes\Cha16\实战操作468.max

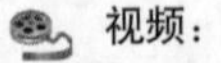 视频：视频\Cha16\实战操作468.avi

下面介绍如何设置镜面反射材质，具体操作步骤如下。

01 按Ctrl+O组合键，在弹出的对话框中选择16-9.max素材文件，将其打开，按H键，在打开的“从场景选择”对话框中选择“玻璃托架”对象，如下图所示。

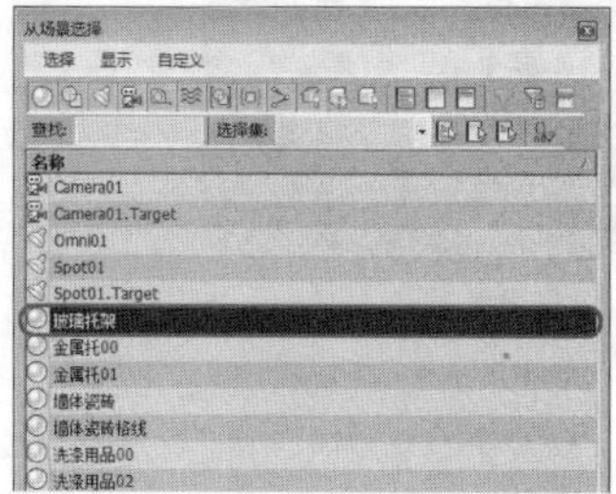

02 单击“确定”按钮，按M键打开“材质编辑器”对话框，在其中选择一个新的材质样本球，将其命名为“玻璃托架”，然后单击standard按钮，如下图所示。

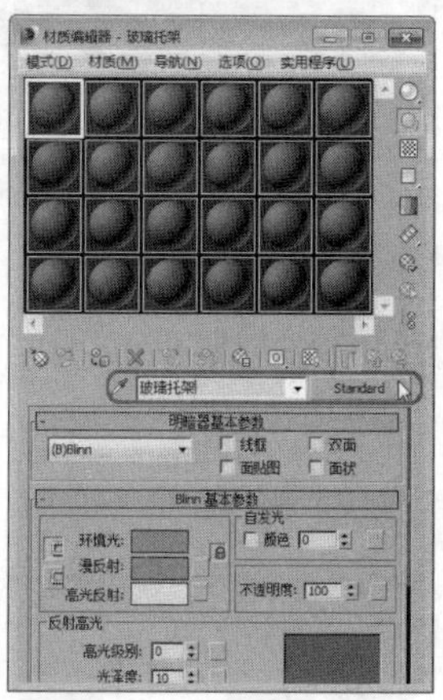

03 在弹出的对话框中选择“多维/子对象”选项，单击“确定”按钮，再在弹出的对话框中选择“将旧材质保存为子材质”单选按钮，然后单击“确定”按钮，在“多维/子对象基本参数”卷展栏中，单击“设置数量”按钮，在弹出的对话框中，将“材质数量”设置为2，如下图所示。

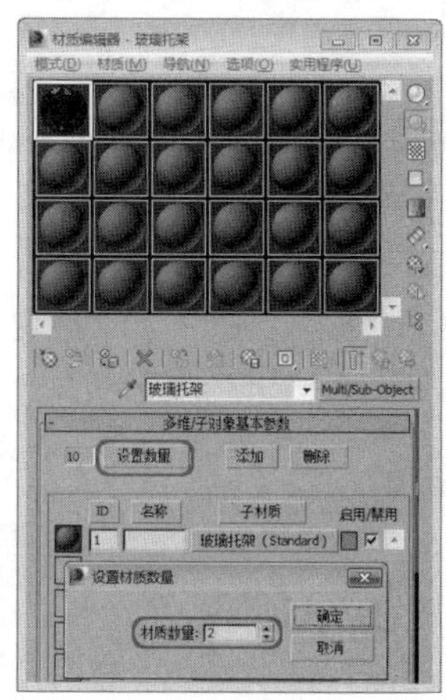

04 设置完成后，单击“确定”按钮，在“多维/子对象基本参数”卷展栏中，单击ID1右侧的材质按钮，再次单击standard按钮，在弹出的对话框中选择“光线跟踪”选项，如下图所示。

05 单击“确定”按钮，在“光线跟踪基本参数”卷展栏中，将“环境光”、“发光度”、“透明度”的RGB值都设置为（255、255、255），将“漫反射”的RGB值设置为（0、0、0），将“折射率”设置为1.5，将“高光级别”设置为65，如下图所示。

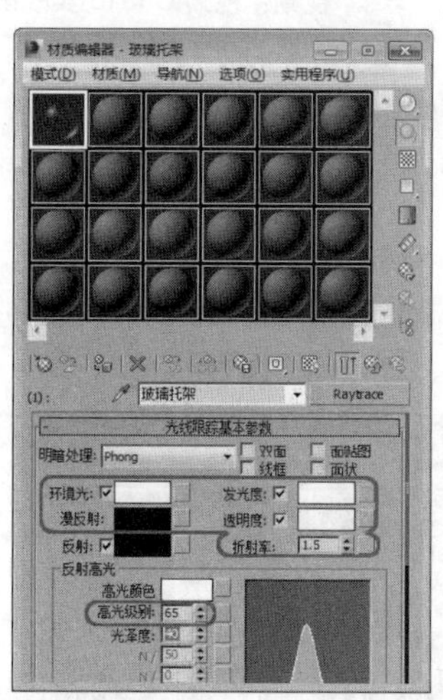

06 设置完成后，在“贴图”卷展栏中，将“反射”右侧的“数量”设置为40，单击其右侧的“无”按钮，在弹出的对话框中选择“衰减”选项，如下图所示。

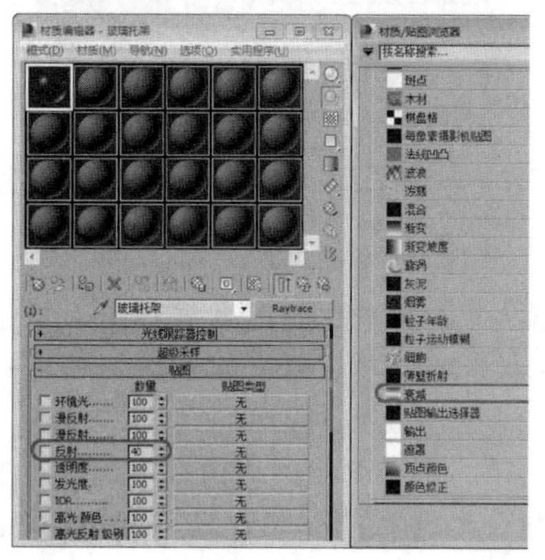

07 单击“确定”按钮，在“衰减参数”卷展栏中使用其默认参数，如下图所示。

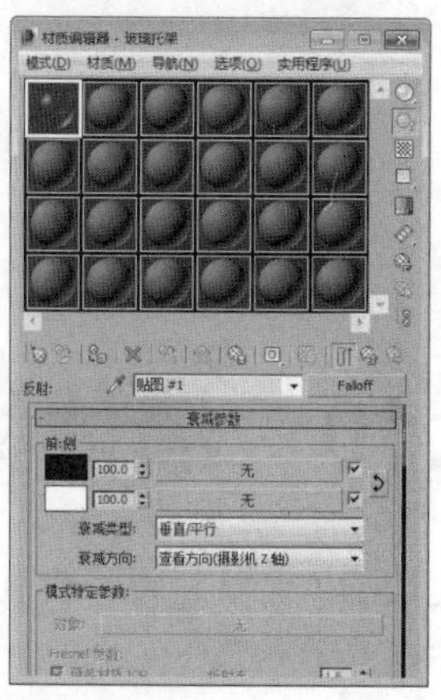

08 单击两次“转到父对象”按钮，在“多维/子对象基本参数”卷展栏中，单击ID2右侧的材质按钮，在弹出的对话框中选择“标准”选项，如下图所示。

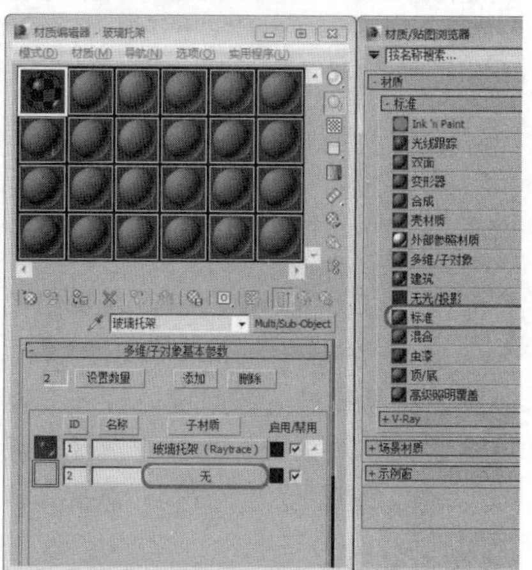

09 单击“确定”按钮，在“Blinn基本参数”卷展栏中，将“环境光”的RGB值设置为（157、205、223），将“不透明度”设置为68，如下图所示。

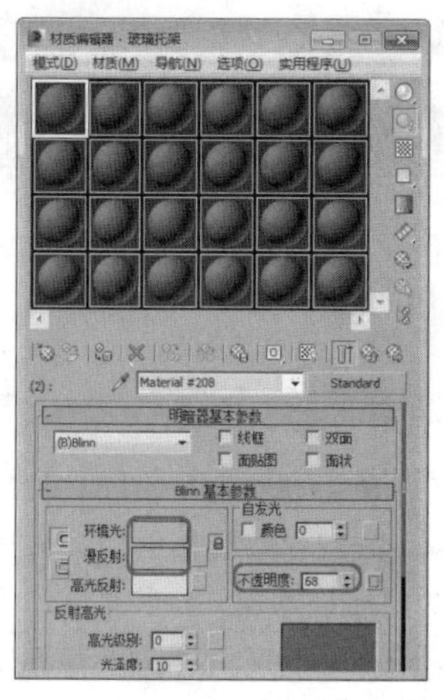

10 设置完成后，单击“将材质指定给选定对象”按钮，将该对话框关闭，然后按F9键对摄影机视图进行渲染，效果如右图所示。

16.10 墙体材质

建筑的外装饰材料一般通过砖墙贴图的方式进行表现，主要通过“漫反射颜色”通道和“凹凸”通道中的贴图来制作出效果。

实战操作469 砖墙质感的表现

素材：Scenes\Cha16\16-10.max	难度：★★★★★
场景：Scenes\Cha16\实战操作469.max	视频：视频\Cha16\实战操作469.avi

下面介绍如何设置砖墙材质，具体操作步骤如下。

在制作砖墙材质时，首先收集常用的砖块贴图，同时需要在“材质编辑器”对话框中对砖块贴图的U、V进行设置。制作砖墙材质的操作步骤如下。

01 按Ctrl+O组合键，在弹出的对话框中选择16-10.max素材文件，将其打开，按H键，打开“从场景选择”对话框，在其中选择“墙01”、“墙02”、“墙03”对象，如下图所示。

从场景选择

名称
Box001
Box010
Camera001
Camera001.Target
Omni001
Omni002
Spot001
Spot001.Target
墙01
墙02
墙03

02 单击“确定”按钮，按M键打开“材质编辑器”，选择一个空白的材质样本球，将其重命名为“砖墙”，在“Blinn基本参数”卷展栏中，将“高光级别”和“光泽度”分别设置为21、16，如下图所示。

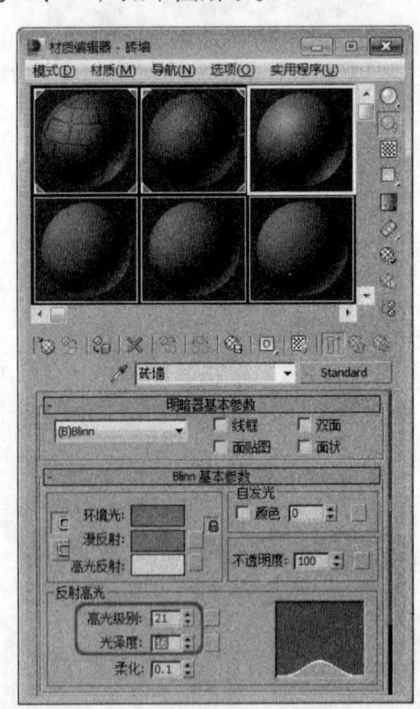

03 在“贴图”卷展栏中，单击“漫反射”右侧的“无”按钮，在弹出的对话框中双击“位图”选项，再在弹出的对话框中选择随书附带光盘中的Map\砖墙06.jpg，如下图所示。

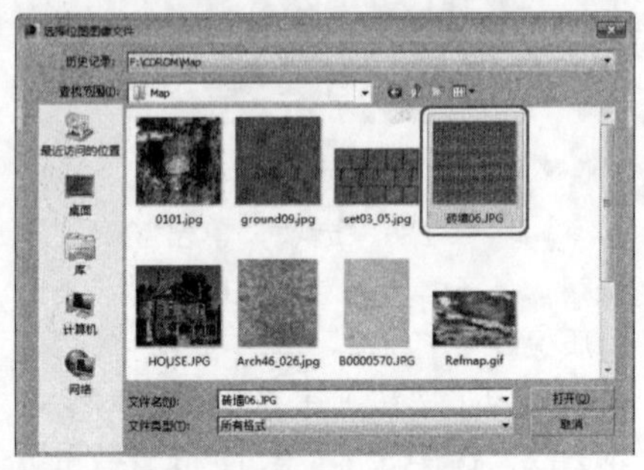

04 在“坐标”卷展栏中，将“瓷砖”下的U、V都设置为0.6，如下图所示。

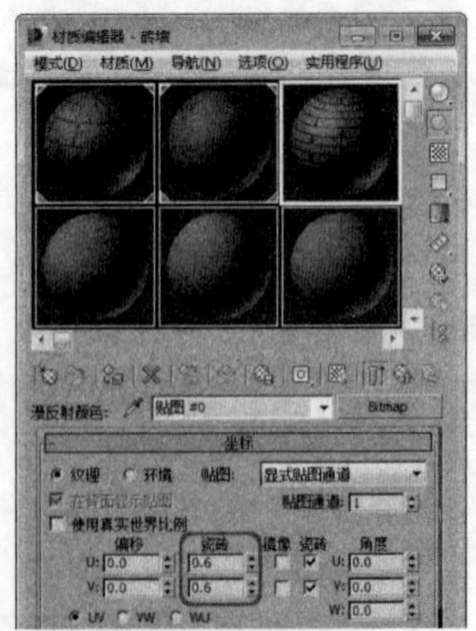

05单击“转到父对象”按钮，回到父级材质面板，在“贴图”卷展栏下，将鼠标放置在“漫反射颜色”的贴图路径上，将其拖拽到“凹凸”右侧的“无”按钮上，在弹出的对话框中选中“实例”单选按钮，如右图所示。

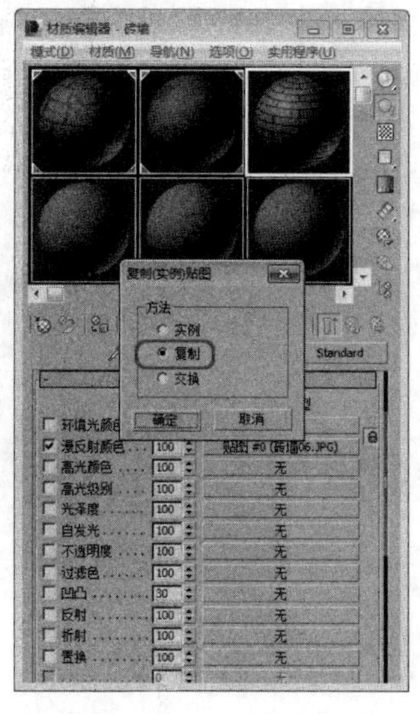

06单击“确定”按钮，将“凹凸”右侧的“数量”设置为80，单击“在视口中显示标准贴图”按钮，单击“将材质指定给选定对象”按钮，将材质赋予给场景中选择的对象，激活摄影机视图，按F9键进行渲染，效果如下图所示。

16.11 塑料材质

许许多多常见的日常生活用品都是塑料产品，从电话、传真、饮水机、手机、碗筷，乃至大大小小的瓶罐。

实战操作470 塑料质感的表现

素材：Scenes\Cha16\16-11.max	难度：★★★★★
场景：Scenes\Cha16\实战操作470.max	视频：视频\Cha16\实战操作470.avi

在制作塑料材质时，需要在“材质编辑器”对话框中对环境光、自发光和反射高光等进行设置。制作塑料材质的操作步骤如下。

01按Ctrl+O组合键，在弹出的对话框中打开素材文件16-11.max，按H键，打开“从场景选择”对话框，在弹出的对话框中选择“器具1”对象，如下图所示。

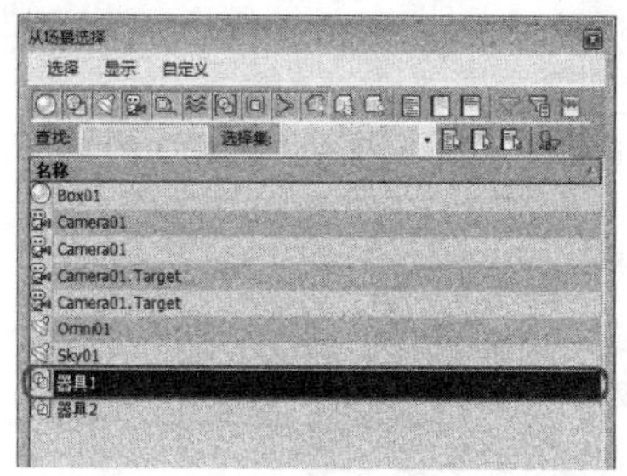

02单击“确定”按钮，按M键，打开“材质编辑器”对话框，选择一个新的材质样本球，将其命名为“绿色塑料”；在“明暗器基本参数”卷展栏中，将阴影模式设置为“（A各向异性）”模式；在“各向异性基本参数”卷展栏中，将“环境光”的RGB值设置为（125、235、149），将“高光反射”的RGB值设置为（255、255、255）；将“自发光”的颜色值设置为40；将“漫反射”值设置为119；将“反射高光”下的“高光级别”、“光泽度”、“各向异性”分别设置为96、58、86，如下图所示。

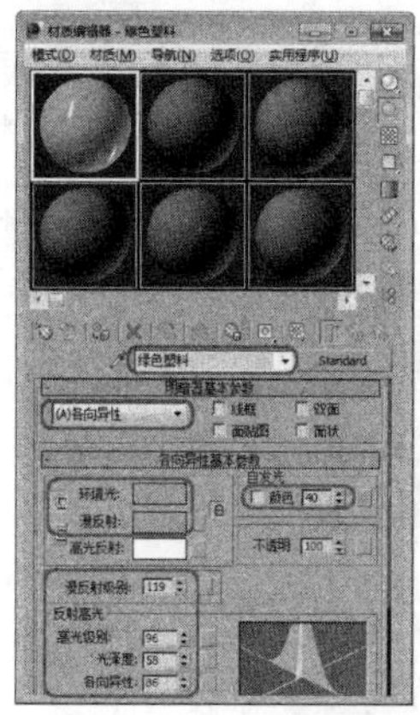

03设置完成后，单击“将材质指定给选定对象”按钮和“在视口中显示标准贴图”按钮，将材质指定给选定对象，如下图所示。

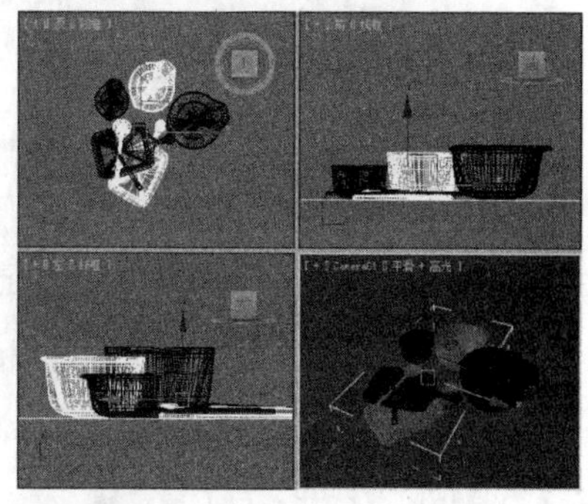

04按H键再次打开“从场景选择”对话框，在其中选择“器具2”，如下图所示。

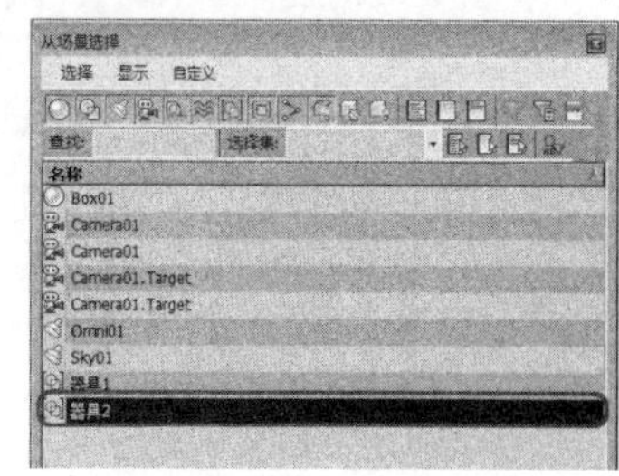

05 单击“确定”按钮，在“材质编辑器”对话框中选择“绿色塑料”材质样本球，按住鼠标将其拖拽至一个新的材质样本球上，并将其命名为“蓝色塑料”，在“各向异性基本参数”卷展栏中，将“环境光”的RGB值设置为（192、225、255），将“高光级别”设置为193，如右图所示。

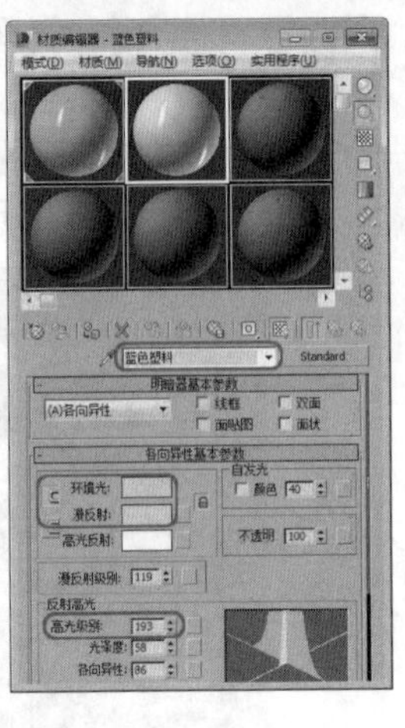

06 设置完成后，单击“将材质指定给选定对象”按钮，将该对话框关闭，按F9键对摄影机视图进行渲染，效果如下图所示。

16.12 布料材质

布料材质是生活中必不可少的一部分，它应用非常广泛。例如我们生活中所用到的毛巾、被子、抱枕等，在3ds Max中，我们也可以通过设置材质参数来表现布料效果，本节将介绍毛巾质感的表现方法。

实战操作471 毛巾质感的表现

素材：Scenes\Cha16\16-12.max	难度：★★★★★
场景：Scenes\Cha16\实战操作471.max	视频：视频\Cha16\实战操作471.avi

下面介绍如何为毛巾添加材质，具体操作步骤如下。

01 按Ctrl+O组合键，在弹出的对话框中打开素材文件16-12.max，在打开的场景中选择“毛巾”对象，如下图所示。

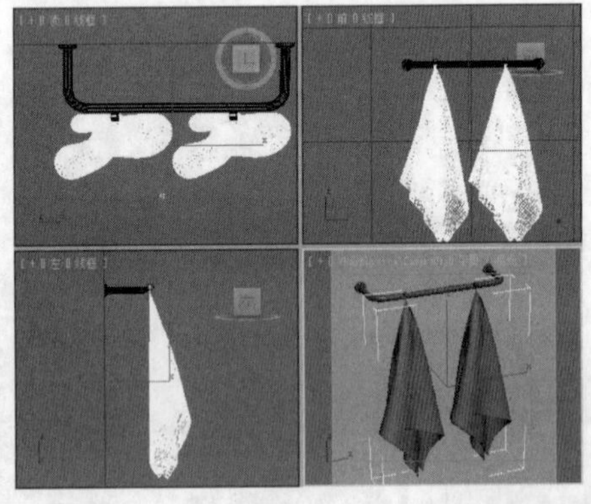

02 按M键打开“材质编辑器”对话框，在其中选择一个新的材质样本球，将其命名为“毛巾”，在“Blinn基本参数”卷展栏中，将“环境光”的RGB值设置为（255、255、255），将“自发光”设置为30，如右图所示。

03 在“贴图”卷展栏中，单击“漫反射颜色”右侧的“无”按钮，在弹出的对话框中选择“位图”选项，如下图所示。

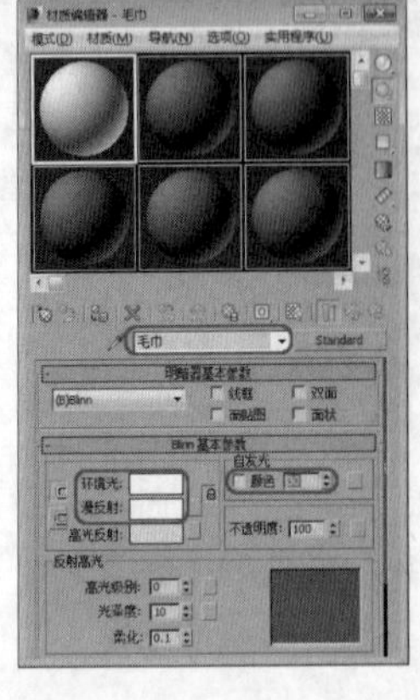

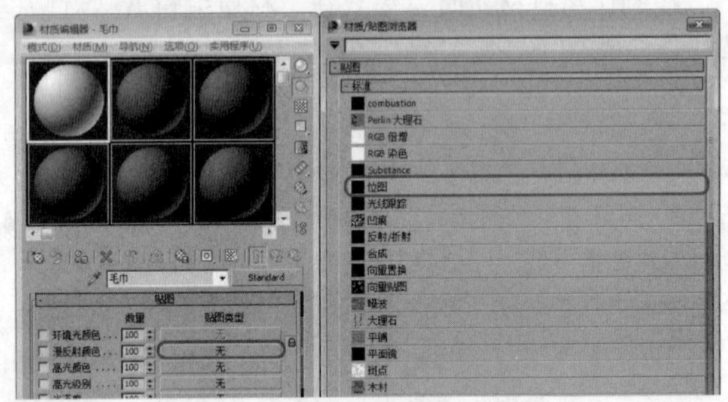

04 再在弹出的对话框中选择随书附带光盘中的Map\毛巾.jpg贴图文件，如下图所示，单击“打开”按钮，将设置好的材质指定给选定对象即可。

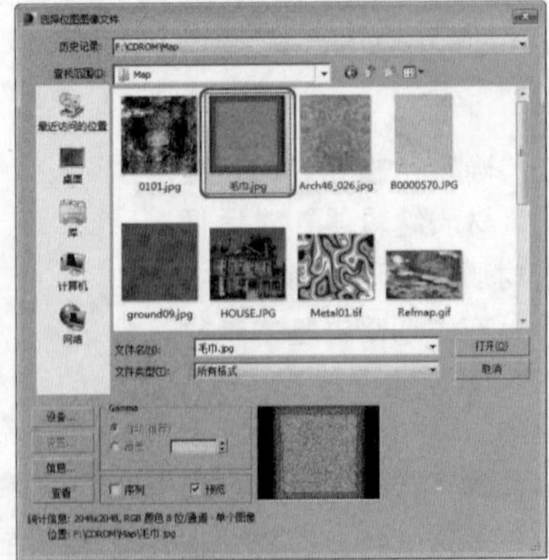

16.13 水材质

水是最常见的物质之一，是包括人类在内所有生命生存的重要资源，也是生物体最重要的组成部分。

实战操作472 水质感的表现

素材：Scenes\Cha16\16-13.max	难度：★★★★★
场景：Scenes\Cha16\实战操作472.max	视频：视频\Cha16\实战操作472.avi

下面介绍水质感的表现方法，具体操作步骤如下。

在制作水材质时，需要在“材质编辑器”对话框中对环境光、自发光、高光反射和反射高光等进行设置。制作水材质的操作步骤如下。

01 按Ctrl+O组合键，在弹出的对话框中打开素材文件16-13.max，在打开的场景中选择“海面”对象，如下图所示。

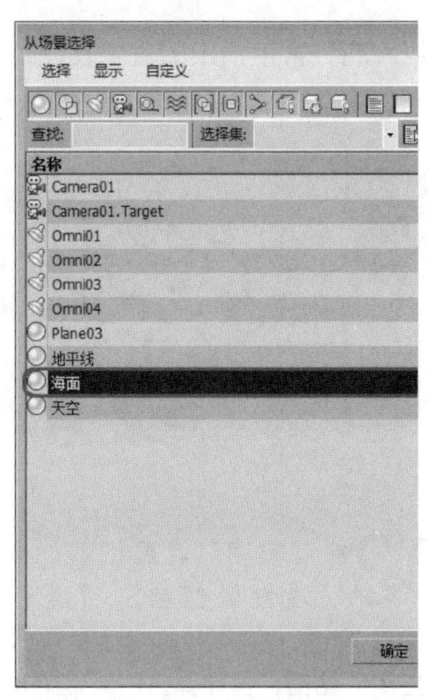

02 单击“确定”按钮，按M键打开“材质编辑器”对话框，在其中选择一个材质样本球，将其命名为“海面”，在“明暗器基本参数”卷展栏中，将明暗器类型设置为“（A各向异性）”，在“各向异性基本参数”卷展栏中，单击“环境光”左侧的按钮，将“环境光”的RGB值设置为（18、18、18），将“漫反射”的RGB值设置为（53、79、98），将“高光反射”的RGB值设置为（139、154、165），在“自发光”选项组中，勾选“颜色”复选框，并将其RGB值设置为（0、0、0），将“高光级别”、“光泽度”、“各向异性”分别设置为150、50、50，如下图所示。

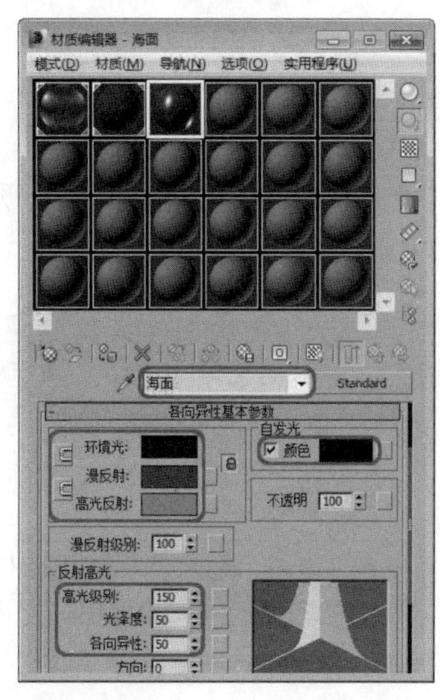

03 在“贴图”卷展栏中，单击“凹凸”右侧的“无”按钮，在弹出的对话框中选择“噪波”选项，如下图所示。

04 单击“确定”按钮，在“噪波参数”卷展栏中选中“分形”单选按钮，将“大小”设置为30，将“级别”设置为10，如下图所示。

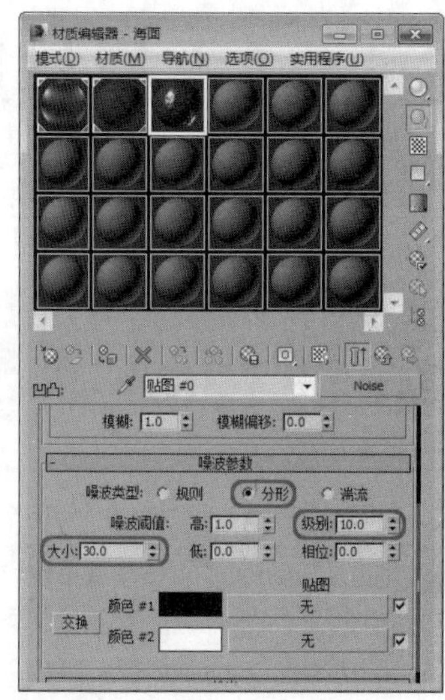

05 单击“转到父对象”按钮，在“贴图”卷展栏中，单击“反射”右侧的“无”按钮，在弹出的对话框中选择“遮罩”选项，如下图所示。

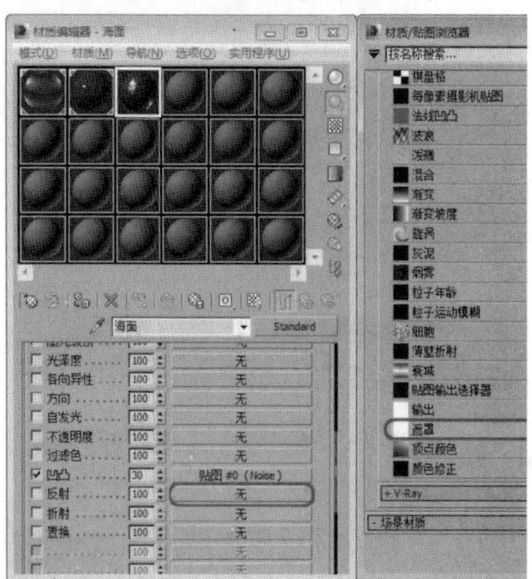

06 单击“确定”按钮，在“遮罩参数”卷展栏中，单击“贴图”右侧的“无”按钮，在弹出的对

话框中选择“光线跟踪”选项，如下图所示。

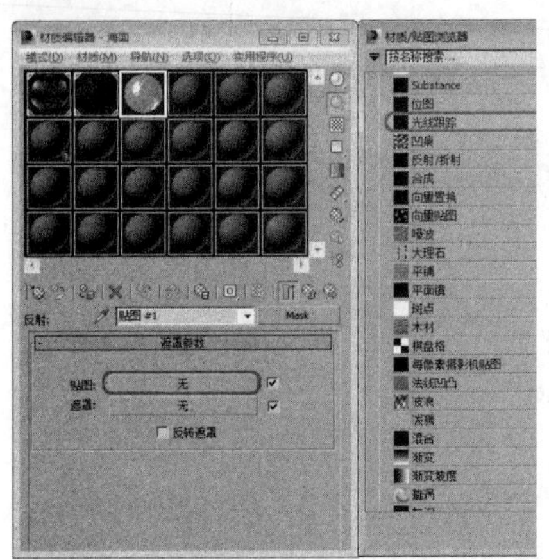

07 单击“确定”按钮，在“光线跟踪器参数”卷展栏中，使用其默认的参数，单击“转到父对象”按钮，在“遮罩参数”卷展栏中，单击“遮罩”右侧的“无”按钮，在弹出的对话框中选择“衰减”选项，如下图所示。

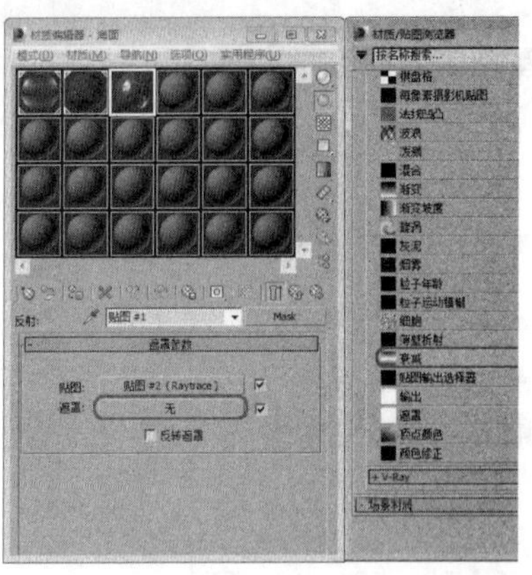

08 单击“确定”按钮，在“衰减参数”卷展栏中，使用其默认参数，单击两次“转到父对象”按钮，然后单击“将材质指定给选定对象”按钮和“在视口中显示标准贴图”按钮，将该对话框关闭，按F9键对摄影机视图进行渲染，效果如下图所示。

16.14 水果材质

水果是指多汁且有甜味的植物果实，不但含有丰富的营养且能够帮助消化，是人们日常生活中的重要食品，水果的种类很多，本节将介绍水果材质的表现方法。

实战操作473 梨质感的表现

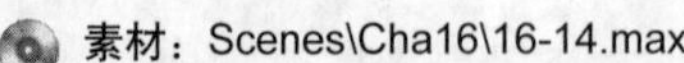

素材：Scenes\Cha16\16-14.max	难度：★★★★★
场景：Scenes\Cha16\实战操作473.max	视频：视频\Cha16\实战操作473.avi

下面介绍如何为梨添加材质，具体操作步骤如下。

01 按Ctrl+O组合键，在弹出的对话框中打开素材文件16-14.max，按H键，在打开的“从场景选择”对话框中选择“把”对象，如下图所示。

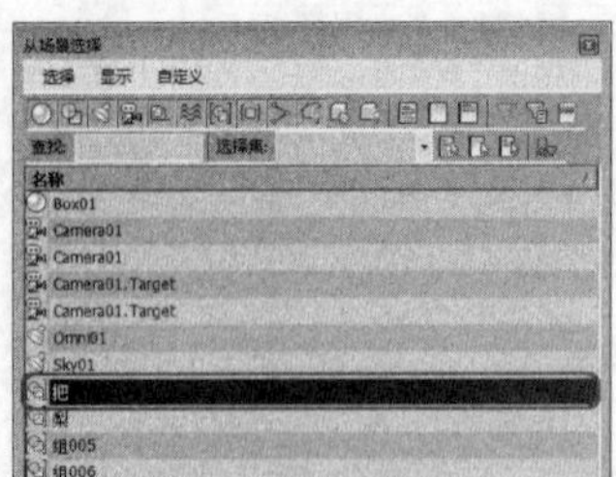

02 单击“确定”按钮，按M键，打开“材质编辑器”对话框，选择一个新的材质样本球，将其命名为“把”；在“Blinn基本参数”卷展栏中取消“环境光”与“漫反射”的锁定，然后将“环境光”的RGB值设置为（44、14、2），“漫反射”的RGB值设置为（100、44、22），“高光反射”的RGB值设置为（241、222、171），将“自发光”下的“颜色”设置为9；将“反射高光”下的“高光级别”、“光泽度”的值设置为75和15，如下图所示。

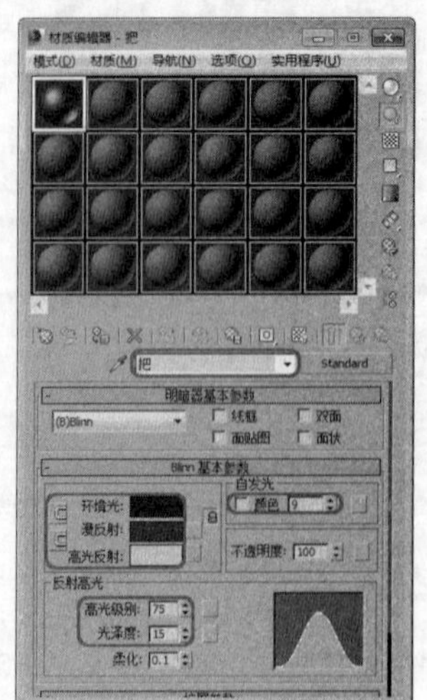

03 在“贴图”卷展栏下，单击“漫发射颜色”通道后的“无”按钮，在弹出的对话框中双击“位图”贴图，再在弹出的对话框中选择随书附带光盘中的Map\Stemcolr.tga文件，进入漫射通道面板；在“位图参数”卷展栏中，勾选“应用”选项，然后选择“查看图像”按钮，在弹出的对话框中设置贴图的裁剪，如下图所示。

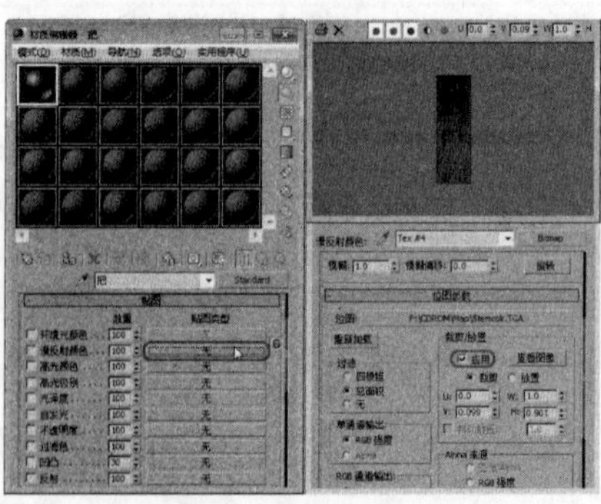

04 单击“转到父对象”按钮，回到父级材质面板，在“贴图”卷展栏中，将“高光级别”后的“数量”值设置为78，并单击该通道后的“无”按钮，在弹出的对话框中选择随书附带光盘中的Map\Stembump.tga文件，单击“打开”按钮，进入高光级别设置面板，使用默认的设置和选项即可；单击“转到父对象”按钮，回到父级材质面板；将“高光级别”后的贴图路径拖拽到“凹凸”通道上，在弹出的对话框中选择“实例”选项，单击“确定”按钮；最后单击“将材质指定给选定对象”按钮，将材质赋予给场景中的“把”对象，如下图所示。

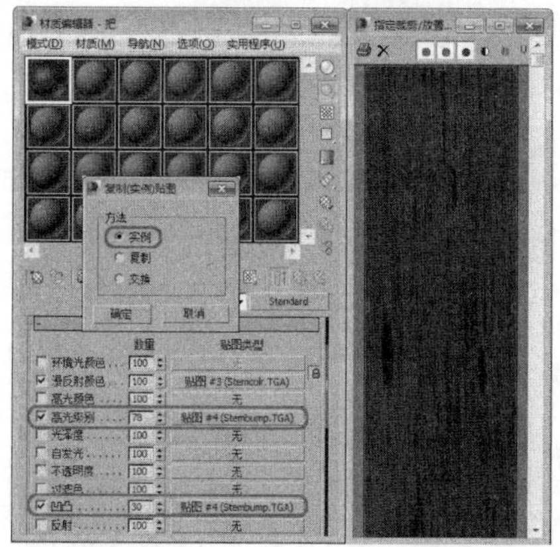

05 按H键，在打开的“从场景选择”对话框中选择“梨”对象，单击“确定”按钮，如下图所示。

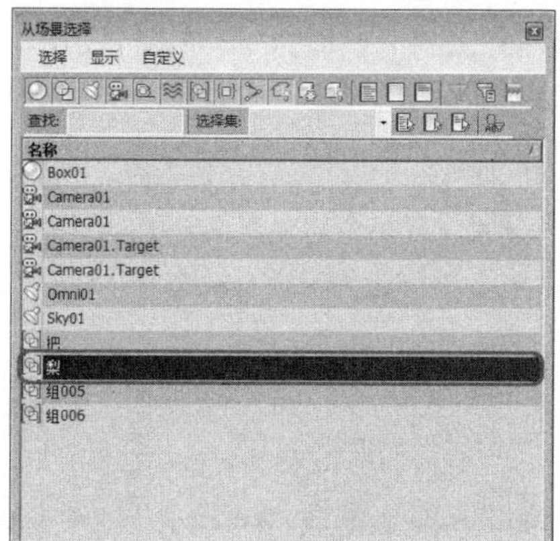

06 按M键，打开“材质编辑器”对话框，选择一个新的材质样本球，将其命名为“梨”。在“明暗器基本参数”卷展栏中，取消“环境光”与“漫发射”的锁定，然后将“环境光”的RGB参数设置为（16、15、4），将“漫反射”的RGB值设置为（119、109、0），将“高光级别”的RGB值设置为（222、255、123），在“反射高光”选项组中，将“高光级别”和“光泽度”的参数都设置为0，将“自发光”选项组中的“颜色”设置为10，如下图所示。

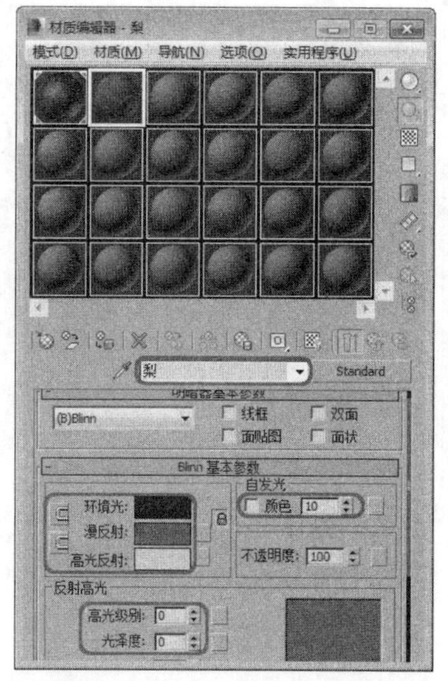

07 在“贴图”卷展栏中，单击“漫反射颜色”通道后的“无”按钮，在弹出的对话框中选择“混合”选项，如下图所示。

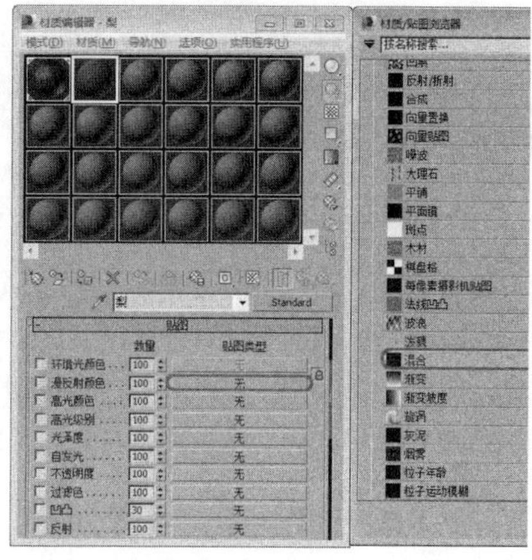

08 单击“确定”按钮，在“混合参数”卷展栏中，单击“颜色#1”右侧的“无”按钮，在弹出的对话框中选择“渐变”选项，如下图所示，

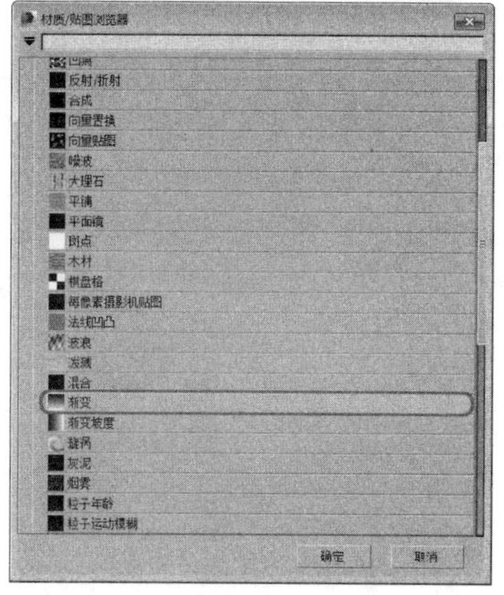

09 单击“确定”按钮，在“渐变参数”卷展栏中，将“颜色#1”的RGB值设置为（132、75、0），将“颜色#2”与“颜色#3”的RGB值都设置为（240、242、58），将“颜色2位置”设置为0.85，如下图所示。

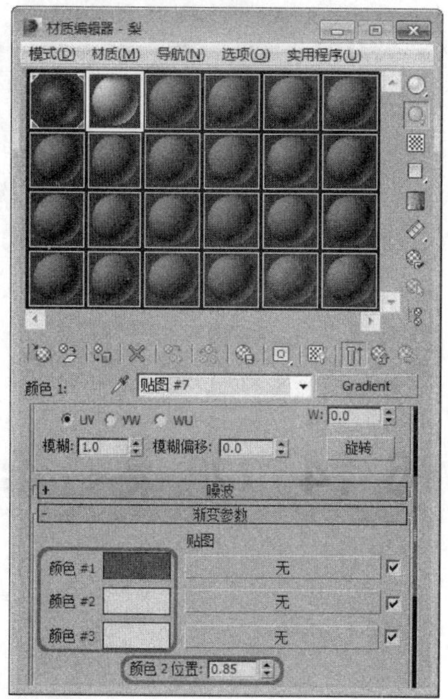

10 单击“转到父对象”按钮，在“混合参数”卷展栏中，单击“颜色#2”右侧的“无”按钮，在弹出的对话框中选择“泼溅”选项，如下图所示。

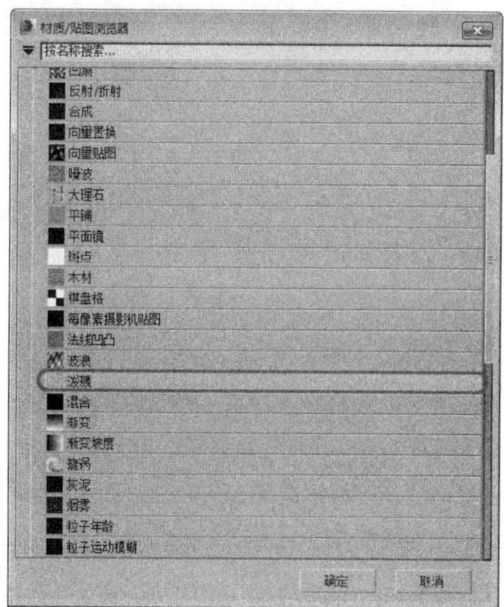

11 单击“确定”按钮，在“泼溅参数”卷展栏中，将“大小”设置为0.01，将“迭代次数”设置为2，将“阈值”设置为0.6，将“颜色#1”的RGB值设置为（132、102、11），将“颜色# 2”的RGB值设置为（253、255、94），如下图所示。

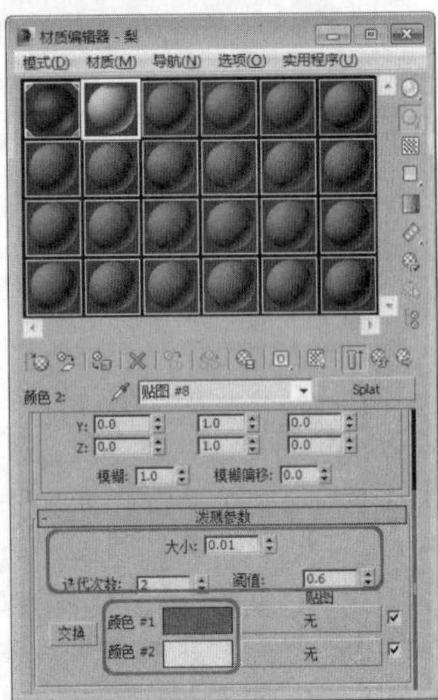

12 单击“转到父对象”按钮，在“混合参数”卷展栏中，将“混合量”设置为28.3，如下图所示，设置完成后，将设置后的材质指定给选定对象，并对完成后的场景进行保存。

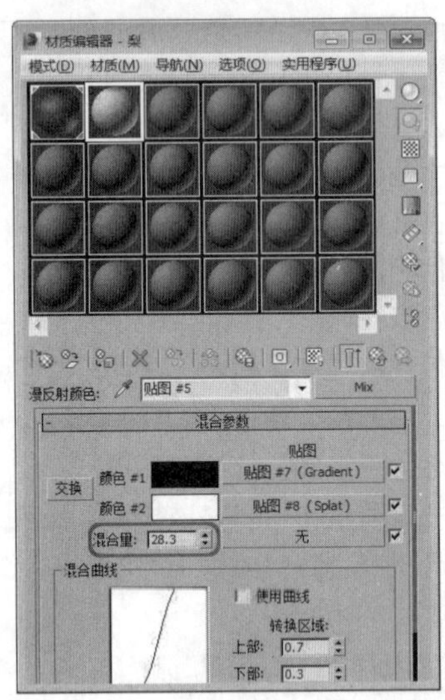

16.15 植物材质

植物是景观要素中重要的自然因素，植物在园林景观设计和城市景观设计中起着重要的作用，各种植物在室内装饰中也同样起着重要的作用。

实战操作474 植物质感的表现

 素材：Scenes\Cha16\16-15.max	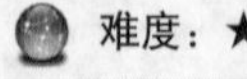 难度：★★★★★
 场景：Scenes\Cha16\实战操作474.max	视频：视频\Cha16\实战操作474.avi

在制作植物材质时，需要在“材质编辑器”对话框中对环境光、漫反射、反射高光和漫反射贴图等进行设置。具体操作步骤如下。

01 按Ctrl+O组合键，在弹出的对话框中打开素材文件16-15.max，按H键，在打开的“从场景选择”对话框中选择“花朵”对象，如下图所示。

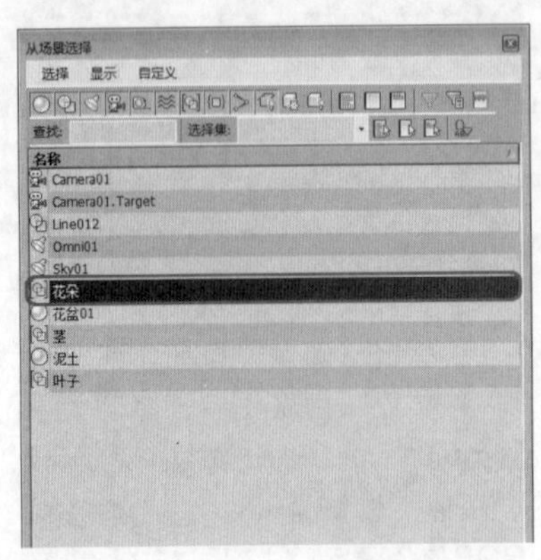

02 单击“确定”按钮，按M键，打开“材质编辑器”对话框，选择一个新的材质样本球，将其命名为“花朵”；在“Blinn基本参数”卷展栏中，将“自发光”设置为50，如下图所示。

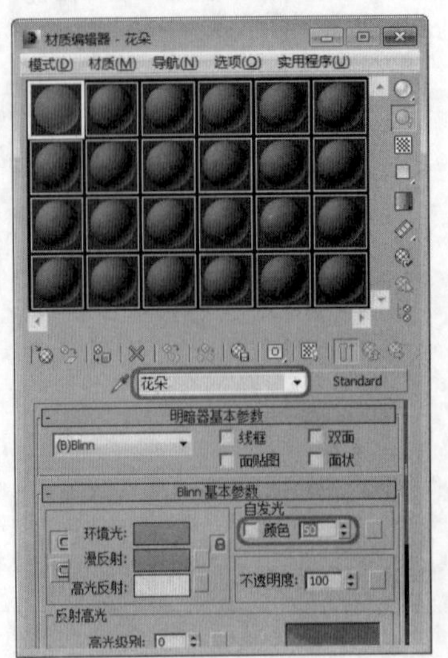

03 在“贴图”卷展栏中，单击“漫反射颜色”右侧的“无”按钮，在弹出的对话框中选中“渐变”选项，如下图所示。

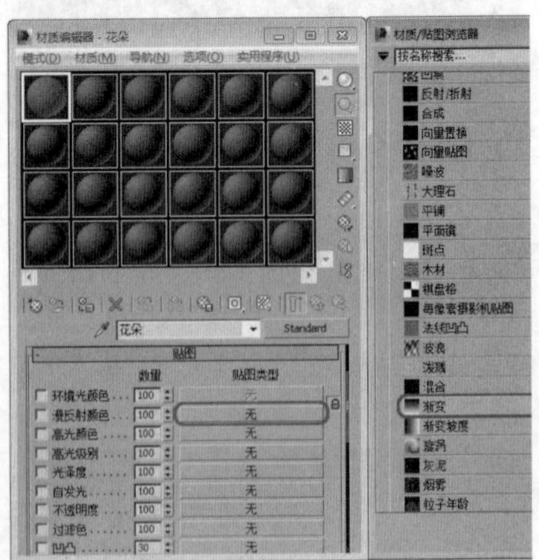

04 单击“确定”按钮，在“渐变参数”卷展栏中，将“颜

色#1”的RGB值设置为（255、192、0），将“颜色#2”的RGB值设置为（240、235、152），将“颜色#3”的RGB值设置为（255、0、246），将“颜色2位置”设置为0.9，单击“径向”单选按钮，如下图所示。

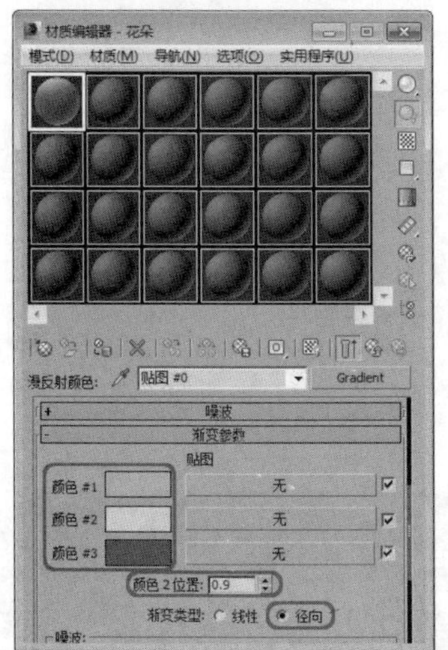

05 将设置完成后的材质指定给选定对象，按H键，在弹出的对话框中选择“茎”和“叶子”对象，如下图所示。

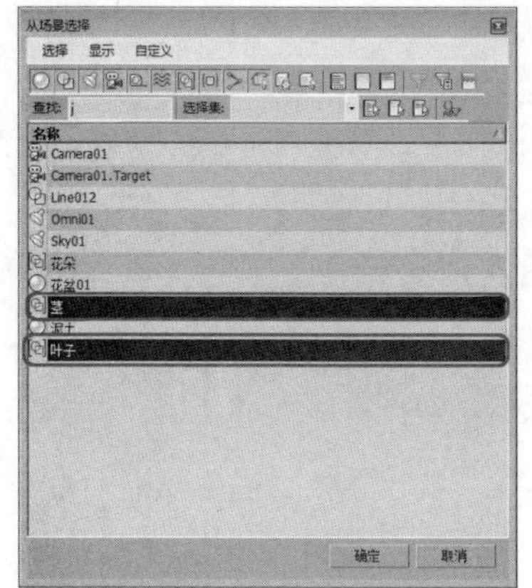

06 单击“确定”按钮，在“材质编辑器”对话框中，选择一个材质样本球，将其命名为“叶子”，在“贴图”卷展栏中，单击“漫反射颜色”右侧的“无”按钮，在弹出的对话框中选择“渐变”选项，如下图所示。

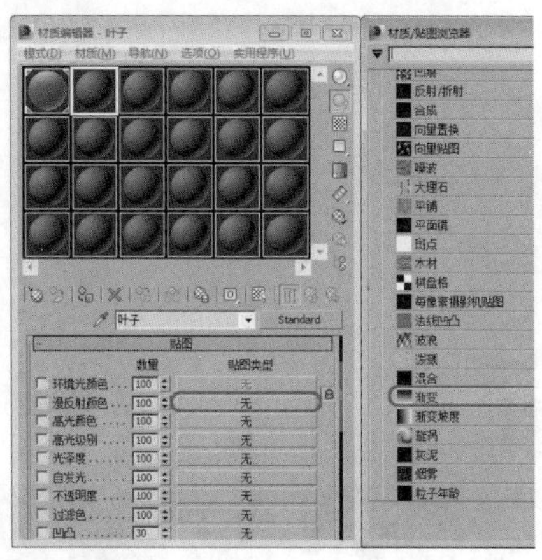

07 单击“确定”按钮，在“渐变参数”卷展栏中，将“颜色#1”的RGB值设置为（22、119、0），将“颜色#2”的RGB值设置为（223、220、172），将“颜色#3”的RGB值设置为（168、164、101），将“颜色2位置”设置为0.2，如下图所示。

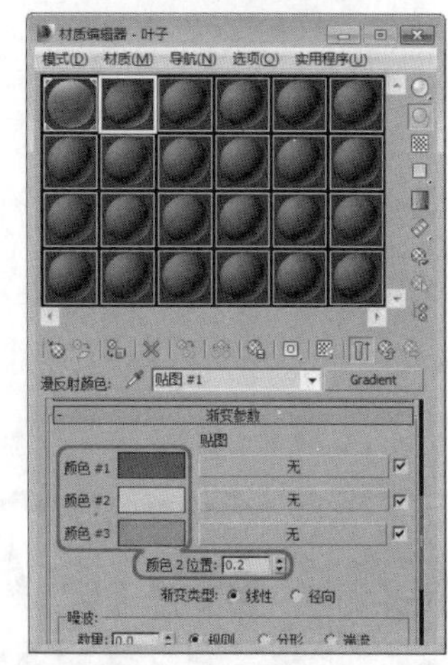

08 将设置完成后的材质指定给选定对象，关闭“材质编辑器”对话框，按F9键对摄影机视图进行渲染，效果如下图所示。

Chapter 17

第17章 三维造型制作入门与练习

本章将介绍三维造型的制作，通过对壁灯、组合器械和乒乓球台3个案例的制作，巩固前面学习的内容。

17.1 制作壁灯

本例主要讲解制作一个壁灯，首先用线来绘制一个灯的模型，然后为其添加一个车削修改器，调整出灯的模型。

实战操作475 模型的制作

素材：无	难度：★★★★★
场景：Scenes\Cha17\实战操作475.max	视频：视频\ Cha17\实战操作475.avi

下面介绍制作壁灯模型的方法，具体操作步骤如下。

01 选择“创建” | “图形” | “样条线” | “线”工具，在顶视图中创建一个模型，在弹出的对话框中单击“是”按钮，如下图所示。

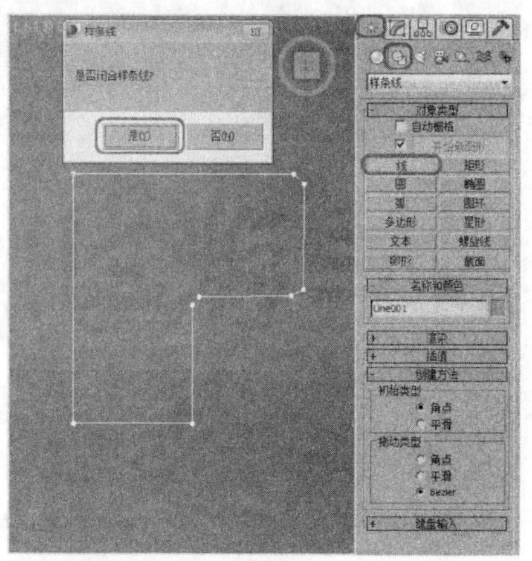

02 切换至“修改”命令面板，为其添加“车削”修改器，将“度数”设置为360，将“分段”设置为30，在“方向”选项组中单击“Y”按钮，在“对齐”选项组中单击“最小”按钮，并将其重命名为“壁灯灯座”，如下图所示。

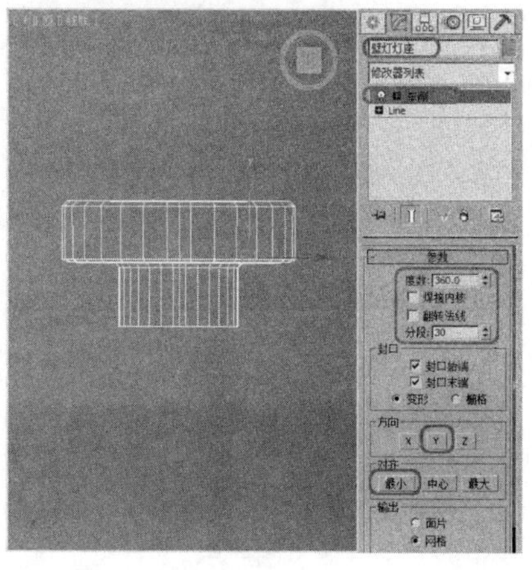

03 激活左视图，使用同样的方法，在视图中创建如下图所示的模型。

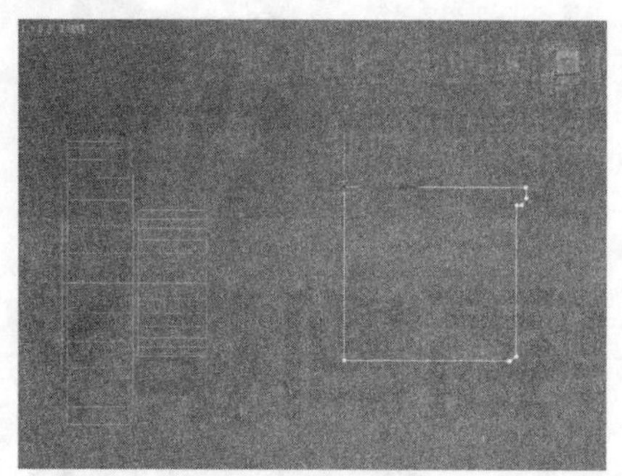

04 切换至“修改”命令面板，为其添加“车削”修改器，将“度数”设置为360，勾选“焊接内核”复选框，将“分段”设置为30，在“方向”选项组中单击“Y”按钮，在“对齐”选项组中单击“最小”按钮，并将其重命名为“灯拖”，如下图所示。

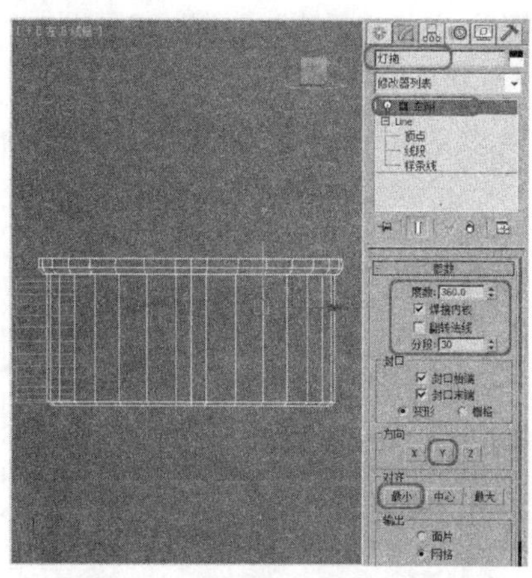

05 在视图中将车削后的“灯拖”调整至合适的位置。激活前视图，在该视图中使用“线”工具创建如下图所示的图形，并将其重命名为“灯001”。

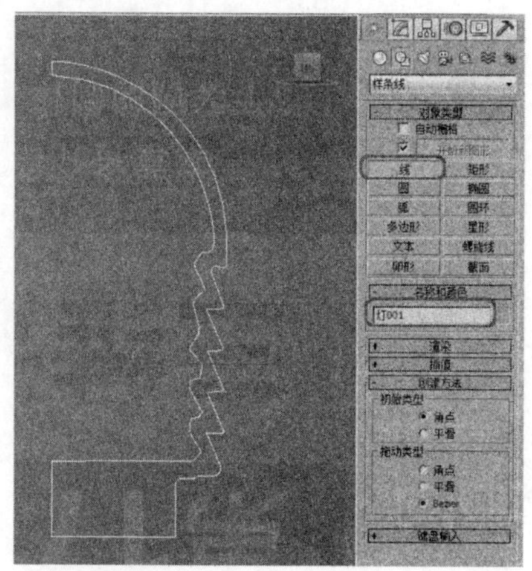

06 切换至“修改”命令面板，为其添加“车削”修改器，将“度数”设置为360，勾选“焊接内核”复选框，将“分段”设置为30，在“方向”选项组中单击“Y”按钮，在“对齐”选项组中单击“最小”按钮，如下图所示。

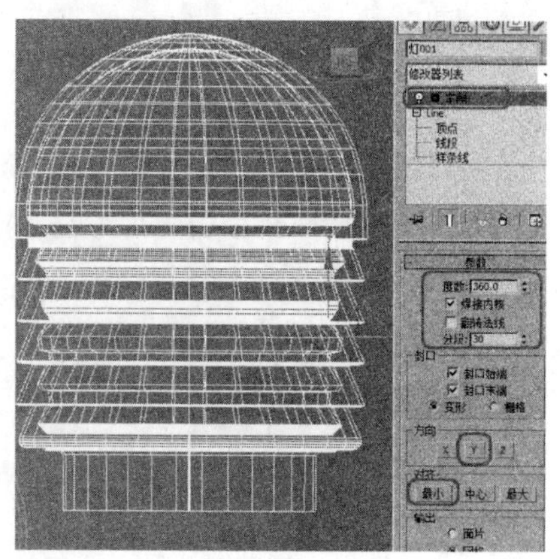

07 在工具箱中选择“选择并移动”工具，在视图中选择车削

完的对象，将其调整至合适的位置，如下图所示。

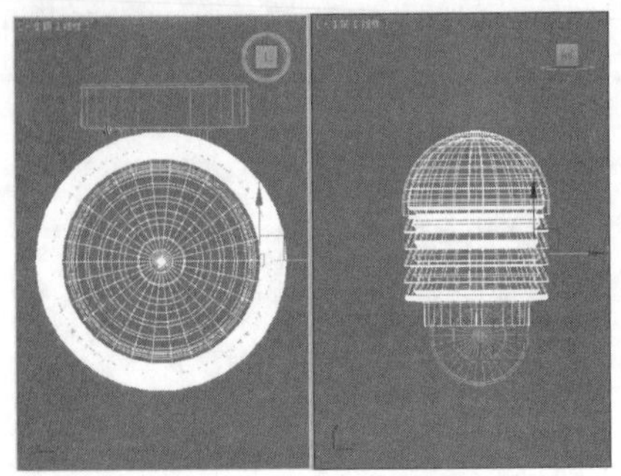

08 选择“创建” | “几何体” | “标准基本体” | “球体”工具，在顶视图中创建一个球体，在“参数”卷展栏中，将“半径”设置为3.3，将“分段”设置为32，如下图所示。

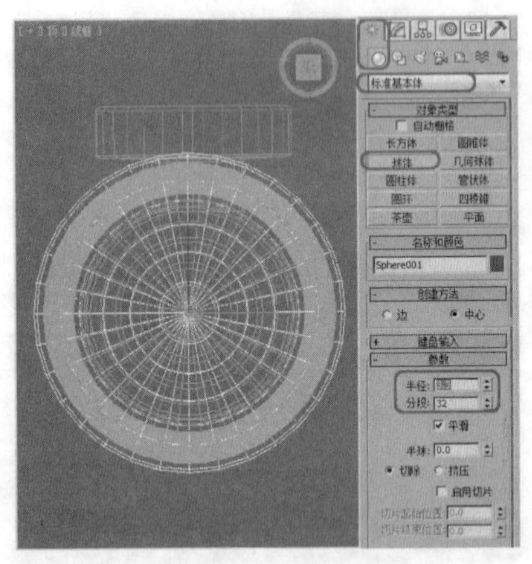

09 在前视图中将其调整至合适的位置，选择创建的球体，切换至“修改”命令面板，为其添加“编辑多边形”修改器，将当前选择集定义为“多边形”，在视图中选择如下图所示的多边形。

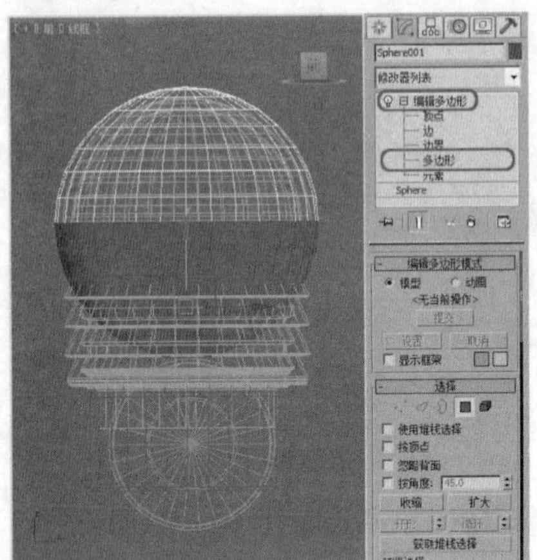

10 按Delete键将其删除，为其添加“壳”修改器，并将“参数”卷展栏下的“外部量”设置为0.1，如下图所示。

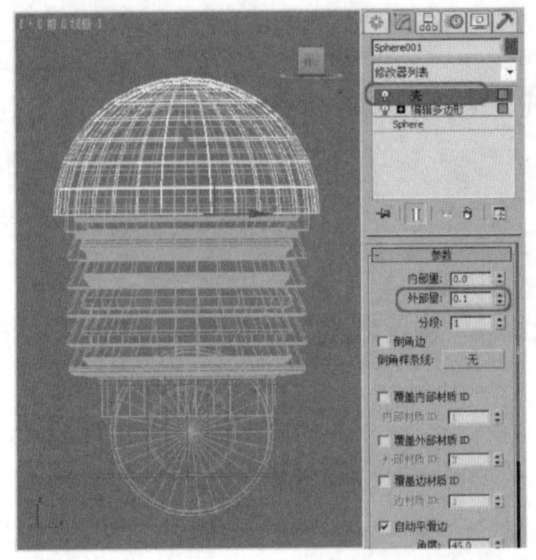

11 在“修改器”面板中将其重命名为“灯罩”，选择“创建” | “几何体” | “标准基本体” | “长方体”工具，在前视图中创建一个“长度”和“宽度”均为64，“高度”为0的长方体，如下图所示。

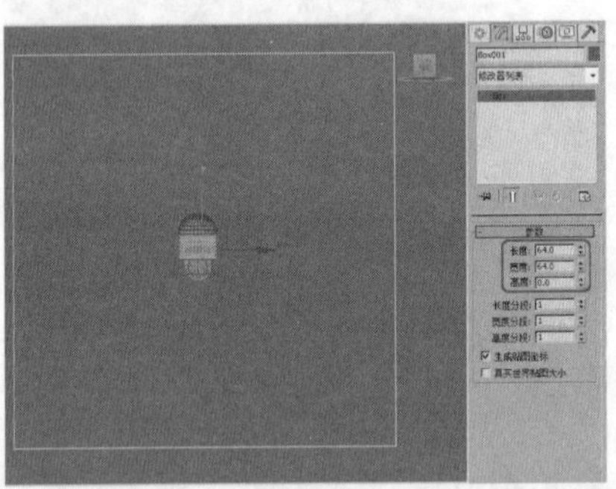

12 按M组合键，打开“材质编辑器”，选择一个空白的材质样本球，在“Blinn基本参数”卷展栏中，将“环境光”颜色的RGB值设置为（85、85、85），将“自发光”选项组中的“颜色”设置为50，在“反射高光”选项组中，将“高光级别”设置为107，将“光泽度”设置为26，将“柔化”设置为0.1，如下图所示。

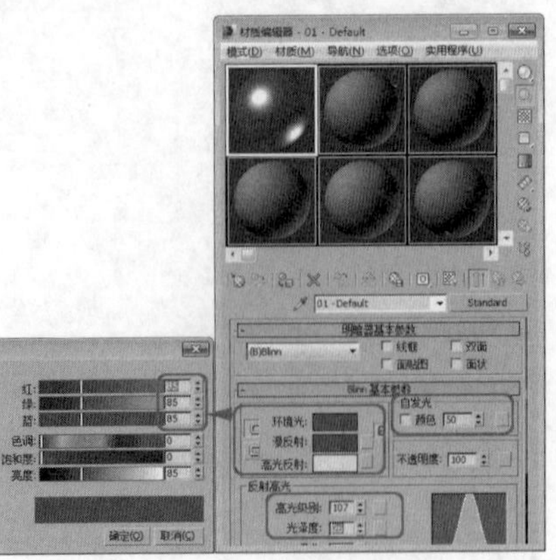

13 展开“贴图”卷展栏，将“折射”数量设置为10，并单击该贴图右侧的“无”按钮，在弹出的对话框中选择“位图”选项，如下图所示。

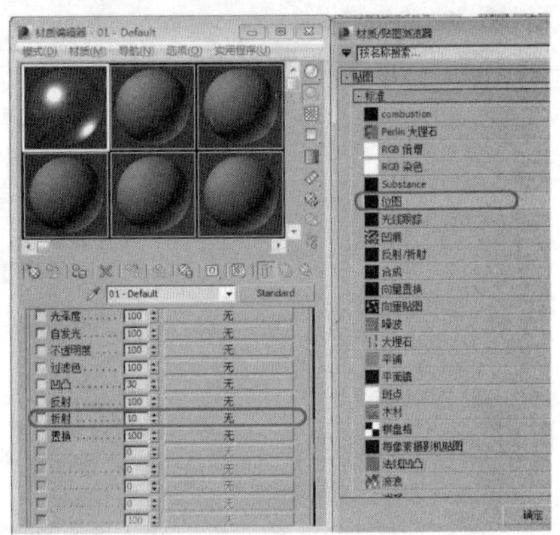

14 单击“确定”按钮，在弹出的对话框中选择随书附带光盘中的“黄金材质.jpg”贴图文件，如下图所示。

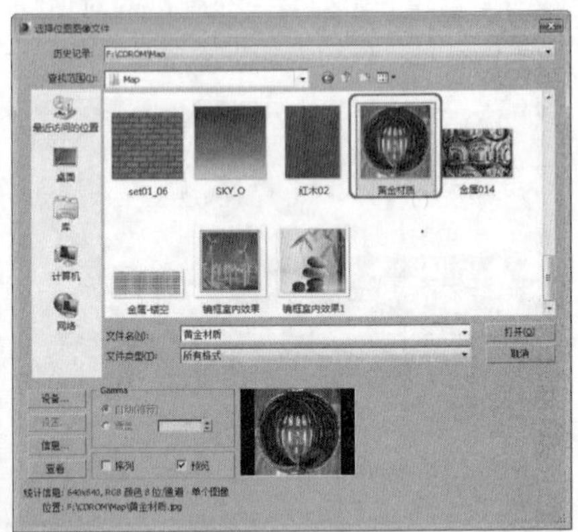

15 单击“打开”按钮，将选择的贴图文件添加至材质编辑器中，在“坐标”卷展栏中，将“瓷砖”的U、V设置为0.5，如下图所示。

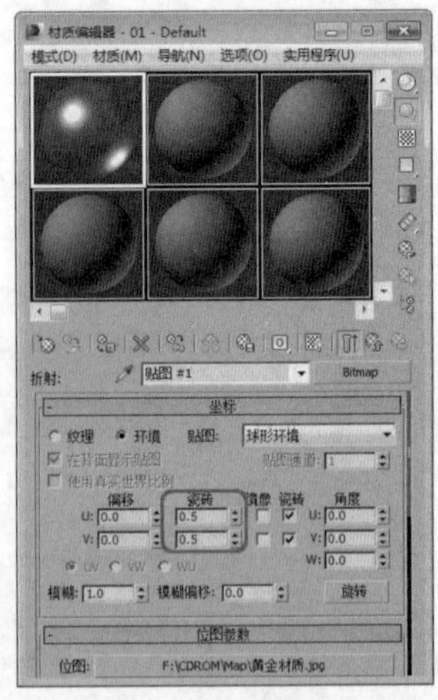

16 在场景中，选择“壁灯灯座”、“灯罩”、“灯拖”对象，在材质编辑器中单击“将材质制定给选定对象”按钮，将材质制定给场景中的对象，如下图所示。

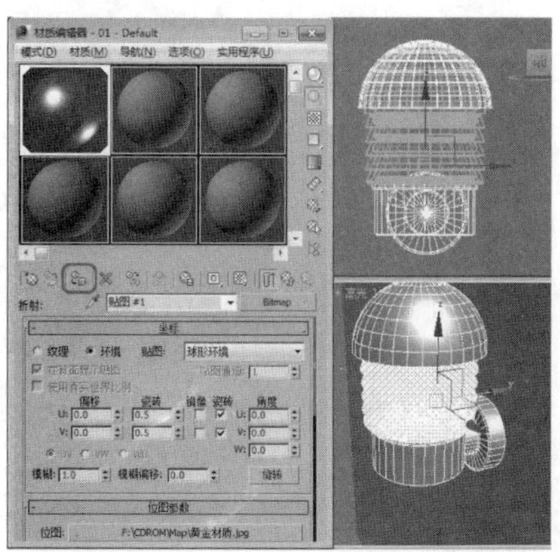

17 单击“转到父对象”按钮，选择一个新的材质样本球，将明暗器类型设置为“phong”，勾选“双面”复选框，将“环境光”和“漫反射”的颜色设置为白色，将“自发光”选项组中的“颜色”设置为80，在“反射高光”卷展栏中，将“高光级别”设置为18，将“光泽度”设置为43，如下图所示。

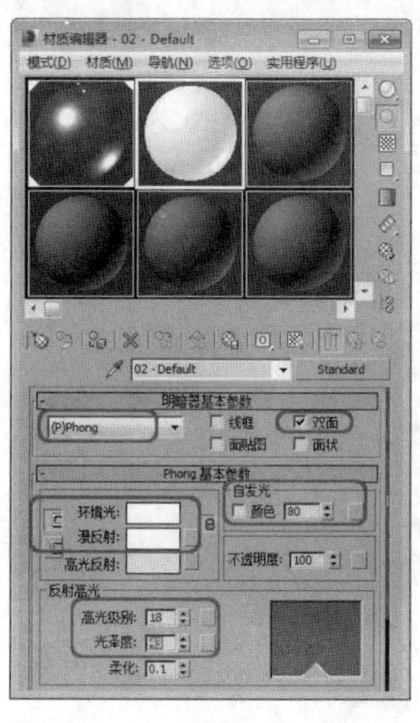

18 展开“扩展参数”卷展栏，在“高级透明”选项组中，将“数量”设置为4，如下图所示。

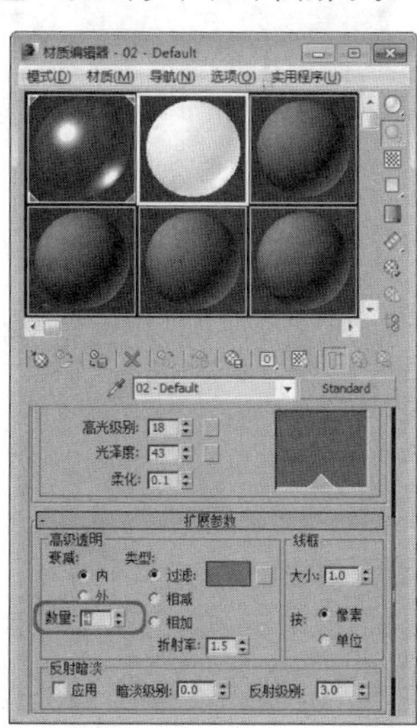

19 使用同样的方法，在场景中选择“灯001”对象，单击“将材质制定给选定对象”按钮，将材质指定给选定的对象，如下图所示。

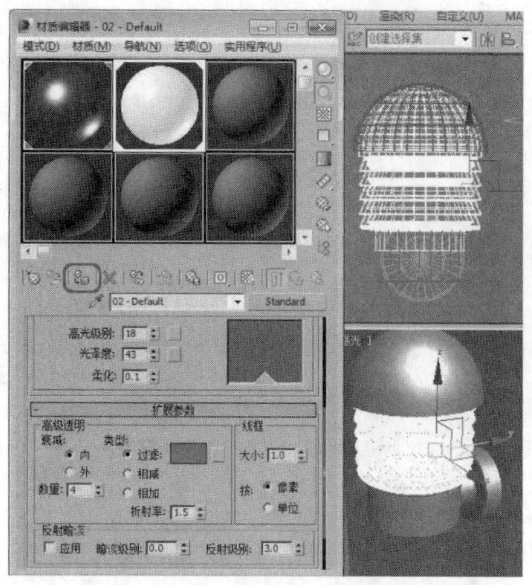

20 选择一个新的材质样本球，将“漫反射”颜色的RGB值设置为（128、128、128），如下图所示。

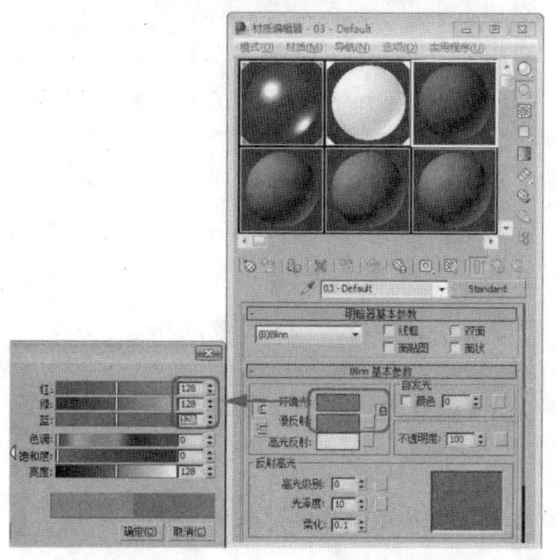

21 展开“贴图”卷展栏，单击“漫反射颜色”右侧的“无”按钮，在弹出的对话框中选择“位图”选项，单击“确定”按钮，在弹出的对话框中选择随书附带光盘中的“bas07BA.jpg”贴图文件。

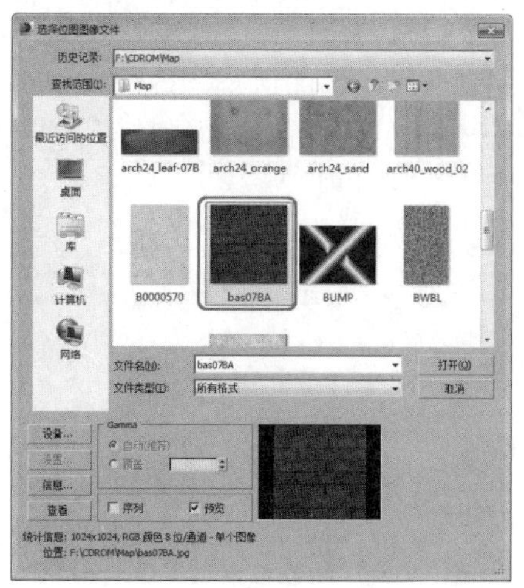

22 单击“打开”按钮，将选择的贴图文件添加至材质编辑器中，在“坐标”卷展栏中，将“瓷砖”的U、V设置为2.5、2.5，如下图所示。

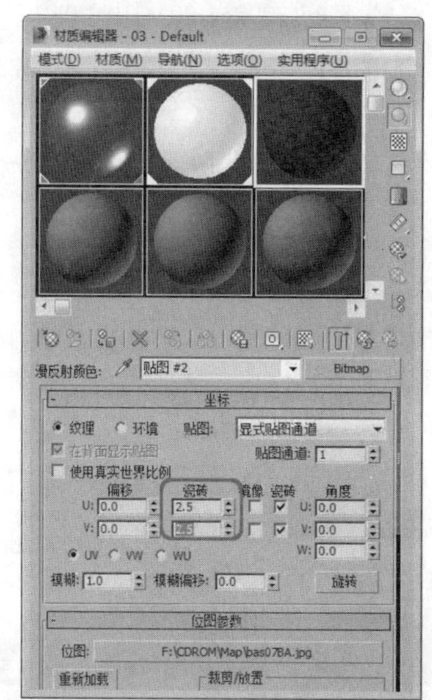

23 在场景中选择“Box001”对象，单击“将材质制定给选定对象”按钮，将材质指定给选定的对象，单击“在视口中显示标准贴图”按钮，如下图所示。

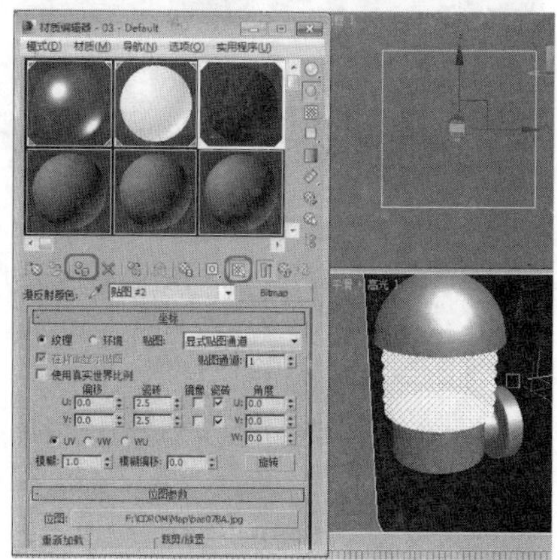

24 激活透视视图，按F9键渲染赋予材质后的效果，如下图所示。

实战操作476 创建灯光和摄影机

素材：Scenes\Cha17\16-1.max	难度：★★★★★
场景：Scenes\Cha17\实战操作476.max	视频：视频\Cha17\实战操作476.avi

下面再为制作的场景创建灯光和摄影机，具体操作步骤如下。

01 激活透视视图，按Ctrl+C组合键创建摄影机，选择创建的摄影机，切换至“修改”命令面板中，在“参数”卷展栏中，将“镜头”设置为57.mm，如下图所示。

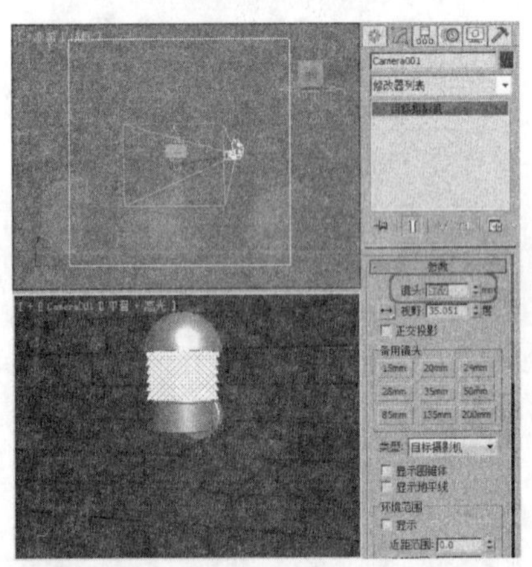

02 设置完成后，在其他视图中调整摄影机的位置，观察摄影机视图中的效果，如下图所示。

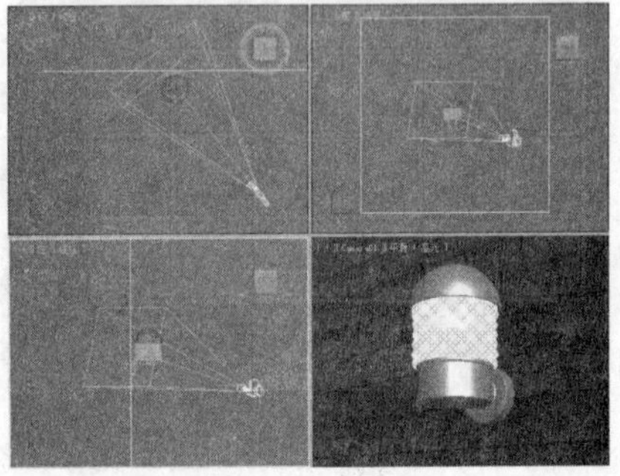

03 选择“创建”|“灯光”|“光度学”|“目标灯光”工具，在顶视图中创建目标灯光并将其调整至合适的位置，如下图所示。

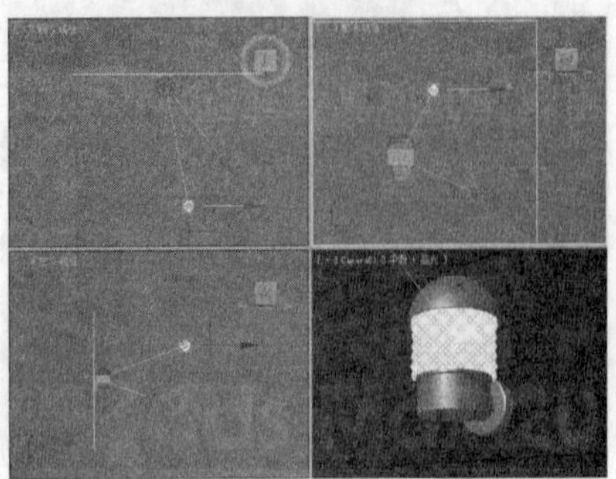

04 切换至“修改”命令面板，在“强度/颜色/衰减”卷展栏中，将“强度”设置为900.0，如下图所示。

05 选择“创建”|“灯光”|“标准”|“泛光”工具，在顶视图中单击鼠标创建泛光灯，并将其调整至合适的位置，如下图所示。

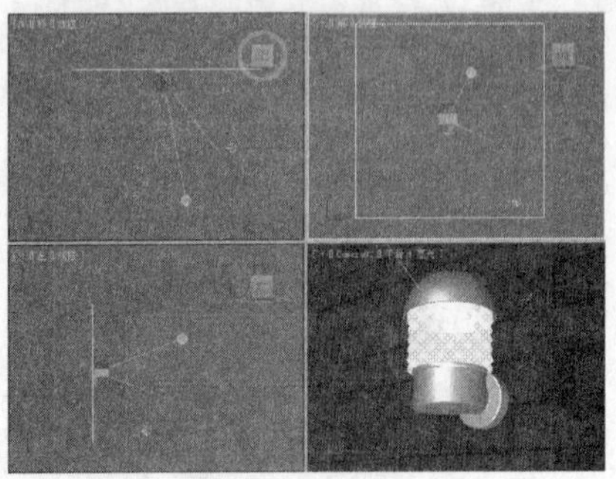

06 切换至“修改”命令面板，在“常用参数”卷展栏中单击“排除”按钮，打开“排除/包括”对话框，在其中选择“灯001”、“Box001”，单击>>按钮，将选择的对象添加至“排除”区域中，如下图所示。

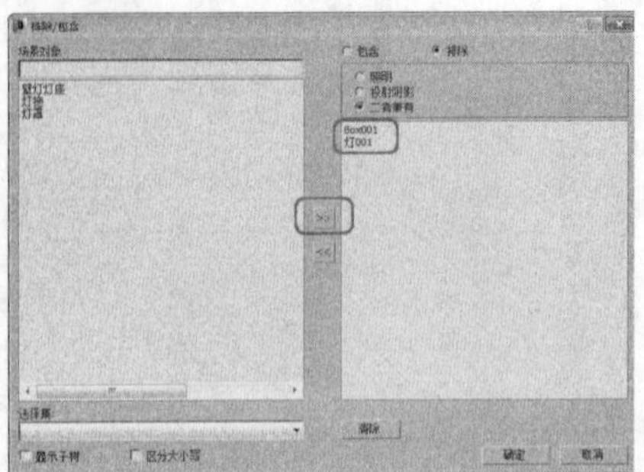

07 设置完成后单击“确定”按钮，使用同样的方法在场景中再次创建一个泛光灯，并将其调整至合适的位置，如下图所示。

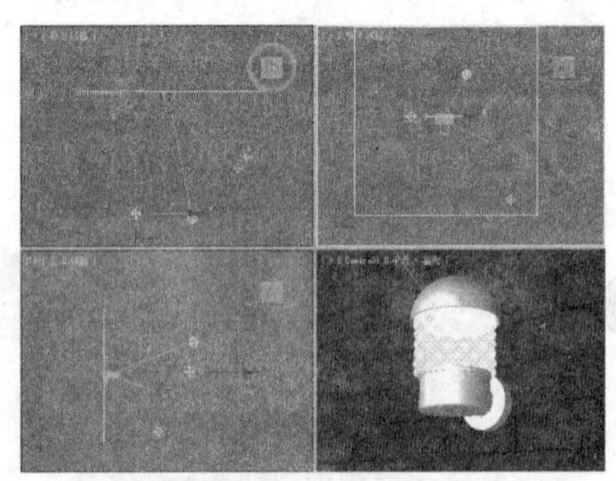

08 选择创建的泛光灯，切换至“修改”命令面板，展开“强度/颜色/衰减”卷展栏，将“倍增”设置为0.8，如下图所示。

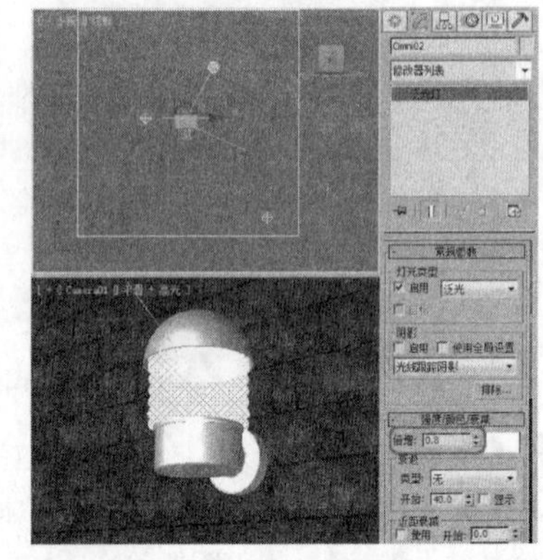

09 单击“排除”按钮，打开“排除/包括”对话框，在其中选择“壁灯灯座”、“灯001”、“灯拖”、“灯罩”，单击>>按钮，将选择的对象添加至“排除”区域中，如下图所示。

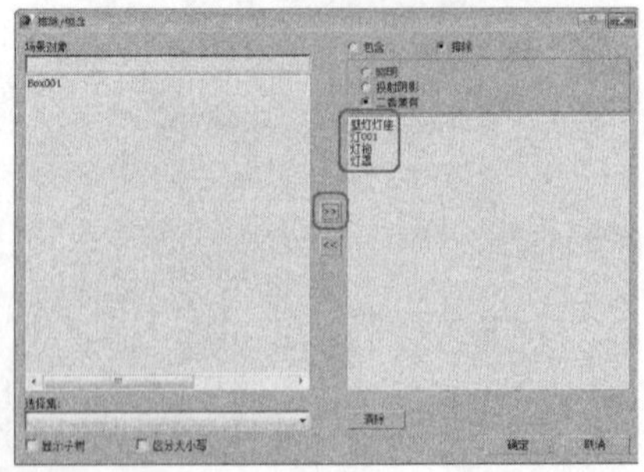

10 设置完成后单击“确定”按钮，激活摄影机视图，按F9键进行渲染，效果如右图所示。

17.2 制作组合器械

本例介绍组合器械的制作，通过“几何体”、“长方体”和“矩形”工具来制作组合器械的模型，然后再通过创建其他对象达到逼真的效果。

实战操作477 哑铃模型的制作

素材：无	难度：★★★★★
场景：无	视频：视频\ Cha17\实战操作477.avi

下面介绍哑铃模型的制作，具体操作步骤如下。

01 新建一个场景文件，选择“创建” | “几何体” | “圆柱体”工具，在左视图中绘制一个圆柱体，绘制完成后，将“半径”设置为15，“高度”设置为120，“高度分段”设置为20，将其命名为“中心轴”，如下图所示。

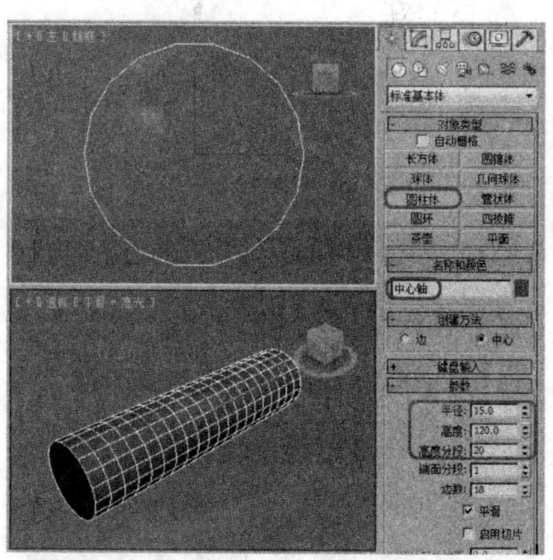

02 切换至“修改”面板，为其添加“编辑网格”修改器，将当前选择集定义为“顶点”，然后选择“选择并缩放”按钮，在前视图中，选择如下图所示的顶点，沿X轴调整顶点，如下图所示。

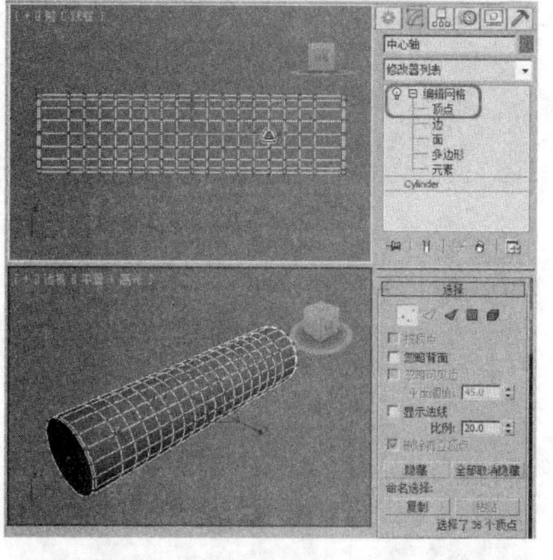

03 选择如图所示的顶点，沿Y轴缩放顶点，效果如下图所示。

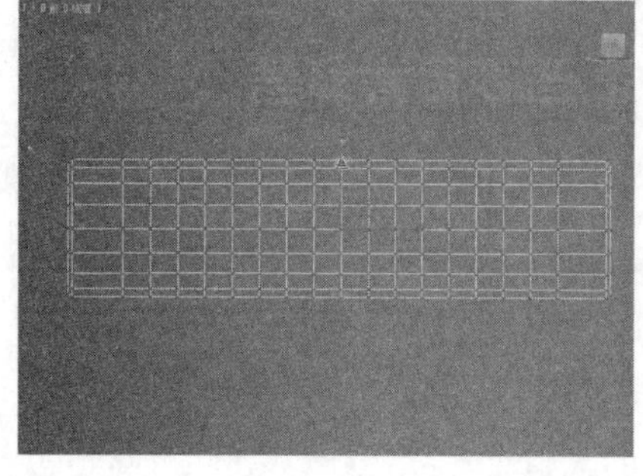

04 选择如图所示的顶点，沿X轴调整顶点，效果如下图所示。

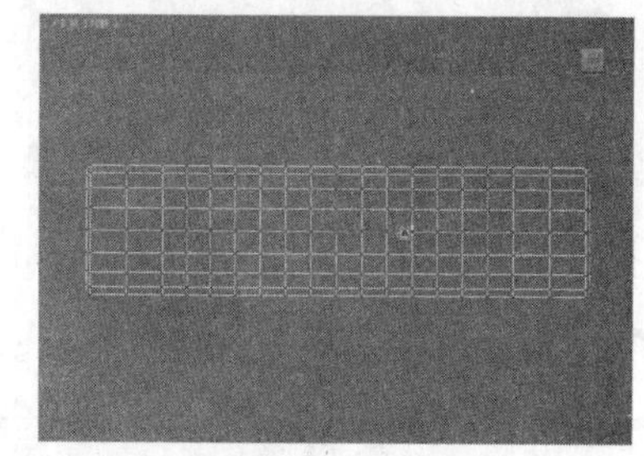

05 选择如图所示的顶点，沿Y轴缩放顶点，效果如下图所示。

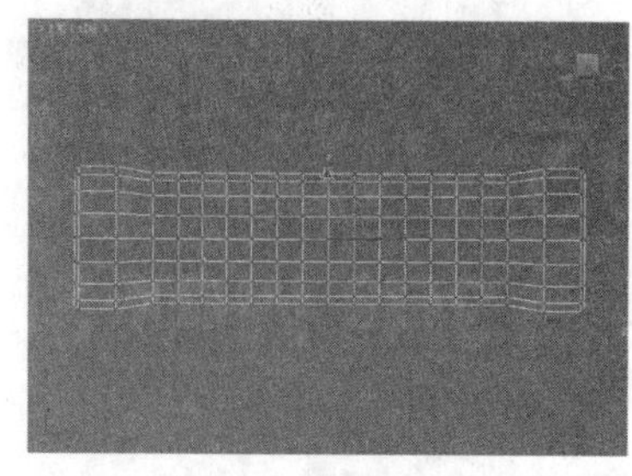

06 然后关闭选择集，按M键打开“材质编辑器”，选择一个标准材质样本球，将其命名为“中心轴”。将阴影模式设置为金属，在“金

属基本参数”卷展栏中，取消“环境光”和“漫反射”的锁定，将“环境光”设置为黑色，将“漫反射”设置为白色。在“反射高光”属性中，将“高光级别”设置为100，“光泽度”设置为80，如下图所示。

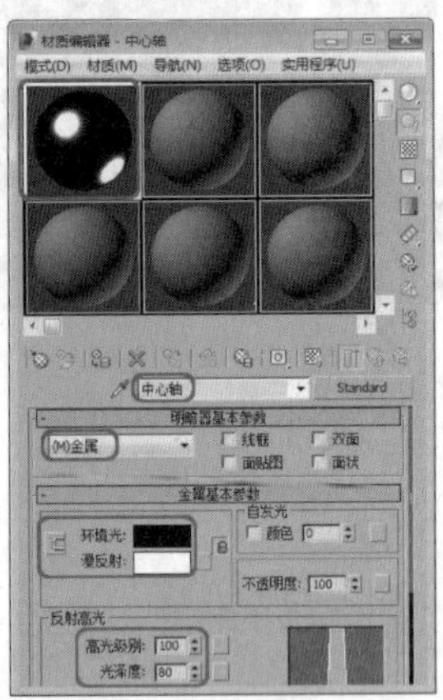

07 在“贴图”卷展栏中，单击“反射”右侧的“无”按钮，在弹出的“材质/贴图浏览器”窗口中，双击“标准”下的“位图”选项，如下图所示。

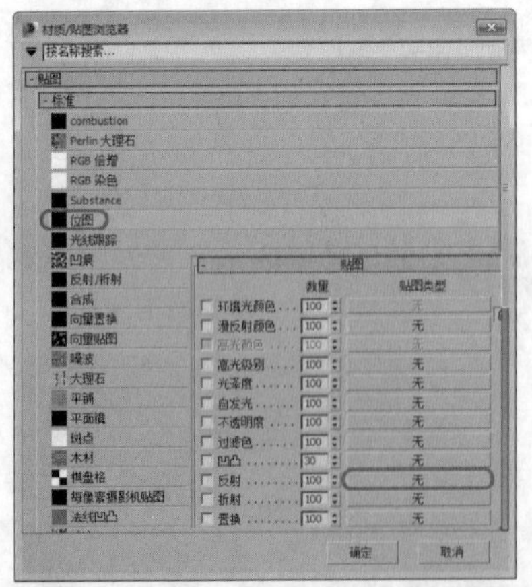

08 选择随书附带光盘中的\Map\Gold04B.jpg素材贴图，在“坐标”卷展栏中，将“模糊偏移”设置为0.086，如下图所示。

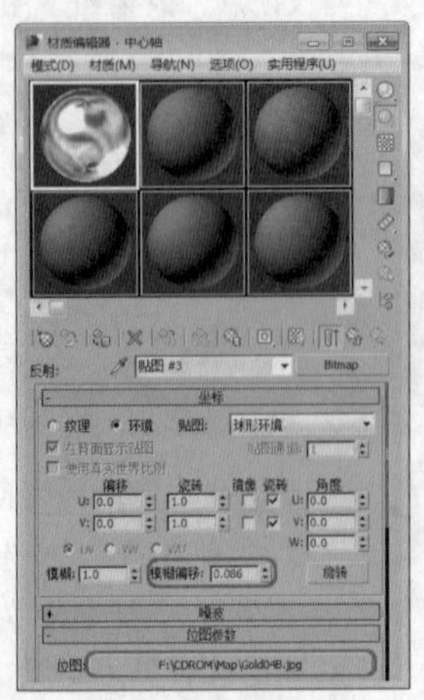

09 返回父级对象，单击“将材质指定给选定对象”按钮，将此材质应用给“中心轴”，如下图所示。

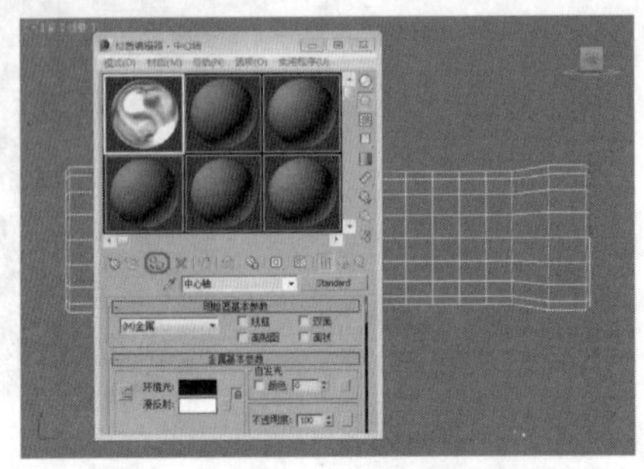

10 关闭“材质编辑器”，选择“创建”|“几何体”|“管状体”工具，在左视图中绘制一个管状体，绘制完成后，切换至“修改”面板，将“半径1”设置为20，“半径2”设置为15，“高度”设置为8，“边数”设置为45，将其命名为“轴外皮001”，然后调整其位置，如下图所示。

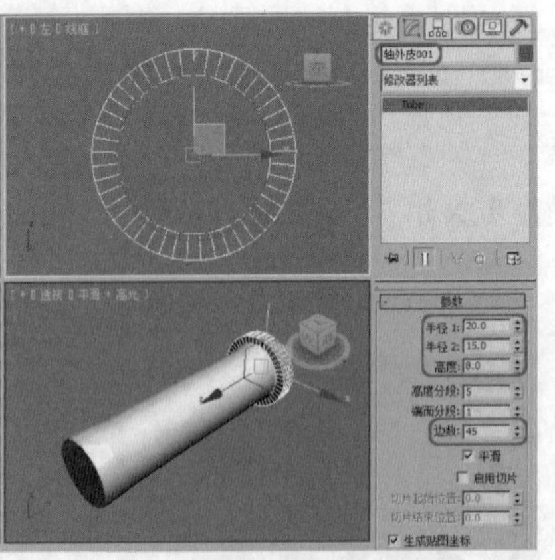

11 选择“创建”|“图形”|“线”工具，在前视图中绘制如图所示的样条线，然后将其命名为“哑铃握杆001”，如下图所示。

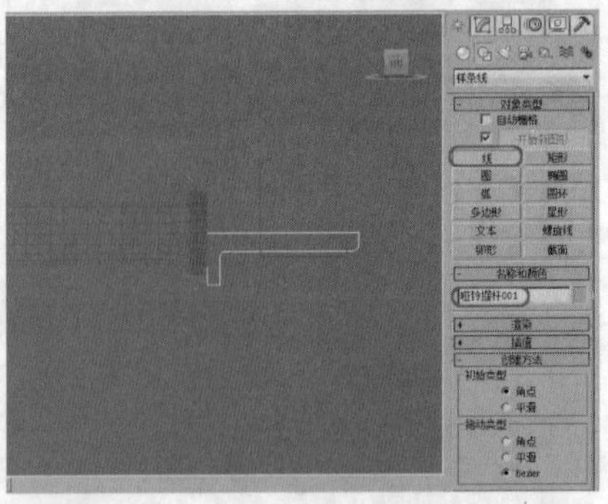

12 为其添加“车削”修改器，将“分段”设置为45，“方向”设置为X，选择集设置为“轴”，使用“选择并移动”按钮，调整轴的位置，如下图所示。

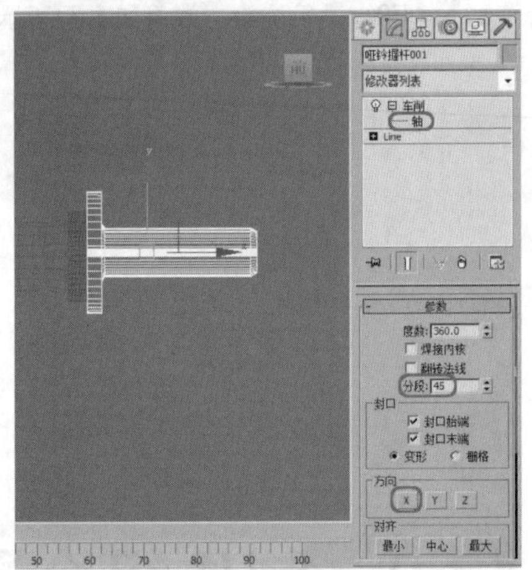

13 退出选择集，切换至左视图，调整“哑铃握杆001”到适当位置。然后选择“创建”|“图形”|“螺旋线”工具，创建螺旋线，将“半径1”和“半径2”都设置为14.8，“高度”设置为123，“圈数”设置为17，如下图所示。

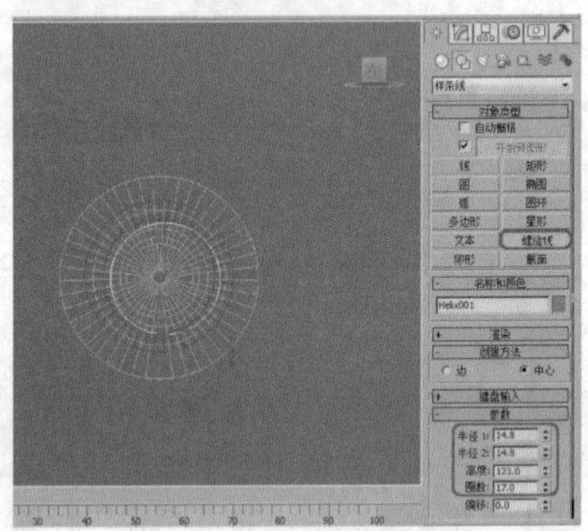

14 切换至“修改”面板，将其命名为“条纹001”，在“渲染”卷展栏中，勾选“在渲染中启用”和“在视口中启用”选项，将“厚度”设置为2，然后调整到适当位置，如下图所示。

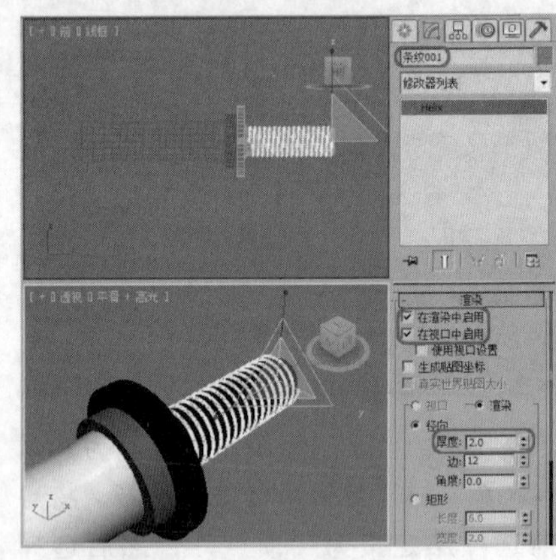

15 选择“创建”|“图形”|“星形”工具，在左视图中

绘制如图所示的星形，然后将其命名为“装饰环001”，在“渲染”卷展栏中，勾选“在渲染中启用”和“在视口中启用”选项，在“参数”卷展栏中，将“半径1”设置为34，“半径2”设置为25，“圆角半径1”设置为6，“圆角半径2”设置为3，如下图所示。

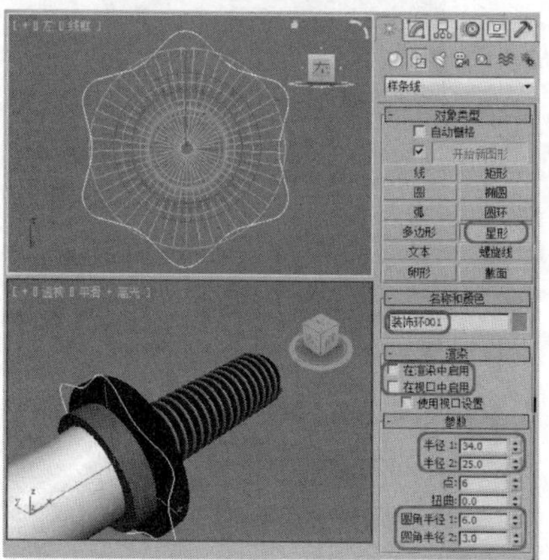

16 选择“创建”|“图形”|“圆”工具，在左视图中绘制如图所示的圆，然后将其命名为“装饰环001”，在“参数”卷展栏中，将“半径”设置为14.5，如下图所示。

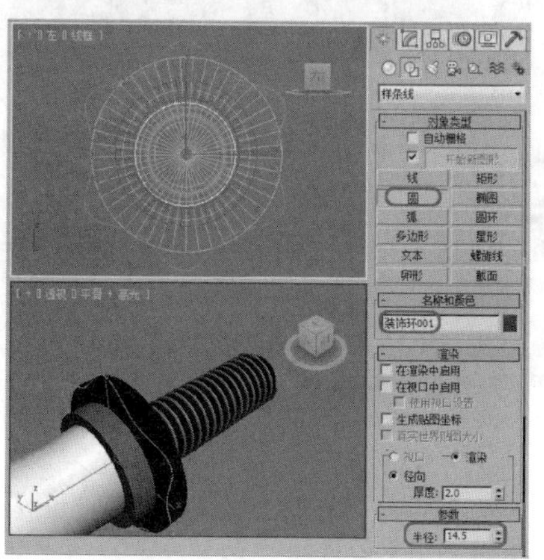

17 切换至“修改”面板，为其添加“编辑样条线”修改器，然后单击“附加”按钮，附加创建的星形，如下图所示。

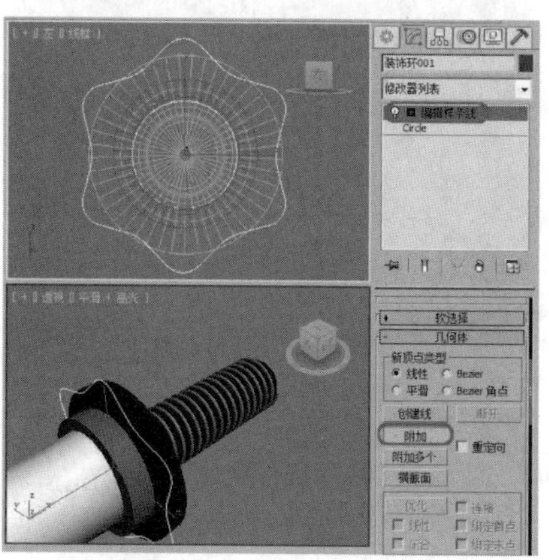

18 继续添加“挤出”修改器，将“数量”设置为5，如下图所示。

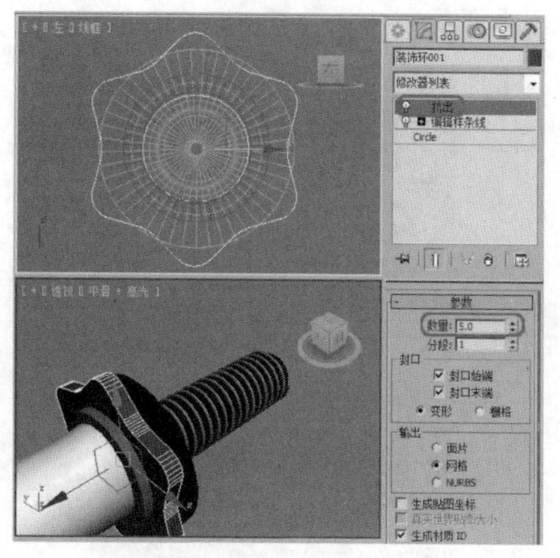

19 选择创建的对象，按M键打开“材质编辑器”，单击“将材质指定给选定对象”按钮，将此材质应用给所选对象，如下图所示。

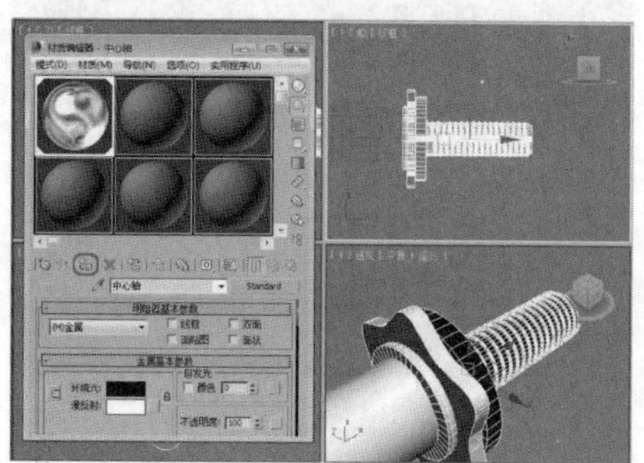

20 调整“装饰环001”的位置了，并对其进行适当缩放，如下图所示。

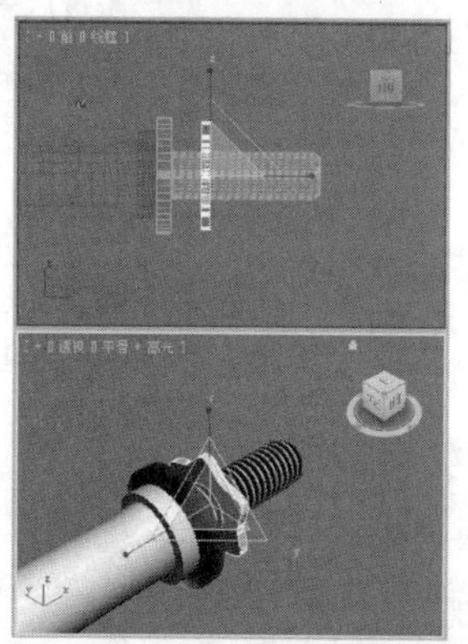

21 选择“创建”|“图形”|“线”工具，在前视图中绘制如下图所示的线。

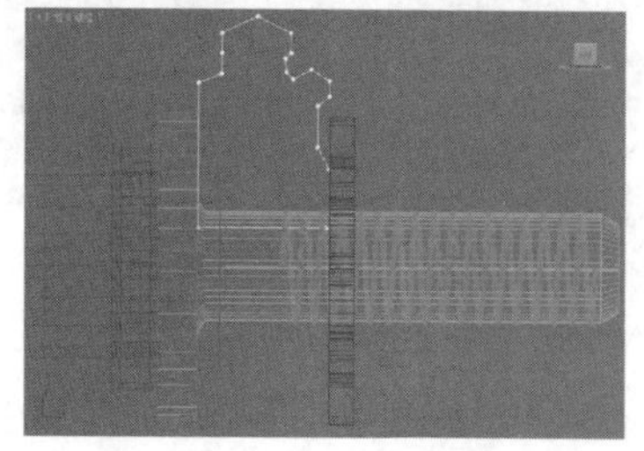

22 切换至“修改”面板，将其命名为“哑铃片001”，然后为其添加“车削”修改器，将“分段”设置为45，“方向”设置为X，将选择集设置为“轴”，调整轴的位置，如下图所示。

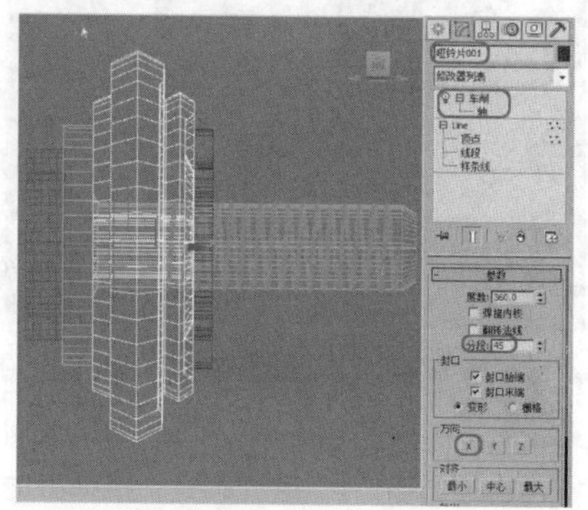

23 按M键打开“材质编辑器”，选择一个标准材质样本球，将其命名为“哑铃片”。将阴影模式设置为金属，在“金属基本参数”卷展栏中，取消“环境光”和“漫反射”的锁定，将“环境光”设置为黑色。在“反射高光”属性中，将“高光级别”设置为100，“光泽度”设置为80，如下图所示。

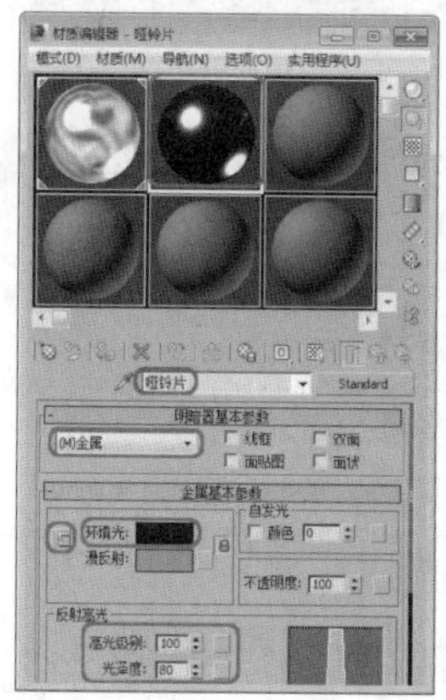

24 在“贴图”卷展栏中，单击“反射”右侧的“无”按钮，在弹出的“材质/贴图浏览器”窗口中，双击“标准”下的“位图”选项，选择随书附带光盘中的\Map\HOUSE2.jpg素材贴图，在“坐标”卷展栏中，将“模糊偏移”设置为0.086，如下图所示。

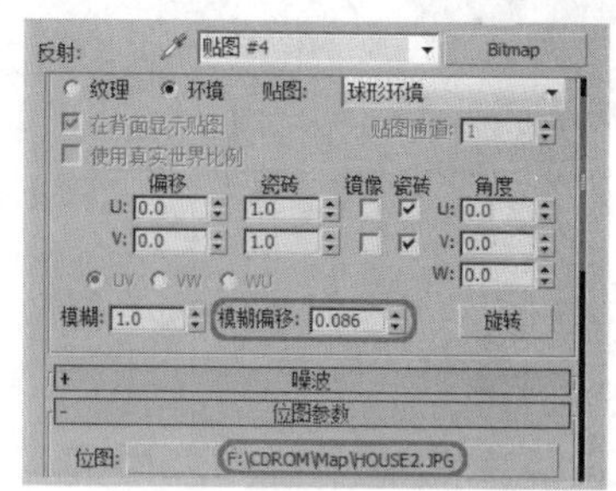

25 返回父级对象，单击“将材质指定给选定对象”按钮，将此材质应用给“哑铃片001”，如下图所示。

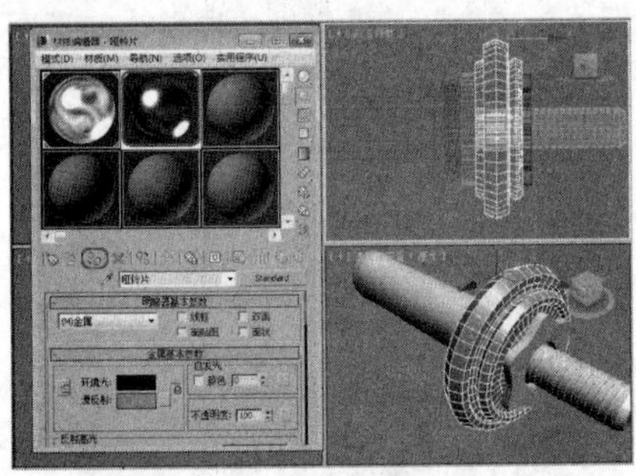

26 关闭“材质编辑器”窗口，选择除“中心轴”以外的其他对象，执行“组”|“组”命令，在弹出的对话框中将其命名为“右侧部件”，单击“确定”按钮，如下图所示。

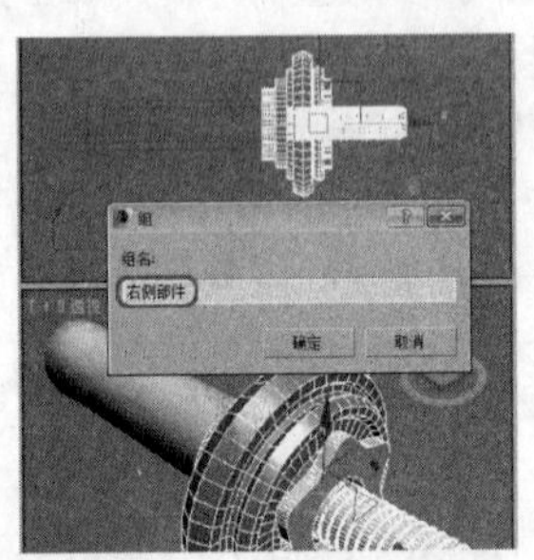

27 单击“镜像”按钮，将“镜像轴”选择为X，并选择“复制”选项，然后单击“确定”按钮，如下图所示。

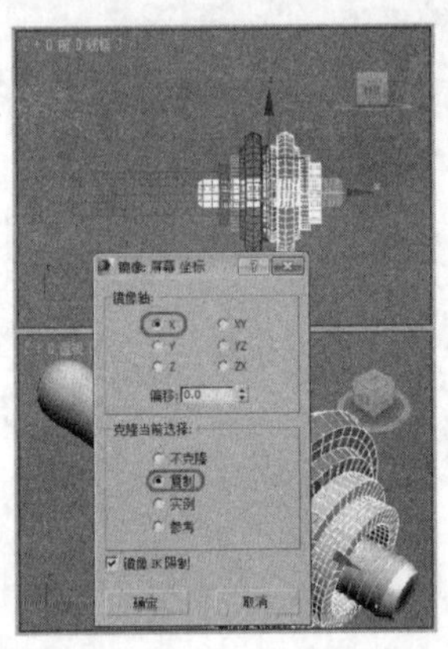

28 将其移动到适当位置，如下图所示。

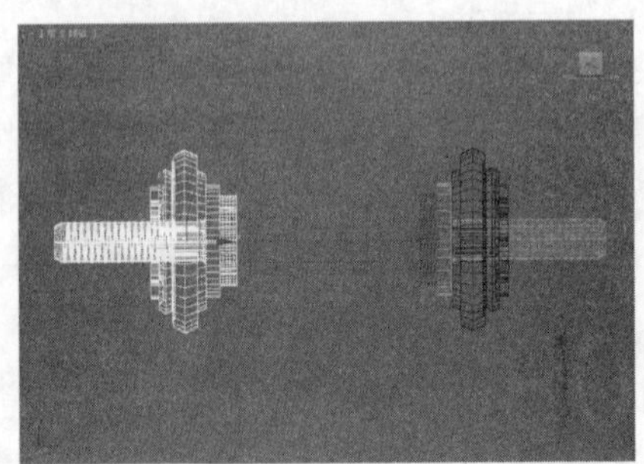

29 按Ctrl+A组合键选中所有对象，执行“组”|“组”命令，在弹出的对话框中将其命名为“哑铃”，单击“确定”按钮，如下图所示。

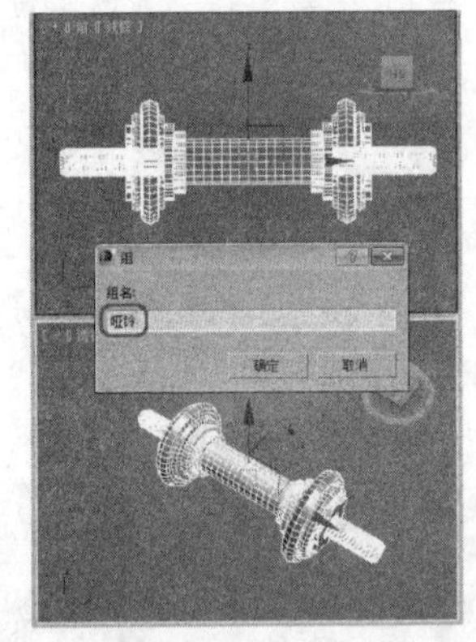

30 将场景保存为“哑铃”，场景如下图所示。

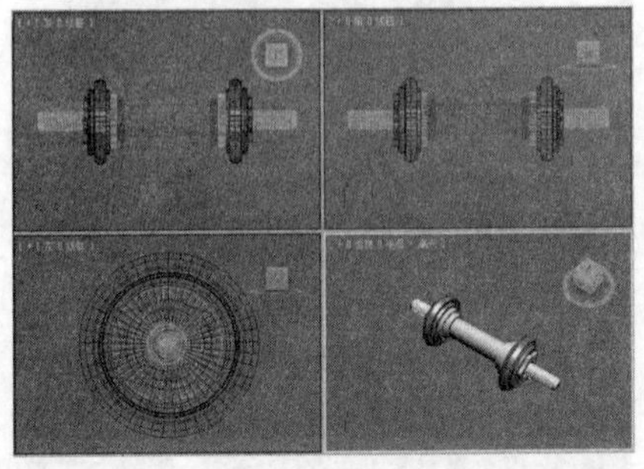

实战操作478 器材支架模型的制作

素材：无	难度：★★★★★
场景：无	视频：视频\ Cha17\实战操作478.avi

下面介绍器材支架模型的制作方法，具体操作步骤如下。

01 新建一个场景文件，选择“创建”|“图形”|“矩形”工具，在左视图中绘制一个矩形，绘制完成后，将“长度”设置为23，“宽度”设置为22，“角半径”设置为2，将其命名为“横撑001”，如下图所示。

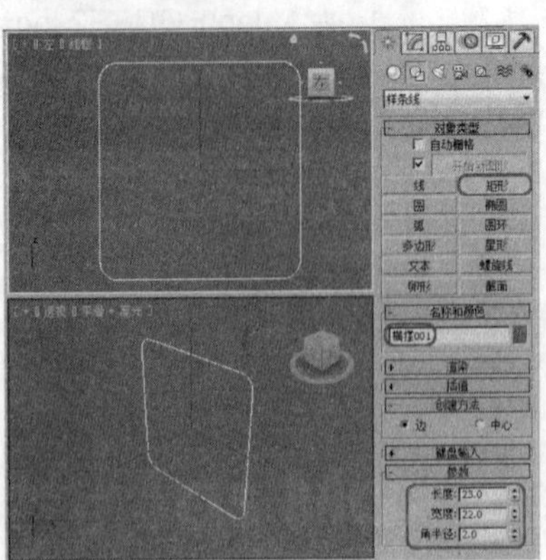

02 切换至“修改”面板，为其添加“挤出”修改器，将“数量”设置为250，如下图所示。

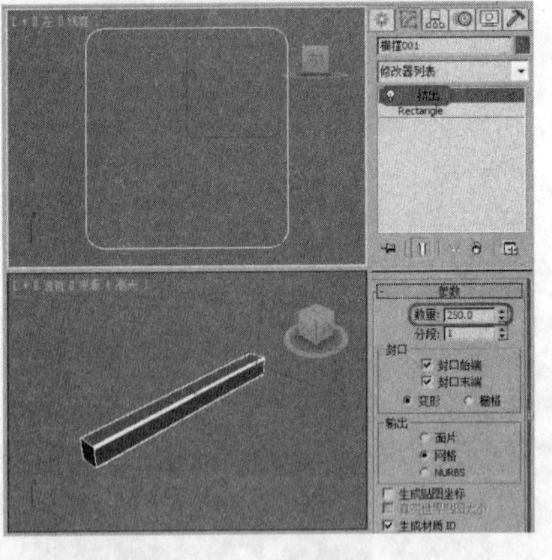

03 选择“创建”|“几何体”|“长方体”工具，在顶视图中绘制一个长方体，绘制完成后，将“长度”设置为20，“宽度”设置为20，“高度”设置为430，将其命名为“竖撑001”，并调整其位置，如下图所示。

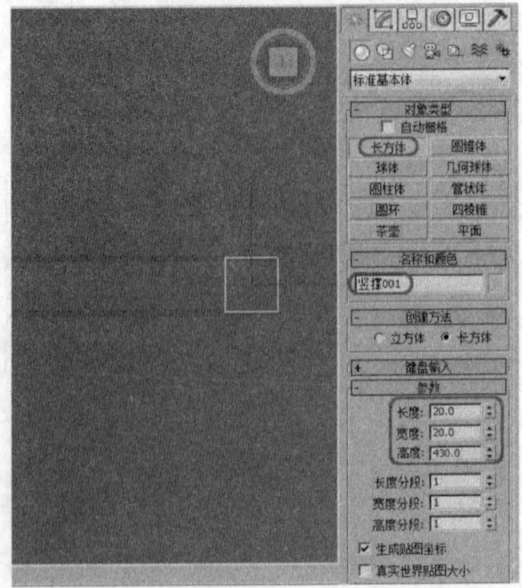

04 在前视图中，调整“竖撑001”对象的位置，然后按Shift键移动“竖撑001”对象，在弹出的“克隆选项”对话框中，参数为默认，然后单击“确定”按钮，如下图所示。

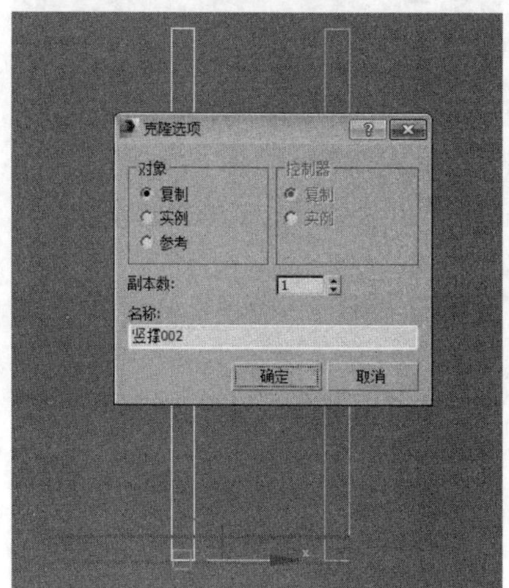

05 切换至“修改”面板，将复制的对象的“高度”设置为270，如下图所示。

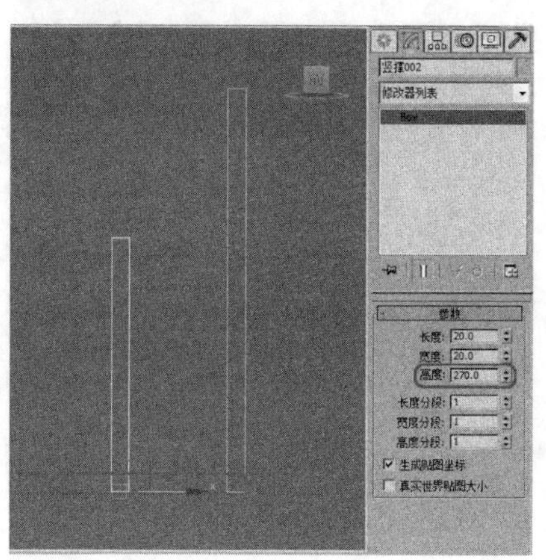

06 按照相同的方法，继续复制对象，并将其“高度”设置为150，如下图所示。

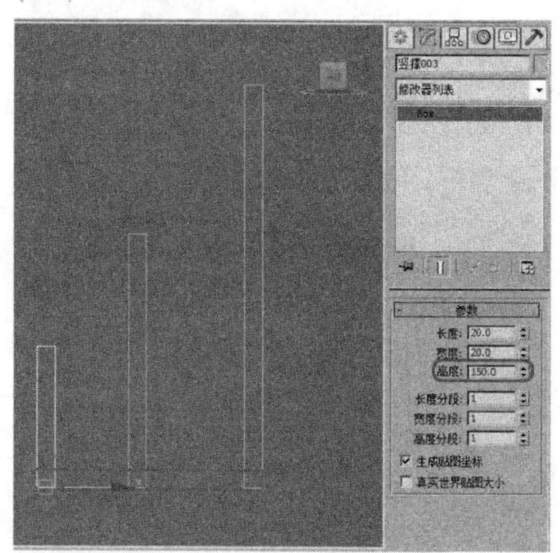

07 选择“创建”|“图形”|“矩形”工具，在左视图中绘制一个矩形，绘制完成后，将“长度”设置为21，“宽度”设置为19，“角半径”设置为1.5，将其命名为“横撑002”，如下图所示。

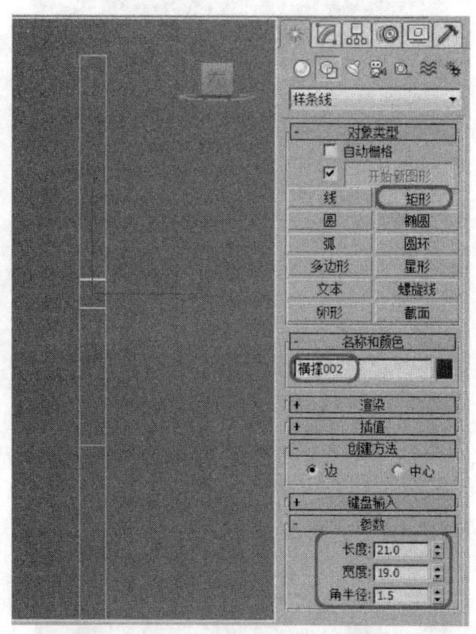

08 切换至“修改”面板，为其添加“挤出”修改器，将“数量”设置为122，如下图所示。

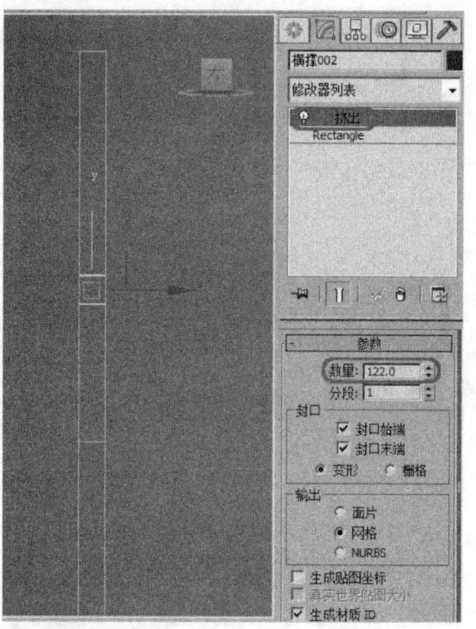

09 在其他视图中调整对象的位置，如下图所示。

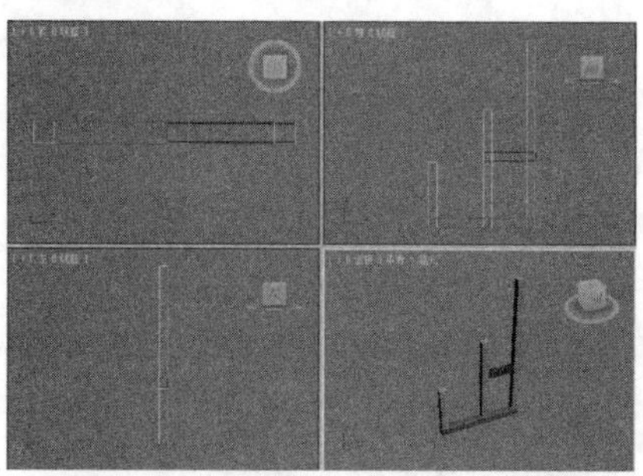

10 按Ctrl+A组合键选中所有对象，执行“组”|“组”命令，在弹出的对话框中将其命名为“支架001”，单击“确定”按钮，如下图所示。

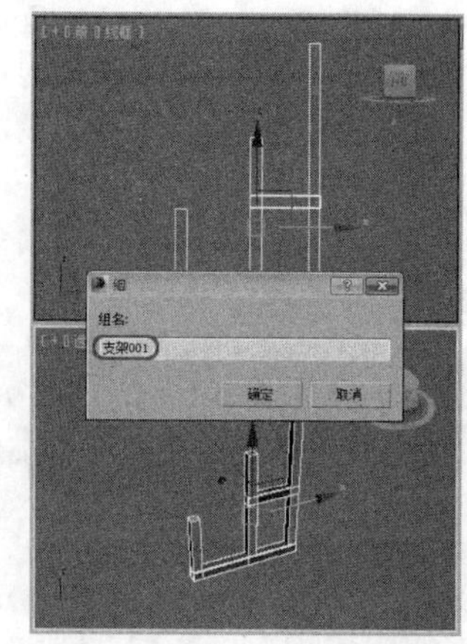

11 按M键打开“材质编辑器”窗口，选择一个标准材质样本球，将其命名为“支架”，取消“环境光”和“漫反射”的锁定，将“环境光”的RGB值设置为（41、52、83），“漫反射”的RGB值设置为（224、233、255），“自发光”的颜色设置为50，将“反射高光”中的“高光级别”设置为5，“光泽度”设置为25，然后将其应用给“支架001”对象，如下图所示。

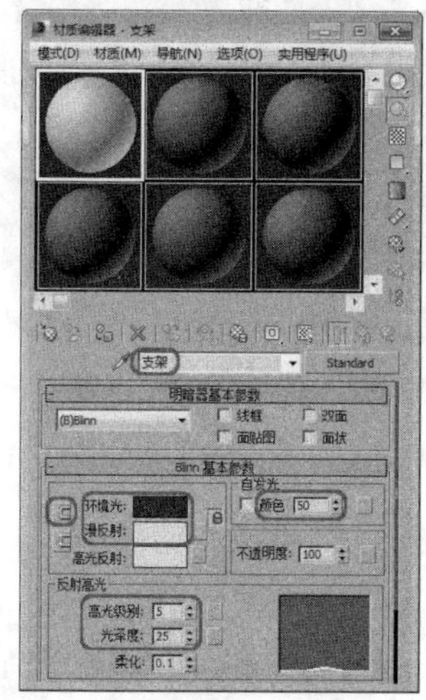

12 关闭“材质编辑器”，在顶视图中，按Shift键移动“支架001”对象，在弹出的“克隆选项”对话框中，参数为默认，然后单击“确定”按钮，如下图所示。

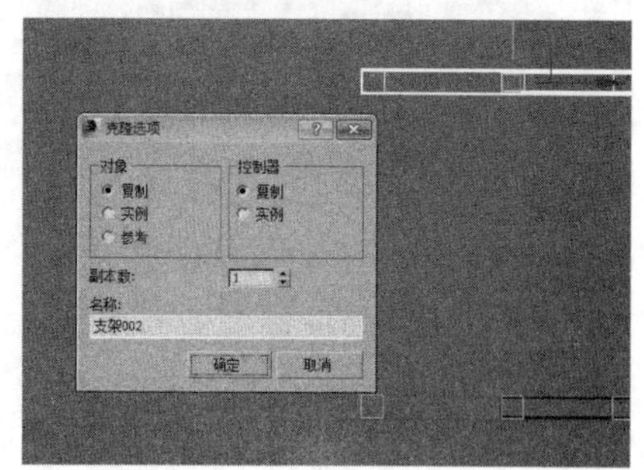

13 选择“创建”|“几何体”|“扩展基本体”|“切角长方体”工具，在顶视图中绘制一个切角长方体，绘制完成后，将“长度”设置为28，“宽度”设置为90，“高度”设置为3，“圆角”设置为“3”，将其命名为“垫板001”，如下图所示。

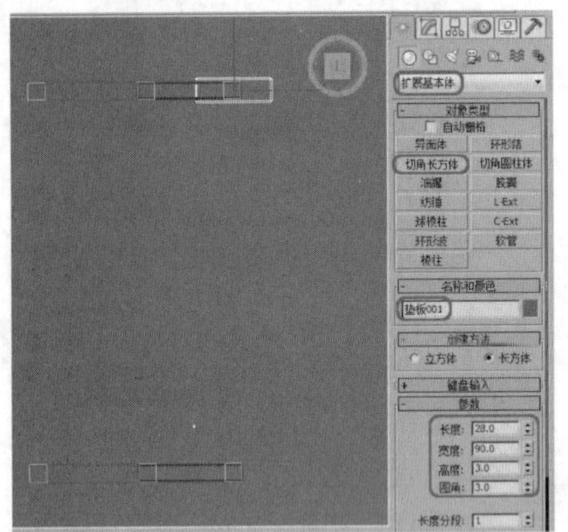

14 调整“垫板001”对象的位置并对其进行复制，然后调整其位置，如下图所示。

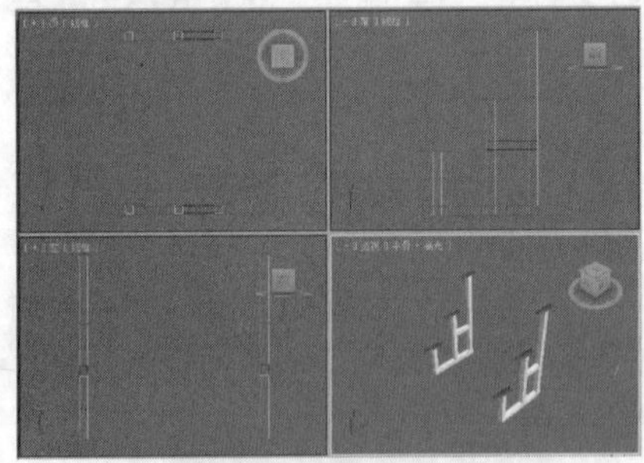

15 选择所有垫板对象，按M键打开“材质编辑器”窗口，单击“将材质指定给选定对象”按钮，将“支架”材质指定给所有垫板对象，如下图所示。

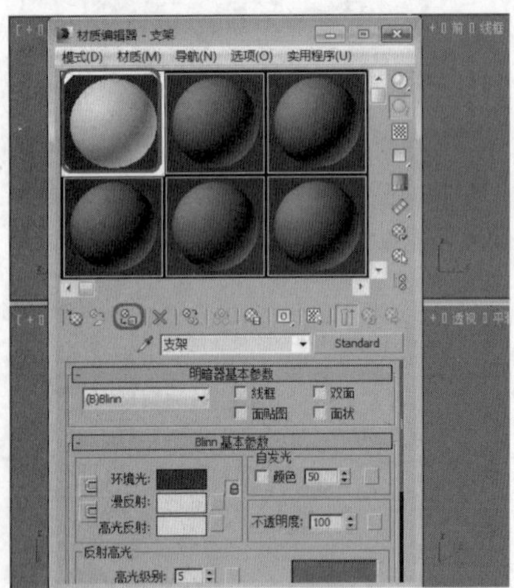

16 关闭“材质编辑器”窗口，选择“创建”|“图形”|“线”工具，在前视图中的垫板处绘制如下图所示的线。

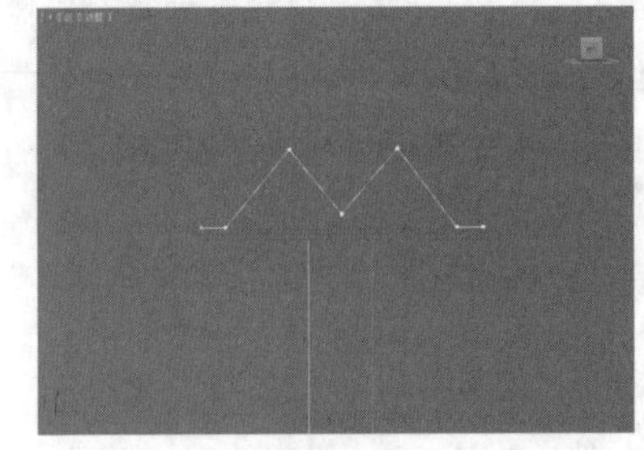

17 切换至“修改”面板，将其命名为“木板001”，将选择集定义为“顶点”，选择所有顶点，单击鼠标右键，在弹出的快捷菜单中选择Bezier角点，然后调整顶点，如下图所示。

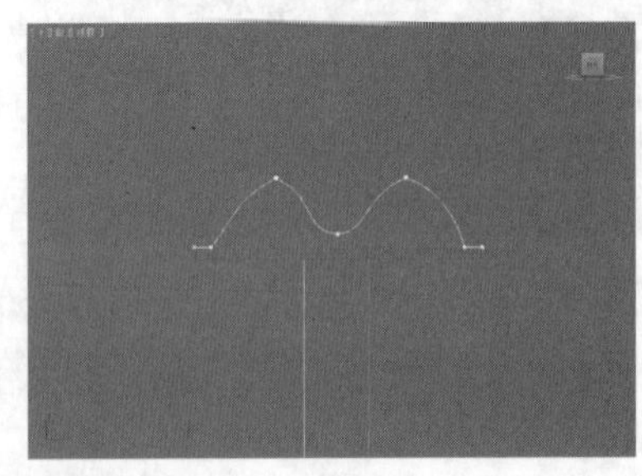

18 选择集定义为“样条线”，单击“轮廓”按钮，为其设置轮廓，如下图所示。

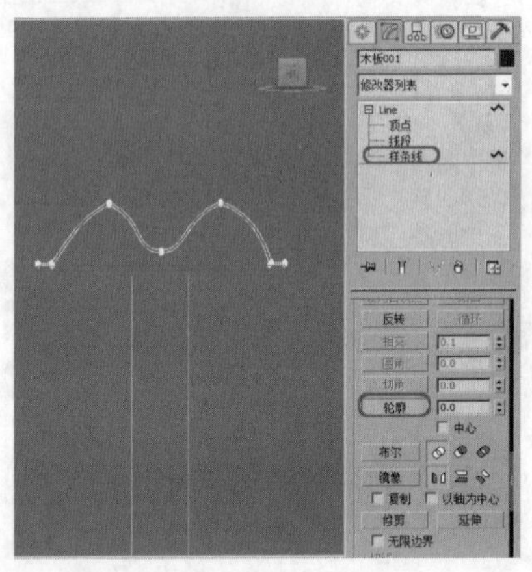

19 退出选择集，为其添加“挤出”修改器，将“数量”设置为479，如下图所示。

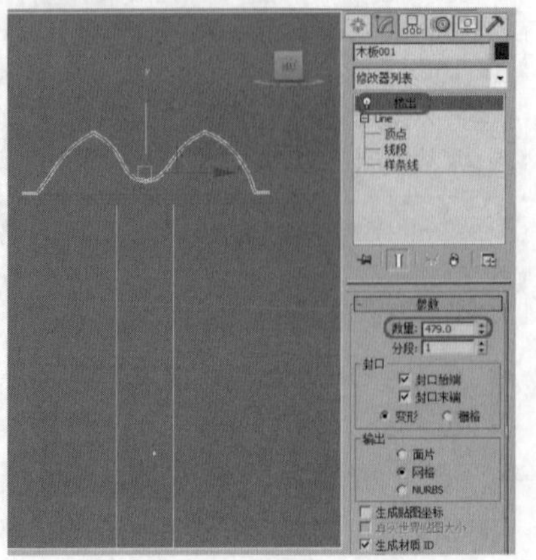

20 在其他视图中调整其位置，如下图所示。

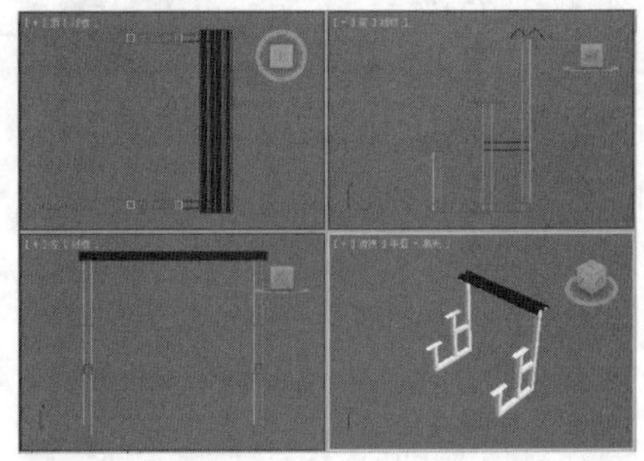

21 选择“木板001”对象，按M键打开“材质编辑器”，选择一个标准材质样本球，将其命名为“木板”，将阴影模式设置为Phong，将“环境光”和“漫反射”的“亮度”设置为67，将“高光反射”设置为白色，将“自发光”设置为30，在“反射高光”中，将“高光级别”设置为84，“光泽度”设置为14，然后将其材质指定给“木板001”对象，如下图所示的线。

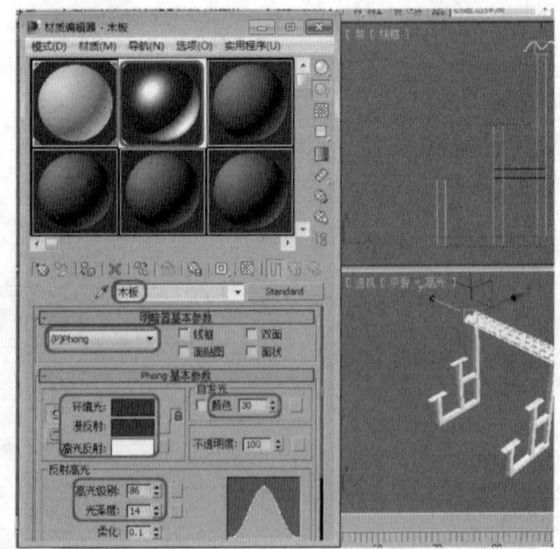

22 关闭“材质编辑器”，选择“创建”|“图形”|“多边形”工具，在顶视图中的垫板处绘制一个多边形，将其命名为“装饰钉001”，将“半径”设置为3.7，如下图所示。

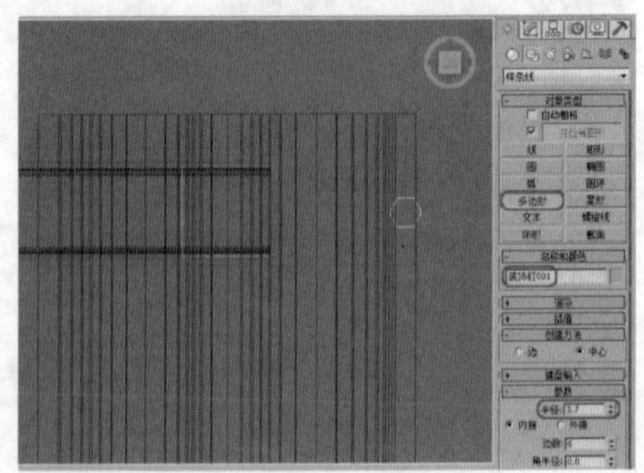

23 按Shift键并使用“选择并缩放”按钮，将其复制，如下图所示。

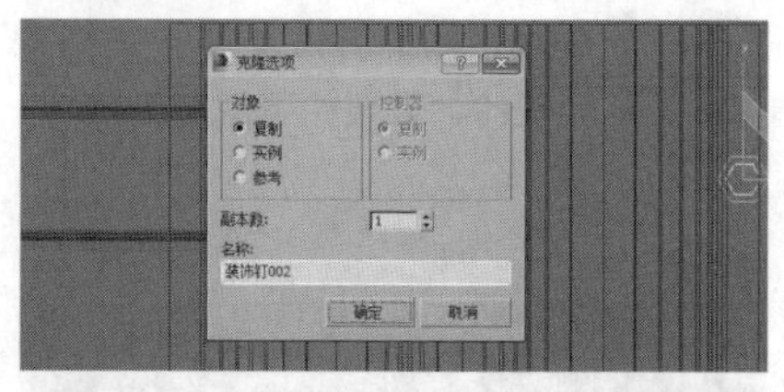

24 切换至“修改”修改面板，将“半径”设置为1.65，如下图所示。

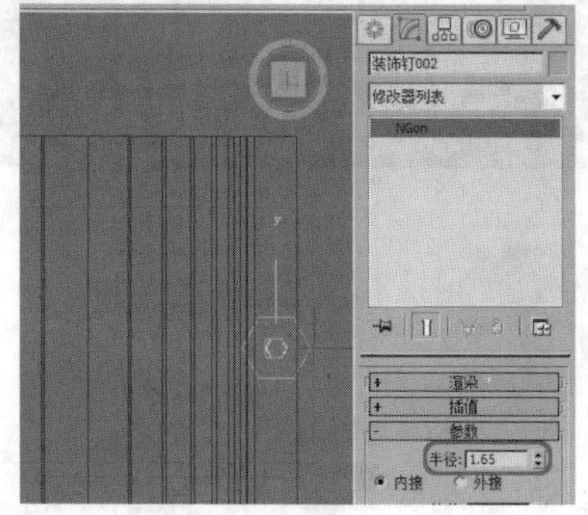

25 选择“装饰钉001”对象，为其添加“编辑样条线”修改器，单击“附加”按钮，附加“装饰钉002”对象，如下图所示。

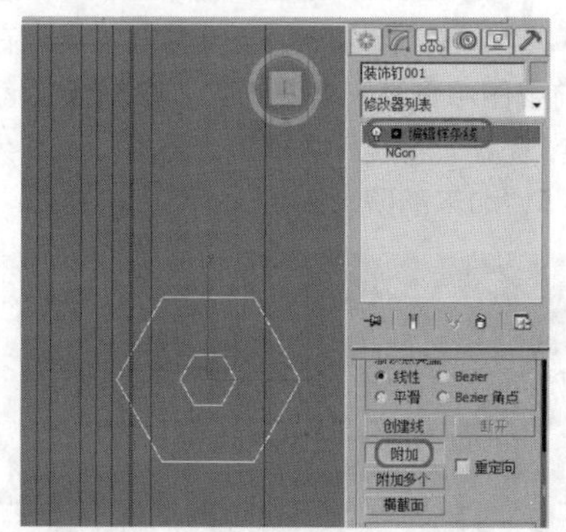

26 继续添加“倒角”修改器，将“级别1”的“高度”设置为1.45，“轮廓”设置为0.01，勾选“级别2”，将其“高度”设置为0.1，“轮廓”设置为-0.2，如下图所示。

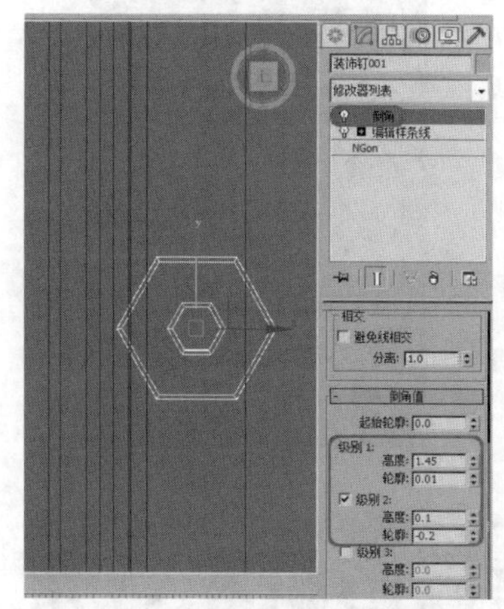

27 在其他视图中调整装饰钉的位置，然后按M键打开“材质编辑器”窗口，选择一个标准材质样本球，将其命名为“装饰钉”，取消“环境光”和“漫反射”的锁定，将“环境光”的RGB值设置为（41、52、83），“漫反射”的RGB值设置为（241、245、255），“自发光”的颜色设置为50，将“反射高光”中的“高光级别”设置为5，“光泽度”设置为25，然后将其应用给“装饰钉001”对象，如下图所示。

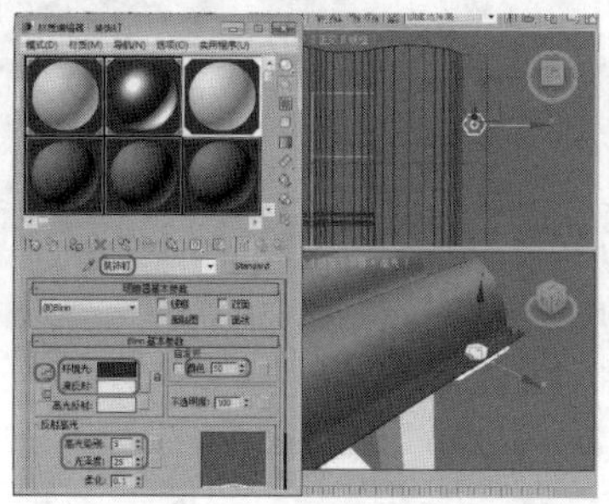

28 在顶视图中复制装饰钉，如下图所示。

29 选择装饰钉和木板，在顶视图中将其复制，然后调整到适当位置，如下图所示。

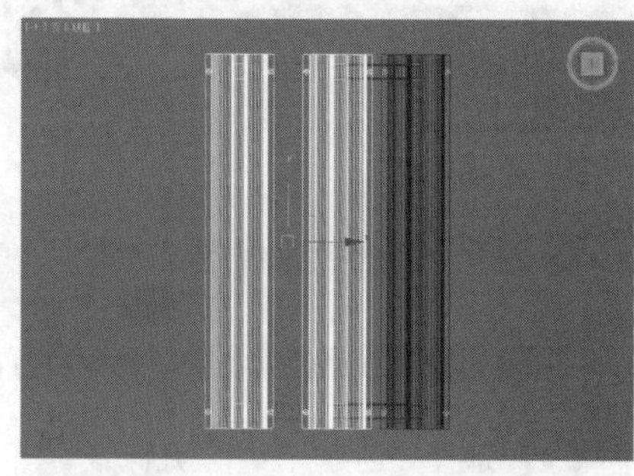

30 在其他视图中，调整装饰钉和木板的位置，最后的场景如下图所示。

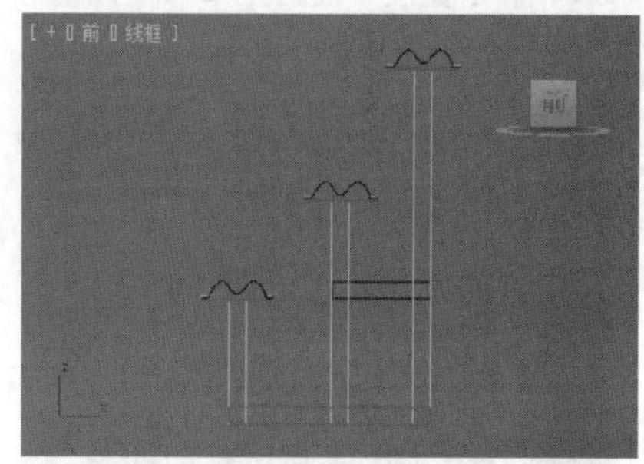

实战操作479 合并模型文件

素材：无	难度：★★★★★
场景：无	视频：视频\ Cha17\实战操作479.avi

将前面制作完成的“哑铃”模型合并到“器材支架”模型中，具体操作步骤如下。

01 单击按钮，在弹出的下拉列表中选择“导入”|“合并”选项，在打开的对话框中打开17-1.max文件，在弹出的“合并”窗口中，选择“哑铃”选项，然后单击“确定”按钮，如右图所示。

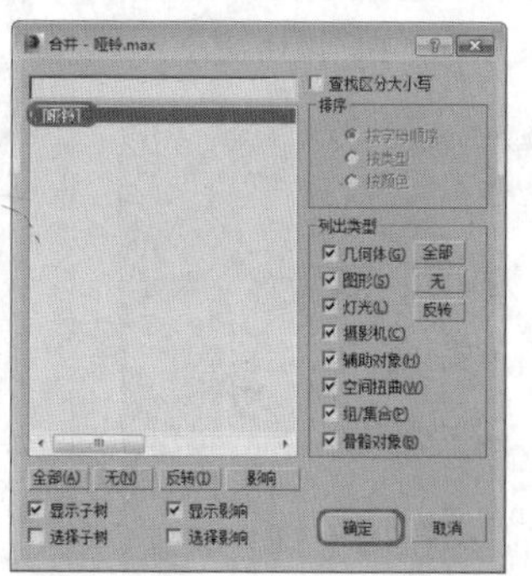

02 使用“选择并移动”工具和“选择并缩放”工具，调整哑铃的位置，并适当缩放哑铃，如下图所示。

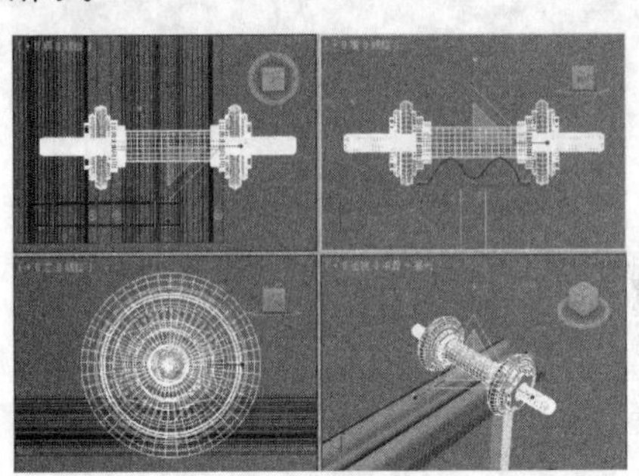

03 按Shift键将哑铃对象复制到适当位置，效果如下图所示。

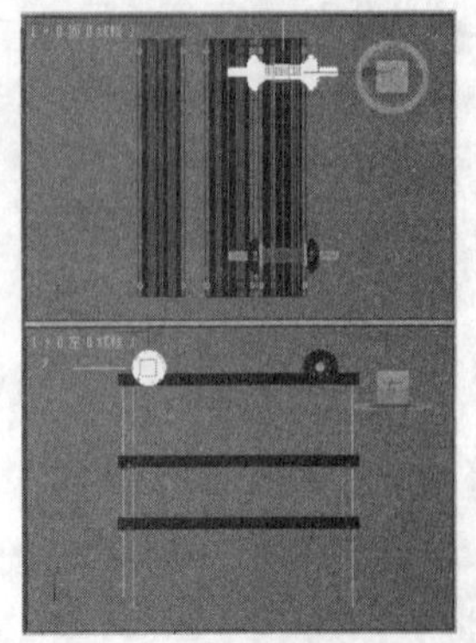

04 按照相同的方法复制并调整其他哑铃，效果如下图所示。

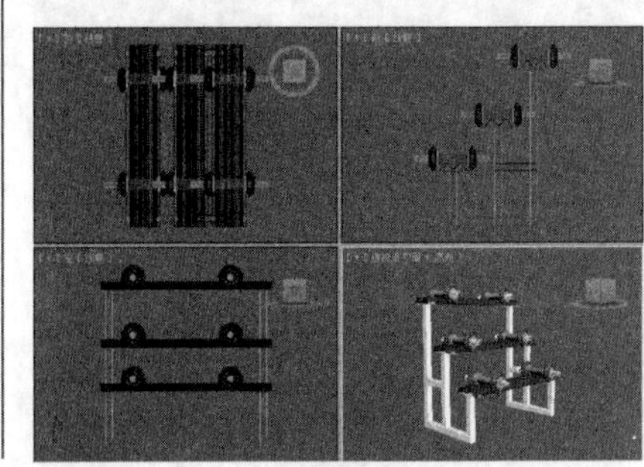

实战操作480 创建摄影机和灯光

素材：无	难度：★★★★★
场景：Scenes\ Cha17\实战操作480.max	视频：视频\ Cha17\实战操作480.avi

下面介绍创建摄影机和灯光的方法，具体操作步骤如下。

01 选择“创建”｜“几何体”｜“平面”工具，在顶视图创建一个平面，切换至“修改”面板，将颜色色块设置为白色，将“长度”设置为1000，将“宽度”设置为1200，并调整其位置，如下图所示。

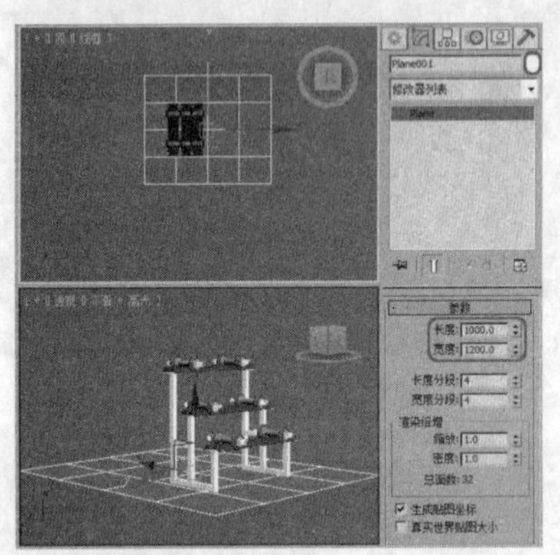

02 选择“创建”｜“摄影机”｜“目标”工具，在顶视图中创建一架摄影机，激活透视视图，按C键将其转换为摄影机视图，并在其他视图中调整其位置，如下图所示。

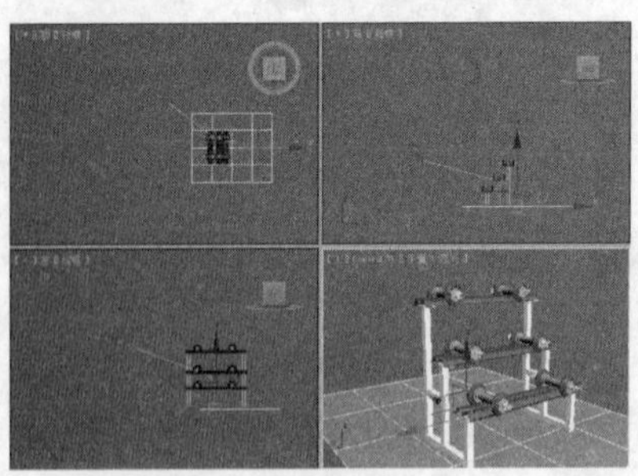

03 选择“创建”｜“灯光”｜“标准”｜“目标聚光灯”工具，在前视图中创建一盏目标聚光灯，如下图所示。

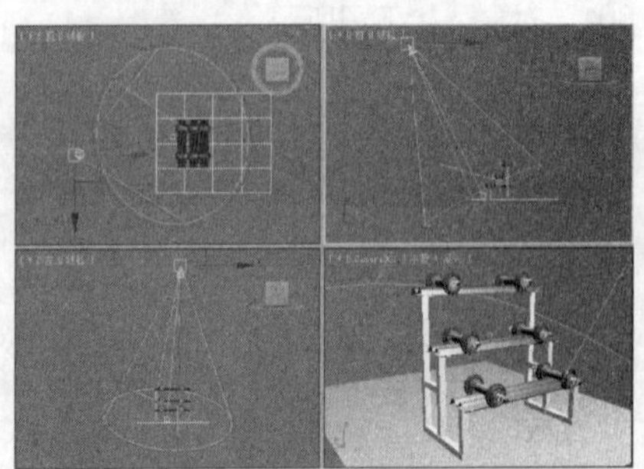

04 创建完成后，切换至“修改”面板，在“常规参数”卷展栏中，勾选“阴影”选项组中的“启用”复选框，在“强度/颜色/衰减”卷展栏中，将“倍增”设置为1.1，如下图所示。

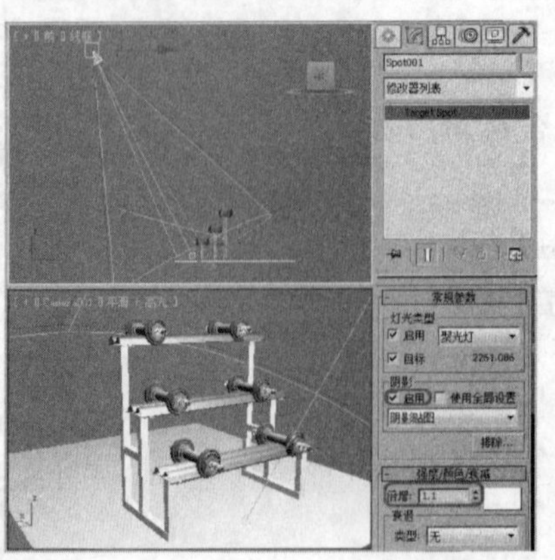

05 选择“创建”｜“灯光”｜“标准”｜“泛光灯”工具，在前视图中创建一盏泛光灯，在“强度/颜色/衰减”卷展栏中，将“倍增”设置为0.5，如下图所示。

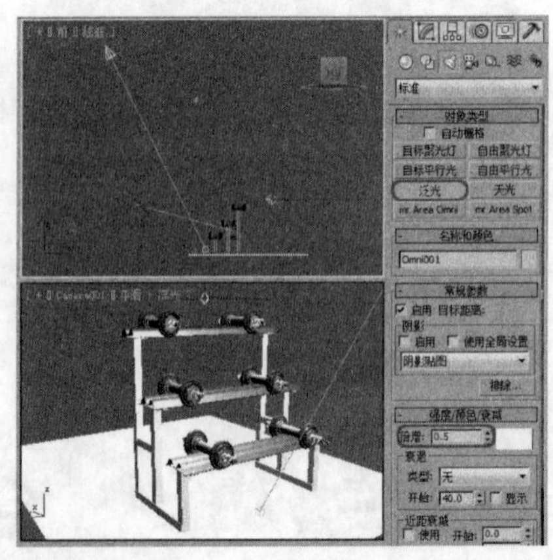

06 调整灯光的位置，激活摄影机视图，按F9键进行渲染，渲染完成后的效果如下图所示。

17.3 制作乒乓球台

本例主要讲解乒乓球台的制作方法，运用“长方体”工具来制作模型，通过使用“修改器列表”下拉列表框中的“挤出“命令，制作模型。

实战操作481 乒乓球台面的制作

素材：无	难度：★★★★★
场景：无	视频：视频\ Cha17\实战操作481.avi

01 运行3ds Max软件，选择“创建”|“几何体”|“长方体”工具，在顶视图中创建长方体，在“参数”卷展栏中，将“长度”设置为59.0，将“宽度”设置为105.0，将“高度”设置为1.5，并将其命名为“球台-面”，如下图所示。

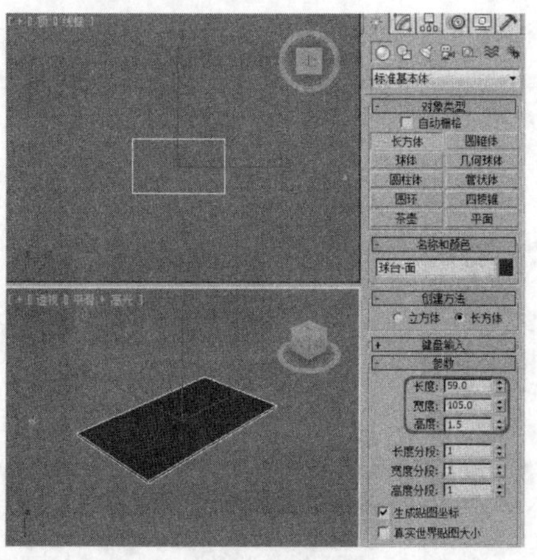

02 在工具栏中单击“材质编辑器”按钮，打开“材质编辑器”对话框，选择一个新的材质样本球，将其命名为“球台面”，在“Blinn基本参数”卷展栏中，将“环境光”和“漫反射”的RGB值设置为（98、135、143），单击“将材质指定给选定对象”按钮，将材质指定给场景中的“球台-面”对象，如下图所示。

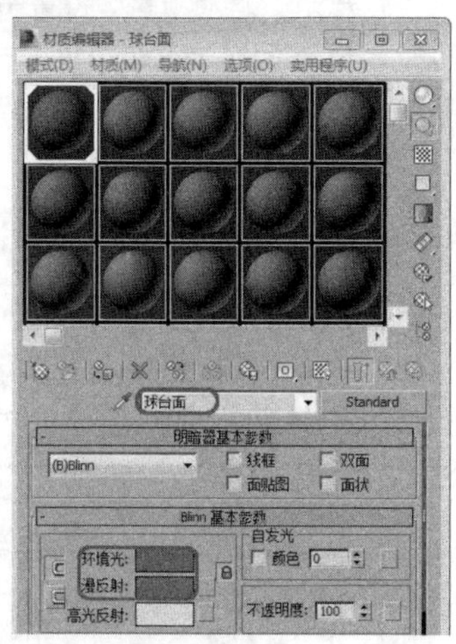

03 在场景中选择“球台-面”对象，按Ctrl+V组合键，在弹出的对话框中单击“复制”按钮，将其命名为“球台-面边”，单击“确定”按钮，如下图所示。

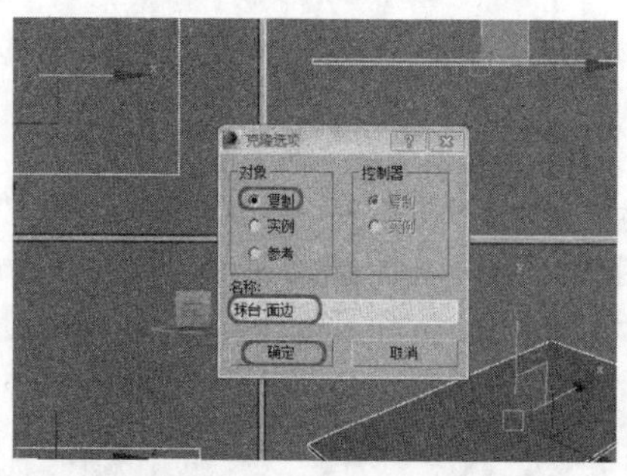

04 切换到“修改”命令面板，在“参数”卷展栏中，将“长度”、“宽度”、“高度”、“长度分段”、“宽度分段”分别设置为60.0、107.0、1.55、5和3，如下图所示。

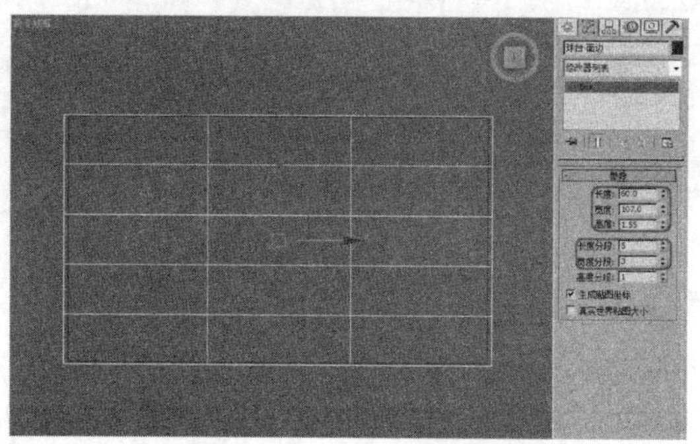

05 在修改器列表中选择“编辑网格”修改器，将当前选择集定义为“顶点”，在顶视图中调整顶点的位置，如下图所示。

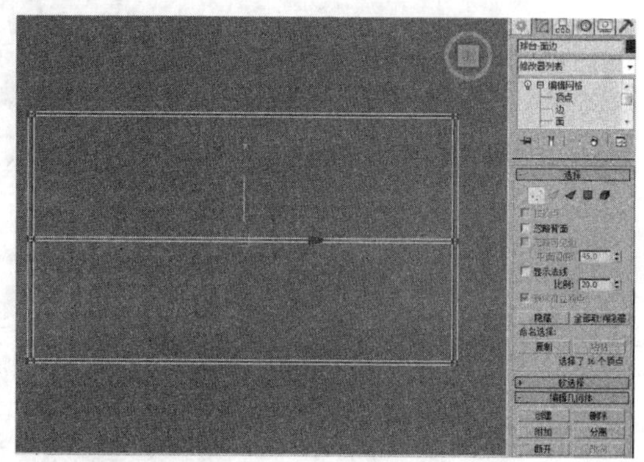

06 将当前选择集定义为“多边形”在顶视图中框选如下图所示的多边形，并按Delete键将选择的面删除。

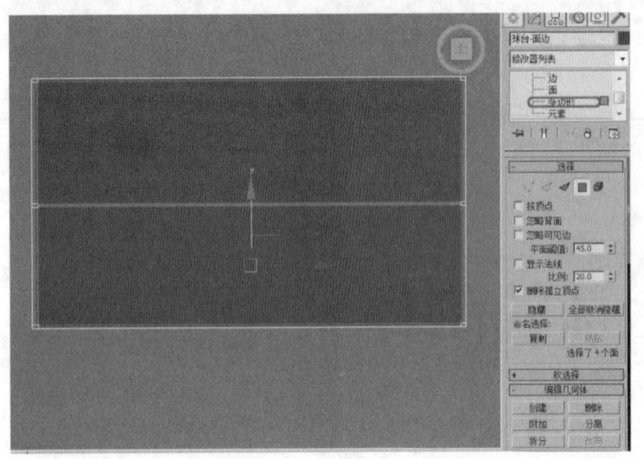

07 在工具栏中单击“材质编辑器”按钮，在弹出的“材质编辑器”对话框中选择一个新的材质样本球，将其命名为“反射金属”，在“明暗器基本参数”卷展栏中，将阴影模式定义为“金属”，勾选“双面”复选框，在“金属基本参数”卷展栏中，将“环境光”的RGB值设置为（0、0、0），将“漫反射”的RGB值设置为（230、230、230），将“自发光”选项组中的“颜色”设置为15，将“反射高光”选项组中的“高光级别”和“光泽度”分别设置为100和80，在“贴图”卷展栏中，将“反射”通道后面的“数量”设置为15，单击None按钮，在弹出的对话框中选择“光线跟踪”贴图，单击“确定”按钮，如下图所示。

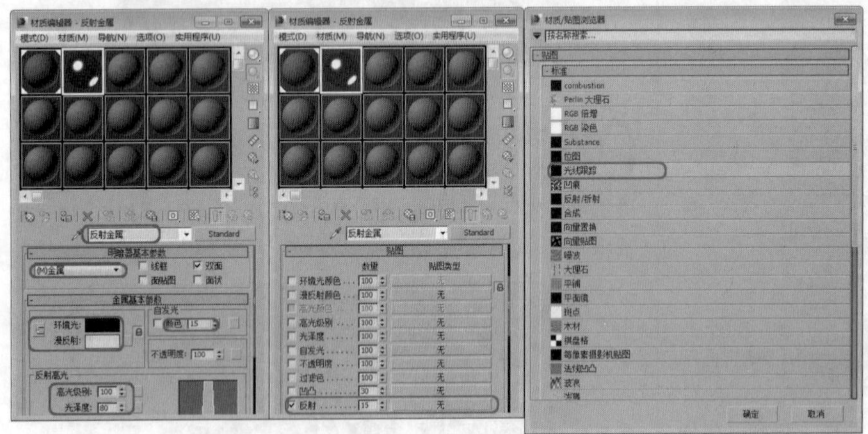

08 进入光线跟踪设置面板，在“光线跟踪参数”卷展栏中，单击灰色长条按钮，在弹出的对话框中选择“位图”，单击“确定”按钮，在打开的对话框中选择随书附带光盘中的Map\金属014.jpg文件，单击“打开”按钮，再进入位图设置面板，在“坐标”卷展栏中，将“模糊偏移”设置为0.1，在“输出”卷展栏中，将“输出量”设置为7，连续两次单击“转到父对象”按钮，然后再单击“将材质指定给选定对象”按钮，将材质指定给场景中的“球台-面边”对象，如下图所示。

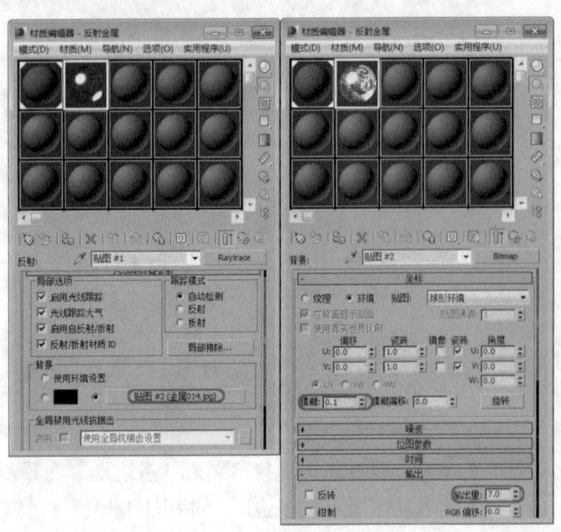

09 选择“创建”|“图形”|“矩形”工具，在顶视图中创建矩形，在“参数”卷展栏中，将“长度”、“宽度”分别设置为5.0、5.0，并将其命名为“球台-面边角01”，如下图所示。

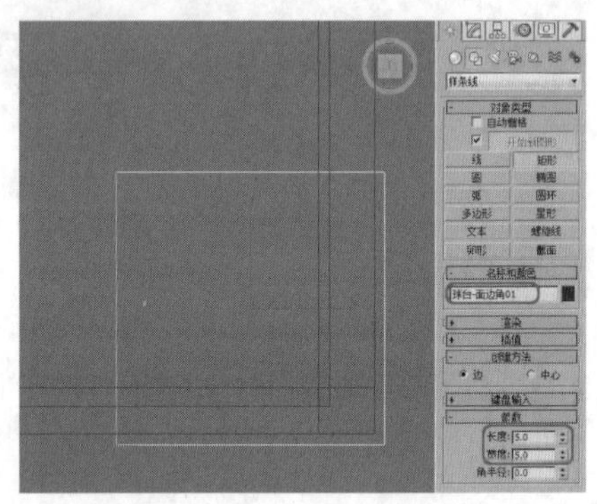

10 切换至“修改”命令面板，在修改器列表中选择“编辑样条线”修改器，将当前选择集定义为“顶点”，单击“几何体”卷展栏中的“优化”按钮，添加顶点，在场景中按Ctrl+A组合键，在选择的顶点上单击鼠标右键，在弹出的快捷菜单中将点定义为“角点”，并在场景中调整点的位置，如下图所示。

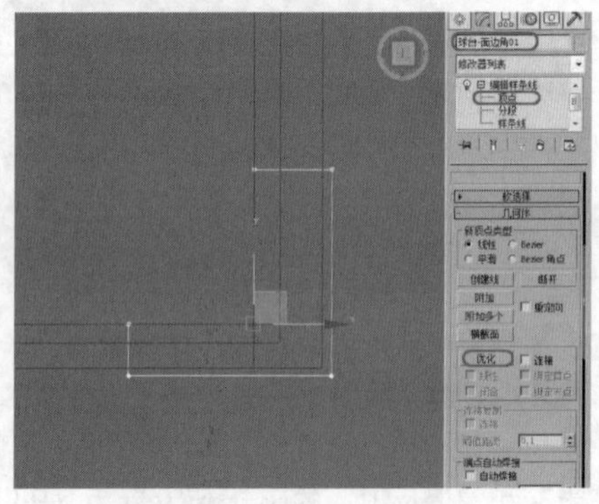

11 在修改器列表中，选择“挤出”修改器，在“参数”卷展栏中，将“数量”设置为1.75，为“球台-面边角01”设置挤出后，在场景中复制3个模型，并进行旋转，分别放置在4个桌角，并调整好位置，如下图所示。

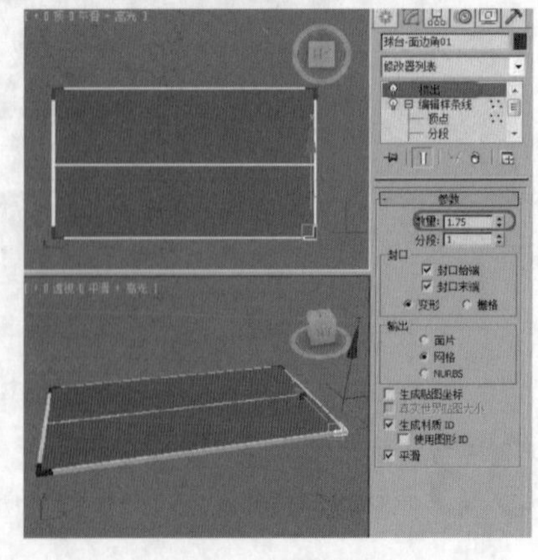

12 确定“球台-面边角”对象处于选中状态，在工具栏中单击“材质编辑器”按钮，打开“材质编辑器”对话框，选择一个新的材质样本球，将其命名为“黑色塑料”，在“Blinn基本参数”卷展栏中，将“环境光”和“漫反射”的RGB值都设置为（25、25、25），将“反射高光”选项组中的“高光级别”、“光泽度”分别设置为59和26，设置完黑色塑料材质后，单击“将材质指定给选定对象”按钮，将其材质指定给场景中的“球台-面边角”对象，如下图所示。

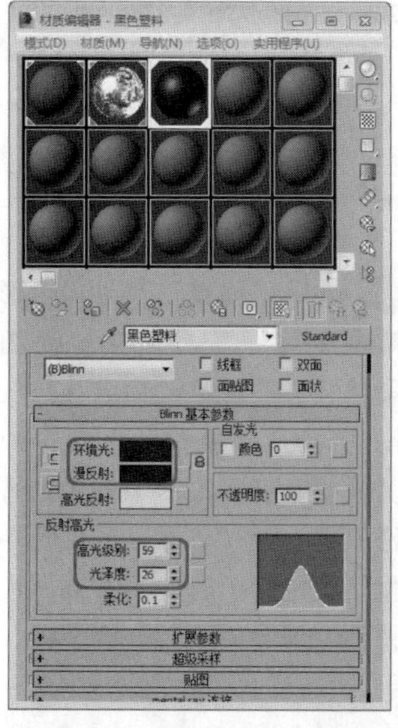

13 选择“创建”|“图形”|“线”工具，在左视图中创建一条闭合的样条线，将样条线命名为“球台-网支架01”。切换至“修改”命令面板，将当前选择集定义为“顶点”，在场景中调整“球台-网支架01”对象的效果，如下图所示。

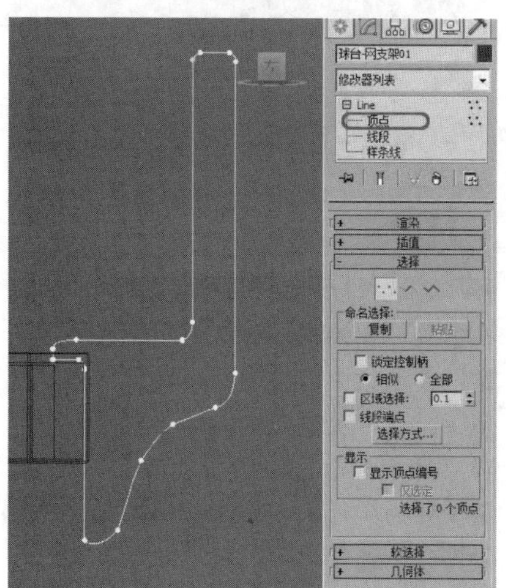

14 在修改器列表中，选择“倒角”修改器，在“倒角值”卷展栏中，将“级别1”的“高度”、“轮廓”分别设置为0.05和0.03，勾选“级别2”复选框，将“高度”设置为0.3，勾选“级别3”复选框，将“高度”和“轮廓”分别设置为0.05和-0.03，在视图中调整到适当的位置，如下图所示。

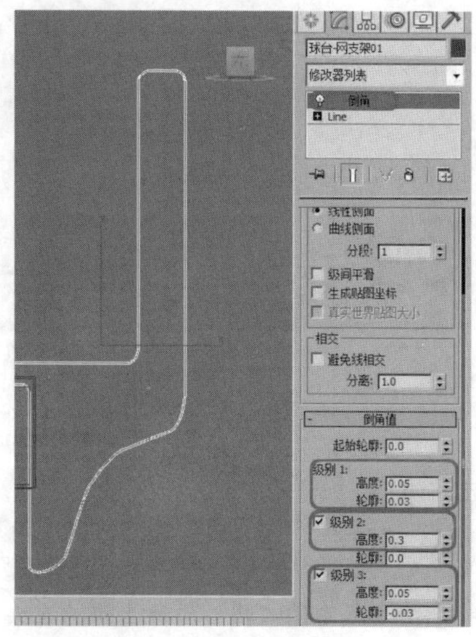

15 在左视图中，选择“球台-网支架01”对象，在工具栏中单击“镜像”按钮，在弹出的对话框中选择“镜像轴”选项组中的“X”轴，将“偏移”设置为-62.3，在“克隆当前选择”选项组中，选中“实例”单选按钮，单击“确定”按钮，如下图所示。

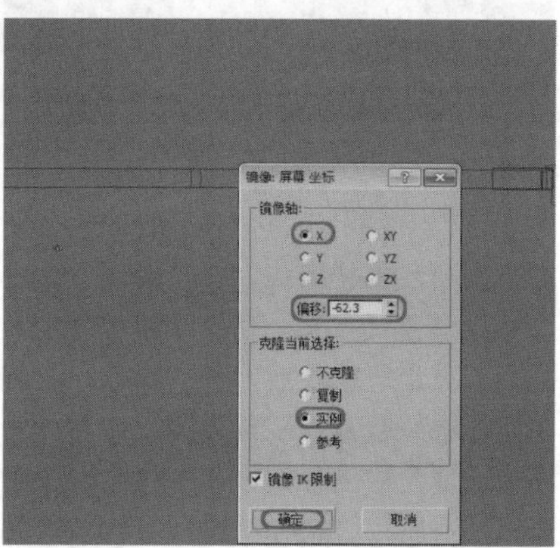

16 将“黑色塑料”材质的“球台-网支架”如下图所示。

17 选择“创建”|“图形”|“矩形”工具，在左视图中创建矩形，在“参数”卷展栏中，将“长度”、“宽度”分别设置为4.3和64.0，在“渲染”卷展栏中，勾选“在渲染中启用”和“在视口中启用”复选框，并将其“厚度”设置为0.1，最后将其命名为“网边”，如下图所示，打开“材质编辑器”面板，选择“反射金属”材质并将其指定给场景中的“网边”对象。

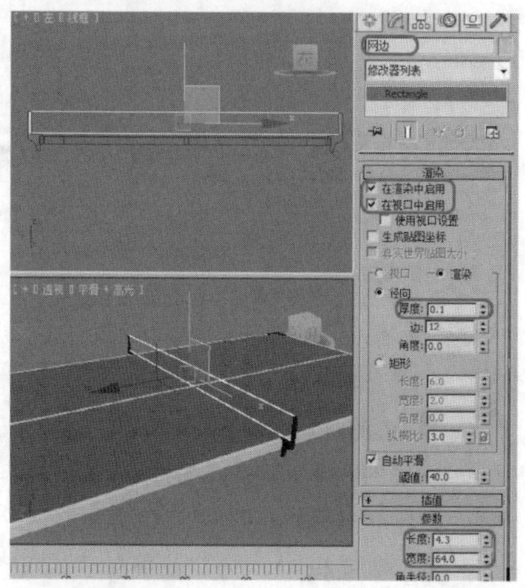

18 选择“线”工具，将“开始新图形”复选框取消勾选，在左视图中“网边”对象的内部创建可渲染的线，切换至“修改”命令面板，在面板中调整其效果，在“渲染”卷展栏中，勾选“在渲染中启用”和“在视口中启用”复选框，将“厚度”设置为0.01，对其进行复制，使可渲染的线充满整个“网边”内部，将网线分离并命名为“网”，如下图所示。

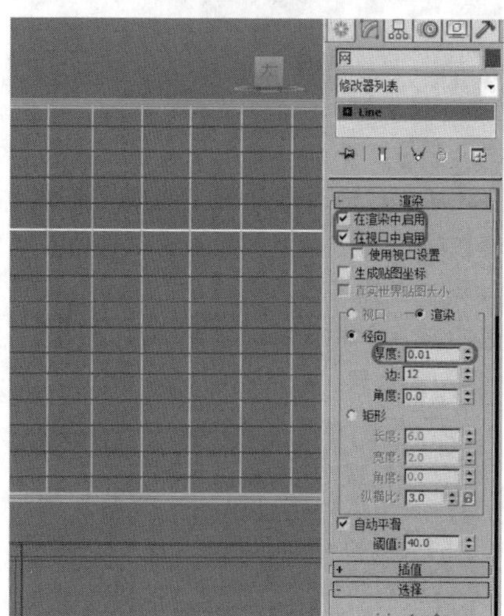

19 在工具栏中单击“材质编辑器”按钮，打开“材质编辑器”对话框，选择一个新的材质样本球，将其命名为“网”，在“Blinn基本

参数”卷展栏中，将“环境光”和“漫反射”的RGB值都设置为（255、255、255），最后单击“将材质指定给选定对象”按钮，将材质指定给场景中的“网”对象，如右图所示。

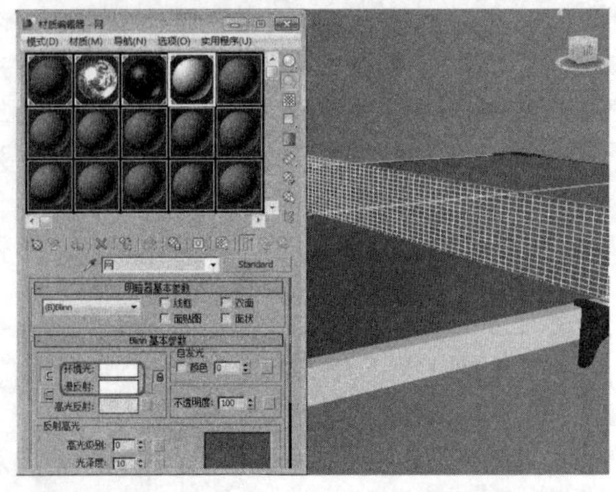

实战操作482 乒乓球支架的制作

素材：无	难度：★★★★★
场景：无	视频：视频\ Cha17\实战操作482.avi

01 继续以上实例的操作，选择“创建” | “图形” | “矩形”工具，在顶视图中创建矩形，在“参数”卷展栏中，将“长度”、“宽度”、“角半径”分别设置为1.4、1.4、0.2，并将矩形命名为“腿01”，如下图所示。

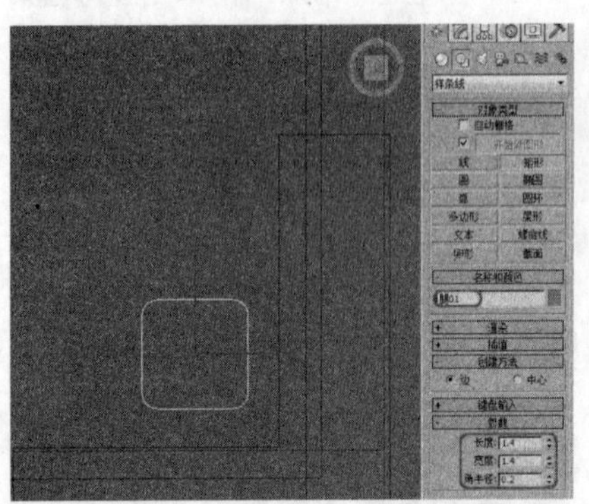

02 切换至“修改”命令面板，在修改器列表中选择“挤出”修改器，将“数量”设置为28.5，在工具箱中选择“选择并移动”工具，在场景中按住Shift键移动复制“腿”到球台的4个角位置，如下图所示。

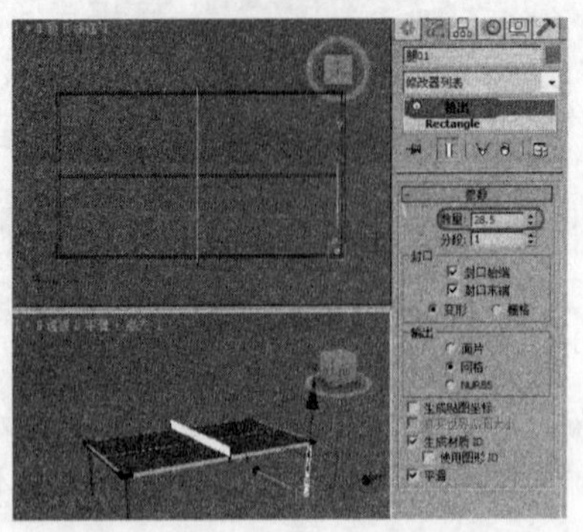

03 打开“材质编辑器”对话框，选择“反射金属”材质，将其指定给场景中的“腿”对象，腿的效果如下图所示。

04 选择“创建” | “图形” | “线”工具，在顶视图中创建如下图所示的样条线，在“修改”命令面板中调整其效果，在修改器列表中，选择“挤出”修改器，在“参数”卷展栏中，将“数量”设置为22，并将其命名为“球台中支架01”，并指定“反射金属”材质，如下图所示。

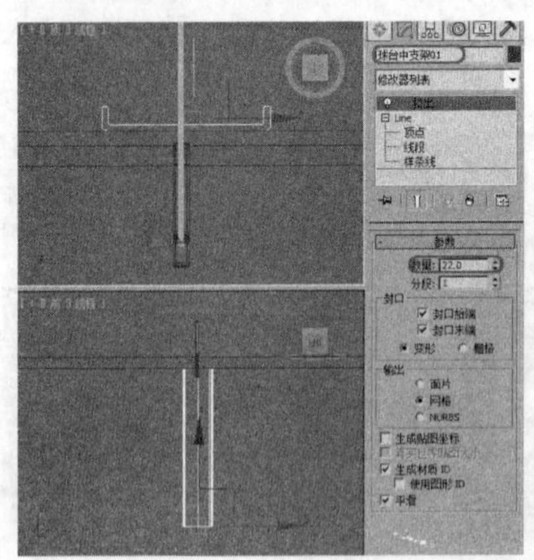

05 选择“创建” | “图形” | “线”工具，在前视图中创建样条线，并将样条线命名为“支架宽01”，切换至“修改”命令面板，调整其效果，在修改器列表中选择“挤出”修改器，在“参数”卷展栏中，将“数量”设置为0.12，再在顶视图中将其放置到“球台中支架”的下方，如下图所示。

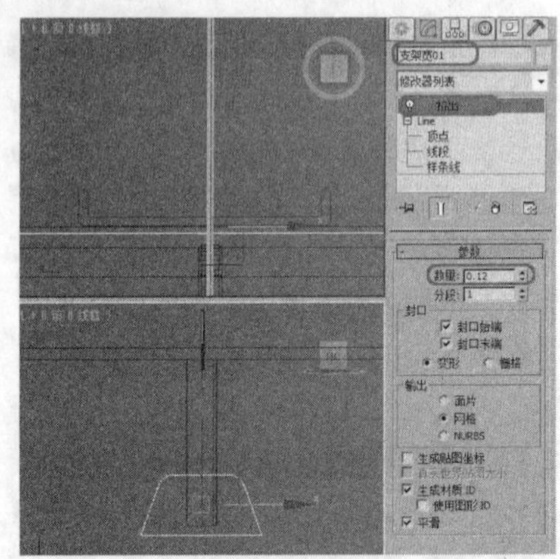

06 在工具栏中单击“材质编辑器”按钮，打开“材质编辑器”，选择一个新的材质样本球，将其命名为“支架宽”，在“明暗器基本参数”卷展栏中，将阴影模式定义为“金属”，在“金属基本参数”卷展栏中，将“环境光”和“漫反射”的RGB值都设置为（166、166、166），在“反射高光”选项组中，将“高光级别”和“光泽度”分别设置为29和58，单击“将材质指定给选定对象”按钮，将材质指定给场景中的“支架宽”对象，

如下图所示。

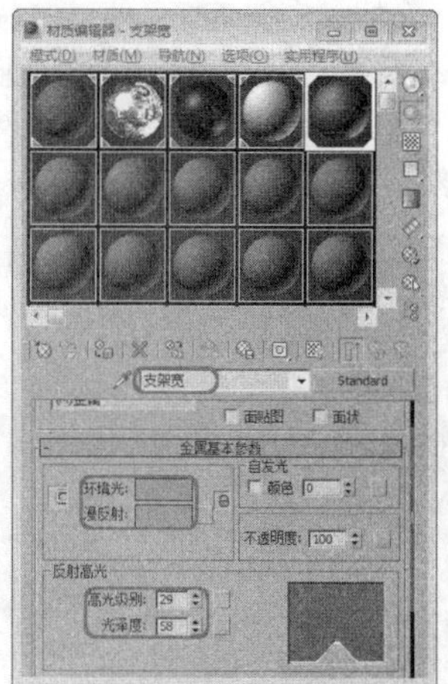

07 在场景中选择“支架宽01”对象，并按Ctrl+V组合键，在弹出的对话框中选择“复制”单选按钮，将其命名为“支架宽01边”，单击“确定”按钮，切换至“修改”命令面板，在修改器列表中，将“挤出”修改器删除，在“渲染”卷展栏中，勾选“渲染中启用”和“在视口中启用”复选框，将“厚度”设置为1，如下图所示。

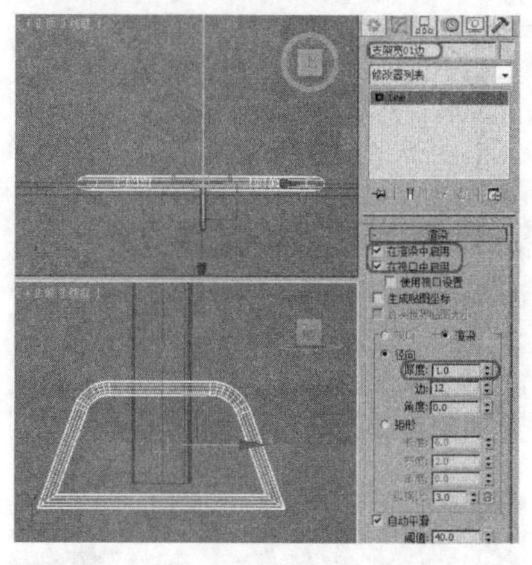

08 选择“创建”|“图形”|“多边形”工具，在前视图中创建多边形，将其命名为“螺丝01”，在“参数”卷展栏中，将“半径”设置为0.8，将“边数”设置为6，如下图所示。

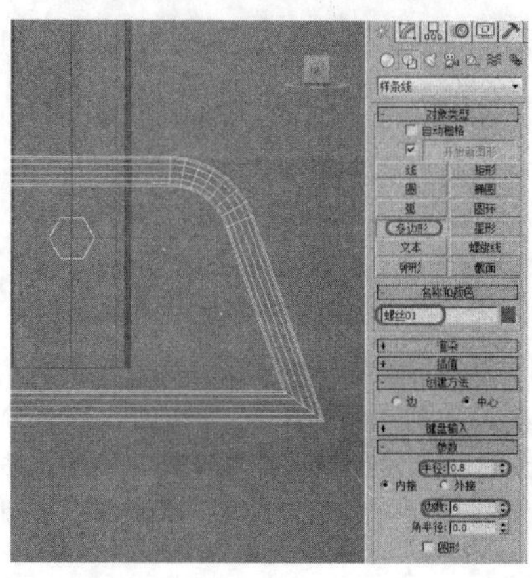

09 切换至“修改”命令面板，在修改器列表中选择“倒角”修改器，在“倒角值”卷展栏中，将“级别1”的“高度”设置为0.05，将“轮廓”设置为0.02，勾选“级别2”复选框，将其“高度”设置为0.7，勾选“级别3”复选框，将其“高度”设置为0.05，“轮廓”设置为-0.02，如下图所示。

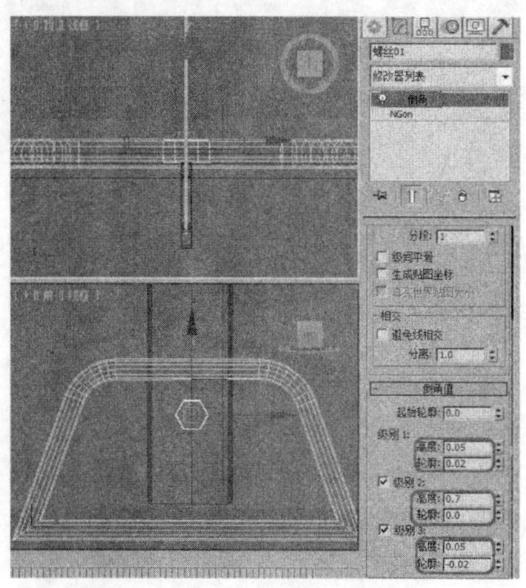

10 在场景中选择“螺丝01”对象，再在场景中按住Shif键移动复制两个螺丝，打开“材质编辑器”对话框，选择“黑色塑料”材质，并将材质指定给场景中的螺丝，在场景中调整其位置，如下图所示。

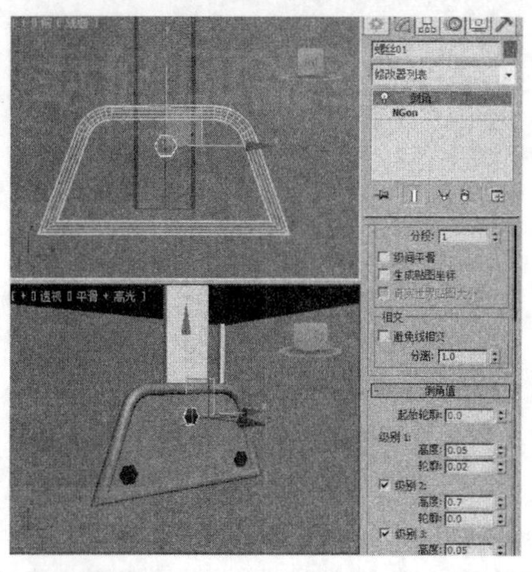

11 选择“创建”|“图形”|“线”工具，在左视图中创建图形的轮廓，将其命名为“球拍支架”，切换至“修改”命令面板，将当前选择集定义为“顶点”，并在修改器列表中选择“倒角”修改器，在“倒角值”卷展栏中，将“级别1”的“高度”设置为0.05，“轮廓”设置为0.02，勾选“级别2”复选框，将其“高度”设置为2，勾选“级别3”复选框，将其“高度”设置为0.05，“轮廓”设置为-0.02，最后打开“材质编辑器”对话框，选择“黑色塑料”材质样本球，将其指定给场景中的“球拍支架”对象，如下图所示。

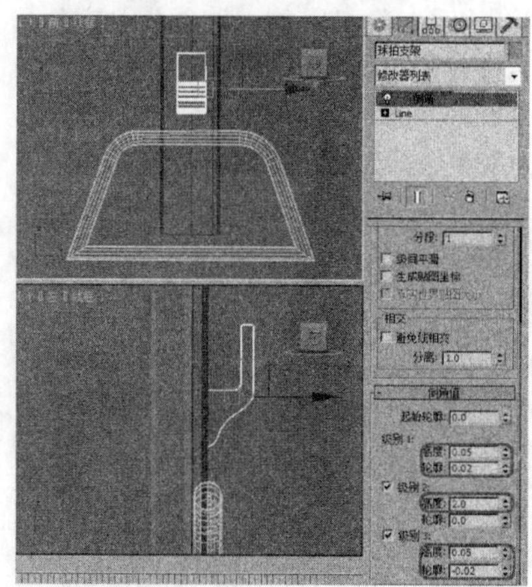

12 选择“创建”|“几何体”|“扩展基本体”|“切角圆柱体”工具，在前视图中创建一个“半径”为3，“高度”为0.7，“圆角”为0.13，“边数”为20的切角圆柱体，将其命名为“轱辘01”，最后为其指定“黑色塑料”材质，如下图所示。

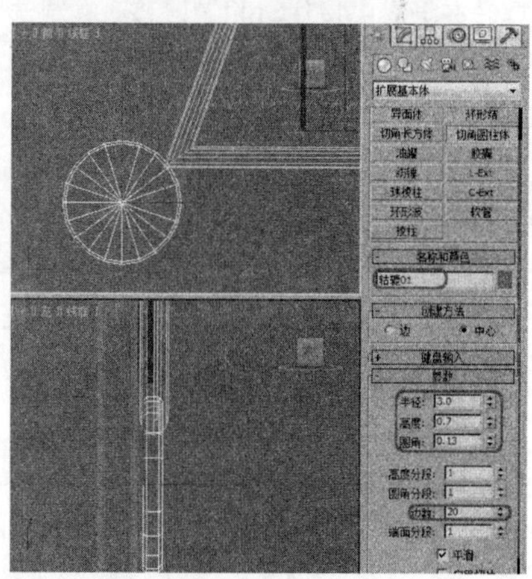

13 选择“轱辘01”对象，按Ctrl+V组合键，在弹出的对话框中选择“复制”单选按钮，单击“确定”按钮，将对象复制出来一个，在左视图中调整位置，如下图所示。

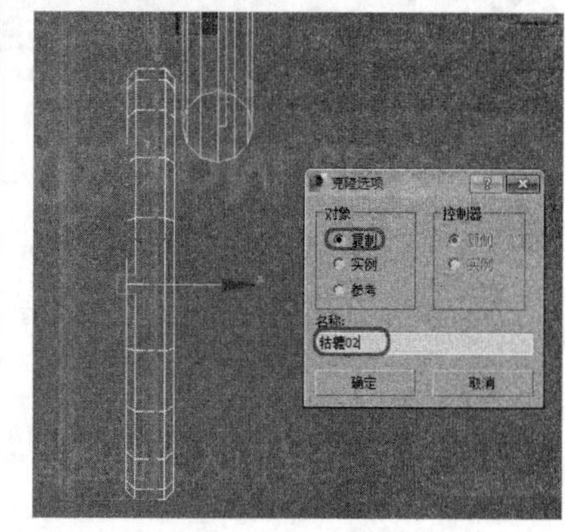

14 选择“切角圆柱体”工具，在“轱辘01”对象的中间位置创建切角圆柱体，在“参数”卷展栏中，将“半径”设置为0.7，将“高度”设置为3.3，将“圆角”设置为0.12，将“边数”设置为6，并将其命名为“轱辘中”，为其指定“反射金属”材质，如下图所示。

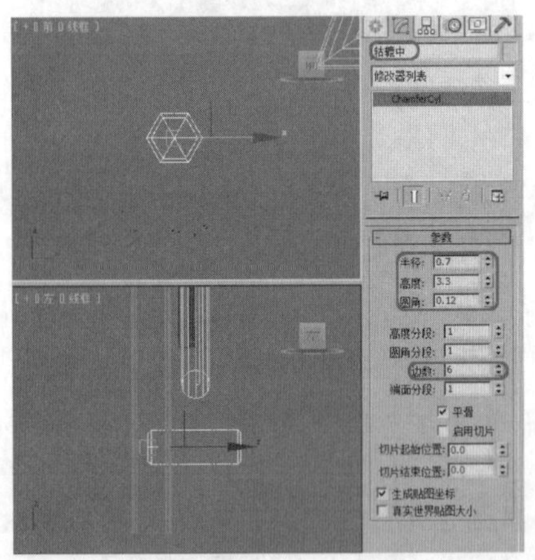

15 在场景中选择“轱辘01”、“轱辘02”和“轱辘中”对象，在工具栏中选择“选择并移动”工具，在场景中按住Shift键，移动复制选中的对象，并在场景中调整位置，如下图所示。

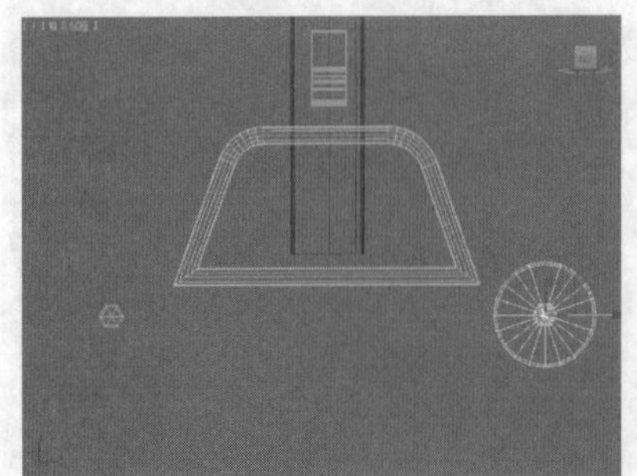

16 选择“创建”|“图形”|“线”工具，在场景中创建两条样条线，并将其样条线命名为“轱辘中轴01-02”，切换至“修改”命令面板，在场景中调整线的形状，在“渲染”卷展栏中，勾选“在渲染中启用”和“在视口中启用”复选框，将“厚度”设置为1，最后为其指定“反射金属”材质，如下图所示。

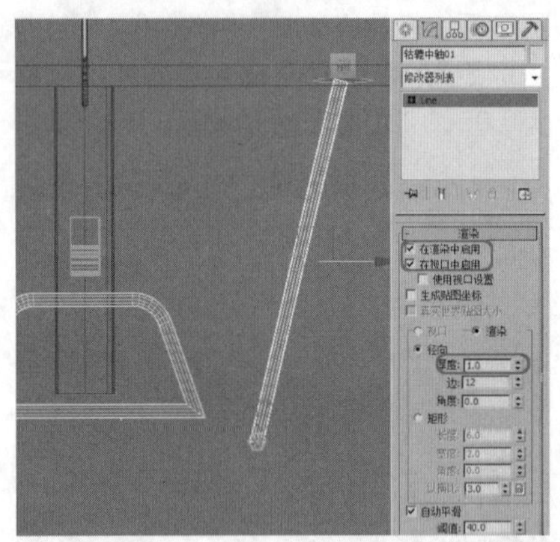

17 选择“创建”|“图形”|“线”工具，在场景中创建两个样条线，并将其命名为“轱辘中轴03-04”，在“渲染”卷展栏中，勾选“在渲染中启用”和“在视口中启用”复选框，并将其“厚度”设置为1，然后在场景中调整其位置，最后为其指定“反射金属”材质，如下图所示。

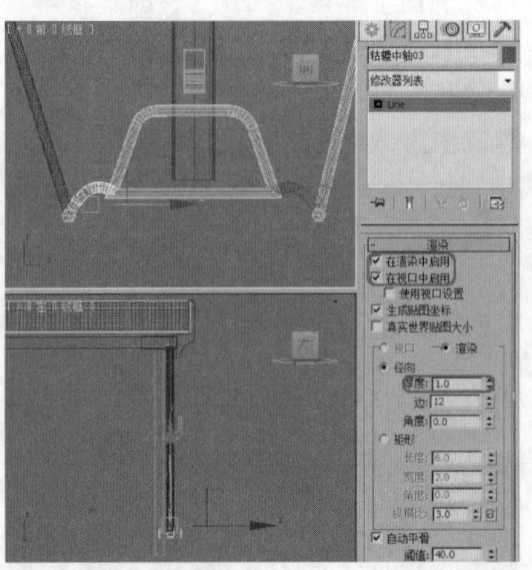

18 选择“线”工具，在“渲染”卷展栏中，将“在渲染中启用”和“在视口中其启用”复选框取消勾选，在场景中创建样条线，并将其命名为“球拍”，切换至“修改”命令面板，将当前选择集定义为“顶点”，并在场景中调整其形状，如下图所示。

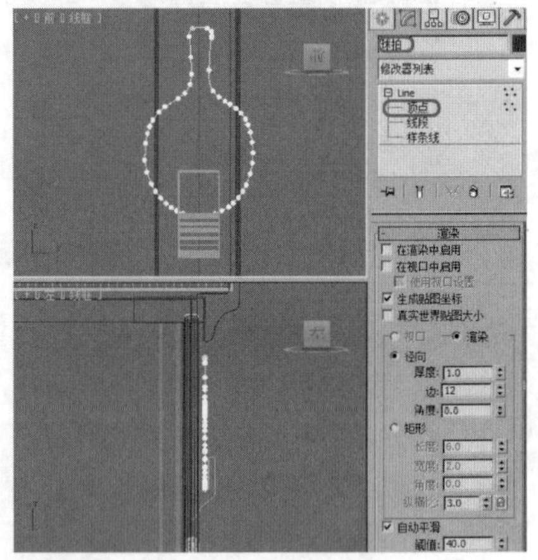

19 在修改器列表中选择“倒角”修改器，在“倒角值”卷展栏中，将其“级别1”的“高度”设置为0.05，将“轮廓”设置为0.1，勾选“级别2”复选框，将其“高度”设置为0.11，勾选“级别3”复选框，将其“高度”设置为0.05，“轮廓”设置为-0.1，设置好效果后，在场景中调整位置，如下图所示。

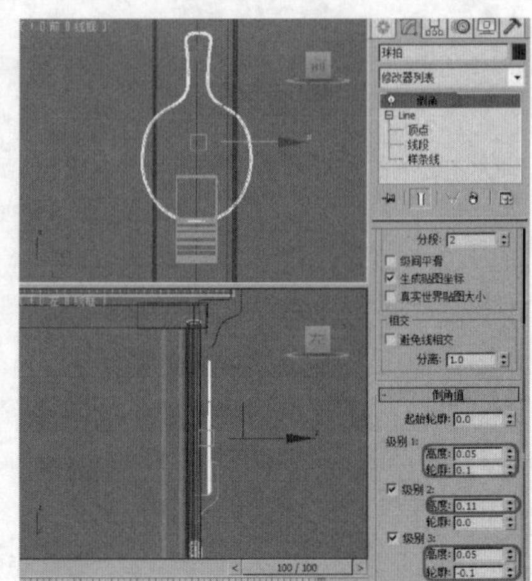

实战操作483 设置材质

素材：无	难度：★★★★★
场景：无	视频：视频\ Cha17\实战操作483.avi

01 继续以上实例的操作，在工具栏中单击“材质编辑器”按钮，打开“材质编辑器”对话框，选择一个新的材质样本球，将其命名为“球拍”，在“Blinn基本参数”卷展栏中，将“反射高光”选项组中的“高光级别”和“光泽度”分别设置为19和40，在“贴图”卷展栏中，单击“漫反射颜色”通道后面的“None”按钮，在弹出的对话框中选择“位图”贴图，单击“确定”按钮，再在弹出的对话框中选择随书附带光盘中的Map\107.jpg素材文件，单击“打开”按钮，进入漫反射颜

色设置通道，在“坐标”卷展栏中，取消勾选“使用真实世界比例”复选框，将“瓷砖”下的“U”和“V”都设置为1，单击“转到父对象”按钮，返回到父级材质面板，单击“将材质指定给选定对象”按钮，将其材质指定给场景中的“球拍”对象，如下图所示。

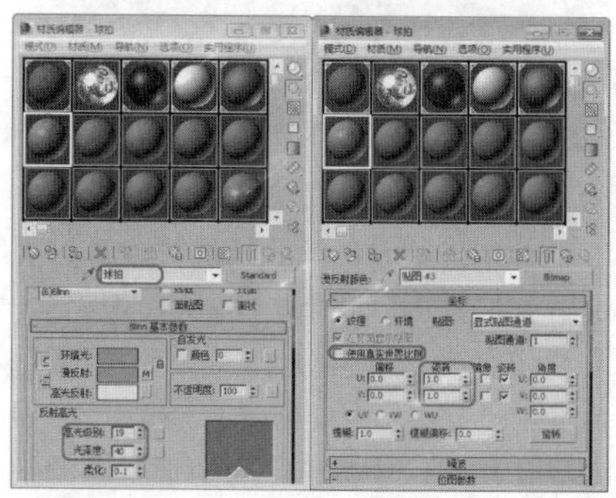

02 选择“线”工具，在场景中“球拍”的位置创建样条线，将其命名为“球拍把”，切换至“修改”命令面板，将当前选择集定义为“顶点”，在场景中调整其形状，并在修改器列表中选择“倒角”修改器，在“倒角值”卷展栏中，勾选“级别2”复选框，将其“高度”设置为0.03，勾选“级别3”复选框，将其“高度”设置为0.05，将“轮廓”设置为-0.1，在“参数”卷展栏中，选中“曲线侧面”单选按钮，将“分段”设置为2，设置其倒角后，再复制出来一个，命名为“球拍把01”，在场景中调整其位置，如下图所示。

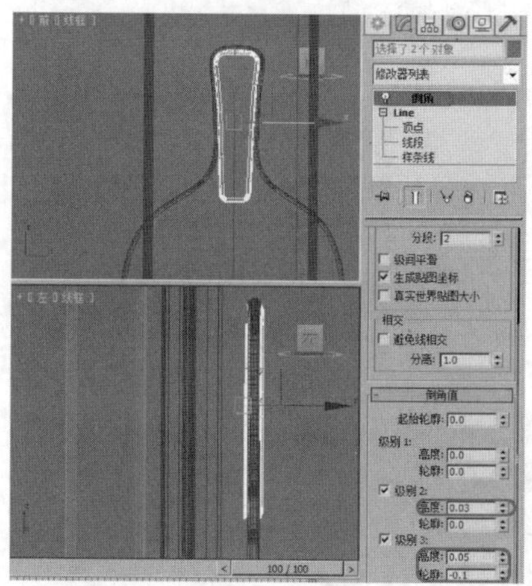

03 在工具栏中单击“材质编辑器”按钮，在打开的“材质编辑器”对话框中，选择一个新的材质样本球，将命名为“球拍把”，在“Blinn基本参数”卷展栏中，将其“环境光”和“漫反射”的RGB值都设置为（255、85、85），将“反射高光”选项组中的“高光级别”和“光泽度”分别设置为25和36，设置完材质后单击“将材质指定给选定对象”按钮，将材质指定给场景中的“球拍把”对象，如下图所示。

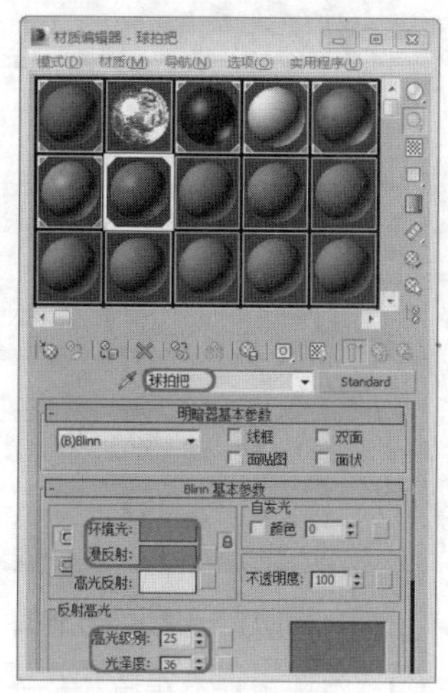

04 制作完成后，选中“球拍”、“球拍把”和“球拍把01”，在菜单栏中选择“组”|“组”命令，在打开的对话框中，将其命名为“球拍”，单击“确定”按钮，如下图所示。

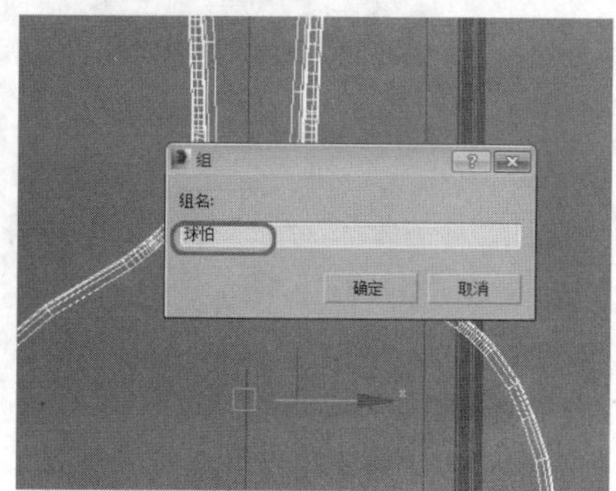

05 选择“球拍”，在场景中复制“球拍”，并调整其位置和角度，如下图所示。

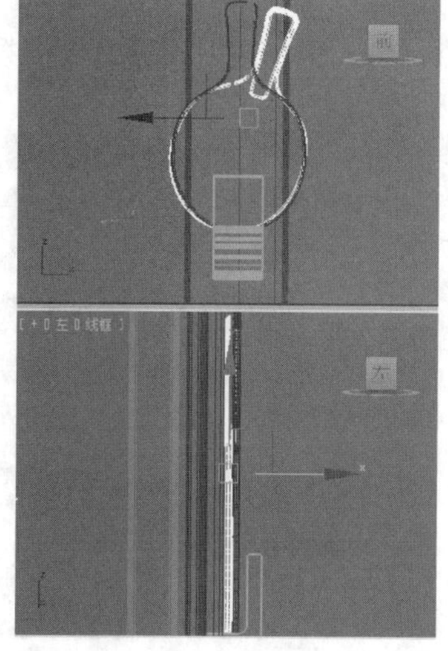

06 在场景中选择如下图所示的对象，在菜单栏中选择“组”|“组”命令，在打开的对话框中，将其命名为“中支架”，单击“确定”按钮。

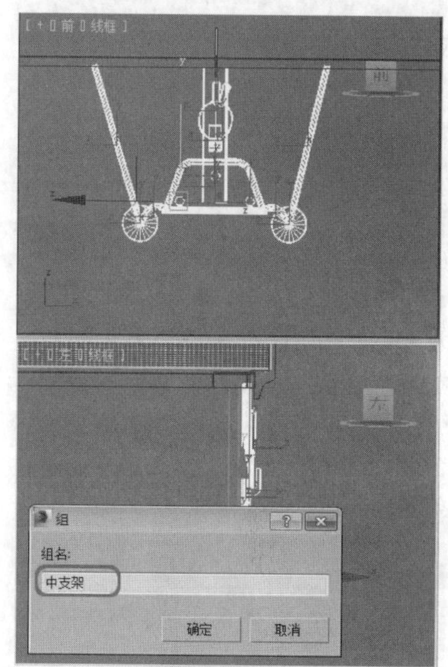

07 在场景中选择“中支架”对象，激活左视图，在工具栏中单击“镜像”按钮，在弹出的对话框中选择“镜像轴”为“X”，将“偏移”设置为-58，在“克隆当前选择”选项组中，选中“实例”单选按钮，单击“确定”按钮，调整复制对象的位置，如下图所示。

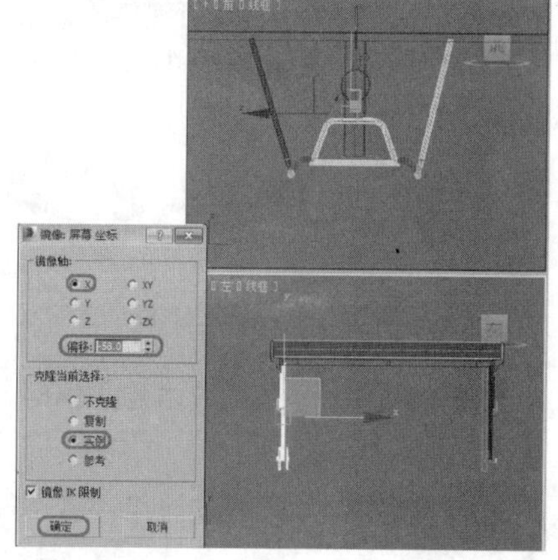

08 选择“创建”|“图形”|“线”工具，在左视图中创建两条可渲染的样条线，并在前视图中调整其位置，将样条线命名为“横支架01-02”，在“渲染”卷展栏中，勾选“在渲染中启用”和“在视口中启用”复选框，选择“矩形”工具，将“长度”设置为1，“宽度”设置为1，为其指定“反射金属”材质，如下图所示。

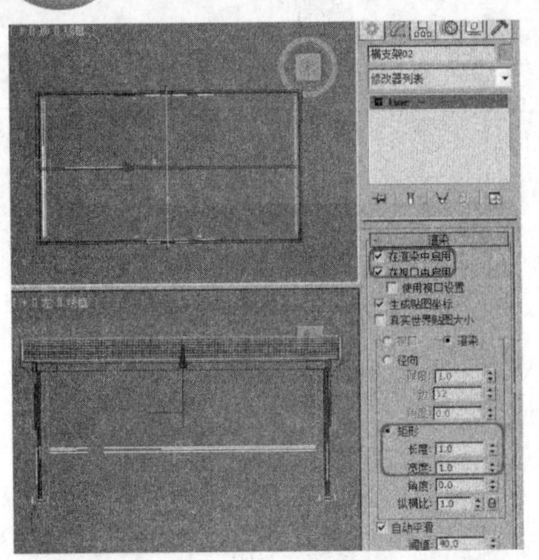

09 选择"线"工具，在前视图中创建可渲染的样条线，在前视图中创建4条样条线，并命名为"横支架03-06"，在场景中调整其位置，为其指定"反射金属"材质，如下图所示。

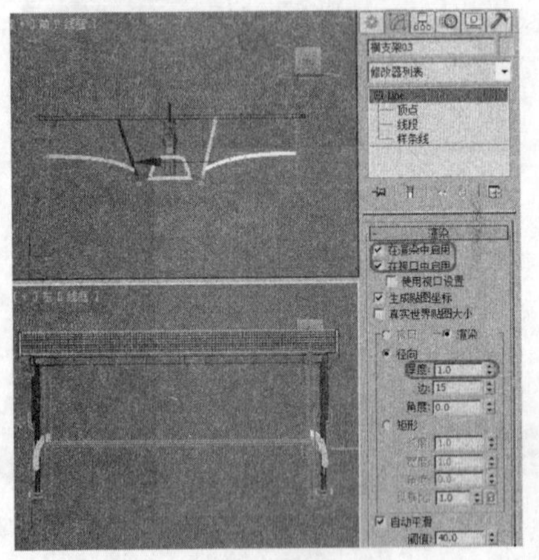

10 在左视图中创建可渲染的样条线，并在前视图中再复制一个，将其命名为"下横撑01-02"，在"渲染"卷展栏中，勾选"在渲染中启用"和"在视口中启用"复选框，为其指定"支架宽"材质，如下图所示。

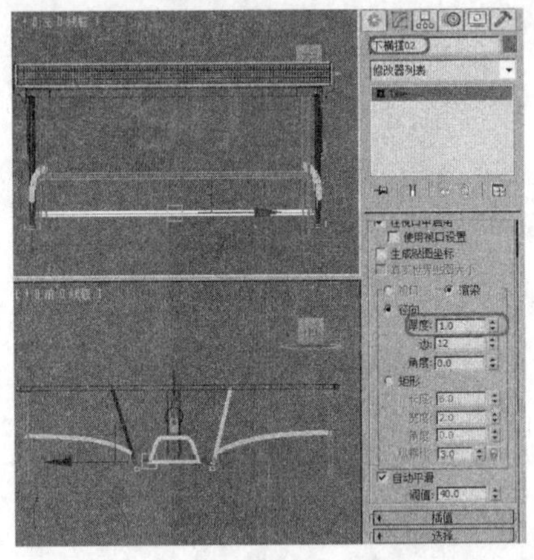

11 选择"创建"|"几何体"|"平面"工具，在顶视图中绘制平面，将"长度"和"宽度"设置为300*300，并在视图中调整位置，如下图所示。

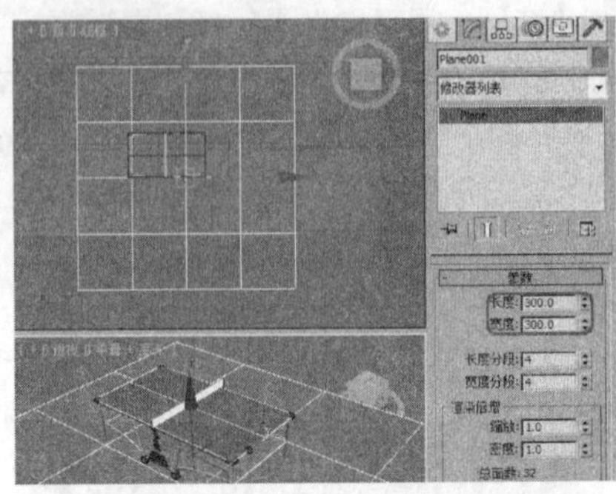

12 打开"材质编辑器"对话框，选择一个新的材质样本球，并命名为"平面"，单击Standard按钮，在弹出的对话框中选择"无光/阴影"命令，在"天光/投影基本参数"卷展栏中使用默认的数值，将材质指定给视图中的"平面"对象，如下图所示。在视图中选择"平面"对象，切换至"修改"命令面板，在修改器中选择"壳"命令。

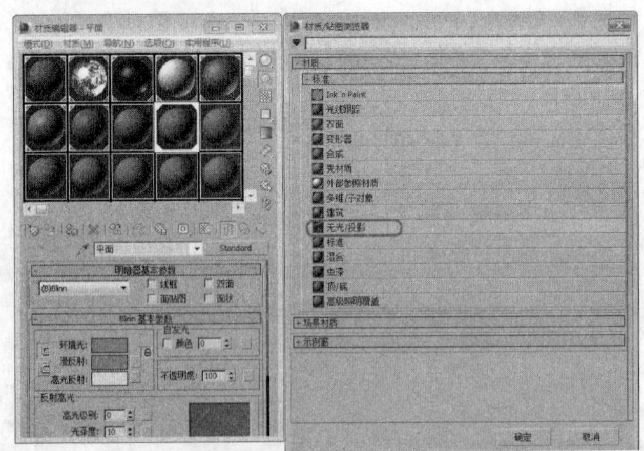

实战操作484 创建摄影机和灯光

素材：无	难度：★★★★★
场景：Scenes\Cha17\实战操作484.max	视频：视频\ Cha17\实战操作484.avi

01 继续以上实例的操作，选择"创建"|"摄影机"|"标准"|"目标"工具，在顶视图中创建摄影机，在"参数"卷展栏中，将"镜头"设置为50，并在其他视图中调整其位置和角度，调整好摄影机后，激活透视视图，在其中按C键将视图转换为摄影机视图，如右图所示。

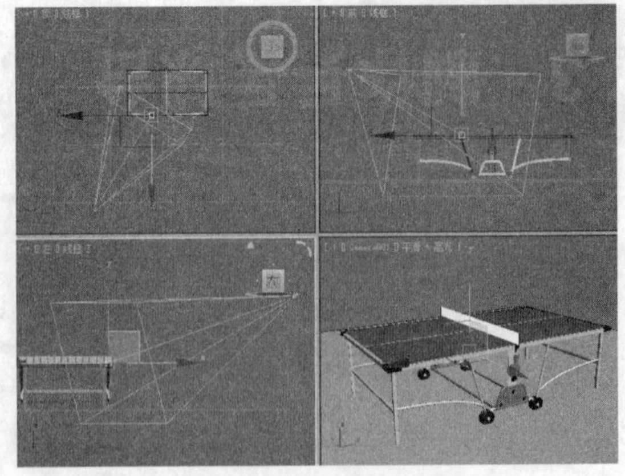

02 按8键，打开“环境和效果”对话框，添加背景，在打开的对话框中选择“背景02.jpg”文件，打开“材质编辑器”对话框，选择一个新的材质样本球，将“环境和效果”对话框中的“贴图”拖拽到新的材质样本球上，在弹出的对话框中单击“确定”按钮，在“坐标”卷展栏中，选择“屏幕”命令，如下图所示。

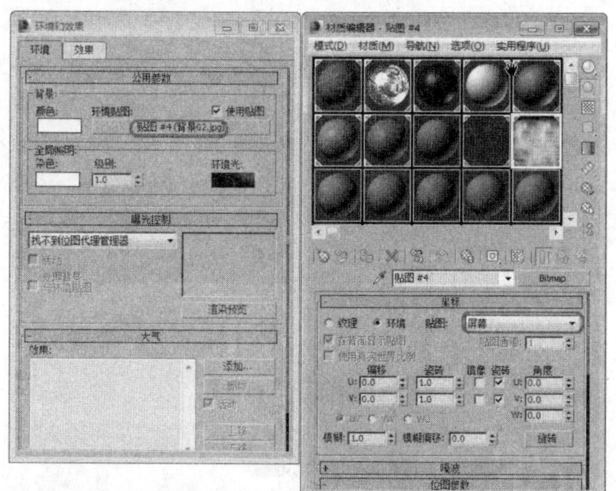

03 激活摄影机视图，在菜单栏中选择“视图”|“视口背景”|“环境背景”命令，这是给摄影机视图添加环境背景，如下图所示。

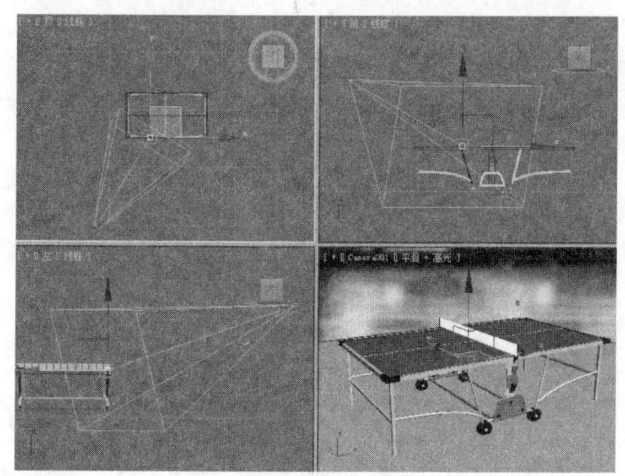

04 将“摄影机”进行隐藏，选择“创建” |“灯光” |“目标聚光灯”工具，在前视图中创建目标聚光灯，在“常规参数”卷展栏中，勾选“启用”复选框，将阴影模式定义为“光线跟踪阴影”，在“聚光灯参数”卷展栏中，将“聚光区/光束”、“衰减区/区域”分别设置为70和90，作为天光的辅助灯光，如下图所示。

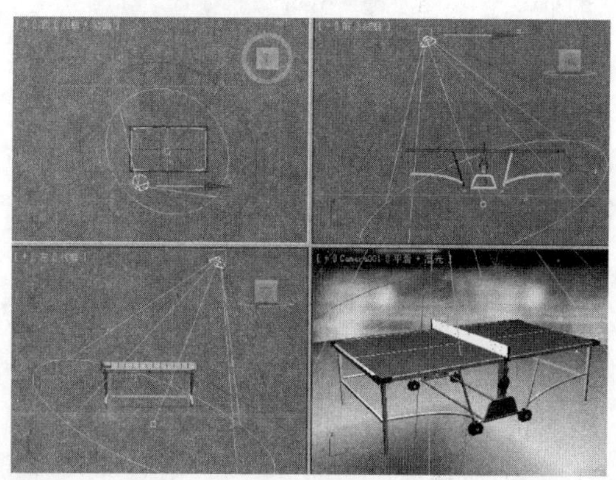

05 选择“天光”工具，在场景中创建天光，在“天光”参数卷展栏中，将“倍增”设置为0.8，如下图所示。

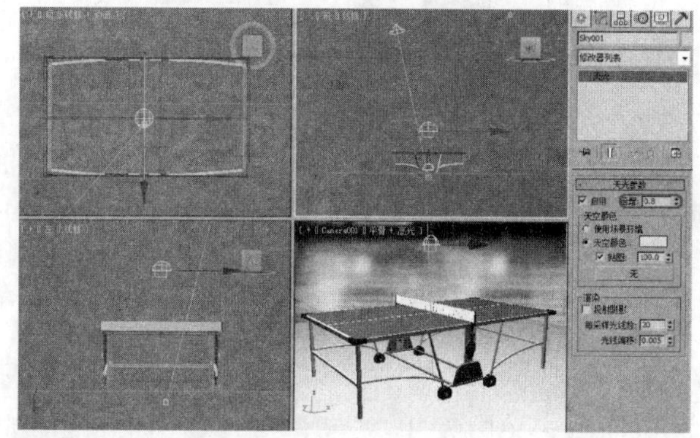

06 在工具栏中选择“渲染设置”按钮，在打开的对话框中选择一个渲染大小，将场景进行渲染即可，渲染效果如下图所示。

Chapter 18

第18章 动画制作入门与练习

使用3ds Max可以为各种应用创建3D计算机动画。可以为计算机游戏设置角色或汽车的动画，为电影或广播设置特殊效果的动画，还可以创建用于严肃场合的动画，如医疗手册或法庭上的辩护陈述。无论设置动画的原因何在，您会发现，3ds Max是一个功能强大的环境，可以使您实现各种目的。

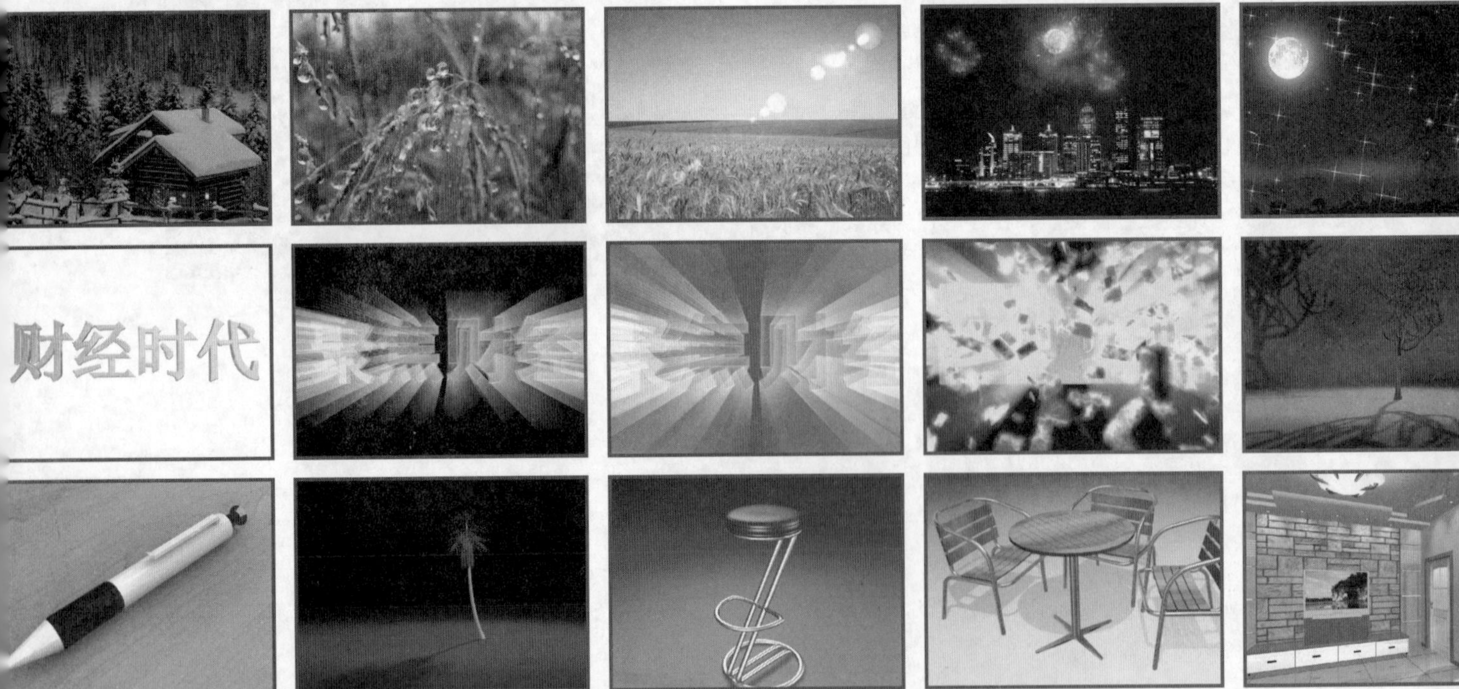

18.1 粒子动画

粒子动画是在为大量的小型对象设置动画时使用粒子系统，例如，创建雪、喷射、超级喷射，这些动画的制作与时间、速度的关系非常紧密。下面介绍飘雪、下雨、太阳耀斑、礼花的制作方法。

实战操作485 粒子系统——飘雪

素材：无	难度：★★★★★
场景：Scenes\Cha18\实战操作485.max	视频：视频\Cha18\实战操作485.avi

在3ds Max中，用户可以根据需要制作飘雪效果，下面介绍如何制作飘雪效果，具体操作步骤如下。

01 启动3ds Max 2014，选择“创建”|“几何体”|“粒子系统”|“雪”工具，在顶视图中创建一个雪粒子系统发射器，如下图所示。

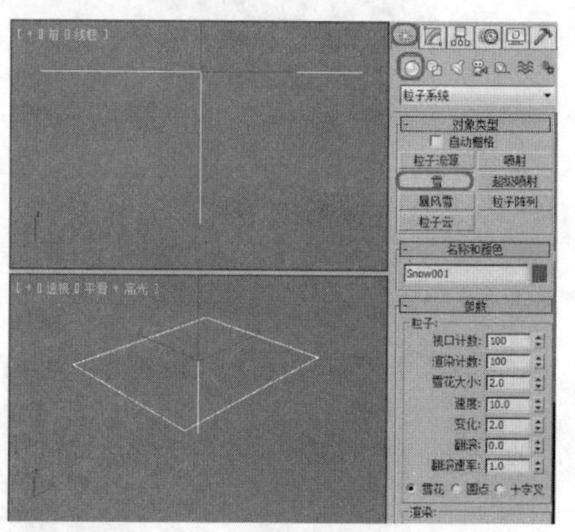

02 选择“修改”命令面板，在“参数”卷展栏中，将“视口计数”、“渲染计数”、“雪花大小”、“速度”、“变化”分别设置为1000、700、1.7、7.0、2.0；选中“渲染”选项组中的“面”单选按钮，在“计时”选项组中，将“开始”、“寿命”分别设置为-60、140，如下图所示。

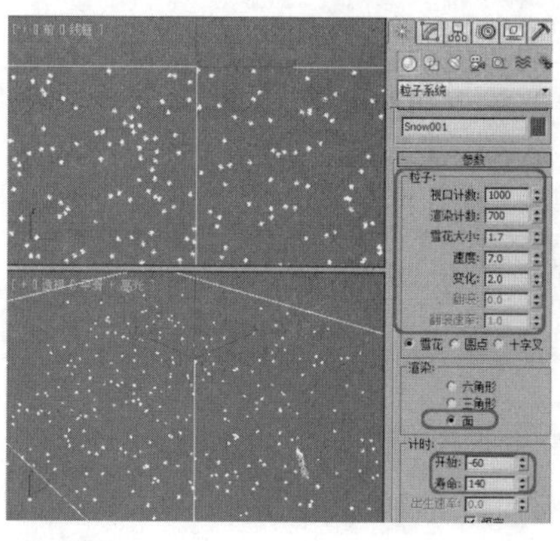

03 在“发射器”选项中，分别设置“宽度”、“长度”为400、600，如下图所示。

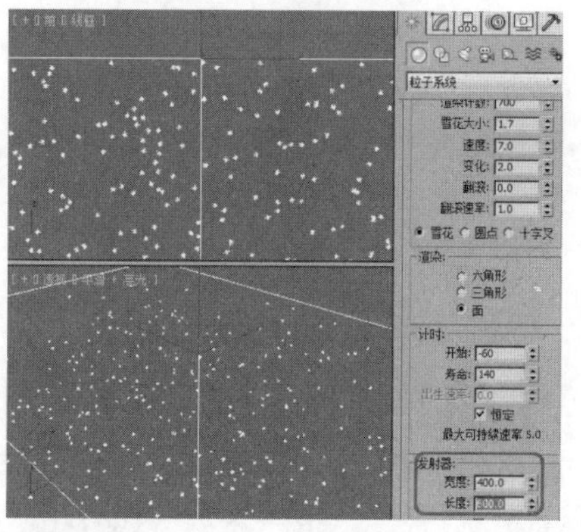

04 在工具栏中，单击“材质编辑器”按钮，在打开的“材质编辑器”对话框中，为粒子系统选择一个材质样本球，将其命名为“雪”，在“Blinn基本参数”卷展栏中，勾选“自发光”选项组中的“颜色”复选框，并将其右侧色块的RGB值设置为（196、196、196），如下图所示。

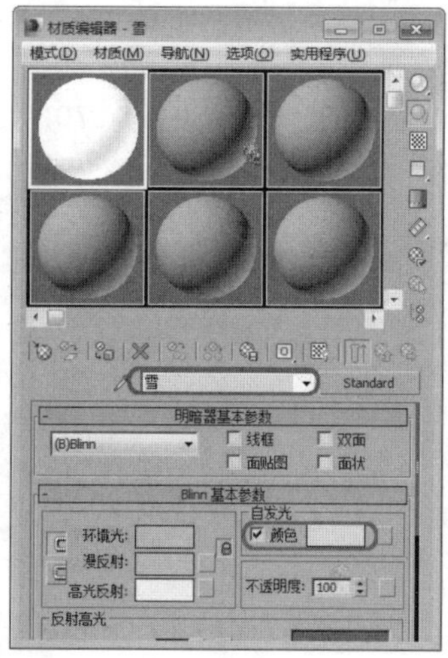

05 单击“贴图”卷展栏下“不透明度”右侧的“无”按钮，在弹出的对话框中选择“渐变坡度”，然后单击“确定”按钮，如下图所示。

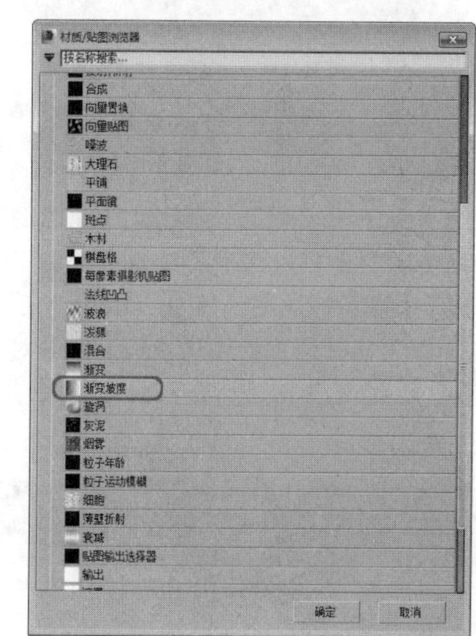

06 在“渐变坡度参数”卷展栏中，设置“渐变类型”为“径向”，设置“插值”为“线性”，将“输出”卷展栏中的“反转”进行勾选，然后将“材质”指定给选定对象，如下图所示。

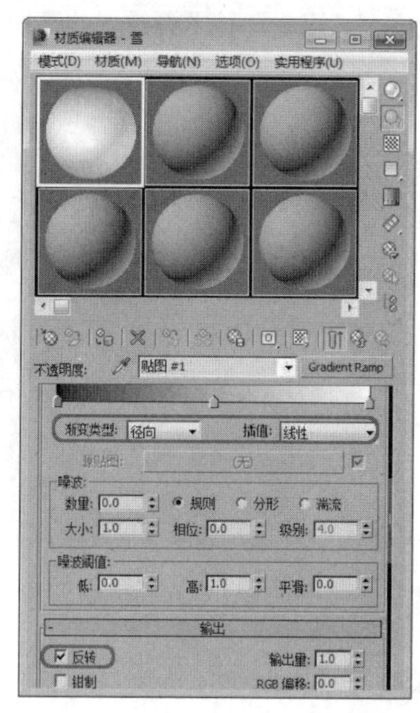

07 在菜单栏中，选择“渲染”|“环境”命令，在弹出的“环境”对话框中，单击“公用参数”卷展栏中的“无”按钮，在弹出的“材图/贴图浏览器”对话框中，选择“位图”贴图，如下图所示。

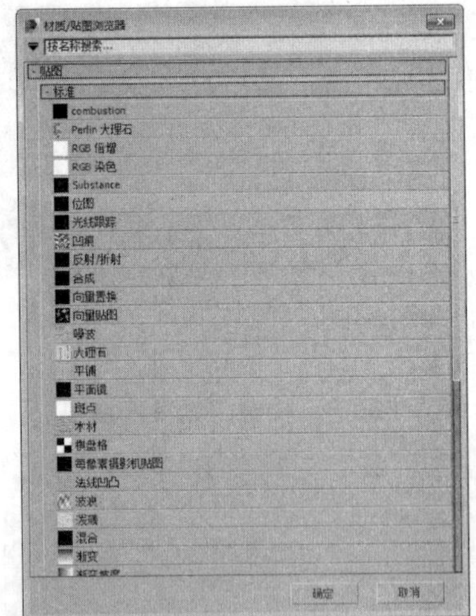

08 单击“确定”按钮，在弹出的对话框中选择随书附带光盘中的\Map\雪.jpg文件，单击“打开”按钮，即可将其添加到“环境和效果”对话框中，如下图所示。

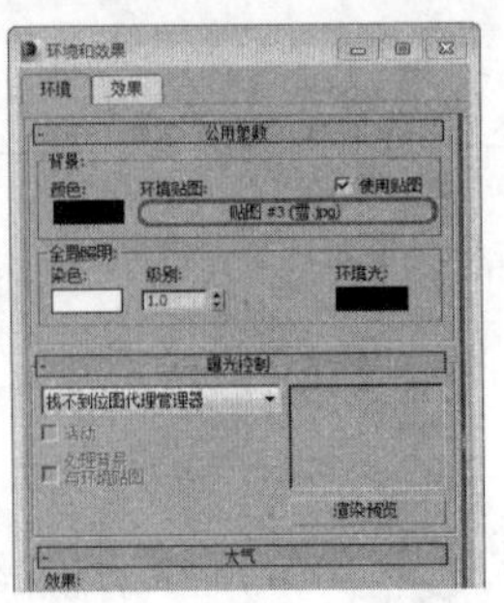

09 在工具栏中单击“渲染设置”按钮进行渲染，选择“公用”选项卡下的“公用参数”卷展栏，勾选“活动时间段”单选按钮。在“输出大小”选项中，将“宽度”和“高度”分别设置为640、480，如下图所示。

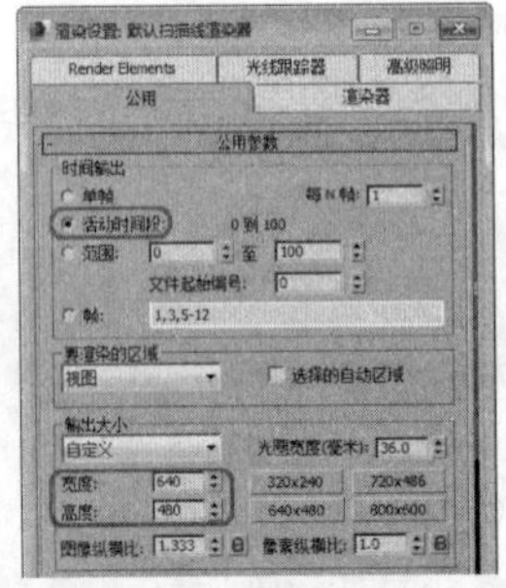

10 单击“渲染输出”选项组中的“文件”按钮，在弹出的对话框中，设置渲染输出的文件的路径，并输入文件名，将“保存类型”设置为“AVI文件（*.avi）”，如下图所示。

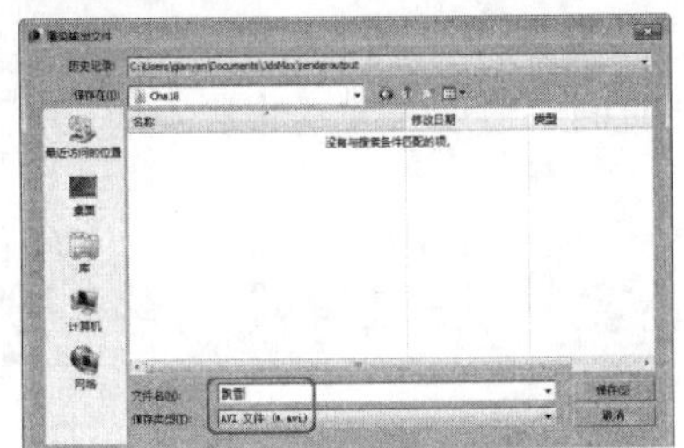

11 然后关闭“渲染”设置对话框，打开“材质编辑器”对话框，将“环境和效果”对话框中的贴图拖至“材质编辑器”中的材质样本球上，在弹出的对话框中单击“确定”按钮，然后将坐标卷展栏中的环境设置为“屏幕”。

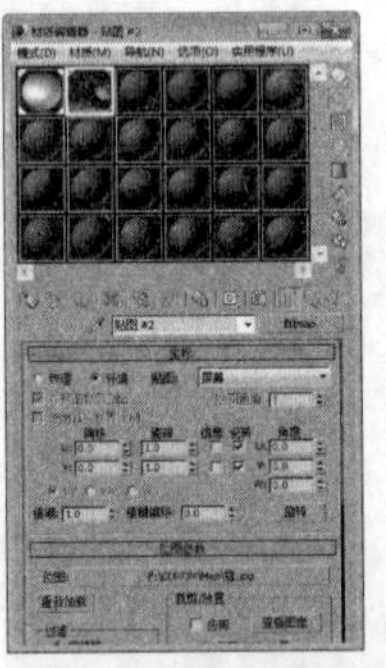

实战操作486 喷射粒子——下雨

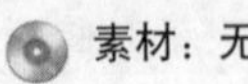 素材：无	难度：★★★★★
 场景：Scenes\Cha18\实战操作486.max	视频：视频\Cha18\实战操作486.avi

本例将介绍下雨效果的制作，通过使用“喷射”粒子系统来表现下雨效果，然后为其设置运动模糊，产生雨雾的效果。

01 重置一个新的3ds Max场景，选择“创建”|“几何体”|“粒子系统”|“喷射”工具，在顶视图中创建一个“喷射”粒子系统，如下图所示。

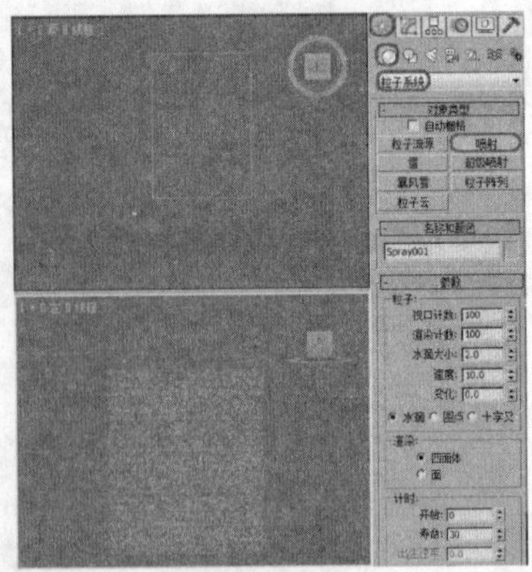

02 在“修改”命令面板中，选择“参数”卷展栏，将“粒子”选项组中的“视口计数”、“渲染计数”、“水滴大小”和“速度”分别设置为38000、38000、2、18.0。在“计时”选项组中，将“开始”和“寿命”分别设置为-50、400。将“发射器”选项组中的“宽度”和“长度”设置为370，如下图所示。

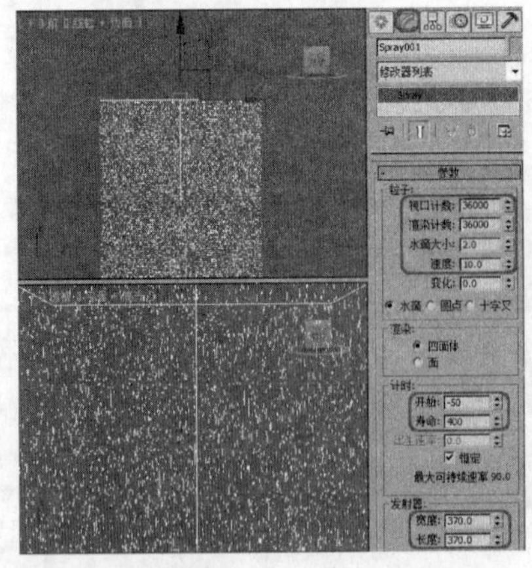

03 单击工具栏中的“材质编辑器”按钮，在打开的“材质编辑器”对话框中选择一个新的材质样本球。

在“Blinn基本参数”卷展栏中，分别将“环境光”和“漫反射”的RGB值设置为（230、230、230）；在“自发光”选项组中勾选“颜色”复选框，并将其RGB值设置为（240、240、240）；然后在“反射高光”选项组中，分别设置“高光级别”和“光泽度”为0，如下图所示。

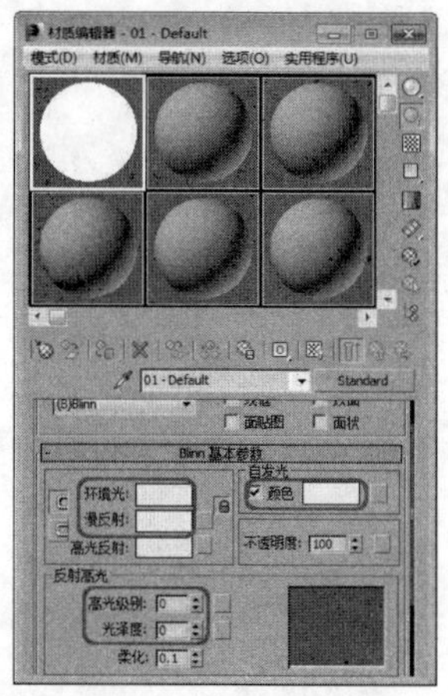

04 选择“扩展参数”卷展栏，在“衰减”选项中，勾选“外”单选按钮，将“数量”设置为100，然后单击“将材质指定给选定对象”按钮，将材质指定给创建的粒子系统，如下图所示。

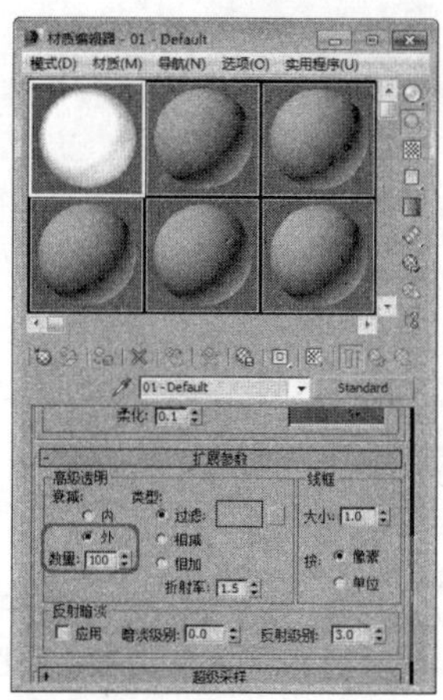

05 选择前视图中的雨粒子系统，单击鼠标右键，在弹出的快捷菜单中选择“对象属性”命令，如下图所示。

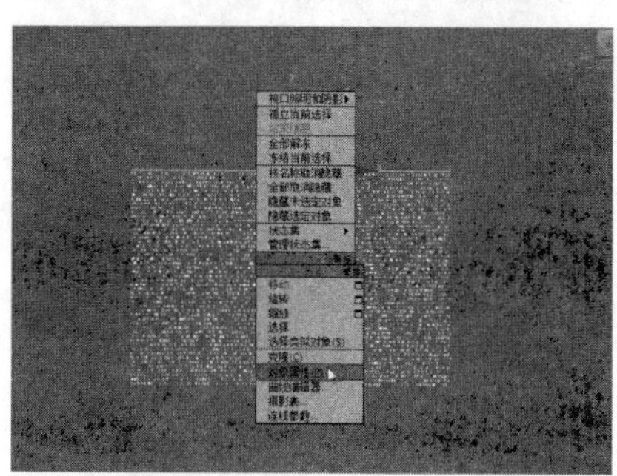

06 在弹出“对象属性”对话框中，选择“常规”选项卡，在“运动模糊”选项组中，勾选“图像”单选按钮，并将“倍增”设置为1.8，单击“确定”按钮，如下图所示。

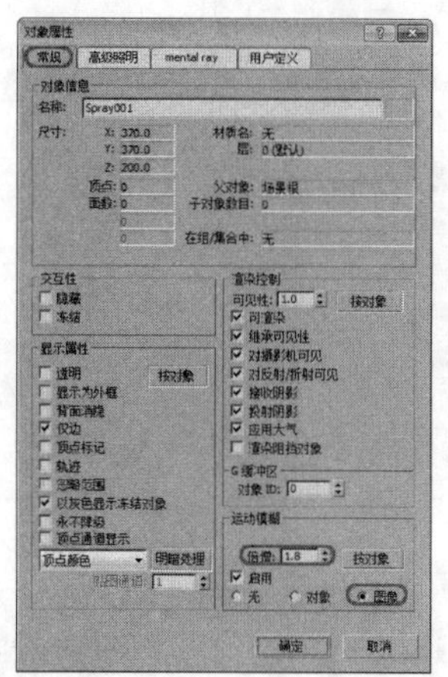

07 在菜单栏中选择“创建”|“摄影机”|“目标”工具，激活透视视图，在顶视图中创建一架摄影机，选择透视视图，按C键将其转换为摄影机视图，并调整摄影机的位置，效果如下图所示。

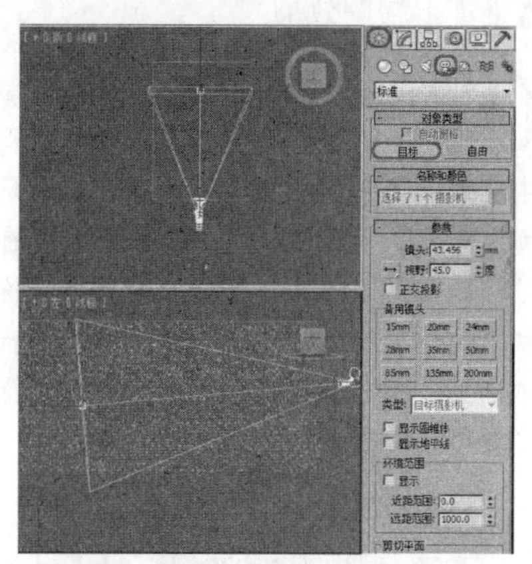

08 在菜单栏中，选择“渲染”|“环境”命令，弹出“环境和效果”对话框，单击“公用参数”卷展栏，单击“环境贴图”下的“无”按钮，在打开的“材质/贴图浏览器”对话框中双击“位图”贴图，然后在弹出的“选择位图图像文件”对话框中选择随书附带光盘中的\Map\下雨图片.jpg文件，单击“打开”按钮，如下图所示。

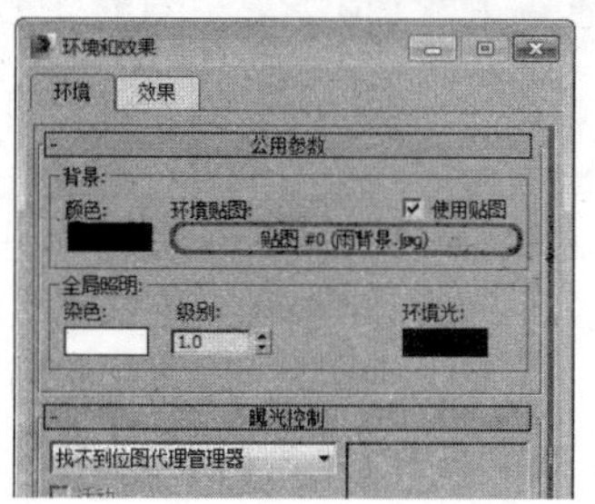

09 保持“环境和效果”对话框的打开状态，然后按M键打开“材质编辑器”对话框，在“环境和效果”对话框中选择贴图，并拖至“材质编辑器”材质样本球上，如下图所示。

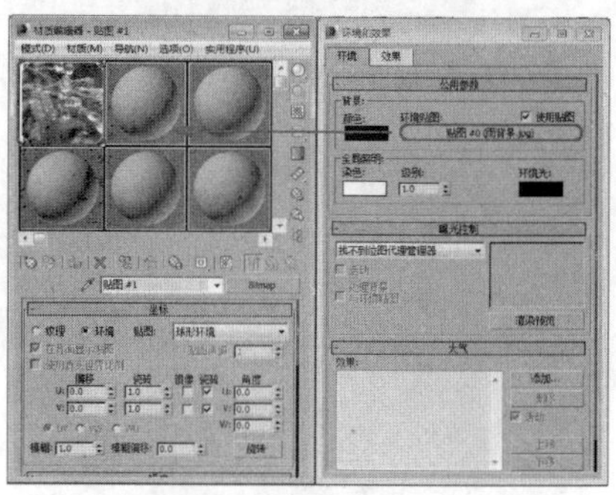

10 在“材质编辑器”对话框中，选择“坐标”卷展栏，选择“贴图”下拉列表框中的“屏幕”选项，效果如下图所示。

11 关闭“材质编辑器”对话框，激活透视视图，在菜单栏中选择“视图”|“视口背景”|“环境背景”命令，如下图所示。

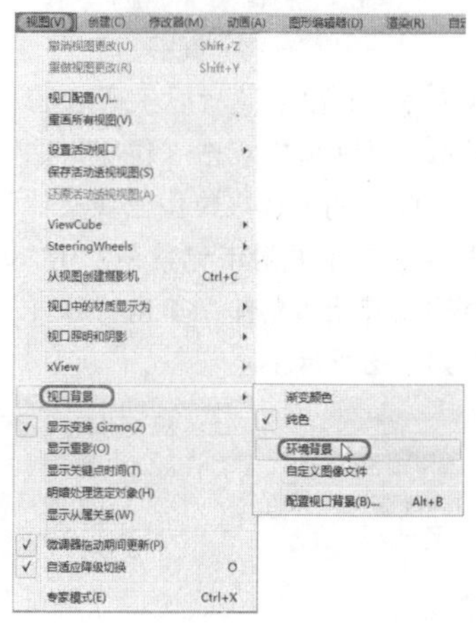

12 在工具栏中，单击“渲染设置”按钮，弹出“渲染设置”对话框，在“公用参数”卷展栏中的“时间输出”选项组中，勾选“活动

时间段”单选按钮，在“输出大小”选项组中，将渲染尺寸设置为640×480，如下图所示。

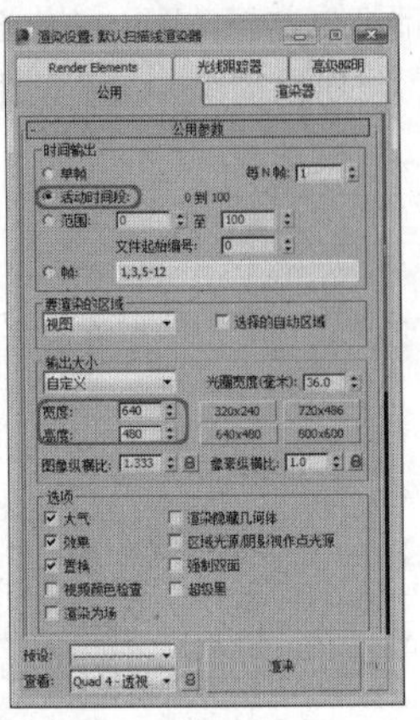

13 单击“渲染输出”选项组中的“文件”按钮，在弹出“渲染输出文件”对话框中选择动画的输出路径，并设置“保存类型”为“AVI文件（*.avi）”，设置“文件名”为“下雨”，如下图所示。

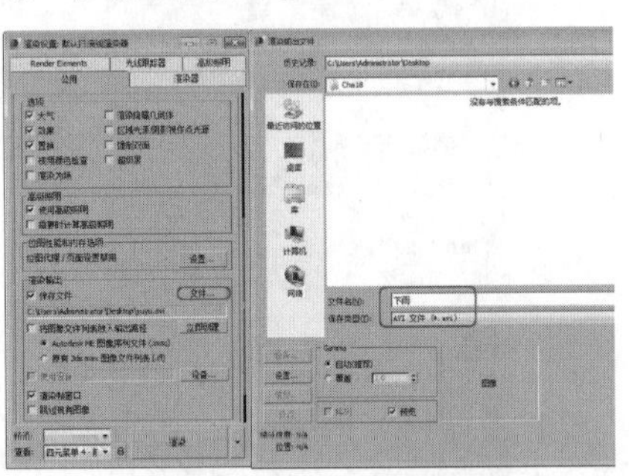

14 单击“保存”按钮，弹出“AVI文件压缩设置”对话框，在其中使用默认设置，单击“确定”按钮，返回到“渲染设置”对话框中，然后单击“渲染”按钮开始渲染动画，如下图所示。

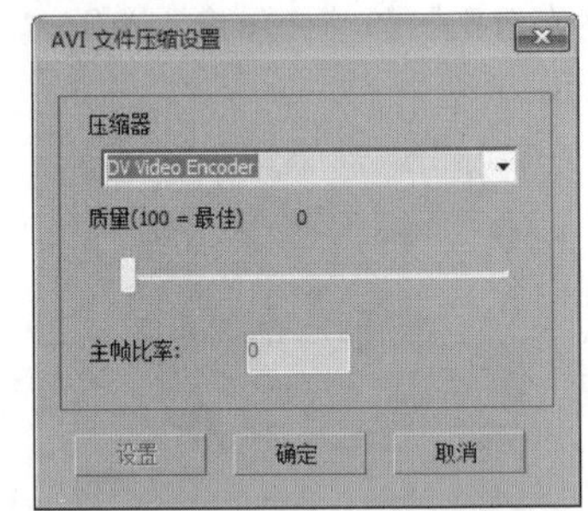

实战操作487 镜头光斑——太阳耀斑

 素材：无	难度：★★★★★
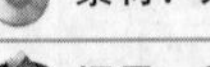 场景：Scenes\Cha18\实战操作487.max	视频：视频\Cha18\实战操作487.avi

本例将介绍太阳耀斑效果的制作，该例是使用泛光灯作为产生镜头光斑的光源，并通过使用“视频后期处理”对话框中的“镜头效果光斑特效”过滤器来产生耀斑效果。

01 重置一个新的3ds Max场景，在菜单栏中选择“渲染”|“环境”命令，弹出“环境和效果”对话框，在“公用参数”卷展栏中，单击“环境贴图”下的“无”按钮，如下图所示。

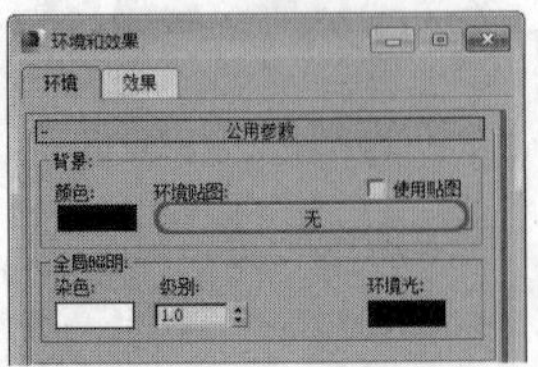

02 在弹出的“材质/贴图浏览器”对话框中双击“位图”贴图，然后在弹出的“选择位图图像文件”对话框中选择随书附带光盘中的\Map\太阳耀斑背景.jpg文件，单击“打开”按钮，如下图所示。

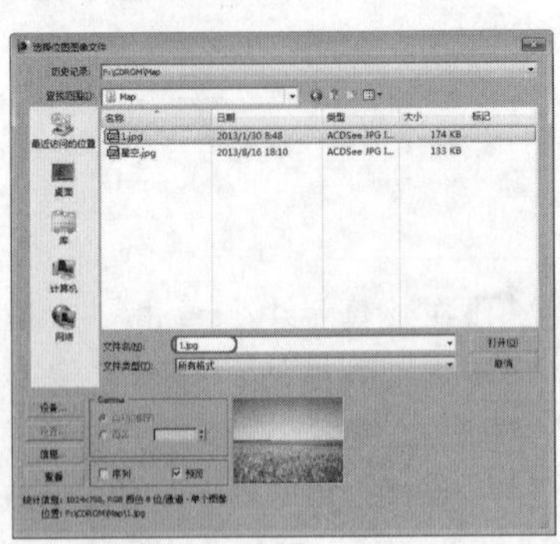

03 在工具栏中选择“材质编辑器”按钮，在打开的对话框中，选择一个新的材质样本球，在“环境和效果”对话框中，将鼠标放置在“环境贴图”上面。按住鼠标不放，拖到“材质编辑器”对话框中的新材质样本球上，并在“坐标”卷展栏中，选择“屏幕”，如下图所示。

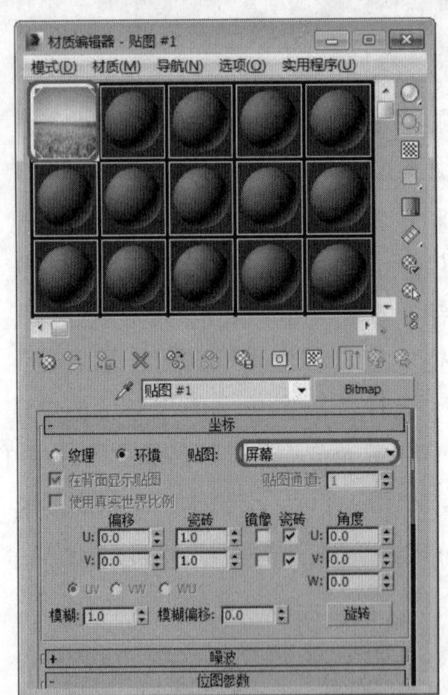

04 激活透视视图，在菜单栏中选择“视图”|“视口背景”|“环境背景”命令，如下图所示，即可在透视视图中显示出背景贴图。

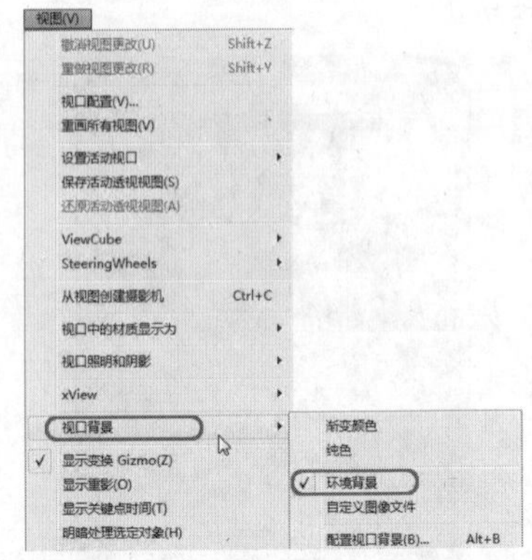

05 选择“创建”|“摄影机”|“目标”工具，在顶视图中创建一架摄影机，激活透视视图，按C键将该视图转换为摄影机视图，并在其他视图中调整摄影机的位置，如下图所示。

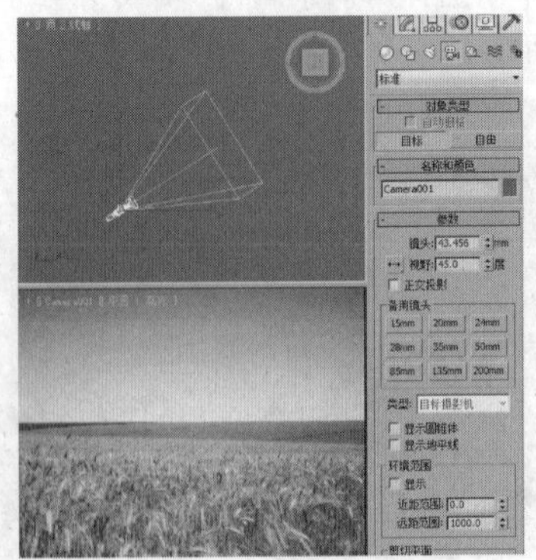

06 选择“创建” | “灯光” | “标准” | “泛光”工具，在顶视图中创建一盏泛光灯，然后在其他视图中调整灯光的位置，如下图所示。

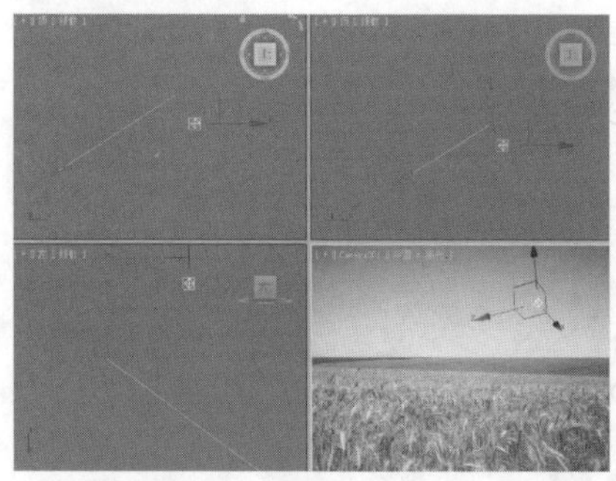

07 在菜单栏中选择“渲染” | “视频后期处理”命令，打开“视频后期处理”对话框，单击“添加场景事件”按钮，在打开的“添加场景事件”对话框中使用默认的摄影机视图，单击“确定”按钮，如下图所示。

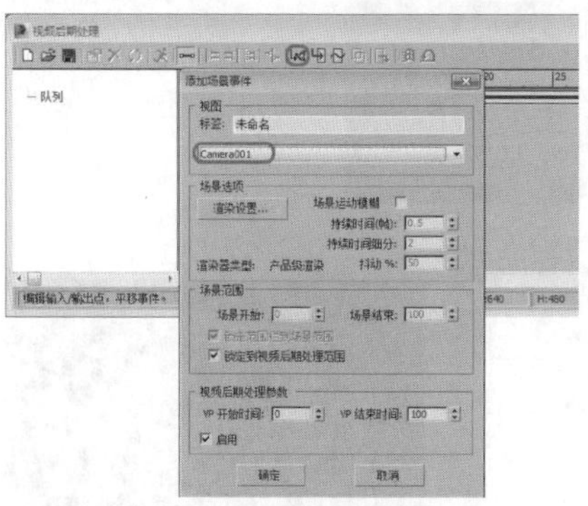

08 返回到“视频后期处理”对话框中，单击“添加图像过滤事件”按钮，在打开的对话框中选择过滤器列表中的“镜头效果光斑”过滤器，单击“确定”按钮，如下图所示。

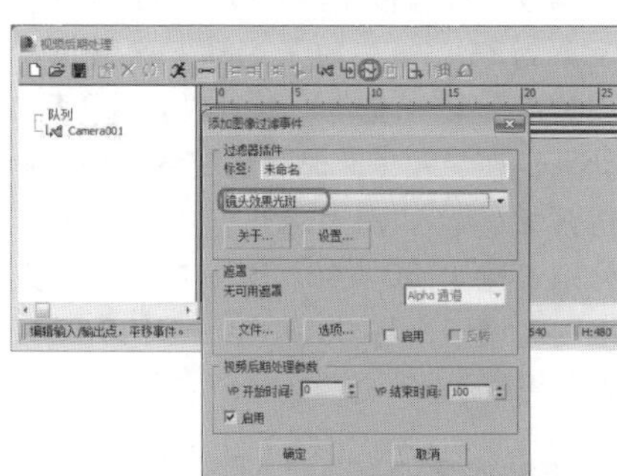

09 在左侧的列表中双击“镜头效果光斑”过滤器，在打开的对话框中，单击“设置”按钮，再在打开的“镜头效果光斑”对话框中，单击“VP队列”和“预览”按钮，将“镜头光斑属性”选项组中的“大小”、“角度”和“强度”分别设置为20、90和60，单击“节点源”按钮，在打开的对话框中选择“Omni001”，单击“确定”按钮，将泛光灯作为发光源，如下图所示。

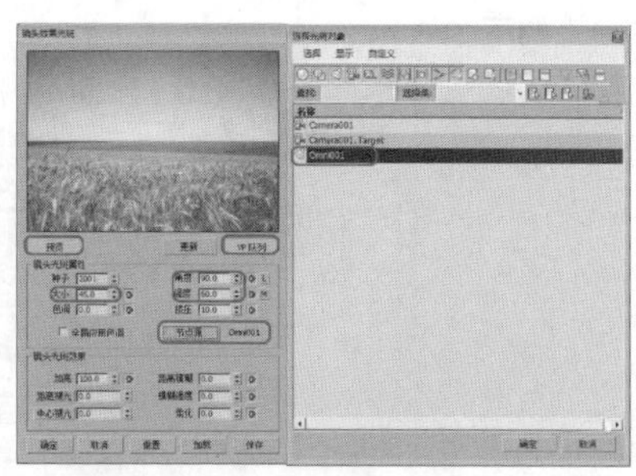

10 在“首选项”选项卡中，勾选如下图所示的复选框。

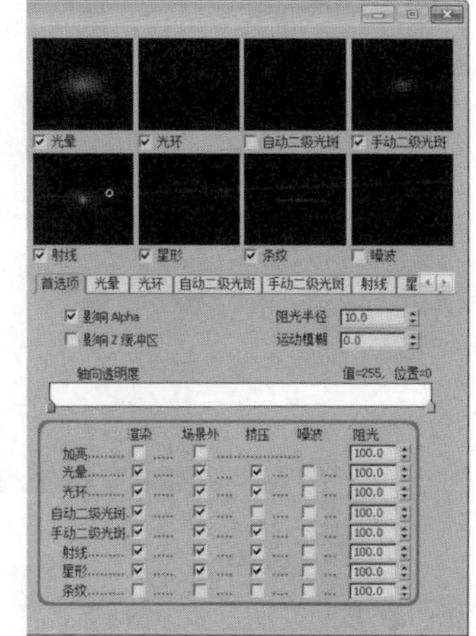

11 选择“光晕”选项卡，将“大小”设置为120，“径向颜色”调整如下图所示。

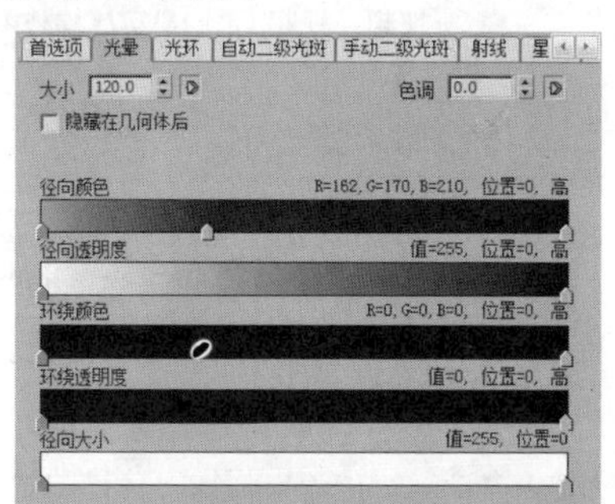

12 选择“光环”选项卡，将“大小”设置为60，如下图所示。

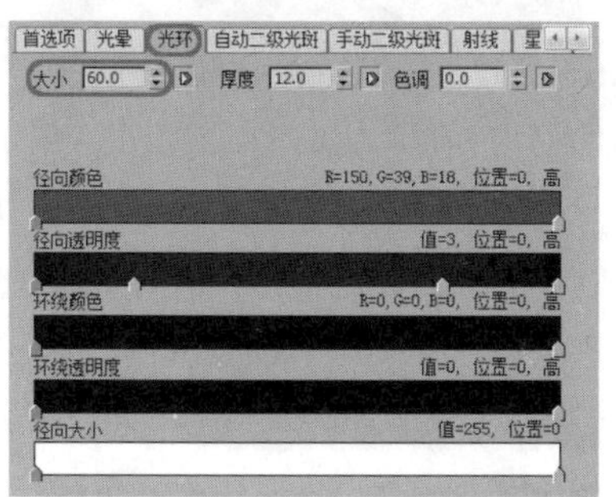

13 选择“自动二级光斑”选项卡，将“最小”、“最大”和“数量”分别设置为9、35和8，如下图所示。

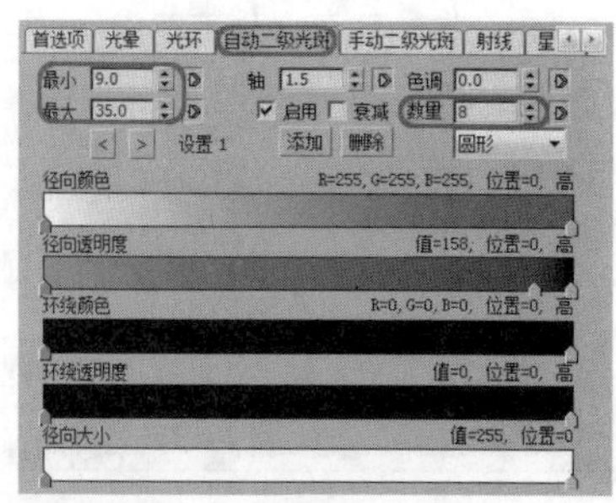

14 选择“条纹”选项卡，将“大小”、“角度”、“宽度”和“锐化”分别设置为300、50、10和10，如下图所示。

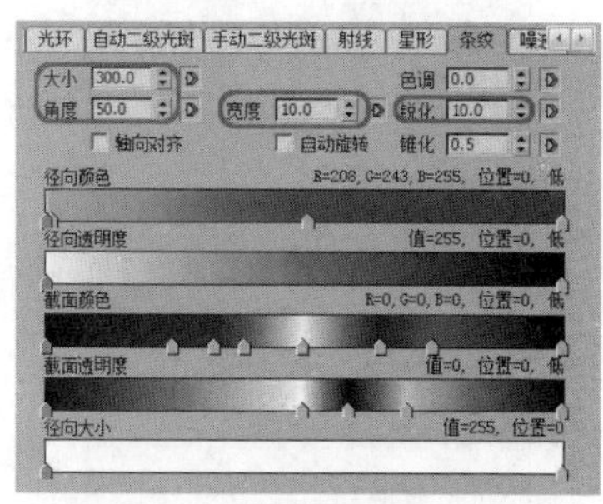

15 完成镜头光斑参数的设置后，单击“确定”按钮，返回到“视频后期处理”对话框中，单击“添加图像输出事件”按钮，弹出“添加图像输出事件”对话框，如下图所示。

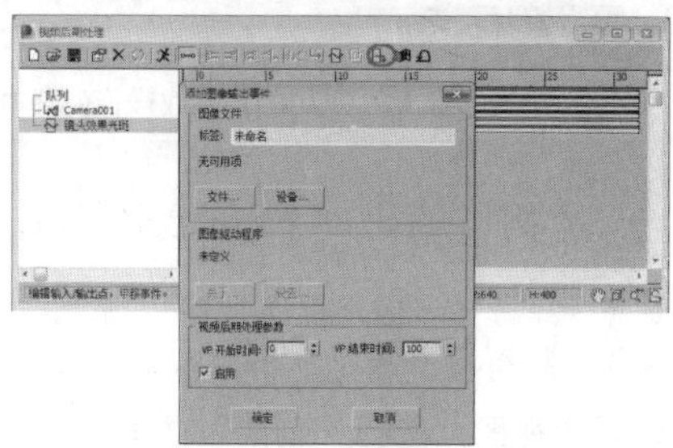

16 单击“文件”按钮，在弹出的“为视频后期处理输出选择图像文件”对话框中，设置输出路径及文件名，并将“保存类型”设置为tif，单击“保存”按钮，如下图所示。

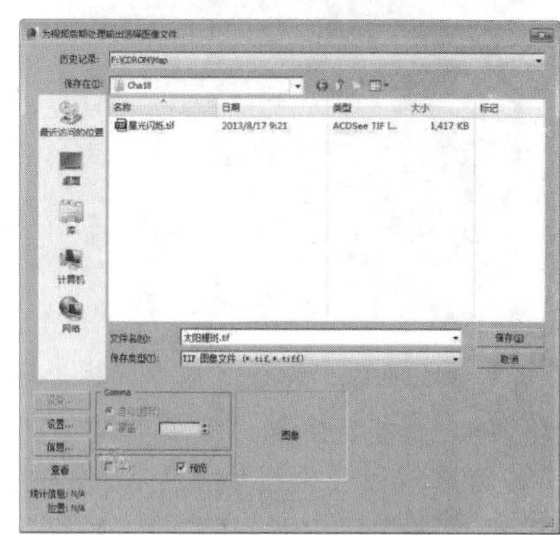

17 弹出“TIF 图像控制”对话框，在其中使用默认设置，单击“确定”按钮即可，如下图所示。

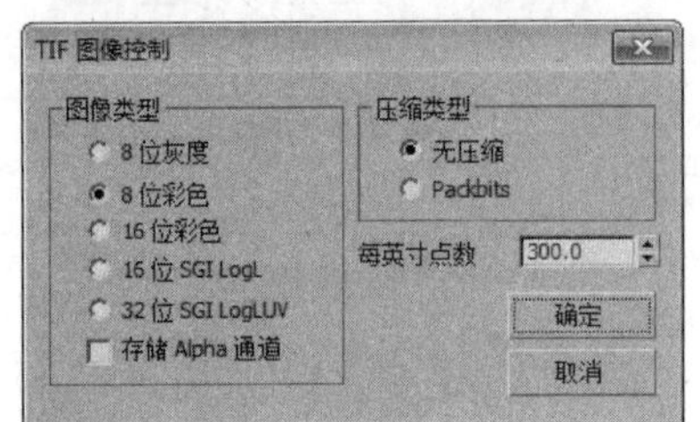

18 返回到“添加图像输出事件”对话框中，此时会在其中显示出文件的输出路径，然后单击“确定”按钮，如下图所示。

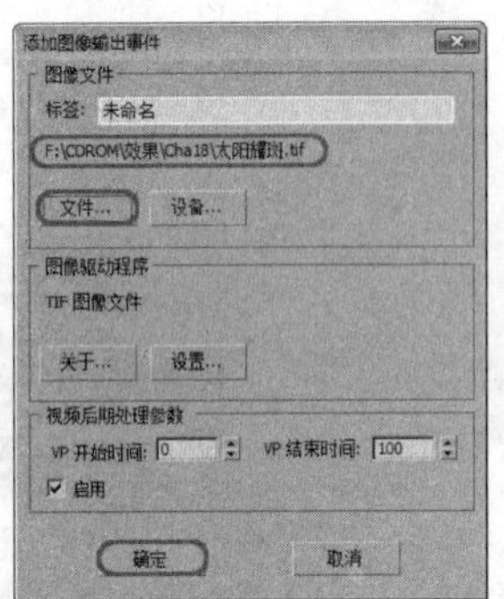

19 返回到“视频后期处理”对话框中，在其中单击“执行序列”按钮，打开“执行视频后期处理”对话框，在“时间输出”选项组中勾选“单个”单选按钮，在“输出大小”选项组中，将“宽度”和“高度”分别设置为800和600，如下图所示。

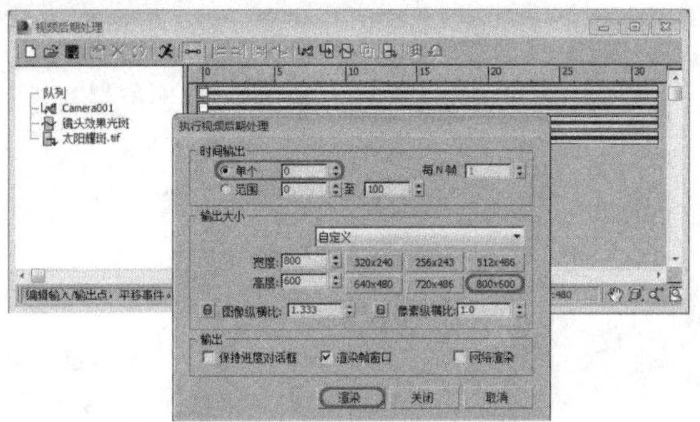

20 单击“渲染”按钮，渲染完成后的效果如下图所示。

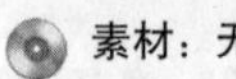 实战操作488 粒子系统——烟花

素材：无	难度：★★★★★
场景：Scenes\Cha18\实战操作488.max	视频：视频\Cha18\实战操作488.avi

本例将介绍一个烟花绽放动画的制作，具体操作步骤如下。

01 选择“应用程序”|“重置”命令，将场景进行重新设置，激活顶视图，选择“创建”|“几何体”|“粒子系统”|“超级喷射”工具，在顶视图中创建一个超级喷射粒子系统，并将其命名为“烟花01”，如下图所示。

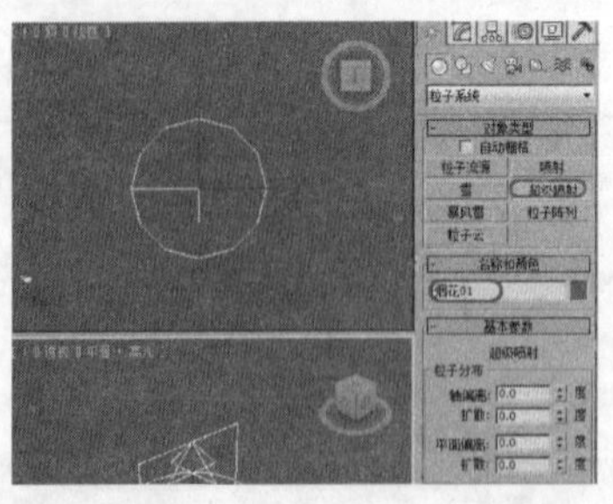

02 切换至“修改”命令面板，在“基本参数”卷展栏中，将“轴偏离”和“平面偏离”下的“扩散”设置为30和90，将“显示图标”区域下的“图标大小”设置为28，选中“视口显示”区域下的“网格”单选按钮，将“粒子数百分比”值设置为100%，如下图所示。

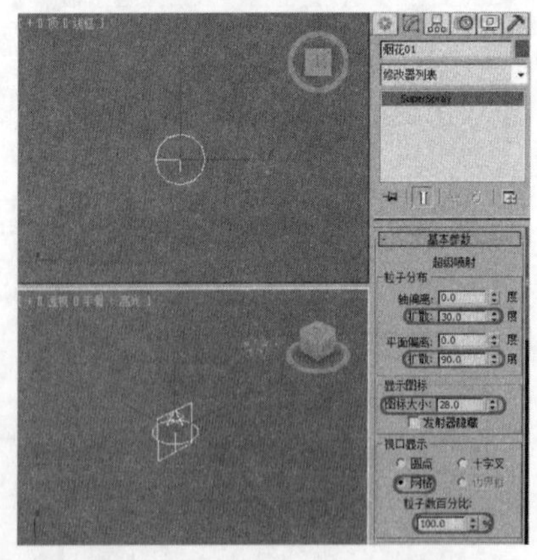

03 打开“粒子类型”卷展栏，在“标准粒子”区域下选中“立方体”单选按钮，在“粒子生成”卷展栏中，选中“粒子数量”区域下的“使用总数”单选按钮，并将它下面的数值设置为21，将“粒子运动”区域下的“速度”和“变化”分别设置为2.5和26%，在“粒子计时”区域下，将“发射开始”、“发射停止”和“寿命”分别设置为-60、40、60，在“粒子大小”区域下，将“大小”设置为0.35，如下图所示。

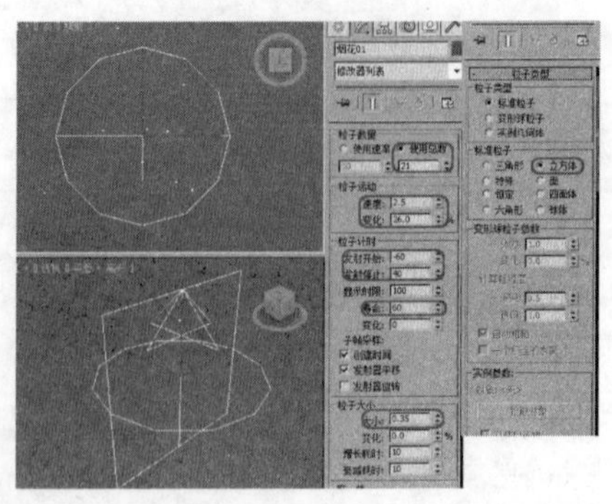

04 在“粒子繁殖”卷展栏中，选中“粒子繁殖效果”区域下的“消亡后繁殖”单选按钮，将“倍增”值设置为200，将“变化”值设置为100%，在“方向混乱”区域下，将“混乱度”值设置为100%，如下图所示。

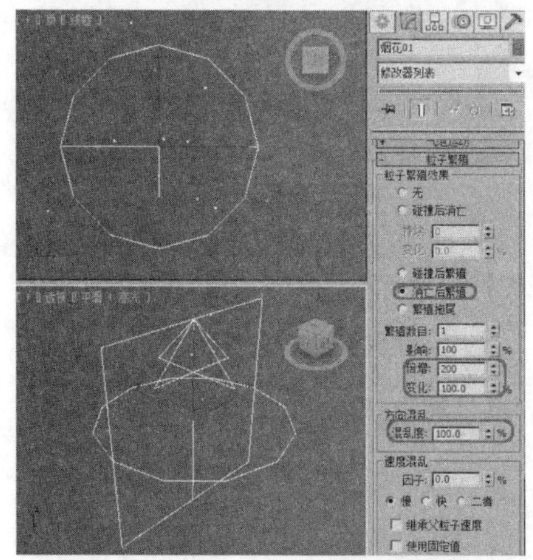

05 在粒子系统上单击鼠标右键，在弹出的快捷菜单中选择“对象属性”命令，在打开的对话框中，将粒子系统的“对象ID”设置为1，选择“图像”运动模糊方式，在“运动模糊”区域下的“倍值”值设置为0.8，选择“图像”运动模糊方式，然后单击“确定”按钮，如下图所示。

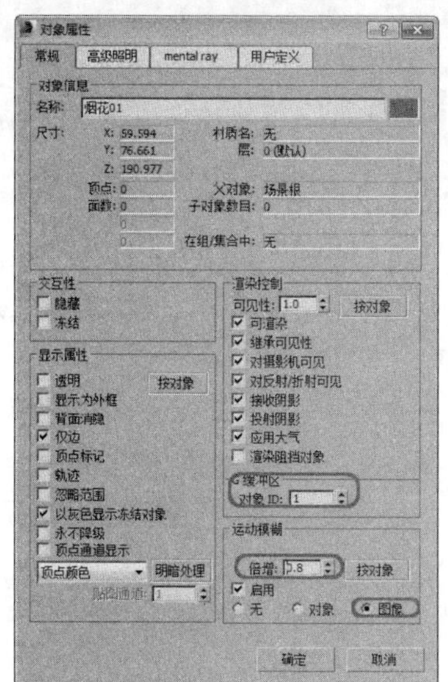

06 在工具栏中，单击“材质编辑器”按钮，为“烟花01”对象设置材质，在“明暗器基本参数”卷展栏中，将阴影模式设置为“Blinn”，在“Blinn基本参数”卷展栏中，将“自发光”区域下的“颜色”设置为100，再将“反射高光”区域下的“高光级别”和“光泽度”值分别设置为25、6，如下图所示。

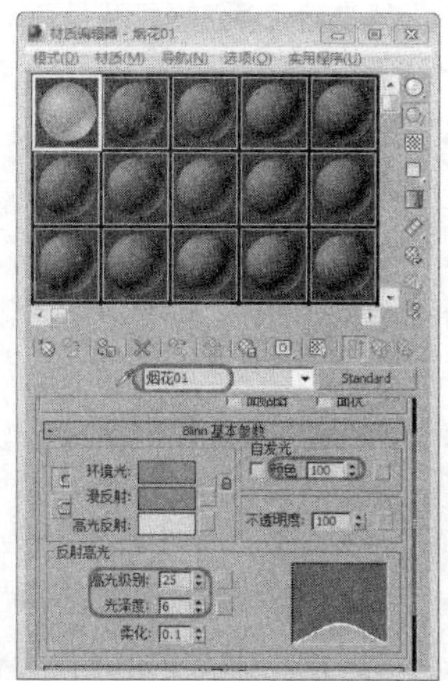

07 打开“贴图”卷展栏，单击“漫反射”通道后的“无”按钮，在打开的“材质/贴图浏览器”对话框中，选择“粒子年龄”贴图，单击“确定”按钮，如下图所示。

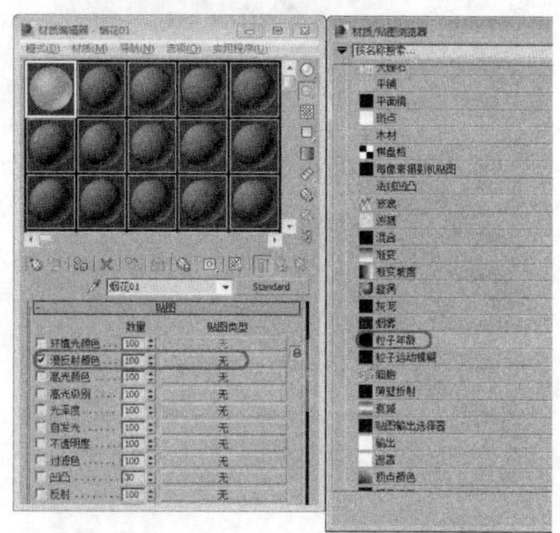

08 进入过渡色通道的“粒子年龄”贴图层，在“粒子年龄参数”卷展栏中，将“颜色#1”的RGB值设置为（255、100、227），将“颜色#2”的RGB值设置为（255、200、0），将“颜色#3”的RGB值设置为（255、0、0），最后单击“将材质指定给选定对象”按钮，将材质指定给场景中的粒子系统，如下图所示。

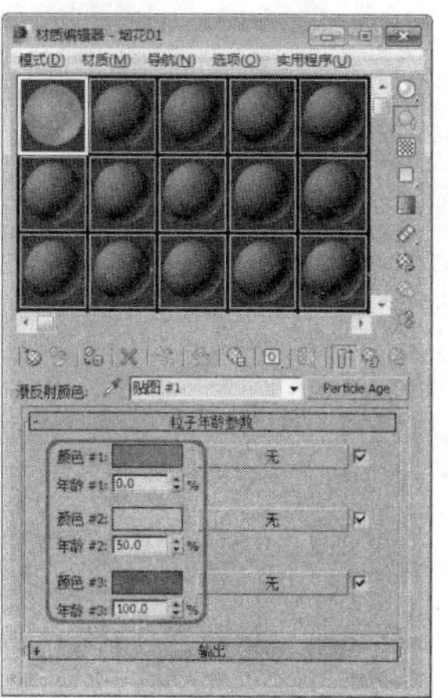

09 设置完成后，单击“将材质指定给选定对象”按钮，将材质指定给“烟花01”，选择“创建”|“空间扭曲”|“重力”工具，在顶视图中创建一个重力系统，如下图所示。

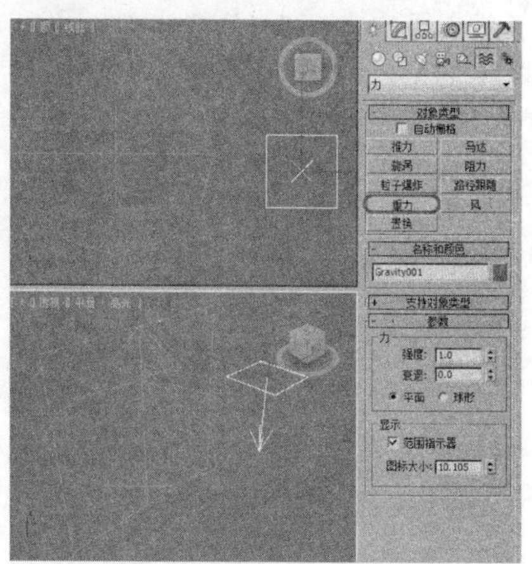

10 切换至“修改”命令面板，在“参数”卷展栏中，将“力”选项组下的“强度”设置为0.02，将“显示”选项组中的“图标大小”设置为11，按Enter键确认，如下图所示。

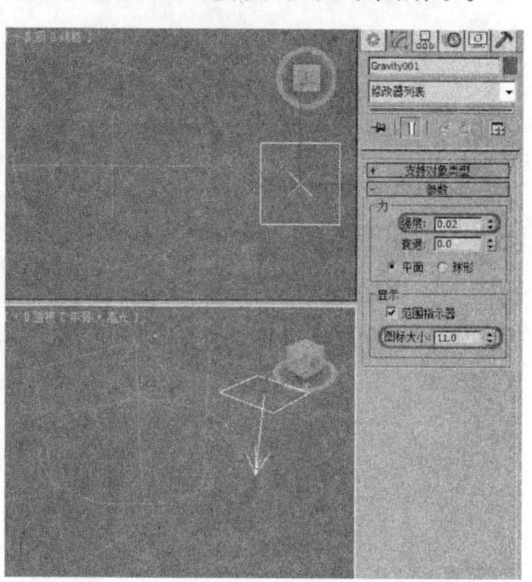

11 在工具栏中，单击“绑定到空间扭曲”按钮，在视图中选择“烟花01”，将它绑定到重力空间扭曲上，如下图所示。

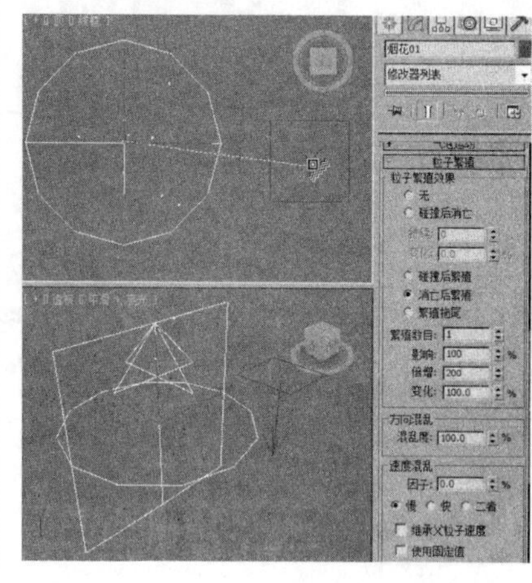

12 再在命令面板中选择“超级喷射”工具，在顶视图中创建一个粒子系统，并将其命名为“烟花02”，在“基本参数”卷展栏中，将“轴偏离”下的“扩散”和“平面偏离”下的“扩散”分别设置为180和90，将“显示图标”区域下的“图标大小”设置为18，在“视口显示”区域下选择“网格”选项，将“粒子数百分比”值设置为100%，如下图所示。

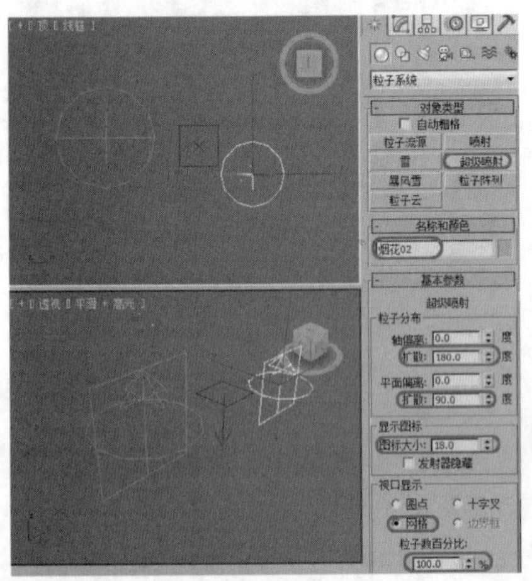

13 在“粒子类型”卷展栏中，选择“标准粒子”区域下的“立方体”选项，在“粒子生成”卷展栏中，选中“粒子数量”区域下的“使用总数”单选按钮，将它下面的值设置为20，在“粒子运动”区域下，将“速度”值设置为0.6，在“粒子计时”区域下，将“发射开始”、“发射停止”、“显示时限”和“寿命”分别设置为20、20、100、30，将“粒子大小”区域下的“大小”设置为0.7，如下图所示。

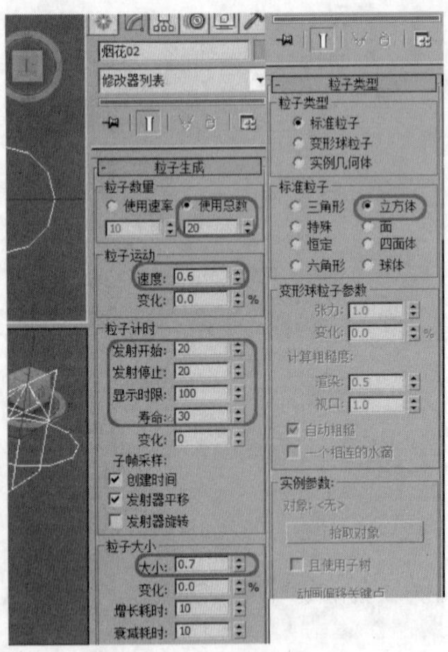

14 在“粒子繁殖”卷展栏中，选中“粒子繁殖效果”区域下的“繁殖拖尾”单选按钮，将“倍增”值设置为4，将“方向混乱”区域下的“混乱度”设置为3%；选择“速度混乱”区域下的“继承父粒子速度”复选框；将“缩放混乱”区域下的“因子”值设置为100%，如下图所示。

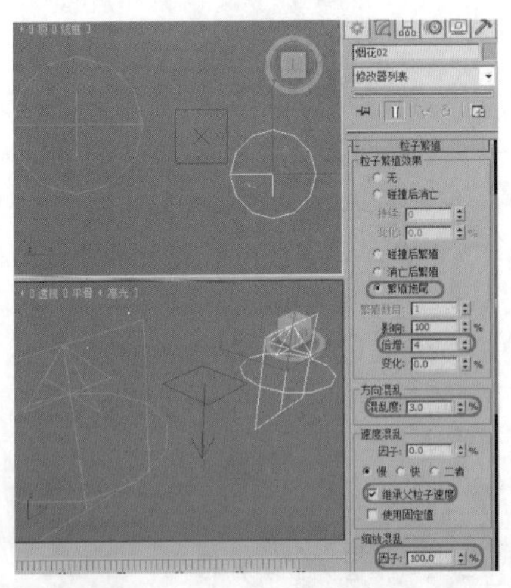

15 在“烟花02”上单击鼠标右键，在弹出的快捷菜单中选择“对象属性”命令，在打开的“对话属性”对话框中，将“对象ID”设置为2，在“运动模糊”选项组中，选中“图像”单选按钮，将“倍增”值设置为0.8，如下图所示。

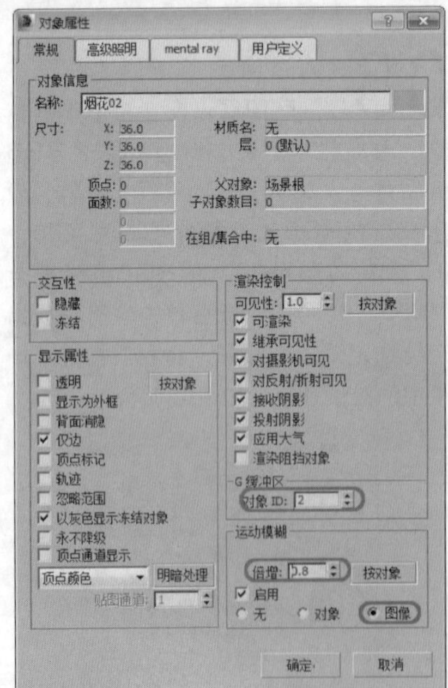

16 选择“创建” | “空间扭曲” | “重力”工具，在顶视图中创建一个重力系统，在“参数”卷展栏中，将“力”区域下的“强度”值设置为0.02，将“显示”区域下的“图标大小”设置为9，如图8-175所示。

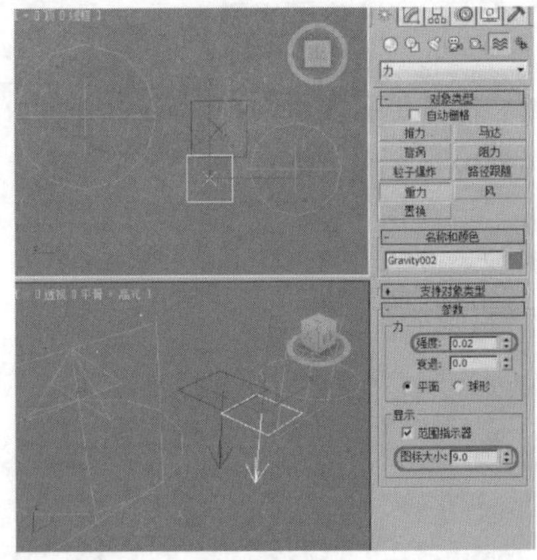

17 在工具栏中选择“绑定到空间扭曲” 工具，在视图中选择“烟花02”对象，将它绑定在重力系统上，如下图所示。

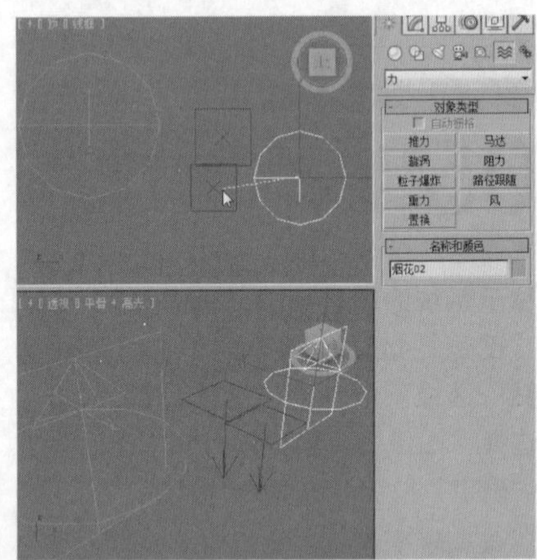

18 在工具栏中，单击“材质编辑器”按钮，打开材质编辑器，选择一个新材质样本球并将其命名为“烟花02”，为粒子系统设置材质，在“明暗器基本参数”卷展栏中，将阴影模式定义为“Blinn”，在“Blinn基本参数”卷展栏中，将“自发光”区域下的“颜色”值设置为100，如下图所示。

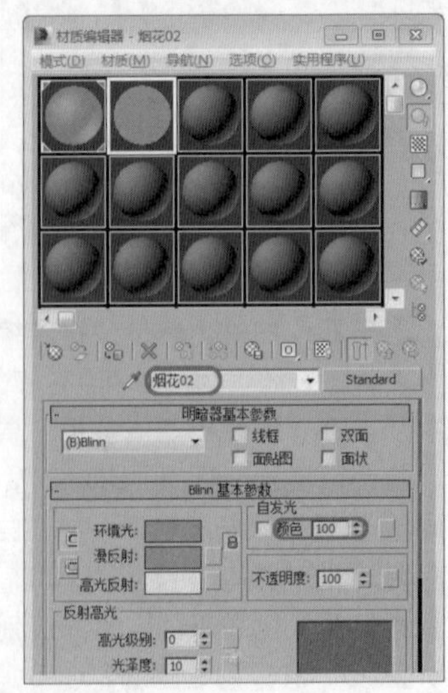

19 打开“贴图”卷展栏，单击“漫反射”通道后的“无”按钮，在打开的“材质/贴图浏览器”窗口中，选择“粒子年龄”贴图，单击“确定”按钮，如下图所示。

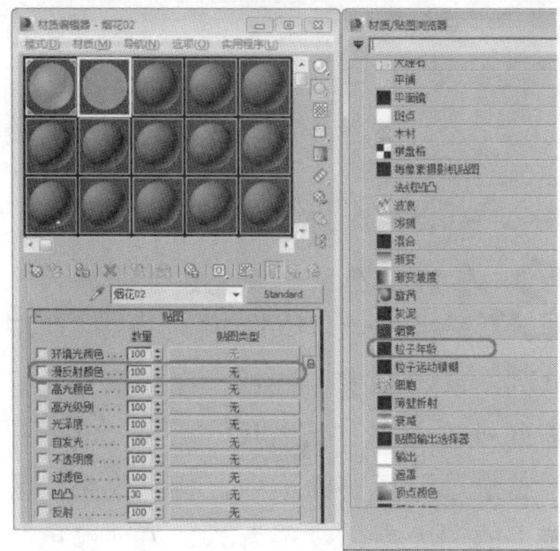

20 进入过渡色通道的“粒子年龄”贴图层，在“粒子年龄参数”卷展栏中，将“颜色 #1”的RGB值设置为（255、255、255），将“颜色 #2”的RGB值设置为（142、0、128），将“颜色 #3”的RGB值设置为（255、96、96），如下图所示。

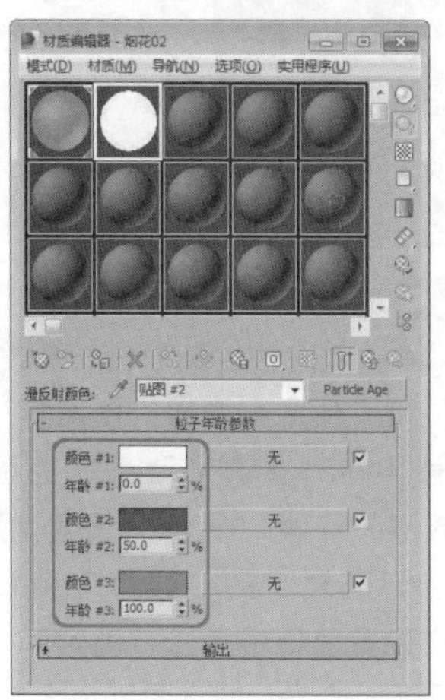

21 最后单击“将材质指定给选定对象”按钮，将材质指定给场景中选择的对象，确认“烟花02”对象处于选中状态，在工具栏中选择“选择并移动”按钮，并配合Shift键，在顶视图中将其向右移动复制，并命名为“烟花03”，效果如下图所示。

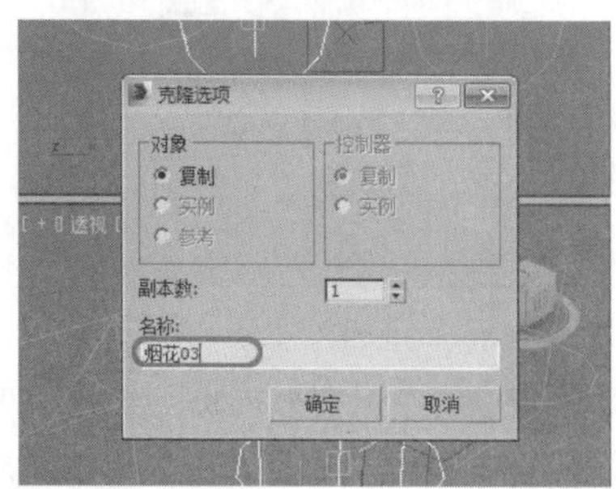

22 在工具栏中单击“材质编辑器”按钮，打开材质编辑器，为“烟花03”对象设置材质，单击第三个材质样本球，将其命名为“烟花03”，在“明暗器基本参数”卷展栏中，将阴影模式定义为“Blinn”。在“Blinn基本参数”卷展栏中，将“自发光”区域下的“颜色”设置为100；再将“反射高光”区域下的“高光级别”和“光泽度”分别设置为26、6，如下图所示。

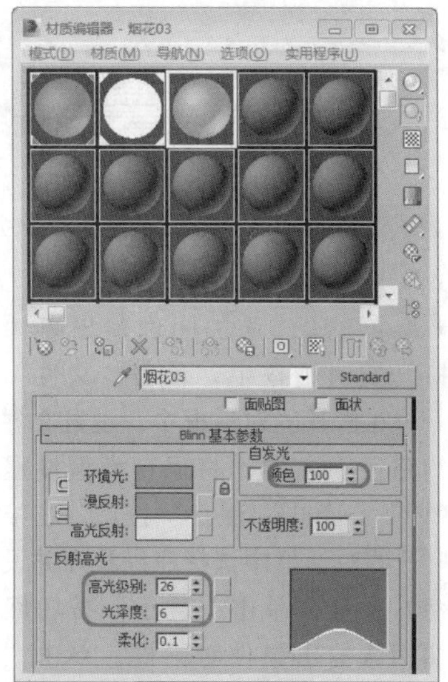

23 打开“贴图”卷展栏，单击“漫反射”通道后的“无”按钮，在打开的“材质/贴图浏览器”窗口中，选择“粒子年龄”贴图，单击“确定”按钮，如下图所示。

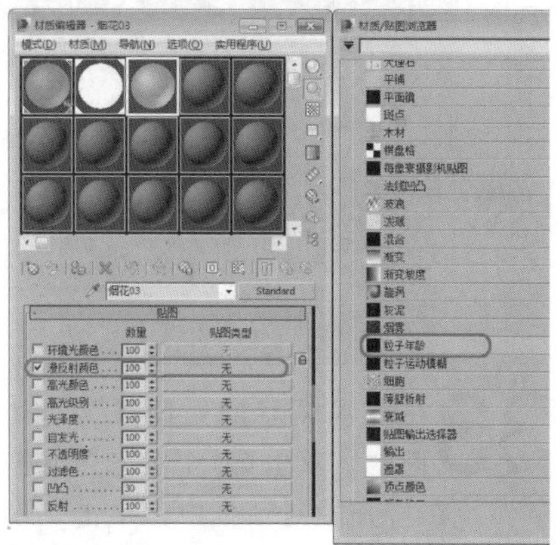

24 此时进入过渡色通道的“粒子年龄”贴图层，在“粒子年龄参数”卷展栏中，将“颜色 #1”的RGB值设置为（255、200、0），将“颜色 #2”的RGB值设置为（252、83、0），将“颜色 #3”的RGB值设置为（255、102、0），如下图所示。

最后单击“将材质指定给选定对象”按钮，将材质指定给场景中选择的对象。

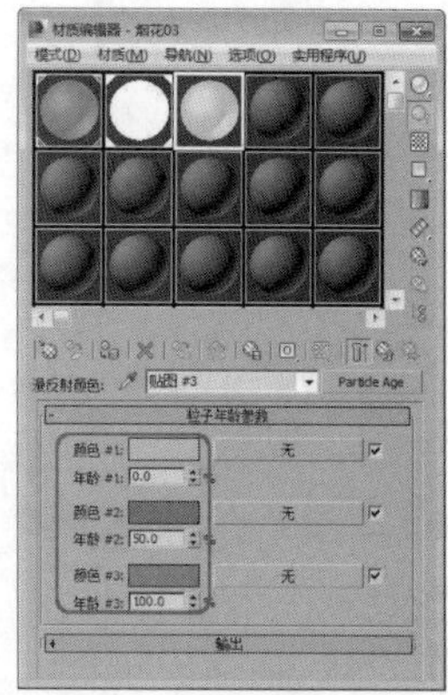

25 按8键，打开“环境和效果”对话框，选择“环境”选项卡，在“背景”选项组中单击“环境贴图”下的“无”按钮，在打开的“材质/贴图浏览器”对话框中选择“位图”贴图，再在弹出的对话框中选择\Map\2.jpg文件，单击“打开”按钮，如下图所示。

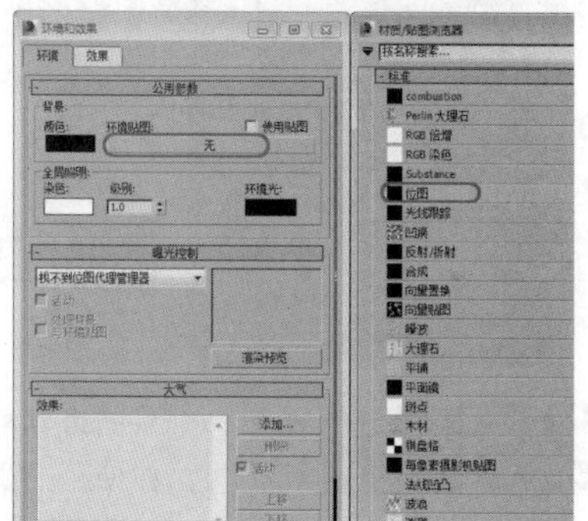

26 在工具栏中选择“材质编辑器”，在打开的对话框中选择新的材质样本球，在“环境和效果”对话框中，将鼠标放置在“环境贴图”上面，按住鼠标拖拽到“材质编辑器”对话框中的新材质样本球上，在弹出的对话框中，单击“确定”按钮，在“坐标”卷展栏中的贴图中选择“屏幕”命令，如下图所示。

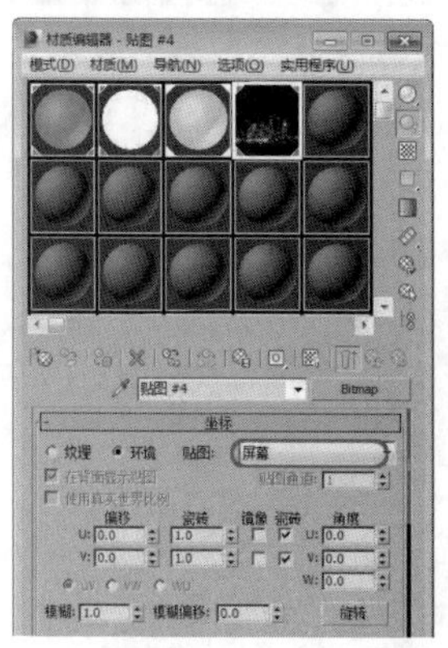

27 激活透视视图，选择“视图”|“视口背景”|“环境背

景”命令，如下图所示。

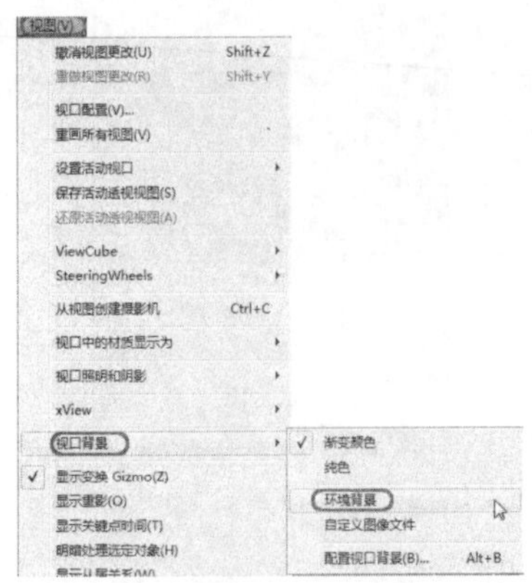

28 选择“创建”|“摄影机”|“标准”|“目标”工具，在顶视图中创建一个摄影机，如下图所示。

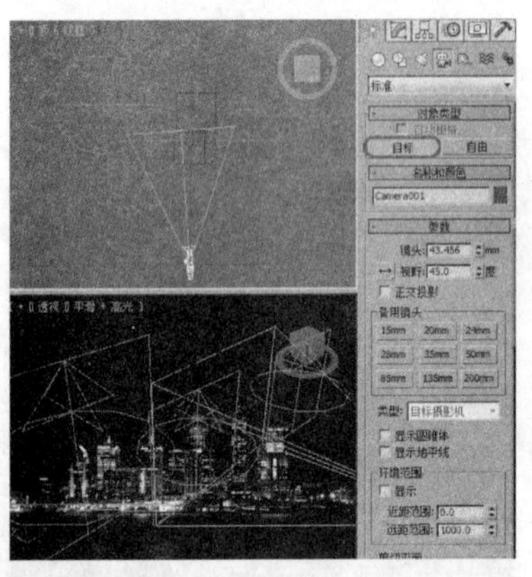

29 激活透视视图，按C键将其转换为摄影机视图，并使用“选择并移动”工具调整摄影机的位置，调整后的效果如下图所示。

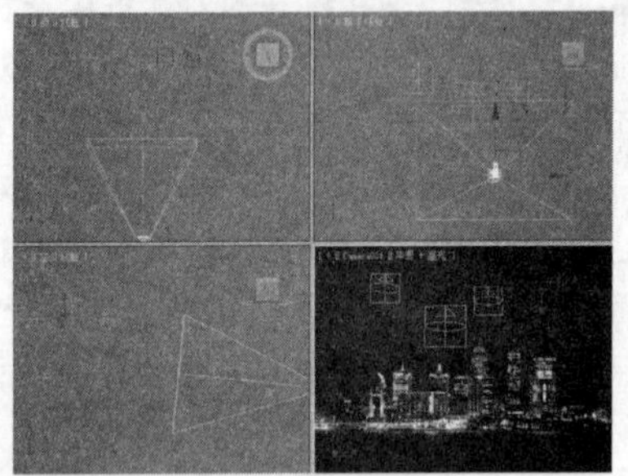

30 切换至“修改”命令面板，在“参数”卷展栏中，将“镜头”设置为50，如下图所示。

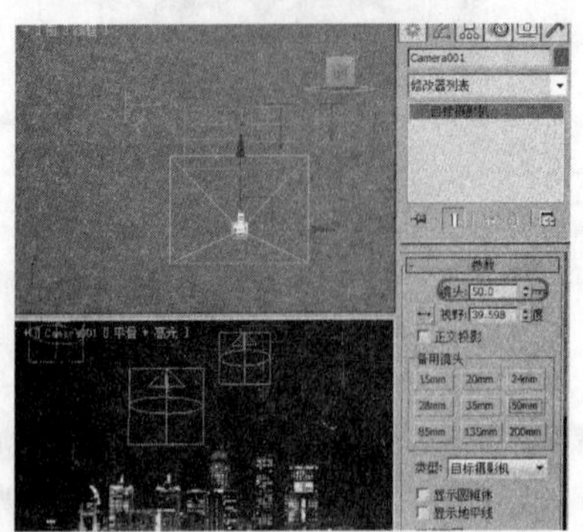

31 选择“渲染”|“视频后期处理器”菜单命令，打开视频合成器。单击“添加场景事件”按钮，增加一个场景事件，在打开的对话框中系统会自己加载摄影机视图，单击“确定”按钮即添加一个场景事件，单击“添加图像过滤事件”按钮，添加四个图像过滤器事件，在打开的对话框中选择过滤器列表中的“镜头效果光晕”选项，在“标签”输入框中分别输入1、2、3、4，如下图所示。

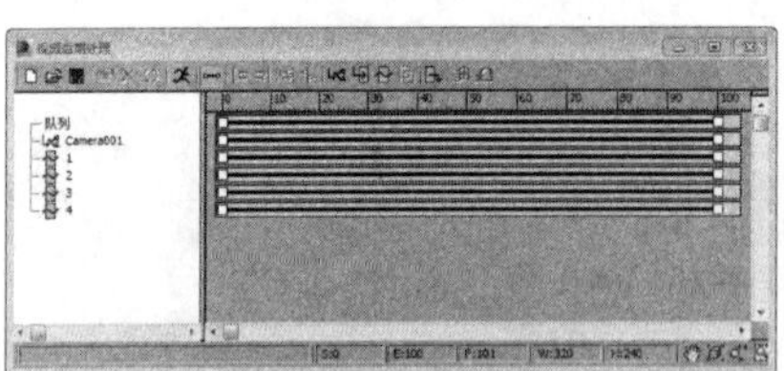

32 单击“添加图像输出事件”按钮，添加图像输出事件，在打开的对话框中，单击“文件”按钮，再在打开的对话框中，设置文件输出的路径、名称，将保存类型设置为“AVI”，单击“保存”按钮，在接下来打开的对话框中选择压缩程序并设置压缩的质量，单击“确定”按钮回到添加图像输出事件对话框，单击“确定”按钮完成图像输出事件的添加，如下图所示。

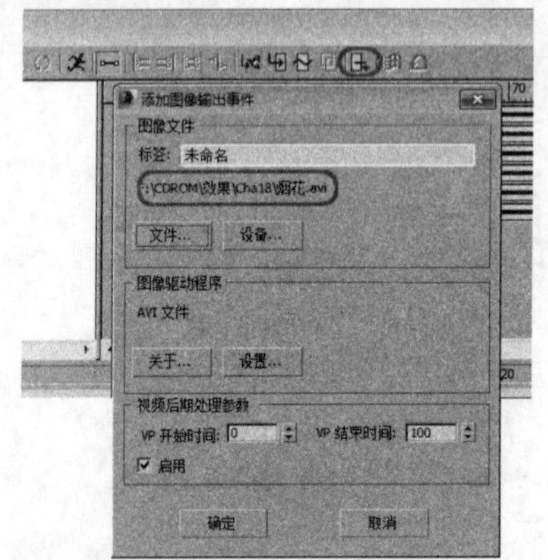

33 在“视频后期处理器”对话框中，双击第1个发光过滤器事件，在打开的对话框中，单击“设置”按钮，进入设置面板，单击“VP队列”和“预览”按钮，使用默认的对象ID号，在“首选项”标签面板中，在“效果”区域下将“大小”值设置为20，将“强度”值设置为80；在“噪波”标签面板中，将“运动”和“质量”分别设置为2、3，选择“红”、“绿”、“蓝”三个复选框，在设置面板中单击“确定”按钮，返回视频合成器，如下图所示。

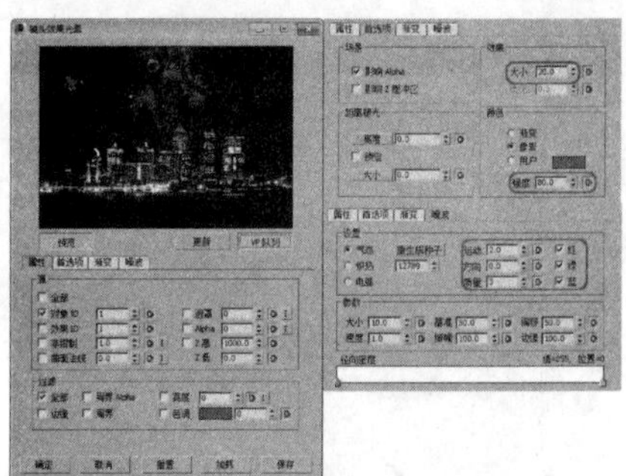

34 双击第二个发光过滤器事件，进入它的控制面板，单击“VP队列”和“预览”按钮，在“属性”标签面板中，将“属性ID”设置为2；在“首选项”标签面板中，将“效果”区域下的“大小”设置为30，将“颜色”区域下的“强度值”设置为75，如下图所示。在设置面板中单击“确定”按钮，返回视频合成器，

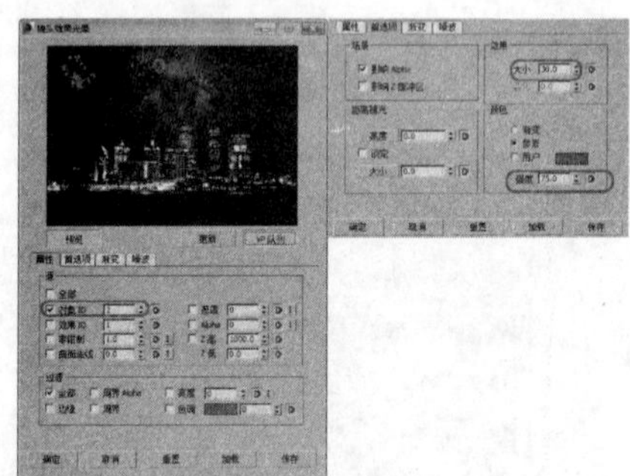

35 双击第三个发光过滤器事件，进入它的控制面板，单击“VP队列”和“预览”按钮，使用默认的对象ID号，在“首选项”标签面板中，将“效果”下的“大小”设置为7，将“颜色”区域下的“强度”值设置为30，在设置面板中单击“确定”按钮，返回视频合成器，如下图所示。

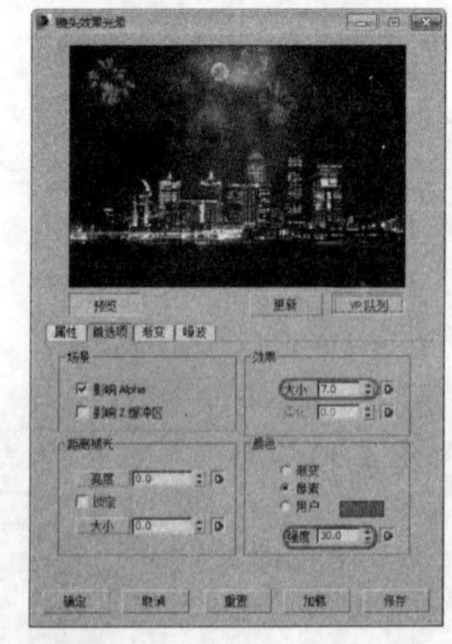

36 双击第四个发光过滤器事件，进入它的控制面板，单击“VP队列”和“预览”按钮，在“属性”标

签面板中，将“属性ID”设置为2；在“首选项“标签面板中，将“效果”下的“大小”设置为1.5，在“颜色”区域下选择“渐变”选项；在“渐变”标签面板中，将“径向颜色”右侧的RGB值设置为（55、0、124），在13的位置处添加一个色标，将该处颜色的RGB值设置为（1、0、3），在设置面板中单击“确定”按钮回到视频合成器，如下图所示。

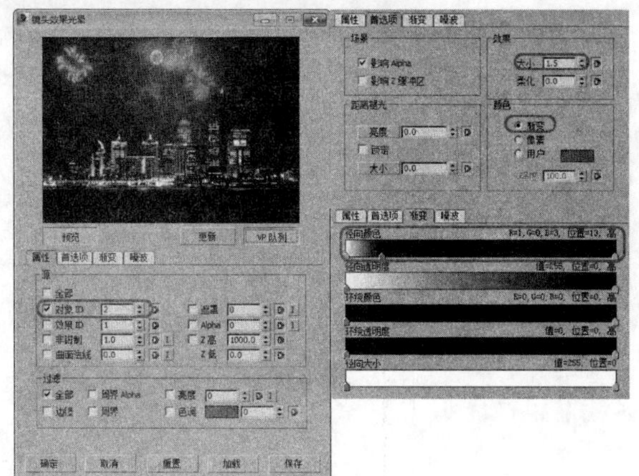

37 单击按钮，进行渲染设置，在打开的对话框中选择“时间输出”区域下的“范围 0 至100”选项，在“输出大小”区域下设置渲染尺寸为“320×240”，单击“渲染”按钮，如下图所示。

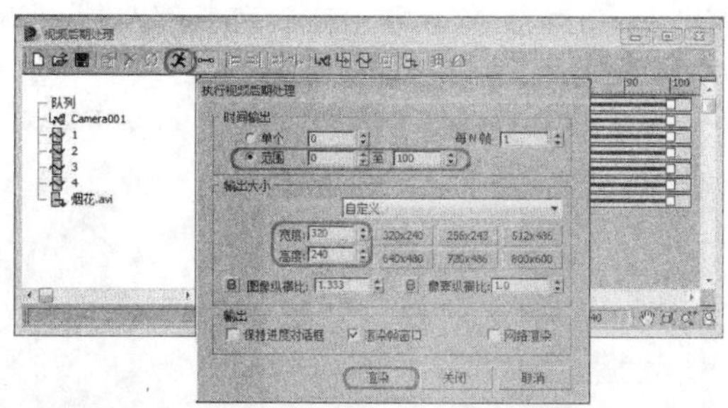

38 渲染后的效果如下图所示，在完成制作后，选择“文件”|“保存”命令，对文件进行保存。

实战操作489 亮星特技——星光闪烁

素材：无	难度：★★★★★
场景：Scenes\Cha18\实战操作489.max	视频：视频\Cha18\实战操作489.avi

本例将介绍星光闪烁效果的制作，该例是使用“暴风雪”粒子系统制作星星，然后使用“视频后期处理”对话框中的“镜头效果光晕”过滤器和“镜头效果高光”过滤器使星星产生光芒和十字亮星效果。

01 重置一个新的3ds Max场景，在菜单栏中选择“渲染”|“环境”命令，弹出“环境和效果”对话框，在“公用参数”卷展栏中，单击“环境贴图”下的“无”按钮，如下图所示。

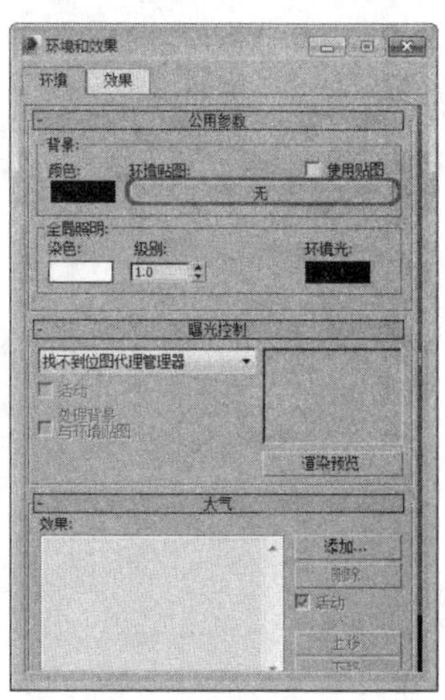

02 在弹出的“材质/贴图浏览器”对话框中双击“位图”贴图，然后在弹出的“选择位图图像文件”对话框中，选择随书附带光盘中的\Map\星空.jpg文件，单击“打开”按钮，如下图所示。

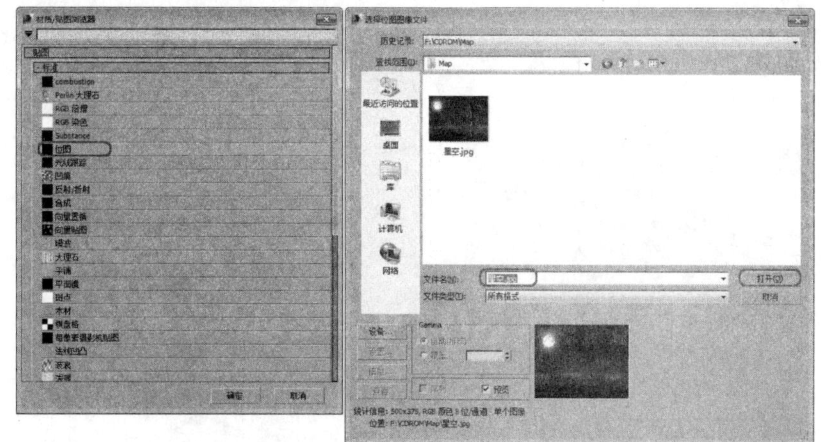

03 关闭“环境和效果”对话框，然后激活透视视图，在菜单栏中选择“视图”|“视口背景”|“环境背景”命令，如下图所示，即可在透视视图中显示出背景贴图，如下图所示。

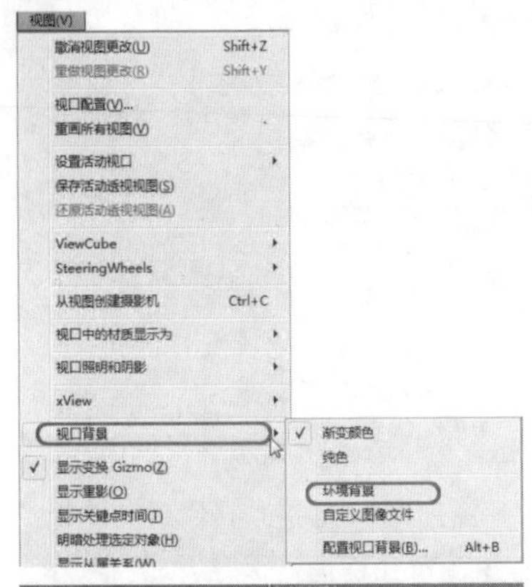

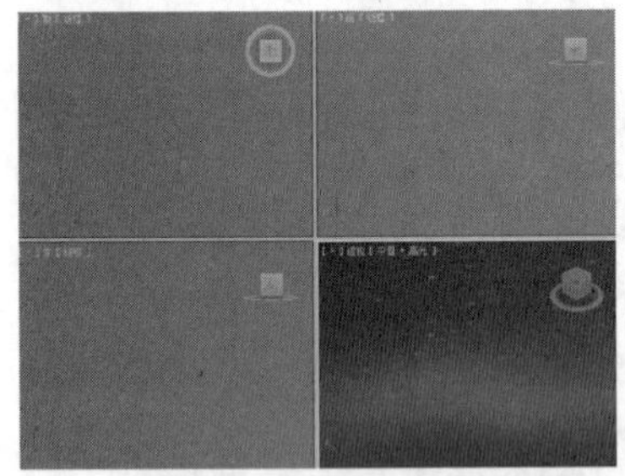

04 在工具栏中选择“材质编辑器”，在打开的对话框中，选择一个材质样本球，按8键，打开“环境和效果”对话框，将鼠标放置在“环境贴图”上，按住鼠标将贴图拖到材质样本球上，松开鼠标，在打开的对话框中，单击“确定”按钮，在“坐标”卷展栏中，选择“屏幕”，如下图所示。

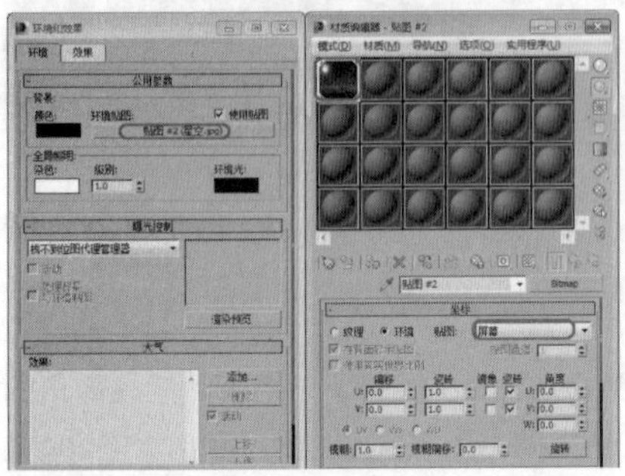

05 选择“创建”|“几何体”|“粒子系统”|“暴风雪”工具，在前视图中创建一个“暴风雪”粒子系统，如下图所示。

06 切换到修改命令面板，在“基本参数”卷展栏中，将“显示图标”区域下的“宽度”、“长度”值都设置为520，在“视口显示”区域下勾选“十字叉”单选按钮，将“粒子数百分比”设置为50，如下图所示。

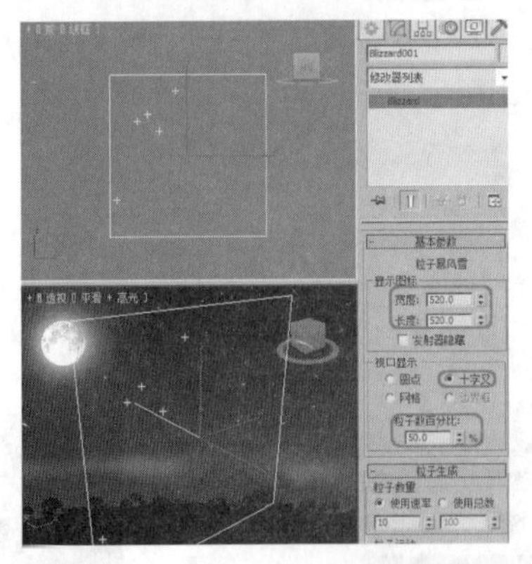

07 在“粒子生成”卷展栏中，将“粒子数量”区域下的“使用速率”设置为5，将“粒子运动”区域下的“速度”和“变化”分别设置为50、25，将“粒子计时”区域下的“发射开始”、“发射停止”、“显示时限”和“寿命”分别设置为-100、100、100、100；将“粒子大小”区域下的“大小”设置为1.5，如下图所示。

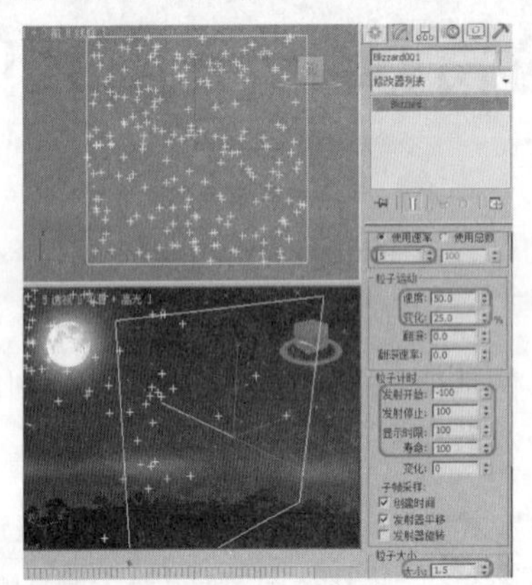

08 在“粒子类型”卷展栏中，勾选“标准粒子”区域下的“球体”单选按钮，然后在左视图中选择粒子系统，在工具栏中单击“镜像”按钮，即可弹出“镜像：屏幕坐标”对话框，使用默认设置，单击“确定”按钮，如下图所示。

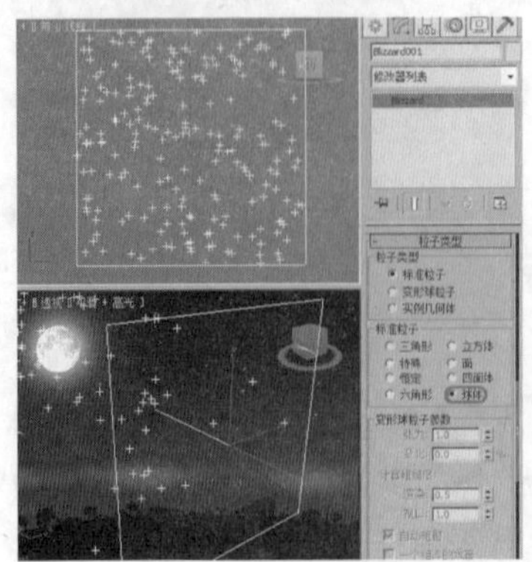

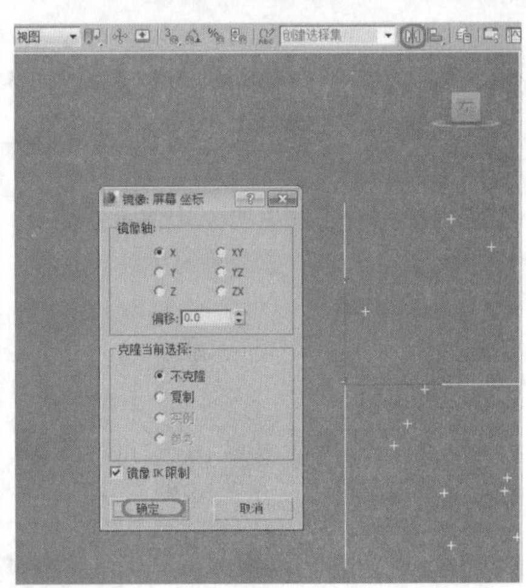

09 即可镜像创建的粒子系统，然后选择“创建”|“摄影机”|“目标”工具，在“参数”卷展栏中，将镜头设置为50，在顶视图中创建一架摄影机，激活透视视图，按C键将该视图转换为摄影机视图，并在其他视图中调整其位置，效果如下图所示。

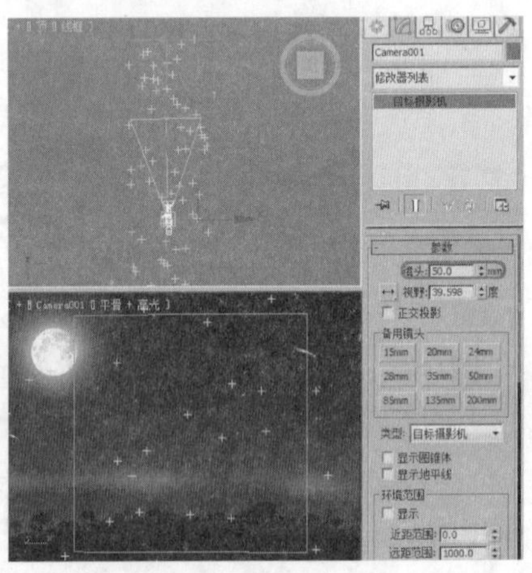

10 选择创建的粒子系统，单击鼠标右键，在弹出的快捷菜单中选择“对象属性”命令，在打开的对话框中，将粒子系统的“对象ID”设置为1，然后单击“确定”按钮，如下图所示。

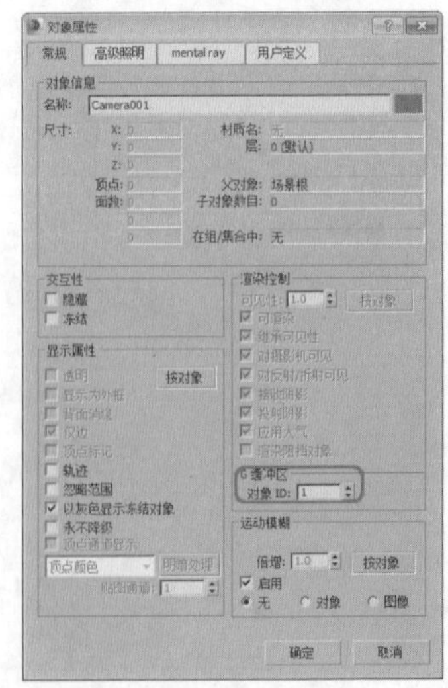

11 在菜单栏中选择“渲染”|“视频后期处理”命令，打开“视频后期处理”对话框，单击“添加场景事件”按钮，在打开的“添加场景事件”对话框中使用默认的摄影机视图，单击“确定”按钮，如下图所示。

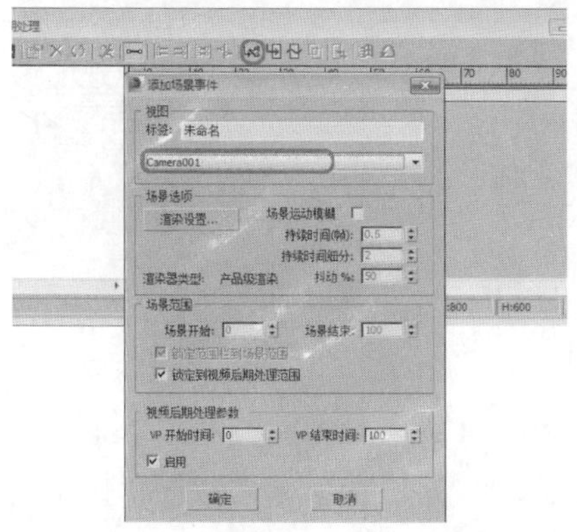

12 返回到“视频后期处理”对话框中，单击“添加图像过滤事件”按钮，在打开的对话框中选择过滤器列表中的“镜头效果光晕”过滤器，单击“确定”按钮，如下图所示。

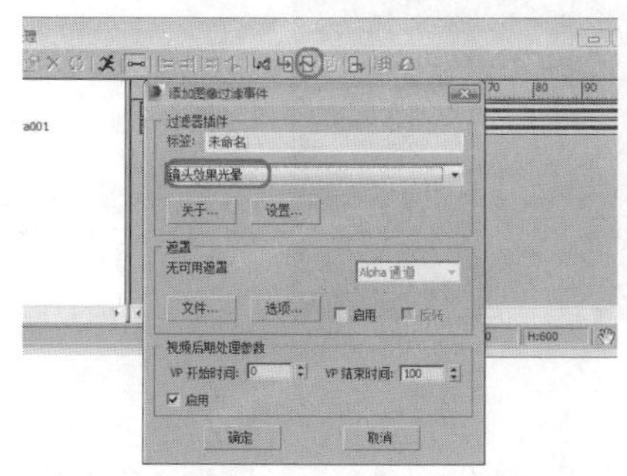

13 返回到“视频后期处理”对话框中，再次单击“添加图像过滤事件”按钮，在打开的对话框中选择过滤器列表中的“镜头效果高光”过滤器，单击“确定”按钮，如下图所示。

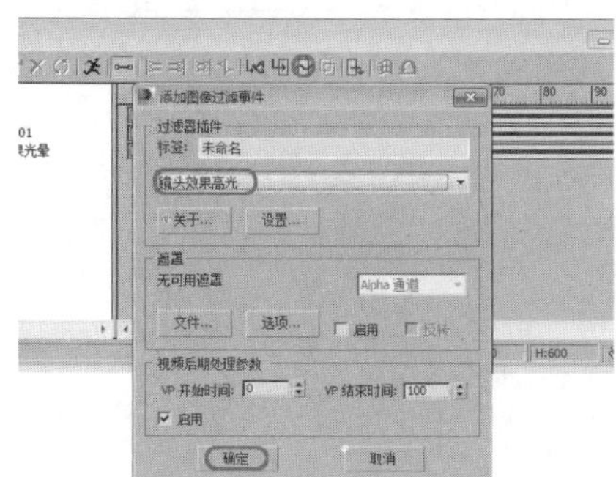

14 在左侧的列表中双击“镜头效果光晕”过滤器，在弹出的对话框中，单击“设置”按钮，弹出“镜头效果光晕”对话框，单击“VP队列”和“预览”按钮，在“属性”选项卡中，将“对象ID”设置为1，并勾选“过滤”区域下的“周界Alpha”复选框，如下图所示。

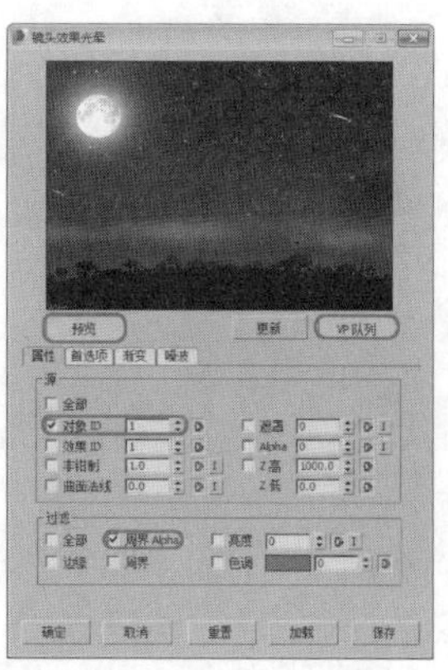

15 在“首选项”选项卡中，将“效果”区域下的“大小”设置为1.6，在“颜色”区域下勾选“像素”单选按钮，并将“强度”设置为85，如下图所示。

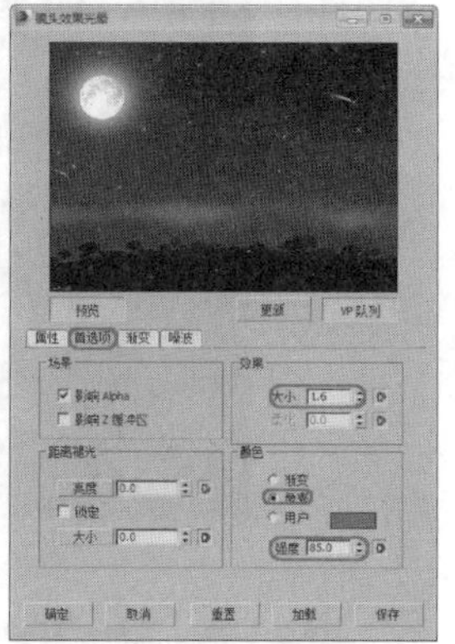

16 在“澡波”选项卡中，勾选“红”、“绿”、“蓝”复选框，在“参数”区域下将“大小”和“速度”设置为10、0.2，如下图所示。单击“确定”按钮，返回到“视频后期处理”对话框中。

17 在左侧的列表中双击“镜头效果高光”过滤器，在弹出的对话框中，单击“设置”按钮，弹出“镜头效果高光”对话框，单击“VP队列”和“预览”按钮，在“属性”选项卡中，勾选“过滤”区域下的“边缘”复选框，如下图所示。

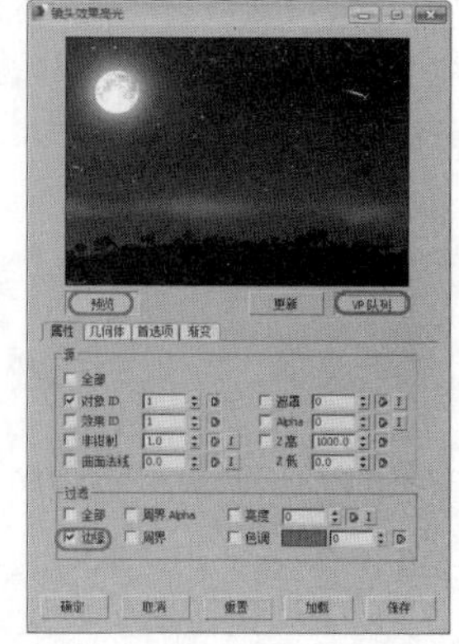

18 在“几何体”选项卡中，将“效果”区域下的“角度”和“钳位”分别设置为100、20，在“变化”区域下单击“大小”按钮，如下图所示。

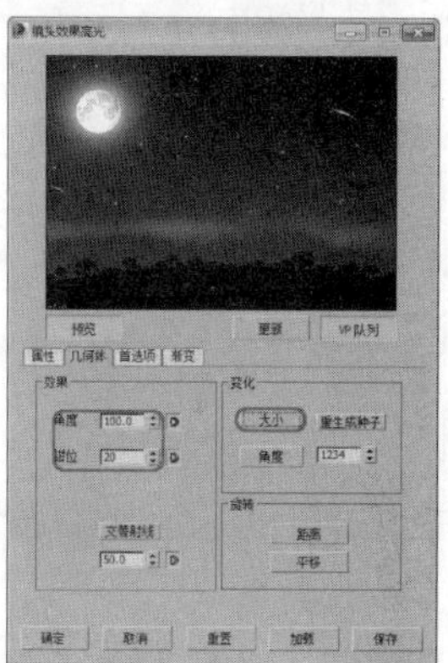

19 在“首选项”选项卡中，将“效果”区域下的“大小”和“点数”分别设置为13、4，在“距离褪光”区域下单击“亮度”和“大小”按钮，将它们的值设置为4000，勾选“锁定”复选框，在“颜色”区域下勾选“渐变”单选按钮，如下图所示。单击“确定”按钮，返回到“视频后期处理”对话框中。

20 在对话框中，单击“添加图像输出事件”按钮，弹出“添加图像输出事件”对话框，单击“文件”按钮，在弹出的“为视频后期处理输出选择图像文件”对话框中，设置输出路径及文件名，并将“保存类型”设置为avi，单击“保存”按钮，如下图所示。

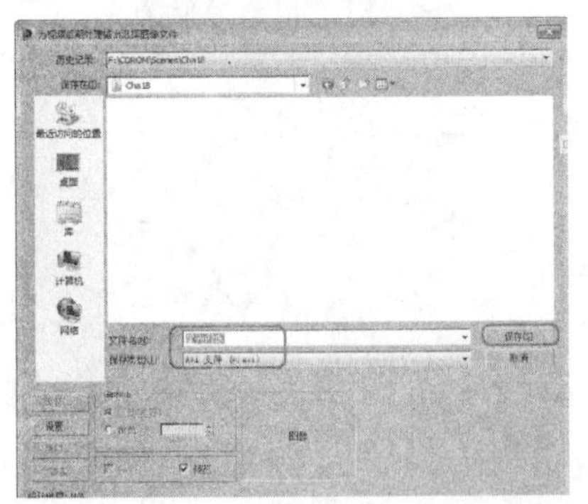

21 弹出“AVI文件压缩设置”对话框，在其中将“主帧比率”设置为0，然后单击“确定”按钮，如下图所示。

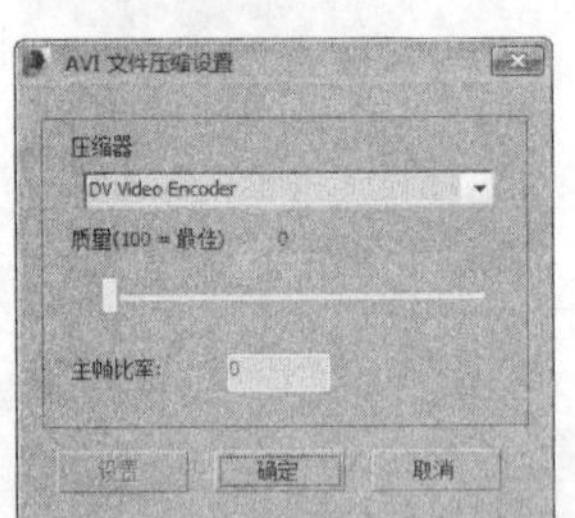

22 返回到“添加图像输出事件”对话框中，此时会在该对话框中显示出文件的输出路径，然后单击“确定”按钮，如下图所示。

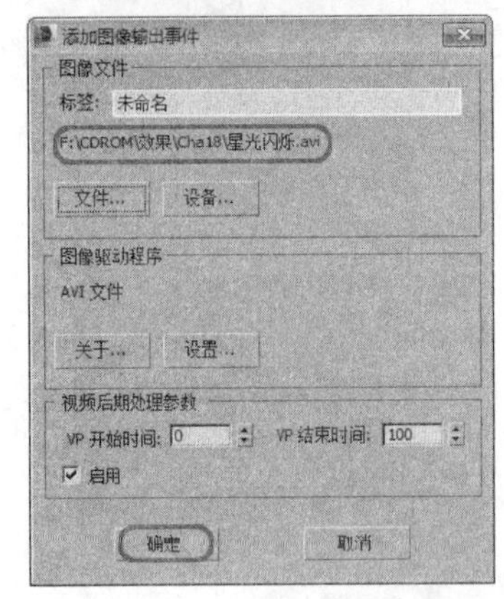

23 返回到“视频后期处理”对话框中，在其中单击“执行序列”按钮，打开“执行视频后期处理”对话框，在“时间输出”选项组中，勾选“范围”单选按钮，在“输出大小”选项组中，将“宽度”和“高度”分别设置为800和600，如下图所示。

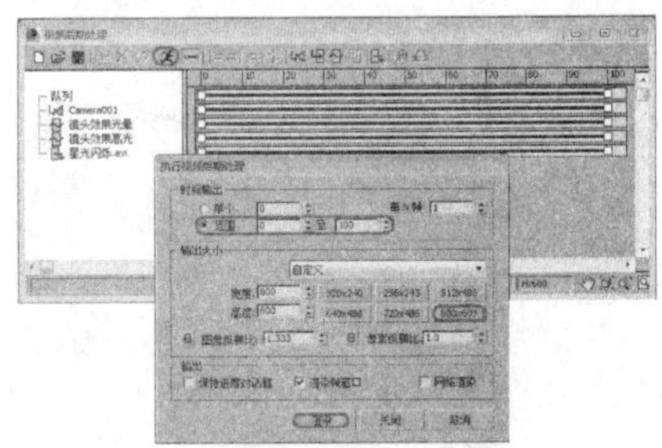

24 单击“渲染”按钮进行渲染，如下图所示的是渲染的静帧效果。

18.2 关键帧动画——文字标版

本例将介绍文字标版动画的制作，该例的制作比较简单，主要介绍材质动画和摄影机动画的制作。

实战操作490 设置材质动画

素材：无	难度：★★★★★
场景：无	视频：视频\Cha18\实战操作490.avi

本实例介绍材质动画的制作，首先输入文字并为文字设置金属质感材质，然后为金属质感材质设置动画，具体操作步骤如下。

01 重置一个新的3ds Max场景，单击“动画和时间”控件中的“时间配置”按钮，弹出“时间配置”对话框，将“动画”区域下的“长度”设置为200，单击“确定”按钮，如右图所示。

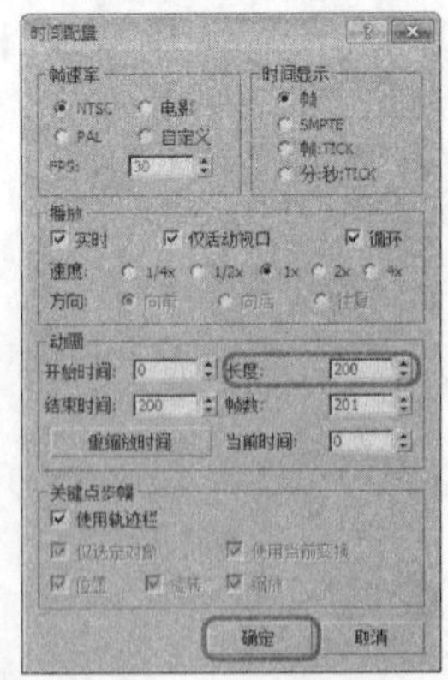

02 选择“创建”|“图形”|“文本”工具，在“参数”卷展栏中，将“字体”设置为“经典粗黑简”，在文本框中输入“财经时代”，然后在顶视图中单击创建文本，如下图所示。

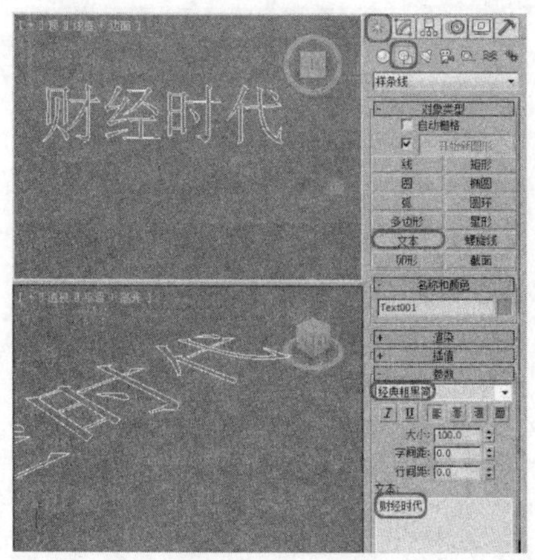

03 切换到修改命令面板，在“修改器列表”中选择“倒角”修改器，在“倒角值”卷展栏中，将“级别1”下的“高度”和“轮廓”设置为1.5、2，勾选“级别2”复选框，将“高度”和“轮廓”设置为8、0.5，选择“级别3”复选框，将“高度”和“轮廓”设置为0.5、-1.6，如下图所示。

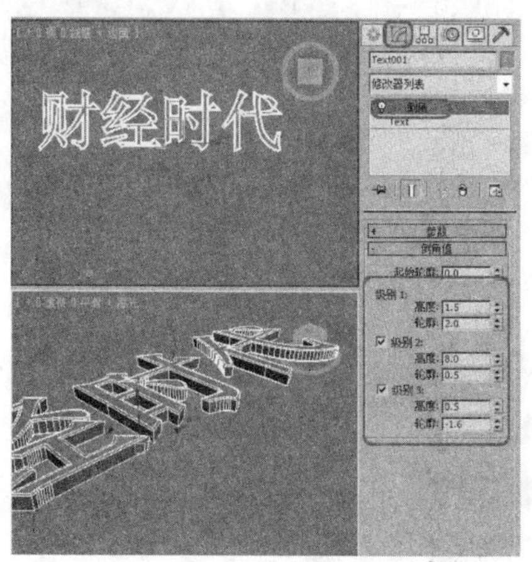

04 按M键打开“材质编辑器”对话框，选择一个新的材质样本球，在“明暗器基本参数”卷展栏中，将明暗器类型定义为“金属”；在“金属基本参数”卷展栏中，将“环境光”的RGB值均设置为0，将“漫反射”的RGB值分别设置为（255、162、0），将“反射高光”区域下的“高光级别”和“光泽度”分别设置为100、68，如下图所示。

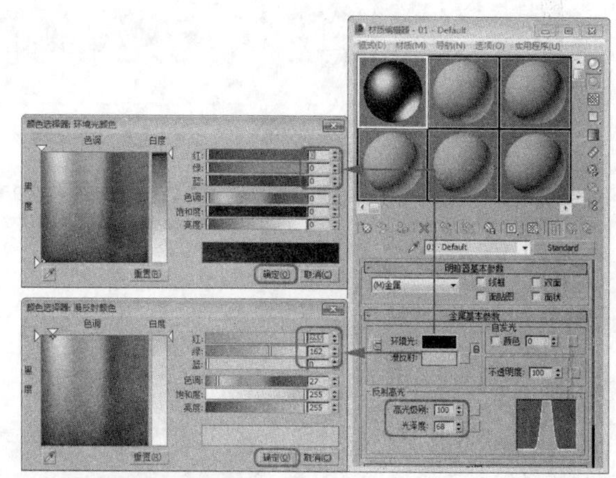

05 在“贴图”卷展栏中，单击“反射”通道后的None按钮，在打开的“材质/贴图浏览器”对话框中双击“位图”贴图，在打开的对话框中选择随书附带光盘中的\Map\Gold04.jpg文件，单击“打开”按钮，在“输出”卷展栏中，将“输出量”的值设置为1.4，如下图所示。单击“转到父对象”按钮和“将材质指定给选定对象”按钮，将材质指定给文本对象。

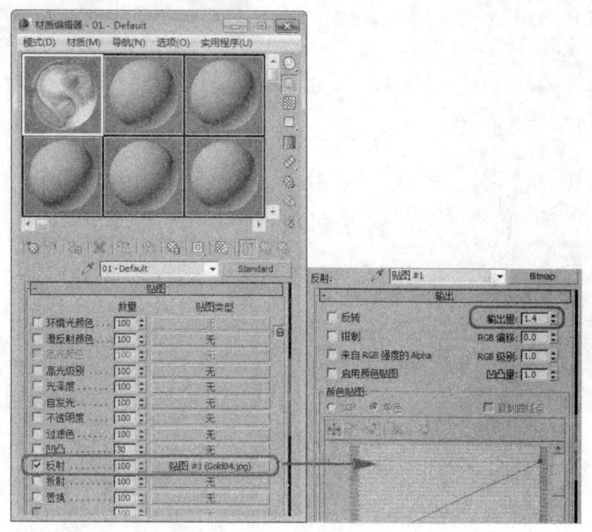

06 将时间滑块拖拽至第200帧处，单击“自动关键点”按钮，在“材质编辑器”对话框中，将“反射高光”区域下的“高光级别”和“光泽度”设置为60、100，如下图所示。再次单击“自动关键点”按钮，将其关闭。

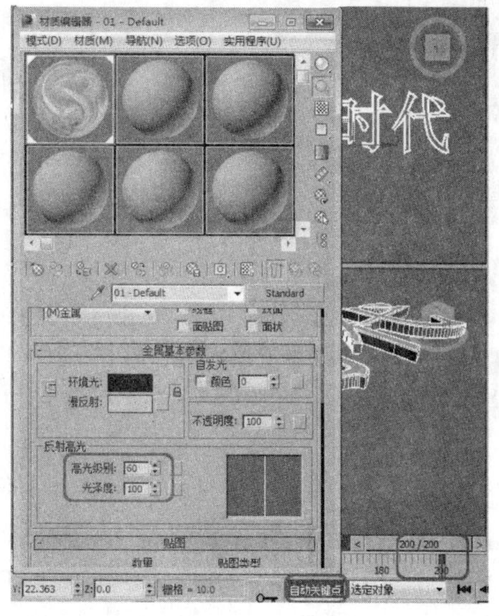

实战操作491 摄影机与摄影机动画的设置

财经时代

素材：无	难度：★★★★★
场景：Scenes\Cha18\实战操作491.max	视频：视频\Cha18\实战操作491.avi

合理地使用摄影机对整个图像效果或动画影响非常大。本实例介绍摄影机与摄影机动画的设置方法，具体操作步骤如下。

01 选择“创建”|“摄影机”|“目标”工具，在顶视图中创建一架摄影机，在“参数”卷展栏中，将“镜头”参数设置为23，激活透视视图，按C键，将其转换为摄影机视图，并在其他视图中调整其位置，效果如下图所示。

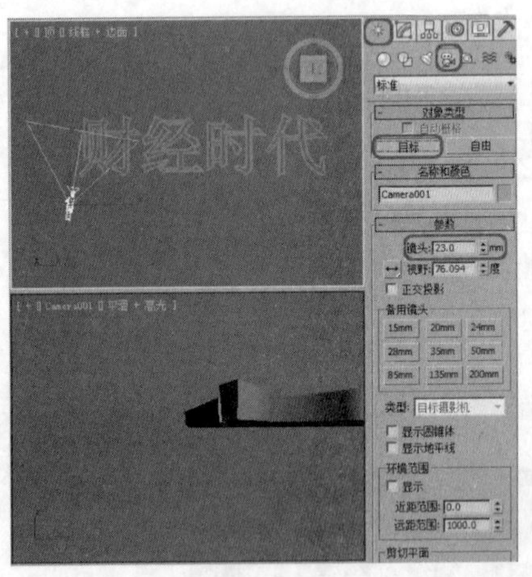

02 选择“创建”|“辅助对象”|“虚拟对象”工具，然后在顶视图中创建一个虚拟对象，如下图所示。

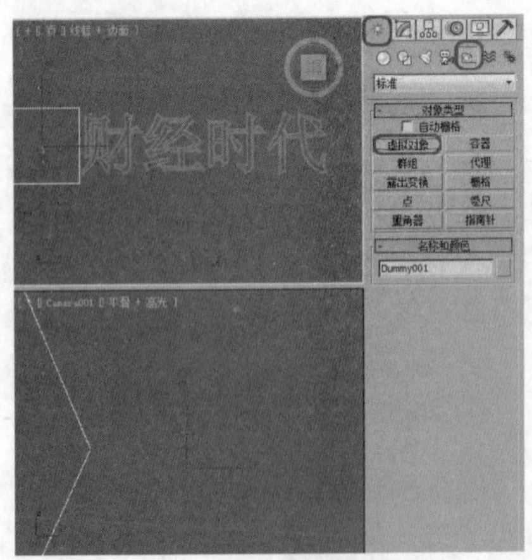

03 在视图中选择摄影机，然后在工具栏中单击“选择并链接”按钮，在摄影机上按住鼠标左键将其拖拽至虚拟对象上，效果如下图所示。

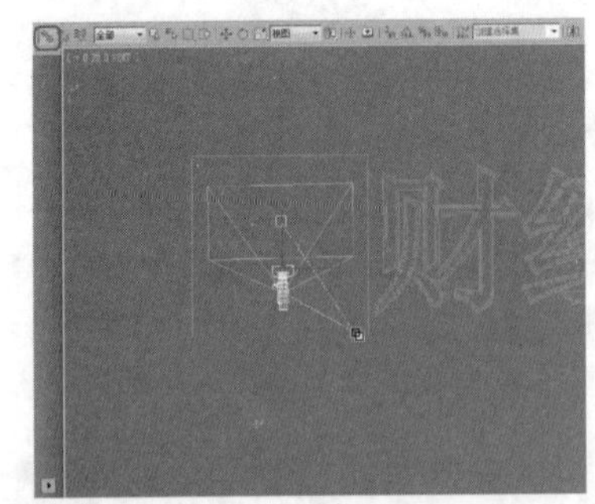

04 单击“自动关键点”按钮，将时间滑块拖拽至第100帧位置，选择虚拟对象，将其拖拽至“时”字的右下方处，并通过摄影机视图观察最终的效果，如下图所示。再次单击“自动关键点”按钮，将其关闭。

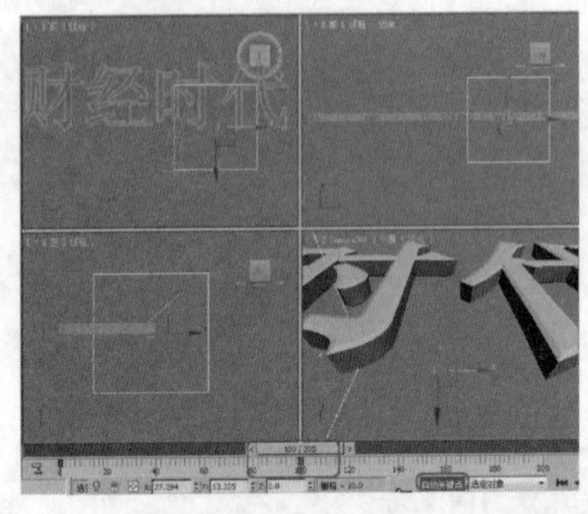

05 单击“显示”按钮，进入显示命令面板，在“按类别隐藏”卷展栏中，勾选“辅助对象”复选框，将虚拟对象隐藏，效果如下图所示。

06 选择“创建”|“摄影机”|“目标”工具，在顶视图中创建一架摄影机，在“参数”卷展栏中，将“镜头”参数设置为23，激活前视图，按C键，将其转换为摄影机视图，并在其他视图中调整其位置，效果如下图所示。

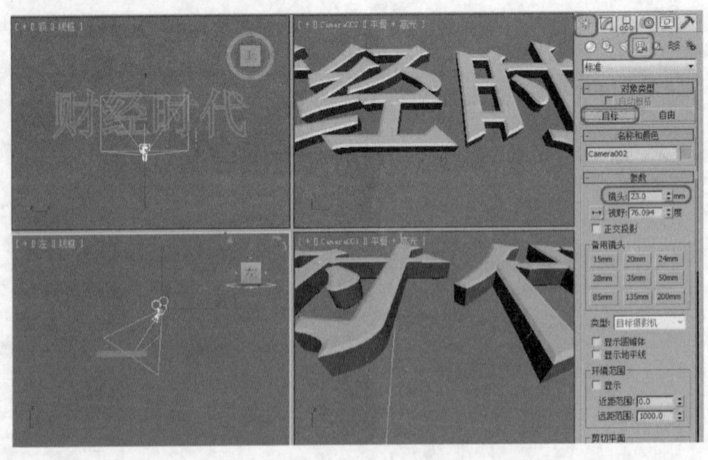

07 单击“自动关键点”按钮，将时间滑块拖拽至第200帧位置，然后在视图中调整“Camera002”摄影机的位置，在“Camera002”视图中观察效果。在轨迹条中选择位于第0帧的关键帧，将它移动至第100帧位置，该操作的目的是使

Camera002摄影机在第100帧的位置开始移动，如下图所示。

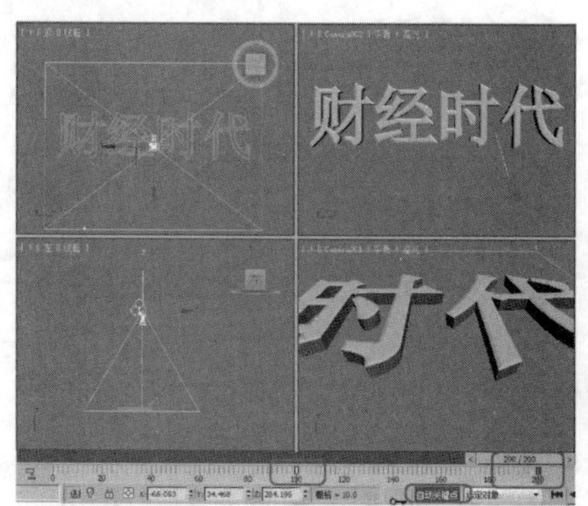

08 完成设置后再次单击“自动关键点”按钮，将其关闭。激活Camera001视图，然后在菜单栏中选择“渲染”|“视频后期处理”命令，打开“视频后期处理”对话框，单击“添加场景事件”按钮，在打开的“添加场景事件”对话框中使用默认的摄影机视图，单击“确定”按钮，如下图所示。

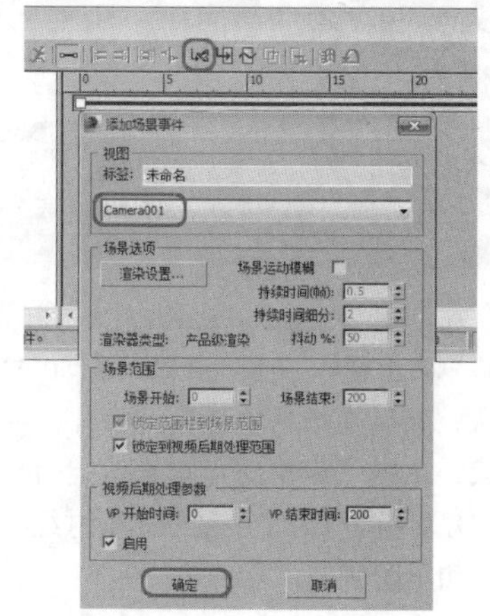

09 返回到“视频后期处理”对话框中，选择Camera001摄影机第200帧的关键点，并将其拖拽至第100帧位置，效果如下图所示。

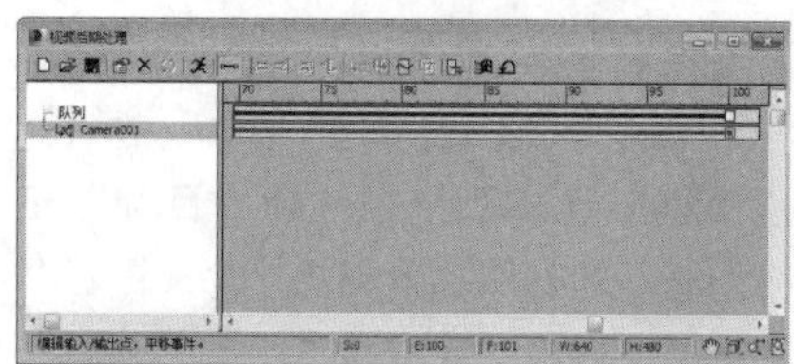

10 依照上述方法将第2个摄影机对象添加到“视频后期处理”对话框中，完成添加后，将Camera002摄影机第0帧的关键点移动至第100帧位置处，效果如下图所示。

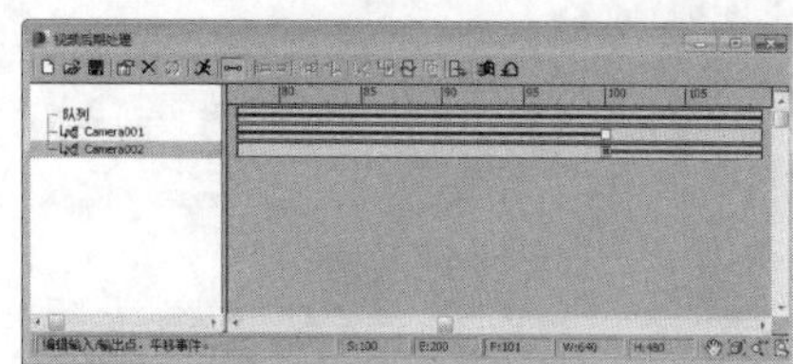

11 在“视频后期处理”对话框中，单击“添加图像输出事件”按钮，弹出“添加图像输出事件”对话框，单击“文件”按钮，在弹出的“为视频后期处理输出选择图像文件”对话框中，设置输出路径及文件名，将“保存类型”设置为avi，单击“保存”按钮，如下图所示。

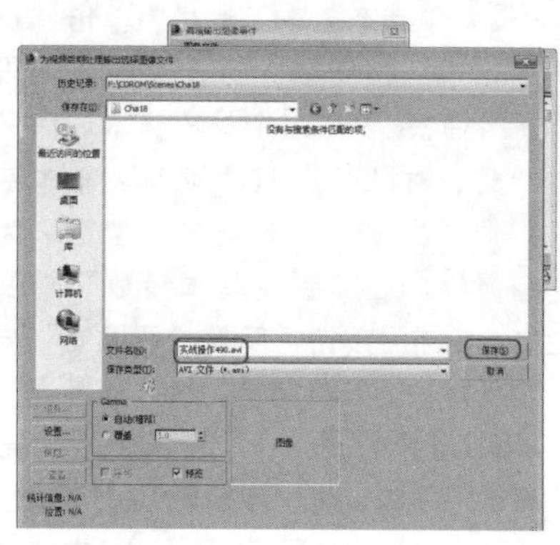

12 弹出“AVI文件压缩设置”对话框，在其中将“主帧比率”设置为0，然后单击“确定”按钮，如下图所示。

13 返回到“添加图像输出事件”对话框，在其中单击“确定”按钮，即可返回到“视频后期处理”对话框中，单击“执行序列”按钮，打开“执行视频后期处理”对话框，在“时间输出”选项组中，勾选“范围”单选按钮，在“输出大小”选项组中，将“宽度”和“高度”分别设置为800和600，如下图所示。

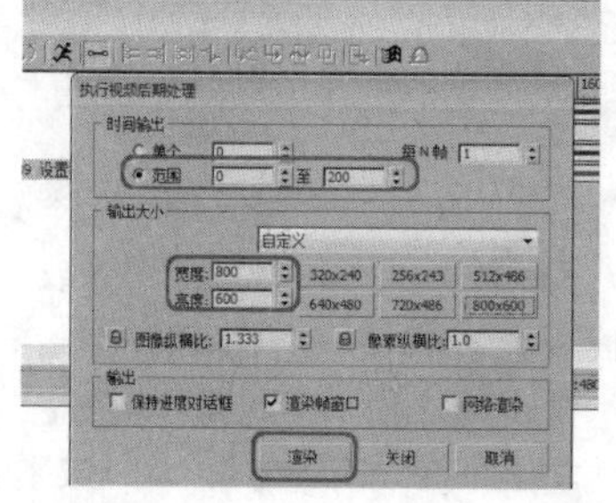

14 单击“渲染”按钮进行渲染，如下图所示的是渲染的静帧效果。

财经时代

18.3 光影文字

本例将介绍光影动画的制作方法。通过“文本”工具制作一个文字图形，并为文字设置厚度和“倒角”来制作产生光影的文字，再制作一个相同的文字图形，为它指定“挤出”修改器和“锥化”修改器，通过材质来表现光影效果，再通过记录变换动画及修改器参数动画来完成最终的光影动画。通过对本例的学习，用户可以学会光影动画的制作。同时掌握位置动画、缩放动画及修改器参数动画的表现方法。

实战操作492 标版字体的制作

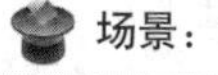

素材：无	难度：★★★★★
场景：无	视频：视频\ Cha18\实战操作492.avi

首先在场景中创建一个文本，进行标版字体的制作，创建标版字体的具体操作步骤如下。

01 在场景中按S键打开三维捕捉，选择“创建”|“图形”|“样条线”选项，在“对象类型”卷展览中选择“文本”工具，在“参数”卷展栏中的字体列表中选择“经典粗黑简”字体，在文本下面的输入框中输入“聚焦财经”，然后激活前视图，在前视图中单击创建“聚焦财经”文字标题，并将其命名为“聚焦财经”，如下图所示。

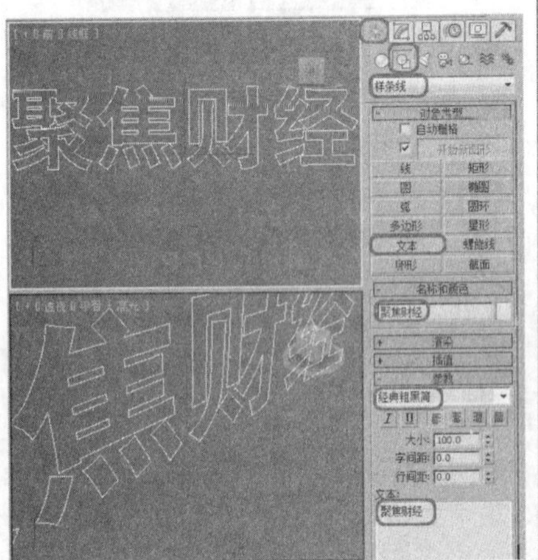

02 关闭三维开关，确定文本处于选中状态下，进入“修改”命令面板，在修改器列表中，选择“倒角”修改器，在“倒角值”卷展栏中，将“起始轮廓”设置为1，将“级别1”下的“高度”设置为12，勾选“级别2”复选框，将“高度”和“轮廓”分别设置为1和-1.4，如下图所示。

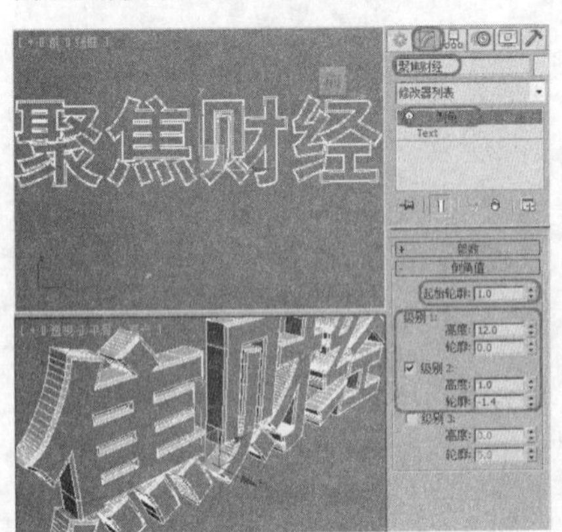

专家提醒

在捕捉类型浮动框中，可以选择要捕捉的类型，还可以控制捕捉的灵敏度，这一点是比较重要的。如果捕捉到了对象，会以浅蓝色显示(颜色可以修改)一个15像素的方格以及相应的线。

03 选择“创建”|“摄影机”|“标准”选项，在“对象类型”卷展栏中，选择“目标”工具，在“顶视图”中创建一个摄影机，切换至“修改”命令面板，在“参数”卷展栏中，将“镜头”参数设置为35，并在除“透视图”外的其他视图中调整摄影机的位置，激活透视视图，按C键将当前视图转换为摄影机视图。按Shift+F键为摄影机视图添加安全框，如下图所示。

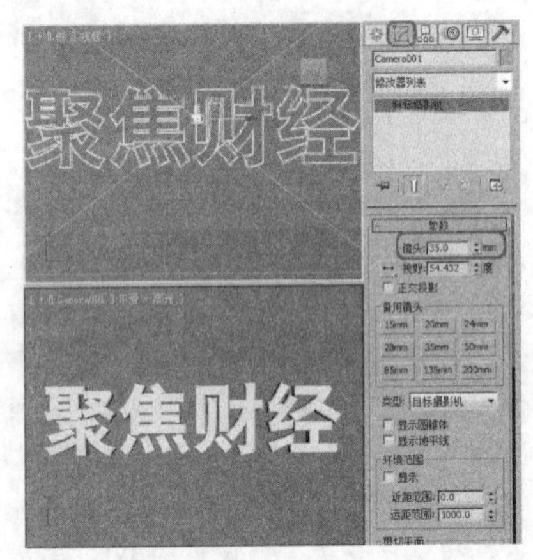

04 确定“聚焦财经”对象处于选中状态。在工具栏中单击“材质编辑器”按钮，打开“材质编辑器”对话框。将第1个材质样本球命名为“聚焦财经”。在“明暗器基本参数”卷展栏中，将明暗器类型定义为“金属”。在“金属基本参数”卷展栏中，单击按钮，解除“环境光”与“漫反射”的颜色锁定，将“环境光”的RGB值设置为（0、0、0），单击“确定”按钮；将“漫反射”的RGB值设置为（255、255、255），单击“确定”按钮；将“反射高光”选项组中的“高光级别”、“光泽度”都设置为100，单击“确定”按钮。

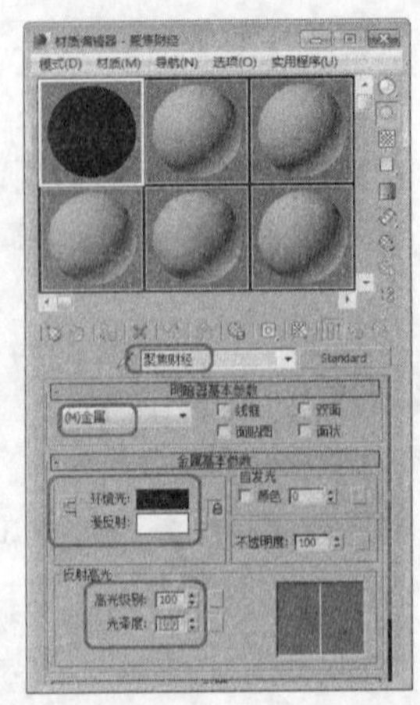

专家提醒

要显示安全框，另一种方法就是在激活视图中的视图名称下单击鼠标右键，在弹出的快捷菜单中选择“显示安全框”命令，这时在视图的周围出现一个杏黄色的边框，这个边框就是安全框。

05 打开“贴图”卷展栏，单击“反射”通道右侧的None按钮，在打开的“材质/贴图浏览器”对话框中选择“位图”贴图，单击“确定”按钮，然后在打开的对话框中选择随书附带光盘中的\Map\Gold04.jpg文件，单击“打开”按钮，打开位图文件，如下图所示。

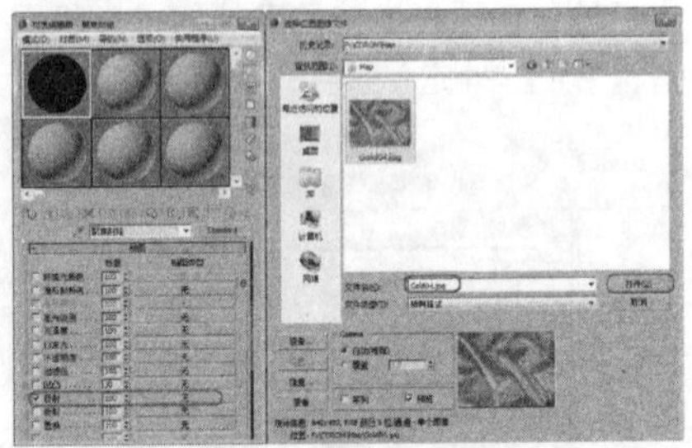

06 在“输出”卷展栏中，将“输出量”设置为1.2，按Enter键确认，然后在场景中选择“聚焦财经”对象，单击“将材质指定给选定对象”按钮，将材质指定给“聚焦财经”对象，如下图所示。

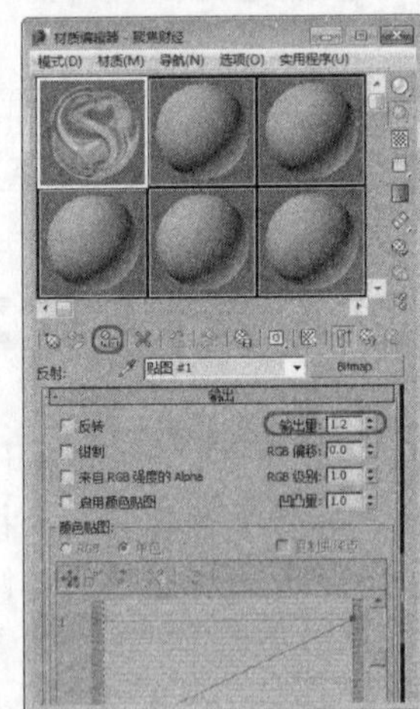

07 将时间滑块拖动至第100帧位置，然后单击“自动关键点”按钮，开始记录动画。在“坐标”卷展栏中，将“偏移”下的U、V值分别设置为0.2、0.1，按Enter键确认，如下图所示。

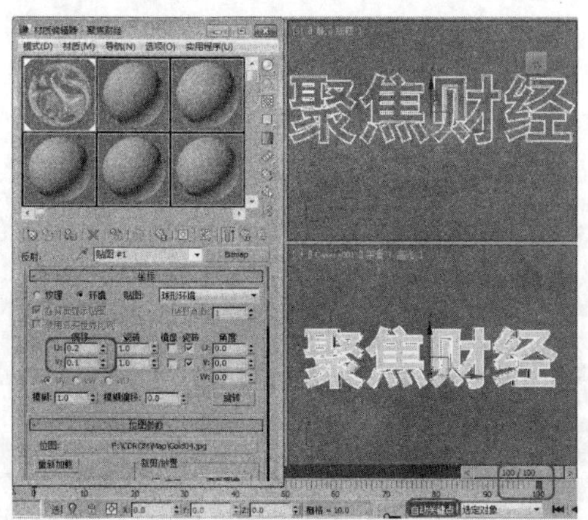

08 勾选“位图参数”卷展栏中的“应用”复选框，并单击“查看图像”按钮，在打开的对话框中，将当前贴图的有效区域进行设置，设置完成后将对话框关闭即可，并将“裁剪/放置”选项组中的W、H设置为0.474、0.474，如下图所示。设置完成后，关闭“自动关键点”按钮。

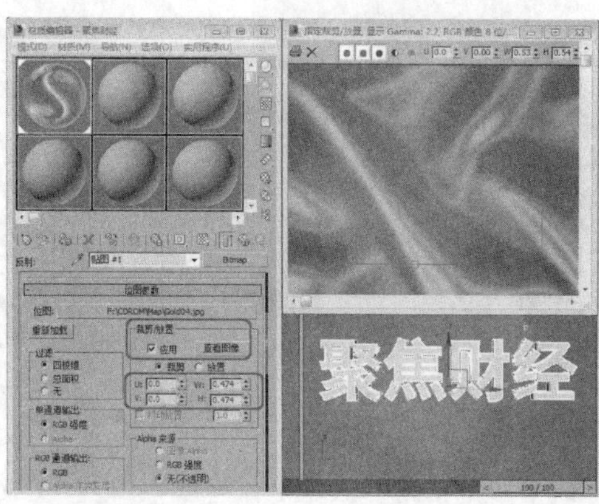

实战操作493 光影的制作

素材：无	难度：★★★★★
场景：无	视频：视频\ Cha18\实战操作493.avi

在完成标版字体的制作以后，为了更好地表现光影文字，需要为它添加光影，下面介绍光影的制作。

01 在场景中选择“聚焦财经”对象，按Ctrl+V键对它进行复制，在打开的“克隆选项”对话框中，选中“对象”选项组下的“复制”单选按钮，将新复制的对象重新命名为“聚焦财经光影”，单击“确定”按钮，如下图所示。

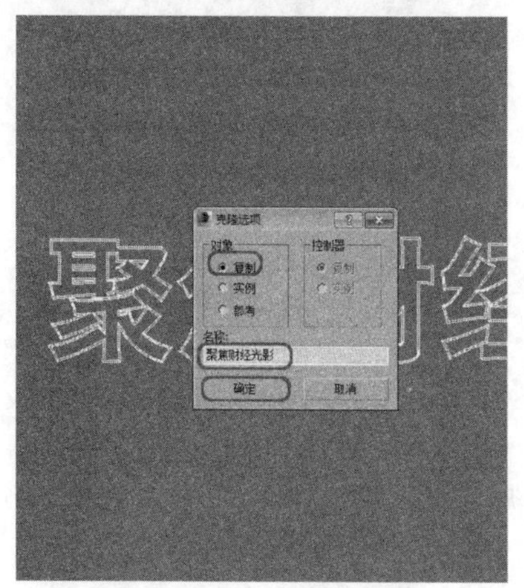

02 单击“修改”按钮，进入“修改”命令面板，在堆栈中选择“倒角”修改器，然后单击堆栈下的“从堆栈中移除修改器”按钮，将“倒角”删除。在“修改器列表”中选择“挤出”修改器，在“参数”卷展栏中，将“数量”设置为500，按Enter键确认，将“封口”选项组中的“封口始端”与“封口末端”取消勾选，如下图所示。

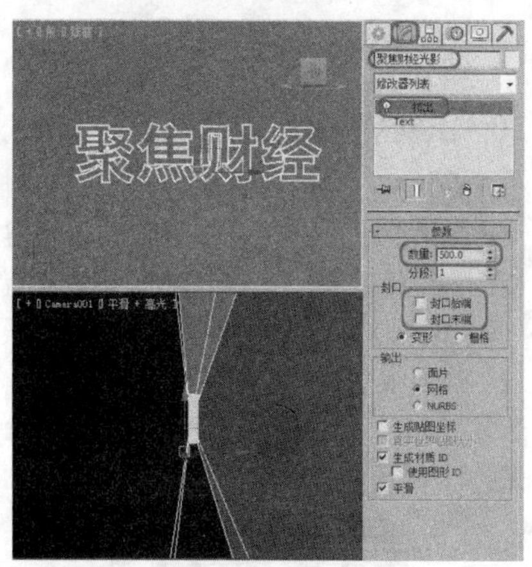

专家提醒

大量的片头文字使用光芒四射的效果来表现，这种效果在3ds Max中可以通过多种方法实现，在这个实例中，将介绍通过一种特殊的材质与模型结合完成的光影效果。这种方法制作出的光影效果的优点是渲染速度快，制作简便。

03 确定“聚焦财经光影”对象处于选中状态。激活第二个材质样本球，将当前材质名称重新命名为“光影材质”。在“明暗器基本参数”卷展栏中，勾选“双面”复选框。在“Blinn 基本参数”卷展栏中，将“环境光”和“漫反射”的RGB值分别设置为（255、255、255），单击“确定”按钮；将“自发光”值设置为100，按Enter键确认；将“反射高光”选项组中的“光泽度”参数设置为0，按Enter键确认，如下图所示。

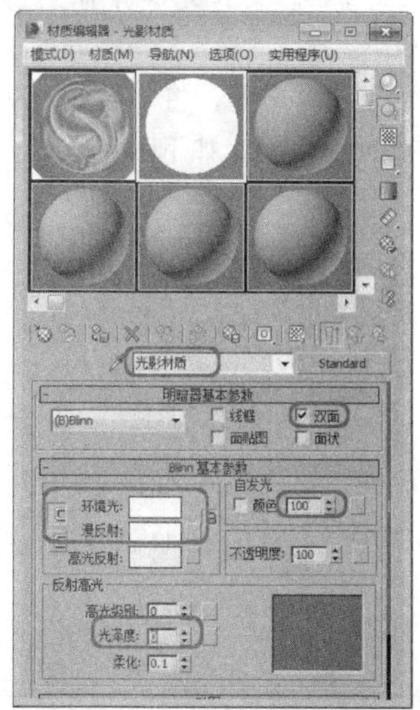

04 打开“贴图”卷展栏，单击“不透明度”通道右侧的None按钮，打开“材质/贴图浏览器”对话框，在其中选择“遮罩”贴图，单击“确定”按钮，如下图所示。

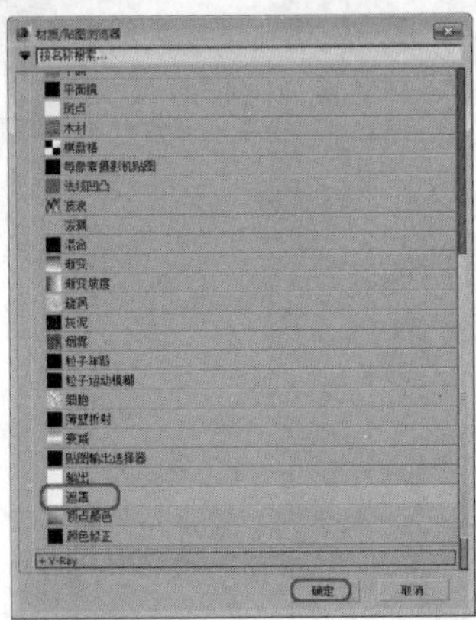

专家提醒

“遮罩”是使用一张贴图作为罩框，透过它来观看上面的材质效果，罩框图本身的明暗强度将决定透明的程度。

“双面”：双面就是将物体法线相反的一面也进行渲染。通常，计算机为了简化计算，只渲染物体法线为正方向的表面(即可视的外表面)，这对大多数物体都适用，但有些敞开面的物体，其内壁会看不到任何材质效果，这时就必须打开双面设置。

05 进入到“遮罩”二级材质设置面板中，首先单击贴图右侧的None按钮，在打开的“材质/贴图浏览器”对话框中，选择“棋盘格”选项，单击“确定”按钮，在打开的“棋盘格”层级材质面板中，在“坐标”卷展栏中，将“瓷砖”下的U、V分别设置为250和-0.001，打开“噪波”参数卷展栏，勾选“启用”复选框，将“数量”设置为5，按Enter键确认，如下图所示。

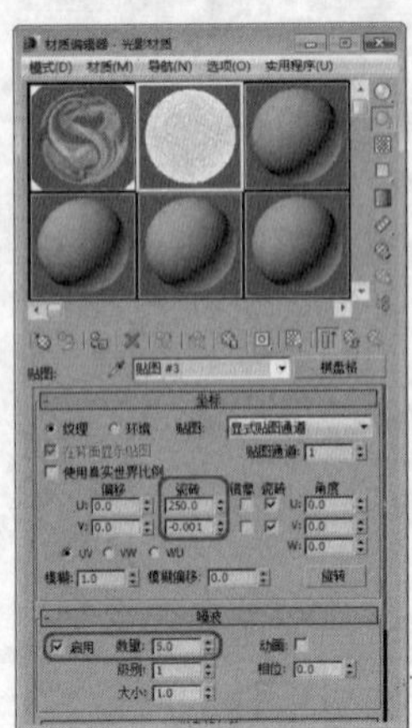

06 打开“棋盘格参数”卷展栏，将“柔化”设置为0.01，按Enter键确认，将“颜色 #2”的RGB值设置为（156、156、156），单击“确定”按钮，如下图所示。

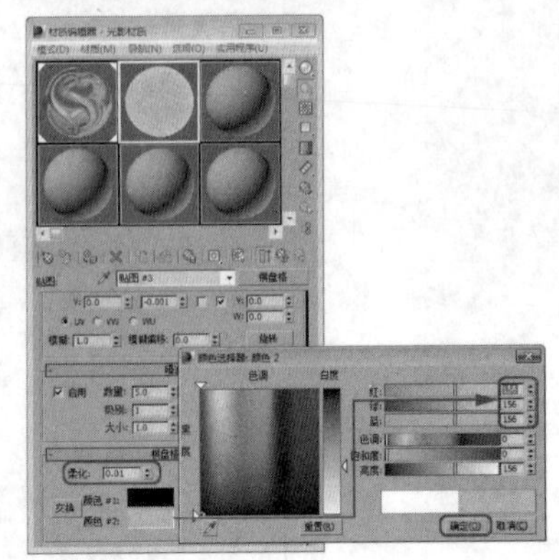

07 设置完毕后，选择“转到父对象”按钮，返回到遮罩层级。单击“遮罩”右侧的None按钮，在打开的“材质/贴图浏览器”对话框中选择“渐变”贴图，单击“确定”按钮，如下图所示。

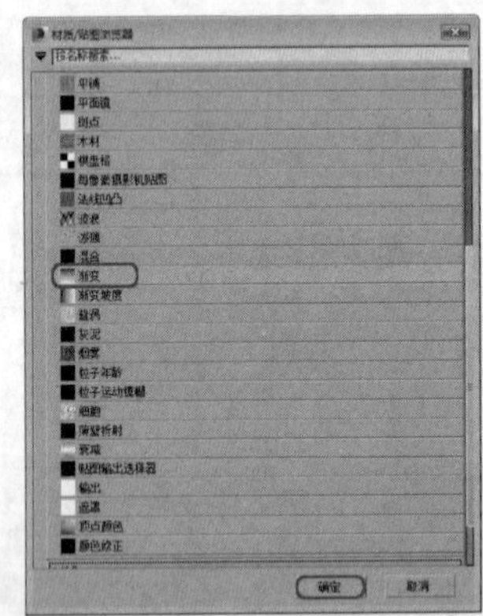

08 在打开的“渐变”层级材质面板中，打开“渐变参数”卷展栏，将“颜色 #2”的RGB数值都设置为（0、0、0），按Enter键确认。将“噪波”选项组中的“数量”值设置为0.1，选择“分形”选项，最后将“大小”设置为5，按Enter键确认，如下图所示。

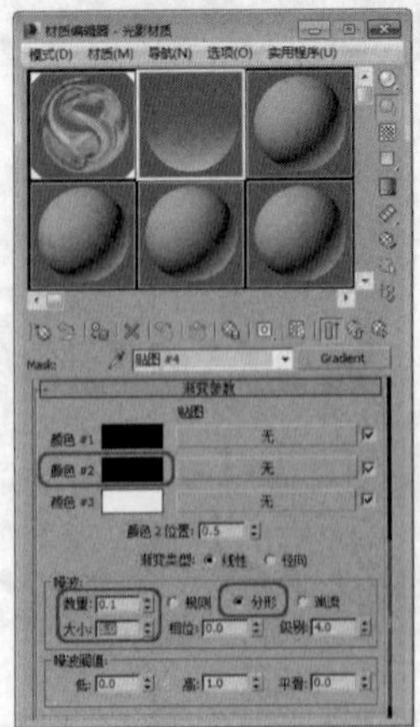

09 单击两次“转到父对象”按钮，返回父级材质面板。在“材质编辑器”中单击“将材质指定给选定的对象”按钮，将当前材质赋予视图中的“聚焦财经光影”对象，如下图所示。

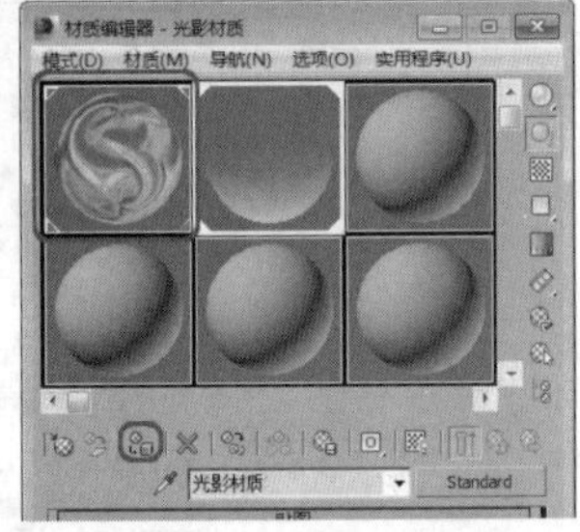

10 设置完材质后，将时间滑块拖拽至第60帧位置，渲染该帧图像，效果如下图所示。

11 继续在“贴图”卷展栏中，将“反射”的“数量”设置为5，并单击其后面的None按钮，在打开的“材质/贴图浏览器”对话框中选择“位图”贴图，如下图所示。

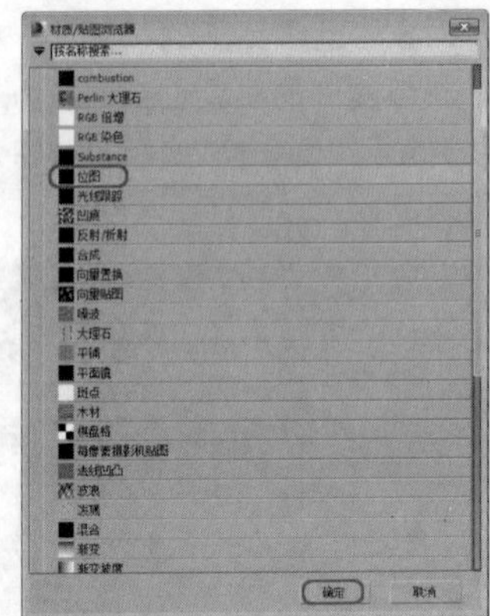

12 在打开的对话框中选择随书附带光盘中的\Map\Gold04.jpg文件，单击“确定”按钮，进入“位图”层级面板，在“输出”卷展栏中，将“输出量”设置为1.35，如下图所示。

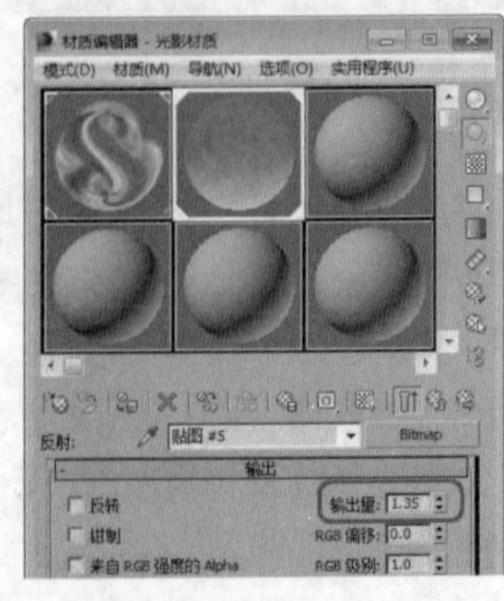

专家提醒

"输出量"：控制位图融入一个合成材质中的数量(程度)。

"锥化"编辑修改器可以通过放缩物体的两端而产生锥形的轮廓，同时还可以加入光滑的曲线轮廓，允许用户控制导边的倾斜度，曲线轮廓的曲度，还可以限制局部导边效果。

实战操作494 光影动画

素材：无	难度：★★★★★
场景：Scenes\Cha18\实战操作494.max	视频：视频\ Cha18\实战操作494.avi

光影动画的具体操作步骤如下。

01 在场景中选择"聚焦财经光影"对象，单击"修改"按钮，切换到修改命令面板，在"修改器列表"中选择"锥化"修改器，打开"参数"卷展栏，将"数量"设置为1.0，按Enter键确认，如下图所示。

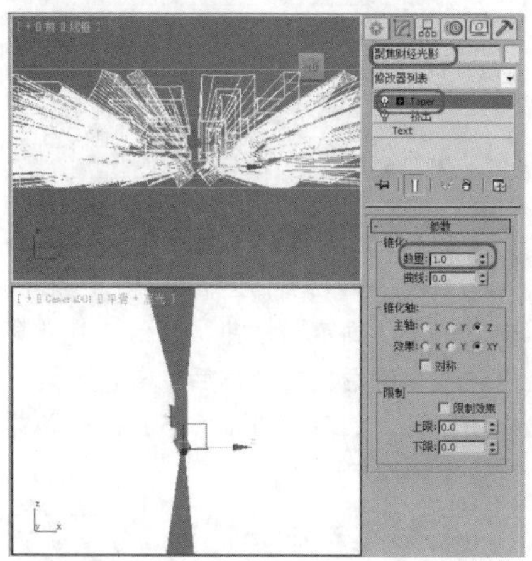

02 在场景中选择"聚焦财经"和"聚焦财经光影"对象，在工具栏中选择"选择并移动"工具，然后在顶视图中沿Y轴将选择的对象移动至摄影机下方，如下图所示。

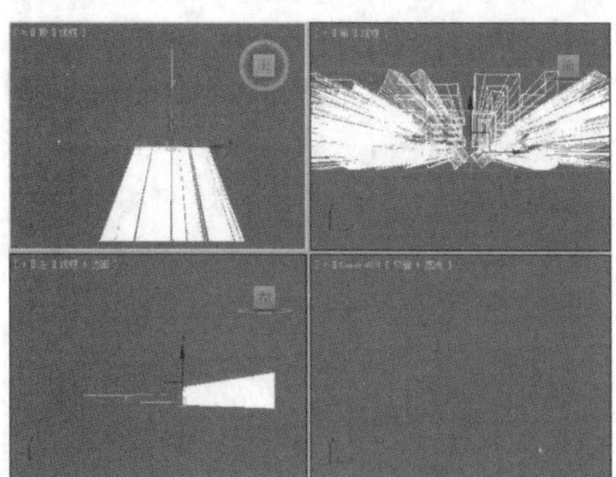

03 将视口底端的时间滑块拖拽至第60帧位置，单击"自动关键点"按钮，然后将选择的对象重新移动至移动前的位置处，如下图所示。

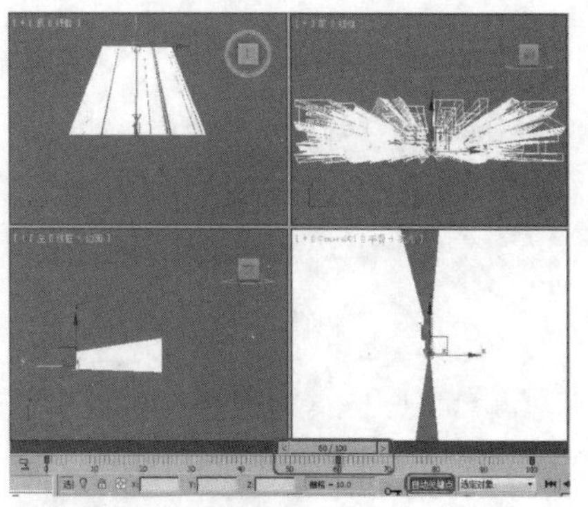

04 将时间滑块拖拽至第80帧位置，选择"聚焦财经光影"对象，在"修改"命令面板中，将"锥化"修改器的"数量"值设置为0，按Enter键确认，如下图所示。

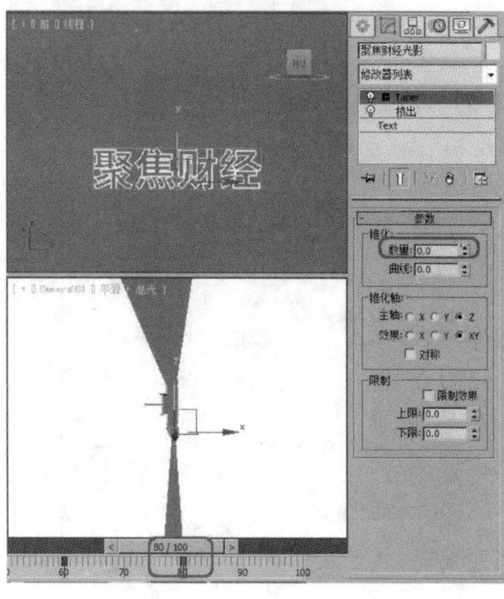

05 确定当前帧仍然为第80帧。激活顶视图，在工具栏中选择"选择并非均匀缩放"工具并单击鼠标右键，在弹出的"缩放变换输入"对话框中，设置"偏移：屏幕"选项组中的Y值为1，如下图所示。

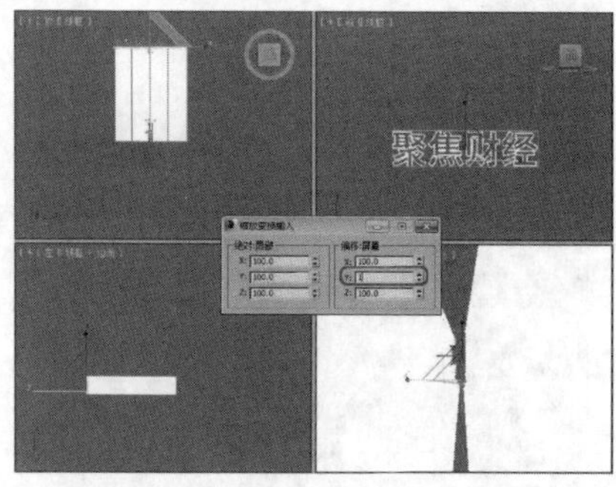

06 关闭"自动关键点"按钮。确定"聚焦财经光影"对象仍然处于选中状态。在工具栏中单击"曲线编辑器"按钮，打开"轨迹视图"对话框。选择"编辑器"|"摄影表"命令，如下图所示。

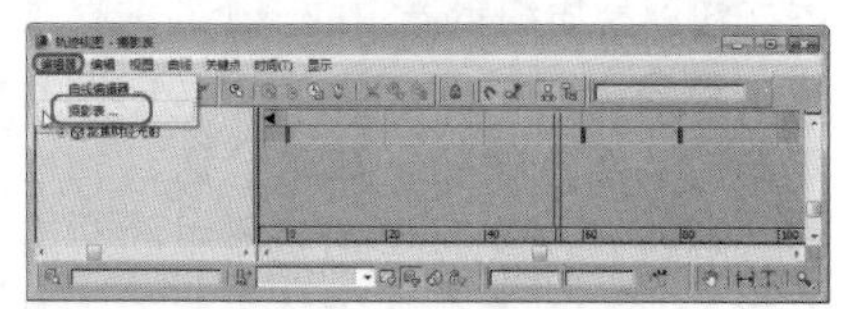

07 在打开的"聚焦财经光影"序列下选择"变换"选项，在"变换"选项下选择"缩放"，如下图所示。

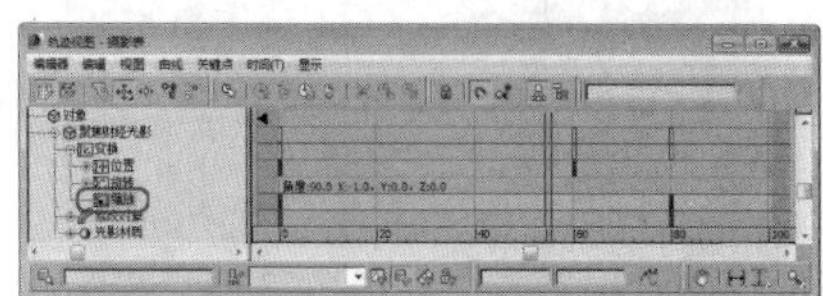

08 将第0帧的关键点移动至第60帧位置，如下图所示。

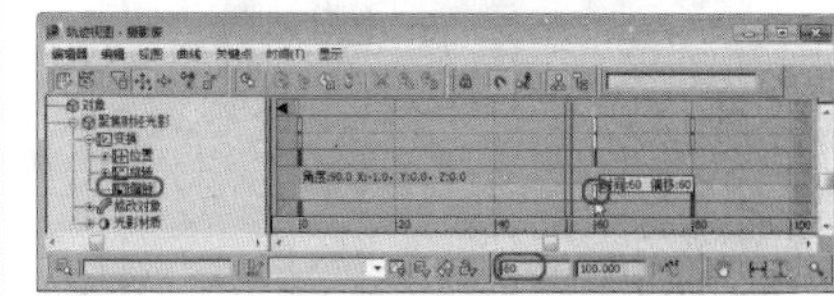

实战操作495 设置背景

素材：无	难度：★★★★★
场景：无	视频：视频\ Cha18\实战操作495.avi

在完成前面的制作以后，需要为其设置背景，具体操作步骤如下。

01 在菜单栏中选择“渲染”|“环境”命令，打开“环境和效果“对话框。在对话框中，单击“背景”选项组中的“无”按钮，打开“材质/贴图浏览器”对话框。选择“渐变”贴图，单击“确定”按钮，如下图所示。

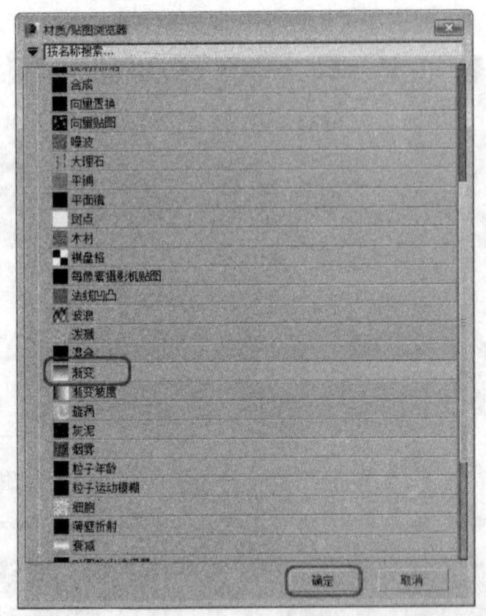

02 打开材质编辑器，在“环境和效果”对话框中，拖动环境贴图按钮到材质编辑器中的一个新的材质样本球窗口中。在弹出的对话框中，单击“实例”按钮，单击“确定”按钮。这样，改变材质编辑器中的贴图参数，就可以改变环境贴图背景，如下图所示。

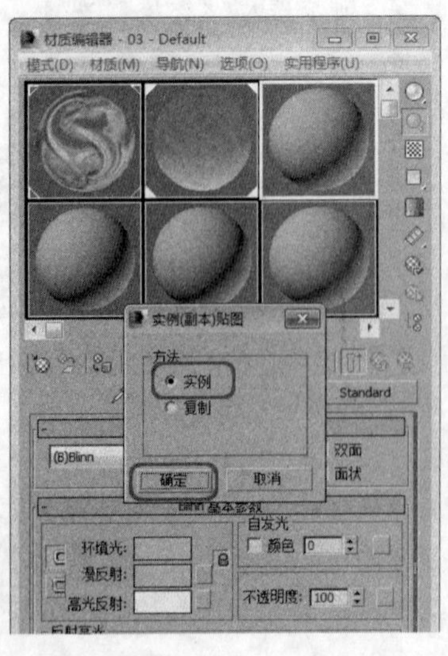

03 在材质编辑器中，将“渐变参数”卷展栏中的“颜色1”的RGB值分别设置为（10、0、144），单击“确定”按钮；将“颜色2”的RGB值设置为（150、141、252），单击“确定”按钮，将“颜色3”的RGB值分别设置为（0、0、55），单击“确定”按钮，如下图所示。设置完成后将对话框关闭即可。

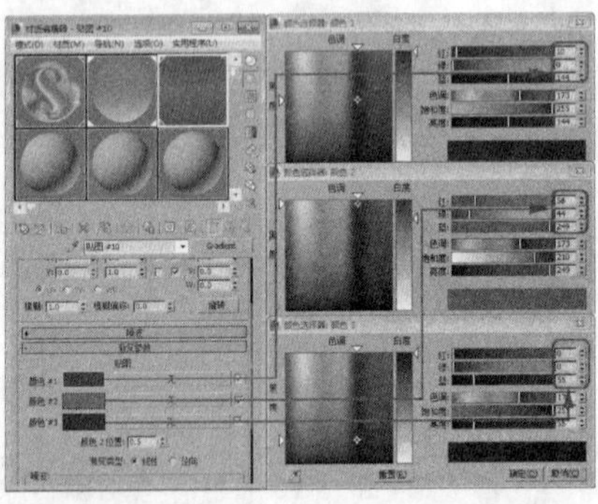

04 激活摄影机视图，在工具栏中单击“渲染设置”按钮，打开“渲染场景”对话框，在“公用参数”卷展栏中，选择“活动时间段”选项，在“输出”大小选项组中，设置“宽度”和“高度”值分别为555和300，如下图所示。

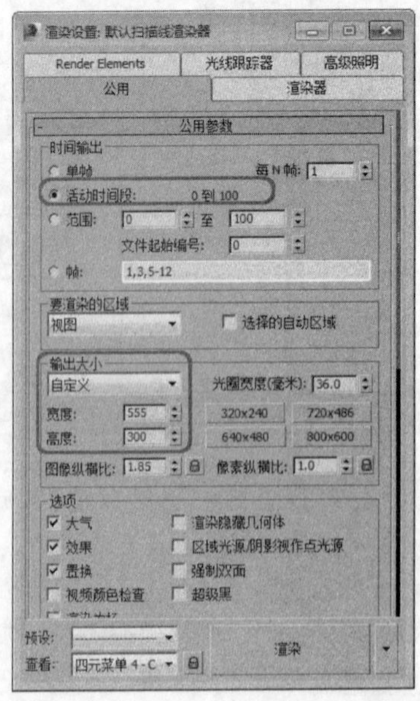

05 在“渲染输出”选项组中单击“文件”按钮，在弹出的“渲染输出文件”对话框中，为将要输出的动画设置一个正确的路径即可，如下图所示。

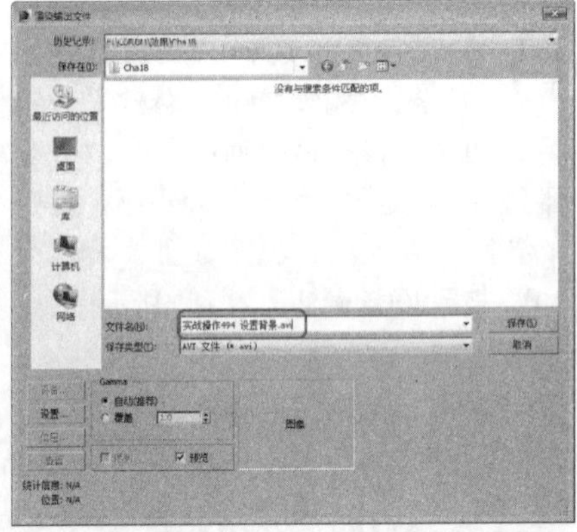

06 单击“保存”按钮，在弹出的“AVI文件压缩设置”对话框中，单击“确定”按钮，回到“渲染输出文件”对话框中，然后单击“渲染”按钮即可，如下图所示，至此，光影文字效果制作完成了。

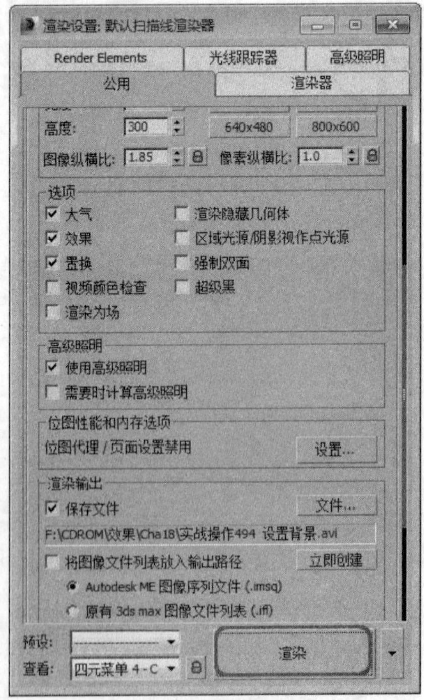

18.4 火焰崩裂字

本例将介绍火焰崩裂字的制作方法。文字爆炸的碎片由粒子系统产生，对一个文字替身物体进行分裂，裂解的碎块使用发光特效过滤器进行处理，以产生燃烧效果。文字炸裂瞬间有光芒放射，这是通过指定一个体积光的聚光灯产生的。除此之外，还在场景中为镂空字体制作了燃烧的火焰背景，并且使用了四个半球Gizmo物体来限制火焰的范围。通过对本例的学习，用户可以学会火焰崩裂特效字的制作方法，并能掌握镂空文字的设置、可视性轨迹的使用、粒子阵列的控制、体积光的设置以及发光特效的设置。

实战操作496 创建文字并进行编辑

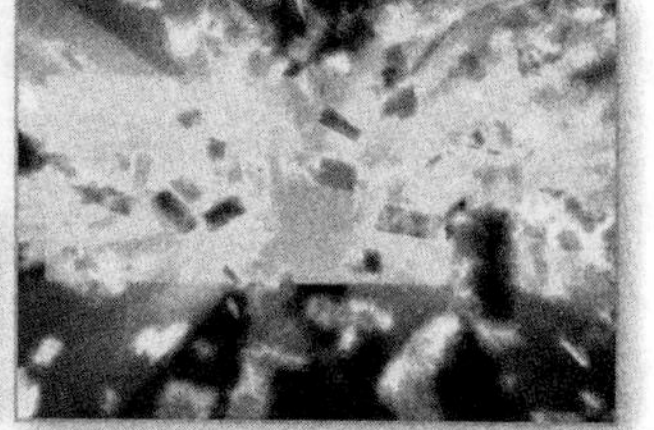

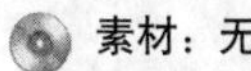 素材：无	难度：★★★★★
 场景：Scenes\Cha18\实战操作496.max	视频：视频\ Cha18\实战操作496.avi

制作火焰崩裂字，首先要创建一个镂空的文字，这里的镂空文字是与矩形嵌套在一起的，此外还需要对常见的文字图形进行一定的设置。具体操作步骤如下。

01 在视窗底端的动画控制区域单击“时间配置“按钮，弹出“时间配置”对话框，在“帧速率”选项组中，选择“PAL”制式，将“动画”选项组中的“结束时间”设置为125，单击“确定”按钮，如右图所示。然后将当前的动画时间设置为125帧。

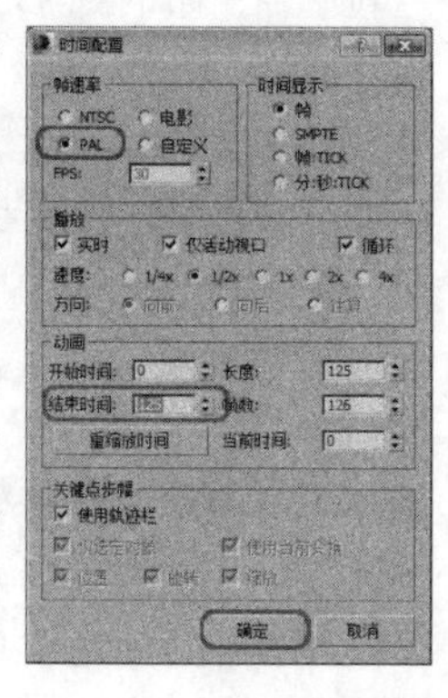

02 选择“创建” | “图形” | “样条线” | “文本”工具，在“参数”卷展栏中的字体列表中选择“汉仪超粗宋简”字体，在文本下面的输入框中输入“实时资讯”，将“字间距”设置为5，然后激活前视图，在前视图中创建“实时资讯”文字标题，并将其命名为“镂空”，如下图所示。

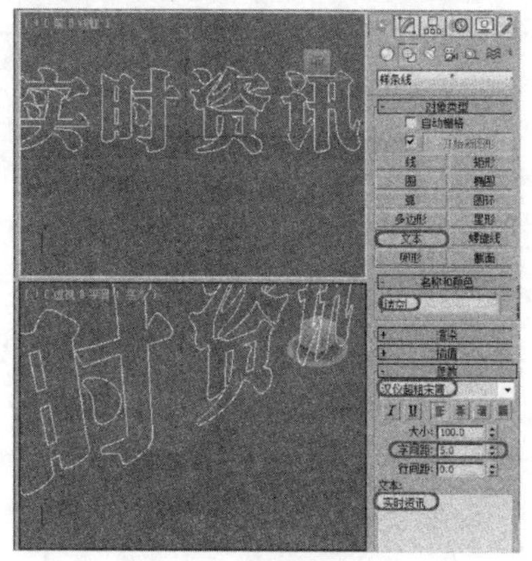

03 选择“创建” | “图形” | “样条线” | “矩形”工具，在前视图中创建一个“长度”、“宽度”和“角半径”分别为179、480、5的矩形，将其命名为“底板”，并调整其位置，如下图所示。

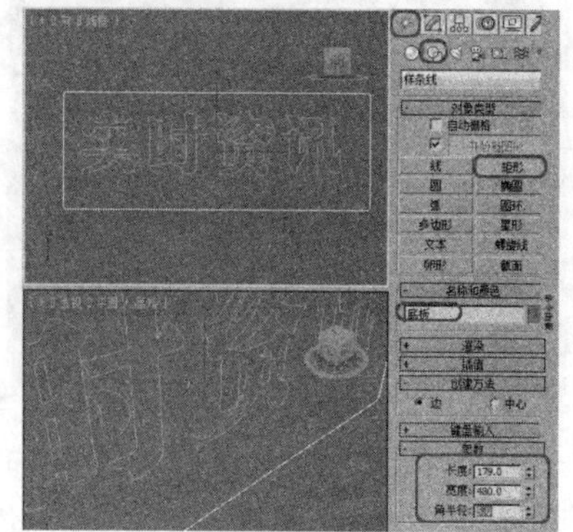

04 在视图中选择“镂空”对象，单击“修改”按钮，切换到修改命令面板，在修改器列表中选择“编辑样条线”修改器。然后在修改命令面板中打开“几何体”卷展栏，单击“附加”按钮，最后在视图中选择“底板”对象，将其附加在一起，效果如下图所示。

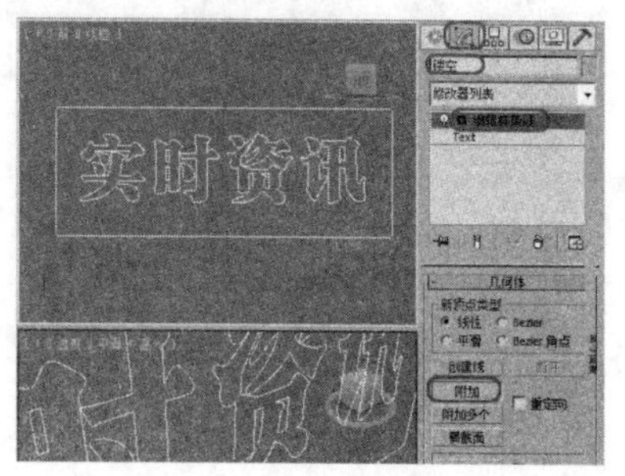

05 再在修改器列表中选择“倒角”修改器。在“参数”卷展栏的“相交”选项组中，勾选“避免线相交”复选框，在“倒角值”卷展栏中，将“级别1”下的“高度”设置为10，选择“级别2”复选框，将“高度”和“轮廓”分别设置为1和-1，如下图所示。

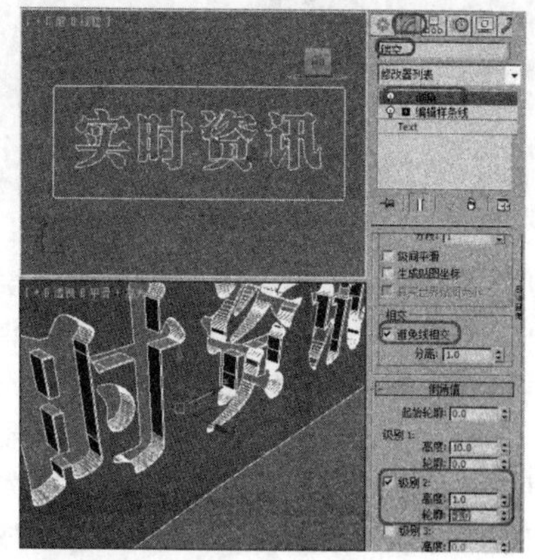

06 在工具栏中单击“材质编辑器”按钮，打开材质编辑器，选择一个材质样本球，将其命名为“镂空”，在“明暗器基本参数”卷展栏中，将明暗器基本类型定义为“(M)金属”，单击“环境光”右侧的按钮，取消“环境光”与“漫反射”的锁定，在“金属基本参数”卷展栏中，将“环境光”的RGB值设置为(64、41、0)，将“漫反射”的RGB值设置为(212、117、0)，将“反射高光”区域下的“高光级别”设置为48，将“光泽度”设置为74，如下图所示。

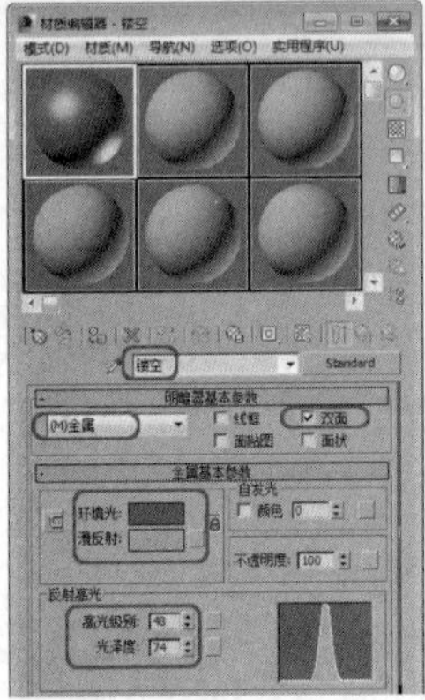

专家提醒

在设置倒角时，勾选“避免线相交”复选框可以防止尖锐折角产生的突出变形。

07 在“贴图”卷展栏中，将“凹凸”通道的“数量”值设置为9，然后单击其后面的None按钮，在打开的“材质/贴图浏览器”对话框中选择“噪波”贴图，单击“确定”按钮，如下图所示。

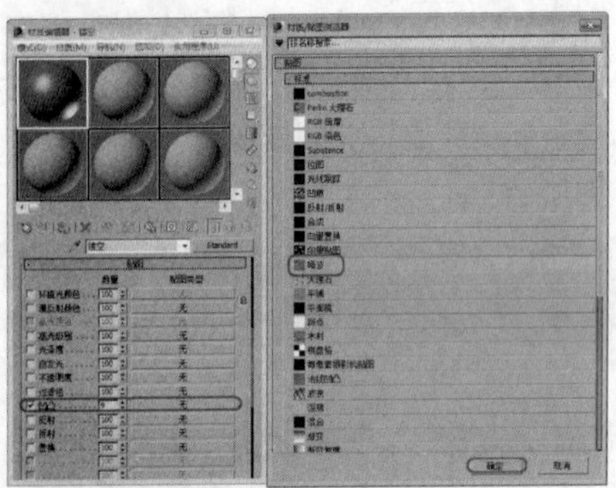

08 进入“凹凸”通道的贴图层级，在“坐标”卷展栏中，将“瓷砖”下的X、Y、Z值设置为4、4、4，按Enter键确认。在“噪波参数”卷展栏中，选择噪波类型为“湍流”，如下图所示。然后单击“转到父对象”按钮，返回父材质层。

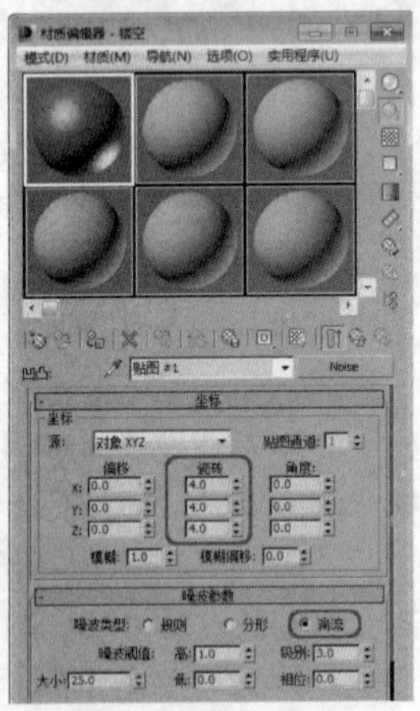

09 在“贴图”卷展栏中，将“反射”通道的数量值设置为45，然后单击其后面的None按钮，在打开的“材质/贴图浏览器”对话框中选择“位图”贴图，单击“确定”按钮，如下图所示。

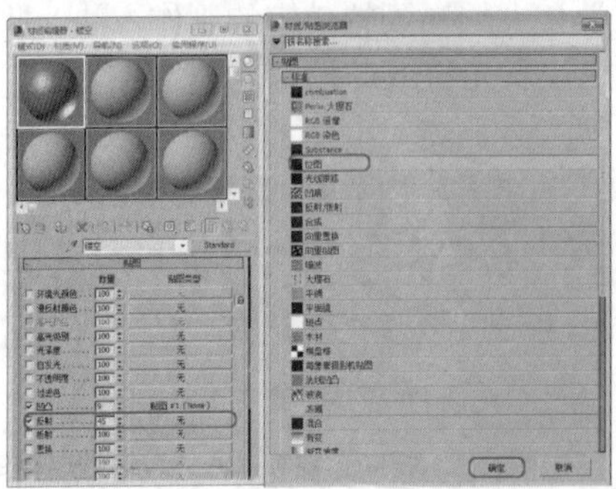

10 弹出“选择位图图像文件”对话框，在打开的对话框中选择随书附带光盘中的\Map\Gold04.jpg文件，单击“打开”按钮，打开位图。完成设置后在视图中选择所有对象，单击“将材质指定给选定对象”按钮，将设置好的材质指定给它们，效果如下图所示，关闭该对话框。

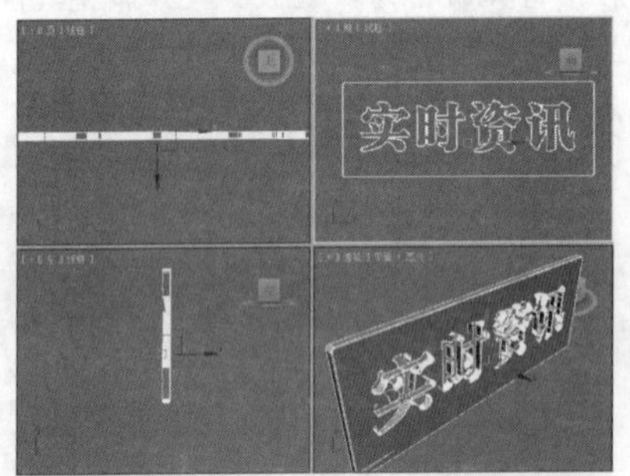

11 按Ctrl+V键对当前选择的“镂空”对象进行复制，在弹出的对话框中，选中“复制”单选按钮，将“名称”设置为“遮挡”，最后单击“确定”按钮，返回“编辑样条线”堆栈层，定义当前选择集为“样条线”，在视图中选择“遮挡”外侧的矩形样条曲线，如下图所示，按Delete键将其删除，然后关闭当前选择集，返回“倒角”堆栈层，得到实体文字。

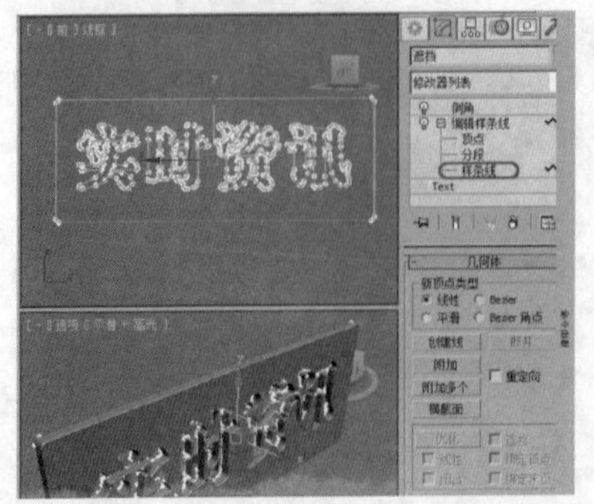

12 确定“遮挡”对象处于选中状态，选择并进入“倒角”修改器，将“倒角值”卷展栏下的“级别1”区域中的“高度”设置为0，并将“级别2”的“高度”和“轮廓”设置为0.1、0，效果如下图所示。

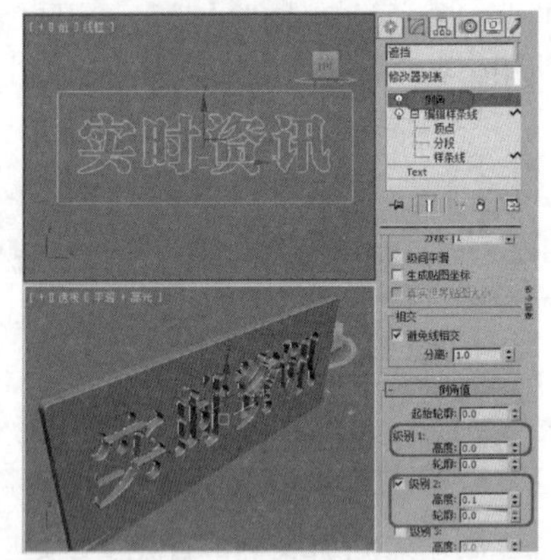

13 确定“遮挡”对象处于选中状态，再次按Ctrl+V键，在打开的“克隆选项”对话框中，将复制类型定义为“复制”，将新对象重新命名为“粒子”，如下图所示，最后单击“确定”按钮。

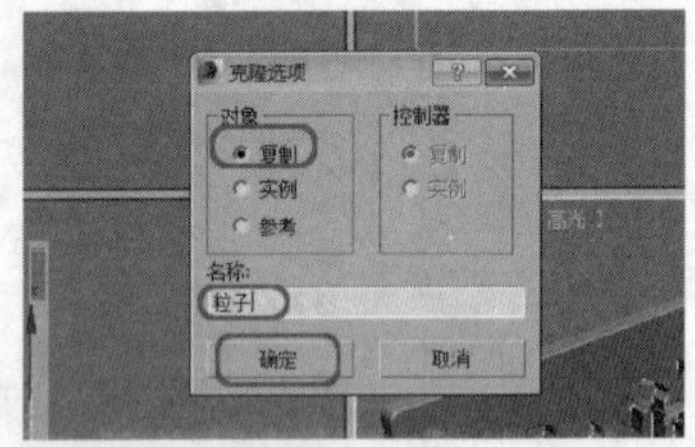

14 在视图中选择“遮挡”对象，在工具栏中单击“曲线编辑器”按钮，打开“轨迹视图”对话框，选择菜单栏中的“编辑器”|“摄影表”选项，然后在左侧的列表中选择“遮挡”，选择“编辑”|“可见性轨迹”|“添加”命令，如下图所示，为“遮挡”添加一个可视性轨迹控制器。

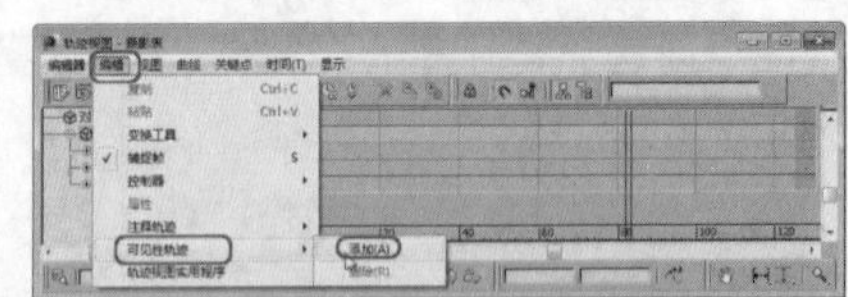

专家提醒

可视性轨迹用于控制物体在何时出现，何时消失。没有指定贴图坐标的物体在渲染可视性动画时，如果完全不可见，渲染会正常进行，但如果可见，会弹出一个警告框，并中断渲染。因此在渲染前，对物体应先进行贴图坐标的指定。

15 在轨迹视图工具栏中选择“添加关键点”工具，在第0帧、第10帧和第11帧处各添加一个关键点，其中前两个关键点的值都是1，表示物体可见。在添加完第11帧处的关键帧后，在轨迹视图底部的数值输入框中输入0，按Enter键确认，如下图所示，将该对话框关闭。

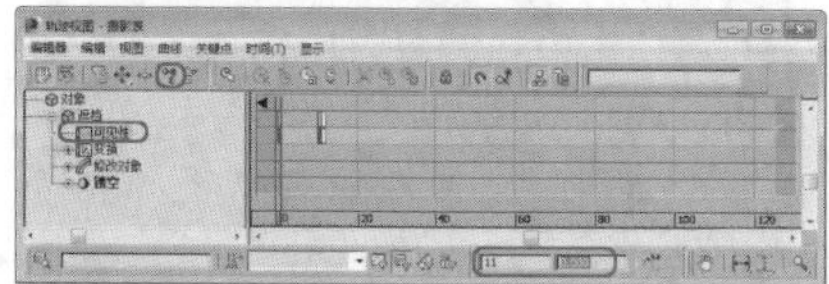

16 选择“创建” |“摄影机” |“目标”命令，在顶视图中单击鼠标左键，创建摄影机，然后拖动至目标所在的位置即可释放鼠标左键，最后将镜头参数设置为35mm。激活透视视图，按C键将该视图转换为摄影机视图，并调整摄影机的位置，调整后的效果如下图所示。

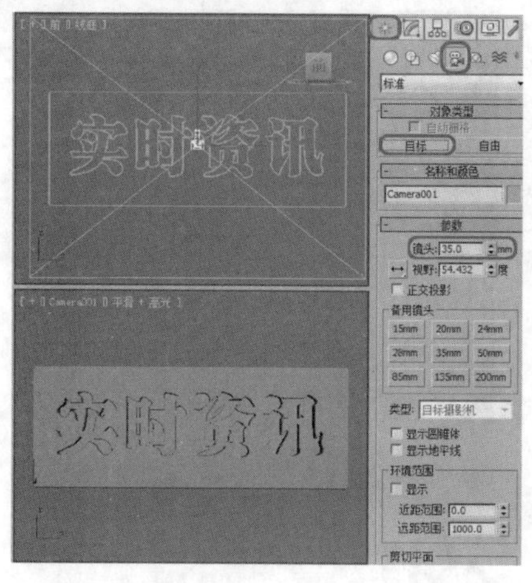

专家提醒

摄影机和它的目标可以分别移动。单击选择摄影机目标，将其进行移动，或选择摄影机后将其与目标一起移动。也可以简单地单击摄影机与目标之间的连线或选择摄影机并单击鼠标右键，从弹出菜单中单击“选择”按钮来同时选择摄影机和它的目标。如果需要反复移动摄影机，最好锁定选择集（按空格键），因为目标的位置在有许多对象的场景中通常都是固定的。

17 选择“创建” |“几何体” |“粒子系统”|“粒子阵列”工具，在顶视图中创建一个粒子阵列系统，如下图所示。

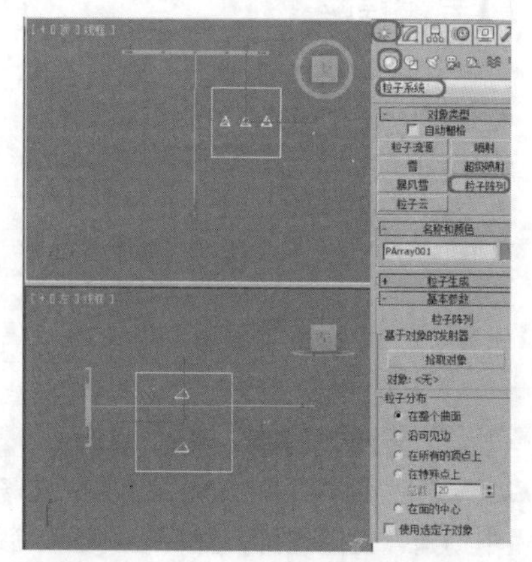

18 切换至“修改”命令面板，在“基本参数”卷展栏中，单击“拾取对象”按钮，然后按H键打开“名称”选择框，选择“粒子”对象，如下图所示，单击“拾取”按钮，将它作为粒子系统的替身。

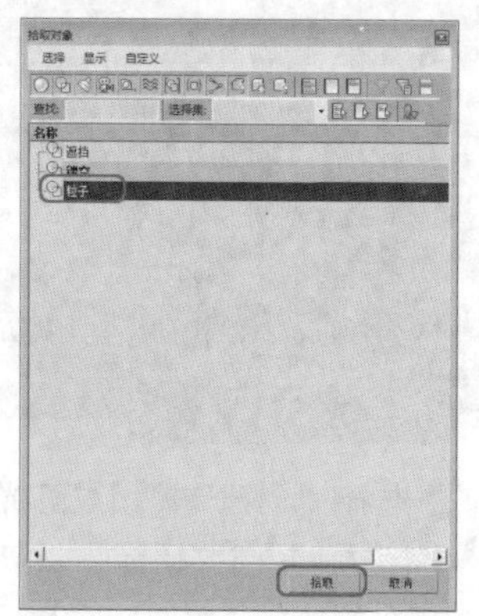

19 在“显示图标”卷展栏中，将“图标大小”设置为73，并按Enter键确认。在“视口显示”选项组中，选择“网格”显示方式，这样在视图中会看到以网格物体显示的粒子碎块，如下图所示。

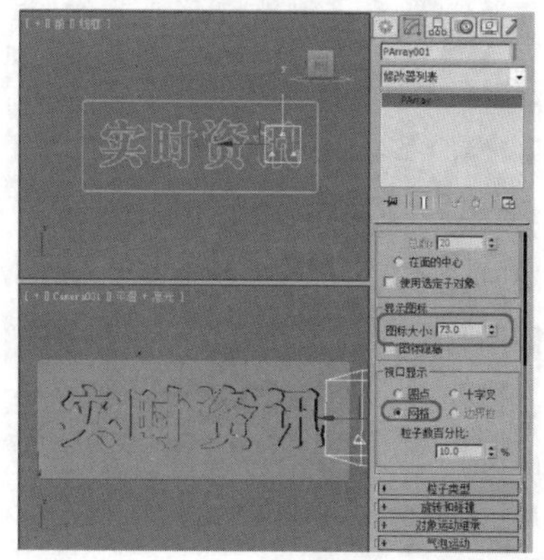

20 在粒子生成卷展栏中，将“速度”、“变化”和“散度”分别设置为8、45、32，按Enter键确认。将“发射开始”、“显示时限”和“寿命”分别设置为10、125、125，按Enter键确认。将“唯一性”区域下的“种子”值设置为24567，按Enter键确认，如下图所示。

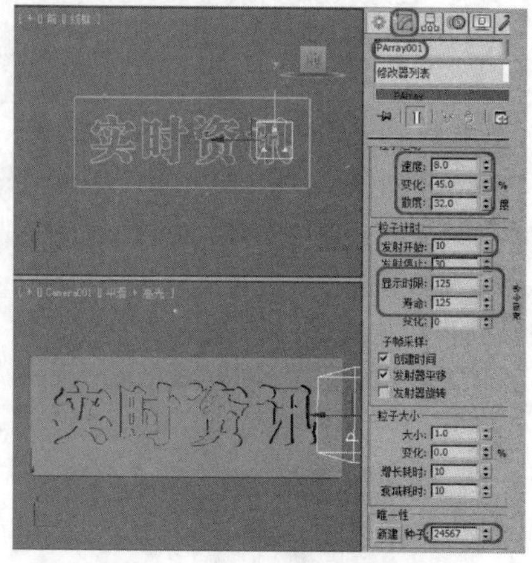

21 打开“粒子类型”卷展栏，选择“对象碎片”类型。将“对象碎片控制”选项组中的“厚度”设置为8，选中“碎片数目”单选按钮，将其最小值设置为100，如下图所示。

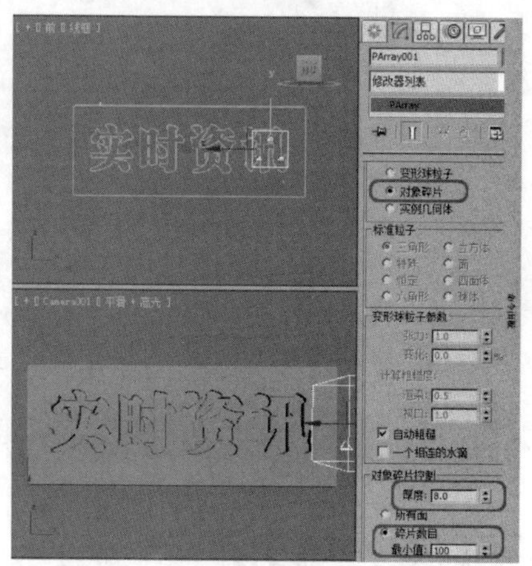

22 在“旋转和碰撞”卷展栏中，将“自旋速度控制”选项组中的“自旋时间”设置为40，将“变化”设置为15%，按Enter键确认，完成后的效果如下图所示。

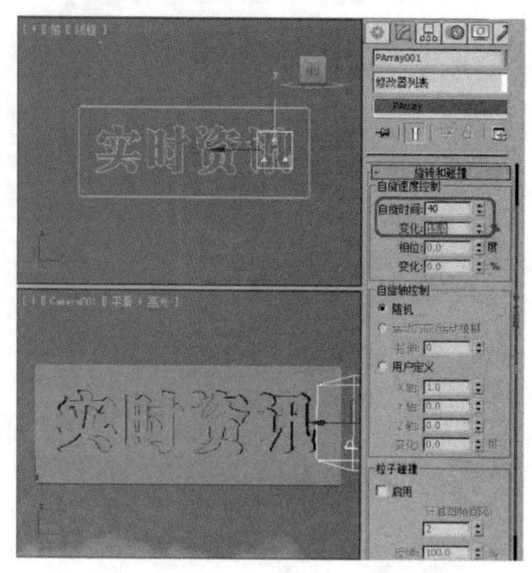

专家提醒

“自旋时间”：控制粒子自身旋转的节拍，即一个粒子进行一次自旋需要的时间，值越高，自旋越慢，当值为0时，不发生自旋。

“变化”：设置三个轴向自旋设定的变化百分比值。

23 粒子系统设置完成后，在场景中选择“粒子”对象，然后在修改面板中单击“从堆栈中移除”按钮，将“倒角”修改器删除，如下图所示。

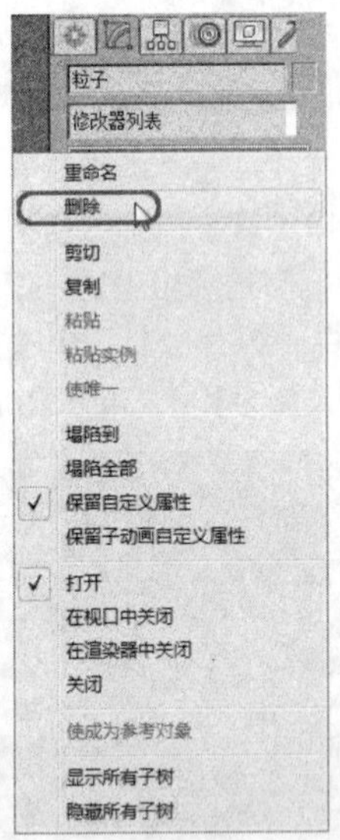

24 选择粒子系统，单击鼠标右键，在弹出的快捷菜单中选择“对象属性”命令，在打开的对话框中，将“对象ID”设置为1，按Enter键确认。在“运动模糊”选项组中选择“图像”选项，如下图所示，单击“确定”按钮，为粒子系统设置ID号和图像运动模糊。

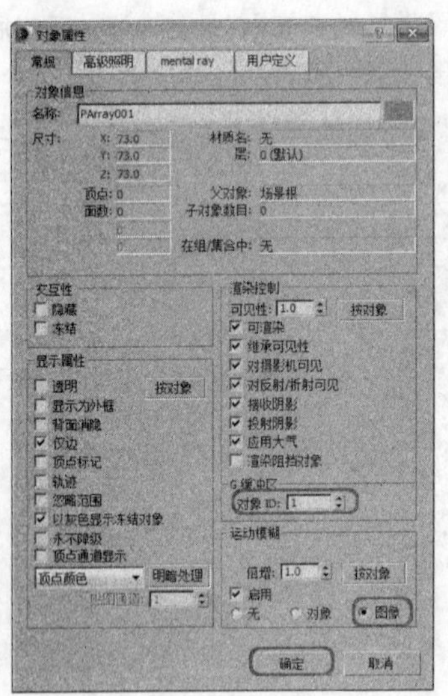

专家提醒

运动模糊的倍增用于调节模糊的程度，这里分为两种计算模式，一种是对象，一种是图像，后者是基于图像处理的，速度很快。这里是控制单个物体是否进行运动模糊处理的开关，在渲染设置面板中，还有一个场景模糊控制的总开关。

25 选择“创建”|“灯光”|“标准”|“泛光”工具，在场景中创建一盏泛光灯，然后在“强度/颜色/衰减”卷展栏中，将“倍增”的RGB值设置为（211、211、211），如下图所示。

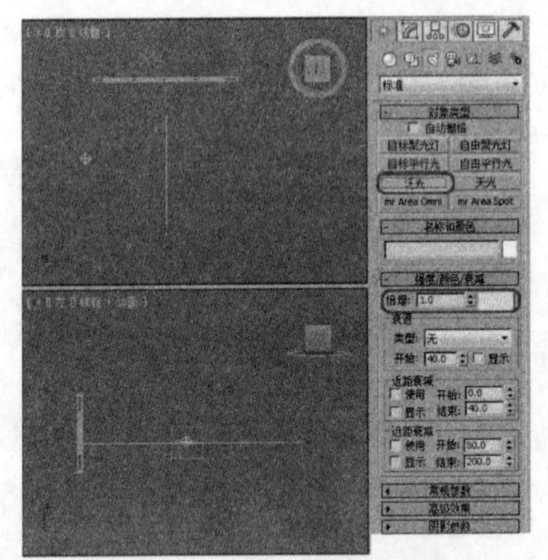

26 选择“创建”|“灯光”|“标准”|“泛光”工具，在顶视图中创建一盏泛光灯，选择“选择并移动”工具，在左视图中将泛光灯移动至摄影机对象的下方，在“强度/颜色/衰减”卷展栏中，将“倍增”的RGB值设置为（237、237、110），如下图所示。

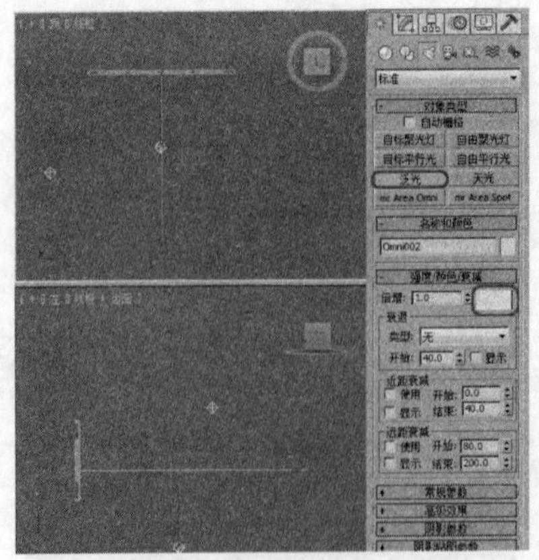

27 选择“创建”|“灯光”|“标准”|“泛光”工具，在顶视图中文字对象的右上侧创建一盏泛光灯，选择“选择并移动”工具并在左视图中将泛光灯移动至文字对象的上方，在“强度/颜色/衰减”卷展栏中，将“倍增”的RGB值设置为（237、237、237），如下图所示。

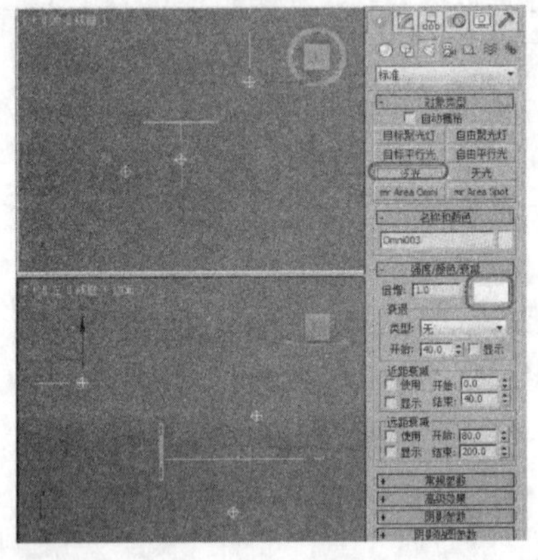

28 选择“创建”|“灯光”|“标准”|“目标聚光灯”工具，在顶视图中创建一盏目标聚光灯，用于设置体积光。在“常规参数”卷展栏中，勾选“阴影”选项组中的“启用”复选框，如下图所示。

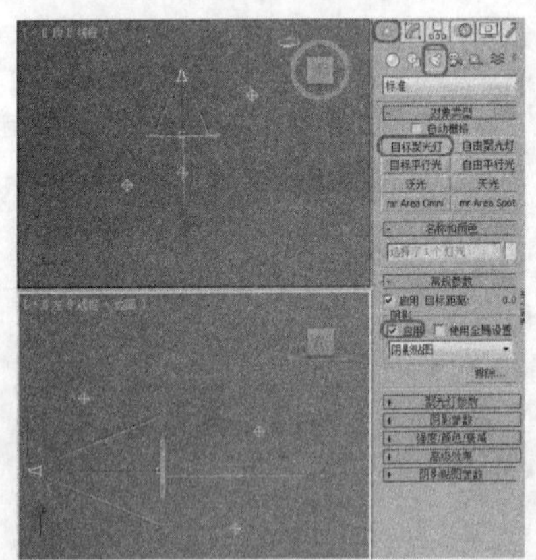

29 切换至“修改”命令面板，在“强度/颜色/衰减”卷展栏中，将“倍增”值设置为2，将灯光颜色的RGB值设置为（255、240、69）。选择“远距衰减”选项组中的“使用”和“显示”复选框，将“开始”和“结束”值分别设置为585.725和944.777，如下图所示。

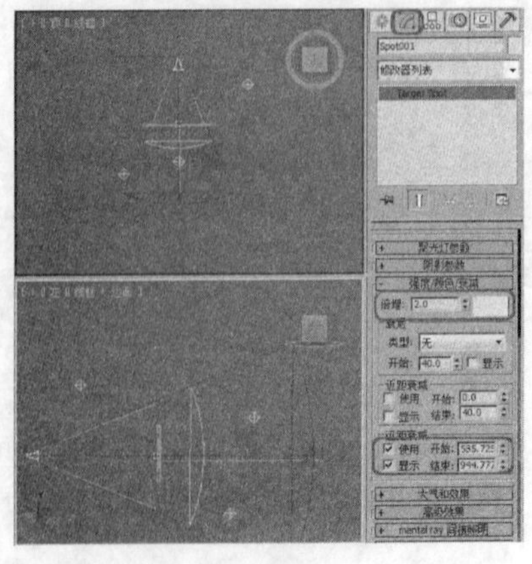

30 在“聚光灯参数”卷展栏中，将“聚光区/光束”和“衰减区/区域”分别设置为15.6和22.1。选择“矩形”光锥类型，将“纵横比”设置为3.52，效果如下图所示。

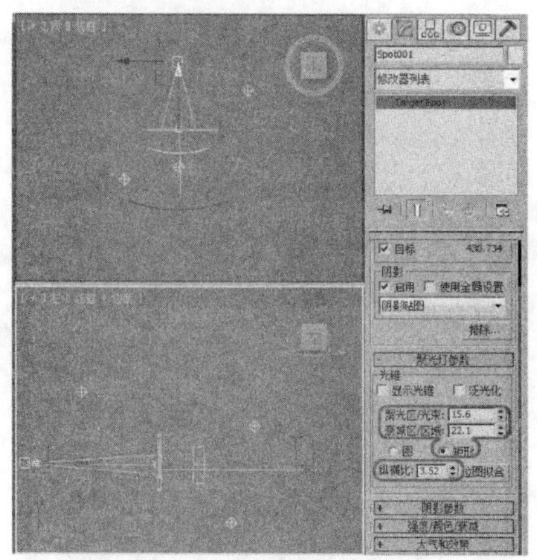

31 打开“高级效果”卷展栏，在“投影贴图”选项组中勾选“贴图”复选框，然后单击后面的None按钮，在打开的“材质/贴图浏览器”对话框中选择“噪波”，如下图所示，并单击“确定”按钮。

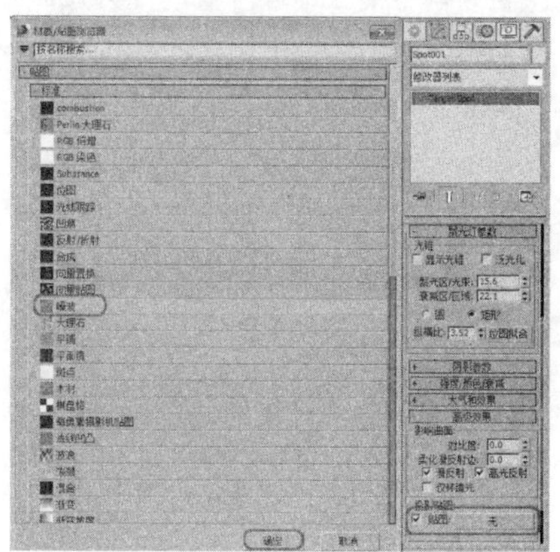

32 打开材质编辑器，激活第二个材质样本球，选择灯光控制面板中刚设置的噪波条形按钮并将其拖拽至材质编辑器中第二个材质样本球上，然后在打开的“实例（副本）贴图”对话框中选择“实例”选项，如下图所示，最后单击“确定”按钮。

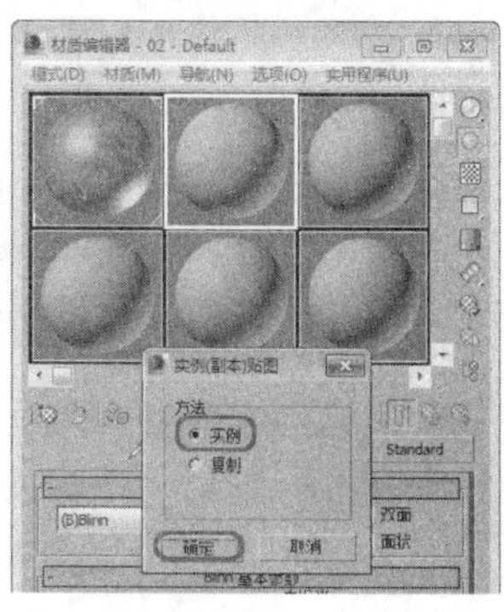

33 在“噪波参数”卷展栏中，将“大小”设置为1200，将“颜色 #1”的RGB值设置为（255、48、0），将“颜色 #2”的RGB值设置为（255、255、90）。在“坐标”卷展栏中，将“模糊”设置为2.5，按Enter键确认，将“模糊偏移”设置为5.4，按Enter键确认，效果如下图所示。

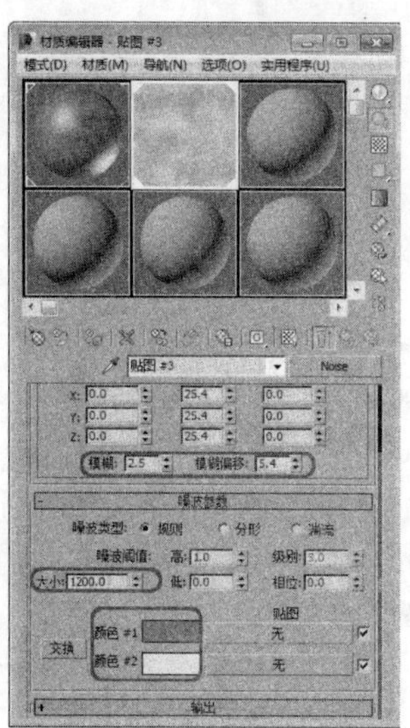

34 关闭材质编辑器。按8键，打开“环境和效果”对话框，在“环境”选项卡的“大气”卷展栏中，单击“添加”按钮，在打开的对话框中选择“体积光”，单击“确定”按钮，添加一个体积光。在“体积光参数”卷展栏中，单击“拾取灯光”按钮，然后在场景中选择“Spot001”。将“雾颜色”的RGB值设置为（255、242、135），按Enter键确认。将“衰减倍增”设置为0，如下图所示，设置完成后，将对话框关闭。

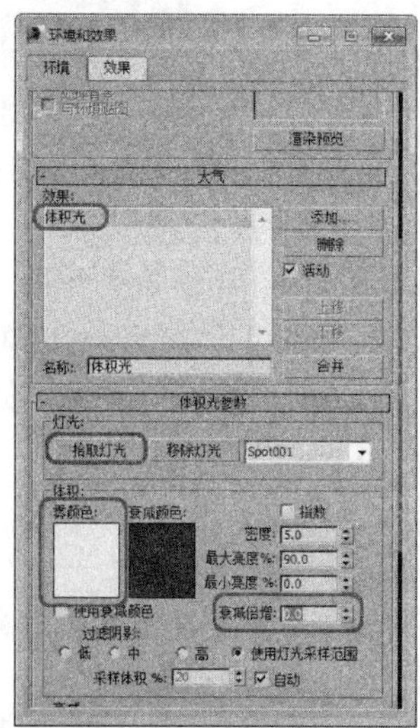

35 在视图中选择目标聚光灯，在动画控制区单击“自动关键点”按钮，将时间滑块移动到第40帧位置。在“强度/颜色/衰减”卷展栏中，将“远距衰减”下的“开始”和“结束”值分别设置为727.433、1058.321，按Enter键确认，如下图所示。

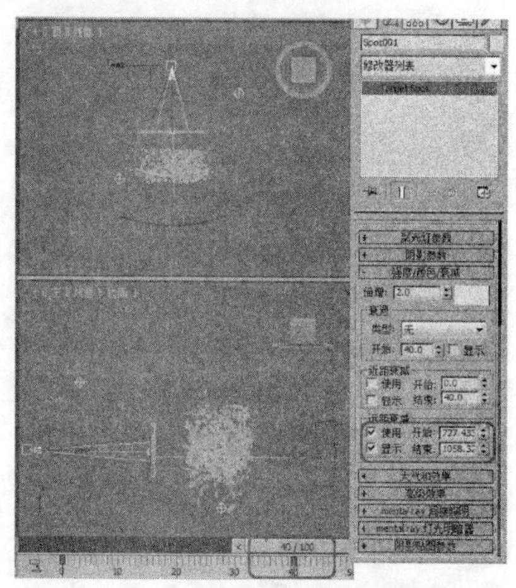

36 将时间滑块移动至第65帧位置，将开始和结束值分别设置为483.964、701.386，按Enter键确认，如下图所示。

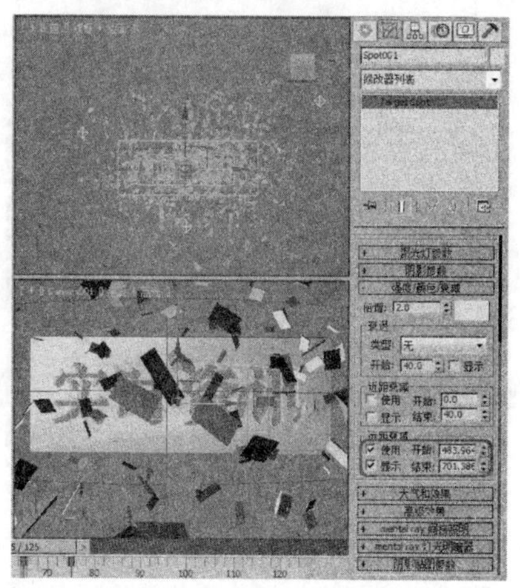

37 将时间滑块移动至第75帧位置，将开始和结束值都设置为59.622，按Enter键确认，如下图所示，然后单击“自动关键点”按钮。

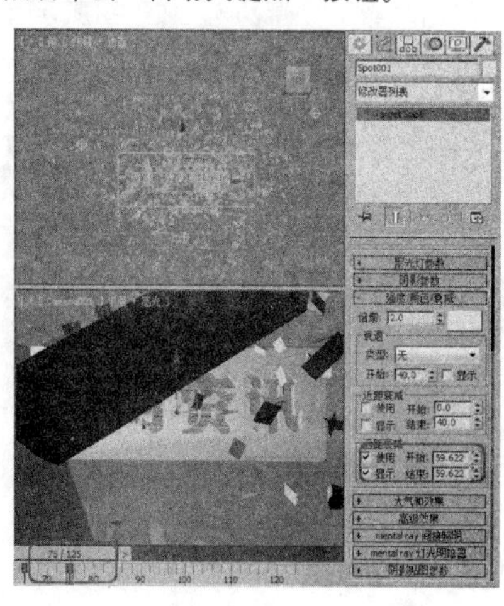

38 选择“创建” | “辅助对象” | “大气装置” | “球体Gizmo”工具，在顶视图中文字对象后方右侧位置处创建创建一个圆球线框，并将“半径”设置为47，勾选“半球”复选框，使当前创建的球体Gizmo形成一个半球，如下图所示。

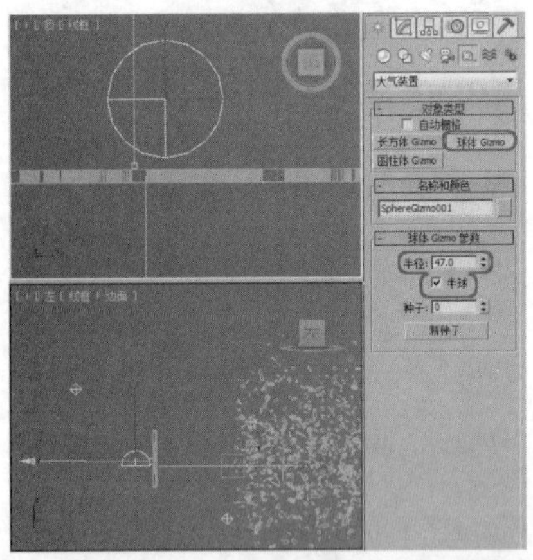

39 选择“选择并移动” 工具，调整线框的位置，再选择“选择并均匀缩放” 工具，在试图中对球体Gizmo进行缩放，缩放后的效果如下图所示。

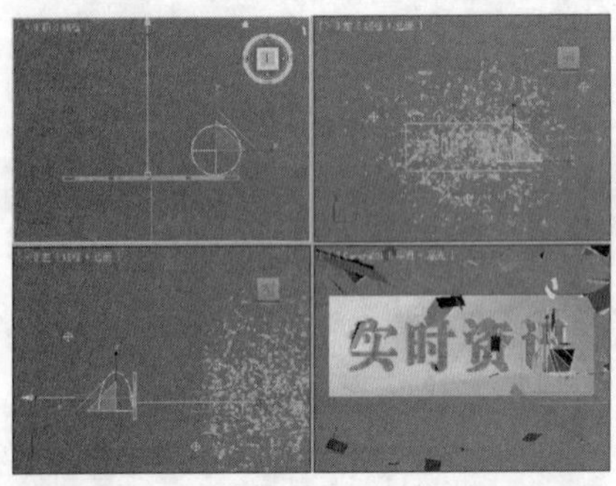

40 选择“选择并移动” 工具，并按Shift键，选择“球体Gizmo”对象，将其向左方移动，在打开的“克隆选项”对话框中选中“对象”选项组中的“复制”单选按钮，并将“副本数”设置为3，如下图所示，单击“确定”按钮。

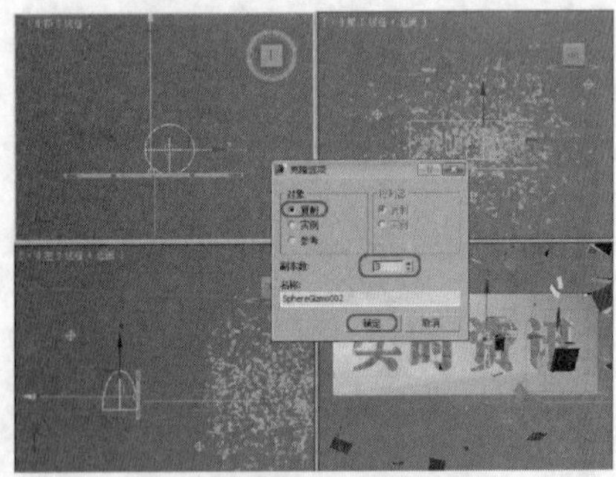

41 在菜单栏中选择“渲染” | “环境”命令，打开“环境和效果”对话框，在“环境”选项卡的“大气”卷展栏中，单击“添加”按钮，在打开的对话框中选择“火效果”，如下图所示，单击“确定”按钮。

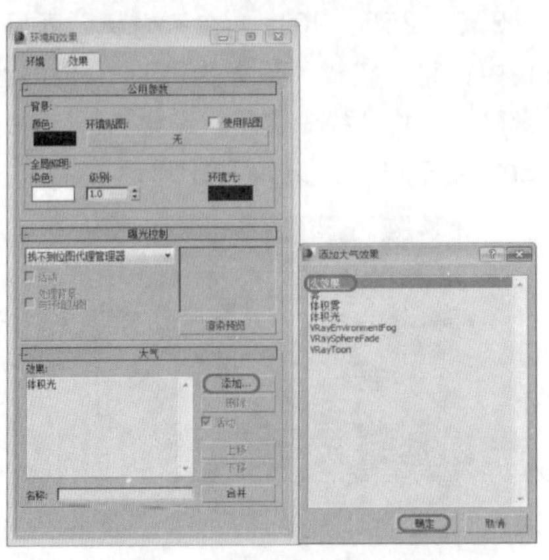

42 在“火效果参数”卷展栏中，单击“拾取 Gizmo”按钮，然后在场景中选择4个半球线框。在“颜色”选项组中，将“内部颜色”的RGB值设置为（242、233、0）。将“外部颜色”的RGB值设置为（216、16、0），如下图所示。

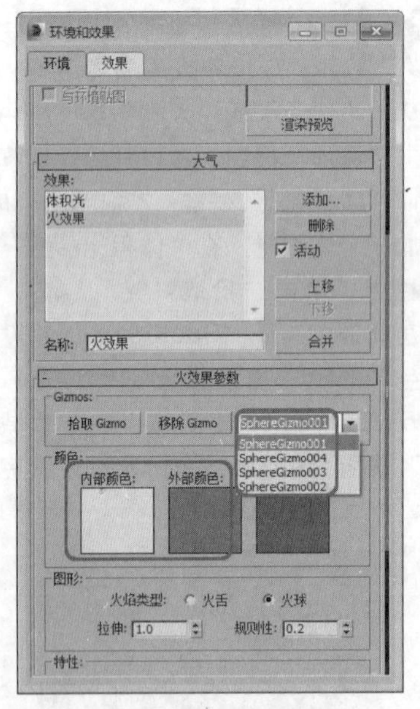

43 在“图形”选项组中将 “火焰类型”设置为“火舌”，将“规则性”设置0.3，按Enter键确认。在“特性”选项组中，将“火焰大小”设置为18，按Enter键确认。将“火焰细节”设置为10，按Enter键确认，将“采样数”设置为20，按Enter键确认，如下图所示。

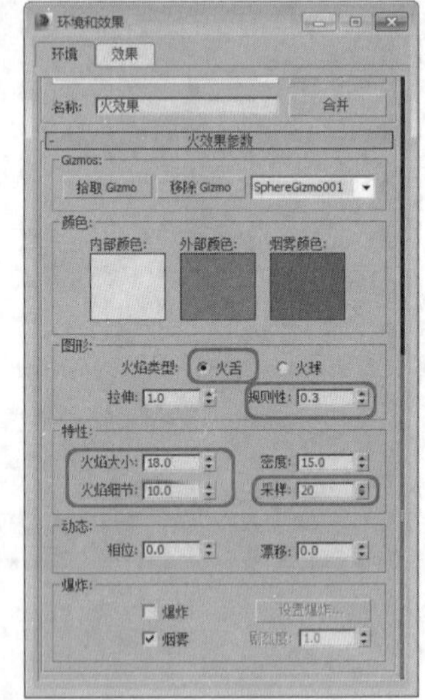

44 在动画控制区中，单击“自动关键点”动画记录按钮，将时间滑块移动至第125帧位置，将“动态”区域下的“相位”值设置为150，按Enter键确认，如下图所示。再单击“自动关键点”按钮。

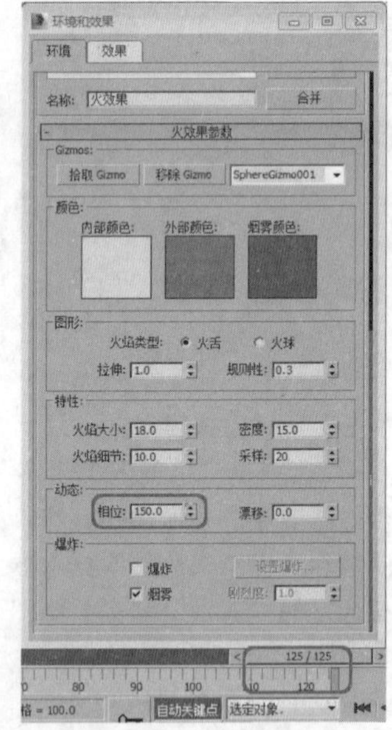

专家提醒

“火舌”是沿中心有定向的燃烧火焰，方向为大气装置Gizmo物体的自身Z轴向，常用于制作篝火、火把等效果。“相位”是指控制火焰变化的速度，通过对它进行动画制作可以产生动态的火焰效果。相位值的含义根据爆炸开关而不同，当爆炸关闭时，相位值控制火焰燃烧的速度，值越大，燃烧越猛烈，当相位变化的函数曲线在轨迹视窗中为直线时，表现为稳定燃烧的火焰效果。当爆炸项目打开时，相位值控制火焰燃烧和爆炸的时间，值在0至300之间时可以表现出一个近似完整的爆炸动画效果。

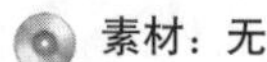

实战操作497 视频后期处理

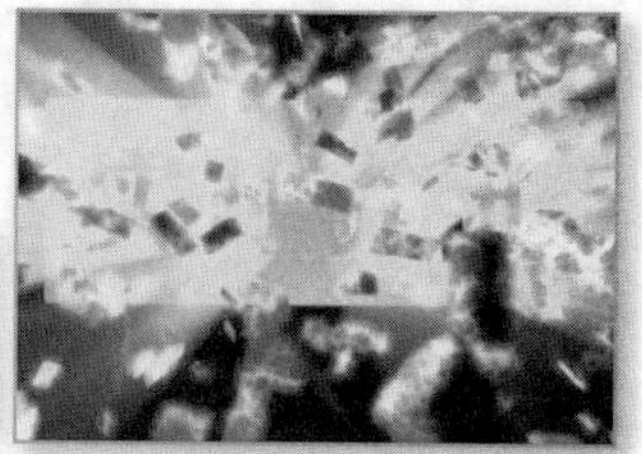

素材：无	难度：★★★★★
场景：Scenes\Cha18\实战操作497.max	视频：视频\ Cha18\实战操作497.avi

发光镜头特效过滤器是使用最多的过滤器，为了使动画的效果更为热烈，下面将为粒子系统制作一个发光特效。

01 在菜单栏中，选择“渲染”|“视频后期处理”命令，打开“视频后期处理”对话框，如下图所示。

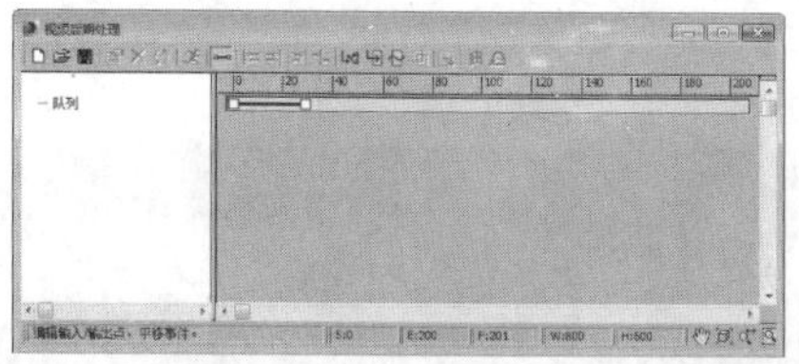

02 单击“添加场景事件”按钮，添加一个场景序列，弹出“添加场景事件”对话框，在打开的对话框中，单击使用默认的Camera01视图，如下图所示，单击“确定”按钮。

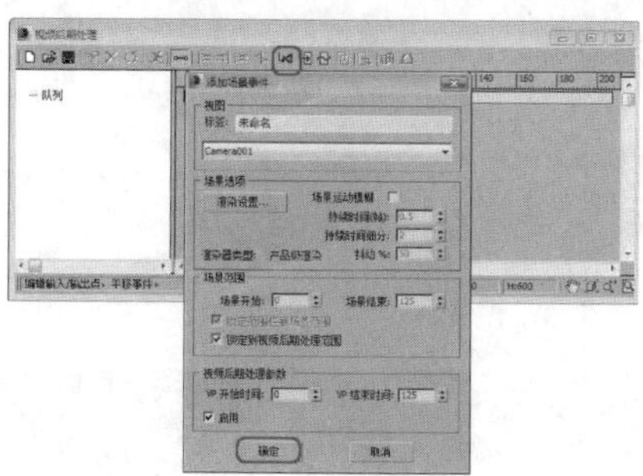

03 单击“添加图像过滤事件”按钮，为场景添加一个过滤器事件，在打开的“添加图像过滤事件”对话框中，选择过滤器事件下拉列表中的“镜头效果光晕”过滤器，如下图所示。

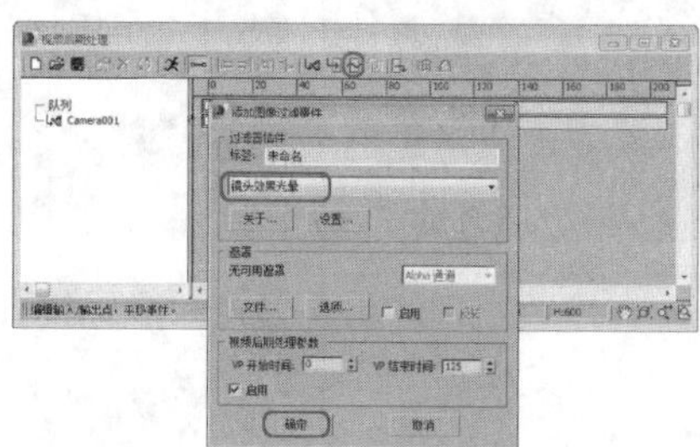

04 在其中单击“设置”按钮，选择“首选项”选项卡，将“效果”选项组中的“大小”设置为2，按Enter键确认，在“颜色”选项组中选择“用户”颜色，将颜色的RGB值设置为（255、85、0），将“强度”值设置为40，按Enter键确认，如下图所示。

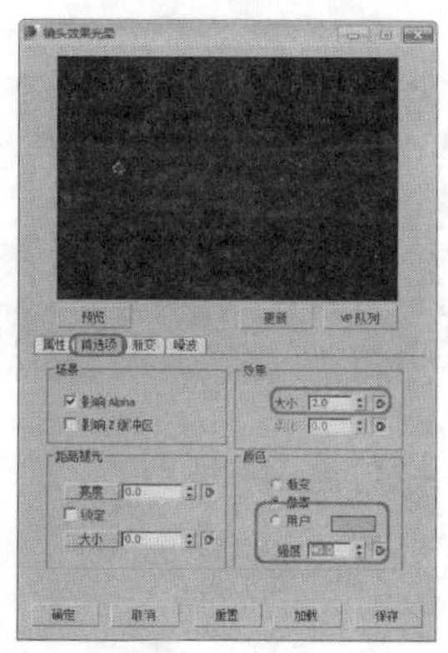

05 切换至“噪波”选项卡，将“设置”选项组中的噪波方式设置为“电弧”，将“运动”和“质量”分别设置为0、10，按Enter键确认。选择“红”、“绿”和“蓝”三个复选框。在“参数”选项组中，将“大小”和“速度”分别设置为20、0.2，按Enter键确认，将“基准”设置为65，按Enter键确认，如下图所示，完成设置后单击“确定”按钮。

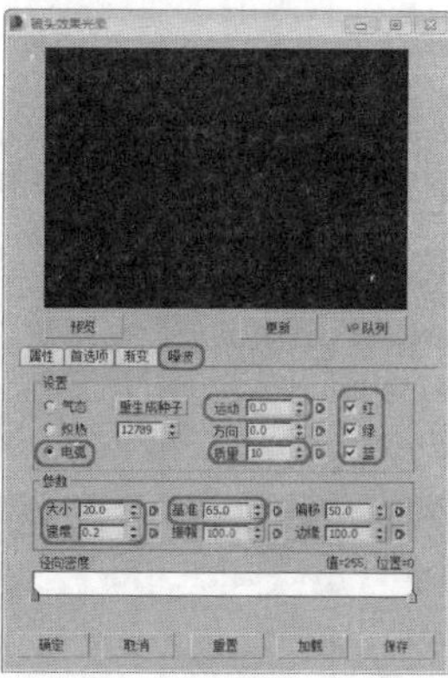

06 单击“添加图像输出事件”按钮，在打开的对话框中，单击“文件”按钮，设置文件输出的路径和名称，单击“保存”按钮。在打开的“文件压缩设置”对话框中，使用其默认设置，如下图所示。最后连续单击两次“确定”按钮，如下图所示。

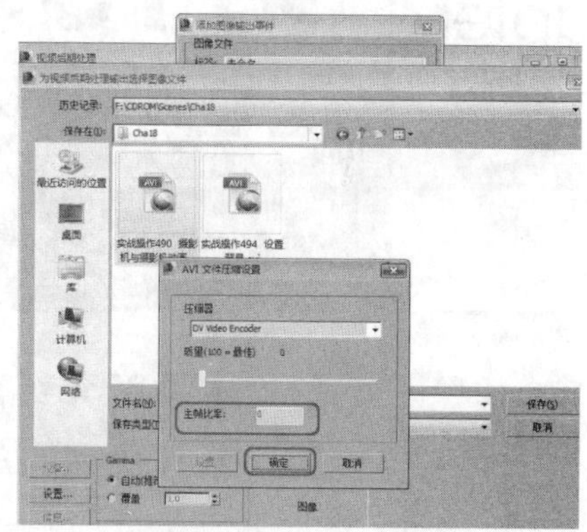

07 完成设置后单击“确定”按钮，回到“视频合成器”窗口。单击“执行序列”按钮，在打开的对话框中，将“输出大小”选项组中的“宽度”、“高度”设置为320、240，如下图所示，单击“渲染”按钮。

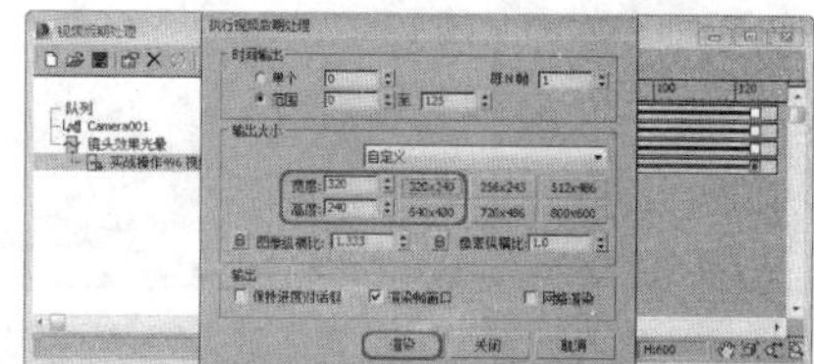

08 即可进入动画的渲染过程，渲染后的效果如下图所示。

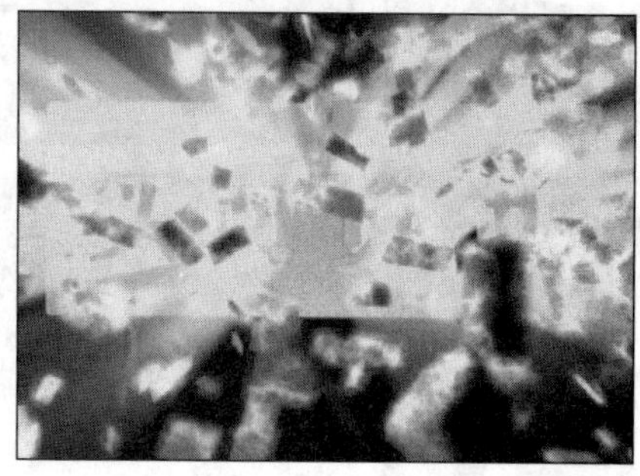

Chapter 19

第19章 广告片头的制作

本章将介绍广告片头动画的制作，通过本章的学习可以让读者掌握一些片头动画的制作思路和技巧。

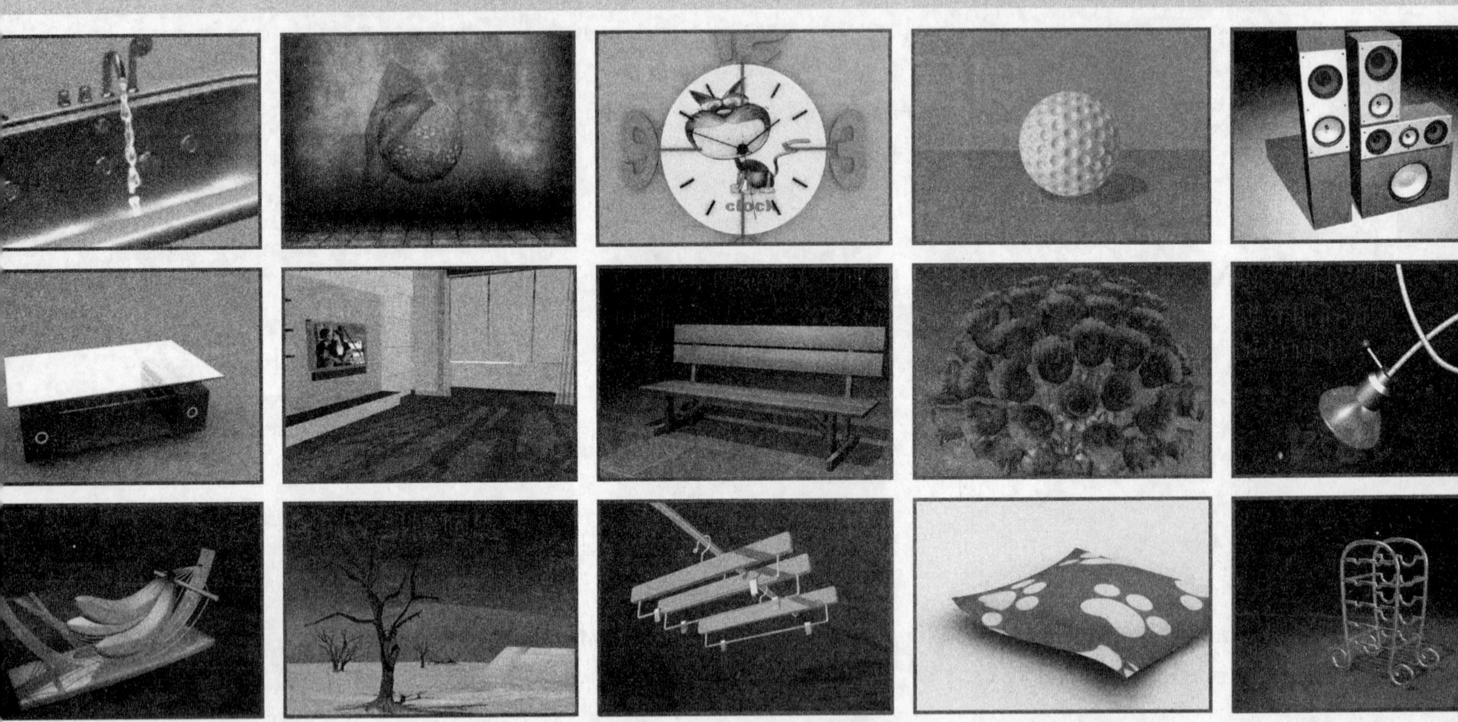

19.1 创建文本标题并设置文本材质

下面介绍文本的制作方法，以及材质的设置，主要用到“线”工具、“文本”工具、“倒角”修改器和“编辑多边形”修改器等。

实战操作498 创建文本标题

素材：无	难度：★★★★★
场景：无	视频：视频\Cha19\实战操作498.avi

01 启动3ds Max 2014，在视图底端的动画控制区域单击“时间配置”按钮，在打开的对话框中，将“动画”选项组中的“长度”设置为250，单击“确定”按钮，如下图所示。这样当前动画的时间长度为250帧。

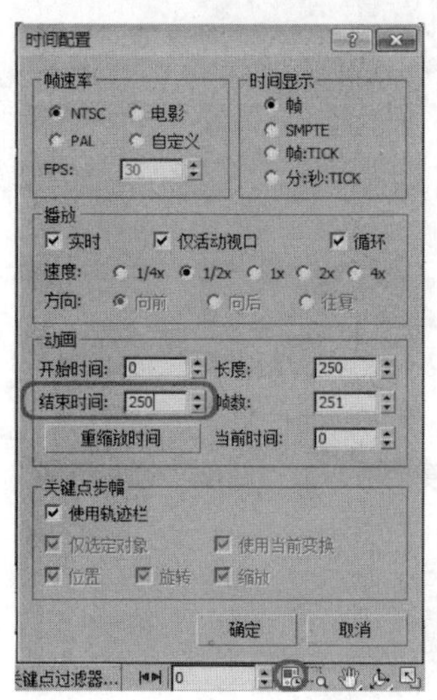

02 选择“创建”|“图形”|文本，在“参数”卷展栏中，将“字体”设置为“汉仪书魂体简”，在“文本”文本框中输入“环球访谈”，在前视图中创建文本，并将其命名为“环球访谈”，如下图所示。

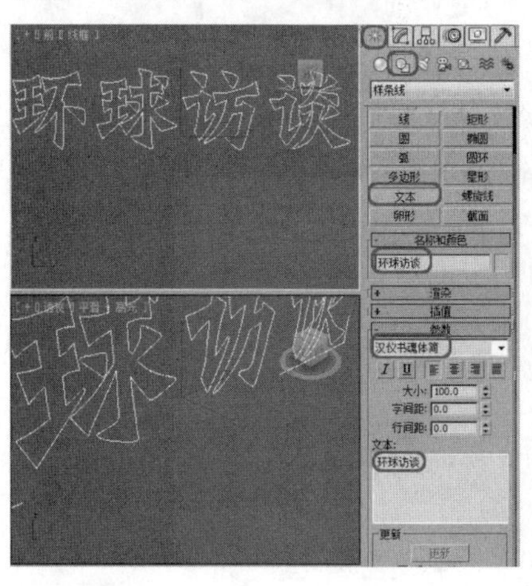

03 确定新创建的文本处于选中状态，按Ctrl+V组合键，在弹出的对话框中，选择“复制”单选按钮，使用默认名称，单击“确定”按钮，如下图所示。

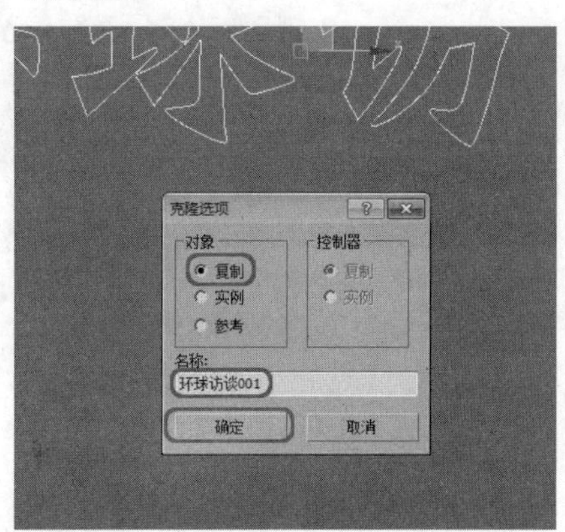

04 确定新复制的文本处于选中状态，单击“修改”按钮，进入“修改”命令面板，选择“编辑样条线”修改器，将当前选择集定义为“样条线”，在前视图中，选择组成“环”字的样条线，在“几何体”卷展栏中，单击“分离”按钮，在弹出的对话框中，将“分离为”命名为“环”，单击“确定”按钮，如下图所示。

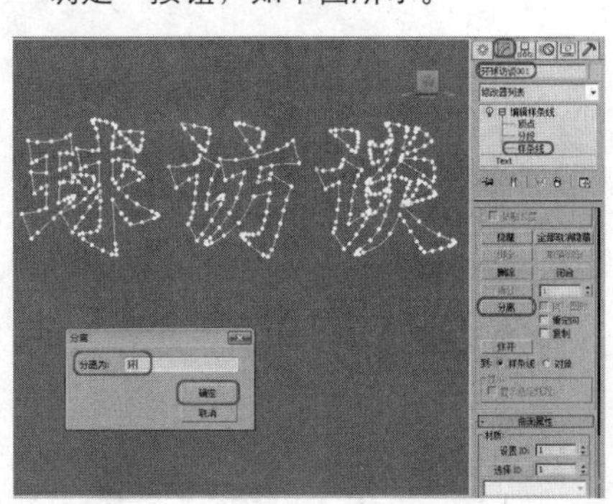

05 使用同样的方法将剩余的3个进行分离，并分别按照当前字进行命名，分解完成后按H键，在弹出的对话框中可以看到新分解的对象，如下图所示。

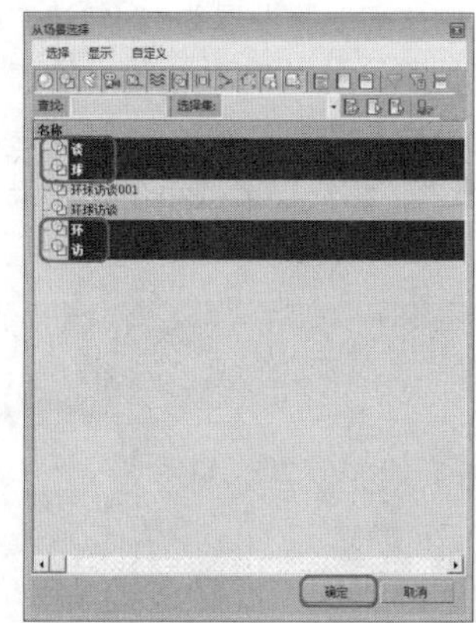

06 在场景中选择“环球访谈001”对象，按Delete键将其删除，如下图所示。

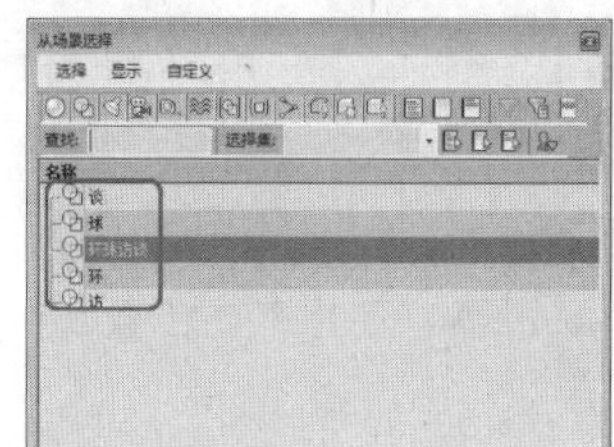

07 在场景中选择“环”字，单击“修改”按钮，进入“修改”命令面板，在“渲染”卷展栏中，勾选“在渲染中启用”和“在视口中启用”复选框，并将“厚度”设置为2.0，如下图所示。

08 同样将其他3个文字进行同样的设置，完成后的效果如下图所示。

09 在场景中选择“环球访谈”对象，单击“修改”按钮，进入“修改”命令面板，选择“倒角”修改器，在“倒角”卷展栏中，将“级别1”下的“高度”设置为4，勾选“级别2”复选框，将“高度”和“轮廓”分别设置为1.0和-1.0，在“参数”卷展栏中，选择“相交”选项组中的“避免线相交”复选框，如下图所示。

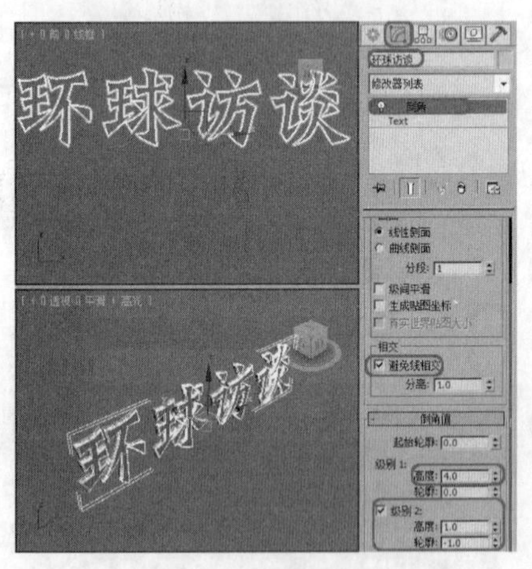

10 继续为其添加“UVW贴图”修改器，使用默认参数，如下图所示。

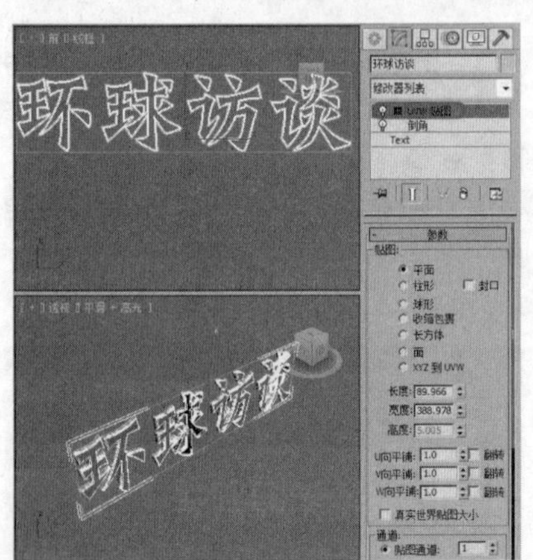

11 选择“创建”|“图形”|文本，在“参数”卷展栏中，将“字体”设置为“TW Cen MT Bold Italic”，将“大小”和“字间距”分别设置为60.0和3.0，在“文本”文框中输入“HuanQiu.FangTan”，然后在前视图中单击鼠标左键创建文本，并调整文本的位置，将其命名为“字母”，如下图所示。

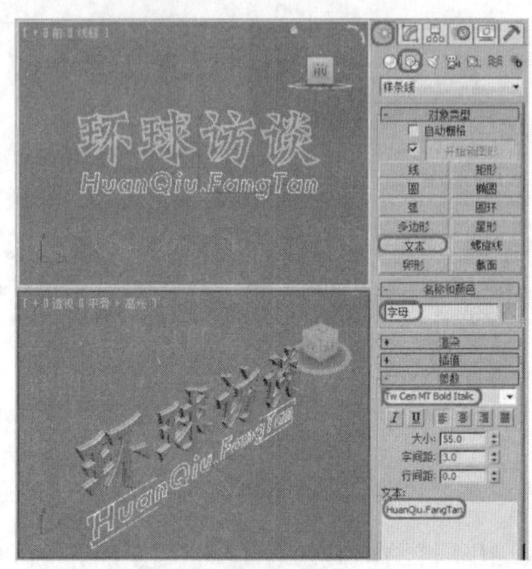

12 确定新创建的文本处于选中状态，按Ctrl+V组合键，在弹出的对话框中，选择“复制”单选按钮，单击“确定”按钮，如下图所示。

13 确定新复制的文本处于选中状态，单击“修改”按钮，进入“修改”命令面板，选择“编辑样条线”修改器，将当前选择集定义为“样条线”，在场景中选择所有的样条线，在“几何体”卷展栏中，将“轮廓”设置为-0.8，按Enter键确定，创建当前字母的内轮廓，如下图所示。

14 关闭当前选择集，为“字母”添加“挤出”修改器，在“参数”卷展栏中，将“数量”设置为5.0，如下图所示。

实战操作499 创建文本材质

素材：无	难度：★★★★★
场景：无	视频：视频\Cha19\实战操作499.avi

01 按M键，打开“材质编辑器”对话框，激活一个材质样本球，将其命名为“标题”，然后单击右侧的Standard按钮，在弹出的对话框中，选择“混合”贴图，单击“确定”按钮，如下图所示。

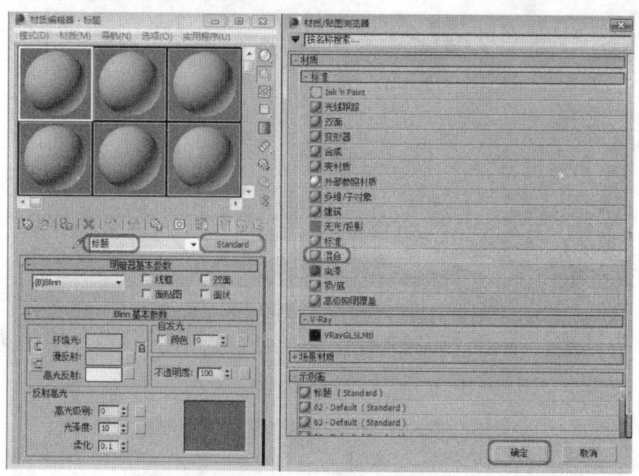

02 在“混合基本参数”卷展栏中，单击“材质1”通道后面的灰色条形按钮，进入材质1的通道。在“Blinn基本参数”卷展栏中，单击按钮，取消颜色的锁定，将“环境光”的RGB值设置为（0、0、0），将“漫反射”的RGB值设置为（128、128、128），将“不透明度”设置为0；在“反射高光”选项组中，将“光泽度”设置为0，如下图所示。

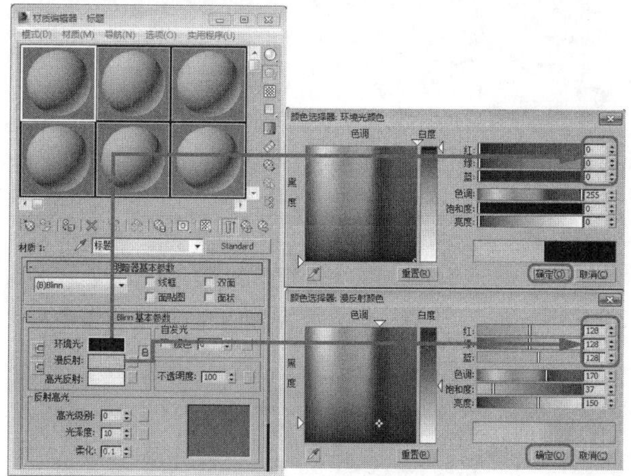

03 单击“转到父对象”按钮，返回到“父材质编辑”面板层级，单击“材质2”通道后面的灰色条形按钮，进入二级材质编辑通道。在“明暗器基本参数”卷展栏中，将“阴影”模式定义为“金属”。在“金属基本参数”卷展栏中，单击按钮，取消颜色的锁定，将“环境光”的RGB值设置为（118、118、118），将“漫反射”的RGB值设置为（255、255、255），将“不透明度”设置为0；在“反射高光”选项组中，将“高光级别”和“光泽度”分别设置为120和65，如下图所示。

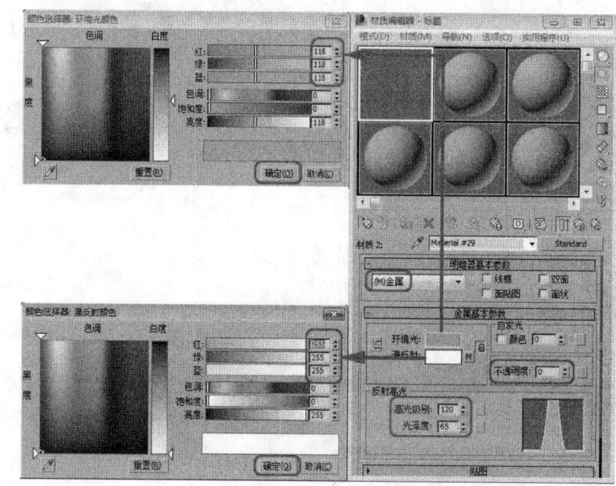

04 在“贴图”卷展栏中，单击“漫反射颜色”后面的“无”按钮，在打开的“材质/贴图/浏览器”对话框中，选择“位图”贴图，单击“打开”按钮。在打开的对话框中，选择随书附带光盘中的Map\Metal01.tif文件，单击“打开”按钮，进入“位图”贴图层级，在“坐标”卷展栏中，将“瓷砖”下的U和V都设置为0.08，如下图所示。

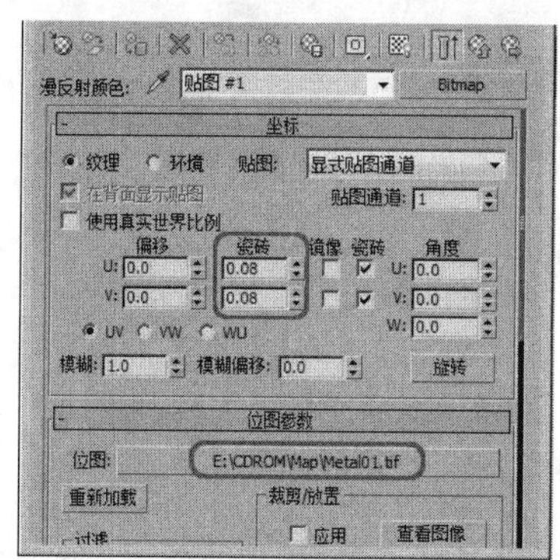

05 单击“转到父对象”按钮，返回到上一层级，将“凹凸”后面的“数量”设置为15，单击其后面的“无”按钮，在打开的“材质/贴图浏览器”对话框中，选择“噪波”贴图，进入“噪波”贴图层级。在“噪波参数”卷展栏中，选择“分形”单选按钮，将“大小”设置为0.5，将“颜色#1”的RGB值设置为（134、134、134），如下图所示。

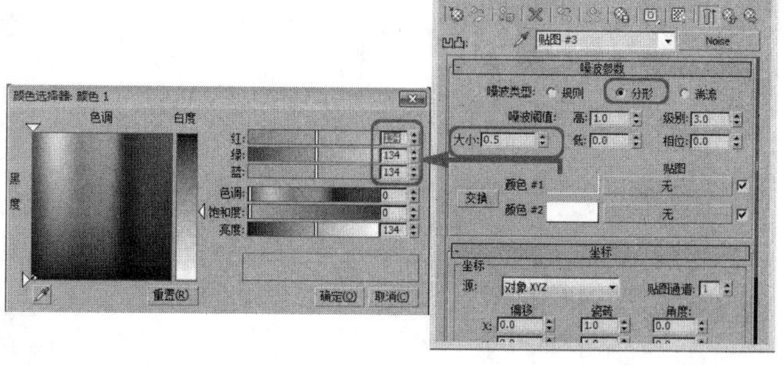

06 双击“转到父对象”按钮，返回到“父材质编辑”面板层级，单击“遮罩”通道后面的灰色条形按钮，在弹出的“材质/贴图浏览器”对话框中，选择“渐变坡度”选项，单击“确定”按钮。进入到“渐变坡度”材质设置面板，在“渐变坡度参数”卷展栏中，将“位置”为第50帧的色标滑动到第95帧位置，并将其RGB值设置为（0、0、0），在“位置”为第97帧处添加一个色标，并将其RGB值设置为（255、255、255）；在“噪波”选项组中，将“数量”设置为0.01，选择“分形”单选按钮，如下图所示。

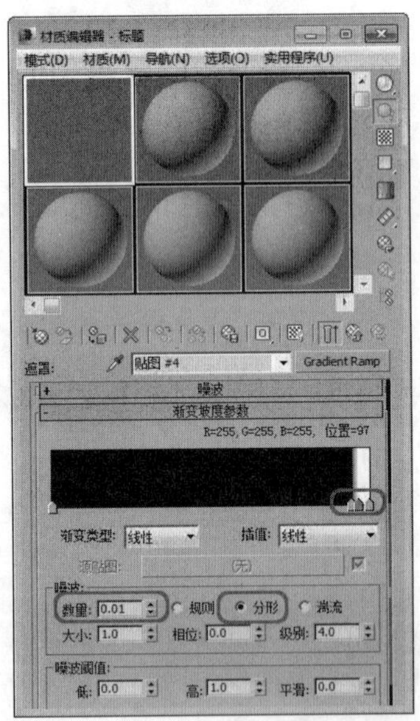

07 设置完成后，将时间滑块移动到第150帧位置，单击“自动关键帧”按钮，将“位置”为第95帧的色标移动至第1帧位置，将第97帧位置的色标移动至第2帧位置，如下图所示。

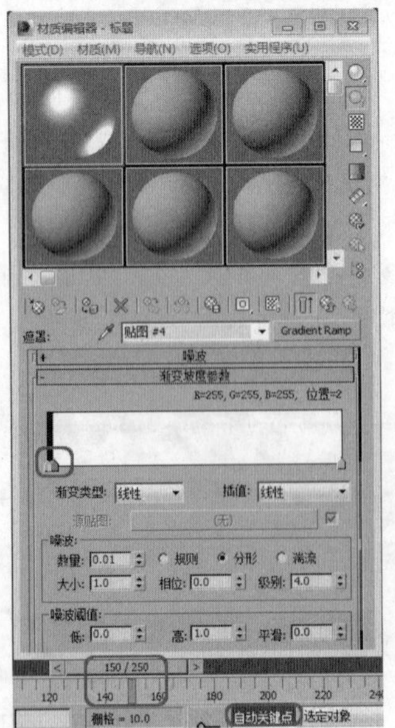

08 选择“图形编辑器”|“轨迹视图-摄影表”命令，打开“轨迹视图-摄影表”对话框，如下图所示。

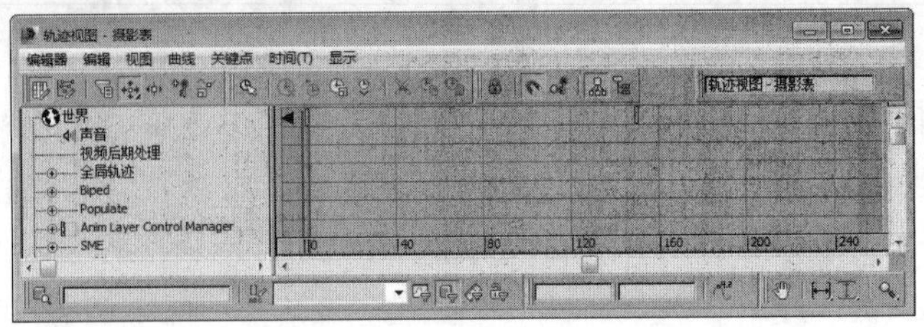

09 在面板左侧的序列中打开“材质编辑器材质”|“标题”|“遮罩”|“Gradient Ramp”，将关键帧移动至第95帧位置，如下图所示。

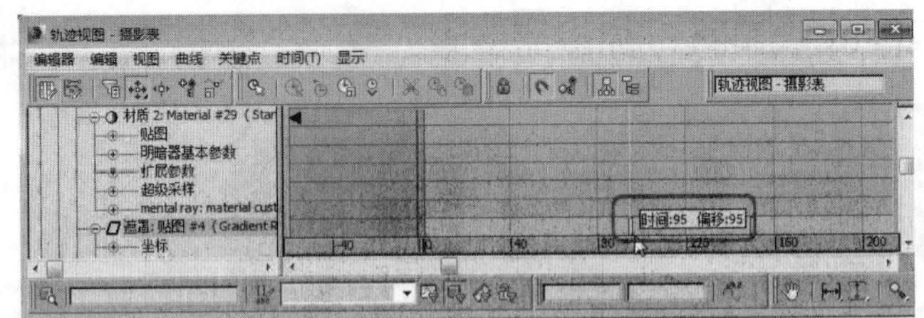

10 按H键，在弹出的对话框中，选择“环球访谈”和“字母”对象，在“材质编辑器”中，单击“将材质指定给选定的对象”按钮，将选择的对象指定给设置好的材质，单击“自动关键点”按钮，将“轨迹视图-摄影表”对话框关闭，如下图所示。

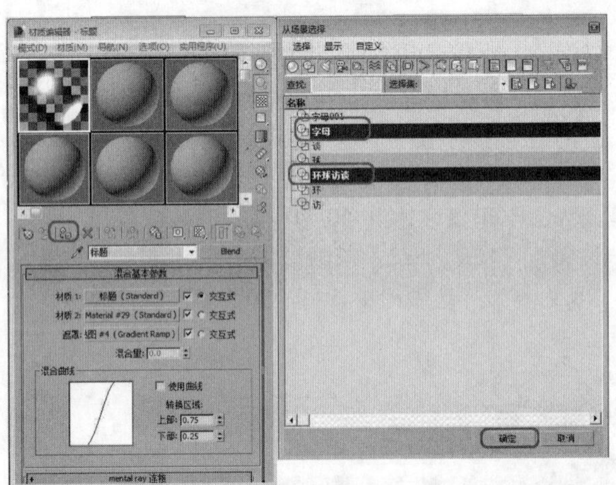

11 在“材质编辑器”中激活第二个材质样本球，将其命名为“个体字”。在“明暗器基本参数”卷展栏中，将“阴影”模式定义为“金属”。在“金属基本参数”卷展栏中，单击按钮，取消颜色的锁定，将“环境光”的RGB值设置为（77、77、77），将“漫反射”的RGB值设置为（178、178、178）；在“反射高光”选项组中，将“高光级别”和“光泽度”分别设置为75和51，如下图所示。

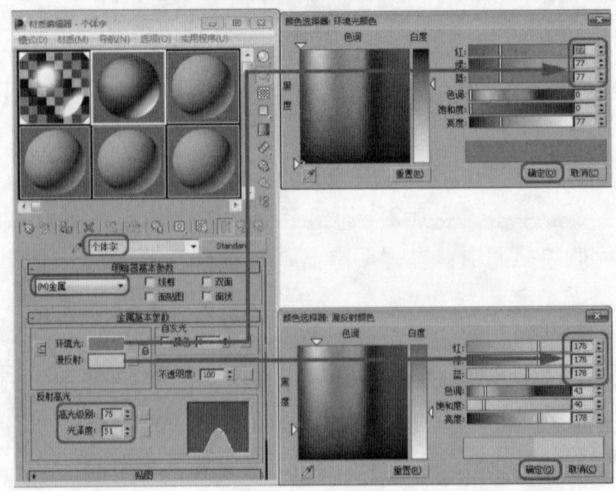

12 在“贴图”卷展栏中，将“反射”后面的“数量”设置为80，单击其后面的“无”按钮，在打开的“材质/贴图浏览器”对话框中，选择“位图”贴图，单击“确定”按钮。在打开的对话框中，选择随书附带光盘中的Map\Metal01.jpg文件，单击“打开”按钮，此时进入“位图”贴图层级，在“坐标”卷展栏中，将“瓷砖”下的U和V分别设置为0.5和0.2，单击“转到父对象”按钮，返回到上一层级，按H键，在弹出的对话框中，选择“环”、“球”、“访”、“谈”和“字母001”对象，单击“确定”按钮，在“材质编辑器”中，单击“将材质指定给选定的对象”按钮，如下图所示。

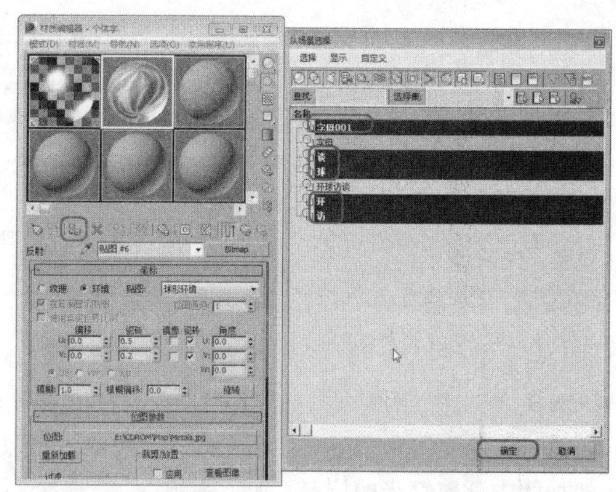

19.2 创建摄影机和灯光并设置背景

摄影机是从特定的观察点表现场景，摄影机对象用来模拟现实世界中的静止图像、运动图片或视频摄影机。灯光是模拟实际灯光的对象。不同种类的灯光对象用不同的方法投影灯光，模拟真实世界中不同种类的光源。本节将介绍创建摄影机和灯光的方法。

实战操作500 创建摄影机

素材：无	难度：★★★★★
场景：无	视频：视频\Cha19\实战操作500.avi

下面介绍创建摄影机的方法，具体操作步骤如下。

01 在场景中选择如下图所示的对象，选择“组”|“组”命令，在弹出的对话框中，将“组名”命名为“文字标题”，单击“确定”按钮，如下图所示。

02 在场景中选择如下图所示的对象，选择“组”|“组”命令，在弹出的对话框中，将“组名”命名为“字母标题”，单击“确定”按钮。

03 选择“创建”|“摄影机”|“目标摄影机”选项，在顶视图中创建一个摄影机，在“环境范围”选项组中，勾选“显示”复选框，将“近距范围”和“远距范围”分别设置为8.0和811.0，将“目标距离”设置为583.134，然后在场景中调整摄影机的位置，激活透视视图，按C键，将当前视图转换为摄影机视图，如下图所示。

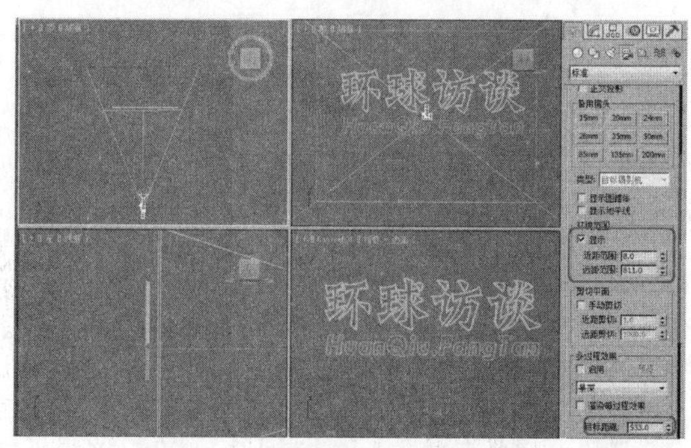

04 激活摄影机视图，按Shift+F组合键，为视图添加安全框，如下图所示。

实战操作501 创建灯光

素材：无	难度：★★★★★
场景：无	视频：视频\Cha19\实战操作501.avi

下面介绍创建灯光的方法，具体操作步骤如下。

01 选择“创建”|“灯光”|“标准”|“泛光”选项，在顶视图中创建一盏泛光灯，使用默认参数，然后在其他视图中调整灯光的位置，如下图所示。

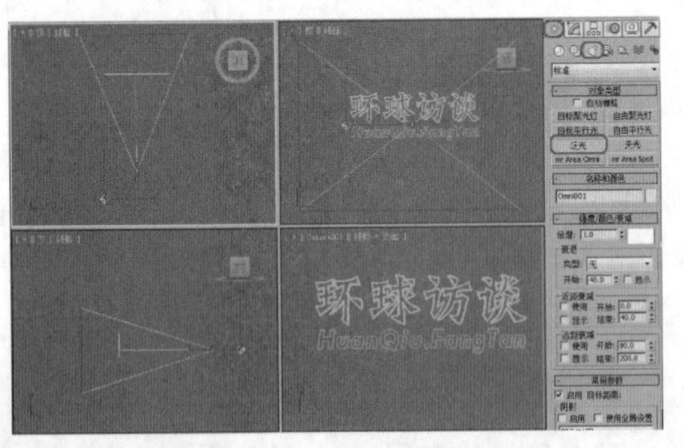

02 继续单击“泛光”按钮，在顶视图中创建一盏泛光灯，在“强度/颜色/衰减”卷展栏中，将“倍增”设置为0.6，然后在场景中调整灯光的位置，如下图所示。

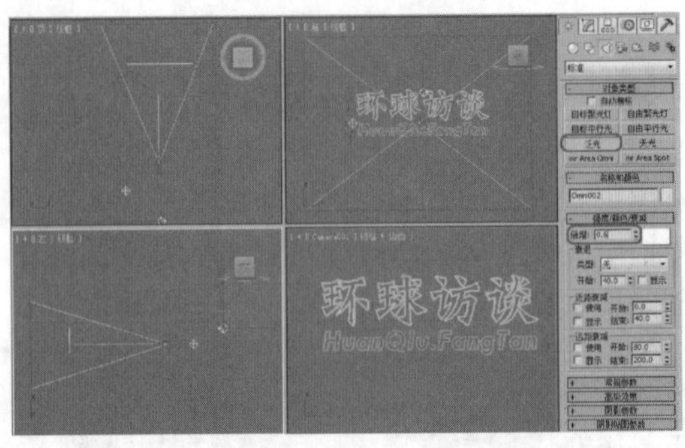

实战操作502 设置背景

素材：无	难度：★★★★★
场景：无	视频：视频\Cha19\实战操作502.avi

01 按8键，弹出“环境和背景”对话框，在“背景”选项组中单击“环境贴图”下面的“无”按钮，在打开的“材质/贴图浏览器”对话框中，选择“位图”贴图，单击“确定”按钮。在打开的对话框中，选择随书附带光盘中的Map\星空背景.tif文件，单击“打开”按钮，如右图所示。

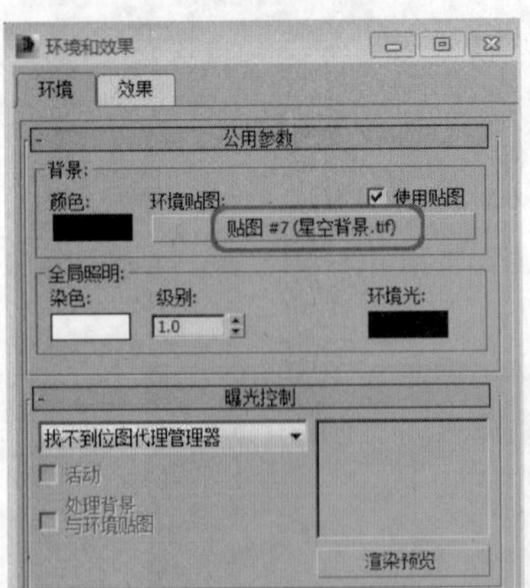

02 将环境贴图拖拽到“材质编辑器”中的新材质样本球上，在弹出的对话框中，选择“实例”单选按钮，单击“确定”按钮，如下图所示。

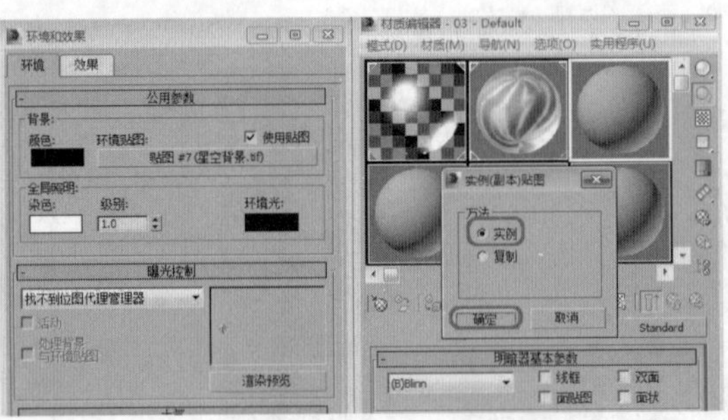

03 在“材质编辑器”中确定作为环境的材质样本球，将时间滑块拖到第0帧处，在“位图参数”卷展栏中，单击“裁剪/放置”选项组中的“查看图像”按钮，在弹出的对话框中调整图像的显示区域，用户也可以参照参数进行设置，设置完成后单击“应用”按钮，如下图所示。

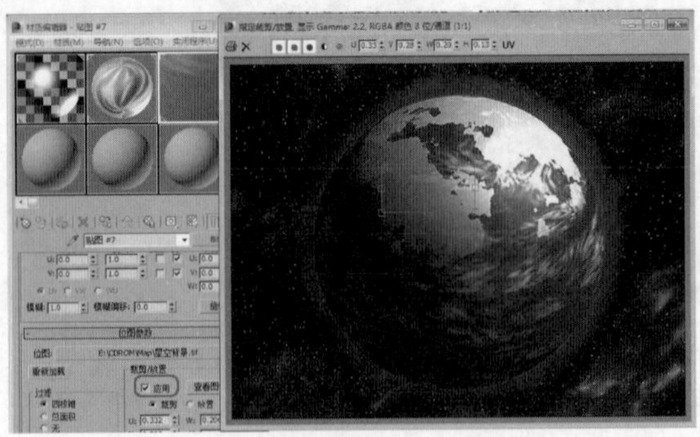

04 将时间滑块拖到第250帧位置，单击“自动关键点”按钮，将图像全部显示出来，如下图所示。

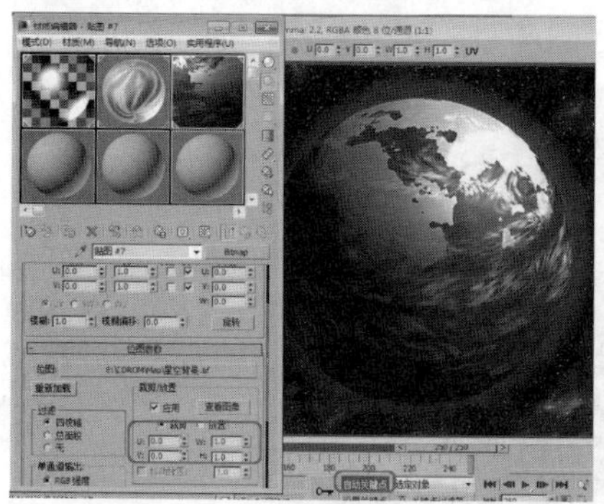

05 将时间滑块拖到第210帧位置，在“坐标”卷展栏中，将“模糊”设置为1.2，如下图.所示。将时间滑块拖到第250帧位置，在“坐标”卷展栏中，将“模糊”参数设置为50，设置完成后再单击“自动关键点”按钮，如下图所示。

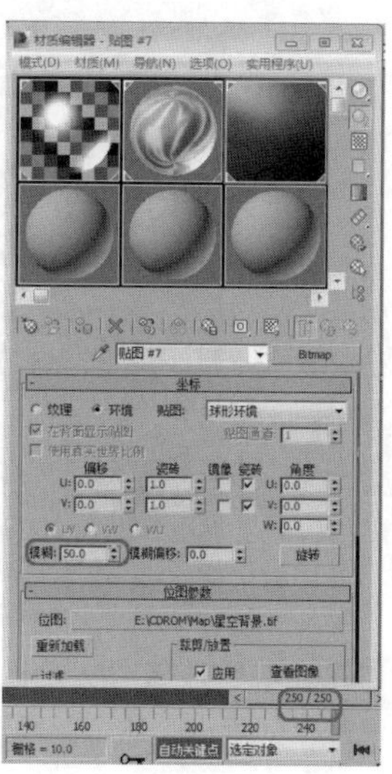

06 将“坐标”卷展栏下的“贴图”设置为“屏幕”，激活摄影机视图，按Alt+B键，在弹出的对话框中选中“使用环境背景”单选按钮，设置完成后单击“确定”按钮，如下图所示。

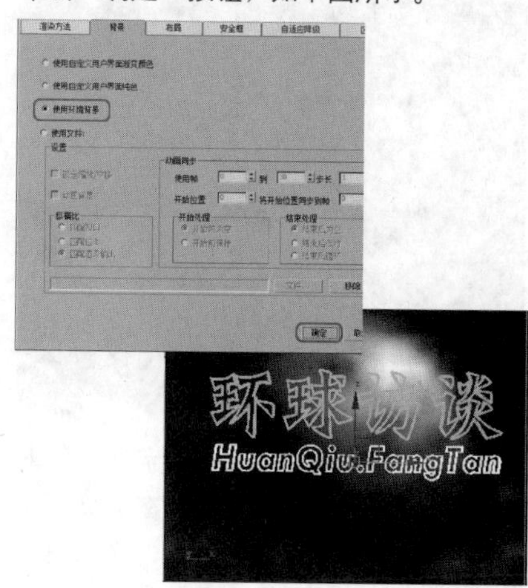

19.3 设置动画

文本、摄影机和灯光制作完成后，再为其设置动画，并为其设置材质动画，使动画效果更加丰富多彩。

实战操作503 创建字体动画

素材：无	难度：★★★★★
场景：无	视频：视频\Cha19\实战操作503.avi

01 按Shift+L组合键，将场景中的灯光隐藏，激活顶视图，在场景中选择“文字标题”对象，在工具栏中右击“选择并旋转”工具，在弹出的对话框中，将“偏移：屏幕”选项组中的“Z”设置为90，如下图所示。

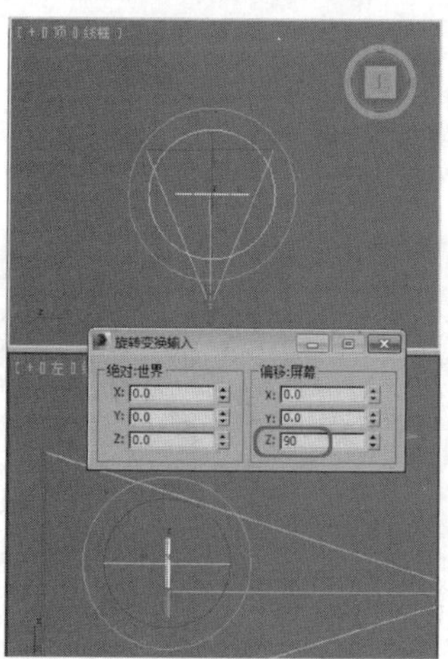

02 选择工具栏中的“选择并移动”工具，确定当前作用轴为Y轴，然后将其移动至如下图所示的位置。

03 在场景中选择“字母标题”对象，使用工具箱中的“选择并移动”工具，将其进行移动，如下图所示。

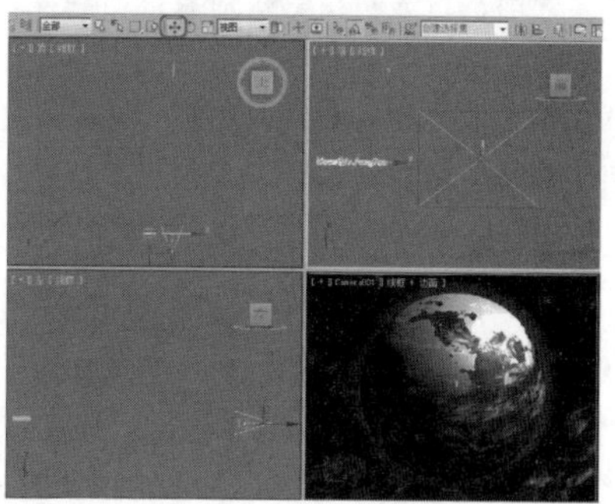

04 在视口底端，将时间滑块拖拽到第90帧位置，单击“自动关键点”按钮，在场景中将“字母标题”移动至原始位置，如下图所示。

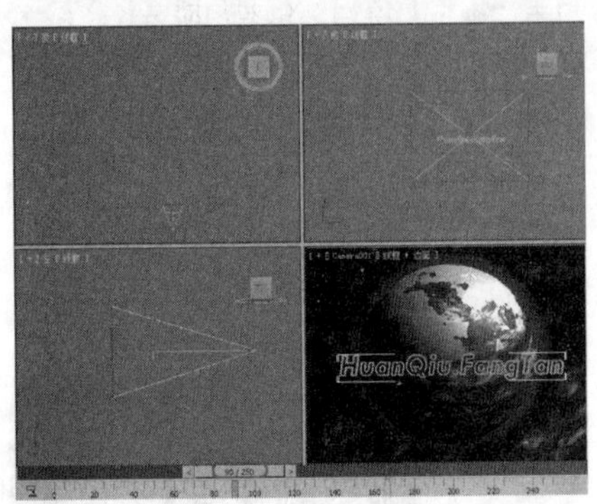

05 在场景中选择“文字标题”对象，激活顶视图，在工具栏中右击“选择并旋转”工具，在弹出的对话框中，将“偏移：屏幕”选项组中的Z轴设置为-90，如下图所示。

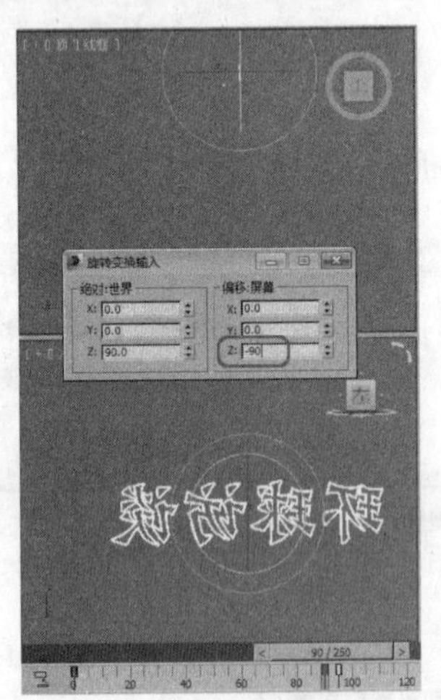

06 确定旋转后的对象处于选中状态，选择工具箱中的“选择并移动”工具，在场景中调整对象的位置，如下图所示。设置完成后再单击“自动关键点”按钮。

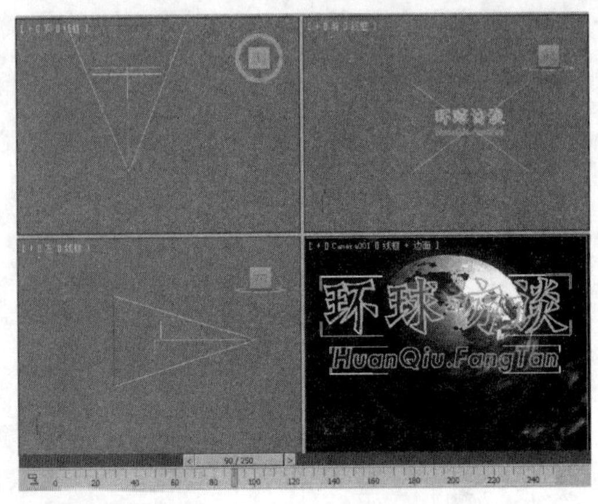

07 在场景中选择“文字标题”和“字母标题”对象，打开“轨迹视图-摄影表”对话框，如下图所示。

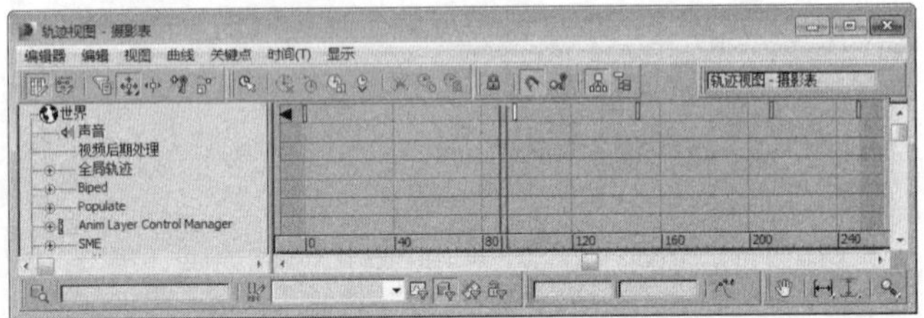

08 将“文字标题”后的关键帧移动至第10帧位置，并将“字母标题”关键帧移动至第30帧，如下图所示。

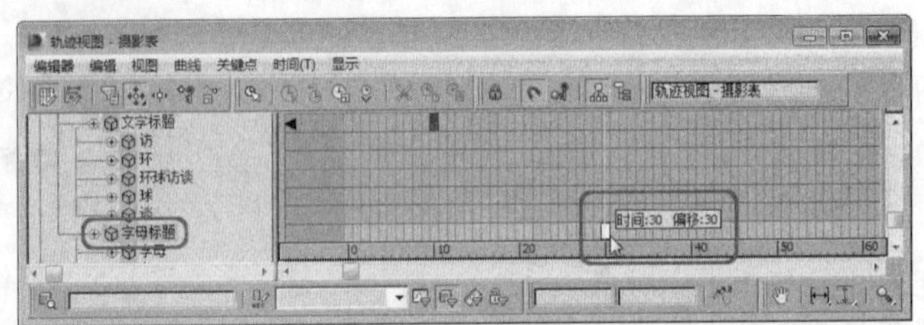

实战操作504 创建字体电光效果

素材：无	难度：★★★★★
场景：无	视频：视频\Cha19\实战操作504.avi

下面介绍电光效果的制作，具体操作步骤如下。

01 在制作电光效果之前，首先将摄影机对象进行隐藏，激活前视图，选择“创建”|“图形”|“线”工具，创建一个与“环球访谈”宽度相等的线段，在“渲染”卷展栏中，勾选“在渲染中启用”和“在视口中启用”复选框，如右图所示。

02 确定创建的线段处于选中状态，单击鼠标右键，在弹出的快捷菜单中选择“对象属性”命令，在弹出的对话框中，将“对象ID”设置为1，设置完成后单击“确定”按钮，如下图所示。

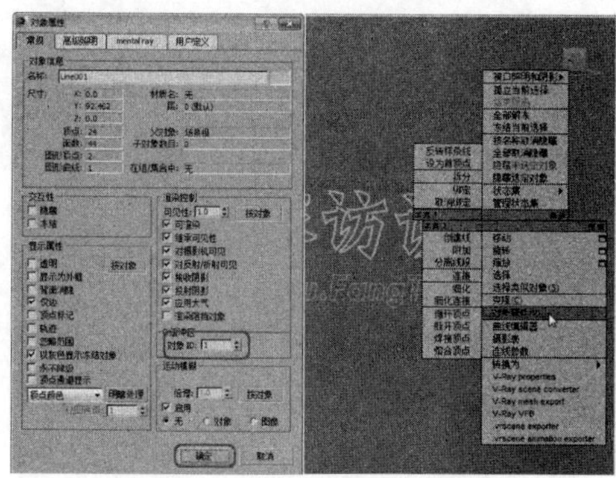

03 将时间滑块拖拽到第150帧处，单击“自动关键点”按钮，选择工具箱中的“选择并移动”工具，激活前视图，将线沿X轴向左移至“环”字的左侧边缘，如下图所示。设置完成后再单击“自动关键点”按钮。

04 确定线处于选中状态，打开“轨迹视图-摄影表”对话框，在左侧的面板中选择“Line01”下“变换”的“位置”，将位置后的关键帧移动至第95帧位置，如下图所示。

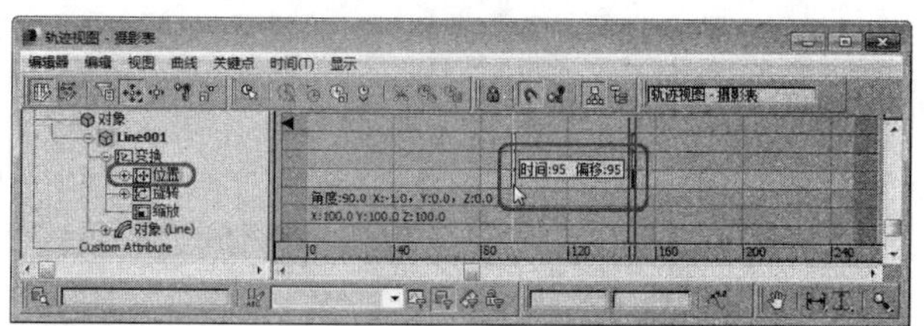

05 在“轨迹视图-摄影表”对话框左侧的选项栏中选择“Line01”，在菜单栏中选择“编辑”|“可见性轨迹”|“添加”命令，为“Line01”添加一个可见性轨迹，如下图所示。

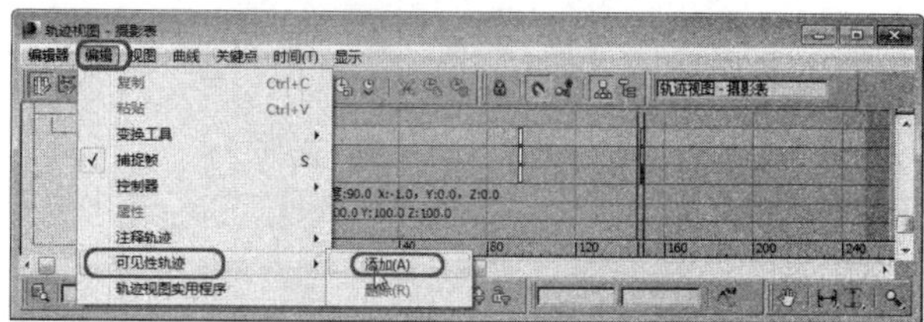

06 选择“可见性”选项，在工具栏中选择“添加关键点”工具，在第94帧的位置添加一个关键点，并将值设置为0.000，表示在该帧时不可见，如下图所示。

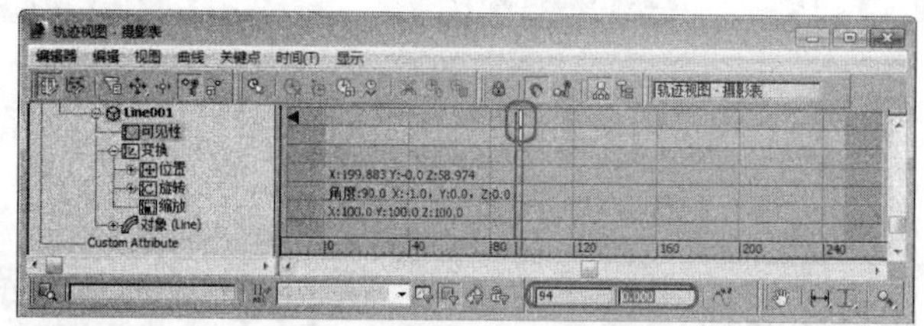

07 继续在第95帧位置添加关键点，并将其值设置为1.000，表示在该帧时可见，如下图所示。

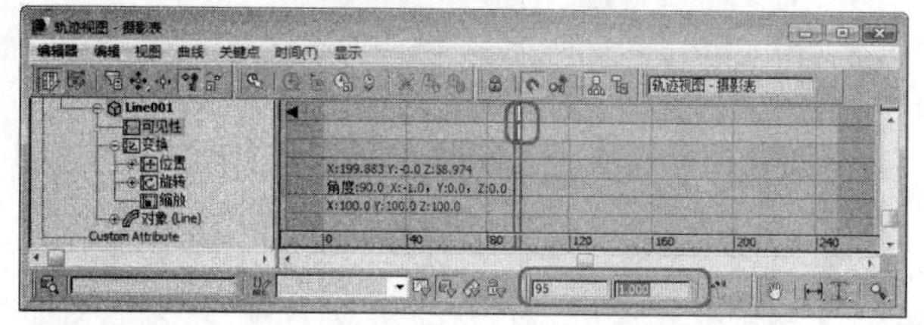

08 使用同样的方法，在第150帧处添加关键帧，并将值设置为1.000，在第150帧位置添加一个可见关键点，如下图所示。

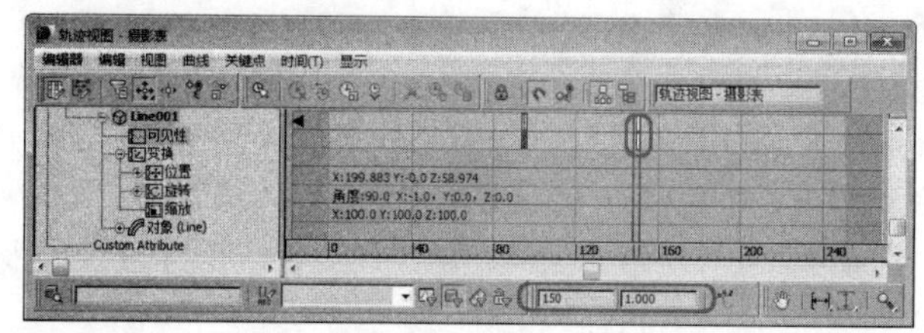

09 继续在第151帧处添加关键帧，并将值设置为0.000，在第151帧位置处添加一个不可见关键点，如下图所示。

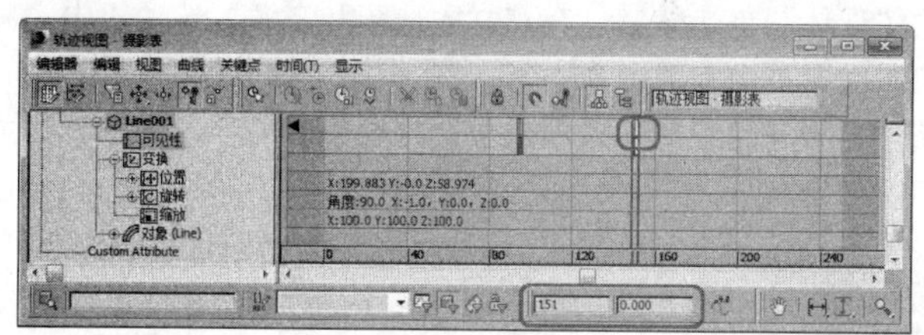

10 按M键，在弹出的“材质编辑器”中选择一个新的材质样本球，将其命名为“线”。在“Blinn基本参数”卷展栏中，将“不透明度”设置为0；在“反射高光”选项组中，将“光泽度”设置为0，设置之后将材质指定给“Line01”。在场景中选择“字母标题”对象，选择工具栏中的“对齐”工具，在左视图中选择“环球访谈”对象，在弹出的对话框中勾选“X位置”复选框，并选择“当前对象”和“目标对象”选项组中的“中心”单选按钮，设置完成后单击“确定”按钮，单击“自动关键点”按钮，如下图所示。

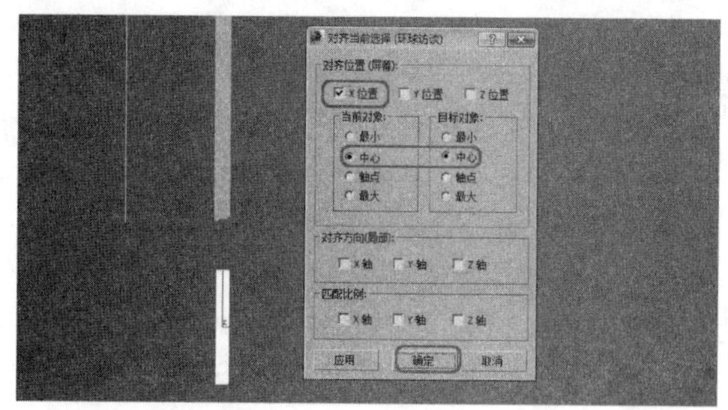

19.4 创建粒子系统和光斑

上面介绍了创建动画的制作，下面介绍创建粒子系统和光斑。

实战操作505 创建粒子系统

素材：无	难度：★★★★★
场景：无	视频：视频\Cha19\实战操作505.avi

下面介绍创建粒子系统的方法，具体操作步骤如下。

01 选择“创建” | “几何体” | “粒子系统” | “超级喷射”命令，在左视图中创建粒子系统，对如下图所示的参数进行设置。在“基本参数”卷展栏中，将“粒子分布”选项组中的“轴偏移”下的“扩散”设置为15，将“平面偏离”下的“扩散”设置为180.0；在“视口显示”选项组中，将“粒子数百分比”设置为50%。在“粒子生成”卷展栏中，将“粒子运动”选项组中的“速度”和“变换”分别设置为0.8和5.0，将“粒子计时”选项组中的“发射开始”、“发射停止”、“显示时限”、“寿命”和“变化”分别设置为30、150、180、25和5；将“粒子大小”选项组中的“大小”、“变化”、“增长耗时”和“衰减耗时”分别设置为8.0、15.0、5和8。在“气泡运动”卷展栏中，将“幅度”、“变化”和“周期”分别设置为10.0、0.0和45。在“粒子类型”卷展栏中，选择“标准粒子”选项组中的“球体”单选按钮，在“材质贴图和来源”选项组中，将“时间”下的参数设置为60。在“旋转和碰撞”卷展栏中，将“自旋速度控制”选项组中的“自旋时间”设置为60。如下图所示。

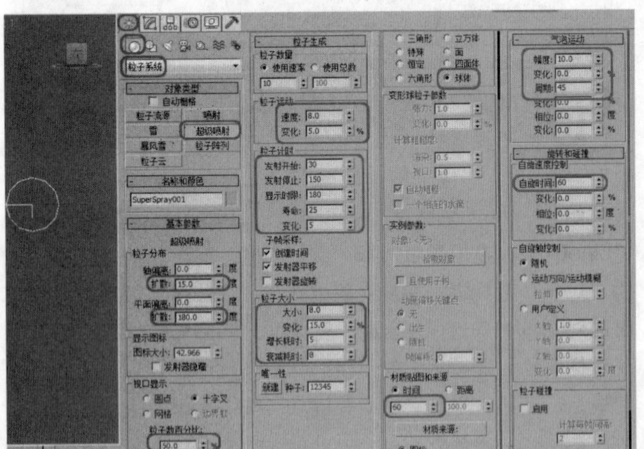

02 按M键，打开“材质编辑器”，选择一个新的材质样本球，将其命名为“粒子”，在“贴图”卷展栏中，单击“漫反射颜色”后面的“无”按钮，选择“粒子年龄”贴图，单击“确定”按钮，进入“漫反射”贴图通道，在“粒子年龄参数”卷展栏中，将“颜色#1”的RGB值设置为（255、255、255）；将“颜色#2”的RGB值设置为（245、148、25）；将“颜色#3”的RGB值设置为（255、0、0），如下图所示。

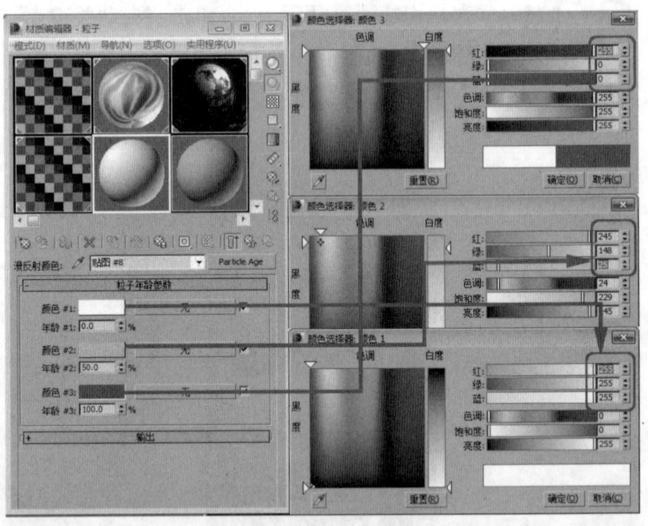

03 单击“转到父对象”按钮，返回到“父材质”面板，在“贴图”卷展栏中，单击“不透明度”通道后面的“无”按钮，在弹出的对话框中，选择“渐变”贴图，在“不透明度”贴图通道使用默认参数。设置完成材质后，单击“将材质指定给选定的对象”按钮，将设置好的材质指定给粒子对象，如下图所示。

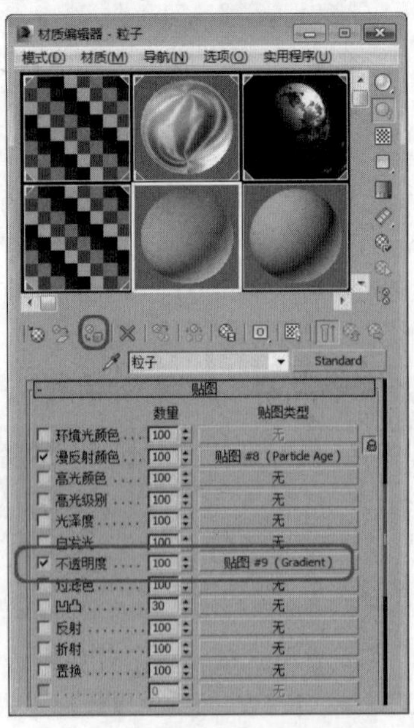

04 将粒子移至“字母标题”对象的左侧，如下图所示。

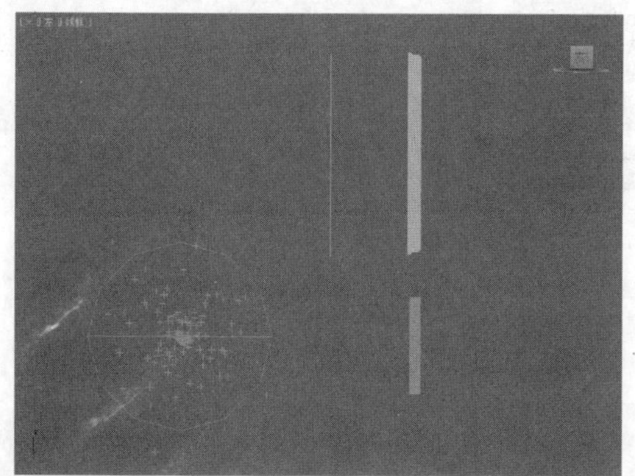

05 将时间滑块拖拽到第170帧处，单击“自动关键点”按钮，激活前视图，选择工具箱中的“选择并移动”工具，确定当前作用轴为X轴，将粒子对象移动至“字母标题”对象的右侧，如下图所示。设置完成后单击“自动关键点”按钮。为“粒子”对象设置了运动，但是由于我们要求其运动是随着“标题”对象材质动画的运动而运动，所以，必须还要为“粒子”对象设置动画的起始时间。

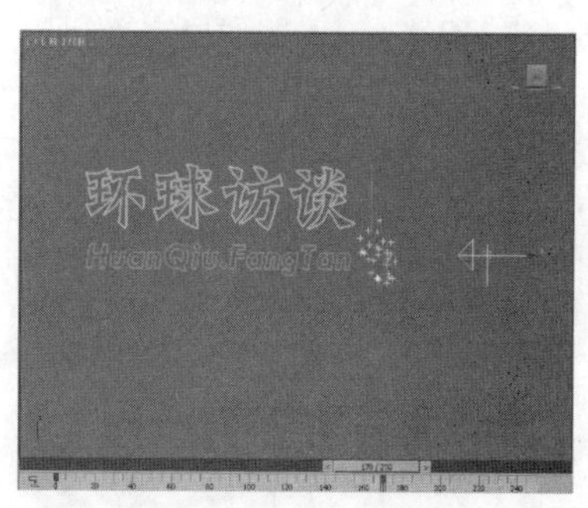

06 打开“轨道视图-摄影表”对话框，在对话框左侧选择“SuperSpray01”下的“变换”的“位置”，将“位置”后面的关键帧调整至第80帧位置，如下图所示。

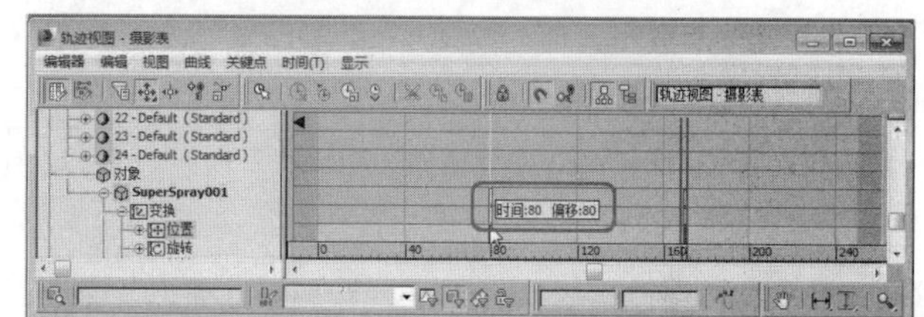

实战操作506 创建粒子系统

素材：无	难度：★★★★★
场景：无	视频：视频\Cha19\实战操作506.avi

下面介绍创建光斑的方法，具体操作步骤如下。

01 选择“创建” | “辅助对象” | “点”命令，在前视图中的粒子系统对象上单击鼠标，创建点对象，选择工具栏中的“对齐”工具，在场景中选择“粒子”对象，在弹出的对话框中勾选“X位置”、“Y位置”和“Z位置”复选框，然后选择“当前对象”和“目标对象”选项组中的“中心”单选按钮，设置完成后单击“确定”按钮，将视图中的“点”对象与“粒子”对象对齐，如下图所示。

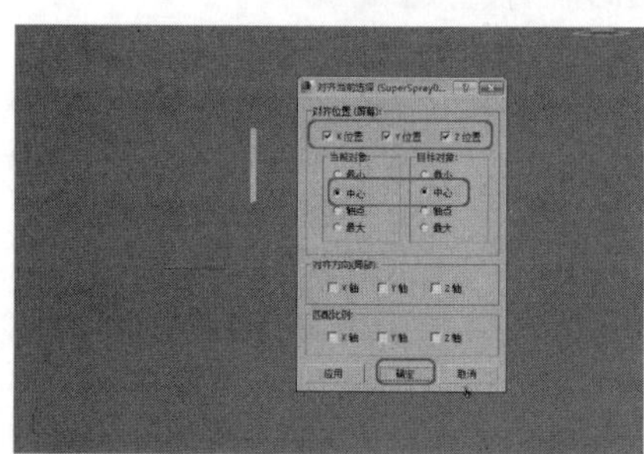

02 确定点对象处于选中状态，选择工具箱中的“选择并链接”工具，然后在“点”对象上单击鼠标左键，移动鼠标至“粒子”对象上，当光标顶部变色为白色时单击鼠标左键进行确定，如下图所示。

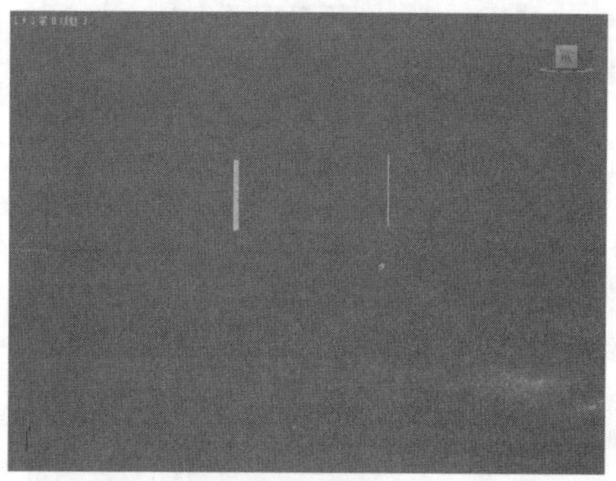

03 选择“创建” | “辅助对象” | “点”命令，在前视图中的“环球访谈”对象的右上方单击鼠标，创建第二个点，如下图所示。

04 确定新创建的“点”对象处于选中状态，将时间滑块拖拽至第210帧处，单击“自动关键点”按钮，选择工具箱中的“选择并移动”工具，在前视图中沿X轴向左移动，设置完成后单击“自动关键点”按钮。打开“轨迹视图-摄影表”对话框，在对话框左侧选择“Point02”下的“变换”的“位置”，将关键点移动至第175帧位置，如右图所示。

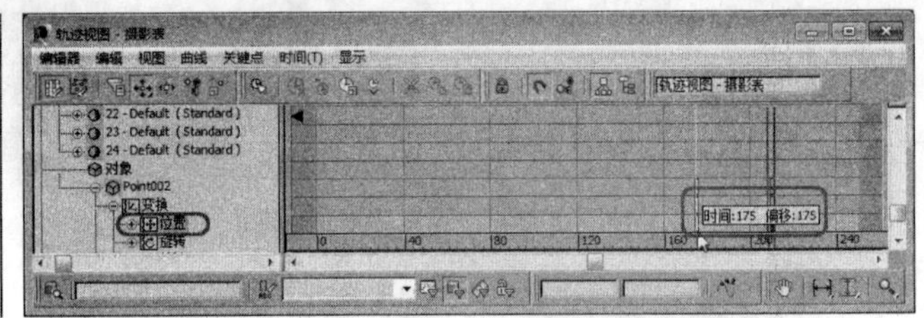

19.5 设置特效

实战操作507 设置特效

素材：无	难度：★★★★★
场景：Scenes\Cha19\实例操作507.max	视频：视频\Cha19\实战操作507.avi

01 在菜单栏中选择“渲染”|“视频后期处理”命令，打开“视频后期处理”对话框，如下图所示。

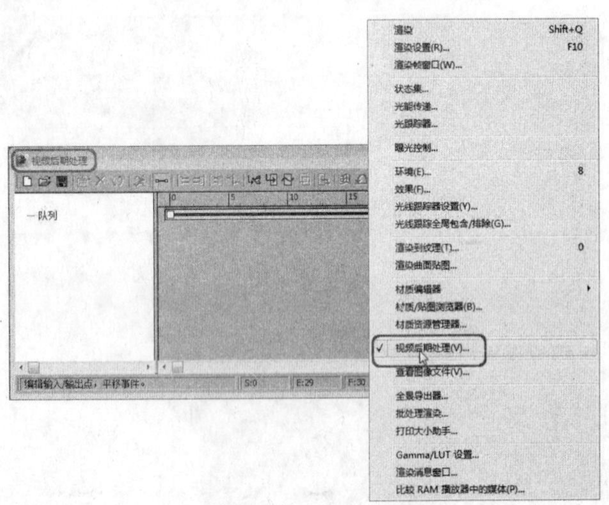

02 在其中单击“添加场景事件”按钮，在弹出的“添加场景事件”对话框中，使用默认参数，单击“确定”按钮，添加场景事件，如下图所示。

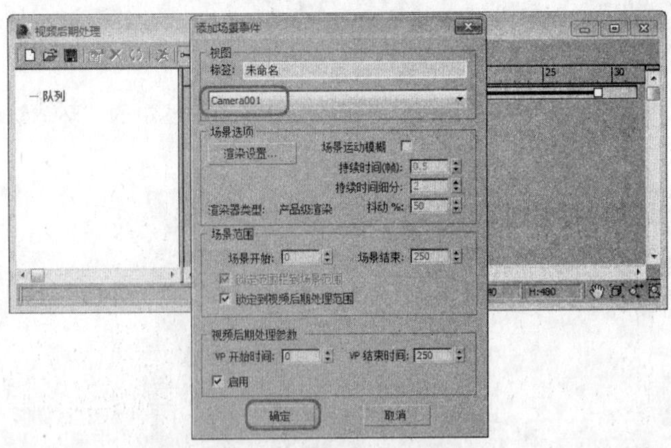

03 选择工具栏中的“添加图像过滤事件”工具，在弹出的对话框中，选择“镜头效果光晕”选项，将“标签”命名为“线”，设置完成后单击“确定”按钮，添加光晕特效滤镜，如下图所示。

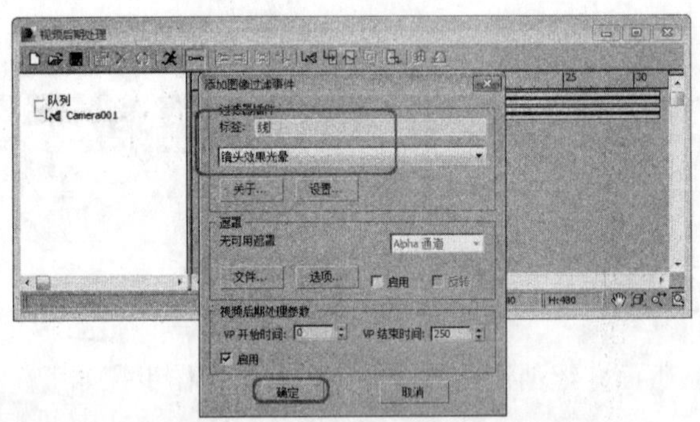

04 双击“线”选项，在弹出的对话框中单击“设置”按钮，打开“镜头效果光晕”对话框，单击“VP队列”和“预览”按钮，如下图所示。

05 打开“首选项”选项卡，在“效果”选项组中，将“大小”设置为6.0，选择“颜色”选项组中选择“渐变”单选按钮，如右图所示。

06 打开“噪波”选项卡，将“设置”选项组中的“运动”设置为1，然后勾选“红”、“绿”和“蓝”3个复选框，在“参数”选项组中，将“大小”设置为6.0，设置完成后单击“确定”按钮，如下图所示。

07 选择工具栏中的“添加图像过滤事件”工具，在弹出的对话框中选择“镜头效果光斑”选项，将“标签”命名为“点01”，设置完成后单击“确定”按钮，添加光斑特效滤镜，如下图所示。

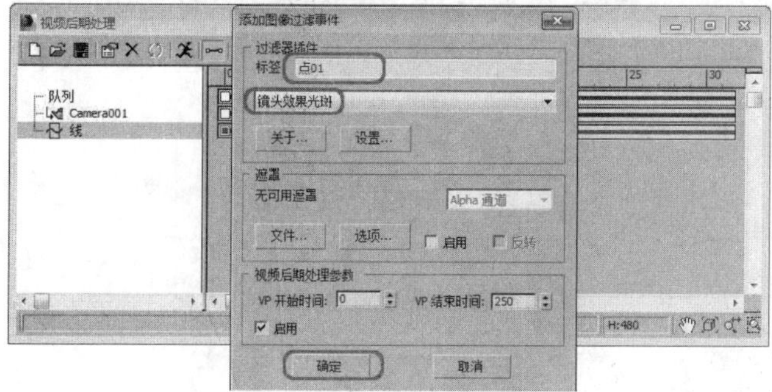

08 使用同样的方法添加名称为“点02”的光斑效果，在工具栏中选择“添加图像输出事件”工具，在弹出的对话框中设置图像的输出事件，如下图所示。

09 在序列区域中双击“点01”项目，在打开的“编辑过滤事件”对话框中单击“设置”按钮，打开“镜头效果光斑”面板。单击“VP队列”和“预览”按钮，在“镜头光斑属性”选项组中，将“大小”设置为100.0，然后单击“节点源”按钮，在打开的对话框中，选择Point001，单击“确定”按钮。在“首选项”选项卡中，参照如下图所示进行操作。

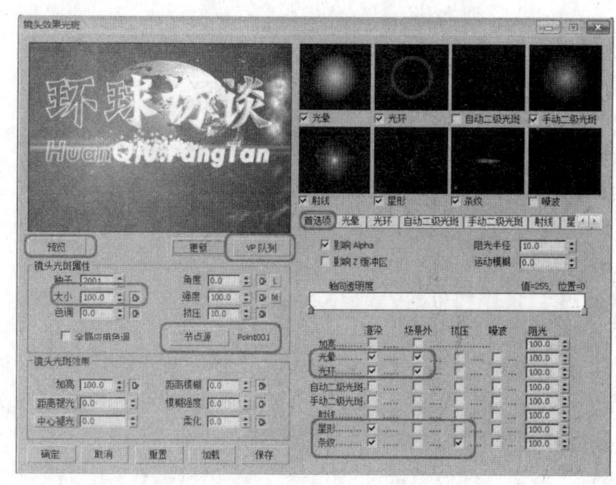

10 在“光晕”选项卡中，将“大小”设置为20.0，在下方的“渐变”区域中，将“径向颜色”左侧色标的RGB值设置为（225、255、162）；将第2个色标调整至“位置”为19位置，并将RGB值设置为（174、172、155）；在第36帧位置添加色标，并将RGB值设置为（5、3、155）；在第55帧位置添加一个色标，并将RGB值设置为（132、1、68）；将色标最右侧的RGB值设置为（0、0、0），如下图所示。

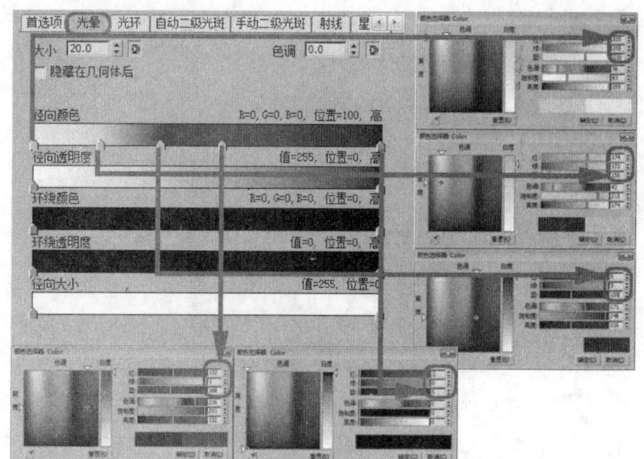

11 打开“光环”选项卡，将“大小”设置为5，然后在下方的“渐变”区域中进行设置，如下图所示。将“径向颜色”左侧色标的RGB值设置为（218、179、12），将右侧的色标RGB值设置为（255、244、18）。然后在位置为50处添加色标，将其RGB值设置为（255、255、255）。

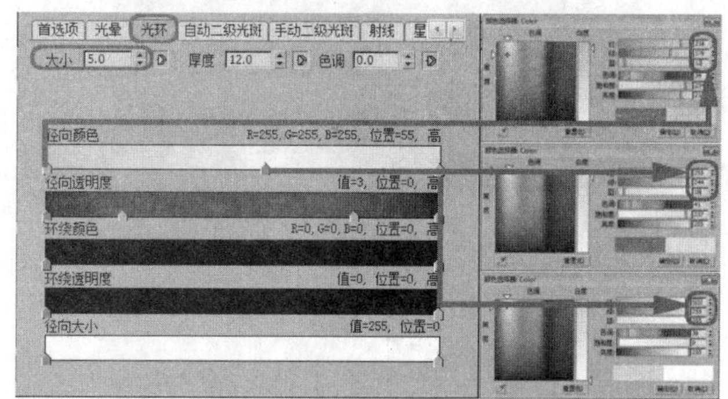

12 打开“射线”选项卡，将“大小”设置为250.0，如下图所示。

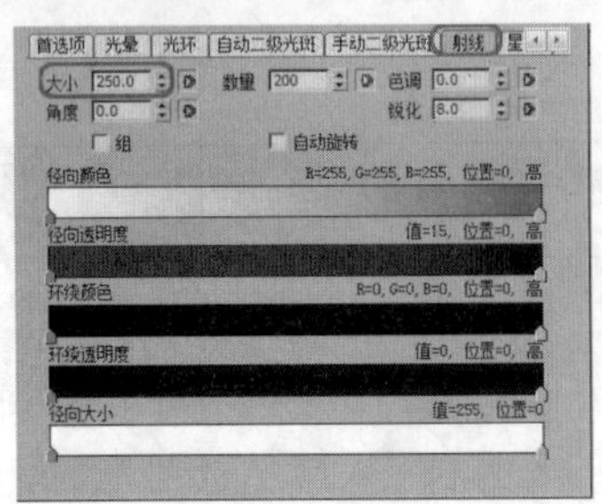

13 打开“星形”选项卡，将“大小”、“角度”、“数量”、“色调”、“锐化”和“锥化”分别设置为50.0、0.0、4、100.0、8.0和0.0。然后在下方的“渐变”区域进行设置，如下图所示。在“径向颜色”区域中的位置为30的位置添加一个色标，并将其RGB值设置为（235、230、245）；将最右侧色标的RGB值设置为（180、0、160）。

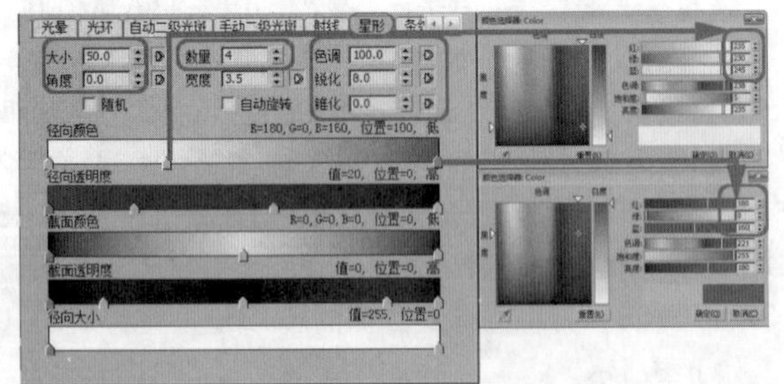

14 打开“条纹”选项卡，将“大小”设置为25.0，如下图所示。

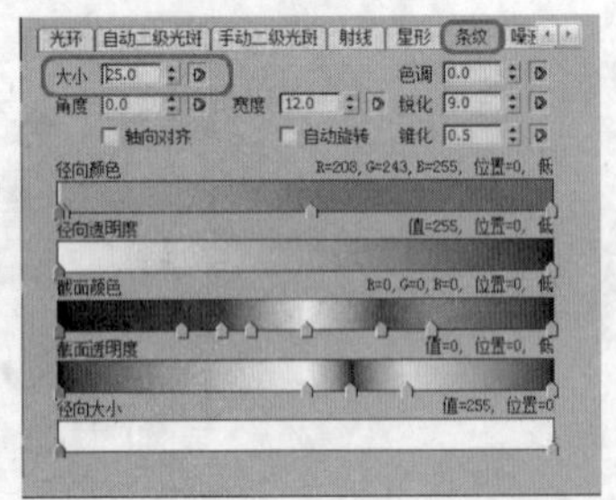

15 设置完成后，单击“确定”按钮，返回到“视频处理后期”对话框。双击“点02”项目，在打开的“编辑过滤事件”对话框中单击“设置”按钮，打开“镜头效果光斑”面板。单击“VP队列”和“预览”按钮，在“镜头光斑属性”选项组中，将“大小”设置为5.0，然后单击“节点源”按钮，在打开的对话框中，选择Point002，单击“确定”按钮。在“首选项”选项卡中，参照如下图所示进行操作。

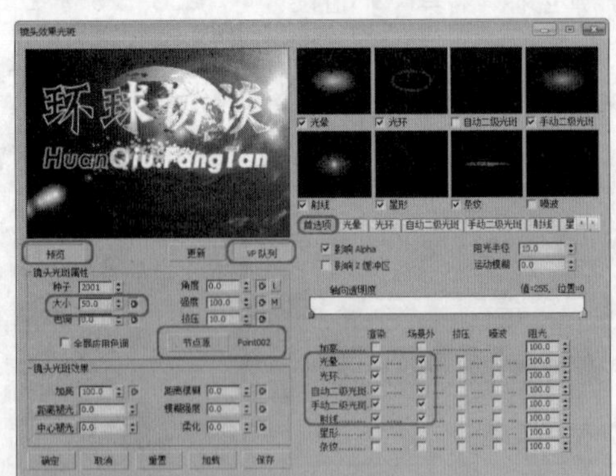

16 在“光晕”选项卡中，将“大小”设置为95.0，然后在下方的“渐变”区域中进行设置，如下图所示。将“径向颜色”左侧色标的RGB值设置为（149、154、255）；将第2个色标调整至“位置”为30的位置，并将RGB值设置为（202、142、102）；在第54帧位置添加一个色标，并将RGB值设置为（192、120、72）；在第73帧位置添加一个色标，并将RGB值设置为（180、98、32）；将色标最右侧的RGB值设置为（174、15、15）。将“径向透明度”左侧色标的RGB值设置为（215、215、215），在第7帧位置添加一个色标，并将其RGB值设置为（145、145、145）。

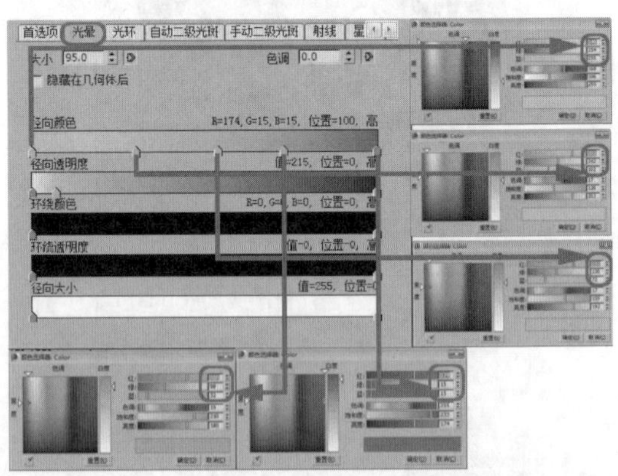

17 打开“光环”选项卡，将“大小”设置为20.0，然后在下方的“渐变”区域中进行设置，如下图所示。将“径向颜色”区域中第50帧位置添加一个色标，并将RGB值设置为（255、124、18）。将“径向透明度”区域中的第50帧位置添加一个色标，将其RGB值设置为（168、168、168）。

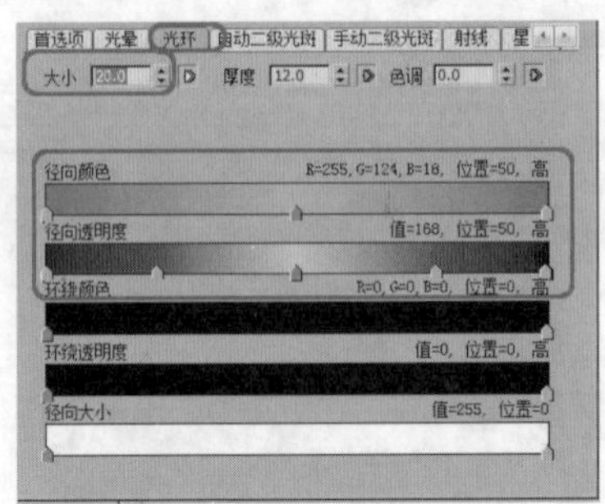

18 打开“自动二级光斑”选项卡，将“最小”、“最大”和“数量”分别设置为2.0、5.0和50，将“轴”设置为0，并勾选“启用”复选框，然后将视窗底端的时间滑块拖拽至第210帧处，单击“自动关键点”按钮，将“轴”设置为5，如下图所示。单击“自动关键点”按钮。

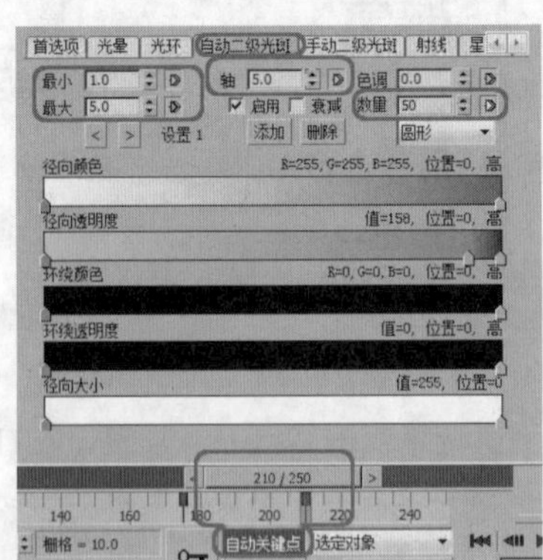

19 打开“轨迹视图-摄影表”对话框，选择“Point002”|“自动二级光斑”|“设置1”|“轴长度”选项，如下图所示。

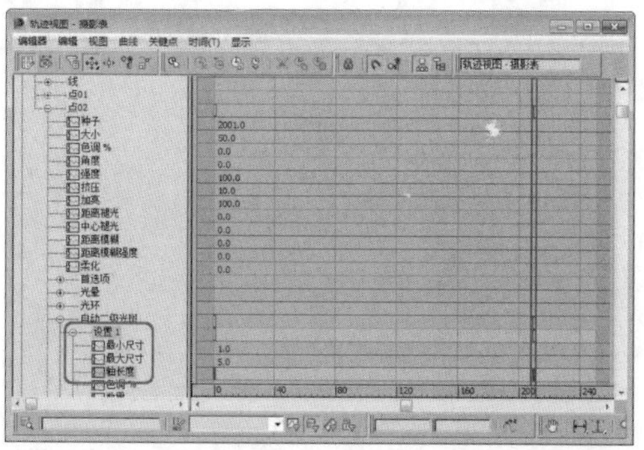

20 将关键点调整至第175帧位置，这样，当前所设置的光斑滤镜将在第175帧至第210帧位置产生动画效果，如下图所示。

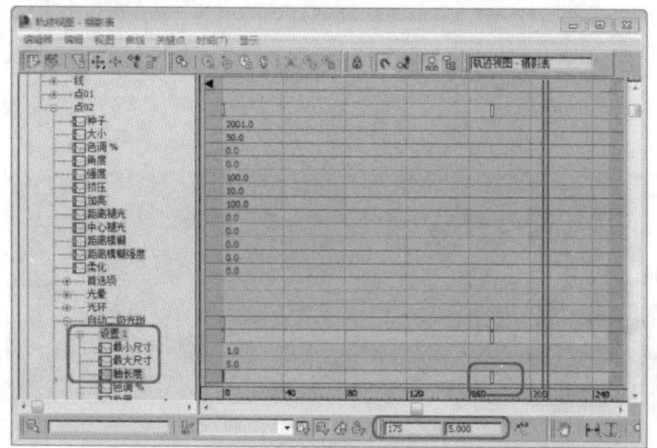

21 打开“手动二级光斑”选项卡，将“大小”和“平面”分别设置为95.0和430.0，取消“启用”复选框的勾选。然后在下方的渐变区域中进行设置，如下图所示。在“径向颜色”区域中，将左侧色标的RGB值设置为（9、0、191）；在第86帧位置添加一个色标，将其RGB值设置为（11、2、190）；在位置为92处添加一个色标，将其RGB值设置为（0、162、54），在第95帧位置添加一个色标，将其RGB值设置为（14、138、48）；在位置为96帧处添加一个色标，将其RGB值设置为（126、0、0）。

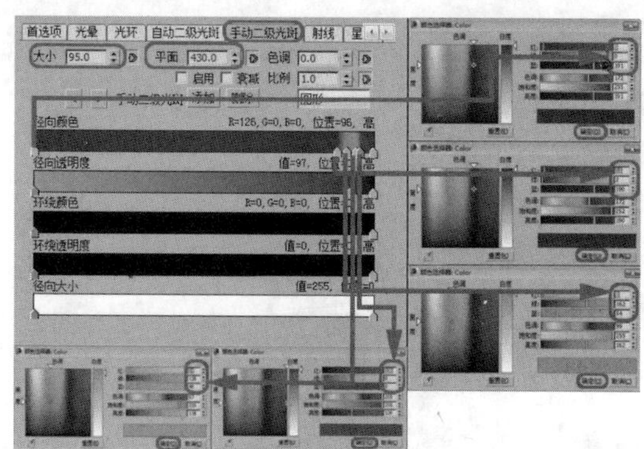

22 打开“射线”选项卡，将“大小”、“数量”和“锐化”分别设置为125.0、175.0和10.0.然后在下方的“渐变”区域中进行设置，如下图所示。

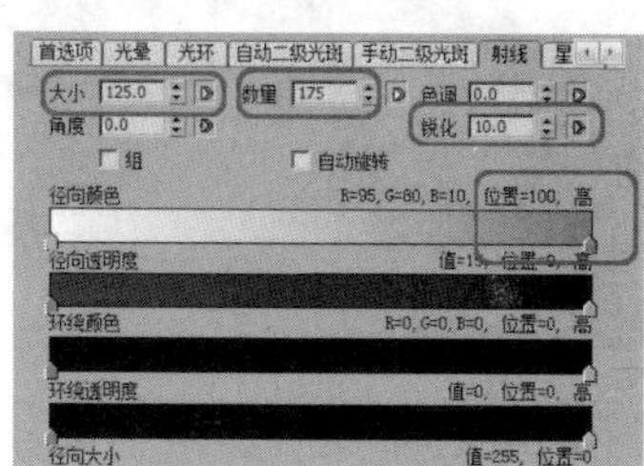

23 在“径向颜色”区域中，将最右侧色标的RGB值设置为（95、80、10）。打开“条纹”选项卡，将“大小”和“角度”分别设置为250.0和30.0，如下图所示。

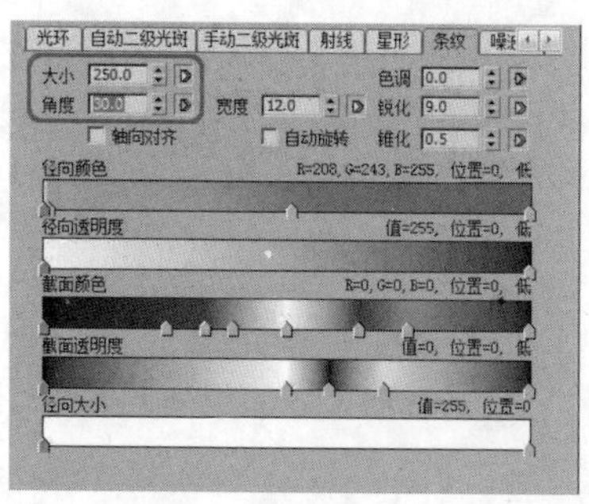

24 设置完成后，单击“确定”按钮，返回到“视频处理后期”对话框。在“视频后期处理”对话框中调整“点02”后面的时间线，将“开始”调至第180帧处，将“结束”调整至第210帧处，如下图所示。

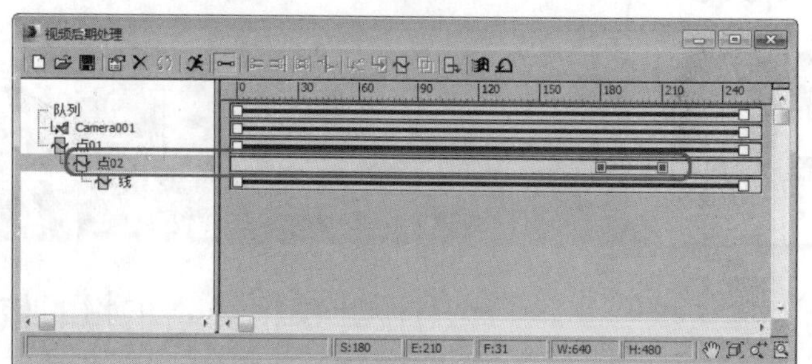

25 单击按钮，在弹出的对话框中，选择“文件”按钮，再在弹出的对话框中，选择一个存储路径，为文件命名，设置文件格式为AVI，单击“保存”按钮，在弹出的“AVI文件压缩设置”对话框中，设置“主帧比率”为0，单击“确定”按钮，如下图所示。

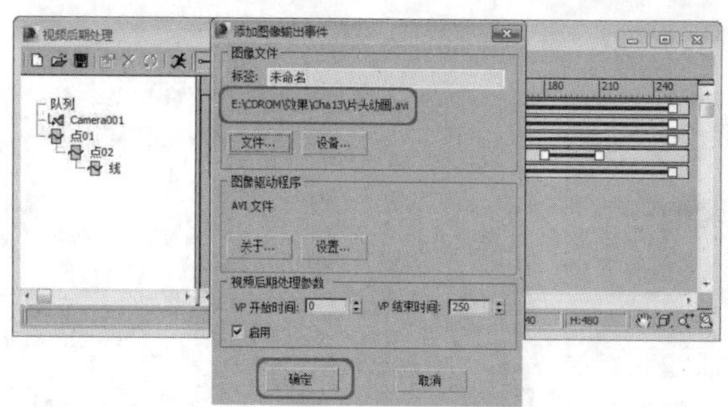

26 在“视频后期处理”对话框中，单击“执行序列”按钮，在弹出的“执行视频处理后期”对话框中，将“范围”设置为0至250，将“宽度”和“高度”分别设置为640和480，单击“渲染”按钮，即可对动画进行渲染，如下图所示。设置完成后将场景进行保存。

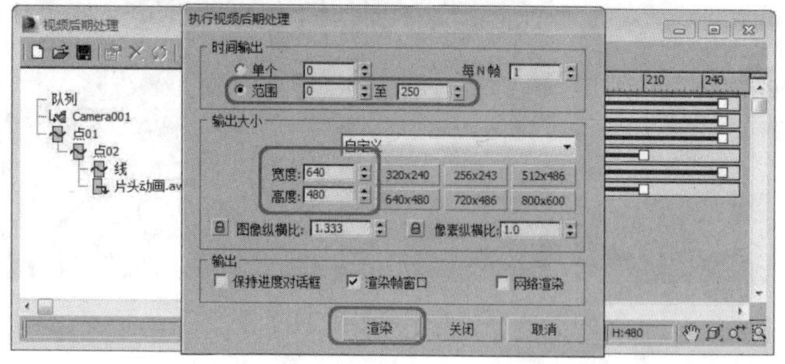

3ds Max 2014

Chapter 20

第20章 室内效果图设计

室内设计是根据建筑物的使用性质、所处环境和相应标准，运用物质技术手段和建筑设计原理，创造功能合理、舒适优美、满足人们物质和精神生活需要的室内环境。这一空间环境具有使用价值，满足相应的功能要求。本章主要介绍室内模型的制作，需要调制Vray材质，并使用Vray渲染器对最终场景进行渲染。

20.1 模型的创建

制作卧室效果图时，首先要制作模型。下面介绍制作模型的具体操作步骤。

实战操作508 室内框架并制定材质

素材：无	难度：★★★★★
场景：无	视频：视频\Cha20\实战操作508.avi

在室内模型制作中首先创建室内框架以及地板，以此来作为室内空间大小的参考。下面介绍室内框架和地板的创建。

01 启动3ds Max 2014，在菜单栏中选择“自定义”|“单位设置”选项，在弹出的“单位设置”对话框中，选择“显示单位比例”组中的“公制”单选按钮，将单位设置为“毫米”，如下图所示。

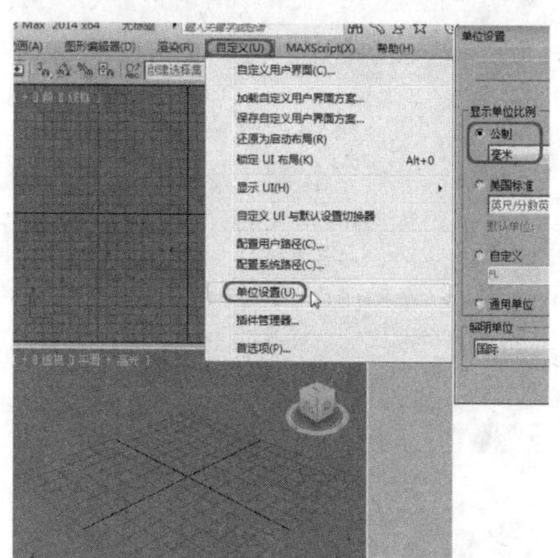

02 单击“确定”按钮，选择“创建”|“几何体”|“标准基本体”|“长方体”工具，在顶视图中创建长方体，如下图所示。

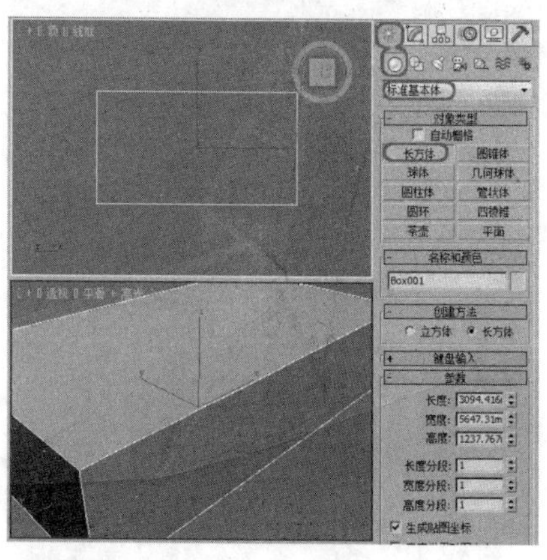

03 切换到“修改”命令面板，将创建的长方体命名为“室内框架”，在“参数”卷展栏中，将“长度”、“宽度”、“高度”分别设置为6000、5000、3000，如下图所示。

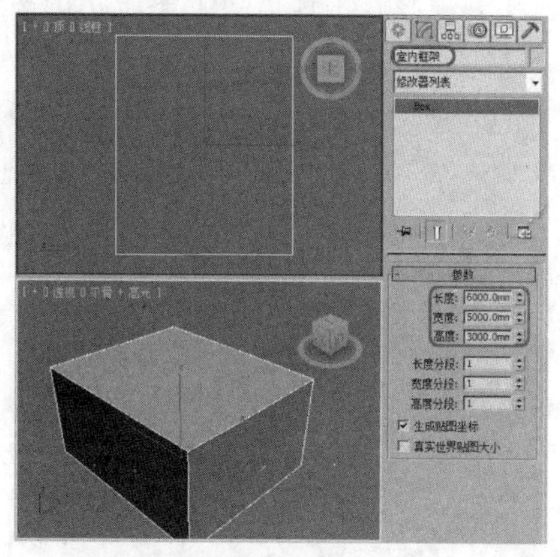

04 选择“室内框架”对象，单击鼠标右键，在弹出的快捷菜单中选择“转换为”|“转换为可编辑多边形”命令，如下图所示。

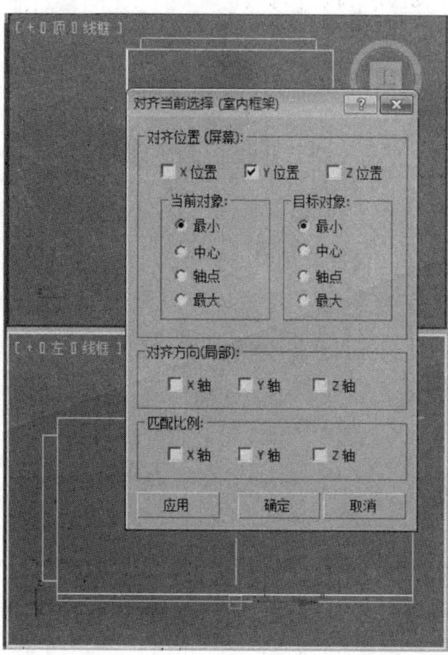

05 将当前选择集定义为“元素”，按Ctrl+A组合键，在“编辑元素”选项组中单击“翻转”按钮，如下图所示。

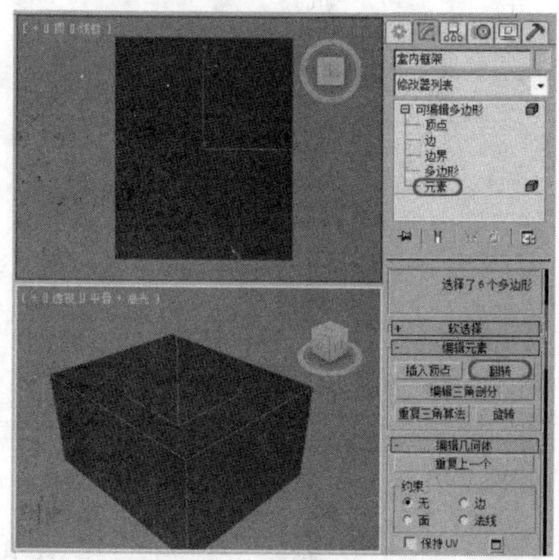

06 关闭当前选择集，单击鼠标右键，在弹出的快捷菜单中选择“对象属性”选项，在弹出的“对象属性”对话框中，勾选“显示属性”选项组中的“背面消隐”复选框，如下图所示。

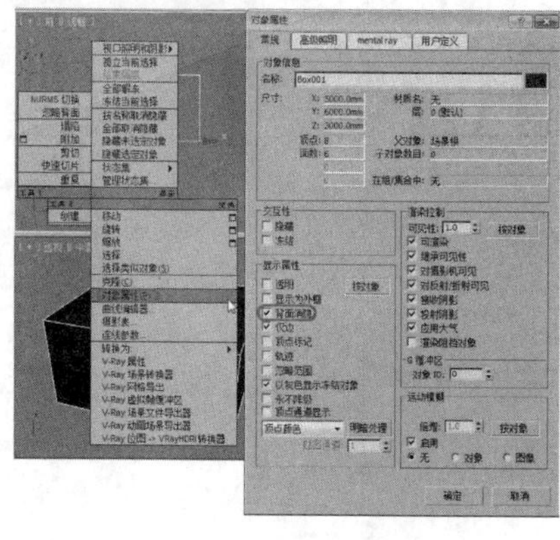

07 单击“确定”按钮。确认“室内框架”处于选中状态，将当前选择集定义为“边”，在场景中选择如下图所示的两条边。

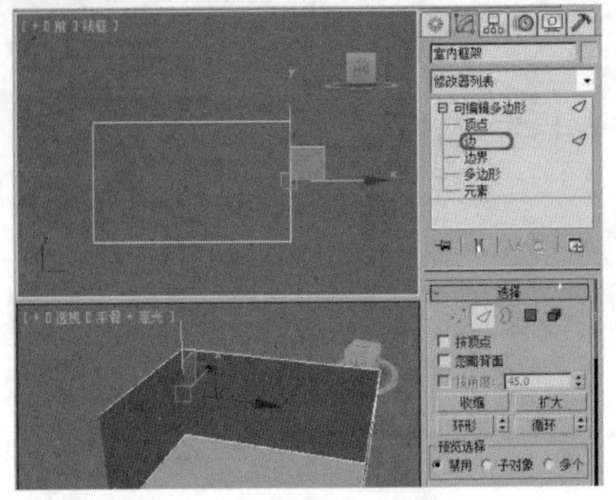

08 在“编辑边”卷展栏中，单击“连接”右侧的“设置”按钮，在弹出的小盒控件中，将“分段”设置为2，如下图所示。

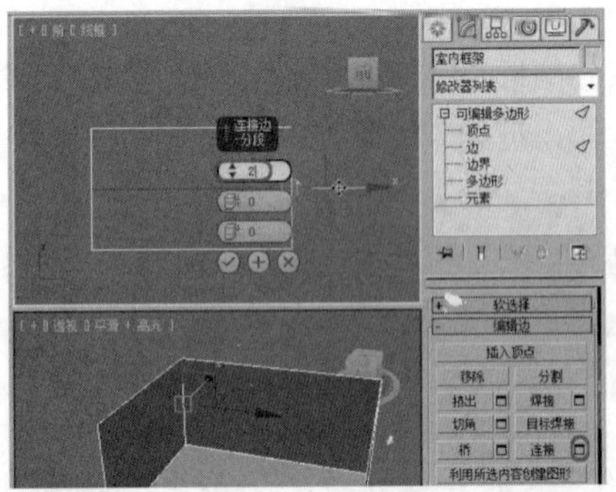

09 单击“确定”按钮，选择其中一条边，在前视图中调整其位置，使用相同的方法调整另外一条边的位置，如下图所示。

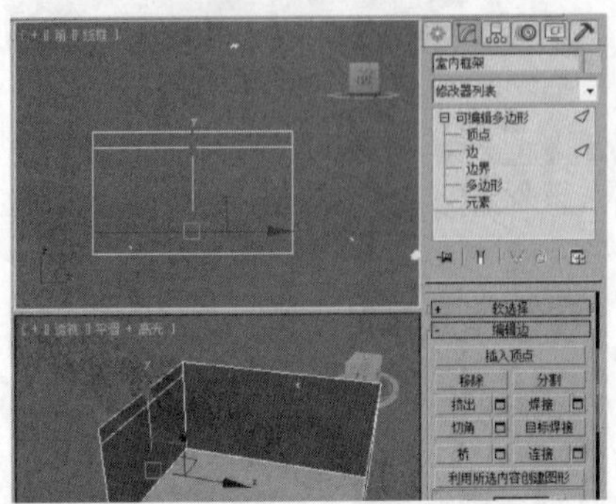

10 再次选择刚才移动的两条边，在“编辑边”卷展栏中，单击“连接”右侧的“设置”按钮，在弹出的小盒控件中将“分段”设置为2，如下图所示。

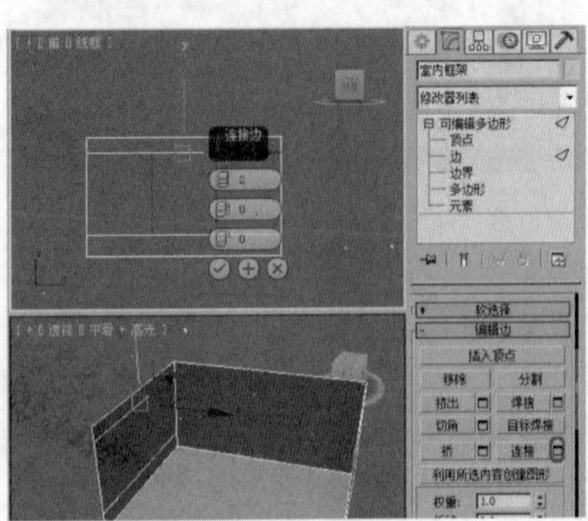

11 单击“确定”按钮，使用相同的方法将其移动到合适位置，如下图所示。

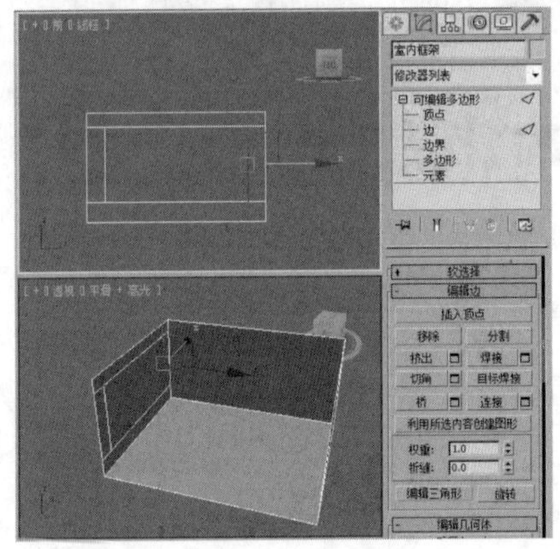

12 将当前选择集定义为“多边形”，选择如下图所示的多边形。

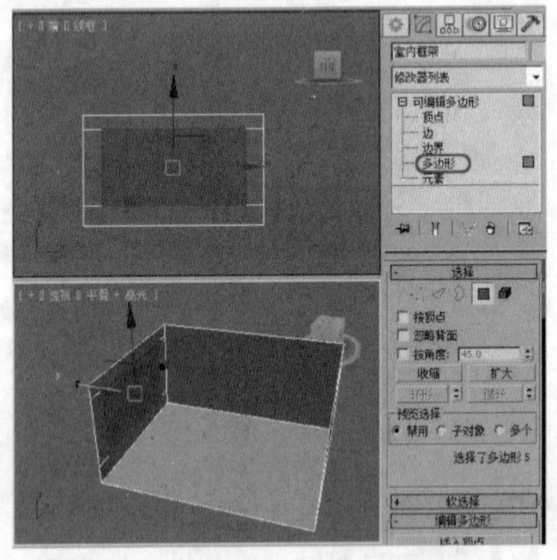

13 在“编辑多边形”卷展栏中，单击“挤出”右侧的“设置”按钮，在弹出的小盒控件中将“高度”设置为-256，如下图所示。

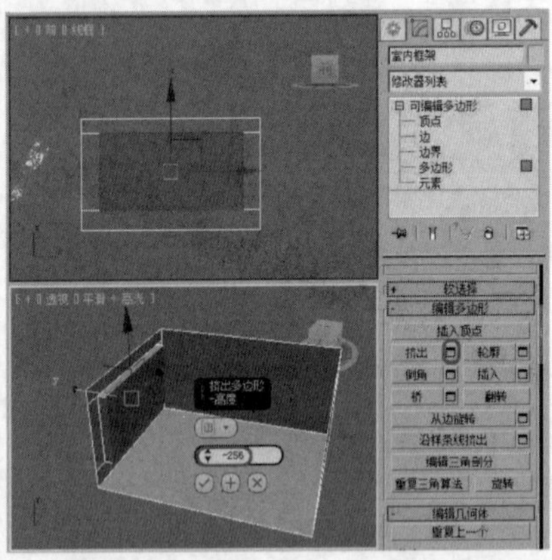

14 单击“确定”按钮，在“编辑几何体”卷展栏中，单击“分离”按钮，在弹出的“分离”对话框中，将“分离为”命名为“玻璃”，如下图所示。

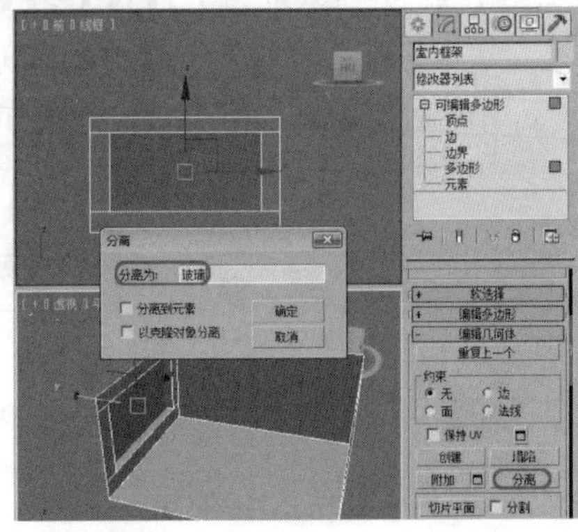

15 单击“确定”按钮，选择底部的多边形，如下图所示。

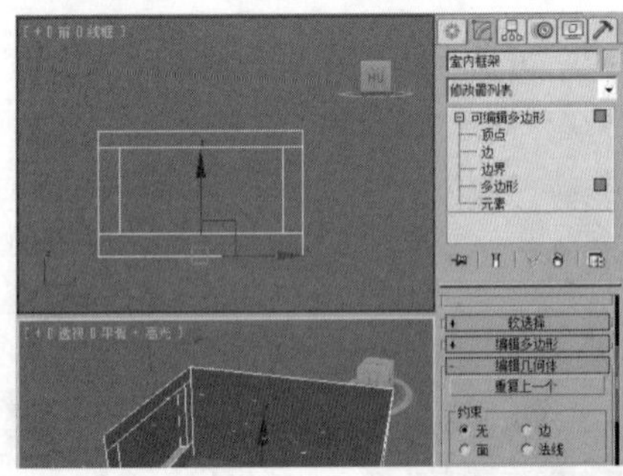

16 在“编辑几何体”卷展栏中，单击“分离”按钮，在弹出的“分离”对话框中，将“分离为”命名为“地板”，如下图所示。

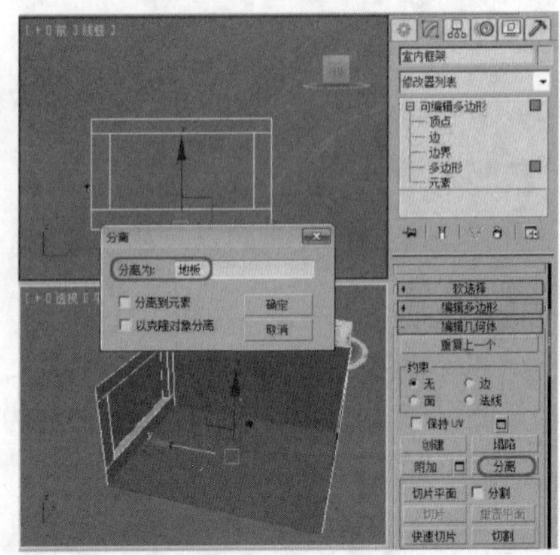

17 单击右下角的“最大化视口切换”按钮，将透视视图最大化，然后单击右下角的“环绕子对象”按钮，在场景中旋转对象，选择如下图所示的多边形。

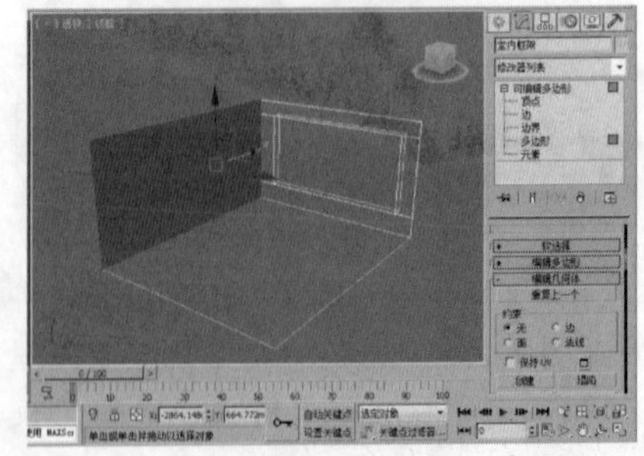

18 在“多边形：材质ID”中将“设置ID”设置为1，如下图所示。

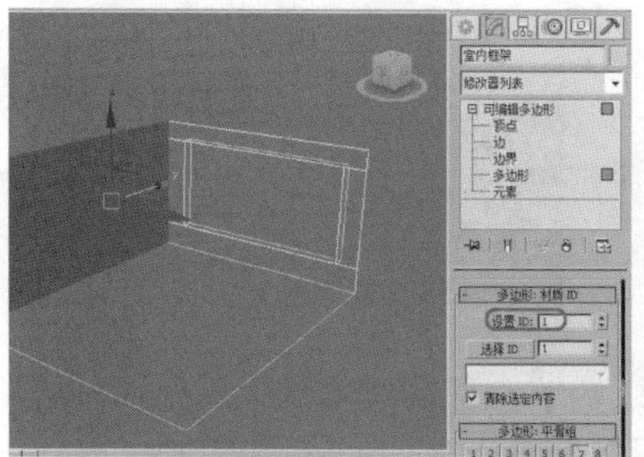

19 在菜单栏中选择“编辑”|“反选”命令，选择该对象另外的多边形，如下图所示。

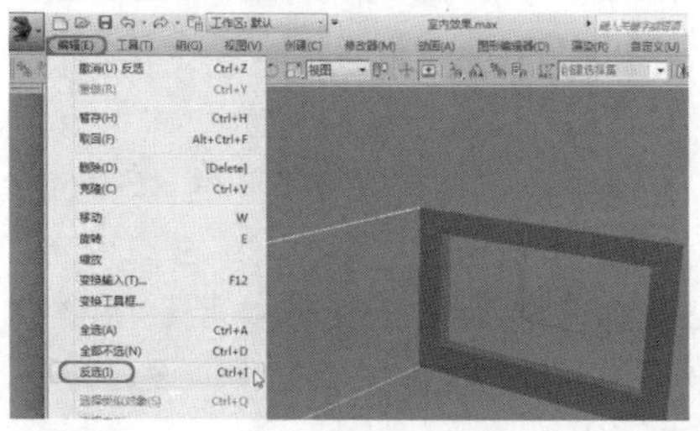

20 在“多边形：材质ID”中，将“设置ID”设置为2，如下图所示。

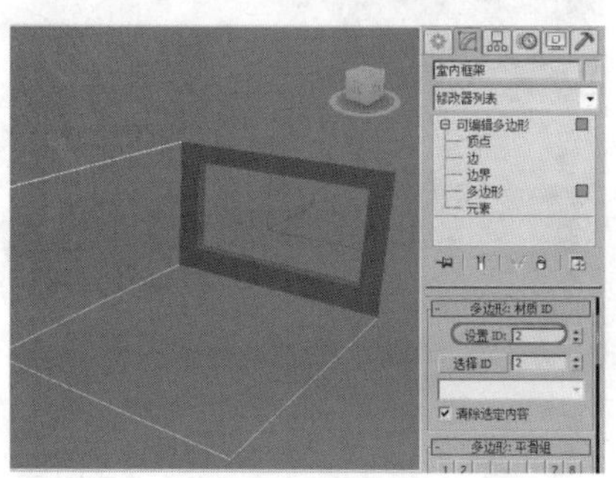

21 关闭当前选择集，按M键，在弹出的“材质编辑器”对话框中，选择一个材质样本球，单击Standard按钮，在弹出的“材质/贴图浏览器”对话框中，选择“多维/子对象”材质，如下图所示。

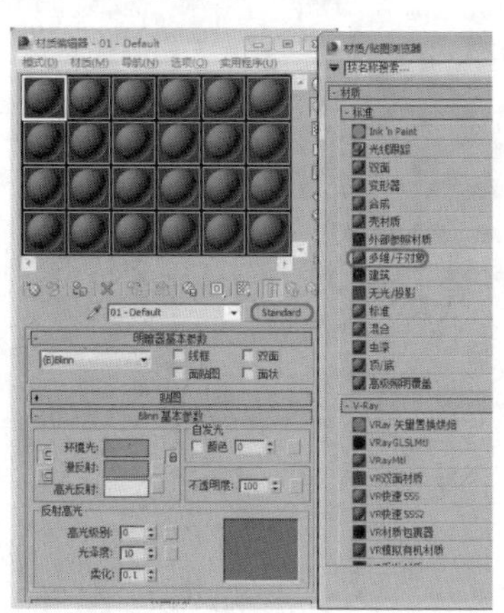

22 单击“确定”按钮，在弹出的“替换材质”对话框中单击“确定”按钮，如下图所示。

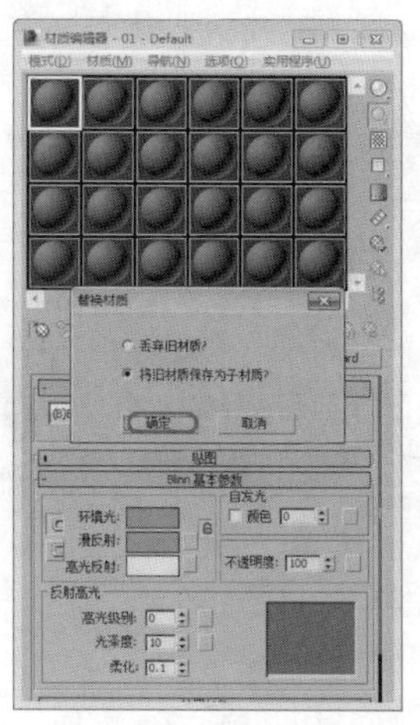

23 在“多维/子对象基本参数”卷展栏中，单击“设置数量”按钮，在弹出的“设置材质数量”对话框中，将“材质数量”设置为2，如下图所示。

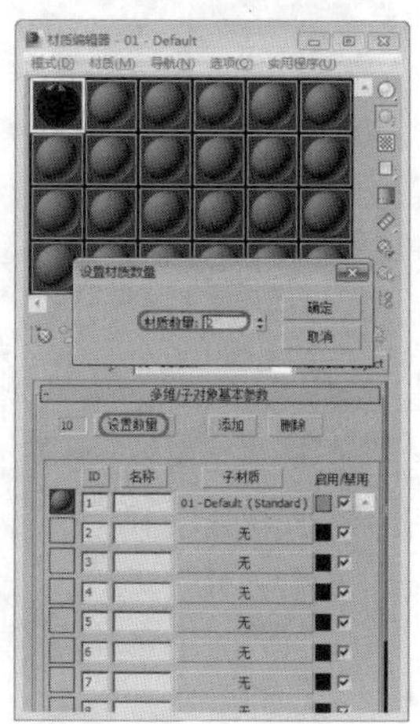

24 单击“ID1”右侧的“子材质”按钮，然后单击Standard按钮，在弹出的“材质/贴图浏览器”对话框中，选择“VRayMlt”材质，如下图所示。

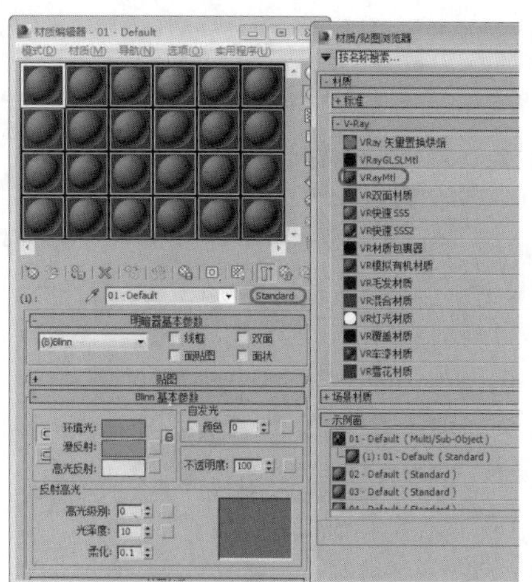

25 单击“确定”按钮，在“基本参数”卷展栏中，将“漫反射”的RGB值设置为（211、222、230），如下图所示。

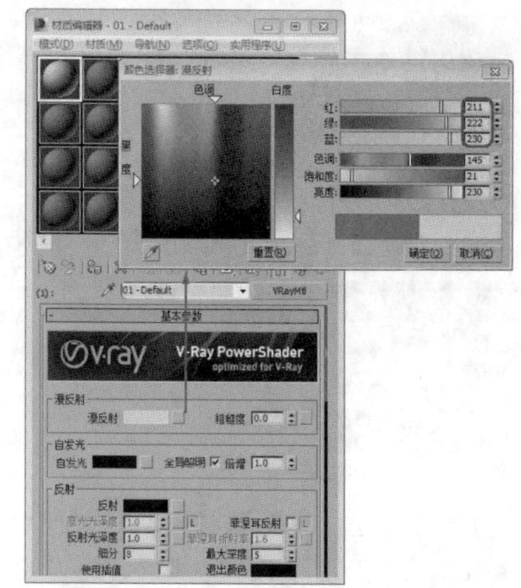

26 单击“确定”按钮，将“反射光泽度”设置为0.7，将“细分”设置为3，将“最大深度”设置为2，如下图所示。

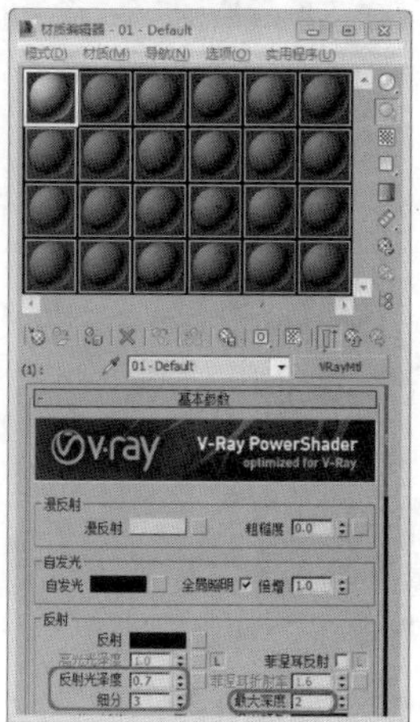

27 单击“转到父对象”按钮，返回上一级，单击“ID2”右侧的“子材质”按钮，在弹出的“材质/贴图浏览器”中选择“VRayMlt”材质，如下图所示。

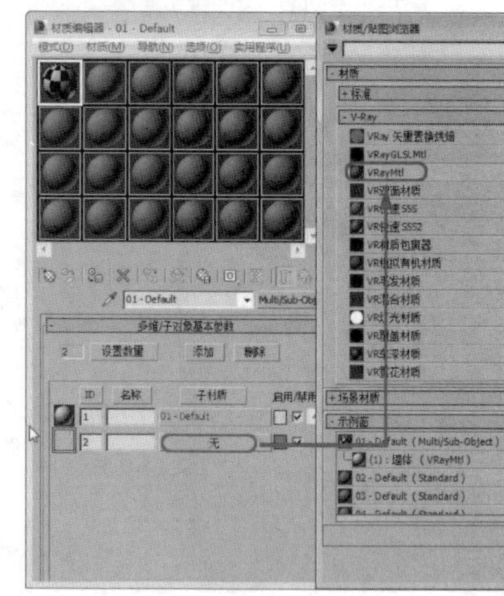

28 单击“确定”按钮，在“基本参数”卷展栏中，将“漫反射”选项组中的“漫反射”的RGB值设置为（230、230、230），如下图所示。

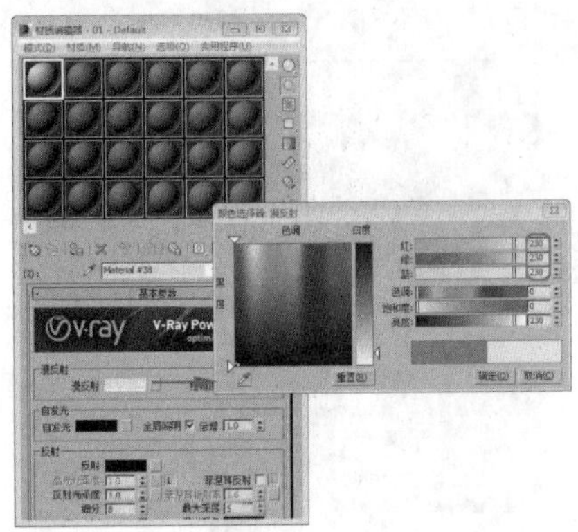

29 单击“确定”按钮，将“反射光泽度”设置为0.7，将“细分”设置为3，将“最大深度”设置为2，如下图所示。

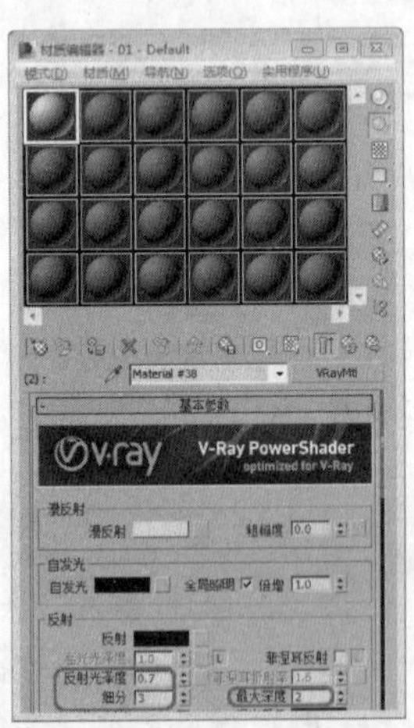

30 单击“转到父对象”按钮，将其命名为“墙体”，单击“将材质指定给选定对象”按钮，将材质指定给场景中的“室内框架”对象，选择另外一个材质样本球，将其命名为“地板”，单击Standard按钮，在弹出的“材质/贴图浏览器”中选择“VRayMlt”材质，如下图所示。

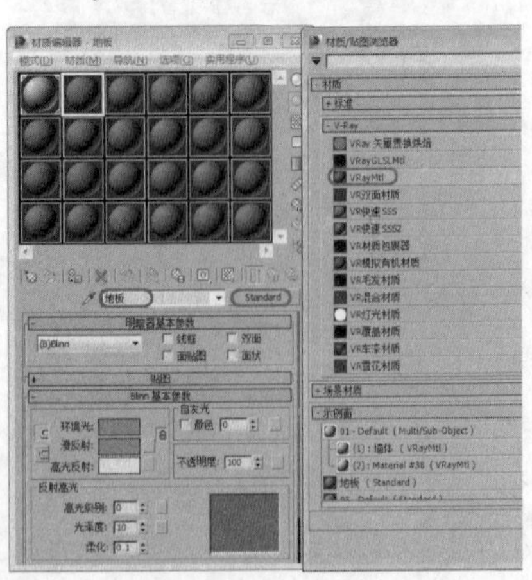

31 单击“确定”按钮，在“基本参数”卷展栏中，将“漫反射”选项组中的“漫反射”的RGB值设置为（23、23、23），如下图所示。

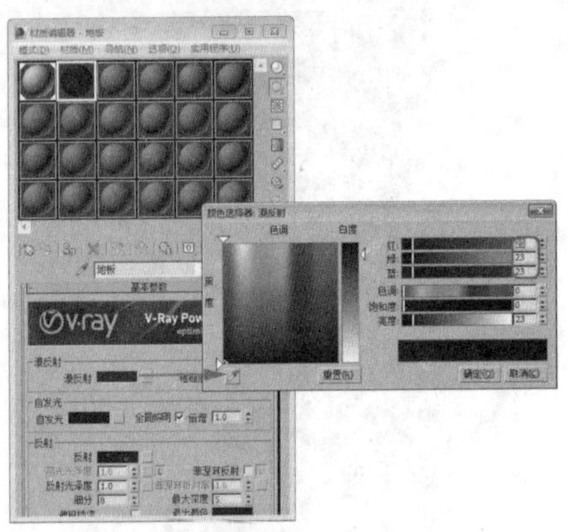

32 单击“确定”按钮，在“反射”选项组中，激活“高光光泽度”，将“高光光泽度”设置为0.8，将“反射光泽度”设置为0.85，将“细分”设置为15，如下图所示。

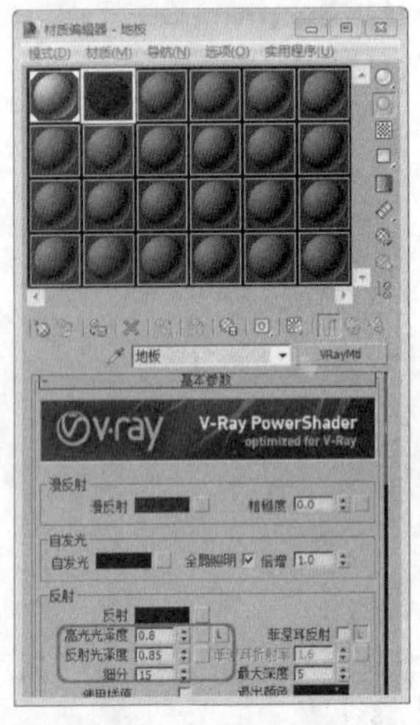

33 在“反射插值”卷展栏中，将“最小比率”和“最大比率”分别设置为-3和0，打开“折射插值”卷展栏中，将“最大比率”和“最小比率”分别设置为-3和0，如下图所示。

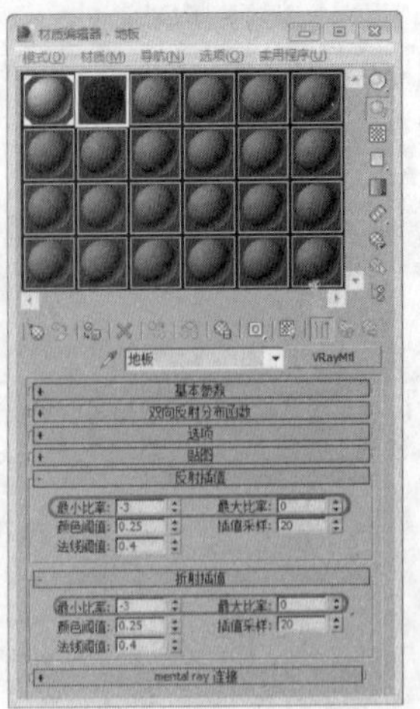

34 打开“贴图”卷展栏，单击“反射”后面的“无”按钮，在弹出的“材质/贴图浏览器”中选择“衰减”材质，如下图所示。

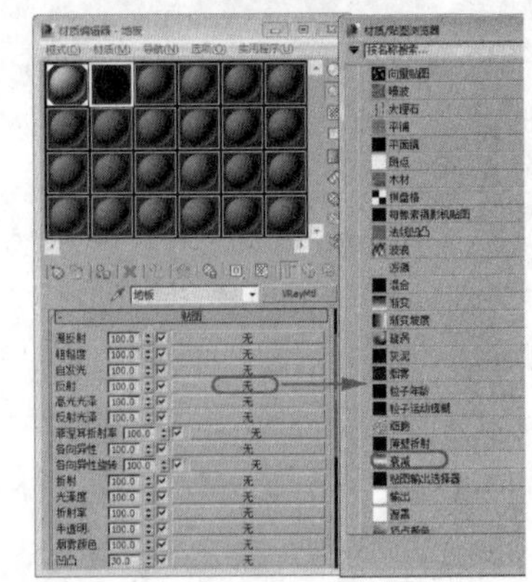

35 单击“确定”按钮，在“衰减参数”卷展栏的“前：侧”选项组中，将“颜色2”的RGB值设置为（64、70、80），单击“确定”按钮，然后将“衰减类型”设置为“Fresnel”，将“折射率”设置为2，如下图所示。

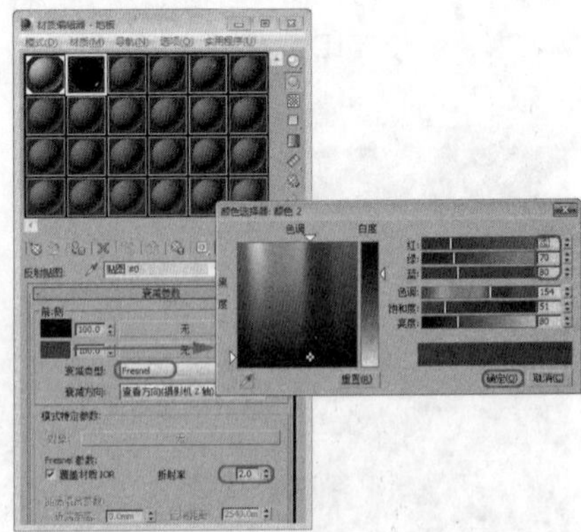

36 单击“转到父对象”按钮，返回上一级，在“贴图”卷展栏中，将“反射光泽”设置为25，单击后面的“无”按钮，在弹出的“材质/贴图浏览器”中选择“位图”材质，如下图所示。

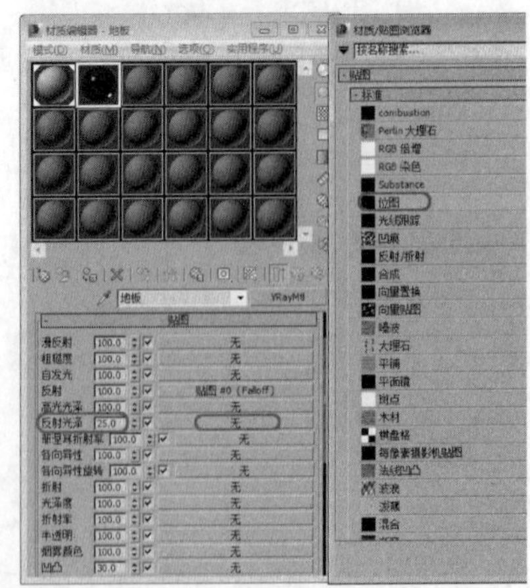

37 单击“确定”按钮，在弹出的“选择位图图像文件”对话框中，选择随书附带光盘中的Map\地板-凹凸.jpg文件，单击“打开”按钮，如下图所示。

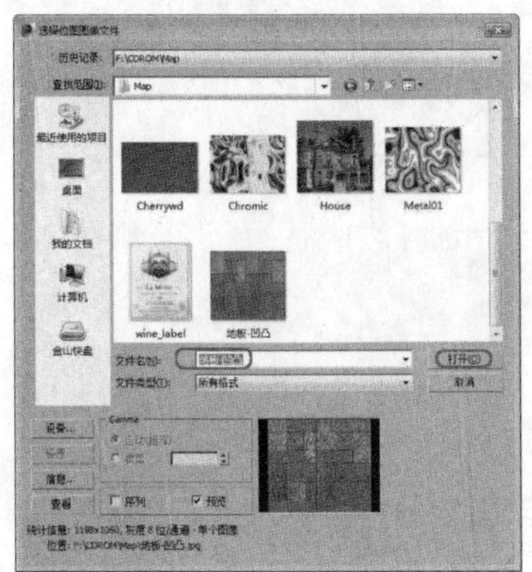

38 单击“转到父对象”按钮，在“贴图”卷展栏中，将“反射光泽”上的贴图拖拽到“凹凸”贴图上，在弹出的“复制（实例）贴图”对话框中，选择“实例”前面的单选按钮，单击“确定”按钮，如下图所示。

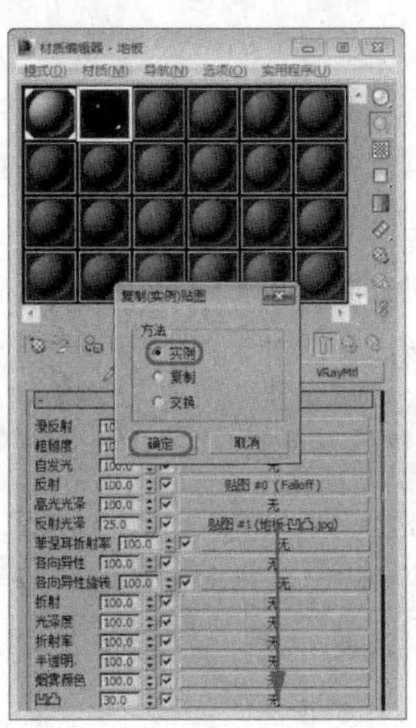

39 单击“环境”后面的“无”按钮，在弹出的“材质/贴图浏览器”中选择“输出”材质，单击“确定”按钮，将“输出量”设置为4，如下图所示。

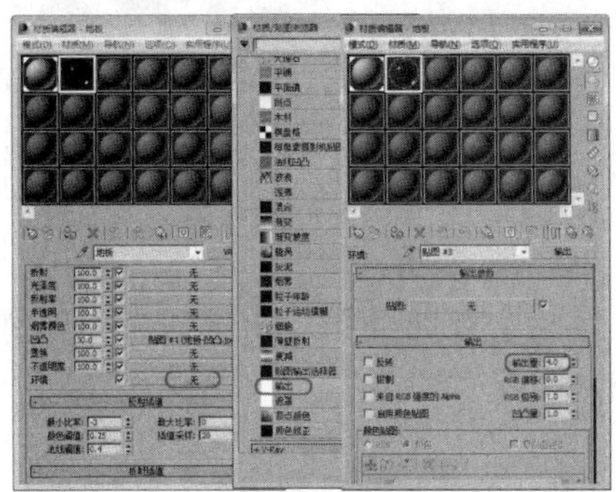

40 在“贴图”卷展栏中，单击“漫反射”后面的“无”按钮，在弹出的对话框中，选择“位图”材质，单击“确定”按钮。再在弹出的对话框中，选择随书附带光盘中的Map\地板-漫射.jpg文件，单击“打开”按钮，如下图所示。

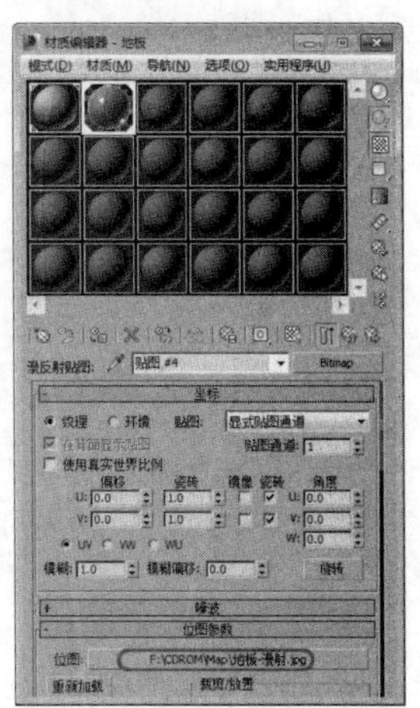

41 单击“转到父对象”按钮，在场景中选择“地板”，将材质指定给场景中的“地板”。切换到“修改”命令面板，单击“修改列表”后面的下三角按钮，在弹出的下拉列表中选择“UVW贴图”修改器，如下图所示。

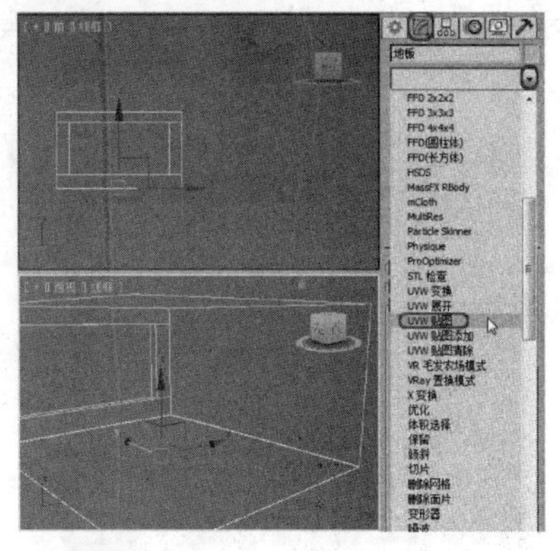

42 在“参数”卷展栏中，选中“贴图”选项组中的“长方体”单选按钮，将“长度”、“宽度”、“高度”分别设置为1000、1000、1，如下图所示。

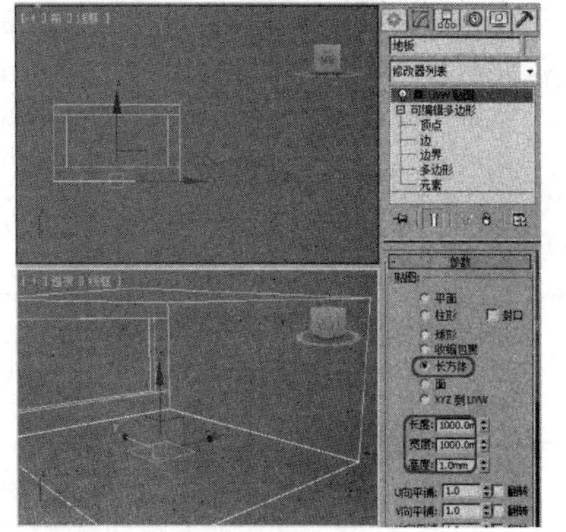

43 按M键打开“材质编辑器”，选择一个材质样本球，将其命名为“玻璃”，单击Standard按钮，在弹出的对话框中，选择“VRayMlt”材质，如下图所示。

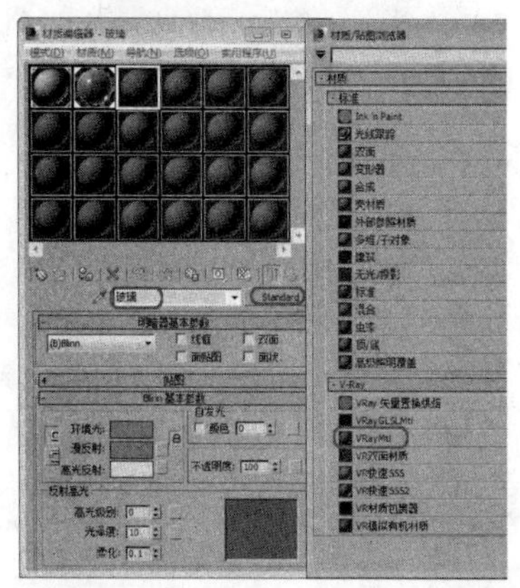

44 单击“确定”按钮，在“基本参数”卷展栏中，将“漫反射”选项组中的“漫反射”的RGB值设置为（124、137、138），单击“确定”按钮，将“反射”选项组中“反射”的RGB值设置为（239、239、239），单击“确定”按钮，如下图所示。

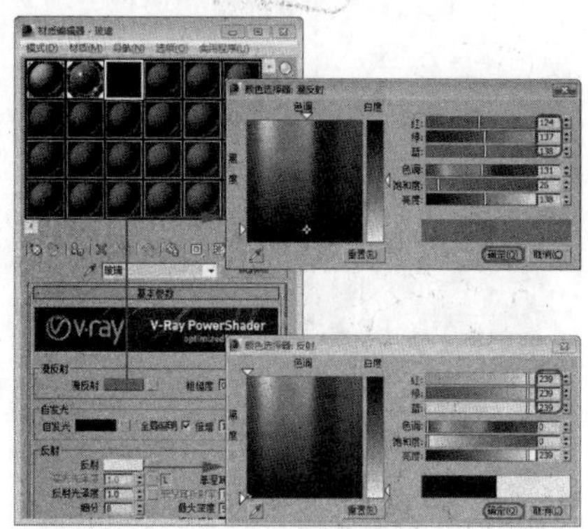

45 在“反射”选项组中激活“高光光泽度”，将“高光光泽度”设置为0.85，将“反射光泽度”设置为0.9，勾选“菲涅耳反射”复选框，如下图所示。

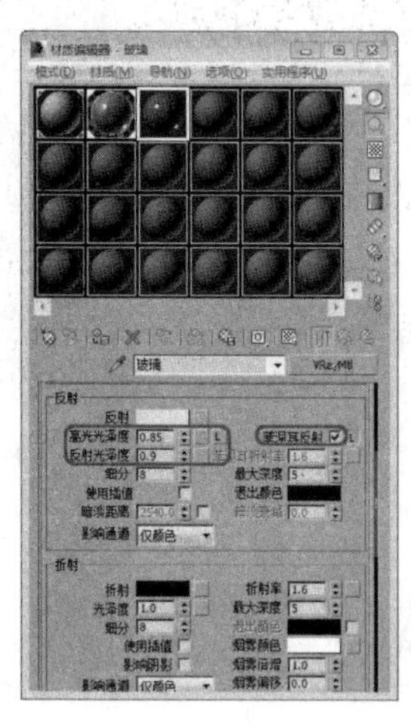

46 在“折射”选项组中，将折射的RGB值设置为（242、242、242），单击“确定”按钮，将“折射率”设置为1.5，将“影响通道”设置为“颜色+Alpha”，在“双向反射分布函数”卷展栏中，将双向反射设置为“沃德”，将“各向异性”设置为0.4，将“旋转”设置为-82，在场景中选择“玻璃”对象，单击“将材质指定给选定对象”按钮，将材质指定给场景中的玻璃对象，如右图所示。

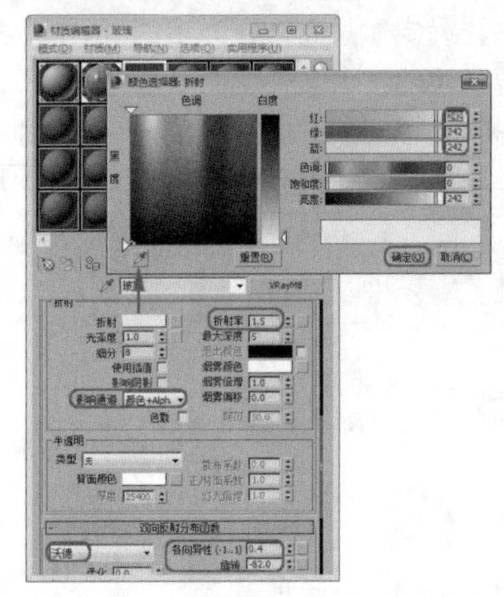

实战操作509 创建踢脚线并为其设置材质

素材：无	难度：★★★★★
场景：无	视频：视频\Cha20\实战操作509.avi

在场景中创建踢脚线，具体的操作步骤如下。

01 激活顶视图，选择“创建”|“图形”|“样条线”|“矩形”工具，在场景中创建矩形，在“参数”卷展栏中，将“长度”、“宽度”分别设置为6000、5000，将其命名为“踢脚线”，如下图所示。

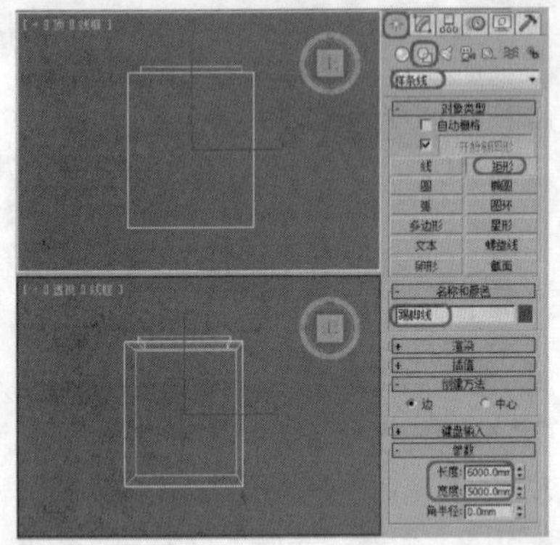

02 切换到“修改”命令面板，单击“修改器列表”后面的下三角按钮，在弹出的下拉列表中选择“编辑样条线”修改器，将当前选择集定义为“分段”，在顶视图中选择右侧的线段，如下图所示。

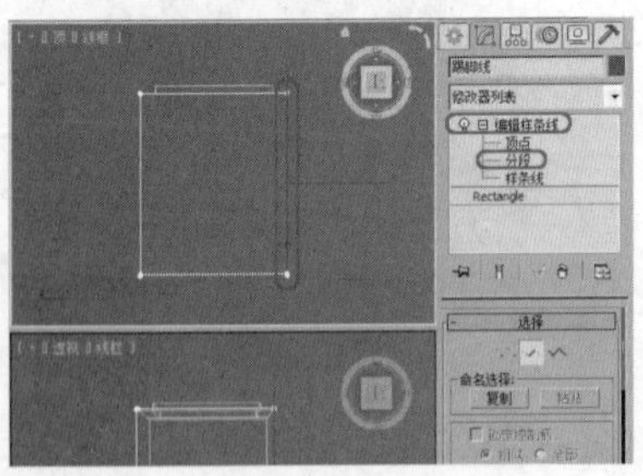

03 按Delete键将其删除，关闭当前选择集，然后单击“修改器列表”后面的下三角按钮，在弹出的下拉列表中选择“挤出”修改器，再在“参数”卷展栏中，将“数量”设置为120，如下图所示。

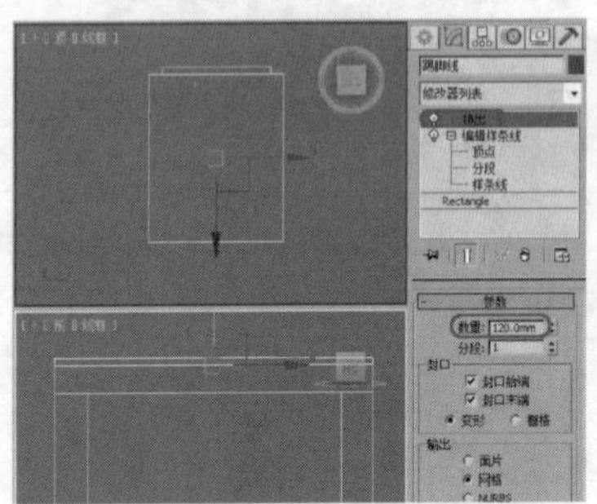

04 激活左视图，选择“踢脚线”对象，在“工具栏”中单击“对齐”按钮，在场景中选择“室内框架”对象，在弹出的对话框“对齐位置”选项组中，取消“X位置”和“Z位置”复选框的勾选，在“当前对象”中选中“最小”单选按钮，在“目标对象”中选中“最小”单选按钮，如下图所示。

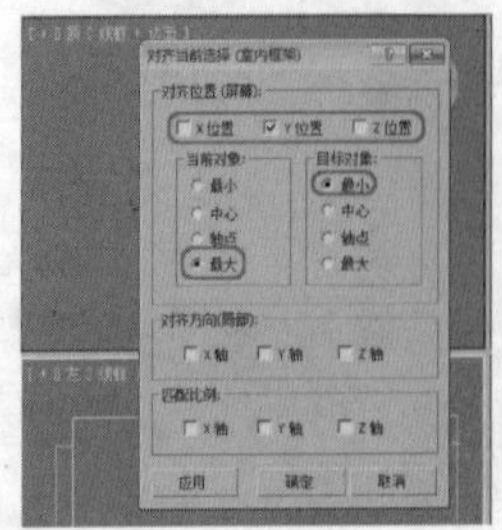

05 单击“确定”按钮，按M键，在弹出的“材质编辑器”对话框中，选择一个材质样本球，将其命名为“踢脚线”，单击Standard按钮，在弹出的“材质/贴图浏览器”中选择“VRayMlt”材质，如下图所示。

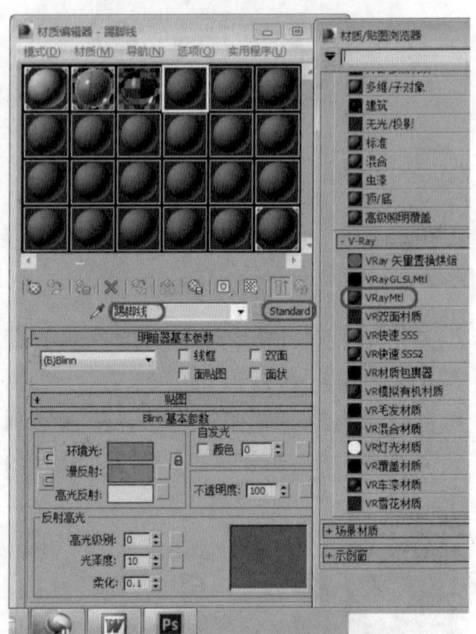

06 单击“确定”按钮，在“基本参数”卷展栏“漫反射”选项组中将“漫反射”的RGB值设置为（235、235、235），单击“确定”按钮，激活“高光光泽度”，将“高光光泽度”设置为0.6，将“反射光泽度”设置为0.5，将“细分”设置为10，如下图所示。

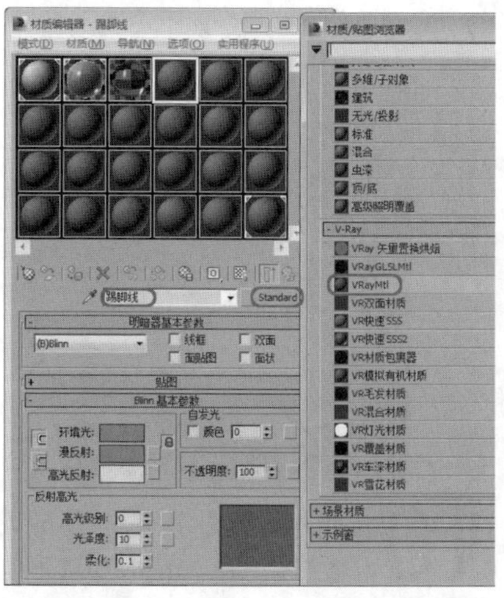

07 在“贴图”卷展栏中，单击“反射”后面的“无”按钮，在弹出的“材质/贴图浏览器”中选择“衰减”材质，单击“确定”按钮，在“衰减参数”卷展栏中，将“颜色2”的RGB值设置为（205、223、255），单击“确定”按钮，如下图所示。

08 单击“转到父对象”按钮，单击“将材质指定给选定对象”按钮，将材质指定给场景中的“踢脚线”对象，如下图所示。

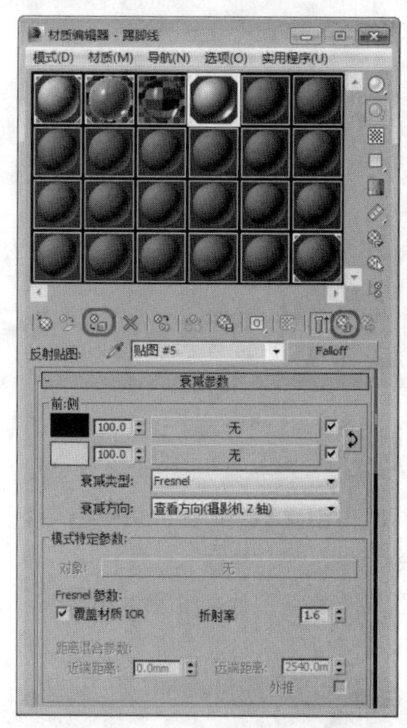

实战操作510 制作窗框并为其设置材质

素材：无	难度：★★★★★
场景：无	视频：视频\Cha20\实战操作510.avi

下面介绍如何制作窗框，完成建模后并为其设置材质。

01 选择“创建”|“图形”|“样条线”|“矩形”工具，在前视图中创建一个矩形。在“参数”卷展栏中，将“长度”和“宽度”分别设置为2053.596、、4009.035，如下图所示。

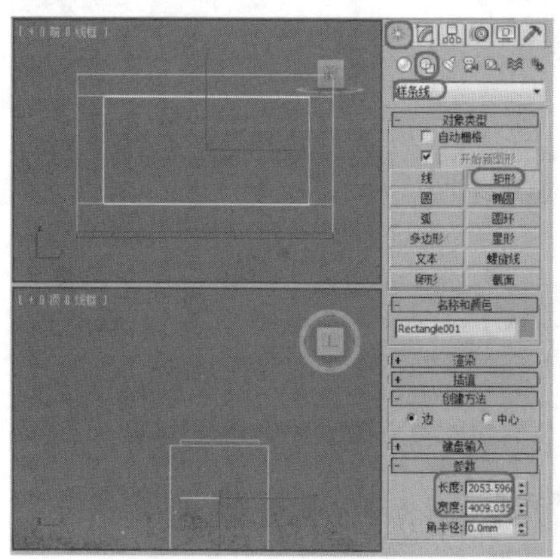

02 取消对“开始新图形”复选框的勾选，在前视图中继续创建一个矩形，在“参数”卷展栏中，将“长度”和“宽度”分别设置为1260、3850，如下图所示。

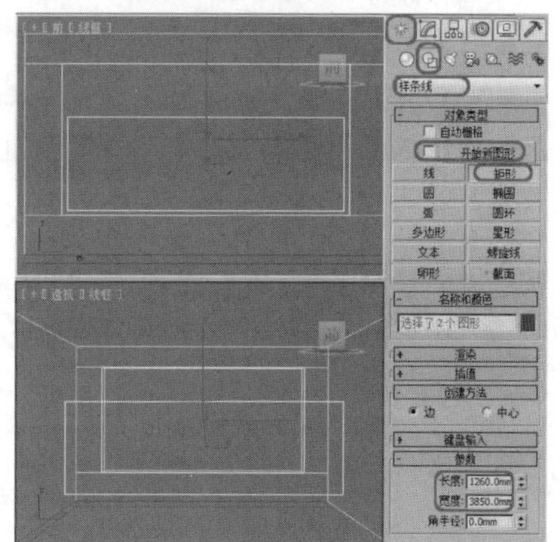

03 切换到“修改”命令面板，将当前选择集定义为“样条线”，然后在前视图中调整创建矩形的位置，调整后的效果如下图所示。

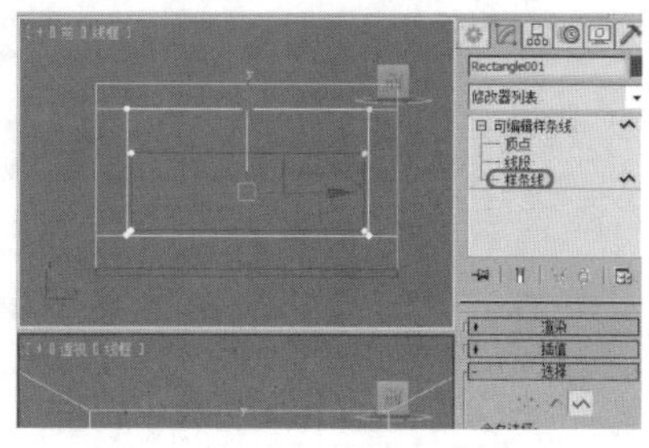

04 选择“创建”|“图形”|“样条线”|“矩形”工具，取消对“开始新图形”复选框的勾选，在前视图继续创建矩形，将“长度”、“宽度”分别设置为540、3850，使用相同的方法对其进行调整，效果如下图所示。

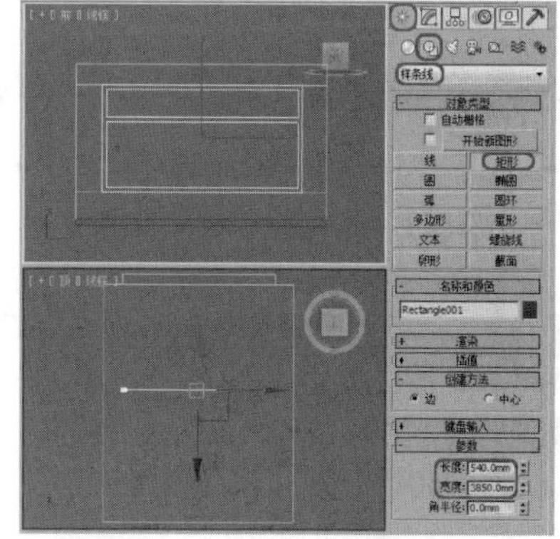

05 在“修改”命令面板中，单击“修改器列表”后面的下三角按钮，在弹出的下拉列表中选择“挤出”修改器，在“参数”卷展栏中，将数量设置为100，如下图所示。

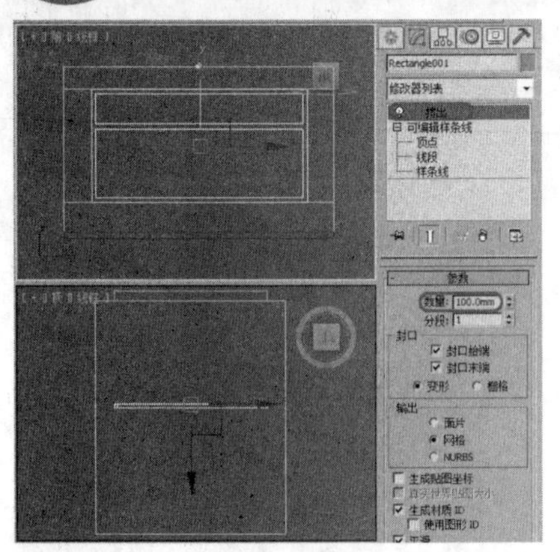

06 选择“创建”|“图形”|“样条线”|“矩形”工具，在前视图中创建一个矩形，切换到“修改”命令面板，在“参数”卷展栏中，将“长度”和“宽度”分别设置为1885、750，并调整其位置，如下图所示。

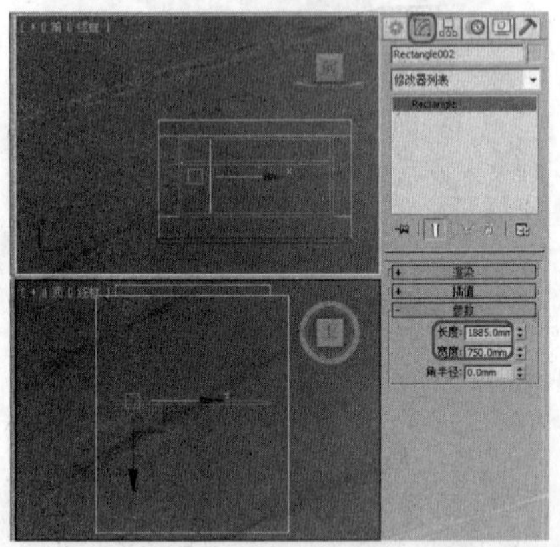

07 选择“创建”|“图形”|“样条线”|“矩形”工具，取消对“开始新图形”复选框的勾选，在前视图创建矩形，如下图所示。

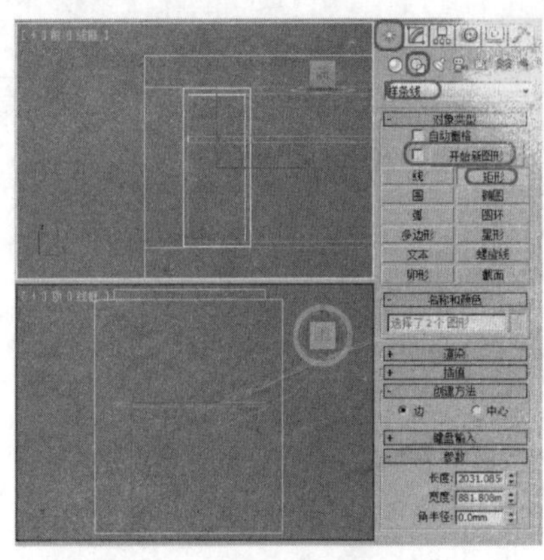

08 切换到“修改”命令面板，单击“修改器列表”后面的下三角按钮，在弹出的下拉列表中选择“挤出”修改器，将“参数”卷展栏中的“数量”设置为50，如下图所示。

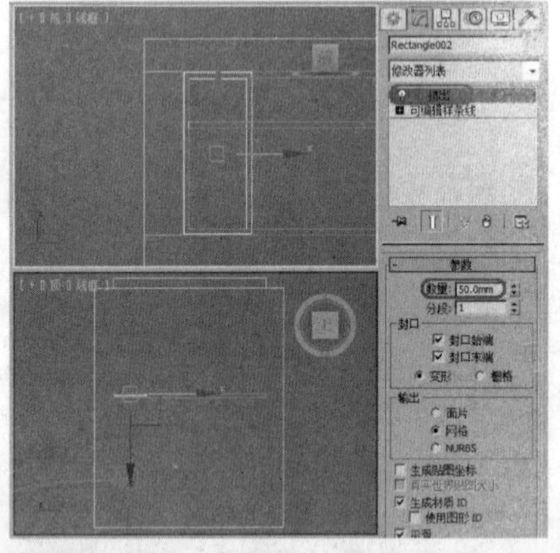

09 按住Shift键，将对象拖拽到合适位置，在弹出的“克隆选项”对话框中，选中“对象”选项组中的“实例”单选按钮，如下图所示。

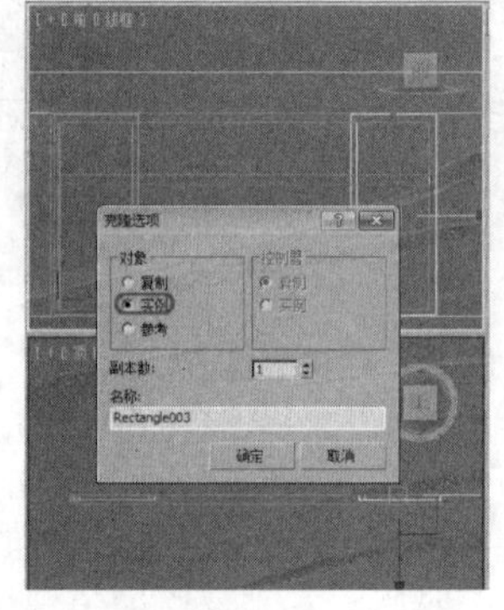

10 单击“确定”按钮，在场景中选择“Rectangle001”、“Rectangle002”以及“Rectangle003”对象，在菜单栏中选择“组”|“组”命令，在弹出的“组”对话框中，将“组名”命名为“窗框”。单击“确定”按钮，按M键，在打开的“材质编辑器”对话框中，单击“将材质指定给选定对象”按钮。将材质“踢脚线”指定给场景中的“窗框”对象。然后调整其位置，如下图所示。

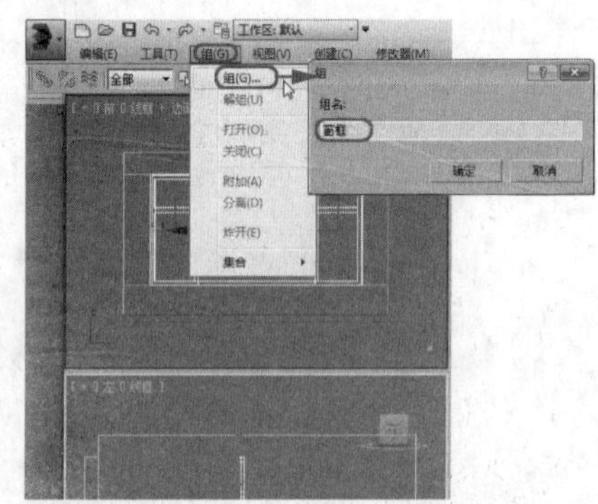

实战操作511 制作天花板并设置材质

素材：无	难度：★★★★★
场景：无	视频：视频\Cha20\实战操作511.avi

下面介绍简单的天花板的制作，然后为其设置材质。

01 选择“创建”|“几何体”|“长方体”工具，在顶视图中创建一个长方体，并命名为“顶”，在“参数”卷展栏中，将“长度”、“宽度”、“高度”分别设置为5800、4800、-100，如右图所示。

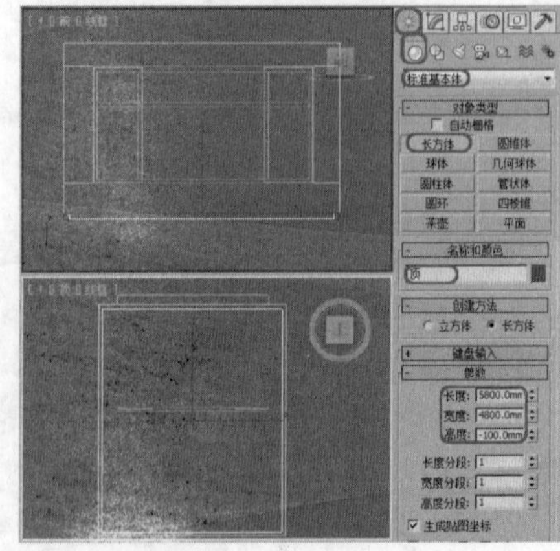

02 在顶视图中调整其位置，然后单击工具栏中的“对齐”按钮，在场景中拾取“室内框架”对象，在弹出的“对齐当前选择”对话框中，将“对齐位置”选项组中的“X位置”和“Z位置”取消勾选，将“当前对象”设置为“最大”，将“目标对象”设置为“最大”，如下图所示。

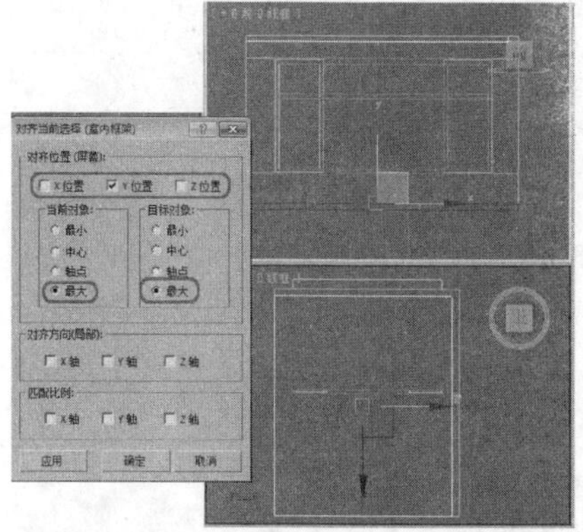

03 单击“确定”按钮，按M键，打开“材质编辑器”对话框，选择一个新的材质样本球，将其命名为“顶”，单击Standard按钮，在弹出的“材质/贴图浏览器”中选择“VRayMlt”材质，如下图所示。

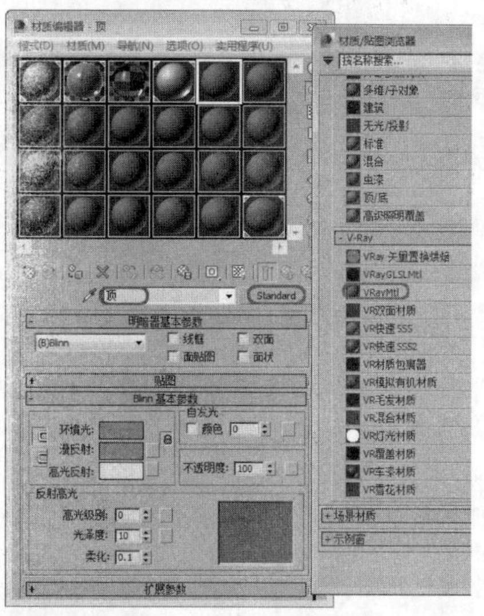

04 单击“确定”按钮，在“基本参数”卷展栏的“漫反射”选项组中，将“漫反射”的RGB值设置为（230、230、230），单击“确定”按钮，将“反射光泽度”设置为0.7，将“细分”设置为3，将“最大深度”设置为2。设置完成后单击“将材质指定给选定对象”按钮，将材质指定给“顶”对象，如下图所示。

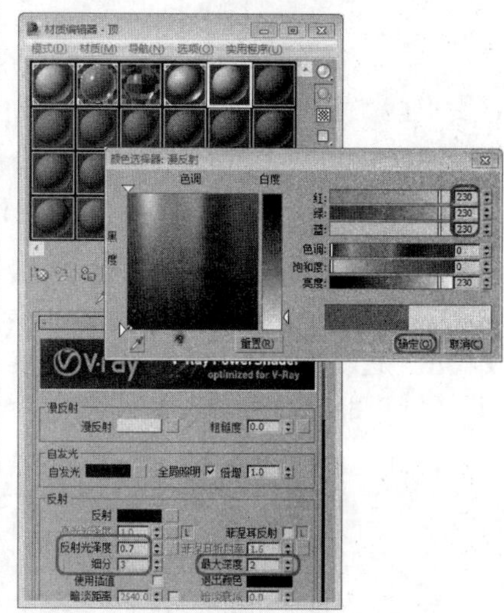

实战操作512 创建摄影机

素材：无	难度：★★★★★
场景：无	视频：视频\Cha20\实战操作512.avi

创建模型完成后，下面为场景创建摄影机。

01 为了方便观察场景效果，在场景中创建摄影机，选择“创建” | “摄影机” | “标准” | “目标”工具，在顶视图中创建摄影机。在“参数”卷展栏中设置“镜头”为23.5，激活透视视图，按C键，将其转换为摄影机视图，并在其他视图中调整摄影机的位置，如下图所示。

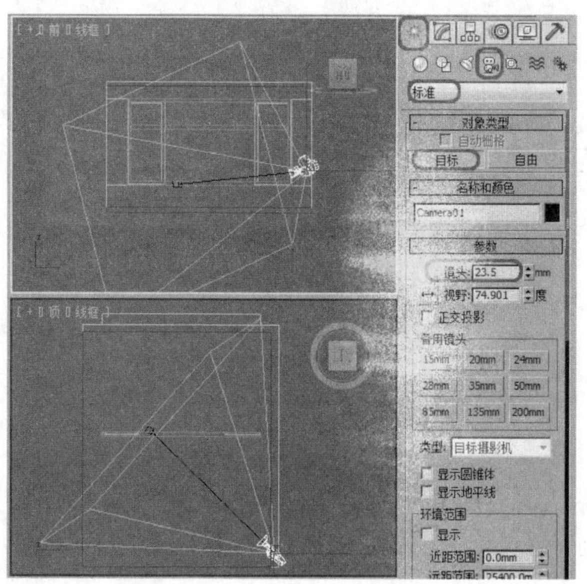

02 在“参数”卷展栏中，将“目标距离”设置为4391.505，选择“摄影机”，单击鼠标右键，在弹出的快捷菜单中选择“应用摄影机校正修改器”，进入到“修改”命令面板，在“2点透视校正”选项组中，将“数量”、“方向”分别设置为2.999、72.713，如下图所示。

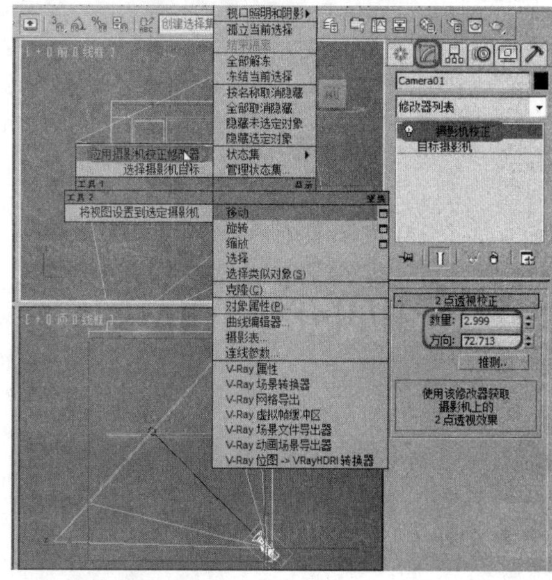

20.2 设置渲染输出并创建灯光

完成模型的创建后，创建灯光，并对场景进行渲染输出。

实战操作513 合并家具并设置环境光

素材：Scenes\Cha20\卧室家具.max	难度：★★★★★
场景：无	视频：视频\Cha20\实战操作513.avi

下面介绍如何合并家具，具体操作步骤如下。

01 单击菜单栏中的“渲染设置”按钮，在弹出的“渲染设置”对话框中，将“公共参数”卷展栏的“输出大小”选项组中的“宽度”、“高度”分别设置为600、375，如下图所示。可对其进行渲染，看一下效果。

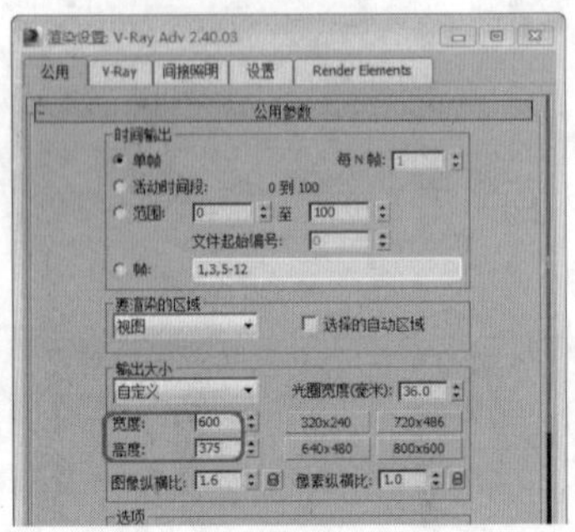

02 关闭对话框，单击“应用程序”按钮，在弹出的快捷菜单中选择“导入”|“合并”命令，在弹出的对话框中，选择随书附带光盘中的Scenes\Cha20 |卧室家具.max文件，如下图所示。

03 单击“打开”按钮，在弹出的对话框中单击“全部”按钮，单击“确定”按钮，然后调整其位置，如下图所示。

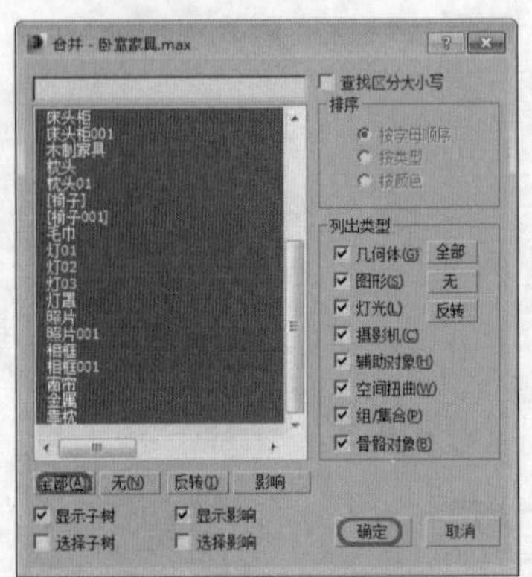

04 按8键，在弹出的“环境和效果”对话框中，单击“公用参数”卷展栏的“背景”选项组中的“无”按钮，在弹出的“材质/贴图浏览器”中选择“渐变”贴图，如下图所示。

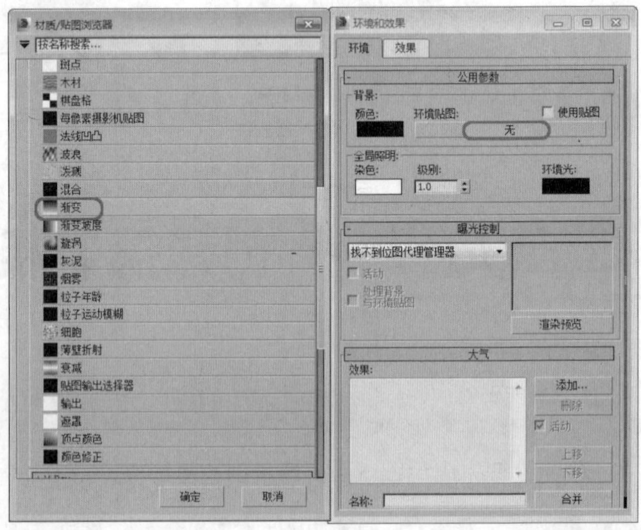

05 单击“确定”按钮，按M键，打开“材质编辑器”对话框，将新创建的环境贴图拖拽到新的材质样本球上，在弹出的“实例贴图”对话框中单击“实例”单选按钮，如下图所示。

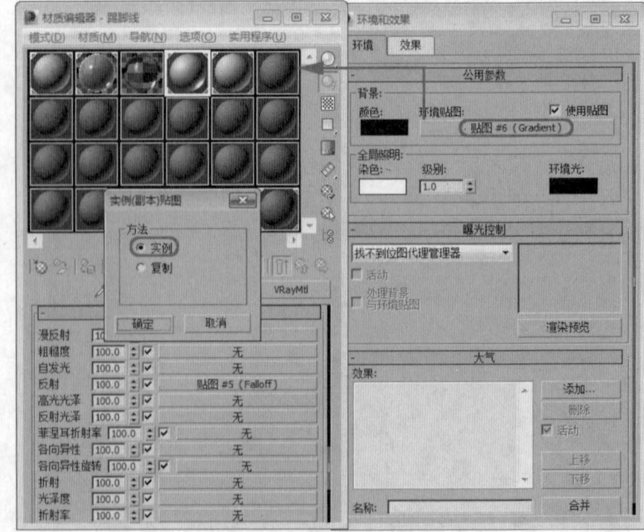

06 单击“确定”按钮，关闭“环境和效果”对话框，在“渐变参数”卷展栏中，将“颜色1”的RGB值设置为（180、206、255），单击“确定”按钮，将“颜色2”的RGB值设置为（210、226、255），单击“确定”按钮，将“颜色3”的RGB值设置为（255、191、135），单击“确定”按钮，如右图所示。

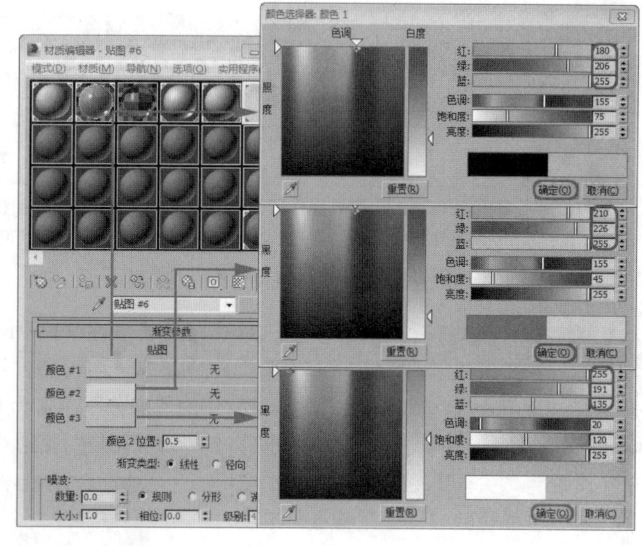

实战操作514 创建灯光

素材：无	难度：★★★★★
场景：无	视频：视频\Cha20\实战操作514.avi

下面介绍灯光的创建，具体操作步骤如下。

01 选择“创建” | “灯光” | “VRay” | “VR灯光”工具，激活前视图，按Alt+W组合键，将视口最大化，在前视图创建一个灯光，在“参数”卷展栏的“强度”选项组中，将“倍增器”设置为22，将“颜色”的RGB值设置为（145、184、255），如下图所示。

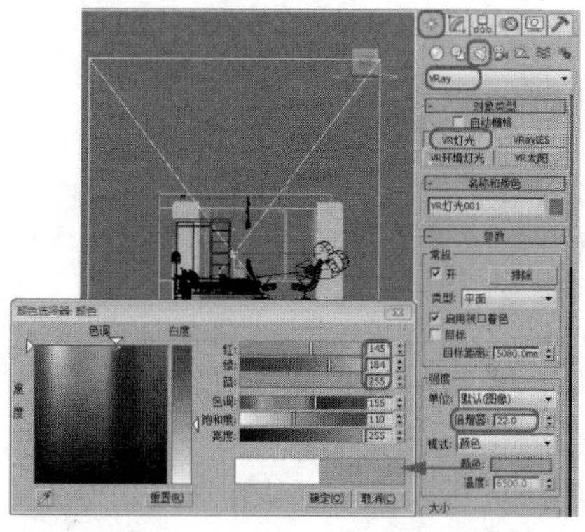

02 单击“确定”按钮，切换到“修改” 命令面板，在“参数”卷展栏的“大小”选项组中，将“1/2长”和“1/2宽”分别设置为4182.714和4821.479，在“选项”选项组中，勾选“不可见”复选框，在“采样”选项组中，将“细分”设置为15，如下图所示。

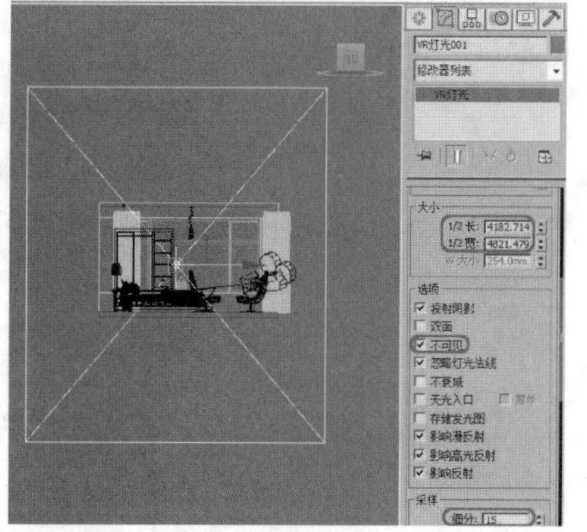

03 在菜单栏中选择“选择并旋转”工具，激活左视图，按Alt+W组合键，将视图最大化，在场景中对其进行旋转，然后使用“旋转并移动”工具移动其位置，如右图所示。

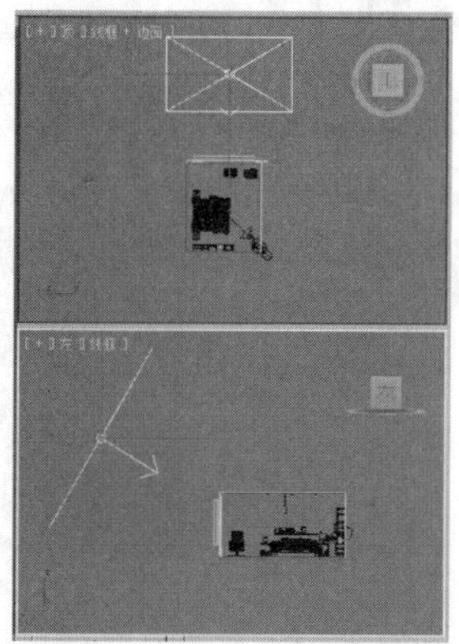

04 选择“创建” | “灯光” | “标准” | “目标平行光”工具，激活顶视图，按Alt+W组合键，在顶视图创建目标平行光，并调整其位置，切换到“修改” 命令面板，在“常规参数”卷展栏的“阴影”选项组中，将“阴影类型”设置为“VRay阴影”，在“强度/颜色/衰减”卷展栏中，将“倍增”设置为1.5，将右侧颜色的RGB值设置为（255、140、55），单击“确定”按钮，在“平行光参数”卷展栏中，将“聚光区/光束”和“衰减区/光束”分别设置为1500和1502，如下图所示。

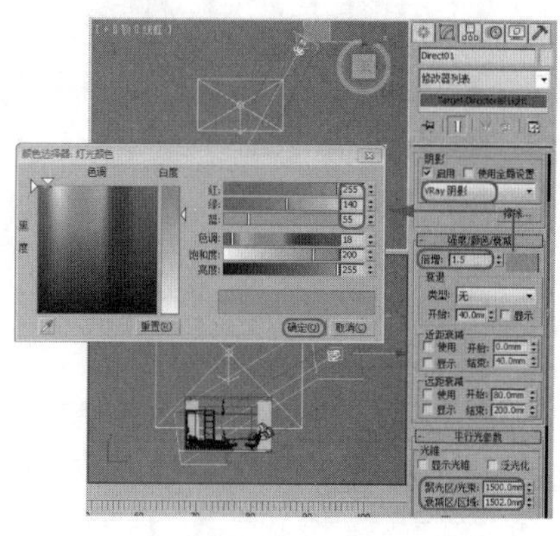

实战操作515 渲染输出

素材：无	难度：★★★★★
场景：Scenes\Cha20\实战操作515.max	视频：视频\Cha20\实战操作515.avi

下面介绍场景渲染输出，具体操作步骤如下。

01 按F10键打开“渲染设置”对话框，选择“V-Ray”选项卡，在“V-Ray：全局开关”卷展栏中，将“照明”选项组中的“默认灯光”设置为“关”，在“V-Ray：图像采样器”卷展栏的“图像采样器”选项组中，将“类型”设置为“自适应确定性蒙特卡洛”，将“抗锯齿过滤器”选项组中的过滤器设置为“Mitchell-Netravali”，如下图所示。

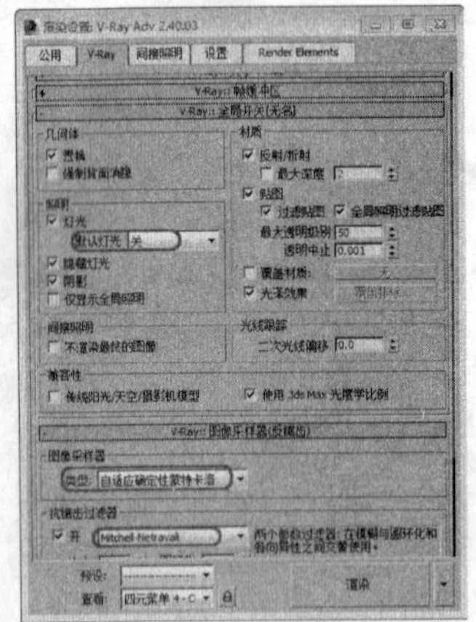

02 选择“间接照明”选项卡，在“V-Ray间接照明”选项组中，勾选“开”复选框，在“二次反弹”选项组中，将“全局照明引擎”设置为“灯光缓存”，在“V-Ray发光图”卷展栏的“内建预置”选项组中，将“当前预置”设置为“高”，在“选项”选项组中，勾选“显示计算相位”和“显示直接光”复选框，如下图所示。

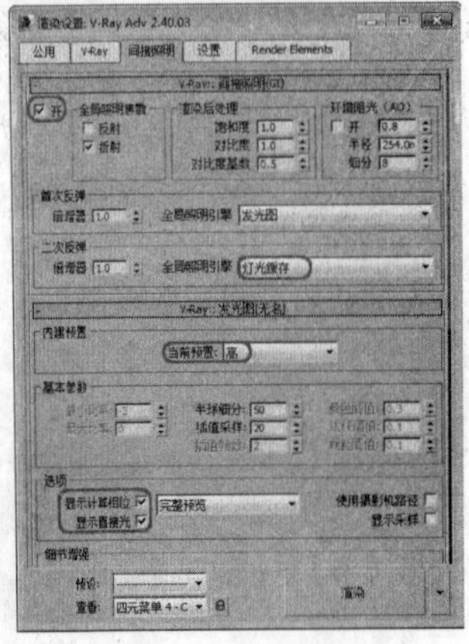

03 在“V-Ray：灯光缓存”卷展栏中，将“计算参数”选项组中的“细分”设置为1200，然后勾选“显示计算相位”复选框，如下图所示。

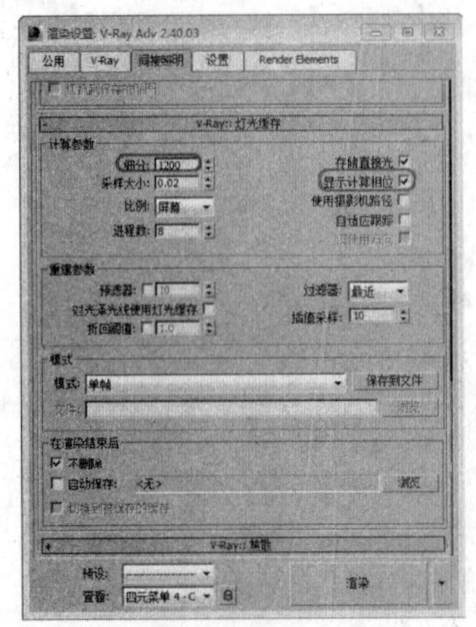

04 在“公用参数”卷展栏的“渲染输出”选项组中，将“渲染帧窗口”取消勾选，在“输出大小”选项组中，将“宽度”和“高度”分别设置为1200、750，如下图所示。

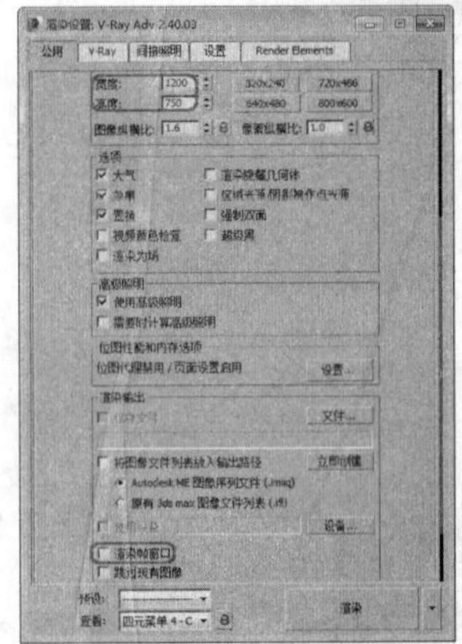

05 在“渲染输出”选项组中，单击“文件”按钮，在弹出的“渲染输出文件”对话框中，选择文件的输出位置，并为其命名，将“保存类型”设置为TIF，如下图所示。

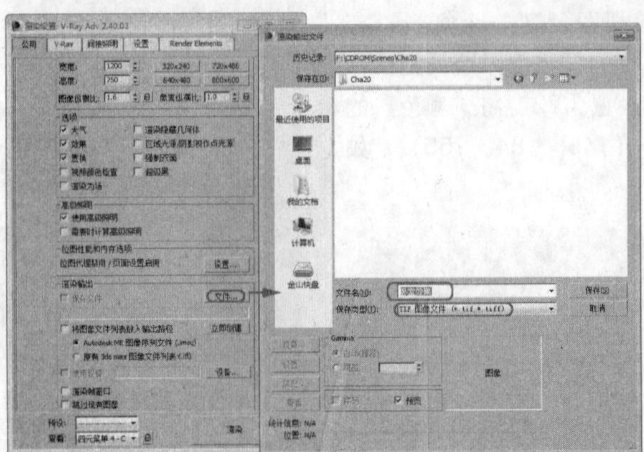

06 单击“保存”按钮，在弹出的“TIF图像控制”对话框中，单击“确定”按钮，然后单击“渲染”按钮，对场景进行渲染，效果如下图所示。